U0163335

"十四五"国家重点出版物出版规划项目

生物工程理论与应用前沿丛书

氨基酸
生产技术及其应用

张伟国　徐建中　编著

中国轻工业出版社

图书在版编目(CIP)数据

氨基酸生产技术及其应用 / 张伟国，徐建中编著. —北京：中国轻工业出版社，2022.12

ISBN 978-7-5184-3346-9

Ⅰ. ①氨… Ⅱ. ①张… ②徐… Ⅲ. ①氨基酸-生产工艺 Ⅳ. ①TQ922

中国版本图书馆 CIP 数据核字(2020)第 259468 号

责任编辑：江　娟　贺　娜

策划编辑：江　娟　　责任终审：唐是雯　　封面设计：锋尚设计

版式设计：砚祥志远　　责任校对：吴大朋　　责任监印：张　可

出版发行：中国轻工业出版社(北京东长安街 6 号，邮编：100740)

印　　刷：三河市万龙印装有限公司

经　　销：各地新华书店

版　　次：2022 年 12 月第 1 版第 1 次印刷

开　　本：787×1092　1/16　印张：50.5

字　　数：1100 千字

书　　号：ISBN 978-7-5184-3346-9　定价：280.00 元

邮购电话：010-65241695

发行电话：010-85119835　传真：85113293

网　　址：http://www.chlip.com.cn

Email：club@chlip.com.cn

如发现图书残缺请与我社邮购联系调换

200431K1X201ZBW

序言

氨基酸是组成蛋白质的基本单位，因其在人和动物营养健康等方面发挥着重要的生理功能，而被广泛应用于食品、医药、饲料、化工和农业等行业。氨基酸产业已成为全球增长最快的产业之一。

自20世纪60年代以来，我国科学家就开展了氨基酸发酵生产的研究工作，经过近60年筚路蓝缕的发展，我国已形成了符合中国国情的氨基酸生产工业体系。目前，我国氨基酸工业已发展成为一个品种繁多、门类齐全的庞大产业群，无论是在工业总产量还是在年产值方面，都位居世界前列。进入21世纪，我国在氨基酸产品及其高效生产技术方面已取得了巨大进步。

我国虽然已成为氨基酸产品的“世界工厂”，但是产品主要集中在谷氨酸、赖氨酸、苏氨酸、甲硫氨酸和甘氨酸等大宗氨基酸上，而高附加值小品种氨基酸相对较少。近年来，随着氨基酸在食品、医药和化工等领域的不断开拓，我国的高附加值小品种氨基酸也迅速崛起，部分高附加值小品种氨基酸和新型氨基酸衍生物的研发和生产已逐步接近国际先进水平。我们有理由相信，我国终将形成以大宗氨基酸为主，高附加值小品种氨基酸为补充的相对完善的氨基酸产业格局。

《氨基酸生产技术及其应用》分6篇共26章，主要内容包括氨基酸发酵的基础技术、发酵法生产氨基酸、其他方法（酶法、化学合成法和蛋白质水解法）生产氨基酸、氨基酸的提取与精制、氨基酸的应用和氨基酸工业的清洁生产。本书对从事氨基酸工业的相关企业或业内人员是一本有益的参考书，也可作为高等院校生物工程、生物化工及其相关专业本科生和研究生以及科研人员的一本优秀的辅助教材。

张伟国教授自20世纪80年代就开始从事氨基酸高产菌种选育及工业化生产的研究工作，主持完成国家高技术研究发展计划（863）和省部级多项科研项目，经过30多年努力，研发了一系列氨基酸高产菌种，转让给国内外多家大型氨基酸生产企业，在国内外氨基酸发酵领域享有较高声誉。

综上所述，本人乐以为序。

中国工程院院士

2022年9月

前言

氨基酸是含有氨基和羧基的一类有机化合物的通称，作为生命有机体的重要组成部分，是生命机体营养、生存和发展极为重要的物质，在生命体内物质代谢调控、信息传递方面扮演着重要角色。氨基酸作为人类营养强化剂、调味剂、饲料添加剂、植物生长促进剂等，在食品工业、农业、畜牧业及人类健康、保健等诸方面有着广泛应用。氨基酸工业自20世纪50年代以来，已逐渐形成一个朝气蓬勃的新兴工业体系，生产方法有发酵法、酶法、化学合成法和蛋白质水解提取法等，已发展成为一个品种繁多、门类齐全的庞大产业群，是国家重要的支柱产业之一。经过几十年的发展，氨基酸的品种和应用领域都有很大拓展，种类已从最初50种左右，发展到目前的1000多种，其中大多数氨基酸通过发酵法生产。据不完全统计，2021年中国氨基酸行业总体运行情况良好，氨基酸产品总产量约625万吨，主导产品味精、赖氨酸、甲硫氨酸、苏氨酸、缬氨酸、色氨酸和甘氨酸等生产状态基本稳定，其中味精238万吨、赖氨酸220万吨、苏氨酸84.7万吨、甲硫氨酸36.5万吨、缬氨酸2.9万吨、色氨酸2.6万吨，其他氨基酸约40万吨（其中甘氨酸29.9万吨）。由此可见，目前我国生产的氨基酸在国际上占有举足轻重的地位，尤其是大宗氨基酸产量居全球第一。但是我国氨基酸的产品主要还是集中在大宗氨基酸，如谷氨酸、赖氨酸、苏氨酸和甘氨酸，高附加值氨基酸品种偏少，有些氨基酸及衍生物由于生产技术水平存在瓶颈，生产效率低下，缺乏竞争力。氨基酸工业作为我国重要支柱产业之一，如何提升大宗氨基酸生产的技术水平，同时大力开发小品种高附加值氨基酸及衍生物生产工艺，提升氨基酸生产过程控制和产品分离提纯工艺，具有重要的经济和社会意义。

本书旨在详细阐述氨基酸生产技术及其在各领域中的应用。绪论部分：概述了氨基酸的种类及物化性质、氨基酸的生产方法、生产概况和发展趋势，以及中国氨基酸工业存在的问题；第一篇：氨基酸发酵的基础技术，内容包括淀粉水解糖的生产，培养基制备和灭菌技术、空气除菌技术，氨基酸产生菌的分离复壮、保藏与扩大培养以及氨基酸发酵中杂菌与噬菌体的防治；第二篇：发酵法生产氨基酸，内容包括氨基酸生物合成途径及其调节机制和模式，氨基酸产生菌的选育，氨基酸发酵过程控制技术，L-谷氨酸、L-赖氨酸和L-苏氨酸发酵；第三篇：其他方法生产氨基酸，内容包括酶法、化学合成法、蛋白质水解提取法生产氨基酸；第四篇：氨基酸的提取与精制，内容包括发酵液的预处理和液-固分离、氨基酸的提取与精制及实例；第五篇：氨基酸的应用，内容包括氨基酸在医药、食品、饲料、化学工业和农业等领域的应用；第六篇：氨基酸工业的清洁生产；最后是附录，详细罗列了相关氨基酸生产所涉及的重要数据。本书内容新颖、翔实，反映了本学科的最新研究方法和成果，可以说是目前为止市面上最为全面的氨基酸生产技术及应用书籍，极具阅读参考价值。可作为从事氨基酸工业的相关企业或业内人员的一本有益参考书，也可作为高等院校生物工程、生物化工及其相关专业本科生和研究生以及科研人员的一本优秀的辅助教材。

本书主要由张伟国教授编写并定稿，徐建中副教授编写了第八章，并进行了全书校对工作。作者所指导的研究生参与了本书部分图表的绘制工作。在本书编写过程中得到了江南大学领导和专家的大力支持。另外，本书在编写过程中参考了同行专家、学者的大量研究成果或著作，在此一并表示衷心感谢。

由于本书编写者的知识有限，难免出现疏漏、不当乃至错误之处，敬请专家及广大读者不吝指正。

张伟国

2022 年 8 月

于江南大学

目录

第三篇　其他方法生产氨基酸

第四篇　氨基酸的提取与精制

附　　录

绪 论

第一节 氨基酸的种类及物化性质

一、氨基酸的组成和结构

氨基酸是组成蛋白质的基本单位，通常由碳、氢、氧、氮和硫 5 种元素组成。在自然界中，已发现组成各种蛋白质的氨基酸有 20 种，而且这 20 种氨基酸均是羧酸分子中 α-碳原子上一个氢被氨基取代而成的化合物，故称为 α-氨基酸。它们的结构通式如下：

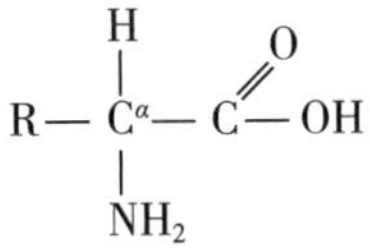

```
        H        O
        |       //
  R— Cα— C— OH
        |
        NH2
```

化学：不对称碳原子
药学：手性碳原子

R为 α-氨基酸的侧链

上述氨基酸结构通式具有两个特点：①具有酸性的羧基（—COOH）和碱性的氨基（—NH_2），所以氨基酸为两性电解质；②如果 R≠H，则具有手性碳原子，因而氨基酸是光学活性物质。第一个特性使不同的氨基酸具有某些共同的化学性质；第二个特性则使之具有某些共同的物理性质。

除甘氨酸无手性碳原子因而无 D 型及 L 型之分外，其余氨基酸的 α-碳原子皆为手性碳，故都有 D 型及 L 型两种异构体。

氨基酸的 D 型或 L 型是以 L-甘油醛或 L-乳酸为参考的。凡 α-位的构型与 L-甘油醛或 L-乳酸相同的氨基酸皆为 L 型氨基酸，相反者为 D 型（与根据 D-甘油醛决定单糖为 D 型或 L 型的原理相同）。L-甘油醛、L-乳酸、L-氨基酸、D-氨基酸的结构式如下：

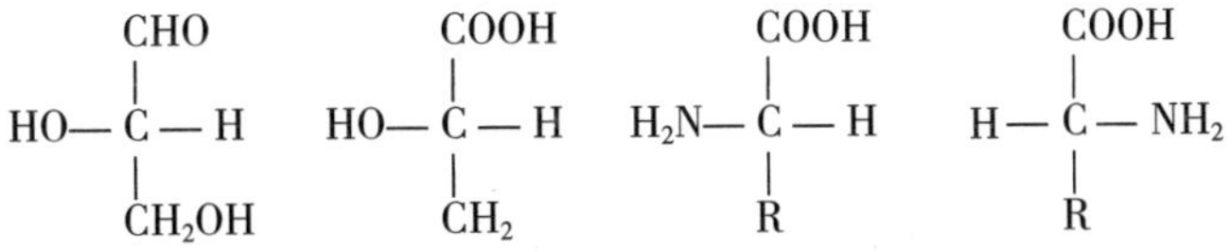

```
       CHO             COOH               COOH              COOH
        |               |                  |                 |
  HO— C — H       HO— C — H        H2N— C — H         H— C — NH2
        |               |                  |                 |
       CH2OH           CH3                 R                 R
     L-甘油醛         L-乳酸            L-氨基酸           D-氨基酸
```

D 型或 L 型只表示氨基酸在构型上与 D-甘油醛或 L-甘油醛类似，并不表示氨基酸的旋光性。表示旋光性则与糖类相似，须以（+）或（-）表示。

若氨基酸具有 1 个以上（n>1）的手性碳原子，就有可能组成 2^n 个不同的构型，例如苏氨酸、异亮氨酸、羟脯氨酸和羟赖氨酸都有 4 种构型。下面是苏氨酸的 4 种构型。

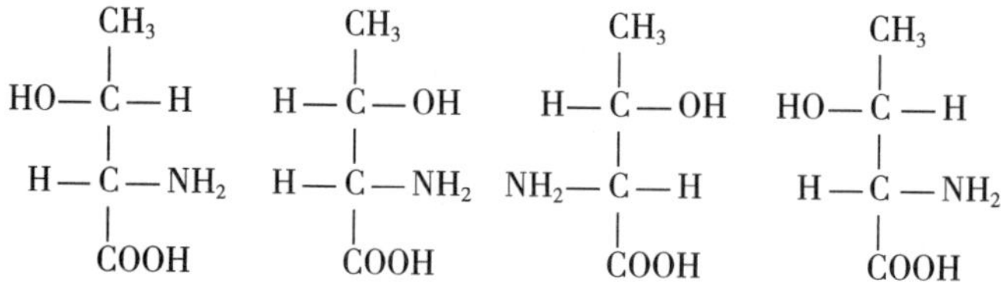

$$\begin{array}{cccc}
\begin{array}{c} CH_3 \\ | \\ HO-C-H \\ | \\ H-C-NH_2 \\ | \\ COOH \end{array} &
\begin{array}{c} CH_3 \\ | \\ H-C-OH \\ | \\ H-C-NH_2 \\ | \\ COOH \end{array} &
\begin{array}{c} CH_3 \\ | \\ H-C-OH \\ | \\ NH_2-C-H \\ | \\ COOH \end{array} &
\begin{array}{c} CH_3 \\ | \\ HO-C-H \\ | \\ H-C-NH_2 \\ | \\ COOH \end{array} \\
\text{L-苏氨酸} & \text{L-别-苏氨酸} & \text{D-苏氨酸} & \text{D-别-苏氨酸}
\end{array}$$

胱氨酸虽然有 2 个不对称碳原子，由于形成内消旋结构，仍只有 L 型及 D 型两种构型。

蛋白质中的氨基酸都是 L-氨基酸，人体能利用的也主要是 L-氨基酸。在微生物体内及抗菌素中有 D-氨基酸存在（自由或肽结合形式）。目前还不能肯定地说高等动植物蛋白质是否有 D-氨基酸。D-氨基酸在细菌体内与氨基糖结合，其生物功能尚难确定。

二、氨基酸的命名与分类

（一）氨基酸的命名

氨基酸的化学名称根据有机化学标准命名法命名，如下：

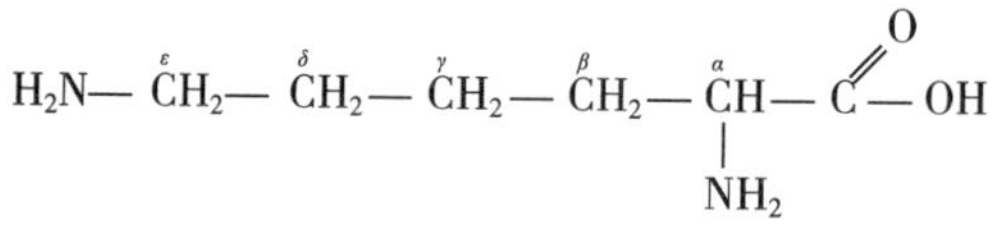

$$H_2N-\overset{\varepsilon}{C}H_2-\overset{\delta}{C}H_2-\overset{\gamma}{C}H_2-\overset{\beta}{C}H_2-\underset{\displaystyle NH_2}{\underset{|}{\overset{\alpha}{C}H}}-\overset{\displaystyle O}{\overset{\|}{C}}-OH$$

α，ε－二氨基己酸（赖氨酸）

通常多用俗名，即根据天然氨基酸的来源或性质而得的名称，如 α-氨基乙酸，由于具有甜味而称为甘氨酸。

（二）氨基酸的分类

氨基酸分类方法有 4 种。

1. 按分子中所含氨基与羧基的数目分类

将其分为中性氨基酸、酸性氨基酸和碱性氨基酸 3 大类。

（1）中性氨基酸　分子中氨基和羧基的数目相等，但氨基的碱性与羧基的酸性并不能恰好抵消，所以它们并不是真正中性的物质，如甘氨酸、缬氨酸、亮氨酸、异亮氨酸等。由于此类氨基酸中一个氨基的碱性并不能抵消一个羧基的酸性，因此呈偏酸性。

（2）酸性氨基酸　分子中氨基的数目少于羧基的数目，如天冬氨酸和谷氨酸。

（3）碱性氨基酸　分子中氨基的数目多于羧基的数目，如组氨酸、精氨酸和赖氨酸。

2. 按照氨基酸侧链（R—）的化学结构分类

将氨基酸分为 4 大类。

（1）脂肪族氨基酸（R—为脂肪族取代基）　如甘氨酸、丙氨酸、缬氨酸、亮氨酸、异亮氨酸、天冬氨酸、天冬酰胺、谷氨酸、谷氨酰胺、精氨酸、赖氨酸、丝氨酸、苏氨酸、胱氨酸、半胱氨酸和甲硫氨酸等。而胱氨酸、半胱氨酸和甲硫氨酸因含有硫故称为含硫氨基酸。

（2）芳香族氨基酸（R—为芳香烃取代基） 如色氨酸、苯丙氨酸和酪氨酸。

（3）杂环氨基酸（R—为含氮的咪唑环和吲哚环） 如组氨酸和色氨酸。

（4）亚氨基酸（此类氨基酸含有亚氨基—NH，而不含有氨基—NH_2，所以是亚氨基酸而不是氨基酸） 如脯氨酸和羟脯氨酸。

3. 按氨基酸侧链 R—基团的极性分类

把氨基酸分为两大类，即非极性氨基酸和极性氨基酸，见表 0-1。

表 0-1　　20 种蛋白质氨基酸的分子式、结构式和属性

氨基酸	分子式	结构式	侧链化学结构	侧链极性
甘氨酸	$C_2H_5O_2N$	O, H_2N, OH	脂肪族	非极性
丙氨酸	$C_3H_7O_2N$	O, H_3C, OH, NH_2	脂肪族	非极性
缬氨酸*	$C_5H_{11}O_2N$	CH_3, O, H_3C, OH, NH_2	脂肪族	非极性
亮氨酸*	$C_6H_{13}O_2N$	O, H_3C, OH, CH_3, NH_2	脂肪族	非极性
异亮氨酸*	$C_6H_{13}O_2N$	CH_3, O, H_3C, OH, NH_2	脂肪族	非极性
苯丙氨酸*	$C_9H_{11}O_2N$	O, OH, NH_2	芳香族	非极性
色氨酸*	$C_{11}H_{12}O_2N$	O, OH, NH_2, N, H	杂环芳香族	非极性
甲硫氨酸*	$C_5H_{11}O_2N$	O, H_3CS, OH, NH_2	含硫甲基	非极性

续表

氨基酸	分子式	结构式	侧链化学结构	侧链极性
脯氨酸	$C_5H_9O_2N$	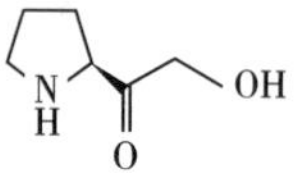	杂环	非极性
酪氨酸	$C_9H_{11}O_3N$	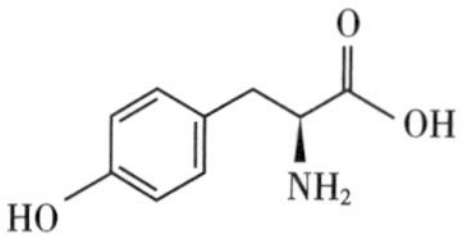	芳香族	极性，不带电荷
丝氨酸	$C_3H_7O_3N$	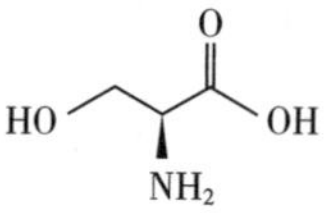	含羟基	极性，不带电荷
半胱氨酸	$C_3C_7O_2N$	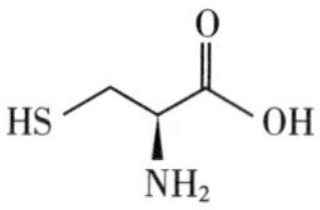	含巯基	极性，不带电荷
天冬氨酸	$C_4H_7O_4N$	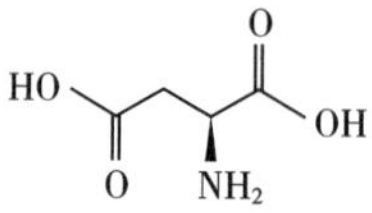	含羧基	极性，带负电荷
天冬酰胺	$C_4H_8O_3N$	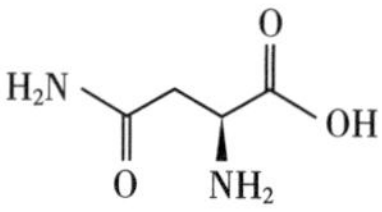	含酰胺基	极性，不带电荷
苏氨酸*	$C_4H_9O_3N$	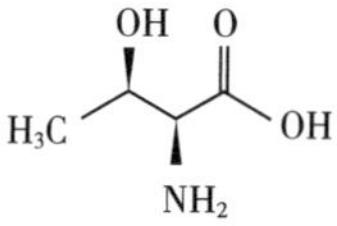	含羟基	极性，不带电荷
谷氨酸	$C_5H_9O_4N$	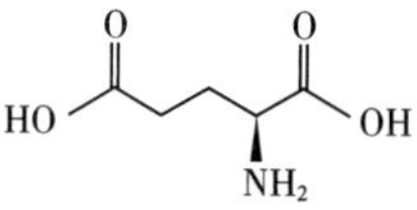	含羧基	极性，带负电荷
谷氨酰胺	$C_5H_{10}O_3N$	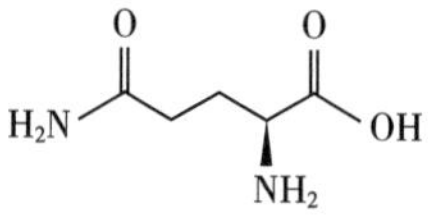	含酰胺基	极性，不带电荷
赖氨酸*	$C_6H_{14}O_2N_2$	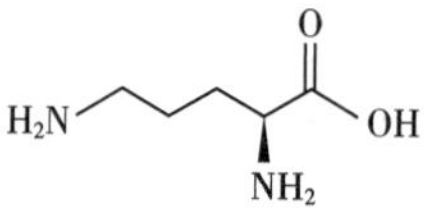	含氨基	极性，带正电荷
精氨酸**	$C_6H_{14}O_2$	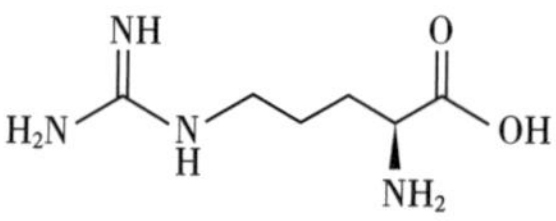	含胍基	极性，带正电荷

续表

氨基酸	分子式	结构式	侧链化学结构	侧链极性
组氨酸*	$C_6H_9O_2N_3$	(咪唑环–CH_2–CH(NH_2)–COOH 结构式)	杂环	极性，带正电荷

注：* 表示必需氨基酸；** 表示半必需氨基酸。

国家标准规定的氨基酸产品的术语、定义和分类详见附录 1：GB/T 32687—2016《氨基酸产品分类导则》。

4. 从营养学的角度分类

根据氨基酸对人体生理的重要性和体内能否合成，将氨基酸分为必需氨基酸、半必需氨基酸和非必需氨基酸 3 大类。

必需氨基酸是指人体生理生化所必需，但体内不能合成而必须由食物供给的氨基酸。半必需氨基酸是指人体生理生化所必需，但体内合成量不足也必需由食物来补充的氨基酸。对成年人而言有 9 种必需氨基酸，分别是赖氨酸、苏氨酸、甲硫氨酸、缬氨酸、亮氨酸、异亮氨酸、苯丙氨酸、色氨酸和组氨酸。而精氨酸是婴幼儿所必需的，故属于半必需氨基酸。

非必需氨基酸是指对人体生理生化所必需，但体内能合成的除必需氨基酸和半必需氨基酸以外的其他氨基酸。

天然氨基酸的名称、代号和相对分子质量见表 0-2。

表 0-2　天然氨基酸的名称、代号和相对分子质量

中文名称	化学名称	英文名称	代号（英）	代号（中）	单字代号（英）	相对分子质量
甘氨酸	α-氨基乙酸	Glycine	Gly	甘	G	76. 07
丙氨酸	α-氨基丙酸	Alanine	Ala	丙	A	89. 09
缬氨酸	α-氨基异戊酸	Valine	Val	缬	V	117. 15
亮氨酸	α-氨基异己酸	Leucine	Leu	亮	L	131. 17
异亮氨酸	β-甲基-α-氨基戊酸	Isoleucine	Ile	异亮	I	131. 17
天冬氨酸	α-氨基丁二酸	Aspartic acid	Asp	天冬	D	133. 10
天冬酰胺	α-氨基-β-氨基甲酰丙酸	Asparagine	Asn	天酰	N	132. 12
谷氨酸	α-氨基戊二酸	Glutamic acid	Glu	谷	E	147. 13
谷氨酰胺	α-氨基-γ-甲酰胺基丁酸	Glutamine	Gln	谷酰	Q	146. 15
精氨酸	δ-胍基-α-氨基戊酸	Arginine	Arg	精	R	174. 20
鸟氨酸	α,δ-二氨基戊酸	Ornithine	Orn	鸟	O	132. 19
赖氨酸	α,ε-二氨基己酸	Lysine	Lys	赖	K	182. 65

续表

中文名称	化学名称	英文名称	代号（英）	代号（中）	单字代号（英）	相对分子质量
丝氨酸	β-羟基-α-氨基丙酸	Serine	Ser	丝	S	105.09
苏氨酸	β-羟基-α-氨基丁酸	Threonine	Thr	苏	T	119.12
半胱氨酸	β-巯基-α-氨基丙酸	Cysteine	Cys	半胱	C	121.16
胱氨酸	双β-巯基-α-氨基丙酸	Cystine	$(Cys)_2$	胱		240.30
甲硫氨酸	γ-甲硫基-α-氨基丁酸	Methionine	Met	蛋	M	149.21
苯丙氨酸	β-苯基-α-氨基丙酸	Phenylalanine	Phe	苯丙	F	165.19
酪氨酸	β-对羟苯基-α-氨基丙酸	Tyrosine	Tyr	酪	Y	181.19
组氨酸	β-咪唑-α-氨基丙酸	Histidine	His	组	H	155.16
色氨酸	β-咪唑基-α-氨基丙酸	Tryptophan	Trp	色	W	204.09
脯氨酸	吡咯烷-2-羧酸	Proline	Pro	脯	P	115.13
羟脯氨酸	4-羟基吡咯烷-2-羧酸	Hydroxyproline	Hyp	羟脯		131.13

三、氨基酸的物理和化学性质

（一）物理性质

由于组成蛋白质的氨基酸绝大部分是具有不对称碳原子的α-氨基酸及其衍生物，因而具有某些物理共性，属光学活性物质，有旋光性，除甘氨酸外都是L型。

1. 晶型和熔点

α-氨基酸都是无色的结晶体，各有其特殊的结晶形状，熔点都较高，一般在200~300℃，而且在这温度之间便分解，见表0-3。

表0-3　天然氨基酸的物理性状、熔点和密度

氨基酸	物理性状	熔点/℃	密度/(g/cm^3)
甘氨酸	白色斜晶	233	1.607
丙氨酸	自水，菱形晶	232~233	1.437
缬氨酸	自乙醇，六角形叶片状晶；自水，叶片状晶	297*	1.316
亮氨酸	自水，叶片状晶	337*	1.038
异亮氨酸	自乙醇，菱形叶片或片状晶	285~286*	1.293
天冬氨酸	无色，菱形叶片状晶	269~271	1.660
天冬酰胺	自水，斜方半面形结晶	234~235	1.543
谷氨酸	无色，正四面体晶	205	1.538
谷氨酰胺	无色针状结晶	185~186*	1.321

续表

氨基酸	物理性状	熔点/℃	密度/(g/cm³)
精氨酸	自水，柱状晶；自乙醇，片状晶	223~224	1.460
赖氨酸	自乙醇，扁六角形片状晶	224~225	1.136
苏氨酸	斜方晶	253	1.307
丝氨酸	六角形片或柱状晶	223~228*	1.530
半胱氨酸	白色结晶粉末	220	1.334
胱氨酸	白色六角形板状晶	260~261*	1.677
甲硫氨酸	六角形片状晶	281~283*	1.340
苯丙氨酸	自水，叶片状晶	283~284*	1.290
酪氨酸	自水，丝状针晶	342~343*	1.340
组氨酸	自水，叶片状晶	277*	1.309
色氨酸	无色，六角形叶片状晶	281~282	1.362
脯氨酸	自水，柱状晶；自乙醇，针状晶	220~222*	1.350
羟脯氨酸	菱形或细针晶	274~275*	1.820

注：(1) * 表示达到熔点后分解；

(2) 自水指从水中结晶，自乙醇指从乙醇中结晶。

2. 溶解度

各种氨基酸均能溶于水，其水溶液都是无色的，但溶解度不同。在凉水中酪氨酸很难溶解，而在热水中溶解度较大；脯氨酸非常易溶于水；除脯氨酸外，其他氨基酸均不溶或很少溶于乙醇；但氨基酸的盐酸盐比游离的氨基酸易溶于乙醇；所有氨基酸都不溶于乙醚、氯仿等非极性溶剂，而均溶于强酸、强碱，见表0-4。

表0-4　天然氨基酸的等电点、溶解度和旋光性

氨基酸	等电点	溶解度/[g/100mL (25℃水中)]	比旋光度/° (5mol/L HCl)
甘氨酸	5.97	24.9	无旋光性
丙氨酸	6.02	16.4	+14.3~+15.2
丝氨酸	5.68	42.5	+14.0~+16.0
半胱氨酸	5.05	27.7	+8.3~+9.5
天冬氨酸	2.77	0.54	+24.8~+25.8
天冬酰胺	5.41	2.94	+34.2~+36.5
苏氨酸	6.53	9.7	−29.6~−26.7*
甲硫氨酸	5.74	5.66	+21.0~+25.0
谷氨酸	3.22	0.86	+31.5~+32.2

续表

氨基酸	等电点	溶解度/[g/100mL（25℃水中）]	比旋光度/°（5mol/L HCl）
谷氨酰胺	5.65	4.13	+6.3~+7.3*
缬氨酸	5.96	5.85	+26.7~+29.0
亮氨酸	5.98	2.15	+14.5~+16.5
异亮氨酸	6.02	3.44	+39.5~+41.5
赖氨酸	9.74	89.0	+23.0~+27.0
精氨酸	10.76	18.2	+26.9~+27.9
苯丙氨酸	5.48	2.69	-35.0~-33.0*
酪氨酸	5.66	0.05	-12.1~-11.3
色氨酸	5.89	1.34	-32.5~-30.0*
组氨酸	7.59	4.56	+12.0~+12.8
脯氨酸	6.30	162.0	-86.3~-84.0

注：* 表示在水中的比旋光度。

3. 旋光性

除甘氨酸外，所有天然氨基酸都具有旋光性，见表 0-4。天然氨基酸的旋光性在酸中可以保持，在碱中由于互变异构，容易发生外消旋化。氨基酸的旋光性和大小取决于它的 R 基性质，且与溶液 pH 有关，因为在不同的 pH 条件下氨基和羧基的解离状态不同。用测定比旋光度的方法可以测定氨基酸的纯度。氨基酸的另一个重要光学性质是对光有吸收作用。20 种蛋白质氨基酸在可见光区域均无光吸收，在远紫外区（<220nm）均有光吸收，在紫外区（近紫外区）（220~300nm）只有苯丙氨酸、酪氨酸和色氨酸三种氨基酸有光吸收能力，因为它们的 R 基含有苯环共轭双键系统。苯丙氨酸最大光吸收在 259nm 波长处、酪氨酸在 278nm 波长处、色氨酸在 279nm 波长处。蛋白质一般都含有这三种氨基酸残基，所以其最大光吸收在大约 280nm 波长处，因此能利用分光光度法很方便地测定蛋白质的含量。

4. 酸碱性质

氨基酸在结晶形态或在水溶液中，不以游离的羧基或氨基形式存在，而是解离成两性离子。氨基酸是两性电解质，同一个氨基酸分子上带有能释放出质子的（$—NH_3^+$）正离子和能接受质子的（$—COO^-$）负离子，在碱性溶液中表现出带负电荷，在酸性溶液中表现出带正电荷。当氨基酸溶液在某一定 pH 时，使某特定氨基酸分子上所带正负电荷相等，成为两性离子，在电场中既不向阳极也不向阴极移动，此时溶液的 pH 即为该氨基酸的等电点（pI）。由于各种氨基酸中的羧基和氨基的相对强度和数目不同，所以各种氨基酸的等电点也不相同，等电点是每一种氨基酸的特定常数。对侧链 R 基不解离的中性氨基酸来说，其等电点是它的 pK_1 和 pK_2 的算术平均值：$pI=(pK_1+pK_2)/2$。K_1 和 K_2 分别代表 α-碳原子上的—COOH 和 $—NH_3^+$ 的解离常数。对于侧链含有可解离基团的氨基酸，其 pI 值也是两性离子两边pK值的算术平均值。酸性氨基酸：pI =（pK_1+p$K_{R—COO^-}$）/2。碱性氨基酸：pI =（pK_2+p$K_{R—NH_2}$）/2。各种氨基酸处于等电点时，主要以电中性的两性离子形式存在，此时溶解度最小，最易沉淀，因此可以用调节 pH 为等电点的方法分离、沉淀氨基酸。

（二）化学性质

氨基酸的化学性质与其分子的特殊功能基团，如羧基、氨基和侧链的 R 基团（羟基、酰胺基、羧基、碱基等）有关。氨基酸的羧基具有羧酸羧基的性质（如成盐、成酯、成酰胺、脱羧、酰氯化等），氨基酸的氨基具有伯胺（R—NH_2）氨基的一切性质（如与 HCl 结合、脱氨、与 HNO_2作用等）。氨基酸的化学通性皆由此二基团所产生。一部分性质是氨基参加的反应，一部分是羧基参加的反应，还有一部分则为氨基、羧基共同参加或侧链 R 基团参加的反应，如表 0-5 所示。

表 0-5　　氨基酸的重要化学反应

反应基团	化学反应	应用
—NH_2参加的反应	与 HNO_2 反应	氨基氮测定
	与甲醛反应	甲醛滴定测定氨基酸
	与酰化试剂反应	氨基保护、多肽 N 端氨基酸标记
	羟基化反应	多肽 N 端氨基酸鉴定
	脱氨基反应	生成相应的 α-酮酸
—COOH 参加的反应	成盐和成酯反应	人工合成肽链保护羧基
	成酰氯反应	人工合成肽链活化羧基
	叠氮反应	人工合成肽链活化羧基
	还原成醇	多肽 C 端鉴定
	脱羧基反应	生成伯胺
—NH_2和—COOH 共同参加的反应	与茚三酮反应	氨基酸定性和定量分析
	成肽反应	合成肽链
	两性解离	对酸碱有缓冲作用
	离子交换反应	氨基酸或多肽分离提纯
	与金属离子形成络合物	解释酶及结合蛋白某些性质
苯 环	与浓 HNO_3作用产生黄色物质	可用作蛋白质定性试验
酚 基	与重氮化合物反应	酪氨酸检测
咪唑基	与重氮苯磺酸反应	组氨酸检测
胍 基	坂口反应	精氨酸检测
吲哚基	与乙醛酸反应	蛋白质定性和色氨酸检测
巯 基	生成二硫键	稳定蛋白质构象

第二节　氨基酸生产方法概论

最早的氨基酸产品是谷氨酸，是以面筋或大豆蛋白为原料利用蛋白质水解提取法制得的。1956 年，日本协和发酵公司成功地建立了微生物发酵法，以糖蜜等为原料直接发酵生产谷氨酸，开创了氨基酸工业生产的新纪元。在过去的 60 多年中，氨基酸生产技术吸收众多学科成就之长，出现了一种氨基酸可以用若干种方法生产，彼此竞争使生产技术不断提高与完善的兴旺局面，终于发展成为一门各种氨基酸品种齐全、生产方法多元化的新产业。

目前，氨基酸的生产方法有 4 种：①发酵法；②酶法；③化学合成法；④蛋白质水解提取法。现在，除个别氨基酸如酪氨酸等采用蛋白质水解提取法生产外，大多数氨基酸都采用发酵法生产，但也有几种氨基酸采用酶法（如天冬氨酸和丙氨酸）和化学合成法（如甲硫氨酸和甘氨酸）生产。

一、发酵法

发酵法是借助于微生物具有合成自身所需氨基酸的能力，通过对微生物菌株进行常规诱变处理，选育出各种营养缺陷型或/和氨基酸结构类似物抗性突变株，以解除代谢调节中的反馈抑制与阻遏，达到过量合成某种氨基酸的目的。

应用发酵法生产氨基酸产量最大的是谷氨酸，其次是赖氨酸；应用该法生产的品种还有苏氨酸、色氨酸、缬氨酸、脯氨酸、精氨酸、亮氨酸、异亮氨酸、苯丙氨酸、谷氨酰胺、组氨酸、羟脯氨酸、鸟氨酸、瓜氨酸和丙氨酸等。

氨基酸高产菌的获得是实现发酵法生产氨基酸的前提，在氨基酸发酵的建立和改进中起着非常重要的作用。最初，将野生型菌株直接用于氨基酸发酵如谷氨酸发酵，但由于活细胞内反馈调节机制对氨基酸生物合成的严格控制，一般不可能积累过量氨基酸。因此，必须获得解除反馈调节、能过量合成氨基酸的各种遗传变异株。这主要通过诱变、筛选各种营养缺陷变异株和改变遗传性状的调节突变株来进行。体内（如细胞融合、转导）和体外（如 DNA 重组）遗传操作等最新技术已应用于新型氨基酸生产菌的选育。诱变法可获得具有营养缺陷型、氨基酸结构类似物抗性等新遗传特性的菌株，细胞融合和转导技术则使所需要的遗传特性重组，而 DNA 重组技术可使氨基酸生物合成途径中关键酶基因的拷贝数放大，从而增加关键酶的酶活力；基因敲除技术可敲除氨基酸生物合成途径中催化合成副产物的酶的基因，从而降低副产物浓度，增加目的产物的产量。

根据氨基酸产生菌的遗传性状，可将其分为 5 类：第一类为直接使用野生型菌株由糖和铵盐发酵生产氨基酸，如谷氨酸；第二类为营养缺陷型变异株；第三类为氨基酸结构类似物抗性变异株；第四类为营养缺陷型（或渗漏型）兼结构类似物抗性变异株；第五类为基因改造菌种。

二、酶法

酶法与发酵法紧密相连，是发酵工业发展的产物，但发酵法与酶法之间又有区别。发酵法是利用微生物的生命活动过程，将简单的碳源、氮源，通过复杂的微生物代谢活动生物合成天然产品，在品种上有其局限性；而酶法是利用微生物中特定的酶作为催化剂，使底物经过酶催化生成所需的产品。因底物选择的多样性，故不限于制备天然产物。借助于酶的生物催化，可使许多本来难以发酵法或合成法生产的光学活性氨基酸有工业生产的可能。

虽然酶法生产氨基酸具有工艺简单、专一性强、浓度高、周期短、耗能少、收率高等优点，但要将它们应用于工业化生产，还需要进一步研究。如何获得廉价的底物和酶源是这一方法能否成功的关键。近年来，随着基因重组技术的进步，有关酶的酶活力显著提高，加之生物反应器研究成果的配合，使酶法生产氨基酸技术具有更光明的前景。

目前，能用酶法生产的氨基酸有近 10 种，例如，以反丁烯二酸（延胡索酸）和氨为原料，经天冬氨酸酶催化生产 L-天冬氨酸；以 L-天冬氨酸为原料，在天冬氨酸-β-脱羧酶作用下生产 L-丙氨酸；在精氨酸脱亚胺酶催化下，使 L-精氨酸转变为 L-瓜氨酸；以甘氨酸和甲醇为原料，在丝氨酸转羟甲基酶催化下合成 L-丝氨酸。

三、化学合成法

化学合成法是利用有机合成和化学工程相结合的技术生产或制备氨基酸的方法，其最大优点是在氨基酸品种上不受限制，除生产天然氨基酸外，还可用于生产各种特殊结构的非天然氨基酸，但这并不意味着都具有工业生产价值。由于合成得到的氨基酸都是 DL-外消旋体（甘氨酸除外），因此必须经过拆分才能得到人体能够利用的 L-氨基酸。故用化学合成法生产氨基酸时，除需考虑合成工艺外，还要考虑异构体的拆分与 D-异构体的消旋利用，三者缺一势必会影响其生产成本和应用。

氨基酸的化学合成法可归纳为一般合成法和不对称合成法两大类。前者产物均为 DL-氨基酸混合物，后者产物为 L-氨基酸。一般合成法包括卤代酸水解法、氰胺水解法、乙酰氨基丙二酸二乙酯法、异氰酸酯（盐）合成法及醛缩合法等。不对称合成法包括直接合成、α-酮酸反应及不对称催化加氢等方法。

四、蛋白质水解提取法

以毛发、血粉以及废蚕丝等蛋白质为原料，通过酸、碱或酶水解成多种氨基酸混合物，再经过分离纯化获得各种氨基酸的方法称为蛋白质水解提取法。

1. 酸水解法

蛋白质原料用 6~10mol/L HCl 或 8mol/L H_2SO_4 于 110~120℃水解 12~24h，除酸后即得多种氨基酸混合物，再经过离子交换分离提取得到各种氨基酸。此法的优点是水解迅速而彻底，产物全部为 L 型氨基酸，无消旋作用；缺点是色氨酸全部被破坏，丝氨酸及酪氨酸部分被破坏，生产环境恶劣，产生大量废酸液污染环境。目前采用此法生产的氨基酸只有酪氨酸、部分亮氨酸等。

2. 碱水解法

蛋白质原料经4~6mol/L NaOH于100℃水解6h，即得多种氨基酸混合物，再经过离子交换分离提取得到各种氨基酸。该法水解迅速而彻底，其优点是色氨酸不被破坏，但含羟基、巯基的氨基酸全部被破坏，且水解过程中产生消旋作用，故工业上多不应用，常用于测定蛋白质中色氨酸的含量。

3. 酶水解法

蛋白质原料在一定pH和温度下经蛋白水解酶作用分解成氨基酸和小肽的过程称为酶水解法。此法优点为反应条件温和，无需特殊的设备，氨基酸不被破坏，无消旋作用；缺点是水解不彻底，产物中除氨基酸外，尚含有较多肽类。此法主要用于生产水解蛋白及蛋白胨，而很少用于生产氨基酸。

随着氨基酸生产技术的进步，由蛋白质水解法提取氨基酸这一古老的生产方法受到很大的冲击，传统的水解法生产谷氨酸早已失去其存在的价值。半胱氨酸的生产也面临酶法的激烈竞争，目前，只有酪氨酸、少量亮氨酸等采用蛋白质水解法生产。

第三节　氨基酸工业生产概况和发展趋势

一、氨基酸工业生产概况

国内氨基酸工业是从20世纪60年代开始逐步发展起来的，先后开展了蛋白质水解提取法、化学合成法、发酵法和酶法生产氨基酸的研究。从1958年开始筛选谷氨酸产生菌，同时进行了大量谷氨酸发酵的基础研究，1964年首先在上海天厨味精厂投入工业化生产。随后，又分离选育到北京棒杆菌AS1. 299和钝齿棒杆菌AS1. 542两株谷氨酸产生菌，各地先后采用发酵法生产谷氨酸。接着，国内不少科研与生产单位又进行了其他氨基酸的研究，初步建立了我国自己的氨基酸工业。据不完全统计，我国目前的氨基酸企业近50家，2021年氨基酸行业总体运行情况良好，氨基酸产品总产量约625万t，主导产品味精（谷氨酸）、赖氨酸、甲硫氨酸、苏氨酸、缬氨酸、色氨酸和甘氨酸等生产状态基本稳定，其中味精238万t、赖氨酸220万t、苏氨酸84. 7万t、甲硫氨酸36. 5万t、缬氨酸2. 9万t、色氨酸2. 6万t，其他氨基酸约40万t（其中甘氨酸29. 9万t）。已能工业化生产的氨基酸品种还有甘氨酸、缬氨酸、苯丙氨酸、丙氨酸、亮氨酸、异亮氨酸、精氨酸、脯氨酸、谷氨酰胺、天冬氨酸、丝氨酸、羟脯氨酸、瓜氨酸、鸟氨酸等。

我国作为农业大国，具备发酵成本优势，同时由于氨基酸市场巨大，国外主要氨基酸生产企业纷纷在我国投资建厂。从20世纪80年代开始，在国家产业政策支持下，我国自主的氨基酸工业化也开始快速发展。经过几十年的发展，我国已成为全球规模最大的氨基酸发酵产业集群，主要产品如味精、赖氨酸、苏氨酸和缬氨酸等产量占全球总产量的2/3

以上，因此，无论是在工业总产量还是在年产值方面，均居于世界第一。

近些年来，面对原辅材料价格上涨、环保压力增加和产能过剩等因素，我国氨基酸行业在国家相关产业政策指引下，通过市场重组，氨基酸产业格局也发生了相应的改变和调整。目前我国氨基酸产业已形成了以大企业和大集团为主导地位的格局，产业集中度大大提高。产业集群主要分布于我国华北、东北和西北，集中在原料主产区和能源供应充足的区域。

目前，虽然我国已成为氨基酸产品的“世界工厂”，但产品仍以谷氨酸、赖氨酸和苏氨酸等大宗氨基酸为主，高附加值的小品种氨基酸相对较少，高端的氨基酸类产品开发也落后于国外。随着氨基酸在食品、医药和饲料等方面应用的开拓，国内市场对高附加值氨基酸的需求逐年强劲增长。在大宗氨基酸发酵技术进步的带动下，我国的氨基酸产业也开始从“规模化”转向“精细化”和“高端化”，部分高附加值氨基酸产品和新型氨基酸衍生物的研发和生产已逐渐达到国际先进水平。我国开始形成了以大宗氨基酸为主，高附加值小品种氨基酸为补充的相对完善的氨基酸产业格局。

目前，国外氨基酸产业发展较成熟的国家包括日本、美国、德国、法国和韩国，这些国家在氨基酸生产技术研究、产品开发和市场推广方面具有领先优势。近十年来，由于一些发展中国家具有原料、能源和人力资源等方面的优势，日韩欧美等国的氨基酸跨国企业相继在东南亚和拉美等国建厂生产氨基酸，氨基酸生产逐步向发展中国家扩展转移。国际氨基酸科学协会（ICAAS）公布的调查报告显示，亚太地区目前已成为全球最大的氨基酸市场。

国际上氨基酸生产综合性厂家主要有日本味之素（Ajnomoto）、韩国希杰（CJ）、德国赢创-德固赛（Evonik-degussa）、美国艾地盟（ADM）公司（The Archer Daniels Midland Company）等。日本、韩国、德国在氨基酸产量、品种和技术水平方面居世界领先水平。

日本是最早开始氨基酸发酵的国家，也是世界氨基酸产品的主要生产国，在国际市场的占有率领先。除了大宗氨基酸产品发酵，日本在氨基酸功能研究、复合氨基酸和氨基酸衍生物产品开发方面也具有很强的实力。从氨基酸的研究开发实力和氨基酸产品的齐全程度而言，日本是全球氨基酸的重要开发基地之一。由于日本国内原料价格高，三废处理耗费大，氨基酸企业重点向海外拓展。日本味之素公司是氨基酸生产最具实力的国际大公司之一，其氨基酸产业的发展在国际上处于前列。日本味之素公司在全球 20 多个国家设有生产基地，主要生产食用氨基酸（味精等）、饲料氨基酸（赖氨酸、苏氨酸和色氨酸）等。日本协和发酵公司是世界上第一家成功以发酵法生产氨基酸的公司，在氨基酸工程菌构建方面具有很强的实力，主要生产和销售药用氨基酸和食品添加剂用氨基酸（赖氨酸、苏氨酸、色氨酸、精氨酸等）。

美国也是全球氨基酸研究和生产的主要国家，在多种氨基酸工程菌开发方面具有很强的实力。ADM 公司是全球最著名的农产品加工企业之一，也是美国最大的氨基酸生产企业。ADM 公司最主要的氨基酸产品包括饲料级赖氨酸和苏氨酸，其中饲料级赖氨酸产能在 20 世纪 90 年代曾占全球的近一半。近年来，随着亚洲氨基酸产能的提升，ADM 公司的饲料级赖氨酸占有率下降到约 10%。ADM 公司生产的氨基酸产品还包括甜味剂原料天冬氨酸和苯丙氨酸。

德国和法国是欧洲最主要的氨基酸生产国，具有很长的研究开发历史。赢创-德固赛是德国最知名的氨基酸生产企业，主要从事固体甲硫氨酸生产，是全球最大的甲硫氨酸生产厂家。除了甲硫氨酸外，赢创-德固赛的赖氨酸、苏氨酸和色氨酸也具有一定的生产规模，是世界上少数可以提供全系列饲料氨基酸（赖氨酸、甲硫氨酸、苏氨酸和色氨酸）的企业之一。法国安迪苏公司是世界三大营养强化剂生产厂商之一，也是全球唯一一家同时生产固体和液体甲硫氨酸的企业，甲硫氨酸产能约占全球的1/4。

韩国希杰公司也是知名的氨基酸生产企业之一，氨基酸研究和生产历史相对较短，初期的氨基酸产品以味精为主。近年来，希杰公司在饲料氨基酸领域快速发展，现已成为全球最主要的饲料氨基酸生产企业之一，可以提供全系列的饲料氨基酸产品。另外，希杰公司是目前全球最大的色氨酸生产企业，色氨酸产能约占全球的1/3。表0-6为国内外氨基酸生产水平和发展概况。

表0-6　国内外氨基酸生产水平和发展概况

氨基酸	生产方法	国内水平	国外先进水平	用途、发展趋势
L-丙氨酸	发酵法、酶法	产酸100~110g/L，转化率90%	产酸110~120g/L，转化率92%	食品、化妆品添加剂
L-精氨酸	发酵法	产酸90~100g/L，转化率30%	产酸100~110g/L，转化率30%~33%	主要用于医药
L-天冬氨酸	酶法			主要用于生产二肽甜味剂
L-胱氨酸	提取法、酶法			食品及化妆品
L-谷氨酸	发酵法	产酸180~220g/L，转化率70%	产酸220~240g/L，转化率70%~73%	主要用于食品添加剂
L-谷氨酰胺	发酵法	产酸78~85g/L，转化率40%	产酸90~95g/L，转化率40%~43%	主要用于医药
甘氨酸	合成法			重要的食品风味剂及其他化学制品的原料
L-组氨酸	发酵法		产酸35~45g/L，转化率15%~17%	主要用于医药
L-异亮氨酸	发酵法	产酸40~50g/L，转化率15%~17%	产酸50~60g/L，转化率17%~20%	主要用于医药
L-亮氨酸	发酵法、提取法	产酸35~40g/L，转化率22%	产酸50~60g/L，转化率23%~25%	主要用于医药
L-赖氨酸	发酵法	产酸220~240g/L，转化率70%~72%	产酸240~270g/L，转化率72%~75%	第一限制必需氨基酸，主要用于饲料、食品和医药
DL-甲硫氨酸	合成法、二步生物转化法			第二限制必需氨基酸，主要用于饲料和医药

续表

氨基酸	生产方法	国内水平	国外先进水平	用途、发展趋势
L-苯丙氨酸	发酵法	产酸 60~70g/L，转化率 25%	产酸 75~90g/L，转化率 27%~30%	主要用于生产二肽甜味剂
L-脯氨酸	发酵法	产酸 80~90g/L，转化率 35%	产酸 100~110g/L，转化率 35%~40%	主要用于医药
L-羟脯氨酸	发酵法	80~90g/L	90~100g/L	主要用于医药
L-丝氨酸	酶法	300g/L	300g/L	主要用于医药和化妆品
L-苏氨酸	发酵法	产酸 135~145g/L，转化率 60%~62%	产酸 150~160g/L，转化率 62%~65%	第四限制必需氨基酸，主要用于饲料和医药
L-色氨酸	发酵法	产酸 40~45g/L，转化率 16%	产酸 50~60g/L，转化率 18%~20%	第三限制必需氨基酸，主要用于饲料和医药
L-缬氨酸	发酵法	产酸 70~90g/L，转化率 35%~40%	产酸 90~100g/L，转化率 45%~50%	第五限制必需氨基酸，主要用于饲料和医药

二、氨基酸工业发展趋势

目前，国内外氨基酸产业技术发展趋势除了在生产技术和手段方面突飞猛进外，氨基酸深层次加工及新产品开发是另一趋向。氨基酸产品的含义已从传统的蛋白质氨基酸发展到包括非蛋白质氨基酸、氨基酸衍生物及短肽类在内的一大类对人类生活和生产起着越来越重要作用的产品类群，这为氨基酸生产的进一步发展提供了更大市场，为氨基酸及相关产业注入新的活力。

基于我国氨基酸生产工艺及技术水平对照国外先进水平，未来应从延长产业链条，开发先进发酵、提取技术，提高设备产能，加强环保治理等方面加快发展，使我国氨基酸生产水平再上新台阶。采用高生物素发酵、浓缩连续等电点结晶及废水制造复合肥技术、连续结晶以及生产设备大型化、自动化、节能化是味精行业生产技术发展的必然趋势。

（一）产品多元化，应用领域扩大化

1. 原料结构优化

非粮原料所占比重不断提高，玉米等粮食原料所占比重持续下降，实现氨基酸发酵工业原料结构的多元化。

2. 产品结构优化

在巩固谷氨酸、赖氨酸等大宗产品的基础上，加快带动小品种氨基酸、氨基酸衍生物和核苷类物质的发展。

3. 以满足市场需求为导向，加快氨基酸发酵工业产品结构调整和产业升级

在巩固现有氨基酸产业的基础上，加快氨基酸深层次加工及新产品开发。推进 L-色氨酸、L-缬氨酸、L-精氨酸、L-丝氨酸、L-组氨酸等高附加值的小品种氨基酸产业化进

程。利用现代生物技术延伸微生物制造产业链，积极开发 D-氨基酸、β-氨基酸、非蛋白氨基酸等新型氨基酸产品。

目前，我国氨基酸仍以大宗氨基酸的生产为主，氨基酸主要用途是食品补充剂、饲料添加剂、临床营养剂及氨基酸药物（如氨基酸注射液、氨基酸口服液、氨基酸制剂）等，当前氨基酸衍生物由于可作为治疗用药，其研究开发逐渐活跃，不断有新的产品用于临床，如治疗肝性疾病、心血管疾病、溃疡病、神经系统疾病等方面产品相继问世。然而，氨基酸产品还有待于研发，其应用领域也有待于拓展，应该积极运用现代生物技术手段大力开发相关产品，包括高附加值氨基酸、医药中间体、生物防腐剂、高分子材料和聚合物等，通过高端产品走专业化生产的道路，开拓更宽的应用领域。随着氨基酸技术和市场的发展，氨基酸深加工和新品的研发势必会提到一定高度。

（二）采用先进技术，资源能源利用最大化

1. 采用双酶法淀粉高浓度液化制糖新工艺提高粉糖转化率

通过自动控制的液化蒸汽喷射器结合新型复合酶制剂应用来实现高底物浓度制糖新工艺及采用分散控制系统（DCS）自动控制全面提高糖液质量，从而进一步改进并提高淀粉制糖生产系统的效能，提升发酵工业制糖工艺技术和 DCS 自动控制水平，为发酵提供质量合格、成本低廉的葡萄糖。淀粉高浓度液化制糖技术可有效提高液化工段效率，相应地降低在淀粉制糖工段的综合消耗，有效降低相应的能源及其他消耗，直接将物料浓度提高到下游发酵工序的标准，使物料的有效组分和特性更加适合下道工序的具体要求。双酶法工艺制糖，糖液质量进一步提高，粉糖转化率可达 98%以上，糖酸转化率提高，发酵残糖进一步降至 5g/L 以下，可使发酵液残留的有机物减少，从而使污染负荷降低。

2. 使用微米级复合滤布实现糖化液真空转鼓过滤，进一步提高糖液质量

在以往的糖化液过滤过程中，通常采用间歇式的板框压滤机或硅藻土/珍珠岩预涂敷连续式的真空转鼓过滤机过滤糖液。间歇式板框压滤存在过滤速度慢、劳动强度大、糖液质量不稳定等问题，预涂敷真空转鼓过滤存在硅藻土/珍珠岩用量大、硅藻土/珍珠岩中重金属离子残留干扰发酵过程、混有硅藻土/珍珠岩的滤渣无法资源化需填埋等问题。采用微米级复合滤布可实现无预涂敷连续化过滤，消除预涂/硅藻土/珍珠岩中重金属离子残留对发酵过程的干扰，过滤液透光率达到 95%以上，进一步提高糖液质量；且淀粉渣、液化酶、糖化酶的蛋白残留量极低，对于稳定发酵和减少发酵过程中泡沫的产生起到了积极的作用。

3. 基于系统生物技术的代谢工程手段改善微生物的性能

氨基酸的合成与分解是一个非常复杂的代谢过程，其中涉及基因的表达和调控、酶活力的反馈抑制和反馈调节以及胞内代谢流量的动态变化等过程，并有许多因素参与其中，单一的研究方法和手段不能揭示胞内复杂的代谢变化过程。随着功能基因组学、蛋白质组学、代谢组学和代谢工程的深入研究及大量实验数据的累积，通过基因工程技术重新构建整个细胞代谢网络系统，使代谢流量分布按预期设想发生变化，从而提高氨基酸的产量，并为特定的应用提供优化细胞功能已经成为可能。

缓解能源短缺压力，发展新型循环经济，保护环境与改善生态，解决“三农”问题，建设节约型社会，都呼唤着新兴的生物制造产业。缺乏优良的生物制造细胞代谢网络，导致成本高、效率低，是我国生物制造产业发展的主要瓶颈。目前，以组学为特征的系统生物学科学平台已经建立，利用基于系统生物技术的代谢工程手段改善微生物的性能，已成为国际上的研究热点和发展趋势。在深刻理解细胞内的复杂代谢网络及其调控机制，发现影响细胞生理特性的胞内因素及环境条件，进而进行代谢能力的定向修饰，制造具有我国知识产权的高效的细胞代谢网络，定向选育遗传稳定的发酵高产菌，在不改变现有发酵设备的条件下，通过改进生产菌株大幅度地提高谷氨酸的产量和质量，提高原料利用率、发酵产酸率、糖酸转化率、发酵强度、缩短发酵周期，有效降低发酵过程中的能源消耗，有利于发酵产物的提取与精制，提高生产效率，降低生产成本，提高经济效益。

4. 实现发酵过程控制优化，提高原料与设备利用率

发酵过程控制优化是指在已经提供菌种或基因工程菌的基础上，在发酵罐中通过操作条件的控制或发酵罐装备的选型改造，达到发酵产品生产最优，即生产能力最大、成本消耗最低或产品质量最高。当前中国在传统生物技术产业上有关发酵产品的品种和生产量已经处于世界第一的地位，但是由于发酵过程优化技术研究和应用滞后的原因，许多产品的生产水平不高，与国际差距很大，因而生产成本高，市场竞争能力弱。

在代谢工程理论和发酵过程多尺度优化理论的指导下，在发酵过程控制中，利用耐高温的溶氧电极、pH 电极、葡萄糖浓度电极、温度电极、罐压传感器、尾气分析仪等仪器设备，把溶解氧浓度、发酵液 pH、发酵温度、罐压、尾气中 O_2 与 CO_2 排放量的变化等各种检测参数通过在线计算机数据处理，并实时描绘出各参数动态趋势曲线，确定发酵过程中菌体的代谢情况并通过溶氧电极信号和尾气中 O_2 与 CO_2 排放量与排气自动控制阀的联动、pH 电极信号与液氨流加自动阀的联动、葡萄糖浓度电极与浓缩葡萄糖流加阀的联动、温度电极与发酵罐冷却系统的联动，实现发酵过程高精度控制及发酵产物的稳产高产，并控制发酵液残糖 5g/L 以下，有利于发酵产物的提取与精制。

现代化的发酵生产离不开对生物反应过程的精密控制，而实现对生物反应过程的控制更离不开高效传感器和高精度反馈控制系统。由于在生物反应器中细胞生理代谢数据采集和处理的困难，且生物反应过程生命体所处的环境条件是不断变化的，由单一生理调控机制出发做出的解释往往缺乏全局性的概念，难以对整个过程控制和优化起决定性作用。因此，发酵过程的优化研究应从菌种特性、细胞代谢特性和反应器特性等多尺度观点入手，通过反应器层面的宏观细胞实时代谢流相关参数分析实现多点、多面、多尺度观察。在此基础上，构建基于过程控制技术、智能工程技术、代谢工程技术、动态优化技术和发酵工程技术的集约型发酵过程控制系统，解决发酵过程存在的如高度非线性、强烈时变性、控制响应滞后性等难题，实现高收率、高产出，提高设备利用率，有效降低能耗。

5. 改进发酵工艺，节能资源消耗

大种量低糖流加工艺应用大种量（5%～10%）、低初糖浓度（30～50g/L）、中后期补糖发酵工艺，掌握好高浓度糖流加时机，缩短发酵周期，提高发酵产率，降低单产能耗，

同时在生产过程中将产生大量的冷却水、冷凝水。为此，发酵企业采取以下措施：安装冷却塔，冷却水应全部回收利用；尽量减少洗涤水、冲洗水用量；提高冷凝水的循环利用量，减少加热用直接蒸汽的使用量；加强企业管理，防止跑冒滴漏，降低生产成本。

（三）推行清洁生产，污染物排放减量化

1. 强化 CO_2 固定反应的高效氨基酸生产菌株定向选育及工艺

发酵过程中过多的菌体呼吸作用产生大量的 CO_2 排放是造成碳架损失的主要原因。目前国内已工业化的氨基酸品种中，根据氨基酸生物合成途径，不论是谷氨酸族氨基酸（谷氨酸、谷氨酰胺、脯氨酸和精氨酸）、天冬氨酸族氨基酸（天冬氨酸、赖氨酸、苏氨酸和异亮氨酸），还是丙氨酸族氨基酸（缬氨酸和亮氨酸），强化 CO_2 固定反应都有利于将中心代谢途径的代谢流更多地导入相应氨基酸合成途径。因此，增强由羧化酶催化的 CO_2 固定反应，一方面可以减少碳架损失，提高糖酸转化率；另一方面也直接减少了 CO_2 的生成和排放。

其次，强化氨基酸生产菌的 CO_2 固定反应，通过氨基酸代谢网络优化和发酵过程优化，可以控制 CO_2 含量处于合适的浓度范围，有助于提高菌体的比生长速率，缩短氨基酸发酵的周期，提高氨基酸发酵的强度，实现发酵过程的节能降耗。另外，强化氨基酸生产菌的 CO_2 固定反应，提高目的氨基酸产量，将间接减少发酵液中副产氨基酸和有机酸含量，显著减轻产品后提取压力。氨基酸产品提取过程的酸碱使用给后期污染物和废水处理带来严重问题。提高发酵液目的产物含量，将大幅度减少酸碱用量，减轻末端治理压力，间接减少 CO_2 排放。

2. 安装自动吞沫机，减少化学消泡剂用量，保护环境

自动吞沫机依据流体力学原理，以好氧发酵罐自备的无菌压缩空气为动力，将好氧发酵过程中产生的大量泡沫迅速彻底地吞噬掉并还原为料液，及时有效地清除好氧发酵生产过程中所产生的泡沫。发酵过程中采用自动吞沫机清除泡沫实现了自动化控制，可减少消泡剂投放量，节约大量生产成本，有利于提高发酵装填系数，提高设备利用率，减少化学除泡剂对菌体的侵害，有利于产品提取，提升产品质量；同时企业也减少了有害物质的排放，保护了环境。

3. 运用膜分离（超滤）技术分离菌体蛋白，采用多效蒸发浓缩连续等电点法冷冻结晶提取发酵产物，浓缩发酵母液生产有机复合肥，减少污染物排放

发酵液中含有菌体、蛋白质、胶体和其他固形物，对发酵液浓缩、等电点结晶、离子交换回收等过程具有负面影响。采用膜过滤技术去除发酵液中的菌体等物质，再用浓缩冷冻等电点法提取，一方面发酵液除菌可以提高发酵产物的收率和质量，另一方面可以大大减少连续等电点冷冻转晶过程的负荷，减少废水排放量一半以上，是一项重要的污染控制措施。浓缩发酵母液喷浆造粒生产有机复合肥，在实现生产废物资源化的同时，可以有效地减少污染物的排放。

4. 开发新型末端处理技术，降低环保处理成本

发酵工业末端处理主要是对废水进行处理，开发新型好氧、厌氧高效反应器以及厌

氧/好氧组合/复合高效反应器及其工艺，酶固定化反应器及其工艺以及一些新型、高效、低成本的中小型生物除臭设备，并开发集成化的环境生物过程监测与控制技术和装备，对废水污染处理过程进行监测、模拟与控制。例如，利用厌氧膨胀颗粒污泥床（EGSB）、内循环反应器（IC）等厌氧高效反应器在超高有机负荷［COD 负荷达 30kg/(m^3·d)］下处理高浓度工业废水，工艺系统对于总 COD 的去除率超过 80%。而厌氧/好氧组合/复合高效反应器及其工艺，将废水处理与能源回收紧密结合，能够更有效地进行末端废水的处理和净化；酶固定化反应器是水体修复关键技术，根据污染物质选择不同种类的新型固定化材料、酶固定化技术和酶固定化反应器，可以解决酶的不稳定性和重复利用困难等问题，可以有效降低环保处理成本；中小型生物滴滤池、生物洗涤塔、生物滤池和膜生物反应器等可以除臭和净化挥发性有机物，适用于废水处理厂或生产车间，开展高效微生物的筛选、驯化及固定化研究，构建高效基因工程菌和相应的除臭设备，主要用于尾气挥发性有机物成分的吸收转化，减少对大气的污染；在末端处理方面，利用生物标志物、免疫分析技术、生物传感器等先进的检测技术及设备，用数学模型对生物动态过程进行比较精确的模拟，提升在污染控制生物过程诊断、调控及优化领域的整体水平，保证末端处理系统正常运行。

（四）扩大综合利用途径，废弃物资源化

近年来，发酵生产技术有了很大进步。液化、糖化、发酵及发酵产物提取工艺等都取得了可喜进展。为了在激烈的市场竞争中立于不败之地，各生产厂家都在努力采用新技术，引入链接工艺，建立发酵企业内部提取母液的综合利用途径。

1. 开发玉米皮、玉米蛋白、玉米胚芽等原料副产物的综合利用新技术，生产高附加值产品

利用生产玉米淀粉的废渣分级处理，生产玉米胚芽油、玉米淀粉糖、玉米蛋白等具有较高附加值的产品；将这些高附加值产品进一步深加工，提高其产品附加值，如将这些产品作为微生物培养基，用于生产糖化酶、蛋白分解酶及微生物蛋白饲料；以玉米蛋白粉或玉米皮为原料，利用超临界 CO_2 萃取技术或有机溶剂萃取玉米黄色素、玉米黄质等类胡萝卜素色素，既可以生产出高附加值副产品，又可以减轻废水和废渣处理负荷。

2. 玉米浸泡水和离子交换尾液

玉米浸泡水和离子交换尾液培养饲用酵母发酵粉，提取发酵产物后的母液，经硫酸水解后作为调酸液回用到连续等电点工段，可减少部分硫酸的使用，不但可以有效地提高回收率，变废为宝，降低成本，还可以提高产品质量，提高企业经济效益，使资源得到合理利用，减少对环境的污染。

（五）开发高效节能装备

1. 开发新型高效大型反应器装备，提高设备使用率，降低能源消耗

发酵技术中的配套设备对于发酵产品成本的降低极为重要。发酵产品的成本中有 40%~60%是设备使用的动力成本（包括水、电、汽、气）。随着生化技术的提高和生化产

品的需求量不断增加，对发酵罐的大型化、节能和高效提出了越来越高的要求。目前国内较普遍使用 100～350m^3 发酵罐，国际上最大标准式发酵罐为赖氨酸发酵罐，其容积为 1000m^3。随着发酵产品需求量增加，发酵过程控制和检测水平提高，发酵机理的了解和最优化的机理认识水平提高，以及空气无菌处理技术水平的提高，发酵罐的容积增大已成为工业发酵的趋势。

发酵是一个无菌通气（或厌氧）的复杂生化过程，需要无菌的空气和培养基的纯种浸没培养，因而发酵罐的设计，不仅仅是单体设备的设计，还涉及培养基灭菌、无菌空气的制备、发酵过程的控制和工艺管道配制的系统工程。在近代流体力学的理论基础上，以边界层分离、机翼理论和船用螺旋桨等理论为指导，采用轴向流搅拌器为主的组合式搅拌器和一次成型搅拌长轴复合的发酵大罐(>200m^3)专用搅拌系统，解决无菌空气气泡分散和聚并过程中的富氧区和贫氧区问题，实现低能耗高效搅拌；结合发酵专用搅拌电机变频控制器的使用，在实现大体积范围内的气液混合，并充分满足好氧发酵不同培养时期需氧要求的同时，减少电机动力消耗。

2. 开发和使用新型高效节能提取分离设备，提高提取收率和产品质量

发酵产品的下游加工成本较高，在氨基酸、有机酸等生产过程中，分离纯化部分费用约占总成本的 60%，水耗、能耗非常大，给废水治理增加了难度。为适应可持续发展的需要，提取分离设备的开发应遵循发展高科技、有效利用资源、节省能源、重视水资源的开发和再利用、加强环保的原则，结合难分离体系的分离技术、高技术的动态过滤技术以及新型的传质分离技术进行分离提取装备的研究开发，如新型浓缩连续等电点提取和膜分离耦联分离提取设备、模拟移动床色谱分离技术及设备，提高分离提取过程的速率和效率，节能、节水，降低水污染处理的难度。

3. 开发和使用新型、高效、节能的干燥设备，节约和充分利用能源

干燥是许多工业生产中的重要工艺过程之一，它直接影响到产品的性能、形态、质量以及过程的能耗等。干燥设备耗能较大，在生产加工中干燥设备与产品的质量和节能环保等直接相关，因此急需开发新型、高效、节能的干燥设备。例如，开发系列化、大型化的干燥设备，大型干燥设备具有热能消耗低、余热回收方便和运行费用低等特点，可以提高生产能力；在大型化的基础上向自动化发展，包括自动控制、自动调节、自动分析及自动报警等方面，且提高其可靠性，提高产品的质量和干燥效率；联合干燥法的应用，如将气流干燥与喷雾干燥组合、微波干燥与沸腾干燥组合使用等以达到充分利用热能的目的。

总之，经过几十年的努力，我国的氨基酸事业从无到有，从小到大，走过了辉煌的发展历程，为我国经济建设和提高人民生活水平做出了巨大的贡献。相信在国家产业政策的引导下，我国的氨基酸事业必将继续发展壮大。

第四节　中国氨基酸工业存在的问题

中国氨基酸总产量在世界上位居前列，但与国外氨基酸工业相比，中国氨基酸工业存

在产品结构不合理（主要以生产价格低廉的谷氨酸、饲料级赖氨酸和苏氨酸为主，其他氨基酸的比例偏低）、主要生产技术指标（如产酸率、糖酸转化率及提取率等）均明显低于日本等先进国家、生产成本较高等问题，主要表现在以下几方面。

一、创新品种较少，产品研发能力弱

我国氨基酸事业起步较晚，改革开放后，我国氨基酸工业取得了突飞猛进的大发展，经过多年的努力，我国氨基酸发酵技术已经取得了惊人的成绩，部分技术已经达到国际先进水平。但是，总体而言，我国科技创新能力依然不强，有些产品只有少数部分企业可以生产，而且只能少量生产，即使是我国氨基酸行业龙头企业也无法与跨国企业相比。另外，我国氨基酸产品多数只作为附加值低的饲用氨基酸，而对纯度要求高、无热原的药用氨基酸普遍缺乏生产能力。虽然氨基酸及其衍生物产业研究开发投入比重明显加大，但仍显相对不足，创新能力有待提高，拥有自主知识产权的新型氨基酸产品相对较少，新兴产品比重相对低，新产品产业化能力较弱；装备自动化和国产化水平不高，生产工艺和技术水平与国际先进水平相比还有一定差距，关键技术仍需要突破，国际竞争力不足，自主创新能力的建设亟待加强和提升。

二、资源、能源消耗大，环境污染较重

地区发展不平衡，氨基酸生产分布不均。我国早期氨基酸行业主要集中在东南沿海发达的省份。由于中央开发大西北和振兴东北老工业基地政策的引导，一些生产性企业开始北上西进，利用当地政府的招商引资政策，加上区域资源（煤炭、粮食）优势，创建了一批规模较大的氨基酸生产企业。目前，华北、东北、西北等地的氨基酸生产企业的产量占全国总量的90%以上。

对资源和环境领域存在依赖性，主要表现为原料利用率不高，废弃物排放量较大，资源综合利用深度不够和副产品附加值较低，节能环保形势十分严峻。由于各味精企业的生产水平和技术装备不同，耗水量的差距较大，平均吨产品水耗为92t，而国外先进发达国家味精生产企业吨产品水耗在30t左右。味精的有机废水COD浓度在20000~50000mg/L，属于高污染源，吨产品废水产生量为15t。因此，必须加强污染物的治理和废物的综合利用。

三、工艺技术相对落后，发酵产率和转化率较低

我国氨基酸生产企业较多，但是规模相对较小，工艺相对落后，许多技术仅停留在实验室阶段，还不能直接转化为生产力。日本虽然是缺乏原料、能源与劳动力的国家，却是世界氨基酸生产强国，主要是依赖技术优势，以技术领先抵消其他方面的不足，控制着全球氨基酸产量1/3左右的份额。我国仅是依靠能源及较低的生产成本优势，难以与世界氨基酸生产强国竞争。

针对我国氨基酸工业现状和存在的问题，应该继续开展氨基酸生产新技术与新工艺的

研发，调整产品结构，研发具有独立自主知识产权的氨基酸高产菌，提高氨基酸产酸率和转化率；研发新型分离、提取和精制耦合技术，降低成本、提高产品质量；以实现各种氨基酸的关键生产技术的提升，使产品的技术水平、经济效益与生态指标达到国际先进水平；实施产业化，建立生态工业链，增强市场竞争力，使我国氨基酸产业在世界上占有优势地位，造福人类。

参考文献

[1] 张伟国，钱和．氨基酸生产技术及其应用［M］．北京：中国轻工业出版社，1997.

[2] 王镜岩，朱圣庚，徐长法．生物化学（第三版）［M］．北京：高等教育出版社，2002.

[3] 曾昭琼．有机化学（第四版）［M］．北京：高等教育出版社，2004.

[4] 陈宁．氨基酸工艺学［M］．北京：中国轻工业出版社，2007.

[5] 陈宁．氨基酸工艺学（第二版）［M］．北京：中国轻工业出版社，2020.

[6] 杜军．氨基酸工业发展报告［M］．北京：清华大学出版社，2011.

[7] 蒋滢．氨基酸的应用［M］．北京：世界图书出版公司北京公司，1996.

[8] 吴显荣．氨基酸［M］．北京：中国农业大学出版社，1988.

[9] 张萍．氨基酸生产技术与工艺［M］．银川：宁夏人民教育出版社，1988.

[10] 杨雪莲．必需氨基酸的生物合成研究［M］．北京：中国财富出版社，2011.

[11] 刁其玉．动物氨基酸营养与饲料［M］．北京：化学工业出版社，2007.

[12] 谢希贤，陈宁．氨基酸技术发展及新产品开发［J］．生物产业技术，2014（04）：23-28.

第一篇

氨基酸发酵的基础技术

第一章　淀粉水解糖的生产

发酵法生产氨基酸，其主要原料是葡萄糖。目前，国内大部分氨基酸发酵企业用的是玉米淀粉水解糖。将淀粉质原料如玉米、大米、小麦和木薯等淀粉转化为葡萄糖的过程称作糖化工艺，其糖化液称为淀粉糖或淀粉水解糖。淀粉糖的主要成分是葡萄糖，其余含极少量的麦芽糖及其他二糖、低聚糖等复合糖类。

葡萄糖是氨基酸发酵的碳源，占其生产成本的50%左右。淀粉糖质量的高低与发酵结果密切相关。因此伴随着氨基酸高产菌种的应用和技术装备的改进，在发酵生产中要求严格控制糖液的质量，保证稳定性高的氨基酸发酵产酸水平和转化率，为氨基酸提取和精制提供良好的生产条件。

淀粉糖化按使用催化剂的不同可分为酸解法、酶酸法和双酶法三种。双酶法生产的糖液质量高、杂质含量低因而具有很大优势，在氨基酸发酵行业目前已被广泛应用，而酸解法和酶酸法已被企业淘汰出局。

第一节　淀粉的组成与特性

一、淀粉的化学组成和结构

（一）淀粉的化学组成

淀粉是自然界最主要的碳水化合物，由碳、氢、氧三种元素组成，其中碳占44.4%、氢占6.2%、氧占49.4%，在适当的酸性条件下可水解成葡萄糖。100份淀粉可生成111份D-葡萄糖，这表明淀粉是由D-葡萄糖单元组成的多糖。根据淀粉水解物的质量平衡关系，可以推断淀粉的分子式为（$C_6H_{10}O_5$）$_n$，n 即聚合度，为不定数，表示淀粉是由许多葡萄糖单元组成的。

（二）淀粉的分子结构

淀粉分为直链淀粉和支链淀粉两大类，直链淀粉和支链淀粉的比例随淀粉原料品种的不同而异，其中在玉米淀粉中直链淀粉占26%左右。

1. 直链淀粉的结构

直链淀粉是由不分支的葡萄糖链所构成，葡萄糖分子间以 α-1,4 糖苷键聚合而成，呈链状结构，分子比较小，聚合度在100~6000，其结构式如下：

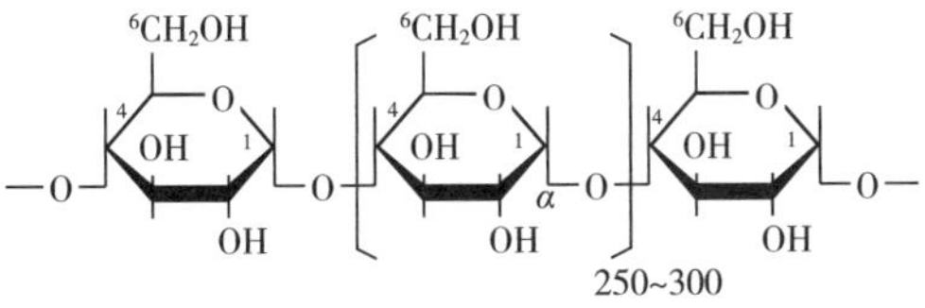

直链淀粉（α-1,4糖苷键）的一部分

几种淀粉品种的直链淀粉含量如表 1-1 所示。

表 1-1　　几种淀粉品种的直链淀粉含量

淀粉品种	直链淀粉含量/%	淀粉品种	直链淀粉含量/%
玉米	25~26	糯米	0
黏玉米	0	小麦	25~30
高直链玉米	70~80	大麦	22
高粱	27	马铃薯	20~25
黏高粱	0	甘薯	18~19
大米	19	木薯	17

直链淀粉分子的空间构象是卷曲的螺旋状，每一个螺旋有 6 个葡萄糖基（图 1-1）。

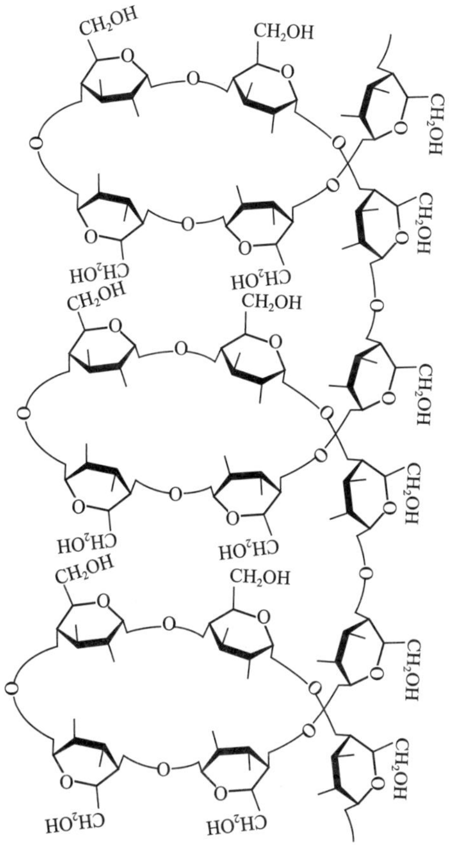

图 1-1　直链淀粉的螺旋结构示意图

直链淀粉的水悬浮液加热时，不产生糊精，而以胶体状态溶解，遇碘反应呈深蓝色。

2. 支链淀粉的结构

支链淀粉是由多个较短的α-1,4糖苷键连接的直链（不超过30个葡萄糖单位）结合而成。每两个短直链之间的连接为α-1,6糖苷键，即1个较短直链链端葡萄糖分子第1碳原子上的—OH与邻近另1个短链中葡萄糖第6碳原子上的—OH结合。支链淀粉分子中的小支链又与邻近的短链相结合，因此支链淀粉的分子形式呈树枝状态。支链淀粉分子比较大，聚合度在1000~3000000，一般在6000以上。支链淀粉的每一单位直链的长度为20~30个葡萄糖分子。主链中每隔8~9个葡萄糖单位即有一分支。其结构式如下：

CH_2OH CH_2OH CH_2OH

HO OH OH OH OH OH O OH

CH_2OH CH_2OH $^6CH_2$

—O— OH OH OH —OH OH OH OH

支链淀粉结构式的一部分

支链淀粉分子中各分支也都是卷曲螺旋状。支链淀粉是一种膨胀状的物质，置于水中加热时成为胶黏的糊状物，而且只有在加热加压的条件下，才能溶解于水，遇碘反应呈红紫色。

（三）淀粉的形态和有关理化参数

淀粉呈白色粉末状，相对密度1.63，燃烧热17305kJ/kg，在X光谱下，呈晶体状，产生双折射现象。淀粉是以淀粉粒的形态贮存于植物中，大小2~15μm，显微镜下观察，呈圆形、椭圆形、多角形，颗粒表面有树木年轮似的轮纹。在偏振光下观察，淀粉颗粒具有黑色偏光十字，不同种类的淀粉特性不同。可利用淀粉颗粒的这些特性来鉴别淀粉的种类。各种来源淀粉的主要特征如表1-2所示。

表1-2 各种来源淀粉的主要特征

原料	玉米	木薯	马铃薯	甘薯	小麦	大米
粒状	多面形单粒	多面形、吊钟形复粒	卵形单粒	多面形、吊钟形复粒	凸透镜形单粒	多面形复粒
粒径/μm	6~21	4~35	5~100	2~40	5~40	2~8
平均粒径/μm	16	17	50	18	20	4
水分/%	13	12	18	18	13	13
蛋白质含量/%	0.3	0.02	0	0.1	0.38	0.07

续表

原料	玉米	木薯	马铃薯	甘薯	小麦	大米
脂肪含量/%	—	0.1	0.05	0.1	0.07	0.56
灰分含量/%	0.08	0.16	0.57	0.3	0.17	0.10
P_2O_5含量/%	0.045	0.017	0.176	0	0.149	0.015
直链淀粉含量/%	25	17	25	19	30	19
支链淀粉平均分支长度/个葡萄糖	25~26	23	22~24	27	23	—
糊化温度/℃	67.2	59.6	64.5	72.5	61.3	73.6
最高黏度*/(Pa·s)	260	340	1028	685	104	680
表示最高黏度的温度/℃	92.5	75.2	88	90.2	92.5	73.4
92.5℃*10min后的黏度/(Pa·s)	85	185	940	640	85	445

注：*使用6%的浆糊。

在绝干状态下，玉米淀粉密度为1592~1632kg/m³；商品淀粉密度为1528~1530kg/m³。玉米淀粉含直链淀粉25%~26%，支链淀粉74%~75%。一般玉米淀粉糊化开始温度为62℃，最终为72℃，平均糊化温度67℃。每克淀粉颗粒数目为1.3×10^8个，比表面积$300m^2/kg$。

在淀粉颗粒中，链与链之间借助氢键相互缠绕在一起。淀粉颗粒在电子显微镜下观察如图1-2所示。

玉米淀粉

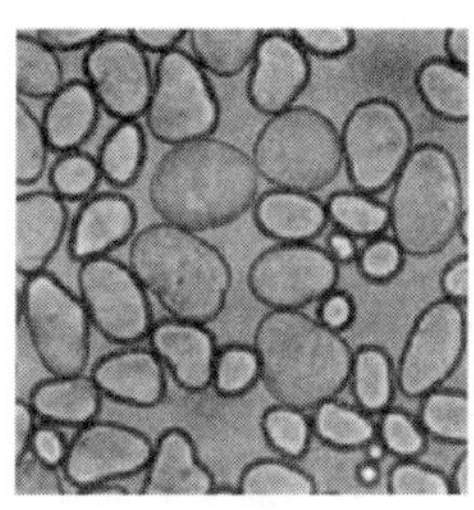
扁豆淀粉

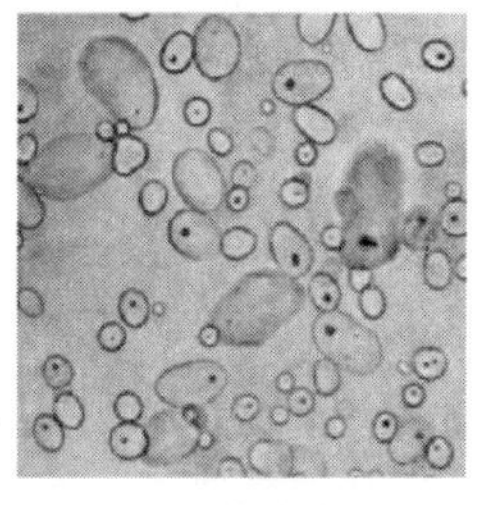
马铃薯淀粉

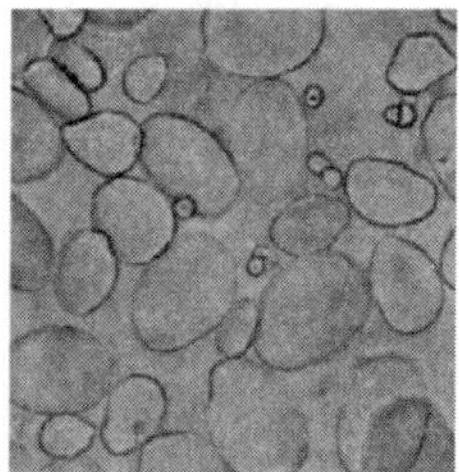
竹芋淀粉

图1-2　淀粉颗粒电镜照片

二、淀粉的性质

（一）淀粉与水

1. 淀粉的糊化作用

（1）淀粉糊化作用的机制　淀粉乳是淀粉混于冷水中搅拌成的乳状悬浮液，若将淀粉乳加热到一定温度，则淀粉颗粒吸水膨胀，以至于破裂，最后乳液全部变成黏性很大的糊状物，虽然停止搅拌，淀粉却再也不会沉淀，这种现象称为糊化作用，此时的温度为淀粉的糊化温度。

糊化的实质是淀粉中有序（晶质）态和无序（非晶体）态的淀粉分子间的氢键断裂，分散在水中成为亲水性胶体溶液。

（2）淀粉的糊化过程　淀粉颗粒在热水中的糊化过程分为三个阶段。

①可逆吸水阶段：乳液黏度无显著变化，但淀粉颗粒已有些膨胀，水分只进入了淀粉分子的无序态之间，若冷却，再干燥，淀粉仍保持它特有的外形，淀粉在性质上没有什么改变。

②不可逆吸水阶段：温度超过可逆吸水阶段后，水进入淀粉分子有序排列的分子内，有序结构被打破，水与淀粉分子结合。淀粉分子吸收大量水分突然膨胀达到原来体积的50~100倍，很快失去双折射性，黏性变强，透明度增高。冷却干燥后，不能保持它原有的特性。

③溶解阶段：当温度继续升高，这时有更多的淀粉溶解于水中，淀粉颗粒完全失去原形，微晶束也相应解体，形成空囊，淀粉糊的黏度继续增加，冷却后有形成凝胶的倾向。如果温度再继续升高，如超过10℃，则淀粉颗粒全部溶解。

所以说，在通常情况下，淀粉糊中不仅含有高度膨胀的淀粉，而且还有被溶解的直链分子和分散的支链分子，以及部分微晶束。

（3）影响淀粉糊化的几种因素　各种淀粉分子彼此之间的结合程度不同，分子排列的紧密程度也不同，即微晶束的大小及密度不同。一般来说，分子间缔合程度大，分子排列紧密，那么拆散分子间的聚合，拆开微晶束要消耗较多的能量，这样的淀粉粒就不容易糊化，反之则易于糊化。而在同一种淀粉中，淀粉粒大的糊化温度较低，而淀粉粒小的糊化温度较高。除此之外还有以下几个因素的影响。

①水分的影响：当淀粉水分含量低于30%，加热后，淀粉也不会糊化，淀粉粒的膨胀是有限的，双折射性降低但不消失。

②酸碱度的影响：淀粉在强碱作用下，室温条件即可糊化。

③盐类的影响：某些盐类如KI、NH_4NO_3、$CaCl_2$等浓溶液，在室温下可促使淀粉糊化，而硫酸盐、偏磷酸盐则阻止糊化。

④极性高分子有机化合物的影响：盐酸胍、尿素、二甲基亚砜等在室温或低温下促进淀粉糊化。

⑤直链淀粉含量的影响：直链淀粉分子间的结合力比较强，含直链淀粉较多的淀粉粒较难糊化，较小的淀粉粒因其内部结构紧密，糊化温度较高。

2. 淀粉的老化作用

淀粉溶液或淀粉糊，在低温静置条件下，都有转变成不溶性的趋向，浑浊度和黏度都增加，最后形成硬性的凝胶块（有弹性的胶体）。在稀薄的淀粉溶液中，则有晶体沉淀析出，这种现象称为淀粉糊的老化（陈化）现象。

（1）淀粉老化的本质　糊化的淀粉分子又自动排列成序，并由氢键结合成束状结构，使溶解度降低。在老化过程中，由于温度降低，分子运动减弱，直链分子和支链分子的分支都回头趋向平行排列，通过氢链结合，相互靠拢，重新组合成混合微晶束，使淀粉糊具有了硬性的整体结构。

老化后的直链淀粉非常稳定，就是加热加压也很难使它再溶解。如果有支链淀粉分子混合，则仍然有加热恢复成糊状物的可能。

（2）影响淀粉老化的因素

①分子结构：直链淀粉分子空间障碍小，易老化，相反支链淀粉不易老化。

②分子大小：直链淀粉分子太大或太小都不易老化，只有分子适中的直链淀粉才易于老化。聚合度在100~200的分子的凝沉性最强，凝沉速度最快。

③支链淀粉所占的比例：支链淀粉含量越高就越不易老化。

④溶液浓度：淀粉乳浓度越大越易于老化。

⑤冷却速度：淀粉乳冷却缓慢，淀粉易于老化。

（二）淀粉的化学性质

1. 淀粉与碘作用

淀粉遇碘形成淀粉-碘络合物，发生非常灵敏的蓝色反应。直链淀粉遇碘生成深蓝色络合物，支链淀粉遇碘出现红紫色，并不产生络合结构。

一般碘反应的颜色取决于淀粉链状分子的长度和分支密度。实验证明，凡是12个以下葡萄糖聚合度组成的分子，对碘不呈颜色反应；12~14个聚合度对碘呈橘黄色，14~34个聚合度呈棕红色，34~42个以上呈紫色，45个以上呈蓝色。此外，随分支密度的增强，碘反应的颜色也由蓝色变成棕红色。

2. 淀粉的水解作用

淀粉在酸、酶的作用下，水解生成糊精、低聚糖、麦芽糖、葡萄糖等。

3. 淀粉遇碱反应

通常淀粉在低碱性条件下比较稳定，而在高温浓碱液作用下，发生激烈的分解氧化反应。

直链淀粉和支链淀粉的比较见表1-3。

表1-3　直链淀粉和支链淀粉的比较

项目	直链淀粉	支链淀粉
分子形状	直链分子	支叉分子
聚合度/个	(1×10^2) ~ (6×10^3)	(1×10^3) ~ (3×10^4)
末端基	一端为非还原末端基，另一端为还原末端基	具有一个还原末端基和许多个非还原末端基
碘着色反应	深蓝色	红紫色

续表

项目	直链淀粉	支链淀粉
吸附碘量	19%~20%	<1%
凝沉性质	溶液不稳定，凝沉性强	溶液稳定，凝沉性很弱
络合结构	与极性有机物和碘生成络合结构	不能生成络合结构
X 光衍射分析	高度结晶结构	无定型结构

第二节　玉米淀粉的生产工艺

一、玉米及其质量要求

在自然界中能产生淀粉的植物有很多，几乎每一种植物都能产生淀粉。尽管如此，但适合作为工业上生产淀粉原料的并不多，因为用于工业生产淀粉的原料应满足淀粉含量高、产量高、价格低、易加工、易储存、易分离和其副产品利用价值高等要求。淀粉工业上较为普遍应用的生产原料有：谷类作物的玉米、高粱、小麦、大麦和大米等；薯类作物的马铃薯、甘薯和木薯等。

玉米在我国广泛种植，产量高，与其他淀粉原料相比，具有易于储存、工厂可以全年生产、不受季节限制、淀粉质量高等优点。因此玉米成为我国制造淀粉最重要的原料，玉米淀粉占我国淀粉总产量的 90%以上，氨基酸发酵行业需要的糖源大多来自玉米。

1. 玉米的组成

玉米是淀粉生产的主要原料，由四部分组成：玉米皮、胚乳、胚芽、玉米冠。

（1）玉米皮　玉米外表一层透明胶状物，纤维素、半纤维素含量多，其次含有部分淀粉、蛋白质、微量元素及灰分。玉米皮占玉米干重的 5%~6%。

（2）胚乳　除少量的蛋白质外，绝大部分为淀粉，一般胚乳占整个玉米干重的 83%左右。

（3）胚芽　胚芽是玉米中脂肪最集中的部分，一般含油量达到 35%~40%（占胚芽干重），该部分占玉米干重的 10%~12%。

（4）玉米冠　占整个玉米的很少一部分，主要成分为蛋白质、脂肪、淀粉、糖和矿物质等。

2. 玉米的化学组成

玉米的各部分组成随玉米种类的不同而不同，一般情况下组成如下：淀粉 60%~75%，蛋白质 8%~14%，脂肪 3.1%~6.0%，水分 14%左右，纤维素、半纤维素 5%~6%，糖 2.5%，灰分 1.3%左右。不同品种玉米的化学成分见表 1-4。

表 1-4　不同品种玉米的化学成分　单位:%（干基）

品种	淀粉	蛋白质	脂肪	纤维素	聚戊糖	总糖	灰分
粉质玉米	73.0	8.53	5.25	1.71	4.25	3.25	1.35
马牙玉米	70.5	9.50	5.40	1.81	4.25	3.50	1.45
硬质玉米	68.5	9.80	5.80	1.78	4.34	4.50	1.61

3. 玉米的质量标准

一般玉米的质量标准见 GB 1353—2018《玉米》。适用于淀粉、发酵工业的玉米执行 GB/T 8613—1999《淀粉发酵工业用玉米》质量标准。一般通用的玉米质量指标范围见表 1-5。

表 1-5　一般通用的玉米质量指标范围

项　目	指标范围	项　目	指标范围
水分	≤14%	灰分（干基）	1.2%~1.6%
玉米粒杂质	≤5%	蛋白质（干基）	8%~11%
垃圾杂质	≤0.5%	脂肪（干基）	4%~6%
淀粉含量（干基）	≥70%		

4. 影响玉米质量的因素

（1）水分的影响　水分含量在 14%以下为安全储粮水分，如果超过 14%，虽然温度在 5~25℃，由于玉米粒内酶促反应增强，1kg（干重）玉米放出 7.4g CO_2，使干物质损失 0.5%。高水分玉米在运输和储存期间会发热、霉变。而且在浸渍时可溶物不易浸出，浸液浓度低，蛋白质分离不好。

（2）干燥方式的影响　高温干燥（>60℃），淀粉变形甚至部分糊化，蛋白质变形，不易浸渍，淀粉和油脂收率低，淀粉质量差。室温干燥的玉米，淀粉收率高，质量好。

（3）玉米粒存放时间的影响　储存时间长，玉米粒酶解作用使淀粉降解，转化为可溶性糖类，损失增加。

（4）玉米发芽率的影响　发芽率高证明玉米在干燥和贮存过程良好，一般发芽率要求在 80%以上。

综合分析玉米的品种、水分和外观是判断玉米质量的最重要指标。不同品种的玉米与收率有直接关系；水分是影响工厂经济指标的关键；外观如色泽、颗粒是否均匀，是否虫蛀、霉变，杂质、碎粒多少都可得出判断结果。

总之，玉米质量是决定淀粉质量和收率的关键，而且多种因素会引起糖化发酵和氨基酸提取生产的波动，有时会造成重大损失，对此须高度重视。

二、玉米淀粉的生产工艺

玉米淀粉的制备分干法和湿法两种。所谓干法是指靠磨碎筛分风选的方法，分出胚芽和纤维，而得到低脂肪的玉米粉。湿法是指“一浸二磨三分”，即将玉米温水浸泡，破碎、胚芽分离、细磨、纤维素分离和蛋白质分离，而得到高纯度的淀粉。一般为获得高纯度的玉米淀粉，都采用封闭式湿法工艺进行。封闭式流程只在最后的淀粉洗涤时用新水，其他用水工序都用工艺水，因此新水用量少，干物质损失少，污染大为减轻。所以现代化的淀粉厂均采用湿法封闭式流程，开放式已基本淘汰。

湿法玉米淀粉生产工艺流程如图 1-3 所示。

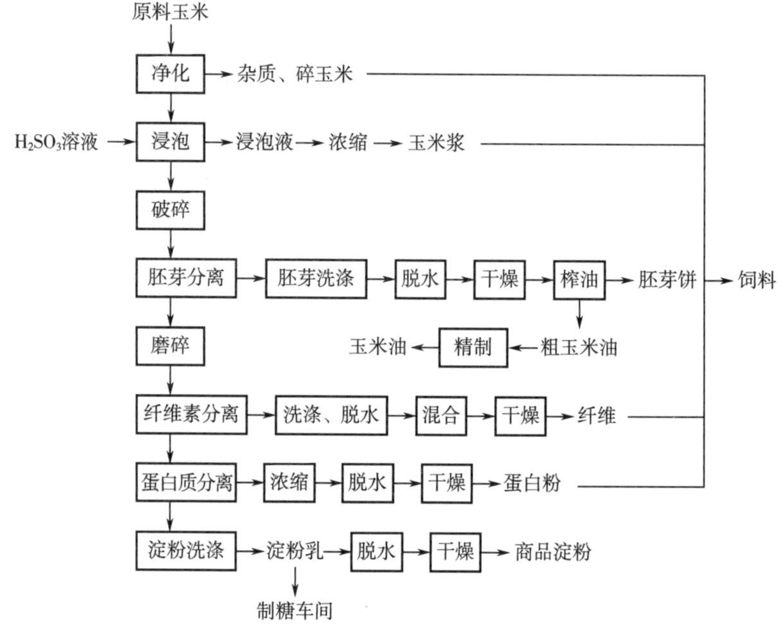

图 1-3　湿法玉米淀粉生产工艺流程

1. 玉米储存

玉米的储存一般采取立筒仓或平仓。储存玉米应备有相应的输送设备，装设测温仪表，同时注意通风、发热、发霉、虫害、防爆等问题，保证玉米质量。

2. 玉米净化

玉米粒中混有沙石、铁片、木片、尘土等杂物，在加工之前要先将其去除，常采用带有吸尘（风力）的振动筛、比重除石器、除尘器等去除大小杂质，可用电磁分离机去除铁片，然后将玉米采用水力输送到浸泡罐，同时将灰分除去。水力输送的速度为 0.9~1.2m/s，玉米和输送水的比例为 1∶(2.5~3.0)，水温 35~40℃。

3. 玉米浸泡

玉米籽粒坚硬，有胚，需经浸泡工序处理后，才能进行破碎。玉米浸泡的作用如下：

①可软化籽粒，增加皮层和胚的韧性。因为玉米在浸泡过程中大量吸收水分，使籽粒软化，降低结构强度，有利于胚乳的破碎，从而节约动力消耗，降低生产成本。浸泡良好的玉米，如用手指压挤，胚即可脱落。②水分通过胚和皮层向胚乳内部渗透，溶出水溶性物质。这些物质被溶解出来后，有利于以后的分离操作。③在浸泡过程中，使黏附在玉米表面上的泥沙脱落。能借助玉米与杂质在水中的沉降速度不同，有效地分离各种轻重杂质，把玉米清洗干净，有利于玉米的破碎和提取淀粉。浸泡玉米的方法，目前普遍用管道将几只或几十只金属罐连接起来，用水泵使浸泡水在各罐之间循环流动，进行逆流浸泡，浸泡水中通常加 SO_2，以分散和破坏玉米籽粒细胞中蛋白质网状组织，促使淀粉游离出来，同时还能抑制微生物的繁殖活动，还具有漂白作用，可抑制氧化酶反应，避免淀粉变色。玉米浸泡时 H_2SO_3 浓度为 0.15%~0.35%，浸泡温度 48~50℃，浸泡时间 40~50h。H_2SO_3 不仅影响淀粉的抽提率而且影响蛋白质的抽提效果。不同浓度的 H_2SO_3 对淀粉抽提率及蛋白质抽提效果的影响分别见表 1-6 和表 1-7。

表 1-6　H_2SO_3 浓度对淀粉抽提效果的比较

H_2SO_3 浓度/%	浸渍时间/h	淀粉抽提率/%（干基）	H_2SO_3 浓度/%	浸渍时间/h	淀粉抽提率/%（干基）
0.1	24	82	0.3	24	88
0.2	24	83	0.4	24	89

表 1-7　H_2SO_3 浓度对蛋白质抽提效果的比较

H_2SO_3 浓度/%	抽出总蛋白质含量/%（干基）	H_2SO_3 浓度/%	抽出总蛋白质含量/%（干基）
0.04	11.47	0.25	13.60
0.10	11.52	0.40	11.40
0.15	16.27	0.80	10.70
0.18	16.10		

浸泡过程要严格控制 H_2SO_3 浓度，过高或过低均对玉米浸泡不利。这是因为 H_2SO_3 浓度过低时，乳酸菌繁殖加快，浸渍液酸度太高，部分淀粉直接变为可溶性糖类，部分大分子长链断开，造成淀粉回收率低。此外，天然蛋白质大量降解成溶解状态，使浸渍水形成饱和溶液，大大降低可溶物的扩散速度，一部分已降解的蛋白质进一步分解成氨基酸，渗入淀粉粒中，增加了湿磨法分离和洗涤工序的困难。而且淀粉吸附含氮物后在深加工时，也会造成种种困难，如水解制葡萄糖和糖浆时，这些杂质转化为有色物质，影响最终产品的质量。H_2SO_3 浓度过高时，一是乳酸菌受抑制，因为少量的乳酸菌的存在（1.0%~1.2%），可软化籽粒，与浸泡液中的 Ca^{2+} 和 Mg^{2+} 生成络合物，呈溶解状态，可减少蒸发锅中的积垢；二是 SO_2 残留量高，若防护不好，易引起人体患支气管炎；三是 SO_2 或 H_2SO_3 过

高会水解淀粉；四是对浸泡水的利用带来困难。

4. 破碎与胚芽分离

浸泡后的玉米经齿轮磨碎后，用泵送至一次旋液分离器，底流物经曲筛滤去浆料，筛上物进入二道齿轮磨。经二次破碎的浆料泵入二次旋液分离器，分离出的浆料经二次曲筛得到粗淀粉乳，与一次曲筛分离出的淀粉乳混合。两次旋液分离器分离的胚芽料液进入胚芽分离器分离出胚芽，得到的稀浆料进入细磨工序。进入一次和二次旋液分离器的淀粉悬乳液浓度为7~9°Bé，压力为0.45~0.55MPa，胚芽分离过程的物料温度不低于35℃。

5. 磨碎

为了从分离胚后的玉米碎块和部分淀粉的混合物中提取淀粉，必须进行磨碎，破坏细胞组织，使淀粉颗粒游离出来。磨碎作业的好坏，对提取淀粉影响很大。磨得太粗，淀粉不能充分游离出来，影响淀粉产量；磨得太细，影响淀粉质量。为了有效地进行玉米磨碎，通常采用两次磨碎的方法，第一次用锤碎机进行磨碎，第二次用砂盘淀粉磨进行磨碎。有的用万能磨碎机进行第一次磨碎，再用石磨进行第二次磨碎。各地的生产实践证明，金刚砂磨的硬度高，磨齿不易磨损，磨面不需经常维修，磨碎效率也高，所以现在逐渐以金刚砂磨代替石磨。

6. 纤维分离

细磨后的浆料与洗涤纤维素水依次泵入六级压力曲筛进行逆流洗涤，纤维素从最后一级曲筛筛面排出，第一级曲筛筛下物为粗淀粉乳，进入淀粉分离工序。细磨后的浆料浓度为5~7°Bé，压力曲筛进料压力为0.25~0.30MPa，洗涤用水温度45℃，可溶物不超过1.5%，纤维素洗涤用水量210~230L/(100kg 干玉米)。

7. 淀粉蛋白质分离

粗淀粉乳经除沙器、回转过滤器，进入分离麸质和淀粉的主离心机，第一级旋流分离器顶流的澄清液作为主离心机的洗涤水。顶流分出麸质水，浓度为1%~2%，送入浓缩分离机，底流为淀粉乳，浓度为19~20°Bé，送入十二级旋流分离器进行逆流洗涤。洗涤用新鲜水，水温为40℃。经十二级旋流分离器洗涤后的淀粉含水60%，蛋白质含量低于0.35%。

8. 清洗

淀粉乳经分离除去蛋白质后，通常还含有一些水溶性杂质。为了提高淀粉的纯度，必须进行清洗。最简单的清洗方法是将淀粉乳放入淀粉池中，加水搅拌后，静置几小时，待淀粉沉淀后，放掉上清液。再加水，搅拌，沉淀，放掉上清液。如此反复2~3次，便可得到较为纯净的淀粉。此法的缺点是清洗时间长，淀粉损失较大。现在多采用旋液分离器进行分离。

9. 脱水

清洗后的淀粉水分相当高，不能直接进行干燥，必须首先经过脱水处理。一般可采用离心机进行脱水。离心机有卧式与立式两种，卧式离心机的离心篮是横卧安置的，转速为

900r/min。离心篮的多孔壁上有法兰绒或帆布滤布。淀粉乳泵入离心篮内，借助离心力的作用使水分通过滤布排出，淀粉留在离心篮内，最后用刮刀将淀粉从离心篮壁刮下，进行干燥。淀粉乳经脱水后，水分可降低至37%左右。立式离心机的离心篮是竖立安置的，工作原理和转速都与卧式离心机相同。

10. 干燥

脱水后得到的湿淀粉，水分仍然较高，这种湿淀粉可以作为成品出厂。为了便于运输和储存，最好进行干燥处理，将水分降至12%以下。湿淀粉的干燥设备，目前广泛使用的是带式干燥机。

11. 成品整理

干燥后的淀粉往往粒度很不整齐，必须进行成品整理才能成为成品淀粉。成品整理通常包括筛分和粉碎两道工序。先经筛分处理，筛出规定细度的淀粉，筛上物再送入粉碎机进行粉碎，然后再进行筛分，使产品全部达到规定的细度。为了防止成品整理过程中粉末飞扬，甚至引起粉尘爆炸，必须加强筛分和粉碎设备的密闭措施，安装通风、除尘设备，及时回收飞扬的淀粉粉末。

三、淀粉乳质量参考标准

一些企业为降低成本，不使用干淀粉，直接使用淀粉乳，淀粉乳质量参考标准见表1-8。

表1-8　淀粉乳质量参考标准

项　目	参考标准
外观	色泽细腻、白亮，无杂质、黑点、漂浮物、黄色油状物，无异味
波美度/°Bé	19~21（15℃）
蛋白质/%（干基）	≤0.5
脂肪/%（干基）	≤0.09
pH	5.0±0.3

四、副产品生产及应用

1. 胚芽、胚芽饼、玉米油

经一级胚芽旋流器顶部出来的胚芽，经三级曲筛洗涤后进入螺旋挤压机脱水，然后用流化床或管束干燥机干燥得到干胚芽。

干胚芽含水≤5%，油≥48%，淀粉≤10%，可用来榨油。玉米油含丰富的亚油酸，具有很好的保健功能，是国际食品协会推广的优质保健食品，作为工业原料在很多行业有广泛的用途。榨油后得到的胚芽饼含有丰富的蛋白质，是一种很好的蛋白饲料。胚芽的化学组成见表1-9，胚芽饼的化学组成见表1-10。

表1-9　胚芽的化学组成　单位:%（干基）

项目	含量	项目	含量
脂肪	46~55	蛋白质	12~19
淀粉	8~12	灰分	0.7~1.2
纤维	15~18	其他	2~3

表1-10　胚芽饼的化学组成　单位:%

项目	含量	项目	含量
水分	7	可溶性碳水化合物	5~10
蛋白质	24~30	戊糖	10~16
脂肪	7~12	灰分	1.5~2.5
淀粉	16~23	其他	2~4
纤维	15~22		

注：蛋白质=氮的含量×6.25，浸出法制油的胚芽饼脂肪含量为1%~2%，水分一项为湿基，其余为干基。

胚芽饼营养丰富，除上述成分外尚含有谷氨酸32g/kg、亮氨酸18g/kg、缬氨酸12g/kg、苏氨酸和甘氨酸共计11g/kg、丙氨酸和天冬氨酸共计14g/kg、精氨酸和脯氨酸共计13g/kg、丝氨酸10g/kg。此外含有维生素，如胆碱1400mg/kg、烟酸42mg/kg、维生素 B_6 6mg/kg、维生素 B_2 3.8mg/kg、泛酸4.4mg/kg、维生素 B_1 6.2mg/kg、生物素0.22mg/kg；以及微量矿物质，K 3.4g/kg、P 5g/kg、S 3.2g/kg和Mg 1.6g/kg。

玉米胚芽直接压榨或浸取提出的玉米油，只经过了简单的过滤而未经进一步加工处理，称为粗玉米油（玉米原油），经过精制而得到的是精制玉米油。玉米原油及精制玉米油质量标准见GB/T 19111—2017《玉米油》。

2. 玉米浆

玉米浸泡后得到的浸泡水，含干物质7%~9%，pH 3.9~4.1，经过真空浓缩后得到含干物质45%~50%的玉米浆，可以作为氨基酸发酵的重要营养剂，直接销售给发酵企业作原料，也可以进一步用来提取植酸钙，制造药用肌醇，或者作为饲料工业中的配料。

玉米浸泡水是制取玉米浆的原料，外观是浅黄色液体，无异味，无明显的沉淀物，浓度6~8°Bé，pH 3.9~4.0，酸度11%以上，镜检乳酸杆菌菌体粗壮。

玉米浆制取主要是采用3~4效蒸发器，将浸泡水浓缩，要注意蒸发过程易结垢、难清洗的特点。玉米浆蒸发设备流程见图1-4。

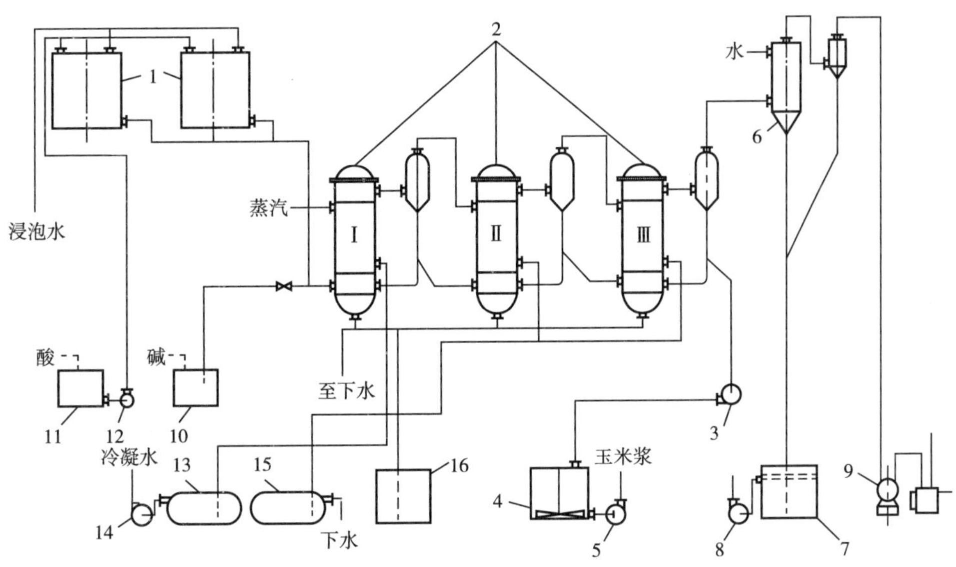

图 1-4 玉米浆蒸发设备流程图

1—浸泡水贮罐 2—三效蒸发器 3—浓玉米浆出料泵 4—浓玉米浆罐 5—浓玉米浆泵 6—气压冷凝器 7—气压冷凝水槽 8—气压冷凝水排水泵 9—真空泵 10—碱罐 11—酸罐 12—抽酸泵 13—蒸汽冷凝水罐 14—蒸汽冷凝水泵 15—蒸汽冷凝水罐 16—废酸碱水回收罐

玉米浆是极富营养的物质，详见表 1-11 至表 1-14。

表 1-11　　典型的玉米浆化学组成　　单位:%

项目	含量	项目	含量
水分	50	植酸	7.5
蛋白质（以氮计）	7.5	灰分（总）	18
其中：肽和氨基酸	35.0	其中：K	4.5
氨和氨化物	7.5	Mg	2.0
乳酸	2.6	P	3.3
碳水化合物（糖）	2.5		

注：蛋白质=氮的含量×6.25，磷含量中约 75%是植酸，水分为湿基，其余为干基。

表 1-12　　不同品种的玉米浆化学组成　　单位:%（干基）

项　目	白玉米浆	黄玉米浆	项　目	白玉米浆	黄玉米浆
蛋白质	43.00	41.90	重金属	0.0082	0.0084
氨基酸	3.90	4.02	总磷	3.75	3.62
乳酸	12.51	12.09	溶磷	1.25	1.52

续表

项　目	白玉米浆	黄玉米浆	项　目	白玉米浆	黄玉米浆
还原糖	2.32	1.90	SO_2	0.23	0.20
总灰分	19.35	21.20	酸度	10.00	10.90
Fe	0.064	0.050			

注：玉米品种分别为河北省唐山市白马牙玉米和黄马牙玉米，酸度按 HCl%计算。

表 1-13　　玉米浆中所含氨基酸占总蛋白质的百分率　　单位：%

氨基酸	典型玉米浆	生产玉米浆	氨基酸	典型玉米浆	生产玉米浆
丙氨酸	7.2	3.5	赖氨酸	3.2	—
精氨酸	4.4	3.0	甲硫氨酸	2.0	1.0
天冬氨酸	5.6	—	苯丙氨酸	3.2	2.0
胱氨酸	3.2	1.0	脯氨酸	8.0	5.0
谷氨酸	14.0	8.0	丝氨酸	4.0	—
甘氨酸	4.4	—	苏氨酸	3.6	3.5
组氨酸	2.8	—	酪氨酸	2.0	—
异亮氨酸	2.8	3.5	缬氨酸	4.8	3.5
亮氨酸	8.0	6.0			

表 1-14　　玉米浆中各种维生素含量　　单位：mg/kg

维生素类	含量	维生素类	含量
胆碱	3509.93	维生素 B_2	5.96
烟酸	83.88	维生素 B_1	2.87
泛酸	15.01	生物素	0.33
维生素 B_6	8.83	肌醇	6026.49

一般玉米浆的质量，含干物质≥40%，蛋白质≥40%，酸度 9%~14%，H_2SO_3≤0.3%，浓度 22~24°Bé。玉米浆含生物素为 330μg/kg，通常在氨基酸发酵配料计算时，取值 300μg/kg。

此外，玉米浆中的矿物质有 K 24g/kg、P 18g/kg、Mg 7g/kg 和 S 6g/kg。

3. 蛋白粉

淀粉分离出来麸质水经过滤器进入浓缩离心机，浓缩后得到含固形物约 15%的麸质水，经转鼓式真空吸滤机或板框压滤机脱水，得到含水分 50%左右的湿蛋白，然后用管束式干燥机干燥得玉米蛋白粉。

玉米蛋白粉含蛋白高达 60%~70%，是饲料蛋白质原料，也可以用来制备价值更高的玉米朊和玉米黄色素。玉米蛋白粉通常称为玉米麸质粉，是玉米淀粉生产中一种重要副产品。玉米中的蛋白有四种，其一为球蛋白，约占总蛋白的 25%，主要存在于玉米浸渍液中；其二为醇溶蛋白，约占 48%，主要存在于麸质水中，是蛋白粉的重要成分；其他还有碱溶性的谷蛋白，占 25%，主要存在于胚乳中。不溶性蛋白占 2%，分布于麸质、油饼和纤维渣中。玉米蛋白粉的化学组成见表 1-15。

表 1-15　　玉米蛋白粉的化学组成

项目	含量	项目	含量
水分/%	10	纤维/%	2
蛋白质/%	60~65	碳水化合物/(mg/kg)	100~300
脂肪/%	7	灰分/%	1
淀粉/%	15~20		

注：蛋白质=氮的含量×6.25，表中数据均为质量分数，除水分外均为干基。

在蛋白粉中含有丰富的氨基酸，含谷氨酸 138g/kg、亮氨酸 100g/kg、脯氨酸 55g/kg、丙氨酸 52g/kg、苯丙氨酸 38g/kg、天冬氨酸 36g/kg、丝氨酸 31g/kg、酪氨酸 29g/kg、缬氨酸 27g/kg、异亮氨酸 23g/kg、苏氨酸 20g/kg 和甲硫氨酸 19g/kg。

此外，蛋白粉中含维生素 A 66~144mg/kg、胡萝卜素 44~66mg/kg、胆碱 2207mg/kg、肌醇 1898mg/kg、烟酸 82mg/kg。含矿物质 K 4.5g/kg、P 7g/kg、Mg 1.5g/kg 和 S 8.3g/kg。玉米蛋白粉一般含蛋白质≥60%，水分≤10%，脂肪≤3%。

4. 纤维（玉米皮）

分离出的纤维渣经螺旋挤压机挤压后，经管束干燥机干燥得玉米纤维，再混入玉米浆或蛋白粉制成麸质饲料，或进一步去 SO_2 和精制后制成食用纤维，可在许多食品中添加。玉米麸质饲料的组成见表 1-16。

表 1-16　　玉米麸质饲料的化学组成　　单位:%

项目	含量	项目	含量
水分	10~12	纤维素	34~36
蛋白质	24	戊糖	18
脂肪	2	灰分	8
淀粉	4		

注：蛋白质=氮的含量×6.25，水分为湿基，其余为干基。

在麸质饲料中谷氨酸 34g/kg、脯氨酸 17g/kg、丙氨酸 15g/kg、天冬氨酸 12g/kg、亮氨酸 19g/kg、精氨酸、甘氨酸、丝氨酸及缬氨酸各约 10g/kg。含维生素，如胆碱 2428mg/kg、烟酸 75mg/kg、泛酸 17mg/kg、维生素 B_6 15mg/kg、维生素 B_2 2.4mg/kg、肌醇 5408mg/kg、生物素 0.22mg/kg、硫胺素 2mg/kg。含矿物质，如 K 13g/kg、P 9g/kg 和 Mg

4g/kg。

玉米麸质饲料的通用标准为按干基计：蛋白质≥21%，脂肪≥1%，纤维素≤10%。一般水分在12%以下。

五、玉米淀粉生产的主要设备

湿法生产玉米淀粉的主要设备如表1-17所示。

表1-17　湿法生产玉米淀粉的主要设备

工序	主要设备
玉米浸泡	浸渍罐
玉米破碎	凸齿磨
胚芽分离	旋流分离器
胚芽洗涤	曲筛
细磨	针磨（冲击磨）
纤维分离	压力曲筛或锥形离心筛、振动平筛
淀粉与蛋白质分离	碟片式分离机
淀粉洗涤	12级旋流分离器
麸质浓缩	碟片式分离机
麸质回收	转鼓式真空吸滤机或板框式压滤机、沉降离心机
淀粉脱水	卧式刮刀式离心机
淀粉干燥	一级负压气流干燥机或正压二级气流干燥机
湿纤维胚芽干燥	管束干燥机
麸质干燥	气流干燥机或管束干燥机

六、玉米淀粉生产工艺技术指标

玉米淀粉生产的主副产品产量及物料平衡如图1-5所示。

1. 计算依据

（1）年产20万t味精需商品淀粉30万t，以年产商品淀粉（含水14%）30万t为基准进行计算。

（2）玉米质量　淀粉含量≥70%，碎玉米及杂质含量≤3%，蛋白质含量8%~11%，脂肪含量4%~6%，含水14%。

2. 主副产品产量

（1）年产商品淀粉（含水14%）　30万t。

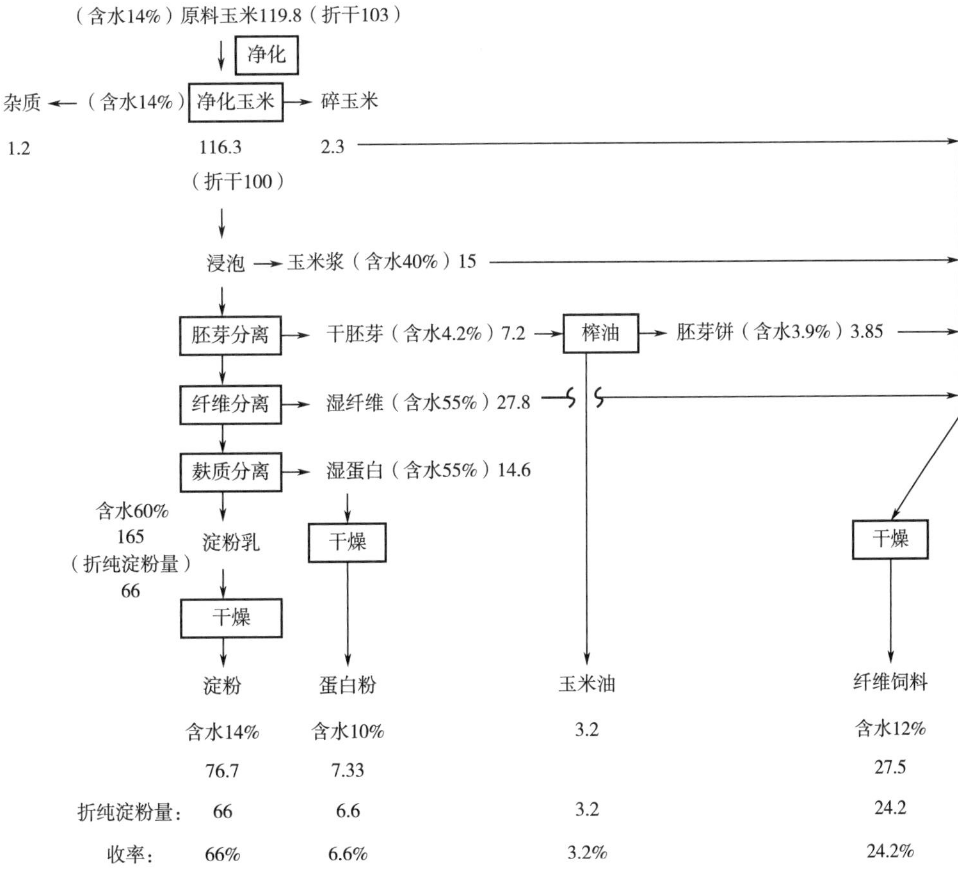

图 1-5　玉米淀粉生产的主副产品产量及物料平衡图

（2）副产品（年）

蛋白粉（含蛋白质 60%，含水 10%）　28600t

麸质饲料（含蛋白质 21%，含水 12%）　74300t

麸质饲料由玉米浆 20000t+玉米纤维 40000t+胚芽油饼 14300t 组成。

粗玉米油　12482t

（3）原料

年耗用原料玉米（含水 14%）　467220t

年耗用净化玉米（含水 14%）　453570t

年耗用折干玉米　390070t

3. 物料衡算

以含水 14%净化玉米 116. 3，折干基量 100 为基准进行衡算。

4. 淀粉及副产品收率

淀粉及副产品收率见表 1-18。

表 1-18　　产品收率指标　　单位:%

产品名称	先进指标	一般指标	产品名称	先进指标	一般指标
淀粉	69	65~66	蛋白粉	6	7
玉米浆	6	4	纤维	11	12.5
胚芽	7	6.5~6.9	总固形物	99	95

5. 生产及辅助用水

生产用水比例（先进工艺）如下。

（1）玉米：输送水=1：3。

（2）亚硫酸水：玉米=（1.20~1.25）：1。

（3）胚芽洗涤水：玉米=1.2：1。

（4）纤维洗涤水：玉米=1.9：1。

（5）淀粉洗涤水（软水）：淀粉（干物）=2.5：1。

由此可以看出，如全部用新水每生产 1t 淀粉需用水 10t 以上，较先进水平也要 5t，耗水量很大，年产万 t 淀粉，用水十几万 t，排放污水也有近 10 万 t，环保压力很大。现在淀粉加工厂都采用工艺水循环利用的办法，来降低生产过程中的用水量，减少污水排放量，一种水环流的工艺应运而生。

水环流，即封闭式生产工艺，就是在玉米淀粉加工的过程中尽量使用工艺水，中间工序不使用新鲜水，充分利用过程水，只在淀粉洗涤最后一个工序使用新鲜水，洗涤水循环利用。完全闭环水环流工艺充分考虑了辅助用水（工艺水）的综合利用，全过程基本无废水排放，每吨淀粉的生产用水可降至 2.5t 以下。目前行业大型企业淀粉耗水为 2~4t。

6. 粮耗、能耗指标

每吨商品淀粉（含水 14%）耗原料玉米 1.56t；耗净化玉米 1.51t。

耗电 160~200kW·h；耗蒸汽 1.0~1.5t。

7. H_2SO_3 消耗

在玉米淀粉的制备过程中，H_2SO_3 是最主要的辅料。浸泡岗位其用量占总用量的 65%，国内企业实际生产过程中 70%~80%用于浸泡。玉米淀粉制备其他岗位 H_2SO_3 用量较少。

玉米淀粉制备 H_2SO_3 用量为 7.16kg/(100kg 绝干玉米)，折成 S 3.58kg/[100kg 绝干玉米（理论值）]，实际用量 3~4kg/(100kg 绝干玉米)。

第三节　淀粉水解糖的生产方法

一、淀粉水解糖的生产意义和对水解糖的质量要求

氨基酸产生菌都不能直接利用淀粉，也基本上不能利用糊精作为碳源。当以淀粉作为

原料时，必须先将淀粉水解成葡萄糖，才能供发酵使用。在工业生产上，将淀粉水解为葡萄糖的过程称为淀粉的“糖化”，所制得的糖液称为淀粉水解糖。淀粉水解糖液中，主要的糖类是葡萄糖。此外，根据水解条件的不同，尚有数量不等的少量麦芽糖及其他一些二糖、低聚糖等复合糖类。除此以外，原料带来的杂质，如蛋白质、脂肪等，以及其分解产物也混于糖液中。葡萄糖是氨基酸产生菌生长的营养物质，在发酵过程中易被氨基酸产生菌利用，而一些低聚糖类及复合糖类等杂质不能被利用，它们的存在，不但降低淀粉的利用率，增加粮食消耗，而且常影响到糖液的质量，降低糖液可发酵的营养成分。在氨基酸发酵中，淀粉水解糖液的质量高低，往往直接关系到氨基酸产生菌的生长速度、氨基酸的积累以及氨基酸的分离提取。因此，在氨基酸发酵生产中，如何保证水解糖液的质量，满足发酵高产酸的要求，是一个不可忽视的重要环节。

能够进行氨基酸发酵的水解糖液必须具备以下条件：

（1）严格控制淀粉质量　对霉烂、变质的淀粉，一定要经过再精制处理后使用，否则会严重影响氨基酸发酵。因霉变淀粉一般酸度比较高，甚至存在一定数量的抑制物，如残留毒素，将会影响氨基酸产生菌的正常生长和产物的积累。

（2）根据发酵初糖浓度的要求，正确控制淀粉乳浓度高低　既要使糖液浓度符合发酵要求，又要尽可能降低粉浆浓度，以提高糖液的纯度。

（3）糖液中应不含糊精　若淀粉水解不完全，有糊精存在，不仅造成浪费，而且糊精不能被氨基酸产生菌利用，它的存在会使发酵过程中泡沫增加，容易逃液，引起杂菌污染的可能，而且给后道的氨基酸分离提取带来困难。

（4）糖液要清，色泽要浅，保持一定的透光率　水解糖液的透光度在一定程度上反映了糖液质量的高低，透光率低，常常由于淀粉水解过程发生的葡萄糖复合分解反应程度高，产生的色素等杂质多，或者是糖液中和脱色条件控制不当所致。由于这些杂质的存在将影响菌体的生长。

（5）糖液要新鲜　尽可能现制现用，放置时间不宜过长，以免发酵变质，降低糖液的营养成分或产生其他抑制物。一时不用的糖液可加热至60℃贮存。糖液贮存容器一定要保持清洁，防止杂菌生长。

（6）若淀粉中蛋白质含量高，当糖液中和过滤时除去不彻底，培养基中含蛋白质及其水解产物时，会使发酵液产生大量泡沫，造成逃液和污染杂菌的危险，而且给后续的氨基酸分离提取带来困难。

（7）水解糖液的质量　水解糖液应符合下列质量指标：

①色泽：浅黄、杏黄色，透明液体；

②糊精反应：无；

③还原糖含量：18%以上；

④DE 值：90%以上；

⑤透光率：60%以上；

⑥pH：4.6~4.8。

二、淀粉水解的方法及其比较

可以用来制备淀粉水解糖的原料很多，主要有玉米、薯类（红薯、木薯）、籼米（也有采用碎米粒）、小麦等含淀粉原料。根据原料淀粉的性质及采用的催化剂不同，水解淀粉为葡萄糖的方法有下列几种。

1. 酸解法

酸解法是一种常用的也是传统的水解方法。它是利用无机酸为催化剂，在高温高压下，将淀粉水解转化为葡萄糖的方法。该法具有工艺简单、水解时间短、生产效率高、设备周转快的优点。但是，由于水解作用是在高温、高压下以及在一定酸浓度条件下进行的，因此，酸解法要求用耐腐蚀、耐高温、耐压的设备。此外，淀粉在酸水解过程中，副反应所生成的副产物多，影响糖液纯度，使淀粉转化率降低。酸解法对淀粉原料要求较严格，要求用纯度较高的精制淀粉。另外，酸解法中淀粉乳浓度不能太高，否则对糖化不利，副产物多，糖液质量受影响。

2. 酸酶法

酸酶法是先将淀粉用酸水解成糊精或低聚糖，然后再用糖化酶将其水解为葡萄糖的工艺。采用酸酶法水解淀粉制糖，酸用量少，产品颜色浅，糖液质量高。

3. 酶酸法

酶酸法工艺主要是将淀粉乳先用 α-淀粉酶液化，过滤除去杂质后，然后用酸水解成葡萄糖的工艺。该工艺适用于大米（碎米）或粗淀粉原料。

4. 双酶法

双酶法是用专一性很强的淀粉酶和糖化酶为催化剂，将淀粉水解成为葡萄糖的工艺。采用双酶法水解制葡萄糖，具有较高的优越性，具体如下。

（1）由于酶具有较高专一性，淀粉水解的副产物少，因而水解糖液纯度高，葡萄糖（DE）值可达98%以上，使糖液得到充分利用。

（2）淀粉水解是在酶的作用下进行的，酶解反应条件较温和。如采用 BF7658 细菌 α-淀粉酶液化，反应温度在 85~90℃，pH 6.0~6.5；用糖化酶糖化，反应温度仅在 50~60℃，pH 3.5~5.0，因而不需要耐高温、耐高压、耐酸的设备。

（3）可以在较高的淀粉浓度下水解。水解糖液的还原糖含量可达到 30%以上。

（4）酸解法一般使用 10~12°Bé 的淀粉乳（含淀粉 18%~20%）；酶解法用 20~23°Bé 的淀粉乳（含淀粉 34%~40%），而且可用粗原料。由于酶制剂中菌体细胞的自溶，使糖液营养物质丰富，可以简化发酵培养基，少加甚至不加生物素，有利于氨基酸发酵稳定，有利于提高糖酸转化率，也有利于后道提取。

（5）双酶法制得的糖液颜色浅、较纯净、无苦味、质量高，有利于糖液的充分利用。

（6）双酶法工艺同样适用于大米或粗淀粉原料，可避免淀粉在加工过程中的大量流失，减少粮食消耗。

双酶法的缺点是酶反应时间长，生产周期长，夏天糖液容易变质。大部分酶本质是蛋白质，引起糖液过滤困难。另外要求设备较多。但是，随着酶制剂生产及应用技术的提高，目前酶法制糖已成为淀粉水解制糖的主要方法。

总之，几种糖化工艺各有其优缺点。从糖液质量收得率、能耗、对粗淀粉原料的适应及是否有利于氨基酸发酵与提取来看，以双酶法为最佳，酶酸法次之，酸解法最差。各种糖化方法的比较见表 1-19。

表 1-19　　各种糖化方法的比较

糖化方法	酶解法	酶酸法	酸解法
糖液质量	优	良	中
葡萄糖值（DE 值）	98	95	90
葡萄糖含量（干基）/%	97	93	86
灰分/%	0.1	0.4	1.6
蛋白质/%	0.1	0.08	0.08
5′-羟甲基糠醛/%	0.03	0.08	0.3
颜色（在 2°Bé 浓度下测定）	0.2	0.3	10.0
淀粉对糖转化率/%	98	95	90
工艺条件/耗能	温和/少	加压高温/多	加压高温/多
副产物	少	中	多
生产周期	长	中	短
设备规模/防腐要求	大/一般	中/中	小/较高
原料适应情况	各种淀粉、大米	大米	淀粉
是否有利于发酵和提取	有利	一般	不利于

第四节　双酶法制糖工艺

双酶法生产葡萄糖工艺，是以作用专一的酶制剂作为催化剂，反应条件温和，复合分解反应较少，因此采用双酶法生产葡萄糖，提高了淀粉原料的转化率及糖液浓度，改善了糖液质量，是目前最为理想的制糖方法。

双酶法制糖工艺主要包括淀粉的液化和糖化两个步骤。液化是利用液化酶使淀粉糊化，黏度降低，并水解到糊精和低聚糖的程度。糖化是用糖化酶将液化产物进一步彻底水解成葡萄糖的过程。双酶法制糖的工艺流程见图 1-6。

一、淀粉的液化

糖化使用的葡萄糖淀粉酶属于外酶（即添加的酶，不是淀粉中本身含有的酶），水解

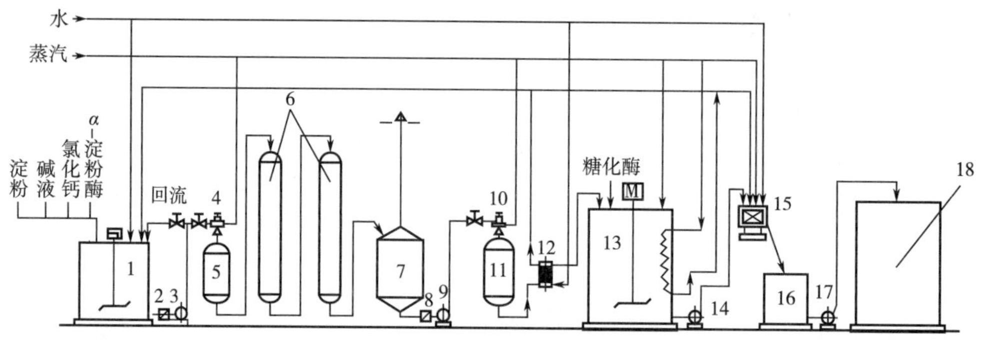

图 1-6　双酶法制糖的工艺流程

1—调浆配料槽　2，8—过滤器　3，9，14，17—泵　4，10—喷射加热器　5—缓冲器　6—液化层流罐　7—液化液贮槽　11—灭酶罐　12—板式换热器　13—糖化罐　15—压滤机　16—糖化暂贮槽　18—贮糖槽

作用从底物分子的非还原端进行。为了增加糖化酶作用的机会，加快糖化反应速度，必须用 α-淀粉酶将大分子的淀粉水解成糊精和低聚糖。但是淀粉颗粒的结晶性结构对酶作用的抵抗力强。例如，细菌 α-淀粉酶水解淀粉颗粒和水解糊化淀粉的速度比约为 1∶20000。由于这种原因，不能使淀粉酶直接作用于淀粉，需要先加热淀粉乳使淀粉颗粒吸水膨胀、糊化，破坏其结晶结构。

（一）淀粉的糊化与老化

1. 糊化

不同淀粉有不同的糊化温度，且糊化温度是在一定的温度范围内（表 1-20）。

表 1-20　各种淀粉的糊化温度范围

淀粉来源	淀粉颗粒大小/μm	糊化温度范围/℃		
		开始	中点	终结
玉米	5~25	62.0	67.0	72.0
糯玉米	10~25	63.0	68.0	72.0
马铃薯	15~100	50.0	63.0	68.0
木薯	5~35	52.0	59.0	64.0
小麦	2~45	58.0	61.0	64.0
大麦	5~40	51.5	57.0	59.5
黑麦	5~50	57.0	61.0	70.0
大米	3~8	68.0	74.5	78.0
豌豆	25~45	57.0	65.0	70.0
高粱	5~25	68.0	73.0	78.0
糯高粱	6~30	67.5	70.5	74.0

2. 淀粉糊的重要性质——老化

淀粉的老化实际上是分子间氢键已断裂的糊化淀粉又重新排列形成新氢键的过程，也就是一个复结晶过程。

在制糖过程中，淀粉酶很难进入老化淀粉的结晶区，故很难液化，更谈不上进一步糖化。

由表 1-21 可以看出，小麦、玉米淀粉液化困难等现象，都是由于淀粉糊易老化的影响。

表 1-21　淀粉糊老化程度比较

淀粉糊名称	糊丝长度	直链淀粉含量/%	冷却时结成凝胶体强度
小麦	短	25	很强
玉米	短	26	强
高粱	短	27	强
黏高粱	长	0	不结成凝胶体
木薯	长	17	很弱
马铃薯	长	20	很弱

（二）α-淀粉酶的作用和特性

1. α-淀粉酶的来源

α-淀粉酶可由微生物发酵产生，也可从植物和动物中提取，目前工业生产上都以微生物发酵法进行大规模生产 α-淀粉酶。1949 年，α-淀粉酶开始采用深层通风培养法进行生产。1973 年，耐热性 α-淀粉酶投入了生产。随着 α-淀粉酶的用途日益扩大，产量日见增大，生产水平也逐步提高。近些年我国酶制剂行业发展较快，从 1965 年开始应用枯草芽孢杆菌 BF-7658 生产 α-淀粉酶，到目前为止国内生产酶制剂的厂家已发展到几十家，其中约有 40%的工厂生产 α-淀粉酶，产品也由单一的常温工业用 α-淀粉酶，发展到现在既有工业级也有食品级，既有常温的也有耐热的，剂型上有固体的也有液体的。

有实用价值的 α-淀粉酶产生菌如下：枯草芽孢杆菌、地衣芽孢杆菌、嗜热脂肪芽孢杆菌、凝聚芽孢杆菌、淀粉液化芽孢杆菌、嗜碱芽孢杆菌、米曲霉、黑曲霉、拟内孢霉。虽然这些微生物都能产生 α-淀粉酶，但不同菌株产生的酶在耐热性、作用的最适 pH、对淀粉的水解程度以及产物的性质方面均有差异。α-淀粉酶通常在 pH 5.5~8.0 时是稳定的，大多数淀粉酶的最适温度是 50~60℃，最适温度最低的是尖镰孢淀粉酶，为 25℃，最高的是地衣芽孢杆菌 α-淀粉酶，为 90℃。α-淀粉酶可分为耐热、耐酸、耐碱及耐盐酶，其中唯有耐热酶在工业上大规模使用，地衣芽孢杆菌、嗜热脂肪芽孢杆菌和凝结芽孢杆菌产生的 α-淀粉酶的耐热性较强。

2. α-淀粉酶的作用方式

α-淀粉酶作用于淀粉与糖源时，可从底物分子内部不规则地切开 α-1,4 糖苷键，不能切开支链淀粉分支点的 α-1,6 糖苷键，也不能切开紧靠分支点 α-1,6糖苷键附近的 α-1,4 糖苷键，但能越过分支点而切开内部的 α-1,4 糖苷键，从而使淀粉黏度减小，因此，α-淀粉酶又称液化酶。它的水解终产物中除含麦芽糖、麦芽寡糖外，还残留一系列具有 α-1,6 糖苷键的极限糊精和含多个葡萄糖残基的带 α-1,6 糖苷键的低聚糖。因为所产生的还原糖在光学结构上是 α-型的，故将此酶称作 α-淀粉酶。

3. α-淀粉酶的特性

酶是生物催化剂，它是有活性的蛋白质，具有蛋白质的各种性质，具有活性中心和特殊空间结构，对作用底物有严格的选择性，即具有极强的专一性。

α-淀粉酶除了具有上述酶的一般性质外，还具有本身的特性。

（1）热稳定性　在 60℃以下较为稳定；超过 60℃，酶明显失活；在 60~90℃，温度升高，反应速度加快，失活也加快。

（2）作用温度　最适作用温度为 60~70℃，耐高温酶的最适作用温度为 90~110℃。

（3）pH 稳定性　在 pH 6.0~7.0 时较为稳定，pH 5.0 以下失活严重。

（4）作用 pH　最适作用 pH 为 6.0。

（5）与淀粉浓度的关系　淀粉和淀粉的水解产物糊精，对酶活力的稳定性有很大的提高作用。淀粉浓度增加，酶活力稳定性增加。

（6）Ca^{2+}浓度对酶活力的影响　α-淀粉酶是一种金属酶，每个酶分子至少含一个 Ca^{2+}，多的可达 10 个 Ca^{2+}。Ca^{2+}使酶分子保持适当的构象，从而可维持其最大活力与稳定性。Ca^{2+}对 α-淀粉酶活力的热稳定性有提高作用，没有 Ca^{2+} 酶活力消失。许多添加物如钠、钾、硼砂、硼酸氢钠、巯基乙醇也是 α-淀粉酶良好的稳定剂，而最常用的还是 Ca^{2+}。乙二醇、甘油、山梨醇等一些非酶底物的糖类可提高 α-淀粉酶的热稳定性。耐高温淀粉酶在 Ca^{2+}浓度较低时，稳定性相当好，用 50~70mg/kg 已足够。

（7）pH 稳定性与 Ca^{2+}的关系　Ca^{2+}存在，酶活力的 pH 范围较广，否则，酶的 pH 范围狭窄。

（8）Ca^{2+}、Mg^{2+}和 Cl^-等对 α-淀粉酶有激活作用；Fe^{2+}、Zn^{2+}和 Cu^{2+}则有抑制作用。

4. α-淀粉酶的使用要点

（1）α-淀粉酶系生化物质，光线、温度、湿度会引起酶失活。在运输中应避免日光暴晒和雨淋，仓储时应保持清洁、阴凉和干燥。

（2）使用前 1h 用温水（40℃）将酶溶解，少量不溶物不影响使用效果。如工艺需要，可进行过滤，取滤液使用。

（3）如遇少量结块现象，可以粉碎后使用。

（4）使用酶活力为 20000U/mL 的耐高温淀粉酶，每 1t 原料（淀粉）加 0.5L 左右，相当于 10U/g 干淀粉。

（三）液化的方法与选择

1. 液化方法

淀粉按不同条件选择液化方法如图 1-7 所示。

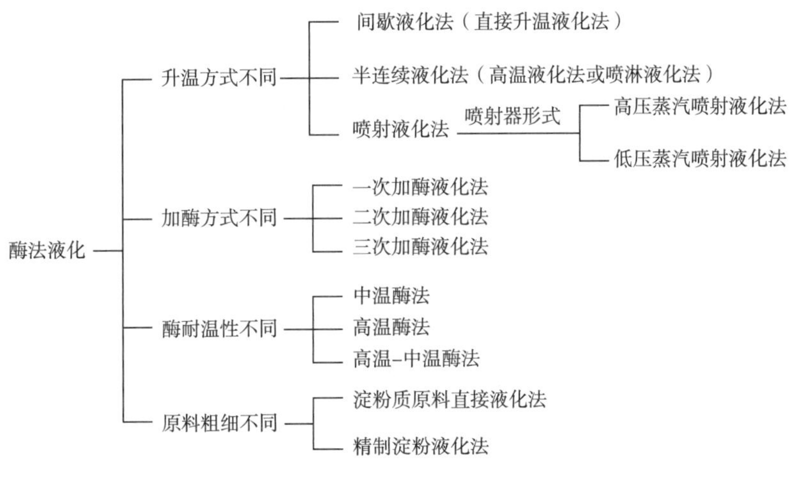

图 1-7　淀粉液化方法选择示意图

（1）液化方法的分类　酶法液化方法很多，以生产工艺不同可分为间歇液化法、半连续液化法和喷射液化法；以加酶方式不同可分为一次加酶、二次加酶和三次加酶液化法；以酶制剂耐温性不同可分为中温酶法、高温酶法和中温酶与高温酶混合法；以原料粗细不同分为淀粉质原料直接液化法和精制淀粉液化法等。每一种方法又可分为几小类，并且各分类方法又存在交叉现象。

（2）各种液化方法介绍　生产实际中，酶法液化的方法繁多，现将主要方法介绍如下。

①间歇液化法（又称直接升温液化法）：此法为酶法液化中最简单的一种，具体工艺过程为：将 30%浓度的淀粉乳 pH 调为 6.5，加入所需要的 Ca^{2+}（0.01mol/L）和液化酶，在剧烈的搅拌下加热到 85～90℃，并维持 30～60min，以达到所需的液化程度（DE 值为 15%～18%），碘试反应呈棕红色（或称碘液本色）。若搅拌不足，则需要分段液化加热。如液化玉米淀粉，先加热到约 72℃，黏度达到最高程度，保温约 15min，黏度下降，再继续加温至 85～90℃。此法需要的设备简单，操作也容易，但液化效果差，经糖化后物料的过滤性差，糖的浓度也低。

为改进此法过滤性差的缺点，液化完成后加热煮沸 10min。谷类淀粉（如玉米）液化较为困难，应加热到 140℃，保持几分钟，虽然如此处理能改进过滤性质，但仍不及其他方法好。

②半连续液化法（又称高温液化法或喷淋液化法）：在液化桶内放入底水并加热到 90℃，然后将调配后待液化的淀粉乳，用泵送经喷淋头引入液化桶内，并使桶内物料温度始终保持在（90±2）℃，淀粉受热糊化、液化，由桶底流入保温桶中在（90±2）℃时，维持 30～60min，达到所需的液化程度。对液化困难的玉米等谷物淀粉，液化后最好再加热处理（140℃加热 3～5min），以凝聚蛋白质，改进过滤性能。

该液化方法的设备和操作也简单，效果比直接升温法要好，但也存在如下缺点：a. 由于喷淋液化在开口的容器内进行，料液溅出而烫伤操作人员的事故时有发生，安全性差。b. 由于喷淋液化在开口容器内进行，蒸汽用量大。c. 因为喷淋液化是开口的原因，液化温度无法达到耐高温 α-淀粉酶最佳温度所处的范围（105℃）。因此液化效果较差，糖化液过滤性能也差。

③ 喷射液化法：喷射液化技术已逐步取代了其他液化技术。喷射液化技术的关键设备——喷射液化器，根据推动力不同，主要分为两大类：一类是以美国道尔·澳利沃公司为代表的高压蒸汽喷射液化器；另一类是以国内江苏海洋大学生物技术研究中心为代表的低压蒸汽喷射液化器。耐高温 α-淀粉酶相比中温 α-淀粉酶，在高温下喷射液化，蛋白质絮凝效果好，不产生不溶性淀粉颗粒，不发生老化现象，液化液清亮透明；并且在高温下喷射液化还可阻止小分子（如麦芽二糖、麦芽三糖等）前体物质的生成，有利于提高葡萄糖的收率，同时用耐高温 α-淀粉酶成本比用中温酶低。

2. 液化方法的选择

（1）淀粉液化效果好坏的标准与控制　液化要均匀；蛋白絮凝效果好；液化要彻底。在 60℃时液化液要稳定，不出现老化现象，不含不溶性淀粉颗粒，液化液透明、清亮。

在液化过程中，淀粉糊化水解成较小的分子，应从正反两方面考虑。首先，液化程度不能太低，因为①液化程度低，黏度大，难于操作；②葡萄糖淀粉酶属于外切酶，水解只能由底物分子的非还原尾端开始，底物分子越少，水解机会越少，因此影响糖化速度；③液化程度低，易老化，对于糖化，特别是糖化液过滤性相对较差。其次，液化程度也不能太高，因为葡萄糖淀粉酶是先与底物分子生成络合结构，而后发生水解催化作用。液化超过一定程度不利于糖化酶生成络合结构，影响催化效率，糖化液的最终 DE 值低。液化 DE 值与糖化 DE 值的关系见图 1-8。

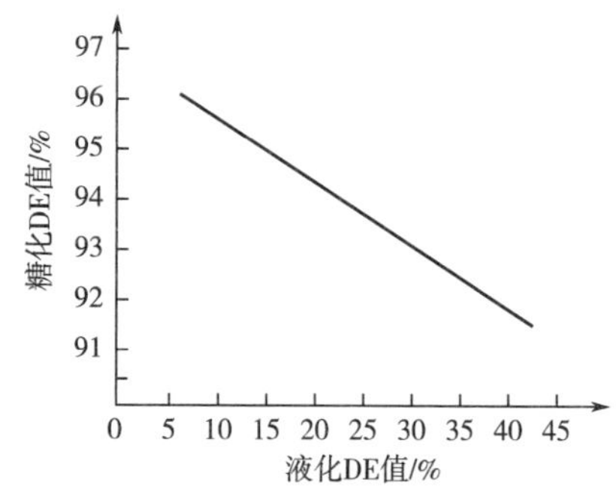

图 1-8　液化 DE 值与糖化 DE 值的关系

液化程度应该是：在碘试显本色的前提下，液化 DE 值越低越好（根据生产经验，一般液化 DE 值控制在 12%~15%）。

（2）液化原料的影响　液化所处理的原料主要分为两大类：一类是薯类淀粉，如木薯、马铃薯及甘薯；另一类是谷物类淀粉，如玉米、大米、小麦、蚕豆等。这两类淀粉组成及性质有如下区别。

①蛋白质含量：薯类淀粉蛋白质含量≤0. 1%，而一般情况下谷物类淀粉中蛋白质含量≥0. 5%。

②不溶性淀粉颗粒含量：不溶性淀粉颗粒是直链淀粉与脂肪酸形成的络合物，呈螺旋结构，组织紧密，在糖化过程中不能水解。它的存在不但降低了糖化率，而且造成过滤困难，滤液浑浊。谷物类淀粉能产生约 2%不溶性淀粉颗粒（内含脂肪酸 0. 4%~0. 5%，蛋

白质 0.2%~0.4%，其余为淀粉 1.2%~1.5%），而薯类淀粉只产生 0.25%不溶性淀粉颗粒。

③淀粉颗粒大小与坚硬程度：谷物类淀粉颗粒小且坚硬，而薯类淀粉颗粒大且疏松（表 1-20）。

④淀粉老化产生凝胶体强度：谷物类淀粉产生的凝胶体强度大，特别是小麦淀粉，淀粉糊冷却时结成的凝胶体强度很强；而薯类淀粉的凝胶体强度很弱（表 1-21）。

（四）喷射液化工艺流程及工艺条件

1. 工艺流程

（1）液化工艺流程

调浆→配料→一次喷射液化→液化保温→二次喷射→高温维持→二次液化→冷却→糖化

（2）工艺流程简述　在配料罐内，把粉浆乳调到 17~25°Bé，用 Na_2CO_3调 pH 至 5.0~7.0，并加入 1.5~3.0g/kg $CaCl_2$，作为淀粉酶的保护剂和激活剂，最后加入耐高温 α-淀粉酶，料液搅拌均匀后用泵把粉浆打入喷射液化器，在喷射器中粉浆和蒸汽直接相遇，控制出料温度 95~105℃。从喷射器中出来的料液，进入层流罐保温 30~60min，温度维持在 95~97℃，然后进行二次喷射，在第二只喷射器内料液和蒸汽直接相遇，温度升至 120~145℃，并在维持罐内维持 5~10min，把耐高温 α-淀粉酶彻底杀死，同时淀粉会进一步分散，蛋白质会进一步凝固。然后料液经真空闪急冷却系统进入二次液化罐，温度降低到 95~97℃，在二次液化罐内加入耐高温 α-淀粉酶，液化约 30min，碘试合格，液化结束。

2. 工艺特点

（1）连续喷射液化法　此法是利用喷射器将蒸汽直接喷射入淀粉乳薄层，在短时间内达到要求的温度，完成淀粉糊化、液化。从生产情况可以看出，此法液化效果较好，蛋白质、杂质凝结在一起，使糖化液过滤性好，同时该设备简单，便于连续化操作。

（2）层流罐的应用　淀粉液化的目的是为糖化酶作用创造条件，而糖化酶水解糊精及低聚糖时，需要先与底物分子结合生成络合结构，然后才发生水解作用，使葡萄糖单位逐个从糖苷键中裂解出来，这就要求被作用的底物分子具有一定大小的范围，才有利于与糖化酶生成这种络合物，为了保证底物分子大小在一定范围内，客观上要求液化要均匀。层流罐细而高，料液从上部切线进料以防料液走短路，料液从下部排出，从而保证了料液先进先出，最后液化均匀一致。

（3）快速升温灭酶　高温处理时，通过喷射器快速升温至 120~145℃，快速升温比逐步升温产生的“不溶性淀粉颗粒”少，所得的液化液既透明又易过滤，淀粉出糖率高，同时由于采取快速升温法，缩短了生产周期。

（4）高温分散　通过喷射器加热到 120~145℃，在维持罐内维持 5~10min，使已形成的“不溶性淀粉颗粒”在高温作用下分散，同时蛋白质进一步凝固。

（5）真空闪急冷却　液化液浓度可以增高，同时利用高压差淀粉会进一步分散，出糖率得以增高。

3. 工艺操作规程

（1）调浆　①粉浆浓度 17~25°Bé；②$CaCl_2$ 浓度 1.5~3.0g/kg（固形物）；③pH 5.0~7.0；④耐高温淀粉酶用量：0.4~0.8L/t 淀粉。

（2）喷射液化　首先预热喷射器及层流罐至 100℃，然后进行喷射液化，喷射器内温度控制在 95~105℃，层流罐内温度控制在 95~105℃。

（3）高温处理　通过第二只喷射器将料液加热至 120~145℃，并通过维持罐维持 5~10min。120~145℃热处理可以达到以下三个目的：①灭菌；②蛋白质凝固；③淀粉分散。

（4）真空闪急冷却　经过真空闪急冷却系统温度从 120~145℃降到 95~97℃。

（5）二次液化　在二次液化罐内首先调整 pH 至 6.5 左右，然后加入耐高温 α-淀粉酶 0.2L/t 淀粉，液化约 30min，碘试显本色，液化结束。

（6）液化结束后，设备、管道、泵等都要清洗干净。

二、淀粉的糖化

在液化工序中，淀粉经 α-淀粉酶水解成糊精和低聚糖等较小分子产物，糖化工序是利用葡萄糖淀粉酶进一步将这些产物水解成葡萄糖。

（一）理论收率、实际收率及淀粉转化率

1. 理论收率

纯淀粉通过完全水解，因有水解增量的关系，每 100g 淀粉能生成 111.11g 葡萄糖，如下面反应式所示：

$$(C_6H_{10}O_5)_n + nH_2O \longrightarrow nC_6H_{12}O_6$$

淀粉　　水　　葡萄糖

162　　18　　180

因此葡萄糖的理论收率为 111.11%。

2. 实际收率

从生产葡萄糖的要求方面希望能达到淀粉完全水解的程度，但由于复合分解反应的发生及生产管理过程中的损失，葡萄糖的实际收率仅有 105%~108%。

葡萄糖实际收率的计算公式见式（1-1）：

$$\text{实际收率} = \frac{\text{糖液体积}(V) \times \text{糖液葡萄糖含量}(w_c)}{\text{投入淀粉量}(m) \times \text{淀粉含量}(w_c')} \times 100\% \tag{1-1}$$

3. 淀粉转化率

淀粉转化率是指 100 份淀粉中有多少份淀粉转化成葡萄糖，其计算公式见式（1-2）：

$$\text{转化率} = \frac{\text{糖液体积}(V) \times \text{糖液葡萄糖含量}(w_c)}{\text{投入淀粉量}(m) \times \text{淀粉含量}(w_c') \times 1.11} \times 100\% \tag{1-2}$$

（二）DE 值与 DX 值

1. DE 值

工业上用 DE 值（也称葡萄糖值）表示淀粉的水解程度或糖化程度。糖化液中还原性糖全部当作葡萄糖计算，占干物质的百分比称为 DE 值。

还原糖用斐林法或碘量法测定，干物质用阿贝折光仪测定。值得注意的是，阿贝折光仪所测出的浓度是指 100g 糖液中，含有多少克干物质，而还原糖的浓度是指 100mL 糖液中含有多少克还原性糖，因此 DE 值实际计算公式见式（1-3）：

$$\text{DE 值} = \frac{\text{还原糖浓度}(\rho)}{\text{干物质浓度}(w') \times \text{糖液相对密度}(d)} \times 100\% \qquad (1-3)$$

2. DX 值

糖液中葡萄糖含量占干物质的百分率称为 DX 值，其计算见式（1-4）：

$$\text{DX 值} = \frac{\text{葡萄糖浓度}(\rho)}{\text{干物质浓度}(w') \times \text{糖液相对密度}(d)} \times 100\% \qquad (1-4)$$

3. DE 值与 DX 值的区别

糖液中葡萄糖的实际含量稍低于葡萄糖值，因为还有少量的还原性低聚糖存在。随着糖化程度的增高，二者的差别减少。从双酶法糖化液的糖分组成（表 1-22）上可以看出 DE 值与 DX 值的区别。

表 1-22　双酶法糖化液的糖分组成

还原糖值（DE 值）/%	葡萄糖值（DX 值）/%	麦芽糖	异麦芽糖	麦芽三糖	麦芽四糖以上
97.4	95.3	1.9	0.9	0.5	1.4
97.6	95.9	1.3	0.9	0.2	1.7
98.1	96.3	1.4	1.2	—	1.1

（三）影响 DE 值的因素

1. 糖化时间对 DE 值的影响

图 1-9 为糖化曲线。玉米淀粉乳液化到 DE 值 19%，浓度 33%，酶制剂（NOVO-150）用量为每吨绝干淀粉 1.25L，于 60℃、pH 4.5 糖化，最初阶段的糖化速度快，约 24h 后 DE 值达到 90%以上，以后的速度很慢。达到最高的葡萄糖值以后，应当停止反应，否则，葡萄糖值趋向降低，这是因为葡萄糖发生复合分解反应的缘故。

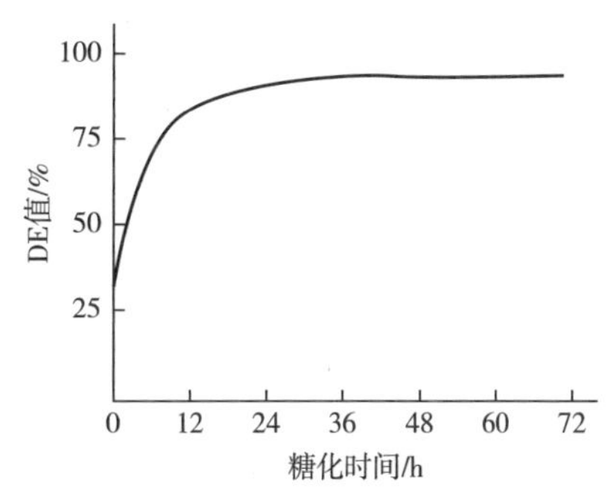

图 1-9　糖化曲线

2. 液化 DE 值与糖化 DE 值的关系

由图 1-8 液化 DE 值与糖化 DE 值的关系可以看出，在碘试显本色的前提下，液化液 DE 值越低，糖化液最高 DE 值越高。

3. 酶制剂用量与糖液 DE 值的关系

图 1-10 的工艺条件：玉米淀粉乳液化到 DE 值 19%，浓度 33%，于 60℃、pH 4.5 糖化，酶制剂（NOVO-150）用量，每吨绝干淀粉分别为 0.75L（图中曲线 A）、1.00L（图中曲线 B）、1.50L（图中曲线 C）和 1.75L（图中曲线 D）。由图 1-10 可以看出，为加快糖化速度，可以提高用酶量，缩短糖化时间。

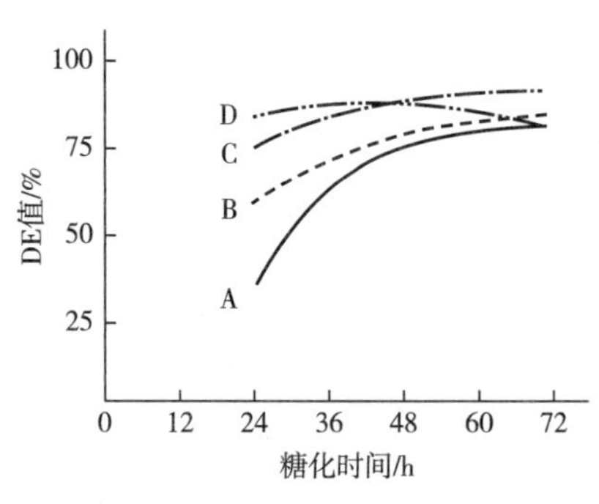

图 1-10　不同用酶量糖化曲线

在此值得注意的有以下两点。

（1）使用不同原料、不同糖化工艺及不同 DE 值的液化液，糖化时间与糖化酶用量关系略有调整。

（2）提高用酶量，糖化速度快，但用酶量过大反而复合反应严重，导致糖化结束时葡萄糖值降低。

但在实际生产中，应充分利用糖化罐的容量，尽量延长糖化时间，减少糖化酶用量，如此，糖化液 DE 值最高，酶成本最低，糖液中酶蛋白最少。

（四）糖化酶的作用与特性

1. 糖化酶的作用方式

糖化酶又称葡萄糖淀粉酶，它能将淀粉从非还原性末端水解 α-1,4 糖苷键，产生葡萄糖，也能缓慢水解 α-1,6 糖苷键，转化成葡萄糖。

2. 糖化酶的特性

（1）pH 对糖化酶酶活力及酶稳定性的影响　糖化酶的 pH 范围为 3.0~5.5，最适 pH 范围为 4.0~4.5。pH 对其酶活力及酶稳定性的影响见图 1-11、图 1-12。

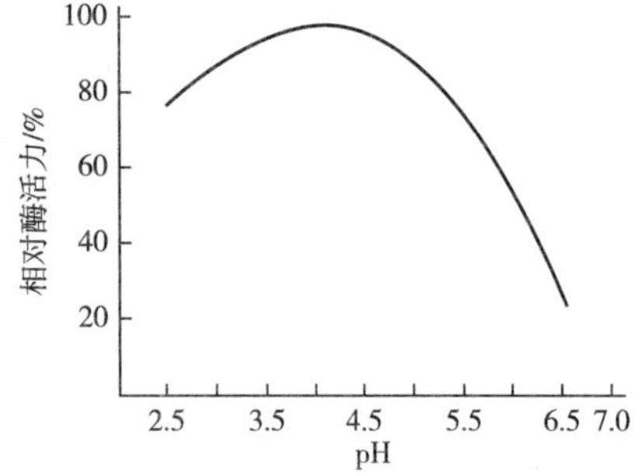

图 1-11　pH 对糖化酶酶活力的影响

底物：可溶性淀粉 4.0mg/100mL

温度：60℃；时间：60min

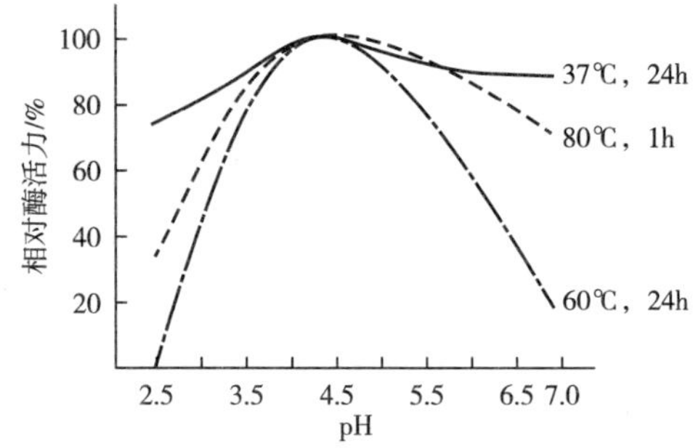

图 1-12　pH 对糖化酶稳定性的影响

——：有底物　----：无底物　—·—：无底物

底物：30g/L 葡萄糖

（2）温度对糖化酶酶活力及酶稳定性的影响　糖化酶温度范围为 40~65℃，最适温度范围为 58~60℃。温度对其酶活力及酶稳定性的影响见图 1-13、图 1-14。

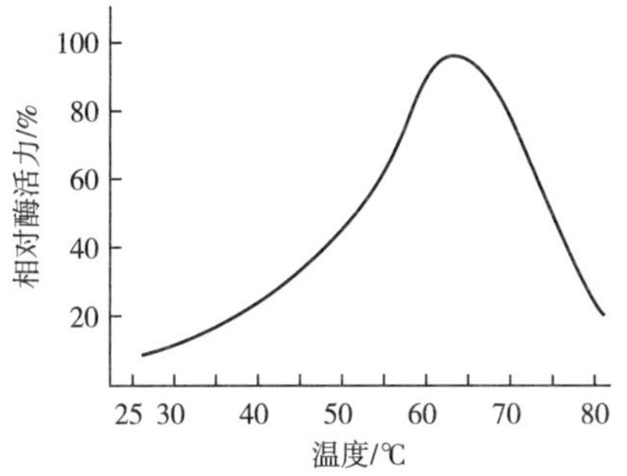

图 1-13 温度对糖化酶酶活力的影响
底物：可溶性淀粉 4.0mg/100mL
pH：4.2；时间：60min

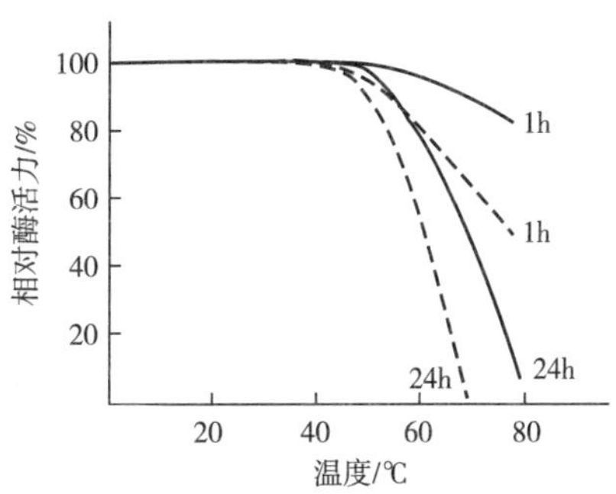

图 1-14 温度对糖化酶稳定性的影响
——：有底物 ----：无底物
底物：30%葡萄糖；pH：4.2

（3）抑制剂 大部分重金属，如铜、银、汞、铅等都能对糖化酶产生抑制作用。

（五）糖化工艺流程及工艺条件控制

1. 工艺流程

（1）糖化工艺流程

液化液→糖化→灭酶→过滤→贮罐计量→发酵罐

（2）工艺流程简述 液化结束时，迅速将料液用酸将 pH 调至 4.2~4.5，同时迅速降温至 60℃，然后加入糖化酶，60℃保温数小时后，当用无水酒精检验①有无糊精存在时，将料液 pH 调至 4.8~5.0，同时，将料液加热到 80℃，保温 20min，然后料液温度降到 60~70℃开始过滤，滤液进入贮糖罐，在 60℃以上保温待用。

2. 糖化工艺操作规程

（1）糖化

①pH 4.2±0.1。

②温度 60℃±1℃，为防止糖焦化，用热水循环保温。

③糖化酶用量 150U/g 淀粉，糖化酶越少，副反应越少，且可溶性蛋白越少。

④糖化时间 32~40h，糖化时间增长可以达到较高的 DE 值。

⑤当用无水酒精检验无糊精存在时，糖化结束，然后将 pH 调至 4.8~5.0，并加热至 70~80℃，维持 15min。

（2）过滤

①过滤前将料液冷却至 65~70℃。

---

① 葡萄糖溶解于无水酒精中，而糊精不溶于无水酒精中。当水解葡萄糖中由于水解不完全含有少量糊精时，将此糖液滴入无水酒精中，则表现出液体浑浊，因此无水酒精可检测水解糖液中有无糊精存在。

②过滤时所有板框压滤机同时使用。滤布为两套，以减少过滤及贮糖时间。

③过滤时，通过调节回流，使过滤压力线性增加。为了减少滤液中的悬浮物及缩短过滤时间，过滤压力不能超过 2MPa。过滤困难时，可以通蒸汽，以疏通滤渣。

④为防止糖液变质，在糖化料液过滤完时清洗糖化罐，洗液也要用泵打去过滤。

⑤过滤结束后用热水洗涤，温度 65~70℃，用水量为 1.65~2.0t/m^3板框空隙体积。

⑥过滤洗涤后，用风将滤渣吹干。

（3）贮糖计量　贮糖时间不宜过长，并且糖液在贮存时，维持在 60℃以上，糖液打入发酵罐后，糖化计量罐要清洗干净，洗液排掉。

（六）影响过滤的因素及解决措施

双酶法制糖淀粉转化率高、成本低、糖的浓度高、糖液质量高，因此用于味精等发酵工业生产，发酵产酸、糖酸转化率、提取收率及精制收率都有所提高。如前所述，淀粉水解糖质量的高低，直接关系到氨基酸发酵与提取的正常与否。在此着重介绍影响糖液过滤的因素及解决措施。

从滤渣成分分析可知，影响过滤速度的主要因素为两大类物质。一类为蛋白质类，另一类为糊精类（包括不溶性淀粉颗粒及老化的糊精）。要想提高糖化过滤速度，在制糖过程中必须采取措施消除糊精类的存在，并且使蛋白质凝聚。

1. 设备对过滤速度的影响

间歇液化由于料液受热不均匀，不仅蒸汽消耗量大，而且液化不均匀，液化效果差，糖化结束时有糊精存在，蛋白质难以凝固。这种糖液不仅过滤困难，而且蛋白质类、糊精类混在糖液中，导致发酵时泡沫增多，逃液严重，这也必然影响后道的提取及精制。采用喷射器进行连续液化，原料中的淀粉液化彻底，蛋白质类凝聚效果好，同时淀粉与蛋白质分离效果也好。采用喷射器进行液化，液化效果的好坏关键取决于料液在喷射器内能形成高强度的微湍流。这种微湍流对淀粉分散效果好，蛋白质凝聚效果好，过滤速度大大加快。

2. 酶制剂对过滤速度的影响

（1）酶活力对过滤速度的影响　酶本身为蛋白质，如果酶活力低，酶蛋白质增加，从而影响过滤速度。耐高温 α-淀粉酶比中温 α-淀粉酶的酶活力高，一般耐高温 α-淀粉酶的酶活力为 20000U/mL，中温 α-淀粉酶的酶活力仅为 4000U/mL。从有利于过滤角度来看，应选择酶活力为 20000U/mL 的耐高温 α-淀粉酶。糖化酶的选择也是如此。

（2）液化酶的种类对过滤速度的影响　淀粉液化是为糖化酶创造条件，而糖化酶水解糊精及低聚糖等分子时，需要先与底物分子生成络合物，然后才发生水解作用，使葡萄糖单位逐个从糖苷键中裂解出来，这就要求被作用的底物分子介于一定大小范围内，才有利于糖化酶生成这种络合物。在 105℃喷射液化时，耐高温 α-淀粉酶能有效地阻止麦芽糖等小分子前体物质的形成，因而在淀粉完全水解过程中，增加了葡萄糖的含量，降低了黏度较大的麦芽糖等小分子的形成量。这样，淀粉转化率提高了，且过滤速度加快了。另外，耐高温 α-淀粉酶在液化时能形成稳定的亲水胶体，没有不溶性淀粉结晶体沉淀，糖化结束时无糊精，因此过滤速度快。不同液化酶液化比较见表 1-23。

表 1-23　　不同液化酶液化比较（以玉米淀粉为原料）

项目＼液化酶类型	耐高温 α-淀粉酶	中温 α-淀粉酶
过滤速度/［L/（m^2·h）］（不加助滤剂，过滤压力 0.2MPa，3h 平均值）	180	70
不溶性淀粉颗粒	不存在	存在，约 2%
淀粉转化率/%	98	96
蛋白质类凝聚效果	好	差

（3）高转化率复合糖化酶的应用　目前国内大部分酶制剂厂生产的糖化酶总会有转苷酶等杂酶系，结果导致糖化结束时总有微量糊精存在。高转化率糖化酶，酶活力高（100000U/mL），转苷酶含量少。如果再添加异淀粉酶及纤维素酶，不仅糖化效果会更好，而且过滤速度进一步加快。不同类型糖化酶性能比较见表 1-24。

表 1-24　　不同类型糖化酶性能对比

糖化酶	高转化率糖化酶（液体）	固体型糖化酶（固体）
葡萄糖转苷酶活力/（U/mL）	微量	2000
糖化结束时糊精	不存在	微量
DE 值/%	98	95.5

3. 工艺条件对过滤速度的影响

（1）原料的处理　大米要经热碱浸泡，淀粉要用温水调浆。大米经热碱浸泡后，一则可以除去大部分可溶性蛋白质，加快过滤速度；二则液化效果好。淀粉用温水调浆（50℃左右），可以提高液化效果，液化时形成的不溶性淀粉颗粒较少，过滤速度加快。

（2）液化 DE 值的控制　若 DE 值过高，小分子类过多不易与糖化酶形成络合物。糖化结束时麦芽糖等小分子的量较大，这不仅导致淀粉转化率降低，而且使得糖化结束时的糖化液黏度增大，过滤速度减慢；若 DE 值过低，液化液易老化，糖化酶对老化糊精不起作用，糖化结束时由于大分子类物质的存在，糖液黏度更大，过滤会更困难。

（3）液化液老化

①pH：碱性条件下能抑制老化作用，酸性条件下易于老化。

②时间：其液化时间长或液化时升降温速度慢，都会加快液化液老化。若液化液老化，将严重影响过滤速度及淀粉转化率。

（4）过滤方式的影响　以大米为原料双酶法制糖，由于米渣本身为助滤剂，在不加任何助滤剂及活性炭的情况下液化，一次性过滤，其速度高于液化液、糖化液单独过滤，过滤面积仅为原来的 2/5，过滤速度为 250L/（m^2·h）。

一次性过滤的米渣，由于受高温影响，米渣呈粉红色。但是两次过滤的米渣与一次性过滤的米渣，就营养成分而言，米渣中蛋白质含量由55%提高到60%，淀粉含量由15%下降为7%。

（5）过滤 pH 的影响　过滤时 pH 对过滤速度的影响见表 1-25。

表 1-25　过滤时 pH 对过滤速度的影响

编号		1#	2#	3#	4#	5#	6#	7#	8#
pH		4.2	4.4	4.6	4.8	5.0	5.4	5.8	6.5
颜色		→依次增深							
蛋白质凝聚	大米	差	差	差	差	差	最好	最好	差
	玉米淀粉	差	差	差	最好	最好	差	差	差
透光率/%（420nm）	大米	89	89	89	88	88	93	92	86
	玉米淀粉	85	88	90	95	95	88	83	85

由表 1-25 结果所示，综合蛋白质凝聚（过滤速度）、糖液颜色、糖液透光等因素，以大米为原料，过滤 pH 以 5.4~5.8 为最佳；以玉米淀粉为原料，过滤 pH 以 4.8~5.0 为最佳。

三、一次喷射双酶法制糖的质量要求

1. 糖液的质量要求

糖液的质量要求见表 1-26。

表 1-26　糖液的质量要求

项目	要求	项目	要求
色泽	无色透明	DE 值	97%以上
透光率	≥90%	DX 值	95%以上
糊精透光率	≥70%（糖：乙醇=1：7）	pH	4.8~5.2
还原糖含量	27g/100mL（低糖）	蛋白质含量	0.5%以下
	38g/100mL 以上（高糖）	粉糖转化率	98%以上

2. 糖液质量的化验方法

糖液质量的化验方法见表 1-27。

表 1-27　糖液质量的化验方法

项目	方法	项目	方法
淀粉含量	波美计，测淀粉乳的波美度查表即可，或用碘量法测定	蛋白质含量	甲醛法
		糊精反应	碘试剂反应或乙醇反应
还原糖含量	斐林试剂滴定法	糖液酸值	酸碱滴定法

续表

项目	方法	项目	方法
pH	pH 计	干物质	阿贝折光仪
透光率	721 分光光度计（420nm）	糖谱分析	高效液相色谱（HPLC）法

3. 糖谱分析

使用 HPLC 对糖化液的质量进行分析，分析结果即糖谱能告诉我们糖液中各种糖组分在总糖的比例及在糖化过程中出现了哪些杂糖。糖谱分析是最精确最先进的分析方法，通过对糖谱的分析，可分析糖化过程工艺参数和部分液化工艺参数控制是否合理，并据此完善糖化工艺条件，调整淀粉酶种类与加量，控制糖化终点，得到最好的糖化液，满足对糖液质量的要求。

（1）液相色谱系统

①设备：氦气脱气系统、等梯度泵、示差折光检测器、自动进样器、柱温箱、糖柱、计算机工作站、流动相处理系统。

②试剂：密理博公司（MilliQ）超纯水、离子交换树脂［Analytical Grade Mixed Bed Resin，AG501-X8（D）树脂，20~50 目（mesh）］。

（2）分析方法　见表 1-28。

表 1-28　液相色谱分析方法

糖化液样品干物质浓度：5%	进样量：10μL	停止时间：30min
流速：0.7mL/min	柱温：85℃	示差折光检测器温度：35℃
流动相：经脱气和 0.45μm 孔径过滤器过滤的 MiliQ 超纯水		
糖柱：AminexHPX-87C（Bio-rad Company）		
稀释后样品的离子交换处理：混合适量树脂和经稀释的样品，在 28r/min 时旋转离子交换 20min		

（3）糖谱数据　具体数据见图 1-15 和表 1-29。

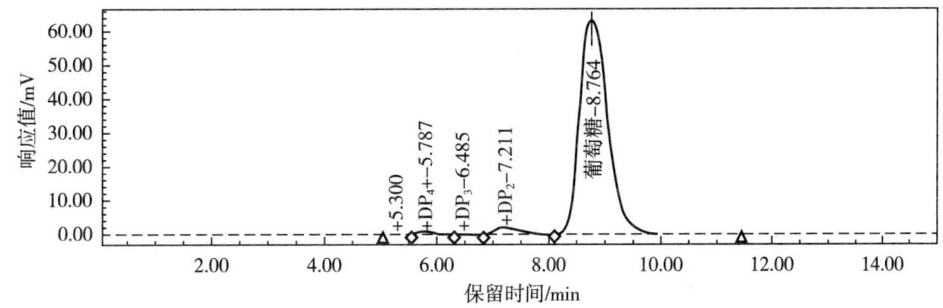

图 1-15　糖谱分析数据

表 1-29　　糖谱分析数据

编号	峰名	保留时间/min	峰面积	峰面积百分比/%	峰高
1	DP_5	5.300	1956	0.09	122
2	DP_4	5.787	21393	0.97	1036
3	DP_3	6.485	6915	0.31	306
4	DP_2	7.211	57999	2.64	2040
5	葡萄糖	8.764	2110427	95.99	63547
6	果糖	11.124			

注：DP_1是指聚合度为 1 的糖组分，即单糖，主要是葡萄糖。DP_1 = 葡萄糖+果糖+甘露糖+其他杂糖。DP_2是指聚合度为 2 的糖组分，即双糖，如麦芽糖、麦芽酮糖等。DP_3、DP_4、DP_5 分别是三糖、四糖、五糖。DE（还原糖）= $DP_1+0.5DP_2+0.33DP_3+0.25DP_4+\cdots$。

DX 值较低可能由于以下原因：①较高的糖化初始 DS（糖液干物质含量）；②过长的糖化时间，引起葡萄糖复合反应的发生；③过高的糖化酶热稳定性，从而迅速达到最高葡萄糖值，然后引起葡萄糖复合反应发生；④糖化酶加量少；⑤糖化酶加量大，糖化进程短，复合反应发生早；⑥葡萄糖转苷酶的存在，使葡萄糖复合转化为异麦芽糖；⑦糖化 pH 高，引起部分葡萄糖在碱性条件下转化为甘露糖、果糖等糖。

DP_2较高可能由于以下原因：①过长的糖化时间，引起葡萄糖复合反应，生成二糖；②过高的糖化酶热稳定性，从而迅速达到最高葡萄糖值，然后引起葡萄糖复合反应发生；③糖化酶加量少，糖化不彻底或糖化时间短；④糖化酶加量大，糖化进程短，复合反应发生早；⑤葡萄糖转苷酶的存在，使葡萄糖复合转化为异麦芽糖；⑥其中的麦芽酮糖高是由于液化 pH 高，最终形成较多的麦芽酮糖。

DP_3较高可能由于以下原因：①较高的糖化初始 DS（糖液干物质含量）；②过高的糖化初始 DE 值（即液化结束时 DE 值），其中 DP_3 是糖化酶很难分解的。

当 DP_4较高时，往往意味着较高的糖化初始 DS。

若 DP_3和 DP_4都过高，而 DP_2正常，且 DX 值较低，这说明糖化时间过短或加酶量较少。

4. 糖液质量与氨基酸生产的关系

葡萄糖是氨基酸发酵的主要原料，淀粉糖化液的质量好坏直接影响氨基酸生产水平的高低。一方面它是氨基酸产生菌的基础代谢物质，糖液质量不好会直接影响氨基酸产生菌的生长速度，到了一定的发酵时间达不到所要求的 OD 值（吸光度），会造成发酵周期延长，发酵产酸低。糖液中除葡萄糖外还有一定的二糖、三糖和四糖以上的多元糖、糊精，甚至还有少量的麦芽酮糖、氨基葡萄糖、蛋白质，这些物质都是氨基酸产生菌不可利用的，有些物质对氨基酸生产是有害的。如麦芽酮糖、氨基葡萄糖、糊精和蛋白质会使发酵过程泡沫增加，轻者增加消泡剂的用量，造成发酵成本上升，重者造成逃液，增加污染的可能。流加糖液的浓度低，发酵初体积降低，流加糖体积大，会造成发酵中后期 OD 值低，影响氨基酸生产水平。

糖液质量的高低不仅影响氨基酸的发酵水平，而且与氨基酸的提取收率、氨基酸质量息息相关。糖液中的杂质氨基酸产生菌不能利用，在发酵液中积聚，由于发酵过程糖液用量大，如果糖液质量差，发酵液中的杂质多，多元糖、糊精、蛋白质，会影响氨基酸的析出，大大影响氨基酸的收率，大分子的蛋白质等会与氨基酸一起析出，收得的氨基酸黏度大、杂质多，给味精的精制带来困难。

糖液质量的好坏，不仅直接影响氨基酸的生产水平，而且会增加废液处理的困难。氨基酸产生菌不能利用的杂质多，废液中的 BOD（生化需氧量）、COD（化学需氧量）高，废液处理成本增加，企业效益下降。

随着我国制糖技术的提高，从酸解法到酶酸法再到双酶法以及一些新技术、新设备的采用，制糖技术逐步完善，糖液质量逐步提高，氨基酸发酵水平也有了极大提高。

四、提高糖液质量和收率的控制要点

（1）选用优质淀粉，杂质含量低，不变质，不含老化淀粉。

（2）根据发酵用糖的要求，正确控制淀粉乳浓度。配料用糖，淀粉乳浓度 15°Bé；流加糖，淀粉乳浓度 20°Bé 以上。

（3）采用优质耐高温淀粉酶（如诺维信的耐高温淀粉酶），正确控制加量和工艺条件，包括 pH 和温度。pH 和温度的任何微小波动都会造成酶活力较大地降低，对制糖带来重大影响。

（4）准确判断淀粉液化、糖化终点是控制糖液质量的关键。

（5）糖化结束后及时快速灭酶（80℃以上），终止复合反应，如使用普鲁兰酶无需杀酶。

（6）料液在调整 pH 时加酸加碱要缓慢进行，调整前先开搅拌，避免局部过酸过碱造成淀粉、葡萄糖发生复合分解反应而影响糖液质量。如能流加稀酸碱在线调整 pH 最好。

（7）根据生产需要安排糖液生产，减少糖液的存放时间。低浓度糖液如要存放，保持60℃以上，以免染菌变质，影响使用效果。

（8）淀粉制糖（包括淀粉乳储存输送）设备、管道定期清洗消毒，防止淀粉乳、糖液污染。

（9）淀粉酶按要求存放，避免酶失活，影响制糖效率和糖液质量。当外包装损坏或发现酶质有变化时，要进行酶活力测定，以免给生产造成重大损失。

（10）液化前料液配料调浆，要现用现配，防止配好料液放置时间过长，pH 变化而使酶活力降低。还要特别注意淀粉老化现象的发生。

五、一次喷射双酶法制糖设备

1. 主要设备

双酶法制糖所需主要设备见表 1-30。

表 1-30　双酶法制糖所需主要设备

工序	设备	工序	设备
调浆	配料槽、过滤器、泵	糖化	糖化罐、酸计量罐
糊化	水热器或连续喷射器、维持罐、闪蒸罐	压滤	压滤机、糖液储罐
液化	层流罐、冷却器、调 pH 罐		

2. 水热器

自控式水热器是近几年在双酶法制糖工艺中应用的新设备，它的工作原理与连续喷射液化器一样。由于设计合理，可自动控制料液的温度，热交换效率高达 100%，料液温度均匀，液化效果好，糖液质量好、浓度高，生产过程更加节约能源且运行过程可实现自动控制，维护成本低，对于高浓度料液使用效果更好。其应用效果见表 1-31。

表 1-31　水热器双酶法制糖效果分析对比　单位:%

样品编号	四糖以上	三糖	麦芽酮糖	二糖	葡萄糖	果糖	DE
1 号	0.81	0.51	0.00	3.11	95.58	0.00	97.73
2 号	0.62	0.37	0.00	2.68	96.33	0.00	98.14
3 号	0.58	0.35	0.00	2.74	96.33	0.00	98.16
4 号	0.32	0.45	0.00	2.92	96.31	0.00	98.24
5 号	0.47	0.47	0.00	2.90	96.16	0.00	98.11
6 号	0.63	0.43	0.00	2.76	96.17	0.00	98.06
7 号	1.04	0.33	0.00	2.34	96.30	0.00	97.98
8 号	0.45	0.46	0.00	2.74	96.36	0.00	98.21
9 号	0.59	0.58	0.00	2.91	95.92	0.00	97.95

注：1 号为对照样品，淀粉乳浓度 18°Bé，使用连续喷射液化器。2 号实验样品，淀粉乳浓度 18°Bé，使用水热器。3~9 号样品，每个实验样品淀粉乳浓度增加 0.5°Bé，使用水热器。

六、一次喷射双酶法制糖的技术经济指标

1. 葡萄糖收率

葡萄糖收率为 98.5%（粉糖转化率）。

2. 原辅料消耗。

原辅料消耗详情见表 1-32。

表 1-32　原辅料消耗

原料	需求量	原料	需求量
淀粉	1.06t/(t 纯糖)	$CaCl_2$	0.6kg/(t 淀粉)
高温淀粉酶	0.6L/t 淀粉（含水 14%商品淀粉，下同）	H_2SO_4	0.2kg/(t 淀粉)
高效糖化酶	1.0~1.5kg/(t 淀粉)	Na_2CO_3	0.6kg/(t 淀粉)

3. 能耗指标

能耗指标详情见表 1-33。

表 1-33 能耗指标详情

项目	消耗量
水	5.5t/t 淀粉
电	15kW·h/t 纯糖
汽	0.5t/t 纯糖

第五节 糖液浓缩工艺

浓缩是将溶液中的部分溶剂气化并分离，以提高溶液中溶质浓度的过程。糖液浓缩工艺就是将低浓度糖液的水分汽化冷凝分离而得到高浓度糖液的工艺。由于糖化生产的糖液浓度偏低，不能适应于氨基酸发酵的需要，因而通过浓缩，获得高浓度糖液用于氨基酸发酵流加补料，从而提高产酸水平。

糖液加热水分汽化所生成的蒸汽称为二次蒸汽，二次蒸汽直接冷凝不再利用称为单效蒸发；若二次蒸汽被引入另一蒸发器作为热源，此种串联的蒸发操作，称为多效蒸发；蒸发的过程同时抽空减压称为真空蒸发。多效蒸发热效率高，节省能源，糖液浓缩多采用这一方式。

一、蒸发浓缩装置简介

在蒸发操作时，根据两流体之间的接触方式不同，可将蒸发器分为间接加热式蒸发器和直接加热式蒸发器。间接加热式蒸发器主要由加热室及分离室组成。按加热室的结构和操作时溶液的流动情况，可将工业中常用的间接加热式蒸发器分为循环型（非膜式）和单程型（膜式）两大类。

循环型蒸发器是溶液在蒸发器内做连续的循环运动，以提高传热效果、缓和溶液结垢情况。由于引起循环运动的原因不同，可分为自然循环和强制循环两种类型。前者是溶液在加热室不同位置上的受热程度不同，产生了密度差而引起的循环运动；后者是依靠外加动力迫使溶液沿一个方向做循环流动。

单程型浓缩器又称为液膜式浓缩器，它的特点是通过加热室一次达到所需的浓度，且溶液沿加热器呈膜状流动而进行传热和蒸发。它的优点是传热效率高，蒸发速度快，溶液在蒸发器内停留时间短，因而特别适于处理热敏性溶液的蒸发。

按物料在蒸发器内的流动方向及成膜原因的不同，液膜式蒸发器可分为升膜式、降膜式、升-降膜式和刮板式搅拌薄膜蒸发器。

升膜式蒸发器是原料经预热后由蒸发器的底部进入，加热蒸汽在管外加热。溶液受热沸腾后迅速汽化，所生成的二次蒸汽在管内高速上升，溶液被调整上升的蒸汽所带动，一边沿管内壁呈膜状上升，一边连续不断地被蒸发。升膜蒸发器适于蒸发量较大（较稀的溶液）、热敏性及易产生泡沫的溶液，不适于高黏度、有晶体析出或易结垢的溶液。

降膜蒸发器是指原料由加热室的顶部加入，在重力作用下沿管内壁呈膜状下降，并在下降过程中被蒸发增浓，汽液混合物流至底部进入分离器，完成液由分离器的底部排出。降膜蒸发器可蒸发浓度、黏度较大的溶液，不适于蒸发易结晶或易结垢的溶液。

升-降膜式蒸发器是升膜式和降膜式蒸发器的结合，适于蒸发过程中浓度变化较大或厂房高度受一定限制的场合。

刮板式搅拌薄膜蒸发器适用于处理易结晶、易结垢、高黏度或热敏性的溶液。其缺点是结构复杂，动力消耗较大，处理量较少。

多效蒸发器根据加料方式不同分为并流、逆流和平流加料法。并流就是溶液和蒸汽的流向相同，均由一效流至末效。逆流则是原料液由末效进入，用泵依次输送至前一效，完成液由第一效底部流出，加热蒸汽的流向由一效到末效。平流加料法是原料液分别加入各效中，再分别自各效中排出，蒸汽的流向仍由第一效流至末效。

二、四效降膜式真空浓缩器

目前淀粉制糖行业使用较为普遍的是四效降膜式真空浓缩器，按加料和受热方式分为顺流、逆流和错流等几种。

（1）优点

①采用四效蒸发提高了加热蒸汽的利用率，节省了蒸汽量。

②随着逐效溶液浓度的不断提高，温度也相应升高，因此各效溶液的黏度较为接近，使各效传热系数基本相同。

③采用四效蒸发比单效蒸发的生产强度降低。

（2）缺点

①采用逆流各效间溶液须用泵输送，能耗大。

②采用逆流法产生的蒸汽量少。

第六节　制糖工艺存在的问题及其发展方向

一、制糖工艺存在的问题

目前淀粉制糖存在的问题主要有以下几个方面。

（1）糖液浓度低，不适于流加糖的需要。糖液葡萄糖浓度30%左右，能做到40%以上的企业不多。而氨基酸发酵流加糖工艺要求高浓度，有利于提高产酸水平，缩短发酵周期。

（2）糖液蛋白质含量高，达0.5%以上，容易造成发酵泡沫多，降低装料系数，增加染菌概率。

（3）双酶法制糖能耗高，喷射后料液温度高达110℃以上，如果能开发低温液化又能去除蛋白质的工艺，会大大节省能源。

（4）酶活力低，用酶量大。

（5）糖化酶耐糖浓度还比较低。

（6）高效酶制剂应用还不是很广泛。

二、制糖工艺的发展方向

（1）一次喷射液化工艺的广泛应用，喷射液化后无需灭酶，不用二次喷射高温灭酶，有利于节约能源。

（2）高浓度流加糖发酵工艺的逐步推广，使得淀粉乳浓度呈现增加的趋势。

（3）高效酶制剂的广泛使用，高效酶制剂由于生产的糖液品质好，产酸高，在制糖业的应用已是很普遍。固定化酶有利于降低成本和糖液蛋白质含量，生产连续化。随着科技的进步与发展，会有更好更多的酶制剂实现工业化生产，势必会给制糖业带来巨大变化。

（4）制糖设备的自动化连续化，制糖设备对淀粉液化、糖化结果都有重大影响，水热器的采用，不仅提高了糖液质量，而且使生产实现自动化、连续化。

（5）节能环保治污水平逐年提高。

三、淀粉酶制剂的发展及应用

近二十年来，淀粉制糖工业随着淀粉酶制剂的发展已取得了很大的进步。随着人们生活水平的提高，淀粉制糖工业还有更大的发展空间。节能环保等方面的需求，反过来又促进了淀粉酶制剂的发展。淀粉酶制剂的发展方向：酶使用条件的广泛适应性（pH、耐高温），淀粉酶和糖化酶pH应尽量在一个适用范围内；尽可能少添加酸碱和钙；复合糖化酶技术，降低糖化的副反应，得到高质量的糖液；固定化酶的应用技术；开发耐高糖的糖化酶，以便节能降耗。

1. 耐高温淀粉酶及其在生产中的应用

耐高温淀粉酶是由嗜热细菌即地衣芽孢杆菌与嗜热脂肪芽孢杆菌产生的α-淀粉酶，它的特点是耐高温，最佳作用温度在95~110℃，pH范围广，为5.0~7.0，催化淀粉水解所需的钙离子浓度仅为5mg/L，一般地表水中所含有的钙离子即可满足其要求，有些厂家生产的耐高温淀粉酶甚至不需要添加钙离子，如诺维信的耐高温淀粉酶。因此耐高温淀粉酶在生产上有广泛的适应性，它可减少调节pH所用酸碱的使用量，低pH液化可使麦芽酮糖的生成量降至最低，钙离子浓度需求低，取消了钙添加成本，酶活力高，使用量少，淀粉中蛋白质变性和凝聚彻底，糖液质量好等。

2. 复合酶技术及其在生产中的应用

复合酶就是两种以上的酶组合在一起，在催化过程中一种酶以原料为底物，另一种以第一种酶的产物为底物，几种酶一起催化一系列的反应，最后得到所要的产物。复合酶技术要求酶的催化条件相同或相似，与在生物体内一样形成酶系，使酶的催化反应连续进行，有利于解除产物对酶的抑制及一些副反应，缩短反应时间。这样一来复杂的反应工序就变得更为简捷，可提高设备利用率，节省设备投资。

目前我国淀粉制糖业使用的复合酶是复合高效糖化酶，它是淀粉葡萄糖苷酶与普鲁兰酶按一定比例混合而成的酶制剂，基本不含转苷酶活力，普鲁兰酶作用于脱支链，淀粉葡萄糖苷酶水解液化淀粉得到葡萄糖。复合高效糖化酶最适温度60℃，最适 pH 4.0~5.0，在20℃以下避光储存。使用时应避免吸入酶的粉尘与酶雾，如不慎溅到手上或眼中，应马上用水冲洗 15min 以上。

复合高效糖化酶能提高葡萄糖得率，在高底物浓度下缩短糖化时间，减少副反应，降低麦芽糖的形成。该复合酶制剂在生产中已获得了很大的应用。复合糖化酶与单一糖化酶的糖化结果比较见表 1-34。

表 1-34　复合糖化酶与单一糖化酶的糖化结果比较　单位：%

编号	糖化酶	糖化时间/h	四糖以上	三糖	麦芽酮糖	二糖	葡萄糖	果糖	单糖	DE 值
A1	复合	24	0.91	0.83	0.00	2.48	95.78	0.00	95.78	97.71
A2	复合	28	0.73	0.66	0.00	2.35	96.26	0.00	96.26	98.02
A3	复合	32	0.64	0.53	0.00	2.32	96.51	0.00	96.51	98.18
A4	复合	36	0.53	0.48	0.00	2.21	96.78	0.00	96.78	98.35
A5	复合	40	0.48	0.51	0.00	2.24	96.77	0.00	96.77	98.36
B1	单一	24	0.95	0.63	0.00	3.25	95.17	0.00	95.17	97.48
B2	单一	28	0.76	0.52	0.00	3.01	95.71	0.00	95.71	97.80
B3	单一	32	0.61	0.54	0.00	2.87	95.98	0.00	95.98	97.97
B4	单一	36	0.48	0.51	0.00	3.45	95.56	0.00	95.56	97.85
B5	单一	40	0.42	0.52	0.00	4.26	94.80	0.00	94.80	97.55

注：复合糖化酶与单一糖化酶由诺维信公司提供，酶用量均为 1.1kg/(t 干基淀粉)。糖谱数据也由该公司提供。

3. 固定化酶及其在生产中的应用

酶都是水溶性的，热不稳定。将酶与固体支持物（载体）键合，既保持了酶的催化活性，又可连续使用几周甚至几个月，生产成本可大幅降低。20 世纪 60 年代，固定化技术问世以来，固定化酶的研究与应用都取得了很大的进展，为酶的广泛应用提供了坚实的技术基础。

酶的固定化主要有吸附、共价、交联和包埋等方法，近年来又发明了超声技术、辐射技术、定向固定化技术、共固定化技术等新技术。酶的载体要具有良好的机械强度、热稳定性、化学稳定性、耐微生物降解和对酶的高度结合能力，并且具有来源广泛、固定方法简便、可回收利用、对环境污染小等特点。

固定化淀粉葡萄糖苷酶和葡萄糖异构酶在淀粉制糖业已得到应用，显示了巨大的优越性。此项技术可以实现生产连续化，反应时间短，反应产物纯度高，糖液蛋白质含量低，酶利用率高（能用 1000~1500h）。

脱铝 Y 分子筛、微孔玻璃固定淀粉葡萄糖苷酶，共固定化技术固定 α-淀粉酶、淀粉葡萄糖苷酶和葡萄糖异构酶，胶格包埋法固定 β-淀粉酶，都已取得了成功。目前对于酶的载体和固定化方法的研究为固定化酶的应用提供了更广阔的前景，必将为淀粉制糖业带来深刻的变化。

参考文献

[1] 陈宁 . 氨基酸工艺学［M］. 北京：中国轻工业出版社，2007.
[2] 于信令 . 味精工业手册（第二版）［M］. 北京：中国轻工业出版社，2009.
[3] 邓毛程 . 氨基酸发酵生产技术（第二版）［M］. 北京：中国轻工业出版社，2014.
[4] 陈宁 . 氨基酸工艺学（第二版）［M］. 北京：中国轻工业出版社，2020.

第二章　培养基制备技术

培养基是人工配制的提供微生物或其他细胞生长、繁殖代谢和合成产物所需要的营养物质和原料。同时，培养基也为微生物提供其生长及产物合成所必需的环境条件，如溶剂、温度和 pH 等。

培养基的成分和配比是否恰当对微生物的生长、产物的形成、提取工艺的选择、产品的产量和质量等都有很大的影响。常用的培养基应符合下列基本要求：①必须含有作为合成细胞所需的原料；②满足一般生化反应的基本条件，如碳源、氮源、无机盐和生长因子，一定的 pH 和氧化还原电位等条件；③工业生产培养基所用的原材料还必须营养丰富、配比合理、各成分之间不发生化学反应；④来源广泛、价格便宜、质量稳定、有利于提取；⑤满足一些特殊要求，如营养缺陷型菌株，要补充这些菌株不能合成的成分。培养基的营养成分对微生物的生长、繁殖及代谢的影响极大。微生物生长、繁殖以及代谢对培养基成分和含量的要求有一定差别，因而培养基的种类很多。无论哪种培养基，都应满足微生物生长、繁殖和代谢方面所需要的各种营养物质。微生物生长所需要的营养物质应该包括所有组成细胞的各种化学元素，以及参与细胞组成、构成酶的活性成分与物质运输系统、提供机体进行各种生理活动所需的能量，同时，也只有提供必须和充足的养分，才能有效地积累代谢产物。

当然一种好的培养基配方还应随菌种的改良、发酵控制条件和发酵设备的变化而相应地变化。对于一些营养缺陷型菌株，必须适量加入其本身不能合成的成分。

第一节　培养基的营养成分与来源

工业微生物绝大部分都是异养型微生物，所有氨基酸产生菌均是异养型微生物，它需要外源营养成分提供合成细胞的物质。不同的微生物、微生物不同的生长阶段会有不同的配方，这就使培养基配方具有多样性，在培养基设计中有不确定性和难度，其表现为：不同的微生物，具有的酶系不同，能够利用的营养成分也就不同，如氨基酸产生菌不能直接利用淀粉。微生物不同的生长阶段会有不同的培养基配方，比如细胞合成阶段和产物合成阶段要求的碳、氮含量不同；产物合成要求的前体物质有特殊的要求，决定了培养基配方具有多样性。但由于微生物细胞组成的共性，培养基的成分也就有它的共性。

一、微生物细胞的化学组成与胞外代谢产物

1. 微生物细胞的化学组成

分析微生物细胞的化学组成是了解微生物营养的基础。通过对各类微生物细胞物质成

分的分析，发现微生物细胞的化学组成和其他生物没有本质上的差别。从元素水平上看，微生物细胞都含有 C、H、O、N 等各种元素，其中 C、H、O、N、P、S 6 种元素占细胞干重的 90%~97%。从化合物水平上看，微生物细胞中都含有水分、糖类、蛋白质、核酸、脂质、维生素和无机盐等物质。表 2-1 和表 2-2 分别列举细菌细胞的主要元素成分和几种微生物细胞的化学组成。

表 2-1　细菌细胞的主要元素成分

元素	占总干物质比例/%	元素	占总干物质比例/%
C	50	K	1
O	20	Na	1
N	14	Ca	0.5
H	8	Mg	0.5
P	3	Cl	0.5
S	1	Fe	0.2

表 2-2　微生物细胞中主要物质的含量

微生物	水分/%	干物质总量/%	干物质所占比例/%				
			蛋白质	核酸	糖类	脂质	无机盐类
细菌	75~85	15~25	50~80	10~20	12~28	5~20	2~30
酵母菌	70~80	20~30	62~75	6~8	27~63	2~15	3.8~7
霉菌	85~95	5~15	14~15	1	7~40	4~40	6~12

微生物细胞内的有机质、无机质和水等物质共同赋予细胞遗传连续性、通透性和生化活性。组成细胞的化学物质分别来自不同的营养物质，微生物在适宜条件下从环境中获得绝大多数的小分子营养物质，而大分子物质则由细胞自身合成。微生物细胞的化学组成不是绝对不变的，往往与微生物的菌龄、培养条件、环境及生理特性相关。

2. 微生物的胞外代谢产物

微生物在生长过程中，除了利用外源营养物质合成新细胞外，还会产生一些有机化合物并将其分泌到微生物细胞外，这些胞外代谢产物种类繁多，因微生物种类而异。了解胞外代谢产物的化学组成，有助于选择培养微生物的营养物质。一般来说，微生物的胞外代谢产物主要包括以下四个部分。

（1）代谢副产物　主要是指伴随微生物正常代谢作用所产生的一些小分子化合物，一般是嫌气培养过程的产物，包括 CO_2、H_2和 CH_4等气体和乙醇、丙酮、丁醇、丙酸和乳酸等低分子质量的醇类、酮类和脂肪酸类。

（2）中间代谢产物　是细胞在代谢途径中产生的一些小分子物质，如氨基酸、核苷酸、有机酸和单糖的衍生物，主要用于合成蛋白质、核酸、类脂和多糖等细胞物质，一般不分泌到微生物细胞外，只有在微生物细胞生物合成受阻或外加碳源浓度较高的情况下，才会大量积累和分泌于细胞外。

（3）次级代谢产物　由微生物细胞合成，既不参与细胞的组成，又不是酶的活性基团，也不是细胞的贮存物质，通常有抗生素、毒素、激素和色素等几类，大多数分泌于微生物细胞外。

（4）胞外水解酶类　如淀粉酶、蛋白酶、脂肪酶、果胶酶、纤维素酶、葡萄糖氧化酶和葡萄糖异构酶等。

对于氨基酸产生菌而言，其胞外产物主要是氨基酸、CO_2以及一些代谢副产物，因此，氨基酸产生菌的代谢对外源提供的C、N等营养物质的需求量很大。

二、培养基的营养物质分类及来源

培养基是提供微生物生长繁殖和生物合成各种代谢产物所需要的，按一定比例配制的多种营养物质的混合物。在氨基酸发酵生产和科研中，由于菌种、菌种生长阶段及发酵产酸阶段的工艺条件等方面的差异，所使用的培养基也不同。归纳起来，组成培养基的原材料有水分、碳源、氮源、无机盐、微量元素和生长因子等。

1. 水分

水是地球上所有生命存在和发展的必要条件，在微生物生命代谢中占有重要的地位。首先，它是一种优良的溶剂。代谢物只有先溶于水，才能参与相应的反应。水作为机体内一系列生理生化反应的介质，可以保证几乎一切生化反应的正常进行。此外，营养物质的吸收、代谢产物的排泄都需要通过水，特别是微生物没有特殊的摄食器官和排泄器官，这些物质只有溶于水才能通过细胞表面。其次，水还具有高比热容、高汽化热、高沸点以及固态时密度小于液态等许多优良的物理性质。这些是十分重要的特性，使其可以维持各种生物大分子结构的稳定性，参与某些重要的生化反应并保证生命代谢活动的正常进行。由于水的比热容高，又是良好的热导体，所以它能有效地吸收代谢释放的热量，并将热量迅速地散发出去，从而有效地控制细胞的温度。因为水分子通过分子间的氢键相互连接，而破坏这一氢键需要耗费额外的热量，所以提高水温所需的热量很大，水的高汽化热有利于将发酵过程中产生的热量带走。

除蓝细菌等少数微生物能利用水中的氢还原CO_2来合成糖类外，其他微生物并非真正把水当作营养物。即便如此，由于水在微生物代谢活动中是不可缺少的，所以，仍应将其作为一种重要的营养要素来考虑。一般来说，在微生物细胞培养基中，水的含量均达到了很大的比例。水在细胞中有游离水和结合水两种存在的形式。游离水（或称非结合水）可以被微生物利用，不同微生物及不同细胞结构中游离水的含量有较大的差别。结合水则与溶质或其他分子结合在一起，很难加以利用。

水既是微生物细胞的重要组成成分（占细胞总量75%~85%），又是细胞进行生物化学反应的介质。微生物细胞对营养物质的吸收和代谢产品的分泌都必须借助水的溶解才能通过细胞膜，同时一定量的水分是维持细胞渗透压的必要条件。水的比热容高，是热的良好导体，能够有效地调节细胞的温度。

2. 碳源

凡可以构成微生物细胞和代谢产物中碳素来源的营养物质均称为碳源。微生物细胞成分（如蛋白质、糖类、脂类和核酸）的碳素来自培养基的碳源，碳素在微生物细胞内含量相当高，占细胞干物质的50%左右，所以，除水分外，碳源是其需要量最大的营养物质。另外，微生物代谢产物的碳素和生命活动所需的能源物质均来自培养基的碳源。

碳源是供给菌体生命活动所需的能量和构成菌体细胞以及合成氨基酸的基础。氨基酸产生菌是异养微生物，只能从有机化合物中取得碳素的营养，并以分解氧化有机物产生的能量供给细胞中合成反应所需要的能量。通常用作碳源的物质主要是糖类、脂肪、某些有机酸、某些醇类和烃类。由于各种微生物所具有的酶系不同，所能利用的碳源往往是不同的。目前所发现的氨基酸产生菌均不能利用淀粉，只能利用葡萄糖、果糖、蔗糖和麦芽糖等，有些菌种能够利用醋酸、乙醇和正烷烃等作为碳源。这里主要介绍淀粉水解糖作为碳源的氨基酸发酵。

培养基中糖浓度对氨基酸发酵有很大影响。在一定的范围内，氨基酸产量随糖浓度增加而增加，但是糖浓度过高，由于渗透压增大，对菌体生长和发酵均不利，当工艺条件配合不当时，氨基酸对糖的转化率降低。同时培养基浓度大，氧溶解的阻力大，影响供氧效率。为了降低培养基中糖浓度而又提高产酸水平，就必须采取低浓度初糖的流加糖补料（流加糖）发酵工艺。

淀粉水解糖质量对氨基酸发酵的影响很大。如果淀粉水解不完全，有糊精存在，不仅造成浪费，而且会使发酵过程产生很多泡沫，影响发酵的正常进行。若淀粉水解过度，葡萄糖发生复合反应生成龙胆二糖、异麦芽糖等非发酵性糖，同时葡萄糖发生分解反应，生成5-羟甲基糠醛，并进一步分解生成有机酸等物质。这些物质的生成不仅造成浪费，而且这些物质对菌体生长和氨基酸形成均有抑制作用。另外，淀粉原料不同，制造加工工艺不同，糖化工艺条件不同，使水解糖液中生物素含量不同，影响氨基酸培养基中生物素含量的控制。

3. 氮源

凡是能被微生物利用以构成细胞物质中或代谢产物中氮素来源的营养物质通常称为氮源。氮源是合成菌体蛋白质、核酸等含氮物质和合成氨基酸氨基的来源，它在细胞干物质中的含量仅次于碳和氧，占细菌干重的12%~15%，所以，与碳源相似，氮源也是微生物的主要营养物质，对微生物的生长发育有着重要的作用。常用的氮源可分为两大类：有机氮源和无机氮源。

有机氮源的来源主要有农副产物加工而成的产物。常用的有机氮源有黄豆饼粉、花生饼粉、棉籽饼粉、玉米浆、玉米蛋白粉、蛋白胨、酵母粉、鱼粉、蚕蛹粉等。有机氮源除含有丰富的蛋白质、多肽和游离氨基酸外，往往还含有少量的糖类、脂肪、无机盐、维生素及某些生长因子，因而微生物在含有有机氮源的培养基中常表现出生长旺盛、菌体浓度增长迅速的特点，这可能是微生物在有机氮源培养基中，直接利用氨基酸和其他有机氮化合物中的各种不同结构的碳架来合成生命所需要的蛋白质和其他细胞物质，而无须从糖代谢的分解产物来合成所需的物质。一般工业生产中，因其价格昂贵，都不直接加入氨基酸。大多数发酵工业都借助有机氮源来获得所需氨基酸。玉米浆是一种很容易被微生物利用的良好氮源，因为它含有丰富的氨基酸、还原糖、P、微量元素和生长因子。玉米浆是玉米淀粉生产的副产物，其中固形物含量在50%左右，还含有较多的有机酸，如乳酸，所以玉米浆的 pH 较低（pH 4 左右）。由于玉米的来源不同，加工条件不同，因此玉米浆的成分常有较大波动，在使用时应注意适当调配。

常用的无机氮源有铵盐、硝酸盐、液氨和氨水等。微生物对它们的吸收利用一般比有机氮源快，所以也称之为迅速利用的氮源。但无机氮源的迅速利用常会引起 pH 的变化，如：

$$(NH_4)_2SO_4 \longrightarrow 2NH_3\uparrow + H_2SO_4$$

$$NaNO_3 + 4H_2 \longrightarrow NH_3\uparrow + 2H_2O + NaOH$$

反应中所产生的 NH_3 被菌体作为氮源利用后，培养液中就留下了酸性或碱性物质，这种经微生物生理作用（代谢）后能形成酸性物质的无机氮源称为生理酸性物质，如 $(NH_4)_2SO_4$；若菌体代谢后能产生碱性物质的，则此种无机氮源称为生理碱性物质，如 $NaNO_3$。正确使用生理酸性、碱性物质，对稳定和调节发酵过程的 pH 有积极作用。

菌体利用无机氮源比较迅速，利用有机氮源较缓慢。铵盐、尿素、液氨等比硝基氮优越，因为硝基氮需先经过还原才能被利用。一般要根据菌种和发酵特点合理地选择氮源。采用不同的氮源其添加方法不同，如尿素、液氨等可采取流加方法。液氨作用快，对 pH 影响大，应采取连续流加为宜，尿素溶液可分批流加。用 $(NH_4)_2SO_4$ 等生理酸性盐为氮源时，由于 NH_4^+ 被利用而残留 SO_4^{2-}，使 pH 下降，需要在培养基中加入 $CaCO_3$ 以自动中和 pH。但是，添加大量 $CaCO_3$ 容易导致染菌，且钙离子对产物提取有影响，一般工业生产上不采用此法，只有在实验室摇瓶发酵时采用。

在氨基酸发酵生产中，由于微生物细胞物质和代谢产物的合成对氮素的需求量较大，故培养基要为微生物提供较大量的氮源。在氨基酸发酵工业中，常用的有机氮源包括花生饼粉、黄豆饼粉、棉籽饼粉、麸皮、废菌丝体和毛发等物质的水解液以及玉米浆、糖蜜、蛋白胨等。常用的无机氮源有氨水、液氨、$(NH_4)_2SO_4$ 和尿素等。

在氨基酸发酵过程中除了氮源用于合成氨基酸外，一部分氨还用于调节发酵液的 pH，形成氨基酸铵盐。因此，氨基酸发酵需要的氮源比一般的发酵工业高，一般发酵工业碳氮比为 100∶(0.2~2.0)，氨基酸发酵的碳氮比为 100∶(15~30)，当碳氮比在 100∶11 以上时才开始积累氨基酸。在氨基酸发酵中，用于合成菌体的氮仅占总耗用氮的 3%~8%，而 30%~80%用于合成氨基酸。在实际生产中，采用液氨作氮源时，由于一部分氨用于调节发酵液的 pH，另一部分氨随排气逸出，使实际用量很大，例如，当谷氨酸发酵培养基中糖浓度为 140g/L，碳氮比为 100∶32.8。

碳氮比对氨基酸发酵影响很大，在发酵的不同阶段，控制碳氮比以促进以生长为主的阶段向产酸阶段转化。例如在谷氨酸发酵在长菌阶段，如 NH_4^+ 过量会抑制菌体生长；在产酸阶段，如NH_4^+不足，α-酮戊二酸不能还原并氨基化，而积累 α-酮戊二酸，谷氨酸生成量少。

常用的无机氮源有以下几种。

（1）尿素　尿素分子式为：$(NH_2)_2C=O$，相对分子质量为 60。尿素初用量和流加量是根据菌种的特点决定，如 ASl. 299 菌株的脲酶活力比较弱，耐尿素能力强，尿素初用量较多，可用 20g/L，流加次数少，流加量多。T6-13 菌株的脲酶活力强，尿素初用量少，为 4~8g/L，流加尿素应以少量多次流加为宜。

尿素水溶液在加热过程中会引起分解，发生如下分解反应：

$$(NH_2)_2CO \xrightarrow[2H_2O]{热} (NH_4)_2CO_3 \xrightarrow{热} 2NH_3+CO_2+H_2O$$

如果灭菌温度过高，时间过长，发生缩脲反应生成双缩脲和氨，反应如下：

$$2\,C(=O)(NH_2)_2 \xrightarrow{热} H_2N-\overset{\overset{\large O}{\|}}{C}-\overset{\overset{\large H}{|}}{N}-\overset{\overset{\large O}{\|}}{C}-NH_2+NH_3$$

缩脲抑制菌体生长，对产酸不利。高浓度尿素溶液具有抑菌作用，尿素溶液的灭菌温度不宜过高。

工业用尿素溶液的浓度与波美度的关系见表 2-3。

表 2-3　尿素溶液的浓度与波美度的关系（25℃*）

波美度/°Bé	7.0	7.5	8.0	8.5	9.0	9.5	10.0	10.5	11.0	11.5
尿素含量/%	20	21.7	23.4	25.1	26.2	28.5	30.2	31.9	33.6	35.3
波美度/°Bé	12.0	12.5	13.0	13.5	14.0	14.5	15.0	15.5	16.0	—
尿素含量/%	37.0	38.7	40.4	42.1	43.8	45.5	47.2	48.2	50.2	—

注：* 温度校正系数：每高 5℃，+0.3°Bé；每低 5℃，-0.3°Bé。

在谷氨酸发酵中，尿素的用途：①组成菌体含氮物质；②组成谷氨酸的氨基；③调节 pH，形成谷氨酸铵，另外，一部分分解放出氨随排气逸出。各方面的用量大致为发酵初糖 140g/L，总尿 38.5g/L，谷氨酸产量 68g/L。用于形成谷氨酸铵的尿素占总尿素的百分比为：

$$\frac{6.8\% \times 60}{147 \times 3.85\%} \times 100\% = 72.1\%$$

式中 60 和 147 分别为尿素和谷氨酸的相对分子质量。

当发酵液中干菌体含量为 10g/L、干菌体含氮量为 10%时，用于合成菌体所消耗的尿素为：

$$\frac{10\% \times 1\%}{\frac{28}{60} \times 3.85\%} \times 100\% = 5.56\%$$

式中，28/60 为尿素含氮量。

由此可见，在上述的发酵情况下，用于形成谷氨酸氨基的尿素仅占总尿的 36%，用于调节 pH 的占 36%，用于合成菌体的仅占 5.56%。

目前，以尿素为氮源的谷氨酸发酵仅用于小试。

（2）液氨　含氨量为 99.0%~99.8%。也可用氨水，含氨量为 20%~25%，但易染菌。目前，在氨基酸工业发酵生产中，主要采用液氨。

有机氮主要是蛋白质、蛋白胨和氨基酸等。氨基酸发酵的有机氮源常用玉米浆、麸皮水解液、米糠水解液、豆饼水解液和糖蜜等。有机氮源丰富则有利于长菌，氨基酸发酵对有机氮的需要量不多。

4. 无机盐和微量元素

无机盐主要为微生物生长、繁殖提供除碳源、氮源以外的各种重要元素。其中，凡微生物生长所需浓度在 10^{-4} ~ 10^{-3} mol/L 范围内的元素，可称其为大量元素，如 P、S、Mg、K、Na 和 Ca 等，这些元素参与细胞结构组成，并与能量转移、细胞透性调节等生理功能有关。而微生物所需浓度在 10^{-8} ~ 10^{-6} mol/L 范围内的元素，则称为微量元素，如 Zn、Mn、Fe、Cu、Co、Mo、Ni、Sn 和 Se 等，这些元素一般是酶的辅助因子。当然，以上仅是人为划分的，不同微生物所需的无机元素的浓度有时差别很大，例如，革兰染色阴性菌所需的 Mg 浓度就比革兰染色阳性菌高约 10 倍。

无机盐是微生物生命活动所不可缺少的营养物质，其主要功能是构成菌体成分，作为酶的组成部分、酶的激活剂或抑制剂，调节培养基的渗透压，调节 pH 和氧化还原电位等。一般微生物所需要的无机盐为硫酸盐、磷酸盐、氯化物和含 K、Na、Mg 和 Fe 的化合物。还需要一些微量元素，如 Mn、Zn、Cu、Co、Mo、I 和 Br 等。微生物对无机盐的需要量很少，但无机盐含量对菌体生长和代谢产物的生成影响很大。

（1）磷酸盐　磷是合成核酸、磷脂、一些重要的辅酶（NAD、NADP 和 CoA）及高能磷酸化合物（如 ADP、ATP、GTP 等）的重要原料。所有细菌都需要磷元素。另外，磷酸盐在培养基中还具有缓冲作用。微生物对磷的需要量一般为 0.005~ 0.01mol/L。工业生产上常用 $K_2HPO_4 \cdot 3H_2O$、KH_2PO_4 和 $Na_2HPO_4 \cdot 12H_2O$、$NaH_2PO_4 \cdot 2H_2O$ 等磷酸盐，也可用 H_3PO_4。$K_2HPO_4 \cdot 3H_2O$ 含磷 13.55%，当培养基中配用 1.0~1.5g/L 时，磷浓度为 0.0044~0.0066mol/L。$Na_2HPO_4 \cdot 12H_2O$ 含磷 8.7%，当培养基中配用 1.7~2.0g/L 时，磷浓度为 0.0048~ 0.00565mol/L。另外，玉米浆、糖蜜和淀粉水解糖等原料中也有少量的磷。H_3PO_4 含磷为 31.6%，当培养基中配用 0.5 ~ 0.7g/L 时，磷浓度为 0.005 ~ 0.007mol/L。如果使用 H_3PO_4，应先用 NaOH 或 KOH 中和后加入。

磷量对氨基酸发酵影响很大。磷浓度过高时，菌体的谷氨酸合成代谢转向合成缬氨酸，但磷含量过低，对菌体生长也不利。

（2）$MgSO_4$　镁是某些细菌叶绿素的组成成分，除此之外并不参与任何细胞结构物质的组成，但它的离子状态是许多重要酶（如己糖磷酸化酶、异柠檬酸脱氢酶、羧化酶等）的激活剂。此外，镁元素还能起到稳定核糖体、细胞膜和核酸的作用。如果 Mg^{2+} 含量太少，就会影响底物的氧化；缺乏镁，微生物细胞生长就会停止。一般革兰阳性菌对 Mg^{2+} 的最低要求量是 25mg/kg，革兰阴性菌为 4～5mg/kg。$MgSO_4 \cdot 7H_2O$ 中含 Mg^{2+} 9.87%，发酵培养基配用 0.25～1.0g/L 时，Mg^{2+} 浓度为 25～90mg/kg。

硫存在于细胞蛋白质中，是含硫氨基酸（甲硫氨酸和半胱氨酸）的组成成分，是谷胱甘肽的组成部分，也是辅酶因子（CoA、生物素、硫辛酸和硫胺素等）的组成部分。微生物一般可以从有机硫化物或含硫无机盐中得到硫。培养基中的硫已在 $MgSO_4$ 中供给，不必另加。

（3）钾盐　钾不参与细胞结构物质的组成，它是许多酶的激活剂。氨基酸发酵产物合成时所需要的钾盐比菌体生长需要量高。菌体生长需钾量约为 0.1g/L（以 K_2SO_4 计，以下同），氨基酸合成需钾量为 0.2～1.0g/L。钾对氨基酸发酵有影响，钾盐少长菌体，钾盐足够才产氨基酸。当培养基中配用 1g/L $K_2HPO_4 \cdot 3H_2O$ 时，其钾浓度约为 0.38g/L。如果采用 $Na_2HPO_4 \cdot 12H_2O$ 时，应另外补加 0.3～0.6g/L KCl，钾浓度为 0.35～0.7g/L。

（4）微量元素　微生物需要量十分微小但又不可完全没有的元素称为微量元素。例如 Mn^{2+} 是某些酶的激活剂，羧化反应必须有 Mn^{2+}，如谷氨酸生物合成途径中，草酰琥珀酸脱羧生成 α-酮戊二酸是在 Mn^{2+} 存在下完成的。一般培养基配用 $MnSO_4 \cdot H_2O$ 2mg/L。Fe^{2+} 是细胞色素氧化酶、过氧化氢酶的成分，又是一些酶的激活剂。一般培养基添加 $FeSO_4 \cdot 7H_2O$ 2mg/L 即可。

一般作为碳氮源的农副产物天然原料中，本身就含有某些微量元素，因此不必另加。而某些金属离子，特别是 Hg^{+} 和 Cu^{2+}，具有明显的毒性，抑制菌体生长和影响谷氨酸的合成，因此，必须避免有害离子加入培养基中。

5. 生长因子

自养型微生物的生长可以不要外源有机物，只需摄入周围环境中的无机物就能合成全部的细胞物质；而大部分异养型微生物除需要有机碳源外，在含有无机氮源或其他矿物质的环境中也能够生长。但是，有一些异养型微生物在一般碳源、氮源和无机盐的培养基中培养时，还不能生长或生长缓慢；在其培养基中加入某些组织或细胞提取液时，这些微生物就生长良好。这是因为加入的提取液中含有微生物生长所必需的一种营养因子——生长因子（Growth Factor）。

从广义来说，凡是微生物生长不可缺少的微量有机物质，如氨基酸、碱基（嘌呤和嘧啶）和维生素等，均称为生长因子。不是所有的生长因子都是每一种微生物必需的，只是对于某些自身不能合成这些成分的微生物才是必不可少的营养物。通常，动物、植物细胞的浸出物含有丰富的微生物所需的生长因子。在氨基酸发酵工业中，一般采用动物、植物细胞浸出物添加到培养基中以提供生长因子，这些物质有玉米浆、豆粕水解液、毛发水解液和糖蜜等；或在培养基中直接添加经过提炼、纯化的生长因子物质，如纯生物素、硫胺素等。

目前以糖质原料为碳源的谷氨酸产生菌均为生物素缺陷型，以生物素为生长因子。有些菌株以硫胺素为生长因子，有些油酸缺陷型突变株以油酸为生长因子。

（1）生物素　生物素是 B 族维生素的一种，又称维生素 H 或辅酶 R。结构式如下：

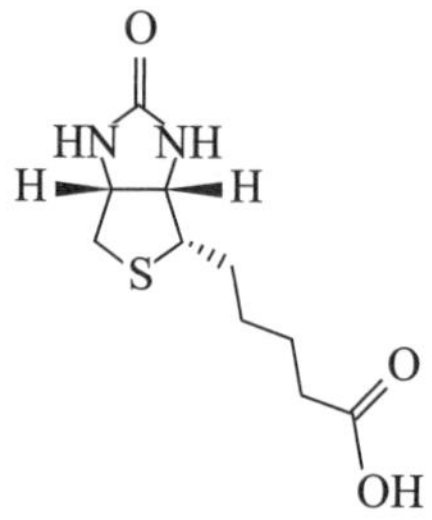

生物素是一种弱一元羧酸（电离常数 $K_a=6.3\times10^{-6}$）。在 25℃时，在水中的溶解度为 22mg/100mL 水，在酒精中溶解度为 80mg/100mL 酒精。它的钠盐溶解度很大，在酸性或中性水溶液中对热较稳定。

生物素存在于动植物的组织中，多与蛋白质以结合状态存在，用酸水解可以分开。生产上可作为生物素来源的原料。某些有机氮源的主要成分见表 2-4。

表 2-4　某些有机氮源的主要成分

成　分	玉米浆	麸皮	甘蔗糖蜜	甜菜糖蜜
干物质/%	>45	—	81	70
水分/%	—	13	—	—
蛋白质/%	>40	16.4	4.4	5.5
脂肪/%	—	3.58	—	—
淀粉/%	—	9.03	—	—
还原糖/%	8	—	—	—
转化糖/%	—	—	50	51
灰分/%	<24	—	10	11.5
生物素/（μg/kg）	180	200	1200	53
维生素 B_1/（μg/kg）	2500	1200	8300	1300

生物素作为酶的组成成分，参与机体的三大营养物质——糖、脂肪和蛋白质的代谢，是动物机体不可缺乏的重要营养物质之一。在谷氨酸发酵中，生物素的作用主要影响谷氨酸产生菌细胞膜的谷氨酸通透性，同时也影响菌体的代谢途径。生物素浓度对菌体生长和谷氨酸积累都有影响。大量合成谷氨酸所需要的生物素浓度比菌体生长的需要量低，即为菌体生长需要的“亚适量”。谷氨酸发酵最适的生物素浓度随菌种、碳源种类和浓度以及供氧条件不同而异，一般为 5μg/L 左右。如果生物素过量，菌体大量繁殖而不产或少产谷氨酸，产乳酸或琥珀酸。在生产中表现为长菌快，耗氧快，pH 低，液氨消耗多。若生物素不足，菌体生长不好，谷氨酸产量也低，表现为长菌慢，耗糖慢，发酵周期长。当供氧

不足，生物素过量，发酵向乳酸发酵转换。供氧充足，生物素过量，糖代谢倾向于完全氧化。菌体从培养液中摄取生物素的速度是很快的，远远超过菌体繁殖所消耗的生物素量，因此，培养液中残留的生物素量很低，在发酵过程中，菌体内生物素含量由丰富向贫乏过渡。试验结果表明，当菌体内生物素从 20μg/(g 干菌体) 降到 0.5μg/(g 干菌体)，菌体就停止生长，在适宜条件下就大量积累谷氨酸。

(2) 维生素 B_1　维生素 B_1是由嘧啶环和噻唑环结合而成的一种 B 族维生素，又称硫胺素或抗神经炎素。它的盐酸盐分子式为 $C_{12}H_{17}ClN_4OS \cdot HCl$。维生素 B_1为无色结晶体，溶于水，在酸性溶液中很稳定，在碱性溶液中不稳定，易被氧化和受热破坏。维生素 B_1主要存在于种子的外皮和胚芽中，如米糠和麸皮中含量很丰富，在酵母菌中含量也极丰富，在瘦肉、白菜和芹菜中含量也较丰富。

维生素 B_1对某些谷氨酸产生菌的发酵有促进作用。

(3) 提供生长因子的农副产品原料

①玉米浆：玉米浆是一种用 H_2SO_3 浸泡玉米而得的浸泡水浓缩物，含有丰富的氨基酸、核酸、维生素和无机盐等。玉米浆成分因玉米原料来源及处理方法而变动，每批原料变动时均需进行小型试验，以确定用量。玉米浆用量还应根据淀粉原料、糖浓度及发酵条件不同而异。一般用量为 0.4%~0.8%。

②麸皮水解液：麸皮水解液可以代替玉米浆，但蛋白质、氨基酸等营养成分比玉米浆少。用量一般为 1%（干麸皮计）左右。

麸皮水解条件：

a. 以干麸皮：水：HCl=4.6：26：1 配比混合，装入水解锅中以 0.07~0.08MPa 表压加热水解 70~80min。

b. 以干麸皮：水=1：20，用 HCl 调至 pH 1.0，以 0.25MPa（表压）加热水解 20min，然后过滤取滤液。

③糖蜜：甘蔗糖蜜含较高生物素含量，可代替玉米浆，但氨基酸等有机氮源含量较低。甘蔗糖蜜中的生物素含量也会因产地、处理方法、新旧糖蜜、贮存期长短、腐坏与否而异，故每批原料变动时均需小试以确定用量。

④酵母：可用酵母膏、酵母浸出液或直接用酵母粉。

第二节　培养基的选择与配制

一、工业发酵培养基的选择

不同的微生物和代谢产物对培养基的要求不同。培养基种类繁多，选择培养基时应从微生物的营养需求与生产工艺的要求出发，使之能满足微生物生长、代谢的要求，达到高产、高质和低成本的目的，其选择的一般原则如下。

(1) 能够满足菌种生长、代谢的需要　各种产生菌对营养物质的要求不尽相同，有共性，也有各自的特性。每种产生菌对营养物质的要求在生长、繁殖阶段与产物代谢阶段有可能不同。实际生产中，应根据产生菌的营养特性、生产目的来考虑培养基的组成。

（2）目的代谢产物的产量最高　在微生物发酵生产中，目的产物与培养基有较大关系。在满足菌种生长、代谢需求的前提下，应尽量选择能够大量积累代谢产物的培养基，以达到高产目的。

（3）产物得率最高　产物得率高低与菌种的性能、培养基的组成以及发酵条件有关，但对于某一菌种在某种发酵条件下，培养基的选择显得十分重要。如果培养基选择适当，底物能够最大程度地转化为代谢产物，有利于降低培养基成本。

（4）菌种生长及代谢迅速　保证菌种在所选的培养基上生长、代谢迅速，能够在较短时间内达到发酵工艺要求的菌体浓度，并能在较短时间内大量积累代谢产物，可有效地缩短发酵周期，提高设备的周转率，从而提高产量。

（5）减少代谢副产物生成　培养基选择适当，有利于减少代谢副产物的生成。代谢副产物生成最小，可以最大程度地避免培养基营养成分的浪费，并使发酵液中代谢产物的纯度相对提高，对产物的提取操作和产品的纯度有利，同时可降低发酵成本和提取成本。

（6）价廉并具有稳定的质量　选择价格低廉的培养基原料，有利于降低发酵生产的培养基成本。同时，也应要求培养基的原料质量稳定。因为，工业规模发酵生产中，培养基原料质量的稳定性是影响生产技术指标稳定性的重要因素之一。特别是对于一些营养缺陷型菌株，培养基原料的组分、含量直接影响到菌体的生长，当原料质量经常波动时，发酵条件较难确定。

（7）来源广泛且供应充足　培养基原料一般采用来源广泛的物质，并且根据工厂所在地理位置，选择当地或者附近地域资源丰富的原料，最好是一年四季都有供应的原料。一方面可保证生产原料的正常供应，另一方面可降低采购、运输成本。

（8）有利于发酵过程的溶氧与搅拌　对于好氧发酵，主要采用液体深层培养方式，在发酵过程中需要不断通气和搅拌，以供给菌种生长、代谢所需的溶氧。培养基的黏度等直接影响到氧在培养基中的传递以及微生物细胞对氧的利用，从而会影响发酵产率，因此，培养基选择还应考虑这方面的因素。

（9）有利于产物的提取和纯化　培养基杂质过多或存在某些对产物提取具有干扰的成分，不利于提取操作，使提取步骤复杂，导致提取率低，提取成本高，产物纯度低等。因此，选择发酵培养基时，也要考虑发酵后是否有利于产物的提取。

（10）废物的综合利用性强且处理容易　提取产物后的废液是否可以综合利用、综合利用程度如何直接影响到环境保护。考虑到环保因素，选择适合的培养基，使提取废液的综合利用容易，不但可以减轻废物处理的负荷，降低废物处理的运行费用，而且副产品可以产生经济效益，对降低整个生产成本十分有益。

二、氨基酸发酵培养基的配制

1. 培养基配制的原则

培养基配制时，一般需考虑微生物的营养需求、营养成分的配比、培养基的渗透压、培养基 pH 及氧化还原电位。一般配制原则如下。

（1）微生物的营养需求　首先要了解产生菌种的生理生化特性和对营养的需求，还要考虑目的产物的合成途径和目的产物的化学性质等方面，设计一种既有利于菌体生长又有利于代谢产物生成的培养基。

（2）营养成分的配比　无论对菌体生长还是代谢产物生成，营养物质之间应有适当的比例，其中培养基的碳氮比（C/N）对氨基酸发酵尤其关键。不同菌种、不同代谢产物的营养需求比例不一样，例如，赖氨酸发酵对氮素的需求比谷氨酸发酵要高。即使同一菌种，菌体生长阶段和产物生成阶段的营养需求往往不同，例如，氨基酸生成阶段对氮素的需求比菌体生长阶段要高。因此，应针对不同菌种、不同时期的营养需求对培养基的营养物质进行配比。

（3）培养基的渗透压　对产生菌来说，培养基中任何营养物质都有一个适合的浓度。从提高发酵罐单位容积的产量来说，应尽可能提高底物浓度，但底物浓度太高，会造成培养基的渗透压太大，从而抑制微生物的生长，反而对产物代谢不利。例如，赖氨酸基础发酵培养基中，$(NH_4)_2SO_4$ 浓度超过 40g/L 时，对菌体生长产生抑制；在谷氨酸发酵培养基中，葡萄糖浓度超过 200g/L 时，菌体生长明显缓慢。但营养物质浓度太低，有可能不能满足菌体生长、代谢的需求，发酵设备的利用率也不高。为了避免培养基初始渗透压过高，又要获得发酵罐单位容积内的高产量，目前基本上都采用补料发酵工艺，即培养基底物的初始浓度适中，然后在发酵过程中通过流加高浓度营养物质进行补充。因此，培养基中各种离子的比例需要平衡。

（4）培养基的 pH　各产生菌有其生长最适 pH 和产物生成最适 pH 范围，一般霉菌和酵母菌比较适于微酸性环境，放线菌和细菌适于中性或微碱性环境。为了满足微生物的生长和代谢的需要，培养基配制和发酵过程中应及时调节 pH，使之处于适宜的 pH 范围。

（5）培养基的氧化还原电位　对大多数微生物来说，培养基的氧化还原电位一般对其生长的影响不大，即适合它们生长的氧化还原电位范围较广。但对于专性厌气细菌，由于自由氧的存在对其有毒害作用，往往需要在培养基中加入还原剂以降低氧化还原电位。

除了以上几条原则外，还应注意各营养成分的加入次序以及操作步骤。尤其是一些微量营养物质，如生物素、硫胺素等，更加要注意避免沉淀生成或破坏而造成损失。

2. 氨基酸生产培养基的配制

以谷氨酸生产培养基的配制为例。国内所用的谷氨酸产生菌为生物素缺陷型，生物素存在于动植物的组织中，多以与蛋白质结合状态存在，用酸水解可以分开。谷氨酸生产上可作为生物素来源的原料有玉米浆、麸皮水解液、糖蜜及酵母水解液等，通常选取其中几种混合使用。许多工厂选择纯生物素、玉米浆、糖蜜这三种物质作为培养基的外源生物素物质。各种原料来源以及加工工艺不同，所含生物素的量不同，部分原料中生物素含量见表 2-5。

表 2-5　　部分原料中生物素含量　　单位：μg/kg

原料	生物素含量	原料	生物素含量
米糠	200~300	甘蔗糖蜜	1200~1500
麸皮	200~250	甜菜糖蜜	50~60
玉米浆	180~200		

生物素作为催化脂肪酸生物合成最初反应的关键酶乙酰 CoA 羧化酶的辅酶，参与脂肪酸的合成，在谷氨酸发酵中，主要影响谷氨酸产生菌细胞膜的谷氨酸通透性，同时也影响菌体的代谢途径。若培养基中生物素不足，谷氨酸产生菌生长缓慢，发酵液中菌体量不足，导致耗糖缓慢，发酵周期延长，谷氨酸合成量少；若生物素过量，谷氨酸产生菌生长迅速，菌体量过多，细胞膜的通透性差，谷氨酸合成量也少。当生物素过量时，而供氧不足，发酵向乳酸发酵转换。如果供氧充足，生物素过量会促使糖代谢倾向于完全氧化。

在培养基中，大量合成谷氨酸所需要的生物素浓度比菌体生长的需要量低，即为菌体生长需要的亚适量。因此，为了满足菌种的生长需要，种子培养基的生物素必须是过量的；但为了使菌种大量合成谷氨酸，发酵培养基的生物素量只能是亚适量。谷氨酸发酵的最适生物素浓度随菌种、碳源种类及浓度、供氧条件、发酵周期等不同而异。传统工艺受到发酵设备的溶氧条件等因素的限制，其生物素浓度一般为 5μg/L 左右，但随着溶氧效率、流加糖浓度等条件的改善，改良工艺的生物素浓度可达 10μg/L 以上，远高于传统工艺。

在谷氨酸发酵生产中，每批原料的生物素含量都有差别，应对原料的生物素含量进行检测，并对每批培养基的生物素浓度进行计算，通过跟踪发酵情况，才能对生物素浓度是否适宜而做出初步判断，以作为调整下一批培养基生物素用量的依据。

由于种子培养基的生物素都是相对过量的，种子培养基中残留生物素将随种子液进入发酵培养基，因此，考查谷氨酸发酵的生物素浓度时，应将种子培养基和发酵培养基联合起来进行计算。生物素浓度可计算如式（2-1）所示：

生物素浓度/(μg/L) = 总生物素量/发酵初始体积　　(2-1)

其中，当采用二级种子扩大培养流程进行谷氨酸菌种培养时：

总生物素量=摇瓶种子培养基的生物素量+种子罐培养基的生物素量+发酵培养基的生物素量　　(2-2)

在生产实践中，摇瓶种子培养基的生物素量可忽略不计。发酵初始体积计算如式（2-3）所示。

发酵初始体积=二级种子培养基配制体积+种子培养基灭菌带入的蒸汽冷凝水体积+发酵培养基配制体积+发酵培养基灭菌带入的蒸汽冷凝水体积　　(2-3)

谷氨酸生产的种子培养基和发酵培养基配制操作如下。

（1）种子培养基的配制　以 $50m^3$ 种子罐为例，二级种子培养基可以配制如下：葡萄糖 1500kg，糖蜜 450kg，玉米浆 750kg，KH_2PO_4 60kg，$MgSO_4 \cdot 7H_2O$ 30kg，纯生物素 625mg，消泡剂 5.0kg，配料定容至 35m^3。

先将 5m^{3}浓度为 300g/L 的葡萄糖液投入配料罐，然后称取其他物料投入配料罐，加水定容至 35m^3，启动搅拌，使各种物料充分溶解，最后泵送至种子罐，经实罐灭菌、降温后，用液氨调节 pH 至 7.0，用无菌空气保压，备用。在培养过程中，采用液氨进行流加，补充氮源。

（2）发酵培养基的配制　以 500m^{3}发酵罐为例，发酵培养基：葡萄糖 48000kg，糖蜜 300kg，玉米浆 1000kg，纯生物素 375mg，85% H_3PO_4 300kg，KCl 500kg，$MgSO_4 \cdot 7H_2O$ 350kg，消泡剂 25kg，配料定容至 237.5m^3。

先将 160m^{3}浓度为 300g/L 的葡萄糖液投入配料罐，然后称取其他物料投入配料罐，加水定容至 187.5m^3，启动搅拌，使各种物料充分溶解，并调节 pH 至 7.0。另外，准备 50m^{3}清水。分别将 187.5m^{3}培养基和 50m^{3}清水泵送至连续灭菌系统进行灭菌，经降温，进入发酵罐，用无菌空气保压，备用。在发酵过程中，采用流加糖液、液氨进行补充碳源、氮源。

由于种子培养基的配料体积为 35.0m^3，种子培养基灭菌带入的冷凝水为 3m^3，发酵培养基的配料体积为 237.5.0m^3，发酵培养基灭菌带入的冷凝水为 24.5m^3，发酵初始体积可计算为：

$$\text{发酵初始体积} = 35.0 + 3.0 + 237.5 + 24.5 = 300\ (\text{m}^3)$$

由于种子培养基与发酵培养基的糖蜜用量为 750kg，玉米浆用量为 1750kg，纯生物素用量为 100mg，总生物素量可计算为：

$$\text{总生物素量} = 1500\times750 + 500\times1750 + 1000\times1000 = 3\times10^6\ (\mu\text{g/L})$$

因此，生物素浓度计算如下：

$$\text{生物素浓度} = \text{总生物素量}/\text{发酵初始体积} = (3\times10^6)/(300\times1000) = 10\ (\mu\text{g/L})$$

第三节　糖蜜的性质及其预处理方法

一、糖蜜的来源与特点

在制糖工业中，甘蔗或甜菜的压榨汁经过澄清、蒸发浓缩、结晶、分离等工序，可得结晶砂糖和母液。由于压榨汁的澄清液始终会存在杂质，这些杂质影响到结晶过程。虽然分离出来的母液经过反复结晶和分离，但始终有一部分糖分残留在母液中，末次母液的残糖在目前制糖工业技术或经济核算上已不能或不宜用结晶方法加以回收。于是，甘蔗或甜菜糖厂的末次母液就成为一种副产物，这种副产物就是糖蜜，俗称废蜜。糖蜜含有相当数量的可发酵性糖，是发酵工业的良好原料。

糖蜜可分为甘蔗糖蜜和甜菜糖蜜。我国南方各省位于亚热带，盛产甘蔗，甘蔗糖厂较多，甘蔗糖蜜的产量也较大。甘蔗糖蜜的产量为原料甘蔗的 2.5%~3.0%。甘蔗糖蜜中含有30%~36%的蔗糖和20%的转化糖。我国甜菜的生产主要在东北、西北、华北等地区，甜菜糖蜜来源于这些地区的甜菜糖厂，其产量为甜菜的3%~4%。

甘蔗糖蜜呈微酸性，pH 6.2左右，转化糖含量较多；甜菜糖蜜则呈微碱性，pH 7.4左右，转化糖含量极少，而蔗糖含量较多；总糖量则两者较接近。甜菜糖蜜中总氮量较甘蔗糖蜜丰富。其典型的成分分析见表2-6。

表2-6　　甘蔗糖蜜与甜菜糖蜜的成分

糖蜜名称 / 成分	甘蔗糖蜜		甜菜糖蜜
	H_2SO_3 酸法	H_2CO_3 法	
锤度/°Bx	83.83	82.00	79.6
全糖分/%	49.77	54.80	49.4
蔗糖/%	29.77	35.80	49.27
转化糖/%	20.00	19.00	0.13
纯度/%	59.38	59.00	62.0
pH	6.0	6.2	7.4
胶体/%	5.87	7.5	10.00
H_2SO_4 灰分/%	10.45	11.1	10.00
总氮量/%	0.465	0.54	2.16
磷酸（P_2O_5）/%	0.595	0.12	0.035

从表2-6可知，糖蜜中干物质的浓度很大，在80~90°Bx，含50%以上的糖分，5%~12%的胶体物质，10%~12%的灰分。如果糖蜜不经过处理直接作为发酵原料，微生物的生长和发酵将难以有效进行。

二、糖蜜预处理的方法

由于糖蜜干物质浓度很大，糖分高，胶体物质与灰分多，产酸细菌多，不但影响菌体生长和发酵，特别是胶体的存在，致使发酵过程中产生大量泡沫，而且影响到产品的提炼及产品的纯度，因此，糖蜜在投入发酵生产之前，要进行适当预处理，包括稀释、酸化、灭菌及澄清等过程，常用的方法有下面几种。

1. 糖蜜的澄清处理

糖蜜澄清处理通常运用加酸酸化、加热灭菌和静置沉淀等多种手段来完成。加酸酸化可使部分蔗糖转化为微生物可直接利用的单糖，并可抑制杂菌的繁殖。如果加入 H_2SO_4，可使一些可溶性的灰分变为不溶性的硫酸钙盐沉淀，并吸附部分胶体，达到除去杂质的目的。

糖蜜中杂菌较多，可通过加热进行灭菌处理。一般采用蒸汽加热至80~90℃，维持60min可达到灭菌的目的。若不采用蒸汽加热灭菌的方式，也可用化学制剂进行化学灭菌处理。不过，化学制剂用量较难把握，残留的灭菌剂对产生菌的生长和发酵易产生不良的影响。

糖蜜中的胶体物质、灰分以及其他悬浮物质经过加酸、加热处理后，大部分可凝聚或生成不溶性的沉淀，再经过静置沉降若干小时，出现明显的分层，便于分离除去对发酵不利的杂质。此外，还有使用离心机沉降加速澄清的工艺。

常用的澄清方法如下。

（1）加酸通风沉淀法　将糖蜜加水稀释至50°Bé左右，加入稀糖液量0.2%~0.3%的浓 H_2SO_4，酸化的同时可加入稀糖液量0.01%的 $KMnO_4$，并通入无菌压缩空气1~2h，静止沉淀8h以上，取上清液作为备用。加入 $KMnO_4$，可促使糖蜜中的亚硫酸盐、亚硝酸盐等物质氧化，减轻这些物质对微生物的毒害。通风可驱除糖蜜中的 SO_2、NO_2 等有害气体。

（2）加酸加热通风沉淀法　先加水将糖蜜稀释到50°Bé左右，然后加入浓 H_2SO_4 调节pH至3.0~4.0进行酸化，放入澄清槽加热至80~90℃，通风30min，然后保温70~80℃，静置澄清8~12h，取出表面清液冷却备用。所得沉淀物可再加4~5倍水搅拌，然后静置澄清4~5h，所得澄清液可用作下次稀释糖蜜用水，残渣则弃去。加酸加热通风沉淀法处理效果比冷酸通风沉淀法好，但澄清时间较长，需要的澄清设备较多，占地面积较大，且设备易受腐蚀。

（3）添加絮凝剂澄清处理法　聚丙烯酰胺（PAM）是无色无臭的黏性液体，可以作为絮凝剂加速糖蜜中胶体物质、灰分和悬浮物的絮凝，从而使澄清糖液的纯度提高。先加水将糖蜜稀释到40~50°Bé，然后加入浓 H_2SO_4 调节至pH 3.0~4.0，加热至90℃后，添加8mg/L PAM并搅拌均匀，静置澄清1h，取清液即可用。

2. 糖蜜的脱钙处理

糖蜜中含有较多的钙盐，有可能影响产品的结晶提取，故需进行脱钙处理。作为钙质的沉淀剂，通常有 Na_2SO_4、Na_2CO_3、Na_2SiO_3、Na_3PO_4、草酸和草酸钾等。目前常用 Na_2CO_3 作为钙盐沉淀剂进行处理。用 Na_2CO_3 对糖蜜进行脱钙处理时，可先向糖蜜加纯碱，然后将糖蜜稀释到40~50°Bé，搅拌并加热到80~90℃，30min以后即可过滤，能使糖蜜中的钙盐降至0.02%~0.06%。

3. 糖蜜的除生物素处理

糖蜜的生物素含量丰富，其生物素含量为40~2000μg/kg，一般甘蔗糖蜜的生物素含量是甜菜糖蜜的30~40倍。对于生物素缺陷型谷氨酸产生菌来说，当采用糖蜜作为培养基碳源时，将严重影响菌株细胞膜的渗透性，代谢产物不能积累。因此，可以向糖蜜培养基添加一些对生物素产生拮抗作用的化学药剂（如表面活性剂），或添加一些能够抑制细胞壁合成的化学药剂（如青霉素）来改善细胞膜的渗透性。为了控制方便，通常是在发酵过程中实施这种方法，而不需在发酵前进行预处理。

在发酵前，也可以通过活性炭吸附、树脂吸附或 HNO_2 破坏等方法降低糖蜜中生物素的含量。不过，处理成本相对较高，处理效果较差，大规模生产中使用比较少。下面简单介绍 HNO_2 处理法。

HNO_2 处理法：先加水将糖蜜稀释到 40~50°Bé，再加入亚硝酸盐和无机酸，放置一段时间（1~24h）后，用碱液调节 pH 至 5.5~6.0 即可。亚硝酸盐的用量根据糖蜜中氨基态氮以及生物素浓度而定，这些物质浓度高，其用量大。一般，亚硝酸盐用量为糖分的 0.5%~1.0%；以能使 HNO_2 从亚硝酸盐游离出来为准；无机酸的用量一般为 0.03~0.5mol/L，使 pH 在 1.5~3.0。放置的时间根据生物素被破坏程度、变化规律而定。

参考文献

[1] 陈宁. 氨基酸工艺学 [M]. 北京：中国轻工业出版社，2007.
[2] 于信令. 味精工业手册（第二版）[M]. 北京：中国轻工业出版社，2009.
[3] 邓毛程. 氨基酸发酵生产技术（第二版）[M]. 北京：中国轻工业出版社，2014.
[4] 陈宁. 氨基酸工艺学（第二版）[M]. 北京：中国轻工业出版社，2020.
[5] 储炬，李友荣. 现代生物工艺学 [M]. 上海：华东理工大学出版社，2007.

第三章　培养基灭菌技术

第一节　消毒与灭菌的意义和方法

一、消毒与灭菌的区别

消毒与灭菌在发酵工业中均有广泛应用。消毒是指用物理或化学方法杀死物料、容器和器具内外的病原微生物。一般只能杀死营养细胞而不能杀死细菌芽孢。例如，用于消毒牛乳、啤酒和酿酒原汁等的巴氏消毒法，是将物料加热至60～63℃维持30min，以杀死不耐高温的物料中微生物营养细胞。灭菌是用物理或化学方法杀死或除去环境中或物料中所有微生物，包括营养细胞、细菌芽孢和孢子。

消毒不一定能达到灭菌要求，而灭菌则可达到消毒的目的。

二、消毒与灭菌在发酵工业中的应用

自从发酵技术应用纯种培养技术后，要求发酵全过程只能有产生菌，不允许有任何其他微生物存在。如污染上其他微生物，则这种被污染的微生物称为“杂菌”。为了保证纯种培养，在产生菌接种培养之前，要对培养基、空气系统、消泡剂、流加物料、设备和管道等进行灭菌，杀死所有杂菌，还要对生产环境进行消毒，防止杂菌和噬菌体大量繁殖。只有不受杂菌污染，发酵才能正常进行。在生产实践中，为了消灭染菌和防止杂菌污染，经常要采用消毒与灭菌技术。因此，掌握消毒与灭菌技术在发酵中具有非常重要的意义，尤其以灭菌技术的应用更为广泛和重要。

三、灭菌方法

灭菌的方法可分为物理法和化学法，物理法包括加热灭菌（干热灭菌和湿热灭菌）、过滤除菌、辐射灭菌等，化学法包括无机化学药剂灭菌和有机化学药剂灭菌等。根据灭菌的对象和要求选用不同方法。

1. 干热灭菌法

最简单的干热灭菌法是将金属或其他耐热材料制成的器物在火焰上灼烧，称为灼烧灭菌法，在接种时就用这种方法。大多数的干热灭菌是利用电热或红外线在某设备内加热到一定温度将微生物杀死。干热对微生物有氧化、蛋白质变性和电解质浓缩引起中毒等作用。氧化作用导致微生物死亡是干热灭菌的主要依据。由于微生物对干热的耐受力比对湿

热强得多，干热灭菌所需要的温度要高、时间要长（表3-1）。干热灭菌用于要求灭菌后保持干燥的物料、器具等。

表3-1　　干热灭菌需要的温度和时间

项目	参数				
灭菌温度/℃	121	140	150	160	170
灭菌时间/min	过夜	180	150	120	60

2. 湿热灭菌法

湿热灭菌法是借助蒸汽释放的热能使微生物细胞中的蛋白质、酶和核酸分子内部的化学键，特别是氢键受到破坏，引起不可逆的变性，使微生物死亡的方法。在有水分存在的情况下，蛋白质更易受热而凝固变性，这就是湿热灭菌的原理。实际生产中，蒸汽易得，价格便宜，蒸汽的热穿透力强，灭菌可靠。湿热灭菌常用于大量培养基、设备、管路及阀门的灭菌。灭菌温度和时间，根据灭菌对象和要求决定。表3-2为卵蛋白水分含量与凝固温度的关系。由表3-2可见，水分含量增加，蛋白质凝固变性温度显著降低。

表3-2　　卵蛋白水分含量与凝固温度的关系

项目	参数				
卵蛋白含水量/%	0	5	15	25	50
凝固温度/℃	165	149	96	76	56

湿热灭菌有以下优点。

（1）蒸汽来源容易，操作费用低廉，本身无毒。

（2）蒸汽具有很强的穿透力，灭菌易于彻底。

（3）蒸汽具有很大潜热，蒸汽冷凝放出2093kJ/kg的热量，蒸汽冷凝后的水分又有利于湿热灭菌。

（4）蒸汽输送可借助本身的压力，调节方便，技术管理容易。

湿热灭菌的缺点如下。

（1）设备费用较贵。

（2）不能用于怕受潮的物料灭菌。

3. 辐射灭菌法

辐射灭菌法是利用电磁波、紫外线、X-射线、γ-射线或放射性物质产生的高能粒子进行灭菌的方法。在发酵实践中，以紫外线灭菌较为常见。紫外线对芽孢和营养细胞都能起作用，但其穿透能力低，只能用于表面以及有限空间的灭菌，例如，无菌室、培养间等空间可采用紫外线灭菌。波长在250~270nm杀菌效率高，以波长260nm灭菌效率为最高。一般用30W紫外线灯照射30min，温度高，杀菌效率高；空气中悬浮杂质多，杀菌效率低。

4. 化学药品灭菌法

在发酵工业中有的场合不能采用以上方法灭菌，如生产车间环境灭菌，人们接种操作前双手的灭菌等，都必须采用化学药品灭菌。化学药品灭菌法是利用某些化学药品渗透到微生物细胞内进行氧化、还原、水解等化学作用，引起细胞内蛋白质变性、酶类失活或细胞溶解而杀灭微生物的方法。主要适用于生产环境中的灭菌和小型器具等的灭菌，使用方法有浸泡、擦拭、喷洒、气态熏蒸等。常用的化学药剂有 $KMnO_4$、漂白粉、75%酒精溶液、新洁尔灭、甲醛、过氧乙酸等。

（1）$KMnO_4$ 溶液　$KMnO_4$ 溶液的灭菌作用是使蛋白质、氨基酸氧化，使微生物死亡，浓度为 1.0~2.5g/L。

（2）漂白粉　漂白粉的化学名称是次氯酸盐［次氯酸钠（NaClO）］，它是强氧化剂，也是价廉易得的灭菌剂。漂白粉溶液在碱性、无其他金属离子和避光下稳定，加入 $Ca(ClO)_2$增加其稳定性。其杀菌作用是 NaClO 分解为 HClO，后者不稳定，在水溶液中分解为新生态氧和氯，使细菌受强烈氧化作用而导致死亡，可杀死细菌和噬菌体。杀菌用的漂白粉有：低标准漂白粉（含 30%有效氯）、高标准漂白粉（含 70%有效氯）和商品 NaClO 溶液（含 15%有效氯）。使用时配制成 5%溶液，用于喷洒生产场地，其杀菌效果取决于喷洒的细度，极细的雾沫比粗大的雾沫效果大 10 倍。漂白粉是发酵工业生产场地最常用的化学杀菌剂。但是使用时应注意，并非所有噬菌体对漂白粉都敏感，因此应该轮流用药。

（3）75%酒精　75%酒精溶液的杀菌作用在于使细胞脱水，引起蛋白质凝固变性。无水酒精杀菌能力很低，因为高浓度酒精使细胞表面形成一层膜，使酒精不能进入细胞内部，达不到杀菌作用。对营养细胞、病毒、霉菌孢子均有杀菌作用，但对细菌芽孢的杀灭能力较差。75%酒精溶液常用于皮肤和器具表面杀菌。

（4）新洁尔灭和杜灭芬　新洁尔灭（十二烷基二甲基苯甲基溴化铵）和杜灭芬（十二烷基二甲基乙苯氧乙基溴化铵）是表面活性剂类洁净消毒剂。它在水溶液中以阳离子形式与菌体表面结合，引起菌体外膜损伤和蛋白质变性。营养细胞 10min 能被杀灭，但对细菌芽孢几乎没有杀灭作用。一般用于器具和生产环境消毒，不能与合成洗涤剂合用，不能接触铝制品。使用浓度为 2.5mL/L。

（5）甲醛　甲醛是强还原剂，它能与蛋白质的氨基结合，使蛋白质变性，对氨基酸和蛋白质的变性有较强活性。高浓度纯甲醛为无色气体，80℃以上稳定，常温下易聚合。常温下，气态甲醛溶于水，商品甲醛为 37%水溶液，以水合物状态存在。甲醛溶液中加入 8%~15%甲醇，可增加稳定性，防止甲醛发生聚合。甲醛具有很强的刺激臭味，能刺激眼、鼻和咽喉黏膜，在使用时应注意对人体的危害。

用气态甲醛与甲醛水溶液所产生的甲醛蒸气的灭菌效果基本相同。在 0~37℃，甲醛的灭菌效果差别不大，当温度上升或相对湿度在 50%以上，可增加灭菌效果。将多聚甲醛气化，或以 2 份 37%甲醛溶液与 1 份 $KMnO_4$ 混合，或将 37%甲醛溶液直接加热，都可以产生气态甲醛用于灭菌，也可将 37%甲醛溶液喷雾，用于杀灭空气中的微生物。在容器中，每 $1m^3$ 用37%甲醛溶液 18mL，1～2h 内可杀死营养细胞，但对细菌芽孢的杀灭需要 12h，甚至更长时间。甲醛灭菌的缺点是穿透力差。

（6）戊二醛　戊二醛是近 30 多年来广泛使用的一种广谱、高效、速效杀菌剂，使用范围正在逐渐扩大。在酸性条件下不具有杀死芽孢的能力，只有在碱性条件（加入 $NaHCO_3$ 或 Na_2SO_4）才具有杀死芽孢的能力，常用的浓度为 20g/L，杀菌时间见表 3-3。常用于器皿、食品和工具等灭菌。

表 3-3　20g/L 戊二醛碱性水溶液杀菌时间

微生物种类	营养细胞	真菌	病毒	细菌芽孢
灭菌时间/min	<2	<5	<10	<180

（7）过氧乙酸　过氧乙酸是强氧化剂，沸点 110℃，温度高于沸点时具有爆炸性，温度较低时分解生成乙酸和 1/2 分子 O_2。它是广谱、高效、速效的化学杀菌剂，对营养细胞、细菌芽孢、真菌孢子和病毒等都有杀菌作用。它的水溶液、喷洒的雾沫及蒸气都有杀菌作用。喷雾或蒸气灭菌浓度为 0.1～0.2g/L，相对湿度为 80%时灭菌效果较好。表 3-4 为过氧乙酸杀灭细菌芽孢的浓度和时间。

表 3-4　过氧乙酸杀灭细菌芽孢的浓度和时间

细菌芽孢名称	过氧乙酸/(g/L)	杀灭时间/min
硬脂嗜热芽孢杆菌	0.5	15
	1～5	1～5
凝结芽孢杆菌	0.5	5～10
	1～2	1～5
枯草芽孢杆菌	1～5	15～30
	10	1～15
蜡状芽孢杆菌	0.1～0.4	1～90
	3	3
肠膜系芽孢杆菌	0.05	8
	0.1～0.2	1～4
炭疽芽孢杆菌（TN 疫苗菌株）	10	5*
类炭疽芽孢杆菌	10	30*

注：* 试验所用芽孢杆菌被 20%蛋白质保护。

过氧乙酸作为杀菌剂的优点是：①浓度低至 0.1g/L，几分钟内可杀灭营养细胞；②温度低至-40℃仍有杀菌作用；③2g/L 过氧乙酸对人体无害，也无公害；④使用方便；⑤应用范围广泛。

其缺点是：①有腐蚀性；②储存过程易分解而失效。

（8）焦碳酸二乙酯　焦碳酸二乙酯商品名“BAYCOVIN”，分子式 $C_6H_{10}O_5$，相对分子质量 162，可溶于水（溶解度为 0.6mL/100mL）和有机溶剂。在 pH 8 的水溶液中杀死细菌和真菌的浓度为（0.01~0.1）mL/100mL，pH 4.5 或以下，杀菌能力更强，是比较理想的培养基灭菌剂。由于它在水中的溶解度小，灭菌时应均匀加入培养基中。能杀死噬菌体，切断噬菌体单链 DNA，抑制噬菌体 DNA 和蛋白质合成，并抑制寄生细胞自溶，是杀灭噬菌体有效的化学药剂。但是它有腐蚀性，应注意勿接触皮肤。

（9）酚类　苯酚（二元酚或多元酚）作为消毒和杀菌剂已有百年历史，但苯酚的毒性较大，易污染环境，且水溶性差，使应用受到限制，而酚类的衍生物的使用，扩大了作为消毒剂的使用范围。如甲酚经磺化得到甲酚磺酸，水溶性有所提高，且毒性降低，使用浓度 1.0~1.5mL/L，作用 10~15min 可杀死大肠杆菌。

（10）抗生素　抗生素是很好的抑菌剂或灭菌剂，但各种抗生素对细菌的抑制或杀灭均有选择性，一种抗生素不能抑制或杀灭所有细菌，所以抗生素很少用作杀菌剂。

5. 过滤除菌法

过滤除菌法是采用介质过滤的方法阻截微生物达到除菌的目的。该法适用于澄清液体和气体的除菌，发酵工业上常用此法大量制备无菌空气，供好氧微生物培养使用。

第二节　湿热灭菌的原理及影响因素

在发酵工业上，由于蒸汽容易获得，且价格比较低廉，故培养基和发酵设备广泛使用湿热灭菌法进行灭菌。培养基的湿热灭菌过程中，微生物被杀灭的同时伴随着培养基成分被破坏，其灭菌程度和营养成分被破坏程度取决于灭菌温度和灭菌时间。了解灭菌原理，可正确控制灭菌温度与灭菌时间，既能达到灭菌目的，又能尽量降低营养成分的破坏程度。

一、湿热灭菌的原理

1. 微生物热阻

每一种微生物都有一定的适宜生长温度范围，例如，一些嗜冷微生物的适宜生长温度为 5~10℃（最低限温度为 0℃、最高限温度为 20~30℃），大多数常温微生物的适宜生长温度为 25~37℃（最低限温度为 5℃、最高限温度为 45~50℃），一些嗜热微生物的适宜生长温度为 50~60℃（最低限温度为 30℃、最高限温度为 70~80℃），甚至更高。当微生物处于最低限温度以下时，代谢作用几乎停止而处于休眠状态；当温度超过最高限温度时，微生物细胞中的原生质体和酶的基本成分——蛋白质容易发生不可逆变化，即凝固变性，微生物会在很短时间内死亡。

湿热灭菌就是根据微生物的这种特性而进行的。一般微生物的营养细胞在 60℃下经过 10min 即可全部杀灭，但细菌芽孢则能够经受较高的温度，在 100℃要经过数分钟至数小时才能杀死。某些嗜热菌能在120℃下，耐受20~30min，但这种菌在培养基中出现的机会不多。一般灭菌的彻底与否以能否杀死细菌芽孢为标准。

杀死微生物的极限温度称为致死温度。在致死温度下，杀死全部微生物所需要的时间称为致死时间。在致死温度以上，温度越高，致死时间越短。细菌营养体、细菌芽孢和微生物孢子等对热的抵抗力不同，因此，它们的致死温度和致死时间也有差别。微生物对热的抵抗能力常用热阻表示。热阻是指微生物在某一特定条件下（主要是温度和加热方式）的致死时间。相对热阻是指在相同条件下某一微生物在某条件下的致死时间与另一微生物的致死时间的比值，表3-5是几种微生物对湿热的相对抵抗力。

表3-5　　微生物对湿热的相对抵抗力

微生物名称	大肠杆菌	细菌芽孢	霉菌孢子	病毒
相对抵抗力	1	3000000	2~10	1~5

2. 微生物的热死速度——对数残留定律

微生物受热死亡主要是由于微生物细胞内酶蛋白受热凝固，丧失活力所致。在一定温度下，微生物受热后，活菌数不断减少，其减少速度随残留活菌数的减少而降低，且在任何瞬间，微生物的死亡速度（$-dN/d\tau$）与残存的活菌数成正比，这一规律称为对数残留定律，可表示为式（3-1）：

$$-\frac{dN}{d\tau}=kN \tag{3-1}$$

式中　N——培养基中残留的活菌数，个

τ——灭菌时间，min

k——灭菌速度常数，也称比死亡速率常数，min^{-1}

式（3-1）中灭菌速度常数k是微生物的一种耐热特征，它随微生物的种类和灭菌温度而异。在相同的温度下，k值越小，则此微生物越耐热。例如，细菌芽孢的k值比营养细胞的k值小得多，表明细菌芽孢耐热性比营养细胞大。表3-6为121℃某些芽孢细菌的k值。

表3-6　　121℃某些芽孢细菌的k值　　单位：min^{-1}

细菌名称	k值	细菌名称	k值
枯草芽孢杆菌 FS5230	3.8~2.6	硬脂嗜热芽孢杆菌 FS6I7	2.9
硬脂嗜热芽孢杆菌 FS1518	0.77	产气梭状芽孢杆菌 PA3679	1.8

对于同一种微生物，灭菌温度不同，其k值也不同。图3-1和图3-2分别是大肠杆菌营养细胞、嗜热脂肪芽孢杆菌在不同温度下的残留曲线。从两个图可以看出，灭菌温度越低，微生物越难死亡，k值越小；温度越高，微生物越容易死亡，k值越大。

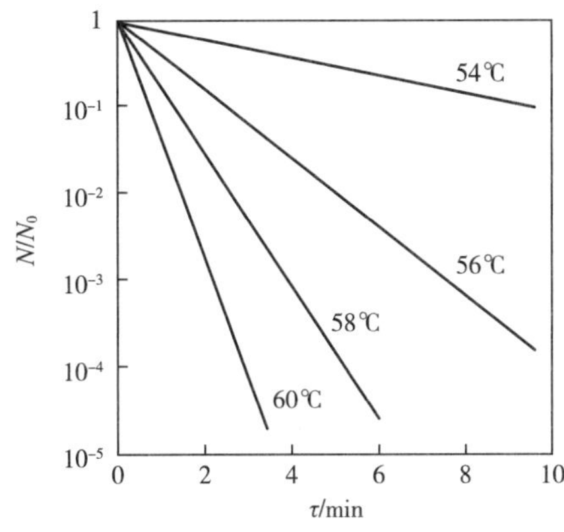

图 3-1　大肠杆菌在不同温度下的残留曲线

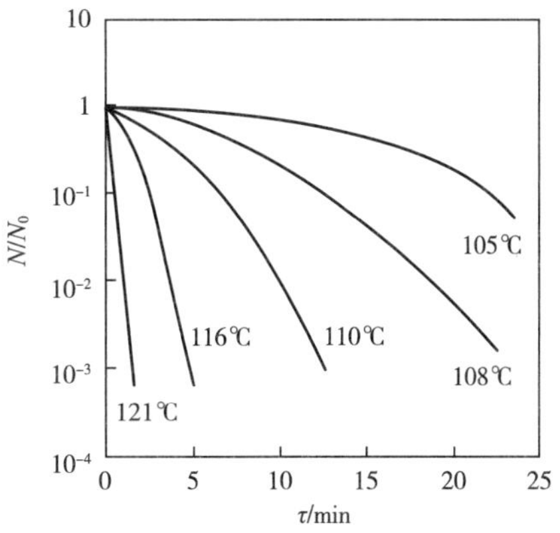

图 3-2　嗜热脂肪芽孢杆菌在不同温度下的残留曲线

对于某一微生物，灭菌速度常数 k 与灭菌温度的关系可用阿累尼乌斯方程式，即式（3-2）表示：

$$\frac{\mathrm{dln}k}{\mathrm{d}T} = \frac{E}{\mathrm{R}T^2} \tag{3-2}$$

式（3-2）积分可得式（3-3）：

$$k = A\mathrm{e}^{-\frac{E}{\mathrm{R}T}} \tag{3-3}$$

式中　k——灭菌速度常数，min^{-1}

A——阿累尼乌斯常数，min^{-1}

e——2.71

E——杀死微生物细胞所需的活化能，J/mol

T——热力学温度，K

R——气体常数，8.314J/(mol · K)

式（3-3）可写为式（3-4）：

$$\ln k = -E/\mathrm{R}T + \ln A$$

或

$$\lg k = -E/(2.303\mathrm{R}T) + \lg A \tag{3-4}$$

以 $\lg k$ 对 $1/T$ 作图可得一条直线（图 3-3），其斜率为$-E/\mathrm{R}$，截距为 $\lg A$，从斜率和截距可求出 E 和 A 的值。

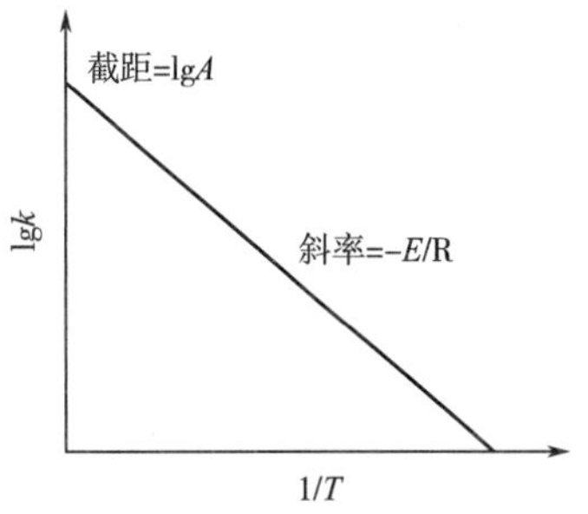

图 3-3　灭菌速度常数与温度的关系

从 $0 \to \tau$，$N_0 \to N_\tau$，将式（3-1）积分可得式（3-5）～（3-7）：

$$\int_{N_0}^{N_\tau} \frac{\mathrm{d}N}{N} = -k\int_0^\tau \mathrm{d}\tau \tag{3-5}$$

$$N_\tau = N_0\,\mathrm{e}^{-k\tau} \tag{3-6}$$

$$\tau = \frac{1}{k}\ln\frac{N_0}{N_\tau} \text{ 或 } \tau = \frac{2.303}{k}\lg\frac{N_0}{N_\tau} \tag{3-7}$$

式中　N_0——开始灭菌时原有活菌数，个

N_τ——结束灭菌时残存活菌数，个

τ——灭菌时间，min

若将存活率（N_τ/N_0）对时间 τ 在半对数坐标上绘图，可以得到一条直线，其斜率的绝对值为比死亡速率 k。

由式（3-7）可见，灭菌时间取决于污染的程度（N_0）、灭菌的程度（残留菌数 N_τ）和 k 值。在培养基中有各种各样的微生物，不可能逐一加以考虑。一般来说，细菌营养体、酵母菌、放线菌、病毒对热的抵抗能力较弱，而细菌芽孢较强，所以灭菌程度要以杀死细菌的芽孢为准，需要更高的温度并维持更长的时间。另外，如果要达到彻底灭菌，即 $N_\tau=0$，τ 则为∞，这在实际操作中是不可能实现的。因此，在设计时通常取 $N_\tau=10^{-3}$，也就是说 1000 次灭菌中有一次失败的机会。

3. 培养基灭菌温度的选择

在培养基灭菌的过程中，除微生物被杀死外，还伴随着营养成分的破坏。实验证明，在高压加热情况下，氨基酸和维生素极易被破坏，仅 20min，就有 50%的赖氨酸、精氨酸及其他碱性氨基酸被破坏，甲硫氨酸和色氨酸也有相当数量被破坏。因此，必须选择一个既能达到灭菌目的，又能使培养基中营养成分破坏至最小程度的灭菌工艺条件。由于大部分培养基的破坏为一级分解反应，其反应动力学方程式见式（3-8）：

$$-\frac{dc}{d\tau}=k'c \tag{3-8}$$

式中　k'——营养成分破坏（分解）速度常数，min^{-1}

c——热敏性物质的浓度，mol/L

在化学反应中，其他条件不变，其反应速率常数［此处即为营养成分破坏（分解）速度常数］和温度的关系也可用阿累尼乌斯方程表示，即式（3-9）

$$k'=A'e^{-\frac{E'}{RT}} \tag{3-9}$$

式中　k'——营养成分破坏（分解）速度常数，min^{-1}

A'——阿累尼乌斯常数，min^{-1}

E'——营养成分分解反应的活化能，J/mol

T——热力学温度，K

R——气体常数，8. 314J/(mol · K)

e——2. 71

式（3-9）也可以写成式（3-10）：

$$\lg k'=\frac{-E'}{2.303RT}+\lg A' \tag{3-10}$$

在灭菌时，温度由 T_1 升高到 T_2，灭菌速率常数 k 和培养基成分破坏的速率常数 k' 的值分别如式（3-11）与式（3-12）所示：

$$k_1=Ae^{\frac{-E}{RT_1}} \tag{3-11}$$

$$k_2 = Ae^{\frac{-E}{RT_2}} \tag{3-12}$$

两式相除得式（3-13）：

$$\ln\frac{k_2}{k_1} = \frac{E}{R}\left(\frac{1}{T_1} - \frac{1}{T_2}\right) \tag{3-13}$$

同样，培养基成分的破坏也可得类似的关系，即式（3-14）：

$$\ln\frac{k_2'}{k_1'} = \frac{E'}{R}\left(\frac{1}{T_1} - \frac{1}{T_2}\right) \tag{3-14}$$

将式（3-13）和式（3-14）相除得式（3-15）：

$$\frac{\ln\frac{k_2}{k_1}}{\ln\frac{k_2'}{k_1'}} = \frac{E}{E'} \tag{3-15}$$

通过实际测定，一般杀灭微生物营养细胞的 E 值为（2.09~2.71）$\times 10^5$ J/mol，杀死微生物芽孢的 E 值约为 4.48×10^5 J/mol，酶及维生素等营养成分分解的 E 值为 $8.36\times(10^3\sim 10^4)$ J/mol。灭菌时的活化能 E 值大于培养基营养成分破坏的活化能 E'，因此，随着温度升高，灭菌速率常数增加倍数远远大于培养基中营养成分分解的速率常数的增加倍数。当灭菌温度升高时，微生物死亡速度提高，超过了培养基营养成分破坏的速度。每升高 10℃，速率常数的增加倍数为 Q_{10}。据测定，一般的化学反应 Q_{10} 为 1.5~2.0，杀灭芽孢的反应 Q_{10} 为 5~10，杀灭微生物营养细胞的反应 Q_{10} 为 35 左右。

从上述情况可以看出，在热灭菌过程中，同时发生微生物被杀灭和培养基成分被破坏两个过程。温度能加快这两个过程，当温度升高时，微生物死亡的速度更快。因此，灭菌操作可以采用较高的温度维持较短的时间，以减少培养基营养成分的破坏，这就是通常所说的高温瞬时灭菌法。

生产实际表明：灭菌温度较高而时间较短，要比灭菌温度较低时间较长的灭菌效果好。例如，对于同样的培养基，若采用 126~132℃ 维持 5~7min 进行连续灭菌，其灭菌后的质量要比采用在 120℃ 保温 30min 的实罐灭菌好。不同灭菌条件下培养基营养成分的破坏情况见表 3-7。

表 3-7　不同灭菌条件下培养基营养成分的破坏情况

温度/℃	灭菌时间/min	营养成分的破坏/%	温度/℃	灭菌时间/min	营养成分的破坏/%
100	400	99.3	130	0.5	8
110	30	67	140	0.08	2
115	15	50	150	0.01	<1
120	4	27			

二、湿热灭菌的影响因素

灭菌是一个非常复杂的过程，它包括热量传递和微生物细胞内的一系列生化、生理变化过程，并受到多种因素的影响。根据生产经验，影响灭菌效果的主要因素通常有以下几个方面。

1. 温度的影响

在采用干热或湿热灭菌时，温度过高可引起细胞蛋白质凝固而变性，使细胞失去生命力，加热灭菌就是利用这个原理来杀灭生产中的各种杂菌。一般说来，杀灭细菌的芽孢必须在121℃以上保温30min左右，才能全部被杀死；对于含水较少的某些嗜热芽孢杆菌，其灭菌温度要在130℃以上。另外，在采用干热灭菌时，由于干热灭菌放热较少，穿透力较差，故其要求灭菌温度比湿热灭菌温度高，灭菌时间比湿热灭菌时间长。灭菌过程中，当灭菌温度达不到致死温度时，灭菌就会不彻底。因此，灭菌温度是决定灭菌效果的关键因素之一。

2. 灭菌物中 pH 的影响

培养液的 pH 对微生物的耐热性影响很大。一般来说，多数微生物在 pH 接近中性时，其耐热性较强；当 pH 偏酸性时，H^+较易渗入微生物细胞内，促使微生物细胞死亡，故 pH 越低时，灭菌所需要的时间就越短。培养基的 pH 与灭菌时间的关系见表 3-8。

表 3-8　　培养基的 pH 与灭菌时间的关系

温度/℃	孢子个数/(个/mL)	灭菌时间/min				
		pH 4.5	pH 4.7	pH 5.0	pH 5.3	pH 6.1
100	10000	150	150	180	720	740
110	10000	24	30	35	65	70
115	10000	13	13	12	25	25
120	10000	5	3	5	7	8

3. 灭菌时间的影响

无论是采用化学药物或加热方法进行灭菌，其作用时间对灭菌效果具有决定性作用，也就是说，灭菌作用需要维持一定时间才能达到灭菌目的。例如，无芽孢细菌温度在55~65℃作用30min才能死亡，酵母菌和曲霉菌的营养细胞在60~80℃作用10min才能致死。一般来说，作用时间越长，灭菌效果越好。生产中采用蒸汽加热灭菌时，视其灭菌温度高低而控制灭菌时间，通常作用时间为5~30min；当采用化学药物灭菌时，视其药物种类和浓度而控制灭菌时间。

4. 培养基成分的影响

培养基中脂肪、糖类和蛋白质等含量越高，微生物的热死亡速率就越慢，这是因为脂肪、糖类和蛋白质等有机物在微生物细胞外面形成一层薄膜，能够有效保护微生物细胞抵抗不良环境，所以灭菌温度相应要高些。例如，大肠杆菌在水中加热到60~65℃即死亡；在10%糖液中，加热到70℃需4~6min死亡；在30%糖液中，加热到70℃需30min死亡。相反，培养基中高浓度盐类、色素等的存在，会削弱微生物细胞的耐热性，故较易灭菌。

5. 培养基中微生物数量的影响

培养基中微生物数量越多，达到要求灭菌效果所需要的时间就越长。培养基中不同数量的微生物孢子在105℃所需要的灭菌时间不同，见表3-9。因此，在生产实际中，不宜采用严重发霉、腐败的原料配制培养基，其不但含有较少有效营养成分，而且含有较多微生物及其代谢产物，彻底灭菌比较困难。

表3-9　培养基中微生物孢子数目对灭菌时间的影响

培养基微生物的孢子数/(个/mL)	9	9×10^2	9×10^4	9×10^6	9×10^8
105℃时灭菌所需要的时间/min	2	14	20	36	48

6. 培养基中水分含量的影响

当培养基营养物质丰富时，由于干物质含量多、水分含量少，灭菌热穿透力不强，且培养基中蛋白质等物质易形成菌体的保护膜，同时，在水分含量少的培养基中，蛋白质不易凝固，灭菌时细胞不易死亡，故灭菌温度需要高些，作用时间也要适当延长。培养基水分含量越多，加热后其潜热越大。因此，对浓度低的培养基进行灭菌比对浓度高的培养基进行灭菌更容易。

7. 培养基中颗粒的影响

培养基中的颗粒容易潜藏微生物，使微生物不易受热被杀灭。颗粒小，灭菌容易；颗粒大，灭菌困难。如果培养基内存在过多颗粒，可适当提高灭菌温度；若颗粒影响灭菌效果，在不影响培养基质量的情况下，可适当滤除这些颗粒后再进行灭菌。

8. 泡沫的影响

培养基中泡沫对灭菌极为不利，因为泡沫中的空气形成隔热层，使热量传递困难，热量难以穿透空气层，泡沫内部不易达到微生物的致死温度，容易导致灭菌不彻底。对易产生泡沫的培养基进行灭菌时，可加入适量消泡剂防止泡沫产生。

第三节　培养基灭菌工艺与灭菌时间计算

一、培养基灭菌工艺

1. 培养基的灭菌方式

目前，工业生产上的培养基灭菌方式主要有间歇灭菌和连续灭菌两种形式。

(1) 间歇灭菌　培养基的间歇灭菌是将配制好的培养基放在发酵罐或其他贮存容器内，通入蒸汽，将培养基和设备一起进行加热灭菌，然后再冷却至发酵所要求的温度的灭菌过程。在生产实践上，间歇灭菌是相对于连续灭菌方式而得名的，如果相对于空罐灭菌方式，间歇灭菌又称为实罐灭菌。间歇灭菌过程包括升温、保温和冷却三个阶段，图3-4为培养基间歇灭菌过程中的温度变化情况。

实罐灭菌不需另外配置灭菌设备，但灭菌时间较长且营养成分损失较大，灭菌过程占

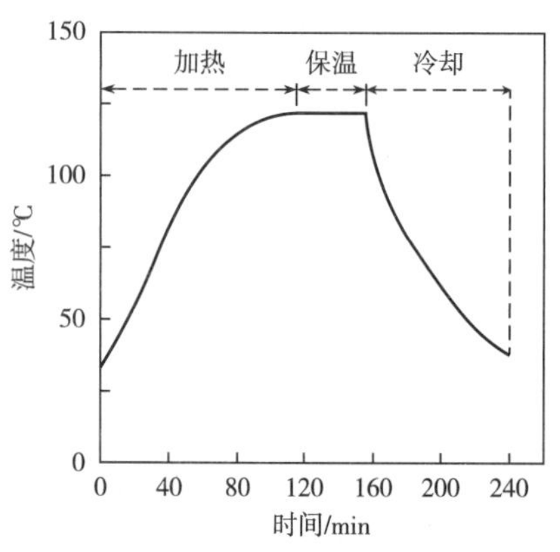

图 3-4 培养基间歇灭菌过程中的温度变化情况

用发酵设备的操作时间较长，不利于发酵设备的周转。一般适用于小批量培养基（如种子培养基）以及少量只适宜单独灭菌的特殊物料（如尿素等）。

（2）连续灭菌 培养基的连续灭菌是一种瞬时高温灭菌方式，即在一套专门灭菌设备中，培养基连续进料、瞬时升温、短时保温、尽快降温，完成灭菌操作后才进入发酵罐的过程。连续灭菌方式对培养基营养成分的破坏较少，有利于提高发酵产率，整个过程占用发酵设备的操作时间较少，发酵罐利用率高，整个过程使用蒸汽均衡，可采用自动控制，减轻劳动强度。工业生产中，大批量的培养基普遍采用连续灭菌工艺。连续灭菌的一般流程如图 3-5 所示。

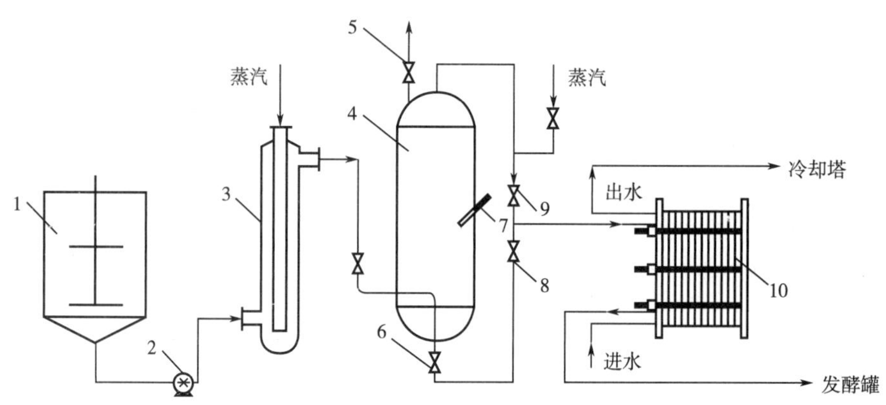

图 3-5 连续灭菌的一般流程

1—定容罐 2—泵 3—连消器 4—维持罐 5—排汽阀 6—底阀
7—温度计 8—下出料阀 9—上出料阀 10—换热器

连续灭菌允许 140℃的高温加热，保温时间可缩短至 1~2min，因此灭菌效率较高，而且培养基不容易被破坏。由于利用了灭过菌的培养基的余热，故使用的蒸汽量较少，并且冷却水的消耗量也较少。但是，连续灭菌的设备比较复杂，投资较大，另外蒸汽一定要稳定。

为了节省加热蒸汽用量，可采用预热方式，节能的连续灭菌工艺流程如图 3-6 所示。灭菌前的培养基（生料）与灭菌后的培养基（熟料）在换热器 A 中进行热交换，生料经预热，温度可提高 40~60℃，从而可减少连消器的蒸汽用量，达到节能目的。同时，灭菌后的熟料经换热器 A 的冷却后，温度可下降 40~60℃，从而可减少换热器 B 中冷却水的循环量，降低循环水的电耗。

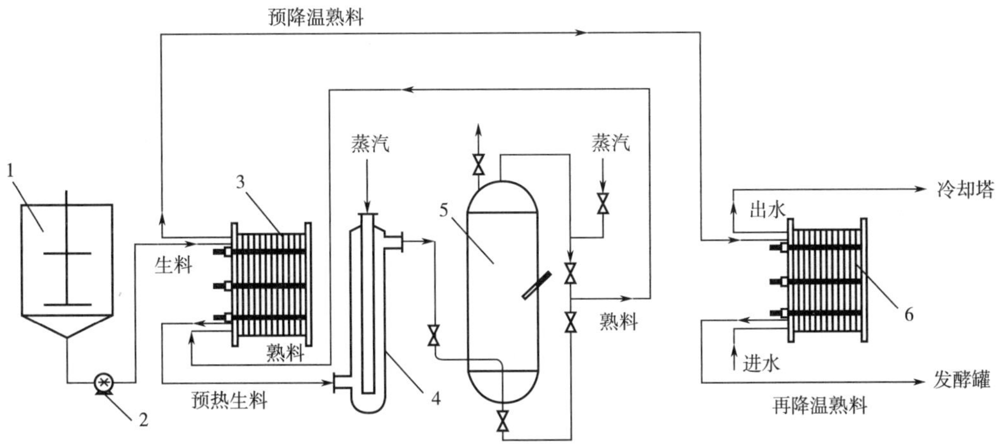

图 3-6　连续灭菌的节能流程

1—定容罐　2—泵　3—换热器 A　4—连消器　5—维持罐　6—换热器 B

2. 发酵罐的灭菌操作

图 3-7 是通用式发酵罐及其连接管道的简单示意图。

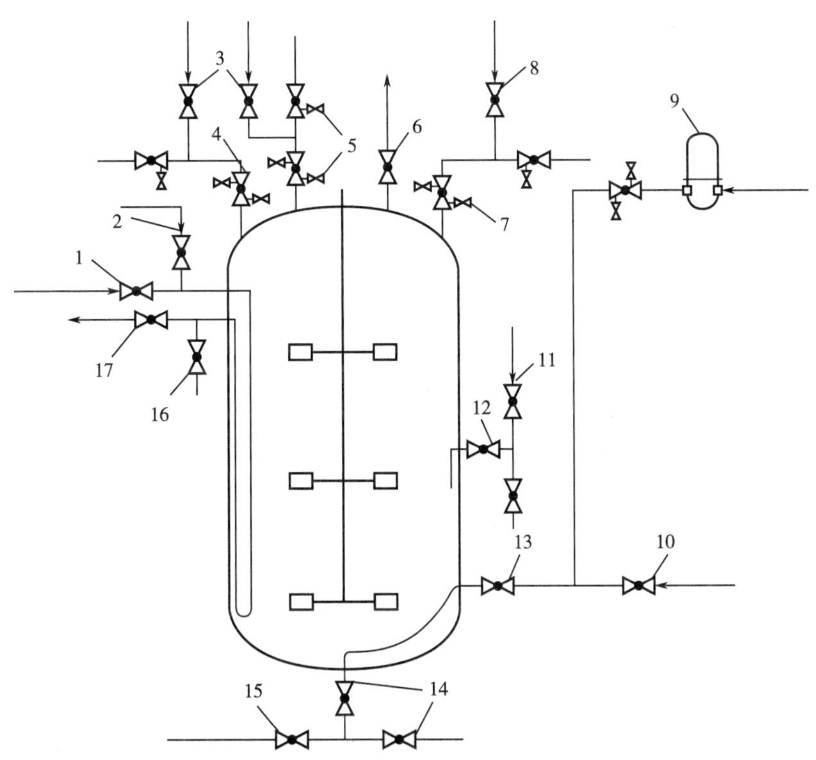

图 3-7　通用式发酵罐及其连接管道示意图

1—进水阀　2，3，8，10，11，15—蒸汽阀　4—进料阀　5—补料阀　6—排汽阀　7—接种阀　9—空气过滤器　12—取样阀　13—空气阀　14—放料阀　16—排水阀　17—回水阀

（1）灭菌前的准备　对发酵罐各阀门进行必要的拆检，并对发酵罐内部进行淋洗，排出罐内洗涤水，关闭各个阀门。先对发酵罐的空气过滤器进行灭菌，灭菌后吹干，用无菌空气保压，备用。

（2）空罐灭菌步骤　开启列管（或盘管、夹套）的蒸汽阀以及蒸汽冷凝水的排水阀，通入蒸汽将列管（或盘管、夹套）内残留的冷却水排出，然后关闭蒸汽阀，保持冷凝水排出的排水阀处于开启状态。

从三路管道将蒸汽通入发酵罐内，一般依照由远至近（指某一管路上的阀门离罐体的远近）的次序开启主要阀门，即依次打开放料管道上的蒸汽阀、放料阀进蒸汽，依次打开通风管道上的蒸汽阀、空气阀进蒸汽，依次打开取样管上的蒸汽阀、取样阀进蒸汽。如果管道上装设小边阀，还需打开这些小边阀进行排汽。

开启发酵罐顶部的排汽阀进行排汽；同时，开启发酵罐顶部所有阀门上的小边阀排汽。

当发酵罐温度上升至121℃时，即进入保温阶段，需调节各个蒸汽阀、排汽阀的开度，使发酵罐压力稳定在一定范围内，其对应的温度维持在121~125℃。

为了更好地消除发酵罐顶部各个阀门的死角，在不影响其他发酵罐操作的前提下，保温阶段最好能够从发酵罐顶各路管道通入蒸汽。

保温时间需根据发酵罐容积、罐内结构等具体情况而定，保温结束后，除了排汽管道，自上至下逐个关闭排汽阀，然后自上至下逐个关闭各路管道的蒸汽，最后关闭的一路管道是放料管道。关闭每路管道上的阀门时，其次序是由近至远。关闭阀门过程中，操作应迅速，防止发酵罐压力降低至零压（表压）。

最后，将无菌空气通入发酵罐进行保压，调节进汽阀、排汽阀的开度，使压力稳定在0.05~0.10MPa，备用。

3. 培养基的间歇灭菌操作

（1）灭菌前的准备　对发酵罐各阀门进行必要的拆检，并对发酵罐内部进行淋洗，排出洗罐水，关闭各个阀门，尤其要关闭放料阀门。先对发酵罐的空气过滤器进行灭菌，灭菌后吹干，用无菌空气保压，备用。

（2）实罐灭菌的步骤

①用泵将配制好的培养基送至发酵罐，然后开启搅拌。

②开启列管（或盘管、夹套）的蒸汽阀以及蒸汽冷凝水的排水阀，通入蒸汽间接加热培养基至80℃左右。加热过程中，开启发酵罐顶部的排汽阀、接种阀、进料阀、补料阀等阀门或这些阀门上的小边阀进行排汽。此过程必须掌握好预热温度，若预热温度过高，意味着随后直接通入蒸汽的时间过短，导致发酵罐顶部空间、某些管道及阀门灭菌不彻底；若预热温度过低，意味着后面直接通入蒸汽的时间过长，导致过多的蒸汽冷凝水进入培养基，使培养基体积增大，营养基质浓度降低。

③完成预热后，关闭列管（或盘管、夹套）的蒸汽阀，保持排水阀处于开启状态。

④从三路管道将蒸汽通入发酵罐内加热培养基，一般依照由远至近（指某一管路上的

阀门离罐体的远近）的次序开启主要阀门，防止培养基倒流，即依次打开放料管道上的蒸汽阀、放料阀进蒸汽，依次打开通风管道上的蒸汽阀、空气阀进蒸汽，依次打开取样管上的蒸汽阀、取样阀进蒸汽。如果管道上装设小边阀，还需打开这些小边阀进行排汽。此过程需保持所有排汽阀处于充分排汽状态，以便消除死角；同时，罐外通风管也需灭菌，将蒸汽通至空气过滤器后的阀门，并打开该阀门上的小边阀进行排汽。

⑤如果发酵罐容积较大，升温速度较慢，当温度升至100℃左右时，可按照进蒸汽次序打开发酵罐顶部各路管道上的阀门进蒸汽入罐内。一方面，为了更好地消除发酵罐顶部各个阀门的死角；另一方面，为了补充蒸汽，使升温加速。

⑥当发酵罐温度上升至121℃时，即进入保温阶段，需调节各个蒸汽阀、排汽阀的开度，使发酵罐压力稳定在一定范围内，其对应的温度维持在121~125℃。

⑦保温时间需根据发酵罐容积、罐内结构等具体情况而定，保温结束后，除了排汽管道，自上至下逐个关闭排汽阀，然后自上至下逐个关闭各路管道的蒸汽，最后关闭的一路管道是放料管道。关闭每路管道上的阀门时，其次序是由近至远，防止培养基倒流。关闭阀门过程中，操作应迅速，防止发酵罐压力降低至零压（表压）。

⑧将无菌空气通入发酵罐进行保压，调节进汽阀、排汽阀的开度，使压力稳定在0.05~0.10MPa。

⑨开启列管（或盘管、夹套）的进水阀，通入冷却水进行降温，热交换后的水经回水阀输送至冷却塔进行降温，并收集到贮水箱，循环使用。降温过程中，需密切关注发酵罐压力变化，并及时调整罐压，使其维持在0.05~0.10MPa。

⑩当培养基温度降至工艺所要求的温度（一般比培养温度略高0.5~1℃时，关闭冷却水，然后停止搅拌，保持无菌空气保压状态，等待接种）。

4. 培养基的连续灭菌操作

（1）灭菌前的准备　培养基连续灭菌前，需先对连续灭菌系统进行灭菌。开启连消器上的蒸汽阀，使蒸汽依次通入连消器、维持罐、换热器及相关管道，一直到达发酵罐顶部的进料阀或进料分布管上的进料阀，开启整个系统中所有排汽阀进行充分排汽，以消除灭菌死角。灭菌过程中，调节进汽阀和各排汽阀的开度，使维持罐压力维持在0.1~0.15MPa（表压），一般保温30min可结束，然后关闭各排汽阀，用蒸汽保压，等待进培养基进行连续灭菌。

（2）培养基连续灭菌步骤

①培养基经配料定容后，泵送至连消器，调节培养基流量和蒸汽流量，使培养基与蒸汽在连消器内瞬时混合，加热至灭菌要求的温度，然后进入维持罐。

②加热后的培养基由底部进入维持罐，经保温一定时间，由维持罐顶部流出，经上出料阀进入换热器。

③以冷却水为换热介质，通入换热器与培养基进行热交换，使培养基温度降至工艺要求的温度，然后进入发酵罐。将热交换后的水送至冷却塔进行冷却处理，以便循环使用。

④当泵抽空一个定容罐后，可立即泵送另一个罐的培养基。

⑤若有多批培养基连续灭菌进入不同发酵罐，在每批培养基灭菌完毕时，通过转换连续灭菌系统各个发酵罐的阀门来控制培养基的去向。在批次不同的培养基交接时，培养基容易在维持罐内混淆而造成各批培养基营养成分的浓度发生改变。为了避免营养成分混淆现象，通常在培养基配制时，至少保留维持罐体积的 4~6 倍清水不与培养基混合，连续灭菌前期先泵送维持罐体积的 2~3 倍清水，中期泵送培养基主体部分，后期再泵送维持罐体积的 2~3 倍清水。

⑥所有培养基都泵送完毕，需停泵，关闭连消器的蒸汽阀以及维持罐的进料阀、上出料阀，开启维持罐顶部的蒸汽阀、底阀以及下出料阀，用蒸汽进行压料，使残留培养基经底阀、下出料阀进入发酵罐。

二、培养基灭菌时间计算

1. 间歇灭菌时间的计算

在升温阶段的后期、保温阶段和冷却阶段的前期，培养基的温度较高，具有灭菌作用。

（1）升温阶段　在升温阶段，由于培养基温度逐渐升高，比死亡速率常数不断增大，有部分微生物被杀死，特别是温度加热至 100℃以后较为显著（因 100℃以下，灭菌速率常数很小，可忽略不计），此时不能采用一级反应动力学来计算升温阶段结束后残留的活微生物数，而采用式（3-16）：

$$\ln\frac{N}{N_0} = -\int_0^{\tau} k\mathrm{d}\tau \tag{3-16}$$

若设升温阶段结束时的活微生物数为 N_1，则：

$$\ln\frac{N_1}{N_0} = -\int_0^{\tau} k\mathrm{d}\tau = \int_0^{\tau} A\mathrm{e}^{\frac{-E}{RT}}\mathrm{d}\tau \tag{3-17}$$

式中　N_1——升温阶段结束时活微生物总数，个

　　N_0——升温前活微生物总数，个

实际生产中求得（N_1/N_0）值的过程比较复杂，为简化计算，Richards 认为，在升温阶段，可将培养基温度看作随加热时间而线性上升，当温度超过 100℃后，才能起到杀灭微生物的作用，且杀灭微生物的作用随温度升高而增大。据此，计算出在每分钟升温 1℃的条件下，达到不同温度时嗜热脂肪芽孢杆菌的芽孢的 ln（N_1/N_0）值，见表 3-10。该表中的数据适用于温度为 101~130℃的范围，并且是根据每分钟变化 1℃时获得的。因此，如果温度变化符合这一温度范围和条件，那么从表 3-10 便可直接查得 ln（N_1/N_0）$_{加热或冷却}$。例如，若培养基在 15min 内从 100℃加热到 115℃，则该阶段的灭菌效果 ln（N_1/N_0）$_{加热}$为 3. 154；又如在 20min 内从 120℃冷却至 100℃，则该冷却阶段的灭菌效果 ln（N_1/N_0）$_{冷却}$为 10. 010，依次类推。

表 3-10　　**100~130℃加热时的嗜热芽孢杆菌的 ln（N_1/N_0）**

温度/℃	死亡速率/min^{-1}	ln（N_1/N_0）	温度/℃	死亡速率/min^{-1}	ln（N_1/N_0）
100	0.019	—	116	0.835	3.989
101	0.025	0.044	117	1.045	5.034
102	0.032	0.076	118	1.307	6.341
103	0.040	0.116	119	1.633	7.973
104	0.051	0.168	120	2.037	10.010
105	0.065	0.233	121	2.538	12.549
106	0.083	0.316	122	3.160	15.708
107	0.105	0.420	123	3.929	19.638
108	0.133	0.553	124	4.881	24.518
109	0.168	0.720	125	6.056	30.574
110	0.212	0.932	126	7.506	38.080
111	0.267	1.199	127	9.293	47.373
112	0.336	1.535	128	11.494	58.867
113	0.423	1.957	129	14.200	73.067
114	0.531	2.488	130	17.524	90.591
115	0.666	3.154			

（2）保温阶段　在保温阶段，培养基的温度恒定，比死亡速率常数保持不变，所以保温时间 τ_2 可由式（3-18）决定：

$$\tau_2 = \frac{1}{k}\ln\frac{N_1}{N_2} \tag{3-18}$$

式中　N_1——升温阶段结束时活微生物总数，个

N_2——保温阶段结束时活微生物总数，个

（3）降温阶段　由于降温前期培养基的温度较高，仍有一定的灭菌作用。设开始降温时培养基中的活微生物数（也即保温阶段结束时活微生物总数）为 N_2，而冷却结束时为 N_f，即：

$$\ln\frac{N_f}{N_2} = \int_0^{\tau} e^{\frac{-E}{RT}}d\tau \tag{3-19}$$

将上式积分后，就可以确定 N_2。冷却阶段积分项的计算与加热阶段是一样的。因为间歇灭菌操作过程是由加热、保温和冷却三个不同的阶段组成，根据以上积分分段计算的结果可得灭菌操作全过程所需时间为 τ：

$$\tau = \tau_1 + \tau_2 + \tau_3 \tag{3-20}$$

灭菌的总效果则为：

$$\ln\frac{N_0}{N_f}=\ln\frac{N_0}{N_1}+\ln\frac{N_1}{N_2}+\ln\frac{N_2}{N_f} \tag{3-21}$$

在灭菌过程中，加热和保温阶段的灭菌作用是主要的，而冷却阶段的灭菌作用是次要的，一般很小，在实际生产中计算时可以忽略不计。另外，应避免加热时间过长，减少营养物质的破坏程度与有害物质的生成。

实罐灭菌时间计算：100m^{3}发酵罐内装 60m^{3}培养基，升温至 121℃时保温一段时间进行灭菌。每 1mL 培养基中有 1.5×10^7个耐热细菌芽孢。灭菌过程中只考虑升温阶段 100℃以后以及保温阶段的灭菌作用，已知温度从 100℃上升至 121℃需要 21min，求保温阶段的时间。

解：已知：$A=1.34\times10^{36}\text{s}^{-1}$，$E=283460\text{J/mol}$，根据式（3-4），可得：

$$\lg k=\frac{-E}{2.303RT}+\lg A=\frac{-14819}{T}+36.13 \tag{3-22}$$

根据式（3-22）可计算出 T_1（373K）至 T_2（394K）之间的若干个 k 值，见表 3-11。

表 3-11　　k—T 的关系

T/K	373	376	379	382	385	388	391	394
k/s^{-1}	0.000251	0.000522	0.00107	0.00217	0.00436	0.00864	0.0170	0.0330

以表 3-11 计算的 k 值对 T 作图，可得 k—T 曲线，如图 3-8 所示。

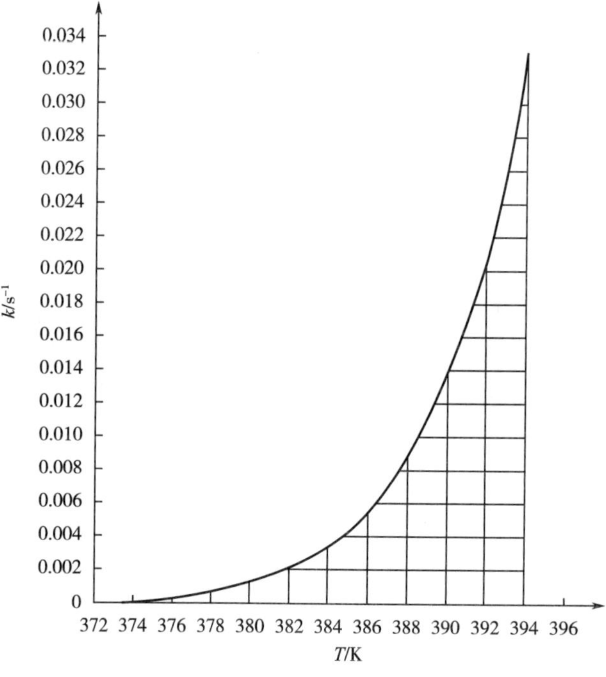

图 3-8　k—T 的关系图

图 3-8 中，横坐标在 $T_1 \sim T_2$以 2K 为单位进行分解，纵坐标在 0~0.0287 以 0.002s^{-1}为单位进行分解，单位面积（小方格）为 2×0.002=0.004K/s，373~394K 的 k—T 曲线以下的面积范围内包含 36 个单位面积，则有：

$$总面积\int_{373}^{394} k\mathrm{d}T = 36 \times 0.004 = 0.144(\mathrm{K/s})$$

那么，升温阶段从 373~394K 的平均死亡速度常数可计算如下：

$$k_{\mathrm{m}} = \frac{\int_{T_1}^{T_2} k\mathrm{d}T}{T_2 - T_1} = \frac{0.144}{394 - 373} = 0.0069(\mathrm{s}^{-1})$$

根据式（3-6），可计算升温阶段结束时培养基残留的芽孢数为：

$$N'_\tau = \frac{N_0}{\mathrm{e}^{k_\mathrm{m} \cdot t}} = \frac{1.5 \times 10^7 \times 60 \times 10^6}{\mathrm{e}^{0.0069 \times 21 \times 60}} = 1.51 \times 10^{11}(个)$$

根据式（3-7），可计算保温阶段所需的时间：

$$\tau = \frac{2.303}{k}\lg\frac{N'_\tau}{N_\tau} = \frac{2.303}{0.033}\lg\frac{1.51 \times 10^{11}}{0.001} = 989.5(\mathrm{s}) = 16.5(\mathrm{min})$$

2. 连续灭菌时间的计算

连续灭菌是采用瞬时高温灭菌的方式，由于升温时间和降温时间很短，灭菌作用主要发生在保温阶段。保温时间长短往往取决于进料流量和维持罐或管道的容积，如果根据产量要求确定进料流量，为了设计维持罐或管道的容积，必须对灭菌时间进行计算。

连续灭菌时间可用式（3-7）计算，将式（3-7）中培养基的含菌量改为菌体浓度（每 1mL 培养基的含菌数），则式（3-7）可变化为：

$$\tau = \frac{2.303}{k}\lg\frac{c_0}{c_\tau} \tag{3-23}$$

式中 c_0——单位体积培养基灭菌前的含菌数，个/mL

c_τ——单位体积培养基灭菌后的含菌数，个/mL

连续灭菌维持时间计算：300m^{3}培养基采用连续灭菌，灭菌温度为 130℃。每 1mL 培养基中有 1.5×10^{7}个耐热细菌芽孢。求灭菌所需的维持时间。

解：已知：A=1.34×10^{36}s^{-1}，E=283460J/mol，根据式（3-22），可得：

$$\lg k = \frac{-E}{2.303RT} + \lg A = \frac{-14819}{T} + 36.13 = \frac{-14819}{403} + 36.13 = -0.64$$

即

$$k=0.229\ (\mathrm{s}^{-1})$$

由于 c_0=1.5×10^7（个/mL）和 c_τ=1/(60×10^6×10^3)=1.67×10^{-11}（个/mL）

$$\tau = \frac{2.303}{k}\lg\frac{c_0}{c_\tau} = \frac{2.303}{0.229}\lg\frac{1.5 \times 10^7}{1.67 \times 10^{-11}} = 181(\mathrm{s}) = 3(\mathrm{min})$$

参考文献

[1] 陈宁. 氨基酸工艺学 [M]. 北京：中国轻工业出版社，2007.

[2] 邓毛程. 氨基酸发酵生产技术（第二版）[M]. 北京：中国轻工业出版社，2014.

[3] 陈宁. 氨基酸工艺学（第二版）[M]. 北京：中国轻工业出版社，2020.
[4] 姚汝华. 微生物工程工艺原理 [M]. 北京：华南理工大学出版社，2002.
[5] 陈必链. 微生物工程 [M]. 北京：科学出版社，2010.
[6] 罗大珍，林稚兰. 现代微生物发酵及技术教程 [M]. 北京：北京大学出版社，2006.
[7] 储炬，李友荣. 现代生物工艺学 [M]. 上海：华东理工大学出版社，2007.

第四章　空气除菌技术

在发酵工业中，绝大多数微生物培养是好氧培养，而大多数产物的生物合成也需消耗O_2，空气是提供大量O_2最直接、最廉价的来源。但是，空气中含有悬浮灰尘颗粒和各种微生物，为了保证纯种培养，在利用空气之前，必须除去其中含有的微生物等悬浮颗粒。在发酵过程中为了维持一定的罐压和克服设备、管道、阀门、过滤介质等的压力损失，所供给的空气必须具有一定的压力。经冷却的压缩空气带有大量水分（或还有油），目前所采用的介质过滤除菌方法，必须保持过滤介质处于干燥状态，才能保证过滤除菌效率。因此，必须在过滤前将空气中的水（油）除去，这样，无菌空气的制备需要经过一个前处理过程，构成一个空气处理系统。它是发酵工程中的一个重要环节。

空气除菌就是除去或杀灭空气中的微生物。空气除菌的方法很多，如辐射灭菌、加热灭菌、化学药物灭菌，都是使微生物有机体蛋白质变性而破坏其活力的方法；而静电除菌和过滤除菌则是利用分离原理除去微生物等粒子的方法。

第一节　空气中的微生物与除菌方法

一、空气中的微生物

空气中微生物的含量和种类随地区、高低、季节、空气中尘埃多少和人们活动情况而异。一般寒冷的北方比温暖、潮湿的南方含菌量少；离地面越高含菌量越少；工业城市比农村空气含菌量多。据统计大城市空气中含菌数为3000～10000个/m^3。空气中的微生物以细菌和细菌芽孢较多，也有酵母菌、霉菌、放线菌和噬菌体。表4-1为空气中细菌和细菌芽孢的典型种类和大小。

表4-1　空气中常见的细菌大小

菌株	直径/μm	长度/μm
产气气杆菌（*Aerobacter aerogenes*）	1.0～1.5	1.0～2.5
蜡状芽孢杆菌（*Bacillus cereus*）	1.3～2.0	8.1～25.8
地衣芽孢杆菌（*Bacillus licheniformis*）	0.5～0.7	1.8～3.3
巨大芽孢杆菌（*Bacillus megaterium*）	0.9～2.1	2.1～10.0
蕈状芽孢杆菌（*Bacillus mycoides*）	0.6～1.6	1.6～13.6

续表

菌株	直径/μm	长度/μm
枯草芽孢杆菌（*Bacillus subtilis*）	0.5~1.1	1.6~4.8
金黄色细球菌（*Micrococcus aureus*）	0.5~1.0	0.5~1.0
普通变形杆菌（*Proteus vulgaris*）	0.5~1.0	1.0~3.0
绿脓杆菌（*Pseudomona aeruginosa*）	0.3~0.5	0.5~0.8
流感嗜血杆菌（*Haemophilus influenzae*）	0.3~0.5	0.5~1.0
T-噬菌体（T-Phage）	0.02	0.04

一般需要空气量为 70m^3/min 的发酵罐（相当 500m^{3}谷氨酸发酵罐），一天需要大约 10^5m^{3}空气，如果空气中含菌量为 10^4个/ m^3，即一天约有 10^9个菌进入发酵罐，这是一个非常严重的问题。

空气中的微生物一般附着在尘埃和雾沫上，而且尘埃含量高的空气其微生物含量也高。据屠天强等多次测定，在他们工作环境的空气中大于 0.3μm 的尘埃数为 100 个/mL。Dorman 指出，用钠焰法测定过滤效率为 99.9%的过滤介质，对直径 1μm 以上的细菌芽孢的过滤效率可达 99.998%。对于 100 级的净化空气，其细菌浓度为 0.124 个/m^3。

室外空气中含有细菌芽孢和霉菌孢子较多，其他微生物的含量相对较少，还可能含有大小仅 0.04~0.1μm 的噬菌体，要过滤除去噬菌体就更困难了。据报道，英国 Domnick Hunter 公司制造的 Bio-x 空气过滤器和 High Flow Tetpor 过滤器能够除去 0.01μm 颗粒，效率可达 99.9999%，也就是说可以滤除噬菌体。

二、空气除菌方法

1. 辐射灭菌

从理论上来说，声能、高能阴极射线、α-射线、β-射线、γ-射线、X-射线、紫外线等都能破坏蛋白质等生物活性物质，从而达到杀菌作用。许多射线的具体杀菌机理还有待进一步研究，目前了解较多的是紫外线杀菌。紫外线波长为 253.7~ 265.0nm 时杀菌效力最强，其杀菌力与紫外线的强度成正比，与距离的平方成反比。紫外线通常用于无菌室、医院手术室等空气对流不大的环境杀菌，但杀菌效率较低，且杀菌时间较长，一般要结合甲醛熏蒸或苯酚喷雾等化学灭菌方法，以确保无菌室较高的无菌程度。

2. 加热灭菌

将空气加热至一定温度，并维持一定时间，可杀灭空气中的微生物。空气中的细菌芽孢在 218℃维持 24s 就被杀死。

加热灭菌可用蒸汽、电能、空气压缩过程中产生的热量进行灭菌。前两种方法不经济也不安全，不适宜用于工业化生产；后一种方法比较经济，适宜用于发酵生产中空气的预处理。在空气压缩过程中，空气进口温度为 20℃左右，空气的出口压力为 0.7MPa 时温度可达到 187~198℃，从压缩机出口到空气贮罐的一段管道增加保温层进行保温，使空气在高温维持一段时间，以杀灭空气中的微生物。但提高压缩空气压力，耗用大量电能，不太经济。

3. 静电除菌

静电除菌是利用静电引力吸附带电粒子而达到除尘和除菌的目的。悬浮于空气中的微生物大多带有不同的电荷，一些没有带电荷的微粒在进入高压静电场时会被电离变成带电微粒。因此，当含有灰尘和微生物的空气通过高压电场时，带电粒子就会在电场的作用下，靠静电引力而向带相反电荷的电极移动，最终被捕集于电极上，从而实现净化空气的目的。但对于一些直径很小的微粒，由于所带电荷很小，产生的静电引力等于或小于气流对微粒的拖带力或微粒布朗扩散作用力时，则不能被吸附而沉降，所以静电除尘对很小的微粒效率较低。

4. 过滤除菌

过滤除菌是让含菌空气通过过滤介质，阻截空气中的微生物和灰尘颗粒，制得无菌空气的方法。常用的过滤介质有棉花、活性炭、玻璃纤维、合成纤维、烧结材料、膜材料等。通过过滤介质除菌，可使空气达到洁净度要求，并有足够的压力和适宜的温度，以供耗氧培养过程使用。目前，该法已被广泛应用于发酵工业大量制备无菌空气。

第二节　介质过滤除菌

过滤除菌是工业生产中广泛使用的除菌方法。按过滤除菌机制不同而分为绝对过滤和深层过滤。绝对过滤是利用微孔滤膜，其孔隙小于0.5μm，甚至小于0.1μm（一般细菌大小为1μm）。由于介质孔隙小于微生物，故空气中的微生物不能穿过介质（滤膜），而被截留在介质表面。深层过滤又分为两种：一种以纤维状（棉花、玻璃纤维、尼龙等）或颗粒状（活性炭）介质为过滤层，这种过滤层比较厚，其空隙一般大于50μm，即远大于细菌大小，因此，这种除菌不是真正的过滤作用，而是靠静电、扩散、惯性和阻截等作用将细菌截留在滤层中。另一种是用超细玻璃纤维（纸）、石棉板、烧结金属板、聚乙烯醇（PVA）、聚四氟乙烯（PTFE）等为介质，这种滤层比较薄，但是孔隙仍大于0.5μm，因此，仍属于深层过滤的范畴。

一、绝对过滤除菌

绝对过滤是介质之间的孔隙小于被滤除的微生物，当空气流过介质层后，空气中的微生物被滤除。

绝对过滤易于控制过滤后空气质量，节约能源和时间，操作简便，它是多年来受到国内外科技工作者注意和是研究的热点。其采用很细小的纤维介质制成，介质孔隙小于0.5μm，如纤维素脂微孔滤膜（孔径≤0.5μm、厚度0.15mm）、硅酸硼纤维微孔滤膜（孔径0.1μm）、聚四氟乙烯微孔滤膜（孔径0.2μm或0.5μm、孔率80%）。Hecker（1976）介绍了一种孔径为0.2μm的聚四氟乙烯微孔滤膜，阻力小，疏水性好，不受水的影响而堵塞滤孔，耐125℃蒸汽灭菌。有蝶式、单管式和折叠式等多种，壳体为不锈钢。有四种不同规格，流量最小为$3m^3/min$，最大为$3000m^3/min$，使用寿命8个月。

国内也已研制成功微孔滤膜，有混合纤维素脂微孔滤膜和醋酸纤维素微孔滤膜。后者的热稳定性和化学稳定性均比前者好。经过0.1MPa（表压）蒸汽30min灭菌处理，孔径不变形。孔径为0.45μm的微孔滤膜，对细菌过滤效率达99.99%。微孔滤膜用于滤除空气中的细菌和尘埃，除有滤除作用外，还有静电作用。在空气过滤之前应将空气中的油、水除去，以提高微孔滤膜的过滤效率和使用寿命。

二、深层过滤除菌

过滤介质直接影响到过滤效率、压缩空气的动力消耗、维护费用以及过滤器的结构等。一般要求过滤介质具有吸附性强、耐高温、阻力小等特点，深层过滤常用的介质有棉花、玻璃纤维、烧结材料、活性炭等。其中，深层过滤介质的纤维丝直径一般为16~20μm，当充填系数为8%时，纤维丝所形成的网格孔隙为20~50μm，而悬浮于空气中的微生物粒子大小一般为0.5~2μm。显然，空气过滤所用介质的间隙一般大于微生物细胞颗粒，当气流通过滤层时，由于滤层纤维所形成的网格阻碍气流直线前进，迫使气流无数次改变运动速度和运动方向，绕过纤维前进，这些改变引起微粒对滤层纤维产生惯性冲击、阻拦、重力沉降、布朗扩散和静电吸附等作用，从而把微粒滞留在纤维表面上。

1. 介质过滤除菌机理

介质过滤是以大孔隙的介质过滤层除去较小颗粒，这显然不是面积过滤，而是一种滞留现象。这种滞留现象是由多种作用机制构成的，主要有惯性碰撞、阻截、布朗运动、重力沉降和静电吸附等。而以哪一种作用为主，随条件不同而异。

图4-1是过滤介质除菌时各种除菌机理的示意图，ω_g为气流速度，d_f为纤维直径，d_p为微粒直径，$d_p/2$为微粒半径，E表示电场。

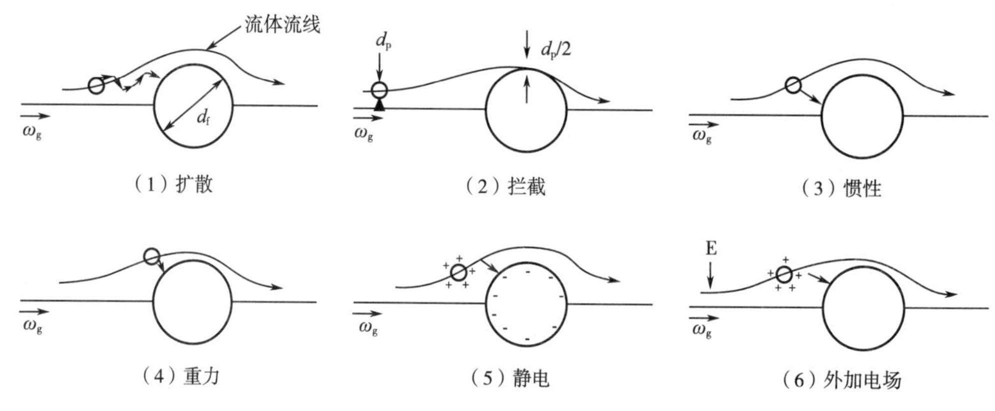

图4-1　过滤除菌机理示意图

（1）惯性冲击滞留作用机理　过滤器的滤层中交织着无数纤维，并形成层层网格，随着纤维直径的减小和填充密度的增大，网格的层次就越多，所形成的网格也就越细致、紧密，纤维间的间隙就越小。当带有微生物的空气通过滤层时，由于纤维纵横交错、层层叠叠，空气流要不断改变运动方向和运动速度才能通过滤层。当微粒随气流以一定的速度垂直向纤维方向运动时，空气受阻即改变方向，绕过纤维前进，而微粒由于它的运动惯性大于空气，未能及时改变运动方向，于是微粒直冲到纤维的表面，由于摩擦黏附，微粒就滞留在纤维表面上，这称为惯性冲击滞留作用。

惯性冲击滞留作用的大小取决于颗粒的动能和纤维的阻力，其中气流速度是影响纤维捕集效率的重要参数。当气流速度较大时，惯性冲击滞留作用起主导作用；随着气流速度下降，微粒的动量减少，惯性力也减弱，当气流速度下降至临界速度时，纤维的惯性冲击滞留效率为零。

（2）拦截滞留作用机理　气流速度降到临界速度以下，微粒不能因惯性碰撞而滞留于纤维上，捕集效率显著下降。但实践证明，随着气流速度的继续下降，纤维对微粒的捕集效率又有回升，说明有另一种机理在起作用，这就是拦截滞留作用机理。

微生物菌体直径很细，质量很轻，它随低速气流流动慢慢靠近纤维时，微粒所在的主导气流受纤维所阻而改变流动方向，绕过纤维前进，并在纤维的周边形成一层边界滞留区。滞留区的气流速度更慢，前进到滞留区的微粒慢慢靠近和接触纤维而被黏附截留，称为截留作用。

（3）布朗扩散机理　直径很小的微粒在气流速度很小的气流中能产生一种不规则的直线运动，称为布朗扩散。布朗扩散的运动距离很短，在较大的气速、较大的纤维间隙中是不起作用的，但在很小的气流速度和较小的纤维间隙中，布朗扩散作用大大增加了微粒与纤维的接触滞留机会。

（4）重力沉降作用机理　重力沉降是一个稳定的分离作用，当微粒所受的重力大于气流对它的拖带力时，微粒就容易沉降。在单一的重力沉降情况下，大颗粒比小颗粒作用明显，小颗粒只有在气流速度很小时才起作用。一般它是与拦截作用相配合的，即在纤维的边界滞留区内，微粒的沉降作用提高了拦截滞留的捕集效率。

（5）静电吸附作用机理　一方面，部分微生物等微粒带有与介质表面相反的电荷，或者由于感应而带上相反电荷，从而被介质吸附；另一方面，夹带微粒的干空气流过介质时，介质表面由于摩擦产生很强的静电荷，使气流中的微粒被吸附。由于静电作用而使微生物等微粒被吸附，称为静电吸附作用。

在介质过滤系统中哪一种过滤机理起主导作用，由颗粒性质、介质性质和气流速度等决定，只有静电吸附只受尘埃或微生物和介质所带电荷作用，不受外界因素影响。当气流速度小时，惯性碰撞作用不明显，以沉降和布朗运动现象为主，此时，除菌效率随气流速度增大而降低，当气流速度增大到某值时，除菌效率最小，此速度称为临界速度。当气流速度继续增加，惯性碰撞代替沉降和布朗运动，除菌效率随着气流速度增加而提高，见图4-2和图4-3。以上现象还与微粒大小有关，只有较大的微粒（1μm以上）才是这样。当微粒直径0.5μm以下，几乎无惯性碰撞现象。

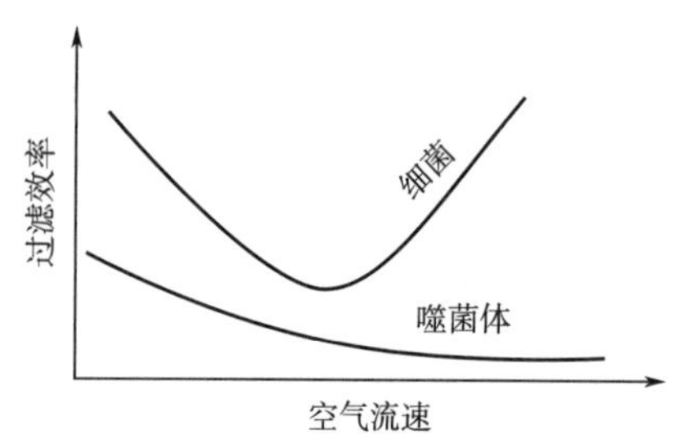

图 4-2 空气流速与介质过滤除菌效率

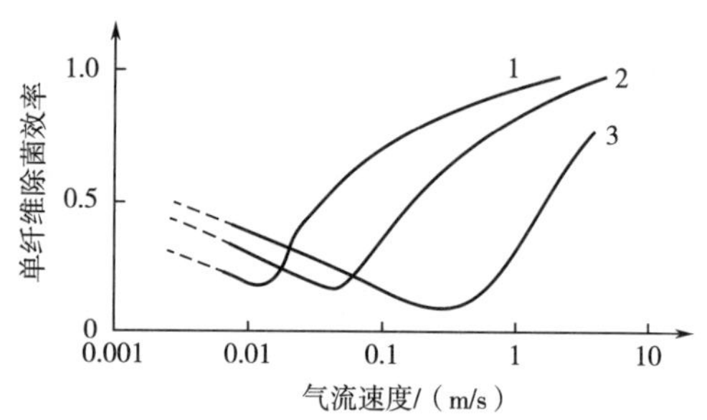

图 4-3 气流速度与单纤维除菌效率

1—$d_p=3\mu m$ 2—$d_p=1\mu m$ 3—$d_p=0.5\mu m$ d_p为微粒直径

在过滤除菌中，随着参数的变化，各种机理所起作用的大小也在变化，有时很难分辨各种机理对除菌作用贡献的大小。在工业应用中，一般认为，惯性冲击滞留、拦截滞留、布朗扩散的作用较大，而重力沉降、静电吸附的作用较小。

2. 介质过滤效率

通常以过滤效率来衡量过滤效果，过滤效率是指介质层所滤去的微粒数与空气中原有微粒数之比，即：

$$\eta = \frac{N_1 - N_2}{N_1} = 1 - \frac{N_2}{N_1} = 1 - P \tag{4-1}$$

式中 N_1——过滤前空气中的微粒数，个

N_2——过滤后空气中的微粒数，个

P——穿透率，即过滤后空气中的微粒数与过滤前空气中的微粒数之比

η——过滤效率，%

过滤效率主要与微粒大小、过滤介质的种类和规格（纤维直径）、介质的填充密度、介质层厚度以及气流速度等因素有关。在一定条件下，过滤效率随滤层厚度增加而提高，而对于单位厚度滤层来说，微粒浓度的下降量与进入此滤层的微粒数成正比，即：

$$\frac{dN}{dL} = -KN \tag{4-2}$$

式中 N——空气中微粒数，个

L——滤层厚度，cm

K——过滤常数，cm^{-1}

dN/dL——单位厚度滤层除去的微粒数，cm/个

将式（4-2）整理并积分：

$$-\frac{dN}{N} = KdL \tag{4-3}$$

$$-\int_{N_0}^{N_s} \frac{dN}{N} = K\int_0^L dL \tag{4-4}$$

$$\ln\frac{N_s}{N_0} = -KL \tag{4-5}$$

$$L = \frac{1}{K}\ln\frac{N_0}{N_s} \tag{4-6}$$

式中　N_0——过滤前进口空气的微粒数，个

N_s——过滤后出口空气的微粒数，个

式（4-6）称为对数穿透定律。过滤常数 K 与微粒大小、过滤介质的种类和规格（纤维直径）、介质的填充密度以及气流速度等因素有关，可通过实验测定。从式（4-6）可知，当 $N_s=0$ 时，$L=\infty$，事实上是不可能的，一般取 $N_s=10^{-3}$。

式（4-6）说明介质过滤不能长期获得 100% 的过滤效率，即经过滤的空气不是长期无菌，只是延长空气中带菌微粒在过滤器中的滞留时间。当气流速度达到一定值时，或过滤介质使用时间长，滞留的带菌微粒就有可能穿透，所以过滤器必须定期灭菌。

3. 影响介质过滤效率的因素

介质过滤效率与介质纤维直径关系很大，在其他条件相同时，介质纤维直径越小，过滤效率越高。对于相同的介质，过滤效率与介质滤层厚度、介质填充密度和空气流速有关。

在空气流速很低时，过滤效率随气流速度增加而降低，当气流速度增加至临界值后，过滤效率随气流速度增加而提高。

空气过滤层所产生的压力降，直接影响通气发酵效率。因此，在选择过滤介质时，要考虑到过滤效率高，又要使压力降小。

三、空气过滤器

空气过滤器主要有两种：一种是以纤维状物（如棉花、玻璃纤维、涤纶、维尼纶等）或颗粒状物（如活性炭）为介质所构成的过滤器，这种过滤器过滤层厚度大、体积大、压力降大，操作麻烦；另一种是以微孔滤纸、滤板、滤棒构成的过滤器。后者有两种情况，一是以超细纤维纸、石棉板、聚四氟乙烯、聚乙烯醇、金属烧结材料等为介质，制成旋风式或管式；另一种是用微孔滤膜为过滤介质，其空隙≤0.5μm，甚至≤0.1μm，能将空气中的细菌真正滤除，称为绝对过滤。

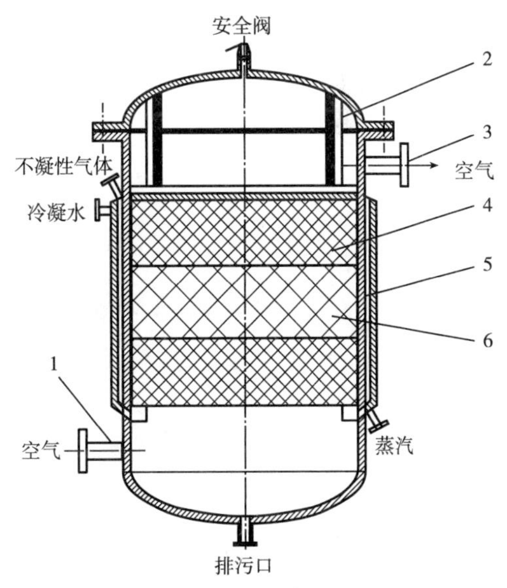

图 4-4　深层介质空气过滤器
1—进气口　2—压紧架　3—出气口
4—纤维状介质　5—换热夹套　6—活性炭

1. 纤维状或颗粒状介质过滤器

以纤维状或颗粒状介质层为过滤床的过滤器，如图 4-4 所示。

过滤器内有上、下孔板，过滤介质置于两孔板之间，被孔板压紧。介质主要为棉花、玻璃纤维、活性炭，也有用矿渣棉。一般棉花置于上、下层，活性炭在中间，也可全部

用纤维状介质。介质放置时应注意均匀、贴壁、平整，有一定填充密度，以防止空气走短路或介质被空气吹翻。对介质有一定要求：

（1）棉花　需使用未脱脂棉，有弹性，纤维长度适中，为 2~3cm，纤维直径为 16~20μm，填充密度 130~150kg/m³，填充率为 8.5%~10%，也可先将棉花制成直径比过滤器内径稍大的棉垫后，放入器内。

（2）玻璃纤维　应用无碱的玻璃纤维，纤维直径 5~19μm，填充密度 130~280kg/m³，填充率 5%~11%，纤维直径小，不易折断，过滤效果好，但空气阻力大，常用直径为 10μm，填充率为 8%。

（3）活性炭　常用小圆柱体的活性炭，大小为 ϕ3mm×(10~15) mm，填充密度为 470~530kg/m³，填充率为 44%。要求活性炭质地坚硬，不易被压碎，颗粒均匀，装填前应将粉末和细粒筛去。活性炭的过滤效率低。

通过过滤器的气流速度一般为 0.2~0.5m/s，压力降为 0.01~0.05MPa。空气从过滤器下部切线进入，由上部出。这种过滤器的滤层纤维空隙大于 50μm，远大于细菌，其过滤除菌不是面积过滤，而是靠惯性碰撞、拦截、布朗运动、静电吸附等作用，对大于 0.3μm 颗粒的过滤效率仅 99%，难以满足发酵工业的无菌要求，需要再次过滤。其主要缺点如下：体积大、占地空间大，操作困难，装填介质费时费力，介质装填的松紧程度不易掌握，空气压力降大，介质灭菌和吹干耗用大量蒸汽和空气。

空气过滤器灭菌时，一般自上而下通入 0.2~0.4MPa（表压）的蒸汽，并打开进汽管上的排汽阀、底部的排汽阀、出气管上的排汽阀充分排汽，调节灭菌压力，使过滤器在 0.1~0.15MPa（表压）下维持 45~60min，然后用压缩空气吹干，备用。

2. 过滤纸类过滤器

这种过滤器的型式有旋风式和套筒式，如图 4-5 和图 4-6 所示。

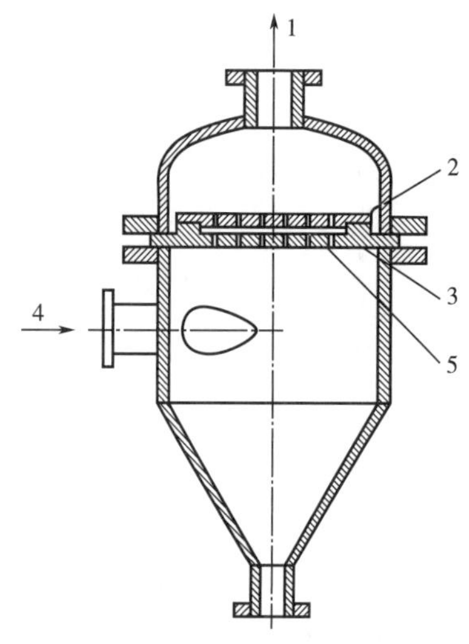

图 4-5　旋风式滤纸过滤器示意图

1—出气口　2—上花板　3—滤纸
4—进气口　5—下花板

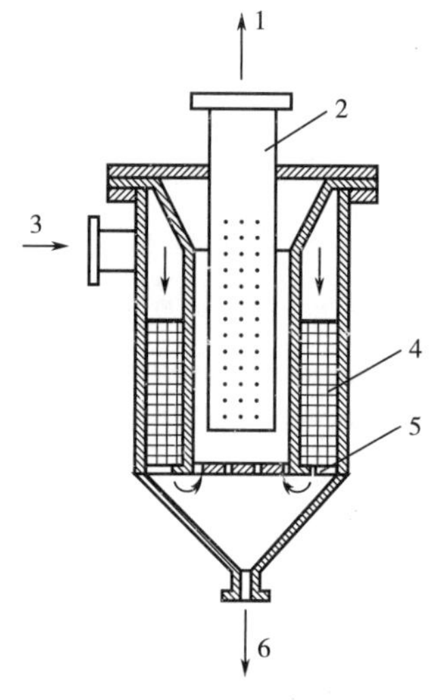

图 4-6　套筒式空气过滤器

1—出气口　2—套管　3—进气口
4—金属丝网层　5—多孔筛板　6—排水口

过滤介质为超细玻璃纤维纸。过滤层很薄，一般只用 3~6 张滤纸叠在一直使用，它属于深层过滤技术。纤维间的孔隙为 1.0~1.5μm，厚度为 0.25~0.40mm，填充率为 14.8%，除菌效率相当高，对大于 0.3μm 颗粒的去除率为 99.99%以上，阻力小、压力降小；但强度不大，特别是受潮后强度更差。为了增加强度，常用酚醛树脂、甲基丙烯酸树脂或含氢硅油等增韧剂或疏水剂处理。也可在制造滤纸时，在纸浆中加入 7%~20%木浆，以增加强度。安装时，将滤纸夹在多孔法兰花板中间，花板上开 ϕ8mm 小孔，开孔面积占板面积 40%。在滤纸上、下分别铺上铜丝网和细麻布，外面各有一个橡胶垫圈。空气在过滤器内的流速为 0.2~1.5m/s，这种过滤器的阻力小。

3. 其他过滤器

近年来还有采用玻璃纤维、聚四氟乙烯、聚乙烯醇、玻璃或陶瓷、金属粉末烧结材料制成管式的过滤器。

（1）Bio-X 过滤器　英国 Domnick Hunter（DH 公司）用直径为 0.5μm 玻璃纤维制成 1mm 厚的滤材，卷成 3 圈，再以较粗的坚韧的玻璃纤维无纺布作内外衬，再在内、外以不锈钢网固定，做成滤筒状，如图 4-7 所示。它能滤除 0.01μm 颗粒（噬菌体大小为 0.02μm），以油雾法（油雾直径为 1.3~0.01μm，平均 0.3μm）测定，过滤效率为 99.9999%。优点是：填充率仅为 6%，空气流量大，压力降小，结构简单，体积小，安装方便。缺点是强度不大，易损而失效，受潮也失效。国内已有多家企业引进使用。

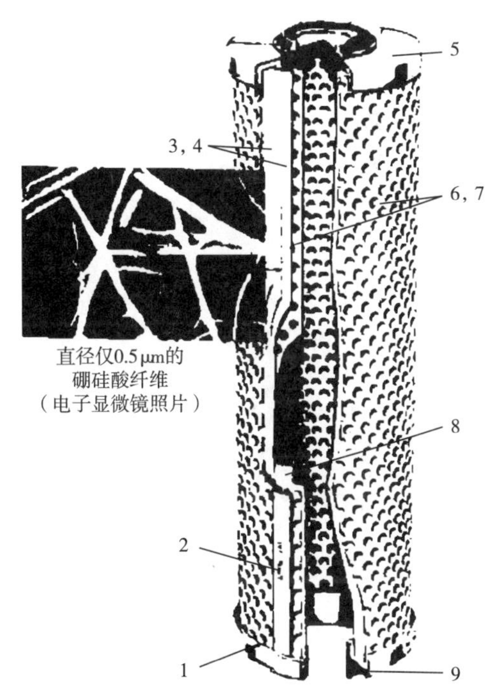

图 4-7　Bio-X 滤芯

1—耐高温硅封胶　2—批号　3，4—内外硼硅酸纤维支衬
5—不锈钢上盖　6，7—不锈钢内外支衬
8—不锈钢网状里衬　9—硅封环

（2）高流量过滤器　这是 DH 公司开发的聚四氟乙烯（PTFE）材料为滤芯的高流量过滤器（图 4-8）。

（3）聚乙烯醇过滤器　聚乙烯醇过滤器是用具有多孔结构和耐热性能的聚乙烯醇海绵状材质为介质加工制成的。有圆板形和圆筒形（图 4-9）两种，介质孔隙为 10~20μm，过滤效率可达 99.9999%，压力降为 0.015MPa。

其过滤机理和过滤效率均同 Bio-X 过滤器，但所用材料 PTFE 是一种坚韧的材质，可以做成折叠滤芯，增加了过滤面积，使空气流量为 Bio-X 过滤器的 3 倍，进一步缩小了体积。

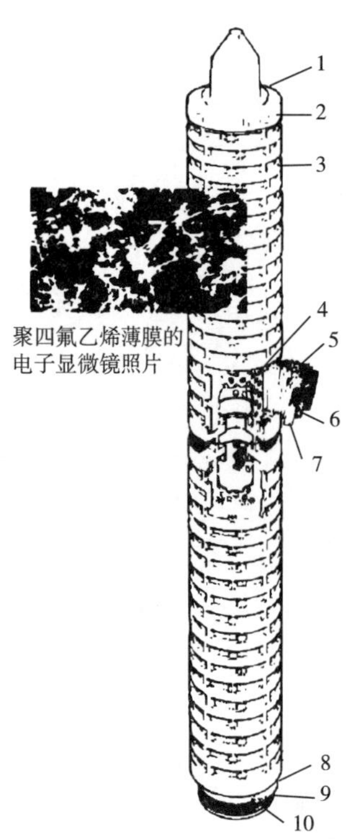

图 4-8　聚四氟乙烯高流量折叠式滤芯

1，3—热稳定 P. P　2—滤芯的烙印编号　4—316 不锈钢中心柱　5—外衬　6—聚四氟乙烯薄膜滤芯　7—里衬　8—防止背压锁扣　9—226 O 环　10—316 不锈钢内衬

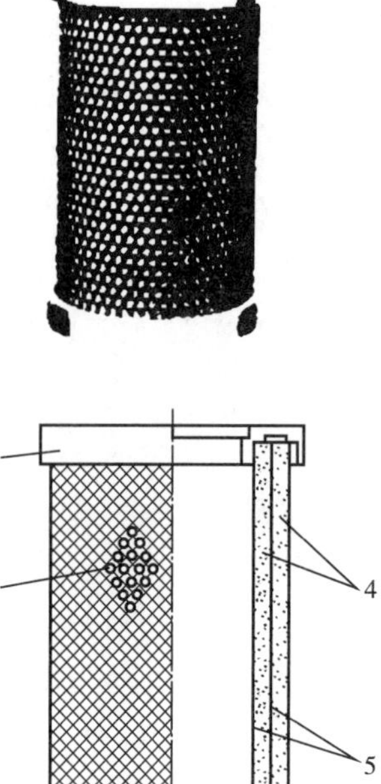

图 4-9　聚乙烯醇滤芯

1—底（Al）　2—多孔板（SUS-304）　3—盖（Al）　4—聚乙烯醇海绵滤芯　5—保护钢纱（SUS304）

DH 公司开发的两种过滤器由蒸汽过滤器、预过滤器和精过滤器组成一套。预过滤器的过滤效率为 99. 97%，能凝集压缩空气中的油、水成液滴予以排除，但不能用蒸汽灭菌。

第三节　空气除菌的工艺流程

空气净化处理的目的是除菌，但目前所采用的过滤介质必须在干燥条件下工作，才能保证除菌效率，因此，空气需要预处理以除去油、水和较大的颗粒。空气预处理的选择应围绕着提高除菌效率。提高除菌效率的主要措施有以下几方面。

（1）减少进口空气的含菌数　其方法是：①加强生产场地的卫生管理，减少生产环境空气中含菌数；②正确选择进风口，压缩空气站应在生产车间的上风口；③提高进口空气位置；④加强空气压缩预处理。

（2）设计和安装合理的空气过滤器　选用除菌效率高的过滤介质。

（3）设计合理的空气预处理设备　以达到除油、水和杂质的目的。

（4）降低进入空气过滤器的空气的相对湿度，保证过滤介质在干燥状态下工作　其方法是：①使用无油润滑的空压机；②加强空气冷却和去油、水；③提高进入过滤器的空气温度，降低其相对湿度。

空气过滤除菌流程是根据发酵生产对无菌空气要求的参数，如无菌程度、空气压力、温度和湿度等，并结合采气环境的空气条件、所用除菌设备的特性而设计的。空气过滤除菌流程有多种，下面分别介绍几种比较典型的流程。

1. 空气压缩冷却过滤流程

图 4-10 是一个设备简单的空气压缩冷却过滤流程图，它由压缩机、贮罐、空气冷却器和过滤器组成。它只能适用于气候寒冷、相对湿度较低的地区。由于空气的温度低，经压缩后它的温度也不会升高很多，特别是空气的相对湿度低，空气中的绝对湿含量很小，虽然空气经压缩并冷却到培养要求的温度，但最后空气的相对湿度还能保持在 60%以下，这就能保证过滤设备的过滤除菌效率，满足微生物培养的无菌空气要求。但是室外温度低到什么程度和空气的相对湿度低到多少才能采用这个流程，需通过设计计算来确定。

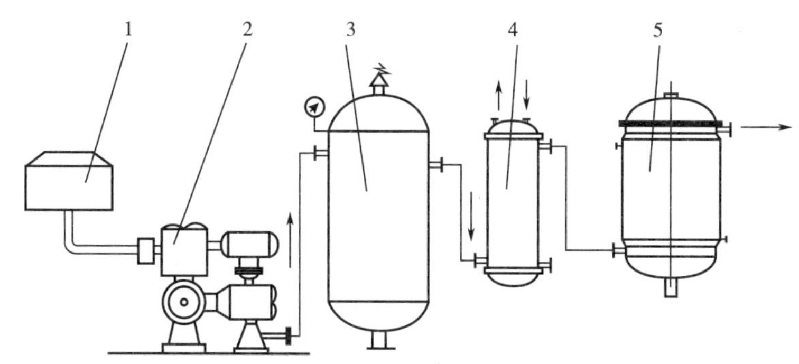

图 4-10　空气压缩冷却过滤流程

1—粗过滤器　2—压缩机　3—贮罐　4—冷却器　5—总过滤器

在使用涡轮式空气压缩机或无油润滑空气压缩机时，这种流程可满足要求；但如果采用普通空气压缩机时，可能会引起油雾污染过滤器，这时应加装丝网分离器先将油雾除去。

2. 两级冷却、分离、加热的空气除菌流程

图 4-11 是一个比较完善的空气除菌流程。它可以适应各种气候条件，尤其适应于空气相对湿度较大的地区，能充分地分离空气中含有的水分，使空气的相对湿度达到较低水平进入过滤器，从而提高过滤除菌效率。

这种流程的特点是：二次冷却、二次分离、适当加热。二次冷却、二次分离油水的处理可以节约冷却用水，且除去油雾、水分比较完全。在流程中，经第一级冷却至 30~35℃，大部分的水、油都已经结成较大的雾粒，由于雾粒浓度较大，故适宜用旋风分离器分离；再经二级冷却至 20~25℃，使空气进一步析出较小雾滴，采用丝网分离器分离；最后利用加热器加热，把空气的相对湿度降至 50%左右，保证过滤介质在干燥条件下过滤。

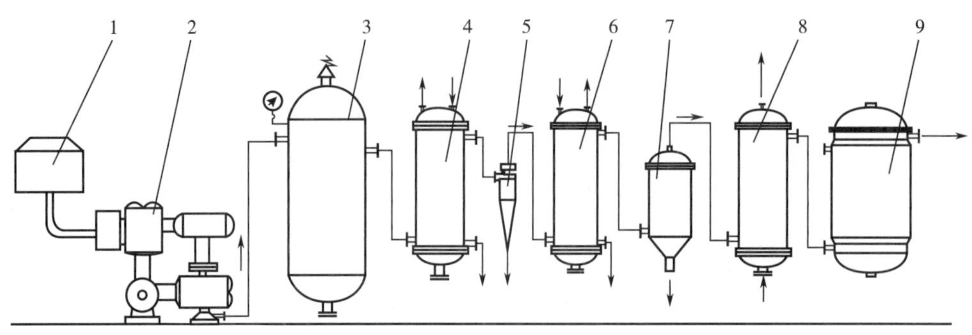

图 4-11　两级冷却、分离、加热除菌流程

1—粗过滤器　2—空压机　3—贮罐　4，6—冷却器

5—旋风分离器　7—丝网分离器　8—加热器　9—过滤器

3. 冷热空气直接混合式空气除菌流程

图 4-12 是冷热空气直接混合式空气除菌流程。从流程图中可以看出，压缩空气从贮罐出来后分成两部分，一部分进入冷却器，冷却到较低温度，经分离器分离水分、油雾后，与另一部分未处理过的高温压缩空气混合。此时混合空气的温度为 30～35℃，相对湿度为 50%～60%，达到要求，然后进入过滤器过滤。该流程的特点是可省去第二级冷却后的分离设备和空气加热设备，流程比较简单，冷却水用量少。该流程适用于中等空气湿含量地区，但不适合于空气相对湿度大的地区。

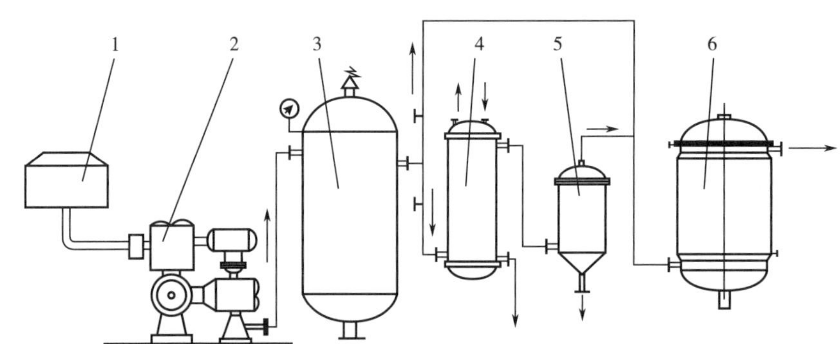

图 4-12　冷热空气直接混合式空气除菌流程

1—粗过滤器　2—压缩机　3—贮罐　4—冷却器　5—丝网分离器　6—过滤器

4. 高效前置过滤空气除菌流程

高效前置过滤空气除菌流程如图 4-13 所示，它是利用压缩机的抽吸作用，使空气先经中效、高效过滤后，再进入空气压缩机。经高效前置过滤器后，空气的无菌程度可达 99.99%，再经冷却、分离和主过滤后，空气的无菌程度就更高。

5. 利用热空气加热冷空气的流程

图 4-14 是利用热空气加热冷空气的流程。它利用压缩后的热空气和冷却后的冷空气

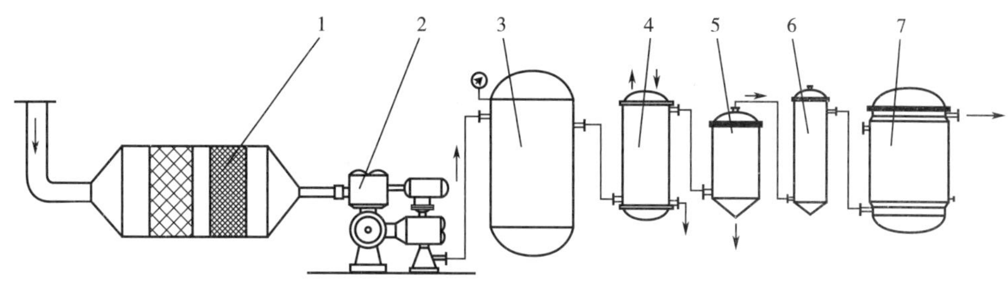

图 4-13　高效前置过滤空气除菌流程

1—高效过滤器　2—空压机　3—贮罐　4—冷却器　5—丝网分离器　6—加热器　7—过滤器

进行热交换，使冷空气的温度升高，降低相对湿度。此流程对热能的利用比较合理，热交换器还可兼作贮气罐，但由于气-气换热的传热系数很小，加热面积要足够大才能满足要求。

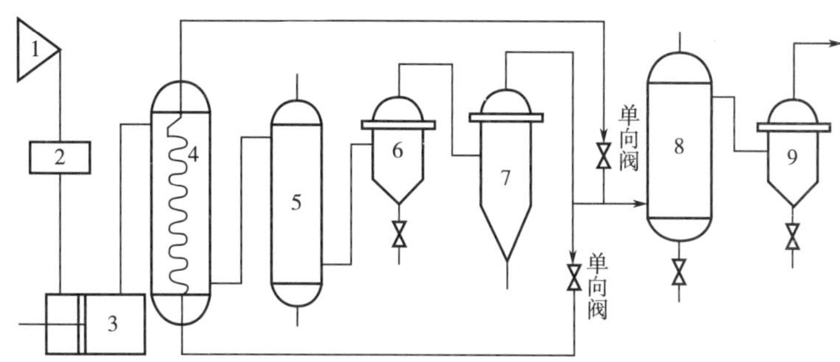

图 4-14　利用热空气加热冷空气的流程

1—高空采风　2—粗过滤器　3—压缩机　4—热交换器　5—冷却器

6，7—析水器　8—空气总过滤器　9—空气分过滤器

参考文献

[1] 陈宁. 氨基酸工艺学 [M]. 北京：中国轻工业出版社，2007.

[2] 邓毛程. 氨基酸发酵生产技术（第二版）[M]. 北京：中国轻工业出版社，2014.

[3] 陈宁. 氨基酸工艺学（第二版）[M]. 北京：中国轻工业出版社，2020.

[4] 姚汝华. 微生物工程工艺原理 [M]. 北京：华南理工大学出版社，2002.

[5] 陈必链. 微生物工程 [M]. 北京：科学出版社，2010.

[6] 罗大珍，林稚兰. 现代微生物发酵及技术教程 [M]. 北京：北京大学出版社，2006.

第五章　氨基酸产生菌的分离复壮、保藏与扩大培养

第一节　氨基酸产生菌的分离复壮

氨基酸产生菌在生产和保藏过程中，个别菌体会发生基因突变甚至引起性状改变，这种情况属于菌种的自然变异。当自然变异的菌种经历分裂繁殖或连续接种传代后，自然突变基因的菌体在数量上占优势时，就呈现出菌种退化现象，自然变异的结果往往是导致菌种退化。菌种退化可以在自然条件下发生，更因菌种使用不当、保藏不善等因素而增加发生的概率，此外还与菌种的遗传稳定性有关。为有效防止菌种退化，除控制传代次数、妥善保藏以及选择遗传稳定性高的菌种外，还必须积极开展经常性有效的菌种分离纯化复壮工作。

一、菌种退化的原因

菌种退化是指菌种在培养或保藏过程中，由于自然突变的存在，出现某些生理特征和形态特征逐渐减退或丧失，使原有优良生产性状劣化、遗传标记丢失等现象。菌种退化不是突然发生的，而是一个从量变到质变的逐步演变过程。起初，在菌群细胞中仅有个别细胞发生自然变异，这些自然变异中一般发生负变的概率较高，但因开始时负变细胞较少，群体细胞的形态特征及菌体性能变化不大，经过连续传代后，负变细胞繁殖增多，达到一定数量后，负变细胞逐步发展成优势群体，整个群体细胞的表型就出现严重的退化。

导致菌种退化的原因主要有以下几个方面。

(1) 菌株的相关基因发生自然突变或回复突变　菌种衰退的主要原因是相关基因发生自然突变或回复突变，这些负突变会造成菌体自身的调节和 DNA 的修复。如果控制产量的基因发生负突变或因菌体自身的修复而恢复为低产菌株原型，则菌种的退化就表现为产量下降。虽然菌种发生自然突变的概率很低，某一特定基因的自然突变概率更低，但是微生物具有极高的分裂繁殖能力，经过移种传代次数的增加，发生负突变的细胞由一变二，会呈几何倍数的增加，最终会在数量上逐渐占据优势，使菌种群体表现为衰退。

(2) 相关质粒脱落或核内 DNA 和质粒复制不一致　在一些代谢合成受质粒控制的菌株中，菌株细胞因自然突变或外界环境影响，使控制代谢合成的关键质粒脱落，或者核内 DNA 复制的速率超过质粒，经过多次传代后，菌株细胞中将不具有对合成代谢产物起决定作用的质粒，这类细胞不断繁殖达到数量优势后，菌种群体就表现出退化。

（3）移接传代次数过多　虽然基因自然突变是引起菌种退化的根本原因，但连续传代是加速菌种退化的一个重要原因，传代次数越多，发生自然突变的概率就越高，连续传代也会使菌种群体中个别的退化细胞分裂倍增，逐渐在数量上占据优势，致使整个菌种群体表现出退化。

（4）培养和保藏条件不适宜　培养和保藏条件的不适宜也是加速菌种退化的重要原因。不良的培养和保藏条件比如营养成分、温度、pH、溶氧等，不仅容易诱发细胞自然突变的出现，还会促进退化细胞繁殖，延迟和影响正常细胞的生长，加速退化细胞在数量上超过正常细胞，加速使菌种表现出退化特征。

二、菌种的分离复壮

在氨基酸生产和菌种保藏过程中，自然变异的结果往往导致菌种退化。虽然菌种退化是必然的，但通过一些措施比如选择适宜的培养条件、进行科学保藏、减少传代次数、定期分离复壮等，可以保持菌种的优良特性，有效避免菌种退化造成的不良后果。如果能及时发现氨基酸产生菌株出现退化的特征，菌株群体中除了部分退化的细胞，还存有正常的菌体细胞，马上采取分离复壮措施，可以从菌群中筛选出正常的菌株或性状更好的菌株。但是在菌种已经出现明显退化的状态下进行复壮显然是一种比较消极的措施，而在实际生产过程中更要积极定期采取分离复壮措施，即在菌种性能未退化之前，就定期有计划地进行菌种的分离与性能的测定，以保证菌株稳定的生产特性，甚至通过定期积极有效的分离复壮还会获得性能更加优良的菌株。工业化生产上的氨基酸产生菌需要定期分离复壮，正常情况下间隔 2~3 个月分离复壮一次，当生产出现异常情况时，需要每个月对氨基酸产生菌进行一次分离复壮，目的是淘汰退化的菌株，挑选高产优良的菌株供生产上使用。

氨基酸菌种的分离复壮操作一般分为两个步骤进行，第一个步骤是将菌种进行平板稀释涂布分离或平板划线分离；第二个步骤是挑选单菌落进行氨基酸发酵筛选，选择产酸高的菌种给生产备用。平板稀释涂布分离或平板划线分离的目的是将菌株分离培养出单细胞菌落，一般是在三角瓶中加入无菌生理盐水，将待分离的菌株制成菌悬液，加入 3~5 颗玻璃珠，充分振荡三角瓶，通过玻璃珠的滚动来促进菌体细胞的分离，然后按平板稀释涂布分离操作或平板划线操作进行分离成单菌落培养。第一个步骤分离的单菌落在培养过程中菌体形态会出现不同程度的差异，第二个步骤就是从这些单菌落里面挑选菌体形态符合要求、生长快、菌落大的单菌落移接于斜面培养基上，注意移接时不要污染杂菌；将移接的斜面在适宜的培养温度培养成熟后，将菌种接入三角瓶中进行摇瓶发酵，通过摇瓶发酵比较菌种生长情况以及产酸情况，经过初筛获得的菌种进一步在小发酵罐中进行复筛，将生长稳定、产酸高的菌株保藏供生产使用。筛选时要配合噬菌体检查，确定保藏的菌株无噬菌体污染。

1. 稀释涂布分离法

（1）准备平板　加热肉膏蛋白胨琼脂培养基，熔化后冷却至 45℃左右，倒入平板中，凝固待用。将凝固后的平板分别编号为10^{-6}、10^{-7}、10^{-8}，每个稀释度各 3 个平板。

（2）准备稀释试管　取 7 支无菌空试管（18mm×180mm），依次编号为10^{-2}、10^{-3}……10^{-8}；在无菌操作台上用灭菌后的移液管分别吸取 9mL 无菌水于编好号的各无菌空试管中。

（3）稀释菌液　向无菌三角瓶（250mL）中加入 90mL 无菌水，用无菌移液管吸取 10mL 菌液，加入三角瓶中，并放入消毒后的小玻璃珠，用手或置摇床上振荡 20min，使菌液分散，静置 10~20s，该三角瓶即为10^{-1}稀释菌液；用无菌移液管在三角瓶10^{-1}菌液中来回吹吸数次，再精确吸取 1mL 菌液移入装有 9mL 无菌水的编号“10^{-2}”试管中（注意：操作时该移液管不能接触“10^{-2}”试管的液面），摇匀试管即成10^{-2}稀释菌液；另取一支无菌移液管，以同样方式，在“10^{-2}”的菌液管中来回吹吸三次以上，精确吸取 1mL 菌液移入“10^{-3}”试管中，制成10^{-3}稀释菌液，其余依次类推，连续稀释，直至10^{-8}时为止。稀释流程如图 5-1 所示。

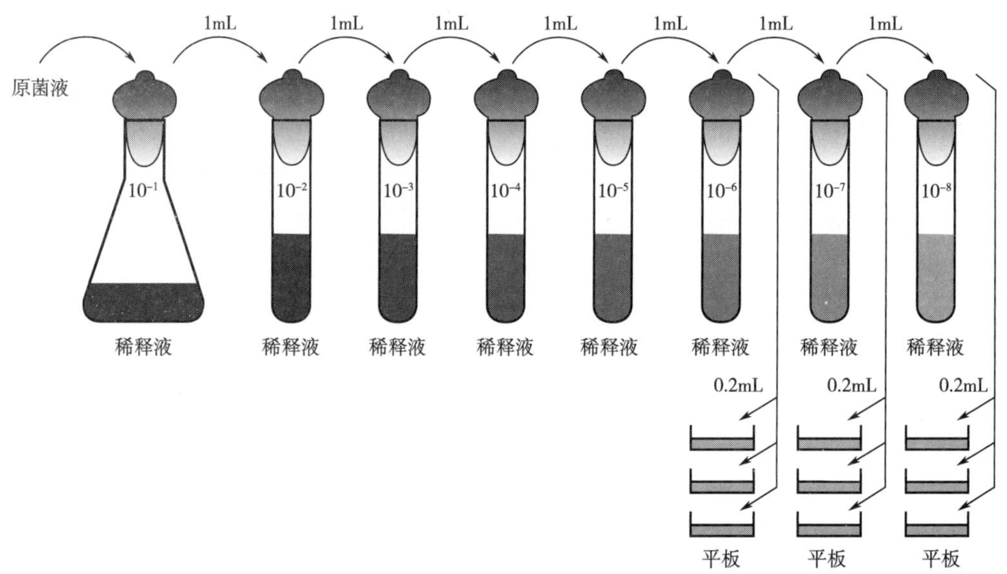

图 5-1　菌液逐级稀释过程示意图

（4）涂布平板　分别用三支无菌移液管精确吸取10^{-6}、10^{-7}、10^{-8}三个稀释度的菌液 0.2mL，分别加至对应编号10^{-6}、10^{-7}、10^{-8}的已凝固平板上。将菌液加入平板后迅速用涂布棒将菌液涂匀。涂布操作时将培养皿盖打开一条缝，将涂布棒伸入培养皿在培养基表面小心涂布，注意不要因用力过猛将培养基划破。

（5）培养　将涂布菌液后的平板倒置于恒温培养箱中培养，将恒温培养箱温度调至菌株适宜生长温度，24h 后观察菌落生长情况。

（6）挑取单菌落　在平板上挑选菌体形态良好的单菌落，将挑选的单菌落分别移接到斜面培养基上，并对斜面菌种进行编号，培养成熟观察菌体形态特征，挑选菌体形态符合要求、生长快、菌落大的纯化菌种进行保藏备用。

（7）摇瓶发酵　将挑选的培养成熟的纯化菌种接入摇瓶液体培养基中进行发酵培养，发酵结束考查菌体生长和发酵产酸情况，挑选菌体生长旺盛、产酸高的菌种进行保藏以备生产使用。必要时，可以进行多次摇瓶和小发酵罐试验，进行初筛、复筛，最终挑选菌体活力好、产酸高、遗传稳定的菌种进行保藏备用。

2. 平板划线分离法

（1）准备平板　加热肉膏蛋白胨琼脂培养基，熔化后冷却至45℃左右，倒入平板中，水平静置凝固。将凝固后的平板贴上标签，在平板底部用记号笔将平板预先分为4个面积不同的区，分别编号A、B、C、D，面积大小为D>C>B>A，D区面积最大，是单菌落的主要分布区。

（2）划线　将待划线分离的平板倒置于酒精灯的左侧，将接种环在酒精灯火焰中烧红，伸入菌种管内冷却，挑取少量菌体，左手拿培养皿底部靠近酒精灯火焰，在火焰保护的情况下打开培养皿，将接种环上的菌种在平板的A区划3~5条平行线，然后将接种环烧红去除剩余菌种；将平板转动一定角度，将B区转到上方，在平板培养基的边缘将烧红的接种环进行冷却，用接种环从A区划向B区，即用接种环将A区菌带到B区进行平行划线，划数条平行线，B区平行线与A区平行线成120°夹角。同样再从B区向C区做划线，最后从C区做D区的划线，各区的线条间的夹角均为120°，最终使D区的线条与A区线条相平行，D区为关键区，D区内的划线一定不能同A、B区的线条相接触。注意事项：平板划线用的接种环要圆滑，划线时接种环与平板培养基的平面之间的夹角要小些，划线时动作要轻巧，要充分利用平板培养基的表面，划线线条应尽可能平行且密集，划线操作平板分区见图5-2。

（3）培养　将划好线的培养皿倒置于恒温培养箱中培养，调节恒温培养箱温度为菌体适宜培养温度，24h后观察菌体形态及分离情况。

（4）挑取单菌落　重点从D区或C区挑选明显的典型单菌落，重点挑选菌体形态良好、生长快的菌落，并用记号笔在培养皿底部做好标记。将挑选做好标记的菌落在无菌操作台上分别移接至斜面培养基上，并对斜面菌种进行编号，培养成熟后观察菌体形态特征，挑选菌体形态符合要求、生长快、菌落大的斜面纯化菌种进行保藏备用。

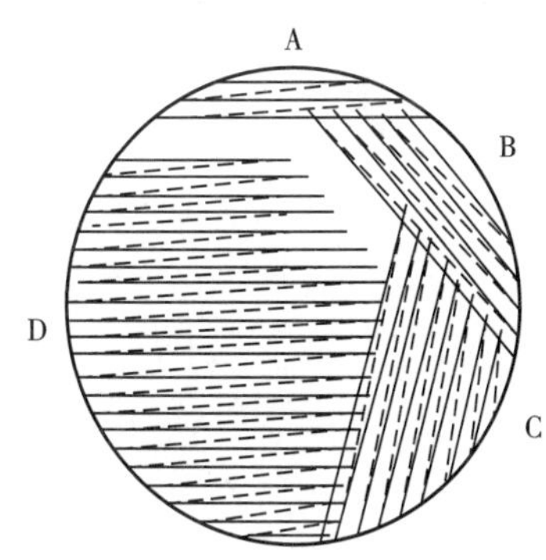

图5-2　平板划线分离法

（5）保藏传代　上一步平板划线分离纯化后的优良斜面菌种一般称为第一代（原种），可制成甘油管、冻干管等进行保藏，此菌株也可传至第二代斜面菌种，在生产使用前再传至第三代斜面菌种，然后进一步对菌种进行扩大培养（一级种子），一般情况下第二代斜面菌种可满足生产2~3月的菌种供给。

第二节 氨基酸产生菌的保藏技术

工业微生物发酵所用的菌种，几乎都是由低产的野生菌株经过人工诱变、杂交或基因工程育种等手段而获得的，其获得需很长时间的艰苦工作。然而，微生物菌种在传代繁殖过程中由于不断受环境条件的影响，会出现退化现象，如何使菌种的变异减少到最低限度是微生物研究与应用工作的重要课题。

一、菌种退化的预防

菌种保藏是保证产生菌种质量的重要环节，其目的在于不污染杂菌，使退化和死亡降低到最低限度，尽可能使菌种保持原来的优良性能。为了防止菌种的衰退，在保藏菌种时，首先选用它们的休眠体如分生孢子、芽孢等，并要创造一个低温、干燥、缺氧、避光和缺少营养的环境条件，以利于休眠体能长期地维持其休眠状态。对于不产孢子的微生物来说，也要使其新陈代谢处于最低水平，又不会死亡，从而达到长期保藏的目的。

二、菌种的保藏方法

菌种保藏的方法很多，因菌种生理生化特性不同而异，一般首先考虑能够较长期地保存原有菌种的优良特性，同时也要考虑保藏方法的经济性与简便性。常见的保藏方法有如下几种。

1. 简易的菌种保藏法

简易的菌种保藏法包括斜面菌种保藏、半固体穿刺菌种保藏及用石蜡油封藏等方法，不需要特殊设备和技术，为一般实验室和工厂普遍采用。通常将菌种在新鲜琼脂斜面培养基表面或穿刺培养，然后将试管口防水密封，放入4℃冰箱中保存，使微生物在低温下维持很低的新陈代谢，缓慢生长，当培养基中的营养物逐渐被耗尽后再重新移植于新鲜培养基上，如此定期移植，又称为定期移植保藏法或传代培养保藏法。定期移植的间隔时间因微生物种类不同而异，不产芽孢的细菌间隔时间较短，一般为2周至1个月，而放线菌、酵母菌和丝状真菌一般间隔3~6个月移植1次。石蜡油封藏法是将灭菌的石蜡油加至斜面菌种或半固体穿刺培养的菌种上，以减少培养基内水分蒸发，并隔绝O_2，从而降低微生物的代谢，可延长保藏期，置于4℃冰箱中一般可保藏1年至数年。以谷氨酸产生菌为例，简单介绍定期移植保藏法的操作。保藏斜面培养基的组成（g/L）：蛋白胨10，牛肉膏10，NaCl 5，琼脂20。配制后，调节pH 7.0~7.2，加热熔融，趁热分装于试管，分装量控制为试管高度的1/4，试管口塞上棉塞，并用牛皮纸包扎，于121℃下蒸汽灭菌20min。然后，趁热摆放斜面，斜面长度不超过试管长度的1/2为宜。斜面培养基冷却凝固后，放入培养箱，于32℃培养1~3d，进行无菌检查，合格后将其保存于4℃下备用。在无菌操作条件下，用接种环挑取少量菌体，从斜面底部自下而上进行“之”字形划线，塞上棉塞，放入培养箱，于32℃培养20~24h，然后，进行防潮包扎，保存于4℃冰箱中。一般情况下，1 个月需移植 1 次，供生产使用时需再移接 1 次，使菌体细胞由休眠状态恢复到代谢旺盛状态。

2. 干燥载体保藏法

干燥载体保藏法是将菌种接种于适当的载体上，如河沙、土壤、硅胶、滤纸及麸皮等，以保藏菌种，一般适用于保藏产孢子或芽孢的微生物。沙土管保藏法使用得较多，其制备方法是：先将沙与土洗净烘干过筛后，按比例［沙：土=（1~2）：1］混匀，分装入小试管中，装料高度为 1cm 左右，121℃间歇灭菌三次，无菌实验合格后烘干备用；然后，将斜面孢子制成孢子悬浮液接入沙土管中或将斜面孢子刮下与沙土混合，置于干燥器中用真空泵抽干并封口，于常温或低温下保藏均可，保存期一般为 1~10 年。

3. 悬液保藏法

悬液保藏法的基本原理是寡营养保藏，是将微生物混悬于不含养分的媒液等中加以保藏的方法。在菌种保藏实践中发现，温度越低越有利于保持菌种的活力，但由于菌种在冷冻和冻融操作中会造成对细胞的损伤，而利用适当浓度的甘油、二甲基亚砜等溶液作为保护剂，可减少冷冻、冻融过程中对细胞原生质体及细胞膜的损伤。由于在适当浓度的保护剂中，将会有少量保护剂渗入细胞，使菌种细胞在冷冻过程中缓解了由于强烈脱水及胞内形成冰晶体而引起的破坏作用。制备的菌种悬液后，可置于-20℃左右的冰箱或超低温冰箱（-60℃以下）中保藏，一般可保藏 3~5 年。

以谷氨酸产生菌为例，简单介绍甘油悬液保藏法的操作。将 80%甘油置于三角瓶中，塞上棉塞，外加牛皮纸包扎，于 121℃下蒸汽灭菌 20min，冷却后备用。取培养适龄的斜面菌种，用无菌的生理盐水洗下菌苔细胞，制成 10^8个/mL 的菌悬液，然后，加入等量的甘油混匀，制成含 40%左右甘油的菌悬液，置于-20℃的冰箱中保存。

4. 冷冻保藏法

菌种冷冻保藏法可分为普通冷冻保藏法、超低温冷冻保藏法和液氮冷冻保藏法。一般而言，冷冻温度越低，效果越好。

普通冷冻保藏法是将菌种培养在小试管斜面上，适度生长后密封管口，置于（-20~-5）℃的普通冰箱中保存。此方法简便易行，但不适宜多数微生物菌种的长期保藏，一般可维持若干微生物活力 1~2 年。

超低温冷冻保藏法是先离心收获对数生长期的微生物细胞，再重新悬浮于新鲜培养基中，然后加入等体积的 20%甘油或 10%二甲基亚砜冷冻保护剂，混匀后分装入冷冻管或安瓿管中，置于-60℃以下的超低温冰箱中进行保藏。冷冻时，超低温冰箱的冷冻速度一般控制 1~2℃/min。若干细菌和真菌菌种可通过此方法保藏，保藏时间一般为 5 年。

液氮冷冻保藏法是把细胞悬浮于一定的分散剂中，或是把在琼脂培养基上培养好的菌种直接进行液体冷冻，然后移至液氮（-196℃）或其蒸气相（-156℃）中保藏。进行液氮冷冻保藏时应严格控制制冷速度，以 1.2℃/min 的制冷速度降温，直到温度达到细胞冻结点（通常为-30℃），然后调节制冷速度为 1℃/min，至-50℃时，将安瓿管迅速移入液氮罐的液相或气相中保存。在液氮冷冻保藏中，最常用的冷冻保护剂是甘油和二甲基亚砜，甘油和二甲基亚砜的最终使用浓度分别为10%和5%，所使用的甘油一般用高压蒸汽灭菌，而二甲基亚砜最好经过滤除菌。

5. 真空冻干保藏法

真空冻干保藏法是将培养至最大稳定期的微生物制成悬浮液，加入保护剂，然后装入特制的安瓿管内，并迅速冷冻至-30℃左右，在低温下迅速用真空泵抽干，最后将安瓿管在抽真空情况下熔封，置于低温保藏。保护剂的作用是使悬浮液保持活性，尽量减少冷冻干燥时对微生物造成的损伤。氨基酸、有机酸、蛋白质、多糖等物质都可作为保护剂，而通常选用脱脂乳或动物血清。此方法是微生物菌种长期保藏的最有效方法之一，大部分微生物菌种可以在冻干状态下保藏10年而不丧失活力。

以谷氨酸产生菌为例，简单介绍真空冻干保藏法的操作，具体如下。

（1）安瓿管的准备　安瓿管材料以中性玻璃为宜。清洗安瓿管时，先用2%的HCl浸泡12h以上，取出冲洗干净后，用蒸馏水浸泡至pH中性，再烘干，加塞脱脂棉花，于121℃蒸汽灭菌20min，备用。

（2）保护剂的选择与准备　配制保护剂时，应注意其浓度、pH及灭菌方法。例如，动物血清，可用过滤除菌；牛乳要进行脱脂，即将牛乳煮沸除去上面的一层脂肪，然后用脱脂棉过滤，并在3000r/min的离心机上离心15min，如果一次不行，再离心一次，直至除尽脂肪为止，脱脂后加10g/L谷氨酸钠，在50kPa条件下灭菌30min，经无菌检查，合格后备用。

（3）冻干样品的准备　取培养适龄的斜面菌种，用保护剂洗下菌苔细胞，制成10^8～10^{10}个/mL的菌悬液，然后将0.1～0.2mL菌悬液滴入安瓿管底部。

（4）预冻　将分装好的安瓿管在-40～-25℃的干冰酒精中进行预冻，一般预冻2h以上，使温度达到-35～-20℃。

（5）冷冻干燥　将预冻后的样品安瓿管置于冷冻干燥机的干燥箱内，进行冷冻干燥，时间一般为8～20h。样品是否达到干燥，需根据实践经验来判断。例如，目视冻干的样品呈酥丸或松散的片状，真空度接近或达到无样品时的最高真空度，温度计所反映的样品温度与管外的温度接近。

（6）真空封口　将安瓿管颈部用强火焰拉细，然后采用真空泵抽真空，使真空度达1.33Pa，在真空条件下将安瓿管颈部加热熔封。

（7）保藏　将安瓿管置于低温条件下避光保藏，保藏温度越低越好。

（8）恢复培养　先用75%酒精棉花擦拭安瓿管上部，将安瓿管顶部烧热，用蘸冷水的无菌棉签在顶部擦一圈，顶部即出现裂纹，用镊子在颈部轻叩一下，敲下已开裂的顶部，用无菌水或培养液溶解，使用无菌吸管移接到新鲜培养基上，进行适温培养。

第三节　氨基酸产生菌的扩大培养

随着氨基酸工业的不断发展，氨基酸发酵的生产规模越来越大，发酵罐的体积也不断增加，从几十立方米发展到几百立方米，巨大体积的发酵培养需要足够数量的菌种才能充分发挥发酵罐的体积优势，菌种从实验室斜面培养到几百立方米的发酵罐培养需要一个扩大培养的过程。

一、菌种扩大培养的目的与任务

由于发酵罐体积的增大，每次发酵所需的菌种数量就增多。一般情况下，几百立方米的发酵罐按10%的接种量计算需要几十立方米的菌种量。因此，氨基酸菌种扩大培养的目的就是为了每次氨基酸发酵培养提供足够数量的代谢旺盛的高产菌种。氨基酸发酵培养的周期与接种量的大小密切相关，接入足够数量成熟的菌种有利于缩短发酵周期，提高发酵罐的设备利用率，增加产能，同时也有利于减少染菌的概率。因此，氨基酸菌种扩大培养的任务，不但要得到成熟的纯种菌种，还要获得足够数量的活力旺盛的菌种。

二、菌种扩大培养的方式

氨基酸菌种扩大培养的方式一般是将保藏的处于休眠状态的氨基酸产生菌种接入试管斜面活化，再经过摇瓶液体培养或斜面放大培养，然后再接入生产车间的种子罐逐级放大培养，从而为发酵罐培养准备足够数量的活力旺盛的菌种。对于不同氨基酸品种的发酵过程来说，种子扩大培养的级数取决于菌种的生长繁殖速度。目前氨基酸发酵所采用的菌种一般为细菌，细菌的生长繁殖速度较快，所以多数企业采用二级扩大培养的方式，也有部分企业采用三级扩大培养的方式。二级扩大培养的优点是操作简单，不易染菌；缺点是一级种量占二级种子培养的比例较少，二级种子的扩大倍数过大，致使二级种子的种龄较长，发酵菌种的活力会受到影响。三级扩大培养的优点是一级种子到二级种子的扩大倍数小，二级种子的种龄缩短，菌种活力较好；缺点是比二级扩大培养增加一道工序，设备投资增多，操作烦琐，且移种过程造成染菌的概率增多。此外，发酵罐体积的不同也会是菌种扩大培养采用不同级数方式的一个原因。比如，对于同一个氨基酸菌种的发酵过程，$100m^3$的发酵罐可采用二级扩大培养菌种的方式，一级种子用摇瓶培养，二级种子用$10m^3$种子罐培养；而$500m^3$的发酵罐可采用三级扩大培养菌种的方式，一级种子用摇瓶培养，二级种子用$5m^3$种子罐培养，三级种子用$50m^3$种子罐培养。

三、菌种扩大培养的过程

氨基酸菌种扩大培养的过程一般可以分为两个阶段：实验室菌种制备阶段和生产车间菌种放大培养阶段。实验室菌种制备阶段一般包括斜面种子活化培养、摇瓶液体放大培养或斜面放大培养；生产车间菌种放大培养阶段一般是在生产车间利用种子罐将实验室制备的菌种进一步放大培养的过程。国内氨基酸发酵种子扩大培养的一般流程如下：

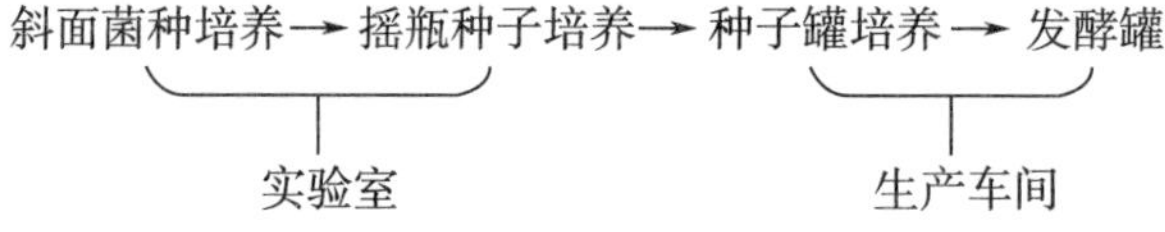

1. 斜面菌种培养

在实验室菌种制备阶段，首先需要将保藏的菌种进行活化，经无菌操作将保藏的菌种接入斜面培养基中培养，将培养成熟的菌种再一次转接入斜面培养基中，培养成熟后即完成菌种的活化过程。活化的成熟菌种可连同试管斜面置于4℃冰箱内保存备用，一般活化斜面保存时间不超过一周。菌种的斜面培养条件一般需要有利于菌种生长而不产酸，并必须保证斜面菌种为纯种培养，不得混有任何杂菌或噬菌体。培养基应以多含有机氮而少含糖为原则，培养基组成应利于菌种繁殖。为氨基酸生产制备的斜面菌种一般只移接三代，应避免传代更多次数，防止自然变异的菌种经传代繁殖引起菌种退化。因此，一般生产使用的菌种要经常进行分离纯化，不断地为生产提供新的有活力的高产菌株。

（1）斜面培养基制备　斜面培养基配方（g/L）：葡萄糖 1、牛肉膏 10、蛋白胨 10、酵母膏 5、NaCl 2.5、琼脂 20，pH 7.0~7.2。传代和保藏斜面不加葡萄糖，不同品种氨基酸菌种的培养基组成会略有不同。按配方配制斜面培养基，加热熔解，调节 pH 7.0，分装到试管中，分装量为试管容量的 1/4，用棉花塞将试管口塞紧，并用牛皮纸进行包扎，置于灭菌锅中用蒸汽控制温度 121℃灭菌 20min，灭菌后取出，按照一定坡度整齐摆放斜面，待斜面冷却凝固后放入培养箱中，于 32℃~37℃培养 1~2d，进行空白斜面的无菌检查，将无染菌的斜面置于 4℃下保存备用或直接进行接种培养。

（2）斜面菌种接种培养　斜面菌种的制备是氨基酸发酵生产过程中菌种扩大培养的第一步，操作必须要严格认真，不能产生杂菌污染。无菌室要经常进行清洁和消毒，净化空调要保持正常运行，要定期进行环境杂菌检测，杜绝杂菌和噬菌体的污染。接种操作需要在无菌工作台上进行，使用酒精灯进行火焰保护，使用接种环挑取少量菌体，在需要接种的试管斜面底部进行自下而上的“Z”字形划线，划线后塞上棉塞，放入培养箱，调节培养箱温度为菌体最适宜生长温度，定期观察菌体生长情况及形态特征，仔细检查是否有杂菌污染，菌体生长成熟后即可接种至下一级培养或置于 4℃冰箱中保存备用。

2. 摇瓶种子培养

摇瓶种子培养的目的是在斜面菌种的基础上扩大培养大量繁殖活力强的菌种，培养基组成应以少糖、多有机氮为主，培养条件主要考虑有利于菌体生长繁殖。

（1）摇瓶种子　摇瓶种子培养基配方（g/L）：葡萄糖 25、蛋白胨 10、酵母粉 5、尿素 5、K_2HPO_4 1、$MgSO_4$ 0.4，$FeSO_4$ 2mg/L、$MnSO_4$ 2mg/L、pH 7.0（培养基成分可根据菌种不同及原料质量进行酌情调整）。将配制的培养基装入 1000mL 三角瓶中，每个三角瓶分装 200mL 培养基，用棉塞或纱布包扎瓶口，瓶口最外层再用牛皮纸包扎，放入灭菌锅中蒸汽灭菌控制温度 121℃维持 20min。

（2）接种培养　用接种环从斜面菌种中挑取一环菌体接入三角瓶培养基中，用棉塞或纱布包扎好瓶口，置于摇床上恒温振荡培养，控制培养温度为菌株适宜生长温度。培养时间一般根据多次试验积累的经验来确定，一般为菌种达到对数生长期，通过调整培养基配方，使下摇床停止培养时 pH 下降至 6.5~6.8、残糖降至 5g/L 左右。

（3）培养结束　摇瓶种子培养结束，取样检测 OD、pH、残糖、产酸、镜检和无菌检查。有时候为了给下一级种子扩大培养提供更多的接种量，摇瓶种子培养结束还需要并瓶操作，确认各个需要并瓶的摇瓶菌种正常、无污染后，在无菌操作条件下进行并瓶操作。用于并瓶操作的种子瓶如图 5-3 所示，该种子瓶通常采用不锈钢特制，主要由瓶体、带螺纹的瓶盖以及耐高温的软管组成，软管用纱布包扎好，置于灭菌锅内 121℃灭菌 30min，备用。并瓶操作时，在无菌操作条件下，将三角瓶种子倒入特制的种子瓶，塞上橡胶塞，并拧紧金属瓶盖，保存于 4℃冰箱内，备用。

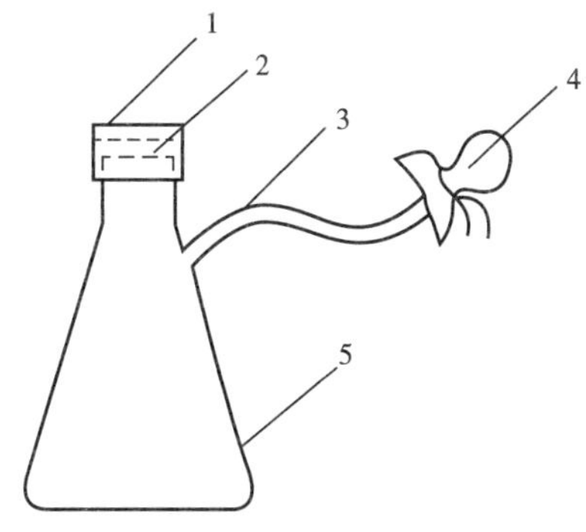

图 5-3　特制种子瓶的结构示意图
1—带螺纹的瓶盖　2—橡胶塞　3—耐高温软管
4—纱布　5—金属瓶体

（4）摇瓶种子质量要求　种龄 9~12h，pH 6.5~6.8，光密度 OD 值净增 0.5 以上，残糖 0.5%左右，镜检菌体形态良好，菌体大小均匀、粗壮、排列整齐，无杂菌，革兰染色反应正常，无菌平板检测正常，噬菌体检查正常。

3. 种子罐培养

摇瓶种子的菌种量完全不能满足大型发酵罐的接种量，因此在生产车间还需要将摇瓶种子进行种子罐的扩大培养。种子罐容积大小一般取决于发酵罐体积的大小和接种量的比例。有的发酵罐体积过大，种子罐体积也较大，摇瓶种子接种后种子罐培养周期较长，为了减少种龄、缩短周期，有的企业会采用多增加一级种子罐培养的方式。

（1）种子罐培养基　在实际生产中，根据不同的菌种和不同的氨基酸产品使用不同的种子培养基配方。

（2）种子罐操作过程

①洗罐：种子罐在投入使用前或空罐后要进行洗罐操作，确保罐内清洁。

②空消：种子罐洗罐完需要进行空罐灭菌，检查种子罐各阀门状态，关闭空气阀门，打开蒸汽阀门，打开种子罐各排汽阀、排污阀至合适开度（一般 1/4~1/3 开度），控制罐内蒸汽压力 0.15MPa 左右、温度 125~128℃，计时维持 20~60min（根据生产具体情况确定空消温度和维持时间，染菌罐可适当提高空消温度和延长空消维持时间）。空消时要注意排净罐内冷凝水。

③配料：配料罐在使用前要清洗干净。在配料罐中先加入适量热水，然后按照培养基配方依次加入各种物料，启动搅拌，将各种物料溶解混合均匀，用 NaOH 或液氨调节 pH，加

入消泡剂，加水定容至规定体积。种子罐空消结束后，即可将培养基底料打进种子罐内。

④实消：打料完毕，实消开始，打开种子罐搅拌，打开夹套或列管蒸汽阀门进行预热，打开种子罐各路排汽阀，当罐内料液温度达到 90℃左右时，关闭夹套或列管蒸汽阀门，打开种子罐各路进罐的蒸汽阀门，直接将蒸汽通入种子罐内进行灭菌，关小各路排汽阀，控制实消温度 118~125℃，计时维持 20~30min（根据培养基的不同性质选择适宜的实消温度及维持时间）。计时结束，关闭实消进罐蒸汽阀门，打开空气阀门进空气，设定罐压 0.05MPa，将各路小排气阀在蒸汽排空后关闭，主排空阀设置培养初始时流量开度，打开循环水进水阀、回水阀冷却灭菌后的培养基，设置冷却目标温度为菌种适宜生长温度。冷却至适宜温度后，使用液氨或液碱调节培养基 pH 至菌种适宜生长 pH。要注意培养基配方中是否存在两种或两个以上的物料在实消时发生不良反应的情况，若存在不良副反应，需要对可能发生反应的物料分开实消。如果种子罐容积较大，也可采用连消的方式进行培养基灭菌。

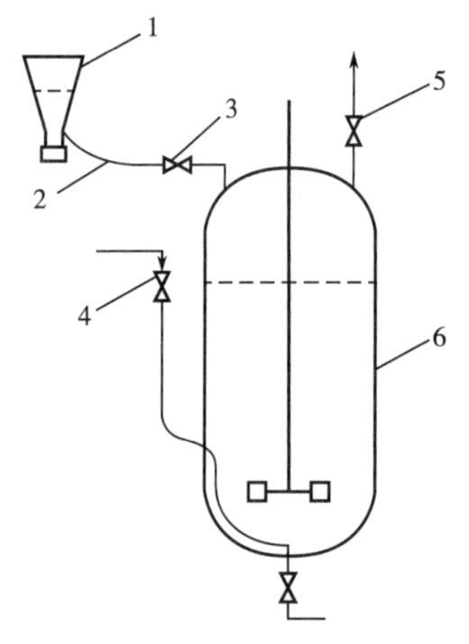

图 5-4　摇瓶种子接入种子罐的操作示意图

1—金属种子瓶　2—耐高温软管　3—接种阀

4—进气阀　5—排气阀　6—种子罐

⑤接种：接种操作如图 5-4 所示。接种前，对操作空间进行必要的消毒，并采取必要措施尽可能防止操作区域的空气流动。接种时，点燃火球灼烧种子罐的接种管口，并让火焰笼罩接种管口，稍微打开接种阀门，使种子罐内无菌空气以微弱气流从接种管口排出。接着，在火焰区域解开特制种子瓶的纱布，迅速将软管套在种子罐的接种管上，用铁丝扎紧，移开火焰。然后，开尽接种阀门，同时调节种子罐进气阀门，使大量无菌空气通入种子罐，由于特制种子瓶与种子罐连通，二者压力均可上升，并达到平衡。当种子罐压力（表压）升高至 0.10~0.15MPa，关闭进气阀门，打开排气阀门进行大量排汽，使种子罐压力骤降，特制种子瓶与种子罐在瞬间就会形成气压差，从而把摇瓶种子液压进种子罐。

当种子罐压力降低至 0.03~0.05MPa 时，应立即关闭排气阀门，避免种子罐压力跌至零压。一次操作后，若特制种子瓶内的种子液没有完全接入种子罐，可重复上述操作，直至全部种子液进入种子罐。接种后，立即调节进气阀门和排气阀门，使种子罐压力升高至 0.10MPa 左右，然后将接种阀门调小，拔出软管，让种子罐内气流将残留在接种管的种子液吹出，最后关闭接种阀门，启动种子罐搅拌，即可进行培养。此操作即是差压接种法，整个过程一般需 2~3 个人员协同操作，必须注意操作的先后顺序。

⑥培养：种子罐接种后即开始种子罐的放大培养，要控制适宜的培养温度、pH 和溶氧等参数。大型种子罐培养温度的控制一般采用从夹套或列管中通入冷却水进行循环冷却

的方式，通过调节冷却水的流量进行培养温度的控制；氨基酸产生菌培养的 pH 调节一般是通过向培养基中流加液氨或液碱进行调节，液氨同时还能提供给菌体生长所需的氮源；溶氧的控制一般是通过调节搅拌转速和通气量进行控制，现在种子罐的搅拌系统一般可以变频调节，在培养的起始阶段溶氧需求不高的情况下，搅拌系统可以低频运行，随着菌体繁殖旺盛，逐步提高搅拌的频率，一方面种子罐培养前期可以有效节省搅拌系统的用电量，低速的搅拌也可以减少对菌体的剪切损伤；另一方面又可以根据菌体生长情况逐步提高搅拌转速和通风量来满足菌体生长对溶氧的需求。一般情况下种子罐培养的温度、pH 和溶氧等参数均为在线检测和自动控制。另外在种子罐培养过程中，还需要定期取样检测 OD 值和残糖等参数，有些氨基酸品种的种子罐培养还需要进行补糖操作，可以适当延长培养时间，以获得更大的菌体浓度。

⑦移种：种子罐菌种培养成熟后，需要移入发酵罐。种子罐种子接入发酵罐的管路如图 5-5 所示。

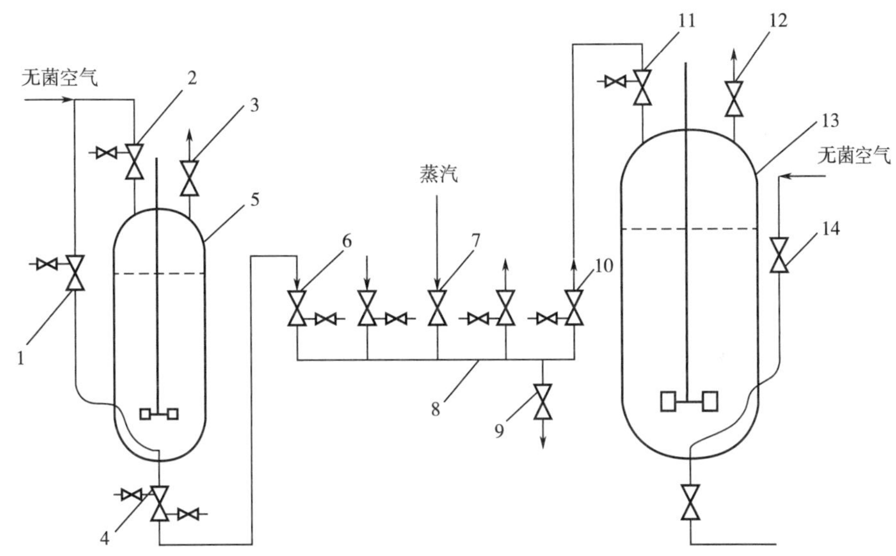

图 5-5　种子罐种子接入发酵罐的管路示意图

1—培养进气阀　2—空气加压阀　3，12—排气阀　4—出料阀　5—种子罐　6—分布管进种阀　7—蒸汽阀　8—移种分布管　9—排污阀　10—分布管出种阀　11—发酵罐接种阀　13—发酵罐　14—发酵罐进气阀

接种前，依次打开分布管上的蒸汽阀、分布管进种阀、分布管出种阀、分布管各阀门上的小边阀、分布管的排污阀、种子罐出料阀上的下面小边阀、发酵罐接种阀上的小边阀，以蒸汽灭菌 30min。灭菌过程中，确保各排汽口充分排汽，消除死角。管道灭菌完毕，先关闭各排汽口，然后关闭分布管上的蒸汽阀，打开发酵罐的接种阀，让发酵罐内的无菌空气进入移种管道保压。同时，关闭种子罐排气阀、培养进气阀，打开种子罐顶部的空气加压阀，使大量无菌空气进入种子罐，当种子罐压力（表压）升高至 0.15～0.20MPa 时，打开种子罐出料阀，使种子罐种子被无菌空气压入发酵罐。移种过程中，调节发酵罐进气

阀、排气阀，使发酵罐压力（表压）恒定在 0.03MPa 左右，确保种子罐与发酵罐之间保持一定的压力差，从而保证较快的移种速度。移种完毕，关闭发酵罐的接种阀，打开接种阀上小边阀，让气流吹出管道残留的种子液后，关闭种子罐空气加压阀、出料阀，打开排气阀排汽。同时，按照接种前的管道灭菌操作步骤，对移种管道进行灭菌 10min。

（3）种子罐菌种质量要求　种龄根据不同氨基酸品种和培养工艺而定；光密度 OD 值一般净增 0.5 以上，个别品种和培养工艺稍有不同；pH 一般在 6.8~7.2；残糖一般在 5~10g/L；镜检菌体粗壮、大小均匀、形态良好，无可见杂菌；革兰染色反应正常；无菌平板检测正常；噬菌体检查正常。

四、影响菌种质量的主要因素

菌种扩大培养的目的就是给氨基酸发酵提供足够数量的质量优良的高产菌种。菌种质量是影响氨基酸发酵生产水平的关键因素，菌种质量的优劣，主要取决于菌种本身的遗传特性和培养条件两个方面。菌种的扩大培养应根据菌种特性创造一个最合理的扩大培养条件，以获得质量优良的足量菌种。影响菌种质量的主要因素包括营养条件、培养条件、染菌的控制、种子罐的级数和接种过程等。在种子扩大培养的过程中主要应考虑的影响因素如下。

1. 培养基组成

培养基为菌种生长提供主要的营养物质，对于菌种的生长繁殖有着直接的影响。氨基酸菌种生长所需的营养成分基本上是一致的，主要是以碳源、氮源、无机盐、生长因子等组成。不同的氨基酸菌种所需要的营养成分会有一些差别，浓度配比也不完全相同，要根据菌种的特性来选择一些有利于菌体生长的培养基组分，使菌体容易吸收和利用。菌种扩大培养是以培养菌体为目的，因此种子培养基应利于菌体的生长繁殖，多以少糖分多氮源为主要配方，无机氮源比例也要相对较大。在菌种多级扩大培养的过程中，最后一级接入发酵罐的种子罐培养基成分应接近发酵培养基的成分或者与发酵培养基的成分相同，这样有利于菌种接入发酵罐后快速适应发酵培养基的环境，大大缩短菌种进入新的环境后的延滞期，这是由于在培养过程中参与细胞代谢活动的酶系在种子扩大培养的过程中就已经形成，对于发酵罐培养基内相同的环境可以立即适应和代谢生长。但是种子罐和发酵罐培养的目的毕竟不同，种子罐是为了增加菌体量，而发酵罐是为了提高产物的累积，因此在种子培养基的选择上，一方面要接近发酵培养基组分，另一方面也要根据种子扩大培养的目的来考虑多个因素优选种子培养基的组分。同时，还要考虑培养基的成分尽量组成简单、来源丰富、价格低廉、取材方便等方面。此外，如果菌种的特性和设备条件等变化较大，种子培养基的成分配比也要通过试验相应调整，以达到最适宜的培养基环境，才能使菌种的优良特性最大程度地发挥，得到质量优良的菌种，从而提高氨基酸发酵产量。

2. 温度

任何微生物的生长都有一个最适宜的温度范围，在此温度范围内，微生物的生长繁殖、菌种特性以及遗传稳定性等均达到最优水平。微生物的生命活动与体内的各种酶反应是密不可分的，温度对微生物的影响不仅作用在细胞的表面，而且传递至细胞内部影响着胞内各种酶的合成和酶反应的速率，从而影响着整个微生物的生命活动。一般情况下，在氨基酸产生菌生长的最适宜温度范围内，提高温度会使菌种生长代谢加快，降低温度会使菌体生长变缓。如果超过菌种培养的最适宜温度范围，温度过高会加速菌种的老化、死亡、出现退化，温度过低会使菌体生长受到抑制甚至停滞。不同生长阶段，温度对菌种生长的影响也不相同。处于延滞期的菌种对温度相对比较敏感，处于最适宜温度附近会大大缩短延滞期，如果温度较低会使延滞期加长。处于对数生长期的菌种，培养过程中放热明显，如果控制培养温度略低于最适宜温度，可以大大减少菌体代谢放热产生的热损伤。因此，在氨基酸菌种扩大培养的过程中，要根据菌种不同阶段的不同特性选择适宜的温度进行控制，应避免温度过高和波动过大，生产上种子罐培养一般使用冷却水通入种子罐夹套、盘管或列管进行温度控制，采用自动调节阀控制进水量实现对温度的自动调节，自动控制下的温度上下波动范围一般不超过2℃。

3. pH

任何微生物都有一个最适宜生长的pH。微生物的生命活动和自身酶系与培养环境中的pH密切相关，不同的pH不仅影响着微生物的代谢，而且对微生物体内的酶系合成和反应都会产生较大影响。不适宜的pH会抑制菌体生长代谢的某些酶的活力，从而使菌种的生长代谢受阻；不适宜的pH会影响菌种细胞膜的电荷及通透性，影响菌体对营养物质的吸收及代谢物的排放，从而影响菌体的生长代谢；不适宜的pH也会影响培养基中的酸碱环境及某些成分和代谢产物的解离，从而影响微生物对营养物质的利用；不适宜的pH往往影响菌体正常代谢途径，使菌体产生变异，造成代谢产物的改变。同时，微生物的生长代谢活动又反过来影响培养基的pH，比如微生物代谢利用了阴离子（如PO_4^{3-}、SO_4^{2-}等）或利用氮源产生NH_3，会造成培养基的pH上升，微生物吸收利用阳离子（NH_4^+、K^+）或有机酸的大量积累，会造成培养基的pH下降。因此，在氨基酸菌种扩大培养过程中一定要保持稳定适宜的pH，才能保证菌种的正常繁殖和代谢。调节种子培养基pH的方法一般有流加酸碱溶液、缓冲溶液以及各种生理缓冲剂等方法，氨基酸菌种扩大培养一般情况下都采用流加液氨或液碱的方式调节pH。

4. 溶氧

微生物生长代谢的同时伴随着能量的代谢，而氧是生物体能量代谢不可缺少的重要元素。O_2的供给对于好氧菌或兼性好氧菌来说相当重要。在氨基酸菌种培养过程中（某些厌氧发酵生产的氨基酸品种除外），通入无菌空气是供给菌体生长代谢所需氧的主要方式，而搅拌主要是将空气泡打碎分散，与培养基混合均匀，提高O_2的溶解效果。此外，种子罐的结构、罐内挡板、通气管的形式、培养基的性质等多种因素都会对溶氧产生影响。菌种培养过程中，菌体生长会不断消耗培养液中的氧，会使溶氧浓度降低，同时通过通气和搅拌可以增加溶氧浓度，实际的溶氧浓度是这两个过程相互作用的结果。如果溶氧的速率等于菌体的摄氧速率，那么溶氧的浓度就保持恒定；如果溶氧的速率小于菌体的摄氧速率，就会造成供氧不足，发酵液中溶氧的浓度就会降低，当降到某一浓度（称为临界氧浓度）时，菌体正常呼吸代谢就会受到影响，菌体生长开始减慢。菌种扩大培养的过程中溶氧的速率必须大于或等于菌体摄氧速率，才能保证菌种的正常生长代谢繁殖。不同的菌株，不同的生理阶段，对溶氧浓度的需求是不同的，有一个适宜的范围，并不是越高越好，必须考虑多种因素通过试验来确定临界氧浓度和适宜范围，并在菌种培养过程中维持最适的氧浓度。一般菌种培养的前期需氧量较少，应注意避免溶氧浓度过高对菌体生长造成抑制，搅拌转速也不易过快，容易造成菌体细胞的物理损伤；菌体培养到对数生长期后，随着菌体量的增大，呼吸强度也增大，需氧量较多，必须相应地增大通气量和搅拌转速，提高溶氧的量。同时需要注意过高的溶氧浓度同样会对对数生长期的菌体代谢繁殖造成抑制，而且过大的通气量和过度剧烈的搅拌不仅造成能耗的增加和浪费，而且会使培养液产生大量的泡沫，造成逃液，增加污染杂菌的机会。

5. 接种量

接种量是指接入的种子液体积和接种后培养液总体积的比值。接种量的大小影响着种子培养和发酵培养的周期。增大接种量，菌种在培养基中的初始浓度较大，可以减少菌体繁殖分裂的时间，缩短发酵周期，节约发酵培养的动力消耗，提高设备利用率，同时有利于减少染菌机会。但是，过大的接种量，必然要求种子罐容积相应增大或增加种子扩大培养的级数，会造成设备投资和运行费用增多，并且过大的接种量还会造成发酵培养菌体的增多，培养基消耗增多，产物转化率反而降低。接种量过小，发酵前期菌体生长繁殖的时间较长，使发酵周期延长，菌体活力下降，影响氨基酸发酵的最终产量。因此，应该根据实际情况通过不断试验选择合适的接种量。

6. 种龄

种龄即是种子的培养时间。种龄的长短会对氨基酸发酵培养的过程产生明显的影响。在种子培养过程中，随着培养时间的延长，菌体数量会不断增加，菌体繁殖到一定程度，培养基中的营养物质会逐渐消耗完毕，使菌体数量无法继续增长，甚至出现老化、衰亡，此外菌体生长过程中代谢产物的不断积累，也会对菌体生长产生抑制作用。因此，种子培养的种龄不宜过长，种龄过长的菌种移入发酵罐，发酵培养的过程中菌种衰老也比较快，造成发酵生产能力下降。如果种子培养的种龄过短，菌体数量较少，接入发酵罐后，前期会出现菌种生长缓慢，繁殖期较长，而使发酵周期延长，造成氨基酸产量下降。在菌种生长代谢过程中，不同阶段菌种的生理活性具有明显差别，接种种龄的控制就显得非常重要，一般种龄都选在菌种繁殖能力较强的对数生长期进行移种，此时的菌种生命力旺盛，能较快适应新的培养基环境，生长繁殖快，大大缩短在发酵罐中的适应调整期，使菌体生长期和代谢产物期都相应提前，能明显提高氨基酸发酵生产能力，提高设备利用率。因此，应根据实际情况，通过多次试验，特别要根据菌种的特性和种子的质量来确定适宜的种龄。

7. 泡沫

在菌种培养过程中，由于菌种的呼吸活动、通气与搅拌、培养基中存在蛋白质等一些容易产生气泡的物质，菌种培养到中后期，种子罐内会形成较多泡沫。泡沫的持久存在会影响菌种的正常生理代谢活动，阻碍二氧化碳的排放，抑制菌体对氧气的吸收。泡沫的大量存在会导致种子罐的实际装液量下降，影响设备的利用率，若泡沫不断增多，还会导致逃液，容易造成染菌等。在种子培养过程中有效地控制泡沫的形成，不仅可以增加种子罐的装液量，提高种子罐的利用率，同时也有利于菌种代谢过程中产生气体的及时排除，利于菌种的正常生理代谢活动。对种子培养过程中产生的泡沫加以控制，首先需要从培养基的成分进行分析，尽量选用不易产生泡沫的原料，在培养基配制时添加适量的消泡剂，可以起到抑制培养过程中泡沫形成的作用；其次，在培养过程中通过化学方法或机械方法来消除泡沫，在培养过程中如果泡沫较多，可以适当添加已灭菌的消泡剂进行消泡，种子罐一般也会在适当位置设置消泡桨通过物理的方式进行消泡。需要注意的是消泡剂不适宜过多添加，会对菌体生长产生抑制，因此在进行泡沫控制的时候需要进行合理的评估，综合考虑。

8. 种子罐级数

现在氨基酸工业生产中发酵罐的体积越来越大，菌种的扩大培养也出现了二级扩大培养、三级扩大培养，种子扩大培养的级数主要取决于氨基酸菌种的特性、发酵培养的接种量以及种子罐和发酵罐的容积比等因素。菌种扩大培养的级数越少，越有利于简化工艺控制过程，降低杂菌污染的概率，减少菌种培养的工作量，但是级数过少，会使菌种培养的种龄较长，菌种活力会受到影响，最终影响到氨基酸发酵的生产水平。

9. 染菌控制

控制染菌是菌种扩大培养过程中的头等大事，染菌相比菌种退化，会给氨基酸发酵生产造成更大损失，尤其是菌种发生染菌，扩大培养后会使多个发酵罐产生染菌，造成不可估量的损失。因此，一旦发现菌种染菌，应该及时进行相应的处理措施，避免造成更大的损失。一方面，在菌种扩大培养过程中，要严格控制各步工艺操作，加强对环境的消毒管理工作，定期检查消毒效果，对菌种质量严格掌握，定期分离纯化筛选菌种，加强无菌操作；另一方面，要定期检查设备、管道、阀门等是否有渗漏，空气系统净化效果要定期检查验证，一旦发生染菌要及时查处染菌原因，并执行整改措施，避免再次染菌。在接种前，种子和培养基都要取样进行无菌检查，无菌检查正常后方可进行移种操作。

参考文献

［1］陈宁．氨基酸工艺学［M］．北京：中国轻工业出版社，2007.
［2］邓毛程．氨基酸发酵生产技术（第二版）［M］．北京：中国轻工业出版社，2014.
［3］陈宁．氨基酸工艺学（第二版）［M］．北京：中国轻工业出版社，2020.
［4］姚汝华．微生物工程工艺原理［M］．北京：华南理工大学出版社，2002.
［5］陈必链．微生物工程［M］．北京：科学出版社，2010.
［6］罗大珍，林稚兰．现代微生物发酵及技术教程［M］．北京：北京大学出版社，2006.

第六章　氨基酸发酵中杂菌与噬菌体的防治

在发酵工业中常存在杂菌和噬菌体的污染。污染大量杂菌，或消耗大量营养，破坏原有营养条件，导致产生菌营养不足；或产生代谢产物改变环境的理化条件，抑制产生菌形成产物；或破坏发酵产物或将其当营养消耗而造成目的产物损失。发酵一旦感染噬菌体，往往会使产生菌的菌体发生自溶，几小时内菌体全部死亡，产物合成停止，并造成倒罐，甚至连续倒罐。因此，杂菌和噬菌体污染直接影响发酵产物的产量，甚至导致倒罐而一无所获。污染还会使发酵液难以过滤杂质而影响产品质量。由此可见，氨基酸发酵正常生产，必须防止杂菌与噬菌体污染，只有杜绝污染才能实现发酵工艺的最优化控制。

第一节　氨基酸发酵中杂菌污染与防治

在现代发酵技术产业中，除了少数一些古老的发酵品种，如白酒、酱油和醋等，还采用自然接种多菌种混合发酵外，发酵工业的生产大多为纯种培养过程，需要在无杂菌污染的条件下进行，即在发酵过程中只能存在所需产生菌株，如发酵过程中污染了有碍生产的其他微生物，即称之为染菌。一旦发生染菌，发酵过程便失去真正意义上的纯种培养，严重影响产生菌的生长繁殖和产物合成，并导致产物提取收率和产品质量的下降。染菌严重者甚至造成整罐糖液报废，既浪费大量原材料，又污染了环境。染菌不但造成重大经济损失，而且扰乱正常的生产秩序，破坏生产计划。遇到连续染菌，特别是又找不到染菌原因，未能及时有效采取措施时，往往会影响人们的情绪和生产积极性，造成无法估量的危害。

为了解决染菌问题，人们采取了一系列的措施，如加强人员管理、加强人员的岗位培训和责任心，对设备进行改造和维护，防止设备的“跑、冒、滴、漏”，对生产的各个环节进行严格的“无菌”把关等。但是由于发酵生产的环节多，往往需要进行多级的扩大培养、多次补料、多次取样、连续搅拌及供给无菌空气等操作，这都给防止发酵染菌带来了很大的困难。本节将从染菌对发酵生产的影响、发酵染菌的途径分析、发酵染菌的原因、发酵染菌的防治对策这四个方面进行阐述。

一、染菌对发酵生产的影响

染菌对发酵过程的影响很大，但由于生产的产品不同、污染杂菌的种类和性质不同、染菌发生的时间不同以及染菌的途径和程度不同，染菌造成的危害及后果也不同。

（一）染菌对不同产品发酵过程的影响

不同产品的发酵由于所使用的产生菌种不同，采用的培养基及生产工艺不同，发酵周期及产物的性质等不同，发酵过程中污染的杂菌种类不同，处理污染的难易程度和造成损害的程度也是不一样的。有些品种的发酵过程中，染菌对发酵生产所产生的影响相对小得多，例如：谷氨酸发酵周期短，产生菌种繁殖快，培养基不太丰富，一般较少污染杂菌，但噬菌体污染对谷氨酸发酵的威胁非常大；而精氨酸发酵周期长，产生菌种繁殖较慢，培养基又丰富，所以较易染菌。但是，无论是哪种发酵过程，一旦发生染菌，都会由于培养基中的营养成分被杂菌大量消耗造成大量浪费，同时杂菌还有可能产生大量有毒有害的物质，给下游提纯工艺带来不利影响。由于染菌，迫使正常的生产工艺发生改变，也会严重影响目的产物的生成，使发酵产品的产量大为降低。

（二）不同时间发生染菌对发酵的影响

从污染杂菌的时间上看，有可能发生在发酵的各个时期，如菌种的保藏制备阶段，种子扩大培养的繁殖阶段，也可能发生在发酵阶段的前期、中期或后期。不同时期的杂菌污染对发酵产生的影响也不尽相同，一般情况下，污染发生越早，对发酵造成的危害也越大。

1. 在产生菌种的保藏及制备阶段的染菌

优质及无污染的产生菌株的保藏及制备是所有发酵企业能正常生产的前提和保证，是发酵生产的第一道工序。如果在源头上就发生了染菌，后果是极其严重的。轻者造成大面积染菌，重者可能造成企业全面停产。因此，在菌种的保藏及制备的每个环节，都要严格把好“无菌”关，不断提高操作人员的专业素质和责任心，严格执行工艺规程，确保产生菌种的无杂菌污染。

2. 种子培养期染菌

种子的培养主要是使微生物细胞在种子罐中充分生长与繁殖，使之达到一定细胞数量，满足发酵的要求。此时，微生物菌体浓度相对较低，培养基十分丰富，比较容易染菌。若将污染的种子带入发酵罐，则危害极大，因此一旦发现种子受到杂菌的污染，应经灭菌后弃去，并对种子罐、管道等进行仔细检查和彻底灭菌。

3. 发酵前期染菌

发酵前期由于产生菌种细胞数量较少，有些还处在细胞生长的适应期，细胞繁殖的速度也比较慢，而此时的发酵液营养丰富，发酵液中代谢产物的含量也很少，因此在发酵前期也容易发生杂菌污染。遭污染后，杂菌迅速增殖，与产生菌争夺营养成分和 O_2 并产生有害的代谢物，如果此时不及时中断发酵，有可能会造成倒罐，最终造成更大的损失。发酵前期发生污染杂菌，由于营养成分消耗不多，此时，应该根据发酵液的破坏程度将发酵液重新灭菌或补充必要的营养成分后重新灭菌，重新接种后再进行发酵。发酵前期染菌大多是由于种子带菌、培养基灭菌不彻底及在移种的过程中操作不当造成的，对发酵生产的危害极大，应尽量避免。

4. 发酵中期染菌

发酵中期染菌会比发酵前期染菌的危害稍小些，由于发酵中期正常产生菌已达到了一定数量，已成为发酵罐中绝对的优势菌群，同时，代谢产物也开始积累，而有些产物本身对杂菌的生长就有一定的抑制作用。当然，也有一些杂菌仍然会在发酵罐中大量繁殖，并严重干扰产生菌的正常代谢，影响产物的生成。有些杂菌在代谢过程中会产生大量的酸性物质，使发酵液发酸发臭；杂菌的大量繁殖还会使发酵液的糖、氮等营养物质的消耗加速，菌体发生自溶，发酵液发黏，产生大量的泡沫，代谢产物的积累减少或停止；有些杂菌会使已生成的产物被利用或破坏。因此，发酵中期染菌一般较难挽救，危害性较大，在生产过程中应尽力做到早发现、快处理。处理方法应根据发酵的品种不同及污染杂菌的情况不同，具体情况要具体分析，处理方法也应灵活掌握。如染菌的程度较严重，同时又无法有效地加以控制，就要考虑提前放罐。

5. 发酵后期染菌

在发酵后期，染菌的概率相对较小，危害程度也较轻。此时，发酵液中产物的积累量已较多，营养物质也已快利用完了，如果染菌不严重，就继续发酵；如染菌严重，可以提前放罐。但对于某些发酵过程来说，例如，谷氨酸、赖氨酸和苏氨酸等发酵，后期染菌也会影响产物的产量、提取率和产品的质量。

（三）染菌程度对发酵的影响

杂菌的数量越多，杂菌的控制就越困难，对发酵的危害当然就越大。杂菌的繁殖速率与染菌时间有关，染菌越早，杂菌繁殖速率就越快。发酵后期当产生菌在发酵过程已有大量的繁殖，并已在发酵液中占绝对优势，污染极少量的杂菌，对发酵不会带来太大的影响。正是因为发酵后期染菌对生产的危害较轻，人们往往忽略它，没有认真分析染菌的原因，为后面的生产埋下了安全隐患。因此，对无论什么时期染菌的所有染菌罐，发酵结束后都应该认真分析染菌的原因并及时采取有效措施以免除后患。

二、发酵染菌的途径分析

发酵过程中的染菌，从广义上讲，涉及种子制备、设备严密度、操作是否存在问题和管理上的漏洞等一系列因素，原因是错综复杂的。如果在平时的工作中能加强管理，认真操作，维护好设备，即使发生了染菌，也可以及时准确地找出染菌原因。造成发酵染菌的原因很多，总结归纳起来，其主要原因有：种子带菌、无菌空气带菌、设备渗漏、原辅料灭菌不彻底、操作失误和技术管理不善等。

（一）发酵染菌后的异常表现

发酵染菌的确定，一般是通过罐上取样的方式，获得无菌试验样品，经培养后对罐上的染菌情况进行监测，或通过对罐内发酵液直接涂布镜检的方法了解罐上是否染菌。但在实际发酵生产中，往往会出现这样几种情况：其一，无菌试验的样品在监测时没有发现问题，而发酵罐内已经异常发酵；其二，无菌试验的样品已经出现染菌，而发酵罐上的工艺控制、生长情况仍然暂时没有异常表现。

对于以上可能出现的情况，要进行正确分析，作为具体的操作人员，应当加强无菌意识和相关方面的知识的学习，懂得染菌后的发酵罐发酵液在外观上有什么表现以及染菌罐的工艺应如何合理地控制。发酵染菌后的异常现象在不同种类的发酵过程所表现的形式虽然不尽相同，通常情况下往往表现出以下一些现象。了解这些异常现象与染菌的关系，对更加及时准确判断染菌有一定的帮助。染菌罐一般在表观上出现下面一些异常现象。

1. 罐温异常升高

一般正常的发酵罐罐温，升温和冷却都有一定的规律，而染菌罐的罐温有时会突然上升并且难以控制。这是由于发酵罐内污染的大量杂菌快速生长繁殖，代谢旺盛，产生发酵罐罐温异常上升的怪现象。

2. 发酵液 pH 异常变化

pH 变化是所有代谢反应的综合反映，在发酵的各个时期都有一定规律，pH 的异常变化意味着发酵的异常。染菌后的发酵液 pH 有时会突然发生变化。例如，染产酸的细菌，pH 急剧下降。

3. 溶氧及 CO_2水平异常

任何氨基酸通风发酵过程都要求一定的溶氧水平，而且在不同的发酵阶段其溶氧的水平也是不同的。如果发酵过程中的溶氧水平发生了异常的变化，发酵罐内的发酵液就很可能已被杂菌污染。在正常的发酵过程中，发酵初期产生菌处于适应期，耗氧量比较少，溶氧变化不大；当菌体进入对数生长期后，耗氧量增加，溶氧浓度下降很快，之后会维持在一定的水平上，虽然操作条件的变化会使溶氧有所波动，但变化不大；到了发酵后期，菌体衰老，耗氧量减少，溶氧又再度上升。而发生染菌后，由于产生菌的呼吸作用受抑制，或者由于杂菌的呼吸作用不断加强，溶氧浓度波动异常，有可能很快上升或下降。

由于污染的微生物不同，产生溶氧异常的现象是不同的。当发酵污染的是好氧性微生物时，溶氧的变化是在较短时间内下降，甚至接近于零，且长时间内不能回升；当发酵污染的是非好氧性微生物或噬菌体时，产生菌生长被抑制，使耗氧量减少，溶氧升高。发酵过程的工艺确定后，排出的气体中 CO_2含量应当呈现规律性变化。但染菌后，培养基中糖的消耗发生变化，引起排气中 CO_2含量的异常变化。如杂菌污染时，糖耗加快，排气中的 CO_2含量增加；噬菌体污染时，糖耗减慢，排气中 CO_2 含量减少。因此，可根据排气中 CO_2含量的变化来判断是否染菌。

4. 菌体黏度的异常变化

正常发酵罐的菌体黏度是稳定并有规律的，从氨基酸发酵液的外观上看，黏度一般。而染菌后的发酵液，发酵液黏度有时会突然变稀或变浓，甚至还会产生沉降现象。例如，感染某些杂菌可能会因为杂菌大量繁殖导致菌体浓度异常上升。

5. 发酵液气味的异常变化

正常发酵罐的发酵液，有其自己独特的气味。而染菌后的发酵液，有的变酸，有的产氨，时间拖得越久，气味变化也越大。

6. 发酵液中碳、氮含量的异常变化

在发酵过程中菌体对培养基中碳源、氮源的利用都呈现出一定的规律。发酵染菌会破坏这种规律。发酵污染杂菌后碳源和氮源的消耗会异常加快；而污染噬菌体后碳源、氮源消耗都会下降，甚至不消耗。

7. 发酵液中代谢产物的异常变化

正常发酵罐随着代谢产物的积累，产量逐步上升。染菌罐中，各种杂菌和产生菌一起消耗营养成分，同时又破坏产生菌的正常代谢产物，以致造成产量的急剧下跌。

8. 泡沫异常

在氨基酸发酵过程中，产生泡沫是很正常的现象，但是如果泡沫过多产生则是不正常的。导致泡沫过量产生的原因很多，其中染菌特别是污染噬菌体是原因之一，因为噬菌体爆发使菌体死亡、自溶，发酵液中的可溶性蛋白质等胶体物质迅速增加，导致泡沫大量发生。

发酵罐在运行过程中，如发生以上异常情况，即使无菌试验样品暂时还没有出现问题，也应当认真注意罐上的代谢情况和数据。与此同时，还应当增加无菌样品的取样次数，并对样品进行培养观察，以确定罐上染菌的真实情况。

在发酵生产中，一般是无菌试验样品先出现染菌，而罐上还没有异常反应，要等数小时以后，罐上才可能表现出来。但有时也可能出现无菌监测样品中杂菌长得较慢，而罐上异常变化来得快的情况。所以，懂得染菌后的发酵罐上可能出现的异常表现，对正确判断染菌是大有用处的。

（二）染菌的检查判断

氨基酸发酵生产过程中，如何尽快发现染菌，并及时对染菌罐采取合理有效的方法进行处理，是保证生产正常进行的很重要的一个环节，也是避免染菌造成严重经济损失的重要手段。在氨基酸发酵过程中，须严格按照工艺的要求对生产的全过程进行无菌监控，如菌种制备环节、种子罐和发酵罐的接种前后及培养过程等环节，进行无菌检验。目前，氨基酸发酵企业一般采用无菌试验、样品的检查及对发酵罐内样品的直接涂片镜检等手段来判断是否染菌。

1. 无菌检查方法

无菌检查方法有显微镜观察法、肉汤培养法、斜面培养法、双碟培养法、双层平板培养法等。其中主要以显微镜检查法、肉汤培养法和斜面培养法为主。

（1）显微镜检查法（镜检法） 对样品进行涂片、染色，然后在显微镜下（一般采用油镜）观察微生物的形态特征，根据产生菌与杂菌的特征进行区别、判断是否染菌。如发现有与产生菌形态特征不一样的其他微生物的存在，就可判断为发生了染菌。在染菌早期，杂菌的数量较少，而显微镜下的视野小，在显微镜下有时较难发现杂菌，因此在观察时应多转换几个视野，在有怀疑染菌时还可以加涂几个片子进行观察。有时，灭菌后的培养基中常常含有大量的已灭死的杂菌，在显微镜下要注意分辨死菌和活菌，一般可以根据杂菌在相同染色条件下，死菌和活菌的着色深浅不同及菌的外观形态也存在差异来判断，必须在实际生产中不断积累经验，提高判断的准确性。此法检查杂菌最为简单、直接，也是最常用的检查方法之一。为了提高染菌判断的准确性，镜检法必须结合其他无菌检查方法来进行染菌判断。

（2）肉汤培养法　将待检样品接入经完全灭菌后的葡萄糖酚红肉汤培养基中［培养基的组成（g/L）：葡萄糖 5、牛肉膏 3、蛋白胨 8、NaCl 5、1%酚红溶液 4，pH 7.2］。然后放入 37℃恒温培养箱内培养。定时观察试管内肉汤培养基的颜色变化，同时对可疑的肉汤无试样品进行涂片及显微镜观察。如果连续三次取的肉汤无试样品均发生变色反应（由红色变为黄色）或产生浑浊，即可判断为染菌。有时肉汤培养的阳性反应不够明显，而发酵样品的各项参数确有可疑染菌，并经镜检等其他方法确认连续三次样品有相同类型的异常菌存在，也应该判断为染菌。肉汤培养基在接入待检样品的全过程应注意无菌操作，避免由于操作不慎引起染菌而造成判断的误差。例如，直接用装有酚红肉汤的无菌试管罐上取样时，应严格按照罐取样的岗位操作规程进行，动作要轻、快、准，取样前后对其取样管道进行充分消毒（适当打开取样管冷凝水阀，全开取样管蒸汽阀，以冷凝水阀调节，保持一定的活蒸汽消毒时间）。肉汤培养法也常用于检查培养基和无菌空气是否带菌。

（3）斜面培养法　用无菌的斜面试管罐上取样时（斜面培养基的配方可采用一般细菌培养基配方），取样过程同肉汤培养法，应注意无菌操作，并控制好取样量，让发酵液顺着斜面由试管口流向试管底。然后置于 37℃恒温箱内培养。定时在灯光下观察有无杂菌菌落生长。如发现有可疑的杂菌菌落，可以涂片镜检的方式加以确认。一般情况下，进行斜面和肉汤培养的试管同时进行取样，统称为无试样，编号（包括罐号、罐批、培养时间等）后一同放入恒温箱培养。

（4）双碟培养法　有些企业也采用双碟培养方法对罐上有无菌进行监测，方法如下：一般种子罐样品直接用肉汤培养基试管取样，然后在无菌条件下在双碟培养基（培养基配方可采用一般细菌培养基配方）上面划线，剩下的肉汤培养基在 37℃恒温箱内培养 6h 后复划线一次。发酵罐培养液可用空白无菌试管取样，于 37℃下培养 6h 后在双碟培养基上划线。24h 内的双碟，定时在灯光下检查有无杂菌生长。24~48h 的双碟 1d 检查一次，以防止生长缓慢的杂菌漏检。

（5）双层平板培养法　此法主要是用于噬菌体检查上，培养基组成见表 6-1。

表 6-1　双层平板培养法的培养基组成

培养基	上层含量/(g/L)	下层含量/(g/L)	培养基	上层含量/(g/L)	下层含量/(g/L)
葡萄糖	1	1	NaCl	5	5
牛肉膏	10	10	琼脂	10	20
蛋白胨	10	10	pH	7.0	7.0
$MgSO_4$	0.6	0.6			

下层培养基灭菌后冷却至 45~50℃，以无菌操作倒入平板内，每个平板倒入培养基

8~10mL，待下层培养基凝固后，移入32℃恒温箱内空白培养48h，检查无菌后备用；无菌操作下，用接种环刮取产生菌斜面菌苔混在5mL无菌生理盐水中，作为指示菌备用；吸取5mL待测菌液和0.5mL指示菌液于无菌空白试管内，倒入事先溶解好的冷却至45~50℃的装有5mL上层培养基的试管中，混合后倒入下层平板中，冷却后于32℃恒温箱内培养20h，观察有无噬菌斑。

无菌试验的结果一般需要8~12h才能做出判断。为了缩短判断时间，有时向无菌试验的培养基中添加赤霉素、对氨基苯甲酸等生长激素以促进杂菌的生长。由于无菌试验取样少，从取样到得出结果耗时长，因此不能完全依赖于无菌检查来判断染菌的发生。在生产中，应当结合发酵过程中发生的种种异常现象来进行判断。

2. 无菌检查的样品

对发酵生产中各个环节进行监控，需对下列岗位的样品进行留样或无菌取样，进行无菌检查。

（1）菌种岗位的样品　菌种岗位的无试样品为每批次的摇瓶种子液。一般将每批次接入种子罐后剩余的种子液在无菌操作下接入无菌检查试验用的肉汤及斜面试管中，编号后，置于37℃恒温箱内培养，样品保留至该罐批发酵结束。

（2）种子岗位的样品　种子岗位的样品包括：种子罐灭菌后样品、接种后样品、培养期间每间隔2~4h取的样品（间隔时间可以根据具体情况调整）、移种样品。无试样品编号后，置于37℃恒温箱内培养，样品保留至该罐批发酵结束。

（3）发酵岗位的样品　发酵岗位样品包括：发酵罐灭菌后样品、接种后样品、培养期间每间隔4h取的样品（间隔时间可以根据具体情况调整），直至放罐。无试样品编号后，置于37℃恒温箱内培养，样品保留至该罐批发酵结束后12h，确认为无杂菌污染后方可弃去。

（4）空气系统的样品　包括总空气过滤器、分过滤器。定期取无试样（常用肉汤培养法），如1月1次。

3. 染菌的判断

发酵液的染菌判断错综复杂，需要细微观察，认真分析。

（1）染菌罐的判断　目前，许多发酵企业无菌检查主要以酚红肉汤培养和斜面培养的反应为主，以镜检为辅。每个无菌样品的无菌试验，至少用2支酚红肉汤试管和2支斜面试管同时取样培养。菌种岗位的无试样品可以在无菌室内进行；罐上无试样品，一般从罐上取样口直接取得，取样过程应严格按相关岗位操作规定进行，尽量避免取样误差。每次取样量应控制好，不同取样量有时会影响肉汤无试样品的颜色反应和浑浊程度而影响观察。

在罐上取的无试样品中，如果连续3个时间的酚红肉汤无菌样品发生颜色变化或产生浑浊，或斜面上时间连续的3个样品长出杂菌，即可判断为染菌。有时酚红肉汤反应不明显，要结合镜检确认连续3个时间样品染菌并且污染的杂菌菌型一致，即可判为染菌。

无菌试验的肉汤和斜面一般应保存并观察至本罐放罐后12h，确认为无杂菌污染后方可弃去。

（2）染菌率的统计　以发酵罐染菌罐批数（染菌罐批数应包括染菌重消后的重复染菌的罐批数）除以总投料罐批数计算染菌率。发酵过程中，无论前期或后期染菌，均视为“染菌”。染菌率的计算式如下。

染菌率（%）= 发酵罐染菌罐批数/总投料罐批数×100%

（三）染菌途径分析

在发酵过程中染菌的途径及原因错综复杂，一般可以从以下 4 个方面对染菌的原因进行分析。

1. 从染菌的时间上分析

发酵罐或种子罐的生长前期染菌，可以从种子系统、种子制备、物料消毒灭菌、接种或移种操作、设备有无死角、渗漏等方面查找原因。种子系统包括种子制备，要有严格的无菌考查和数据，如果考查的结果和数据均证实种子系统和种子制备均无问题，那就应当果断地、迅速地排除种子的疑点。物料消毒灭菌不彻底、设备上有死角和渗漏，尤其是冷却系统的设备渗漏，都是生长前期染菌的主要原因。

发酵罐生长中期染菌，可以从补加料液的消毒灭菌、设备有无死角和渗漏，以及搅拌密封处的泄漏寻找原因。补加料液的灭菌不彻底、补加料液过程中的操作不当、设备阀门有死角及渗漏点、搅拌密封处的渗漏及发酵过程中发酵液“逃液”等，都是引起发酵中期染菌的主要原因。空气过滤器的失效带菌，也有可能表现在发酵的前期和中期染菌上，而且往往表现为连续染菌。

2. 从染菌菌型上分析

发酵罐和种子罐前期染酵母菌或霉菌，可能是由于设备渗漏、培养基灭菌不彻底、种子系统带菌以及空气过滤器失效导致。据有关统计数据分析，前期污染真菌，一般多源于种子设备的无菌操作不当。所以，要求种子制备一定要有严格的经得起考查的无菌试验和样品。发酵前期污染不耐热的球菌、无芽孢杆菌等，可能是由于种子带菌、空气过滤效率低、设备阀门渗漏和操作失误等引起。空气过滤器的失效、空气系统有积水，都有可能造成发酵前期污染不耐热的杂菌。污染革兰染色阴性杆菌、球菌，一般来源于冷却盘管穿孔、培养基中掺入冷却水所致。发酵前期染耐热的芽孢杆菌，除了种子带菌以外，更主要的原因可能是由于设备和灭菌的不彻底所造成的。

发酵中后期染酵母菌或霉菌，可以从补料操作、设备的严密度等方面寻找原因。中后期染不耐热的杂菌，多源于补料操作的不严格、补料设备的渗漏及罐上搅拌密封处渗漏造成。发酵中后期污染细菌或芽孢杆菌，可以从设备渗漏、补料灭菌操作方面寻找原因。

3. 从染菌的规模上分析

所谓染菌的规模，这里指的是：染菌罐是单批还是多批，是断续间隔染菌还是连续染菌。发酵罐或种子罐，如果是单批染菌或断续染菌，而且杂菌菌型不一致，这就要从单批操作上，根据染菌时间和杂菌的菌型寻找原因。

如果是大面积连续染菌，而且杂菌菌型一致，应该重点检查公用系统以及在系统操作方面上寻找原因，如种子扩大培养系统、空气系统，特别是空气系统，总空气过滤器失效或效率下降，空气带菌造成发酵染菌，这种情况在氨基酸发酵企业时有发生。总过滤器失效多数是因为空气中油水多，特别是梅雨季节，相对湿度大，如果没有及时、有效除去过滤介质中的水分，过滤介质极易失效。

发酵罐如果是大面积断续的染菌，而且杂菌菌型相互不一致，在这种情况下，发酵生产一定是不正常的，各项管理工作和制度以及实际操作必然是存在较大问题。所以，出现以上这种情况，要从严格管理和规章制度上抓起。从每个岗位，每个班组入手，严加管理，落实各项制度，认真细致地检查各项工作。只有这样，才有可能发现染菌的真正原因。

4. 对疑难罐染菌原因的分析

在发酵染菌上确实存在着染菌的疑难罐。所谓染菌的疑难罐，指的是染菌原因不明了，连续染菌又无法解决的罐。对于这种疑难罐，不少人常常表现出束手无策，于是在操作中采取了高温、高压和长时间的灭菌方法，结果只能是无济于事。对疑难罐染菌原因的分析，应当更细致、更认真和更注重调查研究。在时间和条件允许的情况下，要对疑难罐的每一个阀门、每一根管路的严密度和所能构成的死角，逐一地进行检查，对每一根管路的进气量、灭菌时的每一步操作以及空气过滤器的除滤效果等，都要逐一地进行认真检查。在每个项目的如实考查中，要放掉那些无足轻重的问题，抓住主要问题。再经过仔细分析研究和考查后，找出真正的染菌原因。

染菌的原因和途径很多也很复杂，因此不能机械地、孤立地认为某种染菌现象必定是某一原因或渠道所致。应把染菌后出现的各种现象、染菌的时间和周围的环境等方面的情况联系起来，并结合无菌检查进行综合分析，才能做出正确的判断。

三、发酵染菌的原因

（一）种子带菌及防治

由于种子染菌的危害极大，关系到发酵生产的成败。因此对种子染菌的检查和染菌的防治是非常重要的，种子染菌主要发生在以下几个环节中。

1. 菌种制备和培养过程中或保藏过程中受到污染

菌种的制备、移接等过程都应严格按操作规程的要求进行无菌操作，如沙土管的制备、斜面接种、摇瓶接种等过程，都应在无菌室或超净工作台上在火焰的保护下进行操作。因此，无菌室的洁净度（至少在操作台面上洁净级别达到 100 级）就显得格外重要。无菌室要定期进行灭菌，可以根据生产工艺的要求和特点，交替使用各种灭菌手段对无菌室进行处理。除常用的紫外线杀菌外，如发现无菌室已污染较多的细菌，可采用苯酚或土霉素等进行灭菌；如发现无菌室有较多的霉菌，则可采用制霉菌素等进行灭菌；如污染噬菌体，通常用甲醛、双氧水或高锰酸钾等灭菌剂进行处理。无菌室用的工作衣、帽等定期清洗、灭菌，使用前用紫外线消毒。

对各级种子培养基、种子制备所用器具、种子罐应进行严格的灭菌处理。在利用灭菌锅进行灭菌和种子罐实罐灭菌时，都要求在保压前先将罐内的冷空气完全排除干净，以免造成假压，导致灭菌的温度达不到规定值而灭菌不彻底，这是保证种子不带杂菌的最基本要求。对于种子罐车间可采用甲醛、苯酚、漂白粉等进行灭菌。种子罐等种子培养设备应定期检查，防止设备渗漏引起染菌。

斜面菌种在培养和保藏过程中，常常由于棉花塞松动，使带有杂菌的空气进入试管而造成斜面染菌。因此，棉花塞应有一定的紧密度，且有一定的长度。菌种的保藏温度应按工艺要求尽量保持相对稳定，不宜有太大变化。

对每一级种子的培养物均应进行严格的无菌检查，确保该阶段种子未受杂菌污染后才能移接到下阶段使用。

2. 接种过程中染菌

接种过程中，种子及其培养液有可能直接暴露在空气中，所以在此过程中发生染菌的概率是比较高的，是预防染菌的一个较薄弱的环节。氨基酸生产企业通常采用的接种形式一般分为两种，即注射式、倒压式。

注射式和倒压式的接种多用于种子为液体形态的摇瓶培养液，接种过程中，暴露在空气中的时间短、范围小，罐内又属于带压操作。所以，接种时只需注意导管和接种口的彻底灭菌并在火焰的保护下接种，一般是不会发生染菌情况的。

（二）空气带菌及防治

空气带菌是引起发酵大面积染菌的主要原因之一。要杜绝空气带菌，就必须从空气的净化工艺和设备的设计和制造、过滤介质的选用和装填、过滤介质的灭菌和管理等方面完善空气净化系统。

1. 空气中的油、水对空气净化系统的影响

为了防止空气中油、水对空气净化系统的影响，应制定合理的空气预处理工艺，尽可能减少生产环境中空气带油、水量，提高进入过滤器的空气温度，降低空气的相对湿度，保持过滤介质的干燥状态，防止空气冷却器漏水，防止冷却水进入空气系统等。

空气中带有油滴和水分，必然要污染空气过滤器的装填介质，降低过滤介质的除菌效率。在使用往复式空气压缩机制备无菌空气时，由于这种空压机采用油润滑，势必有油雾带到空气中。要解决这处问题，最好选用无油润滑的空气压缩机，空气净化系统安装高效率的降温、除水装置，保持过滤介质的干燥状态，防止空气冷却器漏水，防止冷却水进入空气系统，并对空气在进入总过滤器之前升温，使相对湿度下降，然后进入总过滤器除菌。过滤介质的选择也很重要，应尽量采用玻璃棉、活性炭等不易吸附油滴的材料作为过滤介质，尽量不使用棉花作为填料，因为棉花被油雾污染后，空气阻力大，除菌效率差，容易造成空气带菌。

水分是杂菌生长的条件之一，空气中水分大，必然造成空气过滤器介质杂菌繁殖并且降低空气过滤器的过滤效率，从而造成空气带菌。解决空气带水的办法，可以通过安装必要的设备，如旋风分离器、瓷环除水器等以排除水分。值得注意的是空气压缩机站的冷却器穿孔，也是造成空气带水的主要原因，因此必须保证冷却器严密不渗漏。

空气的初级净化质量如何，直接影响着发酵生产的无菌情况。因此，必须采取必要措

施，消除空气中的油雾和水滴，保证初级空气的净化质量。

2. 空气过滤器的填装和安装对空气净化系统的影响

总空气过滤器的安装台数，要根据来源空气的净化程度和发酵车间所应达到的总空气流量而定。如来源空气不纯净，带油带水较严重，可以适当增加总过滤器的台数。但应以不影响发酵总空气流量为前提。目前，我国还有一些企业仍然沿用几十年前使用的空气过滤器，体积大且笨重，过滤介质主要是活性炭、玻璃棉和棉花等，安装和更换劳动强度大，操作繁重，而且实际的空气净化效果并不理想。随着大量新颖过滤介质的开发和应用，国内外的某些发酵企业在生产中已经取消了笨重的总空气过滤器，而采用定型生产的微孔过滤器或某种特殊材质的过滤器，供单独罐上使用。此种过滤器除滤性能好，每 15~30 批更换一次，染菌率极低。

从空压站出来的初级净化空气，一般采用两级空气过滤器，即总过滤器和分过滤器。也有采用一级过滤，即总过滤器过滤后的空气直接进入发酵罐内。这样，在保证无菌良好的情况下，减少了空气压差，提高了通气量。

过滤器内过滤介质的质量也直接影响着空气除滤的效果。活性炭应当选用颗粒整齐、无粉末、耐压力强和吸附力强的产品；玻璃棉应选用纤维长、柔软、易撒拉和不结块的产品；棉花应选用长纤维、拉得开和没有结块的产品；超细纤维纸应采用拉力强、纤维层厚、无受潮和无折断粉碎的产品。

总之，过滤器介质的选择，必须要充分考虑到来源空气的净化程度，发酵总的用气量，以不影响空气流量为原则。

空气过滤器介质的填装质量也直接影响着空气除滤的效果。所以，填装介质时，必须认真、细心和松紧适中，否则，在使用过程中介质被空气吹翻，使空气走短路造成染菌。例如，在填装活性炭时，要利用空气吹掉粉尘，注意填装紧密，尤其是过滤器罐壁的边缘要压紧，防止松动，防止空气走短路，防止活性炭被蒸汽消毒灭菌时变松，而被空气吹翻，造成重大事故。在填装玻璃棉时，要注意拉丝均匀，铺展均匀，切忌成团、成块的玻璃棉填装于空气过滤器内。在填装棉花时，要将纤维全部拉开、铺平，同时也要防止过滤器内棉花成团、成块。超细纤维纸的填装，一定要注意防止受潮，不能折断并定期更换。

3. 空气系统的管理

无菌空气系统，除了注意来源空气的净化程度、过滤器介质的填装质量之外，整个空气系统的管理，也是十分重要的消灭染菌的措施之一。事实上，许多厂家就是因为空气系统的管理不严格，造成了染菌现象的反复出现以及大面积的连续染菌。所以，设立专人专职对空气系统进行严格管理，对防止因空气系统原因造成的染菌起到积极的作用。空气系统的管理主要包括如下几个方面。

（1）总过滤器定期消毒　总空气过滤器，使用一定时间之后，过滤器内的介质吸附能力会明显下降，甚至还会有杂菌在上面生存。因此，对总空气过滤器必须进行定期消毒。总空气过滤器的消毒灭菌时间，一般根据企业和所在地区的气候条件、流量大小、介质填装情况和实际生产中异常情况而决定。例如，在我国北方的企业，均在风沙到来之前的

二、三月份和阴雨到来前的七、八月份，以及秋末的十月份，对总过滤器进行消毒灭菌。

一般在消毒总空气过滤器前，应注意把所有发酵罐的空气流量降低，直到全部总空气过滤器消毒结束，再恢复发酵罐的正常空气流量。这是制服染菌中十分成熟的措施之一。除了消毒总过滤器时要降低所有发酵罐的空气流量，保持空气总流量的平稳之外，来源空气流量也不能过大过小，这也是制服染菌中很重要的环节之一。

在消毒灭菌的同时，必须注意蒸汽压力、灭菌温度和时间控制，防止过滤介质被冲翻而造成短路，避免过滤介质烤焦或着火。

（2）防止空气过滤器积水　空气过滤器内的介质含水量过大，就会失去除滤作用。同时，长时间的潮湿，也会使过滤介质上孳生杂菌，造成过滤介质失效，空气带菌。

防止空气过滤器的潮湿和积水，必须保持空气管路排水作用的各“小吹口”的畅通，无堵塞。尤其是空气过滤器的底部的“小吹口”和总管路上的“小吹口”，保持畅通，并定期检查排气畅通情况。尤其是空气潮湿的雨季，更要注意各“小吹口”的畅通和排水状况，并定时多排放几次，以防止介质受潮后失去吸附能力或孳生杂菌。

（3）防止空气及过滤介质的污染　发酵用的空气管路是一根无菌管路。因此，它不能和无关的管路相连接，在设备安装上要合理。

有些企业在供发酵使用的无菌空气管路上，还连接着去往过滤、提炼岗位的空气管路，一旦形成负压，会造成有杂菌的料液倒流污染空气总管路，后果非常严重。有的企业在过滤压料管路上，同时接着空气管路和冷水管路，而空气管路与供给发酵用无菌空气管路相连接，在冲水顶料时，就有可能使带有杂菌的料液倒流到空气管路，从而造成空气总管的污染。

在发酵过程中应防止由于物料倒流到空气管路引起的过滤器失效及空气管路的污染。引起物料倒流的罐体有与空气管路相通的消泡罐、计量罐、补料罐、糖化液罐以及发酵罐本身等，当物料倒流到无菌空气管路之后，有可能污染过滤介质，造成过滤介质失效，这些物料也可能在空气管路内构成死角。同时，倒流的料液，有些营养丰富，易导致杂菌在空气内大量繁殖。倒流到空气管路的物料，既无法清理干净，又无法彻底消毒灭菌（因为在料液倒流到空气管路的同时，也许还有其他发酵罐正在运行中，总管空气是不可以停止的），后果十分严重。

（三）操作失误导致染菌及其防治

操作失误是导致染菌的人为因素。由于操作者不了解操作原理和灭菌中应注意的问题，工作责任心不强，导致操作失败，引起染菌。现以实罐灭菌操作为例来阐述哪些方面容易由于人为因素造成染菌。

1. 空罐的准备

要想从根本上消灭染菌，首先应保证发酵罐设备本身无渗漏，无死角，性能良好。所以，空罐准备工作在制服染菌中是很重要的。空罐准备应包括以下三个方面。

（1）空罐严密度的检查　发酵罐及其一些附属设备均是无菌设备，所以必须保证设备的严密不漏。发酵罐的严密度检查包括：罐身焊缝、法兰连接、阀门填料密封处以及阀门的带压试漏检查等。有些企业，尽管制度上有明确规定，在进罐之前应进行严密度检查，但在实际的操作中却由于人“偷懒”而不执行。

（2）设备的检查　设备的检查包括罐内设备和罐外设备的检查。罐内设备主要指罐内传动设备、管路、夹套、蛇形管等。罐内传动设备检查包括搅拌轴、拉杆、搅拌叶的腐蚀情况及牢固情况，对罐内传动设备的检查主要目的在于保证设备正常运转，不至于因设备故障而影响生产进度。罐内管路的检查包括空气分布管、移种管、取样管、盘管等罐内管路的牢固情况，有无腐蚀、穿孔等异常问题，有无堵塞结垢的现象。对罐内管路的检查主要目的是消除罐内管路的腐蚀穿孔、堵塞结垢，从而造成消毒灭菌的蒸汽走短路，或消毒灭菌时进汽不畅通而造成灭菌不彻底。罐内盘管是发酵过程中用于通冷却水或蒸汽进行冷却或加热的蛇形金属管，由于盘管常处于内外温差大或温度急剧变化状况中，使金属盘管较易受损，因而盘管是最易发生渗漏的部件之一。渗漏后带菌的冷却水一旦进入罐内，就必然引起染菌。因此，罐内夹套、盘管的严密度定期检查，是罐内设备检查的重要内容。

罐外设备的检查包括各支管、阀门的严密度及畅通情况的检查。例如，要认真检查管路内是否有焦化物堵塞的异常情况，一般凭手感检查传热温度就可以做出正确判断。阀门渗漏也是造成染菌的因素之一，因此，必须在进罐之前更换渗漏的阀门。

（3）死角的清除　罐内死角的清除是消灭染菌的一项重要措施，它与罐内设备的检查是紧密相关的。由于操作、设备安装及其他人为因素造成蒸汽不能有效地到达预定的灭菌部位，而不能达到彻底灭菌的目的。生产上常把这些不能彻底灭菌的部位称为“死角”。在发酵罐内容易形成死角的部位有挡板、扶梯、搅拌轴拉杆、联轴器、冷却管等。其支撑件、温度计套管焊接处及空气分布管周围也容易积集污垢，形成“死角”而染菌。尤其是采用环形空气分布管时，由于管中的空气流速不一致，靠近空气进口处流速最大，离进口处距离越远流速越小，因此，远离进口处的管道常被来自空气过滤器中的活性炭或培养基中的某些物质所堵塞，最易产生“死角”而染菌，如图 6-1 所示。

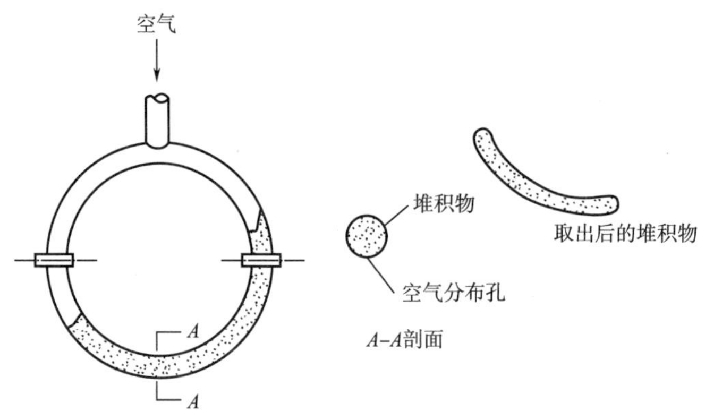

图 6-1　空气分布管污垢堆积造成的死角

以上这些地方，由于不断地黏结培养基，再加上不断地消毒焦化，形成了越来越厚的坚硬的杂菌保护层。这些死角如果不及时下罐清除干净，死角内杂菌将很难彻底消除。所以，每批下罐检查设备并清除罐内的死角和残渣，定期更换空气分布管，认真洗涤罐体是人为避免染菌的重要手段。

有些发酵罐的制作过程中，如不锈钢衬里焊接质量不好，使不锈钢与碳钢之间不能紧贴，导致不锈钢与碳钢之间有空气存在，在灭菌加热时，由于不锈钢、碳钢和空气这三者的膨胀系数不同，不锈钢会鼓起，严重者还会破裂，发酵液通过裂缝进入夹套从而造成死角染菌，如图 6-2 所示。

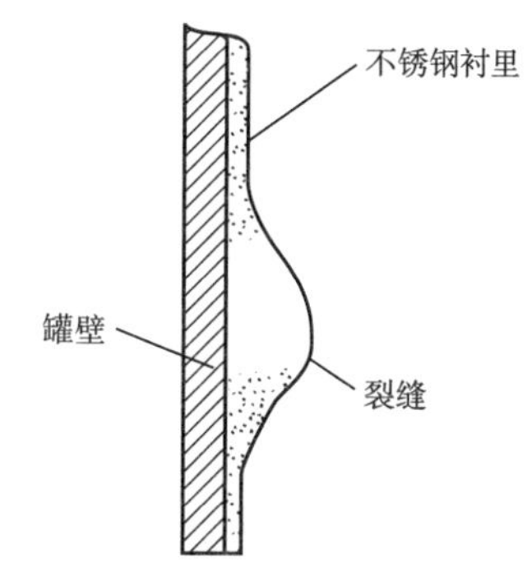

图 6-2　不锈钢衬里破裂形成的死角

发酵罐封头上的人孔、排气管接口、照明灯口、视镜口、进料管口、压力表接口等也是造成死角的潜在因素，一般通过安装边阀，使灭菌彻底。除此之外，发酵罐底常有培养基中的固形物堆积，形成硬块，这些硬块有一定的绝热性，使藏在里面的脏物、杂菌不能在灭菌时候被杀死而染菌，如图 6-3 所示。通过加强罐体清洗、适当降低搅拌桨位置都可减少罐底积垢，减少染菌。发酵罐支撑件加强板与罐体之间也容易形成死角而染菌，如图 6-4 所示。

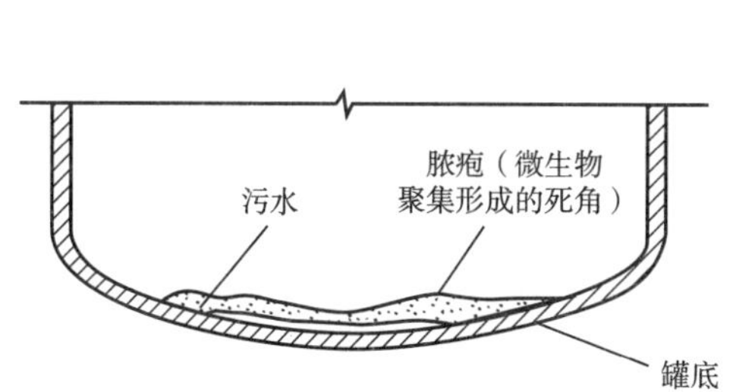

图 6-3　发酵罐底部培养基的沉淀积垢形成的死角

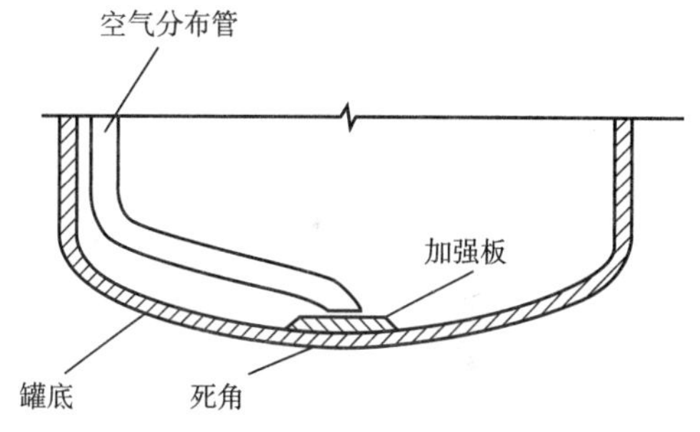

图 6-4　发酵罐支撑件加强板形成的死角

生产上发酵过程的管路大多数是以法兰连接，但常会发生诸如垫圈大小不配套、法兰不平整、法兰与管子的焊接不好、受热不均匀使法兰变形以及密封面不平等现象，从而形成死角而染菌，如图 6-5 所示。

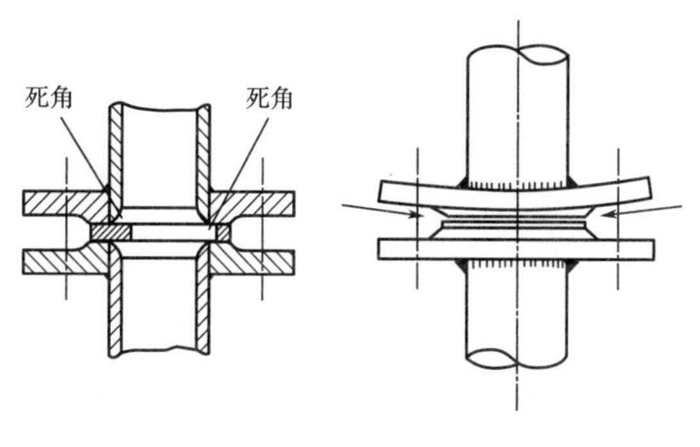

图 6-5　法兰连接不当造成的死角

因此，法兰的加工、焊接和安装要符合灭菌的要求，务必使各衔接处管道畅通、光滑、密封性好，垫片的内径与法兰内径匹配，安装时对准中心，甚至尽可能减少或取消法兰连接等措施，以避免和减少管道出现死角而染菌。

2. 空罐的预消

在实罐消毒灭菌之前，在条件允许的情况下如能先进行一次空罐预消，对消灭染菌是有帮助的。空罐预消主要有以下两个作用。

（1）提高实罐灭菌的可靠性　实罐灭菌之前的空罐预消，对各支管、阀门和罐体本身均进行了一次加热消毒灭菌，无疑对消灭染菌是有利的。空罐预消实际上也是对发酵罐及其附属设备再进行了一次带压的严密率检查，其中包括：夹套和蛇形管的冷却水阀门是否渗漏、轴封处是否渗漏、各阀门的法兰连接及其阀门填料密封是否渗漏等，如果发现渗漏点，可以及时停止加热并进行更换和检修，防止在实罐消毒过程中出现问题又无法解决。

（2）确保消后物料体积的准确性　进行空罐预消后，对所使用的蒸汽而言，相对地干燥了一些，蒸汽中冷凝水的含量也相对减少了，同时蒸汽的温度也会相应地高一些，这对于一些蒸汽质量欠佳的厂家来说是有利的。其次，蒸汽中冷凝水含量减少，对保证消后培养基的体积准确是有利的。因为，任何微生物发酵的培养基的配比和体积是相互联系的。只有保证体积的准确，才能保证配比和含量的准确。如果消后体积过大，培养基成分将会稀释，对种子培养和发酵都会带来不良的影响。所以，有条件的情况下，在进行实消前先进行一次空罐预消对减少冷凝水的含量，保证消后培养基体积的准确性及防止染菌的发生是有利的。

3. 人为操作不当导致原材料结块造成染菌

原材料中混进杂物，也是造成染菌的原因。原材料中的杂物主要有绳头、木屑、塑料带等，如这些杂物随培养基进入了发酵罐，并沉积罐底和缠绕在搅拌轴上，就极易形成难于消毒灭菌的死角。所以，每批发酵结束后下罐检查并清理这些杂物，是预防染菌的有力措施。为了防止原材料中混进的杂物，除了原材料生产单位应保证原材料质量外，更重要的是使用单位要有严格的复检、复称制度，分料、投料时应细心检查，以保证原材料不含杂物。

4. 在加热和保温过程中人为操作不当造成染菌

实罐消毒灭菌的全过程分为两步操作，第一步是蒸汽进入夹套或盘管进行预加热升温，第二步是直接蒸汽进罐升温及保温。

蒸汽进入夹套或盘管对物料进行预加热升温的目的是防止物料和蒸汽之间温度相差太大，如罐内直接通入蒸汽易引起设备震动颠簸而损坏设备。同时，由于预加热可使罐内物料均匀地升温，减少冷凝水的产生，从而保证消后培养基体积的准确性。一般通过夹套或盘管将罐温加热到90℃左右，才可以开启直接进罐蒸汽对罐进行加热。在预加热的过程中，应当注意物料升温过快或过慢都是不正常的。一般对某一具体的罐而言，通过夹套或盘管将罐加热升温到一定的温度所需要的时间是基本相同的，如果不是这样，就应引起操作人员的重视。如检查总蒸汽压力的波动情况，夹套或盘管冷水阀的严密情况，夹套或盘管本身的严密情况等。

预热结束后，应放掉夹套内冷凝水。当罐温升温至90℃左右，停止夹套加热以后，要及时打开夹套放水阀放掉夹套内冷凝水，以减少冷凝水造成的降温区。

在直接蒸汽的加热和保温过程中，为避免染菌，要分清哪些管路和阀门是主要进汽点，哪些管路和阀门是次要进汽点。直接蒸汽的进汽点应以空气分布管蒸汽、物料管蒸汽为主要进汽点。这些和物料直接接触的管路在进汽时应稍开大一些，以确保迅速的热传递从而避免物料升温不均匀或存在死角。而罐顶部位的进汽点，如冲洗视镜用蒸汽管、加消泡剂管、补料管等不和物料直接接触的管路蒸汽为次要进汽点，它们的进汽量要开小一些，只要保持蒸汽畅通就可以了。有时，不仅因为它是避免染菌的合理操作方法，同时又节省了蒸汽，降低了能耗。

5. 人为操作不当形成“假压力”而引起染菌

实罐消毒灭菌过程中，如操作不当很容易形成假压力并造成染菌。所谓假压力是指消毒灭菌罐的蒸汽压力和温度无正常的对应关系。如果在消毒过程中只注意消毒罐压，而忽略了看温度，势必会造成消毒灭菌的不彻底。造成压力与温度不对应的原因，有可能是因为温度计反映温度不灵敏或温度计套管导热性能不好引起的，但由于操作不当形成假压力也是造成压力和温度不对应的原因之一。防止假压力的正确操作是在灭菌操作中物料升温要均匀，升温达到一定值后才能开始保温，同时，务必注意将罐内冷凝性气体彻底排除。具体操作时应注意以下两点：一是蒸汽直接进罐时应分清主次，避免罐顶部分和物料不接触的管路进汽量过大；二是要注意调节进汽量和排汽量，实消开始时，罐上排气阀应稍开大一些，以保证罐内冷凝性气体的完全排出。当物料均匀受热，温度迅速上升，罐压达0.05MPa时，应注意调节进汽量和排汽量，使消毒罐压稳定，并缓慢上升至灭菌工艺所要求的压力值，开始保温、保压并计时。

6. 在消毒灭菌过程中由于人为操作不当产生过多泡沫引起染菌

实消灭菌过程中，发酵液容易产生泡沫，控制不好会引起逃液，并造成染菌。所以，控制并消除泡沫是实消灭菌操作中避免染菌的又一重要措施。

实消灭菌过程中泡沫产生的原因，除了与培养基品种、浓度配比等因素有关外，还存在以下三个方面因素：一是配料体积偏大，再加上消毒灭菌时产生的冷凝水会使体积更大。消毒过程中进汽、高速搅拌引起的翻腾，必然会引起泡沫的产生和逃液；二是消泡剂的加量不够，发酵液中加入适当量的消泡剂，不仅不会对产生菌的生长代谢产生不利影响，还会起到有效控制发酵液泡沫的作用；三是在实消灭菌时进汽量和排汽量的控制不当，在实消过程中，由于进汽量和排汽量的控制不当，往往待罐压上升后才发现罐压和罐温的无对应关系，随着罐压的急剧上升，排汽和进汽总处于不平衡、不稳定的状态，结果导致泡沫大量上升，顶罐外溢。

因此，在实消灭菌过程中除了注意培养基原材料品种、质量配比外，还应注意投料体积的准确性，要根据消毒罐的容积及工艺要求确定投料体积。可以根据工艺的要求在基础料中加入适量的消泡剂，并在消毒灭菌的过程中尽量保持进汽量和排汽量平衡与稳定。

一旦实消灭菌过程中产生了大量泡沫，此时消毒罐压很高，消毒罐温又达不到灭菌要求，该如何处理呢？首先，应冷静分析产生泡沫的原因，如果是消泡剂忘记加，应及时冷却，放掉罐内压力，重新加入消泡剂再消毒；如果是操作不慎形成的泡沫，就应当果断地关闭进汽阀和排汽阀，维持现有的罐压 5~10min 后，待罐内泡沫自行破裂、液面下降后，重新打开进汽阀和排汽阀，并注意调节和控制，保持消毒罐的进汽和排汽的平衡和稳定，并适当地缩短消毒灭菌时间，泡沫也就不会产生了。

7. 在连续消毒灭菌过程中人为因素造成染菌

连续消毒灭菌法（连消）涉及的设备多，操作繁杂，人为的染菌因素增加。所以在连消过程中，操作应更加合理，更加认真细致，以减少人为染菌的因素。

例如，在物料总管路进行消毒灭菌时，应随时注意蒸汽压力的变化，注意检查物料总管路的畅通情况。由于物料总管路经常处于高温蒸汽消毒之中，物料在高温中易焦化黏结在总管路的管壁上形成焦化层。随着设备使用时间的推移，这些焦化层会越来越厚，造成管路堵塞。所以在连消过程中，要认真观察蒸汽压力的变化情况，一旦发现蒸汽压力异常或蒸汽压力下降缓慢，应当果断关闭消毒塔蒸汽，拆下总管路冷凝水阀门，检查、清理物料总管路中焦化物，排除故障后重新开始消毒。

总之，在连消过程中，所有培养基灭菌的温度及其停留时间都必须符合灭菌的要求，以确保彻底灭菌。

（四）设备因素造成的染菌及其防治

发酵生产中的染菌，不仅仅因为人为因素，如操作人员的工作责任心、操作质量和操作方法等引起。发酵设备上存在的漏洞也是染菌不可忽视的重要因素。造成染菌的设备因素主要包括：设备安装不合理、设备的泄漏和死角、设备结构不合理和设备管理不严格。

为了避免设备漏洞造成的染菌，在发酵设备的结构和安装上应以简化、严密、无死角、方便操作为原则。

设备安装的不合理有时是导致染菌的关键因素。在所有发酵企业中，蒸汽管路的合理安装非常重要。为了解决蒸汽中水分含量过大、温度偏低的问题，除了在锅炉的容量上进行改进之外，主要问题还应当放在蒸汽总管和支管的合理安装上，主要应注意如下几点。

1. 避免蒸汽总管路过长，支管过多

蒸汽的总管路不宜过长，其中包括锅炉的蒸汽总管，发酵车间内的蒸汽总管，都不宜过长或绕行。总管路过长，会使蒸汽在管路输送中热量损失而变成冷凝水，使其蒸汽性质改变，温度降低。蒸汽支管过多，不便于平时的维修和阀门更换，而且每根支管内都有可能存在冷凝水，从而改变蒸汽的性质。正确的支管安装，应当考虑到正常的维修及停汽方便，尽可能地避免支管过多的现象。

2. 蒸汽总管路的合理安装

蒸汽总管路及蒸汽总管路上的各罐用蒸汽支管和连续消毒系统的消毒塔用蒸汽管不能采用串联方式安装连接，如采用串联方式安装连接，在发酵罐空消或实消过程中，消毒塔一旦使用蒸汽，就会造成总蒸汽压力的急剧下降，甚至会产生蒸汽走短路的现象。应当把发酵罐的总管路蒸汽和消毒塔的蒸汽总管路采用并联的安装连接。这样既避免了蒸汽走短路，也防止了总管路蒸汽压力急剧下降的弊病。

3. 蒸汽管路尽量不与生产无关的一些设施相连

到了冬天，生活和生产争着用汽，会造成蒸汽总压力低、波动大，发酵的染菌率也随之升高。为了保证蒸汽质量，消灭染菌，有些企业把消毒灭菌的尾汽预热回水再与生活用供暖系统相连接，这样既不影响罐消毒灭菌，同时也解决了生活的取暖问题。对一些无法利用蒸汽尾汽的设施，应当采取定时开放制度，这样既减少蒸汽不必要损耗，又不影响生产用汽。

4. 蒸汽管路外部要有保温层

蒸汽在管路输送中，如果管路外部没有保温层，在蒸汽输送过程中必然要损失大量的热量，并产生冷凝水而改变蒸汽的性质。为了保证蒸汽质量，蒸汽管路外部必须有较好保温层或隔热层。保温层除了能防止热量的损失外，还对预防烫伤、防止事故的发生起着重要的作用。

管路的安装或管路的配置不合理易形成死角而造成染菌。发酵过程中与发酵罐连接的管路很多，如空气、蒸汽、水、物料、排气、排污管等，一般来说，管路的连接方式要有特殊的防止微生物污染的要求，对于接种、取样、补料和加消泡剂等管路一般要求配置单独的灭菌系统，能在发酵罐灭菌后或发酵过程中进行单独的灭菌。发酵企业的管路配置的原则是使罐体和有关管路都可用蒸汽进行灭菌，即保证蒸汽能够达到所有需要灭菌的部位。除发酵罐的进料总管、出料总管和蒸汽总管应有 2% 坡度外，其他管道应横平竖直；对水平安装的管道，必须在凹陷点处安装排污阀，同时，为避免较长的管路中间下垂而形成凹陷点，管路必须有足够的支撑点；为了减少管道，减少染菌机会和便于操作，同一线路管道应安装在一起，各罐的排污管装在最外位置，单独与总排污粗管相接，但大口径排污管必须单独安装，以免大口径管排出的大量蒸汽使总排污管带压力，导致外界空气从未关严或渗漏的排污阀倒流入无菌管路；发酵罐顶的移种管应直插罐内，以便进行倒种和防止移种时排气过猛等操作失误使移种管带负压，导致外界空气从渗漏处倒吸入移种管内；总蒸汽管起端应有分水阀，以便排放冷凝水，避免蒸汽带水；无菌管路末端或支管应装排气边阀，以免形成灭菌死角，如图 6-6 所示。

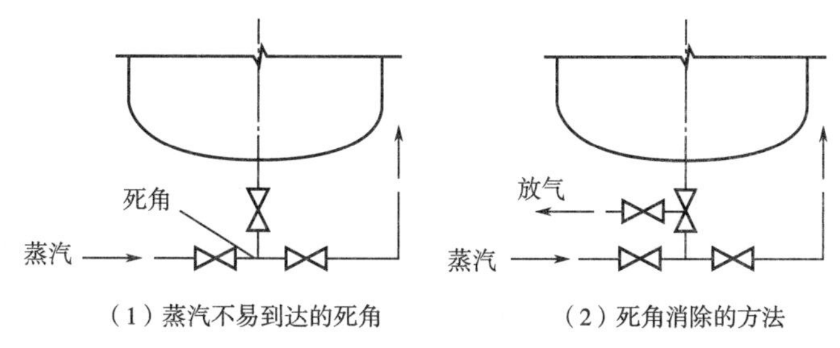

图 6-6　灭菌时蒸汽不易到达的死角及消除方法

在实际生产过程中，为了减少管材，经常将一些管路汇集到一根总的管路上，如将若干根发酵罐的排气管汇集在一根总的排气管上，在使用中会产生相互串通、相互干扰，已染菌的罐往往会影响其他罐，造成其他发酵罐的连续染菌，不利于染菌的防治。采用单独的排气、排水和排污管可有效防止染菌的发生。无菌空气管路应是一条供发酵使用的无菌专用管路，若连接着去往过滤提炼岗位的空气管路、各种贮存罐和计量罐上，一旦形成负压，会造成料液倒流污染空气总管路，后果十分严重。

在发酵车间，为使发酵罐罐温得到正常的控制，冷却水管路就要和蒸汽管路连接在一起，组成加热器。由于蒸汽和冷却水管路连接在一起，就必然引起冷却水和蒸汽之间的相互倒流。而一旦冷却水倒流入蒸汽管路，就会影响灭菌用蒸汽的质量，造成染菌。同时，还可能造成正在运行的发酵罐染菌，如果蒸汽管路内含有冷却水，在开启正在运行的发酵罐的视镜冲洗蒸汽阀时，冷却水就有可能流入发酵罐，从而造成单批发酵罐染菌。为避免蒸汽管路和冷却水管路相连时产生的倒流，在安装加热器的时候，一般要在加热器的蒸汽进汽阀前以及冷水管进水阀前安装单向阀，防止倒流。使用操作时，应经常检查单向阀，如发现单向阀不严密，就应及时更换。还应当充分考虑到蒸汽和冷却水之间的压力差，缓慢开启阀门，尤其是压力较高的管路阀门，不要猛开、猛关。

管件的渗漏也极易造成染菌。实际上管件的渗漏主要是阀门的渗漏，目前生产上使用的阀门不能完全满足发酵工业的工艺要求，是造成发酵染菌的主要原因之一。采用加工精度高、材料好的阀门可减少此类染菌的发生。

四、发酵染菌的防治对策

在氨基酸发酵生产过程中，如何尽快发现染菌，并及时对染菌罐采取合理有效的方法进行处理，是保证生产正常进行的很重要的一个环节，也是避免染菌造成严重经济损失的重要手段。在氨基酸发酵生产过程中，须严格按照工艺的要求对生产的全过程进行无菌监控，如菌种制备环节、种子罐和发酵罐的接种前后及培养过程等环节，进行无菌检验等。

（一）染菌隐患的检查和处理

发酵生产染菌的原因很多，以机械搅拌发酵罐生产为例，如果灭菌蒸汽不带水且压力足够，又不存在菌种染菌或设备安装问题，归结起来不外乎是空气质量差、设备出现渗漏以及灭菌、接种、移种等操作失误。

如果各发酵罐都染菌，其原因可能是公用的种子、净化空气、补料、消泡剂带菌，或者公共设备存在染菌。如果部分或个别发酵罐、种子罐染菌，可能是料液或设备灭菌不彻底，净化空气带菌，移种管路或发酵罐密封部件（如轴封）渗漏或存在死角；染菌如果发生在发酵中后期，原因可能是移种管路或净化空气带入少量杂菌，发酵罐有隐患，消泡剂或补料灭菌不彻底以及有关管路存在杂菌。

此外，如果污染的杂菌是芽孢杆菌，则应先考虑染菌可能来自培养基或设备灭菌不彻底，净化空气带菌，设备渗漏；如果污染的杂菌是无芽孢的细菌或其他不耐热的杂菌，则应考虑污染来自净化空气带菌、设备渗漏；如果污染的杂菌与种子罐的污染菌一致，则可以肯定污染来自种子带菌。

1. 染菌检查

根据分析而初步认定的污染原因，应有针对性地加以检查和证实，以便确定污染的真正原因。如果暂时分析不出污染原因，则要全面检查污染隐患，找出污染的真正原因。

（1）检查净化空气　将净化空气通入无菌试验培养基液体中，通气时间应超过发酵罐用气时间，否则反映不出带菌空气对发酵的影响程度。另外也可将净化前后的空气吹到固体培养基上，经培养后检查杂菌数，计算除菌率，了解除菌是否合格。还可将净化空气通入灭菌的罐内做“空吹”，检查是否染菌，如果使用金属或膜过滤器，便可用尘埃粒子计数器直接检查，若流量为500mL/min，含0.3μm尘埃3~5颗，则无菌检查合格。

（2）检查培养基和培养物　无论对灭菌培养基做无菌试验，或对种子液、发酵液做纯菌试验，都可同时用固体和液体两种鉴别培养基检查，还可用染色镜检，如革兰染色法检查细菌类杂菌。如果怀疑污染噬菌体，应直接培养产生菌的纯菌平板检查有无噬菌斑，或取培养液涂片镜检，检查有无菌体噬溶、菌体染色不匀等噬菌现象，还需检查斜面是否有噬菌斑和发酵液是否变稀、泡沫猛增等噬菌体污染迹象。如果怀疑营养缺陷型产生菌被污染，可用相应基本培养基检查。如果怀疑种子被霉菌污染，除了用显微镜检查可发现粗大菌丝外，还可用霉菌培养基进一步检查，观察是否长出霉斑。在进行无菌判断时，还应鉴别出结果是真阳性还是由操作误差造成的假阳性。

（3）检查发酵罐　对发酵罐的罐体进行检查，可将200kPa左右压力的空气经分过滤器通入罐内试漏，观察上下封头与管道开孔处焊缝以及视镜法兰、罐盖法兰、人控或手控法兰等各种联接部位是否有气从渗漏处冲出。检查时可给检查部位倒水和抹肥皂水，可以很容易看到是否冒气。如果分过滤器压力不足，难以使罐压达到试漏压力，可在通入空气保压后停止进气，立即通入蒸汽以提高罐压查渗漏，比进蒸汽检查方便，对种子罐检查十分有用。至于对轴封的检查可与罐体的检查同时进行或单独进行。单独检查的压力应为工作压力的1.25倍，通常取125~150kPa。如果轴封渗漏，可见到气泡从轴封端面或轴封下面法兰渗透处冒出，也可用手感觉到气流从渗漏处冲出。如果轴封周围有电机支架形成的槽，则可在槽中加水，可看到气泡从渗漏处鼓出。

（4）检查管道的污染隐患　对管路的螺纹联接、焊接联接、法兰联接等的检查，以及截止阀各密封处的渗漏或阀关闭不严等的检查，可随管道渗漏检查同时进行。通常都将蒸汽压入管道中，压力取300kPa以上，立即观察有无冷凝水或管路残留水以及蒸汽泄出，也可用手感觉有无蒸汽从渗漏处泄出。阀门关闭不严只能从相通的支管中看到蒸汽排出。这种蒸汽试漏的方法可查找移种、补料等无菌管道的污染隐患，对避免发酵污染特别重要。至于发酵罐内冷却管的检查，可用压力400kPa的水压入其中，观察有无水从焊缝渗出。必要时可压入碱液，在焊缝处涂酚酞，观察酚酞是否因碱液渗出而变色。

（5）检查无法直接观察的设备部件染菌隐患　空气除菌设备和发酵罐及其管路中许多部件的渗漏和积污，都无法直接观察，需要拆检。例如，空气总过滤器介质受湿；空气分过滤器的过滤膜受湿、渗裂，或者金属滤棒穿孔、密封填圈松动；阀门的阀杆、阀芯等积污；罐内搅拌装置缝隙和管道积污等。

2. 染菌处理

蒸汽压力不足或中途停止供蒸汽导致培养基或设备受影响时，可适当延长灭菌时间或重新灭菌。若菌种或各级扩大培养物染菌则应废弃。如果净化空气染菌，则应首先拆检分过滤器，排除污染，使生产继续进行。

消除设备的污染要修补渗漏和清除积污。至于设备安装不当存在灭菌不彻底的死角，则需另行改装处理。此外，为避免设备渗漏、积污等造成染菌，还可从工艺操作方面加以注意。例如，种子罐的罐盖法兰、轴封以及管路上截止阀的阀杆等处有渗漏时，无论采样或种子罐接种和罐间移种，都需保持正压，并且不能快速、急剧地降压排空，以免外界空气从渗漏处窜入无菌的设备及其管路内。尤其是罐间移种，必须在正压情况下将灭菌后的余汽慢慢排入种子罐内，否则负压会从渗漏处抽吸外界空气，造成重新污染。

根据发酵过程中染菌时期的不同，可分别采取如下一些补救措施。

（1）前期出现轻度染菌　降温培养；降低 pH；补加适量的菌种培养液或加入分割的主发酵液，确立产生菌的生长优势，从而抑制杂菌的生长繁殖，使发酵转入正常；补加培养液，并进行实罐灭菌，于 100%维持 15min，待发酵液温度降至发酵温度时重新接种（或分割主发酵液）发酵。

（2）发酵前期出现严重染菌且发酵液中糖分较高　若发酵液中糖分较高，先进行实罐灭菌，于 100℃维持 15min，待发酵液温度降至发酵温度时重新接种（或分割主发酵液）发酵；若发酵液中糖分较低，则补加培养液，进行实罐灭菌，重新接种（或分割主发酵液）发酵；若发酵液中糖分很低，无法补救则倒罐。

（3）中期染菌　降低发酵温度；适当降低通风量；停止搅拌；少量补糖；提前放罐。

（4）发酵后期轻度染菌　加强发酵管理，让其发酵完毕，适当提前放罐；向已染菌的发酵液中补充一定量的菌种扩培液，增强产生菌的生长优势，抑制杂菌繁殖，以争取较好的发酵成绩。

（5）发酵后期严重染菌　若发酵液中残余糖分已经不多，则应立即放罐，以免进一步恶化，造成更大的损失，并对空罐进行彻底的清洗、灭菌；倒罐时应将发酵液于 120℃灭菌 30min 方可放弃。

总之，导致杂菌污染的原因很多，主要有种子带菌、空气带菌、灭菌不彻底、设备渗漏及操作不当等方面。杂菌污染对发酵生产影响很大，轻则影响产量和质量，重则倒罐，甚至停产。因此，防治杂菌污染是谷氨酸发酵生产中一项长期而十分复杂的工作，作为生产技术人员应引起高度重视。在发酵生产过程中，应从发酵生产的每一环节严格加以控制，切实做好常规检查及防治工作，防止和杜绝染菌现象发生。一旦发现，应认真分析其原因，及时采取相应的措施加以解决。

（二）染菌的预防措施

在谷氨酸发酵生产中，预防染菌是实现最佳发酵的一项极为重要的控制措施。预防染菌涉及空气净化、培养基及有关设备灭菌、培养物的移接和培养、发酵设备及其管路的安装、环境等各个方面，工作繁琐困难，而且日常生产操作难免失误，致使染菌经常发生。

但是，染菌完全可避免，关键是必须做好各项预防工作。

1. 空气的净化

通入发酵罐的空气，对棉花或聚酯纤维（ND）过滤棉-活性炭过滤器和膜过滤器来说，应分别达到95%和99.99%的除菌率。如果达到这一要求，净化空气中残留的杂菌将不至于在短时间内影响发酵进行。

（1）减少滤前空气的尘粒　减少压缩空气的残留菌数量，应先减少滤前空气的尘埃，将空气压缩前的进气口高度提升至离地面10m左右，可保证空气有较好的洁净度；适时更换进气口粗滤器的过滤介质，可保证空气中尘粒的过滤效率达90%~95%。

（2）减少滤前空气的油水含量　为了减少压缩空气的油水含量，以免总过滤器的过滤介质沾湿而导致空气过滤失效，最好采用无油润滑空压机或离心式空压机供气，并将压缩机输出的空气冷却至露点以下。如果冷却水压力高，为避免冷却水窜入压缩空气中，应定期拆检空气冷却器（查渗漏）。为了有效去除油、水，应采用孔隙率97%~99%的丝网分离器（分离率为99.5%），并按需辅以旋风分离（分离率为70%~80%）、焦炭吸附等方法分离油、水。

（3）保证压缩空气的温度　除用金属过滤器直接将压缩空气热过滤外，应将压缩空气在滤前维持50℃以上，以使压缩空气的相对湿度降到70%甚至50%，不再析出水滴，同时使净化空气不过分偏离发酵温度，减少发酵的冷却费用。

（4）妥善装填过滤介质　用棉花或ND过滤棉-活性炭作总过滤器的过滤介质，棉花或ND过滤棉的装填要均匀、压铺垫实并吹干，以免棉花或ND过滤棉层被吹斜或者掀翻，活性炭粒窜出，空气过滤走短路。棉花或ND过滤棉装填量除了根据过滤器容积、结构计算外，也可以是压实后棉花层厚1m的棉花重量。活性炭层厚度可适当增加，在不影响过滤效果的前提下有利于减少压力降。总活性炭过滤器灭菌时应避免过滤介质烤焦；使用时应避免过滤介质湿而松动，以防止空气未经过滤而走短路。用超细玻璃纤维纸作过滤介质时，滤纸必须装填多层，厚度3mm以上，并防止冷凝水或倒流的料液弄湿滤纸。用金属棒作过滤介质时，须检查金属棒有无裂纹，并防止高压蒸汽或残留在净化空气的石料将其吹裂；安装金属棒更须保证严密而决无松动，必要时预灭菌以后重新拧紧金属棒，再灭菌后使用。另外，为了使棉花装匀且不容易吹翻，最好将纤维长度2~3cm的棉花制成直径超出过滤器20cm的棉垫后装填。超细玻璃纤维纸最好使用JU型纸，其3层以上除菌率达99.99%。过滤介质应定期灭菌。

（5）选用高效滤材　为了确保除菌效果，过滤介质应选用除菌率99.999%的高效滤材。JU型滤纸和JLS镍管均可达到除菌率99.999%，超细玻璃纤维棉、石棉纸除菌率都可达99.99%。一般的超细纤维过滤纸除菌率达99.99%，过氯乙烯纤维素滤膜的除菌率可达99.9999%。用除菌率99.999%的高效滤材制成的过滤器能滤除0.01μm颗粒，从而达到完全无菌的程度（细菌最小为0.3μm，噬菌体为0.02μm），可用于预防噬菌体污染空气。

（6）保持一定的气流速度　使用总过滤器时，要防止空气流速剧增，以免气流速度计超过总过滤器的空气流速设计要求，影响总过滤器除菌效应。

2. 培养基和设备的灭菌

在谷氨酸发酵生产中，培养基的灭菌时间一般是根据嗜热脂肪芽孢杆菌在 121℃、15min 条件下被杀灭 99. 99%拟定的，实际上未达到活菌残留数为 10^{-3}的无菌标准。但是培养基灭菌仅仅要求的是杂菌不致影响发酵进行，同时营养成分不受到过多的破坏，因此杀灭 99. 99%杂菌的时间可以作为灭菌条件。

（1）合理调配培养基　配制培养基所用原料应具有要求的细度，且无任何发霉、腐败等质变；由原料配成的料液应避免残留料渣或料块，以致灭菌不彻底。

（2）保证灭菌温度和时间　为了杀灭细菌芽孢，灭菌温度和时间应达到 121℃，15～30min。为了保证设备的灭菌也能达到足够的温度，凡是管道排气口都应连接细长管，以保证出气阀门具有 100kPa 以上的蒸汽压力，达到规定的灭菌温度。如果因蒸汽供应少导致灭菌温度偏低，则应按需延长灭菌时间。

（3）保证设备无积污和渗漏　种子罐和发酵罐内残留染菌料液，尤其液面以上部位及罐内热管（通蒸汽）和罐内部件缝隙残留污物最难洗净，须用高压水流和工具除污，否则残留污料内部杂菌不易彻底杀灭。小型罐内不易清除的污物还可用水煮泡清除。管道和阀门内的污物只能冲洗或拆洗。至于发酵罐及其管路的渗透，因容易遭杂菌侵染，更应事先检查和修复。管路连接处渗漏而致染菌，原因可能是灭菌结束时未及时进行无菌空气保压，蒸汽冷凝产生负压，管路从渗漏处抽吸外界空气；更多情况是灭菌结束后急剧排放管道内蒸汽，蒸汽流动产生负压使管外空气窜入管内。至于罐顶轴封和截止阀的阀杆渗漏而招致的染菌，也是高压蒸汽急剧排出时产生负压所致。

（4）保证流动蒸汽质量　灭菌所用蒸汽应是饱和蒸汽，且符合饱和蒸汽含水量，否则蒸汽带水多，灭菌难以彻底。此外蒸汽应有稳定、足够的压力，主管道不低于 500kPa，支管道不低于 300kPa，否则蒸汽压力会因输送管道长而降低，或者蒸汽使用前冷凝水未排尽而压力不足，均会导致灭菌不彻底。

（5）尽量减少泡沫　泡沫传热差，内藏杂菌难以杀灭。为了减少泡沫生成，各管路进汽量应保持一致（可由各管路压力下降显示），并控制总蒸汽压力，使进汽量和排汽量平衡，保持稳定的灭菌压力；应避免进汽太猛，使培养基急剧膨胀，空气排出慢，产生大量泡沫；易起泡的原料应在灭菌后再加入培养基中，或经水解处理后加入培养基中；灭菌时应绝对避免泡沫升至罐顶，液面不能被泡沫覆盖，要能见到料液在翻动；灭菌结束时应防止冷却太猛而使罐压下降过快，泡沫猛增，必要时可减少空气流量或停止搅拌，以减少泡沫的生成。

（6）正确进行空气保压　灭菌结束时，应暂时停止进汽，待罐压降至低于无菌空气压力时立即进气保压；管路灭菌结束时，应将管内残余蒸汽排入罐压较高的罐内，无菌空气进管内保压。否则会因蒸汽冷凝或急剧排汽导致轴封和管路等渗漏处倒吸外界空气。移种、补料等管路宜在停止进汽后立即移种、补料。空气过滤器及其无菌管路需吹干后保压。

3. 发酵设备的安装

发酵设备的安装，要求符合发酵工厂设计的要求，不存在任何污染。

（1）防止轴封渗漏　为了避免搅拌装置的密封部件受损，确保轴封不漏，安置罐体时应使垂直偏差不超过其直径的0.5%。安装传动机构须用水平仪校正，搅拌轴及其所有轴承应同心并使其成直线，有关螺丝不应松动。轴封处的石墨圈应稍厚，其弹簧应套在固定杆上。密封填料都应压紧。搅拌装置安装完毕，可在试运转时检查轴晃动大小。如果轴晃动过大，则轴封易受损而导致渗漏。

（2）合理安装罐内装置　罐内装置必须严密不漏，不易积料和易于清洗。

①避免积污：发酵罐内所有紧固件以及其他小零件最好使用不锈钢材料，至少应及时清洗，避免严重锈蚀；加固冷却管用角钢应凹面朝上，减少积污；除搅拌轴外，罐内应使用实心材料，以免空心钢管穿孔；联轴器合缝可适当扩大，以利冲洗缝隙；罐内加强板的焊缝周边应齐全，防止料液穿过焊缝空隙，堆积在加强板中；挡板可以拆除，但需试验证实对发酵无影响；罐内冷却蛇管必要时可移至罐外壁（此时不能拆除挡板），但必须保证冷却效果；种子罐可在不影响种子质量条件下拆除机械搅拌装置，改用通气搅拌，以便于种子罐清洗和避免轴封渗漏；铸铁件和各种焊缝应无砂孔，以免积聚料液；罐内壁应严格除锈后涂料防腐，以免受热后涂层起壳积料。

②避免渗漏：罐内冷却蛇管、温度计套管等需采用不锈钢管，安装前应试漏；拉杆加强板处，外罐壁应焊短管，并接水泵对加强板焊缝试漏；视镜法兰、石墨圈法兰处螺纹不能穿透罐顶的以螺纹联系的短管（如压力表接管），其螺纹用聚四氟乙烯生料带密封，必要时补涂环氧树脂防漏；罐盖法兰必须平整，螺栓要均匀拧紧，确保严密。

（3）合理安装管路　无菌管路的安装比普通管路的安装要求更高，不但要严密不漏和光洁，而且不能存在灭菌死角。

①管道与管道的连接：管道的连接应尽量焊接；应先去除切割管道内残留的瓣膜和铁块后焊接，焊毕应清除焊粒和焊渣，以免残留管路中堵塞管道、损坏阀座；焊缝应平整、齐全，无裂纹、气孔，保证不漏；焊缝处不准开孔和焊其他附件；相互对焊的管道不偏位，口径一致；管道转弯处需要用预制弯管焊接；不可乱拆管道，应尽量减少焊口；与发酵罐封头相连的管道应通过短接管与封头焊接，否则不易保证焊接质量。

②管道与法兰的连接：管道与法兰应同心焊接，并防止法兰变形；法兰密封面与管道垂直偏差不超过0.5mm；法兰与管道的焊接处应制成管接盘对焊，尽量减少向上焊，否则不易保证焊接质量，以免法兰处堆留料渣；隔膜阀与管道做法兰连接时，应使用内径一致的整体管接管，以免法兰盘内径相差一个壁厚而使料液输送时滞留其中；灭菌管路的法兰填圈，不宜用橡胶材料，应使用纸质或聚四氟乙烯材料，以免橡胶老化后密封失效；法兰填圈不偏位、不开裂、无缝隙，其内圈和法兰相同；法兰螺栓应齐全，并均匀拧紧；法兰的密封面不能有杂物残留，以免渗漏；法兰渗漏后，必须重拧螺纹或更换填片。

（4）阀门的连接　无菌管路的阀门，种类很多。截止阀的阀芯密封材料应使用聚四氟乙烯（阀杆用聚四氟乙烯套、阀盘用聚四氟乙烯垫片）；阀杆渗漏应拧紧压盖，必要时更换密封套或嵌填聚四氟乙烯生胶带，以增强密封性能；非热管线上阀门应尽量将阀体对着设备，不可倒置，以免积料；截止阀的阀杆一端的阀腔不能与罐体、无菌管道相通，以免灭菌结束后因阀杆渗漏而倒吸外界空气，污染无菌的罐或管道；如果无法避免截止阀的阀杆一端阀腔与罐或无菌管道相通（如无菌管路的中间截止阀），为避免阀杆渗漏，应采用橡皮隔膜阀；如果橡皮隔膜阀使用不便（如隔膜易坏、拆检或更换困难），则需改用截止阀，使用前必须对阀杆试漏；移种或补料的截止阀应装在总汇集处上方，以免残留料液；截止阀与管道连接时螺纹长度要合适，以免螺纹过短导致渗漏或螺纹过长而伸入阀腔内截留料液。

（5）管路的布置　除发酵罐的进料总管、出料总管和蒸汽总管应有2%坡度外，其他管道应横平竖直；蒸汽管和输送料液的管道应尽量避免“U”形弯管，否则应在弯管处装料液和冷凝水放出管；为减少管道，减少染菌机会和便于操作，同一线路管道应安装在一起，各罐的排污管装在最外位置，单独与总排污粗管相接，但大口径排污管必须单独安装，以免大口径管排出的大量蒸汽使总排污管带压力，导致外界空气从未关严或渗漏的排污阀倒流入无菌管路；发酵罐顶的移种管应直插罐内，以便进行倒种和防止移种时排气过猛等操作失误使移种管带负压，导致外界空气从渗漏处倒吸入移种管内；总蒸汽管起端应有分水罐，以便排放冷凝水，避免蒸汽带水；无菌管路末端或支管应装排汽边阀，以免形成灭菌死角；凡是穿过罐顶插进的管子，以及穿过罐壁的与仪器相联的探头，不应在穿入处仅用螺纹连接，应尽量焊接，避免螺纹渗漏；各级发酵罐的排汽阀门均应接长管至总排污管或地沟，以免排汽阀的排汽口蒸汽压力不足，排汽管末端达不到灭菌温度。

（6）管路的试漏　管路（包括管道、管件、阀门和泵）应吹洗后分段试漏；不但要寻找各种连接的渗漏，还应寻找各种阀门启闭的渗漏，并加以补漏；试漏的压力通常为其工作压力的1.25倍。

（7）管路的吹洗　管路清洗时应先拆除水阀，洗毕重新装上，以免堵塞；吹洗管宜用蒸汽，用压缩空气吹洗效果较差，不通蒸汽的管道可用水冲洗；为避免吹洗不彻底，应按管路安装规定分段吹洗，反复进行2~3次，必要时可拆卸部分阀芯吹洗。

4. 培养物的移接

在氨基酸发酵生产中各级培养物都应保证达到纯菌的要求。为此，需要采用鉴别培养基进行纯菌试验，证明合格后才能移接，而且必须严格地进行无菌操作。

（1）严格进行斜面和摇瓶菌种的无菌操作　由于无菌室内放置超净工作台，为培养物的接种提供了极好的无菌环境，因此斜面菌种和摇瓶种子接种时避免染菌的关键已限于无菌操作。例如，管口、瓶口和接种用具的火焰灭菌应全面；接种操作不能超出超净台边缘；无菌操作应迅速，并且应预先拆卸包扎瓶口的绳、纸，以免杂菌随尘窜入瓶内；接种结束应拧紧试管或三角瓶塞，不能有松动。为避免菌种染菌，还应防止培养基夹带生料块，灭菌锅冷空气未排尽，以及装物料过多，造成培养基灭菌不彻底；防止包扎摇瓶口的纱布或棉塞松动，合并摇瓶时未能彻底灼烧瓶口灭菌或敞口时间较长，使摇瓶培养基污染杂菌；灭完菌的物品应立即放入无菌室，以减少灭菌物品表面污染；制作摇瓶种子时应尽可能使用大三角瓶，以减少摇瓶合并的染菌机会；用吸管移接液体培养物时尽可能不吹吸管；由于超净台不能提供无噬菌体环境，因此需用双层平板检查无菌室污染噬菌体的程度，按需对无菌室进行消毒处理。

（2）严格进行种子罐的无菌操作　各级种子罐接种（移种），应事先严格进行灭菌，任何时候都要保持无菌部位正压，此外还需要严格无菌操作。种子罐接种时，宜采用微孔接种法接种，以减少接种口外露机会；不管采用哪种接种法，都必须用火焰封住接种口；为了避免压差法接种造成罐压大幅度波动而抽吸外界空气，必须事先检查种子罐及其管路有无渗漏隐患，并确保绝无渗漏。

罐内移种应在灭菌结束时，先关排汽阀，再关进汽阀，立即将管道内余汽排入罐压高的罐中，并“趁热”移种（不让管道内蒸汽发生稍微冷凝即接种）。“趁热”移种的正确操作，应将移出种子的种子罐升压，而不宜将移入种子的接收罐降压，更不宜从接收种子的罐顶部排气管猛然排气而快速降压移种。快速降压移种会因高速气流带动造成局部负压，导致移种管路、罐顶轴封或其他开孔部位等渗漏处窜入外界空气。为避免设备及有关管路渗漏带来染菌，可以在接收种子的罐顶部移种口焊接长管插料液中，使移种管路蒸汽在灭菌结束时不至于急速排出；定期对截止阀的阀杆及阀座密封垫圈检修，以防止移种管路蒸汽急速排出时抽吸外界空气。

第二节　氨基酸发酵中噬菌体的污染与防治

噬菌体是原核生物的病毒，至今在绝大多数的原核生物中都发现了相应的噬菌体。它广泛存在于自然界中，尤其在发酵生产车间周围的空气及下水道中都有噬菌体的存在。在氨基酸发酵生产中，也普遍存在噬菌体危害。产生菌株一旦受到噬菌体的侵染造成的损失是相当惊人的。由于噬菌体的感染力非常强，传播蔓延迅速，且较难防治，发酵生产一旦感染噬菌体就很难彻底根除，因而预防发酵生产中噬菌体的危害就显得相当重要。在利用细菌作为产生菌株进行氨基酸发酵生产的企业中，都不同程度地受到噬菌体的侵害。发酵一旦感染噬菌体，往往在几小时内菌体全部死亡，产物合成停止，并造成倒罐，甚至连续倒罐。这将影响企业正常的生产计划，甚至全面停产，给企业经济上造成巨大损失，为此如何防治噬菌体的污染受到发酵行业的高度重视。

一、什么是噬菌体

噬菌体是侵染细菌、放线菌等微生物并使其细胞裂解死亡的一类病毒。它个体微小，须用电子显微镜观察。噬菌体无细胞结构，但具有一定的形态结构。其基本形态为蝌蚪状、微球状和纤线状，多数呈蝌蚪形，由头部和尾部两部分组成（图 6-7）。

核酸是噬菌体的遗传物质，由头部的蛋白质衣壳包绕。噬菌体的核酸为 DNA 或 RNA，并由此将噬菌体分为 DNA 噬菌体和 RNA 噬菌体。蛋白质构成噬菌体头部的衣壳和尾部，起着保护核酸的作用，并决定噬菌体外形和表面特征。噬菌体有很强的寄生性及宿主专一性，体积很小，能通过细菌过滤器，只在电子显微镜下才能观察到它的存在。

噬菌体对理化因素的抵抗力比一般细菌的繁殖体强，如能耐受乙醚、氯仿、乙醇和

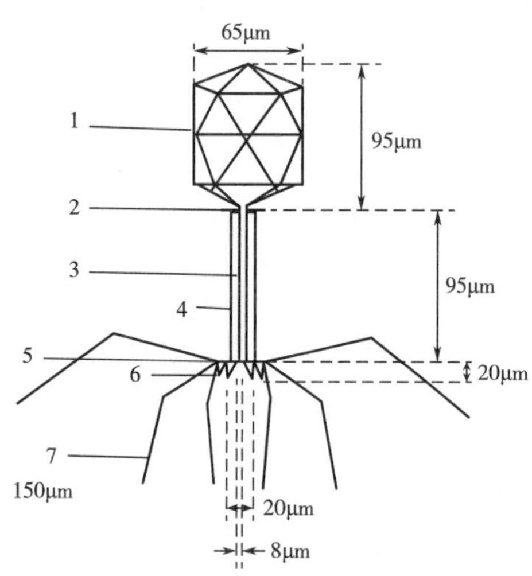

图 6-7 谷氨酸蝌蚪形噬菌体的结构模式图
1—头部 2—颈部 3—尾髓 4—尾鞘
5—基板 6—刺突 7—尾丝

低温、冷冻等，但对紫外线、X 射线等敏感，易受热变性（60～70℃，10～15min）。

在含细菌的固体培养基上，噬菌体使细菌细胞裂解而形成的空斑，称为噬菌斑。一般认为，每个空斑都是由一个噬菌体颗粒一再侵染、增殖、裂解所形成的，故可用于进行噬菌体的计数。噬菌斑的形态多样，有的形成晕圈，有的呈多个同心圆，也有的近似圆形，大小不一。噬菌体具有严格的活组织寄生性，这种寄生性具有高度的特异性。从噬菌体吸附到细菌裂解释放出子代噬菌体的过程称为噬菌体复制周期，又称为溶菌周期或裂解周期。根据噬菌体与宿主细胞的关系，可将其分为烈性噬菌体和温和噬菌体。侵染宿主细胞后使细胞裂解的，称为烈性噬菌体，又称为毒性噬菌体（Virulent Phage）；不裂解寄主细胞，并随寄主细胞分裂而传递其 DNA 的，称为温和噬菌体（Temperate Phage），又称为溶原性噬菌体（Lysogenic Phage）。噬菌体在自然界分布很广，从土壤、污水、粪便中均可分离到。但各种噬菌体的感染作用有严格的专一性。一种噬菌体往往只侵染一种细菌，或只侵染某一菌株。

二、谷氨酸发酵中噬菌体的污染

噬菌体污染发酵液以后的情况，因发酵工业的种类、污染噬菌体的特性、感染时间、培养基成分、发酵罐内物理和化学条件等不同而异，即使同样的噬菌体并不一定引起同样的异常发酵情况。谷氨酸发酵生产工业化后不久，就出现噬菌体危害。1961 年阮丰山报道了台湾谷氨酸生产中的几种异常发酵类型，随后分离到噬菌体。1966—1967 年，在天津、上海和沈阳味精厂都出现噬菌体污染，其后一些中小型工厂也相继发生噬菌体污染问题。国内谷氨酸发酵多使用黄色短杆菌、天津短杆菌、北京棒杆菌和钝齿棒杆菌等。感染后一般出现的异常现象都十分相似。如果发现发酵初期 pH 上升至 8.0 以上而不下降，发酵液的吸光度（OD）值比正常值增加缓慢或停止，就应该考虑污染噬菌体的可能。随发酵时间的延续，除继续保持上述现象外，耗糖缓慢或停止，如没有污染杂菌，则这种状态继续存在，泡沫增加。有时发酵液黏度增加，严重时可以“拉丝”，排出尾气中 CO_2 量下降。产谷氨酸少或缓慢增加，严重时不合成谷氨酸甚至下降。镜检时发现细菌数目锐减，缺乏八字形排列，革兰染色后可见红色碎片。经双层琼脂平板法检查，噬菌体一般在 10^7～10^8PFU/mL（噬菌斑生成单位，即每毫升试样中所含有的具侵染性的噬菌体粒子数），严

重时竟达 10^9PFU/mL。

（一）噬菌体污染的异常现象

谷氨酸发酵中污染噬菌体，由于污染时间和感染量的不同，以及噬菌体“毒力”和菌株敏感性的差异，表现症状是不一样的，一般会出现“二高三低”，即 pH 高、残糖高；OD 值低、温度低、谷氨酸产量低。污染噬菌体时所表现的性状，简述如下。

1. 二级种子污染噬菌体

二级种子 0~3h 感染噬菌体，泡沫大、pH 高，种子基本不长；6h 以后感染噬菌体，泡沫多、pH 偏高，种子生长较差；轻度感染或后期感染常看不出异常变化，可用快速检测法，半小时就能确定是否污染噬菌体。然而二级种子无论何时感染，甚至 8~9h 感染，即产生 OD 值不长、pH 上升、泡沫大、耗糖慢、不产酸等典型的噬菌体污染现象。

2. 发酵前期（0~12h）污染噬菌体

（1）OD 值开始上升后下降、不升或回降，甚至 4~8h 内 OD 值竟下降到零。

（2）pH 逐渐上升，升到 8.0 以上，不再下降；排 CO_2一反常态，CO_2迅速下降，相继出现 OD 值下跌、pH 上升、耗糖慢等异常现象。

（3）耗糖缓慢或停止，也有时出现睡眠病现象，发酵缓慢，周期长，提取困难。

（4）产生大量泡沫；发酵液黏度大，甚至呈现黏胶状，可拔丝；发酵液发红、发灰；有刺激性气味。

（5）谷氨酸产量很少，或增长极为缓慢，或不产酸，也会出现产酸反而偏高或一段时间内忽好忽坏的现象。

（6）镜检时可发现菌体数量显著减少，菌体不规则，缺乏八字形排列，发圆；细胞核染色，部分细胞核消失；革兰染色后，呈现红色碎片；更严重时，拉丝、拉网，互相堆在一起，呈鱼翅状或蜘蛛网状，完整菌体很少。

（7）平板检查有噬菌斑；摇瓶检查发酵液清稀；快速检测法检查 $OD_2^{420} \gg OD_1^{650}$。具体方法是：取不同时间需检查的种子液或发酵液，在 650nm 下测定 OD，记为 OD_1^{650}；然后将种子液或发酵液离心，3500r/min，20min，取上清液，在 420nm 下测定 OD，记为 OD_2^{420}。若 $OD_2^{420}=OD_1^{650}$，则正常；若 $OD_2^{420} \gg OD_1^{650}$，说明污染噬菌体。该法适用于检查一级种子、二级种子和不同发酵时间的发酵液。

（8）二级种子营养要求逐渐加多，种龄延长；发酵周期逐罐延长，对生物素的要求越来越大，产酸缓慢或下降；提取困难，收率降低。

（9）送往提取车间的发酵液，发红、发灰、残糖高、有刺激性臭味，泡沫大、黏度大、难中和，中和时易出现 β-型结晶、打浆子，过滤困难，收率低。结晶出的谷氨酸晶体质量差、黏、色素深等；有时谷氨酸成湿泥状、发黏等。

（10）精制中和时，色素深、泡沫大，碱加不进去，过滤也有困难，过滤时间明显增加；成品色重、透光差、收率低。

3. 发酵后期（12h 以后）污染噬菌体

发酵后期污染噬菌体常对产酸影响不大，甚至有时竟有提高产酸的趋势，这可能是因为噬菌体对释放菌体中的部分谷氨酸有积极作用。尽管发酵后期污染也会呈现前期污染的很多异常现象，尤其是上述（9）和（10）的异常现象，可是由于不影响产酸，就常常不为发酵车间所重视，这种忽视是很危险的。由于噬菌体的污染，不仅致使发酵液发黏、色素重、泡沫大，难以中和，难以过滤，会严重影响等电点收率和谷氨酸质量，更重要的是，如果不对后期污染进行必要的善后处理，就会由后期污染前移，造成更严重的危害。

（二）噬菌体严重污染的早期预报

（1）定期测定空气与二级种子液中噬菌体浓度的研究证明，测定空气中和二级种子罐培养液中的噬菌体污染度是预防噬菌体的一个措施。在连续使用特定菌株进行谷氨酸发酵时，首先是空气中的噬菌体浓度增加，数月后种子罐的噬菌体浓度也急剧增加，随之主发酵罐发酵液中的噬菌体检出浓度也就增加；当空气中的噬菌体浓度上升到每个平板达10~20PFU/mL，二级种子罐的噬菌体浓度为40~50PFU/mL之后迅速增加，达到10^2PFU/mL的程度，最终在主发酵罐发生溶菌。可见，经常测定谷氨酸发酵厂环境中的噬菌体数，特别是空气中与种子罐二级种子液中的噬菌体数，就能知道环境的噬菌体污染程度，也就能预知主发酵罐中会不会发生噬菌体的污染。

（2）噬菌体的污染需要积累到一定的浓度，才会造成严重危害。实际上，在严重污染之前，不论是发酵还是提取与精制都会出现很多异常现象，这是最好的预报。根据这些预报及早采取措施，就能在噬菌体泛滥之前扑灭它。

发酵车间要有“敌情”观念，克服只看发酵产酸率、转化率，不管提取效果如何的思想，应高度重视经过一段正常生产后所出现的异常现象，尤其是监测有异常现象的产酸偏高，可能会导致产酸的大幅度下降，甚至倒罐。据了解，有的味精厂当噬菌体已严重污染并影响提取与精制时，对发酵已明显观测到的泡沫多、黏度大、发酵周期逐罐延长、发酵液发红、有异味等异常现象，仍不采取相应措施，很快导致连续倒罐，造成严重损失。事实上，在噬菌体的侵染还未造成严重危害之前，早已引起提取与精制的强烈反应，泡沫大、黏度大、色素深，难中和、难过滤，成品质量差，收率低。这是及时而有效的预报，生产中应随时了解发酵、提取与精制过程的动向，根据发酵、提取及精制中出现的异常现象进行连贯分析、对比，及时地做出正确的判断，采取措施，就能避免噬菌体的危害。

通过长期较系统的调查研究，对分离的噬菌体进行了鉴定。黄色短杆菌的所有分离物噬菌体形态相似，都是属于同一血清型，是长尾噬菌体科的成员。北京棒杆菌的噬菌体可归纳为4种血清型，都属于长尾噬菌体科。钝齿棒杆菌AS1.542和相关菌株B9以及天津短杆菌T6-13等，分离到近20株分离物。这些噬菌体共分为两种血清型，分别以B271和B275为代表株。这两株在生物学特性上有一个明显的差异，即它们在吸附过程中需要Ca^{2+}但又有明显的不同要求。其后，王家驯等从我国13个省、市、区39家谷氨酸生产厂所分离的T6-13噬菌体分为12个血清群，其中3个血清群（Ⅱ、Ⅲ、Ⅶ）为42株，占66.6%，存在于21个生产厂。以上3种细菌的噬菌体的宿主范围仅局限于原菌株，即宿主的专一性强，不发生交叉感染。

三、防治噬菌体对谷氨酸发酵的污染

战胜噬菌体对谷氨酸发酵的危害，必须采取防治结合、以防为主、防重于治的方针。具体措施主要有使用抗性菌株、利用药物和净化环境等，其中采用菌株管理和环境净化为中心的综合防治措施是根本的防治方法。

（一）合理使用抗性菌株

预防噬菌体危害，最简单的办法是使用噬菌体抗性菌种，即对噬菌体不敏感的菌种，也可以轮换使用对噬菌体敏感性弱的菌种。选育和使用抗噬菌体菌株是一种经济而有效的防治手段，早已被人们所认识。选育抗性菌株应注意以下标准：①对以前出现过的噬菌体都具有抗性；②不是溶原性菌株；③具有与原菌株相当或更高的生产能力；④不易发生回复突变。选育的步骤和方法应根据要求，首先考虑抗性和生产能力，此外也应照顾到发酵和提取的要求，选育成功的概率不仅与方法有关，也与出发菌株有关。初步选出的抗噬菌体菌株应用前应先进行环境中的再分离和测定，便于补充遗漏未收集到的噬菌体，通过再选育而获得真正实用的抗性菌株。

利用噬菌体处理敏感菌株可以得到抗性突变株。谷氨酸产生菌等菌种出现抗性突变的频率不高，可以用物理和化学诱变剂或多种理化因子复合处理，但选育发酵能力与原菌株相当的抗性菌株一般不那么容易。

如果有生产能力近似的另一菌株，也可像抗性菌株一样轮换使用。不论使用抗性菌株或使用不同菌株轮换，其目的在于暂时抑制噬菌体的发生，减少噬菌体增殖的机会，设法清除存在的噬菌体，为恢复正常生产创造必需条件。待相应检查后认为可以换用原种生产时，更换并保存抗性菌株，或定期轮换使用，其目的是设法减少环境中噬菌体的存在。这也是保持长期使用抗性菌株的一种手段。在不少地区出现季节性噬菌体污染时，阶段性使用抗性菌株具有更现实的意义。

但是，噬菌体本身会发生变异，已存在的噬菌体会在菌体内杂交产生新的噬菌体，仍有可能侵染抗性菌和弱敏感性菌。再者，抗性菌和弱敏感菌也有可能发生变异而成为敏感性菌，而且抗性菌的发酵水平往往降低，既不易获得具有原发酵水平而对噬菌体又有抗性的菌种。

（二）利用药物防治噬菌体

至今所用的药物分为两类：一类是阻止噬菌体吸附的药物，多系螯合剂；另一类是抑制噬菌体蛋白质合成或阻断其复制的药物，多系抗生素。此外，也有利用染料、抗坏血酸、杂蒽类等药物进行防治的。使用药物进行防治，应该考虑到有效和实用。所选择的药物的有效性，应针对具体情况进行研究和决定。如果所污染的噬菌体在吸附时需要二价阳离子或其他物质作为辅助因子，就可以添加螯合剂来阻止吸附。利用抗生素抑制噬菌体增殖较为复杂。由于抗生素成本高，不可能大罐使用，仅限于种子罐使用。在具体应用时，首先应选出耐药的产生菌，同时确定所污染的噬菌体在耐药产生菌正常生长的药物浓度内能受到抑制。不论使用哪一种抗生素或螯合剂，一定要先搞清通常污染的噬菌体及其受抑效果和浓度。其次需要考虑所选择的药物是否符合卫生和安全要求，凡对人体健康有害的药物，即使对防治谷氨酸产生菌的噬菌体有显著效果，也不应该考虑使用。

总的来说，使用药物可以预防噬菌体污染，但实用性不强。例如，0.5%草酸钠和草酸铵，或0.5%柠檬酸钠和柠檬酸铵，能抑制谷氨酸产生菌的噬菌体，但药物用量大，仅适用于种子扩大培养而不适用于发酵。

（三）采取以环境净化为中心的综合防治措施

这是防治噬菌体危害的根本措施。尽管采用噬菌体抗性菌株的方法是有效的，但综合防治措施越来越受到工厂的重视，许多有经验的单位，根据本身情况制定一套有效的综合措施，其关键措施是对净化空气高温处理杀灭噬菌体；严格无菌操作并向操作室通入高效过滤的空气，防止噬菌体侵入菌种培养物；严禁活菌体任意排放和杀灭环境噬菌体，不让噬菌体有孳生的机会；设备无渗漏，保持无菌部位正压，不让噬菌体有入侵机会。

1. 定期检查噬菌体

定期检查包括空气在内的环境中的噬菌体，以便了解噬菌体污染及其程度（数量的变化和分布），及时采取防治措施。通过双层或单层平板法检查，找出噬菌体较集中的地方和发酵液中噬菌体的数量，从而做出正确判断和采取相应的措施。

特别应注意溶原性噬菌体的检测，因为这种噬菌体侵染菌体后，隐藏在菌体的遗传物质DNA中，只引起部分菌体细胞破裂或不裂解菌体细胞，因此比较难发现其侵染。但是这种不增殖、无感染性的温和噬菌体一旦发生变异，就有可能转变成裂解菌体的烈性噬菌体，给生产带来很大的损失。此外，如果噬菌体污染严重，生产无法继续进行，可及早停产1~4周，待噬菌体自行灭亡后再生产，也能收到一定的防治效果。

2. 严禁活菌体任意排放

凡是污染噬菌体的发酵液、洗罐水、取样液等，都必须加热80℃以上或煮沸再排放；污染噬菌体的发酵罐排气时应将排出气体与蒸汽或与碱液、漂白粉液充分混合，以蒸汽混合对噬菌体的杀灭效果最好；一切带有产生菌活体的液体，包括提炼后的废液、发酵“跑液”、采样时排出的发酵液、洗罐水等，即使无菌体，也应引入下水道排放至远处；凡沾污发酵液的地面、墙壁、设备都应及时冲净，并将污水排入下水道；严防下水道堵塞或沉积污物。

3. 杀灭环境中噬菌体

发酵车间、空压机房以及周边环境，在平时应定期向地面喷洒漂白粉液（有效氯为0.5%）或次氯酸液，在噬菌体污染期间应定时喷洒这些药物；设备及其管路需彻底冲洗干净；被噬菌体污染的设备应使用蒸汽灭菌；房间内杀灭噬菌体，喷0.05%新洁尔灭、0.1%甲醛、0.05% $KMnO_4$、0.5%来苏尔以及 ClO_2 效果较好。

4. 杀灭压缩空气中噬菌体

据报道，空气压缩后150~180℃保持0.6s，可利用压缩空气本身高温做瞬间灭菌，能有效地杀灭杂菌和全部噬菌体。如果按气体经总过滤器后流速0.2~0.5m/s计（通常要求)，只需在 150℃ 高温下使气体在保温管道流通 0.3m 便能灭菌。当压缩空气温度为 130℃时，灭菌时间是 150℃灭菌时间的 50 倍，压缩空气需在保温管道中流通 15m。由此可见，将空压机排出气体一端的管道加保温层达 20m 而气体温度能保持在 130℃左右，就能有效地净化空气中所污染的噬菌体。

目前常用的棉花或 ND 过滤棉-活性炭过滤材料和金属过滤器 NF 型系列产品，都不能完全过滤空气中的噬菌体。至于聚乙烯醇缩甲醛纤维（维纶）等材料的过滤性能虽对除菌有效，但滤除噬菌体尚需做严格的试验。

5. 避免噬菌体侵袭菌种

菌种培养无菌操作时很难完全避免噬菌体入侵，一旦污染噬菌体，将会造成巨大损失，甚至停产（污染烈性噬菌体）。对此，必须严格达到以下两项要求：一是严格无菌操作，应在管口紧贴火焰的条件下移种；二是无菌操作室内须流通高效过滤空气（如用聚四氟乙烯过滤器过滤空气），人员进入无菌室后应流通一定时间的无噬菌体空气（排出原来空气，具体时间由检测噬菌体试验决定），然后再进行无菌操作，只有这样才能避免菌种培养物污染噬菌体。

6. 避免噬菌体侵入设备

不论任何时候，凡是无菌设备及其无菌管路，均必须保持正压，并确保无任何渗漏，以免外界空气被抽吸，带入噬菌体。

（四）谷氨酸发酵污染噬菌体后的挽救

谷氨酸发酵前期感染噬菌体，引起异常现象（不耗糖、不产酸），可采取以下措施加以挽救。

1. 并罐法

利用噬菌体只能在生长繁殖细胞中增殖的特点，当发现发酵罐初期污染噬菌体时，可采用并罐法，即将其他罐批发酵 16~18h 的发酵液，以等体积混合后分别发酵，利用其活力旺盛的种子，不进行加热灭菌，也不需另行补种，便可正常发酵。但要确认，并入罐的发酵液不能染杂菌，否则两罐都将染菌。

2. 菌种轮换或使用抗性菌株

发现噬菌体后，停止搅拌，小通风，降低 pH，立即培养要轮换的菌种或抗性种子，培养好后接入发酵罐，并补加 1/3 正常量的玉米浆（不调 pH）、磷盐及镁盐。如 pH 仍偏高，不开搅拌装置，适当通风，至 pH 正常、OD 值增长后，再开搅拌器进行正常发酵。

3. 放罐重消法

发现噬菌体后，放罐，调 pH（可用盐酸，不能用磷酸），补加 1/2 正常量的玉米浆和 1/3 正常量的水解糖，适当降低温度重新灭菌（连消或实消不大于 105℃），接入 2%种子培养液，继续发酵。

4. 罐内灭噬菌体法

发现噬菌体后，停止搅拌，小通风，降低 pH，间接加热到 70~80℃（大罐 70℃，小罐 80℃），并自顶盖计量器管道（或接种、加油管路）内通入蒸汽，自排气口排出。因噬菌体不耐热，加热可杀死发酵液内的噬菌体，通蒸汽杀死发酵罐空间及管道内的噬菌体。冷却后如 pH 过高，则停止搅拌，小通风，降低 pH，接入 2 倍量以上的原菌种，至 pH 正常后开始搅拌进行发酵。

有时无菌平板发现噬菌体，但在罐上 OD 值增长，pH、耗糖、产酸均正常，可照常规进行发酵。如生长略缓慢，pH 不是太高，耗糖产酸略缓慢，可适量补加玉米浆或补入少量同期的发酵液，照常规进行发酵。

当噬菌体污染情况严重，上述方法无法解决时，应调换菌种或停产全面消毒，待空间和环境噬菌体密度下降后，再恢复生产。

参考文献

［1］陈宁．氨基酸工艺学［M］．北京：中国轻工业出版社，2007.

［2］陈宁．氨基酸工艺学（第二版）［M］．北京：中国轻工业出版社，2020.

［3］姚汝华．微生物工程工艺原理［M］．北京：华南理工大学出版社，2002.

［4］陈必链．微生物工程［M］．北京：科学出版社，2010.

［5］罗大珍，林稚兰．现代微生物发酵及技术教程［M］．北京：北京大学出版社，2006.

第二篇
发酵法生产氨基酸

第七章　氨基酸生物合成途径及其调节机制和模式

第一节　氨基酸生物合成途径

不同微生物生物合成氨基酸的能力各不相同，能够合成氨基酸的种类也不完全相同。从合成原料来看，有的微生物能利用单糖（葡萄糖、果糖）、双糖（蔗糖、麦芽糖），有的能利用有机酸（乙酸）、CO_2。从合成氨基酸的种类来看，有的微生物可以合成全部构成蛋白质的氨基酸，有的则不能全部合成这些生物体所需的氨基酸，必须从其他生物中获得。凡是机体不能自己合成必需来自外界的氨基酸，称为必需氨基酸；凡机体能自己合成的氨基酸称为非必需氨基酸。

在氨基酸工业化发酵生产中，一般利用遗传突变解除反馈调节的微生物可积累较高浓度的氨基酸。这不仅因为微生物容易获得，而且应用遗传突变技术可获得能大量合成氨基酸的，具有各种特点的遗传突变株。但是，微生物合成氨基酸的能力差异很大，例如大肠杆菌可合成全部所需氨基酸，而乳酸菌却只能从外界获取某些氨基酸。虽然生物合成氨基酸的能力有种种差异，但仍可总结出氨基酸生物合成的某些共性。

不同微生物的氨基酸生物合成途径虽各异，但许多氨基酸生物合成都与几个中心代谢环节有密切联系，如糖酵解途径（EMP 途径）、磷酸戊糖途径（HMP 途径）、三羧酸循环（TCA 循环）等，如图 7-1 所示。因此可将这些代谢环节中的几个与氨基酸生物合成有密切关联的物质，看作氨基酸生物合成的起始物，并以这些起始物作为氨基酸生物合成途径的分类依据。也可将氨基酸生物合成分为谷氨酸族氨基酸、天冬氨酸族氨基酸、芳香族和杂环类氨基酸、支链氨基酸和丝氨酸族氨基酸等若干类型。

一、谷氨酸族氨基酸生物合成途径

谷氨酸族氨基酸是指一些氨基酸是由三羧酸循环的中间产物 α-酮戊二酸衍生而来。属于这种类型的氨基酸有谷氨酸、谷氨酰胺、脯氨酸和精氨酸。

（一）谷氨酸的生物合成

谷氨酸生物合成途径包括 EMP 途径、HMP 途径、TCA 循环、乙醛酸循环和丙酮酸羧化支路（CO_2固定反应）等。

1. 谷氨酸生物合成的主要酶反应

在谷氨酸发酵中，谷氨酸生物合成的主要酶反应有以下 3 种。

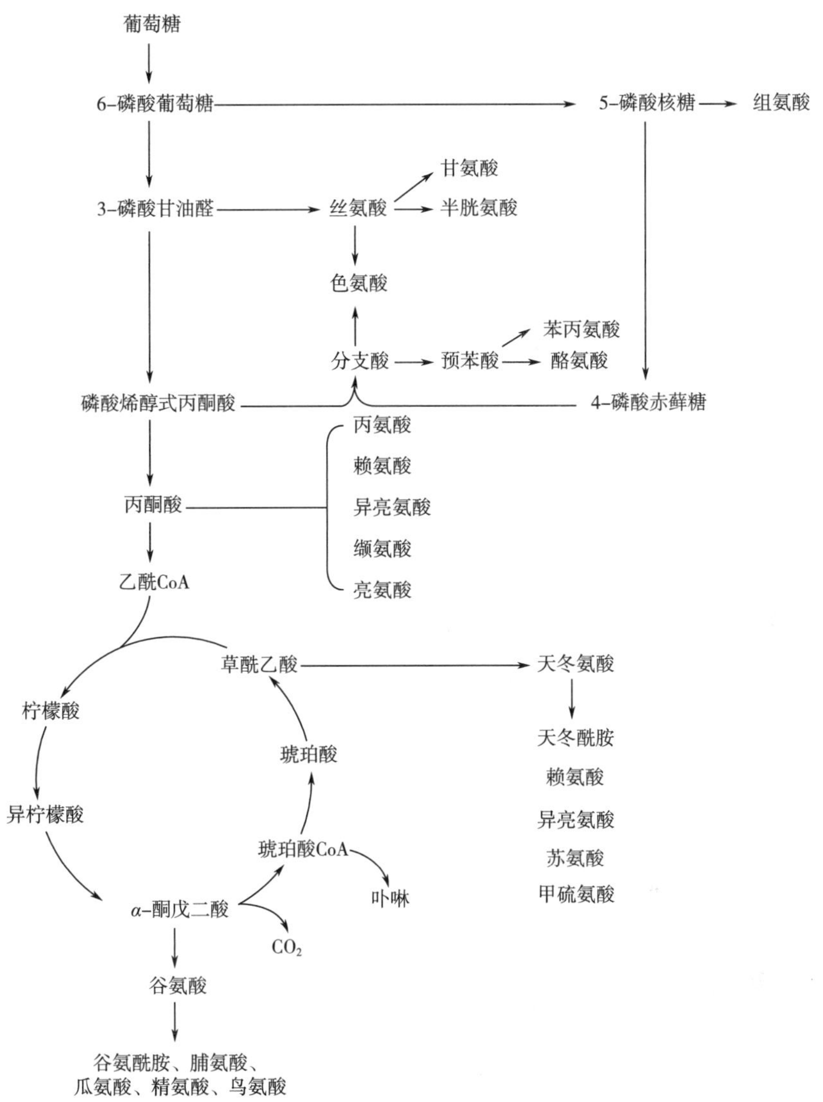

图 7-1　氨基酸生物合成途径与中心代谢环节

①谷氨酸脱氢酶催化的还原氨基化反应：α-酮戊二酸与游离氨经谷氨酸脱氢酶催化的反应，称为还原氨基化反应，可用下式表示：

$$\alpha\text{-酮戊二酸}+NADP+H^{+}+NH_4^{+} \xrightarrow{\text{谷氨酸脱氢酶}} \text{谷氨酸}+H_2O+NADP^{+}$$

②转氨酶催化的转氨反应：转氨基反应由转氨酶（或氨基转移酶）催化，将已存在的其他氨基酸的氨基，转移给 α-酮戊二酸，形成谷氨酸。转氨酶既催化氨基酸脱氨基又催化 α-酮酸氨基化，可用下式表示：

$$\alpha\text{-酮戊二酸}+\text{氨基酸} \xleftrightarrow{\text{转氨酶}} \text{谷氨酸}+\alpha\text{-酮酸}$$

③谷氨酸合成酶催化的反应：由谷氨酸合成酶催化的 α-酮戊二酸接受谷氨酰胺的酰胺基形成谷氨酸的反应。在这个反应中实际上形成了两个谷氨酸分子。可用下式表示：

$$\alpha\text{-酮戊二酸}+NADPH+H^{+}+\text{谷氨酰胺} \xrightarrow{\text{谷氨酸合成酶}} 2\text{谷氨酸}+NADP^{+}$$

以上三个反应中，由于在谷氨酸产生菌中谷氨酸脱氢酶的活力很强，因此还原氨基化是主导性反应。

2. 谷氨酸发酵的生物合成途径

谷氨酸生物合成的主要途径是 α-酮戊二酸的还原性氨基化，是通过谷氨酸脱氢酶完成的。α-酮戊二酸是谷氨酸合成的直接前体，它来源于 TCA 循环中间代谢产物。由葡萄糖生物合成谷氨酸的代谢途径如图 7-2 所示，至少有 16 步酶促反应。

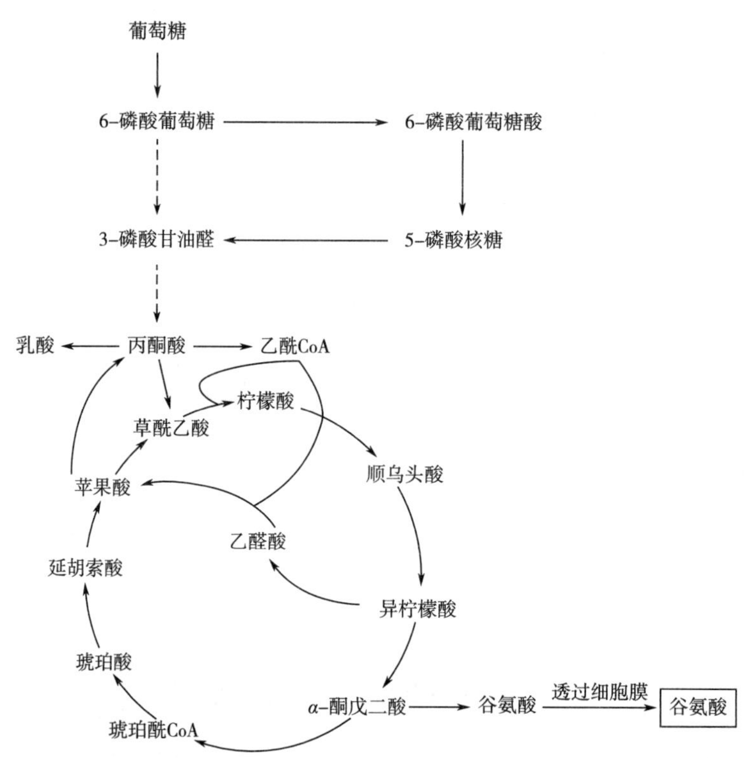

图 7-2　由葡萄糖生物合成谷氨酸的代谢途径

①葡萄糖首先经 EMP 和 HMP 两个途径生成丙酮酸，其中以 EMP 途径为主，生物素充足时 HMP 所占比例是 38%；在发酵产酸期控制生物素亚适量，EMP 所占的比例更大，HMP 所占比例约为 26%。

②生成的丙酮酸，一部分在丙酮酸脱氢酶系的作用下氧化脱羧生成乙酰 CoA，另一部分经 CO_2 固定反应生成草酰乙酸或苹果酸，催化 CO_2 固定反应的酶有磷酸烯醇式丙酮酸羧化酶、丙酮酸羧化酶和苹果酸酶。CO_2 固定反应如下：

$$磷酸烯醇式丙酮酸+CO_2+GDP(或IDP) \xrightleftharpoons{磷酸烯醇式丙酮酸羧化酶} 草酰乙酸+GTP(或ITP)$$

$$丙酮酸+CO_2+ATP \xrightleftharpoons{丙酮酸羧化酶} 草酰乙酸+ADP+Pi$$

$$丙酮酸+CO_2+NAD(P)H+H^+ \xrightleftharpoons{苹果酸酶} 苹果酸+NAD(P)^+$$

③草酰乙酸与乙酰 CoA 在柠檬酸合成酶催化作用下，缩合成柠檬酸，进入 TCA 循环，柠檬酸在顺乌头酸酶的作用下生成异柠檬酸，异柠檬酸再在异柠檬酸脱氢酶的作用下生成 α-酮戊二酸，α-酮戊二酸是谷氨酸合成的直接前体。

④α-酮戊二酸在谷氨酸脱氢酶作用下经还原氨基化反应生成谷氨酸。

由上述谷氨酸生物合成的途径可知，由葡萄糖生物合成谷氨酸的总反应方程式如下所示：

$$C_6H_{12}O_6+NH_3+1.5O_2 \longrightarrow C_5H_9O_4N+CO_2+3H_2O$$

由上式可以看出，由于 1mol 葡萄糖可以生成 1mol 谷氨酸，因此谷氨酸生物的理论糖酸转化率为 81.7%。

3. 乙醛酸循环的作用

由于 TCA 循环的缺陷（谷氨酸产生菌的 α-酮戊二酸脱氢酶活力微弱，即 α-酮戊二酸氧化能力微弱），为了获得能量和产生生物合成反应所需的中间产物，在谷氨酸发酵的菌体生长期，需要异柠檬酸裂解酶催化反应，走乙醛酸循环途径。乙醛酸循环中关键酶是异柠檬酸裂解酶和苹果酸合成酶，它们催化的反应如下：

$$异柠檬酸 \xrightarrow{异柠檬酸裂解酶} 乙醛酸+琥珀酸$$

$$乙醛酸+乙酰CoA \xrightarrow{苹果酸合成酶} 苹果酸$$

乙醛酸循环中生成的四碳二羧酸，如琥珀酸、苹果酸仍可返回 TCA 循环，因此，乙醛酸循环途径可看作 TCA 循环的支路和中间产物的补给途径。谷氨酸产生菌通过图 7-2 中所示的乙醛酸循环途径进行代谢，提供四碳二羧酸及菌体合成所需的中间产物等。但是，在菌体生长期后期即进入谷氨酸生成期，为了大量生成和积累谷氨酸，最好没有异柠檬酸裂解酶催化反应，封闭乙醛酸循环。这就说明在谷氨酸发酵中，菌体生长期的最适条件和谷氨酸生成积累期的最适条件是不一样的。在菌体基本生长之后，理想的谷氨酸生物合成所需的四碳二羧酸 100%通过 CO_2 固定反应供给，则理论糖酸转化率为 81.7%。

倘若 CO_2 固定反应完全不起作用，丙酮酸在丙酮酸脱氢酶的催化作用下，脱氢脱羧全部氧化成乙酰 CoA，通过乙醛酸循环供给四碳二羧酸，则反应如下：

$$3C_6H_{12}O_6 \longrightarrow 6丙酮酸 \longrightarrow 6乙酸+6CO_2$$

$$6乙酸+2NH_3+3O_2 \longrightarrow 2C_5H_9O_4N+2CO_2+6H_2O$$

由上式可以看出，由于3mol葡萄糖只可以生成2mol谷氨酸，因此理论糖酸转化率仅为54.4%。实际谷氨酸发酵时，因发酵控制的好坏，加之菌体生长、生物合成消耗的能量、副产物和残糖等消耗了一部分糖，所以实际糖酸转化率为54.4%~81.7%。因此，当以葡萄糖为碳源时，CO_2固定反应与乙醛酸循环的比率，对谷氨酸产率有直接影响，乙醛酸循环活性越高，谷氨酸生成收率越低。因此，在糖质原料发酵生产谷氨酸时，应尽量提高通过CO_2固定反应供给四碳二羧酸。

（二）谷氨酰胺的生物合成

谷氨酰胺的生物合成步骤如图7-3所示。由葡萄糖经α-酮戊二酸先合成谷氨酸。因谷氨酰胺产生菌的谷氨酰胺合酶活力增加，而催化谷氨酰胺分解为谷氨酸的谷氨酰胺酶活力受到抑制，从而使谷氨酰胺大量积累生成。

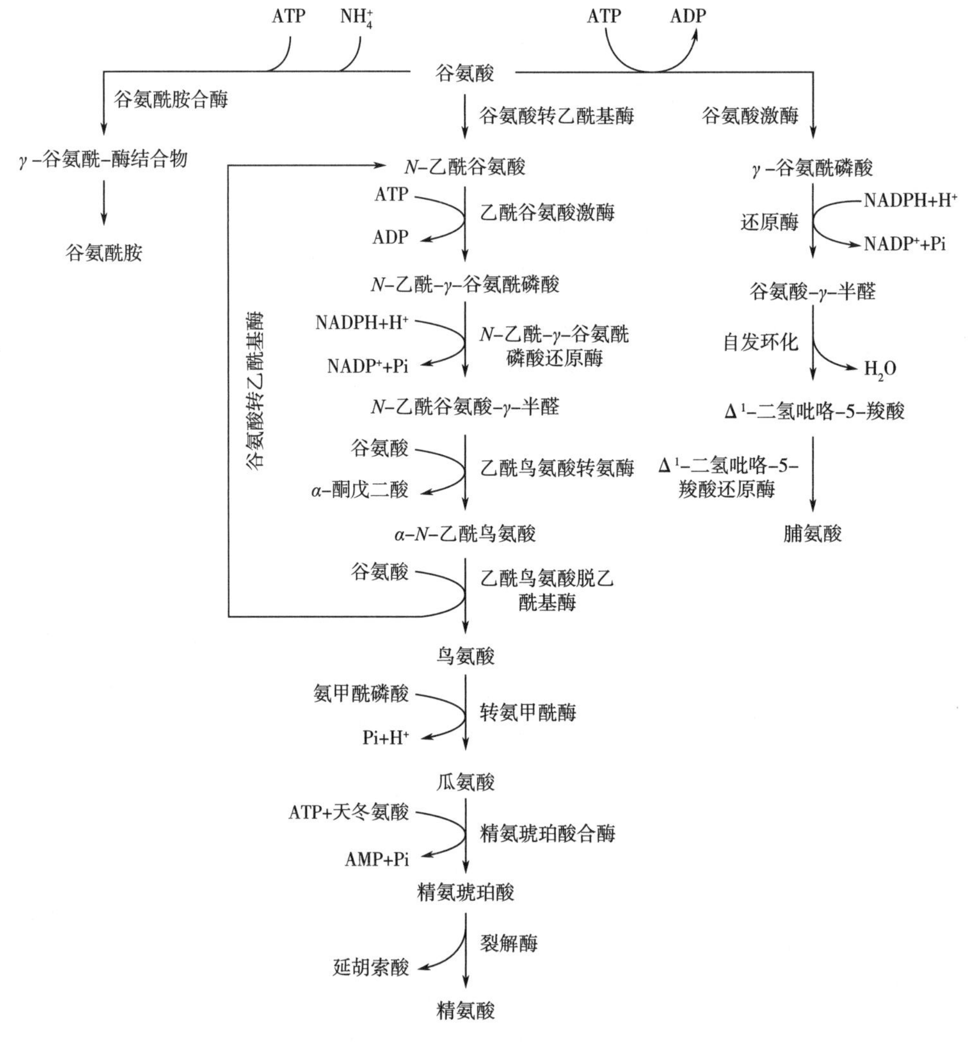

图7-3 由谷氨酸生成其他谷氨酸族氨基酸的生物合成途径

（三）脯氨酸的生物合成

脯氨酸的生物合成步骤如图 7-3 所示。谷氨酸的 γ-羧基还原形成谷氨酸-γ-半醛，然后自发环化形成五元环化合物 Δ^1-二氢吡咯-5-羧酸，再由 Δ^1-二氢吡咯-5-羧酸还原酶催化还原形成脯氨酸。

（四）精氨酸的生物合成

精氨酸也是由谷氨酸经过多步反应形成，其生物合成途径如图 7-3 所示。谷氨酸先由谷氨酸转乙酰基酶催化乙酰化，形成 *N*-乙酰谷氨酸，经乙酰谷氨酸激酶作用由 ATP 上转移一个高能磷酸基团，形成 *N*-乙酰-γ-谷氨酰磷酸，再经 *N*-乙酰-γ-谷氨酰磷酸还原酶以 NADPH 为辅酶的作用形成 *N*-乙酰谷氨酸-γ-半醛，又经 *N*-乙酰谷氨酸-γ-半醛转氨酶的作用，自谷氨酸分子转移一个 α-氨基，形成 α-*N*-乙酰鸟氨酸，经酶促脱去乙酰基（脱乙酰基作用或转乙酰基作用），形成鸟氨酸。鸟氨酸接受由转氨甲酰酶催化，自氨甲酰磷酸转移的氨甲酰基形成瓜氨酸。瓜氨酸在精氨琥珀酸合酶的催化下，与天冬氨酸结合形成精氨琥珀酸。精氨琥珀酸在裂解酶的作用下，形成精氨酸，同时产生延胡索酸。

谷氨酸 α-氨基的乙酰化，可使氨基受到保护，以利于羧基的活化和还原，并防止发生环化作用，使反应向形成精氨酸的方向进行。乙酰基团可通过谷氨酸转乙酰基酶的作用，在全部合成反应中得到保证。

二、天冬氨酸族氨基酸生物合成途径

天冬氨酸族氨基酸是指一些氨基酸由草酰乙酸衍生而来的一些氨基酸。属于这种类型的氨基酸有天冬氨酸、天冬酰胺、赖氨酸、甲硫氨酸、苏氨酸、高丝氨酸和异亮氨酸。异亮氨酸将在分支链氨基酸部分进行详述。

（一）天冬氨酸的生物合成

葡萄糖经 EMP 途径生成丙酮酸，丙酮酸经 CO_2 固定反应生成草酰乙酸，草酰乙酸接受由谷氨酸转来的氨基形成天冬氨酸。催化这一反应的酶称为谷氨酸-草酰乙酸转氨酶，简称谷草转氨酶。天冬氨酸的合成反应可用下式表示：

$$\text{草酰乙酰+谷氨酸} \xrightarrow{\text{谷草转氨酶}} \text{天冬氨酸+}\alpha\text{-酮戊二酸}$$

（二）天冬酰胺的生物合成

在细菌中天冬酰胺由天冬酰胺合酶催化NH_4^+与天冬氨酸的合成，该酶需 ATP 参与作用，ATP 在反应中降解为 AMP 和 PPi。在这个反应中，也可能包括一个形成与酶结合的 β-天冬酰腺苷酸中间物的步骤（图 7-4）。

天冬酰胺和谷氨酰胺生物合成的机制有许多类似之处，主要的不同是在谷氨酰胺生物合成反应中 ATP 转变成 ADP 和 Pi，而天冬酰胺生物合成反应中 ATP 则形成 AMP 和 PPi。在微生物体内有催化 PPi 水解为 2Pi 的焦磷酸酶。这一水解反应可释放约 34kJ 能量，因

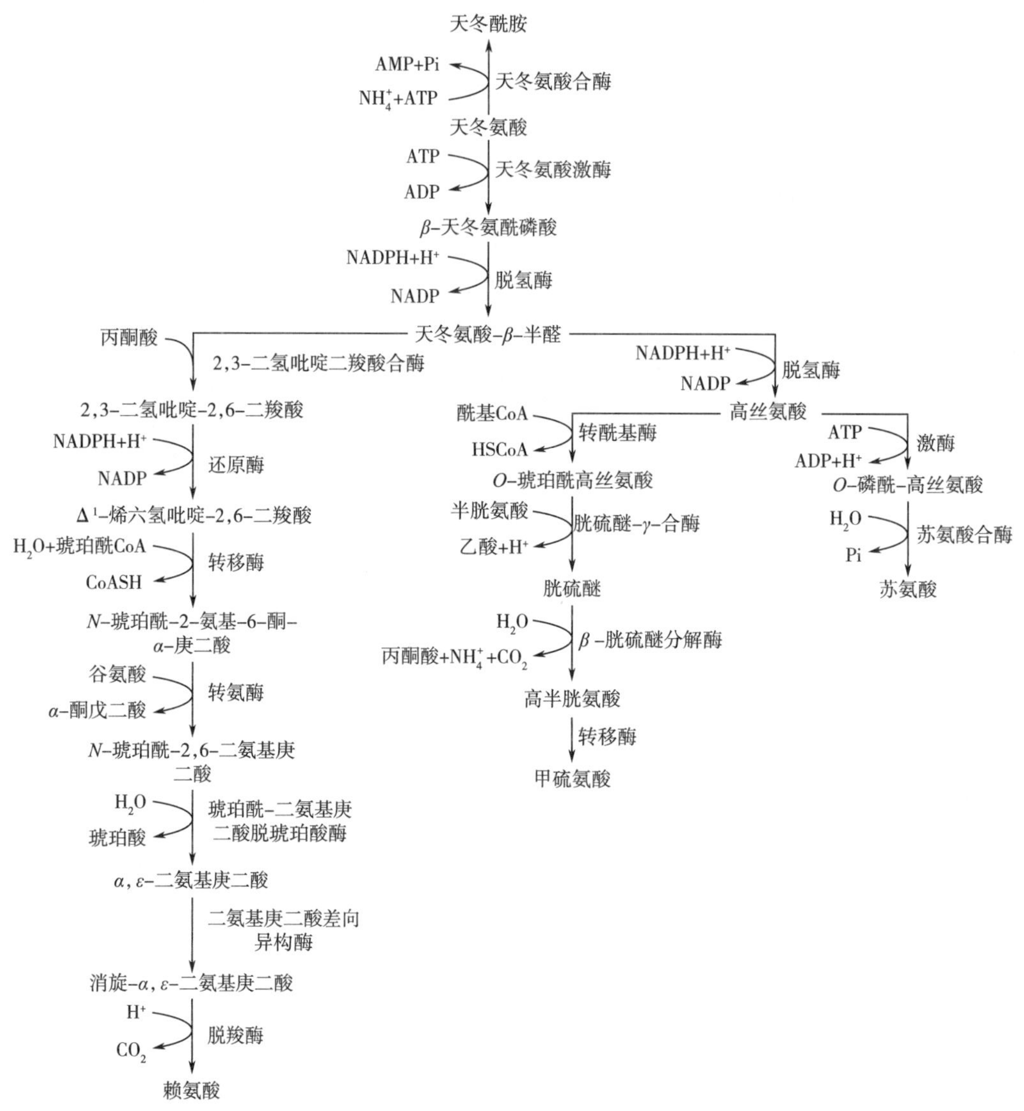

图 7-4　由天冬氨酸生成天冬氨酸族氨基酸的生物合成途径

此，天冬酰胺的生物合成反应比谷氨酰胺的生物合成反应更易于进行。

（三）赖氨酸的生物合成

在已知的具有赖氨酸生物合成途径的微生物中，可以将赖氨酸生物合成途径划分为两个完全不同的途径，即二氨基庚二酸途径（DAP）和α-氨基己二酸途径（AAA），至今还没有证据表明两者之间存在必然的进化关系。

1. 二氨基庚二酸途径

二氨基庚二酸途径是天冬氨酸族氨基酸生物合成途径中的一部分。由天冬氨酸作为起始物的赖氨酸生物合成途径如图 7-4 所示。首先要使天冬氨酸的β-羧基还原。该反应需 ATP 活化羧基。催化此反应的酶为天冬氨酸激酶。这一还原反应和谷氨酸羧基的还原以及

3-磷酸甘油酸还原为3-磷酸甘油醛的情况都很相似，羧基活化后，形成β-天冬氨酰磷酸，再由天冬氨酸半醛脱氢酶催化还原。参与天冬氨酸还原反应的辅酶是 NADPH。还原的产物是天冬氨酸-β-半醛。天冬氨酸-β-半醛与丙酮酸缩合形成一个环状化合物称为2,3-二氢吡啶-2,6-二羧酸。催化天冬氨酸-β-半醛和丙酮酸缩合的酶称为2,3-二氢吡啶-2,6-二羧酸合酶。该酶受赖氨酸抑制。2,3-二氢吡啶-2,6-二羧酸又以 NADPH 为辅酶的还原酶还原为Δ^1-烯六氢吡啶-2,6-二羧酸（又称2,3,4,5-四氢吡啶-2,6-二羧酸）。该二羧酸与琥珀酰 CoA 作用形成N-琥珀酰-ε-酮-α-氨基庚二酸。在有些生物体内则由乙酰基代替琥珀酰基。ε-酮基通过与谷氨酸的转氨基作用而形成氨基，使N-琥珀酰-ε-酮-α-氨基庚二酸转变为N-琥珀酰-二氨基庚二酸。在琥珀酰-二氨基庚二酸脱琥珀酸酶的作用下，脱去琥珀酸形成α,ε-二氨基庚二酸。在二氨基庚二酸差向异构酶的作用下，形成消旋-α,ε-二氨基庚二酸。再经二氨基庚二酸脱羧酶的作用，脱去羧基形成赖氨酸。

2. α-氨基己二酸途径

α-氨基己二酸途径是谷氨酸族氨基酸生物合成途径中的一部分。在这一途径中有8个步骤涉及赖氨酸的生物合成，并且需要耦合α-酮戊二酸和乙酰 CoA 形成α-二氨基乙酸和酵母氨酸作为中间产物。α-氨基己二酸途径是指首先利用高异柠檬酸合成酶、顺高乌头酸酶/高乌头酸合酶和异柠檬酸脱氢酶催化α-酮戊二酸生成α-氨基己二酸，再经过α-氨基己二酸还原酶、酵母氨酸还原酶和酵母氨酸脱氢酶催化生成赖氨酸。该途径主要存在于高等真菌（如酵母菌和霉菌）及古细菌中，途径中的部分酶还涉及精氨酸和亮氨酸的生物合成。

（四）甲硫氨酸的生物合成

甲硫氨酸的生物合成途径如图7-4所示。由天冬氨酸开始直至形成天冬氨酰-β-半醛的过程和合成赖氨酸的一段过程完全相同。天冬氨酰-β-半醛在以 NADPH 为辅酶的脱氢酶作用下还原，形成高丝氨酸。

由高丝氨酸转变为甲硫氨酸不只一条途径。高丝氨酸的酰基化过程有很多不同方式。形成O-琥珀酰高丝氨酸转变为高半胱氨酸也有不同的途径。在细菌中，由胱硫醚-γ-合酶催化与半胱氨酸作用先形成胱硫醚，再由β-胱硫醚分解酶作用形成高半胱氨酸。高半胱氨酸接受由N^5-甲基四氢叶酸转来的甲基（由转移酶催化）形成甲硫氨酸。

（五）苏氨酸的生物合成

苏氨酸的生物合成过程中，从天冬氨酸开始直到形成高丝氨酸与甲硫氨酸的步骤是完全相同的，高丝氨酸在其激酶作用下在羟基位置转移 ATP 上一个磷酸基团形成O-磷酰-高丝氨酸，再经苏氨酸合酶作用，水解下磷酸基团形成苏氨酸（图7-4）。纵观上述赖氨酸、甲硫氨酸和苏氨酸的生物合成，可看出这三种氨基酸有一段共同的生物合成途径，由天冬氨酸为共同起点都需经过β-羧基的还原，形成的天冬氨酸-β-半醛是一个分支点化合物，赖氨酸的生物合成即由此物质分道，甲硫氨酸和苏氨酸的生物合成还共同经过高丝氨酸再分道，高丝氨酸也是分支点化合物。

三、芳香族氨基酸和杂环类氨基酸的生物合成途径

在合成蛋白质中有三种含苯环氨基酸称为芳香族氨基酸，即苯丙氨酸、酪氨酸和色氨酸以及比较特殊的杂环类氨基酸——组氨酸。在所有微生物中，芳香族氨基酸的生物合成都开始于 EMP 途径的中间物磷酸烯醇式丙酮酸和磷酸戊糖途径的中间物 4-磷酸赤藓糖的合成，经过莽草酸途径形成分支酸，进而由分支酸通过分支途径形成色氨酸、苯丙氨酸和酪氨酸。色氨酸除需要 4-磷酸赤藓糖和磷酸烯醇式丙酮酸外，还需要 5-磷酸核糖-1-焦磷酸和丝氨酸。

（一）芳香族氨基酸合成的共同途径（莽草酸途径）

芳香族氨基酸的生物合成途径有 7 步反应是共同的，合成起始物是 4-磷酸赤藓糖和磷酸烯醇式丙酮酸，二者缩合形成 3-脱氧-α-阿拉伯庚酮糖酸-7-磷酸（DAHP）（图 7-5）。

在大肠杆菌和谷氨酸棒杆菌中，催化芳香族氨基酸的生物合成途径第一步反应的酶是 3-脱氧-D-阿拉伯庚酮糖-7-磷酸合成酶。在大肠杆菌中，由 3 个基因 *aroG*、*aroF* 和 *aroH* 编码 DAHP 合成酶的同工酶，且这三个基因分别对苯丙氨酸、酪氨酸和色氨酸敏感。

第一步反应是脱氢奎尼酸合成酶催化 DAHP 生成 3-脱氢奎尼酸。大肠杆菌的脱氢奎尼酸合成酶需要二价阳离子，这个反应是中性条件下的氧化还原反应，此外还生成了大量的 NAD。下一步的反应是 3-脱氢奎尼酸脱去水分子生成 3-脱氢莽草酸，这一反应由脱氢奎尼酸脱水酶催化，同时向环中引入第一个双键。随后，3-脱氢莽草酸由莽草酸脱氢酶催化生成莽草酸。在大肠杆菌中，莽草酸激酶催化莽草酸磷酸化生成 3-磷酸莽草酸。

第二个磷酸烯醇式丙酮酸分子是在第六步反应时参与芳香族氨基酸合成的。5-烯醇式丙酮酰-莽草酸-3-磷酸（EPSP）合成酶催化磷酸烯醇式丙酮酸和 3-磷酸莽草酸缩合生成 EPSP。磷酸烯醇式丙酮酸提供了三个碳原子，生成了苯丙氨酸和酪氨酸的侧链，而在色氨酸生物合成中这三个碳原子将会被代替。最后一步反应是由分支酸合成酶催化 EPSP 生成分支酸。这步反应引入了第二个双键，形成环己二烯环状结构。

可以把莽草酸看作合成此三种芳香族氨基酸的共同前体，因此可将芳香族氨基酸合成相同的一段过程称为莽草酸途径。这一途径指的是以莽草酸为起始物直至形成分支酸的一段过程。具体步骤如图 7-5 所示。分支酸是芳香族氨基酸生物合成途径的分支点。在分支酸以后即分为两条途径，其中一条是形成苯丙氨酸和酪氨酸，另一条是形成色氨酸。

（二）由分支酸形成苯丙氨酸和酪氨酸

如图 7-5 所示，分支酸在分支酸变位酶作用下，转变为预苯酸。虽然苯丙氨酸和酪氨酸都以预苯酸作为由分支酸转变的第一步反应，但它们的生物合成却是通过两条不同的途径。

（1）分支酸形成苯丙酮酸经过两个步骤，都是由一个酶催化的 称为分支酸变位酶（预苯酸脱水酶），该酶先将分支酸转变为预苯酸。酶蛋白和预苯酸结合在一起，由同一个

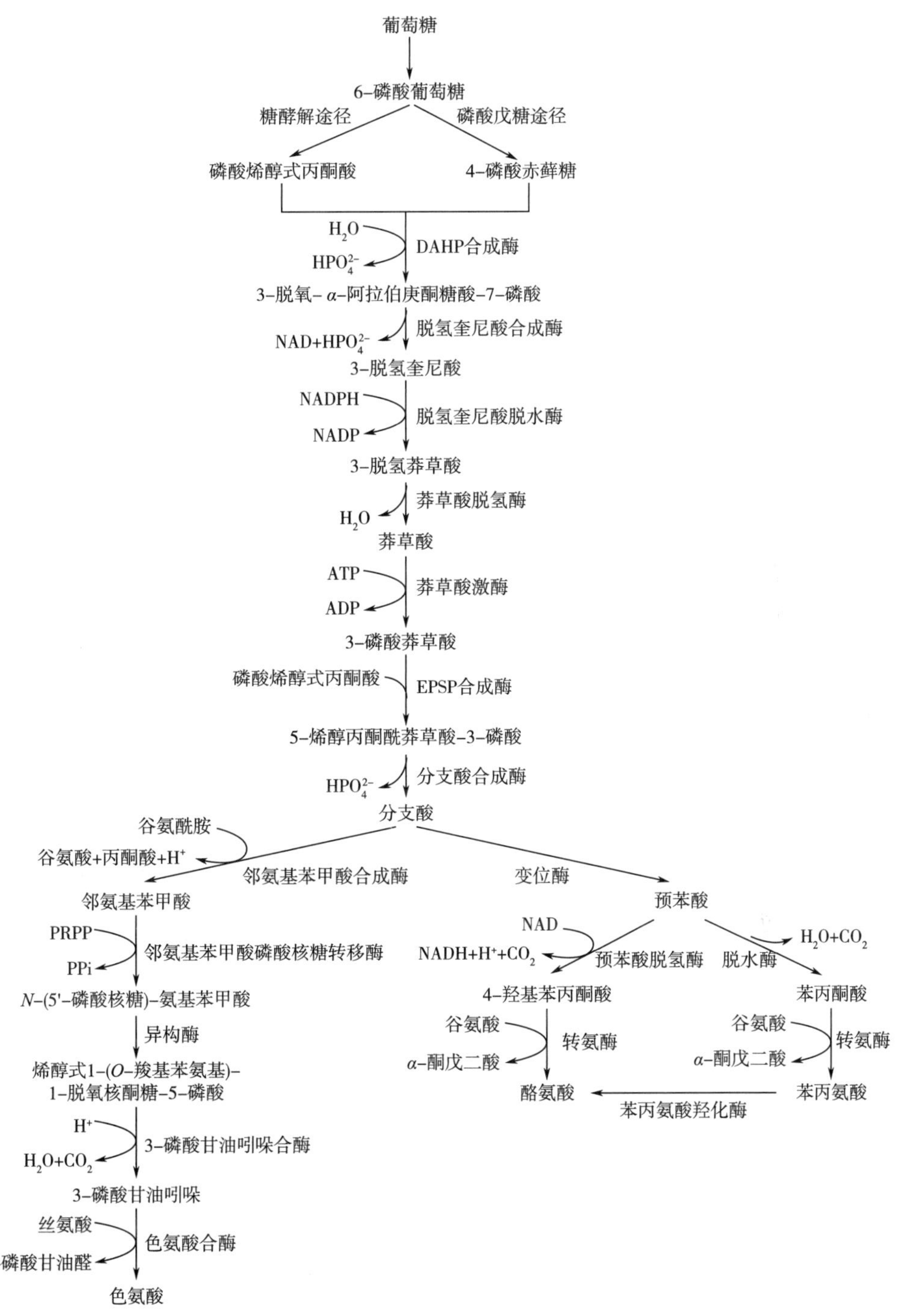

图 7-5 大肠杆菌中芳香族氨基酸的生物合成途径

酶脱水、脱羧，将预苯酸转变为苯丙酮酸。苯丙酮酸在转氨酶作用下，与谷氨酸进行转氨形成苯丙氨酸。

（2）需 NAD 分支酸变位酶 预苯酸脱氢酶催化分支酸形成 4-羟基苯丙酮酸也是先形

成与它结合在一起的预苯酸中间产物再脱氢、脱羧，形成4-羟基苯丙酮酸。4-羟基苯丙酮酸再与谷氨酸进行转氨即形成酪氨酸。预苯酸无论转变为苯丙酮酸或4-羟基苯丙酮酸都需脱去羧基同时脱水或脱氢。这一步骤也可视为“成环”即形成芳香环的最后步骤。酪氨酸的生物合成除上述途径外，还可由苯丙氨酸羟基化而形成。催化此反应的酶称为苯丙氨酸羟化酶，又称苯丙氨酸-4-单加氧酶。

（三）由分支酸形成色氨酸

大肠杆菌中色氨酸的生物合成途径如图7-5所示。色氨酸分支途径的第一步反应是经邻氨基苯甲酸合成酶催化，分支酸通过氨基化和芳香化生成邻氨基苯甲酸，同时伴随着通过β-消除作用以丙酮酸形式脱去分支酸的烯醇式丙酮酸侧链，其中氨或谷氨酰胺可以作为邻氨基苯甲酸合成酶的氨供体。第二步是邻-氨基苯甲酸在邻-氨基苯甲酸磷酸核糖转移酶作用下，将5′-磷酸核糖-1′-焦磷酸（PRPP）的5′-磷酸核糖部分转移到邻-氨基苯甲酸的氨基上，同时脱掉一个焦磷酸分子，形成*N*-(5′-磷酸核糖)-氨基苯甲酸。核糖的C_1和C_2为吲哚环的形成提供两个碳原子。第三步的转变是在同分异构酶作用下，核糖的呋喃环被打开进行互变异构，转变为烯醇式1-(*O*-羧基苯氨基)-1-脱氧核酮糖-5-磷酸。又在3-磷酸甘油吲哚合酶作用下环化，形成3-磷酸甘油吲哚。最后一步是3-磷酸甘油吲哚在色氨酸合酶作用下借助辅酶磷酸吡哆醛与丝氨酸加合，同时除去3-磷酸甘油醛形成色氨酸。

在其他微生物中，色氨酸的生物合成途径及其编码基因的序列可能略有不同，但是整体的合成途径是保守的。通过上述的合成反应，从色氨酸碳原子和氮原子的来源可看到，吲哚环上苯环的C_1和C_6来源于磷酸烯醇式丙酮酸；C_2、C_3、C_4和C_5来源于4-磷酸赤藓糖。色氨酸吲哚环的氨原子来源于谷氨酰胺的酰胺氮，吲哚环的C_7和C_8来源于5′-磷酸核糖-1′-焦磷酸，色氨酸的侧链部分来源于丝氨酸（图7-6）。

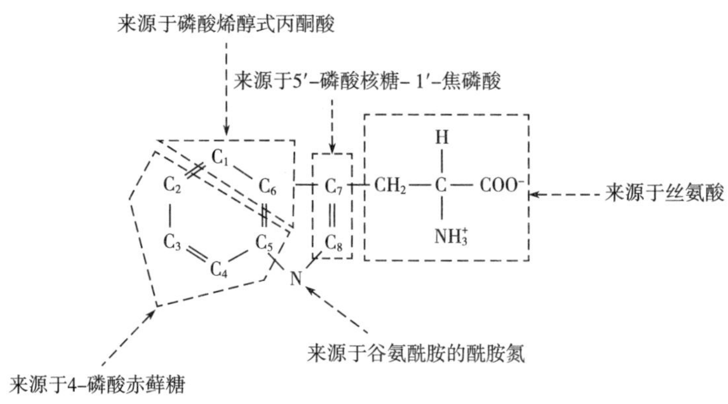

图7-6　色氨酸碳原子和氮原子的来源

（四）组氨酸的生物合成

组氨酸生物合成有9种酶参与催化，共经过10步特殊反应，如图7-7所示。

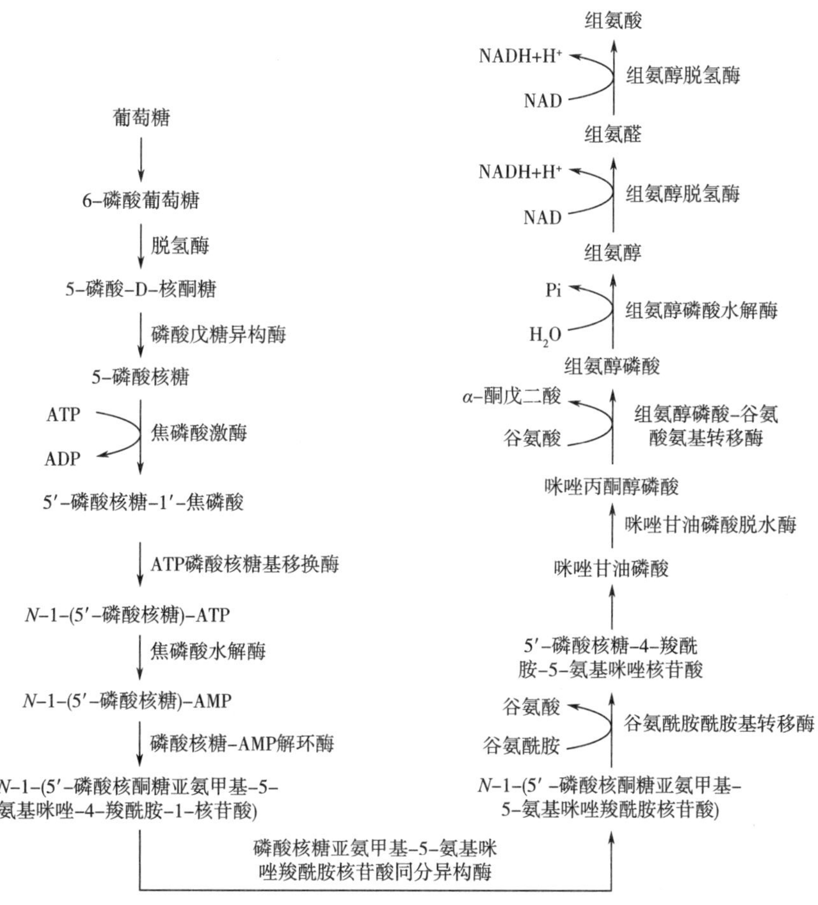

图 7-7　大肠杆菌中组氨酸的生物合成途径

合成的第 1 步是 5′-磷酸核糖-1′-焦磷酸的 5′-磷酸核糖部分转移到 ATP 分子上，与 ATP 嘌呤环的第一个氮原子形成以 *N*-糖苷键相连的化合物 *N*-1-(5′-磷酸核糖)-ATP。第 2 步，上述化合物的 ATP 部分水解除掉一个焦磷酸分子形成 *N*-1-(5′-磷酸核糖)-AMP。第 3 步，在磷酸核糖-AMP 解环酶作用下，上述 *N*-1-(5′-磷酸核糖)-AMP 的嘌呤环在 C_6 和 N_1之间被打开，形成 *N*-1-(5′-磷酸核酮糖亚氨甲基)-5-氨基咪唑-4-羧酰胺-1-核苷酸。第 4 步，由磷酸核糖亚氨甲基-5-氨基咪唑羧酰胺核苷酸同分异构酶打开核糖的呋喃环，将其转变为酮糖，形成 *N*-1-(5′-磷酸核酮糖亚氨甲基)-5-氨基咪唑-4-羧酰胺核苷酸。第 5 步，由谷氨酰胺酰胺基转移酶催化形成咪唑甘油磷酸和 5-氨基咪唑-4-羧酰胺核苷酸。在第 5 步中，谷氨酰胺的酰胺基使亚氨甲基键断裂，并紧接着环化形成咪唑环，谷氨酰胺的酰胺氮即进入了组氨酸咪唑环 N_1的位置，咪唑环的 N_2、C_5来源于起始步骤中 ATP 的嘌呤环，咪唑甘油磷酸其余的 5 个碳原子都来源于 5′-磷酸核糖-1′-焦磷酸。第 6 步，咪唑甘油磷酸脱水酶催化脱水，生成的烯醇式产物互变异构形成咪唑丙酮醇磷酸。第 7 步，需谷氨酸的 L-组氨醇磷酸-谷氨酸氨基移换酶将谷氨酸的氨基转移到咪唑丙酮醇磷酸上，形成 L-组氨醇磷酸。第 8 步，组氨醇磷酸水解酶将上述磷酸酯水解生成组氨醇。第 9 步和第 10 步都是由需 NAD 的组氨醇脱氢酶将组氨醇连续脱氢，第一次脱氢形成组氨醛，第二次则生成组氨酸。

四、分支链氨基酸及丙氨酸生物合成途径

在异亮氨酸、亮氨酸和缬氨酸的分子中，由于它们都具有甲基侧链所形成的分支链结构，故称上述 3 种氨基酸为分支链氨基酸。异亮氨酸的 6 个碳原子有 4 个来自天冬氨酸，只有 2 个来自丙酮酸，所以一般将异亮氨酸的生物合成列入天冬氨酸类型。在异亮氨酸生物合成过程中有 4 种酶和缬氨酸合成中的酶是相同的，而缬氨酸的生物合成属于丙酮酸衍生类型，因此异亮氨酸的生物合成也可视为丙酮酸衍生类型。鉴于异亮氨酸和缬氨酸生物合成中有 4 种酶是相同的，异亮氨酸的生物合成途径将和缬氨酸共同讨论（图 7-8）。

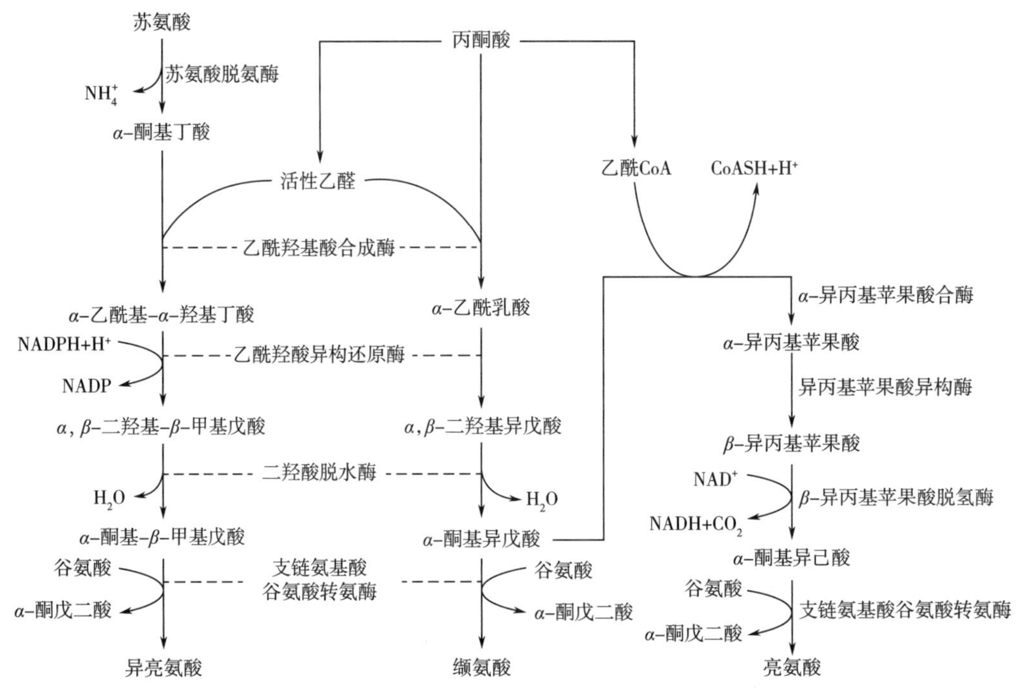

图 7-8　分支链氨基酸的生物合成途径

（一）缬氨酸和异亮氨酸的生物合成

缬氨酸和异亮氨酸的生物合成途径如图 7-8 所示。葡萄糖经酵解途径生成磷酸烯醇式丙酮酸，磷酸烯醇式丙酮酸经二氧化碳固定反应生成草酰乙酸，经氨基化反应生成天冬氨酸；天冬氨酸在天冬氨酸激酶催化作用下，生成天冬氨酸半醛；天冬氨酸半醛在高丝氨酸脱氢酶的催化下生成高丝氨酸；高丝氨酸在高丝氨酸激酶的催化下生成苏氨酸，苏氨酸是异亮氨酸生物合成的前体物质。苏氨酸经苏氨酸脱氨酶作用生成 α-酮丁酸。生成异亮氨酸的第一步是由乙酰羟基酸合成酶催化 α-酮丁酸与活性乙醛基缩合。活性乙醛基可能是

乙醛基与α-羟乙基硫胺素焦磷酸结合的产物。醛基是由丙酮酸脱羧而成。缩合后所形成的产物是α-乙酰-α-羟基丁酸。α-乙酰-α-羟基丁酸进行甲基、乙基的自动位移，产物经二羟酸脱水酶催化脱水后形成α-酮基-β-甲基戊酸，再经支链氨基酸谷氨酸转氨酶的转氨作用形成异亮氨酸。

丙酮酸是缬氨酸生物合成的前体物质。丙酮酸在乙酰羟基酸合成酶的催化下形成α-乙酰乳酸，α-乙酰乳酸在乙酰羟酸（同分）异构还原酶的催化下发生甲基自动移位，形成α,β-二羟基异戊酸。该产物经二羟酸脱水酶催化脱水后形成α-酮基异戊酸，α-酮基异戊酸在支链氨基酸谷氨酸转氨酶的作用下形成缬氨酸。生成 1mol 缬氨酸需要 1mol 丙酮酸、1mol 谷氨酸和 1mol NADPH（主要来自 HMP 途径）。

（二）亮氨酸的生物合成

亮氨酸的生物合成途径从丙酮酸开始直至形成α-酮异戊酸和缬氨酸的生物合成途径完全相同（图 7-8）。α-酮异戊酸在α-异丙基苹果酸合酶作用下，由乙酰 CoA 转来酰基形成α-异丙基苹果酸，后者在α-异丙基苹果酸（同分）异构酶作用下形成β-异丙基苹果酸。再经以 NAD^+ 为辅助因子的β-异丙基苹果酸脱氢酶作用形成α-酮基异己酸，后者再由支链氨基酸谷氨酸转氨酶催化与谷氨酸转氨基形成亮氨酸。缬氨酸、异亮氨酸和亮氨酸生物合成途径中的最后一步转氨基反应，都是由同一种转氨酶催化完成的。

（三）丙氨酸的生物合成

丙氨酸是丙酮酸与谷氨酸在谷-丙转氨酶的作用下形成的，可用下式表示：

$$\text{丙酮酸+谷氨酸} \xrightarrow{\text{谷丙转氨酶}} \alpha\text{-酮戊二酸+丙氨酸}$$

丙氨酸的生物合成没有反馈抑制效应。机体细胞内可找到许多丙氨酸库。又因转氨酶的作用是可逆的，因此丙酮酸和丙氨酸可根据需要而互相转换。

五、丝氨酸族氨基酸生物合成途径

属于丝氨酸族氨基酸类型的氨基酸有丝氨酸、半胱氨酸和甘氨酸。这些氨基酸又称为α-磷酸甘油酸衍生类型。丝氨酸又可看作甘氨酸的前体，因此将丝氨酸和甘氨酸的生物合成放在一起讨论。

（一）丝氨酸和甘氨酸的生物合成

如图 7-9 所示，这两种氨基酸生物合成的第一步是由 EMP 过程的中间产物 3-磷酸甘油酸作为起始物质，它的α-羟基在磷酸甘油酸脱氢酶催化下，由 NAD^+ 为辅酶脱氢形成 3-磷酸羟基丙酮酸，后者再经磷酸丝氨酸转氨酶催化由谷氨酸转来氨基形成 3-磷酸丝氨酸，在磷酸丝氨酸磷酸酶的作用下脱去磷酸，即形成丝氨酸。丝氨酸在丝氨酸转羟甲基酶的作用下，脱去羟甲基，即形成甘氨酸，丝氨酸转羟甲基酶的辅酶是四氢叶酸。

（二）半胱氨酸的生物合成

半胱氨酸生物合成中的关键是巯基的来源，大多数微生物的巯基主要来源于硫酸，可

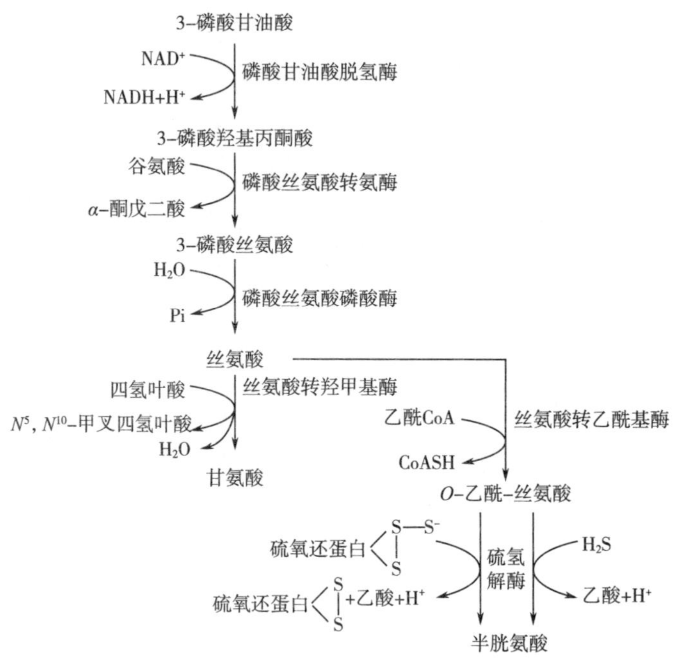

图 7-9　半胱氨酸的生物合成

能还原为某种硫化物，这一过程相当复杂，迄今了解很少。

大多数微生物的半胱氨酸生物合成途径如图 7-9 所示。起始步骤是乙酰 CoA 的乙酰基转移到丝氨酸上，形成 *O*-乙酰-丝氨酸。催化这一反应的酶为丝氨酸转乙酰基酶。*O*-乙酰-丝氨酸将 *β*-丙氨酸基团部分提供给与酶结合的硫氢基团而形成半胱氨酸。

关于硫酸的还原问题即由 SO_4^{2-} 还原为 H_2S 的过程，首先是通过硫酸与 ATP 作用形成活化形式，即腺嘌呤-5′-磷酸硫酸，催化这一反应的酶称为腺嘌呤核苷硫酸焦磷酸化酶，该化合物又在腺嘌呤-5′-磷酸硫酸激酶（APS-激酶）的作用下，再从另一分子 ATP 上接受一个磷酸基团形成 3-磷酸腺嘌呤-5′-磷酸硫酸。丝氨酸和高半胱氨酸在胱硫醚-*β*-合酶作用下，形成胱硫醚，后者在胱硫醚-*γ*-水解酶（胱硫醚-*γ*-裂合酶）作用下，分解为 *α*-酮丁酸、NH_4^+和半胱氨酸。

六、几种重要氨基酸衍生物的生物合成途径

（一）氨基酸脱羧产物

氨基酸在氨基酸脱羧酶催化下进行脱羧作用，生成二氧化碳和一个伯胺类化合物。氨基酸脱羧后形成的胺类中有一些是组成某些维生素或激素的成分，有一些具有特殊的生理作用。如赖氨酸脱羧生成戊二胺，可制备尼龙 56；天冬氨酸脱羧可制备化工原料 *β*-丙氨酸；缬氨酸脱羧可制备精细化学品 *α*-酮异戊酸；亮氨酸脱羧可制备精细化学品 *α*-酮异己酸。在此以 *γ*-氨基丁酸（GABA）为例进行介绍。

谷氨酸在谷氨酸脱羧酶催化下脱去羧基生成γ-氨基丁酸。γ-氨基丁酸的生物合成可用下式表示：

$$\text{谷氨酸} \xrightarrow{\text{谷氨酸脱羧酶}} \gamma\text{-氨基丁酸} + CO_2$$

医药方面，γ-氨基丁酸具有抗肿瘤、保护听觉、增强免疫力、治疗糖尿病和防止动脉硬化等功效。γ-氨基丁酸还是重要的医药中间体，在化学制药与化学化工上有重要的用途。饲料方面，γ-氨基丁酸作为一种功能性氨基酸类饲料添加剂，能促进采食、降低料肉比等的同时还可增强其免疫机能。γ-氨基丁酸在动植物原料中含量很低，很难直接从天然组织中大量提取得到，目前γ-氨基丁酸的制备方法主要有化学合成法和生物法。

（二）氨基酸脱氨产物

氨基酸脱氨基作用是由各种脱氨酶催化的，反应产物是对应的酮基化合物。

1. α-酮基丁酸和α-氨基丁酸的生物合成

α-酮基丁酸的生物合成较为常见的是由苏氨酸在苏氨酸脱水酶的催化作用下脱水脱氨得到（图7-8、图7-10），如在大肠杆菌代谢途径中。大多数微生物合成α-酮基丁酸利用的是苏氨酸途径，但也有人报道了甲基苹果酸途径。如图7-10所示，甲基苹果酸途径绕过了苏氨酸的合成，不涉及脱氨作用。先是甲基苹果酸合成酶催化丙酮酸和乙酰CoA反应生成甲基苹果酸，然后通过3-异丙基苹果酸异构酶和3-异丙基苹果酸脱氢酶参与的两步催化反应生成α-酮基丁酸。α-酮基丁酸可作为香精香料用于食品工业，同时也是一种重要的医药合成前体。

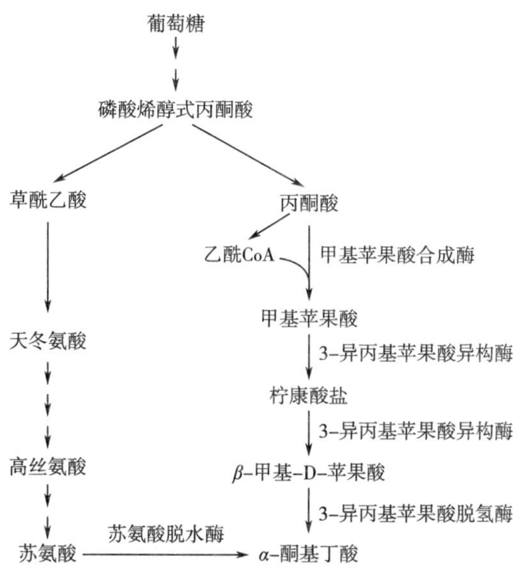

图7-10　α-酮基丁酸生物合成途径

苏氨酸在苏氨酸脱水酶的作用下生成α-酮基丁酸，是异亮氨酸生物合成的节点之一。

α-酮基丁酸还原加氨反应生成 α-氨基丁酸，此反应由氨基酸脱氢酶催化。亮氨酸脱氢酶、缬氨酸脱氢酶和谷氨酸脱氢酶均有报道，但目前对亮氨酸脱氢酶研究较多。氨基酸脱氢酶以 NADH 为辅酶，所以在催化体系中需要耦合辅酶再生体系。可用下式表示：

$$\alpha\text{-酮基丁酸}+NADH+NH_4^+ \xrightarrow{\text{氨基酸脱氢酶}} \alpha\text{-氨基丁酸}+NAD^+$$

α-氨基丁酸是一种非天然手性氨基酸，具有抑制人体神经信息传递、加强葡萄糖磷酸酯酶的活力和促进脑细胞代谢的作用。α-氨基丁酸及其衍生物是多个手性药物的关键中间体，在制药工业中应用广泛。

2. α-酮戊二酸和 α-酮戊二酸衍生品的生物合成

谷氨酸脱氨生成 α-酮戊二酸。目前已开发出利用谷氨酸产生菌通过代谢改造和工艺控制，实现谷氨酸前体物 α-酮戊二酸的积累，α-酮戊二酸可作为一种重要的膳食补充品。α-酮戊二酸再通过其他一系列酶的转化，可以进一步转化为重要的化工产品。如 α-酮戊二酸通过高柠檬酸合成酶、高乌头酸酶、异高柠檬酸脱氢酶、酮酸脱羧酶和乙醛脱氢酶催化生成已二酸；α-酮戊二酸通过 α-酮戊二酸脱羧酶脱羧生成琥珀酸半醛，琥珀酸半醛再通过 4-羟基丁酸脱氢酶、4-羟基丁酸-乙酰 CoA 转移酶和乙醇脱氢酶催化生成 1,4-丁二醇；α-酮戊二酸通过 2-羟基戊二酸脱氢酶和烯戊二酸脱氢酶催化生成戊二酸。

（三）氨基酸羟化产物

氨基酸发生羟化作用生成羟基氨基酸。

1. 羟脯氨酸的生物合成

羟脯氨酸为亚氨基酸，是脯氨酸羟基化后的产物，可作为增味剂和营养强化剂。根据羟脯氨酸的羟基所在位置不同，可形成 4 种立体异构体，分别是反式-4-羟脯氨酸、顺式-4-羟脯氨酸、反式-3-羟脯氨酸和顺式-3-羟脯氨酸。其中，反式-4-羟脯氨酸最为常见，对哺乳动物骨胶原合成至关重要，而顺式羟脯氨酸比较少见。

（1）反式-4-羟脯氨酸的生物合成　微生物生物合成反式-4-羟脯氨酸的途径是以脯氨酸、α-酮戊二酸和 O_2 为底物，以 Fe^{2+} 为辅助因子，通过微生物表达的反式-4-脯氨酸羟化酶催化，产生游离的反式-4-羟脯氨酸、琥珀酸和 CO_2。

（2）顺式-4-羟脯氨酸的生物合成　现有研究中主要以大肠杆菌为宿主细胞，通过构建表达顺式-4-脯氨酸羟化酶的工程大肠杆菌，进而通过全细胞催化方法或发酵法合成顺式-4-羟脯氨酸。该酶以脯氨酸、α-酮戊二酸为底物生成丁二酸和顺式-4-羟脯氨酸。

$$\text{脯氨酸}+\alpha\text{-酮戊二酸}+O_2 \xrightarrow{\text{脯氨酸羟化酶}} \text{顺式-4-羟脯氨酸}+\text{丁二酸}+CO_2$$

2. 4-羟基异亮氨酸的生物合成

异亮氨酸在羟化酶作用下生成 4-羟基异亮氨酸。2009 年，Kodera 等在苏云金芽孢杆菌中发现了一种新型 α-酮戊二酸依赖型双加氧酶——异亮氨酸双加氧酶（IDO）。在 α-酮戊二酸、Fe^{2+} 和抗坏血酸存在的条件下，IDO 可催化 α-酮戊二酸和异亮氨酸生成 4-羟基异亮氨酸和琥珀酸。4-羟基异亮氨酸是手性分子，其中有三个手性碳原子，所以4-羟基异亮氨酸共有8种立体异构体，天然的4-羟基异亮氨酸主要有(2*S*,3*R*,4*S*)和(2*R*,3*R*,4*S*)两种构型，其中具有生物活性的是(2*S*,3*R*,4*S*)这一种构型。采用微生物发酵法合成的4-羟基异亮氨酸，产物均为(2*S*,3*R*,4*S*)-4-羟基异亮氨酸。4-羟基异亮氨酸的合成需要两个底物α-酮戊二酸和异亮氨酸，这两个底物分别属于TCA循环的代谢中间产物和异亮氨酸合成途径终产物。对于TCA循环中的α-酮戊二酸，其合成需要草酰乙酸和乙酰-CoA作为前体物质，而乙酰-CoA是由丙酮酸转化生成，同时丙酮酸又参与到异亮氨酸的合成途径中。4-羟基异亮氨酸具有促进胰岛素分泌、降低胰岛素抵抗的生物活性，因此在治疗糖尿病方面有良好应用前景。

3. 5-羟色氨酸和5-羟色胺的生物合成

色氨酸经色氨酸羟化酶催化首先生成5-羟色氨酸，再经5-羟色氨酸脱羧酶催化成5-羟色胺。5-羟基色氨酸是一种治疗抑郁症、失眠、肥胖和慢性头痛的重要药物。

（四）环化氨基酸的生物合成

环化氨基酸是一类特殊的氨基酸衍生物，具有特殊的功能和应用价值。

四氢嘧啶（1,4,5,6-四氢-2-甲基-4-嘧啶羧酸）是一种天冬氨酸环化后的产物，其生物合成属于天冬氨酸合成的分支途径。它由天冬氨酸-β-半醛开始合成，在四氢嘧啶合成酶的作用下，经过3步酶促反应完成。第一步，2,4-二氨基丁酸转氨酶（EctB）催化天冬氨酸-β-半醛生成2,4-二氨基丁酸；第二步，2,4-二氨基丁酸乙酰转移酶（EctA）将2,4-二氨基丁酸乙酰化成*N*-乙酰-2,4-二氨基丁酸；第三步，四氢嘧啶合成酶（EctC）催化*N*-乙酰-2,4-二氨基丁酸环化成四氢嘧啶。四氢嘧啶的生物合成途径如图7-11所示。

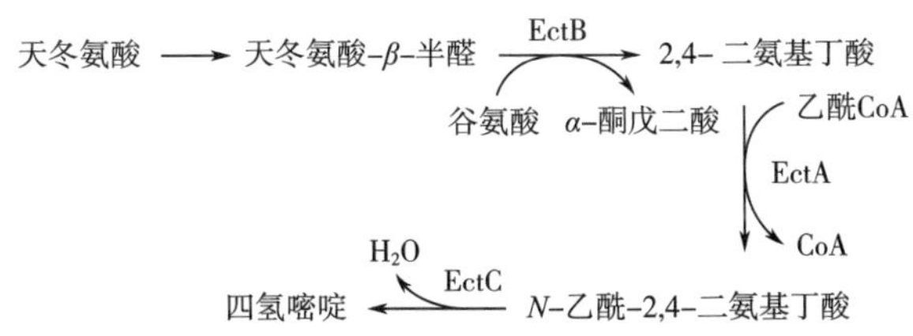

图7-11　四氢嘧啶的生物合成途径

四氢嘧啶仅存在于嗜盐菌中，具有耐渗透压、耐高温和细胞保护的多种功效，在化妆品、医药和酶工程中具有重要应用前景。

（五）短肽的生物合成

短肽指由2~9个的氨基酸残基组成的短链肽，短肽除了能够为动物提供氨基酸外，还具有多样性的生理活性。

1. 谷胱甘肽的生物合成

谷胱甘肽生物合成的第一步是谷氨酸的γ-羧基和半胱氨酸的氨基之间形成肽键。催化此反应的酶称为γ-谷氨酰半胱氨酸合成酶。该肽键的形成需要由ATP先将γ-羧基活化，形成γ-谷氨酰磷酸，活化了的γ-羧基易于与半胱氨酸氨基形成肽键，同时脱去磷酸，该反应受谷胱甘肽的反馈抑制。可用下式表示：

$$\text{谷氨酸}+\text{半胱氨酸}+\text{ATP}\xrightarrow{\gamma\text{-谷氨酰半胱氨酸合成酶}}\gamma\text{-谷氨酰半胱氨酸}+\text{ADP}+\text{Pi}$$

谷胱甘肽生物合成的第二步是半胱氨酸的羧基与甘氨酸的氨基之间形成肽键。催化此反应的酶称为谷胱甘肽合酶，反应的机制和上述肽键的形成基本上相同，在ATP参与下使半胱氨酸的羧基活化而易于接受甘氨酸的氨基。可用下式表示：

$$\gamma\text{-谷氨酰半胱氨酸}+\text{甘氨酸}+\text{ATP}\xrightarrow{\text{谷胱甘肽合酶}}\text{谷胱甘肽}+\text{ADP}+\text{Pi}$$

谷胱甘肽因其在细胞内多种生理代谢中起到重要作用，如抗氧化、免疫、解毒等，所以在医药、食品添加剂、保健品及化妆品行业得到广泛应用。

2. 丙氨酰-谷氨酰胺（Ala-Gln）的生物合成

谷氨酰胺为一种条件必需氨基酸，对机体免疫功能和创伤修复等具有重要作用。但由于其对酸碱、高温等不稳定，导致其临床应用受限，可通过将其转变为双肽的形式提高稳定性。研究者们尝试经过化学法和双肽特异性合成酶合成丙氨酰-谷氨酰胺、甘氨酰-谷氨酰胺和谷氨酰-谷氨酰胺等双肽，其中丙氨酰-谷氨酰胺在体内能被快速酶解为谷氨酰胺，且稳定性强、水溶性好，成为目前国内外公认的谷氨酰胺载体。

在微生物酶法合成丙氨酰-谷氨酰胺的研究中，日本学者先后发现了L-氨基酸连接酶和α-氨基酸酯酰基转移酶，使微生物酶法合成丙氨酰-谷氨酰胺成为了可能。其中，L-氨基酸连接酶能够直接以丙氨酸和谷氨酰胺为底物，伴随着ATP的消耗生成丙氨酰-谷氨酰胺。而α-氨基酸酯酰基转移酶能催化丙氨酸甲酯盐酸盐和谷氨酰胺生成丙氨酰-谷氨酰胺。

（六）多聚氨基酸的生物合成

聚氨基酸是氨基酸分子间互以氨基和羧基缩合而成的聚合物。

1. γ-聚谷氨酸（PGA）的生物合成

γ-聚谷氨酸是细菌生物合成的聚氨基酸化合物，分子质量一般在100~1000ku，相当于500~5000个的谷氨酸单体。γ-聚谷氨酸目前主要采用发酵法生产。传统发酵法生产γ-聚谷氨酸是直接利用芽孢杆菌属的一些菌株进行生产，通过控制pH、温度、通风量等参数来调节发酵过程。γ-聚谷氨酸是当前一种研究非常活跃和非常重要的目标高分子材料，其最大的难点是如何实现低成本的微生物生产。随着高效菌株改进和发酵-分离耦联工艺的开发，γ-聚谷氨酸的生产成本将显著降低，也将促进γ-聚谷氨酸的广泛应用，市场需求前景良好。

由γ-聚谷氨酸的结构可知，合成γ-聚谷氨酸需要有底物L-谷氨酸或D-谷氨酸。合成γ-聚谷氨酸的底物谷氨酸有两个来源，即内源底物和外源底物。内源底物是指微生物通过自身合成谷氨酸，最通常的途径是由葡萄糖经过 EMP 生成丙酮酸，进入 TCA 循环，然后通过 α-酮戊二酸转化成谷氨酸。非谷氨酸物质也可通过微生物转化至 γ-聚谷氨酸，但转化途径未知。而外源底物是直接添加的 L-或 D-谷氨酸，一般直接在培养基中添加 L-谷氨酸，L-谷氨酸在消旋酶的作用下先转变为 D-谷氨酸，D-谷氨酸和 L-谷氨酸再在聚谷氨酸合成酶基因的作用下合成 γ-聚谷氨酸。γ-聚谷氨酸在培养过程中可能通过内切酶（解聚酶）的作用发生分解生成低分子质量的 γ-聚谷氨酸。

作为一种生物高分子材料，γ-聚谷氨酸具有生物可降解性好、可食、对人体和环境无毒害的优点。因此，γ-聚谷氨酸及其衍生物在食品、化妆品、医药和水处理等方面具有广泛的应用价值。在医药方面，γ-聚谷氨酸是一类理想的体内可生物降解的医药用高分子材料，可以作为药物载体和医用黏合剂。在食品领域，γ-聚谷氨酸具有食品安全性，可作为膳食纤维、保健食品、食品增稠剂、安定剂或作为化妆品用的保湿剂。在农业领域，γ-聚谷氨酸经过加工后将具有极高的吸水能力，可吸水达 3500 倍，极其适合应用于农业土壤和环保产品中。

2. ε-聚赖氨酸的生物合成

聚赖氨酸作为一种同型化合物具有两种化学结构，一种是由 α-羧基和 ε-氨基通过脱水缩合形成的 ε-聚赖氨酸，另外一种则是由 α-羧基和 α-氨基聚合形成的 α-聚赖氨酸。ε-聚赖氨酸具有抑菌谱广、水溶性强、热稳定性、可生物降解和安全无毒等优点，是食品防腐剂的理想选择。α-聚赖氨酸通常由化学合成，虽然有抑菌性，但同时对人体存在一定的生理毒性。

ε-聚赖氨酸作为微生物的次级代谢产物通常由微生物发酵得来。ε-聚赖氨酸的生物合成分为两步，首先微生物利用葡萄糖等碳源合成赖氨酸，腺苷酰化的赖氨酸单体与聚赖氨酸合成酶的活性部位结合形成氨酰基硫代酸酯中间体，再将单个的赖氨酸单体聚合。不同微生物分泌得到的 ε-聚赖氨酸的聚合度通常是不同的。

第二节　氨基酸生物合成的调节机制

微生物的生命活动是由产能与生物合成的各种代谢途径组成的网络互相协调来维持的。每一条途径是由一些特异的一组酶催化的反应所组成的，许多相关反应的结果造就了一个新生的细胞。微生物要在自然界生存与竞争，就必须生长迅速，能很快地适应环境。为此，微生物细胞必须拥有适当的方法来平衡各种代谢途径的物流。为了响应环境变化，微生物需要对其他代谢机制做定量调整。

微生物的新陈代谢过程是受到高度调节的，由以下一些事实可以证明：①微生物生长在含有单一有机化合物为能源的合成培养基中，所有大分子单体（前体），如氨基酸的合成速率与大分子，如蛋白质的合成速率是协调一致的，不会浪费能量去合成那些它们用不着的东西；②任何一种单体的合成，只要它从外源获得，且能进入细胞内，单体的合成就自动中止，参与这些单体合成的酶的合成也会停止；③微生物只有在底物如乳糖存在时，才会合成异化这些底物的酶；④如存在两种底物，微生物会先合成那些能更易利用的底物的酶，待易利用的底物耗竭才开始诱导分解较难利用的底物的酶；⑤养分影响生长速率，从而相应改变细胞大分子的组成，如 RNA 的含量是通过代谢物的合成和降解实现的。控制碳流向产物的关键酶的鉴别对于增加过程的产率是重要的。碳流可以用不同的方式控制。

随着生物化学、遗传学和基因操纵知识的不断增长，当今提高产量的精确做法是改变特定的酶或一组酶。故了解微生物对酶的调节对生物技术是至关重要的。通过自然选择，微生物可以获得两方面代谢控制的主要特征：高效利用养分和快速响应环境变化的能力。天然微生物是通过快速启动或关闭蛋白质的合成和有关的代谢途径，平衡各代谢物流和反应速率来适应外界环境的变化的。

代谢控制机制分为两种主要类型：酶活力的调节（活化或钝化）和酶合成的调节（诱导或阻遏）。蛋白质合成水平的调节一般比酶活力的调节更为经济，虽然后者更为快速，但浪费能量和合成材料。因此，调节步骤主要存在于转录和转译的启动部位。在多步骤生物合成或分解代谢途径中，其关键部位的酶活力的快速调节主要靠变构控制机制。为了避免前体代谢物等的过量生成，微生物细胞必须协调组成代谢和分解代谢。另一方面也必须协调（例如，同步地）大分子，如核酸、蛋白质或膜的形成，以便在胞内外环境条件变化期间细胞还能生长好。此外，还必须尽可能微调透过各种代谢途径的碳流，以避开代谢瓶颈或不需要的反应。但为了生物工艺目标，常需要消除这些调节机制，使所需代谢产物能过量生产。对于某些途径，其代谢中间体总是结合在酶上顺序反应直到产物形成，在细胞中测不到其中间体的存在，如β-氧化途径。而 EMP、糖原异生、PP 途径和 TCA 循环则不同，这些途径的中间体在细胞中浓度虽然较低，但还是能测出。代谢途径的关联要求共享某些中间体/前体，如 6-磷酸葡萄糖、磷酸烯醇式丙酮酸（PEP）、丙酮酸（PYR）、草酰乙酸（OAA）等。这些化合物不但起代谢中间体的作用，还扮演关键酶的代谢调节物的角色。活细胞采用各式各样调节酶活力的控制机制，有的通过共价修饰使酶完全钝化或活化。最普通的影响酶活力的机制是磷酸化、腺苷酰化、乙酰化、甲基化等和除去这些基团。也有采用同一化合物，如反应产物可逆缔合的方法逐渐调节酶的活力。酶浓度的控制主要采用酶合成/降解的调节方式。总之，微生物采用 3 种方式调节其初级代谢：酶活力的调节、酶合成的调节和遗传控制。

微生物发酵法是目前生产氨基酸最主要的方法。与植物和动物的代谢途径相比，微生物所具有的代谢途径虽然相对简单，但可能是最强大、最高效的生物合成途径。研究微生物的代谢调控具有重大意义。通过对微生物代谢途径的控制和调节，选择巧妙的技术路线，可以超正常浓度地积累某一种氨基酸以提高生产率，满足氨基酸工业生产的需要。

一、酶活力的调节

酶活力的调节是微生物代谢调控最普通的形式，是微生物代谢调控的关键。酶活力调节是以酶的分子结构为基础，细胞通过调节胞内已有酶分子的构象或分子结构来改变酶活力，进而调节控制所催化的代谢反应的速率。

酶活力的调节可归纳为共价修饰、变（别）构调节、缔合与解离、竞争性抑制。下面着重介绍前两种方式。

（一）酶的激活作用与抑制作用

酶的激活作用是指在某个酶促反应系统中，某种低相对分子质量的物质加入后，导致原来无活性或活性很低的酶活力转变为有活性或活性提高，使酶促反应速率提高的过程。在分解代谢途径中，后面反应可以被前面的中间产物所促进。酶的抑制作用是指在某个酶促反应系统中，某种低相对分子质量的物质加入后，导致酶活力降低的过程。这种能引起酶活力提高或降低的物质称为酶的激活剂或抑制剂。它们可以是外源物质，也可以是机体自身代谢过程中产生与积累的代谢产物。在酶促反应系统中，当某代谢途径的末端产物过量时，这个产物可反过来直接抑制该途径中的第一个酶的活力，促使整个反应过程减慢或停止，进而避免末端产物的过多积累，属于反馈抑制。对代谢过程中酶的抑制作用和激活作用是细胞中对调节酶活力的极端迅速的响应。通过酶活力的调节，使微生物细胞能够对环境的变化做出直接、迅速的反应。激活和抑制两个矛盾的过程普遍存在于微生物代谢中。例如，在大肠杆菌的代谢过程中，许多酶都有激活剂与抑制剂，在它们的共同作用下，糖代谢能有效地受到控制（表 7-1）。

表 7-1　　大肠杆菌糖代谢过程中酶的激活剂与抑制剂

酶	抑制剂	激活剂	催化的反应
ADP-葡萄糖焦磷酸化酶	AMP	3-磷酸甘油醛、磷酸烯醇式丙酮酸、二磷酸果糖	1-磷酸葡萄糖+ATP → ADP-葡萄糖+PPi
果糖二磷酸酶	AMP	—	果糖二磷酸+H_2O → 6-磷酸果糖+Pi
磷酸果糖激酶	磷酸烯醇式丙酮酸	ADP、GDP	6-磷酸果糖+ATP → 1,6-二磷酸果糖+ADP
丙酮酸激酶	—	二磷酸果糖	磷酸烯醇式丙酮酸→丙酮酸
丙酮酸脱氢酶	NADH、乙酰 CoA	磷酸烯醇式丙酮酸、AMP、GDP	丙酮酸+CoA →乙酰 CoA+CO_2
PEP 羧化酶	天冬氨酸、苹果酸	乙酰 CoA、GDP、GTP、二磷酸果糖	磷酸烯醇式丙酮酸+CO_2→草酰乙酸
柠檬酸脱氢酶	NADH、α-酮戊二酸	—	草酰乙酸+乙酰 CoA →柠檬酸
苹果酸脱氢酶	NADH	—	苹果酸→草酰乙酸

（二）酶活力调节的机制

酶活力的调节方式中研究得最清楚的是共价修饰和变构调节。

1. 共价修饰

共价修饰是指蛋白质分子中的一个或多个氨基酸残基与一个化学基团共价连接或解开，使其活性改变的作用。在修饰酶的催化作用下，可使多肽链上的某些基团发生共价修饰，使其处于有活力和无活力的互变状态，从而使酶活化或钝化。这是一种快速、灵敏、高效的细调方式。共价修饰作用可分为可逆共价修饰和不可逆共价修饰两种。

（1）可逆共价修饰　有些酶存在活性和非活性两种状态，它们可以通过另一种酶的催化作用共价修饰而互相转换。这些酶由于小化学基团对其酶蛋白质结构进行共价修饰，使其结构在活性和非活性互相转换。酶的可逆共价修饰在代谢调节中占有很重要的地位。它不仅可在短时间内改变酶的活力，有效地控制细胞的生理代谢，而且这种作用更容易根据环境变化而控制酶的活力。

①磷酸化/去磷酸化：虽然有一系列的非蛋白质基团能够可逆地结合到酶上并影响它的活力，但最普遍的修饰是磷酸基团的加入和去除（即磷酸化作用和去磷酸化作用）。例如，磷酸化酶以两种形式存在：磷酸化酶 α 和磷酸化酶 β，磷酸化酶 β 需有 AMP 才有活力，但正常条件下活性位点被 ATP 所占据，故此形式实际上无活力。磷酸化酶 α 不需 AMP，正常条件下具有完全活力。在一定条件下两者可相互转化。磷酸化/去磷酸化好似一个快速、可逆的转换开关，根据细胞的需要轮番开启或关闭代谢途径，如下所示：

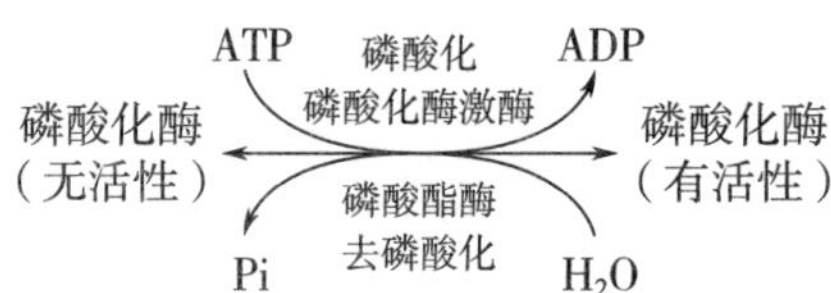

大多数磷酸化酶的修饰发生在丝氨酸残基的羟基上，也有发生在苏氨酸残基的羟基上。

②乙酰化/去乙酰化：例如，胶质红假单胞菌（*Rhodopseudomonas gelatinosa*）的柠檬酸裂解酶可以通过酶分子的乙酰化和去乙酰化方式来调节酶活力。这个反应分成两步完成，如下所示：

$$乙酰\text{-}酶+柠檬酸 \longleftrightarrow 柠檬酸\text{-}S\text{-}酶+乙酸$$

$$柠檬酸\text{-}S\text{-}酶 \longleftrightarrow 乙酰\text{-}酶+草酰乙酸$$

被乙酰化的柠檬酸裂解酶有催化活性，能够催化柠檬酸生成草酰乙酸和乙酸。去乙酰化的柠檬酸裂解酶则无活力，不能催化上述反应。

③腺苷酰化/去腺苷酰化：腺苷酰化作用即从 ATP 转移腺苷酸。例如，大肠杆菌的谷氨酰胺合成酶就是蛋白质有无共价连接的化学物质存在，即共价修饰而引起活力的改变。如下所示：

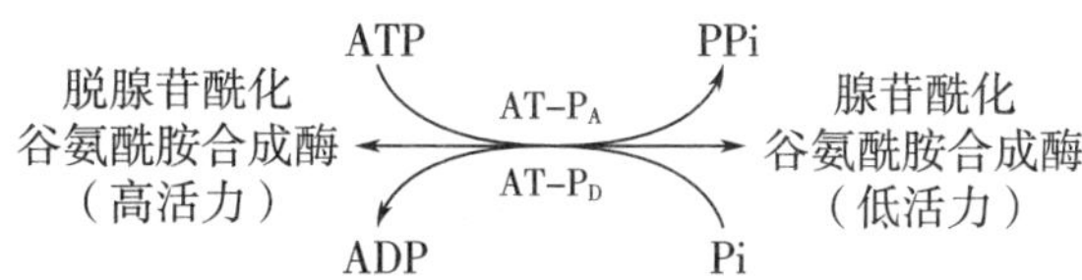

这两种形式酶的区别在于有无腺苷酰基，此基团是通过酶促作用加到谷氨酰胺合成酶上，或从其上移去。取代形式的酶要比未取代的酶活力小得多。

此外，酶的可逆共价修饰还有尿苷酰化/去尿苷酰化、甲基化/去甲基化和 S-S/SH 相互转换等多种类型。

酶可逆共价修饰的意义在于酶构型的转换是由酶催化的，故可在很短的时间内经信号启动，触发生成大量有活力的酶；这种修饰作用可更易控制酶的活力以响应代谢环境的变化。这一系统能随时响应，因而经常在活化与钝化状态之间来回变换。酶可逆共价修饰需消耗能量，但只占细胞整个能量消耗的一小部分。

酶的可逆共价修饰作用的意义在于：①可在短时间内改变酶的活力，有效地控制细胞的生理代谢；②这种作用更易通过响应环境变化而控制酶的活力。

（2）不可逆共价修饰　酶不可逆共价修饰典型的例子是酶原激活。这是无活性的酶原被相应的蛋白酶作用，切去一小段肽链而被激活。酶完成使命后便被降解，关闭酶活力。酶原变为酶是不可逆的。胰蛋白酶原的活化靠从 *N*-端除去一个已肽（Val-Asp-Asp-Asp-Asp-lys），胰蛋白酶原活化是信号放大的一个典型例子。少量的肠肽酶便可激发大量的胰蛋白酶原转变成胰蛋白酶，这是因为胰蛋白酶具有自身催化作用。一旦这些胰酶完成了其使命，便被降解而不能再恢复为酶原。这种酶活力的关闭作用是极其重要的。

2. 变（别）构调节

变构调节指一种小分子物质与一种蛋白质分子发生可逆的相互作用，导致这种蛋白质的构象发生改变，从而改变这种蛋白质与第三种分子的相互作用。变构调节理论是在变构酶的基础上提出来的。

合成代谢途径终产物对该途径上的第一个酶或分支途径中分支点上的酶起作用，以产物浓度控制关键酶活力，从而控制整个代谢途径，具有这种调节作用的酶称为变构酶。变构酶在代谢调节中起重要作用。例如，处于分支途径中的第一个酶，代谢途径的终端产物往往作为该酶的效应物，对其有专一性的抑制作用。变构酶往往由多亚基组成，其亚单位可以是相同或不同的多肽。调节酶中每个酶分子具有活性部位和调节部位（也称变构部位）两个独立的系统，在酶反应中，催化过程不限制调节过程，但调节系统却可以影响催化体系。底物与酶的活性部位相结合，而效应物则结合到酶的调节部位，从而引起活性部位构象的改变，增强或降低酶的催化活性。例如，天冬氨酸转氨甲酰酶是由两种不同的亚基组成，一种具有催化功能，另一种具有变构调节的功能。如用对-氯汞苯甲酸（一种温和的化学试剂）处理，天冬氨酸转氨甲酰酶可分解成两种亚基。其中一种 5. 8S 催化性亚基具有全酶的全部催化活性，但对 CTP 引起的变构抑制作用和 ATP 引起的变构激活作用均不敏感。另一种 2.8S 调节性亚基不具有催化活性，但有结合 CTP 或 ATP 的能力。也就是说一个亚基上结合有 CTP，能抑制另一亚基的催化活性。若将这两种亚基在巯基乙醇存在下共同保温，能重新组装成天冬氨酸转氨甲酰酶。由于变构酶的活力变化是发生在蛋白质水平，改变的仅仅是酶蛋白的三级或四级结构，因此这是一种非常灵活、迅速和可逆的调节。

变构酶的活力受到效应物的调节，与变构效应物结合引起酶结构的变化，通过构象的转变导致酶的剩余空位亲和力发生改变，从而引起酶的活力增加或降低。因别构效应导致酶活力增加的物质称为正效应物或激活剂，反之对酶活力起抑制作用的称为负效应物或抑制剂。它们可以是外源物质，也可以是机体自身代谢过程中产生与积累的代谢产物。如果底物分子本身对变构酶起调节作用，称为同促效应；而非底物分子的调节物对变构酶的调节作用，则称为异促效应。

3. 其他调节方式

（1）缔合与解离　能进行这种转变的蛋白质由多个亚基组成。蛋白质活化与钝化是由组成它的亚单位的缔合与解离实现的。这类互相转变是由共价修饰或由若干配基的缔合启动的。

（2）竞争性抑制　一些蛋白质的生物活性受代谢物的竞争性抑制。例如，需要氧化性 NAD^+ 的反应可能被还原性 NADH 竞争性抑制；需 ATP 的反应可能受 ADP 或 AMP 的竞争性抑制；有些酶受反应过程产物的竞争性抑制。

（3）酶的降解　酶是一种不太稳定的分子，可以很快被不可逆地破坏。不同的酶，其半衰期有很大的不同。短的几分钟，长的可达数日。虽然酶的合成在基因水平上受到调节，但一旦合成后，其功能可以维持一段时间。若环境条件突然变化，就不能让酶的合成关闭。故细胞需要钝化一些酶，避免那些不需要甚至有害的代谢副产物的产生。反馈抑制便能达到此目的。此外，在氮受限制的条件下，细胞停止生长时，蛋白酶可能被激活去降解多余的酶，从中获得一些有用的氨基酸，用于合成新的酶。这点仍相当重要，酶以这种方式周转比简单的变性更为迅速。

二、酶合成的调节

代谢调节保证在任何一刻只有需要的酶被合成。某一种酶的生成数量不多不少，一旦生成后，其活性受激活或抑制的调节。有些酶的调节很复杂，一种酶可能受到多种代谢物的影响。细胞的 DNA 指导酶系统的合成，环境并不能影响细胞遗传物质的结构，但却能显著左右基因的表达。微生物细胞通常不会过量合成代谢产物。

酶合成的调节方式可归纳为：①酶的诱导，又分为负向控制与正向控制；②分解代谢物阻遏；③终产物的调节。图 7-12 综合了各种代谢调节的方式。

在某个酶促反应系统中，若底物量一定，在一定的范围内，酶量的变化也影响酶促反应的速率。也就是说，在酶调节过程中，除了酶活力的调节外，还有酶量上的调节方式。酶合成的调节是通过调节酶的合成量进而调节代谢速率的调节机制，这是一种在基因水平

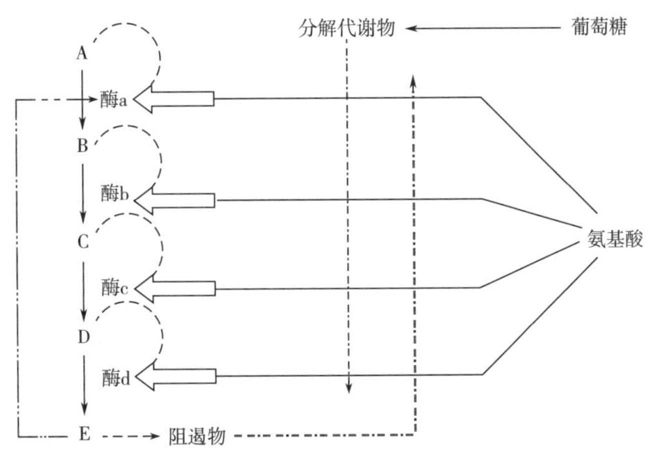

图 7-12　代谢途径的各种调节方式

---：诱导作用　------：分解代谢物阻遏　┅┅：反馈阻遏　-·-：反馈抑制

上（原核生物中主要在转录水平上）的代谢调节。

酶量调节与酶活力调节在调节方式上是不同的。酶活力调节不涉及酶量的变化。相反，在酶量调节中不涉及酶活力的变化，主要通过影响酶合成或酶合成的速率控制酶量变化，最终达到控制代谢过程的目的。从调节作用的特点上看，酶活力调节的效果是及时而又迅速的；而酶量调节涉及酶蛋白合成，所以调节较间接而缓慢。酶量调节的优点是通过阻止酶的过量合成，有利于节约生物合成的原料和能量。这两种调节方式往往同时存在于同一个代谢途径中，而使有机体能够迅速、准确和有效地控制代谢过程。

在微生物中，酶量调节的方式包括诱导和阻遏两种类型。诱导作用是指在某种化合物（包括外加的和内源性的积累）作用下，导致某种酶合成或合成速率提高的现象。阻遏作用是指在某种化合物作用下，导致某种酶合成停止或合成速率降低的现象。这两种现象同时存在，通过它们的协调作用能够有效地控制胞内酶量的变化。

（一）酶合成的诱导

在微生物细胞中存在着两大类酶，即组成酶和诱导酶：微生物不论生长在什么培养基中，有些酶总是适量地存在，这种不依赖于酶底物或底物的结构类似物的存在而合成的酶称为组成酶，如葡萄糖转化为丙酮酸过程中的各种酶。而依赖于某种底物或底物的结构类似物的存在而合成的酶称为诱导酶（又称为适应性酶）。诱导酶合成的基因以隐形状态存在于染色体中。能引起诱导作用的化合物称为诱导物（Inducer）。它可以是底物，也可以是底物的衍生物，甚至是产物。酶底物的结构类似物常是出色的诱导物，但它们不能作为底物被酶转化，因此，这类诱导物又称为安慰诱导物（Gratuitors Inducer）。例如，乳糖是大肠杆菌 β-半乳糖苷酶合成的诱导物，也是此酶的底物。诱导物也可以不是该酶的作用底物。例如，异丙基-β-D-硫代半乳糖苷（IPTG）是 β-半乳糖苷酶合成的极佳诱导剂，但不是作用底物。酶的作用底物不一定有诱导作用。例如，对硝基苯-α-L-阿拉伯糖苷是β-半乳糖苷酶的底物，但不能诱导该酶的合成，不是它的诱导物。因此，是否是诱导物主要看能否诱导酶的合成，而不是依据是否为其底物。诱导作用可以保证能量与氨基酸不被浪费，不把它们用于合成那些暂时无用的酶上，只有在需要时细胞才迅速合成它们。

酶的诱导可分为同时诱导和顺序诱导：①同时诱导是指当诱导物加入后，同时或几乎同时诱导几种酶的合成，主要存在于短的代谢途径中。如将乳糖加入大肠杆菌培养基后，可同时诱导出β-半乳糖苷透性酶、β-半乳糖苷酶、半乳糖苷转乙酰基酶，不管诱导强度如何，这三种蛋白以同一比例合成（因为三者的基因组成同一操纵子）。②顺序诱导是指先合成能分解底物的酶，再依次合成分解各中间代谢物的酶，以达到对较复杂代谢途径的分段调节。

1. 诱导作用的分子水平的机制

诱导作用的机制可用 Jacob-Monod 模型又称操纵子假说解释。这一假说认为，编码一系列功能相关的酶的基因在染色体中紧密排列在一起，而且它们的表达与关闭是通过同一控制位点协同进行的。

图 7-13（1）显示编码抑制可诱导的酶的操纵子组成。每个操纵子至少由 4 个部分组成，其中调节基因（R）编码阻遏物蛋白。这种阻遏物能可逆地同操纵基因（O）结合，从而控制其相邻的结构基因（S）的转录作用。在操纵基因的前面还有一段被称为启动基因（P）的 DNA 序列，它是 RNA 聚合酶的落脚点。没有诱导物时，调节基因编码的阻遏物蛋白与操纵基因结合，阻挡 RNA 聚合酶对结构基因的转录。当有诱导物时［图 7-13（2）］，阻遏物也是一种变构蛋白，与诱导物结合会使构象改变，从而失去同操纵基因的亲和力，不能与操纵基因结合。这样 RNA 聚合酶便可以获得进行结构基因转录的信息，诱导酶便被合成。若由于某种原因，调节基因或操纵基因发生突变，使改变后的阻遏物失去同操纵基因结合的能力或使突变后的操纵基因失去对阻遏物的亲和力，这样，即使没有诱导物，RNA 聚合酶也能转录。这种突变称为组成型突变。因诱导酶的结构基因通常处于受阻遏的状态，即无诱导物存在下阻遏物与操纵基因结合，把结构基因关闭，故诱导作用又称为去阻遏作用。

虽然乳糖可诱导 *lac* 操纵子工作，但实际上乳糖不是真正的诱导物，它必须先转化为别乳糖［β-D-半乳糖-α-(1,6)D-葡萄糖，Allolactose］才能起诱导物的作用。*lac* 操纵子的最佳诱导物是异丙基-β-D-硫代半乳糖苷。有一些半乳糖苷起稳定阻遏物与操纵基因结合的作用，因此是一种抗诱导物。

2. 诱导物的种类与效率

许多分解代谢酶类属于诱导酶的范畴。例如，淀粉酶是由淀粉诱导合成的。细胞在代谢过程中生成的产物也可以作为诱导物。表 7-2 列举了一些可作为酶的诱导物的酶反应产物。诱导作用也可由辅酶引起，例如，向培养基中加入硫胺素可诱导丙酮酸脱羧酶的合成。

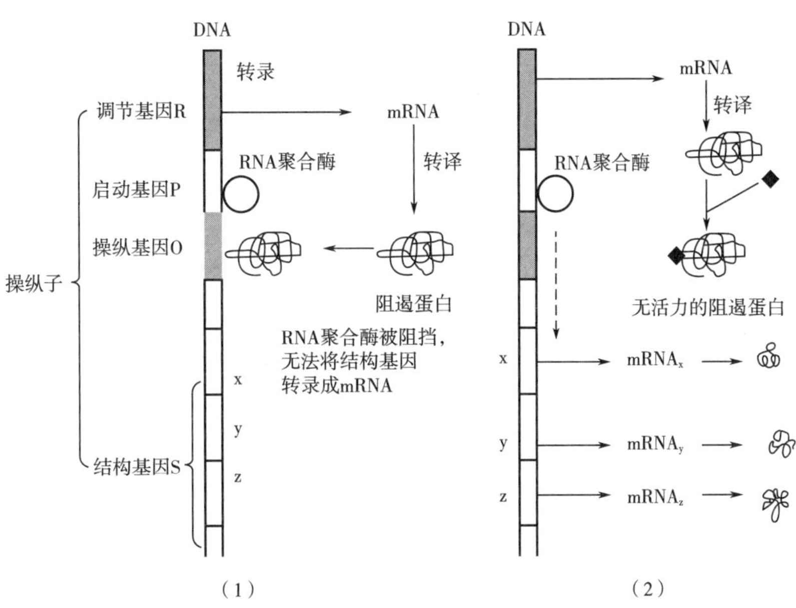

图 7-13　一种诱导酶表达控制作用的 Jacob-Monod 模型

表 7-2　　可作为酶诱导物的酶反应产物

诱导酶	微生物	底物	作为诱导物的产物
葡萄糖淀粉酶	黑曲霉	淀粉	麦芽糖、异麦芽糖
淀粉酶	嗜热芽孢杆菌	淀粉	麦芽糊精
葡聚糖酶	青霉属	葡聚糖	异麦芽糖
支链淀粉酶	产气克氏杆菌	支链淀粉	麦芽糖
酯酶	白地霉	脂质	脂肪酸
色氨酸氧化酶	假单胞菌属	色氨酸	犬尿氨酸
组氨酸酶	产气克氏杆菌	组氨酸	尿氨酸
脲羧化酶	酿酒酵母	尿素	脲基甲酸
β-半乳糖苷酶	克鲁维酵母	乳糖	异丙基-β-D-硫半乳糖苷
β-内酰胺酶	产黄青霉	苄青霉素	甲霉素
顺丁烯二酸酶	红球菌	顺丁烯二酸	丙二酸
酪氨酸酶	芽孢杆菌	酪氨酸	D-酪氨酸、D-苯丙氨酸
纤维素酶	木霉	纤维素	2-脱氧葡萄糖-β-葡萄糖苷

只有在需要时才合成所需的酶是微生物的固有调节机制。如不设法绕过这种机制，就难以使需要的诱导酶大量生产。据此，可用诱变方法来消除诱导酶的合成必须依赖诱导物

这种障碍。借强力因素诱变引起的突变，如不是在结构基因上，而是在调节基因或操纵基因上，从而导致调节基因编码合成的阻遏物无活性或操纵基因对活性阻遏物的亲和力衰退，这样，无需诱导物便能生产诱导酶。这种突变作用称为调节性或组成型突变，具有这种特性的菌株称为组成型突变株。

3. 组成型突变株的获得

组成型突变株可用以下几种方法富集。

（1）在诱导物为限制性底物的恒化器中筛选　如一个亲株经诱变的群体，生长在含有很低浓度的诱导物的恒化器中，这会有利于不需要诱导物的组成型突变株的生长。那些由于诱导物浓度很低而生长缓慢的亲株被恒化器逐渐淘汰。故恒化器起到一种富集组成型突变株的作用。

（2）将菌株轮番在有、无诱导物的培养基中培养　在第一个生长周期，在含有葡萄糖的培养基中极少量的组成型突变株与占绝对优势的亲株将以同样的速率生长。然后，将此混合培养物移种到以乳糖为唯一碳源的培养基中，这将有利于组成型突变株的生长；未突变的亲株需要诱导半乳糖苷酶的合成，经较长的停滞期才开始生长。重复交替上述培养过程，最终会使组成型突变株占优势。

（3）使用诱导性能很差的底物　如将经诱变的群体生长在一种能作为碳源，不能作为诱导物或其诱导性能很差的底物上，便可筛选出组成型突变株。

（4）使用阻碍诱导作用的抑制剂　有些化合物会阻挠一些酶的诱导作用。此法是让细胞生长在含有诱导物和诱导抑制剂的培养基中生长，因酶的诱导受抑制，只有那些不需要诱导物的突变株才能生长。

（5）提高筛选效率的方法　用上述方法富集组成型的突变株，其突变株的数量只是比原来相对提高许多，但与未突变的亲株相比还是占少数。有一种方法能使少数的组成型突变株在琼脂培养基上显形。例如，β-半乳糖苷酶组成型突变株的筛选，可通过把富集过的培养物铺在以甘油为碳源的琼脂平板培养基上，待菌落长成后，在平板上喷洒邻硝基酚-β-半乳糖苷。在没有诱导物的情况下，只有组成型突变株能够产生β-半乳糖苷酶，这些菌落就会把无色的邻硝基酚-β-半乳糖苷水解，生成黄色的邻硝基酚。这样，在众多的正常白色的亲株菌落中间，出现数个或数十个黄色的所需菌落是很易察觉的。

（二）酶合成的阻遏

微生物在代谢过程中，当胞内某种代谢产物积累到一定程度时，不仅可以反馈抑制该产物合成途径中前面某种酶的活力，还可以反馈阻遏这些酶的继续合成，通过这些反馈调节作用降低此产物的合成速率。如果代谢产物是某种合成途径的终产物，这种阻遏称为末端产物阻遏；如果代谢产物是某种化合物分解的中间产物，这种阻遏称为分解代谢产物阻遏。

1. 末端产物阻遏

末端产物阻遏是由某代谢途径末端产物过量积累而引起的，或者说末端产物阻遏的阻遏物为终产物。这种阻遏方式在代谢调节中有重要作用，保证细胞内各种物质维持适当的浓度，普遍存在于氨基酸、核苷酸生物合成途径中。末端产物阻遏首先是在研究甲硫氨酸生物合成途径中发现的。大肠杆菌细胞中有三种酶，即同型丝氨酸转移酶、胱硫醚合成酶和同型半胱氨酸甲基化酶，当培养基中存在甲硫氨酸时，检测不到它们的存在；而当甲硫氨酸不存在时，可以测到它们的活性。表明这些酶均是受甲硫氨酸的阻遏。

在直线式途径中，产物作用于代谢途径中的各种关键酶，使之合成受阻；而在分支代谢途径中，每种末端产物仅专一地阻遏合成它的那条分支途径的酶。代谢途径分支点以前的“公共酶”仅受所有分支途径末端产物的阻遏（多价阻遏作用）。

2. 分解代谢产物阻遏

分解代谢产物阻遏是在研究混合碳源对微生物生长的影响时发现的。最早在青霉素的生产中发现，可快速利用的葡萄糖致使青霉素产量特别低，而缓慢利用的乳糖却能较好地生产青霉素。研究表明，乳糖并不是青霉素合成的特殊前体，它的价值仅在于缓慢利用。被快速利用的葡萄糖的分解产物阻遏了青霉素合成酶的合成。这种抑制青霉素合成及乳糖利用的现象，起初认为只有葡萄糖才会产生，故称为葡萄糖效应。后来发现所有可以迅速利用或代谢的能源，都能阻遏异化另一种被缓慢利用能源所需酶的合成故称为分解代谢产物阻遏。

分解代谢物阻遏是两种碳源（或氮源）分解底物同时存在时，细胞利用快的那种分解底物会阻遏利用慢的底物的有关分解酶合成的现象。或者说当培养基中同时存在多种可供利用的底物时，某些酶的合成往往被容易利用的底物所阻遏。阻遏作用并非快速利用的碳源（或氮源）本身作用的结果，而是其分解代谢过程中所产生的中间代谢产物引起的。分解代谢阻遏涉及的是一些诱导酶。分解代谢阻遏的例子较多。芽孢杆菌中碳源分解代谢中间产物对蔗糖酶合成的抑制作用，克氏杆菌中氮源分解代谢产物阻遏硫酸盐还原酶合成作用，以及酵母中碳源分解代谢中间产物对麦芽糖酶合成的抑制作用都反映了分解代谢中间产物对酶浓度的阻遏作用。

分解代谢产物阻遏从分子水平来看，是分解代谢产物抑制腺苷酸环化酶的活力，使环状3′,5′-腺苷单磷酸（cAMP）不足所致。一般细胞利用难以异化的碳源时，胞内的 cAMP 浓度较高；反之，胞内 cAMP 浓度较低。例如，大肠杆菌分解葡萄糖时，其胞内 cAMP 浓度是利用难以异化碳源时的胞内 cAMP 浓度的 1/1000；而用非阻遏性的乙酸盐作为碳源时，对其浓度的影响很小。cAMP 促进可诱导酶的大量合成，它是大肠杆菌可诱导酶的操纵子转录所必需的。此核苷酸能与特殊的蛋白质结合成为 cAMP-活化剂蛋白复合物（CAP），此复合物与启动基因（P）结合，可增强该基因对 RNA 聚合酶的亲和力，使转录的频率增加。cAMP-CAP 复合物在 P 上的结合是 RNA 聚合酶结合到 P 上所必须的（图 7-14）。胞内 cAMP 浓度随腺苷酸环化酶与 cAMP 磷酸二酯酶的浓度变化而变化。许多糖需经可诱导的膜渗透系统吸收，而这类系统的生成又是由其特异的基因编码的。这类基因的转录受 cAMP 的正向控制。所以，缺少腺苷酸环化酶的大肠杆菌突变株不能生长在以乳糖、麦芽糖、阿拉伯糖、甘露糖或甘油为唯一碳源的培养基上。另外，缺乏 cAMP 磷酸二酯酶的突变株对分解代谢阻遏不敏感。

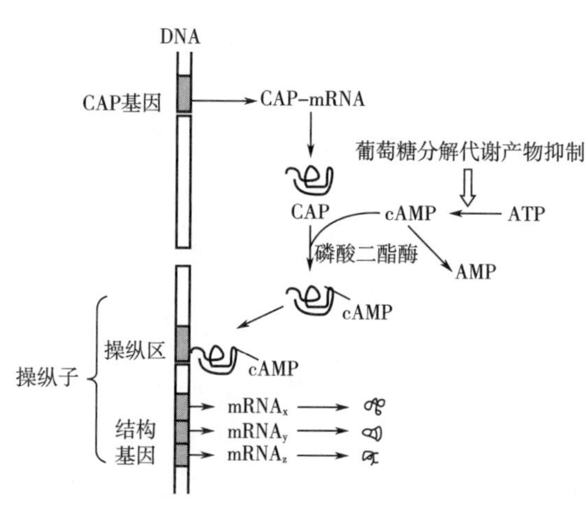

图 7-14　分解代谢产物分子水平的阻遏机制

cAMP 在胞内的浓度与 ATP 的合成速率成反比，胞内 cAMP 的水平反映了细胞的能量状况，其浓度高说明细胞处于饥饿状态。迄今，所有试验过的细菌均含有 cAMP。它不是任何已知代谢途径的中间体，其对细菌的唯一生理作用是调节作用。值得注意的是一种碳-能源起分解代谢产物阻遏作用的效能取决于它作为碳-能源的效率，而不是它的化学结构。在一种微生物中起分解代谢产物阻遏作用的化合物可能在另一种微生物中不起作用。例如，对于大肠杆菌，葡萄糖比琥珀酸更易起分解代谢产物阻遏作用；而对臭假单胞菌的作用恰好相反。图 7-15 显示了大肠杆菌 K12 中精氨酸对鸟氨酸氨甲酰基转移酶合成的阻遏作用，后者参与精氨酸的生物合成。随着精氨酸加入培养物中，其合成速率很快受到阻遏；随着精氨酸的去除，阻遏作用很快被解除。合成受阻遏速率与去阻遏速率之比称为阻遏率。

3. 反馈调节

氨基酸、核苷酸生物合成的控制总是以反馈调节方式进行，其生理意义在于避免物流的浪费与不需要的酶的合成。反馈抑制一般针对紧接代谢途径支点后的酶；而阻遏往往影响从支点到终点的酶。降解性酶类通常是通过诱导作用和分解代谢产物的调节来控制的。已知有两种主要类型的反馈调节——反馈抑制和反馈阻遏。反馈抑制作用是末端代谢产物抑制其合成途径中参与前几步反应的酶（通常是催化第一步反应的酶）活力的作用；反馈阻遏作用是末端代谢产物阻止整个代谢途径酶的合成作用（图 7-12）。这两种机制都起着调节代谢途径末端代谢产物生产速率的作用，以适应细胞中大分子合成对前体的需求。虽然末端代谢产物阻遏作用的功能直接影响酶的合成速率，但如果它单独起作用，代谢还会继续，直至先前存在的酶随着细胞生长而被稀释为止；而末端代谢产物的抑制作用可弥补这种不足，使某一代谢途径的运行立即中止，所以这两种作用相

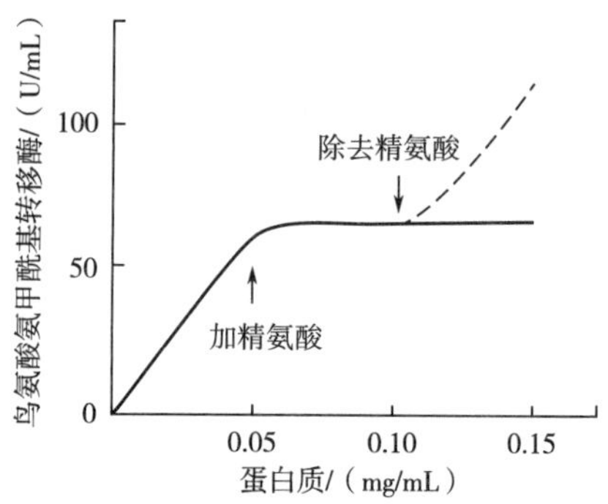

图 7-15　精氨酸对鸟氨酸氨甲酰基转移酶的阻遏动力学

注：试验是在最低盐分-麦芽糖培养基中进行的。在添加精氨酸情况下，鸟氨酸氨甲酰基转移酶的比活力为 1.5U/（mg 蛋白），即图中实线所代表的酶活力；在除去精氨酸条件下比活力为 1200U/（mg 蛋白），如图中虚线所示。这是将培养物过滤后重新培养在不含精氨酸的培养基中的结果。

辅相成，其联合作用可使细胞生物合成途径达到高效调节。起反馈抑制作用的因子是末端代谢产物反馈抑制剂和酶作用的底物，不需要在大小、形状或所带电荷相似，这类酶活力的调节是通过变构效应实现的。

（1）反馈阻遏在分子水平上的作用机制　此机制恰好与诱导机制相反，调节基因生成的阻遏蛋白是无活性的，而在诱导机制中生成的阻遏蛋白是有活性的。前者结合了辅阻遏物便被激活，如图 7-16 所示；而后者结合了诱导物后变成无活性的。辅阻遏物一般为生物合成途径的末端产物。经活化的阻遏物能与操纵基因结合，从而阻止 RNA 聚合酶对结构基因的转录。辅阻遏物也可能不是末端产物本身而是其衍生物。例如在鼠伤寒杆菌中，控制组氨酸生物合成的组氨酸操纵子的辅阻遏物是一种与组氨酸-tRNA 结合的复合物。此阻遏蛋白的唯一功能是调节这一途径的酶的合成，不能形成阻遏蛋白的突变株，对末端产物的存在不敏感。由于去阻遏，这些酶变成组成型，使突变株能大量合成参与色氨酸生物合成途径的酶，以使色氨酸过量合成。

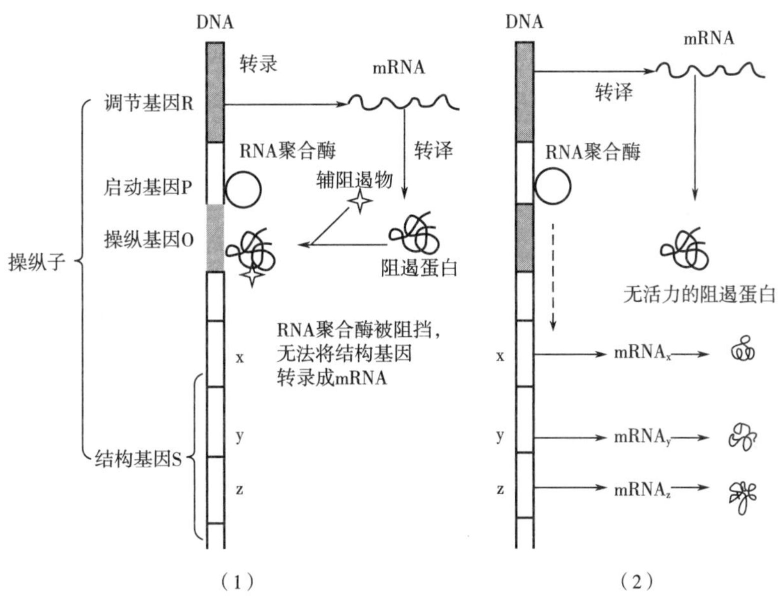

图 7-16　反馈阻遏在分子水平上的作用机制

（1）显示辅阻遏物与阻遏物蛋白结合成阻遏物，从而阻碍转录的进行

（2）显示 RNA 聚合酶沿 DNA 分子链移动，把结构基因转录到 mRNA 上

（2）反馈调节作用的消除　在生产实践中，为了获得某一合成途径的中间产物，常用限制（抑制性或阻遏性）末端产物在胞内积累的方法，其原理如图 7-17 所示。如需要生产中间产物 C，首先要获得一缺少酶 c 的营养缺陷型突变株。这种突变株不能合成 E，但需要 E 来维持生长。如果供给低浓度的 E，其量控制在不足以引起抑制或阻遏反应酶 a 和酶 b 的程度，这样便能过量合成 C，并将其分泌到培养基中。使用这种技术，枯草杆菌的精氨酸营养缺陷型突变株可分泌 L-瓜氨酸；棒状杆菌的精氨酸营养缺陷型生产 L-鸟氨酸。

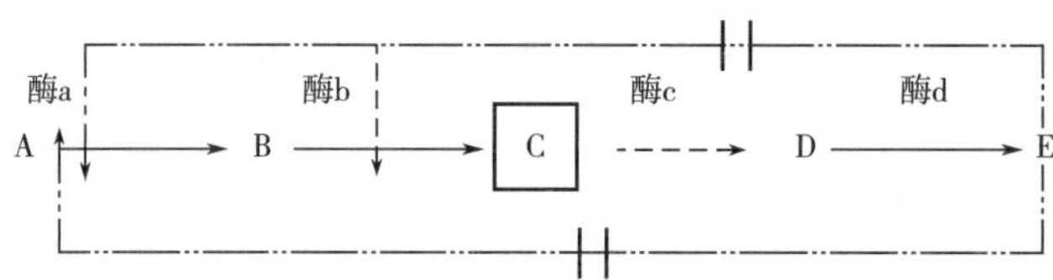

图 7-17　简单代谢途径的中间产物 C 的过量生产机制

注：此突变株缺少酶 c，E 反馈抑制（-·-·-）酶 a 和阻遏（---）酶 a 与酶 b 的合成；补充适量的 E，使 E 不足引起调节作用，从而过量合成 C。

避开末端代谢产物的反馈调节作用的方法可分为两类：一类是改变培养环境条件来限制末端代谢产物在细胞内部的积累；另一类是从遗传上改造微生物，使之对末端产物反馈调节作用不敏感。

①控制培养基的成分：培养基成分对于受末端代谢产物阻遏的酶的生产是极其重要的。为此，应使培养基中尽量少含阻遏性化合物，不含可导致胞内形成大量阻遏物的养分，通过限制末端产物在细胞内的积累可提高酶的产量。某些分解代谢酶（如蛋白酶）其活性受氨基酸或终产物（如 NH_3）的阻遏，故许多杆菌在含有一些氨基酸的培养基中几乎不产生蛋白酶，从生长培养基中除去这类化合物常能大幅度提高酶的产量。降低培养基中的 NH_3浓度可解除许多分解含氮化合物的酶（如蛋白酶、脲酶、硝酸盐还原酶、核糖核酸酶、精氨酸酶）的阻遏。

②加入生物合成途径的抑制剂：限制末端代谢产物在细胞内积累的方法是向培养基中加入生物合成途径的抑制剂，以限制末端代谢产物的积累。例如，疏螺旋体素（Borrelidin）是一种苏氨酸-tRNA 合成抑制剂，将其加入培养基中可使天冬氨酸激酶与高丝氨酸脱氢酶增产 5 倍。

③限制补给营养缺陷型突变株所需的生长因子：这种半饥饿状态会导致生物合成酶的大幅度增产。

④采用末端代谢产物的衍生物：一般情况下为了增加一些受末端代谢产物阻遏的酶产量，可采用限制补料方法，也就是用一种仅能被产生菌缓慢利用的末端代谢产物的衍生物。

各种细菌的芳香族氨基酸生物合成途径控制系统上的差异清楚地说明所涉及的调节模式有很大的不同。图 7-18（1）显示出枯草杆菌和地衣杆菌中分支酸合成途径上的调节方式。枯草杆菌具有两种明显不同的莽草酸激酶（s）和两个分支酸变位酶（c），而地衣杆菌虽然也具有两个酶 s，但只有一个酶 c。枯草杆菌的 s 同工酶之一像酶 p 那样受分支酸或预苯酸的抑制；但地衣杆菌的单一酶 s 只受分支酸的抑制。在枯草杆菌中酶 p、酶 s 和酶 c 的活力受酪氨酸的阻遏；而地衣杆菌中的酶 s 是组成型的，酪氨酸阻遏酶 p 和酶 c 的活力。

不同细菌属的磷酸-2-酮-3-脱氧景天庚酮糖醛缩酶 p 受阻遏的方式不一样。在芽孢杆菌属中发现的顺序反馈抑制作用也同样存在于链球菌中。在链球菌只有色氨酸是唯一的抑制剂。在假单胞菌中也只有一种主要抑制剂——酪氨酸。但要最大限度地抑制还需苯丙酮酸（苯丙氨酸的直接前体）和酪氨酸联合作用，色氨酸只产生部分抑制作用。酪氨酸和色氨酸的抑制作用可被 PEP 克服；而苯丙氨酸的抑制作用则被 D-赤藓糖-4-磷酸所克服。换句话说，如途径的起始材料本身不足，产率受终产物反馈抑制的影响特别显著。

图 7-18（2）显示枯草杆菌和绿脓杆菌的色氨酸合成末端途径的调节。枯草杆菌与肠道杆菌的调节方式相似，其第一个酶，邻氨基苯甲酸合酶（a）受色氨酸的抑制。此酶和其他酶还受色氨酸的反馈阻遏。对假单孢菌，a 同样受色氨酸的阻遏，但酶合成的调节方式是不同的：a、o 和 i 受色氨酸的阻遏，而 r 是组成型的。其色氨酸合酶复合物 t 则受其底物吲哚甘油磷酸的诱导。这些酶合成控制上的差异也反映在相应基因的定位上。在枯草

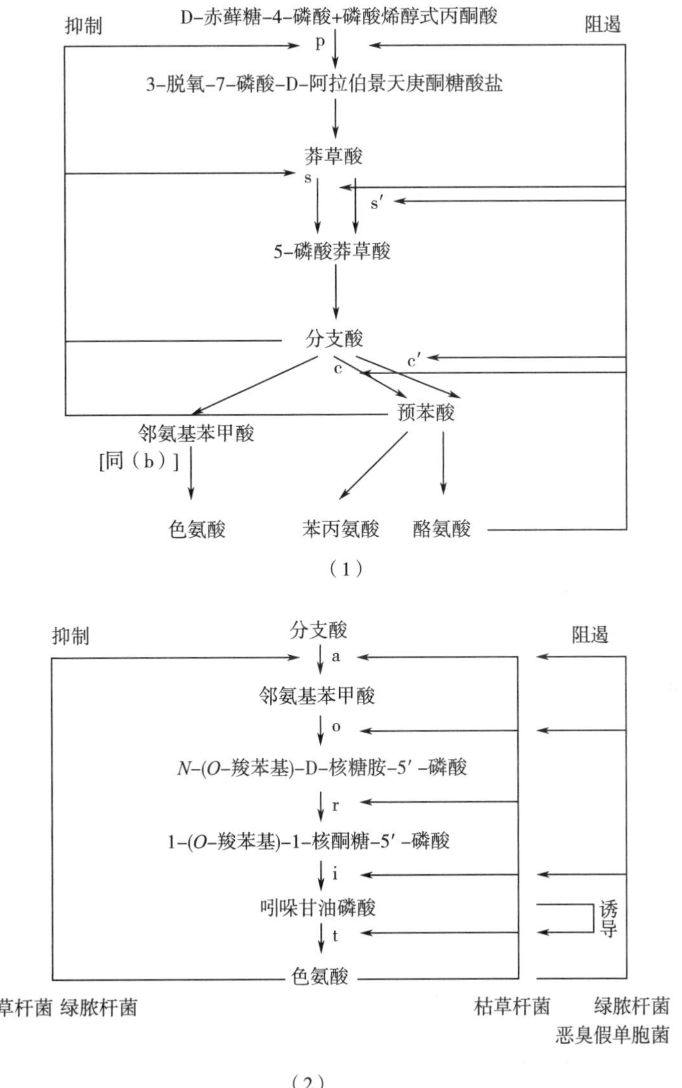

图 7-18 枯草杆菌和地衣杆菌中分支酸合成途径的调节方式

p—磷酸-2-酮-3-脱氧景天酮糖酸醛缩酶 s 和 s′—莽草酸激酶 c 和 c′—分支酸变位酶

a—邻氨基苯甲酸合成酶 o—邻氨基苯甲酸磷酸核糖基转移酶

r—磷酸核糖基-邻氨基苯甲酸异构酶 i—吲哚甘油磷酸合酶 t—色氨酸合酶

杆菌中这些基因如同在肠道杆菌那样形成一簇，而在绿脓杆菌和恶臭假单胞菌中酶 a、o 和 i 的基因构成一簇，而色氨酸合酶的两个组分的基因构成另一簇，酶 r 的基因是单独存在的。

（3）反馈抑制　这是一种常用于组成代谢的负向变构控制。如在大肠杆菌中色氨酸抑制其自身生物合成中第一步，即催化 4-磷酸赤藓糖与磷酸烯醇式丙酮酸缩合的同工酶；其他同工酶则分别受苯丙氨酸和酪氨酸的调节，见图 7-19。终产物的反馈控制使细胞能保持某一代谢物在适当的浓度。在代谢途径分支点处的酶分别受不同终产物的调节。

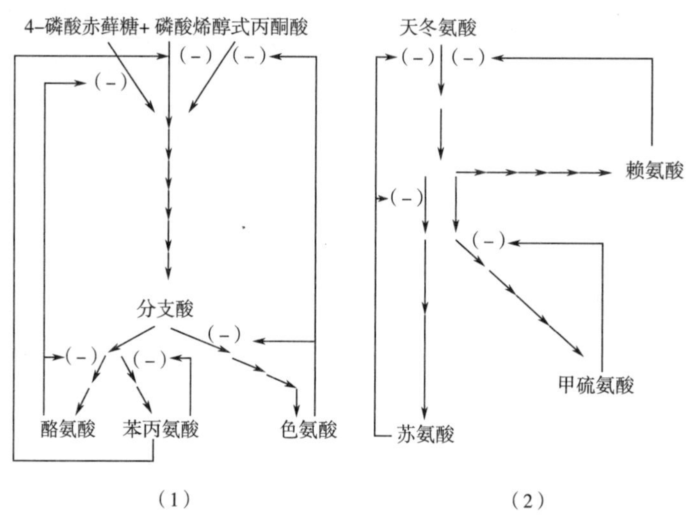

图 7-19　细菌在氨基酸生物合成中的两类负反馈回路

（1）大肠杆菌芳香族氨基酸生物合成中 3 种末端产物——酪氨酸、苯丙氨酸和色氨酸抑制各自色氨酸生物合成中的第一步，即催化 4-磷酸赤藓糖与磷酸烯醇式丙酮酸缩合的同工酶

（2）在革兰阳性细菌中由天冬氨酸衍生的甲硫氨酸、苏氨酸和赖氨酸以积累方式调节单一共同的酶——天冬氨酸激酶。苏氨酸和甲硫氨酸调节各自合成的第一个酶

4. 协调控制

途径中酶的诱导和阻遏常常是平行的。当 β-半乳糖苷酶被诱导时，其他两种蛋白，半乳糖苷透性酶和 β-半乳糖苷转乙基酶也同时被诱导出来。前者负责乳糖和其他有关物质（如硫-β-D-半乳糖苷）运输到细胞内，后者的生理作用仍不明了。同样，大肠杆菌 K12 中精氨酸同时阻遏鸟氨酸氨甲酰基转移酶和精氨酸合成中的其他几种酶，这一现象有时称为调节子（Regulator）。负责乳糖分解代谢的酶在其合成速率方面显示出协同控制作用，即其合成速率在所有生长条件下均以恒定的比例进行。但是精氨酸生物合成酶中有些显示协同控制作用，有些没有。如将细胞从含有精氨酸的培养基移种到缺少它的培养基中，鸟氨酸氨甲酰基转移酶去阻遏达 100 倍，而其他酶则去阻遏约 10 倍。一种可能的解释是鸟氨酸氨甲酰基转移酶与天冬氨酸氨甲酰基转移酶（从酶催化嘧啶合成的第一步）竞争同一底物——氨甲酰磷酸。为此，在胞内低精氨酸浓度下，需确保有足够的氨甲酰磷酸流向精氨酸合成途径。反之也一样，在缺少尿嘧啶或胞嘧啶下，天冬氨酸氨甲酰基转移酶

的去阻遏的程度比其他嘧啶生物合成酶更大。

（三）酶合成调节的分子机制

因为酶是基因表达过程的产物，因此对酶合成的调控可以从其表达过程入手，即可以进行两种水平的调控，包括 DNA 转录水平和 RNA 翻译水平的控制。

1. DNA 转录水平的控制

微生物的基因调控主要发生在转录水平上，这是一种最为经济的调控。酶的合成是由 DNA 转录成 RNA 再翻译成蛋白质的过程，这一过程受到严格的调节控制。从 DNA 转录水平来控制酶的合成的影响因素很多，通常调节因子的结合位点存在于启动子内部或启动子附近，通过与调节因子的结合来促进或抑制转录的进行。编码酶的基因上包含启动子，启动子是 RNA 聚合酶识别、结合和开始转录的一段 DNA 序列，也是转录起始的控制部位。RNA 聚合酶起始转录需要的辅助因子称为转录因子，它的作用是识别 DNA 的顺式作用位点，或是识别其他因子，或是识别 RNA 聚合酶。mRNA 合成的速度与 RNA 聚合酶同启动子的结合速率紧密联系，也就是说可以通过控制 RNA 聚合酶与启动子的结合来调控酶的合成水平。

根据调控机制的不同可以将 DNA 转录水平的调控机制分为两类，第一类是对 DNA 转录起促进作用的，即正转录调控；第二类是对 DNA 转录起抑制作用的，即负转录调控。

研究大肠杆菌色氨酸生物合成时发现：当细胞内有色氨酸存在时，可使转录过程在未到终点之前，便有 80%~90%的转录停止。这种调节方式不是使正在转录的过程全部在中途停止，故称为弱化作用。弱化调节方式广泛地存在于氨基酸合成操纵子调节中，是细菌辅助阻遏作用的一种精细调控；弱化调节是通过操纵子的引导区内类似于终止子结构的一段 DNA 序列实现的，这段序列称为弱化子或衰减子。当细胞内某种氨基酰-tRNA 缺乏时，该弱化子不表现为终止子功能；当细胞内某种氨基酰-tRNA 充足时，弱化子表现为终止子功能，但这种终止作用并不使所有正在转录中的 mRNA 全部都中途停止，而只是部分中途停止转录。弱化调节方式是在 mRNA 水平上起作用的。mRNA 含有一个引导区，显示出一种不平常的氨基酸密码子的堆积。

2. RNA 翻译水平的控制

酶浓度的调控主要是通过对酶合成的控制来完成的，而酶合成的控制不仅可以在其转录水平调控，还可以发生在翻译水平，又称为转录后调控。在细胞内，蛋白质水平和 mRNA 水平是不一定吻合的。这种调控机制是通过控制 mRNA 分子翻译的次数来完成的。翻译水平的调控与 mRNA 的稳定性、翻译起始、二级结构、蛋白质合成速率等因素有关。近年来，人们对控制 mRNA 翻译机理的研究逐渐增多，发现翻译调控的作用十分广泛，而且 mRNA 翻译起始是控制翻译效率的限速步骤。这涉及具体的 mRNA 结构的变化、翻译各组成成分的修饰以及与其他蛋白质相互作用等。

第三节　氨基酸生物合成的调节模式

一、反馈抑制和反馈阻遏

在微生物细胞中，初级代谢产物的水平，主要受反馈控制体系的调节，主要有反馈抑制和反馈阻遏。反馈抑制是指代谢途径的终产物对催化该途径中的一个反应（通常是第一个反应）的酶活力的抑制，其实质是终产物结合到酶的变构部位，从而干扰酶和它底物的结合。与此相反则为酶活力的激活。反馈阻遏是指终产物（或终产物的结构类似物）阻止催化该途径的一个或几个反应中的一个或几个酶的合成，其实质是调节基因的作用，这是微生物不通过基因突变而适应环境改变的一种措施。

二、影响酶活力的调节方式

酶活力的调节方式可以分为多种类型。

（一）直线形途径中（无分支途径）的调节方式

直线形途径中的调节方式、调节类型比较直接而且简单。

1. 终产物反馈抑制

终产物反馈抑制是通过代谢途径的末端产物的浓度变化对该途径的关键酶的抑制作用进行反馈抑制。一般是途径的终产物抑制途径中第一个专一性酶。终产物反馈抑制是氨基酸生物合成代谢中常见的调节类型。如下所示：

反馈抑制

A ⟶ B ⟶ C ⟶ D

例如，大肠杆菌在合成异亮氨酸时，终产物异亮氨酸过多时可抑制途径中第一个酶——苏氨酸脱氢酶的活力，导致异亮氨酸合成停止，这是一种较为简单的反馈抑制方式（图 7-20）。

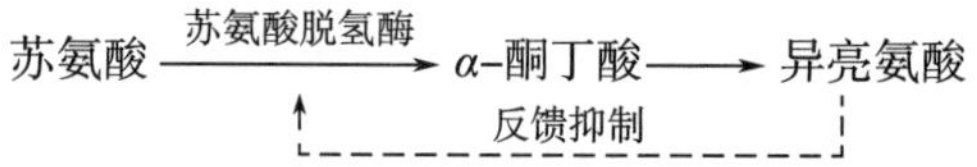

苏氨酸 —苏氨酸脱氢酶⟶ α-酮丁酸 ⟶ 异亮氨酸

反馈抑制

图 7-20　大肠杆菌异亮氨酸的生物合成途径

2. 前体激活（代谢激活）

前体激活是指反应某一途径的后面的反应受到前面某中间代谢产物的激活，这种方式常见于分解代谢途径中，合成代谢中也存在。B 可激活催化 C → D 的酶，所以可以促进终产物 D 的生成。如下所示：

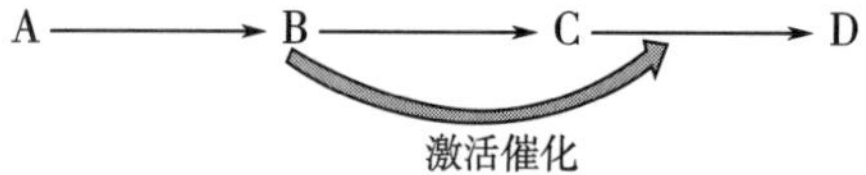

例如，EMP 降解途径中 1,6-二磷酸果糖使丙酮酸激酶活化（图 7-21）。

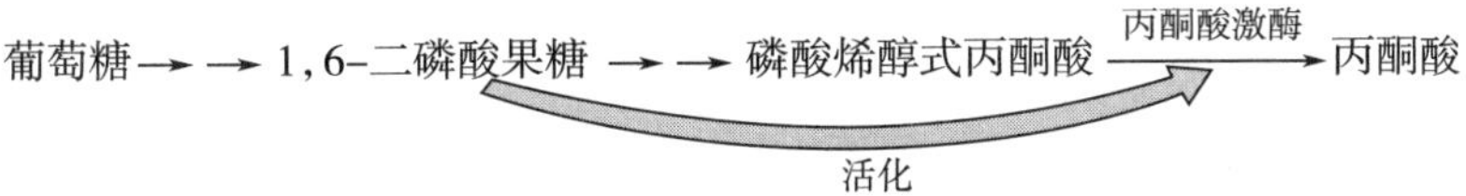

图 7-21　EMP 降解途径中丙酮酸激酶的活化

3. 补偿激活

补偿激活是指若某一化合物（A）的利用取决于另一反应途径的运行，那么这个化合物就能激活这个反应序列的第一个酶。可以理解为终产物抑制的补偿性拮抗现象。其关键在于 G → H 必须供给定量的 D，所以 G 能激活 A → B 的反应。如下所示：

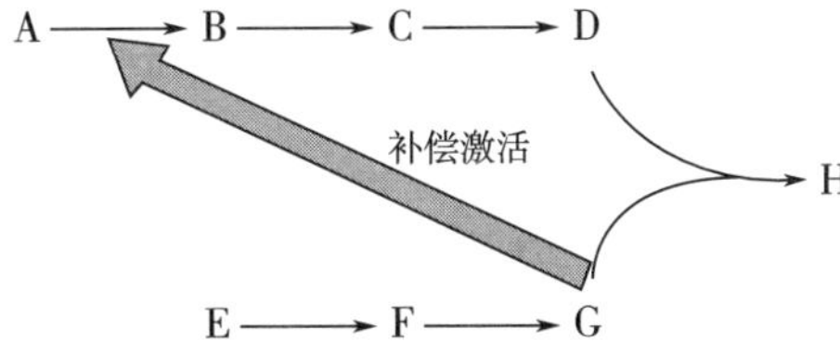

例如，ATP 激活磷酸烯醇式丙酮酸羧化酶（图 7-22），这个酶催化反应对生成 UTP 非常重要。

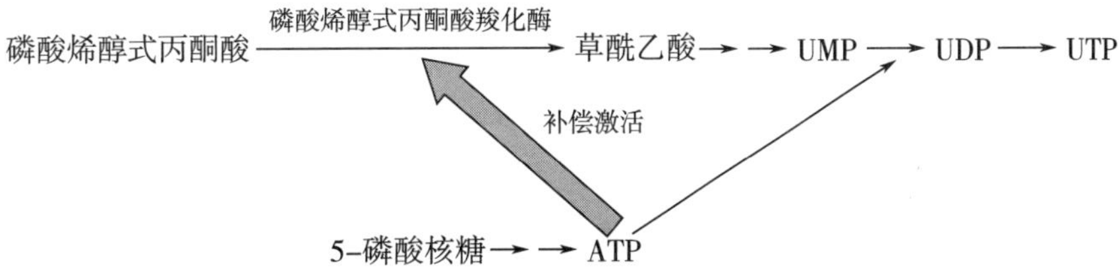

图 7-22　ATP 激活磷酸烯醇式丙酮酸羧化酶

（二）分支代谢途径（多个终端产物的途径）的调节方式

1. 协同反馈抑制（多价反馈抑制）

协同反馈抑制是指当一条代谢途径中有两个以上终产物时，任何一个终产物都不能单独抑制途径第一个共同的酶促反应，但当两者同时过剩时，它们协同抑制第一个酶反应。合成途径的终端产物 E 和 G 抑制在合成过程中共同经历途径的第一步反应的第一个酶。如下所示：

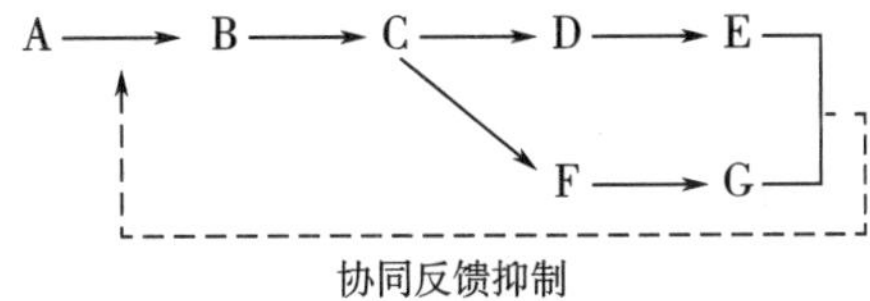

例如，苏氨酸、异亮氨酸、甲硫氨酸和赖氨酸的生物合成属于分支代谢途径（图 7-23），谷氨酸棒杆菌和大肠杆菌的天冬氨酸族氨基酸生物合成途径中，发现苏氨酸和赖氨酸对催化天冬氨酸合成天冬氨酰磷酸的天冬氨酸激酶有协同反馈抑制作用，只有当苏氨酸

与赖氨酸在胞内同时积累时，才能抑制天冬氨酸激酶的活力。这种调节方式也在鼠伤寒杆菌的缬氨酸、异亮氨酸、亮氨酸和泛酸的分支途径中存在。

2. 合作反馈抑制（又称增效反馈抑制）

合作反馈抑制是指当代谢途径中任何一个终产物（E 或 G）单独过剩时，都会部分地反馈抑制共同反应中第一个酶的活力，E 和 G 两个终产物同时过剩时，才能产生强烈的抑制作用，其抑制作用大于各自单独存在时的抑制作用的总和。如下所示：

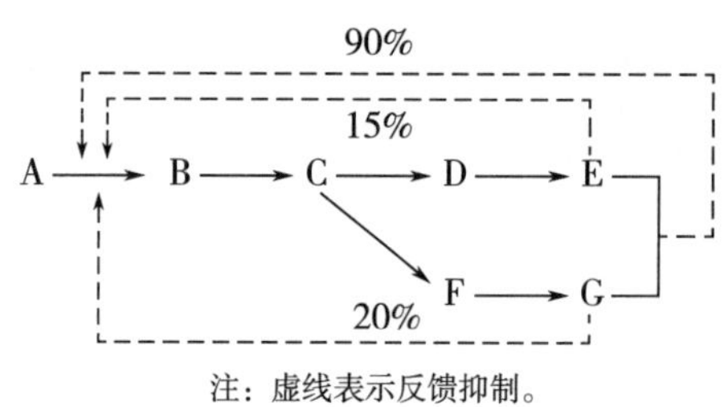

注：虚线表示反馈抑制。

此类调节方式在 AMP、ADP 等 6-氨基嘌呤核苷酸和 GMP、IMP 等 6-酮基嘌呤核苷酸的生物合成途径中存在。这两类核苷酸都能分别部分抑制磷酸核糖焦磷酸转酰胺酶的活力，但 6-氨基嘌呤核苷酸和 6-酮基嘌呤核苷酸的混合物（GMP+AMP 或 ADP-IMP）对该酶有强烈的抑制作用，比各自单独存在时抑制作用的总和还大。

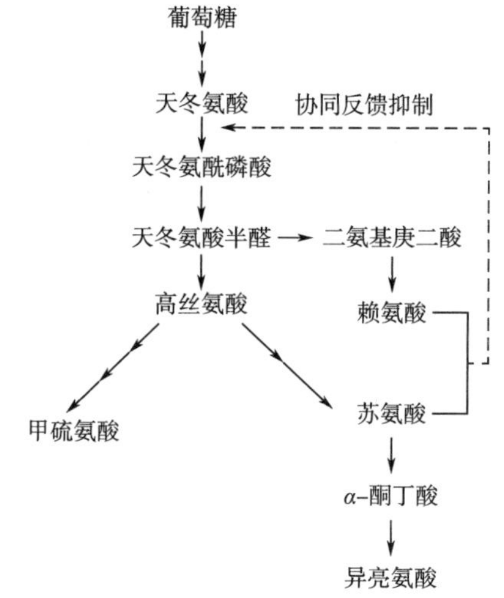

图 7-23　谷氨酸棒杆菌甲硫氨酸、苏氨酸及赖氨酸生物合成途径

3. 累加反馈抑制

累加反馈抑制是指催化分支合成途径第一步反应的酶有几种末端产物抑制物，任一终产物单独过剩时，能独立地对共同途径的一个多价变构酶产生部分反馈抑制，并且各终产物的反馈抑制作用互不影响，既无协作也无对抗。当多种终产物同时过剩时它们的反馈抑制作用是累积的。例如，两种不同的末端产物可以分别抑制第一个酶活力的 50%和 25%，二者同时过量时，可抑制酶活力的 62.5%。如下所示：

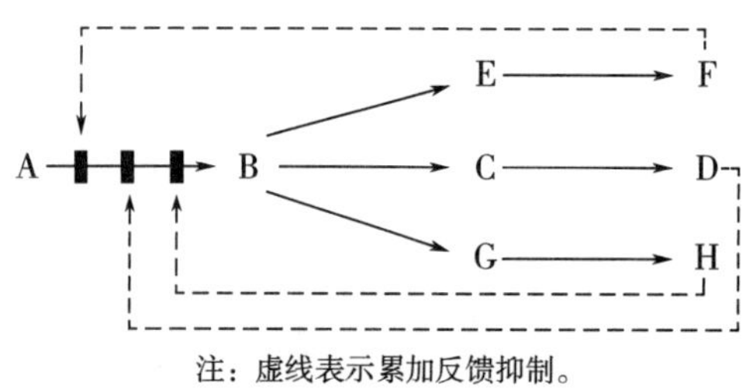

注：虚线表示累加反馈抑制。

例如，大肠杆菌谷氨酸形成谷氨酰胺的第 1 步反应中起催化作用的酶，即谷氨酰胺合成酶受 8 个最终产物的积累反馈抑制，每一种都有自己与酶的结合部位。色氨酸单独存在时抑制酶活力的 16%，CTP 抑制 14%，氨基甲酰磷酸抑制 13%，AMP 抑制 41%。4 种终产物同时存在时，酶活力的抑制程度可以计算出来。色氨酸抑制 16%，剩下的 84%，CTP 抑制 14%，84% 的 14% 就是 11.8%；剩下 84% - 11.8% = 72.2%，氨基甲酰磷酸抑制 72.2% 的 13%，就是 9.4%；剩下 72.2% - 9.4% = 62.8%，AMP 抑制剩下 62.8% 的 41%，就是 25.8%；剩下 62.8% - 25.8% = 37% 的原来酶活力，在 8 个产物同时存在时，酶活力完全被抑制，如图 7-24 所示。

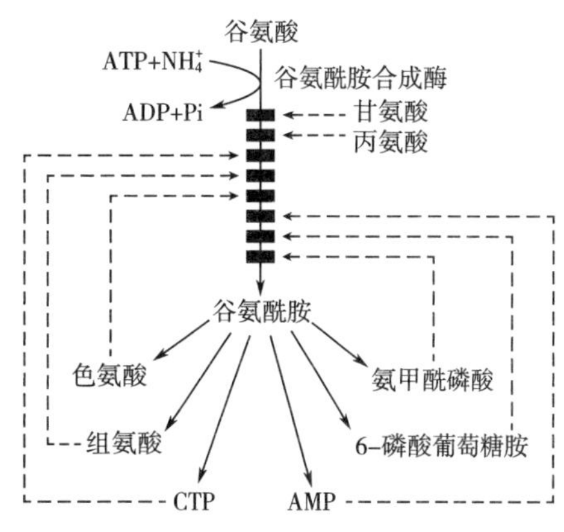

图 7-24　大肠杆菌中谷氨酰胺合成酶的反馈抑制

注：虚线表示反馈抑制；黑色方块表示不同结合部位。

4. 终产物抑制的补偿性逆转

终产物抑制的补偿性逆转是指虽然一个分支途径的终产物（E）能完全抑制共同代谢途径的第一个酶，但另一个分支前体物（I）却是同一个酶的激活剂，起到抑制的拮抗作用。如下所示：

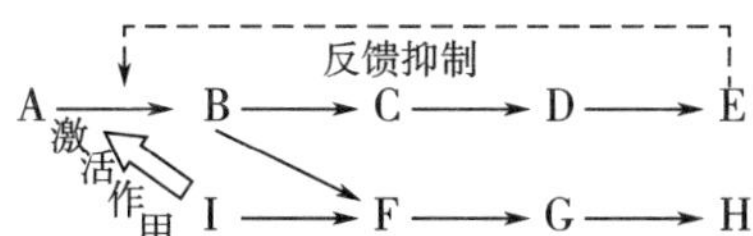

例如，在大肠杆菌中，精氨酸和嘧啶核苷酸的生物合成途径是完全独立的，但它们有一个共同的中间体——氨甲酰磷酸，负责合成这个中间体的酶——氨甲酰磷酸合成酶可以被嘧啶代谢途径的代谢物 UMP 反馈抑制，也可以被精氨酸生物合成途径的中间体鸟氨酸激活。如有嘧啶时，UMP 在胞内库存量升高，氨甲酰磷酸合成酶被抑制。由于氨甲酰磷酸的耗竭而导致鸟氨酸堆积，从而刺激了该酶的活力，使鸟氨酸合成受阻。随着鸟氨酸在胞内浓度下降，此酶活力下降（图 7-25）。

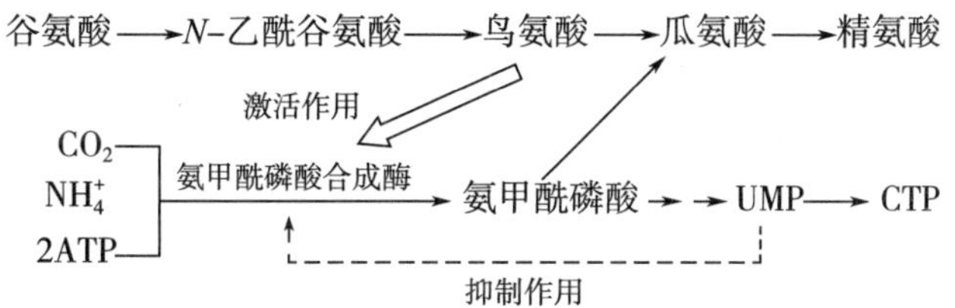

图 7-25　大肠杆菌氨甲酰磷酸合成酶的补偿性逆转

5. 顺序反馈抑制

在顺序反馈抑制方式中，E 积累，停止 C → D 的反应，减少 E 的进一步合成，更多的

C 转到 F，再由 F 合成 H 或 J；H 积累，抑制 F → G 的反应；J 积累，抑制 F → I 的反应，结果造成 F 的积累，引起 F 对 A → B 的反馈抑制，使整个合成途径停止。如下所示：

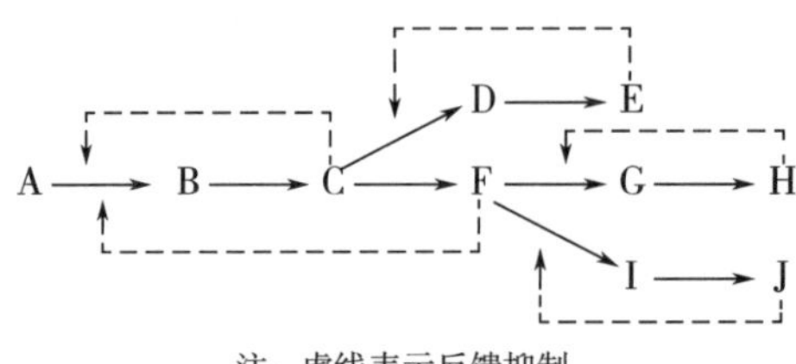

注：虚线表示反馈抑制。

枯草芽孢杆菌的芳香族氨基酸生物合成途径、球形红假单胞菌的苏氨酸生物合成途径都没有发现同工酶调节现象，而是通过顺序反馈调节方式控制这些氨基酸的合成。例如在枯草芽孢杆菌芳香族氨基酸的生物合成途径中，不像在大肠杆菌中那样，有 3 种 DAHP 合成酶的同工酶，而只有一种 DAHP 合成酶。色氨酸、酪氨酸和苯丙氨酸分支途径的第一步都分别受各自终产物的抑制。如果 3 种终端产物都过量，则会引起分支点的底物，即分支酸或预苯酸积累。分支点中间产物积累的结果，使共同途径催化第一步反应的酶受到反馈抑制，从而抑制 4-磷酸赤藓糖和磷酸烯醇式丙酮酸的缩合反应。

6. 同工酶抑制

同工酶是能催化同一个反应，但其蛋白质结构性不同，因而代谢调控特征上也不同的一组酶的统称。同工酶调节是微生物的代谢途径中比较普遍存在的调节方式，指代谢途径的第一步由两个或更多个同工酶催化而分支途径的终产物则抑制其中的一个同工酶。酶Ⅰ和酶Ⅱ都是催化 A → B 的同工酶。G 过量时，酶Ⅱ停止活动，C 也不能经过 F 到 G。与此同时，酶Ⅰ活力不受影响，A 可以顺利地到 E，从而使 G 过量时，并不干扰 E 的合成。如下所示：

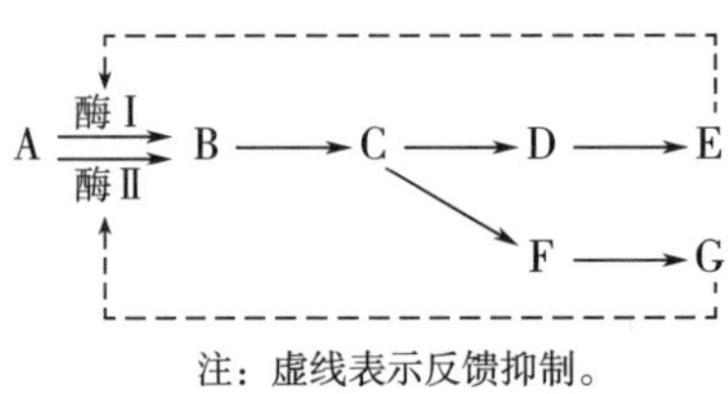

注：虚线表示反馈抑制。

例如，大肠杆菌天冬氨酸族氨基酸生物合成途径中，天冬氨酸激酶Ⅰ、Ⅱ和Ⅲ三个同工酶中，天冬氨酸激酶Ⅰ受苏氨酸的反馈调节，天冬氨酸激酶Ⅱ受甲硫氨酸的反馈调节、天冬氨酸激酶Ⅲ受赖氨酸的反馈调节（图 7-26）。

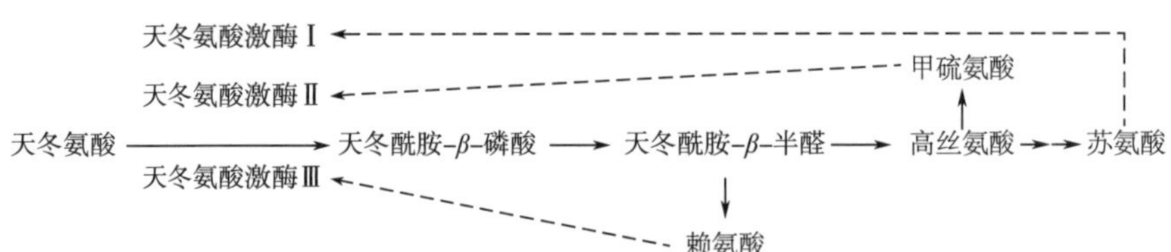

图 7-26　大肠杆菌的天冬氨酸族氨基酸的生物合成途径

注：虚线表示反馈抑制。

（三）代谢途径的横向调节

1. 代谢互锁

代谢互锁是指分支途径上游的某个酶 G → H 受到另一条分支途径的终产物（D、F），甚至与本分支途径几乎不相关的代谢中间产物（X、Y）的抑制或激活，使酶的活力受到调节。而且只有当该中间产物浓度大大高于生理浓度时才显示抑制作用。如下所示：

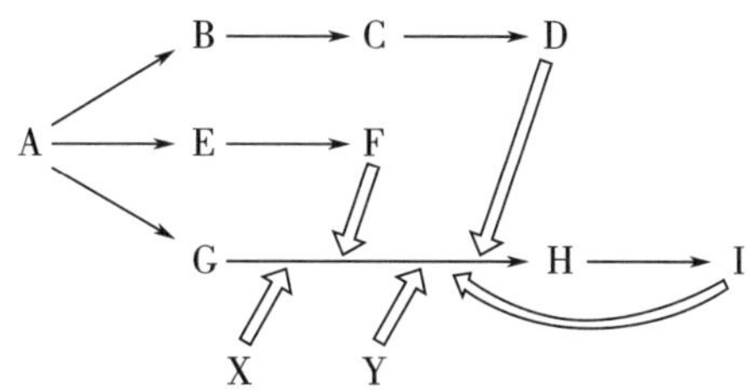

注：粗箭头表示抑制或激活作用。

例如，谷氨酸棒杆菌中，天冬氨酸族氨基酸代谢途径中的赖氨酸与分支链氨基酸中的亮氨酸生物合成之间存在相互调节。

2. 优先合成

优先合成是指生物合成有分支途径时，分支点后的两种酶竞争同一种底物，由于酶Ⅰ和酶Ⅱ对底物（C）的 K_m 值（即对底物的亲和力）不同，故两条支路的一条优先合成。如下所示：

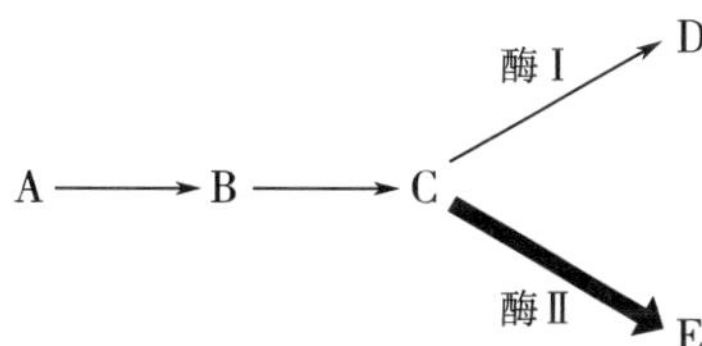

注：粗实线表示优先合成。

例如，由于柠檬酸合成酶对草酰乙酸的亲和力比谷草转氨酶对草酰乙酸的亲和力大，所以草酰乙酸优先合成柠檬酸，谷氨酸优先于天冬氨酸合成（图 7-27）。

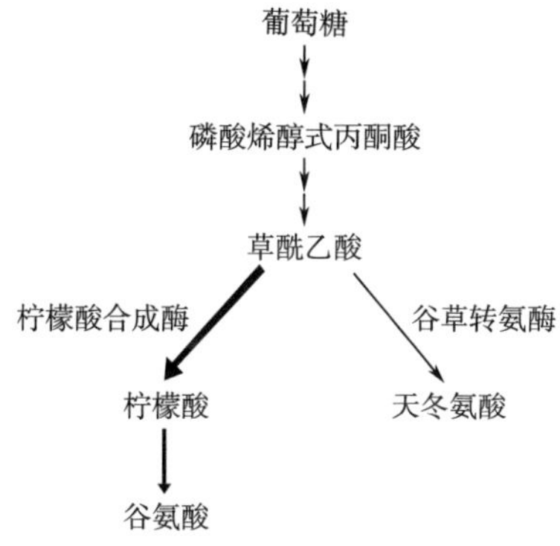

图 7-27　谷氨酸的优先合成

注：粗实线表示优先合成。

3. 平衡合成

平衡合成是指经分支合成途径生成两种终产物 E、G，E 和 G 平衡合成。E 为优先合成，当 E 过剩时，E 反馈抑制与优先合成途径有关的 C → D 酶，转而合成 G，当 G 过剩时，可逆转 E 的反馈抑制，即 E 的反馈抑制被 G 所逆转，又转为优先合成 E。如下所示：

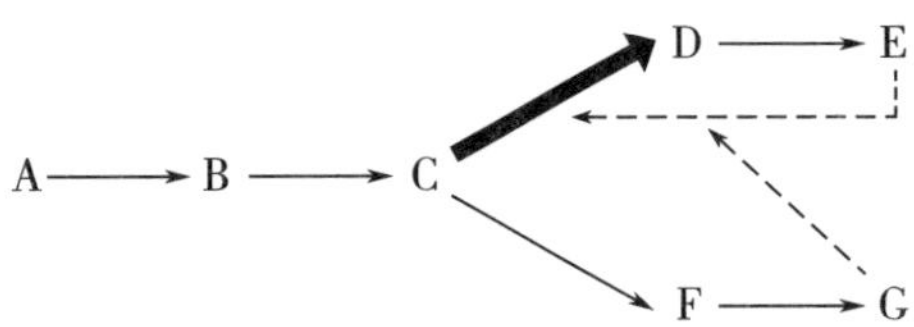

注：粗实线表示优先合成；虚线表示反馈抑制。

例如，谷氨酸棒杆菌中，天冬氨酸族氨基酸生物合成的前体物质——天冬氨酸和分支途径中的中间产物——乙酰 CoA 的生成，形成平衡合成（图 7-28）。

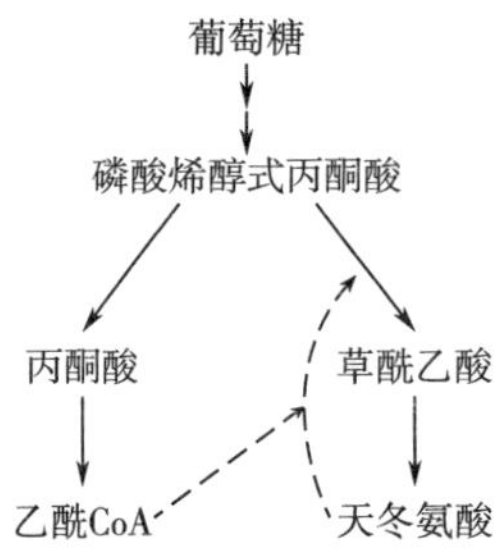

图 7-28 谷氨酸棒杆菌中天冬氨酸与乙酰 CoA 的平衡合成

注：虚线表示反馈抑制。

4. 辅助底物和终产物对另一分支途径的调节

辅助底物和终产物对另一分支途径的调节是指一个分支途径的第一个酶，受另一个分支途径的辅助底物（D）的抑制和终产物（G）的激活。共同途径的终产物（即分支点 C）的形成受分支点途径的终产物（I）的调节。如下所示：

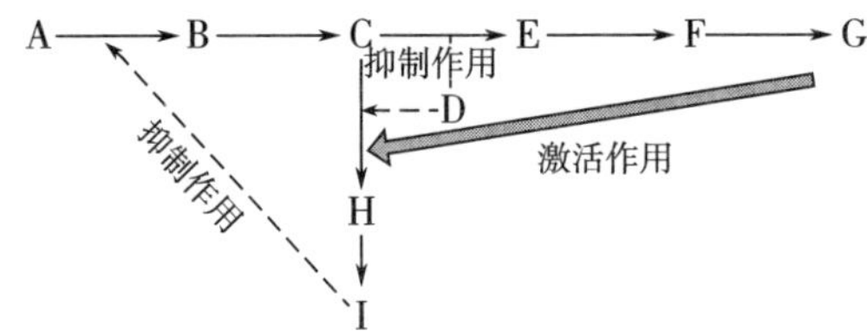

三、影响酶量的调节方式

（一）单个终产物的生物合成途径

1. 简单终产物阻遏

简单终产物阻遏是指当终产物过量时，途径中所有的酶均被阻遏。当终产物浓度降低时，均被解除阻遏。如下所示：

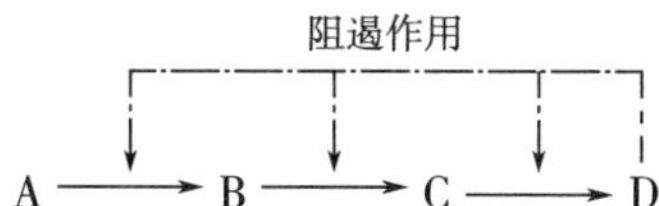

例如，大肠杆菌中的精氨酸、组氨酸和色氨酸等各自合成的途径的所有酶分别受终产物精氨酸、组氨酸和色氨酸的反馈阻遏，主要是通过操纵子来调节。

2. 可被阻遏的酶的产物的诱导作用

可被阻遏的酶的产物的诱导作用是指终产物的阻遏只施加在途径的第一个酶上，这个酶催化的反应产物（B）的高浓度，能激活下游的酶的合成。如下所示：

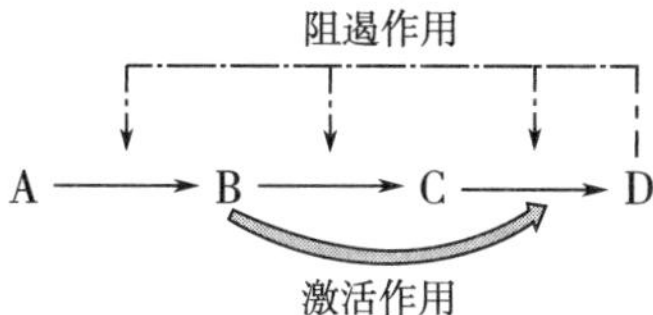

例如，粗糙脉胞菌的亮氨酸生物合成途径中第一个酶受亮氨酸的阻遏和抑制，而第二、三个酶受第一个酶的产物的诱导。

（二）多个终产物的生物合成途径

1. 多个单功能酶的简单终产物的阻遏——同工酶阻遏

同工酶阻遏是指共同途径从 A 到 B 之间的反应受多个单功能的同工酶催化，这几个同工酶分别受各自分支的终产物的阻遏，如下所示：

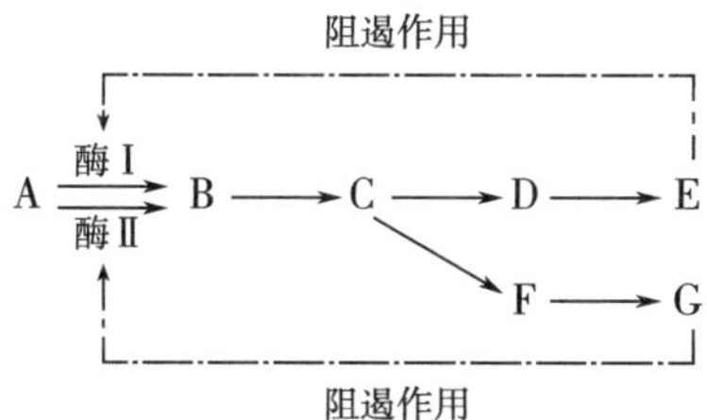

例如，大肠杆菌天冬氨酸族氨基酸生物合成途径中，天冬氨酸激酶Ⅰ、Ⅱ、Ⅲ三个同工酶分别受赖氨酸、苏氨酸和甲硫氨酸的反馈阻遏。

2. 多功能酶的多价阻遏

多功能酶是指多肽链上有两个或两个以上催化活性的酶。多功能酶的多价阻遏是指通过几个终产物共同协调活动阻遏某一酶的生物合成，如下所示：

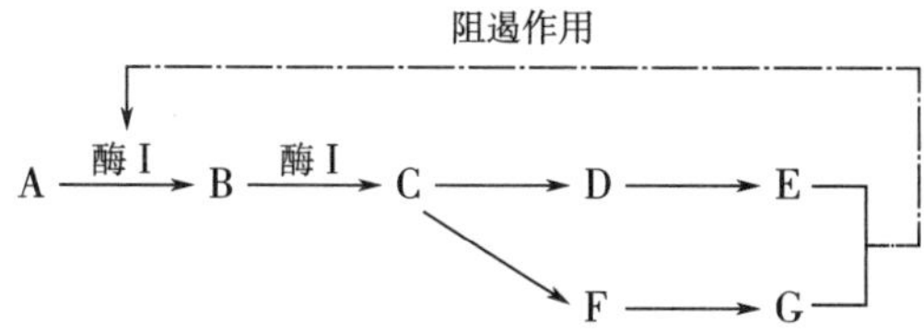

（三）分解代谢途径

1. 分解代谢阻遏

分解代谢阻遏是指易被降解的化合物或其分解代谢物对各种降解的化合物的降解酶合成的阻遏。如下所示：

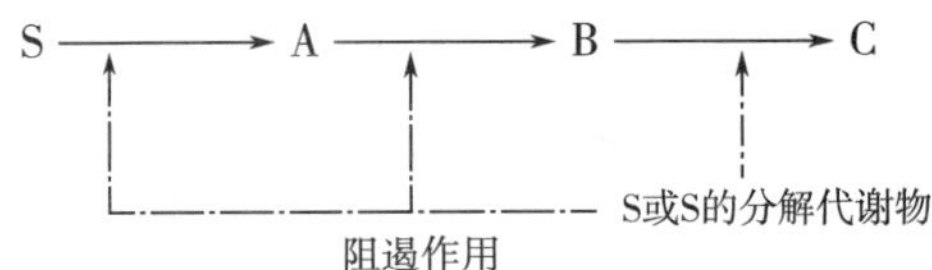

2. 起始底物的诱导作用

起始底物的诱导作用是指起始底物A诱导合成降解途径的酶。如下所示：

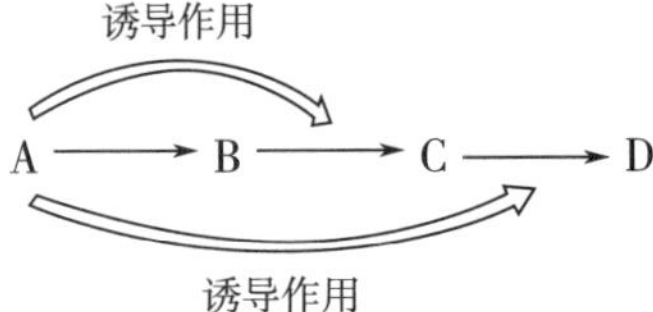

例如，枯草芽孢杆菌中，组氨酸诱导其自身被分解代谢生成谷氨酸的途径的一系列酶。

3. 降解代谢途径中间产物所引起的诱导作用

降解代谢途径中间产物所引起的诱导作用是指起始底物A必须首先被转化为诱导物B后，才能由B诱导合成降解A途径的酶。如下所示：

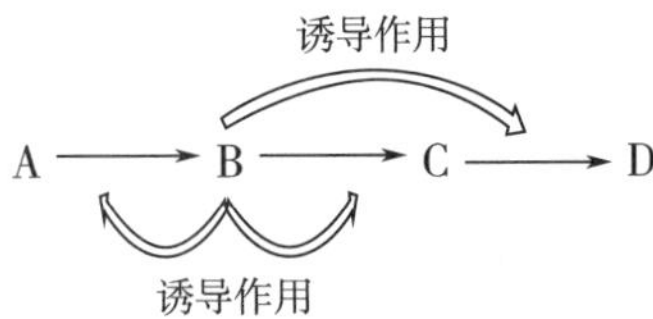

例如，大肠杆菌中乳糖的降解就必须借助细胞内基础水平（指未经诱导时的酶水平）。β-半乳糖苷酶与乳糖作用生成别乳糖，然后由别乳糖诱导大肠杆菌的乳糖操纵子产生降解乳糖的酶系，进而再诱导出降解半乳糖的酶系。

4. 催化两条不同合成途径的共同酶系的阻遏

催化两条不同合成途径的共同酶系的阻遏是指同一套酶系在催化两条不同的代谢途径，那么这套酶系均受这两条代谢途径的终产物所阻遏。如下所示：

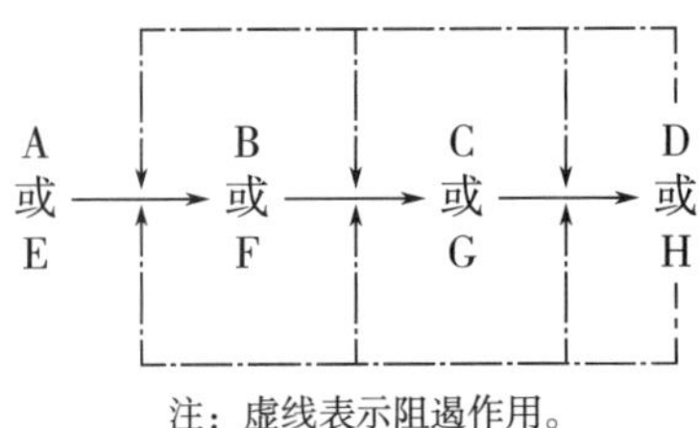

注：虚线表示阻遏作用。

例如，分支链氨基酸生物合成途径中，苏氨酸是异亮氨酸的前体，丙酮酸是缬氨酸的前体，α-酮异己酸是亮氨酸的前体。异亮氨酸、缬氨酸和亮氨酸的合成中有 4 种酶是共用的，特别是分支链氨基酸转氨酶是 3 种氨基酸合成都需要的。这些共用酶受异亮氨酸、缬氨酸和亮氨酸的阻遏。

四、能荷调节

能荷是指细胞中 ATP、ADP、AMP 系统中可为代谢反应供能的高能磷酸键的量度。能荷调节也称腺苷酸调节，指细胞通过改变 ATP、ADP、AMP 三者比例来调节其代谢活动。ATP、ADP、AMP 所含能荷依次递减，三者在细胞中的比例不同，表明细胞的能量状态不同。细胞的能荷可由下式计算：

$$\text{能荷}=\frac{[\text{ATP}]+1/2\,[\text{ADP}]}{[\text{ATP}]+[\text{ADP}]+[\text{AMP}]}\times 100\%$$

从上式可见，当细胞中全部是 ATP 时能荷最大，为 100%；若全部是 AMP 时能荷最小，为 0；而当全部为 ADP 时，能荷为 50%。当细胞或线粒体中 3 种核苷酸同时并存时，能荷大小随三者比例而异，三者的比例随细胞生理状态而变化。

可把 ATP 当作糖代谢的末端产物。当 ATP 过量时会对合成 ATP 系统产生反馈抑制。当 ATP 分解为 ADP、AMP 和 Pi 时。将其能量供给合成反应时，ATP 生物合成的反馈调节被解除，ATP 又得以合成。因此，能量不仅调节生成 ATP 的分解代谢酶类的活力，也能调节利用 ATP 的生物合成酶类的活力。糖代谢和中心代谢途径中的酶活力受能荷的调节。当能荷降低时，激活催化糖分解和能量生成酶系，或解除 ATP 对这些酶的抑制（如糖原磷酸化酶、果糖磷酸激酶、柠檬酸合成酶、异柠檬酸脱氢酶、反丁烯二酸酶等）并抑制糖原合成酶——1,6-二磷酸-果糖酯酶，从而加速糖分解和 TCA 的产能代谢；当能荷升高时，细胞中 AMP、ADP 转变为 ATP，这时 ATP 则抑制糖原降解以及糖酵解和 TCA 循环中的关键酶（如糖原磷酸化酶、磷酸果糖激酶、柠檬酸合成酶和异柠檬酸脱氢酶）并激活糖类合成酶（糖原合成酶、1,6-二磷酸-果糖酯酶）从而抑制糖的分解，加速糖原的合成。当能荷在 0.75 以上时，ATP 合成受到抑制，合成 ATP 的酶系活力迅速下降，而消耗 ATP 的酶系活力迅速上升。当能荷在 0.8 左右时，呈抑制与活化的中间状态，此时两种酶系达到平衡。这种现象存在于许多类型的细胞中，并且能荷是相同的。例如，大肠杆菌的能荷在生长期间为 0.8，静止期将至 0.5。许多细胞都可以通过调节腺苷酸的比例来协调分解代谢与合成代谢的速率。

参考文献

[1] 张克旭，陈宁，张蓓，等．代谢控制发酵［M］．北京：中国轻工业出版社，1998.

[2] 陈宁．氨基酸工艺学［M］．北京：中国轻工业出版社，2007.

［3］陈宁．氨基酸工艺学（第二版）［M］．北京：中国轻工业出版社，2020.
［4］王镜岩，朱圣庚，徐长法．生物化学（第三版）［M］．北京：高等教育出版社，2002.
［5］储炬，李友荣．现代生物工艺学［M］．上海：华东理工大学出版社，2007.
［6］储炬，李友荣．现代工业发酵调控学［M］．北京：化学工业出版社，2002.

第八章　氨基酸产生菌的选育

第一节　氨基酸的主要产生菌

一、现有氨基酸产生菌的分类

现有氨基酸产生菌主要是棒杆菌属（*Corynebacterium*）、短杆菌属（*Brevibacterium*）、小杆菌属（*Microbacterium*）、节杆菌属（*Arthrobacter*）和埃希菌属（*Escherichia*）中的细菌。前四个属在细菌的分类系统中彼此比较接近，其中短杆菌属隶属于短杆菌科（Brevibacteriaceae），而棒状杆菌属、小杆菌属和节杆菌属则隶属于棒状杆菌科（Corynebacteriaceae）。短杆菌科和棒状杆菌科均属于真细菌目中的革兰染色阳性、无芽孢杆菌及有芽孢杆菌的一大类。埃希菌属隶属于肠杆菌科（Enterobacteriaceae），为肠杆菌目中的革兰染色阴性、无芽孢的一类。

（一）棒状杆菌属

细胞为直到微弯的杆菌，常呈一端膨大的棒状，折断分裂形成“八”字形或栅状排列，不运动，但少数植物致病菌能运动。革兰染色阳性，但常有呈阴性反应，菌体内常着色不均一，常有横条纹或串珠状颗粒。胞壁染色表明菌体由多细胞组成，抗酸染色阴性，好氧或厌氧。以葡萄糖为底物发酵产酸，少数以乳糖为底物发酵产酸。

（二）短杆菌属

细胞为短的、不分枝的直杆菌，细胞大小为（0.5～1）μm×（1～5）μm，革兰染色阳性，大多数不运动，而运动的种具有周生鞭毛或端生鞭毛。在普通肉汁蛋白胨培养基中生长良好，多数以葡萄糖为底物发酵产酸，不能以乳糖为底物。有时产非水溶性色素，色素呈红、橙红、黄、褐色。多数能液化明胶和还原石蕊并胨化牛乳，极少数能使牛乳变酸。可以碳水化合物为底物产生乳酸、丙酸、丁酸或乙醇。接触酶试验阳性。菌体形态较规则，非抗酸性菌，除分裂时菌体内形成隔壁外，菌体细胞内不具有隔壁。

（三）小杆菌属

细胞为杆菌，形态和排列均与棒状杆菌相似，细胞大小为（0.5～0.8）μm×（1～3）μm，有时呈球杆菌状。美蓝染色呈现颗粒，革兰染色阳性，不抗酸，无芽孢。在普通肉汁蛋白胨培养基上生长，补加牛乳或酵母膏则生长更好。产生带灰色或微黄色的菌落。发酵糖产酸弱，主要产乳酸，不产气。接触酶试验阳性。

（四）节杆菌属

该属细菌为好氧菌，其突出的特点是在培养过程中出现细胞形态由球菌变杆菌，由杆菌变球菌，革兰染色由阳性变阴性，又由阴性变阳性的变化过程。有的种细胞大小均匀，与小球菌在形态上无明显区别，而有的种大小不均一，大的球状细胞可比小的大几倍，称为孢囊。当接种到新鲜培养基上时，球状细胞萌发出杆状细胞。若有一个以上萌发点，则形成分枝形态。新形成的杆菌延长并分裂，由分裂点又向外伸长，与原来的杆菌形成角度，好像是分枝，实际上并没有什么分枝，这时革兰染色呈阴性或不定。杆状细胞随培养时间的延长而缩短，最后变为球状细胞，革兰染色也可以转变为阳性。一般不运动。固体培养基上菌苔软或黏，液体培养生长旺盛。大部分的种能液化明胶。以碳水化合物为底物时产酸极少或不产酸。可还原硝酸盐，但不产吲哚。大部分的菌种在37℃不生长或微弱生长，20~25℃为适温。表现为典型的土壤微生物。

（五）埃希菌属

细胞为直杆状，细胞大小为（1.1~1.5）μm×（2.0~6.0）μm，单个或成对排列。许多菌株有荚膜和微荚膜。革兰染色阴性。以周生鞭毛运动或不运动。兼性厌氧，具有呼吸和发酵两种代谢类型。此描述仍局限于大肠埃希菌（*Escherichia coli*），因为目前对于蟑螂埃希菌（*Escherichia blattae*）没有很好的研究，并仅有少数菌株。最适生长温度37℃。在营养琼脂上的菌落可能是光滑（S）、低凸、湿润、灰色、表面有光泽、全缘，在生理盐水中容易分散，同时菌落也可能是粗糙（R）、干燥、在生理盐水中难以分散。在这两种极端类型之间有中间型，也出现不黏和产黏液类型。化能有机营养型微生物。氧化酶试验呈阴性，乙酸盐可作为唯一碳源利用，但不能利用柠檬酸盐。发酵葡萄糖和其他糖类产生丙酮酸，再进一步转化为乳酸、乙酸和甲酸，甲酸部分可被甲酸脱氢酶分解为等量的CO_2和H_2。有的菌株是厌氧的，绝大多数菌株发酵乳糖，但也可以延迟或不发酵。模式种：大肠埃希菌。

目前工业上用于氨基酸生产的菌株主要是谷氨酸棒杆菌（*C. glutamicum*）、大肠杆菌及其衍生菌株。

二、谷氨酸棒杆菌

（一）谷氨酸棒杆菌形态特征

谷氨酸棒杆菌（*C. glutamicum*）隶属于棒杆菌科的棒杆菌属，是真细菌目中的革兰染色阳性、无芽孢杆菌及有芽孢杆菌一大类（图8-1）。20世纪50年代，人们发现谷氨酸棒杆菌能够积累并向外分泌氨基酸。目前，谷氨酸棒杆菌连同它的亚种（如黄色短杆菌、乳糖发酵短杆菌、百合棒杆菌和双歧杆菌），是谷氨酸、赖氨酸等氨基酸工业化生产中最重要的一种微生物。

（二）谷氨酸棒杆菌的主要特征

归纳起来主要有以下几点：

（1）细胞短杆至小棒状，有时微弯曲，两端钝圆，不分枝，单个或成八字排列，细胞大小为（0.7~0.9）μm×（1.0~2.5）μm。

（2）革兰阳性，无芽孢、不运动、菌落湿润、圆形。

（3）谷氨酸棒杆菌是一种异养兼性厌氧菌，谷氨酸棒杆菌在扩大培养时，碳氮比应为 4∶1，而在发酵获得谷氨酸时碳氮比应为 3∶1。

（4）当培养基中的生物素含量在“亚适量”时，菌体细胞内会大量积累糖代谢过程中所产生的中间物 α-酮戊二酸，在结构上它与谷氨酸只差一个氨基。

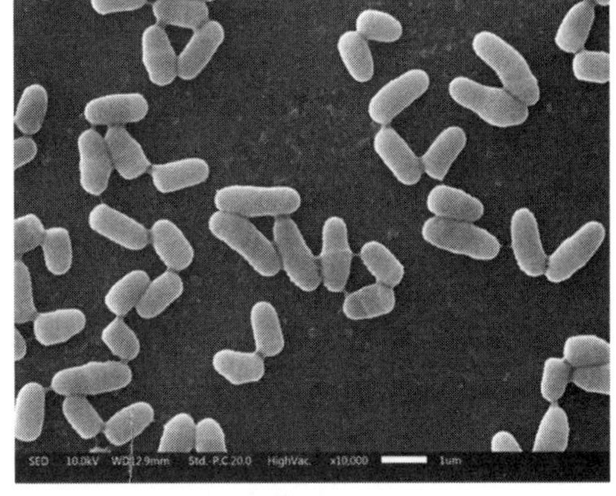

图 8-1　谷氨酸棒杆菌 ATCC 13032 对数生长期电镜照片

（5）脲酶强阳性。

（6）不分解淀粉、纤维素、油脂、酪蛋白以及明胶等。

（7）发酵中菌体发生明显的形态变化，同时发生细胞膜渗透性的变化。

（8）CO_2固定反应酶系活力强。

（9）能利用醋酸，不能利用石蜡。

（10）具有向环境中泄漏谷氨酸的能力，不分解利用谷氨酸，并能耐高浓度的谷氨酸，产谷氨酸达 50g/L 以上。

（三）谷氨酸棒杆菌基因组研究进展

谷氨酸棒杆菌的基因组计划始于 1998 年，谷氨酸棒杆菌 ATCC 13032 基因组序列由世界上不同的公司独立测定至少三次，现在已经公开发表（GenBank No：NC_ 003450），如图 8-2 所示。

1. 基因组序列的组装与注释

谷氨酸棒杆菌 ATCC 13032 整个基因组序列的测定是通过测定 116 个重叠的基因组克隆来完成的。其中的 95 个克隆来自按序排列的 Cosmid 文库，该文库仅包括基因组的 86.6%，另 21 个克隆选自 BAC 文库。对 Cosmids 和 BAC 进行系统地测序而非采用全基因组鸟枪法测序，避免了由于重复序列带来的组装问题。单个 Cosmid 和 BAC 克隆的核苷酸序列最后被拼接组装，产生的错读使用计算机软件 gap4 进行校正。然后，将组装好的基因组序列与储存在数据库中的所有已知的谷氨酸棒杆菌核苷酸序列进行比较。对于比较过程中发现的可能由于在克隆时产生的突变所导致的有偏差的序列，则采用以染色体 DNA 为模板的 PCR 产物重新测序。如此建立起来的是一个高质量的谷氨酸棒杆菌染色体核苷酸序列。编辑好的基因组序列上载到 1.0.5 版本的 GenDB 数据库进行注释。基因甄别结合使用两种生物信息学工具 CRITICA 和 GLIM-MER。CRITICA 先被用来界定一个基因族，该基因族接着被 GLIM-MER 用来构建一个训练模型并最终进行基因甄别。这两种工具的结合充分发挥了 CRITICA 的准确性和 GLIM-MER 的敏感性。

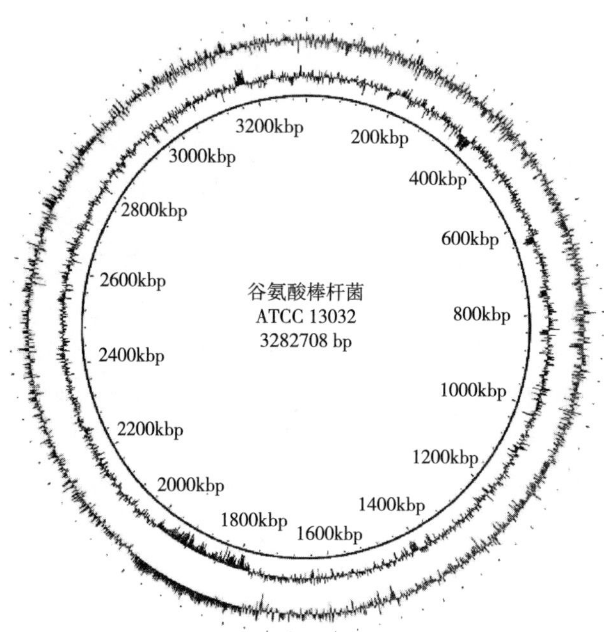

图 8-2　谷氨酸棒杆菌 ATCC 13032 基因组序列（GenBank No：NC_ 003450）

2. 基因组结构

谷氨酸棒杆菌 ATCC 13032 基因组序列的总特征如图 8-3 和表 8-1 所示。

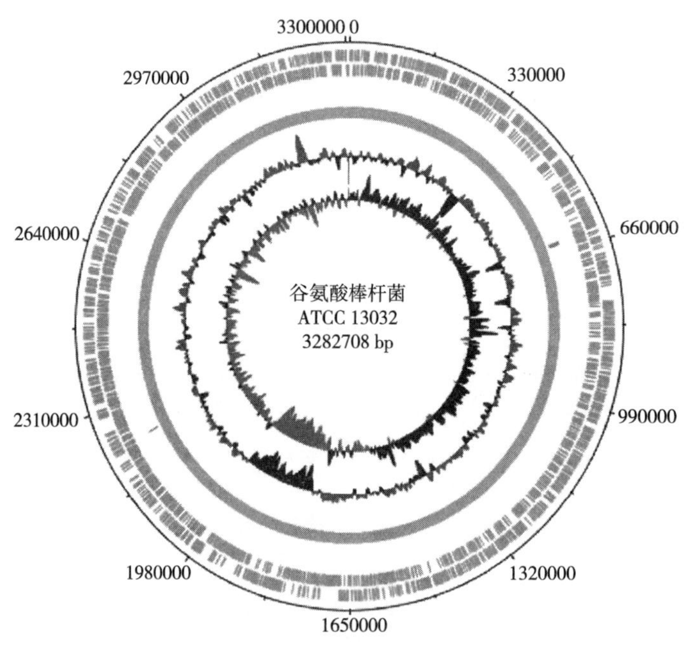

图 8-3　谷氨酸棒杆菌 ATCC 13032 环状染色体注解

注：由外向内的同心圆为顺时针方向和逆时针方向转录的解码序列（CDS）、相对的 GC 含量和 GC 偏向。向外凸出的线条表示 GC 含量与中值的正偏差，向内凸出的线条表示负偏差。谷氨酸棒杆菌 ATCC 13032 的基因组序列收藏于 EMBL 数据库中。

表 8-1　　谷氨酸棒杆菌 ATCC 13032 染色体特征

染色体特征	参数	染色体特征	参数
总长度	3282708bp	保守的假定蛋白编码序列	250
GC 含量	53.8%	假定蛋白编码序列	263
编码序列总长度	3002（100%）	编码密度	87%
注释蛋白编码序列	2489（83%）	基因平均长度	952bp
推测胞溶性蛋白编码序列	1518（51%）	核糖体 RNAs	6 个操纵子（16S-23S-5S）
推测膜蛋白编码序列	660（22%）	转移 RNAs	60 个基因
推测胞外表观蛋白编码序列	311（10%）	其他稳定 RNAs	2

谷氨酸棒杆菌基因组的染色体为环状，包含 3282708 个碱基对（3.282708Mb），小于结核分支杆菌（*Mycobacterium tuberculosis*）基因组（4.2Mb），大于白喉棒杆菌（*C. diphtheriae*）基因组（2.5Mb）。基因组 GC 含量为 53.8%，与大肠杆菌的 GC 含量相近，但是在分类上归属于高 GC 含量，与革兰染色阳性的放线菌却不同。基因组中也发现一些基因水平转移需要的特殊 DNA 区域，如一个来自白喉棒杆菌的 DNA 片段和一个含原噬菌体的区域。在自动和人工注释后，发现了 3002 种蛋白质的编码基因，通过与已知蛋白的同源性比较，其中 2489 种蛋白质的功能已经确定。这些分析研究证实了谷氨酸棒杆菌与分枝杆菌相关联的分类地位，表现出土壤细菌所具有的广泛的代谢多样性。

采用 GC 偏斜分析（常被用于 DNA 复制前导链和滞后链的甄别）发现，谷氨酸棒杆菌 ATCC 13032 的 DNA 复制是双向的，基因组上也存在 GC 含量与中值明显偏离的几个区域，其中有两个较大的 GC 含量低的区域。第一个大小为 25kb，包括 20 个编码区（cg0415~cg0443），GC 含量为 41%~49%。该区域的基因与胞壁质（Murein）形成的某些方面有关。第二个低 GC 含量区与第一个相比大得多，为 200kb，包括大约 180 个编码区，其中大部分与已知细菌基因没有明显相似性。

与这些低 GC 含量区域相对立，基因组上也存在一个 14kb 的高 GC 含量区域。该区域（cg3280~cg3295）的基因 GC 含量为 66%。左侧 7kb 片段的核苷酸序列与白喉棒杆菌基因组的一个片段存在 95%的相似性，这一现象只能解释为从类白喉棒杆菌到土壤细菌谷氨酸棒杆菌的水平基因转移。此外，基因排列次序保守性分析显示，在棒杆菌如谷氨酸棒杆菌、高效棒杆菌和白喉棒杆菌之间存在数量惊人的相似段（Synteny），如图 8-4 所示。

3. 编码区的注释

基因甄别工具与数据库同源搜索相结合，再加上采用基因组注释工具 GenDB 进行注释，在谷氨酸棒杆菌 ATCC 13032 基因组中共发现 3002 个潜在的蛋白质编码基因。通过相似性分析确定了其中 2489 个基因的功能和位点。剩下的被预测的基因中有 250 个在其他生物中可找到类似的序列。只有其他 263 个基因是谷氨酸棒杆菌 ATCC 13032 所特有的。

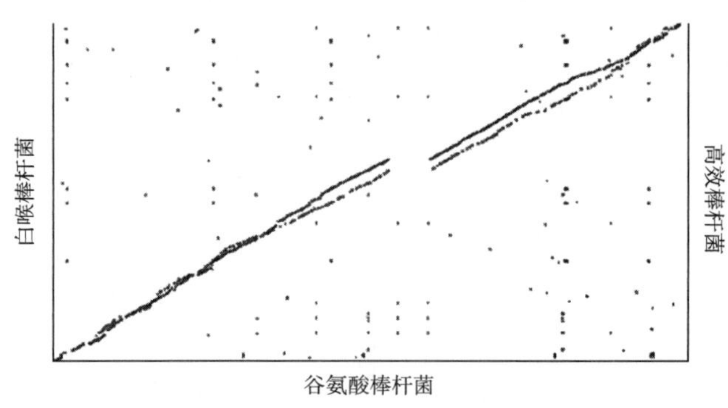

图 8-4 谷氨酸棒杆菌、高效棒杆菌和白喉棒杆菌之间的相似段

谷氨酸棒杆菌基因组必然具有使该微生物能进行初级代谢、降解各种所需营养物质以及适应环境变化的遗传信息。它是第一个基因组被完整地测序的革兰染色阳性的土壤细菌。由于它的非致病性，因此，建立一套经完全注释的谷氨酸棒杆菌基因组序列对于透彻了解该微生物的生物学特性是一大飞跃，它也是氨基酸代谢工程研究的基础。

4. 与氨基酸生物合成相关基因的克隆

将基因操作技术用于谷氨酸棒杆菌的研究始于 20 世纪 80 年代中期，至今已有近 40 年的历史。由于有关该菌的基本克隆工具，如克隆载体、质粒、基因转移方法以及基因表达系统已经具备，使得基因的克隆、表达、敲除或者替换得以实施。通过使用上述方法，如今有关氨基酸生物合成的大部分基因已经被克隆，如表 8-2 所示。

表 8-2 部分被克隆的与氨基酸生物合成相关的基因

途径	基因	酶	氨基酸
糖代谢	*ptsG*	葡萄糖酶Ⅱ	谷氨酸，赖氨酸
	scrB	蔗糖酶	
	ppgk	聚磷酸葡萄糖磷酸转移酶	谷氨酸，赖氨酸
	*iolT*1	肌醇透性酶	苏氨酸，异亮氨酸
EMP	*pgi*	葡萄糖磷酸异构酶	
	gapC	甘油醛-3-磷酸脱氢酶	苏氨酸，甲硫氨酸
	pgk	磷酸果糖激酶	谷氨酸，赖氨酸
	pfk	6-磷酸果糖激酶	
回补途径	*ppc*	磷酸烯醇式丙酮酸羧化酶	谷氨酸，苏氨酸
	pyc	丙酮酸羧化酶	赖氨酸
乙酰 CoA 代谢	*pdhA*	丙酮酸脱氢酶	谷氨酸，赖氨酸
	dtsRl	脂肪酸合成相关酶	
	*dtjR*2	*dtsRl* 同源蛋白	
	accBC	乙酰 CoA 羧化酶亚基 B、C	

续表

途径	基因	酶	氨基酸
TCA 循环	*aco* *gltA* *ifd* *odhA* *icl*	顺乌头酸酶 柠檬酸合成酶 异柠檬酸脱氢酶 酮戊二酸脱氢酶 异柠檬酸裂解酶	谷氨酸，苏氨酸
氮同化作用	*gdhA* *gltAB* *glnA*	谷氨酸脱氢酶 谷氨酰胺酮戊二酸转氨酶 谷氨酰胺合成酶	谷氨酸
运输	*gluABCD*	谷氨酸吸收	谷氨酸
热力学	*cytB*	细胞色素 B	谷氨酸
	unc	H^+-ATP 酶亚基	脯氨酸

谷氨酸棒杆菌以安全性高、遗传背景较清楚且基因组尺度代谢网络模型已初步构建等优势而被广泛应用于筛选高产氨基酸菌株。同时，产氨基酸菌的全基因组测序的完成以及基因组尺度代谢网络模型的构建能有效地了解基因与表型的相关性，从而为代谢工程改造提供修饰靶点以最大限度地选育氨基酸高产菌提供了可能。近几年的研究结果表明，代谢工程对于高产氨基酸菌的选育优势越来越明显。可以相信，随着系统生物学分析手段的进一步发展及大量试验数据的积累，多尺度多层次的系统生物学方法应用于代谢工程将为微生物高产氨基酸菌种的选育及明确阐明表型或代谢途径得到优化的分子机制提供极佳的工具，从而进一步促进氨基酸生物发酵的发展。

三、大肠杆菌

（一）大肠杆菌形态特征

大肠杆菌为革兰染色阴性短杆菌，周生鞭毛，能运动，无芽孢（图 8-5）。能以多种糖类为底物发酵产酸、产气，是人和动物肠道中的正常栖居菌。

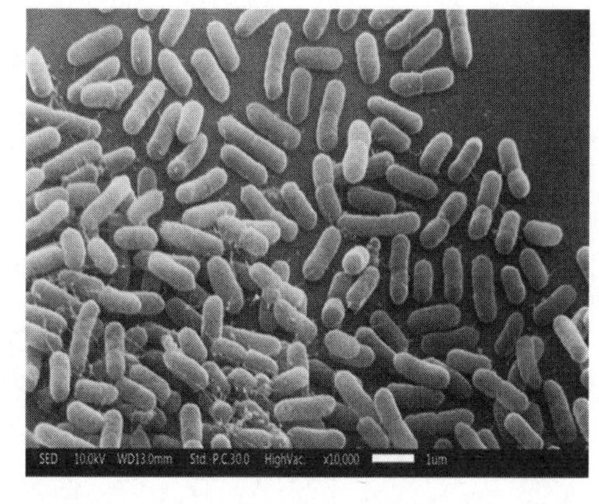

图 8-5　*E. coli* K12 MG1655 对数生长期电镜照片

（二）大肠杆菌的主要特征

主要特点如下：

（1）直杆状，细胞大小为（1.1～1.5）μm×（2.0～6.0）μm，单个或成对排列。

（2）属于原核生物，革兰染色阴性。

（3）具有由肽聚糖组成的细胞壁，只含有核糖体等简单的细胞器，没有细胞核有拟核。

（4）有荚膜和微荚膜。

（5）以周生鞭毛运动或不运动。

（6）氧化酶阴性。

（7）异养兼性厌氧型，乙酸盐可作为唯一碳源利用，但不能利用柠檬酸盐。

（8）培养时无需添加生长因子。

（9）向培养基中加入伊红美蓝遇大肠杆菌，菌落呈深紫色，并有金属光泽。

（三）大肠杆菌基因组研究进展

大肠杆菌的基因组计划虽然起始于20世纪90年代初，但是直到1997年，完整的*E. coli* K-12 MG1655基因组序列才由威斯康星大学麦迪逊分校的Frederick R. Blattner和Guy Plunkett两位教授完成，现在已经公开发表（GenBank No：NC_ 000913），如图8-6所示。

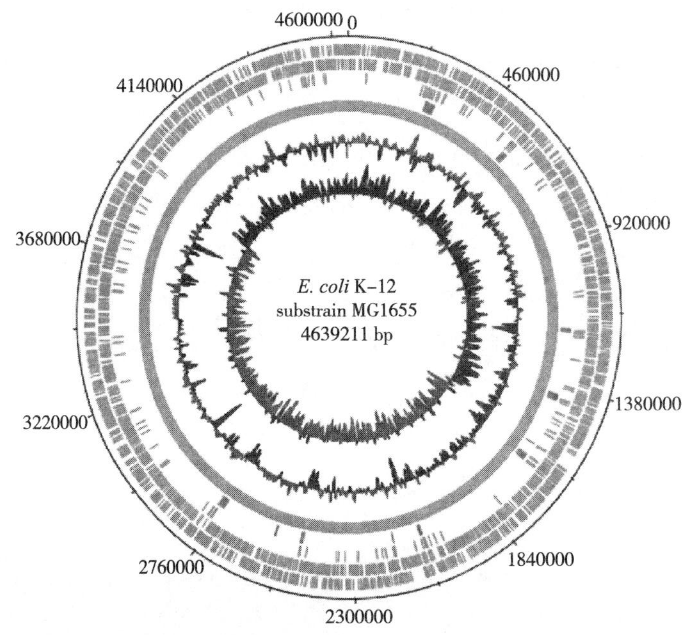

图8-6　*E. coli* K12 MG1655基因组序列（GenBank No：NC_ 000913）

1. 基因组序列的组装与注释

M13 Janus鸟枪法策略被证明是测序数据收集的最有效策略。1992—1995年上传至GenBank的大肠杆菌2686777～4639221bp的1.92Mb片段，是通过放射性化学手段从MG1655序列重叠的15～20kb测得的。2475719～2690160bp的序列采用自动测序仪，利用气孔质粒技术直接从细菌染色体中切取出环状的非重叠片段，纯化后用鸟枪法测序。基因组上最大的片段（22551～2497976bp）是从M13 Janus鸟枪法测序得来。最后，长距离PCR被用来填补36.9kb的缺口，扩增引物直接用于测序模板或枪源材料。已完成的序列在1997年1月16

日存入 GenBank 中，在这个序列中，168 个模糊码反映了原始测定中的不确定性。

2. 基因组结构

大肠杆菌基因组的染色体为环状，包含 4639221 个碱基对（4.639221Mb）。基因组 GC 含量仅为 50.8%，与谷氨酸棒杆菌的 GC 含量相近。蛋白质编码基因占基因组的 87.8%，编码稳定的 RNA 占 0.8%，非编码重复区占 0.7%，其余大约 11%负责调控和其他功能。具体 *E. coli* K12 MG1655 序列分布如表 8-3 所示。

表 8-3　*E. coli* K12 MG1655 CTAG 序列分布

DNA 种类	CTAG 数量/个	平均间隔/对
蛋白质编码序列	569	7159
TAG 终端	67	—
REP 序列	4	6144
所有非蛋白质编码序列	317	1782
调控区域	251	1999
rRNA 基因	46	697
tRNA 基因	13	514
10Sa RNA（*ssrA*）	2	233
RNase P M1 RNA（*rnpB*）	1	377
碱基组成预期	18101	256

3. 编码区的注释

E. coli K12 MG1655 含有 80 个 ABC 转运蛋白，整个基因组在复制的局部方向上具有惊人的组织性。鸟嘌呤、寡核苷酸可能与复制和重组有关，大多数基因都是如此的导向。基因组还包含插入序列元素、噬菌体残基和许多其他异常成分，它们通过水平转移指示基因组的可塑性。

E. coli 基因组中还包含有许多插入序列，如 λ-噬菌体片段和一些其他特殊组分的片段，这些插入的片段都是由基因的水平转移和基因重组而形成的，由此表明了基因组具有可塑性。利用大肠杆菌基因组的这种特性对其进行改造，使其中的某些基因发生突变或者缺失，从而给大肠杆菌带来可以观察到的变化，这种观察到的特征称为大肠杆菌的表现型，把引起这种变化的基因构成称为大肠杆菌的基因型。具有不同基因型的菌株表现出不同的特性。这些不同基因型特性的菌株在基因工程的研究和生产中具有广泛的应用价值。

大肠杆菌的主要基因型包括：与基因重组相关的基因型（如 *recA*、*recB* 和 *recC* 等）、与甲基化相关的基因型（如 *dam*、*dcm*、*mcrA*、*mcrB* 和 *mrrC* 和 *hsdM* 等）、与点突变相关的基因型（如 *mutS*、*mutT*、*dut*、*ung* 和 *uvrB* 等）、与核酸内切酶相关的基因型（如 *hsdR*、*hsdS* 和 *endA* 等）、与终止密码子相关的基因型（如 *supE* 和 *supF*）、与抗药性相关的基因型（*gyrA*、*rpsl* 和 *Tn5* 等）及其他与能量代谢、氨基酸代谢、维生素代谢等相关的基因型。基因工程中，经常使用的大肠杆菌几乎都来自 K-12 菌株，也使用由 B 株和 C 株来源的大肠杆菌。

4. 与氨基酸生物合成相关基因的克隆

将基因操作技术用于大肠杆菌的研究始于20世纪70年代，至今已有近50年的历史。由于有关该菌的基本克隆工具克隆载体、质粒、基因转移方法以及基因表达系统已经具备，使得基因的克隆、表达、敲除或者替换得以实施。通过使用上述方法，如今有关氨基酸生物合成的大部分基因已经被克隆，如表8-4所示。

表8-4　　部分被克隆的与氨基酸生物合成相关的基因

途径	基因	酶	氨基酸
糖代谢	*ptsG* *scrB*	葡萄糖酶Ⅱ 蔗糖酶	谷氨酸，赖氨酸
	ppk	多聚磷酸激酶	谷氨酸，赖氨酸
糖酵解	*pyk* *pfk* *pgi*	磷酸果糖激酶 6-磷酸果糖激酶 葡萄糖磷酸异构酶	苏氨酸，甲硫氨酸 谷氨酸，赖氨酸
回补途径	*ppc*	磷酸烯醇式丙酮酸羧化酶	谷氨酸，苏氨酸 赖氨酸，甲硫氨酸
乙酰CoA代谢	*pdh* *aceE*	丙酮酸脱氢酶 丙酮酸脱氢酶	谷氨酸，赖氨酸
TCA循环	*aco* *gltA* *ifd* *odhA* *icl*	顺乌头酸酶 柠檬酸合成酶 异柠檬酸脱氢酶 酮戊二酸脱氢酶 异柠檬酸裂解酶	谷氨酸，苏氨酸
氮同化作用	*gdhA* *gltAB* *glnA*	谷氨酸脱氢酶 谷氨酰胺酮戊二酸转氨酶 谷氨酰胺合成酶	谷氨酸
运输	*rhtA* *rhtB*、*rhtC*	苏氨酸转运蛋白	苏氨酸
热力学	*pntAB*	吡啶核苷酸转氢酶	谷氨酸 赖氨酸

第二节　氨基酸产生菌的选育策略

一、谷氨酸族氨基酸代谢调节机制和育种策略

谷氨酸族氨基酸包括谷氨酸、精氨酸、谷氨酰胺和脯氨酸。

（一）谷氨酸生物合成中代谢调节机制

谷氨酸是组成蛋白质的20种基本氨基酸之一，为非必需氨基酸，化学名称为α-氨基戊二酸，属于酸性氨基酸，具有一个氨基和两个羧基。谷氨酸大量存在于谷类蛋白质中，多种食品以及人体内都含有谷氨酸盐，它既是蛋白质或肽的结构氨基酸之一，又是游离氨基酸，在动物脑中含量比较多。谷氨酸是人体和动物的重要营养物质，具有特殊的生理作用，在生物体内的蛋白质代谢过程中占重要作用，是生物机体内氨代谢的基本氨基酸之一，它参与动物、植物和微生物中的许多重要化学反应，在生物合成上具有重要意义。

1. 生物合成途径中的调节作用

由葡萄糖生物合成谷氨酸的代谢途径及其调节机制如图8-7所示。

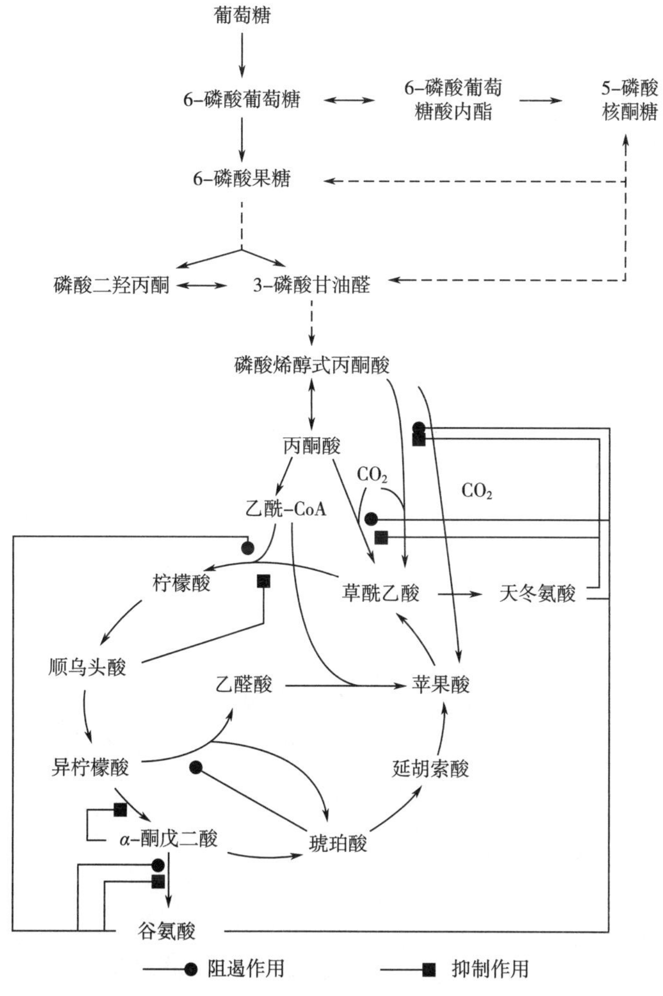

图8-7　由葡萄糖生物合成谷氨酸的代谢途径及调节机制

（1）葡萄糖首先经糖酵解（EMP）及磷酸戊糖途径（HMP）两个途径生成丙酮酸。EMP和HMP两个途径在谷氨酸合成过程中所占的比例受生物素的调节，当生物素充足时

HMP 所占比例是 38%，而控制生物素“亚适量”，HMP 所占比例约为 26%。

（2）生成的丙酮酸，一部分在丙酮酸脱氢酶系的作用下氧化脱羧生成乙酰 CoA，另一部分经 CO_2固定反应生成草酰乙酸或苹果酸。催化 CO_2固定反应的酶有丙酮酸羧化酶、苹果酸酶和磷酸烯醇式丙酮酸羧化酶。需要指出的是，丙酮酸羧化酶和磷酸烯醇式丙酮酸羧化酶受天冬氨酸的反馈抑制，受谷氨酸和天冬氨酸的反馈阻遏。

（3）TCA 循环处于谷氨酸脱氢酶和磷酸烯醇式丙酮酸羧化酶的中间，起着合成和分解两方面的作用。柠檬酸合成酶是 TCA 循环的关键酶，除受能荷调节外，还受谷氨酸的反馈阻遏和乌头酸的反馈抑制。一般认为代谢过程是通过抑制分支点处的关键酶来决定碳流向的，因此，柠檬酸优先参与谷氨酸的合成。异柠檬酸脱氢酶催化的异柠檬酸脱氢脱羧生成 α-酮戊二酸的反应和谷氨酸脱氢酶催化的 α-酮戊二酸还原氨基化生成谷氨酸的反应是一对氧化还原共轭反应体系。细胞内 α-酮戊二酸的量与异柠檬酸的量需维持平衡，当 α-酮戊二酸过量时对异柠檬酸脱氢酶发生反馈抑制作用，停止合成 α-酮戊二酸。

（4）α-酮戊二酸在谷氨酸脱氢酶作用下经还原氨基化反应生成谷氨酸。然而在谷氨酸棒杆菌中，谷氨酸比天冬氨酸优先合成，谷氨酸合成过量后，就会抑制和阻遏自身的合成途径，使代谢转向合成天冬氨酸。α-酮戊二酸合成后由于 α-酮戊二酸脱氢酶活力微弱，谷氨酸脱氢酶的活力很强，故优先合成谷氨酸。谷氨酸脱氢酶受到谷氨酸的反馈抑制和阻遏，磷酸烯醇式丙酮酸羧化酶则受到天冬氨酸或谷氨酸的反馈阻遏及天冬氨酸的反馈抑制，表明该酶在谷氨酸合成中起着重要作用。

由此可知，在菌体的正常代谢中，谷氨酸比天冬氨酸优先合成，谷氨酸合成过量时，谷氨酸抑制谷氨酸脱氢酶的活力和阻遏柠檬酸合成酶催化柠檬酸的合成，使代谢转向天冬氨酸的合成。天冬氨酸合成过量后，天冬氨酸反馈抑制和反馈阻遏磷酸烯醇式丙酮酸羧化酶的活力，停止草酰乙酸的合成。所以，在正常情况下，谷氨酸并不积累。

2. 糖代谢的调节作用

糖代谢的调节主要受能荷的控制，也就是受细胞内能量水平的控制。糖代谢最重要的生理功能是以 ATP 的形式供给能量。在葡萄糖氧化过程中，中间产物积累或减少时，会引起能荷的变化，造成代谢终产物 ATP 的过剩或减少，这些中间产物和腺嘌呤核苷酸（ATP、ADP 和 AMP）通过抑制或激活糖代谢各阶段关键酶活力来调节能量的生成。细胞所处的能量状态用 ATP、ADP 和 AMP 之间的关系来表示，称为能荷。

如图 8-8 所示，当生物体内生物合成或其他需能反应加强时，细胞内 ATP 分解生成 ADP 或 AMP，ATP 减少，ADP 或 AMP 增加，即能荷降低，就会激活某些催化糖类分解的酶或解除 ATP 对这些酶的抑制（如糖原磷酸化酶、磷酸果糖激酶、柠檬酸合成酶、异柠檬酸脱氢酶等），并抑制糖原合成的酶（如糖原合成酶、果糖-1,6-二磷酸酯酶等），从而加速 EMP、TCA 循环产生能量，通过氧化磷酸化作用生成 ATP。当能荷高时，即细胞内能量水平高时，AMP、ADP 都转变成 ATP，ATP 增加，就会抑制糖原降解、EMP 和 TCA 循环的关键酶，并激活糖类合成的酶，从而抑制糖的分解，加速糖原的合成。

3. 生物素的调节作用

（1）生物素对糖代谢的调节　生物素对糖代谢速率的影响，主要是影响糖降解速率，

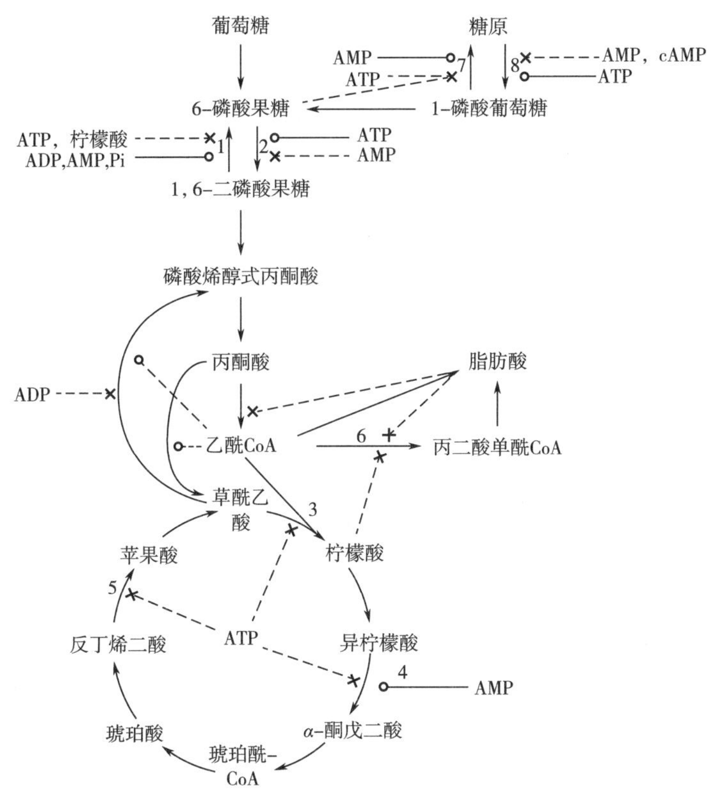

图 8-8　能量生成代谢系统的调节

1—磷酸果糖激酶　2—果糖-1,6-二磷酸酯酶　3—柠檬酸合成酶　4—异柠檬酸脱氢酶
5—反丁烯二酸酶　6—乙酰 CoA 羧化酶　7—糖原磷酸化酶　8—糖原合成酶

而不是影响 EMP 与 HMP 途径的比率。日本的研究报道指出，生物素充足时 HMP 途径所占的比例是 38%，而生物素亚适量时则为 26%，确认了生物素对由糖开始到丙酮酸为止的糖代谢途径没有显著的影响。在生物素充足条件下，丙酮酸以后的氧化活性虽然也有提高，但由于糖降解速率显著提高，打破了糖降解速率与丙酮酸氧化速率之间的平衡，丙酮酸趋于生成乳酸的反应，因而会引起乳酸的溢出。生物素是丙酮酸羧化酶的辅酶，参与 CO_2 固定反应，据报道，生物素过量时（100μg/L 以上），CO_2 固定反应可提高 30%。

（2）生物素对乙醛酸循环的调节　乙醛酸循环的关键酶——异柠檬酸裂解酶受葡萄糖、琥珀酸阻遏，为醋酸所诱导。以葡萄糖为原料发酵生产谷氨酸时，通过控制生物素亚适量，几乎看不到异柠檬酸裂解酶的活力。原因是丙酮酸氧化能力下降，醋酸的生成速度慢，所以为醋酸所诱导形成的异柠檬酸裂解酶就很少。再者，由于异柠檬酸裂解酶受琥珀酸阻遏，在生物素亚适量条件下，因琥珀酸氧化能力降低而积累的琥珀酸就会反馈抑制该酶的活力，并阻遏该酶的合成，乙醛酸循环基本上是封闭的，代谢流向异柠檬酸→ α-酮戊二酸→谷氨酸的方向高效率地移动。

（3）生物素对蛋白质合成的调节　控制谷氨酸发酵的关键之一就是降低蛋白质的合成

能力，使合成的谷氨酸不去转化成其他氨基酸和参与蛋白质的合成。在生物素亚适量时，几乎没有异柠檬酸裂解酶活力，琥珀酸氧化力弱，苹果酸和草酰乙酸脱羧反应停滞，同时又由于完全氧化降低的结果，使 ATP 形成量减少，导致蛋白质合成活动停滞，在 NH_4^+ 适量存在下，使得菌体生成积累谷氨酸。生成的谷氨酸也不通过转氨作用生成其他氨基酸和合成蛋白质。相反，在生物素充足条件下，异柠檬酸裂解酶活力增强，琥珀酸氧化力增强，丙酮酸氧化力加强，乙醛酸循环的比例增加，草酰乙酸、苹果酸脱羧反应增强，蛋白质合成增强，谷氨酸减少，合成的谷氨酸通过转氨作用生成的其他氨基酸量增加。

（二）谷氨酸产生菌的代谢控制育种策略

根据谷氨酸的代谢调节机制，选育谷氨酸高产菌的基本策略有以下几方面：

1. 选育耐高渗透压菌种

谷氨酸高产菌需在高糖、高谷氨酸的培养基上仍能正常地生长与代谢，具有耐高渗透性的特征。可选育在含 200～300g/L 葡萄糖的平板上生长良好的耐高糖突变株，或在含 150～200g/L 味精的平板上生长良好的耐高谷氨酸突变株，或在 200g/L 葡萄糖加 150g/L 味精的平板上生长良好的耐高糖、耐高谷氨酸的菌株。

2. 选育不分解利用谷氨酸的突变株

谷氨酸是谷氨酰胺、鸟氨酸、瓜氨酸、精氨酸等氨基酸生物合成的前体物质。如果谷氨酸产生菌一边合成谷氨酸一边分解谷氨酸或利用谷氨酸合成其他氨基酸，就不能使谷氨酸有效积累。因此，必须选育不能分解利用谷氨酸的菌种，即它们是在以谷氨酸为唯一碳源的培养基上不长或生长微弱的突变株。

3. 选育强化 CO_2 固定反应的突变株

强化 CO_2 固定反应能提高菌株的产酸率，在谷氨酸生物合成途径中，如果四碳二羧酸全部由 CO_2 固定反应提供，谷氨酸对糖的理论转化率高达 81.7%。这种突变株的选育一般可采用以下方法进行。

（1）选育以琥珀酸或苹果酸为唯一碳源，生长良好的菌株　因为菌体在这种情况下生长，细胞内碳代谢必须走四碳二羧酸的脱羧反应，该反应与 CO_2 固定反应是相同的酶催化，CO_2 固定反应相应地加强。

（2）选育氟丙酮酸敏感菌株　氟丙酮酸是丙酮酸脱氢酶的抑制剂，即抑制丙酮酸向乙酰 CoA 转化，相应的 CO_2 固定反应加强。突变株对氟丙酮酸越敏感，效果越理想。

（3）选育减弱乙醛酸循环的突变株　乙醛酸循环减弱不仅能使 CO_2 固定反应比例增大，而且异柠檬酸也能高效率转化为 α-酮戊二酸，再生成谷氨酸。常见的该突变株有琥珀酸敏感型突变株和不分解利用乙酸的突变株。

4. 选育解除谷氨酸对谷氨酸脱氢酶反馈调节的突变株

谷氨酸对谷氨酸脱氢酶存在着反馈抑制和反馈阻遏，使谷氨酸产生菌代谢转向天冬氨酸合成。解除这种反馈调节，有利于连续生成谷氨酸和谷氨酸的积累。该类突变株有酮基丙二酸抗性突变株、谷氨酸结构类似物抗性突变株和谷氨酰胺抗性突变株。

5. 选育强化能量代谢的突变株

强化能量代谢可以使 TCA 循环前一段代谢加强，谷氨酸合成速度加强。该类突变株主要有呼吸抑制性抗性突变株、ADP 磷酸化抑制剂抗性突变株和抑制能量代谢的抗生素的抗性突变株。

（1）选育呼吸抑制剂抗性突变株时，可选育丙二酸、氧化丙二酸、KCN 和 NaCN 抗性突变株。

（2）选育 ADP 磷酸化抑制剂抗性突变株时，可选育 2,4-二硝基酚、羟胺、砷和胍等抗性突变株。

（3）选育抑制能量代谢的抗生素的抗性突变株时，可选育缬氨霉素、寡霉素等抗性突变株。

6. 选育强化 TCA 循环中从柠檬酸到 α-酮戊二酸代谢的突变株

在 TCA 循环中，从柠檬酸到 α-酮戊二酸的代谢是谷氨酸生物合成途径的一部分，强化这段途径有利于谷氨酸的合成。

（1）柠檬酸合成酶是 TCA 循环的关键酶，选育柠檬酸合成酶强的突变株，可加强谷氨酸的合成。

（2）氟乙酸、NaF 和氟柠檬酸都是乌头酸酶的抑制剂，选育氟乙酸、NaF 和氟柠檬酸等的抗性突变株，可强化乌头酸酶的活力。

7. 选育弱化 HMP 途径后段酶活力的突变株

在谷氨酸生物合成中，从葡萄糖到丙酮酸的反应是由 EMP 途径和 HMP 途径组成的。但是，通过 HMP 途径可生成核糖、核苷酸、莽草酸、辅酶 Q 和维生素 K 等物质，这些物质的生成会消耗葡萄糖，使谷氨酸的产率降低。如果弱化 HMP 途径，就会减弱或切断这些物质的合成，从而增加谷氨酸的产率。具体方法如下：

（1）选育莽草酸缺陷型的突变株。

（2）选育抗嘌呤、嘧啶类似物的突变株。

（3）选育抗核苷酸类似物突变株。

8. 选育能提高谷氨酸通透性的菌株

谷氨酸通透性与细胞膜渗透性紧密相关。根据细胞膜的结构与组成特点，可以通过控制磷脂的合成使细胞膜损伤，如加大谷氨酸通透性。而磷脂的合成又和油酸、甘油的合成关联，所以这类谷氨酸产生菌的选育可从以下方面进行。

（1）选育生物素或油酸或甘油的缺陷型菌株。

（2）选育温度敏感型菌株　谷氨酸温度敏感突变株的突变位置发生在与谷氨酸分泌有密切关系的细胞膜结构的基因上，发生碱基的转换或颠换，一个碱基为另一个碱基所置换，这样为基因所控制的酶，在高温下失活，导致细胞膜某些结构的改变。这种菌株另一个优点就是在生物素丰富的培养基中也能分泌谷氨酸。

（3）选育维生素 P 类衍生物抗性、二氨基庚二酸缺陷型等突变株。

（三）精氨酸生物合成中代谢调节机制

精氨酸是由学者 Schlus 在 1886 年首先从植物羽扇豆苗中分离提取，是健康成人及动物自身可以合成的非必需氨基酸，但是对婴幼儿来说却是必需氨基酸。精氨酸在生命代谢过程中起着非常重要的作用，例如在人体内参与氨解毒、激素的分泌（包括生长激素、催乳素、胰岛素、胰高血糖素等）以及提高免疫系统等生化反应，同时可以促进肌肉的形成以及伤口的愈合。精氨酸以谷氨酸作为前体物，共经过 7~8 种酶的催化最终合成精氨酸。微生物细胞内存在复杂的代谢网络，许多生物分子的合成都在 DNA 或蛋白质层次上受到不同程度的调控，精氨酸的合成也不例外。精氨酸生物合成途径中的一些关键酶受到产物反馈抑制或阻遏作用，同时胞内的精氨酸的胞外分泌也受到相应调控。因此，要对精氨酸产生菌进行理性的优化，必须对其调控机制进行全面了解。

1. 生物合成途径中的调节作用

在线性途径中（图 8-9），精氨酸反馈抑制的主要对象是其合成途径的第一个酶——*N*-乙酰谷氨酸合成酶（NAGS，由 *argA* 编码），其途径上催化八步反应的酶的合成都受到精氨酸的反馈阻遏作用。然而，在循环途径中精氨酸反馈抑制的主要对象是其合成途径中的第二个酶 NAGK（*argB* 编码），其合成途径中各步酶的合成大部分受到精氨酸的反馈阻遏作用。

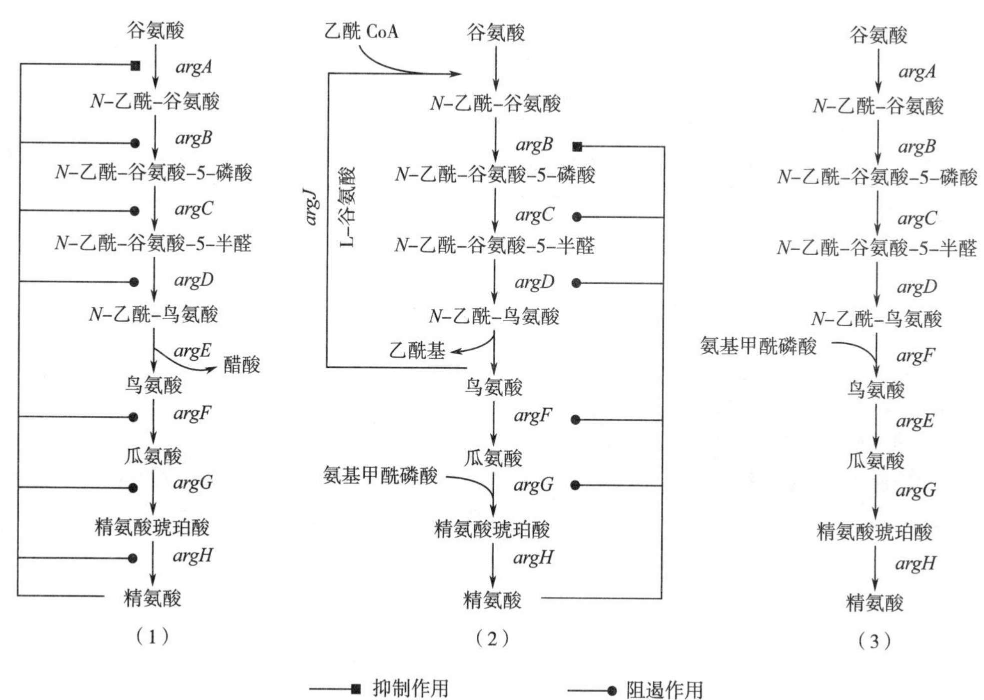

图 8-9　微生物菌体内精氨酸的生物合成途径

注：（1）线性途径　（2）循环途径　（3）Shi 等在一种黄单胞菌中发现了一种精氨酸合成新途径

argA—乙酰谷氨酸合成酶　*argB*—乙酰谷氨酸激酶　*argC*—乙酰谷氨酸半醛脱氢酶

argD—乙酰鸟氨酸转氨酶　*argE*—乙酰鸟氨酸脱酰酶　*argF*—鸟氨酸转氨酶

argG—精氨酸琥珀酸合成酶　*argH*—精氨酸琥珀酸裂解酶　*argJ*—鸟氨酸乙酰转移酶

除了精氨酸对关键酶基因的反馈抑制作用，在精氨酸生物合成途径中还存在 ArgR/AhrC$^+$精氨酸协同反馈的负控制阻遏体系，主要是由精氨酸作为辅阻遏物与精氨酰-tRNA阻遏蛋白 ArgR/AhrC 结合对精氨酸的合成途径中各个操纵子所进行的转录水平调节。参与调控 L-精氨酸生物合成途径中的阻遏蛋白 ArgR 首次在大肠杆菌中发现。另外，研究发现另一阻遏蛋白 FarR 也调控谷氨酸棒杆菌中精氨酸的生物合成，该阻遏蛋白 FarR 通过结合到 Arg 操纵子上 *argC*、*argB*、*argF*、*argG* 以及 *gdh* 基因的上游区域来下调基因的表达。

2. 精氨酸胞外分泌的调节作用

终产物向胞外分泌是微生物细胞生产目的产物的最后一步。研究发现目的产物的胞外分泌是影响氨基酸产量的另一个限制性因素，因为如果胞内积累的精氨酸不及时分泌到胞外，就会抑制精氨酸生物合成途径中关键酶的活力，并弱化编码关键酶基因的转录，同时提高了胞内的精氨酸被分解消耗利用的机率，从而降低精氨酸的合成量。基因 *lysE* 是第一个被发现编码氨基酸输出蛋白的基因，在谷氨酸棒杆菌中调节赖氨酸的胞外分泌，同时研究发现也是调控精氨酸胞外分泌的重要基因。但是，*lysE* 基因的表达需 LysG 激活蛋白以及胞内精氨酸-赖氨酸的诱导。LysE 蛋白只是 LysE 转运蛋白大家族中的一员。另外，Nandineni 和 Gowrishankar 在大肠杆菌中发现了另一个编码精氨酸转运蛋白的基因 *argO*（*yggA*）。ArgO（YggA）同样属于 LysE 转运蛋白家族，但是 *yggA* 基因的表达需要精氨酸的诱导，而且需要 *argP* 基因编码的 LysR-type 的转录调节因子的辅助诱导，同时 *yggA* 基因的表达受到赖氨酸以及全转录调控子 Lrp 的调控。因此，ArgO 转运蛋白的主要功能是维持胞内精氨酸和赖氨酸的平衡，同时可以阻止有害物质的生成，例如精氨酸的结构类似物——刀豆氨酸。

（四）精氨酸产生菌的代谢控制育种策略

根据精氨酸的生物合成途径及代谢调节机制，精氨酸高产菌育种要点如下。

1. 解除菌体自身的反馈调节

精氨酸的生物合成受精氨酸自身的反馈抑制和阻遏，采用抗反馈调节突变株，以解除精氨酸自身的反馈调节，使精氨酸得以积累。例如：选育 *D*-精氨酸、精氨酸氧肟酸、2-噻唑丙氨酸、6-氮尿苷、6-巯基嘌呤、8-氮鸟嘌呤、磺胺胍、刀豆氨酸、2-甲基甲硫氨酸、6-氮尿嘧啶等抗性突变株，均可提高精氨酸的产量。此外，选育营养缺陷型的回复突变株也可以解除菌体自身的反馈调节，如选育有 *N*-乙酰谷氨酸激酶缺陷的回复突变株。

2. 增加前体物质的合成

如图 8-9 所示，谷氨酸是精氨酸生物合成的前体物质，因此，选育氟乙酸、氟柠檬酸、重氮丝氨酸、狭霉素 C、德夸菌素、酮基丙二酸、缬氨霉素、寡霉素、对羟基肉桂酸、2,4-二硝基酚、亚砷酸等抗性及氟丙酮酸、脱氢赖氨酸、萘啶酮酸、棕榈酰谷氨酸等敏感突变株，可增加精氨酸前体物质谷氨酸的合成，从而有利于精氨酸产量的提高。

3. 切断精氨酸分解代谢途径

要大量积累精氨酸，需切断或减弱精氨酸进一步向下代谢的途径，使合成的精氨酸不再被消耗，如选育不能以精氨酸为唯一碳源生长，即丧失精氨酸分解能力的突变株。

（五）谷氨酰胺生物合成中代谢调节机制

谷氨酰胺是谷氨酸 γ-羧基酰胺化的一种氨基酸，作为 20 种构成蛋白质的基本氨基酸之一，在生物体代谢中起着举足轻重的作用，具有特殊的功能，被归为条件必需氨基酸。其主要功能有：①为快速繁殖细胞优先选择的呼吸燃料，如黏膜细胞和淋巴细胞；②调节酸碱平衡；③组织间的氮载体；④核酸、核苷酸、氨基糖和蛋白质的重要前体物质。谷氨酰胺也是一种极有发展前途的新药。

谷氨酰胺生物合成途径与调控机制如图 8-10 所示。谷氨酰胺的生物合成途径与谷氨酸十分相似，只是生成的谷氨酸继续和NH_4^+结合并在谷氨酰胺合成酶的作用下转化为谷氨酰胺。

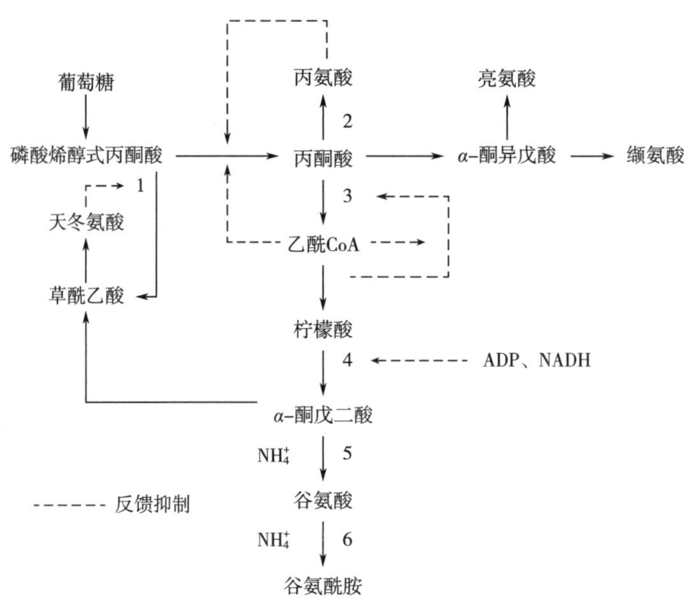

图 8-10 谷氨酰胺生物合成途径与调控机制

1—磷酸烯醇式丙酮酸羧化酶 2—丙酮酸激酶 3—丙酮酸脱氢酶系
4—异柠檬酸脱氢酶 5—谷氨酸脱氢酶 6—谷氨酰胺合成酶

1. 中心碳代谢途径中的调节作用

谷氨酰胺产生菌合成谷氨酰胺的中心碳代谢中，有几个关键酶控制其强度，这几个酶分别受不同代谢物的反馈调节，活化这些酶有利于谷氨酰胺的生物合成。这些酶分别是。

（1）磷酸烯醇式丙酮酸羧化酶 它是该反应中介于合成与分解代谢的无定向途径上的第一个酶，它受天冬氨酸的反馈抑制。

（2）丙酮酸激酶 它是一个别构酶。受乙酰 CoA、丙氨酸、ATP 的反馈抑制。

（3）丙酮酸脱氢酶系 该酶是催化不可逆反应的酶，受乙酰 CoA、NAD(P)H、GTP 的反馈抑制。

（4）异柠檬酸脱氢酶 ADP 和 NAD(P)H 抑制此酶的活力。

（5）谷氨酸脱氢酶　此酶是保证α-酮戊二酸流向谷氨酰胺而不是向草酰乙酸的TCA循环方向的关键酶。同时在此循环中还存在着流向天冬氨酸、丙氨酸、缬氨酸的分支代谢，设法减弱分支代谢而强化中心碳代谢，主要的方法是减弱催化这些分支代谢酶的酶活力。

2. 谷氨酸酰胺终端合成途径中的调节作用

谷氨酰胺的生物合成是以谷氨酸和NH_4^+为底物，在谷氨酰胺合成酶（GS）的催化下合成的。谷氨酰胺生物合成在细胞内是一个动态平衡的过程，除了受到谷氨酰胺合成酶调控外，还受谷氨酸脱氢酶（GDH）、谷氨酸合酶（GOGAT）的调控。

3. 回补途径中的调节作用

有研究表明在谷氨酸棒杆菌中回补途径是限制谷氨酰胺合成的重要制约因素。丙酮酸羧化酶（PCx，由*pyc*基因编码）被认为是在回补途径中发挥重要作用的酶，该酶能够催化丙酮酸和CO_2生成草酰乙酸，从而进入TCA循环。

（六）谷氨酰胺产生菌的代谢控制育种策略

在微生物中，谷氨酰胺是通过谷氨酰胺合成酶由L-谷氨酸催化合成的。谷氨酰胺合成酶的最佳pH为6.5~7.0，而谷氨酰胺酶、*N*-乙酰谷氨酰胺脱乙酰酶的最佳pH分别为7.5~8.0和7.5。谷氨酰胺合成酶在Mn^{2+}存在下添加Zn^{2+}可显著提高其酶活力，但*N*-乙酰谷氨酰胺合成酶不受影响，而Zn^{2+}抑制谷氨酰胺酶和*N*-乙酰谷氨酰胺脱乙酰酶的活力。黄色短杆菌和乳糖发酵短杆菌，在高$(NH_4)_2SO_4$浓度及弱酸条件下，可由葡萄糖发酵生产谷氨酰胺。弱酸性条件提高谷氨酰胺合成酶的活力而抑制谷氨酰胺酶的活力，而高浓度的$(NH_4)_2SO_4$也抑制谷氨酰胺酶的活力。

因此选育谷氨酰胺高产菌株的基本思路有以下方面。

（1）强化葡萄糖→丙酮酸→α-酮戊二酸→谷氨酸→谷氨酰胺的代谢主流，具体方法有：

①改变谷氨酸产生菌野生菌培养条件，使谷氨酸发酵转向谷氨酰胺发酵。如控制NH_4^+、Zn^{2+}、Mg^{2+}和Mn^{2+}等离子浓度以及pH范围。

②选育高NH_4^+浓度抗性突变株。

③选育谷氨酰胺结构类似物抗性突变株。

④选育磺胺胍抗性突变株。

（2）减弱流向分支代谢流的强度　选育以葡萄糖和反丁烯二酸为碳源、生长良好的菌株。以反丁烯二酸为碳源时，可以减弱支路代谢的碳流量。

（七）脯氨酸生物合成中代谢调节机制

脯氨酸是非必需氨基酸，具有特殊甜味，用于制作医药品、配制氨基酸输液和抗高血压药物甲巯丙脯氨酸等。工业制造脯氨酸，最早是用动物胶水解提取的。1965年前后，吉永、大和谷、千烟、野口等相继报告了脯氨酸的发酵生产法。发酵法主要采用谷氨酸产生菌的突变株，近来已引入基因工程技术，由非谷氨酸产生菌以糖质原料发酵生产脯氨酸。

有研究指出ATP及Mg^{2+}能够促进该菌株由谷氨酸生成脯氨酸，而且谷氨酸的磷酸化

（活化）反应参与了脯氨酸的生物合成。该菌株的异亮氨酸缺陷型突变的遗传变异部位是苏氨酸脱水酶的缺失，而且证明恰恰是由于这种苏氨酸脱水酶的缺失，才引起了脯氨酸的大量蓄积。因为菌体内苏氨酸脱水酶的缺失，而随着苏氨酸的积累，与赖氨酸一起协同地抑制了天冬氨酸激酶的活力，从而使 ATP 剩余。同时，由于苏氨酸的增多，也抑制了高丝氨酸激酶的活力，同样也使 ATP 剩余。上述两项 ATP 剩余，使以 ATP 为辅酶的谷氨酸激酶反应容易进行。而且作为该酶底物的谷氨酸，也因高浓度生物素存在，在菌体内异常地增加，也有利于该酶反应的进行。从而导致谷氨酸向脯氨酸转变。也就是说，产生菌是通过把难以透过的谷氨酸转换为容易透过的脯氨酸的方式，完成了菌体内大量谷氨酸的解毒，于是脯氨酸大量积累。

（八）脯氨酸产生菌的代谢控制育种策略

脯氨酸产生菌大体分为两类：一类是利用产谷氨酸的野生型菌株，通过改变培养条件，使发酵朝着有利于产生脯氨酸方向进行；另一类是采用人工诱变，选育营养缺陷型和抗反馈调节突变株以及这两者的多重突变株。

因此，根据脯氨酸的代谢调节机制，选育脯氨酸高产菌的基本策略有以下几方面。

（1）利用谷氨酸产生菌突变株生产脯氨酸　在谷氨酸发酵的基本培养基中，添加高浓度的 $(NH_4)_2SO_4$、充分生长所需要的生物素及氨基酸或其他营养物质（按限制生长的浓度），使谷氨酸转换为脯氨酸。

（2）选育解除微生物正常代谢调节机制的突变株　基本途径有：切断或改变平行代谢途径（选育营养缺陷型突变株），解除菌体自身的反馈抑制（选育抗反馈调节突变株），选育营养缺陷型回复突变株等。

（3）营养缺陷型突变株　α-酮戊二酸是谷氨酸、谷氨酰胺、脯氨酸和精氨酸的共同前体物质，可采用异亮氨酸营养缺陷型的菌株来生产谷氨酸、脯氨酸和精氨酸。培养条件的改变会使最终产物发生变化。当培养条件中含有过量的生物素和高浓度的 NH_4Cl 时，脯氨酸能够过量积累。

（4）抗反馈调节突变株　脯氨酸对其生物合成途径中的第一个酶——谷氨酸激酶存在反馈抑制，选育脯氨酸结构类似物变异株或丧失调节酶的营养缺陷型回复突变株，能够解除脯氨酸对谷氨酸激酶的反馈抑制，最终产物能够积累。

二、天冬氨酸族氨基酸代谢调节机制和育种策略

天冬氨酸族氨基酸包括天冬氨酸、赖氨酸、高丝氨酸、苏氨酸、甲硫氨酸、异亮氨酸。其中异亮氨酸的育种策略在后面“支链氨基酸生物合成途径和育种策略”中叙述，在此不做叙述。

（一）天冬氨酸族氨基酸生物合成中代谢调节机制

1. 大肠杆菌中天冬氨酸族氨基酸生物合成的调节机制

大肠杆菌中天冬氨酸族氨基酸生物合成途径的代谢调节机制较复杂（图 8-11），主要

包括以下几方面。

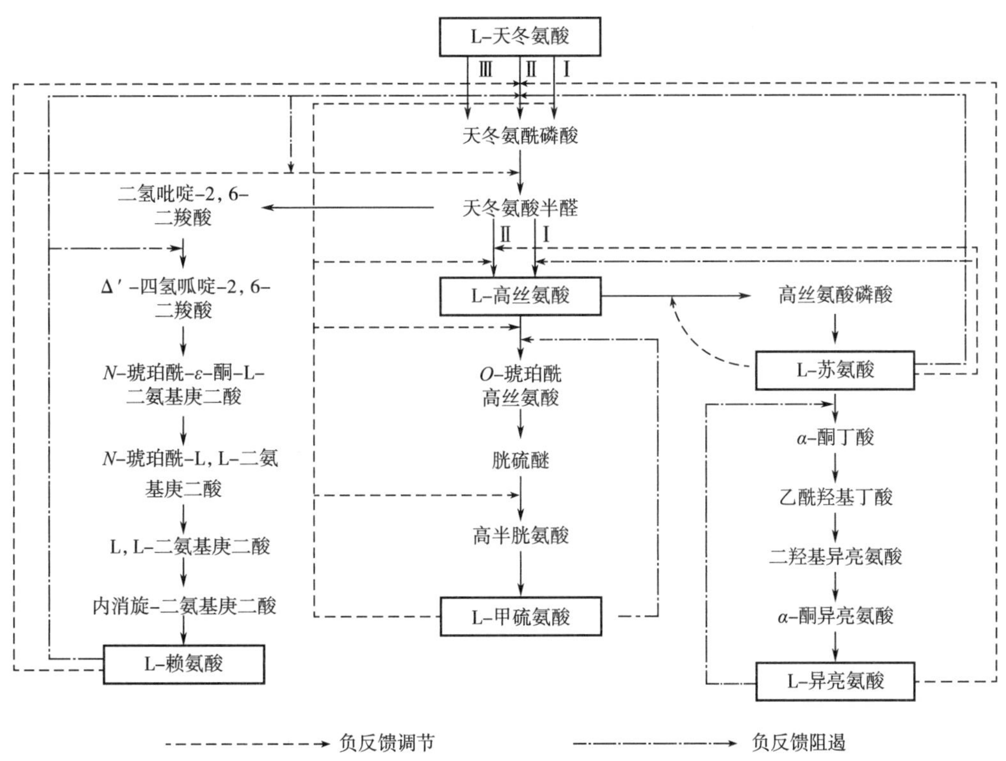

图 8-11　大肠杆菌中天冬氨酸族氨基酸的代谢调控

（1）天冬氨酸激酶（AK）有 3 种同工酶。AKⅠ受苏氨酸的反馈抑制，受苏氨酸和异亮氨酸的多价阻遏；AKⅡ对苏氨酸不敏感，为甲硫氨酸所阻遏，但不受甲硫氨酸的反馈抑制；AKⅢ受赖氨酸的反馈抑制与阻遏。

（2）高丝氨酸脱氢酶（HD）有 2 种同工酶。HDⅠ受苏氨酸的反馈抑制，受苏氨酸和异亮氨酸的多价阻遏；HDⅡ对苏氨酸不敏感，受甲硫氨酸的反馈阻遏。

（3）二氢吡啶-2,6-二羧酸还原酶受赖氨酸的反馈抑制。

（4）*O*-琥珀酰高丝氨酸转琥珀酰酶和半胱氨酸脱硫化氢酶受甲硫氨酸的反馈阻遏。

（5）高丝氨酸激酶受苏氨酸的反馈阻遏。

（6）苏氨酸脱氨酶受异亮氨酸的反馈抑制。

在大肠杆菌的天冬氨酸族氨基酸生物合成中，当某一终产物如苏氨酸过量时，只能抑制 AKⅠ和 HDⅠ及自身分支点的高丝氨酸激酶，限制苏氨酸的合成，却不影响甲硫氨酸和赖氨酸的合成。显而易见，大肠杆菌中这样的调节模式，对氨基酸产生菌的选育是不利的。

2. 谷氨酸棒杆菌及其亚种中的天冬氨酸族氨基酸的代谢调节机制

谷氨酸棒杆菌及其亚种中的天冬氨酸族氨基酸的代谢调节机制如图 8-12 所示。主要包括以下几方面。

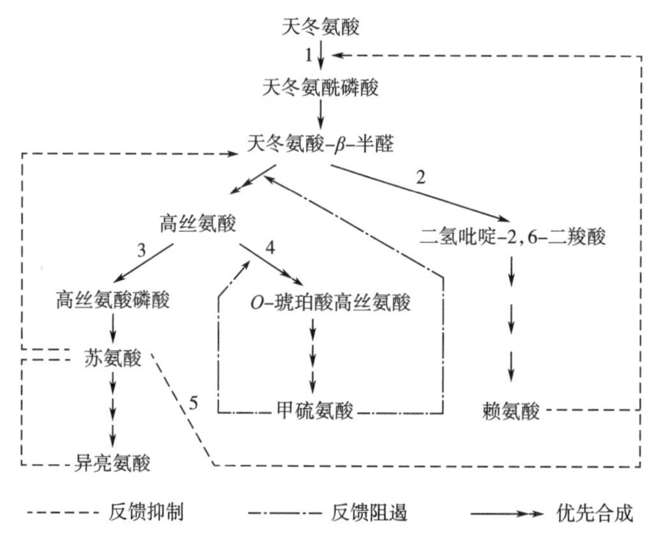

图 8-12　谷氨酸棒杆菌及其亚种中天冬氨酸族氨基酸的代谢调控

1—天冬氨酸激酶　2—二氢吡啶二羧酸（DDP）合成酶　3—高丝氨酸脱氢酶
4—琥珀酰高丝氨酸合成酶　5—苏氨酸脱氢酶

（1）关键酶　天冬氨酸激酶是关键酶，受赖氨酸和苏氨酸的协同反馈抑制。

（2）优先合成　甲硫氨酸比苏氨酸、赖氨酸优先合成，苏氨酸比赖氨酸优先合成。

（3）代谢互锁　在乳糖发酵短杆菌中，赖氨酸分支途径的初始酶二氢吡啶-2,6-二羧酸合成酶受亮氨酸的反馈阻遏。

（4）平衡合成　天冬氨酸和乙酰 CoA 形成平衡合成。当乙酰 CoA 合成过量时，能解除天冬氨酸对磷酸烯醇式丙酮酸羧化酶（PC）的反馈抑制。

（5）天冬氨酸与谷氨酸之间的调节机制　谷氨酸比天冬氨酸优先合成，当谷氨酸合成过量时，反馈抑制谷氨酸脱氢酶，使生物合成转向合成天冬氨酸；当天冬氨酸合成过量时，反馈抑制 PC，使整个生物合成停止。

在谷氨酸棒杆菌及其亚种中，天冬氨酸激酶是单一的，并且受赖氨酸和苏氨酸的协同反馈抑制，反馈调节易于解除，使育种过程简单化，故常被用作氨基酸发酵育种的出发菌株。

（二）天冬氨酸族氨基酸产生菌的代谢控制育种策略

主要介绍赖氨酸、苏氨酸、甲硫氨酸、高丝氨酸、天冬氨酸的育种策略。根据天冬氨酸族氨基酸的代谢调节机制，选育赖氨酸、苏氨酸、甲硫氨酸、高丝氨酸等天冬氨酸族氨基酸高产菌的基本思路如图 8-13 所示。

1. 天冬氨酸产生菌的代谢控制育种策略

（1）解除反馈调节　天冬氨酸对磷酸烯醇式丙酮酸羧化酶存在着反馈抑制作用，天冬氨酸合成过量后反馈抑制磷酸烯醇式丙酮酸羧化酶的活力，使天冬氨酸生物合成的速度减

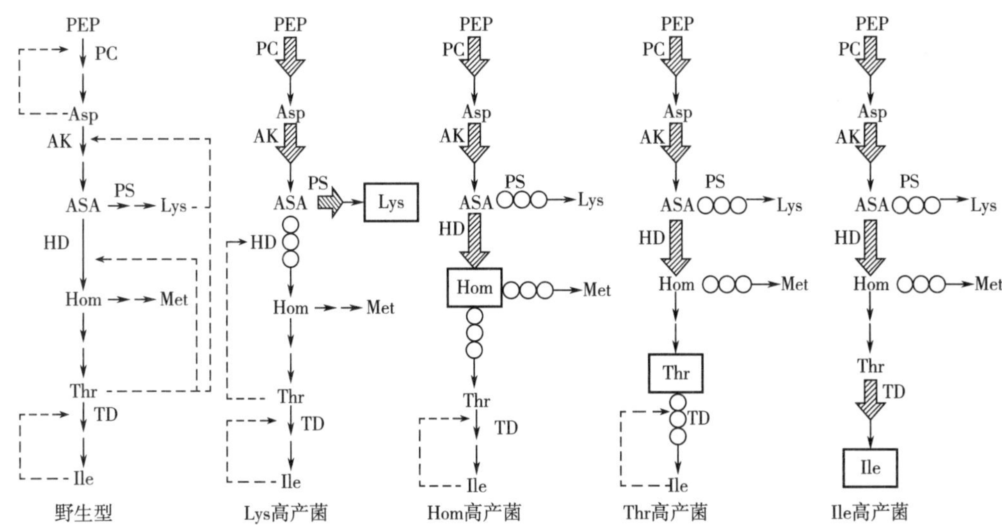

图 8-13　天冬氨酸族氨基酸高产菌选育

PEP—磷酸烯醇式丙酮酸　Asp—天冬氨酸　ASA—天冬氨酸半醛　Hom—高丝氨酸
Thr—苏氨酸　Ile—异亮氨酸　Met—甲硫氨酸　PC—磷酸烯醇式丙酮酸羧化酶　AK—天冬氨酸激酶
PS—二氢吡啶-2,6-二羧酸合成酶　HD—高丝氨酸脱氢酶　TD—苏氨酸脱氨酶

慢或停止，所以必须解除天冬氨酸对磷酸烯醇式丙酮酸羧化酶的反馈抑制。选育抗天冬氨酸结构类似物（如天冬氨酸氧肟酸盐、6-二甲基嘌呤）突变株。

（2）切断天冬氨酸向下的代谢　天冬氨酸是天冬氨酸族氨基酸的前体物质，它可继续反应生成赖氨酸、高丝氨酸、甲硫氨酸、苏氨酸和异亮氨酸等产物。在天冬氨酸发酵中，这些产物的生成会严重减少天冬氨酸的产率。要想提高天冬氨酸产率，必须切断天冬氨酸向其他产物转化的反应。具体方法如下：

①选育天冬氨酸激酶丧失（AK^-）的突变株。

②选育赖氨酸缺陷（Lys^-）突变株。

③选育甲硫氨酸缺陷（Met^-）突变株。

④选育苏氨酸缺陷（Thr^-）突变株。

（3）逆转优先合成　谷氨酸比天冬氨酸优先合成。逆转优先合成，使天冬氨酸合成能力加强，谷氨酸合成能力减弱，有利于大量、快速积累天冬氨酸。选育谷氨酸结构类似物（如谷氨酸氧肟酸盐、酮基丙二酸等）敏感突变株，选育抗青霉素突变株。

（4）切断生成丙氨酸的支路　丙氨酸是比较活跃的氨基酸，在生物体内通过转氨作用可生成其他氨基酸，生成丙氨酸的途径要消耗许多磷酸烯醇式丙酮酸。切断该支路，有利于天冬氨酸的大量积累。选育丙氨酸缺陷型突变株。

（5）强化 CO_2固定反应　选育以琥珀酸（Suc）为唯一碳源生长快的突变株。Doelle

指出，所有生长在低分子质量化合物如琥珀酸上的微生物有一共同特征，即为了合成细胞物质，它们必须经过糖原异生途径形成各种单糖。由于丙酮酸激酶催化的反应是不可逆反应，所以这条途径畅通与否就取决于 PC 的活力。由此推测 PC 活力大的菌株在以琥珀酸为唯一碳源的培养基上生长较快，反之则较慢。因此在琥珀酸上生长迅速即 Suc^G 变异株中可能筛选到 PC 活力显著提高的菌株。这种菌株在以葡萄糖为碳源的培养基中因其羧化支路的加强而使草酰乙酸的供应大大增加、丙酮酸及乙酰 CoA 浓度相应下降，其结果一方面增加了天冬氨酸的供应，另一方面减弱了“丙酮酸→丙氨酸”及“草酰乙酸+乙酰 CoA →柠檬酸”的代谢流，导致丙氨酸和谷氨酸积累的下降及 L-天冬氨酸的大量积累。

2. 赖氨酸产生菌的代谢控制育种策略

微生物的赖氨酸生物合成途径有两种，即二氨基庚二酸途径与 α-氨基己二酸途径。前者存在于细菌、绿藻、原生虫和高等植物之中，后者存在于酵母和霉菌之中。但关于采用酵母的赖氨酸直接发酵法，目前尚未达到工业化生产程度，只不过开发利用一部分赖氨酸含量高的饲料酵母，主要存在两个原因：①酵母菌膜的通透性问题还没有解决；②还没有发现像细菌中谷氨酸产生菌那样，在代谢活性方面有许多特征的菌株。这里着重介绍细菌二氨基庚二酸途径合成赖氨酸的菌种选育。

如前所述，不同微生物的赖氨酸生物合成的调节机制是不同的。从高产赖氨酸菌种获得难易程度来看，应该选择代谢调节机制比较简单的细菌作为出发菌株，如黄色短杆菌、谷氨酸棒杆菌和乳糖发酵短杆菌等。出发菌株确定后，根据菌株特性，一般从以下几方面来选育赖氨酸产生菌。

（1）优先合成的转换——渗漏缺陷型的选育　在黄色短杆菌野生型中，赖氨酸生物合成途径第一分支处，由于高丝氨酸脱氢酶的活力比二氨吡啶-2,6-二羧酸合成酶高 15 倍，代谢流优先向合成苏氨酸方向进行。如果降低高丝氨酸脱氢酶活力，代谢流就会转向优先合成赖氨酸。当高丝氨酸脱氢酶活力很低，所合成的苏氨酸少，不足以与赖氨酸共同对天冬氨酸激酶活力的协同反馈抑制作用，就可以过量积累赖氨酸。

（2）切断或弱化支路代谢途径　由于赖氨酸合成途径具有分支途径，在选育赖氨酸产生菌种时，选育营养缺陷型突变株，即切断或弱化合成甲硫氨酸和苏氨酸的分支途径，减少合成赖氨酸的原料天冬氨酸半醛的消耗，使其更多地流向赖氨酸合成途径，便可达到积累赖氨酸的目的。

例如高丝氨酸缺陷型（Hom^-）菌株由于缺乏催化天冬氨酸半醛的高丝氨酸脱氢酶，因此丧失了合成高丝氨酸的能力。一方面阻断了合成苏氨酸和甲硫氨酸的支路代谢，切断通向苏氨酸、甲硫氨酸的代谢流，使天冬氨酸半醛这个中间产物全部转入赖氨酸的合成途径，提高了原料的利用率并且减少了代谢副产物；另一方面，通过限制高丝氨酸的补给量，使苏氨酸与甲硫氨酸的生成有限，从而解除了苏氨酸和赖氨酸对天冬氨酸激酶的协同反馈抑制，使得赖氨酸大量积累。但有一个缺陷就是必须严格控制高丝氨酸的浓度，否则生产不稳定。

（3）解除反馈调节　解除反馈调节包括解除代谢产物对关键酶的反馈抑制或阻遏作

用。从葡萄糖到赖氨酸这条途径中，有 3 个关键酶起限速反应作用：①由磷酸烯醇式丙酮酸到天冬氨酸的反应；②由天冬氨酸到天冬氨酰磷酸的反应；③由天冬氨酸半醛到二氢吡啶二羧酸的反应。催化这 3 个反应的酶分别是磷酸烯醇式丙酮酸羧化酶（PC）、天冬氨酸激酶（AK）和二氢吡啶-2,6-二羧酸合成酶（PS）。其中磷酸烯醇式丙酮酸羧化酶受天冬氨酸的反馈抑制，天冬氨酸激酶受赖氨酸和苏氨酸的协同反馈抑制，二氢吡啶-2,6-二羧酸合成酶受亮氨酸的代谢互锁作用。因此，解除反馈调节的具体方法如下。

①天冬氨酸激酶反馈调节的解除（AK 脱敏）：所谓脱敏就是使该酶抗反馈抑制和反馈阻遏。天冬氨酸激酶（在黄色短杆菌、谷氨酸棒杆菌和乳糖发酵短杆菌中）只受苏氨酸和赖氨酸的协同反馈抑制作用。要解除该酶的反馈抑制作用，抗结构类似物突变株遗传性地解除终产物对自身合成途径的酶的调节控制，不受培养基中所要求的物质浓度影响，生产比较稳定。赖氨酸生产可选用如下结构类似物抗性突变株。

a. *S*-(2-氨基乙基)-L-半胱氨酸抗性株（AEC^R）。

b. γ-甲基赖氨酸抗性株（ML^R）。

c. 苯酯基赖氨酸抗性株（CBL^R）。

d. α-氯己内酰胺抗性株（CCL^R）。

e. α-氟己内酰胺抗性株（FCL^R）。

f. α-氨基月桂基内酰胺抗性株（ALL^R）。

g. L-赖氨酸氧肟酸盐抗性株（$LysHx^R$）。

h. α-氨基-β-羟基戊酸抗性株（AHV^R）。

i. 邻甲基苏氨酸抗性株（OMT^R）。

j. 苏氨酸氧肟酸盐抗性突变株（$ThrHx^R$）。

除了选育结构类似物抗性突变株之外，还可以选育组合型突变株，如营养缺陷型和结构类似物抗性的组合型突变株，由于其具有两者的优点，因而可大幅度地提高赖氨酸产量。

②磷酸烯醇式丙酮酸羧化酶的脱敏与激活：在赖氨酸生物合成途径中，磷酸烯醇式丙酮酸羧化酶催化磷酸烯醇式丙酮酸羧化生成草酰乙酸。磷酸烯醇式丙酮酸羧化酶受天冬氨酸的反馈抑制。在丙酮酸激酶的催化下，磷酸烯醇式丙酮酸生成丙酮酸。为了增加赖氨酸前体物质天冬氨酸的量，就必须切断生成丙酮酸的支路，同时解除天冬氨酸对磷酸烯醇式丙酮酸羧化酶的反馈抑制。具体措施主要有以下几种。

a. 选育丙氨酸缺陷型（Ala^-）或丙氨酸温度敏感突变株（Tmp^S）。Ala^-可以切断天冬氨酸到丙氨酸的代谢途径，减少天冬氨酸的损失，中断丙酮酸到丙氨酸的反应，增加磷酸烯醇式丙酮酸的量，从而有利于赖氨酸的积累。

b. 选育天冬氨酸氧肟酸盐抗性突变株（$AspHx^R$）、磺胺类药物抗性突变株（磺胺类药物有磺胺胍、磺胺嘧啶、磺胺哒嗪等）。$AspHx^R$突变株可解除天冬氨酸对磷酸烯醇式丙酮酸羧化酶的抑制，使磷酸烯醇式丙酮酸更多地生成天冬氨酸。

c. 选育氟丙酮酸敏感突变株（FP^S）。氟丙酮酸抑制丙酮酸脱羧酶（PDH）的作用，使丙酮酸积累。在生物素存在时，丙酮酸优先合成草酰乙酸，谷氨酸和草酰乙酸再通过转氨作用生成天冬氨酸。FP^S的作用是提供了最佳的丙酮酸脱羧酶、磷酸烯醇式丙酮酸羧化酶活力比。

d. 用200~500μg/L生物素激活磷酸烯醇式丙酮酸羧化酶。生物素在赖氨酸生产中，有两方面的作用：一是确保谷氨酸不排出细胞外，从而产生足够的反馈抑制，使代谢流转向赖氨酸的合成。二是生物素能增加磷酸烯醇式丙酮酸羧化酶的活力，促进磷酸烯醇式丙酮酸羧化生成草酰乙酸，再生成天冬氨酸，这样对于赖氨酸的生物合成非常有利。

e. 选育在琥珀酸平板上快速生长的突变株。

f. 用基因工程方法构建丙酮酸激酶缺陷的工程菌株。

g. 用基因工程方法构建柠檬酸合成酶活力低或者缺陷的工程菌株。

h. 增大谷氨酸的反馈抑制，使代谢流转向生成草酰乙酸，其标记是$GluHx^R$。

i. 用乙酰 CoA 激活磷酸烯醇式丙酮酸羧化酶。

j. 采用低糖流加法激活磷酸烯醇式丙酮酸羧化酶（糖浓度为40~50g/L）。

以上方法，目的都是为了增加磷酸烯醇式丙酮酸羧化酶活力或切断支路代谢，从而积累更多的赖氨酸生物合成的前体物质，以便提高赖氨酸产量。

（4）解除代谢互锁　在乳糖发酵短杆菌中，赖氨酸的生物合成与亮氨酸之间存在着代谢互锁，如图8-14所示。

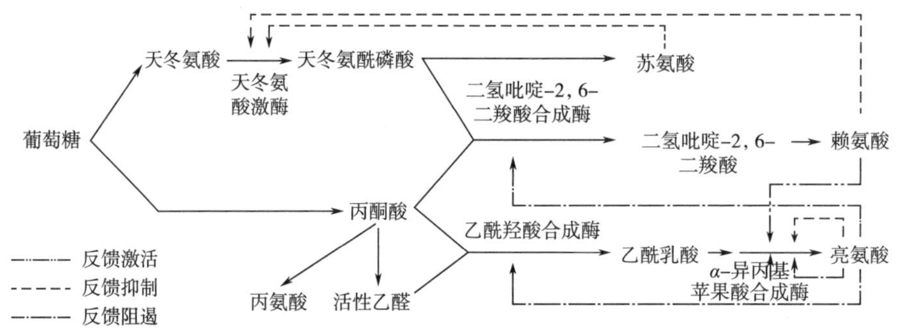

图8-14　乳糖发酵短杆菌中赖氨酸与亮氨酸生物合成间的相互调节

赖氨酸生物合成分支途径的第一个酶二氢吡啶-2,6-二羧酸合成酶的合成受亮氨酸阻遏。在此情况下，副产物丙氨酸和缬氨酸生成量显著地增加，这是因为二氢吡啶-2,6-二羧酸合成酶的合成受到阻遏，酶活力显著降低，使丙酮酸通向赖氨酸的代谢受阻，而丙酮酸转向合成丙氨酸和缬氨酸的结果。可见，要提高赖氨酸产量，应解除这种代谢互锁。具体措施主要包括：

①选育亮氨酸缺陷突变株：通过在培养基中限量添加亮氨酸可以解除亮氨酸对二氢吡啶-2,6-二羧酸合成酶的阻遏。

②选育抗亮氨酸结构类似物突变株：抗亮氨酸结构类似物突变株从遗传上解除亮氨酸对二氢吡啶-2,6-二羧酸合成酶的阻遏。

③选育亮氨酸温度敏感突变株：据报道，选育亮氨酸温度敏感突变株可提高赖氨酸的产量。

④选育对苯醌或喹啉衍生物敏感的突变株：选育对苯醌或喹啉衍生物敏感的突变株是一种寻找亮氨酸渗漏缺陷型菌株的方法。

⑤可选择萘乙酸（NAA）突变株和亮氨酸温度敏感突变株。

（5）增加前体物质的合成和阻断副产物生成　由赖氨酸的生物合成途径可知，丙酮酸、草酰乙酸和天冬氨酸是赖氨酸合成的前体物质，特别是天冬氨酸。关键酶——天冬氨酸激酶的反应速度与底物天冬氨酸浓度之间呈“S”形曲线关系。随着天冬氨酸浓度增加，酶与底物的亲和力协同性增大，一方面增加天冬氨酸浓度，能够抵消变构抑制剂的影响，从而使基质充分地用于合成这些前体物质，使前体物质充分地用于合成赖氨酸。可采取以下方法来增加前体物质的合成：

①选育丙氨酸缺陷型：丙酮酸和天冬氨酸是丙氨酸和赖氨酸的共同前体物质。丙氨酸的生成就必然消耗丙酮酸或天冬氨酸，而导致赖氨酸产量减少。选育丙氨酸缺陷型，切断丙酮酸通向丙氨酸的代谢流，丙酮酸就充分地用于合成天冬氨酸，进而合成赖氨酸，增加赖氨酸产量。

②选育抗天冬氨酸结构类似物突变株：在黄色短杆菌中，天冬氨酸对磷酸烯醇式丙酮酸羧化酶有反馈抑制作用，这种抑制作用由于 α-酮戊二酸的存在而增强。为了解除天冬氨酸对自身合成途径中关键酶的反馈抑制，可选育抗天冬氨酸结构类似物突变株。

③选育适宜的 CO_2 固定酶、TCA 循环酶活力比突变株：草酰乙酸是赖氨酸合成的前体物质，草酰乙酸的生成可以由 TCA 循环生成，也可由磷酸烯醇式丙酮酸或丙酮酸经 CO_2 固定反应生成。草酰乙酸的合成方式不同，赖氨酸对糖的收率有很大差异。赖氨酸合成的中间代谢有两条途径：a. 通过 TCA 循环；b. 通过磷酸烯醇式丙酮酸羧化反应。若能使菌体的碳代谢以途径 b 为主，以途径 a 为辅，具有适宜的 b/a 途径比，赖氨酸产量就可大大提高。

根据上述分析，选育赖氨酸高产菌株可采用以下标记：

a. 氟代丙酮酸（FP）敏感突变株。

b. 选育柠檬酸合成酶低活力的突变株。

c. 增加谷氨酸的反馈调节及添加过量生物素。

（6）选育温度敏感突变株　温度敏感突变株的突变位置多数发生在为某酶的肽键结构编码的顺反子中，由于发生了碱基的转换或颠换，使翻译出的酶对温度敏感，容易受热失活。如果突变位置发生在为亮氨酸合成酶系编码的基因中，高温条件下就不能合成亮氨酸，即成为亮氨酸缺陷型。

（7）防止高产菌株回复突变　在赖氨酸发酵中，防止菌种回复突变是非常重要的，其方法除经常进行菌种纯化，检查遗传标记，减少传代次数，不用发酵液作为种子外，还可用以下方法。

①选育遗传性稳定的菌株：将菌种在易出现回复突变的培养基中多次传代，选取不发

生回复突变的菌株。

②定向赋加产生菌多个遗传标记：如高丝氨基酸缺陷型（Hom^-）、苏氨酸缺陷型（Thr^-）、亮氨酸缺陷型（Leu^-）和烟酰胺缺陷型（NAA^-）等，育成双缺或多缺菌株。对抗性菌株，尽量育成多重抗性，增加抗回复突变，使生产性能稳定。

③菌种培养和保藏时，培养基要丰富，尤其有足够的要求营养物质。对抗性菌株，应添加所耐的类似物。

④利用某些抗生素对产生菌株最小生成抑制浓度比原株高的特性，在培养时添加抗生素（如红霉素、氯霉素），抑制回复突变株生长，使其达到分纯的目的。普遍认为这是一种最好的措施。

3. 高丝氨酸产生菌的代谢控制育种策略

要想使高丝氨酸能大量积累，并简化发酵控制，需从以下几方面选育高丝氨酸产生菌。

（1）切断支路代谢　选育赖氨酸缺陷型（Lys^-）突变株，使天冬氨酸全部生成高丝氨酸，而不副产赖氨酸。

（2）切断高丝氨酸向下反应的通路　如果生成的高丝氨酸还能够向下继续生成甲硫氨酸、苏氨酸和α-氨基丁酸，高丝氨酸就不能积累，所以必须切断高丝氨酸向下反应的通路。

①选育苏氨酸缺陷（Thr^-）突变株。

②选育甲硫氨酸缺陷（Met^-）突变株。

③选育高丝氨酸脱氨酶缺陷（HAD^-）突变株。

（3）解除反馈调节

①解除苏氨酸和赖氨酸对关键酶——天冬氨酸激酶的反馈控制。

a. 选育赖氨酸结构类似物抗性突变株，如 AEC^R等。

b. 选育苏氨酸结构类似物抗性突变株，如 AHV^R等。

②解除甲硫氨酸对高丝氨酸脱氨酶的反馈阻遏。选育甲硫氨酸结构类似物抗性突变株，如 $MetHx^R$等。

（4）增加前体物质的合成

4. 苏氨酸产生菌的代谢控制育种策略

根据苏氨酸生物合成途径及代谢调节机制和苏氨酸高产菌应具备的生化特征，选育苏氨酸产生菌可以从以下几方面着手。

（1）切断支路代谢　为使前体物质集中用于合成苏氨酸，需要切断苏氨酸生物合成途径中的支路代谢，具体方法如下。

①切断或削弱合成赖氨酸的支路，其方法是选育赖氨酸缺陷型（Lys^-）、赖氨酸渗漏型（Lys^L）或赖氨酸缺陷型回复突变株（Lys^+）。

②切断或削弱合成甲硫氨酸的支路，其方法是选育甲硫氨酸缺陷型（Met^-）或甲硫氨酸渗漏型（Met^L）或甲硫氨酸缺陷型回复突变株（Met^+）。

③切断由苏氨酸到异亮氨酸的反应，其方法是选育异亮氨酸缺陷型（Ile^-）。

（2）解除反馈调节　在苏氨酸发酵中，必须解除终产物对关键酶天冬氨酸激酶和高丝氨酸脱氢酶的反馈调节。选育抗赖氨酸、抗苏氨酸结构类似物突变株，可以得到关键酶天冬氨酸激酶对苏氨酸、赖氨酸协同反馈抑制脱敏的突变株（例如选育为天冬氨酸激酶编码的结构基因发生突变的菌株）。选育抗苏氨酸结构类似物突变株，可遗传性地解除苏氨酸对高丝氨酸脱氢酶的反馈抑制，这是苏氨酸发酵育种的重要手段，也是目前氨基酸发酵育种的主要方法。

（3）增加前体物质天冬氨酸的合成　天冬氨酸是苏氨酸生物合成的前体物质，增加天冬氨酸的合成，是苏氨酸得以大量积累的必要条件，可采用以下措施来增加天冬氨酸的合成。

①选育天冬氨酸结构类似物抗性突变株：苏氨酸生物合成的前体物质天冬氨酸的合成受自身的反馈调节。天冬氨酸合成过量会反馈抑制磷酸烯醇式丙酮酸羧化酶，使天冬氨酸的生物合成停止，从而影响苏氨酸的积累。因此，应设法解除天冬氨酸的这种自身反馈调节，选育天冬氨酸结构类似物抗性突变株，如选育天冬氨酸氧肟酸盐抗性株（$AspHx^R$）、磺胺类药物抗性株（SG^R）等遗传性地解除天冬氨酸对磷酸烯醇式丙酮酸羧化酶的反馈抑制，使天冬氨酸大量合成。

②选育丙氨酸缺陷型突变株（Ala^-）：在乳糖发酵短杆菌中，丙酮酸和天冬氨酸是苏氨酸和丙氨酸生物合成的共同前体物质。虽然丙氨酸并不抑制苏氨酸的生物合成，但是丙氨酸的形成意味着苏氨酸的前体物质丙酮酸和天冬氨酸的减少，从而浪费了碳源和氮源，切断丙酮酸、天冬氨酸向丙氨酸代谢的支路，选育 Ala^-突变株，使代谢流完全转向苏氨酸的合成，提高苏氨酸的产量。

③强化从丙酮酸到苏氨酸的代谢流，主要手段包括如下几项。

a. 选育氟丙酮酸敏感突变株，使磷酸烯醇式丙酮酸大量积累；

b. 选育以琥珀酸为唯一碳源生长良好的突变株，强化 CO_2固定反应；

c. 利用基因工程手段减弱或消除丙酮酸激酶和柠檬酸合成酶，强化代谢流；

d. 在培养基中添加 20~5000μg/mL 生物素，激活磷酸烯醇式丙酮酸羧化酶。

④谷氨酸优先合成的转换：由于谷氨酸比天冬氨酸优先合成，为了使优先合成发生逆转，并使代谢流转向草酰乙酸，可选育谷氨酸结构类似物敏感突变株，来增大谷氨酸的反馈抑制。一般，可选育谷氨酸氧肟酸盐敏感突变株（$GluHx^S$）和谷氨酰胺敏感突变株（Gln^S），或者供给过量的生物素（>30μg/L）以保证谷氨酸不向胞外渗漏而产生足够的反馈抑制作用，使代谢流转向合成天冬氨酸。选育抗青霉素突变株，使谷氨酸不能从细胞内渗透到细胞外，可增加谷氨酸对谷氨酸脱氢酶的反馈抑制和阻遏。

⑤利用平衡合成天冬氨酸与乙酰 CoA 形成平衡合成，增强乙酰 CoA 的量，可加强天冬氨酸的合成。添加乙醇、醋酸等能促进乙酰 CoA 的生成，并诱导合成乙醛酸循环酶，有希望提高产酸和转化率。

（4）切断苏氨酸进一步代谢途径　由于细胞可以苏氨酸为前体物质进一步合成异亮氨酸，这就必然会导致苏氨酸积累量的减少，为避免苏氨酸被菌体利用，还需要切断苏氨酸进一步代谢的途径，即选育异亮氨酸缺陷型菌株（Ile^-）或异亮氨酸渗漏突变株（Ile^L）或异亮氨酸缺陷回复突变株（Ile^+）。

5. 甲硫氨酸产生菌的代谢控制育种策略

甲硫氨酸生物合成途径中，不仅关键酶天冬氨酸激酶受赖氨酸和苏氨酸的协同反馈抑制，高丝氨酸脱氢酶受苏氨酸的反馈抑制，受甲硫氨酸所阻遏，而且从高丝氨酸合成甲硫氨酸的途径中，高丝氨酸-*O*-转乙酰酶强烈地受*S*-腺苷甲硫氨酸（SAM）的反馈抑制（图 8-15）。当向培养基中添加过剩 SAM 时，该酶的合成完全被阻遏；当 SAM 限量添加时，该酶合成不受阻遏。在 SAM 限量条件下，即使添加过量的甲硫氨酸也仅引起对该酶的部分阻遏。也就是说，甲硫氨酸生物合成酶系不仅受甲硫氨酸的阻遏，更重要的是还受 SAM 的反馈抑制与反馈阻遏，这就给甲硫氨酸产生菌的选育带来困难。

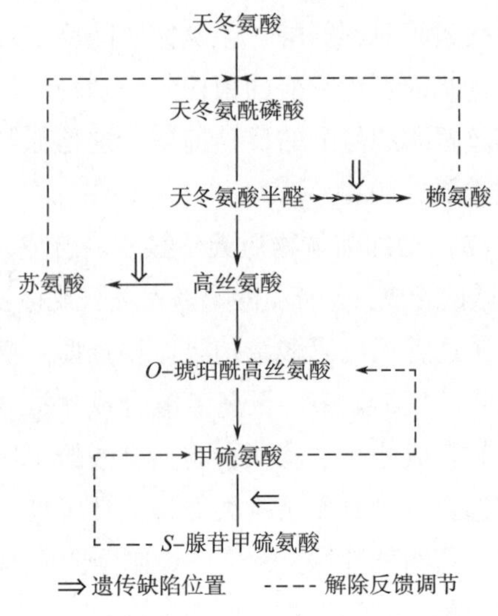

图 8-15　甲硫氨酸高产菌的遗传标记位置

由于甲硫氨酸生物合成的代谢调节机制较为复杂，要大量生成积累甲硫氨酸，应从以下几方面着手。

（1）解除反馈调节

①首先要考虑解除甲硫氨酸自身的反馈调节，主要是通过选育抗甲硫氨酸结构类似物（如乙硫氨酸、硒代甲硫氨酸、1,2,4-三唑、三氟甲硫氨酸等）突变株。

②选育 SAM 结构类似物抗性突变株，解除 SAM 对高丝氨酸-*O*-转乙酰酶的反馈抑制与阻遏。

③解除苏氨酸和赖氨酸对天冬氨酸激酶的协同反馈抑制，选育 AHV^R和 AEC^R突变株。

（2）切断支路代谢

①切断或削弱苏氨酸的代谢支路，选育 Thr^-或 Thr^L或 Thr^+突变株。

②切断或削弱赖氨酸的代谢支路，选育 Lys^-或 Lys^L或 Lys^+，或选育 Leu^-突变株。

（3）切断甲硫氨酸向下反应的通路　甲硫氨酸向下反应可生成*S*-腺苷甲硫氨酸，使甲硫氨酸积累量减少。另外，生成的 SAM 还会反馈抑制和阻遏高丝氨酸-*O*-转乙酰酶，使甲硫氨酸的合成停止或减慢，因此，必须切断甲硫氨酸向*S*-腺苷甲硫氨酸的反应，选育 SAM^-突变株。

（4）营养缺陷型菌株的选育　在甲硫氨酸的生物合成过程中，通过筛选赖氨酸营养缺陷型，苏氨酸营养缺陷型或者赖氨酸，苏氨酸双重营养缺陷型，可以阻断或者降低赖氨酸和苏氨酸对关键酶天冬氨酸激酶的反馈抑制，从而达到累积甲硫氨酸的目的。

（5）增加前体物质的合成　与苏氨酸产生菌种的育种方法相同，请参阅本章节中苏氨酸产生菌种的育种策略。

三、芳香族氨基酸代谢调节机制和育种策略

芳香族氨基酸包括色氨酸、苯丙氨酸和酪氨酸，只能由植物和微生物合成。分子中都含有苯环结构，这三种氨基酸在结构上的另一个共同点是其直链都是丙氨酸。色氨酸与苯丙氨酸、酪氨酸的区别在于色氨酸具有吲哚基。苯丙氨酸和酪氨酸在结构上只有一点不同，即苯丙氨酸的对位没有—OH，而酪氨酸的对位具有—OH。

（一）芳香族氨基酸生物合成中代谢调节机制

谷氨酸棒杆菌中芳香族氨基酸的生物合成途径及其代谢调节机制如图 8-16 所示。

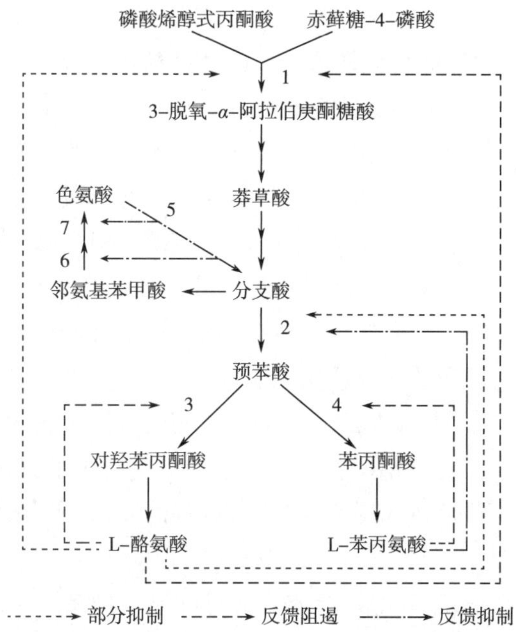

图 8-16　谷氨酸棒杆菌中芳香族氨基酸的生物合成途径及其代谢调节机制

1—3-脱氧-α-阿拉伯庚酮糖酸合成酶　2—分支酸变位酶　3—预苯酸脱氢酶　4—预苯酸脱水酶　5—邻氨基苯甲酸合成酶　6—邻氨基苯甲酸磷酸核糖转移酶　7—色氨酸合成酶

三种芳香族氨基酸生物合成途径中受调节控制的关键酶有：3-脱氧-α-阿拉伯庚酮糖酸-7-磷酸合成酶（DS）、分支酸变位酶（CM）、预苯酸脱氢酶（PD）、预苯酸脱水酶（PT）和邻氨基苯甲酸合成酶（AS）。

1. 3-脱氧-α-阿拉伯庚酮糖酸-7-磷酸合成酶（DS）的调节作用

作为共同途径上的第一个酶，3-脱氧-α-阿拉伯庚酮糖酸-7-磷酸合成酶受苯丙氨酸和酪氨酸的协同反馈抑制，且色氨酸能增强这种抑制作用（当三种氨基酸并存时，最大抑制作用接近 90%）。在大肠杆菌、粗糙脉孢霉等许多微生物中有三种 3-脱氧-α-阿拉伯庚酮糖酸-7-磷酸合成酶的同工酶，但是在枯草芽孢杆菌中却只有一种 3-脱氧-α-阿拉伯庚

酮糖酸-7-磷酸合成酶，它受三种芳香族氨基酸的反馈抑制。在红极毛杆菌中也只有一种3-脱氧-α-阿拉伯庚酮糖酸-7-磷酸合成酶，受积累反馈抑制。

2. 第一分支点处关键酶的调节作用

第一个分支点（分支酸）处的第一个关键酶是分支酸变位酶，该酶受苯丙氨酸和酪氨酸的部分抑制（0.1mmol/L苯丙氨酸的抑制作用为90%，0.1mmol/L酪氨酸的抑制作用为50%），受苯丙氨酸所阻遏。当0.1mmol/L苯丙氨酸和酪氨酸同时存在时，则完全抑制该酶活力，但色氨酸能激活该酶，并能恢复由前两者所抑制的酶活力。分支酸变位酶似乎有两个生理作用：①控制通向苯丙氨酸和酪氨酸生物合成的代谢流；②平衡分配苯丙氨酸、酪氨酸与色氨酸生物合成所需要的分支酸。因为邻氨基苯甲酸合成酶对于分支酸的米氏常数（$K_m=6.25\times10^{-5}$mol）低于分支酸变位酶对于分支酸的米氏常数（$K_m=2.9\times10^{-3}$mol），邻氨基苯甲酸合成酶对分支酸的亲和力大于分支酸变位酶对分支酸的亲和力，所以色氨酸的生物合成比酪氨酸和苯丙氨酸优先进行，又由于色氨酸对分支酸变位酶有激活作用，能够完全解除由苯丙氨酸（0.1mol/L）引起的抑制，并能以50%的比例解除由酪氨酸与苯丙氨酸共存所引起的抑制，使分支酸趋向合成酪氨酸与苯丙氨酸。当苯丙氨酸与酪氨酸合成过量时，便会抑制分支酸变位酶，转而合成色氨酸。这就说明，色氨酸通过激活分支酸变位酶的活力来平衡活菌体内色氨酸与苯丙氨酸、酪氨酸生物合成之间的比例。

第一个分支点处的另一个关键酶是邻氨基苯甲酸合成酶，该酶受色氨酸的强烈抑制，同时受色氨酸所阻遏。第二个分支点处的预苯酸脱氢酶受酪氨酸的轻微抑制。

3. 第二个分支点处关键酶的调节作用

第二个分支点处的关键酶是预苯酸脱水酶，该酶受苯丙氨酸的完全抑制（0.05mmol/L的抑制作用达到100%），受色氨酸的交叉抑制（0.1mmol/L的抑制作用达到100%），但酪氨酸能激活该酶活力，它能和抑制剂竞争，以解除由苯丙氨酸或色氨酸所引起的抑制作用。

由图8-16可知，苯丙氨酸的生物合成受自身的反馈抑制。因此，菌体产生酪氨酸比苯丙氨酸容易，并且由此产生的酪氨酸竞争性地解除苯丙氨酸对预苯酸脱水酶活力的抑制，苯丙氨酸的生物合成将继续进行，直至它的浓度达到与酪氨酸竞争性地抑制预苯酸脱水酶活力的水平，此时酪氨酸的生物合成又重新开始。这样，酪氨酸似乎在预苯酸脱氢酶和预苯酸脱水酶之间起分配作用，使菌体内酪氨酸与苯丙氨酸的合成保持平衡。另外，对谷氨酸棒杆菌中预苯酸脱水酶脱敏，可以促进苯丙氨酸的合成并降低酪氨酸的合成。

总的来说，第一个分支点处的分支酸变位酶所受的负、正控制机制调节了色氨酸与苯丙氨酸、酪氨酸的平衡合成，第二个分支点处的预苯酸脱水酶所受的正、负控制机制调节了苯丙氨酸与酪氨酸合成的平衡，进而所产生的芳香族氨基酸又协同抑制了芳香族氨基酸生物合成途径的初始酶3-脱氧-α-阿拉伯庚酮糖酸-7-磷酸合成酶的活力。

（二）芳香族氨基酸产生菌的代谢控制育种策略

1. 色氨酸产生菌的代谢控制育种策略

芳香族氨基酸的生物合成存在着特定的代谢调节机制，因此不可能从自然界中找到大量积累色氨酸的菌株。但是，可以以黄色短杆菌、谷氨酸棒杆菌等作为出发菌抹，设法从遗传角度选育解除芳香族氨基酸的生物合成正常代谢调节机制的突变菌株，用微生物直接发酵法生成色氨酸。

因此，根据芳香族氨基酸的代谢调节机制，选育色氨酸高产菌的基本策略以下几方面。

（1）切断支路代谢　切断由分支酸到预苯酸、维生素 K、辅酶 Q 的代谢支路，节约碳源，使中间代谢产物分支酸更多地转向合成色氨酸，同时可以解除苯丙氨酸、酪氨酸对合成途径中 3-脱氧-α-阿拉伯庚酮糖酸-7-磷酸合成酶的反馈调节，从而有利于色氨酸的积累。具体可选育预苯酸缺陷、苯丙氨酸缺陷、酪氨酸缺陷、辅酶 Q 缺陷、维生素 K 缺陷等突变株。

（2）解除自身反馈调节　根据图 8-16 所示的调节机制，对于黄色短杆菌来说，如果解除色氨酸特异途径的调节机制，即使有共同途径上的反馈调节存在，也能过剩积累色氨酸。因此，可通过选育色氨酸的结构类似物抗性突变株，解除其自身的反馈调节来达到积累色氨酸的目的。色氨酸的结构类似物有：4-甲基色氨酸（4-MT）、5-甲基色氨酸（5-MT）、6-甲基色氨酸（6-MT）、5-氟色氨酸（5-FT）、6-氟色氨酸（6-FT）、色氨酸氧肟酸盐（TrpHx）等。

（3）增加前体物质的合成　为了积累更多的色氨酸，必须增加更多的前体物质。减少磷酸烯醇式丙酮酸和 4-磷酸赤藓糖的支路代谢，解除苯丙氨酸和酪氨酸对 3-脱氧-α-阿拉伯庚酮糖酸-7-磷酸合成酶的反馈调节，增加分支酸浓度等，可增加前体物质的合成。

①为了积累更多的磷酸醇式丙酮酸，防止丙酮酸生成更多的草酰乙酸，可以选育磷酸烯醇式丙酮酸羧化酶和丙酮酸激酶活力丧失或活力微弱的菌株。

②解除苯丙氨酸和酪氨酸对 3-脱氧-α-阿拉伯庚酮糖酸-7-磷酸合成酶的反馈调节，除了选育它们的营养缺陷型外，还需选育苯丙氨酸和酪氨酸结构类似物抗性突变株，从而使 3-脱氧-阿拉伯庚酮糖酸-7-磷酸得以大量合成，进而生成分支酸，并在此处优先合成色氨酸。苯丙氨酸和酪氨酸的结构类似物有：对氟苯丙氨酸（PFP）、苯丙氨酸氧肟酸盐（PheHx）、β-2-噻嗯基丙氨酸、对氨基苯丙氨酸（PAP）、3-氨基酪氨酸（3-AT）、酪氨酸氧肟酸盐（TyrHx）、D-酪氨酸等。

③选育磺胺胍抗性突变株也可以有效地提高分支酸的浓度。因为分支酸作为邻氨基苯甲酸合成酶的底物，可以竞争性地减弱色氨酸对邻氨基苯甲酸合成酶的抑制，从而使色氨酸的产量进一步提高。

④根据代谢控制发酵理论，还可选育邻氨基苯甲酸合成酶缺陷的回复突变株，以提高色氨酸的积累。因为邻氨基苯甲酸合成酶受到色氨酸的反馈调节，而邻氨基苯甲酸合成酶缺陷的回复突变株可以使邻氨基苯甲酸合成酶恢复原来活力，但邻氨基苯甲酸合成酶并不受到色氨酸的反馈调节，故有利于菌体内色氨酸的积累。同理，选育 3-脱氧-α-阿拉伯庚酮糖酸-7-磷酸合成酶缺陷的回复突变株，可增加色氨酸的前体物质 3-脱氧 α-阿拉伯庚酮糖酸的积累，也有利于色氨酸的积累。

（4）切断进一步代谢　选育色氨酸酶（TN）缺失突变株、色氨酸脱羧酶缺失突变株、色氨酰 tRNA 合成酶缺失突变株以及不分解利用色氨酸的突变株，可以减少色氨酸的消耗，有利于色氨酸的积累。

（5）加强色氨酸向胞外分泌的能力　可以采用使色氨酸产生菌的细胞膜透性加大的方法，使细胞内色氨酸向培养基中渗透，以积累更多的色氨酸。色氨酸外渗降低了细胞内色氨酸的浓度，有利于反应向生物合成色氨酸的方向进行。具体方法有：选育抗维生素 P 类衍生物突变株；选育溶菌酶敏感型突变株；选育甘油缺陷突变株和油酸缺陷突变株。

（6）其他标记　选育色氨酸操纵子中弱化子缺失突变型，也是积累色氨酸的有效措施。在色氨酸操纵子中存在一段 DNA，该 DNA 具有减弱转录的作用，称为弱化子。因此，色氨酸操纵子除通过阻遏作用外，还通过弱化子的影响来调节色氨酸的生物合成。据报道，色氨酸操纵子中弱化子缺失突变型中与色氨酸生物合成有关的酶都远远高于非缺失型菌株。因此，如果使色氨酸产生菌带上这一标记，必然会提高色氨酸的产量。

2. 苯丙氨酸产生菌的代谢控制育种策略

根据芳香族氨基酸的生物合成途径及代谢调节机制，选育苯丙氨酸高产菌的基本策略包括以下方面。

（1）切断或减弱支路代谢

①选育邻氨基苯甲酸缺陷或色氨酸缺陷突变株，切断由分支酸合成色氨酸的支路。

②选育酪氨酸缺陷或渗漏突变株，因为酪氨酸比苯丙氨酸优先合成，酪氨酸合成过量后才会激活预苯酸脱水酶，从而合成苯丙氨酸。若想使菌株高产苯丙氨酸，必须切断或减弱酪氨酸的合成支路，故可选育 Tyr^- 或 Tyr^L 突变株。

③选育辅酶 Q 缺陷或维生素 K 缺陷突变株，切断由分支酸合成辅酶 Q 或维生素 K 的支路。

（2）解除自身反馈调节　苯丙氨酸合成过量后就会抑制预苯酸脱水酶，与酪氨酸一起对 3–脱氧–α–阿拉伯庚酮糖酸合成酶产生协同反馈抑制作用。通过选育结构类似物抗性突变株，可以解除苯丙氨酸对这些关键酶的反馈调节，从而使苯丙氨酸高产。具体方法包括：

①选育苯丙氨酸结构类似物抗性突变株，如选育对氨基苯丙氨酸抗性、对氟苯丙氨酸抗性、苯丙氨酸氧肟酸盐抗性、β–2–噻嗯基丙氨酸抗性突变株。

②选育酪氨酸结构类似物抗性突变株，如选育 3–氨基酪氨酸抗性、酪氨酸氧肟酸盐抗性、D–酪氨酸抗性、5–甲基酪氨酸抗性、6–氟酪氨酸抗性突变株。

③选育 3–脱氧–α–阿拉伯庚酮糖酸合成酶缺陷的回复突变株或预苯酸缺陷的回复突变株，可获得解除苯丙氨酸反馈调节的高产菌株。

（3）增加前体物质的合成　由于磷酸烯醇式丙酮酸和 4–磷酸赤藓糖是苯丙氨酸生物合成的前体物质，增加它们的合成有利于苯丙氨酸的大量合成。具体方法包括：

①选育不能利用 D–葡萄糖或 L–阿拉伯糖等必须通过磷酸戊糖途径进行代谢的突变株，以增加磷酸烯醇式丙酮酸和 4–磷酸赤藓糖的合成。

②选育嘧啶、嘌呤结构类似物抗性突变株如选育 6-巯基嘌呤抗性、8-氮鸟嘌呤抗性、磺胺类药物抗性等突变株，有利于苯丙氨酸的积累。

③选育核苷类抗生素抗性突变株如选育狭霉素 C 抗性、德夸菌素抗性、羽田杀菌素抗性、桑吉霉素抗性等突变株，也可增加苯丙氨酸前体物质的合成。

3. 酪氨酸产生菌的代谢控制育种策略

根据芳香族氨基酸的生物合成途径及代谢调节机制，选育酪氨酸高产菌的基本策略包括以下方面。

（1）切断或减弱支路代谢

①选育色氨酸缺陷或邻氨基苯甲酸缺陷突变株，也可选育色氨酸或邻氨基苯甲酸渗漏突变株。

②选育苯丙氨酸缺陷或苯丙氨酸渗漏突变株。

③选育辅酶 Q 缺陷、维生素 K 缺陷突变株。

（2）解除自身反馈调节　可选育 D-酪氨酸抗性、酪氨酸氧肟酸盐抗性、5-甲基酪氨酸抗性、6-氟酪氨酸抗性、3-氨基酪氨酸抗性、对氟苯丙氨酸抗性、对氨基苯丙氨酸抗性、β-2-噻嗯基丙氨酸抗性等突变株，以解除酪氨酸、苯丙氨酸、色氨酸的反馈调节，提高菌体自身的酪氨酸合成能力，也可以选育预苯酸脱氢酶缺陷的回复突变株或 DAHP 合成酶缺陷的回复突变株。

（3）增加前体物质的合成　可选育不利用 D-葡萄糖或 L-阿拉伯糖的突变株，以及磺胺胍抗性、6-巯基嘌呤抗性、8-氮鸟嘌呤抗性、8-氮腺嘌呤抗性、德夸菌素抗性、β-D-呋喃阿洛酮糖抗性、狭霉素 A 抗性等突变株。

四、支链氨基酸代谢调节机制和育种策略

支链氨基酸包括异亮氨酸、亮氨酸和缬氨酸，它们的分子结构中均含有一个甲基侧链，因此被称为支链氨基酸。

（一）支链氨基酸合成中代谢调节机制

异亮氨酸、缬氨酸和亮氨酸的生物合成途径是相关的，在生物合成途径中存在着共同的酶，其生物合成途径及代谢调节机制如图 8-17 所示。

1. 终端合成途径中关键酶的调节作用

由图 8-17 可知，异亮氨酸、缬氨酸和亮氨酸是从苏氨酸、丙酮酸开始分支，并经过若干酶促反应而合成。苏氨酸是异亮氨酸的直接前体物质，丙酮酸是缬氨酸的直接前体物质，在缬氨酸合成途径中的中间体 α-酮基异戊酸则是亮氨酸的前体物质。在异亮氨酸和缬氨酸的合成途径中，共用了乙酰羟酸合酶（AHAS）、乙酰羟酸异构体还原酶（AHAIR）、二羟基脱水酶（DHAD）和支链氨基酸转氨酶（BCAT）。缬氨酸合成途径中的中间体 α-酮基异戊酸，在 α-异丙基苹果酸合酶、α-异丙基苹果酸异构酶、α-异丙基苹果酸脱氢酶和支链氨基酸转氨酶等酶的催化下合成亮氨酸。由此可以看出，支链氨基酸转氨酶不仅能催化异亮氨酸和缬氨酸的合成，而且也能催化亮氨酸的合成。也就是

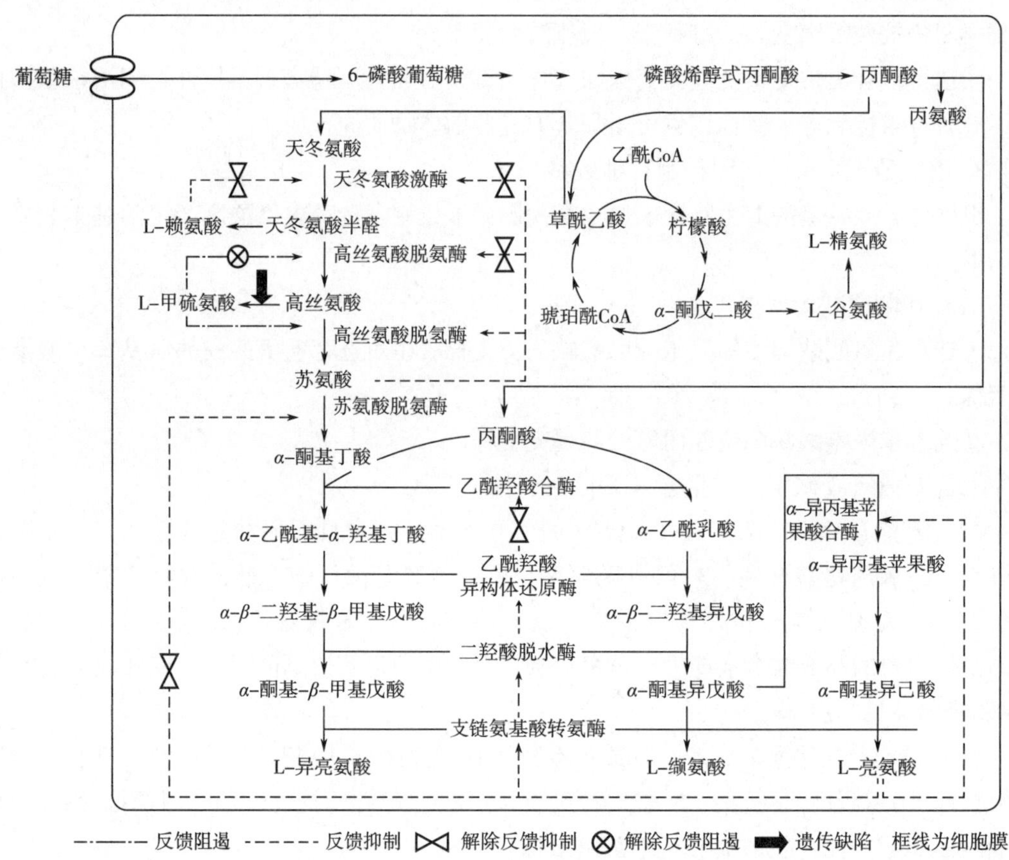

图 8-17　支链氨基酸生物合成途径及调节机制

说，在这三种支链氨基酸的生物合成途径中的最后一步转氨基反应均是由同一种转氨酶催化完成的。

（1）乙酰羟酸合酶（AHAS）　AHAS 是支链氨基酸生物合成途径中的第一个共用酶，也是合成异亮氨酸途径中的限速酶。在谷氨酸棒杆菌中，AHAS 由 *ilvB* 编码的大亚基和 *ilvN* 编码的小亚基组成，为一四聚体，小亚基负责支链氨基酸的多价调节。在大肠杆菌中，与谷氨酸棒杆菌不同的是 AHAS 有三种同工酶 AHASⅠ、AHASⅡ和 AHASⅢ，分别由 *ilvBN*、*ilvGM* 和 *ilvIH* 编码。这些基因的表达受到不同的调节，三种支链氨基酸可减弱 *ilvGM* 的表达，而 *ilvBN* 仅受到缬氨酸和亮氨酸的影响。AHAS 主要受缬氨酸的反馈抑制，有时也受到亮氨酸和异亮氨酸的反馈抑制。将 AHAS 小亚基结构中心的 3 个氨基酸 Gly-Ile-Ile（20~22 位）定点突变成相应的 Asp-Asp-Phe，能够完全解除三种支链氨基酸对 AHAS 的反馈抑制作用。

（2）乙酰羟酸异构体还原酶（AHAIR）　AHAIR 由 *ilvC* 基因编码。AHAIR 在缬氨酸和亮氨酸合成途径中将 α-乙酰乳酸转化为 α,β-二羟基异戊酸，以及在异亮氨酸的合成途径中将 α-乙酰-α-羟丁酸转化为 α,β-二羟基-β-甲基戊酸的催化反应中 NADPH 和金属离子作为辅因子。AHAIR 也存在多种形式的同工酶。

（3）二羟酸脱水酶（DHAD） DHAD 是由两个亚基组成的二聚体酶，由 *ilvD* 基因编码。该酶是支链氨基酸合成途径中共用的第三个酶。在缬氨酸和亮氨酸合成途径中，催化 α,β-二羟基异戊酸生成 α-酮异戊酸；在异亮氨酸的生物合成途径中，催化 α,β-二羟基-β-甲基戊酸生成 α-酮甲基戊酸。在谷氨酸棒杆菌中，该酶受到缬氨酸和亮氨酸的抑制，但是当三种支链氨基酸存在时，并没有发现它们对该酶的协同反馈抑制作用。

（4）支链氨基酸转氨酶（BCAT） BCAT 催化支链氨基酸是生物合成的最后一步，对氨基酸的合成和转化起至关重要的作用。在大肠杆菌中，转氨酶 B（编码基因为 *ilvE*）、转氨酶 C（编码基因为 *avtA*）和芳香族转氨酶（编码基因为 *tyrB*）在支链氨基酸的生物合成中都具有催化活性，但是三种支链氨基酸合成的最后一步反应主要是由 *ilvE* 编码的转氨酶 B 催化。芳香族转氨酶除了催化合成芳香族氨基酸外，还能有效催化亮氨酸的合成。Marienhagen 等发现在谷氨酸棒杆菌中，转氨酶具有底物专一性，转氨酶 AlaT 和转氨酶 AvtA 分别催化不同的底物。

（5）α-异丙基苹果酸合酶（IPMS） IPMS 是亮氨酸生物合成途径中的关键酶。IPMS 是由基因 *leuA* 编码，催化 α-酮异戊酸生成 α-异丙基苹果酸。IPMS 受亮氨酸的反馈抑制和反馈阻遏，IPMS 和支链氨基酸转氨酶的活力决定了在 α-酮异戊酸的节点上合成亮氨酸或者缬氨酸的流向。若解除亮氨酸对 IPMS 的反馈抑制并且增加 IPMS 的合成量将有利于亮氨酸的合成。

2. 合成酶系中操纵子的调节作用

编码 3 个分支链氨基酸合成酶系的基因组成两个主要的操纵子：*ilv*（左）和 *leu*（右）操纵子（图 8-18）。但是，无论是用遗传的方法还是生化的方法都未能鉴定出阻遏物，所以目前认为 *ilv* 和 *leu* 操纵子表达的控制可能主要通过衰减机制。亮氨酸合成途径酶系由 *leu* 操纵子编码：基因 A 编码异丙基苹果酸合成酶，基因 D、C 共同编码 α-异丙基苹果酸异构酶，基因 B 编码 β-异丙基苹果酸脱氢酶。*leuDCBA* 操纵子被靠近结构基因 A 的调节区所控制。

（1）位于图距 85min 的 *ilvGEDACB* 操纵子中，基因 D、A、C 和 B 编码异亮氨酸、缬氨酸 2 个途径共用的 4 个多功能酶：基因 C 和 D 编码乙酰乳酸异构还原酶的亚基和二羟基脱水酶。基因 B、G 和 E 则分别编码乙酰乳酸合成酶亚基Ⅰ、Ⅱ和缬氨酸转氨酶。基因 A 编码苏氨酸脱氨酶。它们的控制区也分别处在基因 B 与 C、C 与 A 和 E 与 G 之间。处于图距 2min 的 *ilvHI* 操纵于编码同工酶乙酰乳酸合成酶亚基Ⅲ。

在 *ilvGEDACB* 操纵子中，转录时 GEDA 产生一条 mRNA，而基因 C 和 B 则不和它一起转录。编码Ⅱ型合成酶的结构基因 *ilvHI* 则位于 2min 处，但都受该途径终产物的阻遏。此外，所有的结构基因产物都可能受到多价阻遏。

ilv 操纵子表达的程度好像取决于一个以上核糖体沿前导 RNA 的移动速率，而亮氨酰、缬氨酰和异亮氨酰-tRNA 的有效性决定着这种移动速率。核糖体的移动将促进前导转录物结构上发生动力学的变化，显示着可能引起终止子茎环结构的形成。当所有氨酰-tRNA 都

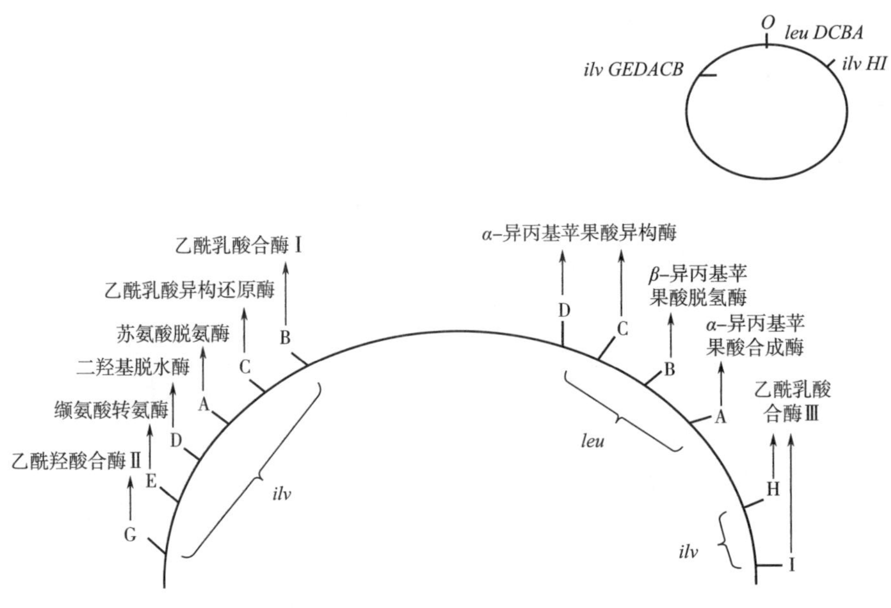

图 8-18　大肠杆菌 *leu*（右）和 *ilv*（左）操纵子的组织结构

存在时，核糖体沿前导肽平滑地移动，直到它遇上隐藏终止密码的碱基配对形成茎环结构 Z—Z 为止。这种终止便给出了足够的时间形成终止子，以致发生衰减作用。

（2）*leu* 操纵子控制区的全部核苷酸序列已经测出。经分析发现，Pribnow Box 居于前导转录物起始转录位点之前，此前导转录物具有编码 28 个氨基酸残基的能力。其上含有的 4 个连续的 Leu 密码子，无疑也是在翻译水平上起调节作用的，除非亮氨酰-tRNA^{Leu}与翻译的核糖体处在这点（指 4 个 Leu 密码子处）上空转时被隔离开来。如此，转录便向前，一组基因开始表达。另外，还含有 3 个异亮氨酸和 3 个缬氨酸密码子，显示着前导肽上这些氨基酸的有效性可能影响 *leu* 操纵子的表达。

leu 前导转录物除含有能够产生前空白子（A—A）、终止子（B—B）和保护子（D—D）的二级结构外，还存在一种能阻止前空白子形成并且引起操纵子衰减的附加序列（Additional Sequence）D—D。由于 D—D 首先形成，此操纵子将会总是处于衰减状态，除非核糖体在那里破坏 D—D 配对，并且 A—A 也不配对。运转的核糖体需要精确的密码排列，如果只在 Leu 密码子处发生空转，那么在加到 Ilv-Val 第一个双密码子处空转的核糖体不能使操纵子去阻遏，而且在第二个 Ilv-Val 双密码子处空转的核糖体也都不能去阻遏，因为它阻止了前空白子（A—A）的形成。这就对多价阻遏产生了某些怀疑，实际上，这很可能就是多价衰减。

（二）支链氨基酸产生菌的代谢控制育种策略

1. 异亮氨酸产生菌的代谢控制育种策略

选育异亮氨酸产生菌应该从以下几方面着手。

（1）切断或减弱支路代谢

①切断或减弱甲硫氨酸的合成支路，因为甲硫氨酸比苏氨酸优先合成，甲硫氨酸合成

过量后才使代谢转向合成苏氨酸，进一步合成异亮氨酸，因此切断或减弱甲硫氨酸的合成支路有利于高产异亮氨酸。可选育甲硫氨酸营养缺陷型 Met^-或 Met^L（渗漏突变）。

②切断或削弱赖氨酸合成支路，选育赖氨酸缺陷型或渗漏突变株，即切断或减弱由天冬氨酸半醛向赖氨酸的合成支路。一方面可以起到节省碳源的作用，另一方面可以解除其对天冬氨酸激酶的反馈抑制，使代谢流更加流畅，造成异亮氨酸的前体物质苏氨酸大量积累，从而使异亮氨酸的积累量提高。

③切断或减弱亮氨酸合成支路，选育亮氨酸缺陷或渗漏突变株，既可以解除亮氨酸、异亮氨酸、缬氨酸对分支链氨基酸生物合成酶系的多价阻遏，又可以避免不利于异亮氨酸精制操作的副产物氨基酸——正缬氨酸和高异亮氨酸的生成，从而有利于目的产物异亮氨酸的积累。这些副产物氨基酸由 α-酮丁酸、α-酮-β-甲基戊酸经亮氨酸生物合成途径生成，为亮氨酸所调节。所以，对于异亮氨酸产生菌株来说，如能增加亮氨酸缺陷这一遗传标记，就可以不生成正缬氨酸和高异亮氨酸，从而达到改良产生菌株的目的。

（2）解除菌体自身反馈调节

①选育苏氨酸的结构类似物抗性突变株，如 α-氨基-β-羟基戊酸抗性（AHV^R）、苏氨酸氧肟酸盐抗性（$ThrHx^R$）突变株，可解除苏氨酸对高丝氨酸脱氢酶的反馈抑制。

②选育赖氨酸结构类似物抗性突变株，如 S-2-氨基乙基-L-半胱氨酸抗性（AEC^R）突变株，可解除赖氨酸和苏氨酸对天冬氨酸激酶的协同反馈抑制。

③选育异亮氨酸结构类似物抗性突变株。苏氨酸脱氨酶是异亮氨酸生物合成途径中的关键酶，受异亮氨酸的反馈抑制。如选育 α-氨基丁酸抗性（α-AB^R）抗性，异亮氨酸氧肟酸盐抗性（$IleHx^R$）、硫代异亮氨酸抗性（S-Ile^R）、三氟代亮氨酸抗性（TFL^R）、α-噻唑丙氨酸抗性（α-TA^R）、邻甲基-L-苏氨酸抗性（OMT^R）、β-羟基亮氨酸抗性（β-HL^R）、α-溴丁酸抗性及 D-苏氨酸抗性突变株，可以遗传性地解除异亮氨酸对苏氨酸脱氨酶的反馈调节，从而有利于异亮氨酸的积累。

④选育甲硫氨酸的结构类似物抗性突变株，如乙硫氨酸抗性（Eth^R）突变株，可解除甲硫氨酸对高丝氨酸脱氢酶的反馈阻遏作用。

⑤选育缬氨酸结构类似物抗性突变株，可解除支链氨基酸对乙酰羟基酸合成酶的协同反馈阻遏和缬氨酸对乙酰羟基酸合成酶的反馈抑制。

⑥营养缺陷型回复突变株的应用。当难以找到合适类似物或由于菌株的多重抗性交叉难以增加抗性标记时，或反馈调节很复杂时，可采用由营养缺陷型选育回复突变株的方法来选育高产菌株。一个菌株由于突变而失去某一遗传性状后，经过回复突变可以再恢复其原有的遗传性状。这是因为当某一结构基因发生突变后，该结构基因所编码的酶就因结构的改变而失活。而经过第二次突变（回复突变）后，该酶的活性中心结构可以复原，而调节部位的结构常常并没有恢复。结果是一方面酶恢复了活力，而另一方面反馈抑制却已解除或不那么严重。因此，可以利用营养缺陷型的回复突变株来提高发酵产品的产量。例如选育丧失苏氨酸脱氨酶的回复突变株，一方面恢复了苏氨酸脱氨酶的活力，另

一方面，异亮氨酸对苏氨酸脱氨酶的反馈抑制已被解除或不严重，结果使异亮氨酸产量得到提高。

（3）增加前体物质的合成　增加目的产物的前体物质的合成，有利于目的产物的大量积累。具体方法包括：

①增加苏氨酸合成量：从代谢途径可以看出，苏氨酸是异亮氨酸的前体物质。为了大量积累异亮氨酸，除了设法解除异亮氨酸生物合成的反馈调节外，还应设法解除对其前体物质苏氨酸生物合成的反馈控制，增强苏氨酸的生物合成能力，从而提高异亮氨酸的积累量。已知苏氨酸和异亮氨酸生物合成途径的关键酶——高丝氨酸脱氢酶受苏氨酸的反馈抑制，为了解除苏氨酸对高丝氨酸脱氢酶的反馈调节，可选育 α-氨基-β-羟基戊酸抗性（AHV^R）突变株。

②增加天冬氨酸合成量：可通过强化 CO_2 固定反应或选育天冬氨酸结构类似物抗性突变株或者磺胺胍抗性突变株来实现。强化 CO_2 固定反应的具体方法是选育以琥珀酸为唯一碳源快速生长的突变株。选育抗天冬氨酸结构类似物（如天冬氨酸氧肟酸盐 AspHx、二甲基嘌呤）突变株或磺胺胍抗性突变株可解除天冬氨酸对磷酸烯醇式丙酮酸羧化酶的反馈抑制。

（4）切断进一步代谢途径　要大量积累异亮氨酸，需要切断或减弱异亮氨酸进一步向下代谢的途径，使积累的异亮氨酸不再被消耗。据报道，选育不能以异亮氨酸为唯一碳源生长，即丧失异亮氨酸分解能力的突变株，有助于异亮氨酸的大量积累。

2. 缬氨酸产生菌的代谢控制育种策略

丙酮酸是缬氨酸的直接前体物质，催化丙酮酸生成 α-乙酰异戊酸的酶系，与催化 α-酮基丁酸生成 α-酮基-β-甲基戊酸的酶系是相同的。这些酶的合成均受到三种分支链氨基酸的协同阻遏。其中 α-乙酰乳酸合成酶是缬氨酸生物合成途径中的关键酶，受到缬氨酸的反馈抑制。此外，亮氨酸、异亮氨酸和缬氨酸生物合成途径中的最后一步转氨反应都是由同一种转氨酶催化完成的。由于限速酶的活力不仅受产物浓度的调节，也受基质浓度的调节，因此要高产缬氨酸就要解除缬氨酸本身对关键酶的反馈抑制，解除三种氨基酸对酶合成的多价阻遏。选育缬氨酸高产菌的基本策略参见以下方面。

（1）切断或改变平行代谢途径　由图 8-17 可以看出，缬氨酸和异亮氨酸的生物合成途径是平行进行的，异亮氨酸、缬氨酸与亮氨酸的生物合成途径中共用了三种酶：即乙酰乳酸合成酶、乙酰乳酸异构还原酶和二羟基脱水酶。选育亮氨酸、异亮氨酸营养缺陷型突变株可以使用于合成三种氨基酸的共用酶系完全用于缬氨酸的生物合成，进而提高缬氨酸的产量。同时 α-酮基异戊酸是合成缬氨酸和亮氨酸的共同前体物质。切断亮氨酸的合成途径不仅可以节省碳源而且解除了菌体生成缬氨酸酶系的反馈抑制和多价阻遏，使 α-异丙基苹果酸合成酶脱敏，显著提高缬氨酸的产量。

（2）解除菌体自身的反馈调节　缬氨酸合成中的第一个限速酶——乙酰乳酸合酶受缬氨酸的反馈抑制，同时缬氨酸和异亮氨酸的合成酶系受三个末端：即缬氨酸、异亮氨酸和亮氨酸的多价阻遏。因此，如果解除乙酰乳酸合酶的反馈抑制和缬氨酸、亮氨酸、异亮氨酸生物酶系的多价阻遏，必将大大提高缬氨酸的积累。为此可选育缬氨酸结构类似物抗性突变株来解除缬氨酸的反馈调节。常用的缬氨酸结构类似物有 2-噻唑丙氨酸（2-TA）、α-氨基丁酸（α-AB）、氟亮氨酸、正缬氨酸等。

（3）增加前体物质的合成　缬氨酸生物合成的前体物质是丙酮酸，为了积累更多的缬氨酸，必须提高丙酮酸的产量，可以选育以琥珀酸为唯一碳源生长慢、丙氨酸缺陷型以及氟丙酮敏感突变株来达到目的。Kyowa 等选育出的缬氨酸突变株在以葡萄糖为唯一碳源的培养基中进行培养时，对丙酮酸类似物比较敏感，通过选育丙酮酸类似物敏感突变株，降低了丙酮酸脱氢酶的活力，达到了积累丙酮酸的目的。由于丙酮酸的积累有利于高产缬氨酸，结果突变株缬氨酸的产量大幅度提高。

根据上述选育突变株的几条途径可选育组合型突变株，如营养缺陷型突变株和抗性结构类似物双重突变株，以提高目的产物的产量。

（4）选育营养缺陷型回复突变株　当一个菌株由于突变而失去某一遗传性状之后，经过回复突变可以再回复其原有遗传性状，这是因为当某一结构基因发生突变后，结构基因所编码的酶就因结构的改变而失活。而经过第二次回复突变后，该酶的活性中心结构就可以复原，而调节部位结构常常并没有回复，结果是酶恢复了活力，但是反馈抑制却已解除或并不怎么严重。因此可以利用选育营养缺陷型回复突变株来提高发酵目的产物的产量。例如选育 α-乙酰乳酸合酶缺陷突变株的回复突变株可以解除缬氨酸的反馈抑制以及亮氨酸、异亮氨酸和缬氨酸引起的多价阻遏。

（5）切断进一步代谢途径　要积累大量缬氨酸，需切断或减弱缬氨酸进一步的代谢途径，使积累的缬氨酸不再消耗，可通过选育不能以缬氨酸为唯一碳源生长，即丧失缬氨酸分解能力的突变株来实现。

3. 亮氨酸产生菌的代谢控制育种策略

（1）减弱或切断支路代谢，并增加前体物质的合成

①基于丙酮酸是合成缬氨酸和亮氨酸的共同前体物质，α-酮异戊酸是缬氨酸的直接前体物质，又是合成亮氨酸的间接前体物质。从图 8-17 的代谢途径可知，欲切断 α-酮异戊酸合成缬氨酸这一代谢支路来选育亮氨酸高产菌是行不通的，另外催化合成三种支链氨基酸的支链氨基酸转氨酶是同一个酶。因此，从选育营养缺陷突变株的角度看，只能通过选育异亮氨酸缺陷突变株来解除 3 个共用酶所受到的反馈阻遏。在亮氨酸反馈调节脱敏的亮氨酸高产菌中，该酶能优先利用 α-酮异戊酸来大量合成亮氨酸，但当菌体自身合成缬氨酸的量或培养基中添加的缬氨酸的量偏低，亮氨酸高产菌很容易发生回复突变，表现为产酸不稳定和产率下降。

②选育磷酸烯醇式丙酮酸羧化酶活力减弱、天冬氨酸族氨基酸缺陷等突变株，可增大亮氨酸生物合成代谢流，节约碳源，从而有利于亮氨酸产量的提高。选育以琥珀酸为唯一碳源生长微弱的突变株，即可获得磷酸烯醇式丙酮酸羧化酶活力减弱的突变株。

③在乳糖发酵短杆菌中，亮氨酸的生物合成与赖氨酸之间还存在着代谢互锁，赖氨酸生物合成分支途径的第一个酶（二氢吡啶-2,6-二羧酸合成酶，DDP 合成酶）的合成受亮

氨酸阻遏。因此，亮氨酸的大量积累会引起赖氨酸生物合成途径上 DDP 合成酶的合成受到阻遏，从而使丙酮酸通向赖氨酸的代谢受阻。另外，有研究报道，亮氨酸生物合成的限速酶 α-异丙基苹果酸合酶，在 1mmol/L 亮氨酸存在下 80%受抑制，而添加 1mmol/L 赖氨酸之后即可恢复，而且赖氨酸可促进该酶的活力。

（2）解除反馈抑制与阻遏　根据亮氨酸生物合成的代谢调节机制，要通过代谢控制育种手段获得亮氨酸高产菌，必须实现“三个解除，一个改变”，即：

①解除三种支链氨基酸对生物合成途径中的乙酰羟酸合酶等 3 个共用酶的协同阻遏作用。

②解除缬氨酸对乙酰羟酸合酶的反馈抑制作用。

③解除亮氨酸对 α-异丙基苹果酸合酶的反馈抑制和阻遏作用，如可通过使菌体带上亮氨酸和缬氨酸结构类似物抗性标记（如 2-TA^R、α-AB^R、β-HL^R、Val^R、$LeuHx^R$等遗传标记）来实现。

④改变菌体的正常代谢，使目标代谢产物大量积累。这可通过使菌体带上某些药物类或抗生素类抗性标记来实现。

a. 2-噻唑丙氨酸（2-TA）是亮氨酸和缬氨酸的结构类似物，通过选育 2-TA^R抗性标记，有利于解除乙酰羟基酸合酶和 α-异丙基苹果酸合酶所受到的反馈抑制和阻遏。α-氨基丁酸（α-AB）是缬氨酸的结构类似物，选育 α-AB^R有利于解除缬氨酸对乙酰羟基酸合酶的反馈抑制。亮氨酸氧肟酸盐（LeuHx）和 β-羟基亮氨酸（β-HL）是亮氨酸的结构类似物，选育 $LeuHx^R$和 β-HL^R等抗性标记，均有利于解除终产物亮氨酸对亮氨酸生物合成酶系所受到的反馈抑制和阻遏，从而大幅度地提高亮氨酸的产量。2-TA 和 β-HL 这两个标记对亮氨酸高产菌的育种非常重要。

b. 筛选磺胺胍抗性标记（SG^R）菌株，在氨基酸产生菌选育上具有普遍提高产酸能力的作用，关于其详细机制，尚未见到令人信服的报道。一般认为，磺胺胍是细菌的生长因子——对氨基苯甲酸（PAPA）的结构类似物，而对氨基苯甲酸是叶酸的一个组分，不少细菌要求外界提供对氨基苯甲酸以合成其代谢中必不可少的辅酶——四氢叶酸，因而二者起竞争性拮抗作用。一旦菌株带有磺胺胍抗性标记，菌体的正常代谢发生改变，从而导致像氨基酸这样的代谢产物大量积累。

c. 筛选利福平抗性（Rif^R）菌株有利于亮氨酸产量提高，其机制尚不清楚，可能是通过改变菌体的正常代谢，使像氨基酸这类的代谢产物大量积累。利福平为半合成广谱抗菌素，对革兰染色阳性和阴性细菌以及结核分支杆菌均有明显抗菌效应。抗菌机理是：通过与细菌 RNA 聚合酶的 β 亚基结合，抑制细菌 RNA 聚合酶的活力，妨碍细菌 RNA 转录的起始。但是 RNA 转录一旦开始，利福平则不起作用。

d. 筛选异亮氨酸缺陷型的回复突变株也可以提高亮氨酸产量。因为亮氨酸生物合成的关键酶 α-异丙基苹果酸合成酶的底物专一性宽，也能以丙酮酸为底物，催化丙酮酸生成 α-甲基苹果酸，该酶受亮氨酸的反馈抑制。α-甲基苹果酸可在解除阻遏的亮氨酸生物合成酶系催化下，经过几步酶促反应生成 α-酮基丁酸。因此，解除了亮氨酸对 α-异丙基苹果酸合酶反馈抑制的突变株，可利用该酶底物专一性宽（特异性不强）的特性，从丙酮酸生成 α-酮基丁酸，α-酮基丁酸通过异亮氨酸、缬氨酸酶系转变成异亮氨酸，表现为异亮氨酸缺陷型的回复突变。在异亮氨酸缺陷型的回复突变株中，可能混有苏氨酸脱氨酶的回复突变和 α-异丙基苹果酸合酶对反馈抑制脱敏的两种类型突变株，可通过亮氨酸缺陷型的生长谱法加以识别。

（3）切断进一步代谢途径　要大量积累亮氨酸，需切断或减弱亮氨酸进一步向下代谢的途径，使合成的亮氨酸不再被消耗，如选育以亮氨酸为唯一碳源不能生长或生长微弱的突变株。

第三节　氨基酸产生菌的常规育种方法

一、诱变育种

诱变育种主要是指人为选用物理或化学等因素，对出发菌株进行合理的诱变处理，并通过合理的筛选条件筛选出优良变异菌株的育种方法。相比于自然选育，诱变育种大大缩短菌种选育的时间，是工业微生物育种学史上出现得较早的菌种选育方法。诱变育种选育过程比较简单，主要包括诱变和筛选两个步骤。目前发酵工业中所使用的工业菌株，绝大多数都是通过诱变育种产生。因其育种效果显著，应用广泛，被视为工业微生物育种史上成就最为辉煌的育种方法。诱变育种的理论基础是突变，突变泛指微生物细胞内遗传物质的结构和数量突然发生的可遗传性的改变，往往产生新的等位基因和表现型。广义的突变则包括染色体畸变和基因突变，染色体畸变主要是指染色体或 DNA 片段结构的改变，包括缺失、易位、倒位和重复，而基因突变则指的是 DNA 分子结构中某一部位发生的突变，也称之为点突变。

（一）诱变育种的一般流程

常规诱变育种主要包括诱变和筛选两个步骤，通过诱变因素处理出发菌株，使其遗传物质发生突变，再通过合理有效的筛选方法，从大量的变异菌株中挑选出目的菌株，鉴定菌株稳定性后，即可扩大生产。具体诱变步骤包括：出发菌株的选择、诱变菌株的培养、诱变菌悬液的制备、诱变处理、后培养和目的菌株的筛选鉴定。

1. 出发菌株的选择

一般作为诱变处理对象的菌株称为出发菌株，选好出发菌株，是诱变产生目的菌株的基础，不仅能够减少工作强度，也将对提高目的菌株的决定指标产量或性能有重要意义。筛选原则一般遵循对诱变剂敏感、纯系、以往诱变史少、高产菌株的原则，常作为出发菌株的有：自然界分离得到的野生菌株，具有对诱变剂敏感、易发生突变的特点，且正突变率较高；经历生产考验的菌株，此类菌株对发酵设备、工艺条件已有一定适应性，有利于高产工业菌株的诱变。

2. 诱变菌株的培养

诱变菌株的培养又称前培养，目的是将待诱变细胞的生理状态调整到同步生长的旺盛生长的对数期，并且细胞内还含有丰富的内源性碱基，诱变剂处理时，菌株将受到均一处理，DNA 被诱变剂造成损伤后，能迅速通过复制形成突变，这样也将获得较高突变率的菌株。

3. 诱变菌悬液的制备

关于诱变菌悬液的制备需要注意悬浮介质、振荡打散、细胞浓度三个问题。悬浮液一般选用生理盐水或缓冲溶液，采用化学诱变剂时为防止 pH 波动，采用缓冲溶液悬浮为宜。其次为使诱变剂充分与菌悬液反应，提高诱变效果，一般用玻璃珠振荡打散，使其处于单细胞悬浮液状态。诱变时的细胞浓度一般维持在 10^6～10^8个/mL。

4. 诱变处理

对于诱变处理，首先要确定诱变剂的选择，结合出发菌株诱变史，尽量避免同一诱变剂重复多次使用，反复使用同一诱变剂，其诱变效果会逐渐衰减，除此之外应尽量选择毒性小、易于防护、安全性强、操作简便、不易发生回复突变的诱变剂，具体诱变剂的选择还应根据实际情况确定。

（1）诱变剂剂量的选择　诱变剂剂量的选择涉及诱变剂的种类、菌株特性、生理状态、处理条件等因素。根据实验经验：①多数情况下正突变多存在于偏低剂量区（致死率 30%～70%），负突变则存在于偏高剂量区（致死率 90%以上）；②野生菌和低产菌宜采用较高剂量（90%以上致死率），经长期诱变的高产菌应选用较低剂量（30%～70%致死率）；③多核细胞或孢子则适宜采用较高剂量处理；④实际操作中，可以用不同剂量进行处理，根据实验结果来选择最佳剂量。

（2）诱变处理方式　诱变处理方式包括单因素处理和复合处理两种方式。单因素则是指单个诱变因素处理出发菌株。实际育种过程中，长时间使用同一种诱变因素处理菌株，常常会使菌株产生所谓的疲劳效应，诱变效果不明显甚至没有诱变效果，还会使菌株代谢减慢，生长周期延长，菌株发酵条件不易控制，从而影响菌株进行相应的工业化生产。此时，往往采用多种诱变因素复合处理，扩大诱变幅度，提高诱变效果。复合诱变包括三种：①两种或两种以上诱变剂的先后使用顺序的不同作为一种；②两种或者多种诱变剂同时使用作为一种；③同一种诱变剂的重复使用也可作为一种。例如紫外线和 LiCl 的复合处理，紫外线和硫酸二乙酯的复合处理都比较普遍。值得注意的是，LiCl 本身没有诱变效果，但与一些诱变因素一起使用时就具有增变作用。但并非所有诱变因素都可随意复合，有些诱变因素是不能复合处理菌株的，如亚硝基胍会减弱紫外线的诱变效果，故在复合诱变时，还要考虑诱变因素的可复合性和先后顺序等问题。

5. 后培养

遗传物质经诱变处理后发生的突变，须经 DNA 的复制才能形成稳定的突变基因，突变基因要经过转录和蛋白质的合成才能表达，呈现突变后的表现型。后培养的一个主要目的就是消除表型延迟，一般采用含有酪素水解物或酵母浸出物等富含生长因子的天然物质的培养基来进行后培养。

6. 目的菌株的筛选鉴定

目的菌株的筛选从步骤上来说分为初筛和复筛。初筛以量为主，一株一瓶进行发酵实验，复筛以质为主，一株多瓶，使每一株菌都能发挥自己最大的潜能，选择优势菌株保藏。此外，在筛选过程中还可以根据菌株相关的抗性、营养缺陷、标记基因来选择相应的选择性培养基来进行筛选，有了这种“筛子”以后，筛选工作量将会大大减轻，效率也会明显提高。近年来，随着技术水平的改进，自动化筛选和高通量筛选方法也在微生物育种领域被广泛应用，进一步提高了筛选效率，下文还会有较为详细的介绍。

（二）诱变育种的诱变因素

常规诱变育种的诱变因素种类繁多，一般我们将其分为物理、化学和生物三大类。

1. 物理诱变因素

（1）紫外线　紫外线是应用最为广泛的诱变剂，其辐射光源便宜，危险性小，诱变效果良好。紫外线波长范围虽然较宽，但有效的诱变范围仅是200~300nm，其中又以260nm左右的波长诱变效果最好。紫外线的作用机制主要是遗传物质的嘌呤和嘧啶吸收紫外光后，形成嘧啶二聚体，二聚体的出现会减弱双键间的氢键作用，并引起双链结构扭曲变形，阻碍碱基间的正常配对，从而有可能引起菌体突变或死亡。另外二聚体的形成，会妨碍双链的解开，因而影响遗传物质的复制和转录。微生物所受照射剂量取决于灯的功率、照射距离和照射时间。一般来说，功率和距离一定的情况下，照射剂量就取决于照射时间，即可用照射时间作为相对照射剂量。紫外线的照射剂量随照射距离的减少而增加，在短于灯管长度1/3的距离内，照射剂量与距离成反比，而在此距离之外，照射剂量则与距离的平方成反比。

操作过程中要避免光复活作用，影响菌种选育，诱变后应在红光下操作，菌悬液若还需增殖培养，则应用黑布包裹起来，避光培养。

（2）快中子　中子是不带电的粒子，也是原子核的组成部分，能够从回旋加速器、静电加速器或原子反应堆中产生。虽然中子不直接产生电离，但却能够吸收从中子物质的原子核射出的质子，所以说，基本上是质子造成了快中子的生物学效应。在受照射物质中，质子的射出方向是不定向的，而照射后产生的电离则在受照射物质体内沿着质子的轨迹分布。较之于X射线，二者的生物学效应基本相同，但快中子由于具有更大的电离密度，因而能够引起微生物的基因突变和染色体畸形，且正突变率较高，近年来应用广泛。

（3）X射线和γ射线　X射线和γ射线都是高能电磁波，性质极为相似，其中X射线的波长为0.06~136nm，γ射线的波长为0.006~1.4nm，所以说γ射线也就是短波X射线。当它们作用于某种物质时，能将该物质的分子或原子上的电子击出而生成正离子，这种作用就是电离辐射。通常生物学上所用X射线均由X光机产生，γ射线则由钴、镭等放射性元素产生。X射线和γ射线是光子组成的光子流，但光子是不带电的，故它不能直接引起物质电离，只有与原子或分子碰撞时，才能把部分或全部的能量传递给原子，从而产生次级电子，而这些次级电子往往具有很高的能量，进而产生电离作用，直接或间接改变DNA

结构。

（4）微波诱变　微波是一种低能电磁波，较为有效的频率范围是 300MHz～300GHz，主要是热效应和非热效应的协同作用导致微生物发生一些生理生化的变化。热效应是指一定频率的电磁辐射照射在物体上，引起局部温度上升，进而引起的一些生理生化反应。非热效应指的是在电磁波的作用下，特别是低强度、长时间的弱电磁场作用下，温度变化维持在正常生物体自身温度波动范围内，但伴随强烈生物响应，使生物体发生生理生化的变化。

（5）粒子束　粒子束注入诱变一般是将离子源发射的离子经真空室加速获得一定能量，然后在反应室与样品发生作用，而这种诱变机制集合了质量、能量和电荷等因素，造成生物体 DNA 损伤，引发突变。目前应用最多、效果较好的是常压室温等离子体诱变（Atmospheric and Room Temperature Plasma，ARTP）。ARTP 对微生物作用的主要因子为高浓度的中性活性粒子。相对于其他传统诱变技术，ARTP 诱变育种技术的显著特点是：操作简便、设备简单、条件温和、安全性高、诱变快速、突变率高、突变库容大。特别地，由于 ARTP 工作气源种类、流量、放电功率、处理时间等条件均可控，结合相关新型筛选方法，ARTP 的应用前景将非常广阔。

2. 化学诱变剂

化学诱变剂指的是一类能够改变 DNA 结构，并引起可遗传性变异或性状改变的化学物质。一般来说，化学诱变剂使用时，使用量较小，所需的诱变设备器材要求也较低，且效果也较为显著，故自 20 世纪中后期，化学诱变有了长足发展，应用面也相当广泛。需要注意的是，一般化学诱变剂都有毒性，很多还是致癌物质，故在操作使用时，应格外小心，并做好相关保护措施，避免吸入化学诱变剂的蒸气，避免和诱变剂直接接触，最好在有吸风装置或蒸汽罩的操作室内操作。根据诱变方式的不同可将化学诱变剂分为以下几类物质。

（1）碱基类似物　与 DNA 结构中四种天然碱基结构相类似，并能与正常碱基互补配对的一类物质称为碱基类似物，如胸腺嘧啶的结构类似物 5-溴尿嘧啶，腺嘌呤的结构类似物 2-氨基嘌呤。碱基类似物只在微生物生长过程起作用，一般添加到微生物培养基中，在微生物繁殖过程中碱基类似物能够掺入 DNA 分子中，并与互补碱基配对生成氢键。碱基类似物也存在互变异构现象，且它的频率高于正常碱基，从而造成子代 DNA 碱基互补配对性质发生改变，造成碱基的置换突变。碱基类似物通过置换正常碱基以达到突变目的，所以此类诱变剂只能对处于生长状态的细胞有作用，对于静止细胞如细胞悬浮液是没有诱变作用的。

（2）碱基修饰剂　此类化学物质通过不同方式修饰 DNA 分子中的碱基，以改变其配对性质引起微生物发生突变。最为常见的碱基修饰剂有烷化剂、脱氨剂和羟化剂，其中烷化剂应用较多，也较为常见。碱基修饰剂基本上都存在一定毒性，大部分还存在致癌作用，使用过程中一定要格外小心，做好相关保护工作。

（3）烷化剂　烷化剂一般具有一个或多个活性烷基，这些烷基可以转移到其他分子中电子密度高的地方去，并能够轻而易举地取代 DNA 分子中活泼的氢原子，使得 DNA 分子上的一个或多个碱基及磷酸部分被烷基化，进而改变 DNA 分子结构，使其碱基互补配对时发生错配而造成突变。根据烷化剂中烷基数的多少又分为单功能、双功能和多功能烷化剂。硫酸酯类、亚硝酸类、重氮烷类及乙烯亚胺类均为单功能烷化剂，氮芥子类则是双功能类。大量实验证明，嘌呤类是正常碱基中最容易发生烷化作用的碱基，鸟嘌呤 N_7位点几乎可以被所有烷化剂烷化，此外鸟嘌呤和胸腺嘧啶也是 DNA 分子中较多发生烷化的突变位点。烷化剂的诱变机制尚未完全理清，目前主流观点主要有三种：一是烷化 DNA 分子中嘌呤，引起碱基配对错误；二是脱嘌呤作用；三是鸟嘌呤的交联作用。

（4）脱氨剂　脱氨剂与碱基类似物相似，通过外界渗透进入引起突变，比较有代表性的脱氨剂是 HNO_2。HNO_2 可以与含有氨基的碱基产生氧化脱氨基作用，使氨基变为酮基，然后改变了配对性质，造成碱基的转化突变。除此之外，HNO_2 还能引起 DNA 两条单链之间的交联作用，通过阻碍双链分开，影响 DNA 复制，也会引起突变。

（5）羟化剂　羟胺是最为典型的羟化剂，能使胞嘧啶上的氨基羟化带上羟基，变成羟基胞嘧啶，而羟基化的胞嘧啶配对对象是鸟嘌呤，不再与腺嘌呤配对，从而引起 GC → AT 的转变，而且在 pH 6.0 环境中这种专一性诱变作用最为突出。

（6）DNA 插入剂　DNA 插入剂是一类能够嵌入 DNA 分子中，造成移码突变，也被称为移码突变剂，包括吖啶类染料、溴化乙锭和一系列 ICR 类化合物（ICR 化合物质指的是由烷化剂和吖啶染料相结合形成的化合物）。DNA 插入剂诱变的机制与其嵌入 DNA 分子间的特性有关，DNA 分子两碱基间插入扁平的染料分子，迫使碱基间距离拉宽，使得 DNA 分子的长度加长，在复制过程中随着双链的解开，造成阅读框的滑动，子代 DNA 分子增加或减少的碱基只要不是 3 的倍数，就会引起后面三联密码子转录、翻译错误，造成移码突变。需要注意的是，DNA 插入剂并非通过插入直接导致突变，而是通过 DNA 分子进一步复制造成移码突变，故 DNA 插入剂只适用于生长态细胞，对处于静止状态细胞没有诱变作用。

3. 生物诱变剂

生物诱变剂通过引起碱基的取代和断裂，产生 DNA 的缺失、重复和插入等，引起突变。主要包括：转导诱发突变、转化诱发突变和转座诱发突变三大类。生物诱变剂可以是细菌质粒 DNA 以 PCR 介导中作为引物的一段寡核苷酸；也可以是 DNA 转座子；还可以是特定的噬菌体，如采用某些噬菌体筛选抗噬菌体的过程中，发现常常出现抗生素产量明显提高的突变菌株，此类具有转座功能的溶源性噬菌体即转座子噬菌体，具有明显的突变效果，是比较典型的生物诱变剂。

（三）诱变育种注意事项

1. 个人安全

绝大多数诱变剂都存在一定的致癌作用，使用前一定要阅读相关操作说明，操作过程中时刻注意个人安全，做好防护措施，避免和诱变剂有直接接触，对于一些具有挥发性的诱变剂，还应在具有通风设施的工作台进行操作。

2. 环境安全

操作过程中避免诱变剂滴漏，挥发，实验设备受到污染，应立即用解毒剂进行清理，保证环境安全，一定程度上就是保障他人安全。养成良好的操作习惯，充分做好诱变实验的准备工作，诱变完成后，严格按照规定清理相关仪器，避免造成环境污染，损害人体健康。

二、原生质体融合

自然界中的原始菌株大多不具有很高的工业化价值，因此需要对菌株进行选育和改良，以提高产品的质量，降低成本。起源于20世纪60年代的原生质体融合技术是一项重要的菌种改良技术，是将亲株细胞分别去除细胞壁后进行融合，经基因组间的交换重组，获得融合子的过程。原生质体融合技术首先应用于动植物细胞，之后才应用于细菌、真菌和放线菌。

（一）原生质体融合育种技术的优点

（1）通过去除细胞壁，打破细胞间障碍，使亲本菌株直接进行交换融合，实现重组达到优良遗传系统的集合，即使是相同结合型的真菌细胞也能发生原生质体的相互融合，对原生质体进行转化和转染。

（2）作为重组后的原生质体，两个亲本的基因组之间有机会发生多次交换，进而得到多种多样的基因组合，最终形成多种类型的重组子，产生不同的表型。需要注意的是，这里参与融合的亲本并不限于两种不同菌株，也可以多到两种以上，但这也是一般杂交条件所不能达到的，条件相对更为严苛。

（3）原生质体融合育种技术重组频率特别高，在聚乙二醇或其他的助融条件下，重组频率大幅提高，如天蓝色链霉菌在种内重组频率一般可达20%。

（4）在一般融合过程中，为了提高筛选效率，还可以先采用药物或物理因素先对亲本进行处理，钝化亲本一方或双方，然后再进行融合操作，这种方法也被国内外学者广泛接受。

（5）原生质体融合技术还可以与其他育种技术相结合，把其他方法得到的优良菌株，再通过原生质体融合进一步重组，以选育性状更为优良的菌株。尽管融合亲本的性状已知，但其基因交换重组是非定向的，目前原生质体融合育种技术相对于其他育种技术也只能属于半理性育种技术。

（6）受结合型或致育性限制小，两亲代菌株都可以起受体或供体的作用，更加有利于不同种属之间的杂交，发挥原生质体融合育种技术的巨大潜力。

（二）原生质体育种的一般步骤

1. 标记菌株的筛选和稳定性验证

通常采用常规诱变育种的方式筛选出营养缺陷型或相关的抗药性菌株，这些营养缺陷型或抗药性不仅具有标记作用，还能够作为排除杂菌污染的依据。对标记菌种的唯一要求：这些标记必须稳定，而且不会对菌株正常代谢造成干扰。

2. 原生质体的制备

一般微生物细胞都存在细胞壁，所以原生质体融合的第一步就是制备原生质体。目前去除细胞壁的方法主要包括三种：机械法、酶法和非酶法。机械法和非酶法制备的原生质体效果较差，活性也比较低，仅适用于某些特定菌株。酶法制备原生质体作用时间短，制备效果也比较好，在实际实验操作过程中被广泛采用。酶法制备原生质体使用的酶主要为蜗牛酶、溶菌酶和纤维素酶，具体使用哪种酶需根据所用微生物的种类而定。相关实验表明，在一定范围内，酶作用的时间、浓度都与原生质体的形成率呈正相关，而与再生率呈负相关。

3. 等量原生质体在助融剂作用下进行融合

由于在自然条件下，原生质体发生融合的频率非常低，所以在实际育种过程中要采用一定的方法进行人为地促融合。促融合方法主要分为：

（1）物理法　用物理的手段（如电场、激光、超声波、磁声等）使亲本的原生质体发生融合。最常用的主要有电处理融合法、激光诱导融合法以及在电融合技术上改进的方法等。优点：电融合条件可控，融合率高，无毒。缺点：设备条件要求高，费用较高。

（2）化学法　用化学融合剂促进原生质体融合。化学试剂中最常用的是聚乙二醇（PEG）结合 Ca^{2+} 和 pH 诱导法。带负电的 PEG 与带正电的 Ca^{2+} 同细胞膜表面的分子相互作用，原生质体表面形成极性，从而相互吸引易于融合。优点：不需要特别的仪器设备，操作简便。缺点：原生质体聚集成团的大小不易控制，且 PEG 本身对原生质体具有一定的毒性，可能影响原生质体的再生，并且融合率不高。

4. 培养于再生培养基，再生出菌落

除去细胞膜后的原生质体对渗透压敏感，易破碎，普通培养基上也无法生长，需要有相应渗透压的培养基质，所以融合后的原生质体必须在恢复细胞壁后才能表现相关杂交性状。细菌的原生质体再生可以用完全培养基，也可以用基本培养基。需要指出的是，将融合子培养到完全培养基上，一般会引起亲本型互补，大量融合细胞会分离成亲本细胞，而二倍体原生质体会被诱生出细胞壁，在两个染色体复制之前分裂，大大降低了发生遗传重组的机会。所以，细菌的原生质体融合最好选用基本培养基。

5. 选择性培养基上划线再生长，挑取融合子进一步实验并保藏

在融合子选择过程中，就体现出遗传标记的重要性了，借助于遗传标记可以减轻很多不必要的麻烦。一般原生质体融合会出现两种情况：一种是产生杂合二倍体或单倍体重组，另一种则是暂时的融合，形成异核体。虽然两种都能在基本培养基上生长，但融合后再生的原生质体只需进行数代自然选择和分离，就可鉴别出真正的融合子，它的遗传性状应是稳定的。

6. 生产性能筛选

原生质体融合所产生的融合子类型是各式各样的，相关的产量、性能指标也有高有低，需进一步对产量或性能指标进行测定，最终筛选出优良菌株。

（三）原生质体制备的影响因素

1. 菌体前处理

选用合适的前处理，会充分发挥酶的作用效果。主要原理是在培养基或悬浮液中加入相关物质，抑制或阻止细胞壁合成，使细胞壁疏松，有利于酶的进入，进行进一步酶解作用。如对于细菌来说，一般用亚抑制剂量的青霉素处理，抑制细胞壁中肽聚糖的形成。另外，在培养基中添加 10~40g/L 的甘氨酸可代替丙氨酸进入细胞壁，从而干扰放线菌细胞壁网状结构的形成。对于酵母菌，可用巯基乙醇或乙二胺四乙酸（EDTA）抑制细胞壁中葡聚糖层的合成，而对于部分丝状真菌可使用含巯基的化合物处理，含巯基化合物可还原细胞壁中的二硫键而使细胞壁变得疏松。对于含有脂多糖和多糖类物质的革兰染色阴性菌，可用 EDTA 先行处理 1h 左右，进而提高酶解作用。

2. 酶和酶浓度

对于不同的微生物应选择合适的酶和酶浓度进行处理。对于细胞壁主要成分为肽聚糖的细菌和放线菌，可用溶菌酶进行破壁处理，溶菌酶对于细菌的使用浓度范围为 0. 1~0. 5mg/mL。霉菌一般用纤维素酶、蜗牛酶进行酶解破壁。酵母菌可使用蜗牛酶、β-葡聚糖酶破壁。此外，处于不同生长阶段，需要的酶浓度也是不同的，如处于对数期的大肠杆菌需要的溶菌酶浓度为 0. 1mg/mL，在饥饿状态下酶浓度则达到 0. 25mg/mL。

3. 菌体培养时间

一般来说，对数生长期的菌株，细胞代谢旺盛，细胞壁也较为敏感，此时酶解处理易于原生质体化，原生质体制备效果优于菌株其他生长阶段。

4. 酶处理时的温度和 pH

酶活力本身就受到温度和 pH 的影响，控制酶活力在较高状态下，同时要避免温度和 pH 对原生质体的损伤，菌体的处理条件，应该通过多次具体实验操作来进一步确定，以达到酶解的最佳效果。

5. 渗透压稳定剂

失去细胞壁的原生质体易于破裂，故需要在等渗透压的基质即渗透压稳定剂中进行酶解。渗透压稳定剂多采用甘露醇、山梨醇等有机物和 NaCl、KCl 等无机物，其中细菌多使用氯化钠或蔗糖，放线菌多使用蔗糖，酵母菌则可以使用山梨醇或 KCl。一般使用浓度为 0. 3~1. 0mg/L，具体依据相应实验结果而定。渗透压稳定剂不仅能够保护原生质体，还能够有助于酶与底物结合。

（四）原生质体融合在选育氨基酸产生菌中的应用

原生质体融合育种打破了微生物的种界界限，可实现远缘菌株的基因重组。原生质体融合育种可使遗传物质传递更为完整，从而获得更多基因重组的机会。另外，原生质体融合育种可与其他育种方法相结合，如把常规诱变和原生质体诱变所获得的优良性状，组合到一个单株中。自 1979 年匈牙利的 Pesti 首先利用原生质体融合技术提高青霉素产量以来，原生质体融合育种技术已经应用在多个领域，如选育新抗生素产生菌、选育益生菌、选育固氮工程菌和选育污水工程菌等。

原生质体融合技术在选育氨基酸产生菌方面，日本味之素率先利用原生质体融合技术使产生氨基酸的短杆菌杂交，获得比原产量高 3 倍的赖氨酸高产菌株和苏氨酸高产菌株。随后，采用原生质体融合技术选育氨基酸产生菌的报道越来越多。例如张惠玲采用原生质体融合技术，以谷氨酸棒杆菌 GY360（Met^-+AEC^R+AHV^R）为亲株（A）与乳糖发酵短杆菌 HS58（Ala^-+AHV^R）为亲株（B）进行原生质体融合，选育出一株产苏氨酸菌 NRH66，该菌株遗传标记为 Met^-+Ala^-+AEC^R+AHV^R，在摇瓶发酵上苏氨酸产量比亲株 A 产酸提高了 17.7%，比亲株 B 产酸提高 64%。

第四节　氨基酸产生菌的新型育种方法

一、利用基因工程技术构建氨基酸工程菌

（一）基因工程技术概述

基因工程（Genetic Engineering）也称为重组 DNA 技术，它是在分子遗传学理论的基础上发展起来的工程学，是生物工程的一个重要分支，它和细胞工程、酶工程、蛋白质工程和微生物工程共同组成了生物工程。该技术综合采用了生物化学和微生物学的现代技术和手段，用人工方法将某种生物的基因提取出来，在离体条件下进行切割后，再将它与作为载体的 DNA 分子连接起来，然后导入某一受体细胞中，使之进行复制、繁殖并得以表达，从而使受体细胞获得新的遗传性状。基因工程这种做法就像技术科学的工程设计，按照人类的需要把这种生物的这个“基因”与那种生物的那个“基因”重新“施工”“组装”成新的基因组合，创造出新的生物。应用重组 DNA 技术进行定向育种，具有重要的实际应用价值和理论意义。它不仅可以打破种、属的界限，将不同菌株的优良性状集中到一株菌上，选育出高产、优质、易自动化生产和现代化管理的超级菌，而且在基础理论的研究中，对于了解细胞的代谢调节机制和进行基因定位等都具有重要的作用。此外，基因工程已经深入细胞水平、亚细胞水平，甚至从基因水平来改造生物的性状，同时大大地扩大了育种的范围，打破了物种之间杂交的障碍，加快了育种的进程。因此，重组 DNA 技术正越来越被育种工作者所重视，可以说它是一种最新最有前途的育种新技术。

早在 20 世纪 70 年代初，人们就试图将基因工程技术应用于获得氨基酸高产菌种中。最初一般采用基因转导技术，分两步进行：首先挑选出各种调节机制完全缺失的突变组，然后将选出的突变株通过共转导技术结合在一起。直接应用基因工程技术获得生产氨基酸的基因工程菌的研究在 20 世纪 80 年代初就已经开始了，最早的工作是由 Aiba 等在 1982 年报道的，他们将色氨酸操纵子缺失的突变株和携带色氨酸操纵子的质粒结合，成功地构建了生产色氨酸的基因工程大肠杆菌。该质粒的邻氨基苯甲酸合成酶和磷酸核糖氨基苯甲酸转移酶对反馈抑制不敏感，而作为宿主细胞的大肠杆菌则是色氨酸阻遏缺陷和色氨酸酶

缺陷型的突变株。现在，基因工程菌的宿主细胞已经从革兰染色阴性菌发展到革兰染色阳性菌（如谷氨酸棒杆菌）。生产氨基酸的基因工程菌的研究还在深入持久地开展下去，将为提高氨基酸的发酵水平做出贡献。利用基因工程育种主要手段包括：①细胞代谢关键途径或靶点的识别；②对原有代谢途径的改造；③新代谢途径的构建。采用基因工程选育氨基酸产生菌的最终目的是通过基因工程手段增加目的氨基酸生物合成途径中代谢通量，增加目的氨基酸合成中前体物质的供应以及产物合成过程中辅因子供应，从而达到增加目的氨基酸的产量。例如把微生物的氨基酸合成酶的基因连接于特定的质粒上，让它在氨基酸产生菌中转化，使目的基因扩增，酶量增多，从而提高目的氨基酸生产效率。通过特定的质粒阻断副产物合成途径，从而降低副产物产量，提高目的氨基酸生产效率。

（二）基因工程技术的操作步骤

与宏观的工程一样，基因工程的操作也需要经过“切”“接”“贴”和“检查修复”的过程，只是各种操作的“工具”不同，被操作的对象是肉眼难以直接观察的核酸分子。基因工程技术包括以下操作步骤，即：工具酶和载体的选择、目的基因的制备、DNA 体外重组、外源基因的无性繁殖与表达重组 DNA 导入受菌体和重组体的筛选并鉴定（图 8-19）。

1. 工具酶和载体的选择

工具酶主要有限制性内切酶和 DNA 连接酶等。限制性内切酶可以识别双链 DNA 分子上特异的核苷酸序列，并在该特异性核苷酸序列内切断 DNA 双链，形成一定长度和顺序的 DNA 片段。当将某一DNA 片段在离体情况下与载体 DNA 一起分别用同一种限制性内切酶切断时，会使两个 DNA 分子在断裂处出现相同的黏性末端，通过氢键并合以后，再经 DNA 连接酶处理，就会在相邻接的核苷酸之间形成酯键，从而将两个 DNA 分子连成为一个。

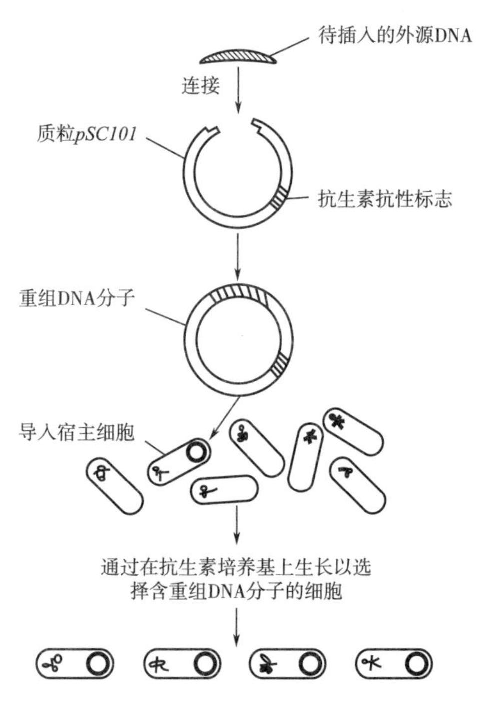

图 8-19　基因工程技术的主要操作步骤

外源 DNA 片段离开染色体是不能复制的。如果将外源 DNA 连接到复制子上，外源 DNA 则可作为复制子的一部分在受体细胞中复制。这种复制子就是克隆载体。重组 DNA 技术中克隆载体的选择和改进是一项极富技术性的专门工作，目的不同，操作基因的性质不同，载体的选择和改建方法也不同。

2. 目的基因的制备

利用重组 DNA 技术构建嵌合 DNA 时，欲插入载体 DNA 的外源 DNA 片段中即含有我们感兴趣的基因或 DNA 序列——目的基因。目前获取目的基因大致有如下几种途径或来源。

（1）化学合成法　如果已知某种基因的核苷酸序列，或根据某种基因产物的氨基酸序列推导出该多肽编码基因的核苷酸序列后，再利用 DNA 合成仪通过化学合成原理合成目的基因。

（2）鸟枪法　分离组织或细胞染色体 DNA，利用限制性核酸内切酶将染色体 DNA 切割成基因水平的许多片段，其中即含有感兴趣的基因片段。将它们与适当的克隆载体拼接成重组 DNA 分子，继而转入受体菌扩增，使每个细菌内都携带一种重组 DNA 分子的多个拷贝。不同细菌所包含的重组 DNA 分子内可能存在不同的染色体 DNA 片段，这样生长的全部细菌所携带的各种染色体片段就代表了整个基因组。存在于细菌内、由克隆载体所携带的所有基因组 DNA 的集合称为基因组 DNA 文库（Genomic DNA Library）。建立基因组文库后需要结合适当的筛选方法从众多转化子菌落中筛选出含有某一基因的菌落，再进行扩增，将重组 DNA 分离、回收，获得目的基因的无性繁殖系——克隆。

（3）聚合酶链反应（Polymerase Chain Reaction，PCR）　目前，采用 PCR 获取目的 DNA 十分广泛，应用这一技术可以将微量的目的 DNA 片段在体外扩增 100 万倍以上。PCR 的基本工作原理是以拟扩增的 DNA 分子为模板，以一对分别与模板 5′末端和 3′末端相互补的寡核苷酸片段为引物，在 DNA 聚合酶的作用下，按照半保留复制的机制沿着模板链延伸直至完成新的 DNA 合成，重复这一过程，即可使目的 DNA 片段得到扩增。组成 PCR 反应体系的基本成分包括：模板 DNA、特异性引物、DNA 聚合酶（具耐热性）、dNTP 以及含有 Mg^{2+} 的缓冲液。

（4）反转录法　以 mRNA 为模板，利用反转录酶合成与 mRNA 互补的 DNA（Comple-mentary DNA，cDNA），再复制成双链 cDNA 片段，与适当载体连接后转入受菌体，扩增为 cDNA 文库（cDNA Library），然后再采用适当方法从 cDNA 文库中筛选出目的 cDNA。与基因组 DNA 文库类似，由总 mRNA 制作的 cDNA 文库包括了细胞全部 mRNA 信息，自然也含有我们感兴趣的编码 cDNA。当前发现的大多数蛋白质的编码基因几乎都是这样分离的。

3. DNA 体外重组和外源基因的无性繁殖与表达

通过不同途径获取含目的基因的外源 DNA，选择或改建适当的克隆载体后，下一步工作是如何将外源 DNA 与载体 DNA 连接在一起，即 DNA 的体外重组。这种 DNA 重组是靠 DNA 连接酶将外源 DNA 与载体共价连接的。改建载体、着手进行外源基因与载体连接前，必须结合研究目的及感兴趣的基因特性，认真设计最终构建的重组体分子。应该说，这是一件技术性极强的工作，除技巧问题，还涉及对重组 DNA 技术领域深刻的认识。下面仅就连接方式做扼要介绍。

（1）黏性末端连接

①同一限制性内切酶切割位点连接：由同一限制性核酸内切酶切割的不同 DNA 片段具有完全相同的末端。只要酶切割 DNA 后产生单链突变（5′突出及 3′突出）的黏性末端，

同时酶切位点附近的DNA序列不影响连接。那么，当这样的两个DNA片段一起退火时，黏性末端单链间进行碱基配对，然后在DNA连接酶催化作用下形成共价结合的重组DNA分子。

②不同限制性内切酶位点连接：由两种不同的限制性核酸内切酶切割的DNA片段具有相同类型的黏性末端，即配伍末端，也可以进行黏性末端连接。例如*Mbo*I（▼GATC）和*Bam*HI（G▼GATCC）切割DNA后均可产生5′端突出的GATC黏性末端，彼此可互相连接。

（2）平端连接　DNA连接酶可催化相同和不同限制性核酸内切酶切割的平端之间的连接。原则上讲，限制酶切割DNA后产生的平端也属配伍末端，可彼此相互连接；若产生的黏性末端经特殊酶处理，使单链突出处被补齐或削平，变为平端，也可实行平端连接。

（3）同聚物加尾连接　同聚物加尾连接是利用同聚物序列，如多聚A与多聚T之间的退火作用完成连接。在末端转移酶（Terminal Transferase）作用下，在DNA片段端制造出黏性末端，而后进行黏性末端连接。这是一种人工提高连接效率的方法，也属于黏性末端连接的一种特殊形式。

（4）人工接头连接　对平端DNA片段或载体DNA，可在连接前将磷酸化的接头（Linker）或适当分子连到平端，使产生新的限制性内切酶位点。再用识别新位点的限制性内切酶切除接头的远端，产生黏性末端。

4. 重组DNA导入受体菌

外源DNA（含目的DNA）与载体在体外连接成重组DNA分子（嵌合DNA）后，需将其导入受体菌进行繁殖，才能获得大量而且一致的重组DNA分子，这一过程即为无性繁殖。因此，选定的宿主必须具备使外源DNA进行复制的能力，而且还能表达由导入的重组DNA分子所提供的某些表型特征，以利于含有重组DNA分子宿主的选择和鉴定。在选择适当的受体菌后，经特殊方法处理，使之成感受态细胞（Competent Cell），即具备接受外源DNA的能力。根据重组DNA时所采用的载体性质不同，导入重组DNA分子的手段有：结合作用（Conjugation）、转化（Transformation）、转导（Transduction）、显微注射（Micro-injection）和电穿孔法（Electroporation）等。其中在构建氨基酸高产菌株时所采用的方法多是转化法和电穿孔法。

转化是指感受态的大肠杆菌细胞捕获和表达质粒载体DNA分子的过程；而转染是指感受态的大肠杆菌细胞捕获和表达噬菌体DNA分子的过程，两者并无本质的区别。

电穿孔法是把宿主置于一个外加电场中，通过电场脉冲在细胞壁上打孔，DNA分子就能够穿过孔进入细胞。通过调节电场强度、电脉冲频率和用于转化的DNA浓度，可将外源DNA分别导入细菌或真核细胞。用电穿孔法实现基因导入比$CaCl_2$转化法方便、转化率高，尤其适用于酵母菌和霉菌。

5. 重组体的筛选及鉴定

通过转化、转染或电穿孔法，重组体DNA分子被导入受体细胞，由于操作失误及不可预测的干扰等，并非能全部按照预先设计的方式重组和表达，真正获得目的基因并能有效表达的克隆分子只是其中的一小部分，绝大部分仍是原来的宿主或者是不含目的基因的重组体。如何将众多的转化菌落或转染噬菌斑区分开来，并鉴定哪一个菌落或噬菌斑所含重组 DNA 分子确实带有目的基因，这一过程即为筛选或选择。根据载体体系、宿主细胞特性及外源基因在受体细胞中表达情况不同，对重组体的筛选和鉴定可采取直接选择法或非直接选择法，即从核酸水平和蛋白质水平进行。从核酸水平筛选重组体可以通过各种核酸杂交的方法；从蛋白质水平上筛选重组体的方法主要有：检测抗生素抗性及营养缺陷型、观测噬菌斑的形成、监测目标酶的活力、目标蛋白的免疫特性和生物活性等。

（1）核酸杂交法　基本原理是具有一定同源性的两条核酸单链在一定条件下（适宜的温度及离子强度等），可按碱基互补配对原则退火形成双链，此杂交过程是高度特异性的。杂交的双方是待测的核酸序列和用于检测的已知核酸片段（核酸探针）。将待测核酸变性后，用一定的方法将其固定在硝酸纤维膜上，用经标记示踪的特异核酸探针与之杂交，该探针只能与互补的特异核酸牢固结合，而其他的非特异结合将被洗去。最后，示踪标记将指示待测核酸中能与探针互补的特异 DNA 片段所在的位置。

（2）营养缺陷检测法　若宿主属于某一营养缺陷型，则在培养这种宿主细胞的培养基中必须加入该营养物质后，细胞才能生长；如果重组后进入这种宿主细胞的外源 DNA 中除了含有目的基因外再插入一个能表达该营养物质的基因，就实现了营养缺陷互补，使得重组细胞具有完整的系列代谢能力，培养基中即使不加该营养物质也能生长。如宿主有的缺少亮氨酸合成酶基因，有的缺少色氨酸合成酶基因，通过选择性培养基，就能将重组体从宿主中筛选出来，这种筛选方法就称为营养缺陷检测法。

（三）基因工程技术的组成元件

从基因工程技术的操作步骤可知，基因工程技术涉及四个组成元件：工具酶、载体系统、供体系统和受体系统。

1. 工具酶

（1）限制性内切酶　限制性内切酶是一类核酸内切酶。其最大特点是能识别双链 DNA 分子上的特异核苷酸序列，能在该特异核苷酸序列内切断 DNA 双链，形成一定长度和顺序的 DNA 片段。例如，限制性内切酶 *Eco*R Ⅰ 能识别 DNA 分子上的$\frac{\text{GAATTC}}{\text{CTTAAG}}$序列，切割后使 DNA 分子成为两个片段，一条单链是 AATT，另一条单链是 TTAA，它们具有互补的核苷酸序列。当具有互补序列的单链部分的 DNA 片段相遇时，由于碱基配对中的氢键的作用而合并成双链，因此称该单链部分为黏性末端。在重组 DNA 技术中要将某一基因与一个载体质粒连接起来，往往先通过限制性内切酶的作用而使它们各自具有相同的黏性末端。可以看出，限制性内切酶在基因工程中的作用正如外科医生的各具特殊用途的多种手术刀一样。

目前已发现的限制性内切酶有 200 多种，表 8-5 列出了基因工程中常用的几种内切酶。

表 8-5　几种限制性内切酶及其切割序列

微生物来源	限制性内切酶缩写	识别序列
大肠杆菌 RY13	*Eco*R Ⅰ	5′-G↓AATTC CTTAA↑G-5′
解淀粉芽孢杆菌 H	*Bam*H Ⅰ	5′-G↓GATCC CCTAG↑G-5′
溶血嗜血菌	*Hha* Ⅰ	5′-GCG↓C C↑GCG-5′
流感嗜血菌 Rd	*Hind* Ⅲ	5′-A↓AGCTT TTCGA↑A-5′
球芽孢杆菌	*Bgl* Ⅱ	5′-A↓GATCT TCTAG↑A-5′
斯氏天命菌 164	*Pst* Ⅰ	5′-CTGCA↓G G↑ACGTC-5′
白色链霉菌 G	*Sal* Ⅰ	5′-G↓TCGAC CAGCT↑G-5′
百化短杆菌	*Bal* Ⅰ	5′-TGG↓CCA ACC↑GGT-5′
埃及嗜血菌	*Hae* Ⅱ	5′-Pu①GCGC↓Py② Py②↑CGCGPu①-5″

注：① Pu 代表任何一种嘌呤；② Py 代表任何一种嘧啶。

（2）其他工具酶　除了限制性内切酶外，基因工程中常用的工具酶还有 DNA 连接酶、末端转移酶、T4 连接酶、反转录酶等。

由同一种限制性内切酶处理而出现相同黏性末端的两个 DNA 分子，通过氢键相并合以后，如果再经 DNA 连接酶处理，就会在相邻接的核苷酸之间形成磷酸二酯键，从而将两个 DNA 分子连成一个。由于在一般情况下，黏性末端的氢键数较少，因而两个 DNA 分子的连接不很牢固，如果使用末端转移酶，在一个 DNA 分子上接上几百个 A，在另一个 DNA 分子上接上几百个 T，便可以克服上述问题。对于不能产生黏性末端的 DNA 分子（如经 *Bal* Ⅰ 处理），末端转移酶更显示出其优越性。T4 连接酶既能催化黏性末端的连接，又能催化齐头末端的连接。反转录酶可以以 RNA 为模板而合成相应的 DNA 单链，还可以以 DNA 为模板而合成 DNA，因此通过反转录酶的作用可以从某一基因的 mRNA 来合成这一基因。

2. 载体系统

DNA 体外重组首先要解决载体问题。由于脱离染色体的基因不能复制，而质粒等可以复制，并可以通过转化而导入寄主细胞中，因此，只要将所需要的基因通过限制酶和连接酶等的作用，使之与质粒连接在一起并导入寄主细胞，该基因便可随着质粒的复制而复制，并随着细菌的分裂而扩增，成为该基因的无性繁殖系。合适的载体需要有较小的分子、选择性标记、高表达的启动子、数种限制性内切酶的单位切点和能在寄主菌中多拷贝复制等特性。氨基酸产生菌主要是棒状杆菌、短杆菌等棒状类细菌，目前已发现了多种质粒，见表 8-6。

表 8-6　在棒状类细菌中发现的质粒

来源菌	质粒名称	分子大小	标记	拷贝数
谷氨酸棒杆菌 T250	pCG4	29kb	$S_{pc}{}^{R}$，$S_{tr}{}^{R}$	—
谷氨酸棒杆菌 225-218	pCG2	6. 6kb	—	—
乳糖发酵短杆菌 ATCC13869	pAMa30	4. 6kb	—	10~14
谷氨酸棒杆菌 ATCCl3058	pHMl519	2. 8kb	—	140
帚石南棒杆菌 NRRL B-2244	pCCl	4. 3kb	—	30
乳糖发酵短杆菌 BLO	pBLl	4. 3kb	—	30

由于上述质粒不符合上面所提出的要求，不能作为合适的载体，需要对它们进行改造。目前的改造方法是将棒状类细菌的质粒与其他已知的质粒进行重组，构建成杂合质粒。已建成的质粒见表 8-7。

表 8-7　建成的载体系统

原始质粒	已知质粒及其标记	内切酶	杂合质粒及其标记
pCCl	pBR329（*E. coli*） $A_p{}^R$，$C_m{}^R$，$T_c{}^R$	*Hind* Ⅲ	pULl93，$A_p{}^R$，$C_m{}^R$，$T_c{}^R$
pSRl	pBDl0（*B. subtilis*） $E_m{}^R$，$C_m{}^R$，$K_m{}^R$	*Bal* Ⅰ	pHY416，pHY47 $C_m{}^R$，$K_m{}^R$
pBLl	pBR322（*E. coli*） $A_p{}^R$，$C_m{}^R$	*Hind* Ⅲ *Bal* Ⅰ *Bal* Ⅰ/*Bam*H Ⅰ	pULl $A_p{}^R$ pUL10 $A_p{}^R$，$T_c{}^R$ pUL20 $A_p{}^R$
pCGl，pCG2	pGA22（*E. coli*） $K_m{}^R$，$T_c{}^R$，$C_m{}^R$，$A_p{}^R$	*Bgl* Ⅱ/*Bam*H Ⅰ *Pst* Ⅰ	pCE52 $K_m{}^R$，$A_p{}^R$，$C_m{}^R$ pCE54 $K_m{}^R$，$C_m{}^R$，$T_c{}^R$

通过构建杂合质粒，就可使这些质粒满足作为载体的一般要求，而在基因工程中加以使用。作为基因工程的受体菌，它必须是转化的有效受体，因此往往是限制性内切酶缺陷型。一般谷氨酸产生菌中常存在着限制系统，为此必须要除去该限制系统。人们发现，由谷氨酸棒杆菌 T106 诱变出的溶菌酶超敏感性突变（LS）和限制酶缺陷突变株就是一株很好的基因工程受体菌。有关内容可参考其他书籍。

3. 供体系统

要将目的基因克隆到载体上，首先要分离到目的基因。那些为基因工程提供目的基因的细胞或个体称为供体系统。对于氨基酸工程菌株的选育，供体系统一般选择短杆菌属及棒杆菌属的野生菌或变异株。

4. 受体系统

重组 DNA 分子只有导入受体细胞或个体内，才可以进行复制、繁殖并形成一个无性繁殖系。这种接受重组 DNA 分子的受体细胞或个体称为受体系统。对于氨基酸产生菌，受体系统一般选用短杆菌属和棒杆菌属的野生菌或变异株。由于氨基酸产生菌一般为非感受态细胞，因此必须采用原生质体转化的方法。需要注意的是，由于异源 DNA 要受到受体菌的限制修饰系统的作用，往往转化频率较低。人们发现，从供体菌中提出的质粒 DNA 转化到受体菌中，其转化频率为 10^4 ~ 10^6转化子/μgDNA；如果从受体菌的转化子中提取质粒 DNA，对相同的受体菌再转化，则转化频率可提高 2 个数量级。另外，超螺旋质粒 DNA 的转化频率要比线形质粒 DNA 的转化频率约高 2 个数量级。

（四）大肠杆菌和谷氨酸棒杆菌表达系统的影响因素

迄今为止，人们已经研究开发出多种原核和真核表达系统用以表达、生产外源蛋白。其中，大肠杆菌和谷氨酸棒杆菌表达系统因其遗传背景清楚，成本低，生产效率高，特征明确等优点成为目前最常用的外源蛋白原核表达系统。大肠杆菌和谷氨酸棒杆菌优点众多，但并非每一种基因都能在其中有效表达。主要包括以下四个方面原因：

1. 外源基因本身的特性

（1）外源基因的结构　外源基因分为原核基因、真核基因。其中原核基因可以在大肠杆菌中直接表达，而真核基因是断裂基因，只能以 cDNA 的形式在大肠杆菌中表达。

（2）外源基因密码子的选择使用　经统计发现大肠杆菌有 8 种稀有密码子：AGA、AGC、AUA、CCG、CCT、CTC、CGA、GTC。由于不同 tRNA 含量上的差异产生了对密码子的偏爱性，若外源基因含有连续或较多的稀有密码子，则翻译减速或中断。

（3）RNA 的一级与二级结构的影响　转录出的 mRNA 5′端上游的 SD 序列与起始密码子之间的碱基数目和碱基组成对目的基因的翻译效率有重要影响。一般间距以 6~10 个碱基为宜，而碱基组成以 C+G 比例不超过 50%为宜。另外，降低 5′端翻译起始区（TIR）二级结构稳定性可以提高翻译起始效率，增加 mRNA 稳定性，有利于外源基因表达。

2. 表达系统的特性

（1）表达载体的选择　目前已知的大肠杆菌表达载体有以下三种：非融合型表达、融合型表达、分泌型表达。非融合型表达优点在于：表达的非融合蛋白与天然状态下存在的蛋白在结构、功能以及免疫原性等方面基本一致，可以进行后续研究。融合表达载体表达蛋白的一般模式为，原核启动子-SD 序列-起始密码子-原核结构基因片段-目的基因序列-终止密码子。为减少外源蛋白在宿主体内被蛋白酶降解，或者使蛋白质能够在体外正确折叠和便于提纯，常将被表达的蛋白质分泌到细胞外，因此要用分泌型载体。

（2）启动子的结构对表达效率的影响　大多数大肠杆菌启动子都含有-10 区（序列为

5′-TATAAT）和-35 区（序列为 5′-TTGACA）两个保守区。研究表明，启动子的这两个区域与上述保守序列的相似程度越高，该启动子的表达能力也就越强。另外，这两个保守区间的距离越是接近于 17bp，启动子的活性就越强。

（3）宿主菌的选择　由于大肠杆菌自身防御系统的保护作用，使得细胞内的重组基因和蛋白可能会被其核酸酶和蛋白酶降解。因此表达宿主菌的选择也是在原核蛋白表达过程中必须要考虑的因素。一般选择蛋白酶缺失的宿主菌非常有利于重组蛋白的表达。

3. 外源基因与系统间的相互作用

（1）表达基因的调控　在表达过程中，应采用诱导型的启动子，以便有效地控制表达的时间，防止过早地表达产物对于宿主菌有毒害作用，使生长速率下降，甚至导致宿主菌死亡。

（2）宿主菌对于质粒拷贝数及稳定性的影响　宿主菌生长速率增大，营养的限制和缺乏均会引起质粒的拷贝数下降。

4. 培养条件的控制

培养条件包括培养基成分、温度的选择、诱导条件以及培养时间等。培养基各组分的浓度和比例要适当，营养丰富的培养基，易于细菌的生长和表达。

在基因工程中，大肠杆菌表达系统虽然是最早的表达系统，但还存在一些问题：一是有些真核基因尚未在大肠杆菌中有效表达；二是选择一个合适的载体系统和宿主要经过多次尝试，耗时耗力；三是重组蛋白的分泌表达技术不如胞内表达技术研究得透彻。可以通过以下途径解决这些问题：①通过基因导入将修饰机制引入原核表达系统，如糖基化、磷酸化、乙酰化和酰胺化等；②构建一套适应性和功能强大的表达载体系统，避免大范围尝试；③深入研究表达系统的分泌机制，加强信号肽功能、分子伴侣和转运通路机制的研究。

（五）基因工程技术在选育氨基酸产生菌上的应用

应用重组 DNA 技术选育氨基酸产生菌，最简单的方法是将氨基酸生物合成中起限速作用的限速酶基因连接在多拷贝的质粒载体上并克隆化，从而发挥该基因的基因扩增效应，以排除生物合成途径中的“瓶颈”（Bottle Necks），使氨基酸产量增加。从简单的鸟枪法单基因克隆到整个操纵子的诱变与体外重组，获得了谷氨酸、赖氨酸、苏氨酸、色氨酸、精氨酸、甲硫氨酸、脯氨酸、组氨酸、缬氨酸、高丝氨酸、苯丙氨酸和酪氨酸等 12 种氨基酸产生菌。下面就选取采用基因工程技术选育几种氨基酸产生菌加以叙述。

1. 谷氨酸产生菌的选育

1995 年日本 Yoko 和 Yoshihiro 将乳糖发酵短杆菌 ATCC13869 的 α-酮戊二酸脱氢酶基因分离出来，并测出其氨基酸序列。然后通过定点突变改变此基因，钝化 α-酮戊二酸脱氢酶的活力，从而构建了一株谷氨酸高产菌，再通过添加过量生物素或表面活性剂或青霉素的方法，使此菌株的谷氨酸产量得到进一步提高。另外，日本 Nobubaru 等利用大肠杆菌构建出 α-酮戊二酸脱氢酶和磷酸烯醇式丙酮酸羧化酶渗漏突变株进行谷氨酸发酵。由于 α-酮戊二酸脱氢酶和磷酸烯醇式丙酮酸羧化酶活力的降低和减弱，也就相应地提高了谷氨酸脱氢酶的活力，从而使谷氨酸得到大量积累。同理，日本味之素公司研究了一种大肠杆菌属的工程菌株，发现其 α-酮戊二酸脱氢酶缺陷或者减少，或者磷酸烯醇式丙酮酸羧化酶和谷氨酸脱氢酶的活力增加，都有助于其谷氨酸的积累。

另外，2013 年 Nishio 等以敲除琥珀酸脱氢酶的大肠杆菌 MG1655 Δ*sucA* 为模式菌株，通过动态代谢仿真模型分析了谷氨酸合成途径各关键酶的作用。结果表明，过表达磷酸甘油酸激酶编码基因 *pgk* 有利于提高谷氨酸产量，因为过表达菌株可以提高胞内 3-磷酸甘油酸的量，而 3-磷酸甘油酸会抑制异柠檬酸脱氢酶磷酸化，从而增加了异柠檬酸脱氢酶的酶活力，为谷氨酸合成提供更多的前体物质 α-酮戊二酸。Nishio 等还指出过表达丙酮酸激酶编码基因 *pykF* 或丙酮酸脱氢酶复合体的调节蛋白编码基因 *pdhR* 都可以增加谷氨酸产量，其原因是增加了胞内丙酮酸的可用性。

2. 赖氨酸产生菌的选育

在已知的具有赖氨酸生物合成途径的微生物和植物中，可以将赖氨酸生物合成途径划分为两个完全不同的途径，即 α-氨基己二酸途（AAA）和二氨基庚二酸途径（DAP）。不同于 AAA 途径，DAP 途径又存在四种不同的途径用于合成内消旋二氨基庚二酸，即脱氢酶途径、琥珀酰化酶途径、乙酰化酶途径和转氨酶途径。但无论通过哪种形式，都是以天冬氨酸为底物，至少经过 7 步催化反应步骤形成赖氨酸。在谷氨酸棒杆菌中同时存在脱氢酶途径和琥珀酰化酶途径（图 8-20），但菌体生长条件为“富铵”培养基时谷氨酸棒杆菌利用脱氢酶途径形成赖氨酸，而当菌体生长在“缺铵”环境下时菌体通过琥珀酰化酶途径合成赖氨酸。需要指出的是，大肠杆菌只存在脱氢酶途径，而不具有琥珀酰化酶途径。

Pette 等将编码二氢吡啶二羧酸合成酶的基因 *dapA* 与具有高拷贝数的质粒 pBR322 连接，获得了重组质粒 pDA1。质粒 pDA1 在大肠杆菌 RDA8 菌株中的拷贝数为 50 左右，含有质粒 pDA1 菌株的二氢吡啶二羧酸合成酶的活力要比野生型 $dapA^{+}$ 的活力大 40 倍。此外，他们以一株天冬氨酸激酶同工酶 Ⅰ 和 Ⅱ 缺失但能持续合成赖氨酸且不受赖氨酸抑制的大肠杆菌突变株 TOC21R（具有 AKⅢ）为受体菌，用重组质粒 pDA1 进行转化，结果转化子合成赖氨酸的量比受体菌 TOC21R 高 8~10 倍。

Leverend 等用大肠杆菌结构性天冬氨酸激酶Ⅲ脱敏的变异株 TOCR21 切割出相应于天冬氨酸半醛脱氢酶、二氢吡啶二羧酸合成酶、二氢吡啶二羧酸还原酶、二氨基庚二酸脱羧酶的各基因 *asd*、*dapA*、*dapB*、*lysA*，连接于质粒 pBR322 上，制成 pDDl、pDAl、pDB2、pLAl7 等重组质粒，再转化亲株 TOCR21。结果各转化菌株的酶活力提高 10~20 倍。

据报道，在棒杆菌或短杆菌中导入一种反馈敏感的天冬氨酸激酶基因和二氢吡啶二羧酸合成酶基因时，更能高效地生产赖氨酸。这种反馈敏感天冬氨酸激酶基因来自谷氨酸棒杆菌，转化细胞的活力增加 10 倍以上。

3. 苏氨酸产生菌的选育

苏氨酸基因工程菌的构建策略包括：①高效表达合成途径中关键酶，增加碳通量；②敲除分支途径或减弱分支途径碳代谢流量，聚拢碳流，减少副产物合成；③阻断或减少

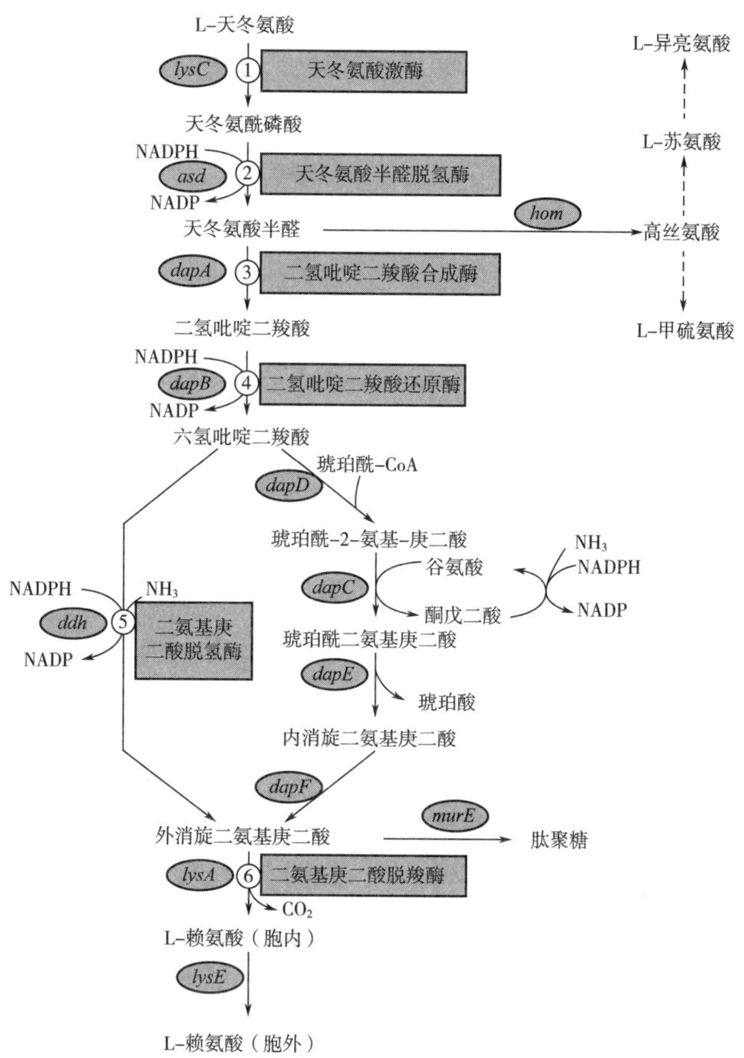

图 8-20　谷氨酸棒杆菌赖氨酸生物合成途径

苏氨酸胞内降解（如敲除或下调降解酶酶活力）；④提高苏氨酸向胞外分泌的能力，以免胞内产物浓度积累过高而反馈调节途径中关键酶。

大肠杆菌 K12 菌株的染色体上存在着苏氨酸操纵子（图 8-21）。苏氨酸操纵子的三个基因 *thrA*、*thrB* 和 *thrC* 分别编码一个双功能酶，即天冬氨酸激酶-高丝氨酸脱氢酶和高丝氨酸激酶及苏氨酸合成酶，参与苏氨酸生物合成的四步反应。而天冬氨酰磷酸转为天冬氨酸半醛是由 *asd* 基因产物所催化的，*asd* 基因位于染色体 66min（苏氨酸操纵子在 0min）处，它不是苏氨酸生物合成的限速步骤。因此，通过克隆苏氨酸操纵子的三个基因，并对杂种质粒进行羟胺体外诱变，可以大幅度提高苏氨酸产量。

发酵法生产苏氨酸的主要副产物有甘氨酸、异亮氨酸和赖氨酸，其中前两者是苏氨酸降解代谢产物。因此，在减少副产物合成以及苏氨酸胞内降解方面需要阻止上述三种氨基

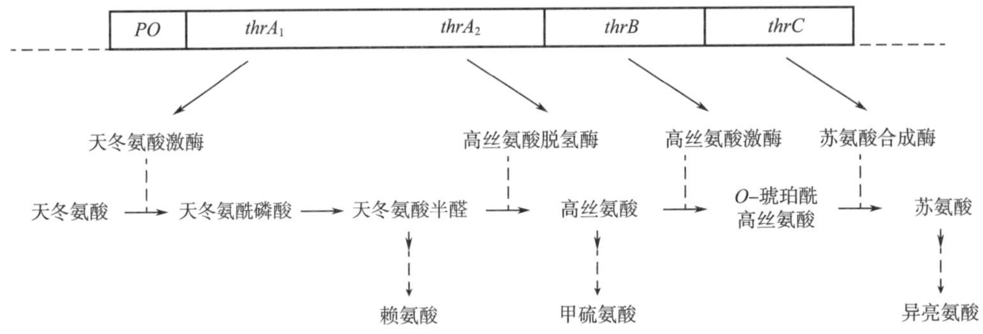

图 8-21　苏氨酸操纵子及苏氨酸生物合成途径

酸的合成，从而提供苏氨酸的积累并降低下游提取成本。研究表明，基因 *glyA*（编码丝氨酸羟甲基转移酶，用于催化丝氨酸和甘氨酸之间的相互转化，合成甘氨酸）和 *ilvA*（编码苏氨酸脱氨酶，为异亮氨酸合成途径中的第一限速酶）编码的酶蛋白相互竞争共同底物苏氨酸。Simic 等发现，通过下调 *glyA* 启动子强度以减少其转录水平，可显著降低甘氨酸积累而提高苏氨酸产量。另外，Diesveld 等研究表明，通过定点突变 *ilvA*（将第 287 位碱基 G 突变成碱基 A)，弱化苏氨酸脱氨酶，使突变菌株不积累异亮氨酸而显著增加苏氨酸的产量。

胞内过多的苏氨酸不仅会抑制菌体生长，还会因反馈调节作用而抑制苏氨酸的合成，因此需要强化苏氨酸向胞外分泌的能力。基因 *thrE* 是谷氨酸棒杆菌中编码苏氨酸跨膜转运的转运蛋白。Simic 等发现，通过过表达基因 *thrE* 可提供菌株向胞外分泌苏氨酸的能力，同时还能进一步降低甘氨酸的积累。Diesveld 等也发现，在苏氨酸产生菌谷氨酸棒杆菌 DM368-3 中异源表达大肠杆菌中的 4 种苏氨酸分泌蛋白编码基因 *rhtA*、*rhtB*、*rhtC* 和 *yeaS*，除基因 *rhtB* 外，其余三种分泌蛋白编码基因的过表达都能提高胞外苏氨酸产量，其中过表达基因 *rhtC* 效果最好。

4. 其他氨基酸产生菌的选育

2014 年韩国学者 Park 等以常规诱变选育的精氨酸异羟肟酸和刀豆氨酸抗性菌株谷氨酸棒杆菌 ATCC 21831 为出发菌株（精氨酸的产量为 17g/L），敲除阻遏蛋白基因 *argR* 和 *farR*，下调 *pgi* 基因的表达，过量表达 *tkt*、*tal*、*zwf*、*opcA* 和 *pgl* 基因来提高胞内 NADPH 水平，敲除谷氨酸转运蛋白基因 *NCgl1221*，定点突变关键酶基因 *argB*，过量表达合成精氨酸途径中最后两步酶（*argGH* 基因，分别编码精氨酸琥珀酸合成酶和精氨琥珀酸裂解酶)，最终精氨酸达到 92.5g/L。在大肠杆菌改造方面，2015 年 Ginesy 等通过敲除大肠杆菌中编码阻遏蛋白的 *argR* 基因、编码鸟氨酸脱羧酶的 *speC* 和 *speF* 基因以及编码精氨酸脱羧酶的 *adiA* 基因，并过量表达编码乙酰谷氨酸合成酶的 *argA* 基因、调节精氨酸胞外分泌的调节基因 *argP*、编码精氨酸转运蛋白的 *argO* 基因，最终构建的重组菌精氨酸的产量 11.6g/L。

运用于谷氨酸棒杆菌缬氨酸代谢工程育种的一般有三个策略，分别是：①缬氨酸生物合成的调节：通常采取的方法是用多拷贝质粒表达 *ilvBNC*、*ilvD* 和 *ilvE* 基因。例如

Blombach 等通过比较分析过表达基因操纵子 *ilvBNCD* 和 *ilvBNCE* 发现，过表达操纵子 *ilvBNCD*和 *ilvBNCE* 能显著增加缬氨酸产量，但过表达操纵子 *ilvBNCE* 的效果更为明显。需要指出的是，虽然过表达缬氨酸合成途径中关键酶基因可以增加缬氨酸产量，但是副产物像丙氨酸、异亮氨酸、亮氨酸、谷氨酸仍然在一定程度上存在。为此，侯小虎等通过敲除谷氨酸棒杆菌中基因 *avtA* 来降低丙氨酸的积累，并通过定点突变基因 *ilvA* 来降低异亮氨酸的积累；②缬氨酸前体物质供给的调节：在这方面采取的最多方法是运用基因敲除切断旁路代谢以获得更多的前体物质。例如 Blombach 等通过敲除基因 *aceE* 和 *pyc* 来增加前体物质丙酮酸，从而提高了菌株合成缬氨酸的能力。不过 *aceE* 基因敲除后需补充乙酸盐，菌体才能正常生长；③运用启动子的强弱来控制基因的表达。这个策略避免了两个极端，避免了太强的基因过表达会对给菌体本身带来压力，也避免了通过基因敲除会彻底切断支路或者相互竞争的路径带来的麻烦。例如 Holátko 等通过强化基因 *ilvD* 和 *ilvE* 的启动子来增加这个基因的表达，同时弱化基因 *ilvA* 和 *leuA* 的启动子来减弱这两基因的表达，从而增强菌株合成缬氨酸的能力并降低了胞内异亮氨酸和亮氨酸的积累而对菌株生长影响不大。运用不同强度的启动子，能够保证涉及生物合成的所有基因都会表达在最适宜的代谢流量。

在谷氨酸棒杆菌中，*leu* 操纵子是亮氨酸合成过程中重要的操纵子，然而其受到其终产物的阻遏或协同阻遏，其中前导肽介导的转录衰减调节是其主要的调控机制。研究表明，*leu* 操纵子的前导区域存在弱化调控特征，可形成茎环结构的反向重复序列和含有连续亮氨酸残基的前导肽，但是没有明显的转录终止子结构。*leuA* 编码蛋白中只含有 60g/L 亮氨酸和 *leuA* 转录时对最常用的亮氨酸密码子 CTG 的偏爱性，使其能够对自身的表达调控做出迅速的响应。张跃等发现，通过提高谷氨酸棒杆菌中 *leuA* 基因表达量，可显著增加亮氨酸的合成。Huang 等也指出定点突变基因 *leuA*（第 1586 位碱基 G 突变成 A，第 1595 位碱基 G 突变成 A 和第 1603 位碱基 C 突变成 G），同时将 *leuA* 启动子替换成强启动子 *tac*，可增强基因 *leuA* 的表达，进而显著增加亮氨酸的产量。

Sahm 等由赖氨酸高产菌株出发，在其中过表达脱敏（Feedback resistant，Fbr）的高丝氨酸脱氢酶（HD）和高丝氨酸激酶（HK），增加天冬氨酸半醛→高丝氨酸的代谢流量，使苏氨酸大量积累，并在此基础上过表达苏氨酸脱氨酶（TD^{Fbr}），成功实现将苏氨酸转化为异亮氨酸。Guillouet 等也是由苏氨酸产生菌来构建高产异亮氨酸的菌株，将 HD^{Fbr}、HK^{Fbr}、TD^{Fbr}整合到质粒 PAPE20 中并在苏氨酸产生菌中过表达，4L 发酵罐中可产异亮氨酸 40g/L。另外，在大肠杆菌中过量表达生物合成途径的关键酶基因同样可以提高异亮氨酸的产量。例如小野等克隆 L-异亮氨酸合成操纵子 *ilvBNCDEA*，并在体外将其进行羟胺诱变后再重组到大肠杆菌，得到的菌株大肠杆菌 600，发酵可积累 32g/L 异亮氨酸。在国内，研究人员构建代谢工程菌株产异亮氨酸方面也有了较好的进展。例如尹良鸿等在异亮氨酸产生菌 JHI3-156 中串联表达 TD^{Fbr}、乙酰羟酸合酶（$AHAS^{Fbr}$）基因和过量表达 NAD 激酶基因，异亮氨酸产量可增加到 32. 3g/L。尹良鸿等还发现在菌株 JHI3-156 中串联表达 Lrp 和 BrnFE 蛋白基因，摇瓶发酵，异亮氨酸产量较 JHI3-156 提高了 63%；谢希贤等在谷氨酸棒杆菌 YILW 中敲除其输入蛋白 BrnQ，并过量表达其输出蛋白 BrnFE，促进异亮氨酸的胞外分泌，最终可积累 29.0g/L 异亮氨酸；史建明等在同一出发菌株谷氨酸棒杆菌 YILW 中过表达 TD^{Fbr}基因，异亮氨酸产量提高了 10.3%，同时极大地降低副产物赖氨酸和甲硫氨酸的积累；还晓静等在异亮氨酸产生菌中加强 NAD 激酶基因的表达，使 NADPH 辅因子的含量增加 21.7%，异亮氨酸产量提高了 41.7%。

从色氨酸生物合成途径可知，色氨酸的直接前体物质是磷酸烯醇式丙酮酸和 4-磷酸赤藓糖，增加这两个前体物质的供应可以显著增加色氨酸产量。例如，陈宁等通过过表达大肠杆菌中磷酸烯醇式丙酮酸合酶编码基因 *ppsA* 和转酮醇酶编码基因 *tktA*，分别增加前体物质磷酸烯醇式丙酮酸和 4-磷酸赤藓糖的供应量，从而构建了一株发酵产酸达 40.2g/L 的菌株。陈宁团队还发现，通过使乙酸激酶和丙酸/乙酸激酶失活，可减少乙酸积累，从而增加色氨酸转化率。另外，江南大学吴敬团队通过弱化大肠杆菌中乙酸合成途径 Pta-AckA 途径，也成功实现了阻止乙酸的合成而显著提高色氨酸产量。在谷氨酸棒杆菌改造方面，Katsumata 等将含有编码色氨酸生物合成酶基因（*trpAB* 和 *trpEG*）的质粒 pDTS9901 导入谷氨酸棒杆菌 BPS-13 中，成功构建了一株可产 L-色氨酸达 35.2g/L 的菌株。

苯丙氨酸生物合成的关键酶为分支酸变位酶（CM）和预苯酸脱水酶（PDT）。杉本从 pKB45 切下编码 3-脱氧-D-阿拉伯庚酮糖酸-7-磷酸（DAHP）合成酶的 *aroF* 基因插入 pSCl01 构成 pSy60-5。将它导入大肠杆菌 AB3257，通过变异处理获得了不受酪氨酸抑制的 *aroF* 基因，得到 pSK-60-14。进而制备了含有上述 *pheA* 和 *aroF* 的各种质粒，导入大肠杆菌 CGSC4510（thi^-，*tyrA*），工程菌株苯丙氨酸产量比出发菌株提高了 2 倍多。在谷氨酸棒杆菌改造方面，尾崎等将谷氨酸棒杆菌 K-38 的染色体 DNA 片段与 pCG11（Sp^R）相连接，进行苯丙氨酸生产有关基因的克隆，结果获得了具备 Sp^RPFP^R的转化株，从中分离的质粒与谷氨酸棒杆菌 KY9456 的苯丙氨酸、酪氨酸二重缺陷性互补，且含有分支酸变位酶基因。将它导入苯丙氨酸产生菌，苯丙氨酸产率提高约 60%。此外，池田等考查了大肠杆菌 *pheA* 基因在谷氨酸棒杆菌中的表达效果。他们将大肠杆菌的 *pheA* 基因插入大肠杆菌-谷氨酸棒杆菌的穿梭载体 pCE54，构成 pEpheA-1 导入谷氨酸棒杆菌。结果，分支酸变位酶、预苯酸脱水酶活力增加 5~9 倍，确认了大肠杆菌 *pheA* 在谷氨酸棒杆菌中的表达。鉴于上述大肠杆菌 *pheA* 编码的分支酸变位酶、预苯酸脱水酶活力仍受苯丙氨酸的反馈抑制，诱导了 PFPR 株，进而构建了 pEpheA-22，它所编码的 CM、PDT 活性对苯丙氨酸的抑制完全脱敏，导入苯丙氨酸产生菌后，苯丙氨酸产率从 10g/L 提高到 13.7g/L。

今井等将黏质赛氏杆菌脯氨酸产生菌 DTAr-80 的染色体 DNA 片段与来自 *miniF* 的 pKP1155（Ap^R）相连接，获得大肠杆菌脯氨酸缺陷株 HBl01（$proA^-$）的互补质粒 pYl333，并从 pYl333 诱导了更稳定的 pYl350，将它导入 DTAr-8，脯氨酸产率从 50g/L 提高到 75g/L。另外，Jensen 和 Wendisch 在分析不同来源的鸟氨酸环化脱氨酶发现，过表达谷氨酸棒杆菌中自身的鸟氨酸环化脱氨酶编码基因 *ocd* 并不能增加谷氨酸棒杆菌合成脯氨酸能力，而异源表达恶臭假单胞菌中的基因 *ocd* 可显著增加谷氨酸棒杆菌合成脯氨酸能力。在此基础上，过表达解除反馈作用的 *N*-乙酰谷氨酸激酶编码基因 *argB* 可进一步增加菌株合成脯氨酸的能力，同时可显著降低副产物积累（如丙氨酸、苏氨酸和缬氨酸）。

组氨酸操纵子由 9 个结构基因组成，规定了与组氨酸生物合成有关的 9 个酶的分子结构，9 个基因结构按大致的生化顺序在 DNA 上形成一束，集中存在于 DNA 的某一区域内，组成一个组氨酸操纵子，为同一操纵基因所控制（图 8-22）。杉浦等将黏质赛氏杆菌组氨酸产生菌 MPr90 的染色体 DNA 片段与 *pLG*339（Km^R）相连接，获得了 *hisG*⁻的互补质粒 *Pssioi*（5.1kb）。从 *pSS*101 制备 *Eco*RⅠ切割片段（4.7kb），用 *pKT*1124（Km^RAp^R）进行次级克隆，获得了 *pSS*503。将 *pSS*503 导入 MPr90，组氨酸产率从 23g/L 提高到 36g/L。又将 *pSS*503 导入组氨酸产生菌 L120，组氨酸产率从 28g/L 提高到 41g/L。该菌株的 HisG、D、C、B 酶活力都增加了 2 倍，是因为 *pSS*503 含有基因 *hisGDCB* 所致。另外，Masaki 等在一个质粒载体 mini-F 上构建了两个杂交质粒。这两个质粒携带着黏质沙雷菌菌株发生了等位基因突变的 *his* 操纵子。其中一个质粒 *pSH*368 携带有 12kb *Eco*RⅠ-*Bam*HⅠ酶切片段，具有整个 *his* 操纵子。与不带质粒的宿主菌 L120 相比，ATP-磷酸核糖转移酶（*hisG* 编码）、组氨醇脱氢酶（*hisD* 编码）和组氨醇磷酸化酶（*hisB* 编码）的活力都增加了 2 倍。携带 *pSH*368 质粒的组氨酸产生菌 L120 能产 42g/L 的组氨酸，比出发菌提高了约 50%。在谷氨酸棒杆菌改造方面，Kwon 等成功地从谷氨酸棒杆菌中克隆并分析了组氨酸生物合成基因，并通过核苷酸序列分析得知基因组中携带磷酸核糖-ATP 焦磷酸化酶的 *hisG* 基因和编码磷酸核糖-ATP 焦磷酸水合酶的 *hisE* 基因氨基酸序列和其他细菌具有一定的相似性。随后，Mizukam 等对谷氨酸棒杆菌中 *hisG* 进行分析，他们以谷氨酸棒杆菌 *hisG*⁻株为宿主，以野生菌 T106 为供体菌克隆 *hisG*，得到了转化株 LH13/pCH13 和 T106/pCH13，邻氨基邻苯甲酸磷酸核糖转移酶（PRT）活力均提高了 3 倍。从 pCH13 中筛选得到了 1,2,4-三唑丙氨酸抗性质粒 *pCH*99，将其导入组氨酸产生菌 F81 后，邻氨基邻苯甲酸磷酸核糖转移酶对组氨酸脱敏，组氨酸产量从 7.6g/L 提高到 22.5g/L。

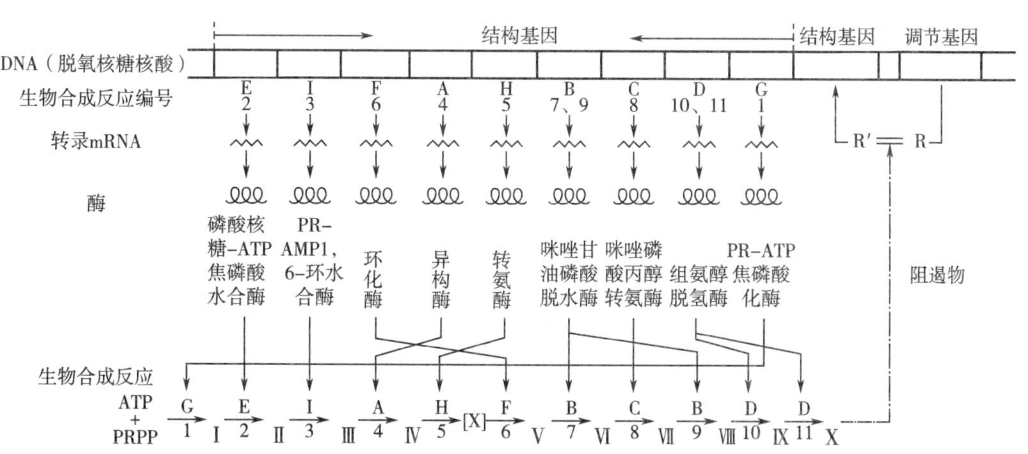

图 8-22 组氨酸生物合成酶系及其遗传控制

Ⅰ—磷酸核糖-ATP Ⅱ—磷酸核糖-AMP Ⅲ—磷酸核糖亚胺甲基-5-氨基-4-甲酰胺咪唑核苷酸

Ⅳ—磷酸核酮糖亚胺甲基-5-氨基-4-甲酰胺咪唑核苷酸 Ⅴ—咪唑甘油磷酸 Ⅵ—咪唑磷酸丙酮醇

Ⅶ—磷酸组氨醇 Ⅷ—组氨醇 Ⅸ—组氨醛 Ⅹ—组氨酸

二、用高通量筛选技术构建氨基酸工程菌

（一）高通量筛选技术概述

目前微生物育种技术已经从诱变、推理、重组技术发展到代谢工程、系统生物学和异源生物合成等方法，但传统诱变育种由于其诸多优势仍然是工业产生菌株选育中的最常用的标准方法，如方法简单易行，不需要运用分子生物学工具、不需要代谢模型、不需要知道其遗传或生化背景，只需要有效的突变库获得和精确的定向筛选就可以获得目的表型，但其缺点是耗时和费力、随机性大、容易造成优良特性菌株的漏筛。菌种高通量筛选技术的出现弥补了常规育种的不足，并随着组合化学、微芯片技术和基因组学的发展而不断发展。另外，高通量筛选与常规诱变相结合，特别适用于以提高次级代谢产物产量为目标的工业产生菌株选育研究。因为次级代谢产物合成产量性状属于数量性状，受多基因决定，再加上代谢网络的复杂性和多节点特性，决定了诱变后的正突变频率相当低，而且一次突变难以大幅度提高，只有经多轮处理后才能逐步积累高产性状。因此，常规诱变育种方法必须要有大规模筛选数量作保证，甚至为了尽可能减少漏筛现象发生，要将所有诱变后的样品进行“毫无保留”的彻底筛选。

高通量筛选（High-Throughput Screening，HTS）技术是以分子水平和细胞水平的实验方法为基础，以微板形式作为实验工具载体，以自动化操作系统执行实验过程，以灵敏、快速的检测仪器采集实验数据，以计算机对实验数据进行分析处理，在同一时间内对数以千（万）计的样品进行检测，并以相应的数据库支持整个体系的正常运转。据报道，20世纪90年代初期，一个实验室采用传统的方法，借助20余种药物作用靶位，一年内仅能筛选7.5万个样品。到了1997年HTS发展初期，采用100余种靶位，每年可筛选100万个样品，而到了1999年，由于HTS的进一步完善，每天的筛选量就高达10万种化合物。高通量技术的发展，极大地提高了对目标菌株、分子、活性物质等的筛选质量。该技术是生物学、分析软件、自动化控制以及纤维观测技术最新发展的综合应用，微型化、自动化、高效化、低廉化和微量化成为目前的研究热点。同时，在完善高通量菌种筛选平台的基础上，必须建立相应的菌种库和基因库。

（二）高通量筛选系统的组成

1. 高容量的样品库系统

高容量的样品库及其数据库管理系统是开展HTS的先决条件。样品可以是生物样品（包括植物、动物和微生物样品）、从生物样品中提取的活性部位或单体化合物以及化学合成（传统化学合成、组合化学合成）的化合物，化合物数量越多，分子多样性越高，筛选的命中率也越高。

2. 自动化的操作系统

自动化操作系统一般包括计算机及其操作系统、自动化加样设备、温孵离心设备和堆栈四个部分。也可以根据实验要求，选取不同的组合进行应用。

3. 高特异性的筛选系统

分子水平和细胞水平的实验方法（或称筛选模型）是实现高通量筛选的技术基础。由于高通量筛选要求同时处理大量样品，因此实验体系必须微量化。这些微量化的实验方法有些是应用传统的实验方法加以改进建立的，更多的是根据新的科学研究成果建立的。常用的高通量筛选模型可以根据其生物学特点分为以下几类：受体结合分析法；酶活力测定法；细胞因子测定法；细胞活性测定法；代谢物质测定法；基因产物测定法等。目前，这些模型主要集中在受体、酶、通道以及各种细胞反应等方面。近年来，基因水平筛选模型可在蛋白质芯片、基因芯片上进行，使筛选模型更加多样化。

4. 高灵敏度检测系统

检测系统一般采用液闪计数器、化学发光检测计数器、宽谱带分光光度仪、荧光光度仪以及闪烁亲和分析（Scintillation Proximity Assay，SPA）等检测方法。

（三）高通量筛选模型的建立

目标物筛选的目的是针对目标物作用的靶点，建立能够反映目标物作用特点的方法，即筛选模型。而高通量筛选要求所建立的方法必须具备微量、灵敏、特异和易于检测，通过该模型的筛选，能够灵敏地反映出目标物与特定靶点的相互作用结果。所以高通量筛选模型的建立必须是以靶点的研究为基础，根据靶点的性质和功能，建立相应的高通量筛选模型。目前体外高通量筛选模型大多建立在分子和细胞水平之上，常见的靶点有受体和酶等，下面将阐述以靶点为基础的高通量模型的建立。

1. 受体配基结合的高通量筛选模型

受体（Receptor）是一种能够识别和选择性结合某种配体（信号分子）的大分子物质，多为糖蛋白，一般至少包括两个功能区域：与配体结合的区域和产生效应的区域。当受体与配体结合后，构象改变而产生活性，启动一系列过程，最终表现为生物学效应。能与此类生物分子特异结合的化学信使均称为配基（Ligand），配基可以是药物、激素、神经递质、抗原和毒素等。受体与其配基的相互作用具有特异性、高亲和力、饱和性、可逆性、生理反应等特点。

根据受体的分子结构，可以将受体分为以下四类：①G 蛋白（三聚体 GTP 结合调节蛋白）耦联型受体；②离子通道型受体；③酶耦联型受体；④转录调控型受体，即核受体。基于以上受体-配基相互作用的特点，可以建立以受体为靶点的高通量筛选模型，发现和寻找作用于受体的目标物。

2. 酶抑制剂高通量筛选模型

酶是由活细胞产生，并能在体内外起催化作用的一类特异性蛋白质。生物体内的各种代谢变化过程几乎都需要酶的催化促进，酶的催化作用是机体实现物质代谢以维持生命活动的必要条件。当某种酶在体内的生成或作用发生障碍时，机体的物质代谢过程常会失常，从而导致目标物的积累，所以酶是目标物合成过程重要的靶点。酶抑制剂是指某些物质在不引起酶蛋白变性的情况下，引起酶活力减弱，抑制酶的活力，甚至使其消失，这样的物质称为酶抑制剂。基于酶靶标的高通量筛选模型既可以是分子水平，也可以是细胞水平。

3. 基于细胞的高通量筛选模型

细胞水平的目标物筛选是观察被筛选样品对细胞的作用，虽不能反映目标物作用的具体途径和靶点，但能够反映出目标物对细胞生长过程的综合作用。用于筛选的细胞模型包括正常细胞和经过不同手段建立的改造细胞。由于多种细胞筛选模型的检测指标是细胞的生殖状态，所以细胞模型在目标物筛选方面可用于细胞毒性的筛选。通过基因转染，可以将报告基因转入细胞而建立细胞筛选模型，此类细胞模型由于转入了报告基因，可以反映细胞内的信息通路变化，所以目前被广泛地应用于高通量筛选。

建立于分子和细胞水平的高通量筛选模型主要是观察筛选样品与生物特定分子和细胞的相互作用，由于这种作用是在体外微量条件下进行，所以这些模型应该具备以下特性：①灵敏度；②特异性；③稳定性；④可操作性。

（四）高通量筛选检测技术

高通量筛选检测技术是高通量筛选技术体系中重要的环节之一，检测技术的特异、灵敏直接决定着所筛选活性化合物的“质量”，因此根据建立的模型，选择合适的检测方法就显得非常重要。高通量筛选检测技术根据待测样品的种类可分为非细胞相筛选、细胞相筛选、生物表型筛选。

1. 非细胞相筛选

（1）Microbead-FCM 联合筛选　流式细胞仪（Flow Cytometry，FCM）可根据穿过毛细管的细胞荧光强度或类型分离细胞。由于不同的分子与标记有不同荧光素的受体或抗体结合，利用和细胞大小相似的微珠（Microbead）作为固相载体取代细胞通过 FCM，不同荧光标记的 Microbead 就被分离出来，于是靶分子或目标分子就很容易地被分离、纯化。Microbead-FCM 方法被用于分析 RNA-蛋白质之间的相互作用。

（2）放射免疫性检测（Radioimmunoassay，RIA）　RIA 的基本原理是利用标记抗原（Ag3）和非标记抗原（Ag）对特异性抗体（Ab）发生竞争性结合。RIA 有更高的灵敏度，但放射性元素的使用使得 RIA 的应用受到较大的限制。

（3）荧光检测（Fluorescence Assay，FA）　荧光材料在一定条件下每个分子能释放数千个光子，使理论上的单一分子水平检测成为可能。这种特性以及可采用多种荧光模式，使得荧光检测技术成为高通量筛选必不可少的方法。根据选择的目的不同，荧光检测技术又可以分为：①荧光共振能量转移（Förster Resonance Energy Transfer，FRET）——是一种用来确定与不同荧光团结合的两个分子间距离的技术；②与时间相关的荧光技术（Time-resolved Fluorescence，TRF）——可降低荧光背景，荧光分析的灵敏度常不受来源于试剂和容器等背景信号的影响；③荧光偏振检测（Fluorescence Polarized Assay，FPA）——用于分析多种分子之间的相互作用，如 DNA-蛋白、蛋白-蛋白、抗原-抗体；④荧光相关性光谱（Fluorescence Correlation Spectroscopy，FCS）——是一种通过监测微区域内分子荧光波动来获取分子动态参数或微观信息的灵敏的单分子检测技术；⑤闪烁接近检测（Scintillation Proximity Assay，SPA）法；⑥酶连接的免疫吸附检测（ELISA）。

2. 细胞相筛选

高通量细胞相筛选在多步信号传递中具有可以同时筛选大量靶蛋白的优点，由于可以同时获得信号传导、物质代谢等关于细胞生命活动的信息，因此可以省去体外筛选过程中的许多步骤。高通量细胞相筛选主要涉及选择性杀死策略，离子通道检测，报告基因分析。

（1）选择性杀死策略　先确定活体生物（通常是芽殖酵母）的类型并选出带有缺陷类型的癌细胞目标分子，然后寻找仅杀死缺陷类型目标分子而不伤害正常类型分子的药物。这种方法目前在化学生物学领域广泛使用，以寻找能过滤有毒分子并选择性杀死目标分子。

（2）离子通道检测　离子通道是细胞信号传递的基本途径之一，也是细胞许多生理活动过程的重要组成部分。电压敏感性染料被用来研究多种药物在细胞内同离子通道的相互作用，对筛选和发现作用于离子通道的药物帮助很大。同时该法还被用来检测钙离子浓度、膜电位、pH 的变化等。

（3）报告基因分析　报告基因（Reporter Gene）是一种编码可被检测的蛋白质或酶的基因，是一个其表达产物非常容易被鉴定的基因。把它的编码序列和基因表达调节序列相融合形成嵌合基因，或与其他目的基因相融合，在调控序列控制下进行表达，从而利用它的表达产物来标定目的基因的表达调控，从而筛选得到转化体。

3. 生物表型筛选

伴随着基因组学的发展，人们建立了线虫、果蝇、斑马鱼和小鼠等整体动物模型来研究特定的生理病理学表型和基因突变及表达的关系。因为与果蝇基因相比，小鼠基因与人类基因更近一些，因而具有与人类疾病相似的显型的小鼠变异类型将对医疗应用以及新基因功能的发现有重要帮助。研究人员通过用化学诱变剂如 ENU（*N*-乙基-*N*-亚硝基脲）等处理雄鼠，使其精子细胞产生变异，然后产出变异的后代来研究人类遗传疾病基因突变的情况。

（五）高通量筛选技术在选育氨基酸产生菌上的应用

高通量筛选技术是以传统诱变筛选技术或基因工程技术为基础，结合先进的信息技术、自动化技术和仪器分析技术（色谱、光学、质谱、微芯片等多种检测技术）实现菌种的高效筛选，广泛应用于多个领域，如药物筛选（包括基于酵母、细胞和动物的药物筛选）、蛋白质定向进化以及高产菌株筛选（如高产抗生素菌株的筛选）等。

近年来，越来越多的文献报道利用高通量筛选技术来选育氨基酸高产菌株，其筛选检测技术主要依靠荧光激活细胞分选术（Fluorescence-Activated Cell Sorting，FACS）。然而，高通量筛选技术在选育氨基酸产生菌上的应用面却十分有限，其主要原因是难以找到或构建合适的生物敏感元件（Biosensor）。目前，作为基于 FACS 的高通量筛选技术选育氨基酸产生菌的生物敏感元件主要有三大类：①基于 RNA 的生物敏感元件（RNA-based Biosensors）；②基于转录因子的生物敏感元件（Transcription factor-based Biosensors）；③基于荧光共振能量转移（Förster Resonance Energy Transfer，FRET）的生物敏感元件。在基于 RNA

的生物敏感元件的应用上，Paige 等通过构建含有一个适配体和绿色荧光蛋白（Green Fluorescent Protein，GFP）的 RNA-based Biosensors，并且适配体直接控制着绿色荧光蛋白的表达。采用这个生物敏感元件，已成功筛选出高产甲硫氨酸的大肠杆菌突变株。基于转录因子的生物敏感元件被广泛运用在利用高通量筛选技术来筛选氨基酸高产菌株。例如，Eggeling 等构建了一种基于转录因子 *lysG* 的赖氨酸生物敏感元件，该生物敏感元件是一个含有 *lysG*、*lysE* 启动子以及黄色荧光蛋白基因 *eyfp* 的质粒。当胞内必需氨基酸浓度提高时，转录因子 *lysG* 会激活必需氨基酸转运蛋白 LysE 的表达。通过监测细胞黄色荧光的强弱，从而筛选出高产赖氨酸的菌株。另外，Frunzke 等构建了一种基于转录因子 *lrp* 的亮氨酸生物敏感元件，该生物敏感元件是一个含有 *lrp*、*brnFE* 启动子以及黄色荧光蛋白基因 *eyfp* 的质粒。通过监测细胞黄色荧光的强弱，测定不同突变株胞内甲硫氨酸和支链氨基酸的浓度。同时，Liu 等通过构建一种基于转录因子 *cysJp* 和 *cysHp* 的 L-苏氨酸生物敏感元件，结合高通量筛选技术和 ARTP 技术筛选出一株高产苏氨酸的突变株。然而，目前利用基于荧光共振能量转移的生物敏感元件来高通量筛选氨基酸高产菌株应用还不是很多，主要应用在筛选谷氨酸高产菌和色氨酸高产菌。

参考文献

[1] 陈宁．氨基酸工艺学（第二版）[M]．北京：中国轻工业出版社，2020.

[2] 于信令．味精工业手册（第二版）[M]．北京：中国轻工业出版社，2009.

[3] 张伟国，钱和．氨基酸生产技术及其应用 [M]．北京：中国轻工业出版社，1997.

[4] 张克旭，陈宁，张蓓．代谢调控发酵 [M]．北京：中国轻工业出版社，1998.

[5] 诸葛健，李华钟，王正祥．微生物遗传育种学 [M]．北京：化学工业出版社，2009.

[6] 储炬，李友荣．现代工业发酵调控学 [M]．北京：化学工业出版社，2002.

[7] 张虎成，郭进，郑毅．现代生物技术理论及应用研究 [M]．北京：中国水利水电出版社，2016.

[8] Ikeda M，Ohnishi J，Mitsuhashi S [M]．Genome breeding of an amino acid - producing *Corynebacterium glutamicum* mutant. In：Barredo JL.（Eds）Microbial processes and products. Methods in Biotechnology [M]．New Jersey：Humana Press，2005.

[9] Stephanopoulos GN，Aristidou AA，Nielsen J 著，赵学明，等译．代谢工程——原理与方法 [M]．北京：化学工业出版社，2003.

[10] 张惠展．基因工程（第四版）[M]．上海：华东理工大学出版社，2017.

[11] 秦路平．生物活性成分的高通量筛选 [M]．上海：第二军医大学出版社，2002.

第九章　氨基酸发酵过程控制技术

氨基酸发酵过程极其复杂，包括数十步甚至数百步的生物化学反应，微小的环境条件变化可能会造成明显影响。发酵过程影响因素很多，不同氨基酸发酵过程的主要影响因素也不尽相同。为了在发酵过程中取得优质高产的效果，必须了解氨基酸产生菌的代谢变化规律及其主要影响因素，掌握有效方法加以控制。本章主要讨论氨基酸发酵过程中溶氧、pH、温度、泡沫、补料等控制的要点。

第一节　发酵工艺概述

氨基酸发酵生产的一般工艺流程如图 9-1 所示。配好的发酵培养基经连续灭菌、冷却后送至发酵罐中，经调 pH、温度，接入种子罐培养成熟的种子液，然后通入无菌空气和启动搅拌，即进入发酵阶段。在发酵过程中，菌体经过发酵前期的适度生长繁殖后，逐步转向积累代谢产物，利用营养底物大量合成目的氨基酸。为了实现发酵目标，整个发酵过程需对溶氧、pH、温度、泡沫、补料等要素加以调节控制。发酵结束后，即可进行放罐，将成熟发酵液送至提取工序。

氨基酸发酵生产工艺的种类很多，从不同的角度的划分，大致可分为以下几类。

1. 按碳源的原料划分

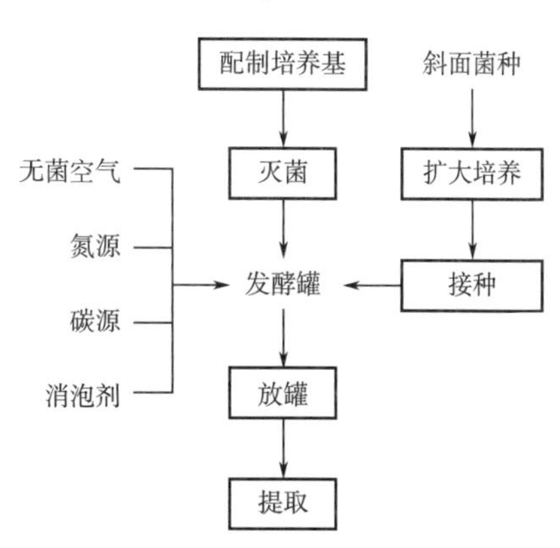

图 9-1　氨基酸发酵生产的一般工艺流程

氨基酸发酵生产的碳源原料主要有由淀粉水解的葡萄糖液（淀粉水解糖）和糖蜜两大类。由于这两类原料所含生物素差别很大，对生物素缺陷型菌株的谷氨酸发酵而言，这两种原料的发酵工艺明显不同：对于糖蜜原料，其生物素丰富，在发酵过程中需要添加青霉素、表面活性剂来抑制谷氨酸产生菌的细胞壁合成，从而抑制其过度生长；或采用温度敏感型突变株，控制发酵温度来控制其细胞膜的合成；而对于淀粉水解的葡萄糖液，其所含的生物素远远低于糖蜜，用于发酵培养基时还需添加生物素。

2. 按接种量大小划分

一般情况下，所说的接种量是指接入发酵罐的成熟种子液的体积相对于发酵初始体积的百分比。以往很多工厂的接种量只有1%~3%，这种接种量相对当前的接种量来说，属于小接种量，目前已基本上不采用小接种量发酵。当前氨基酸发酵工艺趋向于大接种量，一般为5%~10%，甚至更大。

3. 按发酵初糖浓度划分

根据发酵初糖浓度高低，大致可将氨基酸发酵工艺划分为低初糖工艺、中初糖工艺和高初糖工艺。通常，对于谷氨酸发酵而言，低初糖工艺的初糖浓度80~120g/L，中初糖工艺的初糖浓度为140~160g/L，高初糖工艺的初糖浓度为180~200g/L。由于培养基的高渗透压抑制微生物生长、代谢，因此目前大部分工厂均采用中、低初糖工艺，高初糖工艺已基本不采用。对于大肠杆菌基因工程菌发酵赖氨酸、苏氨酸和色氨酸等氨基酸而言，初糖浓度更低，只有10~20g/L。

4. 按发酵过程补加糖液划分

从氨基酸发酵过程中是否补加糖液的角度来看，有需要补糖工艺和不需要补糖工艺。一般情况下，不需要补糖工艺采用一次高初糖或中初糖工艺，而需要补糖工艺则采用中初糖或低初糖、中间补加糖液工艺。在需要补糖工艺中，又按补加糖液的浓度分为补加低浓度糖液工艺、中浓度糖液工艺和高浓度糖液工艺。补加糖液的低浓度、中浓度和高浓度分别为300g/L左右、400g/L左右和500g/L以上。低浓度的补加糖液一般采用糖化车间出来的糖液即可，不需要浓缩处理，而中浓度和高浓度的补加糖液需经过蒸发浓缩处理。目前，采用双酶法制得的糖液浓度只有300~350g/L，经过蒸发浓缩可得到高浓度糖液（500~650g/L）。

第二节　溶氧的控制

一、微生物对氧的需求

1. 呼吸强度与耗氧速率

目前，氨基酸产生菌都是好气性微生物，其生长繁殖和代谢活动都需要消耗O_2，因为只有在O_2存在的情况下，好气性微生物才能完成生物氧化反应。因此，供氧对需氧微生物是必不可少的，在氨基酸发酵过程中必须供给适量无菌空气，才能使菌体生长繁殖并积累所需要的代谢产物。但需氧微生物的氧化酶系是存在于细胞内原生质中，微生物只能利用溶解于液体中的氧，其生长、繁殖以及代谢直接受溶解氧量的影响。

各种好氧微生物所含的氧化酶体系（如过氧化氢酶、细胞色素氧化酶、黄素脱氢酶、多酚氧化酶等）的种类和数量不同，且氧化酶系受环境条件的影响，因此，不同微生物的吸氧量或呼吸程度往往是不同的，即使是同一种微生物的吸氧量或呼吸程度在不同环境条件下也是不同的。

微生物的吸氧量常用呼吸强度和耗氧速率两种方法来表示。

（1）呼吸强度　呼吸强度是指单位质量干菌体在单位时间内所吸取的氧量，以Q_{O_2}表示，单位为mmol O_2/[g（干菌体）·h]。

（2）耗氧速率　耗氧速率是指单位体积培养液在单位时间内的吸氧量，以γ表示，单位为 mmol O_2/（L·h）。呼吸强度可以表示微生物的相对需氧量，但是，当培养液中有固体成分存在时，测定有一定困难，这时可用耗氧速率来表示。微生物在发酵过程中的耗氧速率取决于微生物的呼吸强度和单位体积液体的菌体浓度。

微生物耗氧速率可用式（9-1）表示：

$$\gamma = Q_{O_2}X \tag{9-1}$$

式中　γ——微生物耗氧速率，mmol（O_2）/（L·h）

Q_{O_2}——菌体呼吸强度，mmol（O_2）/[g（干菌体）·h]

X——发酵液中菌体浓度，g/L

不同种类微生物的需氧量不同，即使同一种微生物的需氧量，随菌龄和培养条件不同而异，在菌体生长阶段和代谢产物大量形成阶段的需氧量也往往不同。一般幼龄菌生长旺盛，细胞呼吸强度大；当在种子培养过程中，培养液中的菌体浓度较低，总耗氧量有可能较低，耗氧速率也较低；而晚龄菌的呼吸强度虽然较弱，但在代谢阶段菌体浓度较高，总耗氧量有可能较高，耗氧速率也较高。

由于培养基的成分和浓度显著地影响细胞的生长繁殖，对菌体浓度产生影响，从而间接影响耗氧速率。因此，好氧微生物在营养丰富的培养基中耗氧速率相对于营养贫乏的培养基要大。例如，在生物素限量的培养基中，生物素缺陷型的谷氨酸产生菌的菌体浓度受限制，其耗氧速率也将受到限制。

2. 临界氧浓度

微生物的耗氧速率受发酵液中溶氧浓度的影响，各种微生物对发酵液的溶氧浓度有一个最低的要求，这一溶氧浓度称作“临界氧浓度”，以 $C_{临界}$ 表示。微生物的临界氧浓度一般为 0.003~0.05mmol/L。

微生物的呼吸强度受多种因素的影响，其中发酵液中的溶氧浓度对呼吸强度的影响如图 9-2 所示。

从图 9-2 中可看出，如果不存在其他限制性底物，当溶氧浓度低于临界氧浓度时，呼吸强度随着溶氧浓度的增加而增加，这时若限制溶氧浓度会严重影响细胞的代谢活动；当溶氧浓度继续增加，达到临界氧浓度后，呼吸强度保持恒定，与溶氧浓度无关。利用这一规律，可以指导发酵前期的溶氧控制。

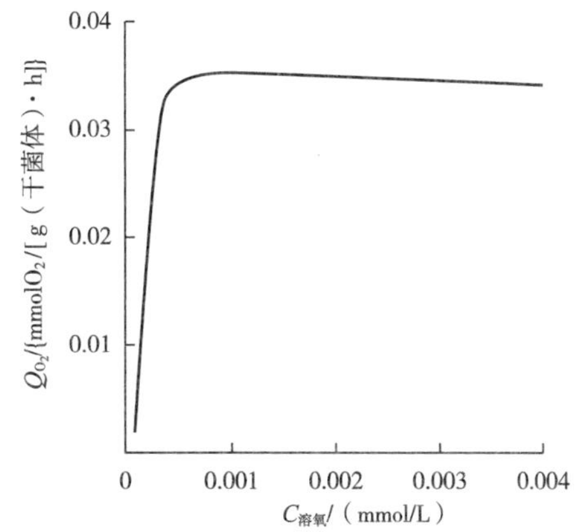

图 9-2　呼吸强度与溶氧浓度的关系

3. 氧满足度和溶氧速率

有时溶氧浓度对细胞生长和产物生成的影响可能是不同的，即对于细胞生长的最佳氧浓度不一定是形成产物的最佳氧浓度。溶氧

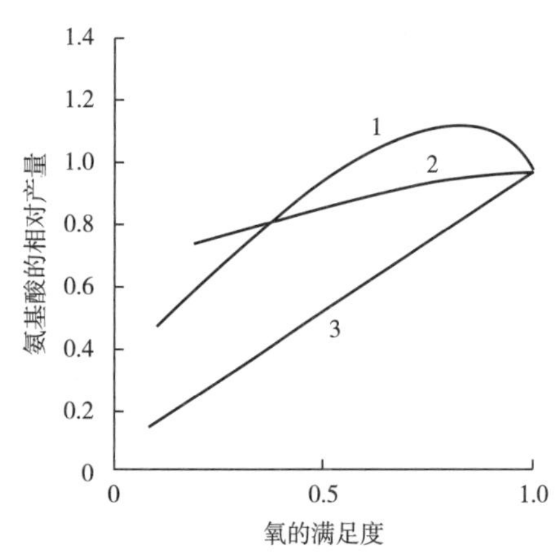

图 9-3　氨基酸相对产量与氧满足度之间的关系
1—亮氨酸　2—赖氨酸　3—谷氨酸

浓度与临界氧浓度之比称为氧满足度。研究溶氧浓度对黄色短杆菌生产各种氨基酸的影响，几种氨基酸的生产与氧满足度的关系见图 9-3。由图 9-3 可以看出，不同氨基酸最大量合成时的氧满足度不一样。根据氨基酸相对产量与氧满足度的关系，氨基酸发酵可分为三大类：第一类氨基酸的氧满足度远远大于 1，包括谷氨酸、谷氨酰胺、脯氨酸和精氨酸等，这类氨基酸的最大量合成的前提是必须充分满足菌体的正常呼吸，若供氧不能满足菌体的正常呼吸，氨基酸的合成就会受到强烈的抑制，将会积累大量副产物如乳酸和琥珀酸等。第二类氨基酸的氧满足度稍微大于 1，包括赖氨酸、苏氨酸、天冬氨酸和异亮氨酸等，供氧充足时可获得最大合成量，若供氧稍微偏低，合成量受到抑制的程度没有那么明显。第三类氨基酸的氧满足度低于 1，包括苯丙氨酸、缬氨酸和亮氨酸等，苯丙氨酸、缬氨酸和亮氨酸的氧满足度分别为 0. 55、0. 60 和 0. 85，这类氨基酸的最大量合成的供氧条件是限制细胞正常呼吸，若供氧充足反而会严重抑制产物的形成。

不同氨基酸的氧满足度也不同，主要是由它们的生物合成途径不同所导致。第一类氨基酸即谷氨酸族氨基酸的合成是由 TCA 循环提供前体——α-酮戊二酸，产生的 NADH 量最多，氧化反应所需氧量也最多；第二类氨基酸即天冬氨酸族氨基酸也由 TCA 循环提供前体——草酰乙酸，产生的 NADH 量较多，故需氧量也较多；第三类氨基酸（包括丙酮酸族氨基酸和苯丙氨酸）的合成不经过 TCA 循环，NADH 产量很少，供氧过量反而会抑制产物合成。

谷氨酸产生菌是兼性好氧菌，在谷氨酸发酵过程中，供氧量过大或过小对菌体生长和谷氨酸积累都有很大影响。发酵不同阶段对氧的要求不同，一般在菌体生长繁殖期比谷氨酸生成期对溶氧要求低，长菌阶段供氧为菌体需氧量的“亚适量”，要求溶氧系数 K_d 为 $4.0\times10^{-6}\sim5.9\times10^{-6}$ mol O_2/(mL · min · MPa)，生成谷氨酸阶段要求溶氧系数 K_d 为 $1.5\times10^{-5}\sim1.8\times10^{-5}$ mol O_2/(mL · min · MPa)。作为供氧指标与 K_d 比较应该用氧的传递速率 γ_{ab} 表示更适宜。谷氨酸发酵最适宜的亚硫酸盐溶氧速率为 $(1.0\sim1.5)\times10^{-6}$ mol O_2/(mL · min)，其溶氧速率 γ 应大于 1.0^{-6}mol O_2/(mL · min)。在长菌阶段，若供氧过量，在生物素限量的情况下，抑制菌体生长，表现为耗糖慢，pH 偏高，且不易下降。在发酵产酸阶段，若供氧不足，发酵的主产物由谷氨酸转为乳酸，这是因为在缺氧条件下，谷氨酸生物合成所必需的丙酮酸以后的氧化反应停滞，导致糖代谢中间体——丙酮酸转化为乳酸；生产上表现为耗糖快，pH 低，长菌不产谷氨酸。但是，如果供氧过量，则不利于 α-酮戊二酸进一步还原氨基化而积累 α-酮戊二酸。

4. 溶解氧控制的意义

在发酵过程中，微生物只能利用溶解状态下的氧。氧是很难溶于水的气体，在25℃、0.1MPa条件下，氧在水中的溶解为0.25mmol O_2/L；而在相同条件下，在发酵液中氧的溶解度仅为0.20mmol O_2/L；这样低的溶氧浓度，微生物菌体正常呼吸只能维持20~30s。由于微生物不断消耗发酵液中的氧，而氧的溶解度又很低，因此必须强制连续供氧。在发酵工业中，随着高产菌株的获得，高浓度发酵和丰富培养基的采用，对通风和搅拌的要求就更高了。在丰富培养基中，发酵旺盛期间，即使培养液完全被空气饱和，它所溶解的氧也是很少的，只能维持菌体正常呼吸15~20s，过后菌体的呼吸就受到抑制；另外，在这种稠厚的培养液中氧的溶解度比在纯水中更小。这些就决定了大多数的好氧发酵需要有适当的通气条件下才能维持一定的生产水平。

近年来，许多好氧发酵已发展到很高水平，以致氧的需求超过现有发酵设备的传氧能力，其后果是氧传递速率成为发酵水平的限制因素。越来越多的事实表明：氧的供应不足可能引起生产不可弥补的损失或可能导致细胞代谢转向产生所不需要的副产物。由于菌体的新陈代谢与 O_2 呼吸有关，调节通风和搅拌，可影响发酵周期的长短和代谢产物的高低。而了解长菌阶段和代谢产物形成阶段的最适需氧量，就可能分别合理地供氧，因此，溶解氧的控制是极其重要的。

事实上并不需要发酵液中氧的浓度达到饱和浓度，只要维持在氧的临界浓度以上即可。因此，应尽可能了解发酵过程中菌体生长的临界氧浓度和达到最高发酵产量的临界氧浓度，即菌体的生长和发酵产物形成过程中的最高需氧量，以便分别合理地供给足够的氧气。此外，还应考虑如何采用有效而又经济的方法使发酵液维持这样的溶解氧浓度。通常搅拌可增加通风效果，并且通风本身也具有搅拌作用，因此，在发酵过程中常把通风和搅拌看作一个作业。

目前，在发酵工业中氧的利用率是比较低的，在谷氨酸发酵方面氧的利用率为10%~30%，说明有大量经过净化处理的无菌空气被浪费掉。因此，提高供氧的利用效率，就能大大降低空气消耗量，从而降低设备费用，减少动力消耗；且减少染菌机会，减少泡沫形成，提高设备利用率。

二、氧的传质理论

1. 氧的传递途径与传质阻力

在需氧发酵中，O_2 从气泡传递至细胞内，需要克服一系列阻力，这些阻力的相对大小取决于流体力学特性、温度、细胞活性和浓度、液体组成、界面特性以及其他诸多因素。在传递过程中，氧的传递阻力又可分为供氧方面的阻力和耗氧方面的阻力（图9-4）。供氧方面的阻力是指空气中的 O_2 从空气泡里通过气膜、气液界面和液膜扩散到液体主流中所克服的阻力。耗氧方面的阻力是指氧分子自液体通过液膜、菌体和细胞膜扩散到细胞内所克服的阻力。

图9-4简单表示了这个过程的情况，氧从空气泡达到细胞的总传递阻力为各种阻力之

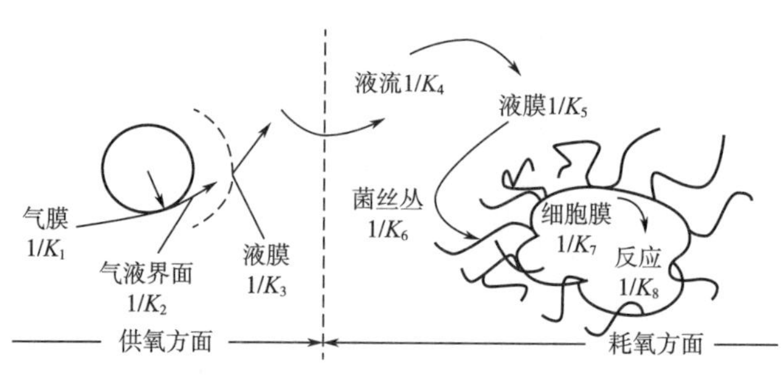

图 9-4　氧传递的各种阻力

和，见式（9-2）。

$$\frac{1}{K_t}=\frac{1}{K_1}+\frac{1}{K_2}+\frac{1}{K_3}+\frac{1}{K_4}+\frac{1}{K_5}+\frac{1}{K_6}+\frac{1}{K_7}+\frac{1}{K_8} \tag{9-2}$$

式中　$1/K_1$——气相主体到气液界面的气膜传递阻力

$1/K_2$——气液界面的传递阻力

$1/K_3$——从气液界面通过液膜的传递阻力

$1/K_4$——液相主体的传递阻力

$1/K_5$——细胞周围液膜的传递阻力

$1/K_6$——细胞或细胞团表面的传递阻力

$1/K_7$——细胞膜的传递阻力

$1/K_8$——细胞内反应阻力

由于 O_2 是很难溶于水的气体，所以在供氧方面液膜是一个控制过程，即 $1/K_3$是较为显著的，使气泡和液体充分混合而产生的湍动可以减少这方面的阻力。在耗氧方面，$1/K_6$与 $1/K_7$是主要阻力，发酵过程中通过搅拌可以降低这两方面的阻力，而细胞内反应阻力 $1/K_8$与胞内的酶促反应条件有关。

2. 气体溶解过程的双膜理论

气体溶解于液体是一个复杂的过程，最早提出的至今还在应用的假说是双膜理论。氧首先由气相扩散到气液两相的接触界面，再进入液相，界面的一侧是气膜，另一侧是液膜，氧由气相扩散到液相必须穿过这两层膜。这个假说的过程见图 9-5。

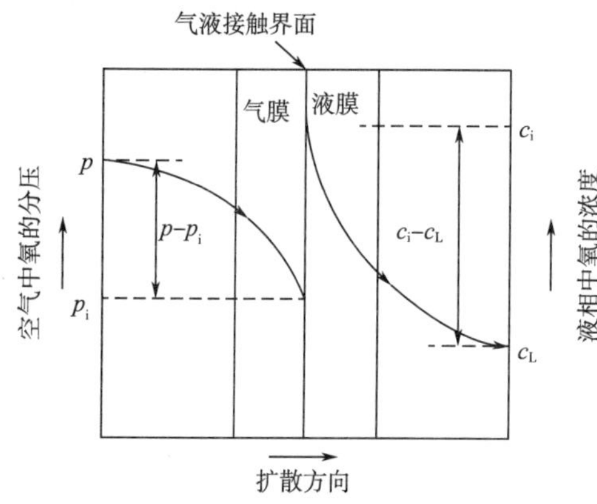

图 9-5　双膜理论的氧传递过程

氧从空气扩散到气液界面这一段的推动力是空气中氧的分压与界面处氧分压之差，即 $p-p_i$，氧穿过界面溶于液体，继续扩散到液体中的推动力是界面处氧的浓度之差，即 c_i-c_L。与两个推动力相对应的阻力是气膜阻力 $1/K_G$和液膜阻力

$1/K_L$。当气液传递过程处于稳态时，通过气膜和液膜的传递速率相等，见式9-3。

$$N_A = \frac{推动力}{阻力} = \frac{p - p_i}{1/k_G} = \frac{c_i - c_L}{1/k_L} = k_G(p - p_i) = k_L(c_i - c_L) \tag{9-3}$$

式中　N_A——单位接触界面的氧传递速率，kmol（O_2）/(m^3·h)

p，p_i——气相中和气、液界面处氧分压，MPa

c_L，c_i——液相中和气、液界面处氧浓度，mol/m^3

k_G——气膜传质系数，kmol/(m^2·h·MPa)

k_L——液膜传质系数，kmol/(m^2·h·kmol/m^3）或 m/h

通常情况下，不可能测定界面处的氧分压和氧浓度，所以式（9-3）不能直接用于实际。为了计算方面，并不单独使用k_G或k_L，而用总传质系数和总推动力。在稳定状态时：

$$N_A = K_G(p - p^*) = K_L(c^* - c_L) \tag{9-4}$$

式中　K_G——以氧分压差为总推动力的总传质系数，kmol/(m^2·h·MPa)

K_L——以氧浓度差为总推动力的总传质系数，m/h

p^*——与液相中氧浓度c_L相平衡的气相氧分压，MPa

c^*——与气相中氧分压p平衡的液相氧浓度，kmol/m^3

根据亨利定律，与溶解浓度达到平衡的气体分压与该气体被溶解分子分数成正比，即：

$$p = Hc^*;\ p^* = Hc_L;\ p_i = Hc_i \tag{9-5}$$

式中　H——亨利常数，它表示气体溶解于液体的难易程度。如在亚硫酸盐溶液中，当氧分压为0.21MPa，溶氧浓度为0.2mmol/L，即：

$$H = \frac{p}{c^*} = \frac{0.021}{0.2} = 0.105(\mathrm{L \cdot MPa/mmol\ O_2}) = 1.05 \times 10^6(\mathrm{mL \cdot MPa/mol\ O_2})$$

根据式（9-4）：

$$K_G = \frac{N_A}{p - p^*}$$

$$\frac{1}{K_G} = \frac{p - p^*}{N_A} = \frac{p - p_i}{N_A} + \frac{p_i - p^*}{N_A} = \frac{p - p_i}{N_A} + \frac{H(c_i - c_L)}{N_A}$$

又根据式（9-3）：

$$\frac{1}{k_G} = \frac{p - p_i}{N_A};\ \frac{1}{K_L} = \frac{c_i - c_L}{N_A}$$

所以

$$\frac{1}{K_G} = \frac{1}{k_G} + \frac{H}{k_L} \tag{9-6}$$

同样可以证明：

$$\frac{1}{K_L} = \frac{1}{k_L} + \frac{1}{H \cdot k_G} \tag{9-7}$$

对于易溶气体，如氨溶于水，H值甚小，式（9-6）右边H/k_L可忽略，则$K_G = k_G$，说明这溶解过程的主要阻力是气膜阻力。对于难溶气体，如氧溶于水，H值甚大，式（9-7）右边$1/(H \cdot k_G)$可忽略，则$K_L = k_L$，说明这一过程液膜阻力是主要因素。

由于传质理论随着生产实践的发展而不断发展，目前双膜理论已显得有些陈旧，不足以完善说明气液间传质的现象。例如，膜的存在并以分子扩散为依据，实际上是否存在双膜还是疑问，传质现象并不限于分子扩散，还包括各种因素，如湍流情况下的传质就不单纯是分子扩散。所以双膜理论既是基本的，又是不完整的，但它目前仍然被使用。关于气液传质问题到目前已提出许多其他理论，如渗透理论、表面更新理论等，但这些理论也并不完善。

3. 氧传质方程式

上述介绍的传质系数 K_L 并不包括传质界面积。传质设备都不可能存在间壁，须用两相直接接触的内界面来代替间壁面积进行计算。所谓内界面事实上是难以测定的，最好考虑一种传质系数能包括内界面，方便于实际应用，内界面以 a 表示，单位为 m^2/m^3，即单位体积的内界面。在气、液传质过程中，通常将 K_La 作为一项处理，即 K_La 为以氧浓度差为总推动力的体积传质系数，K_Ga 为以氧压力差为总推动力的体积传质系数，K_La 和 K_Ga 又称为体积溶氧系数。那么，溶氧速率方程见式（9-8）。

$$N = K_La(c^* - c_L) = K_Ga(p - p^*) = K_La\frac{1}{H}(p - p^*) \tag{9-8}$$

式中 N——单位体积液体氧的传递速率，kmol/(m^3 · h)

a——比表面积，m^2/m^3

K_La——以浓度差为推动力的体积溶氧系数

K_Ga——以分压差为推动力的体积溶氧系数

c_L——溶液中氧的实际浓度，kmol/m^3

c^*——与气相中氧分压 p 平衡时溶液中氧浓度，kmol/m^3

p——气相中氧的分压，MPa

p^*——与液相中氧浓度 c 平衡时的氧分压，MPa

H——亨利常数，m^3 · MPa/kmol

保持发酵液一定的溶氧速度，正是为满足微生物呼吸代谢活动的耗氧速度。如果溶氧速度小于微生物的耗氧速度时，则发酵液中氧逐渐耗尽，当发酵液中溶氧浓度低于临界氧浓度时，就要影响微生物的生长发育和代谢产物生成。因此，为了满足微生物生长、繁殖和代谢对氧的需求，供氧和耗氧至少要达到平衡，平衡时可用式（9-9）表示：

$$N = K_La(c^* - c_L) = Q_{O_2}X \tag{9-9}$$

移项后得：

$$K_La = \frac{Q_{O_2}X}{c^* - c_L} \tag{9-10}$$

式中 Q_{O_2}——微生物的呼吸强度，mmol（O_2）/［g（干菌体）· h］

X——菌体浓度，g/L

但是，在实际发酵过程中，这种平衡的建立往往是暂时的，由于发酵过程中培养物的物理、生化等性质随时变化，相应氧传递情况也不断变化，平衡不断地被打破，又重新建立。对一个培养物来说，最低的通气条件可由式（9-10）求得。K_La 也可称为“通气效率”，可用来衡量发酵罐的通气状况，高值表示通气条件富裕；低值则表示通气条件贫乏。在发酵过程中，发酵液内某瞬间溶氧浓度变化可用式（9-11）表示：

$$\frac{dc_L}{dt} = K_L a(c^* - c_L) - Q_{O_2}X \tag{9-11}$$

在稳定状态下，$dc_L/dt=0$，则 $c_L = c^* - \frac{Q_{O_2}X}{K_L a}$。

三、影响氧传递速率的主要因素

根据气液传质方程式（9-8），可以看出影响氧传递率的因素有溶氧系数 $K_L a$ 值和推动力（c^*-c_L）。此外，发酵罐中液体体积与高度及发酵液的物理性质等也与供氧有关，而与溶氧系数 $K_L a$ 值有关的主要因素有搅拌、空气线速度、空气分布器型式、发酵液黏度等；而影响推动力（c^*-c_L）的因素有发酵液深度、氧分压、发酵液性质等。为了获得良好的溶氧效率，必须充分了解各因素的影响程度，并加以调节。

1. 搅拌

在常压和25℃时，空气中的 O_2 在纯水中的溶解度仅为0.25mmol/L。在发酵液中，由于各种溶解的营养物、无机盐和微生物代谢产物存在，溶氧浓度会进一步降低。在不通气的情况下，发酵液中的溶氧大约经过14s后就会耗尽。为了保证需氧发酵的溶氧供应，必须在发酵过程中不断通入无菌空气并搅拌。

好气性发酵罐一般为机械搅拌通气发酵罐。通气即通入无菌空气，以满足好气或兼性好气微生物生长繁殖和代谢的需要。而搅拌作用则是将气泡打碎，强化流体的湍流程度，使空气与发酵液充分混合，气、液、固三相更好地接触，一方面增加溶氧速率，另一方面使微生物悬浮混合均匀，促进代谢产物的传质速率。

（1）采用机械搅拌提高溶氧系数是行之有效普遍采用的方法　这是因为搅拌可以从下列几个方面改善溶氧速率：①搅拌能将大空气泡打碎成为微小气泡，增加了氧与液体的接触面积，而且小气泡的上升速度要比大气泡慢，因此相应地延长了氧与液体的接触时间；②搅拌使液体做涡流运动，使气泡不是直线上升而是做螺旋运动上升，延长了气泡的运动路线，即增加了气液的接触时间；③搅拌使发酵液呈湍流运动，从而减少了气泡周围液膜的厚度，减少了液膜的阻力，因此增大了 $K_L a$ 值；④搅拌使菌体分散，避免结团，有利于固液传递中接触面积的增加，使推动力均一，同时也减少菌体表面液膜的厚度，有利于氧的传递。但过度强烈的搅拌，产生的剪切作用大，对细胞损伤，特别对丝状菌的发酵类型，更应考虑到剪切力对菌体细胞的损伤。

（2）搅拌器的型式、直径、转速、级数、搅拌器间距以及在罐内的相对位置等对氧的传递速率都有影响

①搅拌器的型式：搅拌器按液流形式可分为轴流式和径向式两种。桨式、锚式、框式和推进式的搅拌器均属于轴流式，而涡轮式搅拌器则属于径向式。目前，机械搅拌通风发酵罐一般采用圆盘涡轮式搅拌器，属于径向式。圆盘涡轮式搅拌器的叶片有弯叶、直叶、

箭叶和半圆叶等多种型式（图 9-6），多数发酵罐采用六弯叶圆盘涡轮式搅拌器。

图 9-6　几种型式的圆盘涡轮搅拌器

在高速旋转时，各种型式的涡轮式搅拌器叶片转动方向后方不同程度地存在压力较小的尾部涡流，通入发酵罐的气体总是被吸入尾部涡流而汇聚成涡流气穴，不利于气泡破碎，导致氧传递效率低。比较几种圆盘涡轮搅拌器叶片的溶氧效果，发现箭叶圆盘涡轮搅拌器效果最差，而半圆叶圆盘涡轮搅拌器效果最好。

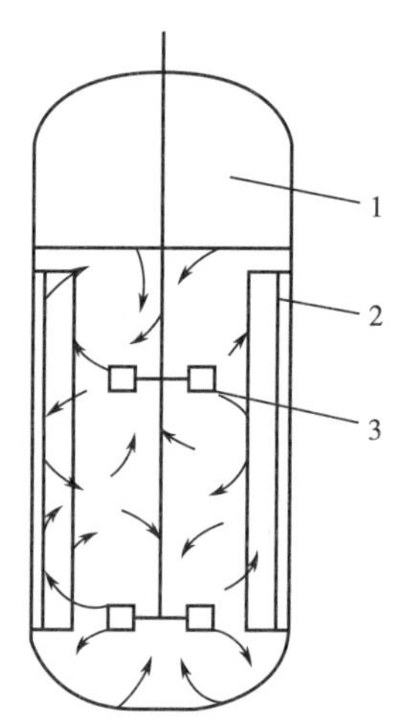

图 9-7　有挡板的液体流型

1—发酵罐　2—挡板　3—搅拌叶

涡轮式搅拌器的特点是直径小、转速快、搅拌效率高，主要产生径向液流。由于发酵罐内安装了挡板或具有全挡板作用的冷却排管，可将径向流改变成轴向流。当液体被搅拌器径向甩出去后，遇到径向或冷却排管的阻碍，分别形成向上、向下两个垂直方向的液流，上挡搅拌器向上的液流到达液面后转向轴心，遇到相反方向的液流后又转向下；下挡搅拌器向下的液流到达罐底转向轴心，遇到相反方向的液流后又转向上；而上挡搅拌器向下的液流与下挡搅拌器向上的液流相遇后转向轴心，遇到相反方向的液流后又分别向上、向下流动。因此，在搅拌器的上下两面形成两个液流循环（图 9-7）。液流循环延长了气液的接触时间，有利于氧的溶解。

若发酵罐搅拌不带挡板且无冷却排管，轴心位置的液面下陷，形成一个很深的凹陷旋涡（图 9-8）。此时液体轴向流动不明显，靠近罐壁的液体径向流速很低，搅拌功率也下降，气液混合不均匀，不利于氧的溶解。实际生产中，当发酵罐冷却排管的排列位置以及组数恰当，起到全挡板作用，可不设置挡板。如果冷却排管不能满足全挡板条件，液面仍会出现深度不同的凹陷旋涡。

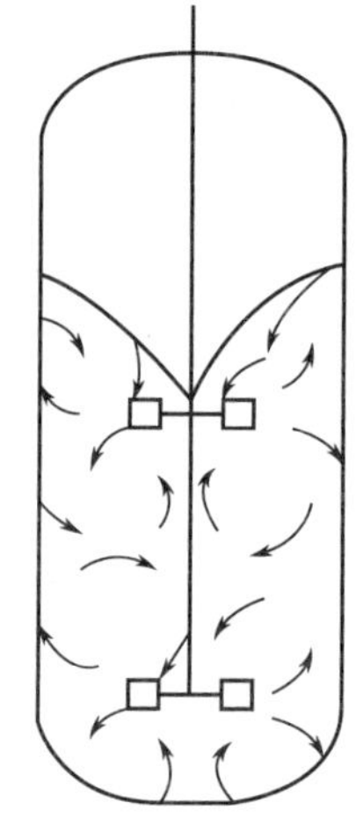

图 9-8　无挡板的液体流型

②搅拌叶轮组数与相对位置：搅拌叶轮组数对溶氧效果影响也很大。若搅拌叶轮组数不够，将出现搅拌不到的死区；若搅拌叶轮组数过多，有可能导致搅拌叶轮与搅拌叶轮之间的距离过小，从而使向上与向下的流体互相干扰。通常搅拌叶轮组数的确定结合发酵罐的高径比（H/D）、搅拌直径、发酵液黏度等因素综合考虑。在发酵液黏度较大、发酵罐的高径比较大而搅拌直径较小的情况下，搅拌叶轮组数应较多。目前，氨基酸发酵中机械搅拌通风发酵罐的搅拌叶轮组数多为 2 组或 3 组。

搅拌叶轮的相对位置对搅拌效果影响很大。搅拌叶轮的相对位置包括下挡搅拌叶轮与罐底的距离、搅拌叶轮之间的距离。从发酵罐的液体流型可以看出，当两挡搅拌叶轮之间的距离过大，将存在搅拌不到的死区；若距离过小，向上与向下的流体互相干扰，同样会出现液体轴向流动不明显、搅拌功率下降的现象，混合效果也很差。当下挡搅拌与罐底距离太大，下挡搅拌叶轮下面的液体不易被提升，若这部分液体循环不好，将导致局部缺氧。一般情况下，搅拌直径、发酵液黏度是确定搅拌叶轮相对位置的重要因素。当发酵液黏度大、搅拌直径小时，下挡搅拌与罐底距离、搅拌叶轮之间的距离宜小些；如条件相反，则下挡搅拌与罐底距离、搅拌叶轮之间距离应较大。在氨基酸的实际生产中，下挡搅拌叶轮与罐底距离一般为 0.8~1d（搅拌直径），两挡搅拌叶轮之间的距离一般为 3~4d。

③搅拌转速与叶径：当功率一定时，n^3d^5=常数，低转速、大叶轮或高转速、小叶轮都能达到同样的功率。消耗于搅拌的功率 P 与搅拌循环量 Q 和液体动压头 H 的关系为：$P\propto Q\cdot H$，而在湍流状态下，$Q=nd^3$，$H=n^2d^2$，根据这些关系式可知，搅拌转速 n 和叶径 d 对溶氧影响的情况不一样。增大 d 可明显增加循环量 Q，增加 n 可明显提高液体动压头 H 而加强湍流程度。两者都必须兼顾，既要求有一定的液体动压头，以提高溶氧水平，又要有一定的搅拌循环量，使混合均匀，避免局部缺氧。

2. 空气线速度

机械搅拌通风发酵罐的溶氧系数 K_La 值与空气线速度 V_S 有以下关系：$K_La\propto V_S\beta$。式中 K_La 为溶氧系数，V_S 为空气线速度（m/min），β 为指数，在 0.40~0.72，随着搅拌型式而异。这个关系说明通气效率或 K_La 是随空气量增多而增大的。当增加通风量时，空气流速相应增加，从而增大了溶氧；但是，在转速不变时，空气线速度过大会发生过载现象，即搅拌叶不能打散空气，气流形成大气泡并在轴的周围逸出，使搅拌效率和溶氧速率都大大降低。空气过载流速与搅拌器型式、搅拌器组数和搅拌转速等有关，一般来说，平桨式、少组数、低转速的搅拌器的空气过载流速较低。研究表明，发酵罐中实际空气流速的上限为 1.75~2.00m/min，因此，生产中要根据实际情况来选择空气线速度，适当提高空气线速度时，应避免空气过载现象。

3. 空气分布管

空气分布管的型式、喷口直径及管口与罐底距离的相对位置对氧溶解速率有较大的影响。在发酵罐中采用的空气分布装置有单管、多孔环管、单管配多孔风帽及多孔分支环管等几种。当通风量小时（0.02~0.5mL/s），气泡的直径与空气喷口直径的 1/3 次方成正比，就是说喷口直径越小，溶氧系数就越大。但是，一般氨基酸发酵的通风量都远超过这个范围，这时气泡直径与喷口直径无关，而与通风量有关，即在通风量大时，可采用单管或单孔环形管，其溶氧效果不受影响。在生产实践中，多孔环形管、多孔风帽的小孔极易被堵塞，导致通风偏向、出风不均匀等现象，严重影响溶氧效果。一些工厂采用单孔环形管，环形管以及出风口的截面积比罐外通风管的截面积稍大，有利于降低出风口的空气速度，取得较好的溶氧效果。

空气管口与罐底距离由发酵罐型式、管口朝向等决定。管口有垂直向上、向下两种。根据经验数据，当管口垂直向上时，管口与罐底距离尽可能小，以保证管口与下挡搅拌器距离为 0.7~0.9d；当管口垂直向下时，要根据 d/D 的值而定，当 d/D>0.3~0.4 时，管口距罐底为 0.15~0.30d，当 d/D=0.25~0.3 时，管口距罐底为 0.30~0.50d。

4. 氧分压

从氧传质方程式可看出增加推动力（c^*-c_L）或（$p-p^*$），可使氧的溶解度增加。增加空气中氧的分压，可使氧的溶解度增大。增加空气压力，即增大罐压或用含氧较多的空气或纯氧都能增加氧的分压。一般微生物在 0.5MPa 以下的压力不会受到损害，因此适当提高空气压力（即提高罐压），对提高通风效果是有好处的。但是，过分增加罐中空气压力是不值得提倡的，因为罐压增大，空气压缩设备的动力也需要增大，导致动力消耗增大；另外，罐压增大也导致 CO_2的溶解度增大，对菌体生长有不利的影响。好氧性发酵工业生产中，罐压一般为 0.05~0.10MPa，且发酵不同阶段的罐压也不一样。

5. 发酵罐高径比

在空气流量和单位发酵液体积消耗功率不变时，通风效率是随罐的高径比（H/D）的增大而增加的。根据经验数据：当罐的高径比（H/D）从 1 增加到 2 时，K_La 值增加 40%左右；当罐的高径比（H/D）从 2 增加到 3 时，K_La 值增加 20%左右。但高径比（H/D）过大，罐内液柱过高，液柱压差大，气泡体积缩小，造成气液界面积小，对溶氧效果反而不利，同时使供氧压力升高，能耗增加。目前，机械搅拌通风发酵罐的高径比（H/D）通常选取 2~3。

6. 发酵罐体积

一般来说，大体积的发酵罐对氧的利用率高，而小体积的发酵罐对氧的利用率低。在几何形状相似的条件下，大体积的发酵罐的氧利用率可达 10%左右，在实际应用中生产指标的稳定性较好；而体积小的发酵罐的氧利用率只有 3%~5%，实际生产中的稳定性较差。根据生产规模和设备平衡计算结果，发酵罐选型时尽可能选取成熟的、体积较大的罐型。例如，在谷氨酸发酵生产中，具有一定规模的工厂一般选择 350~500m^3的发酵罐，有的甚至选择 800~1000m^3的发酵罐。

7. 发酵液物理性质

培养基的黏度、表面张力、离子浓度等物理性质对气泡的大小、气泡的稳定性、液体的湍动性以及界面或液膜阻力有很大的影响，从而影响到氧的传递速率。特别是在发酵过程中，大量繁殖的菌体和大量积累的代谢产物会引起发酵液的浓度、黏度增大，大量产生的泡沫包围菌体和搅拌器，影响微生物的呼吸和气液的混合，此时氧的传递系数 K_La 值就会降低。因此，培养基的选择和配制时尽可能考虑这些因素，并加以控制；发酵过程中使用适量的消泡剂进行消除泡沫，可改善气、液体混合效果，提高氧的传递速率。

四、溶氧电极及其使用

（一）溶氧电极

当前，在线检测发酵液中溶氧主要采用具有溶氧电极的检测器，常用的溶氧电极有电流电极和极谱电极，二者都是用膜将电化学电池与发酵液隔开，而膜仅对 O_2 有渗透性，其他可能干扰检测的化学成分则不能通过。典型的极谱电极的构造如图 9-9 所示。

电流电板的电化学电池由金属阴极（Ag 或 Pt）和金属阳极（Pb 或 Sn）组成，两者都浸在电解质溶液中，常用的电解质是乙酸铅、乙酸钠和乙酸混合液。由于电流电极采用碱性较强的金属（如 Zn、Pb、Cd 等）作阴极，使两极所产生的电压足以在阴极表面自发降低氧，因而不需要在电极上降低氧的外部电源。例如，银-铅电流电极的电化学反应如下：

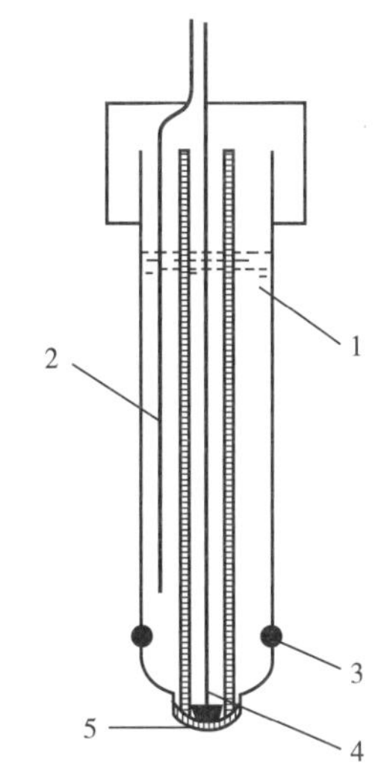

图 9-9　极谱电极的构造
1—电解质　2—阳极（Ag/AgCl）　3—O 形圈　4—阴极（Pb）　5—膜

阴　　极：$O_2+2H_2O+4e \rightarrow 4OH^-$

阳　　极：$Pb \rightarrow Pb^{2+}+2e$

总反应式：$O_2+2Pb+2H_2O \rightarrow 2Pb(OH)_2$

极谱电极与电流电极不同，它由阴极（Au 或 Pt）和金属阳极（Ag 或 AgCl）组成，电解质可用 KCl 溶液，需在阴极和阳极之间外加一个负偏压，这样氧可在阴极被还原，反应如下：

阴　　极：$O_2+2H_2O+2e \rightarrow H_2O_2+2OH^-$

$H_2O_2+2e \rightarrow 2OH^-$

阳　　极：$Ag+Cl^- \rightarrow AgCl+e$

总反应式：$4Ag+O_2+2H_2O+4Cl^- \rightarrow 4AgCl+4OH^-$

O_2通过渗透膜从发酵液扩散到检测器的电化学电池，在阴极被还原时会产生可检测的电流或电压，这与 O_2到达阴极速率成正比例。如果忽略传感器内所有动态效应，O_2到达阴极的速率与 O_2 跨膜扩散速率成正比，如果膜内表面的氧浓度可以有效地降为零，则扩散速率仅与液体中的溶氧浓度成正比，从而使电极测得的电信号与液体中的溶氧浓度成正比。

（二）溶氧的测定

溶氧电极需在灭菌前插入且密封到发酵罐中，安装位置应使发酵液能够浸没电极，且处于具有较高液体流速的区域。如果电极位于液体流动的死角，微生物会在膜表面生长，从而影响电极检测的准确度。溶氧电极应能够耐受高温灭菌，安装后可通过空罐灭菌或实罐灭菌，以实现对电极的灭菌。灭菌过程中，需要将电极的导线进行短接，这有助于从电极内除氧（也称为去极化），否则要想得到正确读数需要几个小时的稳定期。

在向发酵罐接种前，需要对溶氧电极进行校对。通常采用线性校对，包括零点和斜率的调节。零点是在向发酵罐中充入大量的 N_2 后进行设定，最好在灭菌后立即进行，因为灭菌过程中已除去大量可溶性气体。但是，大多数溶氧电极在零点氧（不含氧）时的输出值接近于零电位，因此无需进行零点校对。如果在极低的溶氧浓度下设定时，需将电极的一根导线断开，将电流设置为零。

发酵行业通常采用空气饱和度（%）来表示电极法检测的溶氧浓度，以灭菌后的培养基在一定温度、罐压、通气搅拌的条件下被空气 100%饱和为满刻度。因此，满刻度校对应该在培养基灭菌后、接种前，在操作温度下，以及大量通气与充分搅拌时进行，此时将信号输出调节至 100%，即可完成校对。溶氧电极经校对后，即可进行在线检测，直至发酵结束。在发酵过程中，不能对电极进行重新设置与校对，否则会改变原来的标定值。

溶氧电极实际上检测的是氧平衡分压，而不是直接检测溶氧定律关系，推导出发酵液中溶氧的真实浓度。

（三）溶氧系数的测定

溶氧系数的大小可以表示发酵设备通气效率的优劣，是发酵设备设计放大以及发酵过程控制的基础。其测定的方法有化学法、极谱法、排气法、溶氧电极动态测定法等，而溶氧电极动态测定法可以直接反映发酵过程中 K_La 的变化情况。

溶氧电极动态测定法是在发酵过程中突然停气，保持搅拌，马上用 N_2 将发酵罐上部空气驱出罐外。随着微生物的呼吸作用，使发酵罐中的溶氧浓度迅速下降，一定时间后，溶氧浓度下降速度减慢。待溶氧浓度达到一个较低点时，再恢复通气。以溶氧浓度下降速度为纵坐标，以测定时间为横坐标制图，如图 9-10 所示，在 *abed* 曲线中，*ab* 段是一条明显下降的直线，表明在停气后，由于微生物的呼吸作用使发酵液中的溶氧迅速下降。当溶氧浓度下降至 *b* 点以后，因溶氧浓度过低，对细胞的呼吸产生了一定的抑制作用，因此 *b* 点的溶氧浓度可以认为是微生物呼吸的临界氧浓度。*cd* 段的溶氧为恢复供气后溶氧浓度变化，反映出微生物的呼吸在受到短时间抑制后，供氧与需氧之差。

在停气后，发酵液中溶氧浓度的变化率 dc_L/dt 可表示为：

$$\frac{dc_L}{dt}=K_La(c^*-c_L)-Q_{O_2}X \tag{9-12}$$

$$c_L=-\frac{1}{K_La}(\frac{dc_L}{dt}+Q_{O_2}X)+c^* \tag{9-13}$$

以 c_L 为纵坐标，以（$dc_L/dt+Q_{O_2}X$）为横坐标作图，如图 9-11 所示。直线 *ab* 的斜率即为 $-1/K_La$；当 $dc_L/dt=0$ 时，$c^*=c_L+(Q_{O_2}X)/K_La$，也可以将 *ab* 直线延长与纵轴相交，其截距即为 c^*。

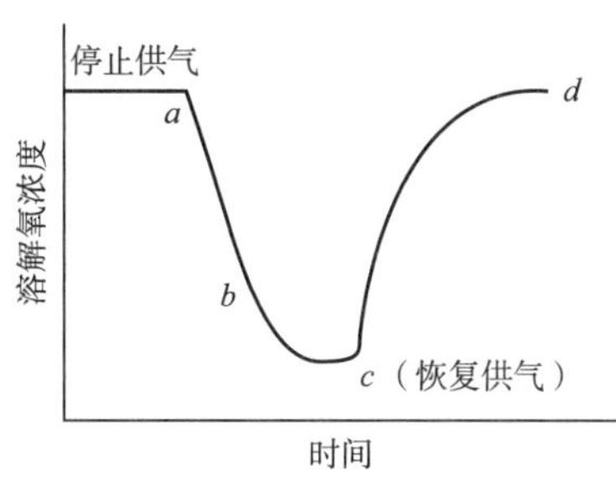

图 9-10　溶氧浓度与通气变化的关系

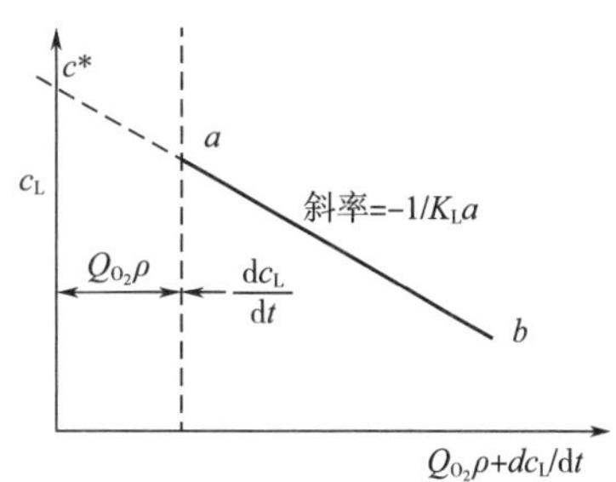

图 9-11　K_La 的求值

五、溶氧控制的操作

在氨基酸发酵中，发酵液中氧的饱和溶解度通常在 0.32~0.40mmol/L，这样的溶解度一般只是菌体呼吸 20s 左右的需氧量。因此，发酵过程中必须不断通入无菌空气并搅拌，才能满足产生菌在不同发酵阶段对氧的需求。在生产实践中，溶氧控制一般通过调节通气量、搅拌转速及罐压来完成。

在氨基酸发酵中，不同产物所用的产生菌株不同或同一产物所用的产生菌株不同，所需溶氧量不同；即使同一菌株由于发酵工艺不同、所处的阶段（生长阶段与产物代谢阶段）不同，其所需的溶解氧量也不同。因此，控制溶氧主要是从供氧和需氧两方面来考虑，首先了解菌株在不同工艺、不同阶段的需氧量，然后根据需氧量对供氧进行控制。

（一）调节通气量

发酵罐及其配套设备一旦经过设计、加工、安装后，在实际运行中许多影响供氧效果的因素基本固定不变，调节通气量就成为溶氧控制的主要手段之一。通过调节发酵罐的进气阀门以及排气阀门的开度可完成调节通气量的操作（图 9-12），从而满足微生物在不同发酵阶段的需氧量。

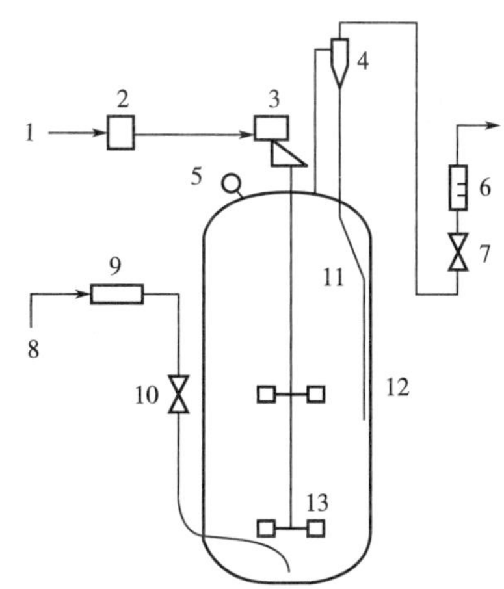

图 9-12　调节通气量和调节搅拌转速的示意图

1—电源　2—变频器　3—电机　4—旋风分离器
5—压力表　6—转子流量计　7—排气阀门
8—无菌空气　9—电磁流量计　10—进气阀门
11—回流管　12—发酵罐　13—搅拌器

氨基酸发酵生产中，由于微生物在不同阶段的需氧量不一样，故需采用相应的多级通气量分段控制模式加以控制供氧。例如，在谷氨酸发酵过程中大致可分为菌体生长、菌体生长向产物代谢过渡以及产物代谢三个阶段，三个阶段的需氧量以及每个阶段不同时间的需氧量不一样。在菌体生长阶段，随着菌体浓度不断增大，耗氧速率也不断增大，应不断增大通气量，使溶解氧浓度稍大于临界氧浓度，以满足菌体呼吸的需求，但也要注意避免溶解氧浓度过高而导致高氧水平对生长的抑制或无菌空气的浪费；在菌体生长向产物代谢过渡阶段，菌体逐步由生长形态转向代谢形态，由于谷氨酸合成的氧满足度大于1，此时虽然菌体浓度变化不大，但呼吸强度在不断增大而导致耗氧速率不断增大，也应不断增大通气量，以保证满足生长、代谢的需氧量，并且在形态过渡完毕时通气量控制在整个过程的最大通气量；在产物代谢阶段的前期，由于菌体活力旺盛，通气量可控制在最大通气量维持一段时间，进入产物代谢阶段的中、后期，随着部分菌体的衰老、死亡，菌体浓度和呼吸强度都在逐步下降，故通气量也应逐步降低，避免溶氧过高加速菌体的衰亡或造成无菌空气的浪费。

在生产实践中，通气量的调节操作通常有两种：一种是直接以空气流量大小来表示，其单位为 m^3/h 或 m^3/min；另一种是用通气强度（又称通气比）大小来表示，即每立方米发酵液中每分钟通入的空气体积，单位是 $m^3/(m^3 \cdot min)$。测量通气量的空气流量计通常有转子流量计、电磁流量计等，转子流量计简便价廉，得到广泛应用，但一般按 20℃、0.1MPa（表压）状态下的空气来校对刻度，实际使用中应加以校正；电磁流量计是属于质量流量型的流量计，测量较为准确。

（二）调节搅拌转速

小型发酵罐一般设有变频器，通过调节变频器，可调节搅拌转速，与调节通气量协调完成对溶氧的控制，两者的协调控制规律需通过试验进行摸索。但是，在氨基酸发酵生产中，通常采用皮带传动装置或齿轮减速机对电机进行减速，使搅拌转速达到设计要求，运行过程中搅拌转速一般不可调节。为了节约电能，在采用皮带传动装置或齿轮减速机的基础上，有些工厂增设了变频器控制电机的转速；在溶氧需求量较小时，可通过调节变频器降低搅拌转速，以达到控制溶氧与节约电能的目的。一般情况下，调节搅拌转速相对于调节通气量对溶氧影响更大。

（三）调节罐压

在小型发酵罐试验中，可采用通入纯氧的方法来改变空气中氧的分压，对提高发酵产率有明显的促进作用。但是，目前制备纯氧的成本较高，大规模发酵生产难以接受，一般采用调节罐压来调节氧分压的目的。在发酵罐压力很低的情况下，适当提高罐压，对提高溶氧有一定的效果。

发酵罐压力的调节可以通过调节总供气压力、进气阀门以及排气阀门来实现。总供气压力通常受配备空压机的供气能力限制，且从节能和安全的角度考虑，不可能大幅度地提高总供气压力。因此，在一定的总供气压力下，调节发酵罐的进气阀门以及排气阀门，可使发酵罐维持一定的罐压，但调节幅度不会太大，特别是在通气量最大值时很难维持较高的罐压。一般情况下，发酵进行中的发酵罐压力维持在 0.05~0.15MPa（表压）；当排气量较大时，罐压可调节幅度较小；当排气量较小时，罐压可调节幅度较大。

六、溶氧的自动控制

发酵过程的自动控制是采用反馈控制。首先要选定调节手段以及调节参数，然后设计自控系统。一般通过检测器对发酵参数进行测量，测量结果通过变送器转变为电信号传送给控制器，控制器将检测结果与控制参数的设定值进行比较，得出偏差（正偏差或负偏差），然后根据偏差采用某种控制算法确定控制动作，调节执行机构，从而完成对发酵参数的调控。

在氨基酸发酵的溶氧自动控制系统中，溶氧是被调节参数，溶氧电极作为检测器（传感器），空气流量或搅拌转速作为调节参数，采用 PI 或 PID 简单回路控制或串级回路控制。溶氧简单回路控制如图 9-13、图 9-14 所示。串级反馈控制是由两个以上控制器对一个变量实施联合控制的方法。溶氧串级回路控制如图 9-15 所示。

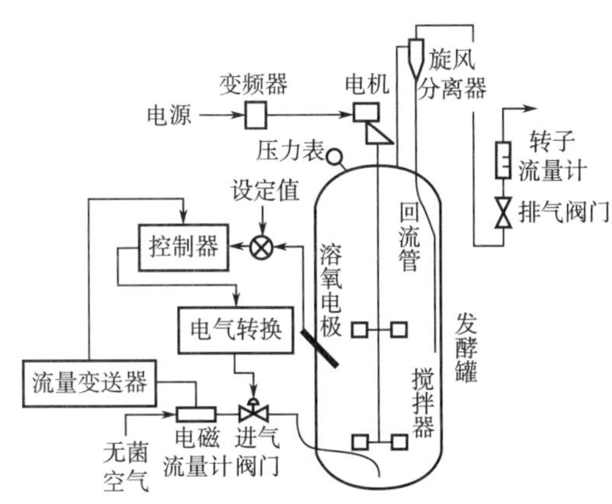

图 9-13　调节流量的溶氧自控系统示意图

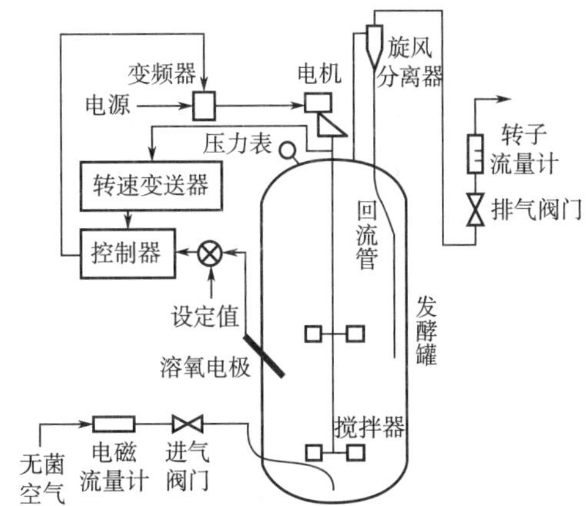

图 9-14　调节搅拌转速的溶氧自控系统示意图

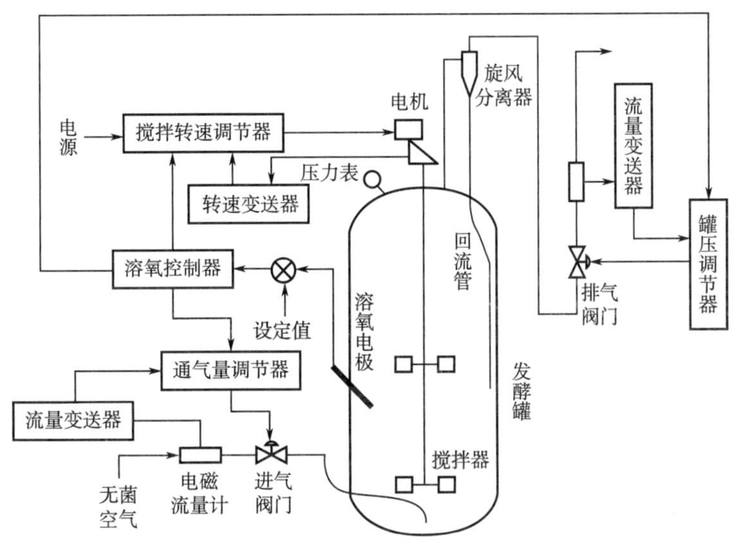

图 9-15　调节通气量、搅拌转速和罐压所组成的溶氧串级自控系统示意图

第三节　温度的控制

微生物的生长和代谢产物的合成都是在各种酶的催化下进行的，温度是保证酶活力的重要条件。温度对发酵的影响是多方面的，而且是错综复杂的。优化发酵控制必须先了解温度对发酵的影响程度，才能保证提供稳定而合适的温度环境。

一、发酵热

引起发酵过程中温度变化的原因是在发酵过程中所产生的热量，统称为发酵热。发酵过程中，随着微生物对培养基的利用，以及机械搅拌的作用，将产生一定的热量，同时因发酵罐壁散热、水分蒸发等也带走部分热量，包括生物热、搅拌热以及蒸发热和辐射热等。现将发酵过程中产热和散热的因素分述如下。

1. 生物热（$Q_{生物}$）

微生物在生长、繁殖和代谢过程中，本身会产生大量的热，称为生物热，这种热的来源主要是培养基中的碳水化合物、脂肪和蛋白质被微生物分解成 CO_2、水和其他物质时释放出来的。释放的能量部分用来合成高能化合物，供微生物合成和代谢活动的需要，部分用来合成代谢产物，其余部分则以热的形式散发出来。

发酵过程中生物热的产生具有强烈的时间性，即在不同的发酵阶段，菌体的呼吸作用和发酵作用强度是不同的，所产生的热量也不同。在发酵初期，菌体处于适应期，菌体少，呼吸作用缓慢，产生热量较少；当菌体处于对数生长期时，菌体繁殖旺盛，呼吸作用激烈，且菌体也较多，所产生的热量多，温度升高快，此时，生产上必须控制温度。发酵后期，菌体已基本上停止繁殖，逐步衰老，主要是靠菌体内的酶进行发酵作用，产生热量不多，温度变化不大，且逐渐减弱。发酵过程中生物热随着菌株及培养基成分的不同而变化。一般来说，菌株对营养物质利用的速度越大，培养基成分越丰富，生物热就越大，发酵旺盛期的生物热大于其他时期的生物热。

2. 搅拌热（$Q_{搅拌}$）

机械搅拌通气发酵罐，由于机械搅拌带动发酵液做机械运动，造成液体之间，液体与搅拌器等设备之间的摩擦，产生可观的热量。搅拌热与搅拌轴功率有关，可用式（9-14）计算。

$$Q_{搅拌}=P\times 3601\ (\mathrm{kJ/h}) \tag{9-14}$$

式中　P——搅拌功率，kW

3601——机械能转变为热能的热功当量，kJ/(kW · h)

3. 蒸发热（$Q_{蒸发}$）

通气时，引起发酵液水分的蒸发，被空气和蒸发水分带走的热量称作蒸发热或汽化热，可按式（9-15）计算。

$$Q_{蒸发}=G\ (I_{出}-I_{进}) \tag{9-15}$$

式中　G——空气的质量流量，kg（干空气）/h

$I_{出}-I_{进}$——发酵罐排汽、进汽的热焓，kJ/kg（干空气）

4. 辐射热（$Q_{辐射}$）

因发酵罐液体温度与罐外周围环境温度不同，发酵液中有部分热通过罐体向外辐射。辐射热的大小，决定于罐内外温度差的大小，冬天影响大些，夏天小些。因此，发酵热 $Q_{发酵}$：

$$Q_{发酵}=Q_{生物}+Q_{搅拌}-Q_{蒸发}-Q_{辐射} \quad (9-16)$$

由于 $Q_{生物}$ 及 $Q_{蒸发}$ 在发酵过程中是随时间变化的，因此发酵热在整个发酵过程中，也是随时间变化的。为了使发酵维持在适当的温度下进行，必须采取措施——在发酵罐夹套或排管内通入冷却水加以控制（小型发酵罐，在冬季和发酵初期，散热量大于产热量则需要热水保温）。

二、发酵热的测定及计算

发酵热一般可通过下列方式测定及计算：

（1）通过测量一定时间内冷却水的流量和冷却水进出口温度，用式（9-17）计算：

$$Q_{发酵}=Gc(T_2-T_1)/V \quad (9-17)$$

式中　G——冷却水流量，L/h

c——水的比热容，kJ/(kg·℃)

T_2-T_1——进出口的冷却水温度，℃

V——发酵液体积，m^3

（2）通过罐温度的自动控制，先使罐温达到恒定，再关闭自控装置，测量温度随时间上升的速率，按下式求出发酵热：

$$Q_{发酵}=(M_1c_1+M_2c_2)S \quad (9-18)$$

式中　M_1——发酵液的质量，kg

c_1——发酵液的比热容，kJ/(kg·℃)

M_2——发酵罐的质量，kg

c_2——发酵罐材料的比热容，kJ/(kg·℃)

S——温度上升速率，℃/h

经过实测，谷氨酸发酵过程中的最大发酵热为7000~8000kJ/(m^3·h)。实际上由于测定时操作条件、发酵条件不同，测定结果略有不同。

（3）根据化合物的燃烧热值计算发酵过程中生物热的近似值。根据Hess定律，热效应决定于系统的初态和终态，而与变化的途径无关，反应的热效应等于产物的生成热总和减去作用物生成热总和。也可以用燃烧热来计算热效应，特别对于有机化合物，燃烧热可直接测定，而采用燃烧热来计算更合适，反应热效应等于作用物的燃烧热总和减去生成物的燃烧热总和。可用式（9-19）计算。

$$\Delta H=\sum(\Delta H)_{作用物}-\sum(\Delta H)_{产物} \quad (9-19)$$

虽然发酵是一个复杂的生化变化过程，作用物和生成物很多，但是可以以主要的物质，即在反应中起决定作用的物质，近似地进行计算（表 9-1）。例如，谷氨酸发酵，根据计算结果与实测值比较还是比较接近的。

表 9-1　　谷氨酸发酵过程主要物质的燃烧热　　单位：kJ/kg

原料	燃烧热	原料	燃烧热
葡萄糖	1.566×10^4	菌体	2.094×10^4
谷氨酸	1.545×10^4	液氨	1.860×10^4
玉米浆	1.231×10^4		

三、温度对微生物生长的影响

在影响微生物生长繁殖的各种物理因素中，温度起着最重要的作用。温度对微生物的影响，不仅表现对菌体表面的作用，而且因热平衡的关系，热传递到菌体内，对菌体内部所有的结构物质都有作用。由于生物体的生命活动可以看作是相互连续进行酶反应的表现，任何化学反应又都与温度有关，通常在生物学的范围内每升高 10℃，生长速度就加快一倍，所以温度直接影响酶反应，从而影响着生物体的生命活动。对于微生物来说，温度不但决定一种微生物的生长发育旺盛与否，而且决定其是否能生长发育。每种微生物各有其生长发育所需的温度，温度越高，微生物死亡越快。

高温之所以能杀菌，最主要的原因是高温能使蛋白质变性或凝固，微生物体中蛋白质含量很高，由于高温促使微生物蛋白质变性，同时也破坏了酶活力，从而杀死了微生物。

各种微生物在一定条件下都有一个最适的生长温度范围，在此温度范围内，微生物生长繁殖最快。目前氨基酸产生菌大多为谷氨酸棒杆菌和大肠杆菌，谷氨酸棒杆菌的最适生长温度一般为 30~34℃，而大肠杆菌最适生长温度稍高，一般为 37℃。

四、温度对发酵的影响

微生物的生长和代谢产物的合成都是在各种酶的催化下进行的，温度是保证酶活力的重要条件，对发酵的影响是多方面且错综复杂的，具体表现在如下几个方面。

（1）微生物的生命活动可以看作是连续进行酶反应的过程　任何反应都与温度有关，温度直接可以影响微生物的生命活动。在低温环境中，微生物生长延缓甚至受到抑制；在高温环境中，微生物细胞的蛋白质易变性，酶活力易受到破坏，故微生物易衰老甚至死亡。各种微生物在一定条件下都有一个最适生长温度范围，由于微生物所处的生长阶段不同，其对温度的敏感度也不一样。处于延滞期的细菌对温度的反应十分敏感，将其置于最适的生长温度下培养，可以缩短生长的延滞期；若在低于最适生长温度下培养，延滞期就会延长。在最适的生长温度范围内，提高温度对处于生长后期的细菌生长速度影响则不明显。

（2）温度对产物合成也有影响　细胞内产物合成是一系列酶促反应的结果，产物合成需要一个最适温度范围。从酶促反应动力学来看，提高温度可促使产物提前生成，但酶本身极易过热而失活。温度越高失活越快，表现为细胞过早衰老，底物有可能还没有被消耗完就过早结束发酵，导致发酵产量不高。另外，温度对某些微生物具有调节作用，例如，采用温度敏感型突变株发酵谷氨酸时，提高温度可使生长型细胞向产酸型细胞转变，并促进细胞膜的渗透性增加，有利于谷氨酸的大量合成与分泌。

（3）温度还可以改变培养液的物理性质　从而间接影响到微生物细胞的生长。例如，温度通过影响培养液中的溶氧浓度、氧转递速率、底物的分解速率等而影响发酵。

五、最适温度的控制

在影响微生物生长繁殖及发酵的各种物理因素中，温度起着重要的作用。

所谓发酵最适温度是指该温度最适合于微生物的生长或发酵产物的生成。最适温度是一种相对的概念，不同微生物的发酵最适温度有可能不同，即使同一种微生物在不同发酵阶段的发酵最适温度也有可能不同，或有可能在不同培养条件下的发酵最适温度不同。为了使微生物的生长速度最快和代谢产物的产率最高，在发酵过程中必须根据微生物菌种控制发酵温度在菌体最适生长温度范围内，以利于菌体生长；在产物形成阶段，控制发酵温度在产物最适合成温度范围内，以利于产物的合成。

有时，发酵温度的选择还必须综合考虑其他发酵条件。例如，发酵温度与培养基成分、浓度有一定关系，当使用较易利用的培养基或培养基的浓度较稀时，应适当降低发酵温度，以免营养物质过早被耗尽而导致微生物细胞过早自溶。若溶氧不足时，应适当降低发酵温度，这是由于在较低温度下，氧的溶解度相应较高，同时微生物生长速度也比较低，从而弥补了因通气不足而造成的代谢异常。

六、氨基酸发酵的温度控制

1. 控制手段

氨基酸发酵的温度控制是通过调节进入发酵罐冷却装置的冷却水量而实现的，其控制系统如图 9-16 所示。冷却水由冷水池泵送至发酵罐的热交换设备与发酵液进行热交换，然后回收到热水池，再泵送至冷却塔，经冷却后收集至冷水池，如此循环使用，由于蒸发作用，冷却水循环过程中会减少，需要定期向该冷却系统进行定量补充水。

2. 控制模式

一般情况下，氨基酸产生菌的最适生长温度与最适发酵温度不一致。例如，谷氨酸产生菌的最适生长温度是 32~34℃，最适谷氨酸合成温度是 36~38℃，由于两个阶段最适温度不同，故生产上的温度控制采用多级温度控制模式，即在不同发酵阶段控制不同的发酵温度，既要保证菌体的适度生长，又要保证谷氨酸的大量合成。在谷氨酸发酵前期的菌体生长阶段，应控制温度于最适生长温度（32~34℃）。在发酵中、后期，为了促进生产型细胞合成谷氨酸，应将发酵温度控制在最适谷氨酸合成温度范围（36~38℃）。在菌体生长阶段与生产型细胞合成谷氨酸阶段之间，存在一个过渡时期，即菌体细胞转化期，为了促进生长型细胞的转化，以及促进已转化细胞生成谷氨酸，应将温度控制在最适生长温度与最适生成温度之间（34~36℃），并且逐级提高温度。在发酵最后几个小时内，由于菌体活力衰减不同步，仍有一部分菌体活力较强，为了让其在发酵结束前充分发挥作用，可适当将发酵温度提高到38℃以上，甚至可考虑在发酵结束前1h，关闭冷却水，让发酵温度自然上升到40℃以上。

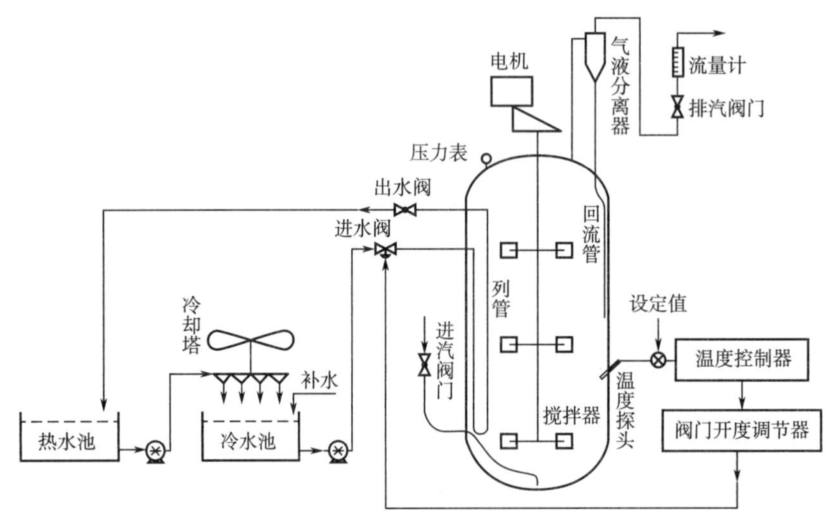

图9-16　氨基酸发酵罐采用循环冷却水降温示意图

按上述内容进行发酵前的准备，整个发酵过程中温度控制的一个实例如图9-17所示。此图充分体现了多级温度控制模式的要求，可为谷氨酸发酵的温度控制提供参考。但是，各个工厂的菌株特殊性、发酵工艺、发酵周期及菌体活力表现等情况不同，其温度控制模式应有所不同，需根据实际情况摸索各自适宜的控制模式，并在具体生产过程中进行灵活控制。

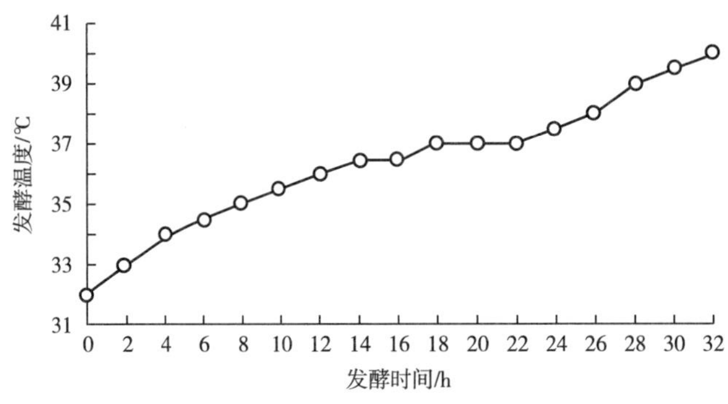

图9-17　发酵温度多级控制实例

第四节　pH 的控制

发酵液的 pH 变化是代谢活动的一项重要反映指标，同时也是各类酶促反应的重要条件，对微生物的生长繁殖和产物的积累影响极大。因此，对发酵 pH 的研究、检测和控制都具有重要意义。

一、pH 对菌体生长和代谢产物形成的影响

微生物正常生长需要一定的酸碱度，酸碱度通常可用氢离子浓度的负对数即 pH 来表示。pH 对微生物的生长和代谢产物的形成都有很大的影响。不同种类的微生物对 pH 的要求不同。一般大多数细菌的最适 pH 为 6.5~7.5；霉菌为一般为 pH 4.0~5.8；酵母为 pH 3.8~6.0；放线菌为 pH 6.5~8.0。氨基酸产生菌的最适 pH 一般为 6.5~8.0。同样，谷氨酸产生菌由于菌种不同，其最适 pH 也略有差别，例如黄色短杆菌为 pH 7.0~7.5，T6-13 为 pH 7.0~8.0，但均能在比较广泛的 pH 范围内生长。对 pH 的适应范围决定于微生物的生态学，每种微生物都有自己的生长最适 pH，如果培养基的 pH 不合适，则微生物的生长就要受到影响。因此，控制一定的 pH，不仅是保证微生物生长的主要条件之一，而且是防止杂菌感染的一个措施。当 pH 偏高或偏低时，都会影响微生物生长繁殖和代谢产物的积累。

不仅不同种类的微生物对 pH 的要求不同，就是同一种微生物，由于 pH 的不同，也可能会形成不同的发酵产物。例如，谷氨酸产生菌，在中性和微碱性条件下（pH 7.0~7.8）发酵时生成谷氨酸；当 pH 在酸性条件（pH 5.0~5.8），则容易生成谷氨酰胺和 *N*-乙酰谷氨酰胺。

微生物生长和代谢都是酶反应的结果，但所起作用的酶种类不同，故代谢产物的合成也有其最适 pH 范围。如果发酵环境的 pH 不合适，则微生物的生长和代谢就会受到影响。pH 对发酵的影响主要体现在如下几个方面。

（1）pH 影响酶的活力。细胞内 H^+或 OH^-能够影响酶蛋白的电荷状况和解离度，从而改变酶的结构和功能，引起酶活力的改变。发酵液中 H^+或 OH^-首先作用在胞外的弱酸（或弱碱）上，使之形成容易透过细胞膜的分子状态的弱酸（或弱碱），它们进入细胞后，再解离产生 H^+或 OH^-，从而影响酶的结构和活力，因此，发酵液中的 H^+或 OH^-是通过间接作用来影响酶的活力的。在适宜的 pH 下，微生物细胞中的酶才能发挥最大的活力，否则，某些酶的活力将受到抑制，从而影响到微生物的生长繁殖和新陈代谢。

（2）pH 影响到细胞膜所带的电荷，改变细胞膜的通透性，从而影响微生物对营养物质的吸收和代谢产物的排出。许多生化反应都与细胞膜的通透性有密切关系，故 pH 对微生物的生理作用影响极大。

（3）pH 影响培养基中某些组分和中间代谢产物的解离。培养基某些组分和中间代谢产物的解离与发酵环境的 pH 关系密切，pH 的变化可影响这些物质的解离，进而影响微生

物对它们的吸收作用，对产物合成将产生显著的影响。

(4) pH 变化往往引起菌体代谢途径的改变，使最终产物合成量发生改变。例如，谷氨酸产生菌在中性和微碱性条件下积累谷氨酸，在酸性条件下形成谷氨酰胺。

二、影响 pH 变化的因素

在发酵过程中 pH 变化决定于微生物种类、培养基的组成和发酵条件。在微生物代谢过程中，自身有造成其生长最适 pH 的能力，但外界条件发生较大变化时，pH 将会不断波动。凡是导致酸性物质生成或释放，碱性物质的消耗都会引起发酵液 pH 的下降；反之，凡是造成碱性物质的生成或释放，酸性物质的利用将使发酵液 pH 的上升。另外，其他发酵条件的改变、菌体自溶以及染菌也会引起发酵液 pH 的变化。例如，在正常情况下，谷氨酸发酵中培养基中的碳源不断被氧化为有机酸，氮源不断被消耗，以及谷氨酸不断地积累，发酵液的 pH 有不断下降的趋势。

三、发酵过程中 pH 的调节及控制

由于微生物不断地吸收，同化营养物质和排出代谢产物，因此在发酵过程中发酵液的 pH 是一直在变化的，这不但与培养基的组成有关，而且与微生物的生理特性有关。各种微生物的生长和发酵都有各自最适的 pH。为了使微生物在最适的 pH 范围内生长、繁殖和发酵，首先应根据不同的微生物的特性，不仅在初始培养基中要控制适当的 pH，而且在整个发酵过程中，必须随时检查并记录 pH 的变化情况。根据 pH 的变化规律，选用适宜的方法，对 pH 进行适当的调节和控制，使微生物能在最适的 pH 范围内生长、繁殖和代谢。由于发酵是多酶复合反应体系，各种酶的最适 pH 是不同的，导致微生物生长和产物合成阶段的最适 pH 往往不一样，应根据不同发酵阶段的最适 pH 分别进行控制。

调节和控制发酵液 pH 的方法应根据具体情况加以选择。例如，首先考虑培养基各种生理酸性物质和生理碱性物质的配比，甚至可加入磷酸盐等缓冲液，使培养基具有一定的缓冲能力。但是，这种缓冲能力毕竟是有限的，通常在发酵过程中直接补加酸性溶液或碱性溶液来调节 pH，尤其是直接补加生理酸性物质或生理碱性物质，不但可以调节 pH，而且可以补充营养物质。

调节 pH 时，应尽量避免发酵液的 pH 波动过大造成对菌体的不良影响。补加法调节 pH 有间歇添加和连续流加两种方式。连续流加可使发酵液 pH 相对稳定；若采用间歇添加法调节 pH，应遵循少量多次添加的原则，即每次添加量较少，添加间隔时间较短；而添加次数增多，这样发酵液的 pH 波动范围较窄。为了避免发酵液局部过酸或过碱，通常借助机械或空气搅拌使补进的酸性溶液或碱性溶液尽快与发酵液混匀。

四、氨基酸发酵过程中的 pH 控制

在氨基酸发酵过程中，在初始培养基中一般调节 pH 在 7.0 左右。在斜面培养、种子培养和发酵的长菌阶段，由于产物很少，pH 变化不大，一般不用调节 pH，而在发酵阶

段，由于消耗大量氮源和积累大量谷氨酸，pH 变化较大，必须予以调节和控制。例如，谷氨酸发酵过程中，不同时期对 pH 的要求不同，发酵前期，幼龄菌体细胞对氮的利用率高，pH 变化波动大。如果发酵前期 pH 偏低，菌体生长旺盛，消耗营养成分快，菌体转入正常时期，长菌体而不产谷氨酸；当 pH 偏高，对菌体生长不利，糖代谢缓慢，发酵时间延长。但是，在发酵前期 pH 稍高些（pH 7.5~7.8）对抑制杂菌生长有利。因此，发酵前期宜控制 pH 7.5 左右，发酵中、后期宜控制 pH 7.2 左右，因为谷氨酸脱氢酶的最适 pH 为 7.0~7.2，氨基酸转移酶的最适 pH 为 7.2~7.4。

1. 控制手段

在生产实践中，氨基酸发酵的 pH 控制通常采用流加液氨的方式进行控制，一方面可调节发酵液的 pH 在适宜范围；另一方面可补充发酵所需的氮源。如图 9-18 所示，一般情况下，液氨进入发酵罐的管道与通气管连接，液氨与无菌空气混合后进入发酵罐。通过调节液氨管道上的阀门，可控制液氨流量，从而可控制发酵 pH。

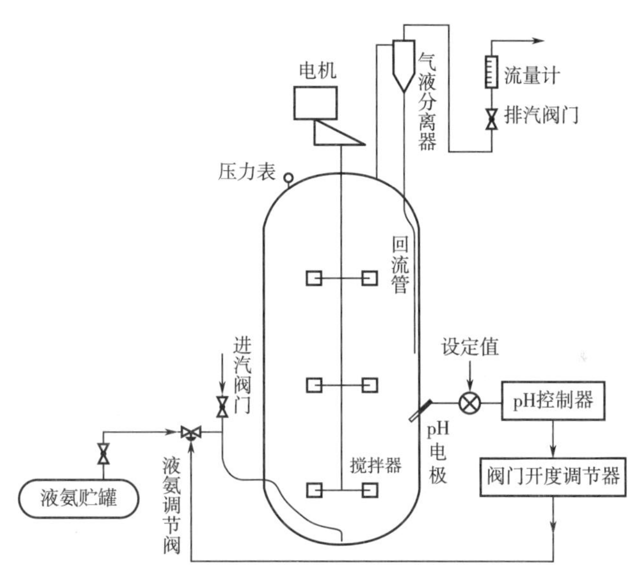

图 9-18 氨基酸流加液氨控制发酵 pH 的示意图

2. 控制模式

对于液氨流加量的控制，谷氨酸发酵前期需考虑菌体生长的适宜 pH 范围及其对氮素的需求，而在发酵中、后期需考虑谷氨酸合成的适宜 pH 范围及其对氮素的需求。整个发酵过程中 pH 应控制在稍微偏碱性的状态，一般为 pH 7.0~7.2。

3. 根据各阶段 pH 要求进行控制

谷氨酸产生菌的适宜 pH 6.6~7.8，中性、稍微偏碱性的环境有利于菌体生长，因而较适宜生长的 pH 为 7.0~7.2。虽然菌体生长对氮素的需求量不大，但为了保证菌体生长的氮素供给，发酵的菌体生长阶段宜控制 pH 7.2 左右。

谷氨酸合成对氮素的需求量远大于菌体生长，当进入谷氨酸代谢积累阶段，宜控制发酵的 pH 高于菌体生长阶段，此阶段的 pH 一般为 7.2~7.5。在此阶段，随着时间推移，液氨流加量应逐渐增大，pH 呈逐渐升高趋势。

随着发酵进入后期，菌体活力逐渐衰减，对氮素的需求量逐渐减少，此阶段的液氨流加量应逐渐减小，pH 呈逐渐降低趋势。在实际生产中，后续的谷氨酸提取多采用等电点法，为了节省提取工序的用酸量，放料时的发酵液宜稍微偏酸性，因此，临近发酵结束时可控制 pH 6.6~7.0。

整个谷氨酸发酵过程中 pH 控制的一个实例如图 9-19 所示，可为谷氨酸发酵的 pH 控制提供参考。但是，各个工厂的菌株特性、发酵工艺及发酵耗氨速率等具体情况不同，其 pH 控制模式应有所不同，需根据实际情况摸索各自适宜的控制模式，并在具体生产过程中进行灵活控制。

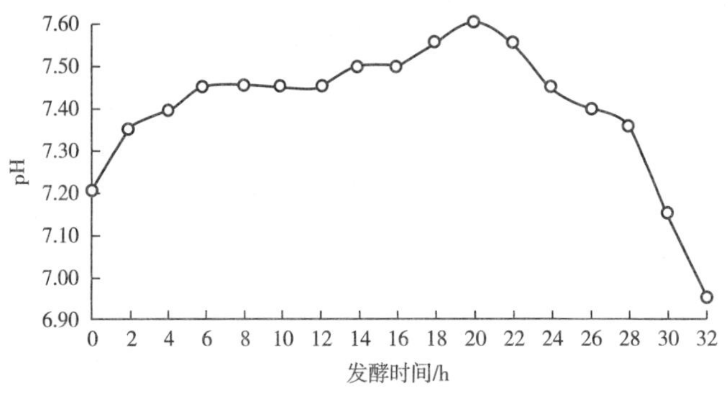

图 9-19　谷氨酸发酵 pH 控制实例的记录

第五节　泡沫的消除

在好氧发酵中，由于通风和搅拌，产生少量泡沫是难免的，但是泡沫过多将严重影响发酵的正常进行。因此，了解发酵过程中泡沫的形成、危害以及消除是十分必要的。

一、泡沫对发酵的影响

（一）泡沫的性质

在微生物发酵过程中为了适应微生物的生理特性，并取得较好的生产效果，要通入大量无菌空气。同时，又为了加速氧在水中的溶解速度，就必须剧烈搅拌，使气泡分割成无数小气泡，以增加气-液界面。气-液界面的增加，也有利于微生物呼吸过程中所产生的 CO_2 逸出。为了达到充分交换的目的，气泡还必须在发酵液中有一定的滞留时间。加上发酵液中含有蛋白质等发泡性物质，因此，在通风发酵过程中，产生一定数量的泡沫是必然的正常现象。但是过多的持久性泡沫会给发酵带来许多不利因素。如发酵罐的装料系数减少，若不加以控制，还会造成排气管大量逃液的损失，泡沫升到罐顶有可能从轴封渗出，从而增加染菌的机会，并使部分菌体黏附上罐壁而失去作用。泡沫严重时还会影响通气搅拌的正常进行，妨碍菌体的呼吸，造成代谢异常，最终导致产物产量下降和菌体自溶，而菌体自溶更加促使更多的泡沫生成，如此恶性循环。因此，如何控制发酵过程中产生的泡沫，也是能否取得高产稳产的关键因素之一。

泡沫是气体被分散在少量液体中的胶体体系。泡沫间被一层液膜隔开而彼此不相连通。发酵过程中所遇到的泡沫，其分散相是无菌空气和代谢气体，连续相是发酵液。按发酵液的性质不同，存在着两种类型的泡沫：一类存在于发酵液的液面上，这类泡沫气相所占比例特别大，并且泡沫与其下面的液体之间有能分辨的界限，如在某些稀薄的前期发酵液或种子液中所见到的；另一类泡沫是出现在黏稠的菌体发酵液中，这种泡沫分散很细，而且很均匀，也较稳定，泡沫与液体之间没有明显的液面界限，在鼓泡的发酵液中气体分散相所占比例由下而上地逐渐增加。

泡沫的生成有两种原因：一种是由外界引进的气流被机械地分散形式；另一种是由发酵过程中产生的气体聚结生成。后一种方式生成的泡沫称为发酵泡沫，它只有在代谢旺盛时才比较明显。

（二）发酵过程泡沫变化

好氧发酵过程中泡沫的形成是有一定的规律。泡沫的多少一方面与通风、搅拌的剧烈程度有关，搅拌所引起的泡沫比通风来得大；另一方面与培养基所用原料的性质有关。蛋白质原料，如蛋白胨、玉米浆和酵母粉等是主要的起泡因素，起泡能力随品种、产地和加工条件而不同，还与配比及培养基浓度和黏度有关。葡萄糖等糖类物质本身起泡能力很差，但在丰富培养基中浓度较高的糖类增加了培养基的黏度，从而有利于泡沫的稳定。通常培养基的配方含蛋白质多、浓度高、黏度大，容易起泡，且泡沫多而持久稳定。而胶体物质多、黏度大的培养基更容易产生泡沫，如糖蜜原料，发泡能力特别强，泡沫多而持久稳定。水解糖的水解不完全，如糊精含量多，也容易引起泡沫产生。培养基的灭菌方法和操作条件均会影响培养基成分的变化而影响发酵时泡沫的产生。因此可见，发酵过程中泡沫形成的稳定性与培养基的性质有着密切的关系。

在发酵过程中培养液的性质，因微生物的代谢活动处在运动变化中，也影响到泡沫的形成和消长。随着微生物菌体的繁殖，尤其是细菌本身具有稳定泡沫的作用，在发酵最旺盛时泡沫形成比较多，在发酵后期菌体自溶导致发酵液中可溶性蛋白质、胶体物质增加，更有利于泡沫的产生。此外，发酵过程中污染杂菌而使发酵液黏度增加，也会产生大量泡沫。

在好氧发酵过程中，由于强烈的通气和搅拌，同时由于微生物的呼吸和发酵产生大量CO_2等气体排到发酵液中，必然引起大量泡沫的产生。泡沫的大量存在，不仅会干扰通风与搅拌的进行，阻碍微生物的代谢，严重的还会导致大量跑料，造成浪费，甚至引起杂菌污染，直接影响发酵的正常进行。所以当泡沫大量产生时，必须予以消除。

（三）泡沫的危害

对通风发酵来说，产生一定数量的泡沫是正常现象，但持久稳定的泡沫过多，将给发酵带来许多负面影响。过多的泡沫产生，若消除不及时，将造成大量逃液，导致产物的损失和周围环境的污染。若泡沫从搅拌的轴封渗出，将增加发酵染菌的机会。泡沫增多使发酵罐的装填系数减少，影响发酵设备的利用率。持久稳定的泡沫还影响菌体的呼吸作用，严重时可导致菌体自溶，形成更多的泡沫。泡沫液位上升后，将使部分菌体黏附在发酵液上面的罐壁上，不能及时回到发酵液中，使发酵液中菌体量减少，影响发酵，延长发酵周期。为了消除泡沫，通常加入消泡剂，但过多的消泡剂也会给产物提取带来困难。

二、泡沫的消除

根据泡沫形成的原因与规律，可从产生菌种本身的特性、培养基的组成与配比、灭菌条件以及发酵条件等多方面着手，预防泡沫的过多形成。当泡沫大量产生时，必须尽量消除。发酵工业上消除泡沫的常用方法有机械消泡和化学消泡两大类。

（一）机械消泡

某些容易产生泡沫的发酵液，当泡沫大量涌现时，如不及时消除就会影响发酵的正常操作。同时大量泡沫随气流逸出，会造成发酵液的损失，也容易引起染菌。采用添加消泡剂的方法要耗用多种油类或化工合成消泡剂，同时会使发酵液中氧的溶解吸收减少 1/5~1/3，对供应微生物的需氧量极为不利。机械消泡是一种物理消除泡沫的方法，借助机械的强烈振动或压力的变化促使泡沫破碎，或借助于机械力将排出气体中的液体加以分离回收，所以没有上述化学消泡的缺点。机械消泡的优点是不用在发酵液中加入其他物质，节省原料（消泡剂），减少由于加入消泡剂所引起的染菌机会。但其效果往往不如化学消泡剂迅速可靠，需要一定的设备和消耗一定的动力。最大的缺点在于它不能从根本上消除引起稳定泡沫的因素，故通常将机械消泡作为化学消泡的辅助方法。

理想的机械消泡装置必须满足以下几个条件：①动力小；②结构简单；③坚固耐用；④清扫、杀菌容易；⑤维修、保养费用少。

机械消泡的方法有多种：一种是在发酵罐内将泡沫消除，另一种是将泡沫引出发酵罐外，泡沫消除后，液体再返回发酵罐内。罐内消泡可分耙式消泡桨、旋转圆板式、气流吸入式、液体吹入式、冲击反射板式、碟式及超声波机械消泡等类型；罐外消泡又可分旋转叶片式、喷雾式、离心力式及转向板式的机械消泡等类型。

（二）化学消泡

化学消泡是一种使用化学消泡剂的消泡法，也是目前应用最广的一种消泡方法。其优点是化学消泡剂来源广，消泡效果好，作用迅速可靠，尤其是合成消泡剂效率高，用量少，不需改造现有设备，不仅适用于大规模发酵生产，同时也适用于小规模发酵试验，添加某种测试装置后容易实现自动控制等。

1. 化学消泡机理

当化学消泡剂加入起泡体系中，由于消泡剂本身的表面张力比较低（相对于发泡体系而言），当消泡剂接触到气泡膜表面时，使气泡膜局部的表面张力降低，力的平衡受到破坏，此处为周围表面张力较大的膜所牵引，因而气泡破裂，产生气泡合并，最后导致全部气泡破裂。但是，泡沫形成的因素很多，当泡沫的表面层存在着极性的表面活性物质而形成双电层时，可以加一种具有相反电荷的表面活性剂，以降低液膜的弹性（机械强度），或加入某些具有强极性的物质与起泡剂争夺液膜上的空间，并使液膜的机械强度降低，进而促使泡沫破裂。当泡沫的液膜具有较大的表面黏度时，可加入某些分子内聚力较弱的物质，以降低液膜的表面黏度，从而促使液膜的液体流失而使泡沫破裂。通常一种好的化学消泡剂同时能具有降低液膜的机械强度和表面黏度的双重性能。一般情况下，尽量采用水溶性较小、表面张力较小的消泡剂，这样可以大大减少消泡剂的用量，而且消泡效果好。

2. 消泡剂选择的依据及常用的消泡剂种类

根据消泡原理和发酵液的性质、要求，消泡剂必须具有以下特点。

（1）消泡剂必须是表面活性剂，且具有较低的表面张力，消泡作用迅速，效率高。

（2）消泡剂对气-液界面的散布系统必须足够大，才能迅速发挥它的消泡活性，这就要求消泡剂具有一定的亲水性。

（3）消泡剂在水中的溶解度较小，以保持其持久的消泡或抑泡性能。

（4）对发酵过程无毒，对人畜无害，不被微生物同化，对菌体生长和代谢几乎无影响，不影响产物的提取和产品质量。

（5）不干扰溶氧、pH 等测定仪表使用，最好不影响氧的传递。

（6）具有良好的热稳定性。

（7）消泡剂来源方便，价格便宜。

许多物质都具有消泡作用，但是消泡程度不同，有些只有瞬间消泡作用，有些则可在较长时间内起抑泡作用。

发酵工业上常用的消泡剂主要有四大类：①天然油脂类；②高级醇、脂肪酸和酯类；③聚醚类；④硅酮类（聚硅油类）。

3. 消泡剂的应用和增效作用

消泡剂，特别是合成消泡剂的消泡效果与其使用方式有密切的关系。消泡剂加入发酵罐内能否及时起作用主要决定于该消泡剂的性能和扩散能力。增加消泡剂的散布可通过机械分散，也可借助于某种称为载体或分散剂的物质，使消泡剂更易于分布。

（1）消泡剂加载体增效　载体一般为惰性液体，消泡剂应能溶于载体或分散于载体中，如聚氧丙烯甘油用豆油为载体（消泡剂：油=1：1.5）的增效作用相当明显。

（2）消泡剂并用增效　如0.5%~3%硅酮、20%~30%植物油或矿物油、5%~10%聚乙醇二油酸酯、1%~4%多元醇脂肪酸酯与水组成的消泡剂，可增效消泡作用。

（3）消泡剂乳化增效　如聚氧丙烯甘油用吐温-80 为乳化剂的增效作用。

化学消泡是发酵工业上应用最广的一种消泡方法，其优点是消泡作用迅速可靠，但消泡剂用量过多会增加生产成本，而且有可能影响菌体的生长及代谢，对产物的提取、精制不利。因此，生产实践中通常联合采用高效的机械消泡装置与化学消泡剂进行消泡，尽可能减少化学消泡剂用量，以达到消除泡沫的目的。

三、氨基酸发酵过程中的泡沫消除

（一）控制手段

在氨基酸发酵生产实践中，通常采用机械消泡和化学消泡相结合的方法进行泡沫消除。机械消泡装置主要包括罐内的耙式消泡器和罐外的气液分离器，罐内、外的机械消泡装置在发酵过程中同时发挥作用，起着直接击破泡沫的作用。化学消泡主要采用添加消泡剂的方式，起着降低表面张力，达到抑泡和消泡的目的。氨基酸发酵消泡剂消除系统示意图，如图 9-20 所示。

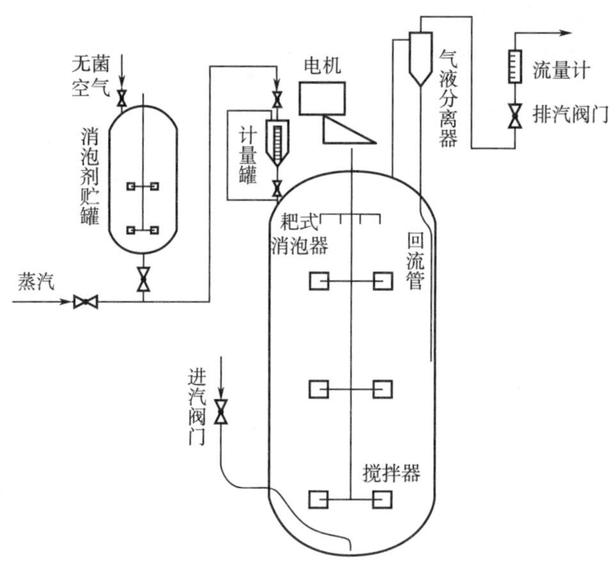

图 9-20　氨基酸发酵消泡剂消除系统示意图

（二）控制模式

在配制基础培养基时，可加入适量的消泡剂，一般添加量为 0.05～0.1g/L，与培养基一起灭菌，在发酵前期起着一定的抑泡作用。在发酵过程中，是否需要添加消泡剂取决于形成的泡沫量，可从发酵罐顶部视镜进行观察，当涌起的泡沫高度达到视镜位置时，需添加适量消泡剂进行消除泡沫，每次添加量以能够消除泡沫为宜，尽量少加，一般采用少量多次添加的模式。

（三）根据泡沫产生情况进行控制

当启动搅拌、通入无菌空气、罐内的耙式消泡器和罐外的气流分离器就会启动消泡功能，不需另行控制，发酵过程中主要进行化学消泡的控制。

发酵工业常用的消泡剂主要有聚醚类、硅酮类、天然油脂类、高级醇类等，氨基酸发酵的消泡剂通常采用聚醚类和硅酮类。天然油脂类含有生物素，对生物素缺陷型菌株生产谷氨酸有一定影响，因而谷氨酸发酵一般不选用天然油脂类作为消泡剂。作为发酵过程中添加的消泡剂，通常与水按1∶(2~3)比例混合，经灭菌后，贮存于带有搅拌的贮罐内，用无菌空气保压备用。使用消泡剂时，先对贮罐与发酵罐之间的管道进行灭菌，并开启贮罐搅拌，使消泡剂与水混合均匀，然后将消泡剂压入发酵罐顶部的一个小型计量罐内，小型计量罐起着掌握添加量的作用，再由小型计量罐将适量的消泡剂通入发酵罐进行消泡。如果在消泡剂贮罐与发酵罐之间的管道上安装电磁流量计，可以不需要计量罐；若进一步安装自控装置，便可实现自动添加。

第六节　补料的控制

近年来，我国工业发酵水平有了很大提高，一方面是由于高产菌株的不断更新，另一方面则是发酵工艺和设备条件的相继改进。尤其是氨基酸发酵采用补糖、通氨工艺，对发酵水平的提高起了重要作用。这种中间补料控制的明显效果是产生菌的生长期提前，生物合成期得到延长，可维持较高的产物增长幅度和增加发酵的总体积，从而使产量大幅度提高。

在发酵工业中，发酵过程补加产生菌所需要的碳源、氮源、无机盐、微量元素、生长因子以及诱导底物等物质，通常称为补料。分批发酵中引入间歇或连续的补料操作，是分批发酵到连续发酵的一种过渡发酵方式，能够弥补分批发酵存在的不足，现已广泛应用于发酵工业，尤其是氨基酸发酵和抗生素发酵。

一、补料的作用和内容

（一）补料的作用

在分批发酵中，为了提高单罐发酵产量，通常需要适当提高菌体浓度，意味着在菌体生长阶段消耗的营养物质会增多，用于合成代谢产物的剩余营养物质量是否足够显得十分关键。若剩余的营养物质不足，菌体会过早衰老、自溶，发酵产量会降低；若剩余的营养物质仍较丰富，可推迟产生菌的自溶期，并延长了产物合成期，使产量大幅度提高。

但是，根据米氏方程，当营养底物的初始浓度增加到一定程度时，可能发生某一种底物对菌体产生抑制作用，使延滞期延长，比生长速率减小，导致菌体浓度和发酵产量下降。例如，当谷氨酸发酵的葡萄糖初始浓度超过200g/L时，菌体生长受到严重抑制，对发酵的不良影响较为显著。因此，为了获得较高的单罐发酵产量，必须控制初始培养基的底物浓度于适当水平，避免限制性底物的抑制作用，可以通过补料的方式来提高发酵过程中底物的投入量，从而提高产量。

另外，初始培养基的底物浓度过高，其培养基的黏度就会较大，泡沫也会过早、过多地形成，不利于氧的传递，导致溶氧下降，给发酵带来不利影响。采用发酵过程中补料方法可以较好地解决这个矛盾，达到提高单罐产量的目的。

（二）补料的内容

所谓补料，顾名思义是在发酵过程中补充某些养料以维持菌体的生理代谢活动和合成产物的需要。补料的内容大致可分为以下几个方面。

(1) 补充微生物所需的能源和碳源　如在发酵液中添加葡萄糖等，作为消泡剂的天然油脂，同时也起了一定补充碳源的作用。

(2) 补充微生物菌体所需的氮源　如在发酵过程中添加蛋白胨、玉米浆等有机氮源。在氨基酸发酵过程中通入氨气或氨水，一方面是调节 pH，另一方面也是补充无机氮源，用于合成氨基。另外，赖氨酸发酵过程中除了通入氨气调节 pH 和补充氮源外，还要连续补充 $(NH_4)_2SO_4$，氨氮要控制在一定水平才能高产赖氨酸。

(3) 加入某些微生物生长或合成需要的无机盐、微量元素和生长因子　如磷酸盐、硫酸盐、氯化物和维生素等。

二、补料的原则

早期的发酵生产是采用一次投料发酵，到放罐结束。这里就涉及菌体的代谢调节问题。菌体的生理调节活动和生物合成，除了决定于本身的遗传特性外，还决定于外界的环境条件，其中一个重要的条件就是培养基的组成和浓度。若在菌体生长阶段，有过于丰富的碳源和氮源以及适合的生长条件，就会使菌体向着大量菌体繁殖方向发展，使养料主要消耗在菌体生长上；而在生物合成阶段养料便不足以维持正常生理代谢和合成的需要，导致菌体过早地自溶，使生物合成阶段缩短。在补料工艺未采用之前，工业发酵生产周期相对较短，采用补料工艺后，发酵周期相对延长，而且发酵水平和转化率明显提高。

在现代发酵工业的大规模生产中，中间补料的数量为基础料的 1~3 倍。如果把所补加料全部合并在初始培养基中，对发酵的影响将难以设想，这势必造成菌体代谢的紊乱而失去控制，也可能因培养基浓度太高，影响细胞膜内渗透压而菌体无法生长。

因此，补料的原则就在于控制微生物的中间代谢，使之向着有利于产物积累的方向发展。为此，要根据菌体的生长代谢、产物生物合成规律，利用中间补料的措施给予产生菌适当的调节，让它在生物合成阶段有足够而又不过多的养料供给其合成和维持正常代谢的需要。

三、补料分批发酵的优点和作用

(一) 补料分批发酵的优点

补料分批发酵（Fed-batch Fermentation，FBF），又称半连续发酵，是在分批发酵过程中，间歇或连续地补加一种或多种成分新鲜培养基的发酵方法，是分批发酵和连续发酵之间的一种过渡培养方式，是一种控制发酵的好方法，现已广泛用于发酵工业，尤其是氨基酸发酵和抗生素发酵工业中。

同传统的分批发酵相比，FBF 具有以下优点：①可以解除底物抑制、产物反馈抑制和分解产物阻遏；②可以避免在分批发酵中因一次投料过多造成细胞大量生长或抑制所引起的一切影响，改善发酵液流变学的性质；③可用作控制细胞浓度的手段，提高细胞生长速率；④可作为理论研究的手段，为自动控制和最优控制提供实验基础。与连续发酵相比，

FBF 不需要非常严格的无菌条件，产生菌一般也不会产生老化和变异等问题，适用范围也比连续发酵广泛。

由于 FBF 具有以上优点，现已广泛应用于微生物发酵生产和研究中，尤其氨基酸发酵中已普遍应用。

（二）FBF 的作用

已有研究结果表明，FBF 对微生物发酵有以下几个基本作用。

1. 可以控制抑制性底物的浓度

在许多发酵过程中，微生物的生长受到底物浓度的影响。按米氏方程，当营养物浓度增加到一定量时，生长就受到抑制。所以高浓度营养物对大多数微生物生长是不利的。为了在分批发酵中，获得高浓度产物，必须在基础培养中防止过高浓度的底物或抑制性底物，采用 FBF 方式，就可以控制适当的底物浓度，解除其抑制作用，又可得到高浓度的产物。

2. 可以解除或减弱分解产物阻遏

在微生物合成初级或次级代谢产物中，有些合成酶受到易利用的碳源或氮源的阻遏，尤其是葡萄糖，它能够阻遏多种酶或产物的合成。已知这种阻遏作用不是葡萄糖的直接作用，而是由葡萄糖的分解代谢产物所引起的。通过补料来限制底物的浓度，就可解除酶或其产物合成受阻，提高其产量。

3. 可以使发酵过程最优化

分批发酵动力学的研究，阐明了各参数之间的相互关系。利用 FBF 技术，就可使菌种保持在最大生产水平的状态。随着 FBF 补料方式的不断改进，为发酵过程的优化和反馈控制奠定了基础。计算机软硬件技术、传感器等的发展和应用，已有可能用离线方式计算或用模拟复杂的数学模型在线方式实现最优化控制。

四、补料的控制

在确定补料的内容后，选择适当的时机是相当重要的。一般情况下，当限制性底物在发酵过程中处于贫乏时，需及时补加。补料控制是否恰当，关键在于掌握适当的补料时间、补料速率和补料配比。

（一）补料时间的控制

在生产实践中，产生菌的形态、发酵液中残糖浓度、溶氧浓度、尾气中的 O_2 和 CO_2 含量、摄氧率、呼吸商等的变化都可以作为补料时间的判断依据。对于部分生长耦联型的氨基酸发酵，发酵过程中主要补加所需的碳源、氮源，通常在微生物细胞进入产物合成期以后才开始补料，补料的起始时间通常掌握在残留底物浓度处于较低水平的时候。若在微生物的生长阶段补料，容易引起微生物的过度生长，尤其是营养缺陷型菌株，致使菌体生长期延长，对产物合成不利。

（二）补料速率的控制

补料速率可通过控制料液流量来控制。为了避免底物浓度波动造成不良影响，补料时应注意控制料液流量，使残留底物浓度相对稳定。若补料速率控制不当，残留底物浓度波动较大，或残留底物浓度一直维持过高，对微生物生长及代谢均有影响。尤其是发酵后期，如果残留底物浓度控制过高，发酵结束时的残留底物浓度容易失控，对发酵收率和产物提取都不利。在正常情况下，底物消耗速率具有一定规律，可通过大量实践摸索这一规律，根据该批发酵中已发生的底物消耗速率以及残留底物浓度，可以估算即将发生的底物消耗速率，从而确定补料速率。

（三）补料配比的控制

微生物的生长、代谢总是要求培养基的营养成分有一个合理的配比。通过补料，可以改变产物合成期的培养基营养成分配比，使之适宜产物合成。控制补料配比包括两个方面：一方面是所补料液的配比，另一方面是所补料液的流量。一般情况下，根据发酵的辅助设备以及工艺状况，尽可能要求所补料液的浓度较高，以便在有限的发酵容积内能够补加更多的底物，从而提高单罐产量。例如，许多氨基酸发酵企业采用高浓度（一般为500~600g/L）的葡萄糖液进行补料。补加多种料液时，每一种料液的浓度以及流量都要严格控制，才能使培养基营养成分配比合理。

五、氨基酸发酵过程中的补料控制

以谷氨酸发酵过程中的补料控制加以说明。

（一）控制手段

补料前，先将糖液贮罐与发酵罐之间的相关管道进行灭菌，然后通过无菌空气将贮罐中的糖液压入发酵罐，根据管道上的流量计显示值调节阀门开度，以控制糖液流量。结束补加操作时，关闭糖液贮罐的底阀，用蒸汽将管道中残留糖液压入发酵罐中，最后关闭发酵罐的补料阀门。补料系统如图 9-21 所示。

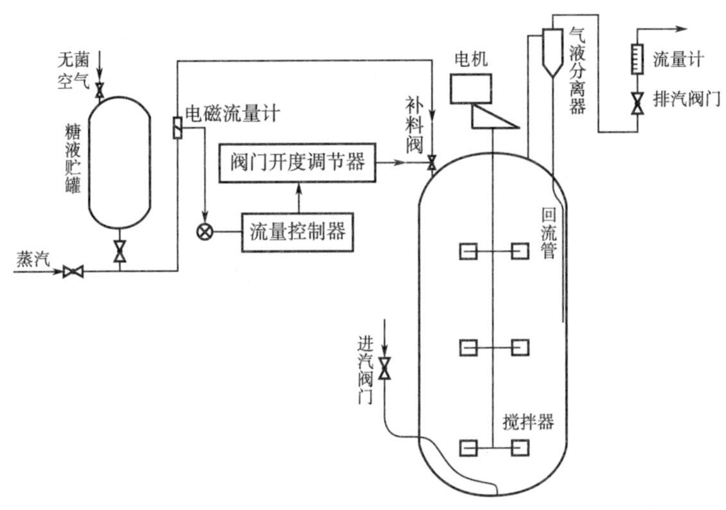

图 9-21　氨基酸发酵补料系统的示意图

（二）控制模式

补料的起始时间、应维持的残糖浓度、补料的结束时间与最后的补加量是补料过程必须考虑的因素，它们与发酵具体表现、初糖方式及补料系统装置有关。一般情况下，补料的起始时间尽可能选择残糖浓度处于较低水平，且补料过程的残糖浓度应尽可能维持在较低水平。但是，如果耗糖速率偏大，而补料速率偏慢，可将补料的起始时间适当提前，补料过程的残糖浓度可维持在较高水平。补料的结束时间与最后的补加量需根据残糖浓度、耗糖速率及发酵结束时间而定，补料结束时要保证有足够糖分维持至发酵结束，又要使发酵结束时的残糖浓度尽可能低，避免造成浪费。

（三）根据耗糖速率进行控制

在谷氨酸发酵中，由于补加氮素物质是在 pH 控制过程中完成的，而补加碳素物质的操作就成为补料控制的主要任务。补料的起始时间一般掌握在残糖浓度为 20～30g/L，补料过程中的残糖浓度一般维持在 10～20g/L，注意掌握好补料的结束时间与最后的补加量，使发酵结束时的残糖浓度在 5g/L 以下。

计算发酵过程中的耗糖速率，有助于了解微生物耗糖情况以及掌握耗糖规律，以便指导补加糖液的操作。耗糖速率可计算如式（9-20）所示：

$$\text{耗糖速率}=\frac{\text{上次补加糖液体积}\times\text{糖液浓度}}{\text{累计发酵体积}}+\text{上次取样的残糖浓度}-\text{本次取样的残糖浓度} \tag{9-20}$$

按上述进行发酵前的准备，然后进行发酵，整个发酵过程的残糖浓度、耗糖速率及补糖情况的记录见表 9-2。

表 9-2　残糖浓度、耗糖速率及补糖情况的记录（500m³罐）

发酵时间/h	残糖浓度/(g/L)	累计补糖体积/m³	累计发酵体积/m³	耗糖速率/[g/(L·h)]
0	160.0	0	360.0	
2		0	360.0	
4		0	360.0	
6		0	360.0	
8	82.0	0	360.0	
10	54.4	0	360.0	
11	40.9	0	360.0	13.5
12	29.0	0	360.0	11.9
13	19.3	0	360.0	9.7
14	19.6	7.5	367.5	9.5
15	16.0	12.0	372.0	9.4

续表

发酵时间/h	残糖浓度/(g/L)	累计补糖体积/m^3	累计发酵体积/m^3	耗糖速率/[g/(L·h)]
16	12.4	16.5	376.5	9.3
17	11.4	22.5	382.5	8.5
18	10.6	28.5	388.5	8.2
19	10.2	34.5	394.5	7.7
20	10.0	40.5	400.5	7.4
21	9.8	46.5	406.5	7.3
22	10.0	52.5	412.5	6.8
23	10.2	58.5	418.5	6.7
24	10.4	64.5	424.5	6.6
25	10.8	70.5	430.5	6.3
26	10.2	75.0	435.0	5.6
27	9.8	78.5	438.5	5.3
28	9.6	84.0	444.0	5.1
29	9.4	88.5	448.5	5.0
30	9.2	91.5	451.5	3.4
31	6.0	91.5	451.5	3.2
32	3.0	91.5	451.5	3.0

注：开始时补加糖液的浓度为480g/L。

在根据耗糖速率进行补料控制方面，此表数据可提供参考。如表9-2所示，发酵15h的残糖浓度是16.0g/L，15~16h补加了4.5m^3的糖液，16h时残糖浓度是12.4g/L，16h的累计发酵体积是376.5m^3，那么发酵15~16h的耗糖速率是：4.5×480/376.5+16.0−12.4=9.3g/(L·h)。

根据实践中总结的耗糖规律，发酵16~17h的耗糖速率一般在8.0~9.0g/(L·h)，为了维持发酵17h的残糖浓度在10~12g/L，通过耗糖速率计算式进行初步估算，发酵16~17h的糖液补加量应控制为4.5m^3左右。

补料的操作方式有间歇补料和连续补料两种形式。如果采用间歇补料方式，每次补加适量糖液后，残糖浓度都会升高，间隔一定时间后，由于菌体不断耗糖，残糖浓度再次下降到适宜水平，于是又要进行补加糖液，如此类推，直至发酵结束。如果采用连续补料方式，整个过程中糖液以适当流量连续进入发酵罐，需根据发酵具体表现及时调节流量，以维持残糖浓度在适宜范围内，并需掌握好补料的结束时间以及结束时的残糖浓度。

第七节　衡量发酵水平的主要指标

一、氨基酸发酵的主要指标

衡量氨基酸发酵水平高低的标准是单位容积发酵罐在单位时间内的氨基酸产量及其生产成本，这一标准受许多因素影响，包括菌种及其扩大培养、淀粉制备葡萄糖、培养基灭菌操作、发酵罐灭菌操作、发酵过程控制操作、发酵设备以及辅助设施等。其中，发酵工序的工艺指标主要有：产酸水平、糖酸转化率、发酵周期以及放罐体积等，这些指标直接影响到氨基酸产量以及部分生产成本，需对它们进行综合评价。

（一）产酸水平

产酸水平是指单位体积发酵液所产的氨基酸量，通常用 g/L 或 g/100mL 来表示。在放罐体积相等的情况下，产酸水平越高，其单罐产量越大。提高单罐产量，有利于降低发酵生产中水、电、蒸汽及劳资等方面的单耗。单罐产量可按式（9-21）计算。

单罐的氨基酸产量=产酸水平×放罐体积　　（9-21）

（二）放罐体积

放罐体积是指发酵结束以后移交给提取工序的发酵液体积，通常以 m^3 来表示。在产酸水平相等的情况下，放罐体积越大，单罐产量越大。放罐体积可用式（9-22）来计算。

放罐体积=底物体积+灭菌蒸汽冷凝水体积+种子液体积+补料的体积-排气带走水分的体积　　（9-22）

（三）发酵转化率

发酵转化率是指氨基酸产量与葡萄糖投入总量的百分比值。转化率越高，意味着氨基酸生产所消耗的葡萄糖量越小，有利于降低淀粉等原料的消耗。转化率可按式（9-23）计算。

糖酸转化率=氨基酸产量/葡萄糖的投入总量×100%　　（9-23）

以工业淀粉为氨基酸发酵原料时，由发酵转化率和糖化率可按式（9-24）计算出氨基酸生产中的淀粉单耗，即：

氨基酸生产的工业淀粉单耗=工业淀粉的含量/（发酵转化率×糖化率）　　（9-24）

（四）发酵周期

发酵周期是指发酵开始至发酵结束整个发酵过程的时间。发酵周期是一个发酵操作周期的主要部分，直接影响到发酵罐的周转率，从而影响到发酵产量。一个发酵周期可用式（9-25）来表示。

一个操作周期=培养基灭菌、降温时间+发酵罐灭菌时间+接种的时间+发酵周期+放料时间+其他辅助时间（如洗罐、拆检阀门等时间）　　（9-25）

由发酵周期计算出一个操作周期，从而可计算出一个发酵罐在一年内生产的罐数，例如：

一个发酵罐在 30d 内的发酵批数=24×30/一个操作周期

二、放罐操作与氨基酸发酵指标的计算

（一）放料操作

发酵结束时，关闭液氨补加阀、糖液补加阀、消泡剂添加阀、进气阀、排气阀以及冷却水管路上的阀门等，停止搅拌，开启发酵罐顶部的空气加压阀，使发酵罐的压力上升到 0.15MPa 左右，然后打开发酵罐底部的放料阀，通过无菌空气将成熟发酵液压到提取工序的贮罐，即可完成放料操作。

（二）发酵糖酸转化率的计算

根据发酵液体积、氨基酸产酸水平、投入的葡萄糖总量等，计算发酵转化率。下面以上述谷氨酸发酵实例进行计算发酵转化率，提供参考。

发酵周期为 32h，发酵液体积为 451.5m^3，发酵液中谷氨酸浓度为 160g/L，谷氨酸产量：160×451.5=72240kg

由于补加了浓度为 480g/L 的糖液 91.5m^3，二级种子罐的投糖量为 1800kg，发酵基础培养基的投糖量：160×360=57600kg，总投糖量可计算如下：

480×91.5+1800+57600=103320kg

因此，谷氨酸发酵糖酸转化率：

总谷氨酸量/总投糖量×100%=72240/103320×100%=69.92%

参考文献

［1］邓毛程．氨基酸发酵生产技术［M］．北京：中国轻工业出版社，2007.
［2］邓毛程．氨基酸发酵生产技术（第二版）［M］．北京：中国轻工业出版社，2014.
［3］陈宁．氨基酸工艺学［M］．北京：中国轻工业出版社，2007.
［4］陈宁．氨基酸工艺学（第二版）［M］．北京：中国轻工业出版社，2020.
［5］姚汝华．微生物工程工艺原理［M］．广州：华南理工大学出版社，2002.
［6］陈必链．微生物工程［M］．北京：科学出版社，2010.
［7］熊宗贵．发酵工艺原理［M］．北京：中国医药科技出版社，1995.
［8］储炬，李友荣．现代工业发酵调控学［M］．北京：化学工业出版社，2002.
［9］储炬，李友荣．现代生物工艺学［M］．上海：华东理工大学出版社，2007.

第十章　L-谷氨酸（味精）发酵

第一节　谷氨酸发酵工艺概述

目前国内谷氨酸发酵生产工艺的种类很多，从不同的角度划分，大致可分成以下几类。

一、按碳源原料划分

国内谷氨酸生产的碳源原料主要有淀粉糖和糖蜜两大类。制备谷氨酸发酵用葡萄糖的淀粉原料很多，主要有玉米、薯类（木薯、马铃薯）、大米、小麦等含淀粉原料。而糖蜜又有甘蔗糖蜜和甜菜糖蜜两种。单位质量淀粉糖与糖蜜所含生物素量有很大差距，由于我国谷氨酸产生菌株大多为生物素缺陷型菌株，故发酵工艺迥然不同。两大类原料的发酵工艺主要区别在于发酵过程是否需要添加青霉素、表面活性剂等，由于糖蜜原料所含生物素丰富，发酵过程必须添加青霉素、表面活性剂等来抑制产生菌的细胞壁合成，从而抑制产生菌的过度生长，或采用温度敏感突变株通过提高发酵温度也可产生大量谷氨酸；虽然各种来源不同的淀粉原料所含生物素不同，但淀粉水解糖所含生物素量远远低于糖蜜，经加工成纯淀粉再制备成葡萄糖液，用于配制谷氨酸发酵培养基时还需要添加生物素。因此，当提及生产的碳源原料，行内技术人员便能分辨所采用的发酵工艺类型。

二、按产生菌株的类型划分

国内谷氨酸产生菌株主要有生物素缺陷型菌株和温度敏感型菌株。以前大多数工厂采用生物素缺陷型菌株，其主要来源有 S9114 和 FM415；由于温度敏感型菌株产酸水平和转化率均高于生物素缺陷型菌种，目前国内厂家已普遍使用温度敏感型菌株。由于这两类菌株的生理性能不同，控制细胞膜渗透性的机理也不一样，导致发酵工艺具有较大的差别。

三、按培养基含生物素量划分

生物素缺陷型菌株是应用最早、最广泛的菌株，其菌体形态在发酵过程中随生物素浓度趋于贫乏而发生特异变化，细胞膜渗透性也相应改变。产生菌的细胞转型取决于培养基的生物素浓度以及发酵控制工艺，而培养基的生物素浓度不同，所采取的发酵工艺也有所区别。

采用淀粉糖为原料，一般控制发酵培养基的生物素浓度为5~6mg/L，传统中称之为生物素“亚适量”工艺。随着发酵条件的优化，有些工厂将培养基生物素浓度控制在 8~12mg/L，可显著提高谷氨酸产酸水平，为区别传统的生物素“亚适量”工艺，有人称之为生物素“超亚适量”工艺。由于糖蜜原料的发酵培养基和应用温度敏感型菌株发酵的培养基所含生物素浓度极高，可称为生物素“丰富量”工艺。

四、按接种量划分

所谓接种量，是指接入发酵罐的成熟种子液的体积相对于发酵初始体积的百分比。以前，很多工厂的接种量为1%~3%，这种接种量相对目前的接种量来说，属于小种量，已较少采用。目前谷氨酸发酵工艺趋向于大种量，一般在5%~10%。

五、按发酵初糖浓度划分

根据发酵初糖浓度高低，大致可将谷氨酸发酵工艺划分为低初糖工艺、中初糖工艺和高初糖工艺。通常，低初糖工艺的初糖浓度为80~120g/L，中初糖工艺的初糖浓度为140~160g/L，高初糖工艺的初糖浓度为180~200g/L。由于培养基的高渗透压抑制微生物生长、代谢，大部分工厂采用中、低初糖工艺，高初糖工艺极少使用。

六、按发酵过程补加糖液划分

从是否补加糖液的角度来看，有需要补糖工艺和不需要补糖工艺。一般不需要补糖的工艺采用一次高或中初糖工艺，而需要补糖工艺采用中或低初糖、中间流加糖液的工艺。在需要补糖工艺中，又可以按补加糖液的浓度分为低浓度流加糖工艺、中浓度流加糖工艺以及高浓度流加糖工艺。对于低浓度流加糖工艺，即糖化车间制备出来的糖液不经过浓缩，灭菌后就作为发酵流加糖液，浓度一般在300g/L左右；中浓度流加糖工艺的流加糖液浓度一般在400g/L左右；高浓度流加糖工艺的流加糖液浓度一般在500g/L以上。

第二节　淀粉水解糖生物素亚适量工艺

一、菌种

淀粉水解糖生物素亚适量谷氨酸发酵工艺的谷氨酸产生菌主要有：①天津短杆菌T613及其诱变株FM8029、FM-415、CMTC6282、TG863、TG866、S9114、D85等菌株；②钝齿棒杆菌AS1.542及其诱变株B9、B9-17-36、F-263等菌株；③北京棒杆菌AS.1299及其诱变株7338、D110、WTH-1等菌株。多数厂家生产上常用的菌株是T613，FM-415、S9114、CMTC6282等。

二、菌种的扩大培养和种子的质量要求

谷氨酸产生菌，一般接种于斜面固体培养基上，于30~32℃培养，然后于4℃保藏，也可用真空干燥等方法保藏。在使用之前，将保藏菌种接种于新鲜的斜面培养基上培养，进行种子活化，以恢复种子的生长和新陈代谢能力。活化了的种子，再根据需要，进行一

级或数级的种子扩大培养，以获得足够数量的优良种子，再接入发酵罐，进行谷氨酸发酵。谷氨酸发酵种子扩大培养普遍采用二级种子扩大培养的流程，即斜面培养→一级种子培养→二级种子培养→发酵罐。

（一）菌种的扩大培养

1. 斜面

斜面固体培养基（传代和保藏斜面不加葡萄糖）（g/L）：葡萄糖 5，蛋白胨 10，牛肉膏 10，NaCl 5，琼脂 20~25，pH 7.0~7.2。

空白斜面需放置 3~5d，待斜面培养基表面干后（水分全部消失）才能使用，否则接种后菌苔长得薄，生长不旺盛。

培养条件：一般是 7338、B9 类菌种 30~32℃，T613 类菌种 33~34℃，培养时间 18~24h。每批斜面菌种培养完成后，要仔细观察菌苔生长情况，菌苔的颜色和边缘等特征是否正常，有无感染杂菌和噬菌体的征兆。如质量有问题应坚决不用。斜面菌种保存于冰箱中待用。

2. 一级种子培养

一级种子（摇瓶）培养基（g/L）：葡萄糖 25，玉米浆 25~35（按质增减），尿素 5，K_2HPO_4 1，$MgSO_4$ 0.4；$MnSO_4$ 2mg/L，$FeSO_4$ 2mg/L，pH 7.0。

培养条件：用 1000mL 三角瓶装入培养基 200mL，灭菌后置于冲程 7.6cm、频率 96 次/min 的往复式摇床上振荡培养 12h，培养温度 7338、B9 类菌种 30~32℃，T613 类菌种 33~34℃，采用恒温控制。

一级种子质量要求：种龄 12h，pH 6.3~6.5，光密度净增 ΔOD 值 0.5 以上，残糖 5g/L 以下，无菌检查“-”，噬菌体检查“-”，镜检菌体生长均匀、粗壮、排列整齐，革兰染色阳性。上述要求随菌种不同可酌情调整。

3. 二级、三级种子培养

二级种子（种子罐）培养基（g/L）：淀粉水解糖 20~40，玉米浆 10~20，尿素 5，K_2HPO_4 1，$MgSO_4$ 0.4，$MnSO_4$ 2mg/L，$FeSO_4$ 2mg/L，pH 6.4~6.7。

培养条件：接种量 0.5%~1.0%；培养温度 32℃（T613 菌为 33~34℃）；培养时间 7~8h；通风量 50L 种子罐 0.5L/min，搅拌转速 340r/min，250L 种子罐 0.3L/min，搅拌转速 300r/min，500L 种子罐 0.25L/min，搅拌转速 230r/min，1200L 种子罐 0.2L/min，搅拌转速 180r/min。

二级、三级种子的质量要求：种龄 7~8h，pH 6.8~7.2，光密度净增 ΔOD 值 0.5 左右，残糖消耗 10g/L 左右，无菌检查“-”，噬菌体检查“-”，镜检生长旺盛、排列整齐，革兰染色阳性。

（二）影响种子质量的主要因素

斜面培养和种子培养过程中，温度、pH、溶解氧等环境条件，都应该控制在微生物生长的最适条件下进行。同时要注意合适的培养基及接种量。

1. 培养基组成

种子培养基要求含有丰富的氮源，足够的生物素，少量的碳源，以利于菌体生长。如果糖分过多，菌体代谢活动旺盛，产生有机酸，使 pH 降低，菌种容易衰老。

2. 温度

幼龄菌对温度变化敏感，应避免温度过高，波动过大。

3. pH

最初时 pH 不宜过高，培养结束时 pH 不宜过低，pH 上升后有所下降时，培养时间已接近结束。

4. 溶解氧

长菌阶段对氧要求比发酵时低，溶解氧水平过高，抑制长菌。

5. 接种量

种子扩大培养过程中，应按一定的接种量逐级进行扩大。一般接种量控制为 1%~2%。糖蜜发酵接种量要大于淀粉质原料。特别情况下，接种量可提高到 5%~10%，甚至更高。接种量太低，则微生物数量增长缓慢，延滞期长；接种量过高，则所要求的前一级的种子较多，增加工作量和成本，并将较多的种子培养过程中产生的各种代谢物带入下一级培养或发酵，有可能对发酵造成不良影响。

6. 培养时间

种子培养的时间应控制在对数生长期的中、后期。一般说来，固体斜面种子培养时间为 18~20h。时间过短，则细胞数量不够，过长，则种子老化，影响种子活力。

三、谷氨酸发酵工艺流程图

谷氨酸发酵工艺流程图见图 10-1。

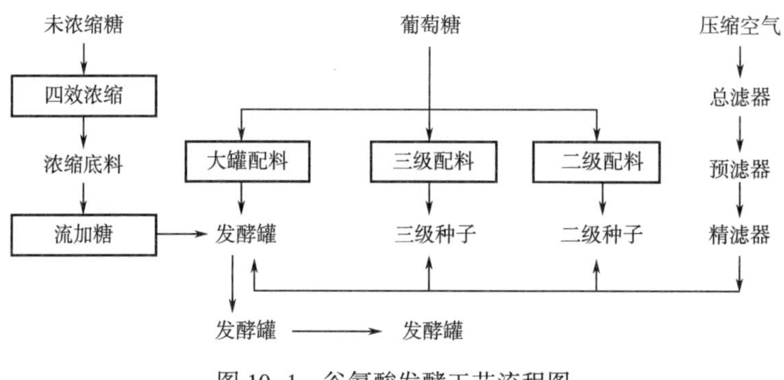

图 10-1　谷氨酸发酵工艺流程图

四、发酵过程的菌体形态变化

（一）生物素限量的培养

在生物素限量的培养条件下，根据谷氨酸发酵过程的菌体形态变化，大致可将细胞分为长菌型细胞、转移期细胞和产酸型细胞3种不同时期的细胞形态。生物素浓度以及发酵控制条件不同，这3种细胞形态出现、转换的时间有迟早差异。下面介绍3种菌体形态及转换。

1. 长菌型细胞

谷氨酸发酵0~7h，菌体先进行繁殖，菌体细胞为长菌型细胞，细胞形态与二级种子基本相似，均为短棒状，有的微呈弯曲状，细胞排列呈单个、成对及“V”字形。

2. 转移期细胞

随着菌体生长，生物素逐渐被消耗，于是生物素“由丰富向贫乏”过渡。大约在发酵7h以后，生物素处于贫乏状态，一部分长菌型细胞开始向产酸型细胞转变，形成有利于谷氨酸向外渗透的磷脂合成不足的细胞膜，这部分细胞的形态急剧变化，出现伸长、膨大等异常形态，并且开始产酸。转移期为7~14h，有长菌型细胞，也有产酸型细胞，随着时间推移，生物素浓度越来越低，异常形态的产酸型细胞越来越多，产酸速率也不断加快。

3. 产酸型细胞

发酵14h以后，生物素基本消耗完，菌体细胞完成了谷氨酸非积累型向谷氨酸积累型的转变，即完全转变为异常形态的产酸型细胞，表现为OD值稳定，谷氨酸产量不断上升，直至发酵结束。产酸型细胞为含磷脂不足的异常形态，呈现伸长、膨大、不规则，缺乏“V”字形排列，有的呈弯曲形，边缘颜色浅，稍模糊，有的边缘褶皱乃至残缺不齐，但菌体形态基本清楚。在发酵26h以后，菌体细胞会变得比刚转型完毕时的细胞稍细、稍长，有的细胞呈现有明显横隔（1~3个或更多）的多节细胞，类似花生状，在糖酸转化率高时表现尤其明显。

（二）生物素过量的培养

在生物素过量的培养条件下，限制发酵周期内细胞形态基本上没有明显的变化。菌体比较粗短，类似于种子培养阶段的细胞形态，多为短杆至棒状，细胞排列呈单个、成对及“V”字形，形成的细胞为谷氨酸非积累型细胞。由于在限制发酵周期内细胞转型期后移后甚至不出现细胞转型期，导致发酵过程呈现典型的异常发酵，长菌体，但耗糖速率比正常发酵的耗糖速率慢，产酸低或甚至不产谷氨酸。

五、发酵过程的控制

（一）温度的控制

在谷氨酸发酵前期长菌期阶段应满足菌体生长所需的最适温度。若长菌期温度偏高，菌体在短时间内生长可能会快，但容易衰老，表现为发酵前期短时间内耗糖快，但OD_{650}值增长不高，且耗糖速度很快就会下降，若此时残糖过高，发酵周期要延长，谷氨酸生成少。如果长菌期温度偏低，菌体生长缓慢，导致发酵周期长。在发酵中期，即菌体转型阶段，为促进细胞转型和促进产酸型细胞累积谷氨酸，应将温度提高到最适产酸温度。

每个工厂都应根据工艺的要求，总结出一个比较合适的温度控制模式。根据实际工艺所用菌株特性、生物素浓度、发酵周期等情况，可形成一个多级温度控制模式。

根据温度控制的数据，可以看到谷氨酸发酵过程中温度不断升高的趋势，如图 10-2 所示。

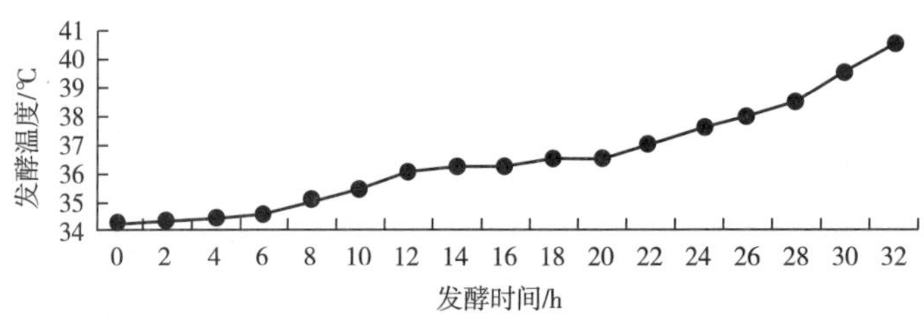

图 10-2　谷氨酸发酵过程中的温度变化曲线

（二）pH 的控制

在正常情况下，为了保证足够的氮源，满足菌体生长和谷氨酸合成的需要，通常将发酵 pH 控制在稍微偏碱性的状态。由于提取谷氨酸多用等电点法，为了提取工序节省酸的用量，发酵后期将近放罐时，一般控制 pH 7. 0~7. 5。

谷氨酸发酵生产的 pH 控制多采用流加液氨进行控制。由于发酵液的菌体和 NH_4^+等因素的干扰，在线的玻璃电极测量的显示值与 pH 试纸测量值有一定的偏差，发酵中、后期的偏差值较大。不过，对于固定菌株、工艺，通过大量的实验，将发现比较合适的 pH 控制曲线（玻璃电极测量），可通过这一 pH 控制曲线实现 pH 自动控制。

（三）通气量的控制

在菌体生长期，希望糖的消耗最大限度地用于合成菌体；谷氨酸生成期，希望糖的消耗最大限度地用于合成谷氨酸。因此，在菌体生长期，供氧必须满足菌体呼吸的需氧量，即要求 $\gamma_{ab}=Q_{O_2}\cdot\rho$，$p_L\geqslant p_{L临界}$，菌体生长速率达最大值。若菌体的需氧量得不到满足，菌体生长缓慢，菌体密度较低。但在菌体生长期，供氧远远大于需氧，也会抑制生长，最终影响到谷氨酸生成。与菌体生长期相比较，谷氨酸生成期需要更多的氧，在细胞最大呼吸速率时，谷氨酸产量大。若供氧不足，会阻碍 NAD(P)H_2的再氧化，容易积累乳酸或琥珀酸，导致谷氨酸对糖的收率降低。

谷氨酸发酵的通气量控制采用多级控制模式，即发酵前期逐步提高通气量，发酵中期控制通气量在最高值并维持 6~10h，发酵后期逐步降低通气量。在整个过程中，提高、维持以及降低通气量根据实际生产时菌体生长和产物生成的需氧量而定。各个工厂的菌种性能、设备状况、培养基营养状况、接种量以及其他发酵条件（如温度、pH、罐压）不同，各自需要摸索出一套行之有效的控制模式。即使同一个工厂，不同批次的发酵表现不同，都不能生搬硬套某一种模式，也要根据实际发酵表现来灵活控制通气量，才有可能获得更好的产酸和糖酸转化率。

（四）流加糖的控制

为了提高单位发酵容积的产量，必须要提高单位发酵容积内葡萄糖的浓度。而一次性投入大量葡萄糖，必然使发酵初糖浓度很高，抑制菌体生长和影响谷氨酸生成。于是，对发酵工艺进行优化，采用适当的初糖浓度，而在发酵过程中进行流加高浓度葡萄糖液。

一般，选择流加糖的浓度要结合接种量、生物素浓度、发酵初糖浓度以及发酵初始体积进行综合考虑。若接种量大、生物素浓度高、发酵初糖浓度较低时，发酵初始体积不宜过大，应留有一定空间以流加糖液，且应选择高浓度糖液进行流加；若发酵初糖浓度较高，而接种量不大，生物素浓度不高，发酵初始体积可以大些，流加糖的浓度可适当低一些。

1. 间歇流加法

如果采用间歇流加法，一般在发酵残糖浓度为30g/L左右时进行第一次流加。每次流加糖液后，残糖浓度都会升高，间隔一定时间，由于菌体不断耗糖，残糖浓度再次下降到一定水平，于是又要进行第二次流加。如此类推，直至发酵结束。每次流加糖之前，都要估算流加糖液的量。根据以往总结的耗糖规律和本批次发酵过程中上一次的耗糖速率，可大致估计到下一次的耗糖速率；再结合需要维持的残糖浓度，便可计算流加糖液的量。

根据经验，16~18h的耗糖速率为8~10g/(L·h)，为了维持18h的残糖浓度在10~15g/L，通过计算，发酵16~18h应流加的糖液量为10m^3左右（500m^3罐）。

采用高浓度糖液流加，如果操作条件允许，最好将残糖浓度控制在一个较低的水平，一般为10~15g/L。这样，当发酵耗糖速率出现异常时，便于控制发酵结束时间。尤其在发酵后期，菌体活力逐渐衰弱，为了避免发酵结束时残糖过高，放罐前几个小时应密切观察耗糖速率，控制好每一次的残糖浓度，并注意掌握好最后一次流加的时间和流加的量，确保发酵放罐时残糖在4g/L以下。

2. 连续流加法

有条件的工厂可采用连续流加法，一般在发酵残糖浓度为10~15g/L时，才开始流加糖液，控制流加糖的流量，使发酵残糖浓度维持在10~15g/L。其流量的确定与间歇流加法一样。同时，发酵后期也要特别注意耗糖速率的变化，把握好残糖浓度、糖液流量和停止流加的时间。正常情况下，在发酵结束前的1~2h停止流加，让菌体尽可能耗尽残糖，确保发酵放罐时残糖在4g/L以下。

第三节　糖蜜原料生物素过量工艺

一、糖蜜原料谷氨酸发酵的特点

与淀粉质原料工艺相比，糖蜜原料发酵生产谷氨酸具有以下特点。

（1）以糖蜜作为发酵的主要碳源，可省去淀粉糖化工序，简化设备。由于糖蜜价格便宜，如果提高发酵技术指标，可以大幅度降低生产成本。

（2）由于糖蜜含糖量高，一般为50%~60%（质量分数），便于实施高浓度糖液的流加工艺，有利于提高产酸。

（3）糖蜜生物素含量丰富，采用生物素缺陷型菌株发酵谷氨酸，在发酵过程中需适时、适量添加青霉素或吐温-60 等物质；糖蜜的各组分含量受来源、生产批次等影响较大，生产指标易波动，需密切跟踪原料各组分变化。因此，糖蜜原料生产谷氨酸的工艺控制要比淀粉质原料生产谷氨酸的工艺控制复杂一些。

（4）糖蜜含有较多胶体物质，黏度大，发酵过程泡沫较多，对 O_2 的传递、发酵罐的装填系数等有不利影响，需要对糖蜜进行脱除胶体物质的预处理。

（5）糖蜜含有较多钙质物质，对谷氨酸提取、谷氨酸生产味精等不利，发酵前要进行脱钙处理。

（6）糖蜜含有黑褐色素，影响成品色泽，在谷氨酸精制等工序需加强脱色操作。

二、糖蜜原料的工艺流程与培养基组成

用于发酵生产的糖蜜主要有甘蔗糖蜜和甜菜糖蜜，由于来源以及制糖工艺的差异，它们在组分上差异较大，故在发酵前的处理、发酵培养基的配制上有一定差别。例如，甜菜糖蜜的生物素含量是甘蔗糖蜜的 30%~40%，甜菜糖蜜的发酵培养基中，通常要添加纯生物素，以便于实施添加吐温的发酵工艺。下面以甘蔗糖蜜为原料发酵谷氨酸为例，简单介绍工艺流程与培养基组成。

（一）工艺流程

以甘蔗糖蜜为原料进行谷氨酸发酵的工艺流程如图 10-3 所示。

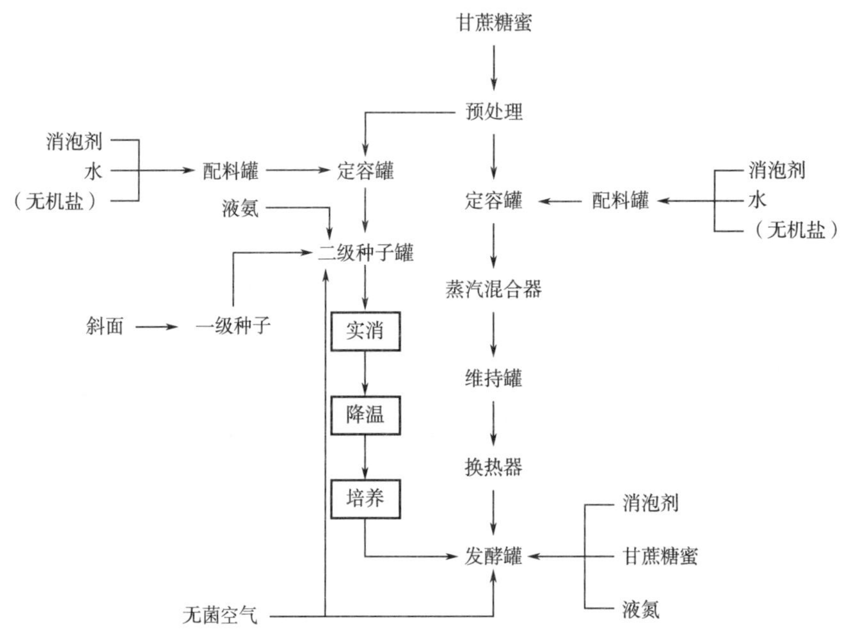

图 10-3　以甘蔗糖蜜为原料进行谷氨酸发酵的工艺流程

（二）培养基的组成

二级种子培养基（g/L）：甘蔗糖蜜 40，KH_2PO_4 1.5，$MgSO_4 \cdot 7H_2O$ 0.4，消泡剂 0.2；采用实罐灭菌，121℃保温 10min。培养过程用液氨调节 pH 并提供氮源。

发酵培养基（g/L）：甘蔗糖蜜 100，85% H_3PO_4 0.8，$MgSO_4 \cdot 7H_2O$ 0.5，KCl 0.8，消泡剂 0.4；连续灭菌温度 121～122℃。发酵过程中采用流加液氨方式调节 pH 并提供氮源，采用流加甘蔗糖蜜的方式补充碳源。

培养基配制的补充说明如下。

（1）由于甘蔗糖蜜含有一些氨基酸（含量为 3～5g/L），有机氮素比较丰富，故种子培养基和发酵培养基不必另外添加玉米浆等有机氮源。

（2）由于甘蔗糖蜜含有一定量的 K、P、Mg 等无机盐，比淀粉糖的含量高，故在配制糖蜜培养基时应根据这些元素的实际含量进行酌量添加。有些工厂在种子培养基和发酵培养基上不再另外添加无机盐。

（3）为了降低发酵培养基的黏度和渗透压，以甘蔗糖蜜为原料的发酵培养基的初糖浓度不能太高，通常为 80～100g/L，以利于氧的传递、菌体生长以及谷氨酸向胞外渗出。

三、发酵过程中添加青霉素与添加表面活性剂的控制

在甘蔗糖蜜原料谷氨酸发酵中，其溶解氧、温度、pH、泡沫以及流加糖的控制原理与淀粉质原料的谷氨酸发酵工艺相同，这里就不再赘述。其发酵的难点在于添加青霉素、吐温-60 等物质的时间以及用量的控制，下面就以甘蔗糖蜜为原料进行谷氨酸发酵工艺重点阐述添加青霉素、吐温-60 等物质的原理以及操作要点。

（一）添加青霉素

在发酵对数生长期早期，添加青霉素，能够抑制菌体繁殖，阻碍谷氨酸产生菌细胞壁的合成，使之形成不完全的细胞壁，从而降低其作为细胞保护壁的功能，其结果造成细胞质膜的二次损伤，进而导致形成不完全的细胞膜，清除了谷氨酸向膜外渗透的障碍物，使谷氨酸能够渗出细胞外，得以积累。青霉素的添加时间与添加量是影响产酸的关键。

（二）添加表面活性剂

有效的表面活性剂主要是 C_{16}～C_{18}的饱和脂肪酸的亲水性衍生物（吐温-60、吐温-40 等），易溶于水，对生物素有拮抗作用。在发酵对数生长期早期，添加这类表面活性剂，可使产生菌株形成异常的细胞质膜结构，膜磷脂含量降低，谷氨酸的渗透性加强，有利于谷氨酸渗出细胞外。

（三）添加青霉素和添加表面活性剂

控制青霉素和表面活性剂只能对处于生长状态的细胞有作用，而对静止细胞添加是无效的。因此，添加青霉素或表面活性剂应该选择在菌体生长的适当时期。由于使用青霉素的成本较低，生产上一般采用添加青霉素为主，添加表面活性剂为辅的添加方法。

生长细胞添加青霉素后，细胞壁合成不完全，细胞形态膨润伸长，与生物素欠缺培养基中的细胞形态一样；虽然细胞增殖受到抑制，但细胞的谷氨酸生物合成性能没有受到影响，发酵能够正常进行，可以积累大量的谷氨酸。若添加时间过早，谷氨酸产生菌的生长被严重抑制，发酵的菌体量不足，影响发酵的正常进行；若添加时间过迟，发酵的菌体量

过多，溶氧有可能不能满足菌体生长、代谢的需求，在有限的发酵周期内产生菌不能完成由长菌型向产酸型的细胞转化，发酵同样异常，产酸和转化率低。

具体的添加时间视二级种子的菌体密度、发酵的接种量、发酵罐溶氧条件、发酵周期、流加糖液浓度等具体情况而定。当二级种子的菌体密度低、发酵的接种量小，而发酵罐溶氧条件很好，发酵周期较长，流加糖液浓度较高，添加的时间应适当推迟，以获取较大的发酵菌体量；当二级种子的菌体密度高、发酵的接种量大，而发酵罐溶氧条件较差，发酵周期不长，流加糖液浓度不高，添加的时间应适当提前，以避免菌体过度生长。

为了准确地确定添加的时间，一般要在发酵过程中测量菌体的光密度（OD 值）和湿菌体量（CV 值），以净增 OD 值和 CV 值来确定首次添加的时间。由于糖蜜培养基色素较深，通常将发酵液进行稀释后再测量 OD 值，所用的比色计型号不一样，发酵液稀释的倍数不一样，所测得 OD 值也不一样。例如，生产上使用 581-G 型比色计（650nm 波长，1cm 比色皿），稀释倍数一般采用 5 倍；若采用 Spectronic20 比色计（660nm 波长，1cm 比色皿），稀释倍数一般采用 50 倍。测量 CV 值时，一般准确吸取 10mL 发酵液，经 3000r/min 离心分离 20min 后，静置，读取离心管下层湿菌体所占的体积（mL）。

某厂以甘蔗糖蜜为原料发酵谷氨酸，二级种子采用流加液氨方式培养 12h，发酵接种量为 10%，发酵周期为 32h，其发酵前期中 OD 值（采用 Spectronic20 比色计）、CV 值的变化以及添加青霉素、表面活性剂时间的一般规律见表 10-1。

表 10-1　某厂发酵前期 OD 值、CV 值的变化以及添加青霉素、表面活性剂时间的一般规律

时间	0	3:00	3:30	3:40	3:50	4:00	4:10	4:20	4:30	5:00	6:00	7:00	8:00	9:00	10:00
OD	0.10	0.23	0.44	0.48	0.51	0.55	0.59	0.64	0.68	0.85	0.90	0.95	0.98	0.98	0.96
CV	0.25	0.50	0.66	0.75	0.82	0.90	0.98	1.07	1.15	1.25	1.35	1.47	1.53	1.53	1.45
						↑ 添加青霉素			↑ 添加表面活性剂						

根据长期实践的数据，可总结出发酵 OD 值、CV 值变化以及青霉素添加时间、表面活性剂添加时间的一般规律。通常在将要添加青霉素的半小时前，每隔 5min 测一次 OD 值、菌体量，以便及时掌握添加青霉素的准确时间。从表 10-1 中可看出，采用 Spectronic20 比色计测量 OD 值，一般掌握净增 OD 值在 0.45 左右、CV 值为 0.90 左右时首次添加青霉素。在生产实践中，有些工厂发现添加青霉素 30min 以后，再进行添加吐温-60 等表面活性剂，对提高产酸有利。

青霉素和表面活性剂的添加必须掌握适量，添加以后，菌体能够再度倍增，完成由长菌型细胞向伸长、膨润的产酸型细胞的转化，这是影响产酸、转化率高低的关键。若添加过大，剩余生长不足，可能对菌体的代谢产生影响；若添加量过低，剩余生长过多，菌体不能有效地完成细胞转型。

添加量大小与生物素浓度、添加时间相关。若生物素浓度高，其添加量大；或添加时间稍迟，可酌增添加量。一般，青霉素的添加量为 3～4U/mL 发酵液，吐温-60 的添加量为 2g/L 发酵液左右。在生产中，有时发现添加量不足，还要补加 1～2 次适量的青霉素或表面活性剂。

第四节　淀粉水解糖温度敏感型工艺

在传统的谷氨酸发酵工艺中，是通过控制生物素亚适量、添加青霉素或吐温-60 等手段来调节细胞膜的渗透性，以使胞内积累的谷氨酸渗透到胞外。几年前大多数生产企业采用的谷氨酸棒杆菌是以淀粉水解糖等为主要原料，通过控制生物素“亚适量”进行发酵生产。近年来，国内味精厂在谷氨酸生产上由传统的亚适量菌株生产工艺成功转型为谷氨酸温度敏感突变株生产工艺，并实现稳定生产，谷氨酸发酵技术指标大幅度提高，吨谷氨酸的生产成本大幅度下降。科学研究和生产实践已表明，采用谷氨酸温度敏感突变株强制发酵谷氨酸不需要控制生物素“亚适量”，仅需要通过温度转换即可完成细胞转型，并能实现高产酸和高转化率。谷氨酸温度敏感突变株的突变位置是在决定与谷氨酸分泌有密切关系的细胞膜结构基因上，发生碱基的转换或颠换，一个碱基为另一个碱基所置换，这样为该基因所指导的酶，在高温下失活，导致细胞膜某些结构的改变。当控制培养温度为最适生长温度时，谷氨酸温度敏感突变株菌体正常生长；当温度提高到一定程度时，菌体便停止生长而大量产酸，避免了因原料影响而造成发酵不稳定的现象。

一、菌种和培养基

1. 谷氨酸温度敏感突变株（*Cory. glutamicum*）。

2. 培养基

（1）种子培养基（g/L）　淀粉水解糖 60，玉米浆 20mL/L，豆粕水解液 40，KH_2PO_4 3，$MgSO_4$ 1，$MnSO_4$ 0.02，$FeSO_4$ 0.02，生物素 500μg/L，硫胺素 200μg/L，pH 7.0～7.2。

（2）发酵培养基（g/L）　淀粉水解糖 30，糖蜜 30.59mL/L，玉米浆 33.82mL/L，KH_2PO_4 3，$MgSO_4$ 2.99，$MnSO_4$ 0.02，$FeSO_4$ 0.02，生物素 500μg/L，硫胺素 200μg/L，消泡剂 0.1mL/L，pH 7.0～7.2。

二、发酵过程调控

（一）温度控制

对于谷氨酸温度敏感突变株来说，菌体生长最适温度为 30～34℃，谷氨酸合成的最适温度为 35～38℃，到后期谷氨酸脱氢酶的最适温度比菌体生长、繁殖的温度要高，因而在发酵后期阶段要适当提高发酵温度以提高酶的活力，更有利于提高发酵过程的产酸率。温度转换方式和温度转换后菌体的适度剩余生长是谷氨酸温度敏感突变株发酵控制的关键。

在谷氨酸发酵前期长菌阶段应采用与种子扩大培养时相应的温度，以满足菌体生长最适温度；若温度过高，菌体容易衰老，生产上常出现前劲大后劲小，后期产酸缓慢，菌体衰老自溶，周期长、产酸低，并影响提取，应及时降温，采用小通风，必要时可补加玉米浆以促进生长。若前期温度过低，则菌体繁殖缓慢，耗糖慢，发酵周期延长，必要时可补加玉米浆，以促进生长。在发酵中、后期，菌体生长已停止，由于谷氨酸脱氢酶的最适温度比菌体生长繁殖的温度要高，为了大量积累谷氨酸，需要适当提高温度，有利于提高谷氨酸产量。

谷氨酸温度敏感突变株发酵培养过程中，温度转换主要是为了控制菌体由谷氨酸非积累型细胞向积累型细胞的转变，转化时间不同，产酸的变化非常明显。因此，菌株生长到什么阶段进行温度转换是影响谷氨酸温度敏感突变株产酸的关键。温度转换后要求有一定量的菌株剩余生长，剩余生长的多少将直接影响到菌株细胞的活性，剩余生长太少，将无法完成这种转变；剩余生长太多，则意味着菌体未能进行有效的生理变化。

研究表明，谷氨酸温度敏感突变株通过温度改变，控制某些与细胞膜结构改变相关酶的活力，这些酶在低温下正常表达，高温下失活，导致细胞膜某些结构改变，从而实现菌体由长菌期到产酸期的转换。谷氨酸温度敏感突变株发酵变温的时间点选择非常关键，通过发酵时间、菌体密度或者产酸量来决定提温时间；实验表明，生产线在稳定情况下，通过不同时间提高温度，温度的变化时间节点优化选择能够有效提高生产指标。谷氨酸温度敏感突变株发酵控制温度的另一个关键因素在于控制温度稳定性，温度波动大会造成谷氨酸温度敏感突变株菌体密度偏低，耗糖偏慢，产酸低等。

（二）pH 控制

pH 对谷氨酸温度敏感突变株的生长和代谢产物的形成都有很大影响。不同种类的微生物对 pH 的要求不同，谷氨酸温度敏感突变株的最适生长 pH 为 6.5~7.5。pH 主要通过以下几方面影响谷氨酸温度敏感突变株的生长和代谢产物形成：①影响酶的活力。pH 的高或低能抑制谷氨酸温度敏感突变株某些酶的活力，使细胞的代谢受阻。②影响谷氨酸温度敏感突变株细胞膜所带电荷。细胞膜的带电荷状况如果发生变化，细胞膜的渗透性也会改变，从而影响谷氨酸温度敏感突变株对营养物质的吸收和代谢产物的分泌。③影响培养基某些营养物质和中间代谢产物的分离，影响谷氨酸温度敏感突变株对这些物质的利用。④pH 的改变往往引起菌体代谢途径的改变，使代谢产物发生变化。例如，谷氨酸温度敏感突变株在中性和微碱性条件下积累谷氨酸，在酸性条件下形成谷氨酰胺和 *N*-乙酰谷氨酰胺。因此，在谷氨酸温度敏感突变株发酵过程中应严格控制发酵的 pH。

谷氨酸温度敏感突变株发酵在不同阶段对 pH 要求不同，需要分别加以控制。发酵前期，幼龄菌对氮的利用率高，pH 变化大。如果 pH 过高，则抑制菌体生长，糖代谢缓慢，发酵时间延长。在正常情况下，为了保证足够的氮源，满足谷氨酸合成的需要，发酵前期控制 pH 在 7.3 左右。发酵中期控制 pH 在 7.2 左右，发酵后期控制 pH 7.0，将近放罐时，为了后工序提取谷氨酸，控制 pH 6.5~6.8 为好。

在谷氨酸温度敏感突变株发酵过程中，由于菌体对培养基中的营养成分的利用和代谢产物的积累，使发酵液的 pH 不断变化，表现为发酵液 pH 的升降。当氨被菌体利用以及糖被利用生成有机酸等中间代谢产物时，使 pH 下降，同时谷氨酸的形成并耗用大量氨也使 pH 下降。因此，要不断补充液氨作为氮源和调节 pH。当流加液氨后，会使发酵液 pH 升高，氨被利用和产物生成又使 pH 下降，这样反复进行直至发酵结束。因此，pH 的变化被认为是谷氨酸温度敏感突变株发酵的重要指标。然而，pH 的变化取决于菌体的特性、培养基的组成和工艺条件。pH 的变化规律同菌种、所含酶系、培养基成分和配比、通风、搅拌强度以及调节 pH 方法等具有紧密的联系。

（三）溶氧控制

从葡萄糖氧化的需氧量来看，1mol 葡萄糖彻底氧化分解需 6mol 氧；当葡萄糖用于合成代谢产物时，1mol 葡萄糖约需 1.9mol 氧。因此，谷氨酸温度敏感突变株对氧的需要量是很大的，但在发酵过程中谷氨酸温度敏感突变株只能利用发酵液中的溶解氧。然而，氧在水中是很难溶解的。在 101.32kPa、25℃时，空气中的氧在水中的溶解度为 0.26mmol/L。在同样条件下，氧在发酵液中的溶解度仅为 0.20mmol/L，如此微量的氧在谷氨酸温度敏感突变株发酵过程中，很快就被耗尽。而随着发酵温度的升高，溶解度还会下降。因此，在谷氨酸温度敏感突变株发酵过程中必须向发酵液中连续补充大量的氧，并要不断地进行搅拌，这样可以提高氧在发酵液中的溶解度。由于氧难溶于水使发酵中氧的利用率低，因此提高氧传递速率和氧的利用率，对降低动力费、操作费，从而提高经济效益是很重要的。

在谷氨酸温度敏感突变株发酵中，供氧对菌体的生长和谷氨酸的积累都有很大的影响。供氧量多少应根据不同发酵条件和发酵阶段等具体情况决定。在菌体生长期，糖的消耗最大限度地用于合成菌体；在谷氨酸生成期，糖的消耗最大限度地用于合成谷氨酸。在菌体生长期，供氧必须满足菌体呼吸的需氧量，即 $\gamma = Q_{O_2} \cdot X$，$p_L \geqslant p_{L临界}$。当 $p_L < p_{L临界}$时，菌的需氧量得不到满足，菌体呼吸受到抑制，从而抑制菌体的生长，引起乳酸等副产物的积累，菌体收率减少。但是供氧并非越大越好，当 $p_L \geqslant p_{L临界}$时，供氧满足菌的需氧量，菌体生长速率达最大值。如果再提高供氧，不但不能促进生长，反而造成浪费，而且由于高氧水平反而抑制菌体生长，同时高氧水平下生长的菌体不能有效地合成谷氨酸。与菌体生长期不同，谷氨酸生成期需要大量的氧。谷氨酸温度敏感突变株发酵在细胞最大呼吸速率时，谷氨酸产量大。因此，在谷氨酸生成期要求充分供氧，以满足细胞最大呼吸的需氧量。在条件适当时，谷氨酸温度敏感突变株将 60%以上的葡萄糖转化为谷氨酸，耗氧速率 γ_{ab}高达 60mmol/(L·h) 以上。目前在生产实践中，控制溶解氧主要是通过改变通风量、改变搅拌转速以及调整罐压的方式进行控制，在整个谷氨酸温度敏感突变株发酵过程中，采用阶梯式交替提高搅拌转速和通风量并辅助提高罐压的方式调节溶解氧。某发酵车间 350m^3 发酵罐谷氨酸温度敏感突变株发酵过程溶氧控制如表 10-2 所示。

表 10-2　350m^3 发酵罐谷氨酸温度敏感突变株发酵过程溶氧控制

周期/h	转数/(r/min)	风量/(m^3/min)	罐压/MPa	DO/%
0	400	30	0.05	88.0
4	450	30	0.08	11.1

续表

周期/h	转数/(r/min)	风量/(m^3/min)	罐压/MPa	DO/%
5	450	35	0.08	14.1
6	500	35	0.1	12.3
7	500	40	0.12	10.5
8	500	40	0.12	10.4
9	550	40	0.12	12.1
10	550	40	0.12	17.7
11	550	42	0.12	11.1
12	600	42	0.12	16.2
14	600	43	0.12	12.2
16	650	43	0.12	14.9
18	650	43	0.12	10.5
20	600	43	0.12	13.1
22	600	40	0.12	13.4
24	550	38	0.12	10.3
26	550	35	0.12	16.6
28	450	33	0.12	11.7
30	400	30	0.12	13.4

(四) 谷氨酸温度敏感突变株发酵过程稳产控制

根据谷氨酸温度敏感突变株的特性，发酵0h或很短时间内菌体就开始进入对数生长期，单位细胞的生长速率达到并保持最大值，具有很高的耗糖速率和一定的谷氨酸积累能力。及时转换温度后，在保证足够的流加糖量和充分溶解氧、通氨正常情况下，产酸速率明显加快。这明显区别于以往国内传统的生物素亚适量发酵工艺，大大缩短了菌体生长的适应期，使菌体提前进入产酸期，在发酵后期菌体仍能保持较强的活力，便于自动化优化控制。通过大量的实验探索，总结出了较合理的工艺控制参数：种子培养温度29~30℃，pH 6.7，OD值1.15~1.2，周期控制在26~32h；发酵初糖控制在30~60g/L，前期菌体适应期温度控制在32~33℃，OD值1.0~1.1时提温至37℃，OD值1.2~1.3时提温至38~38.5℃，产酸期的温度可根据生产情况进行适当调整；培养基葡萄糖浓度为10g/L左右时连续流加不低于400g/L的浓缩糖液，整个发酵过程pH维持在6.8~7.2。某企业发酵车间350m^3发酵罐谷氨酸温度敏感突变株发酵过程曲线如图10-4所示。

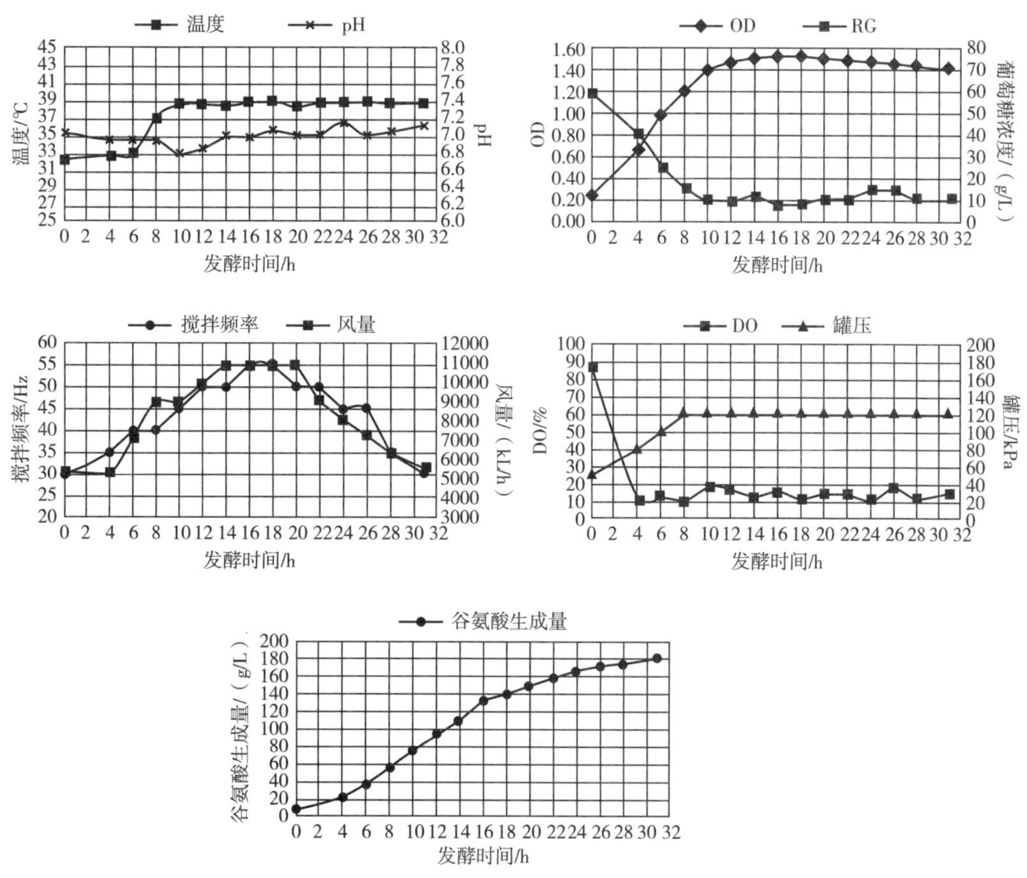

图 10-4　谷氨酸温度敏感突变株发酵过程曲线

参考文献

［1］陈宁．氨基酸工艺学（第二版）［M］．北京：中国轻工业出版社，2020.

［2］于信令．味精工业手册（第二版）［M］．北京：中国轻工业出版社，2009.

［3］邓毛程．氨基酸发酵生产技术（第二版）［M］．北京：中国轻工业出版社，2014.

［4］陈宁．氨基酸工艺学［M］．北京：中国轻工业出版社，2007.

［5］张伟国，钱和．氨基酸生产技术及其应用［M］．北京：中国轻工业出版社，1997.

第十一章 L-赖氨酸发酵

目前，我国主要采用淀粉质原料作为L-赖氨酸发酵生产原料，其发酵控制原理以及操作与谷氨酸发酵相似，下面简单介绍赖氨酸发酵的控制。

第一节 大肠杆菌L-赖氨酸发酵工艺

一、菌种

大肠杆菌：埃希杆菌属细菌（*E. coli*），其细胞中通过导入编码来自对L-赖氨酸反馈抑制具有脱敏突变的埃希杆菌的二氢吡啶二羧酸合成酶（*dapA*）和编码来自对L-赖氨酸反馈抑制具有脱敏突变的埃希杆菌的天冬氨酸激酶（*lysC*）被转化；二氢吡啶二羧酸还原酶（*asd*）的细胞内活力增强，导入了二氨基庚二酸脱氢酶（*ddh*）基因，增强了四氢吡啶二羧酸琥珀酰酶（*dapD*）和琥珀酰二氨基庚二酸脱酰酶（*dapE*）的细胞内活力，另外，天冬氨酸半醛脱氢酶或磷酸烯醇式丙酮酸羧化酶的细胞内活力增强。

二、培养基

（一）平板培养基

平板培养基（菌种活化平板）（g/L）：胰蛋白胨10，酵母粉5，NaCl 5，琼脂20。溶解后用10% NaOH调pH至7.2，120℃灭菌20min。

（二）摇瓶种子培养基

培养基（g/L）：蔗糖1.5，酵母粉2，蛋白胨5，$(NH_4)_2SO_4$ 4，K_2HPO_4 3，$MgSO_4$ 0.4，味精5，苏氨酸0.2，甲硫氨酸0.2，$FeSO_4$ 10mg/L，$MnSO_4$ 10mg/L。溶解后用10% NaOH调pH至7.2，分装50mL/250mL。120℃灭菌20min。

OD值检测时波长为562nm，样品稀释均为26倍，即0.2mL菌液加到5mL 0.25mol/L HCl中。

（三）一级种子罐

培养基（g/L）：蔗糖20，$(NH_4)_2SO_4$ 10，酵母粉2，KH_2PO_4 1，$MgSO_4$ 1，味精5，丙酮酸钠0.5，苏氨酸250mg/L，甲硫氨酸250，消泡剂（美国Dowfax DF103）0.1mL/L。用10% NaOH调pH至6.50，灭菌125℃，20min。

（四）二级种子罐

培养基（g/L）：葡萄糖 40，$(NH_4)_2SO_4$ 15，KH_2PO_4 1.6，$MgSO_4$ 10，$FeSO_4$ 10mg/L，$MnSO_4$ 10，玉米浆过滤液（按 EN 计）900mg/L，对氨基苯甲酸 2mg/L，苏氨酸 450mg/L，甜菜碱（Betaine）50mg/L，消泡剂（美国 Dowfax DF103）0.1mL/L。用 $NH_3 \cdot H_2O$ 调 pH 至 6.0，灭菌 125℃ 20min。

（五）发酵罐

培养基Ⅰ(g/L)：葡萄糖 20~25，H_3PO_4 0.6。

培养基Ⅱ(g/L)：$(NH_4)_2SO_4$ 10，$MgSO_4$ 1，KCl 0.7，玉米浆过滤液（以 EN 计）400mg/L，甜菜糖蜜 30mL/L，甜菜碱 400mg/L，$FeSO_4$ 30mg/L，$MnSO_4$ 30mg/L，消泡剂（美国 Dowfax DF103）0.05mL/L。

培养基Ⅰ，自然 pH；培养基Ⅱ用 $NH_3 \cdot H_2O$ 调 pH 至 6.0 左右，125℃灭菌 20min。培养基Ⅰ、Ⅱ分开灭菌，接种前混合均匀。

备注：玉米浆原浆为浓缩后 18~20°Bé 的未提取植酸钙玉米浆，过滤后用 $NH_3 \cdot H_2O$ 或液氨调节 pH 为 7.5，滤布过滤后，再用 H_2SO_4 调节 pH 为 2.5。

三、工艺控制要点

（一）平板

抗生素基准浓度 1#：硫酸卡那霉素 25g/L；2#：盐酸四环素 15g/L，无菌过滤；用在平板培养基和三角瓶培养基中；种子罐和发酵罐均不需要添加。

1#、2#按照 1mL/L 比例添加，混合均匀后倒平板，平板 37℃空培养 24~48h，备用。

（二）摇瓶种子

接种前 1#、2#按照 1mL/L 比例添加。

接种量：一个平板菌苔接一个 500mL/2000mL 带挡板三角瓶。

培养条件：旋转柜式摇瓶机，190~200r/min，37℃培养 8h。

终点指标：pH 6.80~7.00；OD 0.08~0.11。

（三）一级种子罐

接种量：1%。

pH 6.70±0.05，100~150r/min，37℃，通风量 0.1~0.5$m^3/(m^3 \cdot min)$。

培养周期：13h 左右。

终点控制指标：OD 0.45~0.55。

如实验室小罐可不经过一级种子罐培养，直接采用二级种子罐培养。

（四）二级种子罐

接种量 1%。

pH 6.70±0.05，37℃。

0h 通风量 0.1～0.5m^3/(m^3·min)，转速 200～300r/min；9h 通风量 0.2～0.5m^3/(m^3·min)，转速 200～400r/min；12h 至终点通风量 0.5～1.0m^3/(m^3·min)，转速 400～500r/min。

还原糖：5～10g/L；补糖浓度：600g/L。

培养周期：13～15h。

终点控制指标：OD 0.95～1.00。

（五）发酵罐

接种量 15%。

pH 6.90±0.05，37℃。

0～6h 通风量 0.1～0.2m^3/(m^3·min)，转速 150～300r/min；6～15h 通风量 0.2～0.3m^3/(m^3·min)，转速 150～300r/min；15h 至终点通风量 0.2～0.3m^3/(m^3·min)，转速 200～300r/min；保证溶氧>15%。

还原糖：4～8g/L，补糖浓度：700～800g/L。

氨氮：1～2g/L；补硫酸铵浓度：450g/L。

发酵周期控制在 48h 左右。

第二节　谷氨酸棒杆菌 L-赖氨酸发酵工艺

一、菌种

（一）谷氨酸棒杆菌

无抗性，细胞短杆至小棒状，有时微弯曲，两端钝圆，不分支，单个或成八字排列，菌体（0.7～0.9）μm×（1.0～2.5）μm。革兰染色阳性。无芽孢，不运动，菌落湿润、圆形。

（二）种子工艺

冷冻甘油管→活化斜面培养（或肉汤培养）→一级摇瓶种子→二级种子罐→三级种子罐→发酵罐。

二、培养基及控制条件

（一）平板/斜面培养基（g/L）

蔗糖 10，牛肉膏 10L，酵母粉 10，尿素 2.5，NaCl 2，琼脂粉 20。

控制条件：用 KOH 调 pH 7.0；培养温度 30℃；培养时间：15h。

（二）肉汤培养基（g/L）

蛋白胨 10/L，酵母粉 5，NaCl 5，用 KOH 调 pH 7.4，装液量 50mL/500mL 三角瓶。30℃培养时间 8～9h。

（三）一级种子摇瓶培养基（g/L）

蔗糖 20，多聚蛋白胨 10，酵母粉 5，尿素 3.5，半胱氨酸 0.5，$(NH_4)_2SO_4$ 5，K_2HPO_4

10.5，$MgSO_4$ 0.5，KH_2PO_4 4，生物素 0.2mg/L，维生素 B_1 1.5mg/L，烟酰胺 3mg/L，右旋泛酸钙 2mg/L。

控制条件：用 KOH 调 pH 7.0，培养温度 30℃，培养时间 8~9h，成熟 OD_{562}0.17×25 倍。接斜面种量 25mm×200mm 斜面 1 支或肉汤 50mL。

（四）二级种子培养基（g/L）

蔗糖 60L，酵母粉 7，$(NH_4)_2SO_4$ 8，NaCl 2.5，$MgSO_4$ 4，KH_2PO_4 5，$FeSO_4$ 120mg/L，$MnSO_4$ 120mg/L，$ZnSO_4$ 6mg/L，$CaSO_4 \cdot 5H_2O$ 6mg/L，右旋泛酸钙 9mg/L，维生素 B_1 4.5mg/L，烟酰胺 60mg/L，生物素 1.8mg/L，消泡剂 0.2mL/L。

控制条件：pH 7.2，培养温度 34℃，培养时间 21h，成熟 OD_{562}0.7×50 倍。

（五）三级种子培养基（g/L）

淀粉水解糖 10，蔗糖 20，豆粕水解液 18.3，$(NH_4)_2SO_4$ 30，$MgSO_4$ 0.83，KH_2PO_4 2.2，$FeSO_4$ 120mg/L，$MnSO_4$ 120mg/L，$ZnSO_4$ 0.6mg/L，$CaSO_4 \cdot 5H_2O$ 0.6mg/L，右旋泛酸钙 18mg/L，烟酰胺 120mg/L，维生素 B_1 18mg/L，生物素 2.4mg/L，消泡剂 0.16mL/L。

控制条件：接二级种量 10%，pH 6.9，培养温度 34℃，培养时间 10h，成熟 OD_{562} 0.75×50 倍。

（六）发酵培养基（g/L）

淀粉水解糖 40，糖蜜 14，玉米浆 1.4mL/L，$(NH_4)_2SO_4$ 15，$MgSO_4$ 0.87，H_3PO_4 0.44，KCl 0.53，$FeSO_4$ 120mg/L，$MnSO_4$ 120mg/L，$ZnSO_4$ 0.6mg/L，$CaSO_4 \cdot 5H_2O$ 0.6mg/L，豆粕水解液 3.5mL/L，维生素 B_1 6.3mg/L，泛酸钙（维生素 B_5）6.3mg/L，烟酰胺（维生素 B_3）42mg/L，生物素 0.88mg/L，消泡剂 0.07mL/L。

控制条件：接种量 15%，培养温度 37℃，pH 6.9，培养时间 48h。

（七）流加总氮（g/L）

豆粕水解液 9.4，糖蜜 110，$MgSO_4$ 8.9，KCl 5.3，H_3PO_4 5.9，$FeSO_4$ 200mg/L，$MnSO_4$ 200mg/L，$ZnSO_4$ 9.55mg/L，$CaSO_4 \cdot 5H_2O$ 9.55mg/L，维生素 B_1 120mg/L，泛酸钙 300mg/L，烟酰胺 375mg/L，生物素 18mg/L，消泡剂 0.125mL/L。

（八）发酵罐流加糖

含量约 700g/L 的液体葡萄糖。

（九）$(NH_4)_2SO_4$ 流加

45g/L $(NH_4)_2SO_4$ 溶液。

（十）消泡剂流加

30~60mL/L 浓度配制。

三、发酵工艺

（一）冷冻甘油管菌种活化

把冷冻管或安瓿管中的菌体划线活化于新鲜斜面F1，30℃恒温培养24~48h；待F1长出单菌落后再传F2进行活化，F2再传F3为生产斜面，方可进行大生产；生产技术指标产量达不到预期目的，菌种必须先分纯后再进行大生产。生产斜面培养条件：30℃培养15h。

（二）一级摇瓶种子培养

接一只活化斜面（25mm×200mm）或50mL肉汤于装有1200mL培养基的5000mL三角瓶中，摇床100r/min，30℃恒温培养8~9h，OD_{562}×25倍在0.1~0.2。

（三）二级种子罐培养

定容：5m^3二级种子罐定容2m^3。

标定溶氧100%：罐压0.1MPa，风量1∶1，温度34℃。

接种量：接一级摇瓶种子1.2L。

初始条件：罐压0.05MPa，风量1∶0.5，溶氧30%。

全程控制：pH 7.2，温度34℃，溶氧30%~50%，当溶氧低于30%时交替提高转速和风量。

种子成熟指标：OD_{562}×50倍≥0.70，种龄21~23h。

（四）三级种子培养

定容：30m^3三级种子罐定容20m^3。

标定溶氧100%：罐压0.1MPa，风量1∶1，温度34℃。

接种量：接二级种子2m^3。

初始条件：罐压0.05MPa，风量1∶0.5，溶氧30%。

全程控制：pH 6.9，温度34℃，溶氧30%~50%，当溶氧低于30%时交替提高转速和风量。

种子成熟指标为OD_{562}×50倍≥0.75，种龄10~12h。

（五）发酵培养

1. 定容

320m^3发酵罐定容至140m^3［115m^3初定容+20m^3三级种子液+5m^3流加$(NH_4)_2SO_4$］。

2. 校正溶氧100%

温度37℃，通氨调pH 7.0，最大转速，罐压0.1MPa，风量1∶1。

3. 接种量

20m^3级种子液（约15%）。

4. 初始条件

温度37℃，pH 7.0，风量1∶0.5，溶氧30%，罐压0.05MPa。

（六）全程控制及注意事项

（1）溶氧 30%~50%，pH 7.0（调好 pH，用台式电极测一下，以台式电极为准）。

（2）发酵罐残糖降到 5~10g/L 开始补流加糖，整个发酵过程糖控制在 5~8g/L。

（3）氨氮降到 1~2g/L 开始补 $(NH_4)_2SO_4$，氨氮控制在 1.0~1.5g/L。

（4）总氮流加　18h 前，控制在流加糖体积 1/5，18h 后，控制在流加糖体积 1/6。

（5）流加体积比例　流加糖：$(NH_4)_2SO_4$：总氧=100：32：16，其中 $(NH_4)_2SO_4$ 流加以发酵液氨氮检测值控制到 1.0~1.5g/L 为准。

（6）以 350m^3 发酵罐为例　流加糖 150~160m^3，$(NH_4)_2SO_4$ 45~50m^3，总氮 25m^3，放料体积 350m^3，单产赖氨酸 75~77t；中间放料 20m^3/次×4 次+最后放料 270m^3。

（7）以 350m^3 发酵罐为例　最大风量 9000m^3/h，最大罐压 0.1MPa，最大转速 104r/min。

参考文献

［1］陈宁．氨基酸工艺学（第二版）［M］．北京：中国轻工业出版社，2020.

［2］于信令．味精工业手册（第二版）［M］．北京：中国轻工业出版社，2009.

［3］邓毛程．氨基酸发酵生产技术（第二版）［M］．北京：中国轻工业出版社，2014.

［4］陈宁．氨基酸工艺学［M］．北京：中国轻工业出版社，2007.

［5］张伟国，钱和．氨基酸生产技术及其应用［M］．北京：中国轻工业出版社，1997.

第十二章　L-苏氨酸发酵

目前L-苏氨酸工业化发酵生产大多采用大肠杆菌基因工程菌株。大肠杆菌由于其繁殖迅速、发酵温度高、生理生化基础研究较为深入等特征，已成为L-苏氨酸发酵生产的最常用菌株。

第一节　菌种和培养基

（一）L-苏氨酸产生菌

大肠杆菌（*E. coli*）基因工程菌。

（二）培养基

种子培养基（g/L）：淀粉水解糖10，$(NH_4)_2SO_4$ 1，酸化玉米浆33.3，酵母粉1.33，KH_2PO_4 1.67，$MgSO_4$ 0.5，泡敌0.1，pH 7.0~7.2。

发酵培养基（g/L）：淀粉水解糖20，$(NH_4)_2SO_4$ 2.93，玉米浆22，糖蜜14.6，H_3PO_4 1.2，KCl 0.98，$MgSO_4$ 0.73，$FeSO_4$ 0.024，$MnSO_4$ 0.024，甜菜碱0.25，生物素、维生素B_1若干，泡敌0.015，pH 7.0~7.2。

（三）培养方法

一级种子：将已接种的方瓶固定在摇床上，转速为110r/min，于（37±1）℃培养6h。

二级种子：在$40m^3$种子罐中，温度（37±1）℃，pH 7.0±0.2，风量300~$600m^3/h$的条件下，培养8~10h。

发酵培养：在$350m^3$发酵罐，搅拌器下组圆盘涡轮式，上组平桨式，温度（37±1）℃，pH 7.0±0.2，罐压（0.05±0.02）MPa的条件下，发酵30h左右。

第二节　L-苏氨酸发酵调控

（一）温度控制

微生物的生长和产物的合成都是在各种酶的催化下进行的，温度是保持酶活力的重要条件。温度影响营养物和氧在发酵液中的溶解、菌体生物合成方向以及菌体的代谢调节。微生物的生长温度在微生物所处的不同生长时期会对微生物的压力抗性产生影响，大肠杆菌对数期细胞的压力抗性随着培养温度的升高呈下降的趋势。而稳定期的细胞随着培养温度的升高，压力抗性呈增加趋势。

L-苏氨酸发酵过程中，在对数生长期和稳定期随温度控制模式的不同，菌体生长、耗糖强度及产酸表现出较大差异。从酶动力学来看，微生物培养温度的提高，将使反应速度加快，生产期提前。但温度提高，酶的失活也将加快，菌体易于衰老而影响产物的生成。不同生长时期其最适生长温度范围往往不同。在L-苏氨酸发酵前期，温度的提高虽可以显著提高菌体生长速率，而耗糖强度和L-苏氨酸的产酸速率提高却不是十分显著。L-苏氨酸发酵温度控制方案（表12-1），方案1：由于初始发酵温度低，底物利用缓慢，从而致使L-苏氨酸菌种生长缓慢，其产酸和耗糖强度在4种温度控制方案中最低。方案2：在经历第一次变温以后，对数生长期菌体生长及耗糖速率明显加快，在经历第二次变温以后，随着温度的降低，导致菌体内部的各种酶活力降低，其生长速率明显下降，底物利用速率和产酸速率随之下降；方案4：随着发酵中后期温度不断提高，导致胞内酶失活，进而使菌株停止生长，底物利用速率迅速降低，产酸停滞。方案3：在12h后提温至39℃，在菌体量提高的同时，产酸持续稳定增加，40h发酵结束产酸质量浓度最高。

表12-1　　L-苏氨酸发酵温度控制方案

发酵周期/h	控制温度/℃			
	方案1	方案2	方案3	方案4
0~12（前期）	34	37	37	37
12~24（中期）	34	39	39	39
24~放罐（后期）	37	37	39	41

（二）溶解氧控制

溶解氧是L-苏氨酸发酵过程中诸多影响因素中最容易成为发酵过程的限制因素。这是由于O_2在水中的溶解度较低，在发酵液中溶解氧的变化是由于氧的供需不平衡造成的，控制溶解氧就可以从氧的供需两方面考虑。在L-苏氨酸发酵过程中，在不同阶段的溶解氧要求不一样。在延滞期时，菌体需氧较少，溶解氧较高，此时不需要增大通气量。到了发酵对数期后，菌体由于生长繁殖以及产物合成，需要消耗大量的溶解氧，此时溶解氧下降，必须采取一些措施增大通气量，以促进细胞生长及产物的生成。此外，L-苏氨酸发酵可分为4个阶段，前6h主要为菌体生长阶段，菌体生长缓慢，对溶解氧需求较低；6~20h为菌体生长及产物合成阶段，菌体增殖迅速，产物大量合成，溶解氧急剧下降，在18h左右溶解氧接近于0；20h以后菌体增殖速度放慢，产物仍继续合成，溶解氧稳定在5%左右；32h后溶氧值逐步回升，表明菌体已处于衰亡期，呼吸作用不再旺盛。可以采取分段控制供氧模式，在延滞期维持溶解氧30%，对数期时维持溶解氧50%，稳定期时维持溶解氧20%，通过补料分批发酵36h后产酸达138.5g/L，糖酸转化率为57.6%。

从L-苏氨酸发酵过程可以看出，大肠杆菌对氧需求旺盛。当通气量不足，培养基中溶解氧过低，将会导致L-苏氨酸产生菌的代谢异常并造成副产物乙酸的积累，乙酸过量积累反过来抑制菌体生长及目的产物的合成。因此，控制溶解氧是大肠杆菌发酵生产L-

苏氨酸的重要条件。在L-苏氨酸发酵过程中，乙酸的产生是一个关键制约因素。当乙酸大量生成，菌体的生长和氨基酸的合成都会受到严重抑制。乙酸的生成是大肠杆菌呼吸受限时的一种补救措施，其生成速度与培养条件有直接关系。

L-苏氨酸是天冬氨酸族氨基酸，其前体物质草酰乙酸主要由对氧浓度要求高的TCA循环和磷酸烯醇式丙酮酸羧化反应提供，充分供氧，可使菌体呼吸充足，将有利于提高产酸和糖酸转化；当溶解氧过低时，菌体基本的生长呼吸需要都不能满足，菌体生长受到限制，同时影响TCA循环和磷酸烯醇式丙酮酸羧化反应，导致葡萄糖通过其他途径转化成乙酸，乙酸浓度较高对L-苏氨酸产生菌存在抑制作用。同时，供氧不足的情况下发酵液中NH_4^+含量升高，菌体生长受到抑制，大量氮源不能为菌体所利用，严重浪费了流加的液氨，最终影响了L-苏氨酸的产生。由于生产设备条件的限制，决定了空气供给最大值。因此，在实际生产过程控制中，一般采取在发酵前期和后期控制适量风量，中期则以风量最大值、转速最大值来保持溶解氧的平衡，以达到总体发酵水平的稳定。研究表明，当保持溶解氧在20%~30%时，既可满足菌体生长需要，同时产酸相对来说也比较高。因此，综合考虑，提供20%~30%的溶解氧，有利于L-苏氨酸的产生和空气的利用率，同时也保证了生产工艺和成本的最优化。

（三）pH控制

pH是L-苏氨酸发酵的综合指标之一，是重要的发酵参数。pH对菌体生长和目的产物的积累具有很大的影响。通过及时监测发酵过程中的pH变化并进行控制，有利于菌体生长和L-苏氨酸的积累。pH对L-苏氨酸代谢过程中许多酶的催化过程和许多细胞之间的特性传递过程有很大的影响，pH的变化能改变体系的酶环境和营养物质的代谢流，使得诱导物和生长因子在活性和非活性之间变化。L-苏氨酸发酵过程中pH控制为6.3以下时，菌体浓度相对较低，葡萄糖消耗速率相对较低，最终的L-苏氨酸产量<80g/L；pH控制为7.2时，菌体生长较好，残糖较低（最终残糖只有5g/L左右），L-苏氨酸的生产速率发酵前期较快，而后变得缓慢，最终L-苏氨酸产量为89g/L；当pH>7.2时，对菌体生长和产酸有明显的抑制作用；pH控制为7.0时，菌体前期生长良好，32h后菌体浓度略有下降，葡萄糖的消耗速率相对较高，L-苏氨酸的产量相对较高。

L-苏氨酸发酵生产中常用的pH调控手段有：①通过补加氨来调节pH，氨还可以充当氮源使用；②通过改变补糖速率来控制pH。

（四）补料控制

目前L-苏氨酸发酵多采用流加的方式进行发酵生产，又称为补料分批发酵。补料分批发酵可以使发酵体系中保持较低浓度的营养物质，一方面避免了因碳源物质的快速利用而引起的阻遏作用，另一方面也避免了培养基中的某些成分的毒害作用，再者有稀释发酵液从而降低黏度的作用。由于这种发酵方式可以延长细胞对数期和稳定期的持续时间，增加生物量和产物产量，因此目前L-苏氨酸发酵实际生产中多采用流加补糖的方式进行生产。溶解氧、pH是发酵过程中两个关键的参数，可以作为补糖控制的指导指标。

溶氧补料培养模式就是在发酵过程中，把溶解氧的浓度作为指示参数来控制补料的速率。在L-苏氨酸发酵的后期，由于菌体密度的快速增加导致氧摄取速率下降，从而浓度上升，当上升超过设定值时，就启动了补料，这样可以使菌体保持在一定的比生长速率。

pH补料培养模式与溶氧补料培养模式相似，只是它是指示参数。在发酵过程中，当pH上升到一定值时就启动补糖；当下降到下限值时就停止补糖，当降到一定值后可以通过流加氨回升pH。

L-苏氨酸产生菌对糖类的摄取是通过基团转移的方式进行的。L-苏氨酸产生菌对糖类的转运能力很强，而且在糖进入细胞的同时，糖酵解作用就已经开始了，使得大量的碳源涌入细胞。由于L-苏氨酸产生菌的氧化磷酸化和TCA循环的能力有限，造成碳代谢流在EMP途径中过量，必须通过分泌部分氧化的副产物使碳代谢流得到平衡，而乙酸就是其中的主要副产物。一般，L-苏氨酸产生菌可将来自葡萄糖代谢流的10%~30%转化为乙酸。然而，基质中乙酸浓度过高对生物产能具有抑制作用，最终将导致细胞生长停滞。此外，当乙酸的浓度超过一定数值时，目的基因的表达会大幅度降低。研究表明，较高浓度的葡萄糖对L-苏氨酸的发酵有抑制作用，而在较低的初糖浓度（≤40g/L）时，菌体中期增殖无力，发酵结束时生物量偏低。当L-苏氨酸产生菌的比摄糖速率超过一定的临界值时，即使供氧充足也会产生乙酸，这是因为葡萄糖的摄入速率大于TCA循环的周转能力而使中间产物乙酰CoA通过乙酰磷酸途径产生乙酸。控制葡萄糖的流加速率可把菌体的比生长速率和发酵液中的葡萄糖浓度控制在一定的阈值内，避免乙酸的产生。L-苏氨酸产生菌在低的葡萄糖浓度下生长速率受限，当有葡萄糖补入时，L-苏氨酸产生菌的比摄糖速率增加，比摄氧速率也随之增加，溶氧值相应降低，补料过后，随葡萄糖浓度的降低，L-苏氨酸产生菌的比摄糖率下降，溶氧值升高。但如果葡萄糖浓度过高，L-苏氨酸产生菌的摄糖速率超过TCA循环的周转能力时，涌向TCA循环的代谢流向乙酰磷酸途径溢流而产生乙酸，摄氧能力饱和，溶氧水平较低且不随补料而振荡。控制残糖浓度在2g/L时，溶氧水平虽然较高且乙酸生成量少，但L-苏氨酸产生菌处于饥饿状态，生物量和L-苏氨酸产量偏低；当残糖浓度高于10g/L时，整体溶氧水平偏低，乙酸生成量多且溶氧不随葡萄糖的补入而振荡变化；当残糖浓度控制在5g/L时，发酵高峰期溶氧值可维持20%左右，并随葡萄糖的补入呈现节律性振荡，振幅为5%左右。由此可见，维持5g/L残糖浓度既可维持较高的溶氧水平，减少副产物乙酸的生成，又可以根据溶氧和pH的波动情况对残糖浓度进行预测并及时调整补料速率。

（五）L-苏氨酸发酵过程稳产控制

通过大量的生产实践，总结出了较合理的L-苏氨酸工艺控制参数：种子培养温度37℃，pH 7.0，OD值1.0~1.3，周期控制在8~10h；发酵初糖控制在50~80g/L，温度控制在37℃，前期DO控制在20%~30%，中期DO控制在30%~40%，后期DO控制在20%~30%；发酵液中总糖浓度低于5.0g/L时连续流加不低于500g/L的浓缩糖液，整个发酵过程pH维持在6.9~7.0。某企业发酵车间350m^3发酵罐L-苏氨酸发酵过程曲线如图12-1所示。

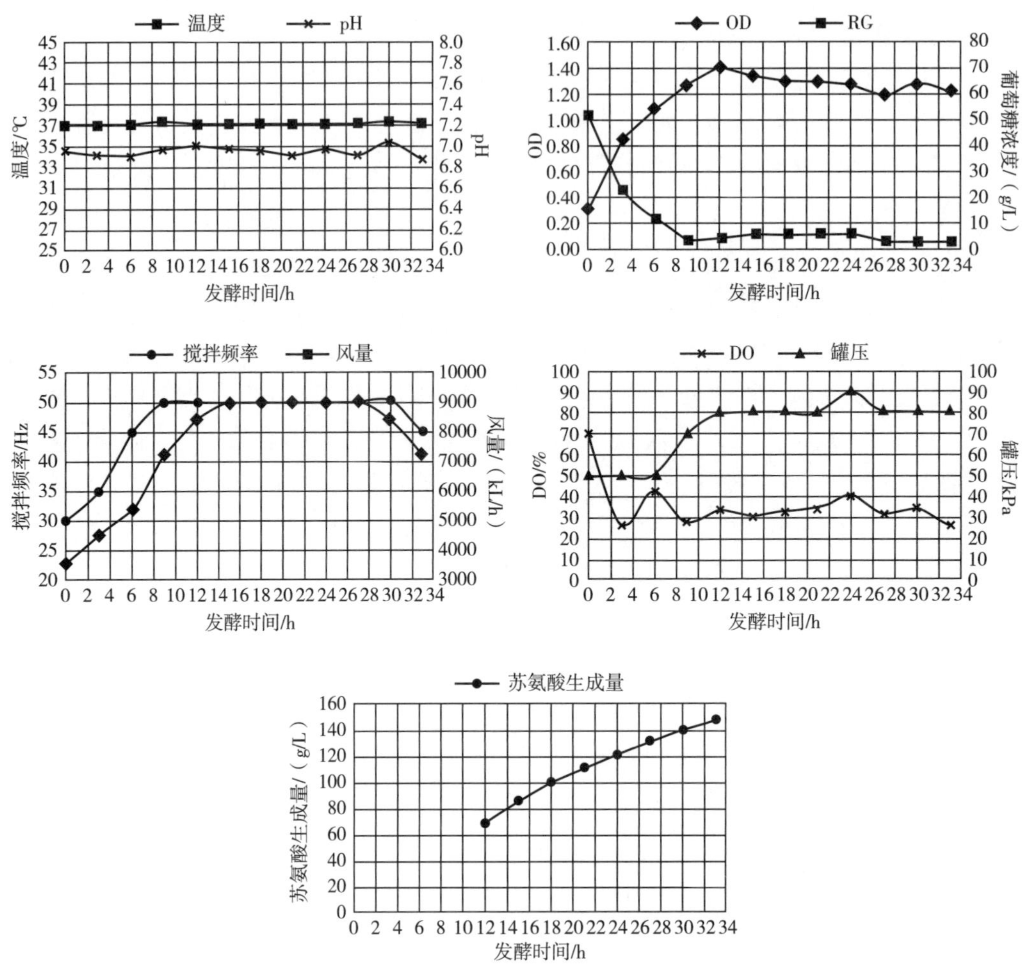

图 12-1　350m^{3}发酵罐 L-苏氨酸发酵过程曲线

参考文献

［1］陈宁．氨基酸工艺学（第二版）［M］．北京：中国轻工业出版社，2020.

［2］于信令．味精工业手册（第二版）［M］．北京：中国轻工业出版社，2009.

［3］邓毛程．氨基酸发酵生产技术（第二版）［M］．北京：中国轻工业出版社，2014.

［4］陈宁．氨基酸工艺学［M］．北京：中国轻工业出版社，2007.

［5］张伟国，钱和．氨基酸生产技术及其应用［M］．北京：中国轻工业出版社，1997.

第三篇

其他方法生产氨基酸

第十三章　酶法生产氨基酸

所谓酶法即利用酶催化的立体专一性反应，从化学合成的底物生产光学活性氨基酸。反应多在水溶液中、温和的条件下进行，可高选择性、高收率地获得所需要的光学活性氨基酸。酶法与发酵法相比，具有以下优点：①生产工艺简便；②产物浓度高，转化率高，副产物少；③分离精制容易；④可生产 D-氨基酸和氨基酸衍生物。由于酶法具有上述优点，因此发酵法尚难生产的一些氨基酸常用酶法来生产，如 L-丝氨酸、L-天冬氨酸和 L-丙氨酸等。

酶法生产氨基酸的关键是酶源和廉价合成底物的获得。随着基因工程迅速发展，有关酶活力显著提高，加上固定化技术及生物反应器研究成果的配合，使酶法生产氨基酸的技术取得了重大进展，表 13-1 汇总了各种氨基酸的酶法合成。

表 13-1　　氨基酸的酶法合成

氨基酸	反　应	酶	微生物
L-氨基酸	*N*-酰基-L-氨基酸+H_2O → L-氨基酸+乙酸	氨基酰化酶	米曲霉
L-瓜氨酸	L-精氨酸+H_2O → L-瓜氨酸+NH_3	精氨酸脱亚氨基酶	恶臭假单胞菌
L-丙氨酸	L-天冬氨酸+H_2O → L-丙氨酸+CO_2	天冬氨酸-β-脱羧酶	德阿昆哈假单胞菌
L-天冬氨酸	反丁烯二酸+NH_4^+ → L-天冬氨酸 顺丁烯二酸+NH_4^+ → L-天冬氨酸	天冬氨酸酶 顺丁烯二酸异构酶、天冬氨酸酶	大肠杆菌 粪产碱菌
L-半胱氨酸	DL-2-氨基-Δ^2-噻唑啉-4-羧酸（ATC）+$2H_2O$ → L-半胱氨酸+NH_3+CO_2 β-氯-L-丙氨酸+H_2S → L-半胱氨酸+HCl	ATC 消旋酶、L-ATC 水解酶 *S*-氨甲酰-L-半胱氨酸水解酶 半胱氨酸脱巯基酶	嗜噻唑啉假单胞菌 阴沟肠杆菌
L-谷氨酸	DL-5-羧乙基乙内酰脲+$2H_2O$ → L-谷氨酸+NH_3+CO_2	L-乙内酰脲-5-丙酸水解酶 *N*-氨甲酰基-L-谷氨酸水解酶	短芽孢杆菌
L-赖氨酸	DL-α-氨基-ε-己内酰胺（ACL）+H_2O → L-赖氨酸	ACL 消旋酶、L-ACL 水解酶	卢氏隐球酵母 奥贝无色杆菌
L-丝氨酸	甘氨酸+甲醛（或甲醇）→ L-丝氨酸	丝氨酸转羟甲基酶、甲醇脱氢酶	假单胞菌、微白八叠球菌、嗜甲基生丝微菌

续表

氨基酸	反应	酶	微生物
L-苏氨酸	甘氨酸+乙醛-L-苏氨酸	苏氨酸醛缩酶	土壤假丝酵母
4-羟基-L-异亮氨酸（4-HIL）	L-异亮氨酸+α-KG ⟶ 4-HIL+琥珀酸+CO_2	L-异亮氨酸双加氧酶（IDO）	苏云金芽孢杆菌
L-苯丙氨酸	DL-5-苄基乙内酰脲+H_2O ⟶ L-苯丙氨酸+NH_3+CO_2 反式肉桂酸+NH_3⟶ L-苯丙氨酸 乙酰胺肉桂酸（CAA）+氨基供体⟶L-苯丙氨酸	L-5-苄基乙内酰脲水解酶 *N*-氨甲酰基-L-苯丙氨酸水解酶 苯丙氨酸解氨酶 CAA 酰化酶，转氨酶	产氨黄杆菌 黏红酵母 类产碱菌
L-多巴	邻苯二酚+丙酮酸+NH_3⟶ L-多巴+H_2O 邻苯二酚+L-丝氨酸⟶ L-多巴+H_2O 邻苯二酚+L-酪氨酸⟶ L-多巴+苯酚 L-酪氨酸+O_2⟶ L-多巴+H_2O	β-酪氨酸酶 β-酪氨酸酶 β-酪氨酸酶 酪氨酸羟化酶	草生欧文菌 草生欧文菌 草生欧文菌 米曲霉
L-色氨酸	吲哚+丙酮酸+NH_4^+⟶ L-色氨酸+H_2O 吲哚+L-丝氨酸⟶ L-色氨酸+H_2O DL-5-吲哚甲基乙内酰脲（IMH）⟶L-色氨酸+NH_3+CO_2	色氨酸酶 色氨酸合成酶 L-IMH 水解酶-*N*-氨甲酰基-L-色氨酸水解酶	雷氏变形菌 大肠杆菌 产氨黄杆菌
5-羟基-L-色氨酸	5-羟基吲哚+丙酮酸+NH_4^+⟶ 5-羟基-L-色氨酸+H_2O	色氨酸酶	雷氏变形菌
L-酪氨酸	苯酚+丙酮酸+NH_4^+⟶ L-酪氨酸+H_2O	β-酪氨酸酶	草生欧文菌
D-氨基酸	DL-5-取代乙内酰脲+H_2O ⟶*N*-氨甲酰基-D-氨基酸	二氢嘧啶酶	恶臭假单胞菌
D-对羟苯甘氨酸	DL-5-对羟苯基乙内酰脲+H_2O ⟶*N*-氨甲酰基-D-对羟苯甘氨酸	二氢嘧啶酶	恶臭假单胞菌
D-缬氨酸	DL-5-异丙基乙内酰脲+H_2O ⟶*N*-氨甲酰基-D-缬氨酸	二氢嘧啶酶	恶臭假单胞菌
*S*或*Se*-取代的L-半胱氨酸	L-半胱氨酸+RSH（或 RSeH）⟶ *S*（或*Se*）-取代的 L-半胱氨酸+H_2S	甲硫氨酸酶	球形芽孢杆菌
*S*或*Se*-取代的L-高半胱氨酸	L-甲硫氨酸+RSH（或 RSeH）⟶ *S*（或*Se*）-取代的 L-高半胱氨酸+甲硫醇	甲硫氨酸酶	球形芽孢杆菌
S-腺苷-L-高半胱氨酸	L-高半胱氨酸+腺苷⟶ *S*-腺苷-L-高半胱氨酸+H_2O	*S*-腺苷高半胱氨酸水解酶	粪产碱菌

第一节 L-氨基酸

一、DL-消旋氨基酸衍生物的酶法拆分

化学合成消旋氨基酸的一些衍生物，经水解酶作用可光学拆分成 L-氨基酸。具有代表性的水解酶是由曲霉中提取的氨基酰化酶和由假单胞菌中提取的氨肽酶。

（一）氨基酰化酶

由于曲霉产生的氨基酰化酶的立体特异性是 L-型，因此可用此酶将化学合成的 *N*-乙酰-DL-氨基酸进行拆分（水解），可获得 L-型氨基酸。反应混合物中 L-氨基酸同 *N*-乙酰-D-氨基酸分离后，没有反应的 *N*-乙酰-D-氨基酸经化学外消旋作用生成 *N*-乙酰-DL-氨基酸，可再作为氨基酰化酶的底物。Chibata 等建立了固定化氨基酰化酶连续生产体系用于生产 L-色氨酸和 L-苯丙氨酸。

（二）氨肽酶

类似于氨基酰化酶体系，Banken 等采用假单胞菌的氨肽酶，将消旋氨基酸酰胺中的 L-型光学拆分（水解）生成 L-氨基酸。

二、L-赖氨酸

Fukumura 等开发了用酶法生产 L-赖氨酸的方法，20 世纪 70~80 年代投入工业生产。此法以从环己烯合成的 DL-α-氨基-β-己内酰胺（DL-ACL）为原料，用卢氏隐球酵母（*Cryptococcus laurentii*）生产的水解酶水解 L-ACL 而生成 L-赖氨酸，同时用奥贝无色杆菌（*Achromobacter obae*）等细菌生产的消旋酶，使残存的 D-ACL 转化为 L-ACL。通过两种酶的协同作用，使 DL-ACL 定量地转化为 L-赖氨酸。在合适的条件下（pH 8.0，40℃，底物 0.8mol/L），经 25h 反应，DL-ACL 几乎 100%转化为 L-赖氨酸，所得的 L-赖氨酸盐酸盐光学纯度为 99.5%，无不良副反应。

三、L-半胱氨酸

目前，主要用毛发水解提取法生产 L-半胱氨酸。为了代替水解法而开展了酶法的研究，现在已有两种用酶法生产 L-半胱氨酸的方法。

佐野等开发的 DL-2-氨基二氢噻唑啉-4-羧酸（DL-ATC）的酶水解法。首先从丙烯酸甲酯合成 DL-ATC，然后用水解酶使 L-ATC 水解为 L-半胱氨酸，用消旋酶使 D-ATC 转化为 L-ATC，这两种酶同时并存于嗜硫氮杂环戊烯假单胞菌（*Pseudomonas thiozolinophilum*）细胞中。因此，此法比用酶法生产 L-赖氨酸更为先进。由于此菌株产生半胱氨酸脱巯酶可使生成的 L-半胱氨酸分解，故应采用缺失此酶的变异株。用半胱氨酸脱巯酶缺失变异株，可得到 31.4g/L L-半胱氨酸（摩尔转化率为 95%）。此法已用于工业化

生产。

Kumagai 等用 L-半胱氨酸脱巯酶生产 L-半胱氨酸。L-半胱氨酸脱巯酶催化 L-半胱氨酸分解为 H_2S、丙酮酸和氨的可逆反应，故在适当条件下可用阴沟肠杆菌（*Enterobacter cloacae*）菌体直接催化 L-半胱氨酸的合成。最合适的底物是 β-氯-L-丙氨酸，在最适合条件下，可从 60g/L β-氯-L-丙氨酸和 120g/L $Na_2S \cdot 9H_2O$ 生成 50g/L 的 L-半胱氨酸。

但此法的缺点是只能利用 β-氯-丙氨酸的 L-型，不能全部有效利用从化学合成法得到的 DL-型底物，这对工业应用不利。

四、L-天冬氨酸

L-天冬氨酸主要用酶法生产。用 L-天冬氨酸酶作用于化学合成的反丁烯二酸和氨，即生成 L-天冬氨酸。Kitahara 等用 1g 大肠杆菌（*Escherichia coli*）的干菌体作为 L-天冬氨酸酶源，在合适的条件下，从 50g/L 反丁烯二酸生成 56g/L L-天冬氨酸（摩尔转化率为 99%）。

天冬氨酸酶能催化 L-天冬氨酸的合成和分解，其平衡明显倾向于合成方向。由于天冬氨酸酶是一种胞内酶，故可将细胞固定化后作为催化剂来应用，田边制药公司和协和发酵公司分别于 1973 年和 1974 年投入工业化生产。

居乃琥等采用明胶-戊二醛将大肠杆菌 AS1. 881 固定化，可连续使用 60d 左右，每克湿菌体可转化反丁烯二酸 500g 以上，转化率 95%以上。日本田边制药公司采用海藻中提取的角叉菜聚糖（又称卡拉胶）包埋大肠杆菌，代替原先采用的聚丙酰胺凝胶包埋工艺，生产 L-天冬氨酸，半衰期长达 680d，其生产能力提高 14 倍。

Takamura 等报道了采用粪产碱菌（*Alcaligenes faecalis*）中的顺丁烯二酸异构酶和天冬氨酸酶可将反丁烯二酸的立体异构体——顺丁烯二酸直接转化为 L-天冬氨酸。

五、L-丙氨酸

由于大多数采用直接发酵法生产的丙氨酸是 DL-型，而 L-天冬氨酸可通过酶法由反丁烯二酸廉价生产。因此，可采用 L-天冬氨酸为原料，利用天冬氨酸 β-脱羧酶催化 L-天冬氨酸 β-羧基的裂解来生产 L-丙氨酸。Chibata 等发现德阿昆哈假单胞菌（*Pseudomonas dacunhae*）具有很高的天冬氨酸 β-脱羧酶活力。L-丙氨酸可由 L-天冬氨酸化学定量地进行酶法生产，100g L-天冬氨酸可生成 66g L-丙氨酸，其摩尔转化率为 99%。Takamatsu 等和 Tosa 等研究了采用共同固定化大肠杆菌（天冬氨酸酶）和德氏假单胞菌（天冬氨酸 β-脱羧酶），由反丁烯二酸直接酶法生产 L-丙氨酸。

六、L-色氨酸

20 世纪 80~90 年代，由于采用发酵法生产 L-色氨酸产酸率尚低，人们开发了 3 种酶法生产 L-色氨酸的方法。

Yokozeki 等所开发的用一步法使化学合成法生产的 DC-5-吲哚甲基乙内酰脲（DL-

IMH）化学定量地不对称转化为L-色氨酸的方法。用从土壤分离的产氨黄杆菌（*Flavobacterium aminogenes*）水解L-IMH，生成L-色氨酸。用色氨酸分解酶缺失变异株进行反应时，使50g/L DL-IMH化学定量地转化为L-色氨酸。此法由于巧妙利用乙内酰脲自发消旋化的性质，在不对称水解反应的条件下，底物能自发消旋化，比氨基酰化酶等光学拆分法更有利。

Yamada等开发的用色氨酸酶（L-色氨酸吲哚裂解酶）生产L-色氨酸方法。采用L-色氨酸酶活力高的雷氏变形菌（*Proteus rettgeri*）在肌苷和表面活性剂存在下，以吲哚、丙酮酸和铵盐等为原料，酶法生产L-色氨酸。在最适条件下，L-色氨酸浓度可达100g/L，添加肌苷的目的是使L-色氨酸形成不溶性复合体，从体系中除去，而有利于反应进行。

关于利用色氨酸合成酶生产L-色氨酸的例子较少。由大肠杆菌分离得到的色氨酸合成酶，可从吲哚和DL-丝氨酸反应72h生成23.5g/L L-色氨酸（对丝氨酸转化率为67%）。如反应时添加作为消旋酶的恶臭假单胞杆菌（*Pseudomonas putida*）菌体，则L-色氨酸产量可提高到28.5g/L，转化率提高到81%。

七、L-酪氨酸

Yamada等发现催化L-酪氨酸的α，β-裂解反应的酪氨酸酶（L-酪氨酸酚裂解酶），除可催化β-置换反应外，也具有催化α，β缩合反应的功能。利用此反应，可用化学合成的酚作为底物来合成L-酪氨酸。在含有L-酪氨酸的培养基中培养高活性菌草生欧文菌（*Erwinia herbicola*），诱导产酶，可达菌体蛋白量的10%。使用这种菌体在含40g/L丙酮酸钠、酚和氨的反应液中可积累60g/L以上的L-酪氨酸。

八、L-多巴（3,4-二羟基-L-苯丙氨酸）

采用β-酪氨酸酶活力高的草生欧文菌，可从40g/L L-丝氨酸和邻苯二酚积累55g/L L-多巴；另一方面，也可使用产氨黄杆菌菌株，与酶法生产L-色氨酸相类似，从相应的乙内酰脲化合物得到L-多巴。

九、L-苯丙氨酸

20世纪80~90年代，由于采用直接发酵法生产L-苯丙氨酸产酸率尚低，人们开发了3种酶法生产L-苯丙氨酸的方法。即DL-苯乙内酰脲水解法、苯丙氨酸解氨酶法和苯丙氨酸脱氢酶法。

横关等开发了L-乙内酰脲酶水解DL-苄乙内酰脲生产L-苯丙氨酸的方法。先用乙内酰脲酶作用DL-苄乙内酰脲，将其L-型不对称分解为*N*-氨甲酰苯丙氨酸，再用水解酶水解，而生成L-苯丙氨酸。由于D-苄乙内酰脲很易消旋化，因此能够将DL-苄乙内酰脲化学定量地转化为L-苯丙氨酸。

利用苯丙氨酸解氨酶（PAL）的逆反应可从肉桂酸和氨生成L-苯丙氨酸。然而，该酶对底物肉桂酸不稳定，因而难以实现L-苯丙氨酸的高浓度生产。Onishi等发现了对肉桂酸有抗性的 PAL 产生菌林德纳内孢霉（*Endomyces lindneri*），在 8mol/L 氨水存在下可以从 40g/L 肉桂酸产生 32g/L L-苯丙氨酸，摩尔转化率为 71%。

人们相继发现了苯丙氨酸脱氢酶的存在，并已应用于以苯丙酮酸和氨出发的 L-苯丙氨酸生产。Hummel 等以某种短杆菌为酶源，与固定化 NADH、辅酶再生用甲酸脱氢酶一起装入模拟反应器，连续供给苯丙酮酸和甲酸铵，L-苯丙氨酸生产速率达 37.4g/(L·d)。Asano 等利用脲芽孢八叠球菌（*Sporosarcina ureae*）生产的苯丙氨酸脱氢酶，与辅酶 NADH，再生用甲酸脱氢酶组成共轭反应体系，L-苯丙氨酸产率达 116g/L，摩尔转化率 89%。

十、L-丝氨酸

Yokozeki 等以 DL-丝氨酸化学合成的中间体 DL-2-氧代-噁唑烷-4-羧酸（DL-OOC）为原料生产 L-丝氨酸。该转化反应由两种酶参与：一是睾丸酮假单胞菌（*Pseudomonas testosterone*）生产的 L-OOC 水解酶；另一种是枯草杆菌生产的 OOC 消旋酶。利用上述两菌体作酶源，可从 10g/L DL-OOC 生成 3g/L L-丝氨酸，摩尔收率 30%。

十一、L-苏氨酸

熊谷等以上述丝氨酸生产底物的类似物 DL-2-氧代-噁唑烷-5-甲基-4-羧酸（DL-OOMC）为原料生产 L-苏氨酸。OOMC 与 OOC 不同，有 2 个不对称中心，故有 4 种光学异构体。某种产碱菌（*Alcaligenes* sp.）特异性地作用于 DL-反-OOMC，理论上可以 40%~50%的摩尔收率得到天然型 L-苏氨酸。

十二、4-羟基-L-异亮氨酸（4-HIL）

Kodera 等为了追求更有效率的合成方法，认为最有效的方法是最大程度地发挥 L-异亮氨酸羟基化活性，而具有这种酶活力的只有 L-异亮氨酸双加氧酶（L-isoleucine Dioxygenase，IDO），于是首次提出利用苏云金芽孢杆菌菌株 2e2 在对数生长期产生 IDO 将 L-异亮氨酸转变为（2*S*,3*R*,4*S*)-4-HIL，从而提高 4-HIL 的产率。

Smirnov 总结 4-HIL 合成方法的历史发展过程，再次提出关于合成 4-HIL 全新的思路。他提出利用大肠埃希菌产生 IDO，继而在 IDO 催化下以 L-亮氨酸和 α-酮戊二酸盐为原料产生 4-HIL 和琥珀酸盐，首次将 4-HIL 的生成与三羧酸循环联系起来。

十三、其他 L-氨基酸

除上述 L-氨基酸外，其他一些 L-氨基酸也可用酶法生产。γ-氨基丁酸可用大肠杆菌 L-谷氨酸脱羧酶作用于 L-谷氨酸而制取；用精氨酸脱亚氨基酶作用于 L-精氨酸，可制取 L-瓜氨酸；用甲硫氨酸酶作用于 L-甲硫氨酸和烷基硫醇，可制取 L-乙硫氨酸和烷基硫氨酸；用色氨酸酶作用 5-羟吲哚+丙酮酸+NH_3，可生成 5-羟色氨酸；用 L-谷氨酰胺合成酶，作用 L-谷氨酸和氨合成 L-谷氨酰胺等。

第二节 D-氨基酸

D-型氨基酸，由于一般不能用发酵法生产，故以前全部用光学拆分化学合成法得到的 DL-氨基酸制取，但最近相继开发了用酶法直接生产 D-氨基酸的方法。

一、D-对羟苯甘氨酸

D-对羟苯甘氨酸（D-HPG），作为β-内酰胺系抗生素的修饰剂，是一种有用的 D-氨基酸。

山田等开发了下述方法：先用化学合成法廉价制造 DL-5-(对羟苯基)乙内酰脲(DL-HPH)，然后用酶不对称水解 DL-HPH，得 *N*-氨甲酰-D-对羟苯甘氨酸，用化学法再脱去氨甲酰，转化为 D-HPG。高酶活力的沟槽假单胞菌（*Pseudomonas striata*）的菌体进行底物专一性研究，结果发现从各种对应的乙内酰脲化合物生成 *N*-氨甲酰氨基酸，而且证实乙内酰脲开裂反应中的立体专一性为 D 型。如果使此菌株作用于 5g/L 的 DL-HPH，能得到 4.5g/L 的 *N*-氨甲酰-D-对羟苯甘氨酸，摩尔转化率为 80%以上。此 *N*-氨甲酰体在酸性条件下，如果用 $NaNO_2$处理，脱去氨甲酰就转化为 D-HPG，此法现在已用于工业生产。而且催化此反应的酶确认为是以二氢尿嘧啶为底物的二氢尿嘧啶酶。

另一方面，横关等运用类似于酶法生产 L-色氨酸的方法，首先从土壤中筛选到能直接使 DL-HPH 不对称转化为 D-HPG 的微生物——脲基乙酸（海因）杂环戊烯假单胞菌(*Pseudomonas hydantophilum*)。此菌株可以从 30g/L 的 DL-HPH 得到 26g/L 的 D-HPG，摩尔转化率为 98%。而且发现底物专一性广泛，从各种乙内酰脲化合物生成各种 D-氨基酸。由于此法可直接生成 D-氨基酸，与需要脱氨甲酰基方法相比，更为方便。

二、D-半胱氨酸

D-半胱氨酸作为β-内酰胺系抗生素的中间原料，正期待得到利用。Nagasawa 等开发了用β-氯-D-丙氨酸抗性菌生产的β-氯-D-丙氨酸盐酸盐裂解酶生产 D-半胱氨酸的方法。此酶可催化β-氯-D-丙氨酸分解为 HCl、丙酮酸和氨。恶臭假单胞菌是这种酶活力高的菌株。

在含有 200mmol/L β-氯-D-丙氨酸、500mmol/L NaHS 和 2%丙酮的磷酸缓冲液中加入上述菌体，在 30℃反应 2h，β-氯-D-丙氨酸可定量地转化为 22g/L D-半胱氨酸。在反应中，加入过量的 NaHS，使反应朝合成方向进行。加入丙酮，同生成的 D-半胱氨酸结合成四氢噻唑化合物，而从反应体系中除去，更有利于生成 D-半胱氨酸。

三、其他 D-氨基酸

用对应的 DL-5-取代乙内酰脲，经过乙内酰脲水解酶的作用，可水解为 *N*-氨甲酰基-D-氨基酸。再用化学和酶法脱去氨甲酰基，即生成对应的 D-氨基酸。产生乙内酰脲水解酶高活力的微生物有沟槽假单胞菌、阴沟气杆菌（*Aerobacter cloacae*）、坏腐棒杆菌（*Corynebacterium sepedonicum*）和灰色链霉菌（*Streptomyces griseus*）等。

用化学法脱氨甲酰基，可用 $NaNO_2$。最近发现在土壤杆菌属（*Agrobacterium*）的细胞中具有将 *N*-氨甲酰-D-氨基酸转化为 D-氨基酸的酶（氨甲酰酶）。通过乙内酰脲酶和上述的氨甲酰酶协同作用，能使 DL-5-取代乙内酰脲生成对应的 D-氨基酸。

参考文献

[1] 张伟国, 钱和 . 氨基酸生产技术及其应用［M］. 北京：中国轻工业出版社, 1997.

[2] 顾诚伟, 曹成浩, 金利群等 . 酰胺酶催化合成手性氨基酸的研究进展［J］. 发酵科技通讯, 2017, 46（3）：162-168.

[3] 夏温娜, 孙雨, 闵聪等 . 转氨酶催化不对称合成芳香族 L-氨基酸［J］. 生物工程学报, 2012, 28（3）：1346-1358.

第十四章　化学合成法生产氨基酸

第一节　化学合成法概述

以 α-卤代羧酸、醛类、甘氨酸衍生物、异氰酸盐、乙酰氨基丙二酸二乙酯、卤代烃、α-酮酸及某些氨基酸为原料，经氨解、水解、缩合、取代及氢化还原等化学反应合成 α-氨基酸的方法统称为化学合成法。

化学合成法是制造氨基酸的重要途径之一，但氨基酸种类较多，结构各异，故不同氨基酸的合成方法也不相同。不过通常可归纳为一般合成法和不对称合成法两大类。前者产物皆为 DL-型氨基酸混合物，后者产物为 L-氨基酸。一般合成法包括卤代酸水解法、氰胺水解法、乙酰氨基丙二酸二乙酯法、异氰酸酯（盐）合成法及醛缩合法等；不对称合成法包括直接合成 α-酮酸反应及不对称催化加氢等方法。上述各类方法的基本原理及其反应过程在有机化学及药物化学中均有详述，故在此从略。

理论上所有氨基酸皆可由化学合成法制造，但是，目前只有当采用其他方法很不经济时才采用化学合成法，如甘氨酸、DL-甲硫氨酸和 DL-丙氨酸等。

一、一般合成法

（一）Strecker 合成法

用 Strecker 法合成氨基酸已有 100 多年的历史，由于它的不断改进，至今在氨基酸工业生产中仍有很大的实用价值，在一些醛类化合物容易得到的情况下，就可以较为方便地合成相应的氨基酸。如用甲醛、乙醛和异丁醛即可分别合成甘氨酸、丙氨酸和缬氨酸，用反应式表示如下：

$$R-CHO \xrightarrow{NH_3} [RCH(NH_2)OH] \xrightarrow{HCN} \underset{\displaystyle NH_2}{\underset{|}{RCH}}-CN \xrightarrow{H^+} \underset{\displaystyle NH_2}{\underset{|}{RCHCOOH}}$$

当用 NH_4Cl 和 KCN 分别代替其中的氨与 HCN 时，反应可连续进行，一般无须分离出中间体。但由于 HCN 的生成，操作不便，反应不易控制而影响收率，为此，改用 $(NH_4)_2CO_3$ 和 NaCN 与醛反应先得到乙内酰脲，再在碱性条件下加压水解即可得到所需要的氨基酸。

（二）α-卤酸的氨化

Sheehan 等采用苯邻二酰亚胺钾作为 α-卤酸乙酯的氨化剂，以 *N*,*N*-二甲基甲酰胺（DMF）为溶剂，可在较低的温度下及短时间内反应，其中间体经酸或肼水解便可得到相应的 α-氨基酸，即：

$$C_6H_4(CO)_2NK + X-CHRCOOEt \xrightarrow{DMF} C_6H_4(CO)_2N-CHRCOOEt \xrightarrow[\text{或}NH_2NH_2]{H^+} RCH(NH_2)COOH$$

其他可作为氨化剂的还有乙二酰亚胺和六次甲基四胺（乌洛托品）等与 α-卤代羧酸及其酯类反应，均具有反应迅速、经济，氨基酸收率高的特点。

（三）用醛与具有活性亚甲基化合物缩合

合成芳香族氨基酸，大都采用芳香醛或者具杂环的醛类化合物与具有活性亚甲基的乙酰甘氨酸，在醋酸钠和醋酸酐存在下首先缩合生成氮杂内酯，然后经活性镍或钯催化氢化还原，最后于碱或酸性条件下水解，即可得到对应的氨基酸，用下列反应式表示：

$$ArCHO + CH_2(NHCOCH_3)COOH \xrightarrow[(AcO)_2O]{NaAc} ArCH{=}C-C{=}O\ (\text{N}{=}C(CH_3)-O\ \text{环}) \xrightarrow[H_2]{Ni\text{或}Pd}$$

$$ArCH_2-CH-C{=}O\ (\text{N}{=}C(CH_3)-O\ \text{环}) \xrightarrow{OH^-} ArCH_2-CH(NHCOCH_3)-COOH \xrightarrow{H^+} ArCH_2CH(NH_2)-COOH$$

（四）乙酰氨基丙二酸二乙酯法

乙酰氨基丙二酸二乙酯法是一种比较通用的合成氨基酸的方法，几乎可用于合成所有的氨基酸。一些化学工业比较发达的国家，乙酰氨基丙二酸二乙酯已作为一个很普通的中间体在市场上出售。尤其是固定化氨基酰化酶拆分氨基酸的应用，此法更有其独特的优点，因为所得到的乙酰 DL-α-氨基酸经酶拆分可直接拆出具有光学活性的 L-氨基酸，若以丙二酸二乙酯为起始原料，反应过程如下：

$$CH_2(COOC_2H_5)_2 \xrightarrow{NaNO_2} HON = C(COOC_2H_5)_2 \xrightarrow{Zn} NH_2-CH(COOC_2H_5)_2$$

$$\xrightarrow[AcOH]{AC_2O} AcNHCH(COOC_2H_5)_2 \xrightarrow{Rx} R-\underset{\underset{NHAc}{|}}{C}(COOC_2H_5)_2 \xrightarrow[OH^-]{} \xrightarrow[H^+]{} \underset{\underset{NHAc}{|}}{RCH}-COOH$$

$$\xrightarrow[拆分]{酶} L-\underset{\underset{NH_2}{|}}{RCH}-COOH$$

（五）从异氰酸盐合成 α-氨基酸

异氰酸乙酯或碱金属盐在强碱性金属试剂 MZ（如 NaH、CH_3ONa）作用下与亲电性试剂烷基化合物或醛反应，再经水解而成 α-氨基酸，已为工业化生产所采用。其反应历程：第一步首先由异氰酸乙酯与强碱性金属试剂生成异氰酸乙酯金属取代物：

$$H-\underset{\underset{NC}{|}}{\overset{\overset{H}{|}}{C}}-\overset{\overset{O}{\|}}{C}-OY+MZ \longrightarrow M^+(\underset{\underset{NC}{|}}{\overset{\overset{H}{|}}{C}}-\overset{\overset{O}{\|}}{C}-OY)^-+HZ$$

其中 Y 可以是烷基或碱金属离子，NC 表示氢氰根。

第二步是 α-烷基取代异氰酸乙酯或盐的生成：

$$M^+(\underset{\underset{NC}{|}}{\overset{\overset{H}{|}}{C}}-\overset{\overset{O}{\|}}{C}-OY)^-+RX \longrightarrow R-\underset{\underset{NC}{|}}{\overset{\overset{H}{|}}{C}}-\overset{\overset{O}{\|}}{C}-OY+MX$$

或

$$M^+(\underset{\underset{NC}{|}}{\overset{\overset{H}{|}}{C}}-\overset{\overset{O}{\|}}{C}-OY)^-+R-\overset{\overset{O}{\|}}{C}-H \longrightarrow R-\underset{\underset{NC}{|}}{\overset{\overset{O^-}{|}}{C}}-\overset{\overset{O}{\|}}{C}-OY$$

最后将上述 α-取代异氰酸酯或盐经酸性水解即得到所需要的 α-氨基酸，而且实际操作反应都是连续进行的。

二、不对称合成法

不对称合成是一切生物体合成的显著特点，天然的 α-氨基酸都具有光学活性。因此，用化学方法直接合成具有光学活性的 α-氨基酸是制备氨基酸方法的一个重大改进，这不仅可以避免合成工艺的冗长，而且可以减少消旋氨基酸光学拆分中无法克服的损失或者浪费。因此，不对称合成受到重视并被研究，合成方法也在不断地改进。

（一）由 α-酮酸不对称合成

一般酮与氨共热可以进行加成反应，其反应产物并不稳定，易被酸水解，致使反应产物更为复杂且难以分离。但当 α-酮酸与具有光学活性的胺形成西佛碱后便引入不对称的 C=N，经氢化还原后即可得到相应的具有光学活性的 α-氨基酸。反应原理如下：

$$RCOCO_2H+2Ar-\overset{*}{C}H(NH_2)-CH_3 \longrightarrow \begin{matrix} R \\ CO_2^+ \end{matrix}\!\!>C=N\overset{}{C}H(CH_3)^{*}-Ar \xrightarrow[H_2]{Ni}$$

$$RC(H)(CO_2^-)-NH-\overset{*}{C}H(CH_3)-Ar \xrightarrow[H_2]{Pd(OH)_2} R\overset{*}{C}H(NH_2)-COOH+2ArCH_2CH_3$$

＊表示氨基酸中具有光学活性的α-碳原子。

（二）不对称催化剂氢化

不对称合成 α-氨基酸是最有发展前途的新方法，就是用光学活性催化剂氢化某些烯烃化合物，如 α-乙酰氨基丙烯酸等，可获得相应的具有光学活性的 α-氨基酸。Izumi 等曾用（+）-2-甲基酒石酸处理雷尼镍催化还原乙酰醋酸乙酯同样得到了相应的光学活性物质。虽然收率低，却启示人们去研究寻找更合适的光学活性金属催化剂。Kagan 研究了用过渡金属元素铑与邻苯二甲酸二异辛酯（DIOP）的复合物不对称催化还原了一些烯烃化合物，并成功地合成了光学活性的 *N*-乙酰苯丙氨酸。即用 α-乙酰-氨基丙酸，以乙醇与苯作溶剂，用 Rh-DIOP 复合物为催化剂，室温下充以 0.11MPa H_2 还原得到了 D-乙酰苯丙氨酸，化学收率可达 95%，光学纯度为 72%，$[\alpha]_D^{25}=-37.75°$，用反应式表示如下：

$$\begin{matrix} C_6H_5 \\ H \end{matrix}\!\!>C=C<\!\!\begin{matrix} NHCOCH_3 \\ COOH \end{matrix} \xrightarrow[C_2H_5OH,\ C_6H_6]{Rh(DIOP),\ H_2} C_6H_5CH_2CH(NHCOOH)-COOH$$

第二节　甘氨酸和 DL-丙氨酸

一、甘氨酸

1820 年，Braconnot 于动物胶酸水解液中发现甘氨酸。1858 年，Cahours 用一氯乙酸和乙醇与氨反应，成功地合成了甘氨酸，从而确定了甘氨酸的分子结构。

由于甘氨酸没有不对称碳原子，无光学异构体，所以其生产全部采用合成法。现将甘氨酸的化学合成法简介如下。

(一) 以一氯乙酸为原料的合成法

这是由 Cahours 最先采用的合成法，以一氯乙酸（Ⅰ）和氨（Ⅱ）制得甘氨酸（Ⅲ），其收率不超过 10%～15%。此方法的优点是不需使用 HCN，缺点是会有二级，甚至三级胺类的副产物生成，致使甘氨酸的收率太低。

$$\underset{\text{I}}{ClCH_2COOH}+\underset{\text{II}}{2NH_3} \longrightarrow \underset{\text{III}}{H_2NCH_2COOH}+NH_4Cl$$

副反应：

$$\underset{Cl}{CH_2}-COOH+\underset{NH_2}{CH_2}-COOH \longrightarrow NH(CH_2-COOH)_2+HCl$$

$$2\underset{Cl}{CH_2}-COOH+\underset{NH_2}{CH_2}-COOH \longrightarrow N(CH_2COOH)_3+2HCl$$

为了提高甘氨酸的收率，减少副产物的生成，对该反应进行了改良，如以一氯乙酸：氨水＝1：60，在 50℃下反应 4h，则可得到 84.5%的甘氨酸；在碳酸铵的存在下，也可提高甘氨酸的收率，以一氯乙酸：氨：CO_2＝1：12：3，在 60℃下反应 4h，可得到收率 80.5%的甘氨酸。

Hillman 等以一氯乙酸和六次甲基四胺，在二噁烷中煮沸反应，所得到的中间物，再于乙醇中煮沸，可得到收率 92%的甘氨酸。Guinot 取少量的六次甲基四胺，加热到 75～80℃，将 pH 调到 6 左右，然后将一氯乙酸及氨水慢慢加入，也同样可得到收率 92%的甘氨酸。Williams 将 1mol 一氯乙酸和 1.5mol 甲醛，3mol 氨水，于 30℃下反应 4h，得到收率 92%的甘氨酸。

(二) 以甲醛为原料的合成法

1. Strecker 法

本法是以甲醛、HCN 及氨为原料，先合成氨基乙腈，接着加水分解，制得甘氨酸。化学反应方程式如下：

$$CH_2O+HCN+NH_3 \longrightarrow H_2NCH_2CN \longrightarrow H_2NCH_2COOH$$

味之素公司以甲烷和氨合成粗制的 HCN，然后使甲醛液连续吸收 HCN，再将反应液和氨于 120℃下反应 2min，继之加碱溶液使之分解，可以得到总收率为 87%的甘氨酸。

Sanders 等以醛液、HCN 及氨于连续管型反应器中，100℃下反应 3.6min，得到收率 83%的氨基乙腈，然后用 50g/L NaOH 溶液水解。水解后用弱酸性阳离子交换树脂除去 Na^+，浓缩，得收率为 86.7%的甘氨酸。

2. Bucherer 法

将乙内酰脲（Ⅰ）于碱金属盐的水溶液中，加水分解即可得到甘氨酸（Ⅱ）。化学反应方程式如下：

$$\begin{array}{c}H_2C-C=O\\ |\quad\ \ |\\ HN\quad NH\\ \diagdown\ \diagup\\ C\\ \|\\ O\\ \text{I}\end{array}\xrightarrow{OH^-}\begin{array}{l}CH_2COOH\\ |\\ NH_2\\ \quad\text{II}\end{array}$$

White 于（$(NH_4)_2CO_3$ 及 NaCN 的水溶液中，加入三聚甲醛，室温下搅拌使之溶解，于 80~85℃下反应 3h，得到乙内酰脲的水溶液，然后直接加 300g/L NaOH 水溶液，于 170℃下水解 3h，最后以阳离子交换树脂加以处理，得到收率为 83.2%的甘氨酸。

自井忠等对上述方法进行了改良，即将甲醛溶液迅速加入（$(NH_4)_2SO_4$ 及 NaCN 的水溶液中，立刻加热反应。于 170℃下加热水解 2h，弱酸性阳离子交换树脂处理反应溶液，可得到收率为 87.5%的甘氨酸。

二、DL-丙氨酸

1850 年，Strecker 为了合成乳酸，将乙醛和 HCN 与氨作用，结果发现了丙氨酸。40 年后，首次在天然物中发现丙氨酸。L-丙氨酸较难以用发酵法生产，加之丙氨酸结构简单，利用化学合成法容易，成本低廉。所以，丙氨酸一般可采用化学合成法生产。DL-丙氨酸的工业合成法，主要采用 Strecker 法、Bucherer 法。

由乙醛（Ⅰ）、氨及 HCN，经过氨基氰乙烷的中间物（Ⅱ），合成丙氨酸（Ⅲ），这就是原始的 Strecker 法。反应式如下：

$$\underset{\text{I}}{CH_3CHO}+NH_3+HCN\longrightarrow\underset{\text{II}}{\begin{array}{l}CH_3CHCN\\ \quad\ \ |\\ \quad\ NH_2\end{array}}\xrightarrow{H^+}\underset{\text{III}}{\begin{array}{l}CH_3CHCOOH\\ \quad\ \ |\\ \quad\ NH_2\end{array}}$$

1934 年，Bucherer 等由羟基氰乙烷（Ⅳ）或氨基氰乙烷（Ⅱ），以（$(NH_4)_2CO_3$ 为催化剂，经中间物 5-甲基乙内酰脲（Ⅴ）合成丙氨酸（Ⅲ），这就是 Bucherer-Bergs 法。反应式如下：

$$\begin{array}{l}CH_3CH-CN\\ \quad\ |\\ \quad\ X\end{array}+(NH_4)_2CO\longrightarrow\underset{(\text{V})}{\begin{array}{c}CH_3CH-CO\\ |\qquad |\\ HN\quad NH\\ \diagdown\ \diagup\\ C\\ \|\\ O\end{array}}\xrightarrow{OH^-}\underset{(\text{III})}{\begin{array}{l}CH_3-CH-COOH\\ \qquad\ \ |\\ \qquad NH_2\end{array}}$$

$X=NH_2$ （Ⅱ）

$X=OH$ （Ⅳ）

Gaudry 将乙内酰脲（Ⅴ）同 90% $Ba(OH)_2$ 水解，由乙内酰脲（Ⅴ）制得丙氨酸（Ⅲ），总收率为 80%。White 用 1mol 乙醛、2mol NH_4HCO_3 和 1mol NaCN 反应，生成乙内酰脲（Ⅴ），然后不加分离，直接用 NaOH 水解制得丙氨酸（Ⅲ）。依照这一程序对乙醛的收率为 70%。

此外，也可以丙酸为原料，经 α-氯丙酸制取 DL-丙氨酸。反应式如下：

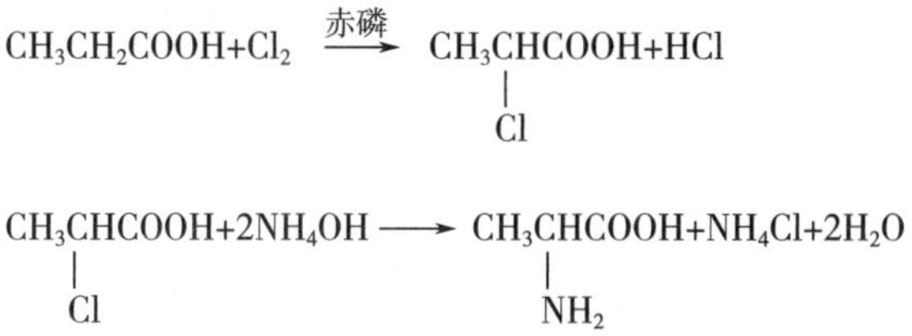

$$CH_3CH_2COOH+Cl_2 \xrightarrow{\text{赤磷}} \underset{\displaystyle Cl}{CH_3CHCOOH}+HCl$$

$$\underset{\displaystyle Cl}{CH_3CHCOOH}+2NH_4OH \longrightarrow \underset{\displaystyle NH_2}{CH_3CHCOOH}+NH_4Cl+2H_2O$$

第三节 DL-甲硫氨酸

1921 年，Mueller 从蛋白质水解液中发现一种含硫氨基酸。1928 年，Barger 等证实此含硫氨基酸为 α-氨基-γ-甲硫基丁酸，并将其命名为甲硫氨酸，又称蛋氨酸。Jacksen、Rose 等研究证明，L-型甲硫氨酸与 D-型甲硫氨酸在营养上具有几乎相等的价值，因此其生产方法以化学合成法为主，且可省掉繁杂的光学拆分工艺过程。甲硫氨酸是继谷氨酸之后，在工业上大规模生产的氨基酸之一，主要作为饲料添加剂使用。目前，采用合成法生产的甲硫氨酸及其衍生物主要有以下几种。

（1）$CH_3S-CH_2CH_2\underset{\displaystyle NH_2}{CH}-COOH$ 甲硫氨酸（Met）

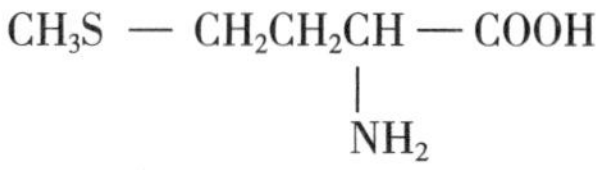

（2）$CH_3S-CH_2CH_2-\underset{\displaystyle NH_2}{CH}-COONa$ 甲硫氨酸钠（Met-Na）

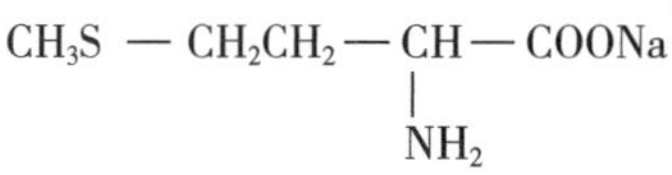

（3）$CH_3S-CH_2CH_2-\underset{\displaystyle OH}{CH}-COOH$ 羟基甲硫氨酸（MHA-FA）

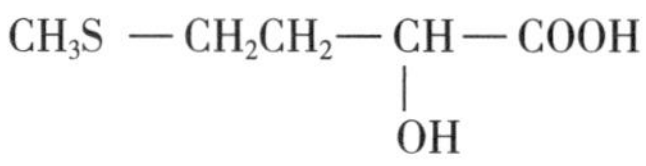

（4）$\left[CH_3S-CH_2CH_2-\overset{\displaystyle OH}{CH}-COO\right]_2Ca$ 羟基甲硫氨酸钙（MHA-Ca）

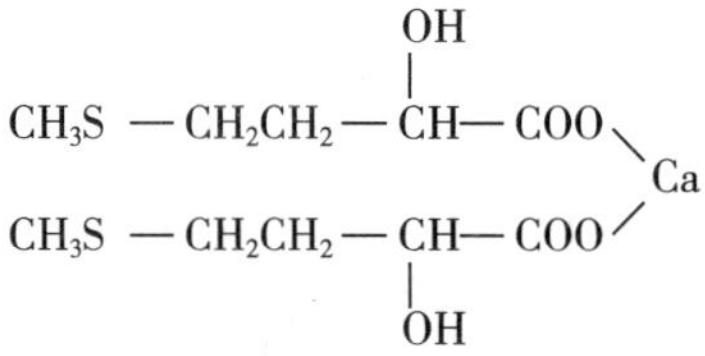

$$CH_3S-CH_2CH_2-\overset{\displaystyle OH}{CH}-COO\diagdown$$
$$Ca$$
$$CH_3S-CH_2CH_2-\underset{\displaystyle OH}{CH}-COO\diagup$$

（5）羟基甲硫氨酸二聚体（MHA-FA）

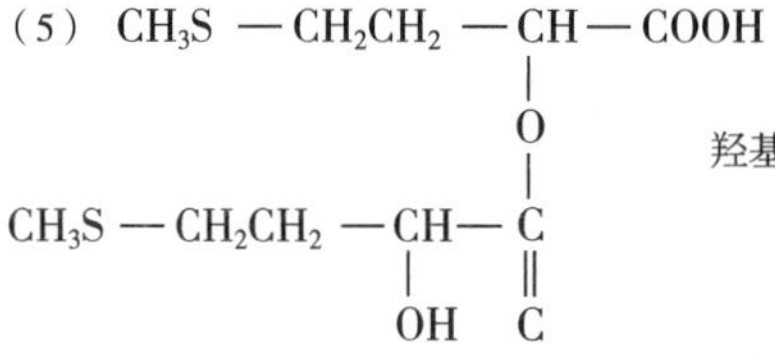

$$CH_3S-CH_2CH_2-CH-COOH$$
$$|$$
$$O$$
$$|$$
$$CH_3S-CH_2CH_2-\underset{\displaystyle OH}{CH}-\underset{\displaystyle \overset{\|}{C}}{C}$$

一、以丙烯醛为原料的合成法

Catch 等将丙烯醛（Ⅰ）与甲基硫醇进行加成反应，得到 β-甲硫丙醛（Ⅱ），然后以氢氰酸进行改进的 Strecker 反应，生成氨基腈（Ⅳ），将其水解，即得到 DL-型甲硫氨酸

（Ⅴ），总收率为29%。

$$\underset{\text{I}}{CH_2{=}CHCHO} \xrightarrow{CH_3SH} \underset{\text{II}}{CH_3SCH_2CH_2CHO} \xrightarrow{HCN} \underset{\text{III}}{CH_3SCH_2CH_2CH(OH)CN}$$

$$\xrightarrow{NH_3} \underset{\text{IV}}{CH_3SCH_2CH_2CH(NH_2)CN} \xrightarrow{H_2O} \underset{\text{V}}{CH_3SCH_2CH_2CH(NH_2)COOH}$$

后来，Pierson 等发现甲硫醇在铜盐的存在下，可使甲硫醇更容易与丙烯醛发生加成反应。进而对所得的β-甲硫基丙醛（Ⅱ）进行 Bucherer 反应，合成得到5-（β-甲硫乙基）-乙内酰脲（又称海因Ⅳ），然后将其加水分解，可得到 DL-甲硫氨酸（Ⅴ），其对丙烯醛（Ⅰ）的总收率为50%。

$$CH_3SCH_2CH_2CHO \xrightarrow{(NH_4)_2CO_3,\ NaCN} \underset{\text{VI}}{CH_3SCH_2CH_2CH{-}CO{-}NH{-}CO{-}NH\ (\text{ring})} \xrightarrow{OH^-} \underset{\text{V}}{CH_3SCH_2CH_2CH(NH_2)COOH}$$

Gaudry 等用同样的方法合成甲硫氨酸，总收率为60%。

合成丙烯醛的方法有：①以甘油为原料的合成方法；②以乙醛与福尔马林为原料的合成方法；③以丙烯为原料的合成方法；④用乙炔与甲醛为原料的合成方法等。

合成甲硫醇的方法有：①以硫脲为原料的合成方法；②用 H_2S 与 NaOH 为原料的合成方法；③用甲醇与 H_2S 为原料的合成方法等。

现简述以甘油和硫脲为基本原料合成甲硫氨酸的工艺路线和过程。

（一）工艺路线

$$CH_2(OH){-}CH(OH){-}CH_2(OH) \xrightarrow[170\sim180℃]{(\text{消去反应})\ KHSO_4} \underset{\text{I}}{CH_2{=}CHCHO} \xrightarrow[HCOOH,\ 30\sim34℃]{(\text{加成反应})\ CH_3SH,\ \text{醋酸铜}}$$

$$\underset{\text{II}}{CH_3{-}S{-}CH_2{-}CH_2{-}CHO} \xrightarrow[H_2O,\ CH_3CH_2OH]{(\text{环合反应})\ NH_4HCO_3,\ NaCN}$$

$$\begin{array}{l} CH_3S{-}CH_2CH_2{-}CH{-}COOH \\ \qquad\qquad\quad |\\ \qquad\qquad\quad O \\ \qquad\qquad\quad | \\ CH_3S{-}CH_2CH_2{-}CH(OH){-}C{=}O \end{array} \quad \text{羟基甲硫氨酸二聚体（MHA-FA）}$$

$$\xrightarrow[165℃，0.5MPa]{（水解反应）H_2O，Ca(OH)_2，NaOH}$$

$$\underset{V}{CH_3-S-(CH_2)_2-\underset{NH_2}{\underset{|}{CH}}-COONa} \xrightarrow[pH5\sim6]{（中和反应）冰醋酸\ HCl} DL\text{-}甲硫氨酸$$

〔附〕甲硫醇的合成

$$\underset{Ⅵ}{H_2N-\overset{S}{\overset{\|}{C}}-NH_2} \xrightarrow[116\sim126℃]{（甲基化反应）硫酸二甲酯} \underset{Ⅶ}{HN=\underset{S-CH_3}{\underset{|}{C}}-NH_2} \xrightarrow[80℃]{（水解反应）NaOH} \underset{Ⅷ}{CH_3SH}$$

（二）工艺过程

1. 消除反应

在反应罐内先加入 3/5 的甘油，搅拌下加入 $KHSO_4$，密闭加料口，加热，待升温到 140℃左右，即有丙烯醛馏出，接收器内先加对苯二酚。当温度升至 170～180℃时，开始滴加剩下的甘油，并保持温度均匀上升，甘油加完后继续反应，直到蒸完丙烯醛为止。得到精制丙烯醛，如果偏酸，加小苏打溶液调至 pH 6～7，再进行蒸馏，得丙烯醛（Ⅰ）（含量 90%以上）。

2. 加成反应

将 1 份丙烯醛和 0.1 份甲酸加入反应罐中，搅拌下加入醋酸铜，加热至 30～40℃，通入经过冷却、酸洗、脱水的甲硫醇，至反应液的相对密度达 1.060～1.065 为止，得 3-甲硫丙醛（Ⅱ）。

3. 环合反应

将 5 份水加入反应罐中，搅拌下加入 3.5 份 NH_4HCO_3，加热至 50℃使其完全溶解，再加入 0.6 份 NaCN 所配成的溶液，搅拌 10min 后，投入 5 份乙醇，温度在 40℃左右时，缓缓加入 1 份甲硫丙醛。加毕，升温至 50～55℃，反应 5h，过滤。滤液减压浓缩，在 60℃以下、8kPa 以上，蒸发至原体积 2/5 为止，得甲硫乙基乙内酰脲（海因，Ⅳ）浓缩液。

4. 水解、中和反应

将 1.1 份石灰制成的石灰乳和 0.424 份 NaOH 配成的溶液投入反应釜内，再加 1 份甲硫乙基乙内酰脲的浓缩液，通蒸汽加热，升温至 165℃，釜内压力为 0.5MPa，反应 1h，过滤，滤渣用热水洗两次。洗液与滤液合并，加热赶去氨气，搅拌下，加冰醋酸至 pH 8～9，再用 HCl 调节至 pH 5～6，加活性炭煮沸脱色 30min，静置，过滤。滤液减压浓缩至一定浓度。移至结晶缸内冷却结晶，滤取结晶，得 DL-甲硫氨酸（Ⅴ）粗品。

5. DL-甲硫氨酸溶于沸腾蒸馏水中

使之完全溶解，加活性炭，煮沸 30min，加入 EDTA 溶液，并用纯盐酸调节至 pH 5～

6，趁热过滤。滤液缓缓冷却使晶体析出，滤出结晶，100℃下干燥即可。

6. 制备甲硫醇的工艺过程

将水加入反应罐内，搅拌下加入 1 份硫脲（Ⅵ），密闭，滴加 0.87 份硫酸二甲酯，当反应温度升至 80~90℃时，开始加热，升温到 116~120℃，反应 30~40min，反应液形成黏稠状时，放料至贮槽，自然冷却，离心，滤饼即为甲基异硫脲硫酸盐（Ⅶ）。将其加入密闭的反应器中，加热、搅拌，并将温度控制在 80℃左右，滴加 5mol/L NaOH 溶液，在滴加 NaOH 过程中不断产生甲硫醇（Ⅷ）。

二、以 γ-丁基内酯为原料的合成方法

Livak 等以 γ-丁基内酯（Ⅰ）为原料，先将其进行溴化反应，得到 α-溴-γ-丁基内酯（Ⅱ），再进行氨化反应，得到 α-氨基-γ-羟基丁酸（Ⅲ），用 KOCN 处理之，得到 *N*-氨基甲酰衍生物（Ⅳ），再将其进行闭环，合成得 5-（β-溴乙基）-乙内酰脲（Ⅵ），然后将其与甲硫醇钠反应，得到 5-（β-甲硫乙基）-乙内酰脲（Ⅶ），再将其于碱性溶液中水解，即可得到 DL-甲硫氨酸（Ⅴ），对 γ-丁基内酯的收率为 17%。

$$\underset{\text{Ⅰ}}{\underset{|\quad\quad\quad|\\ O —— CO}{CH_2CH_2CH_2}} \xrightarrow{PBr_3} \underset{\text{Ⅱ}}{\underset{|\quad\quad\quad|\\ O —— CO}{CH_2CH_2CHBr}} \xrightarrow{NH_3} \underset{\text{Ⅲ}}{HOCH_2CH_2CH(NH_2)COOH}$$

$$\xrightarrow{KCNO} \underset{\text{Ⅳ}}{HOCH_2CH_2CH(NHCONH_2)COOH} \xrightarrow{HBr} \underset{\text{Ⅵ}}{BrCH_2CH_2\text{-}\overline{CH—CO—NH—CO—NH}}$$

$$\xrightarrow{CH_3SNa} \underset{\text{Ⅶ}}{CH_3SCH_2CH_2\text{-}\overline{CH—CO—NH—CO—NH}} \xrightarrow{OH^-} \underset{\text{Ⅴ}}{CH_3SCH_2CH_2CH(NH_2)COOH}$$

Plieninger 将 γ-丁基内酯（Ⅰ）溴化后，得到 α,γ-二溴丁酸（Ⅷ），将其加热后，再进行闭环，生成 α-溴-γ-丁基内酯（Ⅱ），用液氨处理，得到 α-氨基-γ-丁基内酯（Ⅸ），然后将其与甲硫醇钠进行反应，便得到 DL-甲硫氨酸（Ⅴ），总收率约为 40%。

$$\underset{\text{Ⅰ}}{\underset{|\quad\quad\quad|\\ O —— CO}{CH_2CH_2CH_2}} \xrightarrow[P]{Br_2} \underset{\text{Ⅷ}}{CH_2(Br)CH_2CH(Br)COOH} \xrightarrow[\text{加热}]{} \underset{\text{Ⅱ}}{\underset{|\quad\quad\quad|\\ O —— CO}{CH_2CH_2CHBr}} \xrightarrow{NH_3}$$

$$\underset{\text{Ⅸ}}{\underset{|\quad\quad\quad|\\ O —— CO}{CH_2CH_2CHNH_2}} \xrightarrow{CH_3SNa} \underset{\text{Ⅴ}}{CH_3SCH_2CH_2CH(NH_2)COOH}$$

Snyder 等将 α-乙酰-γ-丁基内酯（Ⅹ），在甲醇中用亚硝酸乙酯处理，得到 α-羟基亚氨基-γ-丁基内酯（Ⅺ），将其还原得到 α-氨基-γ-丁基内酯（Ⅻ），再进行加热可得到 3,6-二-（β-羟基乙基）-2,5-二酮哌嗪（Ⅷ），利用亚硫酰氯将其转变成 3,6-二-（β-氯乙基）-2,5-二酮哌嗪（ⅪⅤ）后，使其与甲硫醇钠反应，得到 3,6-二-（β-甲硫乙基）-2,5-二酮哌嗪（ⅩⅤ），然后再加水分解即可得到 DL-甲硫氨酸（Ⅴ），总收率为 26%。

CH₂CH₂CHCOCH₃ (O—CO 环) Ⅹ $\xrightarrow[CH_3OH]{C_2H_5NO_2}$ CH₂CH₂C═NOH (O—CO 环) Ⅺ $\xrightarrow[Pd]{H_2}$

CH₂CH₂CHNH₂ (O—CO 环) Ⅻ $\xrightarrow{加热}$ HOCH₂CH₂CH(CONH)(NHCO)CHCH₂CH₂OH ⅩⅢ

$\xrightarrow{SOCl_2}$ ClCH₂CH₂CH(CONH)(NHCO)CHCH₂CH₂Cl ⅩⅣ $\xrightarrow{CH_3SNa}$

CH₃SCH₂CH₂CH(CONH)(NHCO)CHCH₂CH₂SCH₃ ⅩⅤ

$\xrightarrow{H^+}$ CH₃SCH₂CH₂CH(NH₂)COOH Ⅴ

Snyder 等将 3,6-二-（β-氯乙基）-2,5-二酮哌嗪（ⅩⅥ）与硫脲进行反应，得到硫脲鎓盐衍生物（ⅩⅦ）。用二甲基硫酸盐、NaOH 等处理，得到 3,6-二-（β-甲硫乙基）-2,5-二酮哌嗪（ⅩⅧ），水解后得到 DL-甲硫氨酸（Ⅴ），总收率高达 66%。

ClCH₂CH₂CH(CONH)(NHCO)CHCH₂CH₂Cl ⅩⅥ $\xrightarrow{NH_2CSNH_2}$ HCl·NH₂C(═NH)SCH₂CH₂CH(CONH)(NHCO)CHCH₂CH₂SC(═NH)NH₂·HCl ⅩⅦ

$\xrightarrow[NaOH]{(CH_3)_2SO_4}$ CH₃SCH₂CH₂CH(CONH)(NHCO)CHCH₂CH₂SCH₃ ⅩⅧ $\xrightarrow{H_2O}$ CH₃SCH₂CH₂CH(NH₂)COOH Ⅴ

三、其他合成方法

Barger、Booth 等将 2-甲硫基氯化乙烷（Ⅰ）与邻苯二甲酰亚胺基丙二酸乙酯的钠盐

（Ⅱ）进行缩合反应，得到缩合体（Ⅲ），再进行皂化反应，得到三羧酸（Ⅳ），此三羧酸水解后脱去羧基，便得到 DL-甲硫氨酸（Ⅴ），总收率为 58%。

$$CH_3SCH_2CH_2Cl + NaC(COOC_2H_5)_2 \longrightarrow CH_3SCH_2CH_2C(COPC_2H_5)_2$$

（Ⅱ、Ⅲ 中 C 上连 N，N 与两个 CO 组成邻苯二甲酰亚胺环）

Ⅰ　　Ⅱ　　Ⅲ

$$\xrightarrow[\text{①}OH^-\ \text{②}H^+]{} CH_3SCH_2CH_2C(COOH)_2 \xrightarrow{H_2O} CH_3SCH_2CH_2CHCOOH$$

（Ⅳ 中 C 上连 N，N 上连 COOH 苯甲酰基 CO—C₆H₄；Ⅴ 中 CH 上连 NH_2）

Ⅳ　　Ⅴ

Albertson 等将 2-甲硫基氯化乙烷（Ⅰ）与乙基乙酰氨基氰基乙酸盐（Ⅵ）在乙醇钠的存在下，进行缩合反应，将所得的缩合体（Ⅶ）加水分解，即得到 DL-甲硫氨酸（Ⅴ），总收率为 48%。

$$CH_3SCH_2CH_2Cl + HC(COOC_2H_5)(NHCOCH_3)CN \xrightarrow[C_2H_5ONa]{} CH_3SCH_2CH_2C(COOC_2H_5)(NHCOCH_3)CN \longrightarrow CH_3SCH_2CH_2CH(NH_2)COOH$$

Ⅰ　　Ⅵ　　Ⅶ　　Ⅴ

Goldsmith 等将乙基乙酰氨基氰基乙酸盐的代替物二乙基乙酰氨基丙二酸盐，用来进行同样的反应，合成 DL-甲硫氨酸，总收率为 60. 5%。

Riemschneider 等将 2-甲硫基氯化乙烷（Ⅰ）与乙基乙酰乙酸酯（Ⅷ）进行反应，得到 β-甲硫乙基乙酰乙酸乙酯（XⅣ），将其与叠氮氢反应，得到反应产物（Ⅹ），再进行皂化反应，得到甲硫氨酸亚砜（Ⅺ），用 $CaSO_3$ 使其（Ⅺ）还原，便得到 DL-甲硫氨酸（Ⅴ），总收率高达 70%。

$$CH_3SCH_2CH_2Cl + CH_2(COCH_3)COOC_2H_5 \longrightarrow CH_3SCH_2CH_2CH(COCH_3)COOC_2H_5$$

Ⅰ　　Ⅷ　　XⅣ

$$\xrightarrow{NH_3} CH_3S(\rightarrow NH)CH_2CH_2CH(NHCOCH_3)COOC_2H_5 \xrightarrow[OH^-]{} CH_3S(\rightarrow O)CH_2CH_2CH(NH_2)COOH$$

Ⅹ　　Ⅺ

$$\xrightarrow[CaSO_3]{} CH_3SCH_2CH_2CH(NH_2)COOH$$

Ⅴ

四、目前甲硫氨酸工业化的生产工艺

目前世界上生产甲硫氨酸的工艺主要有两种，一种是海因法工艺，其产品为固体 DL-

甲硫氨酸；另一种是氰醇法工艺，其产品为液体 DL-甲硫氨酸羟基类似物或固体 DL-甲硫氨酸羟基类似物钙盐。美国 NOVUS 国际公司拥有氰醇法工艺技术；拥有海因法工艺技术的公司有罗纳-普朗克（AEC）、日本曹达公司、住友化学公司和化药公司、德国德固赛公司等。各公司甲硫氨酸的工艺技术特点比较见表 14-1。

表 14-1　　各公司甲硫氨酸的工艺技术特点比较

公司名称	罗纳-普朗克	曹达	德固赛	NOVUS
生产方法	海因法	海因法	海因法	氰醇法
原料路线	丙烯醛 甲硫醇 NaCN	丙烯醛 甲硫醇 HCN 或 NaCN	丙烯醛 甲硫醇 HCN	丙烯醛 甲硫醇 HCN
水解原料（皂化）	NaOH	石灰乳	K_2CO_3	H_2SO_4
中和/酸化原料	H_2SO_4	HCl	CO_2	不用
副产物	$NaSO_4$	NaCl、$CaCO_3$	无	无
技术特点	技术成熟、收率高、流程简单、成本低	水解用 $Ca(OH)_2$ 法副产物 $CaCO_3$ 可回收重新制石灰乳，用 HCN 或 NaCN 均可	没有副产物，K_2CO_3 闭路循环	工艺路线短、副产物量少、工艺能耗低、三废少、投资省、可生产多种产品

从以上几家公司的技术路线比较可以看出，德固赛公司采用密闭循环、无固体排出物，材料消耗也较罗纳-普朗克公司和曹达公司稍低，而 NOVUS 公司则是生产甲硫氨酸羟基类似物。曹达公司的技术路线无突出特点。罗纳-普朗克公司因其工艺技术成熟、工艺流程简单、布局合理、自动化程序高、反应收率高，用一套装置既可生产固体甲硫氨酸，又可生产液体甲硫氨酸，产品成本低等诸多优点。

（一）海因法生产工艺

海因法生产工艺是以丙烯醛、甲硫醇为原料生产甲硫基丙醛（TPMA），甲硫基丙醛再与 NaCN 或 HCN 合成海因，海因经碱水解，再用酸（或 CO_2）酸化，生产固体甲硫氨酸。其生产步骤为：甲醇与 H_2S 气相催化合成甲硫醇，丙烯与空气催化氧化制丙烯醛，丙烯醛与甲硫醇反应生成甲硫基丙醛，甲硫基丙醛与 NaCN（或 HCN）合成海因，海因用碱水解成甲硫氨酸钠盐（Met-Na），Met-Na 用 H_2SO_4 水解成甲硫氨酸。

（二）氰醇法生产工艺

氰醇法生产工艺是以丙烯醛、甲硫醇为原料合成甲硫基丙醛，甲硫基丙醛再与 NaCN 或 HCN 合成氰醇，氰醇经硫酸水解，生成液体甲硫氨酸羟基类似物。其步骤为：甲醇与 H_2S 气相催化合成甲硫醇，丙烯与空气催化氧化制成丙烯醛，丙烯醛与甲硫醇反应生成甲硫基丙醛，甲硫基丙醛与 HCN 催化合成氰醇，氰醇用 H_2SO_4 水解成液体甲硫氨酸羟基类似物。

第四节　DL-丝氨酸和 DL-苏氨酸

一、DL-丝氨酸

1865 年，Cramer 从丝胶的酸水解物中分离出一种具有甘味的结晶。1880 年，由 Erlenmeyer 推定此化合物的结构为 α-氨基-β-羟基丙酸（丝氨酸）。1902 年，Fischer 等证明此结构是正确的。

丝氨酸的结构被确定以后，进行了许多研究以开发具有实用价值的合成法。有关化学合成法大致可分为 3 类：①以羟基乙醛为原料的合成法；②利用各种缩合反应的合成法；③以乙烯基化合物为原料的合成法。此外，也有一些合成法不在上述 3 大类方法之内。

（一）以羟基乙醛为原料的合成法

Fischer 等利用羟基乙醛（Ⅰ）与 HCN 及氨反应所得的氨基腈（Ⅱ）来进行水解，而合成得到 DL-丝氨酸（Ⅲ），其总收率只有 9%。反应式如下所示：

$$\underset{\text{Ⅰ}}{HOCH_2CHO} \xrightarrow{HCN,\ NH_3} \underset{\text{Ⅱ}}{HOCH_2CH(NH_2)CN} \xrightarrow{H_2O} \underset{\text{Ⅲ}}{HOCH_2CH(NH_2)COOH}$$

上述合成法原是利用羟基乙醛的加成反应很易进行的性质，但因收率太低，故 Leuchs 等改用乙氧基乙醛（Ⅶ）来代替羟基乙醛，使其收率提高。乙氧基乙醛的合成，可利用氯代缩醛（Ⅳ）来进行乙氧基化，生成乙氧基缩醛（Ⅴ），再进一步合成乙氧基乙醛（Ⅶ），也可利用容易得到的乙二醇乙基醚（Ⅵ）进行氧化而直接合成。将乙氧基乙醛（Ⅶ）与 HCN 及 NH_3 进行反应，生成腈（Ⅷ），将其用氢溴酸进行水解，得到 DL-丝氨酸（Ⅲ），对氯代缩醛（Ⅳ）的总收率为 14%，对乙二醇乙基醚的总收率为 51%。反应式如下：

$$\underset{\text{Ⅳ}}{ClCH_2CH(OC_2H_5)_2} \xrightarrow{NaOC_2H_5} \underset{\text{Ⅴ}}{C_2H_5OCH_2CH(OC_2H_5)_2} \longrightarrow \text{Ⅶ}$$

$$\underset{\text{Ⅵ}}{C_2H_5OCH_2CH_2OH} \xrightarrow{O_2} \underset{\text{Ⅶ}}{C_2H_5OCH_2CHO} \xrightarrow{HCN,\ NH_3} \underset{\text{Ⅷ}}{C_2H_5OCH_2CH(NH_2)CN}$$

$$\xrightarrow[HBr]{} \underset{\text{Ⅲ}}{HOCH_2CH(NH_2)COOH}$$

Nadeau 等将甲氧基乙醛（Ⅸ）与 HCN 反应，生成氰醇（Ⅹ），将其与 $(NH_4)_2CO_3$ 反应，得 5-甲氧基甲基乙内酰脲（Ⅺ），再将其于碱溶液中水解，得到 D-甲基丝氨酸（Ⅻ），然后再用 HBr 将甲氧基切断，合成得到 DL-丝氨酸（Ⅲ），对甲氧基乙醛的总收率为 38%。反应式如下：

$$CH_3OCH_2CHO \xrightarrow{HCN} CH_3OCH_2CH(OH)CN \xrightarrow{(NH_4)_2CO_3} CH_3OCH_2-\underset{NH-CO-NH}{CH-CO}$$

Ⅸ　　Ⅹ　　Ⅺ

$$\xrightarrow[Ba(OH)_2]{} CH_3OCH_2CH(NH_2)COOH \xrightarrow[HBr]{} HOCH_2CH(NH_2)COOH$$

Ⅻ　　Ⅲ

(二) 利用缩合反应的合成法

Erlenmey 等将马尿酸乙酯（ⅩⅣ）与甲酸乙酯（ⅩⅢ）在乙醇钠存在下进行缩合反应。得到羟基亚甲基马尿酸酯（ⅩⅤ），再用 Na/Hg 还原，得到苯甲酰基丝氨酸乙酯（ⅩⅥ），然后加酸水解，即可合成 DL-丝氨酸（Ⅲ），其总收率为 48%。反应式如下：

$$HCOOC_2H_5 + CH_2(COOC_2H_5)NHCOC_6H_5 \xrightarrow[C_2H_5ONa]{} HOCH=C(COOC_2H_5)NHCOC_6H_5 \xrightarrow[Na/Hg]{} HOCH_2CH(NHCOC_6H_5)COOC_2H_5 \xrightarrow[H^+]{} HOCH_2CH(NH_2)COOH$$

ⅩⅢ　ⅩⅣ　ⅩⅤ　ⅩⅥ　Ⅲ

Matra 用邻苯二甲酰亚胺基丙二酸酯（Ⅵ）与一氯二甲基醚（Ⅶ）在乙醇钠存在下进行缩合反应，将所得到的缩合体（Ⅷ）加酸水解，即可得到 DL-丝氨酸（Ⅲ），其收率为 28%。后来，Maeda 等将此法进一步改进，使其收率提高了约 2 倍。反应式如下：

$$CH_3OCH_2Cl + CH(COOC_2H_5)_2-N(CO)_2C_6H_4 \xrightarrow[NaOC_2H_5]{} CH_3OCH_2C(COOC_2H_5)_2N(CO)_2C_6H_4 \xrightarrow[H^+]{} HOCH_2CH(NH_2)COOH$$

Ⅶ　Ⅵ　Ⅷ　Ⅲ

King 等将乙酰亚氨基丙二酸酯（Ⅸ）与甲醛在碱性催化剂的存在下进行缩合反应，再将所得到的缩合体（Ⅹ）进行皂化反应，生成丙二酸衍生物钠盐（Ⅺ），将其于酸性条件下加热以脱去羧基，得到乙酰基丝氨酸（Ⅻ），然后再加酸水解，得到 DL-丝氨酸（Ⅲ），总收率约为 65%。反应式如下：

$$HCHO + HC(COOC_2H_5)_2NHCOCH_3 \xrightarrow[OH^-]{} [HOCH_2C(COOC_2H_5)_2NHCOCH_3] \xrightarrow{NaOH} [HOCH_2C(COONa)_2NHCOCH_3] \xrightarrow[H^+]{} HOCH_2CH(NHCOCH_3)COOH$$

Ⅸ　Ⅹ　Ⅺ　Ⅻ

$$\xrightarrow[H^+]{} HOCH_2CH(NH_2)COOH$$

Ⅲ

将甲醛与甘氨酸铜（XⅢ）进行缩合反应，得DL-丝氨酸-铜络合物（XⅣ），再水解得到DL-丝氨酸（Ⅲ），其收率为30%。反应式如下：

$$HCHO + \underset{XIII}{\begin{matrix} CH_2-NH_2 \quad O-CO \\ | \quad \searrow Cu \swarrow \quad | \\ CO-O \quad NH_2-CH_2 \end{matrix}} \xrightarrow{OH^-} \underset{XIV}{\begin{matrix} HOCH_2-CH-NH_2 \quad OCO \\ | \quad \searrow Cu \swarrow \quad | \\ CO-O \quad NH_2-CH-CH_2OH \end{matrix}} \xrightarrow{-Cu^{2+}} \underset{III}{\underset{|\atop NH_2}{HOCH_2CHCOOH}}$$

（三）以乙烯基化合物为原料的合成法

Carter等使丙烯酸甲酯（Ⅰ）转变成α-乙酸基汞-β-甲氧基丙酸甲酯（Ⅱ），将其与溴作用，生成α-溴-β-甲氧基丙酸甲酯（Ⅳ），再将其经皂化、氨化反应，得到β-甲氧基丝氨酸（Ⅴ），用氢溴酸进行脱甲基反应后，即得DL-丝氨酸（Ⅲ），总收率约为40%。反应式如下：

$$\underset{I}{CH_2=CHCOOCH_3} \xrightarrow[CH_3OH]{(CH_3COO)_2Hg} \underset{|\atop HgOCOCH_3}{CH_3OCH_2CHCOOCH_3} \xrightarrow{KBr}$$

$$\underset{II}{\underset{|\atop HgBr}{CH_3OCH_2CHCOOCH_3}} \xrightarrow{Br_2} \underset{IV}{\underset{|\atop Br}{CH_3OCH_2CHCOOCH_3}} \xrightarrow{NaOH}$$

$$\underset{|\atop Br}{CH_3OCH_2CHCOOH} \xrightarrow{NH_3} \underset{V}{\underset{|\atop NH_2}{CH_3OCH_2CHCOOH}} \xrightarrow{HBr} \underset{III}{\underset{|\atop NH_2}{HOCH_2CHCOOH}}$$

Wood等将丙烯酸乙酯（Ⅵ）与溴进行加成反应，得到α,β-二溴丙酸乙酯（Ⅶ），然后用乙醇钠处理，得到α-溴-β-乙氧基丙酸乙酯（Ⅶ），再利用Carter的方法，进行皂化、氨化、以HBr脱除乙基等反应后，合成DL-丝氨酸（Ⅳ），总收率40%左右。若在α,β-二溴丙酸乙酸（Ⅶ）向α-溴-β-乙氧基丙酸乙酯的反应中，利用醋酸汞作催化剂，则可使收率大大提高。反应式如下：

$$\underset{VI}{CH_2=CHCOOC_2H_5} \xrightarrow{Br_2} \underset{VII}{\underset{|\atop Br}{BrCH_2CHCOOC_2H_5}} \xrightarrow{NaOC_2H_5}$$

$$\underset{VIII}{\underset{|\atop Br}{C_2H_5OCH_2CHCOOC_2H_5}} \xrightarrow[NaOH]{} \underset{|\atop Br}{C_2H_5OCH_2CHCOOH} \xrightarrow{NH_3}$$

$$\underset{|\atop NH_2}{C_2H_5OCH_2CHCOOH} \xrightarrow[HBr]{} \underset{III}{\underset{|\atop NH_2}{HOCH_2CHCOOH}}$$

Mattocks 等用乙烯酸甲酯（Ⅸ）与次溴酸反应，得到α-羟基-β-溴化丙酸甲酯（Ⅹ），再利用苯甲氨进行氨化反应，得到N-苯甲基氨基酸酯（Ⅺ），然后经皂化反应，再以 Pd-H_2还原，即可得 DL-丝氨酸（Ⅲ），总收率为 32%。反应式如下：

$$\underset{\text{Ⅸ}}{CH_2=CHCOOCH_3} \xrightarrow{HBrO} \underset{\text{Ⅹ}}{HOCH_2CH(Br)COOCH_3} \xrightarrow{C_6H_5CH_2NH_2}$$

$$\underset{\text{Ⅺ}}{HOCH_2CH(NHCH_2C_6H_5)COOCH_3} \xrightarrow[NaOH]{} HOCH_2CH(NHCH_2C_6H_5)COOH \xrightarrow[Pd]{H_2} \underset{\text{Ⅲ}}{HOCH_2CH(NH_2)COOH}$$

Brockmann 等以 Wood 等方法加以改良，用丙烯腈（Ⅻ）为原料进行同样的反应，得到α-溴-β-甲氧基丙酸酯（XⅢ），再将其加水分解后生成的α-溴-β-甲氧基丙酸（XⅣ）进行氨化反应，即可合成 DL-丝氨酸（Ⅲ），总收率为 52%~59%。反应式如下：

$$\underset{\text{Ⅻ}}{CH_2=CHCN} \xrightarrow{Br_2} BrCH_2CH(Br)CN \xrightarrow{NaOCH_3} \underset{\text{XⅢ}}{CH_3OCH_2CH(Br)CN} \xrightarrow{H^+}$$

$$\underset{\text{XⅣ}}{CH_3OCH_2CH(Br)COOH} \xrightarrow{NH_3} CH_3OCH_2CH(NH_2)COOH \xrightarrow[HBr]{} \underset{\text{Ⅲ}}{HOCH_2CH(NH_2)COOH}$$

Geipel 等用乙酸乙烯酯（XⅤ）与溴进行加成反应，经 1-乙酸基-1,2-二溴乙烷（XⅥ）合成得 1,1,2-三乙酸基乙烷（XⅦ），再对其进行 Strecker 反应，生成的腈中间体（XⅧ），经酸水解后即得 DL-丝氨酸（Ⅲ）。若在反应过程中将中间体分离，进行连续反应时，DL-丝氨酸的收率可高达 74%。反应式如下：

$$\underset{\text{XⅤ}}{CH_2=CHOCOCH_3} \xrightarrow{Br_2} \underset{\text{XⅥ}}{\left[BrCH_2CH(Br)OCOCH_3\right]} \xrightarrow{CH_3COONa,\ (CH_3CO)_2O} \underset{\text{XⅦ}}{CH_3COOCH_2CH(OCOCH_3)OCOCH_3}$$

$$\xrightarrow{NH_3,\ KCN,\ NH_4Cl} \underset{\text{XⅧ}}{\left[CH_3COOCH_2CH(NH_2)CN\right]} \xrightarrow[HCl]{} \underset{\text{Ⅲ}}{HOCH_2CH(NH_2)COOH}$$

（四）其他合成方法

Berlinquet 将乙酰亚氨基氰基乙酸乙酯（Ⅰ）用 $NaBH_4$还原，再将所生成的醇（Ⅱ）加酸水解，得到 DL-丝氨酸（Ⅲ），总收率为 70%。反应式如下：

$$\underset{\text{I}}{\underset{\mathrm{COOC_2H_5}}{\mathrm{CH_3CONHCHCN}}} \xrightarrow[\mathrm{C_2H_5OH}]{\mathrm{NaBH_4}} \underset{\text{II}}{\underset{\mathrm{CH_2OH}}{\mathrm{CH_3CONHCHCN}}} \xrightarrow[\mathrm{HCl}]{} \underset{\text{III}}{\underset{\mathrm{CH_2OH}}{\mathrm{H_2NCHCOOH}}}$$

Knunyants 等将 α-苯乙酰基氨基丙二酸（Ⅳ）在乙酸中用 HBr 处理，得到 β-溴化衍生物（Ⅴ），用 HBr 加水分解，即得 DL-丝氨酸（Ⅲ），总收率为 80%。反应式如下：

$$\underset{\text{IV}}{\underset{\mathrm{NHCOCH_2C_6H_5}}{\mathrm{CH_2{=}CCOOH}}} \xrightarrow[\mathrm{CH_3COOH}]{\mathrm{HBr}} \underset{\text{V}}{\underset{\mathrm{NHCOCH_2C_6H_5}}{\mathrm{BrCH_2CHCOOH}}} \xrightarrow{\mathrm{HBr}} \underset{\text{III}}{\underset{\mathrm{NH_2}}{\mathrm{HOCH_2CHCOOH}}}$$

二、DL-苏氨酸

苏氨酸的发现较其他氨基酸为晚。1933 年，Rose、前田等试图从蛋白质水解物中分离出所存在的老鼠生长促进因子，由水解物中分离出一种结晶，在饲料中添入 10g/kg 时有效。根据此结晶的元素分析，认为此化合物为羟基氨基戊酸或羟基氨基丁酸。直到 1935 年，终于发现这种有效成分为 α-氨基-β-羟基丁酸。翌年，又发现此氨基酸的立体构造相当于 D（+）-苏糖，因而被命名为 D（-）-苏氨酸。接着，West、Corter 等成功地合成出苏氨酸的 4 种光学异构体。因苏氨酸有 2 个不对称碳原子，故有 DL-苏氨酸和 DL-别苏氨酸 4 种光学异构体存在。其中，构成蛋白质的苏氨酸为 L-苏氨酸，其余 3 种光学异构体皆不能利用。

一般化学合成法所得到的苏氨酸为 4 种光学异构体的混合物，故需将苏型从别型中分离出来，然后再进一步做光学拆分，以得到 L-苏氨酸。因此，苏氨酸的合成法，应选择可得到较多苏型的方法。但在实际上，采用生成较多的立体配位稳定的别型合成法较多。这种情况下，将别型苏氨酸转换成苏型苏氨酸，必须考虑采用简单的方法。现将苏氨酸的合成方法介绍如下。

（一）甘氨酸铜为原料的合成法

用甘氨酸铜与乙醛进行缩合反应合成的苏氨酸，既工艺简单，又可生成较多的苏型，还可与别型分离。可谓最有利的苏氨酸合成法之一。反应式如下：

$$\underset{\text{I}}{\mathrm{NH_2CH_2COOH}} \xrightarrow{\mathrm{Cu^{2+}}} \underset{\text{II}}{\begin{matrix}\mathrm{CO{-}O} & & \mathrm{NH_2{-}CH_2}\\ | & \mathrm{Cu} & |\\ \mathrm{CH_2{-}NH_2} & & \mathrm{O{-}CO}\end{matrix}} \xrightarrow[\mathrm{OH^-}]{\mathrm{CH_3CHO}}$$

$$\underset{\text{III}}{\begin{matrix} & & & \mathrm{OH}\\ & & & |\\ \mathrm{CO{-}O} & & \mathrm{NH_2{-}} & \mathrm{CHCHCH_3}\\ | & \mathrm{Cu} & & |\\ \mathrm{CH_3CHCH{-}NH_2} & & \mathrm{O{-}} & \mathrm{CO}\\ | & & & \\ \mathrm{OH} & & & \end{matrix}} \xrightarrow{-\mathrm{Cu}} \underset{\text{IV}}{\begin{matrix}\mathrm{CH_3CHCHCOOH}\\ |\quad|\\ \mathrm{HO\ \ NH_2}\end{matrix}}$$

在甘氨酸（Ⅰ）的水溶液中，加入 $CuCO_3$ 或 $CuSO_4$，使其生成甘氨酸铜（Ⅱ）。甘氨酸的亚甲基几乎没有活性，但将其转变为甘氨酸铜后，则活性很高。在甲醇中，碱性催化剂如 KOH 存在下，加入过量的乙醛，使其发生缩合反应，生成苏氨酸铜（Ⅲ）的乙醛加成物。此时，除苏氨酸外，同时还生成别苏氨酸的光学异构体。因为这 2 种异构体的稳定性、溶解度皆不相同，故可先将这 2 种异构体予以分离。再将苏氨酸的铜盐溶于氨水中，利用阳离子交换树脂法脱铜，流出液予以浓缩后，再加入甲醇，使其析出结晶，然后再以含水甲醇进行重结晶，则可得到含苏型在 90%以上的 DL-苏氨酸（Ⅳ）。其对原料甘氨酸铜的收率约为 60%。

（二）乙酰乙酸乙酯为原料的方法

乙酰乙酸乙酯为容易获得的原料之一。以此化合物为原料的合成法都能生成较多的别型。现将其中的一个例子介绍如下。

$$\underset{\text{I}}{CH_3COCH_2COOC_2H_5} \xrightarrow{C_6H_5N_2Cl} \underset{\text{II}}{CH_3COCH(N{=}N{-}C_6H_5)COOC_2H_5}$$

$$\xrightarrow[\text{Zn}]{(CH_3CO)_2O,\ CH_3COOH} \underset{\text{III}}{CH_3COCH(NHCOCH_3)COOC_2H_5} \xrightarrow[PtO_2]{H_2} \underset{\text{V}}{CH_3CH(OH)CH(NHCOCH_3)COOC_2H_5}$$

$$\xrightarrow[SOCl_2]{C_6H_6} \underset{\text{VI}}{\left[\begin{matrix} CH_3CH - CHCOOC_2H_5 \\ | \quad\quad | \\ O \quad\quad N \\ \backslash \quad // \\ C \\ | \\ CH_3 \end{matrix}\right]} \longrightarrow CH_3CH(OH)CH(NH_2)COOH$$

$$\xrightarrow{C_2H_5ONa} \underset{\text{VII}}{CH_3CH(OH)CH(NH_2)COONa} \xrightarrow{HCl,\ C_6H_5NH_2} \underset{\text{IV}}{CH_3CH(OH)CH(NH_2)COOH}$$

乙酰乙酸乙酯（Ⅰ）与苯基叠氮氯作用，得到苯基叠氮乙酰乙酸乙酯（Ⅱ）。然后将其置于乙酸、乙酸酐中，用 Zn 还原，生成 α-乙酰氨基乙酰乙酸乙酯（Ⅲ）。再将其以 PbO 为催化剂，加压还原，则生成 α-乙酰氨基-β-羟基丁酸乙酯（Ⅴ）。最后将其水解，得到生成物。此时的生成物中苏型苏氨酸占 15%～20%，别型苏氨酸占 85%～80%。为将别型转换为苏型，可将其置于苯中，以 $SOCl_2$ 与之反应，再将得到的产物（Ⅵ）加热进行水解，即得到 83.2%的苏型苏氨酸（Ⅳ）。为了除去别型，可将其置于醇中，用乙醇钠使苏氨酸成为钠盐，然后收集难溶的 DL-苏氨酸钠盐（Ⅶ），将其游离后进行再结晶，则可得到纯的 DL 型苏氨酸（Ⅳ）。其对乙酰乙酸乙酯的总收率为 57.2%。

若将上述反应中间体 α-乙酰氨基-β-羟基丁酸乙酯（Ⅴ），经由 α-羟基亚氨基乙酰乙酸乙酯（Ⅷ），在乙酸酐中，以兰氏镍加压还原，则可使收率大大提高。反应式如下：

$$\underset{\text{I}}{CH_3COCH_2COOC_2H_5} \xrightarrow[CH_3COOH]{NaNO_2} \underset{\text{VIII}}{\underset{\|\atop NOH}{CH_3COCCOOC_2H_5}} \xrightarrow[\text{Ni}\ (CH_3CO)_2O]{H_2} \underset{|\atop NHCOCH_3}{CH_3COCHCOOC_2H_5} \xrightarrow[\text{Ni}\ (CH_3CO)_2O]{H_2} \underset{\text{IX}}{\underset{HO\quad NHCOCH_3}{CH_3CHCHCOOC_2H_5}}$$

此外，将 α-羟基亚氨基化合物（Ⅷ）用含有氯化氢的无水酒精中的 Pd-C 为催化剂，进行接触还原，则可得到 α-氨基乙酰乙酸乙酯（XⅣ）的盐酸盐。再将其在 Pt-C 存在下，进行接触还原，然后用 HCl 水解，则可得到苏型。但其含量不明，收率可高达 98%的苏氨酸。反应式如下：

$$\underset{\text{VIII}}{\underset{\|\atop NOH}{CH_3COCCOOC_2H_5}} \xrightarrow[\text{Pd-C，HCl，}C_2H_5OH]{H_2} \underset{\text{XIV}}{\underset{|\atop NH_2\cdot HCl}{CH_3COCHCOOC_2H_5}} \xrightarrow[\text{Pt-C}]{H_2\ HCl} \underset{\text{IV}}{\underset{HO\quad NH_2}{CH_3CHCHCOOH}}$$

（三）双烯酮为原料的方法

将双烯酮（Ⅰ）置于乙醚中，以 HCl 及亚硝酸异戊酯与之作用，则可得 α-羟基亚氨基乙酰乙酸乙酯（Ⅱ）。再将此生成物进行还原，然后再经水解，即可得苏氨酸。反应式如下：

$$\underset{\text{I}}{\begin{array}{ccc}CH_2=C & - & O\\ | & & |\\ CH_2 & - & C=O\end{array}} \xrightarrow[HCl]{C_5H_{11}ONO} \underset{\text{II}}{\underset{\|\atop NOH}{CH_2COCCOOC_5H_{11}}}$$

（四）以乙酸乙烯酯为原料的方法

利用廉价的乙酸乙烯酯（Ⅰ）为原料，利用 Oxo 法进行羰基化作用，合成得 α-乙酸基丙醛（Ⅱ），然后采用 Strecker 法，加入 HCN 及 NH_3，于密闭容器中加热后冷却，用 HCl 水解，可合成含有苏型纯度 60%的苏氨酸（Ⅳ），其收率为 50%。反应式如下：

$$\underset{\text{I}}{CH_2=CHOCOCH_3} \xrightarrow[Rh(CO)_3]{CO，H_2} \underset{\text{II}}{\underset{|\atop OCOCH_3}{CH_3CHCHO}} \xrightarrow{NH_3，HCN} \left[\underset{O\ (COCH_3)\quad NH_2}{CH_3CHCHCN} \longrightarrow \underset{\text{III}}{\underset{HO\quad NH_2}{CH_3CHCHCN}}\right] \xrightarrow{HCl} \underset{\text{IV}}{\underset{HO\quad NH_2}{CH_3CHCHCOOH}}$$

$$\text{III} \xrightarrow[KOH]{COCl_2} \underset{\text{V}}{\left[\begin{array}{c}CH_3CN - CHCN\\ |\qquad\quad |\\ O\qquad NH\\ \diagdown\ \diagup\\ C\\ \|\\ O\end{array}\right]} \xrightarrow{KOH} \text{IV}$$

将此反应的中间体的α-氨基-β-羟基丁腈（Ⅲ）的碱性溶液，通入光气，则可得5-甲基-4-氰噁唑烷（Ⅴ），然后将此生成物用碱水解，则可得到苏型纯度在91%以上的苏氨酸，其收率对丙醛（Ⅱ）为46%。

（五）别型与苏型的转换与分离法

合成苏氨酸的各种化学合成法，大部分都会生成较多的别型。现介绍用适当的衍生物将别型转换为苏型的方法，以及这2种光学异构体的分离方法。

如前面所介绍的，采用以乙酰乙酸乙酯为原料的合成方法时，对*N*-乙酰基或苯甲酰基别苏氨酸酯（Ⅰ），用亚硫酰与之作用，使其β-位置发生反转，而生成反式噁唑啉（Ⅱ），将此生成物水解，则可得苏型的苏氨酸。将*N*-苯甲酰基别苏氨酸酯与*P*-甲苯磺酰基氯作用，得*O*-甲基磺酰基衍生物，然后以乙酸钾处理之，即可得到反式噁唑啉（Ⅱ）。

别苏氨酸酯与苯基亚氨基乙酯作用，生成顺式噁唑啉（Ⅲ），将此生成物以碱处理，使其发生反转，生成反式噁唑啉（Ⅱ），利用此噁唑啉的互相转换，即可使4种苏氨酸的光学异构体得以互相转换。反应式如下：

$CH_3CH(OH)CH(NHCOR')COOR$ Ⅰ（别型） $\xrightarrow{SOCl_2\text{或}CH_3-C_6H_4-SO_2Cl}$ Ⅱ（反式）（CH_3CH—$CHCOOR$ 经 O 与 $N{=}C(R')$ 成环） $\xrightarrow{HCl}$ $CH_3CH(OH)CH(NH_2)COOH$ Ⅳ（苏型）

$C_2H_5O-C(=NH)-C_6H_5$ → [CH_3CH—$CHCOOR$ 经 O 与 $N{=}C(R')$ 成环] Ⅲ（顺式） → Ⅳ（苏型）

以乙酸乙烯酯为原料，经由α-乙酸基丙醛，以Strecker法合成苏氨酸的例子一样，将别苏氨酸酯与光气在碱性条件下反应，可得顺式噁唑啉酯（Ⅴ），将其用KOH的乙醇溶液处理，即可成为反式噁唑烷酸（Ⅵ），然后以HCl水解，即可得苏型的苏氨酸（Ⅳ，苏型）。反应式如下：

$CH_3CH(OH)CH(NH_2)COOC_2H_5$（别型） $\xrightarrow{COCl_2}$ CH_3CH—$CHCOOC_2H_5$（经 O、NH 与 $C{=}O$ 成环）Ⅴ（顺式） $\xrightarrow{C_2H_5OK}$ CH_3CH—$CHCOOH$（经 O、NH 与 $C{=}O$ 成环）Ⅵ（反式） $\xrightarrow{HCl}$ $CH_3CH(OH)CH(NH_2)COOH$ Ⅳ（苏型）

欲将别型与苏型分离，可以用各种盐类、配合物、衍生物等方式来进行。现以*O*-乙酰基衍生物为例，将苏氨酸、别苏氨酸混合物的*O*-乙酰基衍生物的水溶液中加入碱，保持 pH 6~8，则苏型的 O-乙酰基衍生物的乙酰基会进行由 O 到 N 的分子内转位，再将其通过阳离子交换树脂，可以吸附 O-乙酰基别苏氨酸，而 N-乙酰基苏氨酸则被流出，2 种异构体得以分离。

第五节　DL-苯丙氨酸和 DL-色氨酸

一、DL-苯丙氨酸

1879 年，Schulze 从豆类及椰子的抽提物中发现了一种新的氨基酸，并推定其分子结构为苯基氨基丙酸；1882 年，Erlenmeyer 和 Lipp 成功地合成了苯基-α-氨基丙酸，并将其命名为苯丙氨酸；1885 年，Schulze 的研究确证从豆类及椰子中抽提出来的新氨基酸与 Erlenmeyer 等合成的苯丙氨酸是同一物质。

关于用化学法合成苯丙氨酸的方法很多，以下介绍几种具代表性的合成方法。

（一）Strecker 法

Erlenmeyer 等最初合成苯丙氨酸时，是以苯乙醛（Ⅰ）为原料，采用 Strecker 法，经氰醇（Ⅱ）、氨基腈（Ⅲ）等合成苯丙氨酸（Ⅳ）。其对氰醇的收率为 72%。利用 Bucherer 法，可由苯乙醛（Ⅰ）制取苯甲基乙内酰脲（Ⅴ），然后于碱性溶液中水解，合成得苯丙氨酸（Ⅳ），其总收率为 40%。这些方法的关键要求有廉价的苯乙醛。反应式如下：

$$C_6H_5CH_2CHO\ (\text{Ⅰ}) \xrightarrow{HCN} C_6H_5CH_2CH(OH)CN\ (\text{Ⅱ}) \xrightarrow{NH_3} C_6H_5CH_2CH(NH_2)CN\ (\text{Ⅲ}) \xrightarrow{HCl} C_6H_5CH_2CH(NH_2)COOH\ (\text{Ⅳ})$$

$$C_6H_5CH_2CHO\ (\text{Ⅰ}) \xrightarrow{NaHSO_3} C_6H_5CH_2CH(OH)SO_3Na \xrightarrow{KCN,\ (NH_4)_2CO_3} C_6H_5CH_2-CH-CO(NH)(NH)CO\ (\text{Ⅴ}) \xrightarrow{OH^-} C_6H_5CH_2CH(NH_2)COOH\ (\text{Ⅳ})$$

（二）经 α-卤酸的方法

将氯化甲苯（Ⅰ）与丙二酸酯（Ⅱ）进行缩合反应，得到苯甲基丙二酸酯（Ⅲ）。将其加水分解后，再进行溴化反应，得到 α-溴酸（Ⅴ），继而将其进行氨化反应，即得到苯丙氨酸（Ⅳ），总收率约 34%。反应式如下：

$$C_6H_5CH_2Cl\ (\text{Ⅰ}) + CH_2(COOC_2H_5)_2\ (\text{Ⅱ}) \xrightarrow{C_2H_5ONa}$$

$$\text{C}_6\text{H}_5\text{—}\underset{\text{Ⅲ}}{\text{CH}_2\text{CH}(\text{COOC}_2\text{H}_5)\text{COOC}_2\text{H}_5} \xrightarrow[\text{②Br}_2]{\text{①KOH}} \text{C}_6\text{H}_5\text{—}\underset{\text{Ⅴ}}{\text{CH}_2\text{CH}(\text{Br})\text{COOH}} \xrightarrow{\text{NH}_4\text{OH}} \text{C}_6\text{H}_5\text{—}\underset{\text{Ⅳ}}{\text{CH}_2\text{CH}(\text{NH}_2)\text{COOH}}$$

若改用苯甲基乙酰乙酸酯（Ⅵ），在碱性溶液中与 Br_2 进行反应，然后再与液氨作用，使其脱去乙酰基，并进行氨化反应，再在酸性溶液中水解即可得苯丙氨酸（Ⅳ）；其收率达 54%。反应式如下：

$$\text{C}_6\text{H}_5\text{—}\underset{\text{Ⅵ}}{\text{CH}_2\text{CH}(\text{COCH}_3)\text{COOC}_2\text{H}_5} \xrightarrow[\text{NaOH}]{\text{Br}_2} \left[\text{C}_6\text{H}_5\text{—CH}_2\text{C}(\text{COCH}_3)(\text{Br})\text{COOH}\right]$$

$$\xrightarrow{\text{液体氨}} \left[\text{C}_6\text{H}_5\text{—CH}_2\text{CH}(\text{NH}_2)\text{COONH}_4\right] \xrightarrow{\text{HCl}} \text{C}_6\text{H}_5\text{—}\underset{\text{Ⅳ}}{\text{CH}_2\text{CH}(\text{NH}_2)\text{COOH}}$$

此外，还有经由 α-氯酸合成苯丙氨酸的方法。例如，应用 Meerwein 加成反应将由苯胺合成得到的氯化重氮苯（Ⅶ）与丙烯酸甲酯（Ⅷ）或丙烯腈（XⅣ）进行缩合反应，将所得的缩合体（X、XⅠ）加水分解，得到 α-溴酸（XⅡ），再将其进行氨化反应，得到苯丙氨酸（Ⅳ），其对苯胺的总收率为 48%~50%。反应式如下：

$$\text{C}_6\text{H}_5\text{—NH}_2 \longrightarrow \underset{\text{Ⅶ}}{\text{C}_6\text{H}_5\text{—N}{=}\text{NCl}} + \text{CH}_2{=}\text{CHR} \xrightarrow[\text{CuCl}_2]{}$$

Ⅷ（R=COOCH$_3$）

XⅣ（R=CN）

$$\text{C}_6\text{H}_5\text{—CH}_2\text{CH}(\text{Cl})\text{R} \xrightarrow{\text{HCOOH–HCl}} \text{C}_6\text{H}_5\text{—}\underset{\text{XⅡ}}{\text{CH}_2\text{CH}(\text{Cl})\text{COOH}} \xrightarrow{\text{液体氨}} \text{C}_6\text{H}_5\text{—}\underset{\text{Ⅳ}}{\text{CH}_2\text{CH}(\text{NH}_2)\text{COOH}}$$

X（R=COOCH$_3$）

XⅠ（R=CN）

（三）乙酰氨基丙二酸酯、乙酰氨基氰基乙酸酯法

合成其他种类氨基酸时常用的酰基氨基丙二酸酯也可用于苯丙氨酸的合成上。酰基如甲酰基、乙酰基、苯甲酰基等，特别是乙酰氨基丙二酸乙酯使用最为广泛。乙酰氨基丙二酯乙酯（Ⅰ）与氯化甲苯进行缩合反应，将所得的缩合体（Ⅱ）用 HBr 水解，脱去羧基后即得苯丙氨酸（Ⅳ），其总收率约为 60%。苯丙氨酸的光学拆分经常使用乙酰基衍生物，将缩合体（Ⅱ）先用氢氧化钠后用 HCl 水解，则可得到 *N*-乙酰基苯丙氨酸（Ⅲ），其总收率为 68%。反应式如下：

$$C_6H_5-CH_2Cl + HC(R)(NHCOCH_3)COOC_2H_5 \xrightarrow{C_2H_5ONa} C_6H_5-CH_2C(R)(NHCOCH_3)COOC_2H_5$$

Ⅵ；Ⅰ（R=$COOC_2H_5$）Ⅴ（R=CN）；Ⅱ（R=$COOC_2H_5$）Ⅵ（R=CN）

$$\xrightarrow{①NaOH\ ②HCl} C_6H_5-CH_2CH(NHCOCH_3)COOH\ (Ⅲ) \qquad \xrightarrow{H^+或OH^-} C_6H_5-CH_2CH(NH_2)COOH\ (Ⅳ)$$

将乙酰氨基氰基乙酸乙酯（Ⅴ）与氯化甲苯进行缩合反应，将所得的缩合体（Ⅵ）于碱性条件下水解，也可得到苯丙氨酸，总收率为62%。

（四）经由羟基亚氨基酸的方法

将苯甲基乙酰乙酸乙酯（Ⅰ）与亚硝酸丁酯作用，得到羟基亚氨基酸酯（Ⅱ），然后用碱水解，得羟基亚氨基酸（Ⅲ），再以Pd-C作催化剂进行还原反应，合成得苯丙氨酸（Ⅳ）；其收率为80%。同样，将苯甲基丙二酸乙酯（Ⅴ）与亚硝酸乙酯作用，得到羟基亚氨基酸酯（Ⅱ），再以兰氏镍作催化剂进行还原反应，得到苯丙氨酸乙酯（Ⅵ），其总收率为49%。反应式如下：

$$C_6H_5-CH_2CH(COCH_3)COOC_2H_5\ (Ⅰ) \xrightarrow{C_4H_9ONO_2,\ H_2SO_4} C_6H_5-CH_2C(=NOH)COOC_2H_5\ (Ⅱ)$$

$$C_6H_5-CH_2CH(COOC_2H_5)COOC_2H_5\ (Ⅴ) \xrightarrow{C_2H_5ONO,\ C_2H_5ONa} C_6H_5-CH_2C(=NOH)COOC_2H_5\ (Ⅱ)$$

$$Ⅱ \xrightarrow{NaOH} C_6H_5-CH_2C(=NOH)COOH\ (Ⅲ) \xrightarrow{H_2,\ Pd\text{-}C,\ HCl} C_6H_5-CH_2CH(NH_2)COOH\ (Ⅳ)$$

$$Ⅱ \xrightarrow{H_2,\ Ni} C_6H_5-CH_2CH(NH_2)COOC_2H_5\ (Ⅵ)$$

以苯甲醛和丙酮为原料，经苯甲基丙酮（Ⅶ），得羟基亚氨基酮（Ⅷ），然后再用NaOBr将其氧化，得到羟基亚氨基酸（Ⅸ），再将其还原，即得苯丙氨酸（Ⅳ），其总收率为48%。

同样，用苯甲基丙酮（Ⅶ）为原料，先以亚硝酸甲酯，再以乙基硫酸盐进行反应，得到羟乙基亚氨基酮（Ⅹ），然后再经羟乙基亚氨基酸（Ⅺ），即可合成苯丙氨酸（Ⅳ），其总收率为50%。反应式如下：

$$C_6H_5CHO + CH_3COCH_3 \xrightarrow{NaOH} C_6H_5CH{=}CHCOCH_3$$

$$\xrightarrow[Ni]{H_2} C_6H_5CH_2CH_2COCH_3\ (Ⅶ) \xrightarrow[HCl]{C_2H_5ONO} C_6H_5CH_2C(=NOH)COCH_3\ (Ⅷ)$$

$$Ⅷ \xrightarrow{NaOBr,\ NaOH} C_6H_5CH_2C(=NOH)COOH\ (Ⅸ) \xrightarrow{Ni,\ H_2} C_6H_5CH_2CH(NH_2)COOH\ (Ⅳ)$$

$$Ⅶ \xrightarrow{HCl,\ CH_2ONO} \xrightarrow[NaOH]{(C_2H_5)_2SO_4} C_6H_5CH_2C(=NOC_2H_5)COCH_3\ (Ⅹ) \xrightarrow{NaOCl} C_6H_5CH_2C(=NOC_2H_5)COOH\ (Ⅺ) \xrightarrow[Pd-C]{H_2} C_6H_5CH_2CH(NH_2)COOH\ (Ⅳ)$$

（五）通过苯甲醛的缩合反应的方法

通过苯甲醛与含有活性亚甲基或亚氨基的化合物进行缩合反应而合成苯丙氨酸的方法很多。如用苯甲醛与马尿酸（Ⅰ）进行缩合反应，得到吖内酯（Ⅱ），将其与赤磷、HI、无水乙酸等的混合物进行反应，经还原、水解后，即可合成苯丙氨酸（Ⅳ），总收率为41%。若使用乙酰氨基桂皮酸（Ⅵ）。然后以 PbO 为催化剂进行还原，使其成为乙酰基苯丙氨酸（Ⅶ），再将其水解则得到苯丙氨酸（Ⅳ），其总收率为 55%。若将吖内酯（Ⅱ）置于 NaOH 溶液中，以兰氏镍作为催化剂进行还原反应，也可得到乙酰基苯丙氨酸（Ⅶ），其收率高达 98%。反应式如下：

$$C_6H_5CHO + H_2C(NHCOR)COOH \quad Ⅰ\ (R=C_6H_5),\ Ⅲ\ (R=CH_3)$$

$$\xrightarrow[CH_3COONa]{(CH_3CO)_2O} C_6H_5CH{=}C{-}C({=}O){-}O{-}C(R){=}N\ (\text{ring})\quad Ⅱ\ (R=C_6H_5),\ Ⅴ\ (R=CH_3)$$

$$Ⅴ \longrightarrow C_6H_5CH{=}C(NHCOCH_3)COOH\ (Ⅵ) \longrightarrow C_6H_5CH_2CH(NHCOCH_3)COOH\ (Ⅶ)$$

$$Ⅴ \xrightarrow{Ni,\ H_2} C_6H_5CH_2CH(NHCOCH_3)COOH\ (Ⅶ) \xrightarrow{HCl} C_6H_5CH_2CH(NH_2)COOH\ (Ⅳ)$$

$$Ⅱ \xrightarrow{赤磷,\ HI,\ (CH_3CO)_2O} C_6H_5CH_2CH(NH_2)COOH\ (Ⅳ)$$

将醛类与乙内酰脲（Ⅷ）进行缩合反应，得到苯亚甲基乙内酰脲（Ⅸ），用赤磷、HI等将其还原，得到苯甲基乙内酰脲（Ⅹ），再在 Ba（OH）$_2$ 溶液中水解，则可合成苯丙氨酸（Ⅳ），其总收率为 57%。反应式如下：

$$C_6H_5-CHO + \underset{\text{Ⅷ}}{H_2C-CO\ (HN-CO-NH)} \xrightarrow[CH_3COONa]{(CH_3CO)_2O} \underset{\text{Ⅸ}}{C_6H_5-CH{=}C-CO\ (HN-CO-NH)} \xrightarrow{\text{赤磷，HI}}$$

$$\underset{\text{Ⅹ}}{C_6H_5-CH_2-CH-CO\ (HN-CO-NH)} \xrightarrow[OH^-]{} \underset{\text{Ⅳ}}{C_6H_5-CH_2CH(NH_2)COOH}$$

（六）L-苯丙氨酸的不对称合成法

乙酰氨基肉桂酸（Ⅰ）在铑与双-（*N*-3,4-二氨苯甲酰-4-二苯基磷-2-二苯基磷亚甲基）-吡咯络合物催化下，加氢生成 L-*N*-乙酰苯丙氨酸（Ⅱ），再水解制得 L-苯丙氨酸（Ⅳ），总收率在 90%以上。反应式如下：

$$\underset{\text{Ⅰ}}{C_6H_5-CH{=}C(COOH)NHCOCH_3} \xrightarrow[C_6H_5-\text{（L-L）络合物}]{H_2}$$

$$\underset{\text{Ⅱ}}{C_6H_5-CH_2CH(NHCOCH_3)COOH} \xrightarrow{HCl} \underset{\text{Ⅳ}}{C_6H_5-CH_2-CH(NH_2)-COOH}$$

此外，也可通过杂环中间物进行不对称合成。一般使用立体特异性的甘氨酸和 3,3-二甲基-α-氨基丁酸内酰胺，经烷基化后，再水解即得 L-苯丙氨酸（Ⅳ），收率高达 95%。

二、DL-色氨酸

1890 年，Neumeister 在腐败蛋白质中，发现一种带有吲哚的化合物，将其命名为色氨酸。1902 年，Hopkins 等从蛋白质酶解液中分离出色氨酸。1907 年，Euinger 等将吲哚基-β-醛与马尿酸缩合后，首次合成色氨酸，而且证明其为 β-吲哚-α-氨基丙酸。

色氨酸的合成法，大致可分为直接由吲哚出发的合成法，以及在合成过程中，中途合成含吲哚产物的合成法。

（一）以吲哚为原料的合成法

1. 由吲哚出发，经由 3-吲哚醛的合成法

先将吲哚（Ⅰ）转变成 3-吲哚醛（Ⅱ），再使之与马尿酸、乙内酰脲、硫代乙内酰脲

等物进行缩合反应，其缩合生成物再经还原及水解，即可合成色氨酸（Ⅲ）。反应式如下：

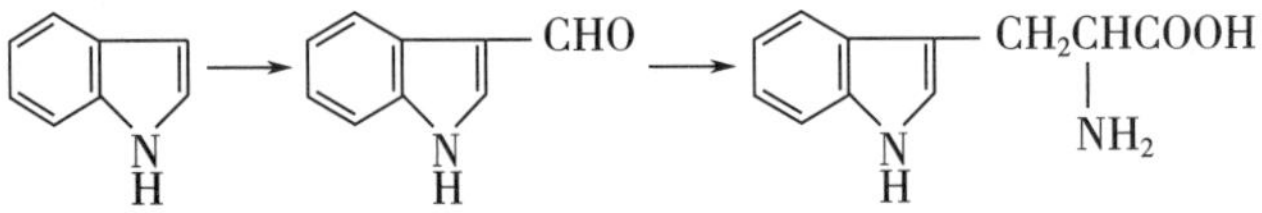

Ⅰ → Ⅱ（3-CHO）→ Ⅲ（$CH_2CHCOOH$，NH_2）

Ellinger 等将 3-吲哚醛（Ⅱ）和马尿酸（Ⅳ）在乙酸酐及乙酸钠存在下缩合，生成 2-苯基-4-（3′-吲哚亚甲基）-5-噁唑酮（Ⅴ），再水解生成 α-苯乙酰氨基-β-吲哚丙烯酸（Ⅵ），将其还原后，即得到了色氨酸（Ⅲ）。Baugness 等将噁唑酮（Ⅴ）加碱水解，得到 β-（3-吲哚）-三聚氰酸（Ⅶ），再和羟胺缩合，得到 α-羟基亚氨-β-吲哚丙酸（Ⅷ），最后用兰氏镍作催化剂，加氢还原，合成色氨酸（Ⅲ）。反应式如下：

Ⅱ（CHO）+ Ⅳ（CH_2COOH，$NHCOC_6H_5$）—$(CH_3CO)_2O$，CH_3COONa→ Ⅴ（CH=C—CO，N，O，C，C_6H_5）

Ⅴ —OH^-，H^+→ Ⅶ（$CH_2COCOOH$）

Ⅴ —NaOH→ Ⅵ（CH=CCOOH，$NHCOC_6H_5$）

Ⅶ —NH_2OH→ Ⅷ（CH_2CCOOH，NOH）—H_2，Ni→ Ⅲ（$CH_2CHCOOH$，NH_2）

Ⅵ —Na-Hg→ Ⅲ

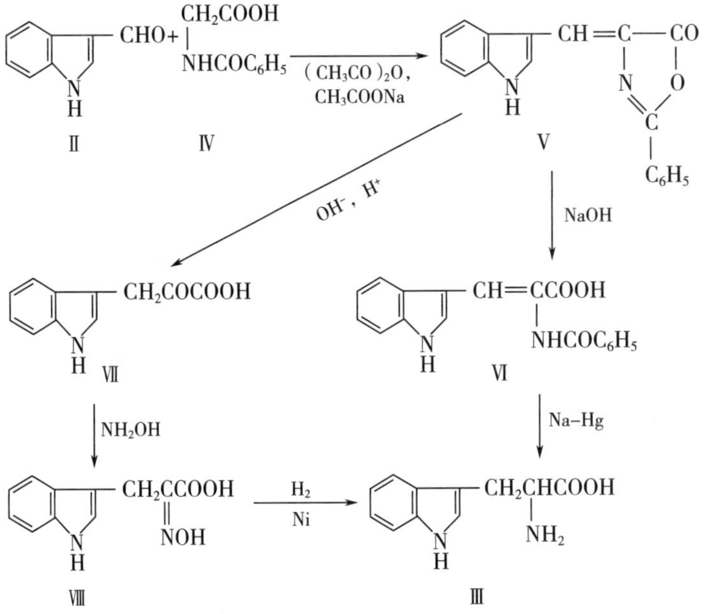

Majima 等将 3-吲哚醛（Ⅱ）和乙内酰脲（Ⅸ）在乙酸酐及乙酸钠存在下，缩合生成 β-吲哚亚甲基乙内酰脲（Ⅹ），再用 Na-Hg 加氢还原，得到色氨酸乙内酰脲（Ⅺ）后，加碱水解，得到色氨酸（Ⅲ）。反应式如下：

Ⅱ（CHO）+ Ⅸ（CH_2—CO，NH，NH，CO）—$(CH_3CO)_2O$，CH_3COONa→ Ⅹ（CH=C—CO，NH，NH，CO）

—Na-Hg→ Ⅺ（CH_2—CH—CO，NH，NH，CO）—OH^-→ Ⅲ（$CH_2CHCOOH$，NH_2）

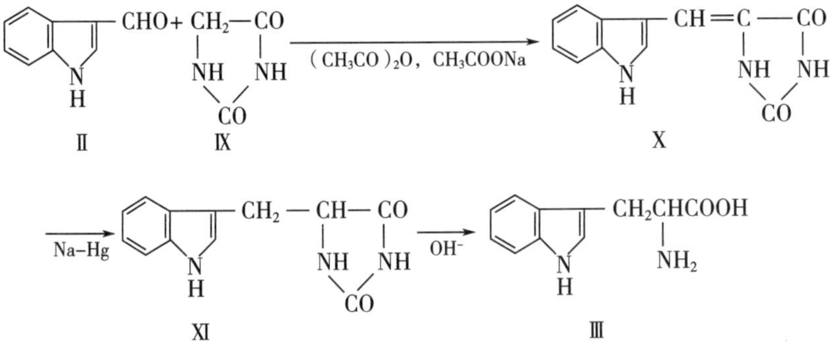

Holland 等将 3-吲哚醛（Ⅱ）和 2-硫-5-硫代噁唑烷（Ⅻ），在 $ZnCl_2$ 催化下，缩合而得 4-（3′-吲哚亚甲基）-2-硫-5-硫代噁唑烷（XⅢ），加氨生成 5-［3′-吲哚亚甲基］-2-硫代乙内酰脲（XⅣ），最后经还原及水解，即得到色氨酸（Ⅲ）。反应式如下：

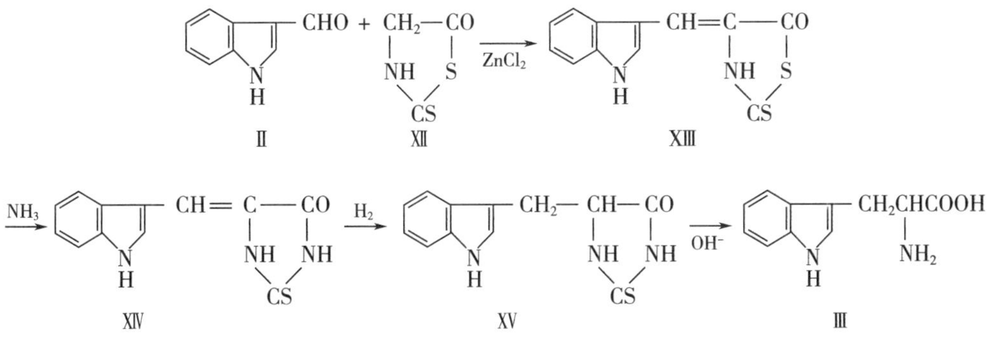

2. 由吲哚出发，经由 3-二甲基氨甲基吲哚的合成法

这是由吲哚（Ⅰ）、二甲胺及甲醛进行 Mannich 反应，生成 3-二甲基氨甲基吲哚（Ⅱ），然后继续合成色氨酸（Ⅲ）的方法。反应式如下：

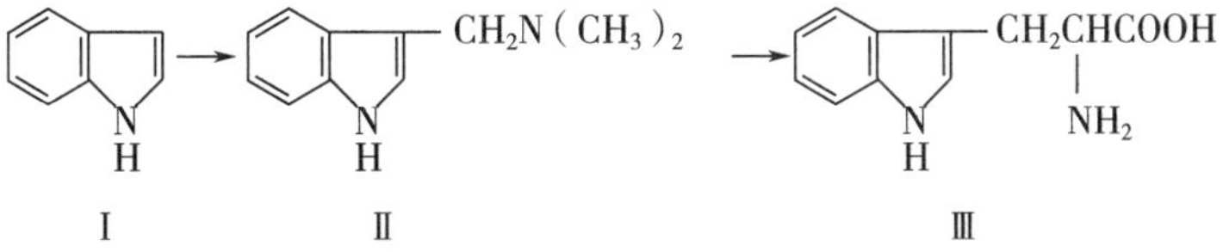

Smith 等将 3-三甲基氨甲基吲哚（Ⅱ）和乙酰氨基丙二酸酯（Ⅳ）缩合，其缩合物（Ⅴ）水解、脱去二氧化碳后，得到乙酰色氨酸（Ⅵ），再用碱水解，即得到色氨酸（Ⅲ）。其收率对吲哚（Ⅰ）为 45%。Albertson 等用乙酰氨基氰基乙酸代替乙酰氨基丙二酸，而将收率提高到 71%以上。反应式如下：

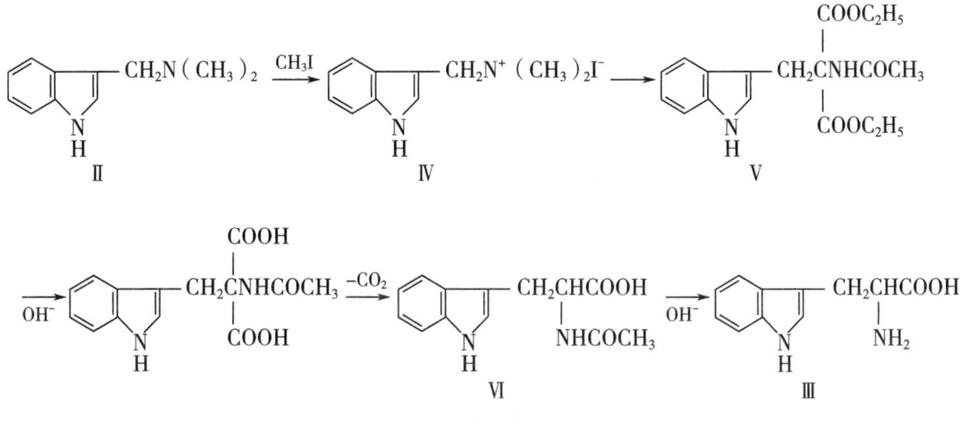

Howe 等在 NaOH 存在下，将 3-二甲基氨甲基吲哚（Ⅱ）与乙酰基丙二酸酯（Ⅶ）直接缩合，然后将缩合物（Ⅷ）水解，得到色氨酸（Ⅲ），其收率对吲哚（Ⅰ）为 66%。Heliraann 以甲酰氨基丙二酸酯取代乙酰氨基丙二酸酯，将总收率提高到 90%以上。反应式

如下：

$$\text{Indole-3-}CH_2N(CH_3)_2\ (\text{II}) + HC(COOC_2H_5)_2NHCOCH_3\ (\text{VII}) \xrightarrow{NaOH} \text{Indole-3-}CH_2C(COOC_2H_5)_2NHCOCH_3\ (\text{VIII})$$

Wesiblat 和 Lyttle 以 3-二甲基氨甲基吲哚（Ⅱ）和硝基丙二酸二乙酯（Ⅸ）或者硝基乙酸乙酯（Ⅹ）缩合，得到缩合物（Ⅺ或Ⅻ），接着以兰氏镍加氢还原，生成色氨酸乙酯（XⅢ），再水解即得到色氨酸（Ⅲ）。其收率以硝基丙二酸二乙酯计为 77%，硝基乙酸乙酯计为 45%。反应式如下：

$$\text{Indole-3-}CH_2N(CH_3)_2\ (\text{II}) + HCNO_2(COOC_2H_5)_2\ (\text{IX}) \longrightarrow \text{Indole-3-}CH_2C(COOC_2H_5)_2NO_2\ (\text{XI})$$

$$\text{XI} \xrightarrow{NaOC_2H_5}$$

$$\text{Indole-3-}CH_2N(CH_3)_2\ (\text{XVI}) + CH_2(NO_2)COOC_2H_5\ (\text{X}) \longrightarrow \text{Indole-3-}CH_2CH(NO_2)COOC_2H_5\ (\text{XII})$$

$$\xrightarrow[Ni]{H_2} \text{Indole-3-}CH_2CH(NH_2)COOC_2H_5\ (\text{XIII}) \xrightarrow{OH^-} \text{Indole-3-}CH_2CH(NH_2)COOH\ (\text{III})$$

Holland 等以 3-二甲基氨甲基吲哚（Ⅱ）和乙酰乙酸乙酯（XⅣ）置于酒精中，以乙醇钠催化缩合，缩合物（XV）再加 H_2SO_4 及氢氮酸（HN_3），进行 Schmidt 反应，生成 *N*-乙酰色氨酸乙酸乙酯（XⅥ）。最后，经水解而合成色氨酸（Ⅲ），其收率对吲哚为 62%。另外，缩合物（XV）与丁基腈在乙醇钠存在下反应，再经水解得到 *O*-羟基亚氨基-吲哚丙酸（Ⅶ），最后加氢还原得到色氨酸（Ⅲ），其收率对吲哚为 40%。反应式如下：

$$\text{Indole-3-}CH_2N(CH_3)_2\ (\text{II}) + CH(COCH_3)COOC_2H_5\ (\text{XIV}) \xrightarrow{NaOC_2H_5}$$

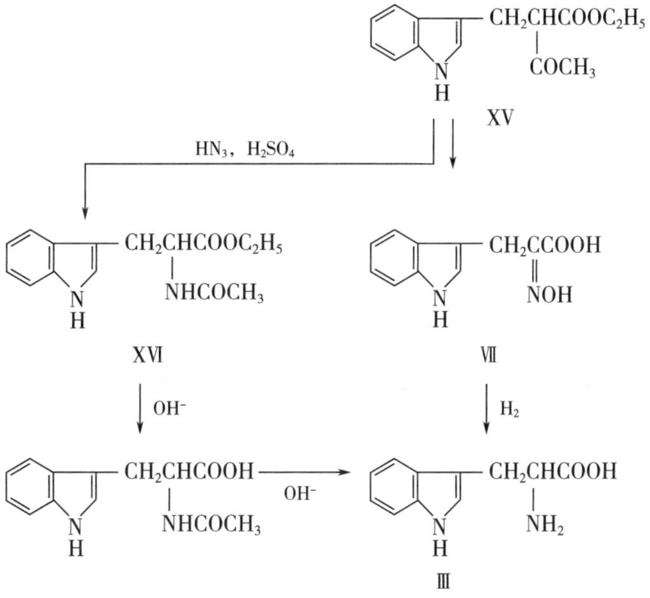

3. 由吲哚直接缩合的合成法

Butenandt 等以吲哚（Ⅰ）和哌啶基甲基甲酰氨基丙二酸酯（Ⅱ）直接缩合，成功合成了色氨酸。其缩合反应是在含有 NaOH 的沸腾二甲苯中进行，在六氢吡啶游离出来的同时，生成了吲哚甲基甲酰氨基丙二酸酯（Ⅳ），经水解后，得到总收率为 71%的色氨酸。反应式如下：

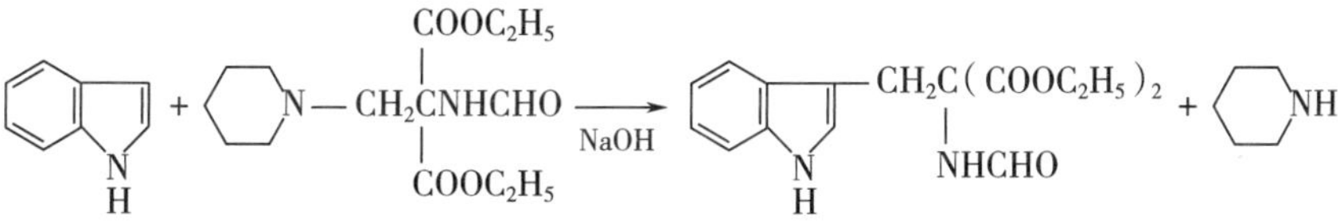

Ⅰ　　Ⅱ　　Ⅳ

Snyder 等用吲哚（Ⅰ）与乙酰氨基丙烯酸（Ⅴ），在乙酸和乙酸酐存在下进行缩合反应。得到收率为 57%的乙酰色氨酸（Ⅵ），水解后得色氨酸（Ⅲ）。

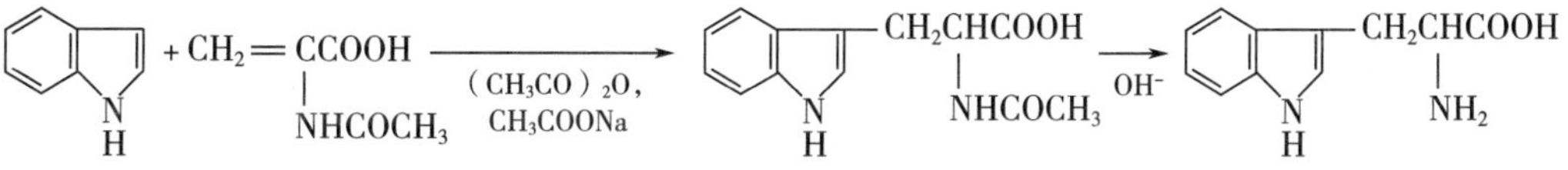

Ⅰ　　Ⅴ　　Ⅵ　　Ⅲ

Behringer 等将吲哚（Ⅰ）与 2-苯基-4-氯亚甲基-5-噁唑烷（Ⅶ）缩合，生成 2-苯基-4-（3′-吲哚亚甲基）-5-噁唑烷（Ⅷ），再用碱及酸处理，得到 α-苯乙酰氨基-β-（3-吲哚）-丙烯酸（Ⅸ），以兰氏镍催化，加氢还原，最后加碱水解，即得到色氨酸（Ⅲ）。反应式如下：

$$+ClCH=C-CO \quad (N, O, C, C_6H_5) \longrightarrow CH=C-CO \quad (N, O, C, C_6H_5)$$

Ⅰ　　Ⅶ　　Ⅷ

$$\xrightarrow[\text{①}OH^-\ \text{②}H^+]{} CH=CCOOH,\ NHCOC_6H_5 \xrightarrow[\text{②}OH^-]{\text{①}H_2,\ Ni} CH_2CHCOOH,\ NH_2$$

Ⅸ　　Ⅲ

Okuda 以吲哚（Ⅰ）和1,1,5,5-四甲氧基-1,5-二亚硝基-3-吖戊烷（Ⅹ）在溶剂中(也可不用溶剂)，加热到100~200℃，使发生缩合反应生成α-甲氧基羰基-α-亚硝基-β-(3-吲哚基)-甲基丙酸（Ⅺ），然后直接还原，或在脱去甲氧基羰基后予以还原。还原后，接着水解，即合成了色氨酸（Ⅲ）。反应式如下：

$$2\ (\text{Ⅰ}) + (CH_3OOC)_2C(NO_2)CH_2NHCH_2C(NO_2)(COOCH_3)_2 \longrightarrow$$

Ⅰ　　Ⅹ

$$2\ CH_2C(COOCH_3)_2(NO_2) + NH_3 \xrightarrow[\text{③}OH-]{\text{①}NaOC_2H_5,\ \text{②}H_2,\ Ni} CH_2CHCOOH,\ NH_2$$

Ⅺ　　Ⅲ

（二）吲哚的合成法

在色氨酸合成过程中，吲哚的合成法是由Hegedus最早发表的。该合成法以乙酰乙酸乙酯钠盐（Ⅰ）和二乙基氯乙基胺缩合，其缩合体（Ⅱ）再和重氮盐缩合，此缩合体（Ⅳ）在添加硫酸及乙酸后，发生闭环反应。而合成含吲哚的化合物（Ⅴ），使之与乙酰氨基酯缩合，缩合体（Ⅵ）以NaOH水解脱去CO_2后得到（Ⅶ），最后经H_2SO_4水解即合成色氨酸（Ⅲ）。

Plieninger以α-溴化丁内酯为出发原料，也可合成色氨酸。反应式如下：

$$CH(COCH_3)(Na)(COOC_2H_5) \xrightarrow{ClCH_2CH_2N(C_2H_5)_2} CH(COCH_3)(COOC_2H_5)CH_2CH_2N(C_2H_5)_2 \xrightarrow{C_6H_5N_2Cl}$$

Ⅰ　　Ⅱ

$$\text{IV (苯腙, } C(COOC_2H_5)-CH_2CH_2N(C_2H_5)_2) \xrightarrow{CH_3COOH,\ H_2SO_4} \text{V (吲哚-3-}CH_2N(C_2H_5)_2\text{, 2-}COOC_2H_5)$$

$$\xrightarrow{CH_3CONHCH(COOC_2H_5)_2} \text{VI (吲哚-3-}CH_2C(NHCOCH_3)(COOC_2H_5)_2\text{, 2-}COOC_2H_5) \xrightarrow{NaOH}$$

$$\text{VII (吲哚-3-}CH_2C(NHCOCH_3)(COOC_2H_5)_2\text{, 2-}COOH) \xrightarrow{H_2SO_4} \text{III (吲哚-3-}CH_2CH(NH_2)COOH)$$

Warner 等以丙烯醛为出发原料合成色氨酸。这个方法适合于小规模的色氨酸合成。丙烯醛在乙醇钠存在下，与乙酰氨基甲酸酯（Ⅷ）缩合，缩合体（Ⅸ）再与苯肼反应而生成苯腙（Ⅹ），然后使之在 H_2SO_4 或者 BF_3 水溶液中加热煮沸，使之环化后，得到含吲哚的化合物（Ⅺ），再由其得到总收率为50%的色氨酸。反应式如下：

$$CH_2{=}CHCHO + \underset{\text{VIII}}{HC(COOC_2H_5)_2NHCOCH_3} \xrightarrow{NaOC_2H_5} \left[\underset{\text{IX}}{OHCCH_2CH_2C(COOC_2H_5)_2NHCOCH_3}\right] \xrightarrow{C_6H_5NHNH_2}$$

$$C_6H_5NH{-}N{=}CHCH_2CH_2C(COOC_2H_5)_2NHCOCH_3 \xrightarrow{H_2SO_4\text{或}BF_3} \text{XI (吲哚-3-}CH_2C(COOC_2H_5)_2NHCOCH_3) \longrightarrow \text{III (吲哚-3-}CH_2CH(NH_2)COOH)$$

小町谷以β-氰基丙醛为出发原料，也成功地合成了色氨酸。以β-腈基丙醛（Ⅻ）进行 Strecker 反应，生成α-氨基戊二腈（XⅢ），然后与碳酸铵反应，生成收率颇佳的 5-β-氰乙基内酰脲（XⅣ）。将其用铅处理过的兰氏镍作催化剂进行接触还原，则可得到高收率的β-乙内酰脲-丙醛（XⅤ），然后直接使之与苯肼反应，生成β-乙内酰脲-丙醛苯基腙（XⅥ），在酸性水溶液中加热，进行环化反应，即可合成色氨酸内酰脲（XⅦ），将其用 NaOH 水解即可得到色氨酸（Ⅲ）。反应式如下：

$NCCH_2CH_2CHO \xrightarrow{NH_4CN} NCCH_2CH_2CH(NH_2)CN \xrightarrow{(NH_4)_2CO_3}$ XIV（NCCH₂CH₂CH—CO 乙内酰脲环）

XII　XIII　XIV

XII $\xrightarrow{NH_4CN,\ (NH_4)_2CO_3}$ XIV

$\xrightarrow[\text{铅处理过的Ni}]{H_2}$ $OHCCH_2CH_2CH—CO$（NH—CO—NH 环） $\xrightarrow{C_6H_5NHNH_2 \cdot HCl}$

XV

$C_6H_5NHN=CHCH_2CH_2CH—CO$（NH—CO—NH 环） $\xrightarrow{HCl}$ 吲哚-3-$CH_2—CH—CO$（NH—CO—NH 环） $\xrightarrow{NaOH}$ 吲哚-3-$CH_2CH(NH_2)COOH$

XVI　XVII　III

第六节　DL-氨基酸的光学拆分

一般采用化学合成法所制得的氨基酸都是消旋的 DL-氨基酸，而在食品、饲料和医药等方面的应用大都要求为 L-氨基酸（饲料中 DL-甲硫氨酸除外），所以，必须对采用化学合成的氨基酸进行光学拆分。

氨基酸的光学拆分方法大致可为四类：①物理化学法，包括优先结晶法、置换结晶法和色谱法等。②化学法，即将 DL-氨基酸或其衍生物与具有光学活性的酸或碱作用生成非对映异构体的盐类，再利用后者对各种溶剂溶解度差，使 DL-氨基酸分离，此法又称非对映体法。③酶法，即利用酶的高度特异性，使之与 DL-氨基酸或其衍生物生物作用，而将 DL-氨基酸分离。④膜分离法。上述方法中，以优点结晶法和酶法拆分最为重要。

一、物理法

物理法又称优先结晶法或钓鱼法。即在一个消旋体的过饱和溶液中，种入某一种具有光学活性的品种，则与此品种相同的光学活性体优先析出的方法，用于一些游离氨基酸的拆分尤其方便，并在工业生产中得到了应用。例如，在拆分消旋组氨酸时，将 340g L-组氨酸盐酸盐加入 666g DL-组氨酸盐酸盐饱和溶液中，结果分别得到了 400g L 型，540g DL 型及 46g D 型；又如，在含有过量 L 型或 D 型苏氨酸的饱和混合溶液中，加热至 80℃逐渐冷却至 20℃时，开始初析，当进一步冷却至 20℃维持 1h 后，即从溶液中分出一种过量的纯光学活性异构体结晶；其他如 DL-谷氨酸、DL-酪氨酸及某些游离氨基酸的衍生物及其盐类都可以用优先结晶法进行光学拆分。DL-酪氨酸在水中溶解度很小，不易制得饱和溶液，似乎不宜用诱导结晶法拆分，但可制成相应的盐类或氨基衍生物再诱导结晶，收率良好。

二、化学法

化学拆分多年来一直被各企业广泛采用，并批量生产，是所有拆分方法中研究最早，机理、工艺最成熟的方法，其原理如下：外消旋氨基酸先与光学活性拆分剂反应生成具有旋光性的氨基酸衍生物（如氨基酯、酰胺等）复盐，然后再水解，调节 pH 至氨基酸的等电点，即可析出结晶。

化学法包括盐析法和冠醚拆分法。

（一）盐析法

根据游离氨基酸及其衍生物消旋体中 L 型或 D 型能与某些天然的光学物质，如酒石酸、溴化樟脑磺酸及其盐类、苯碘酸等，或者其他具有光学活性的化合物葑胺 Fenchylamine 等所形成的复盐，根据它们的溶解度不同，将 L 型与 D 型分开，并可达到理想的光学纯度和收率。这在一般原料易得，并能重复回收使用的情况下进行氨基酸光学拆分也比较方便、经济、可行。例如，用合成的 D-α-溴代樟脑磺酸铵拆分 DL-甲硫氨酸就是一例。拆分过程如下：

$$\text{DL-甲硫氨酸+溴代樟脑磺酸铵} \xrightarrow{\text{HCl}} \text{L-甲硫氨酸溴樟}$$

$$\text{脑磺酸铵复盐} \downarrow \xrightarrow{\text{氨水}} \text{L-甲硫氨酸}$$

又如用氯霉素中间体副产品 L-（+）-对硝基苯基-2-氨基-1,3-丙二醇（简称右旋氨基物）拆分 *N*-乙酰-DL-苯丙氨酸，其拆分率可达到理论量的 87%以上。其他如 *N*-乙酰 DL-色氨酸、DL-缬氨酸及 DL-鸟氨酸等也都可以用盐析法进行光学拆分。

最近有文献报道用光学活性的强酸 α-苯基丙磺酸和樟脑磺酸等对氨基酸拆分效果良好，但这类试剂不易合成。选择合适、经济的拆分剂与拆分路线可极大地提高拆分率，拆分剂的合成是化学拆分法的研究热点。随着人们对氨基酸拆分方法的进一步研究，化学拆分势必被其他方法如酶法和膜分离法所取代。

（二）冠醚拆分法

冠醚拆分相转移反应在氨基酸拆分上的具体应用，也是近些年来氨基酸化学拆分技术的一个新进展。

冠醚为一种大环聚醚类化合物，合成的 15-冠醚-5（Ⅰ）、二苯基-18-冠醚-6（Ⅱ）和二环乙基-18-冠醚-6（Ⅲ）等，在相转移反应中都具有独特的催化作用，尤其具有光学活性的环聚醚，可作为光学对映异构体的识别剂，与被识别物质中的对映体形成稳定的复合物，而与另一对映体的结合稳定性较差，利用这些对映体复合物在极性和非极性溶液中的分配系数不同而达到光学拆分的目的。Ⅰ、Ⅱ、Ⅲ结构式如下：

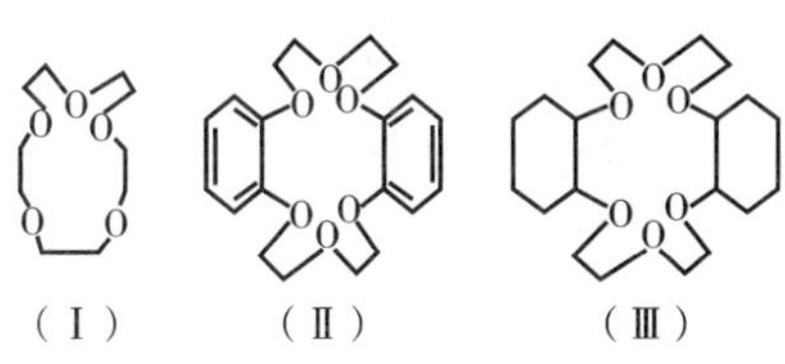

（Ⅰ）　（Ⅱ）　（Ⅲ）

例如，用含双萘衍生物环聚醚（Ⅳ）（$[\alpha]_D^{25}=-105°$）与DL-缬氨酸（Ⅴ）所形成的冠醚-L-缬氨酸复合物，由水相进入有机相而使之与D-缬氨酸分开，反应过程如下所示：

$$Ⅳ + (H_3C)_2CH—CH(NH_2)—COOH \rightarrow Ⅳ-L\text{-缬氨酸复合物} + D\text{-缬氨酸}$$

Ⅳ　　　　Ⅴ

用冠醚拆分α-氨基酸，无须进行氨基保护，操作也比较方便。但由于合成冠醚比较昂贵，因此只能限于实验室的研究与应用。

三、酶法

酶法以选择性好、收率高、反应条件温和、步骤简便、公害少，且能完成一些化学法难以进行的反应等优点被广泛地应用在食品、医药和饲料生产中。酶法拆分已成为制备手性氨基酸的有效手段之一，其原理如下：外消旋氨基酸先生成其衍生物，如外消旋酯、酰胺、*N*-乙酰氨基酸，然后被酶或微生物选择性水解成光学纯氨基酸，再通过常规化学物理方法从反应混合物中分离。其中尤以氨基酰化酶法应用最为广泛。将DL-氨基酸进行乙酰化，生成DL-*N*-乙酰氨基酸，再利用α-氨基乙酰化酶只对L型有水解作用，而对D-型没有水解作用这一特性进行拆分。反应物中留下的D型可用化学法消旋成DL-型后继续拆分。这一方法几乎适用于所有合成法生产的DL-氨基酸拆分。其作用原理如下：

$$DL—R—CH(NHCOR')—COOH + H_2O \xrightarrow{\text{酰化酶}} L—R—CH(NH_2)—COOH + D—R—CH(NHCOR')—COOH$$

（D—R—CH(NHCOR')—COOH 经消旋返回 DL—R—CH(NHCOR')—COOH）

近年来，人们相继在海洋动物、陆生动物、脊椎动物和无脊椎动物、种子植物和人体中发现了各种D-氨基酸（右旋氨基酸），D-氨基酸逐渐引起人们的重视，并意识到D-氨基酸作为医药、农药和食品的重要组成所起的重要作用。D-氨基酸种类少、价格昂贵，是国际上的研究热点，尤其是生物转化与拆分技术制备D-氨基酸受到了极大重视。至今，绝大多数氨基酸都可以用酶法拆分得到光学纯的对映体。

酶法拆分中常用酶有脂肪酶、酯酶、蛋白酶等水解酶。水解酶价格低廉，不需辅酶，拆分率和立体选择性高。由于底物、反应条件和所用酶的不同，拆分率有较大差别，南京工业大学曾在两相体系中用固定化胰凝乳蛋白酶成功地拆分了DL-苯丙氨酸，纯度达98.6%，但反应过程中产生的L-苯丙氨酸积累到一定程度将会抑制进一步拆分，因而降低了摩尔拆分率。氧化还原酶虽能应用，但价格高，稳定性差，而且尚待解决辅酶再生问题。脂肪酶催化不对称水解或酯化进行氨基酸拆分生产成本低，不需昂贵的辅酶，拆分反应操作简便，并可用于无水有机溶剂，但要求反应底物浓度极稀，反应时间长，不利于大规模生产。

固定化酶因其能反复利用，使用寿命较游离酶有明显提高，可极大降低成本，在氨基酸拆分中得到了成功的应用。早在 1969 年日本 Tanabe Seiyaku 公司利用离子结合法固定化酰化氨基酸水解酶进行甲硫氨酸、缬氨酸和苯丙氨酸的拆分，并使该工艺工业化。这是固定化酶技术在实际生产中应用的第一例。商业酶制剂方便易得，且可采用有机相酶催化技术，大大提高了底物浓度，其缺点是粗酶制品中杂蛋白较多，降低了酶的选择性，而结晶酶纯度高，故其选择性也高，在各种环境中均有很高的稳定性，正好弥补这一缺点，因而交联结晶酶技术将成为酶法拆分的新热点。

四、膜分离法拆分

膜分离是一种节能技术，从连续性和能量有效的观点出发，通过手性膜拆分具有广阔的应用前景。膜分离的机理类似于采用手性配体交换色谱法拆分外消旋氨基酸的机理，它主要依赖于氨基酸对映体与溶液中的金属阳离子及载有手性选择子的固定相形成三元配合物的稳定性差异，通常 L-氨基酸形成的配合物比 D 型异构体的稳定，待拆分的消旋氨基酸对映体选择性吸附在手性渗透膜上，然后被吸附的氨基酸脱吸，并通过浓度差驱动扩散至透过溶液中。

关于外消旋体拆分膜已有报道：如手性冠醚膜、环糊精载体膜、聚氨基酸衍生物膜、氨基酸缩聚体膜、衍生纤维素膜、血清蛋白膜、含蒎基的膜，如应用手性冠醚膜作为氨基酸对映体选择性的中间媒介，几乎所有的氨基酸都可通过它们的对映体形式分离，旋光性随氨基酸的疏水性增加而增加，其加大空间位阻基团的氨基酸会有较高的光学拆分率。现已成功地拆分了 DL-甲硫氨酸。

光学活性氨基酸也可以通过膜片溶解，但它们的溶解率同它们对应的氨基酸相比要小得多。要同时获得高对映体选择性和高渗透率尚有困难，又因膜的制备不易（主要是因为手性选择子有较高的专一性），这些极大地限制了膜分离法的应用，目前尚无膜分离法用于大规模生产的报道。

五、其他方法拆分

（一）手性色谱

手性色谱法是近年来发展起来的拆分对映体的有效方法，拆分氨基酸尚处于探索阶段。有人曾用手性固定相配体交换色谱成功地拆分了 α-氨基酸，机理可能是由于空间位阻 D-氨基酸不能与金属离子形成稳定的络合物，不能被色谱柱保留，优先流出；L-氨基酸则经过与过渡金属离子络合，解配位之后流出色谱柱，从而使 D-氨基酸和 L-氨基酸得以有效地拆分，就立体识别机制而言，属于底物配体和高分子配体之间的交换反应，但这种交换反应的影响因素还不清楚，有待进一步研究，这种方法还不适用于多种氨基酸的同时拆分。

（二）高效液相色谱

高效液相色谱法是拆分对映体的最好方法，由于经济上的原因，此法不适合大规模生产。此外，薄层层析法拆分也在研究，β-环糊精载体相薄层层析的研究比较多。β-环糊精是由 7 个 α-1,4-D-吡喃葡萄糖形成的一类具有一定尺寸的疏水性空腔和亲水性外沿的筒状化合物，因其有一定的立体识别能力，被广泛地应用于分离氨基酸对映体和其他对映体，但用于薄层层析比较少见。

纵观多年来对氨基酸拆分方法的研究进展，拆分方法已越来越多样化，越来越简单，倾向于多种方法的联合应用；拆分率也越来越高（接近 100%e. e.），成本越来越低，预期将有更多的紧缺对映体纯氨基酸大规模应用于医药、食品、饲料和保健品的生产，市场的需求将极大地推动氨基酸拆分方法的研究与探索。

由于氨基酸是组成蛋白质的成分，是人类及一切生物体必不可少的重要物质，因此在生命科学上具有重要价值，这是氨基酸用途扎实向前发展的重要原因。随着氨基酸应用范围的不断扩大，需要量的迅速增加，促进了氨基酸的工业生产。除发酵、酶法和提取外，氨基酸的化学合成在氨基酸工业生产中仍占有一定的位置。特别是随着石油化学工业的开发，原料来源充足，不对称合成的研究及光学拆分新技术的应用与完善，化学合成法将越来越显示出它固有的竞争力。

参考文献

［1］张伟国，钱和．氨基酸生产技术及其应用［M］．北京：中国轻工业出版社，1997.

［2］金子武夫等编．王思达等译．氨基酸工业［M］．中国台湾：正言出版社，1976.

［3］方岩雄，王亚莉，熊绪杰．手性氨基酸对映体的拆分［J］．广东工业大学学报，2002，19（3）：7~10.

［4］吴海霞，王东强，赵见超等．奎宁-冠醚组合型手性固定相直接拆分氨基酸的机理［J］．色谱，2016，34（1）：62~67.

［5］李齐，林琳，唐民华．高效液相色谱手性冠醚固定相拆分丙氨酸、正缬氨酸和犬尿氨酸对映体［J］．2009，37（6）：919~922.

［6］于平．生物转化和手性拆分技术制备 D-氨基酸研究进展［J］．2005，40（9）：3~5.

第十五章 蛋白质水解法生产氨基酸

以天然蛋白质为原料，通过酸、碱或酶水解成多种氨基酸混合物，经分离纯化获得各种氨基酸制品的方法称为水解法。由于碱水解会引起氨基酸的外消旋作用，酶水解又不能彻底，水解物中肽类较多，所以，这两种方法一般不用来生产氨基酸，通常多采用酸水解法生产氨基酸。

以小麦面筋为原料，酸水解法生产谷氨酸，揭开了氨基酸工业的第一页。绝大多数氨基酸均可采用酸水解法生产，但目前由于发酵法和酶工程的迅速发展，生产成本大幅度下降，使水解法这一古老方法受到很大的冲击，目前仅有几种氨基酸仍采用酸水解法生产。

我国采用发酵法或酶法生产的氨基酸技术相对比较落后，另一方面，我国有丰富的天然蛋白质资源，如毛发、血粉、废蚕丝等，均是水解法生产氨基酸的好原料（表 15-1）。因此，采用蛋白质水解法来生产某些药用氨基酸仍是一个不可忽视的发展方向。本章介绍我国氨基酸工业中可用水解法生产的几种氨基酸的生产工艺。

表 15-1　　若干天然蛋白质中各种氨基酸的含量

氨基酸 \ 蛋白质	血粉	角蹄	丝胶	玉米麸质粉	棉籽饼	鸡毛
精氨酸	5.2	10.5*	5.0	2.4	11.6*	5.4
组氨酸	9.2*	0.9	1.6	1.2	2.5	0.8
赖氨酸	9.2	2.8	5.0	1.5	4.5	0.2
酪氨酸	2.9	6.4	4.0	3.2	2.7	1.5
苯丙氨酸	7.3*	3.4	1.6	6.3	5.0	3.1
胱氨酸	1.4	11.3*	1.6	0.3	—	2.2
甲硫氨酸	1.2	0.7	0.8	2.4	2.3	1.2
丝氨酸	8.4	9.0	28.3*	5.5	3.1	12.0*
苏氨酸	4.4	6.6	6.5	2.6	2.0	3.0
异亮氨酸	1.2	3.1	0.8	2.1	3.3	2.8
亮氨酸	13.7*	7.6	1.2	17.3*	6.8	6.1
缬氨酸	10.8*	5.0	3.1	2.8	5.2	2.2
丙氨酸	10.7	15.0	8.0	24.4	18.4	5.5
甘氨酸	5.5	5.2	7.3	2.8	3.2	6.4
谷氨酸	16.7	6.7	15.1	6.3	7.2	7.2
天冬氨酸	1.0	3.7	4.0	10.9	2.9	5.7
脯氨酸	4.9	7.3	—	8.0	3.6	13.7*

注：* 表示目的氨基酸。

第一节　L-胱氨酸

L-胱氨酸是毛发及蹄角等角蛋白中含量最多的氨基酸（表 15-1），现仅介绍以毛发为原料制备 L-胱氨酸的生产工艺。

一、工艺路线

人发或猪毛 $\xrightarrow[117℃,\ 6.5\sim7h]{〔水解〕\ HCl}$ 水解液 $\xrightarrow[pH4.8]{〔中和〕\ NaOH}$ L-胱氨酸粗品

（Ⅰ）$\xrightarrow[85℃,\ 0.5h]{〔粗制〕\ HCl、活性炭}$ 滤液 $\xrightarrow[pH4.8]{〔中和〕\ NaOH}$ L-胱氨酸粗品（Ⅱ）$\xrightarrow[85℃,\ 0.5h]{〔精制〕\ HCl、活性炭}$ 滤液 $\xrightarrow[pH3.5\sim4.0]{〔中和〕\ 氨水}$ L-胱氨酸

二、操作方法

（一）水解

取 10mol/L HCl 1000kg 于 2t 水解罐中，加热至 70～80℃，投入毛发 550kg，加热至 100℃，再过 1.0～1.5h 升温到 110～117℃水解 7h（自 100℃时计时）后出料，涤纶布过滤，收集滤液。

（二）中和

搅拌下向上述滤液中加入 30%的工业液碱，调节 pH 4.8 为止，静置 36h，涤纶布滤取沉淀，离心甩干得 L-胱氨酸粗品（Ⅰ）。

（三）粗制

取上述粗品 200kg，加 10mol/L HCl 120kg，水 480kg，升温至 65～70℃，搅拌 0.5h，加活性炭 16kg，于 80～90℃保温 0.5h，过滤除去活性炭，搅拌下用 30%工业液碱调滤液至 pH 4.8，静置结晶，吸出上清液后，底部沉淀经离心甩干得胱氨酸粗品（Ⅱ）。

（四）精制、中和

取上述粗品（Ⅱ）50kg，加 1mol/L HCl（化学纯）250L，升温至 70℃，加活性炭 1.5～2.5kg，85℃搅拌 0.5h，布氏漏斗过滤，3 号垂熔漏斗过滤澄清。加 1.5 倍体积蒸馏水，升温至 75～80℃，搅拌上用 12%氨水（化学纯）中和至 pH 3.5～4.0，析出结晶，滤取胱氨酸结晶，蒸馏水洗至无 Cl^-，真空干燥得 L-胱氨酸成品。

三、成品检验

L-胱氨酸为六角形或六角柱形白色结晶，含量在 98.5%以上，$[\alpha]_D^{25}$ 为-214°～-202°，干燥失重<0.5%，炽灼残渣<0.2%，氯化物<0.15%，铁盐<0.001%，重金属<20mg/kg。

含量测定：精确称取干品 0.3g，置 100mL 烧杯中，加 NaOH 溶液（1%）15mL 使之

溶解，再用蒸馏水定容至100mL。准确吸取25mL，置250mL碘量瓶中，精确加入0.1mol/L溴液50mL，再加HCl 10mL，立即密塞，摇匀，在暗处放置5min。用0.1mol/L $Na_2S_2O_3$溶液滴定，至近终点时，加淀粉指示液2mL，继续滴定至蓝色消失，并将滴定的结果用空白试验校正。消耗每1毫升0.1mol/L溴液相当于2.403mg的胱氨酸。

第二节　L-组氨酸盐酸盐

L-组氨酸在血粉中含量较多，现介绍以其为原料制备L-组氨酸盐酸盐的生产工艺。

一、工艺路线

猪血粉 —〔水解〕盐酸→ 水解液 —〔赶酸〕/减压浓缩→ 水解液 —〔中和脱色〕→ 脱色液 —〔过滤〕/减压→ 滤液 —〔除酪氨酸〕/过滤→

滤液 —〔上阳柱〕→ 氨基酸柱 —〔洗脱〕→ 组氨酸收集液 —〔薄膜浓缩〕→ 浓缩液 —〔脱色，过滤〕→

—〔浓缩，结晶，过滤〕→ 粗品 —〔精制〕〔干燥〕/100~105℃→ L-组氨酸盐酸盐

二、操作方法

（一）水解、赶酸、脱色、过滤

取140kg血粉置于1000L搪瓷反应锅中，加500kg工业HCl，在沸腾状态下（大约108℃）回流水解22h。水解结束后，减压浓缩回收HCl。将回收的HCl用于下道工序再生732树脂。水解浓缩液至呈糊状时，加自来水稀释，移入1.6m^3水泥池中。水泥池内嵌硬PVC板。加浓氨水调pH 3.5~4.0，并补加水至1000L，加20kg工业活性炭，90℃保持2h脱色。将脱色液放入陶瓷过滤器中减压过滤。滤液静置24h（时间长些更好），过滤除去酪氨酸。

（二）上柱、水洗、洗脱

将上述滤液加自来水配成2.5~3.0°Bé后上柱。柱ϕ300mm×2000mm，材质是硬PVC，装732树脂1730mm高，上柱时流速为1L/min，待流出液有明显的组氨酸出现时，停止上柱。用自来水500L顺洗，流速为1.5L/min，后改用0.1mol/L氨水洗脱，流速为1L/min。收集pH 7.0~10.0部分。收集完毕后，用自来水反冲树脂15min，再用2倍量1.5~2.0mol/L HCl溶液顺流动态再生，流速为5~13L/min，再生完毕，用自来水洗至pH 4.0左右，待下次上柱。

（三）浓缩、精制

将洗脱液用不锈钢制的薄膜式浓缩器浓缩，2个浓缩器的热面积各为2m^2。浓缩后加

入化学纯 HCl，调 pH 3.0~3.5，加入 1kg 活性炭，在 90℃左右保持 30min 脱色。脱色液过滤，滤液在玻璃制的薄膜浓缩器中浓缩，加 95%乙醇洗涤，最后将产品置于搪瓷盘，在 100~105℃烘箱中干燥即可。

三、成品检验

L-组氨酸盐酸盐为白色晶体或晶状粉末，含量在 99.0%~101.0%，$[\alpha]_D^{25}$ +12.0°~+12.8°，干燥失重<0.20%，炽灼残渣<0.1%，氯化物含量在 16.66%~17.08%，铁盐<10mg/kg，砷盐<1.0mg/kg，重金属<10mg/kg。

含量测定：精确称取成品 210mg，移置 125mL 的三角瓶中，用甲酸 3mL 和冰乙酸 50mL 的混合液溶解，采用电位滴定法，用 0.1mol/L $HClO_4$ 溶液滴定至终点，滴定结果以空白试验校正。消耗 1mL 0.1mol/L $HClO_4$ 溶液相当于 20.96mg 的组氨酸。

第三节　L-精氨酸盐酸盐

L-精氨酸在血粉、角蹄、棉籽饼等原料中含量丰富（表 15-1）。因此，国内外多采用从血粉、角蹄、猪毛水解液中提取方法获得 L-精氨酸。现介绍以猪血粉为原料制备 L-精氨酸盐酸盐，同时可获得 L-组氨酸盐酸盐、L-赖氨酸盐酸盐的生产工艺。

一、工艺路线

猪血粉 —〔水解〕HCl，112~114℃，24h→ 水解液 —〔减压赶酸〕→ 除酸液 —〔脱色〕活性炭，60~70℃，1~2h→ 脱色液 —〔中和〕pH4.0→ —〔上732阳柱〕→

氨基酸吸附 —〔洗柱、除Cl⁻〕→ —〔氨水洗酸〕→ 洗脱液 —〔鉴定分组〕纸色谱法→

→ 精氨酸洗脱液 / 赖氨酸洗脱液 / 组氨酸洗脱液 —分别〔减压浓缩，除氨〕→ 除氨液 —分别〔HCl调pH〕→

→ 精氨酸盐酸盐溶液 / 赖氨酸盐酸盐溶液 / 组氨酸盐酸盐溶液 —分别〔脱色〕→ 脱色液 —分别〔减压浓缩〕→ 浓缩液

—5℃以下〔冷却〕→ 结晶 —分别〔醇洗，干燥〕→ 精氨酸盐酸盐 / 赖氨酸盐酸盐 / 组氨酸盐酸盐

二、操作方法

（一）水解

取猪血粉 15kg，加入 3.5 倍量 6mol/L 工业 HCl，在反应罐内浸泡数小时后，于 112~114℃回流水解 24h。

（二）赶酸

当消解液自然冷却至80℃时，在保温下（不超过80℃）减压浓缩赶酸，水解液浓缩至糊状后，加蒸馏水恢复至原体积，继续加热减压浓缩，如此反复3~4次，直至水解液的pH接近1.5左右。

（三）脱色、中和

将赶酸液扩大体积至原体积的1倍左右（此时pH为1.5~2.0），加温至60~70℃，加入适量活性炭，保温搅拌1~2h脱色，至滤液呈浅黄色，滤出活性炭，用氨水将溶液pH调至4.0，在室温下存放24~48h（炎热季节适当缩短）后，滤去沉淀。

（四）上柱

将脱色液按水解投料量稀释至2.5%左右的浓度，重调pH至4.0，上732氢离子型树脂柱，柱尺寸为ϕ75mm×1500mm，树脂体积为5.3L，树脂粒度为20~40目。上柱流速控制在树脂体积的0.5%~0.8%，至柱下流出液出现明显的组氨酸穿漏后（用Pauly试液显色法确定），停止上柱。

（五）洗柱、反冲

用蒸馏水通过柱体洗涤树脂，流速控制在树脂体积的1%~1.5%，洗至流出液无Cl^-，pH≥4.0为止。然后用蒸馏水从柱下反冲树脂，反冲流速以树脂颗粒不上下搅动，树脂表面不发生翻动为限，反冲至柱上部溢出液澄清为止。

（六）洗脱

先以0.1mol/L氨水进行洗脱，最初洗脱流速控制在树脂体积的0.4%~0.5%，当柱下出现Pauly反应时，分别收集，至下柱液pH达9.0以上，Pauly反应消失时，将流速增至树脂体积的0.7%~0.8%。当下柱液的茚三酮反应微弱时（出现洗脱空白），改用2mol/L氨水洗脱，流速仍然控制在树脂体积的0.7%~0.8%，直至下柱液的茚三酮反应消失。

（七）精制

根据纸层析分析结果，分别收集组氨酸、赖氨酸、精氨酸，在薄膜浓缩器中减压浓缩脱氨，直至用奈氏试液检查铵盐合格为止。然后用6mol/L HCl（化学纯）分别将L-组氨酸、L-赖氨酸和L-精氨酸溶液的pH调至2.5~3.0、4.0~4.5和3.5~4.0，在70℃以下活性炭保温脱色至无色澄清后，过滤活性炭，滤液再用漏斗复滤一次，沸水浴减压浓缩至即将有结晶析出，冷却过夜，次日分别用75%、95%冷乙醇洗涤结晶，70~80℃干燥即得成品。

三、成品检验

L-精氨酸盐酸盐为白色晶体或晶状粉末，含量在98.5%~101.5%，$[\alpha]_D^{20}$+21.4°~+23.6°，干燥失重<0.2%，炽灼残渣<0.1%，氯化物含量在16.5%~17.1%，铁盐<10mg/kg，硫酸盐<0.02%，砷盐<1.0mg/kg，重金属<10mg/kg。

含量测定：精确称取成品100mg，移置125mL的三角瓶中，用甲酸3mL和冰乙酸

50mL 的混合液溶解，采用电位滴定法，用 0.1mol/L $HClO_4$ 溶液滴定至终点，滴定结果以空白试验校正。消耗 1mL 0.1mol/L $HClO_4$ 溶液相当于 10.53mg 的 L-精氨酸盐酸盐。

第四节　L-亮氨酸

L-亮氨酸在血粉、玉米麸质粉中含量最为丰富，其次在角蹄、棉籽饼和鸡毛中含量较多（表 15-1）。现介绍氨基酸工业中常用的以血粉、玉米麸质粉为原料制备 L-亮氨酸的生产工艺。

一、以血粉为原料制备 L-亮氨酸

（一）工艺路线

血粉 —〔水解〕HCl，110℃，24h→ 水解液 —〔赶酸〕减压蒸馏→ 除酸液 —〔吸附、脱色〕活性炭→ 流出液 —〔浓缩〕减压蒸馏→ 浓缩液 —〔沉淀〕邻二甲苯-4-磺酸→ 沉淀 —〔解析〕氨水，过滤→ 亮氨酸粗品 —〔脱色〕活性炭，70℃，1h→ 滤液 —〔浓缩、结晶〕减压蒸馏→ L-亮氨酸结晶 —〔洗涤、干燥〕水→ L-亮氨酸成品

（二）工艺过程

1. 水解、赶酸

取 6mol/L 工业 HCl 500L 于 $1m^3$ 水解罐中，投入血粉 100kg，110~120℃ 回流水解 24h 后，于 70~80℃ 减压浓缩至糊状。加 50L 水稀释后再浓缩至糊状，如此赶酸 3 次，冷却至室温滤去残渣。

2. 吸附、脱色

上述滤液稀释 1 倍后，以 0.1L/min 的流速流进颗粒活性炭柱（ϕ300mm×1800mm）至流出液现出现苯丙氨酸为止，用去离子水以同样流速洗至流出液 pH 4.0 为上，穿柱液与洗涤液合并。

3. 浓缩、沉淀

上述流出液减压浓缩至进柱液体积的 1/3，搅拌下加入 1/10 体积的邻二甲苯-4-磺酸，产生亮氨酸磺酸盐沉淀。滤取沉淀并用 2 倍体积去离子水搅拌洗涤 2 次，抽滤压干得亮氨酸磺酸盐。滤饼加 2 倍体积去离子水搅匀，用 6mol/L 氨水中和至 pH 6.0~8.0，70~80℃ 保温搅拌 1h，冷却过滤。沉淀用 2 倍体积去离子水搅拌洗涤 2 次，过滤得亮氨酸粗品。

4. 精制

L-亮氨酸粗品用 40 倍体积去离子水加热溶解，用 0.5% 活性炭于 70℃ 搅拌脱色 1h，过滤，滤液浓缩至原体积的 1/4，冷却后即析出白色片状亮氨酸结晶。过滤收集结晶，用少量水洗涤，抽干，70~80℃ 烘干得 L-亮氨酸成品。

（三）成品检验

L-亮氨酸为白色片状晶体，含量在 98.5%～101.5%，$[\alpha]_D^{20}$+14.9°～+17.3°，干燥失重<0.2%，炽灼残渣<0.1%，氯化物含量≤0.05%，铁盐≤0.003%，砷盐≤1.5mg/kg，重金属≤15mg/kg。

含量测定：精确称取成品 130mg，移置 125mL 的三角瓶中，用甲酸 3mL 和冰乙酸 50mL 的混合液溶解，采用电位滴定法，用 0.1mol/L $HClO_4$ 溶液滴定至终点，滴定结果以空白试验校正。消耗 1mL 0.1mol/L $HClO_4$ 溶液相当于 13.12mg L-亮氨酸。

二、以玉米麸质粉为原料制备 L-亮氨酸

（一）工艺路线

玉米麸质 $\xrightarrow{\text{〔脱水、干燥〕}}$ 玉米麸质粉 $\xrightarrow{\text{〔乙醇抽提〕}}$ 玉米朊 $\xrightarrow[\text{106～110℃，20h}]{\text{〔水解〕}}$ 水解液 $\xrightarrow{\text{〔中和、脱色〕}}$

脱色液 $\xrightarrow{\text{〔除酪氨酸〕}}$ 滤液 $\xrightarrow{\text{〔浓缩〕}}$ 浓缩液 $\xrightarrow{\text{〔酸溶〕}}$ 沉淀 $\xrightarrow{\text{〔氨解〕}}$ 亮氨酸粗品 $\xrightarrow{\text{〔重结晶〕}}$ L-亮氨酸

（二）工艺过程

1. 玉米麸质粉制备

玉米麸质粉含有大量的水分，固形物占 20%～30%，需经脱水、干燥方可制得玉米麸质粉。

2. 玉米朊制备

取玉米麸质粉，用 90%～95%的乙醇抽提，抽提液蒸发浓缩回收乙醇，用水沉淀即得玉米朊。

3. 水解

取玉米朊 10kg，6mol/L 工业 HCl 27L，水 9L，装入水解罐中，106～110℃下加热 20h 至水解液呈红棕色。

4. 中和、脱色

搅拌水解液使之冷却，缓慢加入 7mol/L NaOH 溶液，中和至 pH 3.0。分别加入上批重结晶用废活性炭和新活性炭，进行二次脱色，新活性炭加量每批 2kg（约 2%）。搅拌，70～80℃保温 30min，过滤。脱色液为浅黄色透明液体。

5. 去酪氨酸

将脱色液冷却，搅拌，加入少量酪氨酸作晶种，静置 24h，抽滤，洗涤，即得酪氨酸粗品，精制后得成品。

6. 浓缩结晶

将去酪氨酸后的水解液，用稀 HCl 调 pH 2.5，然后减压浓缩，待有大量 NaCl 结晶析出时，抽滤，滤液再浓缩，直至总体积为 10～15L 为止，抽滤，合并滤饼（NaCl 和亮氨酸混合结晶）。滤液用碱液调至 pH 3.3，搅拌，加入少量谷氨酸作晶种，待谷氨酸充分析

出，抽滤得谷氨酸粗制品，精制后得成品。

7. 酸溶沉淀

将上述浓缩结晶物加 3mol/L HCl 7.5L，加热搅拌，70～80℃保温 0.5h。抽滤弃去 NaCl 结晶，滤液为亮氨酸盐酸盐溶液，体积约 13L。然后按酸溶液体积 10%比例，边搅拌边缓慢加沉淀剂（邻二甲苯-4-磺酸），使亮氨酸和沉淀剂结合成盐，沉淀、分离。滤液按同样方法操作，直到最后滤液加入沉淀剂无沉淀析出为止。合并滤饼，用少量蒸馏水搅匀，抽滤，如此操作 2 次，得到白色的亮氨酸磺酸盐。

8. 氨解

将得到的亮氨酸磺酸盐用 7mol/L 氨水中和，终点控制在 pH 6.0～8.0，70～80℃保温搅拌 1h，静置冷却即分层，抽滤，滤饼用少量蒸馏水搅拌均匀。抽滤 2 次，即得白色的亮氨酸粗品。

9. 重结晶

按质量比 1∶40 加蒸馏水，将亮氨酸粗品加热溶解，加 1%活性炭脱色。脱色液经色度和澄明度检查合格后，进行减压浓缩直到体积为原液的 1/4 为止。此时，有大量的白色片状结晶析出，搅拌冷却至室温，抽滤，得亮氨酸结晶，母液脱色后再浓缩结晶，合并 2 次结晶，干燥后得 L-亮氨酸成品，总收率 7%～10%。

（三）成品检验

同上文。

第五节　L-酪氨酸

L-酪氨酸可用血粉、角蹄、蚕丝等原料，酸水解法制备。现介绍从猪血粉水解液中制备 L-酪氨酸的生产工艺。

一、工艺路线

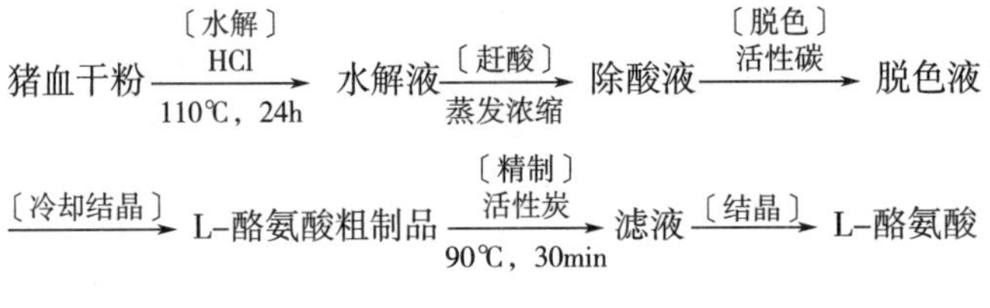

猪血干粉 —〔水解〕HCl，110℃，24h→ 水解液 —〔赶酸〕蒸发浓缩→ 除酸液 —〔脱色〕活性碳→ 脱色液

—〔冷却结晶〕→ L-酪氨酸粗制品 —〔精制〕活性炭，90℃，30min→ 滤液 —〔结晶〕→ L-酪氨酸

二、操作方法

（一）水解

取猪血粉 1kg，加 6mol/L HCl 4L，于液体石蜡油浴中加热至沸，保持微沸状态回流 24h。

（二）赶酸

水解液冷却后，抽滤除渣，滤液置水浴蒸发浓缩至呈糊状，如此反复赶酸 3 次。

（三）脱色、结晶

浓缩液加蒸馏水稀释至 5L，以浓氨水调 pH 3.5。加 1%活性炭（按体积计），煮沸 10min，于 90℃水浴搅拌保温 30min，趁热抽滤。活性炭层用热蒸馏水洗涤 2 次，合并滤液与洗液。依此法，继续用活性炭脱色至溶液呈淡黄色。然后于低温（10℃以下）放置 24h 以上，即析出酪氨酸粗品。

（四）精制

取酪氨酸粗品按 1∶20 加蒸馏水，溶解的，加 1%活性炭（按体积计），90℃搅拌保温 30min，趁热抽滤，滤液充分冷却后，析出结晶；抽滤，滤饼以少许冷无水乙醇洗涤 2 次。60℃烘干，即得酪氨酸纯品。

三、成品检验

L-酪氨酸为白色针状结晶或晶粉，含量在 99.0%～100.5%，$[\alpha]_D^{20}$ −11.3°～−12.1°，干燥失重<0.20%，炽灼残渣<0.10%，氯化物含量≤0.020%，硫酸盐<0.020%，铁盐<10mg/kg，砷盐<1mg/kg，重金属<10mg/kg。

含量测定：精确称取成品 180mg，移置 125mL 的三角瓶中，用甲酸 3mL 和冰乙酸 50mL 的混合液溶解，采用电位滴定法，用 0.1mol/L $HClO_4$ 溶液滴定至终点，滴定结果以空白试验校正。消耗 1mL 0.1mol/L $HClO_4$ 溶液相当于 18.12mg L-酪氨酸。

第六节 L-丝氨酸

我国蚕茧资源十分丰富，年产量最高达 30 多万 t。在蚕茧中，L-丝氨酸含量最为丰富（表 15-1）。因此，可用废蚕丝、蚕蛹、丝胶水解来提取 L-丝氨酸。现介绍用废蚕丝为原料制备 L-丝氨酸等氨基酸的生产工艺。

一、工艺路线

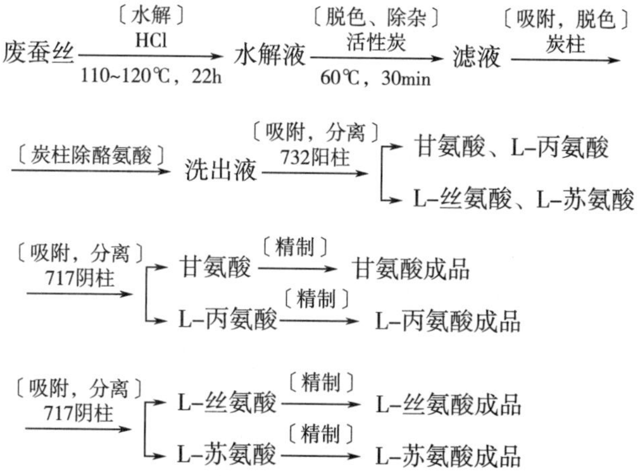

废蚕丝 —〔水解〕HCl，110~120℃，22h→ 水解液 —〔脱色、除杂〕活性炭，60℃，30min→ 滤液 —〔吸附，脱色〕炭柱→

—〔炭柱除酪氨酸〕→ 洗出液 —〔吸附，分离〕732阳柱→ 甘氨酸、L-丙氨酸；L-丝氨酸、L-苏氨酸

—〔吸附，分离〕717阴柱→ 甘氨酸 —〔精制〕→ 甘氨酸成品；L-丙氨酸 —〔精制〕→ L-丙氨酸成品

—〔吸附，分离〕717阴柱→ L-丝氨酸 —〔精制〕→ L-丝氨酸成品；L-苏氨酸 —〔精制〕→ L-苏氨酸成品

二、操作方法

(一)水解

废蚕丝 12.5kg，加入 3 倍量 6mol/L 工业 HCl 约 75L，在 110~120℃下回流 22h，使其充分水解，双缩脲反应不呈紫色为止。水解结束后，加入 1 倍体积的纯水，再加入粉状活性炭（30~40g/L），然后于 60℃下搅拌 30min，用涤纶布在过滤缸中除去杂质，得棕色水解液约 150L。

(二)炭柱脱色除去酪氨酸

将水解液上颗粒状活性炭柱（ϕ150mm×2000mm），上柱液流速为 300mL/min，用 50L 塑料桶收集脱色液，至脱色效果不佳为止。用纯水洗至中性，流速 400~600mL/min。用 3mol/L 氨水进行洗脱，流速为 250~300mL/min，洗脱液分别用 50L 塑料桶收集。待洗脱液用茚三酮显色反应消失，停止洗脱。洗脱炭柱的酪氨酸溶液，经真空减压浓缩，抽滤得酪氨酸粗品。活性炭再生：纯水洗至中性后，用 6%~8% NaOH 溶液进行处理，用量为活性炭体积的 1.5 倍，浸泡 2h 后，纯水洗至中性备用。

(三)732 树脂粗分

脱色后的水解液为透明状，直接上 732 型强酸性阳离子交换树脂（ϕ300mm×2000mm），流速为 300L/min，待流出液茚三酮显紫红色反应，即停止上柱。用纯水洗涤柱体，流速为 400~600mL/min，至流出液呈中性，与另一未上柱的 732 阳柱相串联，用 0.1mol/L 氨水洗脱氨基酸，流速为 250~300mL/min，用 50L 塑料桶编号收集，用正丁醇：乙酸：乙醇：水=4：1：1：2 和吡啶：水=3：1 为展开剂，纸上层析鉴定。甘氨酸、丙氨酸含量较多的分为一组；苏氨酸、丝氨酸含量较多的分为另一组。732 阳柱再生：先用纯水洗至中性，用 200L 2mol/L NaOH 溶液处理，流速为 100~200mol/min，浸泡 2h 后，纯水洗柱至中性，再用 200L 2mol/L HCl 溶液转型。流速为 100~200mL/min，浸泡 2h 后，纯水洗至中性，备用。

(四)甘氨酸与丙氨酸及苏氨酸与丝氨酸的分离纯化

将 732 阳柱分离出的甘氨酸、丙氨酸含量较多的部分及苏氨酸、丝氨酸含量较多的部分，分别倒入大水缸中，用分析纯 NaOH 调 pH 8.0，然后上处理好的 717 强碱性阴离子交换树脂（ϕ300mm×2000mm），上柱液浓度 4%~5%，流速为 250~300mL/min，待流出液有茚三酮显色反应，则停止上柱。上柱完毕，用纯水洗涤柱体，流速为 400~600mL/min，洗至中性。将已饱和的柱体与另一未上柱的 717 阴离子树脂柱相串联，用 0.2mol/L HCl 溶液进行洗脱，流速为 250~300mL/min，洗脱液分别用 3~5L 玻璃瓶编号收集，直至流出液 pH 降至 3.0 时停止收集。然后按收集先后次序在滤纸上点样，用上述展开剂逐瓶进行纸上层析，茚三酮显色鉴别分组，将纯甘氨酸、丙氨酸、丝氨酸分别装入 50L 塑料桶中。甘氨酸、丙氨酸重叠较多部分及苏氨酸、丝氨酸重叠较多部分另外分组装入桶内，待下次继续上柱进行纯化分离。将分组并桶后的甘氨酸、丙氨酸、苏氨酸和丝氨酸溶液，分别真空减压浓缩，控制浓缩温度60~70℃，每50L浓缩至4~5L后，改用水浴蒸发浓缩。当出现大量结结晶时，待温度降至室温，加入3倍体积95%分析纯乙醇，放入冰箱内静置过夜。抽滤得结晶氨基酸，放入烘箱中60℃下干燥2h，得氨基酸粗品。阴柱再生：先用纯水洗至中性，用200L 2mol/L HCl溶液进行处理，流速100~200mL/min，浸泡2h，纯水洗柱至中性后，再用200L 2mol/L NaOH溶液转型，流速为100~200mL/min，浸泡2h，用纯水洗至中性，备用。

（五）精制

将纯甘氨酸、纯丙氨酸、纯苏氨酸和纯丝氨酸结晶粗品，用20倍质量的80~90℃的高纯度纯水溶解，用活性炭进一步脱色。趁热抽滤，滤液蒸发至出现结晶，在室温下慢慢冷却，加入3倍体积的95%乙醇，置冰箱12h，抽滤得氨基酸结晶，用少量乙醇洗涤两次，在60~70℃下干燥约5h即可。

三、成品检验

L-丝氨酸为六角形片状或柱状晶体，含量在98.50%~101.50%，$[\alpha]_D^{20}$ +13.6°~+15.6°，干燥失重<0.2%，炽灼残渣<0.1%，氯化物<0.05%，硫酸盐<0.03%，铁盐<30mg/kg，砷盐<1.5mg/kg，重金属≤15mg/kg。

含量测定：精确称取成品100mg，移置125mL的三角瓶中，用甲酸3mL和冰乙酸50mL的混合液溶解，采用电位滴定法，用0.1mol/L $HClO_4$溶液滴定至终点，滴定结果以空白试验校正。消耗1mL 0.1mol/L $HClO_4$溶液相当于10.51mg L-亮氨酸。

第七节　蛋白质水解法存在的问题及其改进措施

我国在蛋白质酸水解法生产氨基酸工艺方面存在许多问题有待改进，具体表现在以下几点。

（1）水解损失率较高　这是我国酸水解法生产氨基酸工艺中急待解决的关键技术问题。有关资料表明，国内某些厂家在用毛发水解提取胱氨酸时损失30%以上；废蚕丝水解时，丝氨酸损失近30%；血粉水解时，缬氨酸损失达40%。组氨酸、亮氨酸和精氨酸分别损失30%左右。

（2）水解设备腐蚀严重　酸水解法生产氨基酸需要浓酸和高温，在这恶劣的条件下，设备腐蚀严重，给生产带来极大的不便。目前，国内水解设备大体分为两种：一种是反应釜；另一种是耐酸材料做的池。后者使用不便，一般采用反应釜水解蛋白质。水解中最易腐蚀部位是法兰和搅拌器连接处，其次是顶盖及外层。有些厂家的反应釜用不了几个月就要修理或调换，不仅严重影响生产，也增加了产品成本。

（3）造成环境污染　投料及水解时释放的盐酸酸雾、水解液蒸发赶酸时泄漏的酸雾及提取精制时排放的废液是造成环境污染的主要原因，同时也是影响操作工人的健康、腐蚀设备的主要原理。

(4) 综合利用问题　我国多数厂家在蛋白质水解后，往往只提取单一氨基酸后就将其母液（含有其他氨基酸）排放掉，不但造成环境污染，而且浪费了富贵的资源。

针对上述问题，可采取以下措施进行改进。

(1) 提高水解收率和产品收率　首先水解是获取高收率的根本。水解不彻底，产品收率低，分离困难；但水解时间过长，氨基酸分解破坏严重。因此，如何确定水解终点是提高水解率的关键。国内许多厂家习惯于用双缩脲反应作为指针确定蛋白质水解的终点，但实际上这仅能表示蛋白质的解体程度，解体完全未必就能达到目的氨基酸的最高水解率。故确定水解终点的科学方法是以目的氨基酸的水解收率作为控制终点的指针。例如，由丝胶水解液提取丝氨酸时，改用丝氨酸最高水解率为水解终点，丝氨酸的水解损失只有2%。其次，有效地分离精制也是获取高收率的关键。用离子交换法代替溶解度分离法分离氨基酸可提高产品的收率和质量，增强竞争力。一般来说，离子交换树脂对酸性及碱性氨基酸的分离效果好，对中性氨基酸的分离效果欠佳。

(2) 改进水解设备　为使釜体防腐性好，增加利用率，推荐采用防腐涂料涂于釜体表面，防腐涂料多采用环氧树脂、呋喃树脂、石墨粉及二丁酯、乙二胺等复配而成。水解反应釜材质也可采用钢板衬硬橡胶，从切线方向通入蒸汽加热，同时起到搅拌作用而省去搅拌装置。

(3) 改进水解液脱酸工艺　采用蒸馏赶酸的方法，能耗大，设备腐蚀严重，污染环境。可采用直接中和法除酸或离子交换法脱酸。中和法常伴有大量盐类（NaCl）产生。离子交换法具有利于母液综合利用的优点。

(4) 改进脱色工艺　传统工艺均使用粉状活性炭进行脱色，存在污染环境、劳动强度大等缺点。可采用一种大孔酚醛型弱酸性树脂进行脱色，其特点是树脂用量小，易再生，经再生后可以反复使用。

参考文献

[1] 张伟国，钱和．氨基酸生产技术及其应用［M］．北京：中国轻工业出版社，1997.

[2] 吴梧桐．生物制药工艺学［M］．北京：中国医药科技出版社，1993.

第四篇
氨基酸的提取与精制

第十六章 发酵液的预处理

提取与精制是氨基酸工业生产中的一个重要组成部分，它在投资及产品中的费用都占有很大比例。在实际生产中，不乏由于没有适当的提取方法或因提取收率太低、成本过高而不能投产的例子。因此，研究提取与精制技术，降低其成本，对氨基酸工业的发展是非常重要的。

在氨基酸工业生产中，大部分氨基酸产品是通过发酵法生产的。发酵液是一种极其复杂的多相体系，含有微生物细胞、代谢产物、未消耗完的培养基等。有时杂质氨基酸具有与目的氨基酸非常相似的化学结构和理化性质，因此，要从氨基酸发酵液中提取得到高纯度的氨基酸产品不是一件容易的工作。这项工作通常称为发酵液的后处理或下游加工过程（Downstream Process），由一系列化学工程的单元操作组成。

氨基酸发酵产物的提取和精制过程也就是浓缩和纯化过程，一般包括三个步骤：①发酵液的预处理；②提取；③精制。由于发酵液体积大，发酵液中的发酵产物浓度一般较低，一步操作远不能满足要求，而常常需要好几步操作，其中第一步操作从发酵液中分离提取发酵产物最为重要，称为提取。而以后几步操作所处理的体积小了，操作相对要容易些，主要是将发酵产物除去杂质、浓缩、提纯及精炼，这个过程统称为精制。在提取前还必须使菌体、悬浮固形物和固体杂质与发酵产物分开，即进行过滤或离心分离，并加入一些物质或采取一些措施，以改变发酵液的性质，便于以后的提取，这个过程称为发酵液的预处理。由于氨基酸发酵产物的化学结构和理化性质各不相同，故提取和精制的方法也多种多样。应针对发酵液和发酵产物的特性合理选择提取和精制的方法。常用的提取方法有离子交换树脂法、离子交换膜分离法、沉淀法、溶剂萃取法、吸附法等。发酵产物的提取和精制虽有区别，但有密切的联系，如离子交换树脂法（吸附、脱色、脱盐作用）、离子交换膜分离法、沉淀法（包括结晶）和吸附法（包括活性炭吸附脱色），也同样是精制的主要方法之一，只不过是在精制过程中成了单元操作而已。当然，常用的精制过程还包括浓缩、结晶、干燥、包装等单元操作。一般工艺流程如图 16-1 所示。

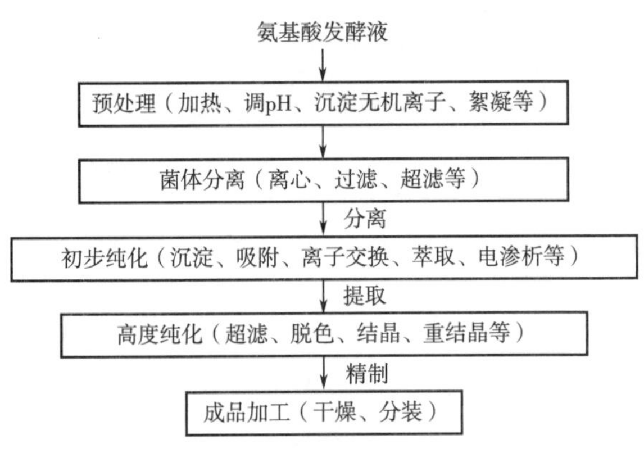

图 16-1 氨基酸发酵液中分离、提取和精制氨基酸的工艺流程

目前，大多数氨基酸均采用

发酵法生产，从发酵液中提取氨基酸的第一必要步骤就是预处理和液-固分离，其目的不仅在于分离菌体、细胞碎片、未用完的培养基、核酸和蛋白质等杂质，还希望除去部分可溶性杂质和改变滤液的性质，以利于后面提取与精制过程的顺利进行。

第一节　氨基酸发酵液的特征

目的氨基酸以游离或盐的形式大量存在于发酵液中，其浓度根据发酵的种类，一般为20~250g/L；发酵液积累的目的氨基酸通常都是具有生物活性的L-氨基酸。除少数情况外，夹杂其他氨基酸的种类和含量较少。如谷氨酸发酵液中所含的谷氨酸为L-型，一般以谷氨酸铵盐（$C_5H_8O_4N \cdot NH_4$）形式存在，根据菌种和发酵情况，L-谷氨酸含量一般为150~200g/L，其他杂质氨基酸有天冬氨酸、丙氨酸和谷氨酰胺等，杂质氨基酸含量通常<10g/L。这些特点均有利于目的氨基酸的提取和精制。

但是，氨基酸发酸液中悬浮着大量的微生物菌体（湿菌体占发酵液的2%~5%）、蛋白质等固形物质，这些杂质不仅使发酵液黏度提高，影响分离速度，而且还会影响后面的提取操作，如采用离子交换法或吸附法提取时，会影响吸附能力；采用溶剂萃取法提取时，容易产生乳化现象，使二相分离困难；采用膜过滤提取时，容易产生浓差极化现象，使滤速很快下降，膜易受到污染，使用寿命缩短。此外，氨基酸发酵液中还含有一些无机盐，特别是一些高价无机离子（Ca^{2+}、Mg^{2+}和Fe^{3+}等）的存在，不仅影响最终产品的质量（灰分增加），而且在采用离子交换法提取时，由于树脂大量吸附无机离子而减少对氨基酸的交换。这些特点均不利于氨基酸的提取与精制。

氨基酸发酸液预处理的主要目的就是改善发酵液的流变特性，以利于液固分离，同时除去一些对后面提取与精制操作有不良影响的杂质，使其能顺利进行。

第二节　高价无机离子的去除方法

对提取和成品质量影响较大的无机杂质主要是高价金属离子（Ca^{2+}、Mg^{2+}和Fe^{3+}等）。

Ca^{2+}的去除常用草酸钠或草酸，反应后生成的草酸钙在水中溶度积很小（18℃时为1.8×10^{-9}）。因此，能较完全地去除Ca^{2+}，生成的草酸钙沉淀还能促使杂蛋白凝固，提高滤速和滤液质量。

Mg^{2+}的去除也可用草酸，但草酸镁溶度积较大（18℃时为8.6×10^{-6}），故沉淀不完全，也可采用磷酸盐，使生成磷酸镁盐沉淀而除去。除形成沉淀外，还可用三聚磷酸钠，生成一种可溶性络合物而消除Mg^{2+}的影响：

$$Na_5P_3O_{10}+Mg^{2+} \longrightarrow MgNa_3P_3O_{10}+2Na^+$$

三聚磷酸钠也能与Ca^{2+}、Fe^{3+}形成络合物。采用三聚磷酸钠的主要缺点是容易造成河水污染，大量使用时应注意“三废”处理问题。

除去Fe^{3+}，可采用黄血盐，形成普鲁士蓝沉淀：

$$4Fe^{3+}+3K_4Fe(CN)_6 \longrightarrow Fe_4[Fe(CN)_6]_3\downarrow+12K^+$$

高价金属离子的存在对离子交换法提取和成品质量影响很大，预处理中应将它们除去。

第三节　杂蛋白质的去除方法

一、等电点沉淀

氨基酸发酵液的pH可显著影响发酵液中一些物质的所带电荷性质，如微生物细胞和碎片、蛋白质和一些胶体物质，适当调整发酵液的pH可使这些物质的所带电荷性质发生改变而易于凝聚形成较大的颗粒，从而有效地改善氨基酸发酵液的过滤特性，提高发酵液的过滤速率。蛋白质是一种带有氨基和羧基的两性物质，在酸性溶液中带正电荷，在碱性溶液中带负电荷，而在某一pH下，净电荷为零，称为等电点pI。此时，它在水中溶解度最小，能沉淀而除去。因为羧基的电离度比氨基大，通常蛋白质的酸性性质常强于碱性，因而很多蛋白质的pI都在酸性范围内（pH 4.0~6.0）。有些蛋白质在pI时仍有一定的溶解度，单靠等电点的方法还不能将其大部分沉淀除去，通常要结合其他方法。

二、变性沉淀

蛋白质从有规则的排列变成不规则结构的过程称为变性。变性蛋白质溶解度较小。最常用使蛋白质变性的方法是加热。使蛋白质分子结构从有规则的有序排列转变为不规则的结构，蛋白质变性沉淀析出，从而显著降低氨基酸发酵液的黏度，提高发酵液的过滤速率。不同蛋白质的变性沉淀温度不同，一般将氨基酸发酵液加热至65~80℃，并维持一定时间，即可将发酵液中的蛋白质变性沉淀。例如在氨基酸发酵液预处理时，可将发酵液pH至调至3.0左右，加热至70℃，并维持20~30min，可有效热变性沉淀蛋白质，使蛋白质凝聚成为颗粒较大的凝聚物，从而显著降低氨基酸发酵液的黏度，改善氨基酸发酵液的过滤特性，提高发酵液的过滤速率。加热预处理氨基酸发酵液的前提是目的产物必须为非热敏性的，且加热过程不会影响微生物细胞的完整性。因高温易引发氨基酸与发酵液中残糖之间的美拉德（Maillard）反应，使发酵液颜色加深，并造成目的氨基酸的损失，因此，在加热预处理氨基酸发酵液时，应严格控制加热温度和时间。

第四节　凝聚和絮凝技术

一、凝聚作用

凝聚作用是指在一些电解质作用下，使扩散双电层的排斥电位（即ε电位）降低，破坏胶体系统的分散状态，而使胶体粒子聚集的过程。

胶体粒子在溶液中都存在着扩散双电层的结构模型。发酵液中的菌体或蛋白质等胶体粒子的表面都带有电荷。带电的原因很多，主要是吸附溶液中的离子或自由基团的电离。通常发酵液中细胞或菌体带负电荷，由于静电引力的作用，将溶液中带相反电性的粒子（即阳离子）吸附在周围，在界面上形成了双电层。

胶粒能保持分散状态的原因正是其带有相同电荷和扩散双电层的结构。一旦布朗热运动使粒子间距离缩小到它们的扩散层部分重叠时，即产生电排斥作用，使 2 个粒子分开，从而阻止了粒子的聚集。ε 电位越大，电排斥作用越强，胶粒的分散程度也越大。胶粒能稳定存在的另一个原因是其表面的水化作用，形成了粒子周围的水化层，阻碍胶粒间的直接聚集。

如果在发酵液中加入具有相反电性的电解质，就能中和胶粒的电性，使 ε 电位降低。因此，对带负电性菌体的发酵液，阳离子的存在会促使 ε 电位迅速降低。当双电层的排斥力不足以抗衡胶粒间的范德华力时，由于热运动的结果就会导致胶粒的互相碰撞。此外，由于电解质离子在水中的水化作用，会破坏胶粒周围的水化层，使其能直接碰撞而聚集起来。

影响凝聚作用的主要因素是无机盐的种类、化合价以及无机盐的用量。阳离子对带负电荷的胶粒凝聚能力的次序如下：

$$Al^{3+}>Fe^{3+}>H^{+}>Ca^{2+}>Mg^{2+}>K^{+}>Na^{+}>Li^{+}$$

常用的凝聚剂有 $Al_2(SO_4)_3 \cdot 18H_2O$（明矾）、$AlCl_3 \cdot 6H_2O$、$FeCl_3$、$ZnSO_4$、$MgCO_3$等。

二、絮凝作用

絮凝作用是指在某些高分子絮凝剂存在下，在悬浮粒子之间产生架桥作用而使胶粒形成粗大絮凝团的过程。

作为絮凝剂的高分子聚合物必须具有长链线状的结构，易溶于水，其相对分子质量可高达数万至 1000 万以上，在长的链节上含有相当多的活性功能团，根据所带电性不同，可以分为阴离子型、阳离子型和非离子型 3 类。离子型絮凝剂带多价电荷，电荷密度会直接影响絮凝效果。絮凝剂的功能团能强烈地吸附在胶粒的表面上，而且一个高分子聚合物的许多链节分别吸附在不同颗粒的表面上，因而产生架桥联接。高分子聚合物絮凝剂在胶粒表面上的吸附机理是基于各种物理化学作用，如范德华力、静电引力、氢键和配位键等，究竟以哪一种机理为主，则取决于絮凝剂和胶粒两者的化学结构。如果胶粒相互间的排斥电位不太高，只要高分子聚合物的链节足够长，跨越的距离超过颗粒间的有效排斥距离，就能把多个胶粒联接在一起，形成粗大的絮凝团。高分子絮凝剂的吸附架桥作用如图 16-2 所示。

絮凝剂包括各种天然的聚合物和人工合成的聚合物。天然的有机高分子絮凝剂包括多糖类物质（如壳聚糖及其衍生物）、海藻酸钠、明胶和骨胶等，它们都是从天然动植物中提取而得，无毒，使用安全。人工合成的有机高分子絮凝剂包括聚丙烯酰胺类衍生物、聚苯乙烯类衍生物和聚丙烯酸类等，该类絮凝剂具有用量少、絮凝体粗大、分离效果好、絮

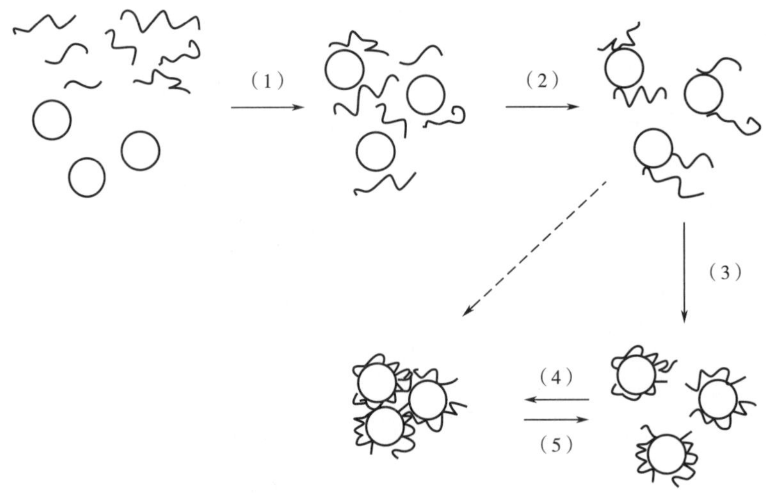

图 16-2　高分子絮凝剂的吸附架桥过程

(1) 聚合物分子在液相中分散，均匀分布在粒子之间　(2) 聚合物分子链在粒子表面的吸附

(3) 被吸附链的重排，高分子链包围在胶粒表面，产生保护作用，是架桥作用的平衡构象

(4) 脱稳粒子互相碰撞，形成架桥絮凝作用　(5) 絮团的打碎

凝速度快以及种类多、适用范围广等优点，但是一些人工合成的絮凝剂可能具有一定的毒性，如聚丙烯酰胺类絮凝剂，使用中应考虑最终能否从产品中除去。除此之外，无机高分子聚合物如聚合铝盐和聚合铁盐也可作为絮凝剂。

对于带负电荷菌体或蛋白质，阳离子型絮凝剂同时具有降低粒子排斥电位和产生吸附架桥的双重机理，而非离子型和阴离子型絮凝剂主要通过分子间引力和氢键等作用产生吸附架桥。它们常与无机电解质凝聚剂搭配使用，加入无机电解质使悬浮粒子间的排斥能降低，凝聚成微粒，然后加入絮凝剂。无机电解质的凝聚作用为高分子絮凝剂的架桥创造了良好的条件，两者相辅相成，从而提高了絮凝效果。

影响絮凝效果的因素很多，主要是絮凝剂的相对分子质量和种类、絮凝剂用量、溶液pH、搅拌速度和时间等。此外，在絮凝过程中常加入一定的助凝剂，可增加絮凝效果。有机高分子絮凝剂相对分子质量越大，分子链越长，吸附架桥效果就越明显。但是随相对分子质量增大，絮凝剂在水中溶解度减少。因此，相对分子质量的选择应适当。

絮凝剂的用量是一个重要因素，当絮凝剂浓度较低时，增加用量有助于架桥充分，絮凝效果提高；但是用量过多反而会引起吸附饱和，在胶粒表面上形成覆盖层失去与其他胶粒架桥的作用，造成胶粒再次稳定的现象，絮凝效果反而降低。溶液 pH 的变化会影响离子型絮凝剂功能团的电离度，从而影响链的伸展形态。提高电离度可使分子链上同号电荷间的电排斥作用增大，链就从卷曲状态变为伸展状态，因而能发挥最佳的架桥能力。絮凝过程中，剪切力对絮凝团的作用是必须注意的问题。在加入絮凝剂时，液体的湍动（加搅拌）是重要的，它能使絮凝剂迅速分散。但是絮凝团形成后，高的剪切力会打碎絮凝团，因此，操作时应控制搅拌转速和搅拌时间，在絮凝后的料液输送和液固分离中也应尽量选择剪切力小的操作方式和设备。

絮凝技术预处理发酵液的优点不仅在于过滤速度的提高，还在于能有效地去除杂蛋白质和固体杂质，如菌体、细胞和细胞碎片等，提高了滤液的质量。严希康等曾报道在L-脯氨酸发酵液中采用絮凝技术除去菌体等杂蛋白的方法，利用聚丙烯酰胺阳离子絮凝剂和Na_3PO_4无机电解质，其添加量为有机絮凝剂5mg/kg、无机电解质（饱和Na_3PO_4溶液）为发酵液体积的3.75%。结果表明，通过絮凝处理后L-脯氨酸仅损失0.8%，但使树脂对L-脯氨酸的静态吸附容量增加了40%。

参考文献

［1］张伟国，钱和．氨基酸生产技术及其应用［M］．北京：中国轻工业出版社，1997.

［2］顾觉奋．分离纯化工艺原理［M］．北京：中国医药科技出版社，1994.

［3］吴梧桐．生物制药工艺学［M］．北京：中国医药科技出版社，1993.

［4］欧阳平凯，曹竹安，马宏建等．发酵工程关键技术及其应用［M］．北京：化学工业出版社，2005.

［5］齐香君．现代生物制药工艺学［M］．北京：化学工业出版社，2003.

［6］王福源．生物工艺技术［M］．北京：中国轻工业出版社，2006.

［7］储炬，李友荣．现代生物工艺学［M］．上海：华东理工大学出版社，2007.

第十七章　发酵液的液-固分离

预处理操作完成后，氨基酸发酵液中含有大量的悬浮固体，如微生物细胞和碎片、菌体和蛋白质等的沉淀物以及它们的絮凝团。因此，需要进行固液分离操作除去氨基酸发酵液中的悬浮固体，获得澄清的氨基酸发酵液，以便于后续工艺提取发酵液中的目的氨基酸。常规的固液分离操作包括过滤和离心分离等单元操作。目前，国内氨基酸工业中广泛采用过滤操作除去氨基酸发酵液中的悬浮固体。过滤操作是悬浮液在某种推动力的作用下通过多孔性介质的固液分离过程，即在推动力的作用下，悬浮液中的液体透过多孔性介质（或称过滤介质），而固体悬浮物被多孔性介质截留，从而实现固液分离的操作过程。重力、压力、真空或离心力均可以是过滤操作的推动力。

第一节　影响液-固分离的因素

大多数微生物发酵液都属于非牛顿型流体，液-固分离较困难，发酵液的流变特性与很多因素有关，主要取决于菌种和培养条件。

发酵液中各种悬浮粒子的形状和大小是影响液-固分离的主要因素，通常液-固分离的难度和费用随固体颗粒的增大而减小。氨基酸发酵大多数是由细菌（棒杆菌或短杆菌）进行的。由于细菌的菌体较小，因此，液-固分离十分困难，如不先用预处理的各种手段来增大粒子，就很难采用常规过滤设备来完成液-固分离操作，获得澄清的滤液。

影响液-固分离的另一个重要因素是发酵液的黏度。影响发酵液黏度的因素很多，菌体的种类和浓度不同，其黏度有很大的差别。发酵液中蛋白质和核酸的存在会使黏度明显增高。有些染菌的发酵液其黏度也会增高。

此外，发酵后期加的消泡剂、残余培养基以及发酵液的 pH、温度、发酵周期和加热时间等对液-固分离都有很大影响。

第二节　改善过滤性能的方法

对于难过滤的氨基酸发酵液，必须设法改善过滤性能、降低滤饼的比阻值，以提高过滤速度，在上面已讨论过采用等电点、蛋白质变性以及凝聚和絮凝等方法预处理发酵液，以改变发酵液的性状和过滤性能。除此之外，还可在发酵液中加入助滤剂、反应剂等以改变过滤性能。

一、助滤剂

（一）助滤剂的作用

改善发酵过滤性能的第三种方法，是过滤前在发酵液中加入固体助滤剂。助滤剂的加入，可使发酵液中的胶体物质被吸附于助滤剂颗粒上，从而缓解过滤过程中的两个主要问题，即滤饼的压缩性和发酵液中胶体物质可能引起的麻烦。

助滤剂是一种不可压缩的多孔微粒，它能使滤饼疏松（除过滤初期外，真正起过滤介质作用的是滤饼），滤速增大。常用的助滤剂有硅酸盐粉末（硅藻土）。还有一种称为珠光石的工业产品（即珍珠岩），成分为 SiO_2，价格便宜，可以作为助滤剂。硅藻土在酸碱条件下是稳定的，由于其颗粒形状极不规则，所形成的滤饼孔隙率大，具有不可压缩性，因而既是优良的过滤介质，同时也是优良的助滤剂。

（二）助滤剂的选择

1. 粒度选择

这要根据料液中的颗粒和滤出液的澄清度决定。当粒度一定时，过滤速率与澄清度成反比，过滤速率大，澄清度差；过滤速率小，则澄清度好。颗粒较小时，应采用细的助滤剂。在试验时，可先取中等粒度的助滤剂进行，如能达到所要求的澄清度可取再粗一档的做试验；反之，如不能达到所要求的澄清度则要取较细一档的做试验，如此数次即可决定。

2. 根据过滤介质和过滤情况选择助滤剂的品种

当使用粗目滤网时易泄漏，过滤时间长或压力有波动时也易泄漏，这时加入石棉粉或纤维素或两者的混合物，就可以有效地防止泄漏。采用细目滤布时可采用细硅藻土，采用纤维素预涂层可使滤饼易于剥开并可防止堵塞毛细孔（例如，用于烧结或黏结材料的过滤介质）。滤饼较厚（50~100mm）时，为防止龟裂，可加入 10~50g/L 纤维素或活性炭。

3. 用量选择

间歇操作时助滤剂预涂层的最小厚度是2mm。在连续过滤机中要根据所需过滤速率来确定。使用时要求在料液中均匀分散，不允许沉淀，故一般设置搅拌混合槽。助滤剂中某些成分会溶于酸性或碱性液体中，故对产品要求严格时，还需将助滤剂预先进行酸洗或碱洗。

助滤剂的加入有两种方法：一种是在滤布上预先涂一层助滤剂（1~2mm）；另一种是直接加入发酵液中。采用前一种方法，会使滤速降低，但滤液透明度很快增加。对于后一种方法所需助滤剂的用量有一条经验规则可供参考，即助滤剂用量约等于悬浮液中固体含量时，滤速最快。

二、反应剂

改善过滤性能还有一种较好的方法是加入一些反应剂，它们能相互作用，或与某些溶解性盐类发生反应生成不溶解的沉淀（如 $CaSO_4$、$AlPO_4$等）。生成的沉淀能防止菌体黏结，使菌体具有块状结构，沉淀本身即可作为助滤剂，并且还能使胶状物和悬浮物凝固。如环丝氨酸发酵液用 CaO 和 H_3PO_4 处理，生成的 $Ca_3(PO_4)_2$ 沉淀，能使悬浮物凝固。多余的磷酸根离子还能除去 Ca^{2+}、Mg^{2+}，并且在发酵液中不会引入其他阳离子而影响环丝氨酸的离子交换吸附。正确选择反应剂和反应条件，能使过滤速度提高 3~10 倍。

发酵液染菌后会含很多细菌菌体，杂质也增多，给过滤造成很大困难。所染杂菌的种类不同对过滤的影响也不同。处理方法主要有：升高加热温度、增加絮凝剂用量和加助滤剂等。

第三节　液-固分离方法

液-固分离方法主要有过滤和离心分离两种方法。按料液流动方向不同，过滤还可细分为：①常规过滤（Conventional Filtration）；②膜过滤即错流过滤（Cross-flow Filtration）。常规过滤时料液流动方向与过滤介质垂直，而错流过滤时料液流向平行于过滤介质。

一、过滤法

（一）常规过滤法

传统意义上的过滤是指利用多孔性介质截留悬浮液中的固体粒子，进而使固-液分离的方式。菌体、细胞及其碎片等除了采用离心分离外，也可采用常规过滤法进行分离。如图 17-1 所示，过滤操作是以压力差为推动力，过滤操作中固形物被过滤介质所截留，并在介质表面形成滤饼，滤液透过滤饼的微孔和过滤介质。过滤的阻力主要是过滤介质和介质表面不断堆积的滤饼两个方面，其中滤饼的阻力占主导作用，因此，滤饼的特性对过滤操作是非常重要的。

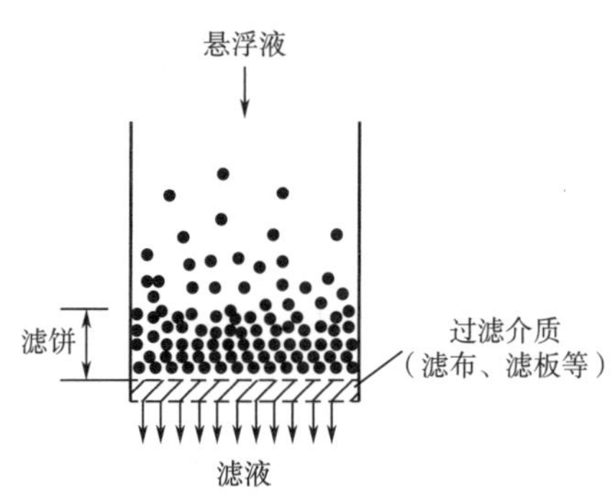

图 17-1　过滤原理示意图

在工业生产中，分离操作中应用最广并有实际意义的过滤设备主要有加压过滤机（如板框过滤机和加压叶滤机）和真空过滤机（如旋转真空过滤机）。

板框过滤机由板、框和压紧装置及支架等部分组成，如图 17-2 所示，具有结构简单、造价较低、动力消耗少、适应不同特性料液能力强等优点，同时也具有设备笨重、占地面积大、非生产的辅助时间长（包括解框、卸饼、洗滤布、重新压紧板框）等缺点。目前，板框过滤机经过改进而发展成为自动板框过滤机，其板框的拆装、滤渣的卸除和滤布的清洗等操作都能自动进行，大大缩短了非生产的辅助时间，并减轻了劳动强度。对于菌体较细小的氨基酸发酵液，可加入助滤剂或采用絮凝等方法预处理后进行压滤。

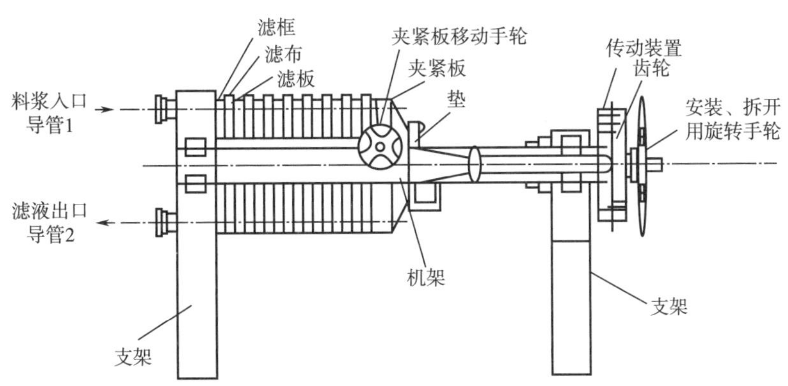

图 17-2　板框过滤机外形

加压叶滤机如图 17-3 所示，由许多滤叶组装而成，每个滤叶以金属管为框架，内装多孔金属板，外罩过滤介质，内部具有空间，供滤液通过。加压叶滤机在密封条件下过滤，机体装卸简单，洗涤容易，但过滤介质更换较复杂。

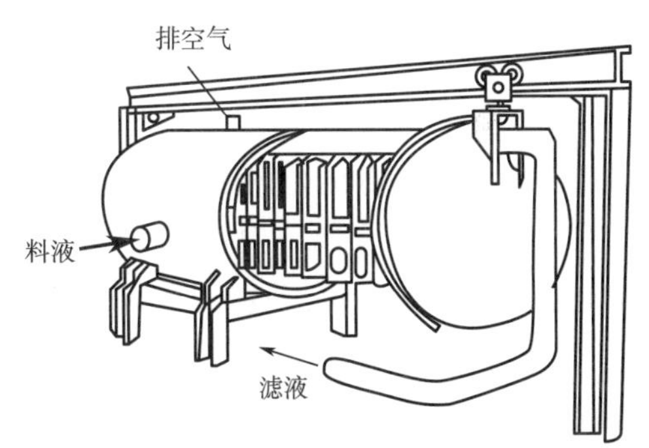

图 17-3　加压叶滤机

转鼓真空过滤机如图 17-4 所示，有一个绕水平轴转动的转鼓，鼓外是大气压而鼓内是部分真空。

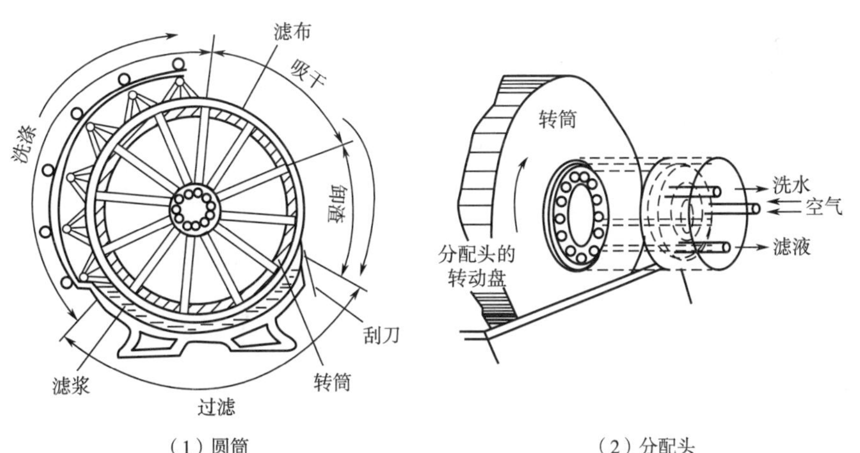

（1）圆筒　（2）分配头

图 17-4　转鼓真空过滤机

转鼓的下部浸没在悬浮液中，并以很低的转速转动。鼓内的真空可使液体通过滤布进入转鼓，滤液经中间的管路和分配阀流出，固体则黏附在滤布表面形成滤饼，当滤饼转出液面后，再经洗涤、脱水和卸料，从转鼓上脱落下来。转鼓真空过滤机的整个工作周期是在转鼓旋转一周内完成的，转鼓旋转一周，则过滤面可以分为过滤、洗涤、吸干和卸渣四个区。因为转鼓的不断旋转，每个滤室相继通过各区，即构成了连续操作的一个工作循环，分配阀控制着连续操作的各工序。转鼓真空过滤机能连续操作，并能实现自动控制，但是压差较小。对于菌体较细或黏稠的发酵液，则需在转鼓面上预设一层极薄的助滤剂。操作时，用一把缓慢向鼓面移动的刮刀将滤饼和助滤剂一起刮去，使过滤面积不断更新，以维持正常的过滤速度。

（二）膜分离法

生物技术的飞速发展，对与之相配套的生物产品分离纯化的方法以及生化过程控制技术提出了更高的要求。膜分离技术是20世纪60年代以后发展起来的高新技术，目前已成为一种重要的分离手段。膜分离是利用具有一定选择性透过特性的过滤介质（膜）来进行物质分离的方法。膜分离过程的实质是物质被膜透过或截留的过程，近似于筛分过程，依据滤膜孔径的大小而达到不同物理、化学性质和传递属性的物质分离的目的。从海水淡化工程开始，目前商业应用的膜技术主要有微滤、超滤、纳滤、反渗透、电渗析、透析、气体膜分离和渗透汽化等。

膜分离与传统的分离方法相比，具有设备简单、节约能源、分离效率高、容易控制等优点。膜分离通常在常温下操作，不涉及相变化，这对于处理热敏性物料，如生物、制药、食品等工业产品来说，显得十分重要，同时还具有防止杂菌污染等特点。

1. 膜分离类型

膜分离过程可以认为是一种物质被透过或被截留于膜的过程，近似于筛分过程，依据滤膜孔径的大小而达到物质分离的目的，故可按分离的粒子或分子的大小予以分类，见图17-5。

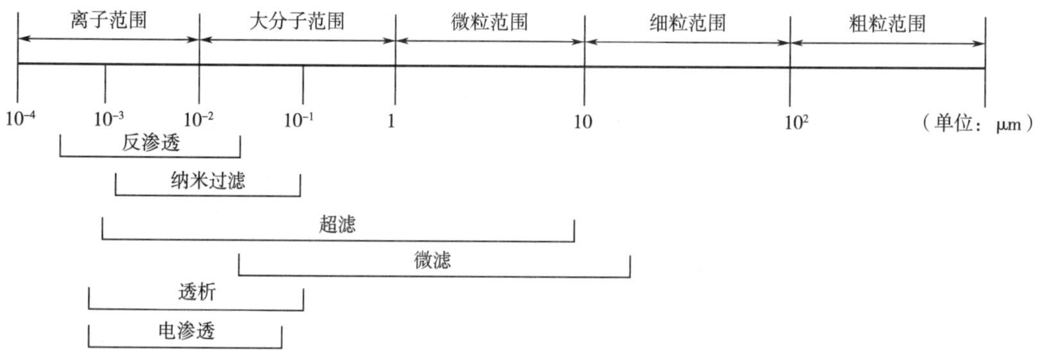

图17-5　几种膜分离过程分离的粒子大小范围

在生物分离过程中采用的膜分离法主要是利用物质之间透过性的差异，而在膜材料上固定特殊活性基团，使溶质与膜材料发生某种相互作用来提高膜分离性能的。功能膜研究也很多，它代表膜分离技术研究方向。根据推动力本质的不同，膜分离过程可具体分为四类：①以静压力差为推动力的过程；②以浓度差为推动力的过程；③以电位差为推动力的过程；④以蒸气分压差为推动力的过程。各种膜分离过程分类及其特性见表 17-1。

表 17-1　　膜分离过程分类及其特性

膜分离法	孔径	传质推动力	分离原理
微滤（MF）	0.02~10μm	静压力差（0.05~0.5MPa）	筛分
超滤（UF）	1~50nm	静压力差（0.1~1MPa）	筛分
纳滤（NF）	1nm	静压力差（0.1~1MPa）	筛分
反渗透（RO）	0.1~1nm	静压力差（1.0~10MPa）	溶解-扩散
透析（DS）	5~10nm	浓度差	溶解-扩散+筛分
电渗析（ED）	无孔	电位差	离子迁移
渗透汽化（PV）	无孔	蒸气分压差、温差	溶质与膜的亲和作用

（1）微滤和超滤　微滤和超滤两种分离过程中使用的膜都是微孔状，其分离作用类似于筛子，大于膜孔的粒子一般可以穿过膜，反之则被截留，从而将粒子大小具有明显差异的粒子分离。微滤中静压力差范围为 0.05~0.5MPa；超滤中静压力差范围为 0.1~1MPa。

微滤特别适用于微生物、细胞碎片、微细沉淀物和其他在微米级范围内的粒子，如 DNA 和病毒等的截留和浓缩。超滤适用于分离、纯化和浓缩一些大分子物质，如在溶液中或与亲和聚合物相连的蛋白质（亲和超滤）、多糖、抗生素以及热原等，也可以用来回收细胞和处理胶体悬浮液。

（2）反渗透　一种只能透过溶剂而不能透过溶质的膜一般称为理想的半透膜。当把溶剂和溶液（或把两种不同浓度的溶液）分别置于此膜的两侧时，纯溶剂将自然穿过半透膜而自发地向溶液（或从低浓度溶液向高浓度溶液）一侧移动，这种现象称为渗透（Osmosis）。当渗透过程进行到溶液的液面便产生一个压力 H，以抵消溶剂向溶液方面移动的趋势，即达到平衡，此 H 称为该溶液的渗透压 π。

渗透压的大小取决于溶液的种类、浓度和温度，而与膜本身无关。在这种情况下，若在溶液的液面再施加一个大于 π 的压力 p 时，溶剂将与原来的渗透方向相反，开始从溶液向溶剂一侧移动，这说是所谓的反渗透（Reverse Osmosis）。凡基于此原理所进行的浓缩或纯化溶液的分离方法，一般称为反渗透工艺。

反渗透的选择透过性与组分在膜中的溶解、吸附和扩散有关，因此除与膜结构有关外，还与膜的化学、物化性质有密切关系，即与组分和膜之间的相互作用密切相关。因此反渗透过程中静压力差较高，一般在 1.0~10MPa。在超滤和微滤中，由于分离的溶质是大分子，渗透压较低，常可忽略。

反渗透分离技术具有一些特点，例如，在常温下不发生相变化的条件下，可以对溶质和水进行分离，适用于对热敏感物质的分离、浓缩，能耗较低；不仅可以去除溶解的无机盐类，而且还可以去除各类有机物杂质；较高的除盐率和水的回收率，可截留粒径几个纳米以上的溶质；分离装置简单，容易操作维修。但源水在进入反渗透膜器之前要采用一定的预处理措施。

反渗透法比其他的分离方法（如蒸发、冷冻等方法）有显著的优点，目前已在许多领域中得到了应用。例如，超纯水的制备，锅炉水的软化，海水和苦咸水的脱盐，化工废液中有用物质的回收，城市污水的处理等许多方面。

（3）纳滤　纳滤（Nanofiltration，NF）是介于反渗透和超滤之间的一种压力驱动型膜分离技术。它具有两个特征：对水中的相对分子质量为数百的有机小分子具有分离性能；对于不同价态的阴离子存在唐南（Donnan）效应。物料的荷电性、离子价数和浓度对膜的分离效应有很大的影响。

纳滤主要用于饮用水和工业用水的纯化、废水净化处理、工艺流体中有价值成分的浓缩等方面，其操作压力为 0.5～2.0MPa，截留分子质量界限为 200～1000u（或 200～500u），分子大小约为 1nm 的溶解组分的分离。

纳滤膜、反渗透膜均为无孔膜，通常认为其传质机理为溶解-扩散方式。但纳滤膜大多为荷电膜，其对无机盐的分离行为不仅由化学势梯度控制，同时也受电势梯度的影响，即纳滤膜的行为与其荷电性能，以及溶质荷电状态和相互作用都有关系。

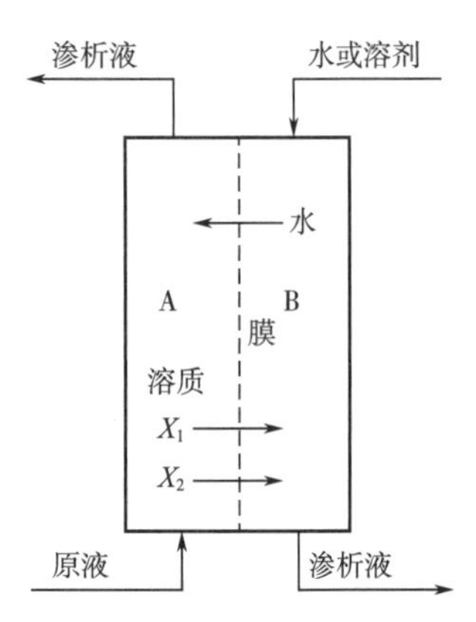

图 17-6　透析分离原理示意图

（4）透析　透析过程的简单原理如图 17-6 所示，即中间以膜（虚线）相隔，A 侧通原液，B 侧通溶剂。溶质由 A 侧根据扩散原理，而溶剂（水）由 B 侧依据渗透原理相互进行移动，一般小分子比大分子扩散快。透析的目的就是借助这种扩散速度的差，使 A 侧两组分以上的溶质得以分离。浓度差（化学位）是这种分离过程的唯一推动力。透析膜也是半透膜的一种，它是根据溶质分子的大小和化学性质的不同而具有不同透过速度的选择性透过膜，通常用于分离水溶液中的溶质。透析膜的孔径一般为 5～10nm，由于以浓度差为传质推动力，膜的透过通量很小，不适于大规模生物分离过程，而在实验室中应用较多。

透析膜的典型应用实例是模拟人体肾脏进行血液的透析分离。膜的截留机理是由于水的膨润作用使寄留于构成膜的高分子链间的水分子以各种状态（化合水、游离水等）存在，因而具有“孔眼”的功能。根据这种孔眼的大小，透析膜将按溶质分子的大小显示出分级筛分的多孔膜特征。

（5）电渗析　电渗析装置是由许多只允许阳离子通过的阳离子交换膜和只允许阴离子通过的阴离子交换膜组成的（图 17-7），这两种交换膜交替地平等排列在两正负电极之间。最初，在所有隔室内，阳离子与阴离子的浓度都均匀一致，呈电平衡状态；当加上电压以后，在直流电场的作用下，淡化室中的全部阳离子趋向阴极，在通过阳膜之后，被浓缩室的阴膜所阻挡，留在浓缩室中；而淡化室中的全部阴离子趋向阳极，在通过阴极之后，被浓缩室的阳膜所阻挡，也被留在浓缩室中。于是淡化室中的电解质浓度逐渐下降，而浓缩室中的电解质浓度则逐渐上升。

(6) 渗透汽化　渗透汽化技术是膜分离技术的一个分支，也是热驱动的蒸馏法与膜法相结合的一种分离方法。不过，渗透汽化不同于常规膜分离法，它在渗透过程中将产生由液相到气相的转变。在渗透汽化过程中，膜的料液侧压力一般维持常压，而膜的另一侧通常以真空泵获得一定的真空度，这样可最大限度提高传质推动力。

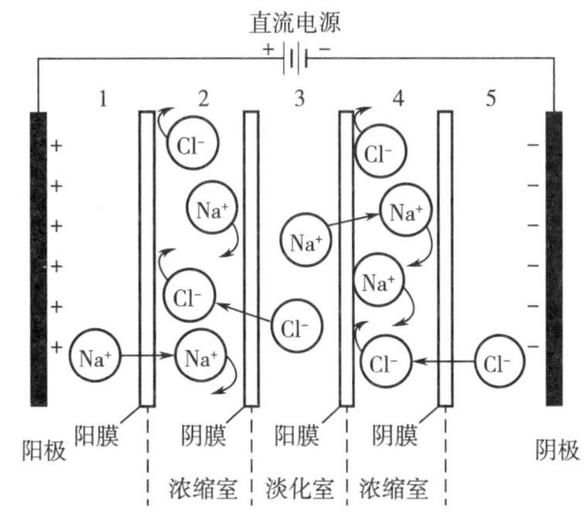

图 17–7　电渗析分离原理示意图

膜分离发酵液中的菌体、细胞及其碎片时通常采用错流过滤方式。错流过滤也称切向流过滤、交叉过滤和十字过滤，是一种维持恒压高速过滤的技术。由于错流过滤中料液流动的方向与过滤介质平行，因此能清除过滤介质表面的滞留物，使滤饼不易形成，能够保持较高的过滤速度。

当超滤或微滤膜运行到一定程度时，由于膜两侧浓差极化导致渗透压提高，水通量下降；且膜本身会产生结垢现象，导致膜的物理阻塞，从而降低膜的截留率。此时，需要对膜进行清洗再生，然后进行水通量测试，经测试合格后方能进行下一个生产周期。膜再生对于膜的正常运行非常重要，其清洗方法因膜系统而异，一般都采用化学清洗或逆冲等机械清洗方法。清洗剂种类很多，起溶解作用的物质有酸、碱、蛋白酶、螯合剂和表面活性剂，起氧化作用的物质有 H_2O_2、次氯酸盐等，起渗透作用的物质有磷酸盐、聚磷酸盐等。应根据污染物的性质来选择清洗剂，例如，蛋白质沉淀可用相应的蛋白酶溶剂或磷酸盐为基础的碱性去垢剂清洗，无机盐沉淀可用 EDTA 之类的螯合剂或酸、碱溶液来溶解。

2. 膜组件

由膜、固定膜的支撑体、间隔物以及收纳这些部件的容器构成的一个单元称为膜组件或膜装置。膜组件的结构根据膜的形式而异，目前市售商品膜组件主要有管式、平板式、螺旋卷式和中空纤维（毛细管）式等四种，其中管式和中空纤维式膜组件根据操作方式不同，又分为内压式和外压式。

(1) 管式膜组件　管式膜组件是将膜固定在内径 10~25mm，长约 3m 的圆管状多孔支撑体上构成的，10~20 根管式膜并联，或用管线串联，收纳在筒状容器内即构成管式膜组件，如图 17–8 所示。当膜处于支撑管的内壁或外壁时，分别构成了内压管式和外压管式组件。

管式膜组件的内径较大，对料液中杂质含量的要求不高，适合于处理悬浮物含量较高的料液；膜组件结构简单，分离操作完成后的清洗比较容易，膜面的清洗不仅可以用化学方法，而且也可以用海绵球之类的机械清洗方法；膜分离规模的放大很容易。为了改进流动状态，还可以安装湍流促进器。

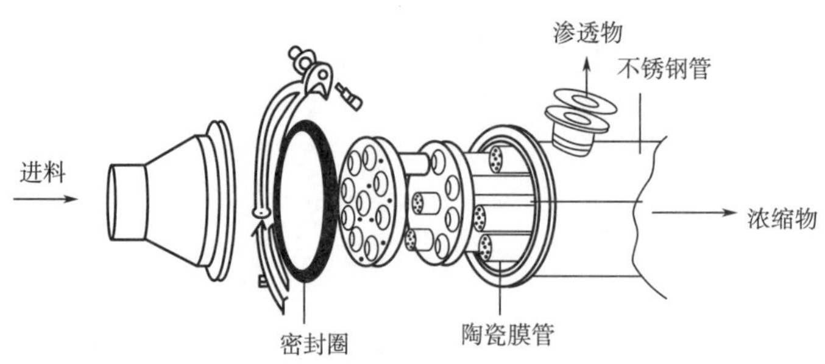

图 17-8　管式膜组件结构示意图

但是管式膜组件单位体积的过滤表面积（即比表面积）在各种膜组件中最小（<300m^2/m^3），这是它的主要缺点。此外，管式膜组件的进料体积较大，通常需要弯头转接（压力损失较大）。

（2）平板式膜组件　平板式（也称板框式）膜组件与板式换热器或加压叶滤机相似，由多块圆形或长方形平板膜以 1mm 左右的间隔重叠加工而成，膜间衬设多孔薄膜，供料液或滤液流动。平板式膜组件比管式膜组件比表面积大得多。在实验室中经常使用将一张平板式膜固定在容器底部的搅拌槽式过滤器。图 17-9 为平板式膜组件示意图。在图 17-9（1）所示形式中，为了减少沟流，也为了形成均匀的流量分布，膜组件中设置有挡板；图 17-9（2）所示形式可以对料液进行连续多级浓缩，适用于要求高浓缩比的场合。

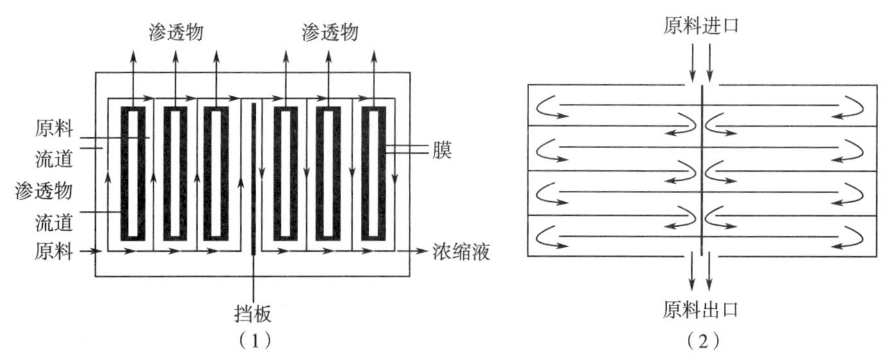

图 17-9　平板式膜组件示意图

平板式膜组件的突出优点是操作灵活，可以简单地增加膜的层数实现增大处理量；组装简单、坚固，对压力变动和现场作业的可靠性较大；可以通过关闭个别膜对来消除操作中的故障，而不必使整个组件停止运行。但也有一些缺点：如需要个别密封的数目太多，因此装置越大对各零部件的加工精度要求也就越高，尽管组件结构简单，但成本较高；装填密度仍然不够高（一般为 100~400m^2/m^3）。

平板式膜组件主要用于微滤、超滤、纳滤和渗透汽化等膜分离过程。在不同的过程中，组件的具体设计也不同。当用于超滤过程时，由于处理过程不仅与滤膜的孔径及其分布有关，并显著地受膜面浓差极化和凝胶层的影响，由于装填密度较低，平板式膜组件很少用于反渗透过程。

（3）螺旋卷式膜组件 螺旋卷式膜组件是由美国 Gulf General Atomic 公司于 1964 年研制成功的，是目前反渗透、超滤及气体分离过程中最重要的膜组件形式，也有少量用于渗透汽化过程。螺旋卷式膜组件是一类将膜、多孔膜支撑材料和悬浮液通道网等组合旋转，一并装入具有一定承压能力的外壳管内而制成的膜组件。螺旋卷式膜组件是双层结构，中间为多孔膜支撑材料，两侧面均为膜，三边均被密封形成膜袋，另外一边与一根多孔中心滤液收集管密封连接，膜袋外侧面放置悬浮液通道网，形成膜-多孔膜支撑材料-膜-悬浮液通道网依次叠合，再绕多孔中心滤液收集管旋转并装填密封于具有一定承压能力的外壳管内而制成的。其典型的结构如图 17-10 所示。

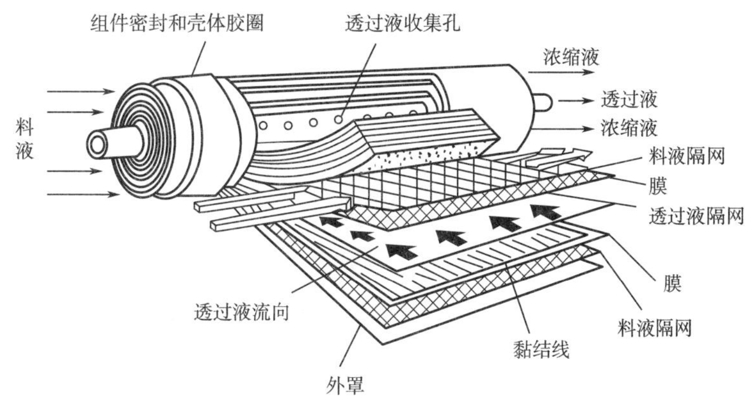

图 17-10 螺旋卷式膜组件典型结构示意图

在分离过程中料液从端面进入，轴向流过膜组件，而渗透液在多孔支撑层中沿螺旋路线流进收集管，隔网不仅提供原水的通道，而且兼有湍流促进器的作用，隔网的大小、形状均会影响水流状态。

螺旋卷式膜组件的比表面积大，结构简单，但处理悬浮物浓度较高的料液时容易发生堵塞现象。对于不同的处理对象，可对螺旋卷式膜组件的结构做相应的改进：对整个膜组件用无缝包装代替唇形密封，可以避免存在静水区从而减少形成生物污垢的可能性；改变间隔板的形状，增加厚度。

（4）中空纤维（毛细管）式膜组件 中空纤维或毛细管式膜组件由数百万根中空纤维膜固定在圆筒形容器内构成（图 17-11）。毛细管式膜组件的结构类似于管式膜。由于膜的孔径较小（0.5~6mm），能承受高压，所以不用支撑管。通常将很多的毛细管按图 17-11 的方式安装在一个组件中。严格地讲，内径为 40~80μm 的膜称为中空纤维膜，而内径为 0.25~2.5mm 的膜称为毛细管膜。由于两种膜组件的结构基本相同，故一般将这两种膜统称为中空纤维式膜组件。毛细管膜的耐压能力在 1.0MPa 以下，主要用于超滤和微滤；中空纤维膜的耐压能力较高，常用于反渗透。

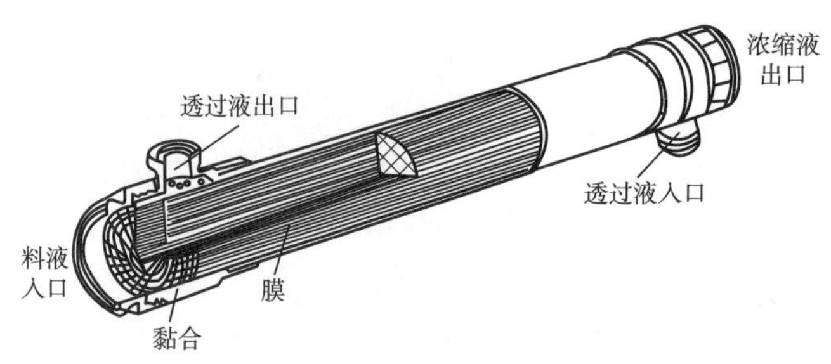

图 17-11　中空纤维（毛细管）式膜组件结构示意图

毛细管式膜组件的运行方式有两种：料液流经毛细管管内，在毛细管外侧收集渗透液；原料液从毛细管外侧进入组件，渗透液从毛细管内流出。这两种方式的选择取决于具体应用场合。

由于中空纤维式膜组件由许多极细的中空纤维构成，采用外压式操作（料液走壳方）时，流动容易形成沟流效应，凝胶吸附层的控制比较困难；采用内压操作（料液走腔内）时，为防止堵塞，需对料液进行预处理，除去其中的微粒。

中空纤维最主要的优点是装填密度很高，可达 16000～30000m^2/m^3，对反渗透、气体分离、膜接触器、液膜等单位面积渗透通量很小的过程是非常有利的。但它也有许多缺点，例如，清洗困难，只能采用化学清洗；中空纤维一旦损坏无法更换；液体在管内流动时阻力很大，导致压力损失较大。目前中空纤维膜主要用于反渗透、气体分离、膜接触器、液膜以及超滤和渗析等领域。

由上述可见，各种型式组件具有不同的结构特点，从而具有各自的分离特性，适用于不同的体系和要求，表 17-2 总结了各种膜组件的特性和应用范围。

表 17-2　　各种膜组件的特性和应用范围

膜组件	比表面积/(m^2/m^3)	设备费	操作费	膜面吸附层的控制	应用
管式	20～30	极高	高	很容易	UF、MF
平板式	400～600	高	低	容易	UF、MF、PV
螺旋卷式	800～1000	低	低	难	RO、UF、MF
毛细管式	600～1200	低	低	容易	UF、MF、PV
中空纤维式	4000～10000	很低	低	很难	RO、DS

在氨基酸工业中，常采用中空纤维式膜组件和螺旋卷式膜组件错流过滤发酵液。对于氨基酸发酵液的细菌悬浮液，错流过滤的滤速可达 67～118L/(m^2·h)。

二、离心分离法

离心分离法是通过离心机的高速运转，使离心加速度超过重力加速度成百上千倍，而使沉降速度增加，以加速料液中杂质沉淀并除去的一种方法。其原理是利用混合液密度差来分离料液，比较适用于分离含难以沉降过滤的细微粒或絮状物的悬浮液。与过滤法相比较，离心分离法分离速度快、效率高；操作时卫生条件好，占地面积小，能自动化、连续化和程序控制，适用于大规模的分离过程，但缺点是设备投资费用高、能耗也较高。

离心分离设备在氨基酸工业生产上的应用十分广泛，例如，从各种氨基酸发酵液分离菌体以及从结晶母液中分离成品等都大量使用各种类型的离心分离机。习惯上，离心机可分为沉降式离心机、过滤式离心机和分离机。其中，沉降式离心机用以分离悬浮固体浓度较低的固液分离；而分离机则用于分离两种互不相溶的、密度有微小差异的乳浊液；过滤式离心机的转鼓壁上开有小孔，上有过滤介质，用于处理悬浮固体颗粒较大、固体含量较高的场合。

按操作方式，离心机可分为间歇式和连续式。按卸料（渣）方式分为人工卸料和自动卸料两类。自动卸料形式多样，有刮刀卸料、活塞推料、离心卸料、螺旋卸料、排料管卸料和喷嘴卸料等（表 17-3）。按转鼓的数目，离心机可分为单鼓式和多鼓式两类。转鼓形状包括圆柱形、圆锥形和柱-锥形。

表 17-3　　各种离心沉降、分离机分类

<table>
<tr><td rowspan="11">沉降式</td><td rowspan="3">间歇式</td><td colspan="2">撇液管式</td><td rowspan="13">过滤式</td><td rowspan="3">间歇式</td><td colspan="2" rowspan="2">三足式</td><td>上卸料</td></tr>
<tr><td rowspan="2">多鼓（径向排列）</td><td>并联式</td><td>下卸料</td></tr>
<tr><td>串联式</td><td colspan="2">上悬式</td><td>重力卸料</td></tr>
<tr><td rowspan="8">连续式</td><td rowspan="2">管式</td><td>澄清型</td><td rowspan="10">连续式</td><td colspan="3">机械卸料</td></tr>
<tr><td>分离型</td><td colspan="3">卧式刮刀卸料</td></tr>
<tr><td rowspan="3">碟片式</td><td>人工排渣</td><td rowspan="4">卧式</td><td rowspan="2">单鼓</td><td>单级</td></tr>
<tr><td>活塞排渣</td><td>多级</td></tr>
<tr><td>喷嘴排渣</td><td rowspan="2">多鼓（轴向排列）</td><td>单级</td></tr>
<tr><td rowspan="3">螺旋卸料</td><td>圆柱形</td><td>多级</td></tr>
<tr><td>柱-锥形</td><td colspan="3">离心卸料</td></tr>
<tr><td>圆锥形</td><td colspan="3">振动卸料</td></tr>
<tr><td colspan="4" rowspan="2">螺旋卸料沉降-过滤组合式</td><td colspan="3">进动卸料</td></tr>
<tr><td colspan="3">螺旋卸料</td></tr>
</table>

（一）离心沉降技术及相关设备

离心沉降是利用固-液两相的相对密度差，在离心机无孔转鼓或管子中对悬浮液进行分离的操作。离心沉降是氨基酸生产中广泛使用的非均相分离手段，适用于菌体、噬菌体以及蛋白质等的分离。离心沉降的分离效果可用离心分离因数（离心力强度）F_r 来进行评价，如式（17-1）所示：

$$F_r = \omega^2 \cdot r/g \tag{17-1}$$

式中　ω——旋转角速度，rad/s

r——离心机的半径，m

g——重力加速度，m/s^2

分离因数越大，越有利于离心沉降。在实践中，常按分离因数 F_r 的大小对离心机分类。$F_r<3000$ 的为常速离心机，$F_r=3000\sim5000$ 的为高速离心机，$F_r\geqslant5000$ 的为超高速离心机。

离心沉降设备很多，主要包括实验室用的瓶式离心机和工业生产用的无孔转鼓式离心机两大类。瓶式离心机可分为低速离心机、高速离心机和超高速离心机。瓶式离心机也可分为外摆式或角式，操作一般在室温下进行，也有配备冷却装置的冷冻离心机。无孔转鼓离心机又有管式、碟片式、卧螺式及多室式等几种型式，工业中常用于分离菌体、细胞碎片的是管式离心机和碟片式离心机。

1. 管式离心机

管式离心机有一个细长而高速旋转的转鼓，该转鼓由顶盖、带空心轴的底盖和管状转筒组成，长径比一般为 4～8，结构如图 17-12 所示。

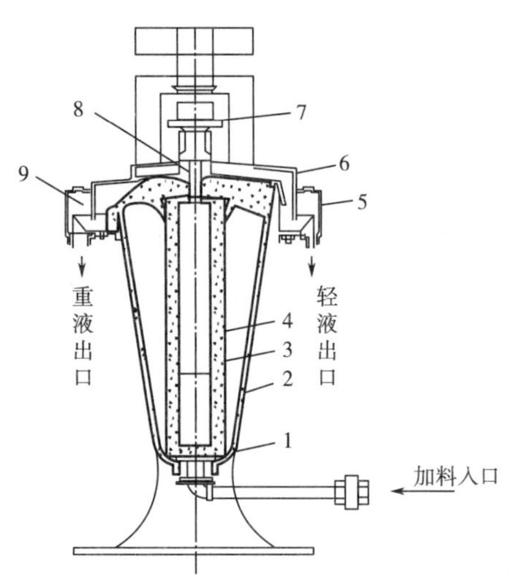

图 17-12　管式离心机示意图

1—拆转器　2—固定机壳　3—十字型挡板　4—转鼓　5—轻液室　6—排料罩　7—驱动轴　8—环状隔盘　9—重液室

这类离心机分两种，一种是分离型（GF 型），用于处理乳浊液而进行液-液分离操作；另一种是澄清型（GQ 型），用于处理悬浮液而进行液-固分离的澄清操作。处理发酵液时，关闭重液出口，只保留中央轻液出口，发酵液从管底加入，与转筒同速旋转，上清液在顶部排出，菌体等离心沉降到筒壁上形成沉渣和黏稠的浆状物，当运转一段时间后，出口液体中固体含量达到规定的最高水平，澄清度不符合要求时，需停机清除沉渣后才能重新使用。管式离心机转速一般为 15000r/min，分离因数可达 50000，为普通离心机的 8～24 倍，可用于液-液分离和微粒较小的悬浮液的澄清。

2. 碟片式离心机

碟片式离心机是氨基酸工业生产中应用最为广泛的一种离心机，结构如图 17-13 所示。

它有一个密封的转鼓，内设有数十至上百个锥角为 60°～120°的圆锥形碟片，以增大沉降面积和缩短分离时间。碟片间隙一般为 0.5～2.5mm，当碟片间的悬浮液随着碟片高速旋转时，固体颗粒在离心力作用下沉降于碟片的内腹面，并连续向鼓壁沉降，澄清液则被迫反方向移动至转鼓中心的进液管周围，并连续被排出。简单的碟片式离心机待沉渣积累到一定厚度时需要停机打开转鼓清除，因此只能间歇操作，要求悬浮液中的固体含量不超过 1%。

自动除渣碟式离心机是在有特殊形状内壁的转鼓壁上开设若干喷嘴（或活门），可实现自动排渣，适合处理较高固体含量的料液。

碟片式离心机的分离因数可达 6000~20000，能分离的最小微粒为 0.5μm，适用于细胞悬浮液及细胞碎片悬浮液的分离，其最大处理量达 $300m^3/h$，一般用于大规模的分离过程。

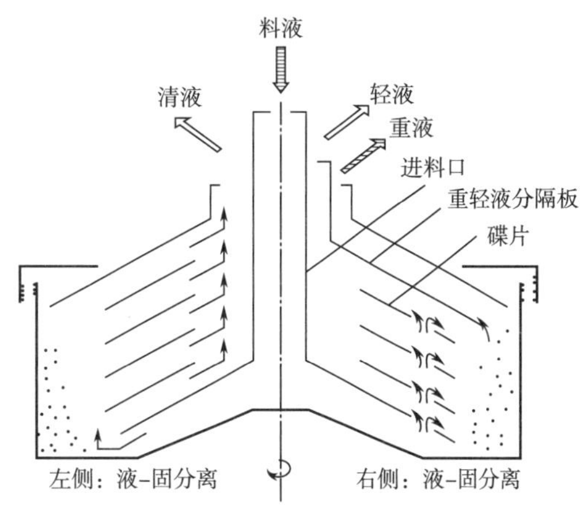

图 17-13　碟片式离心机示意图

（二）离心过滤技术及相关设备

所谓离心过滤，就是指利用离心转鼓高速旋转所产生的离心力代替压力差作为过滤推动力的一种过滤分离方法。离心过滤工作原理图如图 17-14 所示。

过滤离心机的转鼓为多孔圆筒，圆筒内表面铺有过滤介质（滤布或硅藻土等），以离心力为推动力完成过滤作业，兼有离心与过滤的双重作用，过滤面积和离心力随离心过滤机半径的增大而增大。一般情况下，物料的过滤速度受过滤面积、介质阻力、滤饼阻力、料液性质（黏度和杂质含量）等因素的影响。氨基酸工业生产上常见的离心过滤设备包括三足式离心机（图 17-15）和刮刀卸料式离心机（图 17-16）。

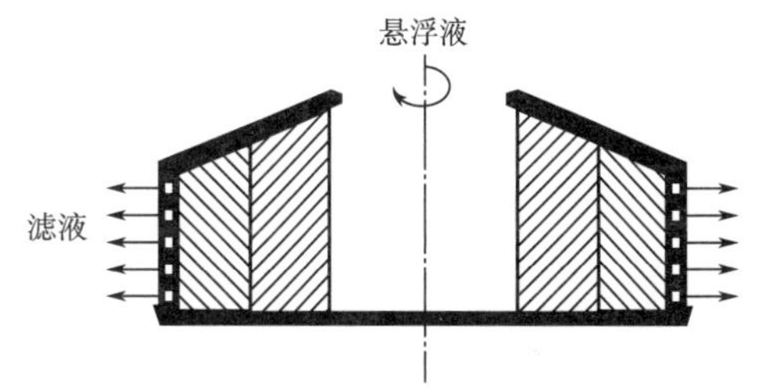

图 17-14　离心过滤工作原理图

三足式离心机结构如图 17-15 所示。主机全速运转后，悬浮液经进料管到达全速运转的布料盘，由于离心力的作用，悬浮液均匀地分布在转鼓内壁的过滤介质上，液相穿过过滤介质经转鼓过滤孔而泄出，固相则被截留在过滤介质上形成圆筒状过滤饼。三足式离心机对于粒状、结晶状、纤维状的颗粒物料脱水效果好，适用于过滤周期长，处理量不大且滤渣含水量要求较低的生产过程，具有结构简单、操作平稳、占地面积小、滤渣颗粒不易磨损等优点。

刮刀卸料式离心机结构如图 17-16 所示。操作时先空载启动转鼓到工作转速，然后打开进料阀门，悬浮液沿进料管进入转鼓内，其中液体经过过滤式转鼓被离心力甩出，并从机壳的排液口排出。当截留在滤网的滤渣达到一定厚度时，关闭阀门，停止进料，然后进行洗涤和甩干等过程。达到工艺要求后通过油缸活塞带动刮刀向上运动，刮下滤渣，并沿卸料槽卸出。每次加料前要用洗液清洗滤网上所残留的部分滤渣，以使滤网再生。卧式离

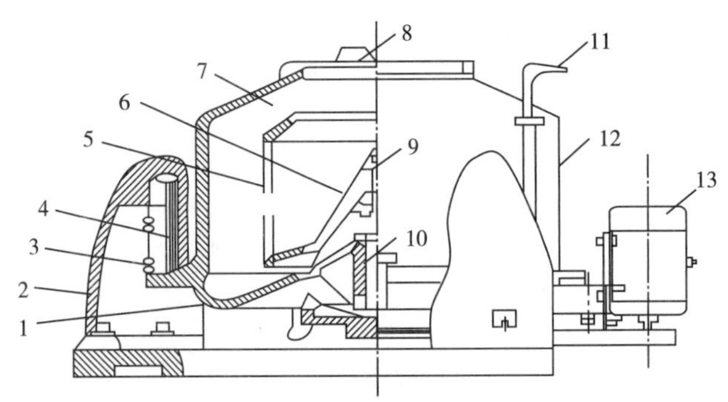

图 17-15　三足式离心机

1—底盘　2—支柱　3—缓冲弹簧　4—摆杆　5—转鼓体　6—转鼓底　7—拦液板

8—机盖　9—主轴　10—轴承座　11—制动器把手　12—外壳　13—电动机

心机可自动操作，适于中细粒度悬浮的脱水及大规模生产，但对于晶体的破损率较大（主要由刮刀卸料造成）。

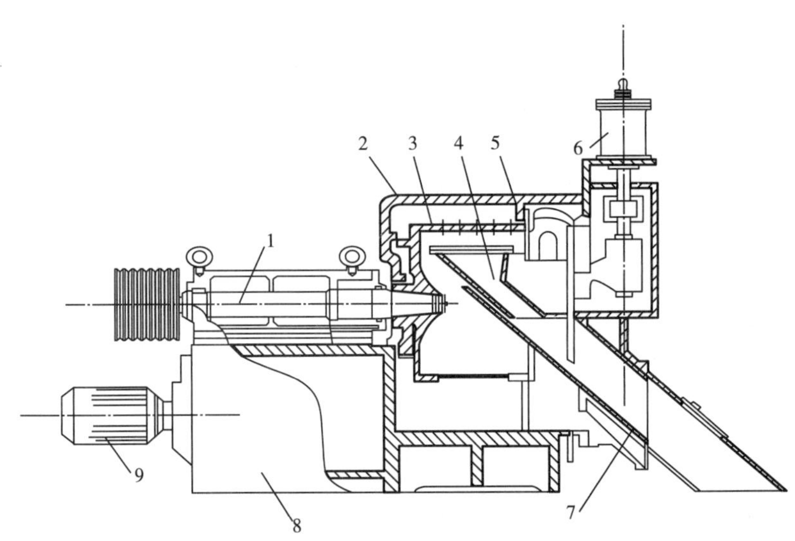

图 17-16　刮刀卸料式离心机

1—主轴　2—外壳　3—转鼓　4—刮刀机构　5—加料管

6—提刀油缸　7—卸料斜槽　8—机座　9—油泵电机

三、谷氨酸发酵液超滤法分离菌体实例

（一）菌体超滤分离流程与系统

在谷氨酸生产中，可选用 150~200ku 的超滤膜对发酵液进行超滤分离菌体，其流程如图 17-17 所示，整个超滤系统如图 17-18 所示。

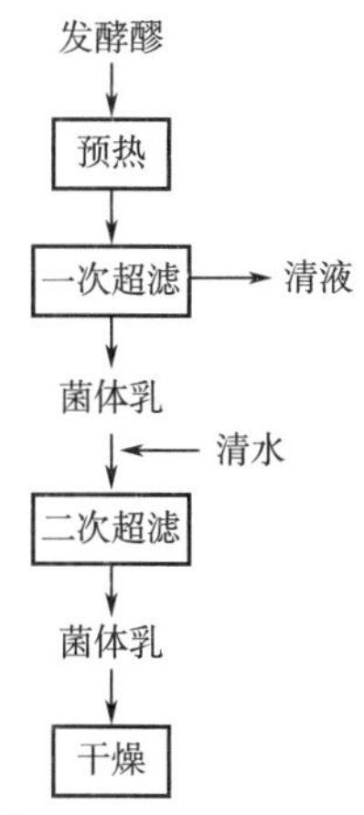

图 17-17　超滤分离菌体流程

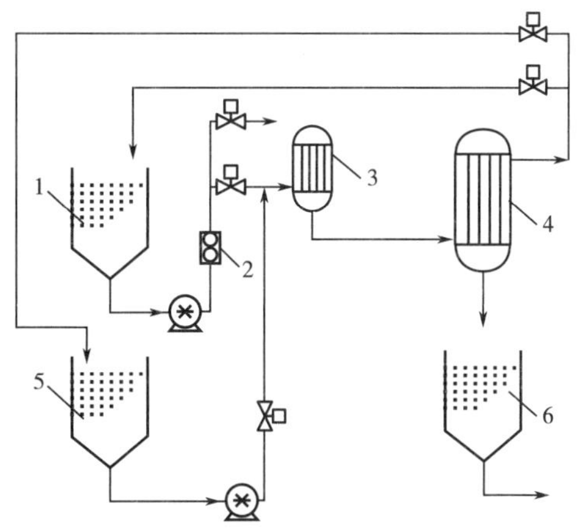

图 17-18　超滤系统

1—恒定罐　2—流量计　3—预过滤器
4—超滤膜组件　5—清洗液贮罐　6—清液贮罐

（二）谷氨酸发酵液的预热

谷氨酸发酵液放料后，通过薄板换热器，用蒸汽加热至60℃左右，使菌体受热凝集，有利于超滤操作。同时，可以避免活菌在超滤膜上孳长。

（三）一次超滤分离

预热后，将发酵液泵送至恒定罐，然后由恒定罐泵送发酵液去超滤处理，先经预过滤器分离较大的固体颗粒，以保护超滤膜，再进入超滤膜组件，进行恒压超滤，一般控制压力为0.25MPa。所得清液进入贮罐，菌体乳循环回到恒定罐。如果设定超滤浓缩倍数为10，当恒定罐菌体浓度达到浓缩倍数时，即可结束一次超滤操作。

（四）二次超滤分离

由于一次超滤分离所得的菌体浓缩液含有谷氨酸，为了避免谷氨酸的损失，需用水洗涤菌体浓缩液，并进行二次超滤分离。二次超滤系统的组成、操作同一次超滤系统。在恒定罐中，加入2~5倍清水，然后进行超滤分离，达到设定的浓缩倍数时结束操作。所得清液与一次超滤的清液合并，用于谷氨酸提取。所得菌体浓缩液含谷氨酸极少（低于4g/L），可送至干燥工序。

（五）超滤膜的清洗

当超滤膜的过滤通量大幅度衰减，超滤膜组件中的压力升至0.40MPa左右时，应停止超滤操作，以免因压力过大损坏膜件。此时，需对膜组件进行清洗、再生，其一般程序为：

物料回收→热水冲洗→碱液循环清洗→水洗→氧化液循环清洗→水洗→酸液循环清洗→水流量测试

进行水流量测试时，测试压力为 0.20MPa，当膜通量达 250L/($m^2 \cdot h$) 时，即为再生完全，可投入使用。

参考文献

[1] 张伟国，钱和. 氨基酸生产技术及其应用 [M]. 北京：中国轻工业出版社，1997.

[2] 陈宁. 氨基酸工艺学（第二版）[M]. 北京：中国轻工业出版社，2020.

[3] 于信令. 味精工业手册（第二版）[M]. 北京：中国轻工业出版社，2009.

[4] 邓毛程. 氨基酸发酵生产技术（第二版）[M]. 北京：中国轻工业出版社，2014.

[5] 罗大珍，林稚兰. 现代微生物发酵及技术教程 [M]. 北京：北京大学出版社，2006.

[6] 欧阳平凯，曹竹安，宏建等. 发酵工程关键技术及其应用 [M]. 北京：化学工业出版社，2005.

[7] 齐香君. 现代生物制药工艺学 [M]. 北京：化学工业出版社，2003.

[8] 王福源. 生物工艺技术 [M]. 北京：中国轻工业出版社，2006.

[9] 储炬，李友荣. 现代生物工艺学 [M]. 上海：华东理工大学出版社，2007.

第十八章　氨基酸的提取

第一节　离子交换法

离子交换法是依靠离子交换剂的离子置换作用来完成分离操作的一种分离方法。离子交换剂是一类能与其他物质发生离子交换的物质，分为无机离子交换剂（如沸石）和有机离子交换剂。有机离子交换剂是一种合成材料，又称为离子交换树脂。采用离子交换法分离各种生物活性代谢物质具有成本低、工艺操作方便、提炼效率较高、设备结构简单，以及节约大量有机溶剂等优点，已广泛应用于氨基酸发酵工业。

一、离子交换树脂的结构与分类

（一）离子交换树脂的结构

离子交换树脂是一种不溶于酸、碱和有机溶剂的固态高分子材料，它的化学稳定性良好，且有离子交换能力。离子交换树脂可以分成两部分：一部分是不能移动的、多价的高分子基团，构成树脂的骨架，使树脂具有化学稳定的性质；另一部分是可移动的离子，称为活性离子，它在树脂的骨架中进进出出，发生离子交换现象。

例如，聚苯乙烯磺酸型树脂是由磺化苯乙烯和二乙烯苯聚合而成，如图 18-1 所示。苯乙烯形成网的直链，其上带有可离解的磺酸基，二乙烯苯把直链交联起来形成网状，既得到不易破碎的疏松的网状结构，又获得了许多可离解基团的特性。

（二）离子交换树脂的分类

离子交换树脂可交换功能团中的活性离子，决定树脂的主要性能，因此，树脂可以按照活性离子分类。如果活性离子是阳离子，即这种树脂能与阳离子发生交换，就称为阳离子交换树脂；如果活性离子是阴离子，则称为阴离子交换树脂。阳离子交换树脂的功能团是酸性基团，而阴离子交换树脂的功能团是碱性基团。功能团的电离程度决定了树脂的酸性或碱性的强弱，因此，通常将树脂分为强酸性、弱酸性阳离子树脂和强碱性、弱碱性阴离子树脂。

1. 强酸性阳离子树脂

这类树脂含有强酸性基团，如磺酸基（$—SO_3H$），能在溶液中离解 H^+ 而呈强酸性。以 R 表示树脂的骨架，反应简式为：

$$R \cdot SO_3H \longrightarrow R \cdot SO_3^- + H^+$$

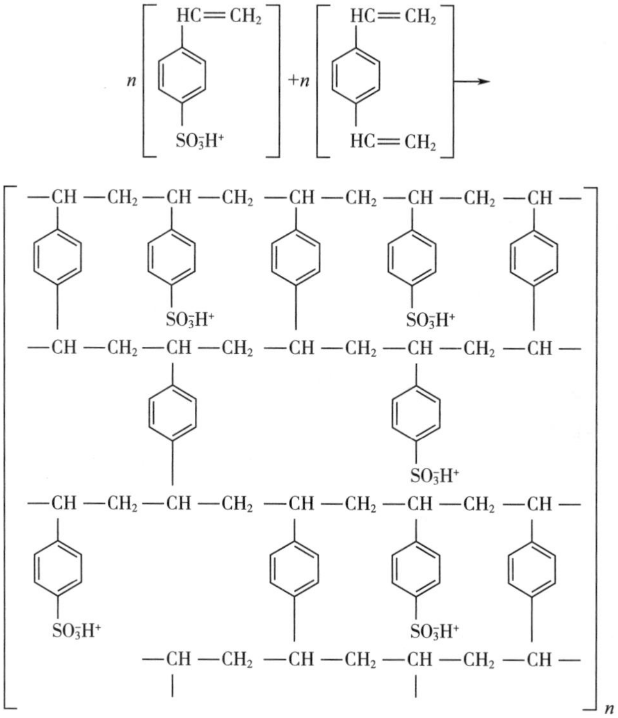

图 18-1 聚苯乙烯磺酸型阳离子树脂结构示意图

树脂中的 SO_3^- 基团能吸附溶液中的其他阳离子，例如：

$$R \cdot SO_3^- + Na^+ \longrightarrow R \cdot SO_3Na$$

强酸性树脂的离解能力很强，在酸性或碱性溶液中都能离解和产生离子交换，因此使用时 pH 一般不受限制。以磷酸基［—PO（OH）$_2$］和次磷酸基［—PHO（OH）］作为活性基团的树脂具有中等强度的酸性。

2. 弱酸性阳离子树脂

这类树脂含有弱酸性基团，如羧基（—COOH）、酚羟基（—OH）等，能在水中离解出 H^+ 而呈弱酸性，反应简式为：

$$R \cdot COOH \longrightarrow R \cdot COO^- + H^+$$

$R \cdot COO^-$ 能与溶液中的其他阳离子吸附结合，而产生阳离子交换作用。这类树脂由于离解性较弱，溶液 pH 较低时，难以离解和进行离子交换，只有在碱性、中性或微酸性溶液中才能进行离解和离子交换，交换能力随溶液的 pH 增大而提高。对于羧基树脂，应在 pH>6 的溶液中操作，对于酚羟基树脂，应在 pH>9 的溶液中操作。

3. 强碱性阴离子树脂

强碱性阴离子交换树脂含有季胺基（$—NR_3OH$）等强碱性基团，能在水中离解出 OH^- 而呈碱性，反应简式为：

$$R \cdot NR_3OH \longrightarrow R \cdot NR_3^+ + OH^-$$

树脂中的离解基团能与溶液中其他阴离子吸附结合，产生阴离子交换作用。这类树脂的离解性很强，使用 pH 不受限制。

4. 弱碱性阴离子树脂

弱碱性阴离子交换树脂含有弱碱性基团，如伯胺基（$—NH_2$）、仲胺基（—NHR）或叔胺基（$—NR_2$），它们在水中能离解出 OH^-而呈弱碱性，反应简式为：

$$R\cdot NH_2+H_2O—R\cdot NH_3^++OH^-$$

树脂中的离解基团能与溶液中其他阴离子吸附结合，产生阴离子交换作用。和弱酸性树脂一样，这类树脂的离解能力较弱，只能在低 pH（如 pH 1.0~9.0）下进行离子交换操作。其交换能力随 pH 变化而变化，pH 越低，交换能力越强。

上述 4 种树脂的性能可简单归结于表 18-1 中。

表 18-1　　离子交换树脂的性能

	阳离子交换树脂		阴离子交换树脂	
	强酸性	弱酸性	强碱性	弱碱性
活性基团	磺酸	羧酸	季胺	胺
pH 对交换能力的影响	—	在酸性溶液中交换能力很小	—	在碱性溶液中交换能力很小
盐的稳定性	稳定	洗涤时要水解	稳定	洗涤时要水解
再生*	需过量强酸	很容易	需过量的强碱	再生容易，可用碳酸钠或氨
交换速度	快	慢（除非离子化后）	快	慢（除非离子化后）

注：＊强酸或强碱性树脂再生时需用 3~5 倍量再生剂；而弱酸或弱碱性树脂再生时仅需 1.5~2 倍量再生剂。

另外，按照骨架结构不同，离子交换树脂可分为凝胶型和大孔型树脂。凝胶型树脂是以苯乙烯或丙烯酸与交联剂二乙烯苯聚合得到的具有交联网状结构的聚合体，这种聚合体一般是呈透明状态的，在它的高分子骨架中，没有毛细孔，而在吸水溶胀后，才在大分子链节间形成很微细的孔隙，通常称为显微孔，适用于吸附交换无机离子等小离子。大孔型树脂是由苯乙烯或丙烯酸与交联剂二乙烯苯的异构体聚合，再经特殊的物理处理，使其形成大网孔，再导入交换基团制成，它内部并存有微细孔和大量的粗孔，比较适合于吸附大分子有机物。

二、离子交换树脂的理化性能和测定方法

离子交换树脂是可以再生、重复使用的一种有机离子交换剂。在应用中，要求树脂不仅要交换容量大和选择性好（即吸附性能好），而且要有良好的可逆性（即容易解吸）。树脂的基本原料（单体）性质、链节结构和功能团的性质决定树脂的性能。在实际应用中，对离子交换树脂有以下要求。

（一）外观与颗粒

离子交换树脂是一种透明或半透明的物质，有白、黄、黑及赤褐色等几种颜色。一般

颜色与性能关系不大，在制造时若交联剂多，原料杂质多，颜色就稍深，树脂吸附饱和后的颜色也会变深。如果树脂颜色偏浅，凭树脂颜色变化可明显地看出吸附情况和色带移动情况。

树脂的形状有球状（也称珠状）和无定型粒状之分，以制成球状为宜，因为球状可使液体阻力减小，流量均匀，压头损失小，其耐磨性能也较好，不易被液体磨损而破裂。

树脂的颗粒大小，对树脂的交换能力、树脂层中溶液流动分布均匀程度、溶液通过树脂层的压力以及交换和反冲洗时树脂的流失等都有很大影响。颗粒过小，会使流体阻力增大，流速慢，反冲洗时困难；颗粒过大，会使交换速度降低。因此，颗粒大小一般为20~60目（0.84~0.25mm）。

（二）膨胀度

膨胀度表示干树脂吸收水分后体积增大的性能。由于树脂有网状结构，水分容易浸入使树脂体积膨胀，树脂内部液体是可以移动的，可与树脂颗粒外部的溶液自由交换。在确定树脂装量时应考虑树脂的膨胀性能。

将10~15mL风干树脂放入量筒中，加入试验的溶剂（通常是水），不时摇动，24h后，测定树脂体积，前后体积之比，称为膨胀系数，以$K_{膨胀}$表示。膨胀系数与树脂的交联度、交换量、溶液中的离子浓度等因素有关。交联度越大，膨胀系数越小；交换量越大，吸水性越强，膨胀系数也越大；溶液中的离子浓度越大，交换树脂内部与外围溶液之间的渗透压差别越小，膨胀系数也越小。

（三）密度

树脂的密度有干真密度、湿真密度和视密度等。干真密度是干燥状态下树脂合成材料本身的密度，一般为1.6g/cm^{3}左右，但没有实用意义。湿真密度是树脂充分膨胀后，树脂颗粒本身的密度。

$$湿真密度=树脂湿重/树脂颗粒所占体积\ (g/cm^3)$$

湿真密度对树脂反冲洗强度大小，以及混合柱再生前分层好坏有影响。湿真密度一般为1.04~1.3g/cm^3，阳离子树脂比阴离子树脂大。

湿真密度的测定方法是：取处理成所需形式的湿树脂，在布氏漏斗中抽干。迅速称取2~5g抽干树脂，放入密度瓶中，加水至刻度称重，可以计算湿真密度。

视密度是指树脂充分膨胀后的堆积密度。

$$视密度=树脂湿重/树脂层的体积\ (g/cm^3)$$

视密度一般为0.6~0.85g/cm^3，根据此值来估计树脂柱所受的压力，计算树脂柱需装树脂的质量。

（四）交联度

交联度表示离子交换树脂中交联剂的含量，通常以质量分数来表示，符号为DVB%。树脂在结构中必须具有一定的交联度，使其不溶于一般的酸、碱及有机溶剂。大多数离子交换树脂是由苯乙烯和二乙烯苯聚合而成的。通常所说的树脂交联度是二乙烯苯在树脂母体总量中所占的质量分数。二乙烯苯含量高，则交联度大，反之交联度小。树脂的交联度可按式（18-1）计算：

$$w=(m_d \cdot P)/m_m \times 100\% \quad (18-1)$$

式中 w——交联度,%

m_d——工业二乙烯苯质量，kg

P——工业二乙烯苯纯度,%

m_m——单体相总质量，kg

交联度的大小决定着树脂机械强度以及网状结构的疏密。交联度大，网孔小，结构紧密，树脂机械强度大；交联度小，则树脂网孔大，结构疏松，强度小。同时，交联度的变化，使离子交换树脂对大小不同的各种离子具有选择性通过的能力。此外，由于树脂交联结构的特点，使树脂具有固体不溶性，但能吸水溶胀，使树脂在转型、进行交换和再生时，体积发生胀缩，这是引起树脂老化的原因。一般来说，溶胀性越大的树脂，机械强度也越差。

（五）化学稳定性

树脂应有较好的化学稳定性，不含有低相对分子质量的杂质，不易被分解破坏。缩聚树脂的化学稳定性一般较差，在强碱溶液中，缩聚阳离子树脂会破坏，共聚阳离子树脂对碱抵抗能力较强，但也不应该与浓度大于 2mol/L 的碱液长期接触。阴离子树脂对碱敏感，处理时，碱液浓度不宜超过 1mol/L。强碱树脂稳定性较差，常常可以嗅到分解的胺的气味。羟型阴离子树脂即使在水中也不稳定，因此常以氯型保存。

（六）机械强度

树脂使用和再生多次循环后，仍能保持完整形状和良好的性能，即树脂的耐磨性能，又称为机械强度。树脂必须具有一定的机械强度，以避免或减少在使用过程中破损流失。商品树脂的机械强度一般要求在 90%以上，可连续使用数年。机械强度与交联度、膨胀度有关，一般来说，交联度大，膨胀度小，机械强度就高；反之，则膨胀度大，机械强度就差。显然，机械强度的选定也应和树脂其他性能综合考虑。

（七）交换容量

交换容量是表征树脂化学性能的重要数据，它是用单位质量（干树脂）或单位体积（湿树脂）树脂所能交换离子的量（mmol）来表示的。树脂在应用时，希望有较大的交换容量，也即在实际应用中具有较大交换离子的能力。为了能有较大的交换容量，在制造时应使单位质量树脂所含的官能团尽可能多。

1. 交换容量的表示方法

理论交换容量，又称总交换量，是指树脂交换基团中所有可交换离子全部被交换时的交换容量，也就是树脂全部可交换离子的量。理论交换容量由离子交换树脂的特性所决定，与操作条件无关。理论交换容量一般采用滴定法测定。

工作交换量是指在一定操作条件下，离子交换树脂所能够利用的交换容量，也可以称为实际交换量。它受操作条件，如树脂柱长度、树脂粒度、离子性质及浓度、流速、交换基团等因素影响。因为不是树脂的每个活性基团都进行交换，又因氨基酸发酵液中尚含有一些其他离子，所以工作交换容量总比理论交换容量要低些。

2. 交换量的测定方法

树脂通常是亲水性的，因此常含有很多水分。将树脂在105~110℃干燥至恒重就可以测定其含水量。

如果是阳离子交换树脂，可先将树脂处理成氢型。称取数克树脂，测其含水量，同时称取若干克树脂，加入一定量的标准NaOH溶液，静置一昼夜（强酸性树脂）或数昼夜（弱酸性树脂）后，测定剩余NaOH量（mmol），就可求得总交换量。

对于阴离子交换树脂则不能用上面相对应的方法，因为羟型阴离子交换树脂在高温下易分解，故含水量测不准，且当用水洗涤时，羟型树脂要吸附CO_2使部分树脂成为碳酸型，所以应该用氯型树脂来测定。称取一定量的氯型树脂放入柱中，在动态下通入Na_2SO_4溶液，以$AgNO_3$溶液滴定流出液中的Cl^-含量，用K_2CrO_4作指示剂。根据洗下来的Cl^-量，就可求得总交换量。

若将树脂充填在柱中进行操作，即在固定床中操作，当流出液中有目的产物的离子，且达到所规定的某一浓度时（称为漏出点），操作即停止，进行再生。在漏出点时，树脂所吸附的量称为工作交换容量，在实用上比较重要。

（八）滴定曲线

和无机酸、碱一样，离子交换树脂也有滴定曲线，其测定方法如下：分别在几个大试管中各放入1g树脂（氢型或羟型），其中一个试管中放入50mL 0.1mol/L NaCl溶液，其他试管中也放入同样体积的溶液，但含有不同量的0.1mol/L NaOH或0.1mol/L HCl，静置1d（强酸或强碱树脂）或7d（弱酸或弱碱树脂），令其达到平衡。测定平衡时的pH，以每克干树脂所加入NaOH或HCl的物质的量（mmol）为横坐标，以平衡pH为纵坐标，就得到滴定曲线，如图18-2所示。

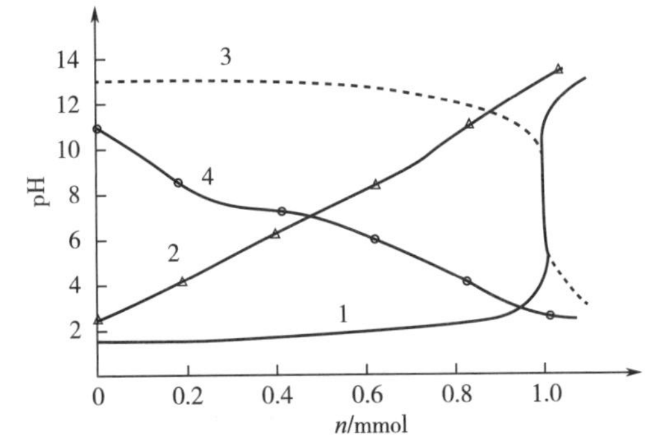

图18-2　各种离子交换树脂的滴定曲线

1—强酸性树脂 Amberlite IR-120

2—弱酸性树脂 Amberlite IRC-84

3—强碱性树脂 Amberlite IRA-400

4—弱碱性树脂 Amberlite IR-46

n—单位树脂交换容量加入的HCl或NaOH的量

对于强酸性或强碱性树脂，滴定曲线有一段是水平的，到某一点即突然升高或降低，这表明树脂上的功能团已经饱和；而对于弱碱性或弱酸性树脂，则无水平部分变化，都是曲线变化。

离子交换树脂的滴定曲线与离子强度、种类、树脂功能团的强度有关。由滴定曲线的转折点，可估计其总交换量；而由转折点的数目，可推知功能团的数目。曲线还表示交换容量随 pH 的变化，所以滴定曲线较全面地表征树脂功能团的性质。

三、离子交换树脂提取氨基酸的基本原理

（一）基本原理

氨基酸是两性电解质，在酸性溶液中氨基酸以阳离子状态存在，因而能被阳离子交换树脂交换吸附；在碱性溶液中氨基酸以阴离子状态存在，因而能被阴离子交换树脂交换吸附。氨基酸在酸性及碱性溶液中的变化，可由图 18-3 所示。

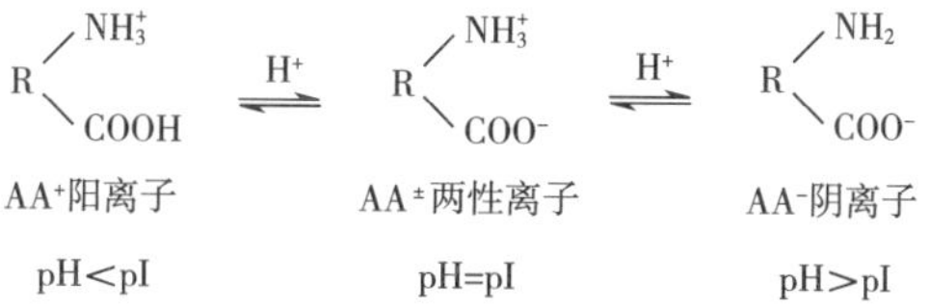

$$\underset{\substack{AA^{+}\text{阳离子} \\ pH<pI}}{R\begin{matrix} NH_3^+ \\ COOH \end{matrix}} \underset{}{\overset{H^+}{\rightleftharpoons}} \underset{\substack{AA^{\pm}\text{两性离子} \\ pH=pI}}{R\begin{matrix} NH_3^+ \\ COO^- \end{matrix}} \overset{H^+}{\rightleftharpoons} \underset{\substack{AA^{-}\text{阴离子} \\ pH>pI}}{R\begin{matrix} NH_2 \\ COO^- \end{matrix}}$$

图 18-3　发酵液中氨基酸的解离状态

习惯上常以 pI 表示氨基酸的等电点，即氨基酸成为兼性离子静电荷为零时溶液的 pH。各种氨基酸的化学结构不同，等电点也不同。因羧基的电离度大于氨基的电离度，故中性氨基酸等电点小于 pH 7.0，一般在 pH 5~6；酸性氨基酸等电点在 pH 2.8~3.2；碱性氨基酸等电点一般在 pH 7.6~10.8。但是，在侧链 R 部分存在其他基团，如羧基、氨基、胍基、咪唑基和酚基等，都会对电离常数 pK 和等电点 pI 有一定影响。酸性基团使等电点 pI 降低，碱性基团使等电点 pI 升高。各种氨基酸的 pK 和 pI 值见表 18-2。

表 18-2　**各种氨基酸的 pK 和 pI 值**

氨基酸	pK_1（—COOH）	pK_2（$—NH_3^+$）	pK_3	pI
丙氨酸	2.34	9.69	—	6.00
精氨酸	2.17	9.04	12.43	10.76
天冬酰胺	2.02	8.80	—	5.41
天冬氨酸	1.88	3.65（—COOH）	9.60（$—NH_3^+$）	2.77
半胱氨酸	1.96（30℃）	8.18	10.28（—SH）	5.07
胱氨酸	<1.00（30℃）	1.70（—COOH）	$pK_2=7.48$（$—NH_3^+$）；$pK_4=9.02$（$—NH_3^+$）	4.60
谷氨酸	2.19	4.25（—COOH）	9.67（$—NH_3^+$）	3.22
谷氨酰胺	2.17	9.13	—	5.65
甘氨酸	2.34	9.60	—	5.97
羟脯氨酸	1.92	9.73	—	5.83
组氨酸	1.82	6.00（咪唑基）	9.17（$—NH_3^+$）	7.59

续表

氨基酸	pK_1（—COOH）	pK_2（$—NH_3^+$）	pK_3	pI
异亮氨酸	2.36	9.68	—	6.02
亮氨酸	2.36	9.60	—	5.98
赖氨酸	2.18	8.95（α-NH_3^+）	10.53（α-NH_3^+）	9.74
甲硫氨酸	2.28	9.21	—	5.74
苯丙氨酸	1.83	9.13	—	5.48
脯氨酸	1.99	10.96	—	6.30
丝氨酸	2.21	9.15	—	5.68
苏氨酸	2.71	9.62	—	6.16
色氨酸	2.38	9.39	—	5.89
酪氨酸	2.20	9.11	10.07（—OH）	5.66
缬氨酸	2.32	9.62	—	5.96

根据氨基酸是两性电解质这一特性，以及目的氨基酸与杂质氨基酸 pK 和 pI 值的差异，通过调节氨基酸发酵液的 pH，使不同氨基酸的带电性质及解离状态不同，再通过选择合适的离子交换树脂就能分离、提取各种氨基酸。

（二）离子交换反应过程

离子交换反应是指离子交换树脂交换基团的可游离交换离子（如 RSO_3H 中的 H^+），与溶液中的同性离子的交换反应过程。它同一般化学反应一样，服从于质量作用定律，而且是可逆的。

树脂的交换基团不仅在树脂表面，而且大量存在于树脂内部。因此，树脂表面和树脂内部都发生离子交换反应。这是一个十分复杂的过程，大致可分为 5 个阶段，见图 18-4。

①溶液中的氨基酸离子（AA^+）经溶液扩散到树脂表面；②穿过树脂表面向树脂内部扩散；③氨基酸离子与树脂中 H^+ 进行离子交换；④交换出来的 H^+ 从树脂内部向树脂表面扩散；⑤最后 H^+ 扩散到溶液中。其中①和⑤称为外扩散；②和④称为内扩散；③称为交换反应。交换速度很快，而扩散速度较慢。因此，离子交换反应的速度主要取决于扩散速度。也正因为这样，离子交换过程一般比溶液中发生的离子反应慢。

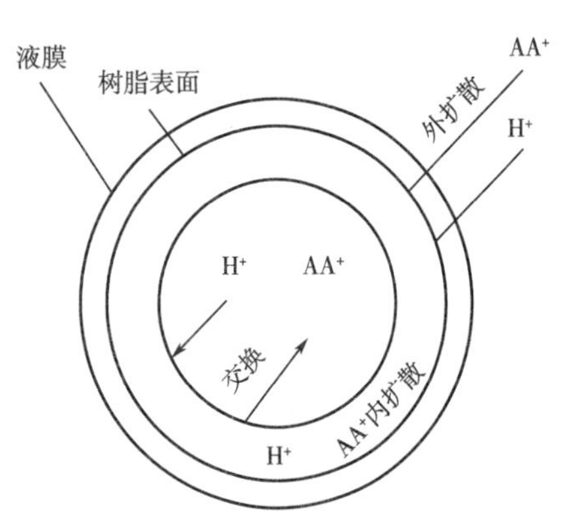

图 18-4　交换过程示意图

（三）离子交换的亲和力

溶液中某一离子能否与树脂上的离子进行交换，主要取决于离子相对浓度以及交换树脂对该离子的相对亲和力。在常温和稀溶液中，有如下的规律：

（1）原则上所有的阳离子与阳离子交换树脂进行交换，所有阴离子与阴离子交换树脂进行交换。

（2）各种阳离子具有不同的亲和力，它们对于强酸性阳离子交换树脂的亲和力是随着离子价数和原子序数的增加而增加，而随水合离子半径的增大而减少。

阳离子交换树脂对各种离子亲和力的顺序如下：

强酸性树脂： $Fe^{3+}>Al^{3+}>Ca^{2+}>Mg^{2+}>K^{+}>NH_4^{+}>Na^{+}>H^{+}$

弱酸性树脂： $H^{+}>Fe^{3+}>Al^{3+}>Ca^{2+}>Mg^{2+}>K^{+}>Na^{+}$

排在前面的离子能置换取代后面的离子。

（3）H^+的亲和力随树脂交换基团性质而异，取决于树脂交换基团与H^+所形成的酸的酸性强弱。如在—COOH 中，H^+的亲和力高，而在—SO_3H 中，H^+的亲和力低。

（4）在高浓度时，不同离子的亲和力差异显著减少。

（5）氨基酸是两性电解质，它含有可交换的—NH_3^+和—COO^-，因此，与酸、碱两种树脂都能发生交换，交换能力决定于氨基酸的 pK、pI 和溶液的 pH 等因素。

对于强酸性阳离子交换树脂，所有氨基酸都能吸附，等电点越高，亲和力越大，交换吸附能力越强，见表 18-3。

表 18-3　　732#树脂对氨基酸的亲和力

pI	10.76	9.74	6.00	3.22	2.77
亲和力由大到小顺序	精氨酸	赖氨酸	丙氨酸	谷氨酸	天冬氨酸

（四）离子交换树脂对氨基酸的吸附规律

因氨基酸性质，如酸碱度、极性和相对分子质量的大小彼此不同，离子交换树脂对各种氨基酸的交换吸附能力也不同，其一般规律如下。

强酸性或强碱性离子交换树脂，对H^+或OH^-亲和力较小，即使在较低的或较高的 pH 下，也不抑制其解离。因此，一般用其游离酸型或碱型。

强酸性阳离子交换树脂的游离酸型能交换吸附全部氨基酸，氨基酸的等电点值越大，亲和力越大，交换吸附力越强。当氨基酸溶液的 pH 在中性氨基酸的等电点范围时，强酸性阳离子交换树脂的游离酸型优先地交换吸附碱性氨基酸；强酸性阳离子交换树脂的盐型只吸附碱性氨基酸。

强碱性阴离子交换树脂的游离碱型对等电点 pH 大于 10.0 的精氨酸交换吸附力弱，对等电点 pH 小于 10.0 的氨基酸交换吸附力较强，等电点越小，交换吸附力越强。当氨基酸溶液的 pH 在中性氨基酸的等电点范围时，强碱性阴离子交换树脂的游离碱型优先交换吸附酸性氨基酸；强碱性阴离子交换树脂的盐型只交换吸附酸性氨基酸。

弱酸性或弱碱性离子交换树脂，对H^+或OH^-亲和力较大，即使在微酸性或微碱性环境，也会抑制其解离。因此，一般用其盐型，但是，在特殊情况下，例如，酸碱中和，则需用其游离酸型或碱型。

弱酸性阳离子交换树脂，对谷氨酸交换吸附力极微，氨基酸的等电点值越大，交换吸附力越强。因此，它优先地吸附碱性氨基酸。

弱碱性阴离子交换树脂，对等电点小于4.0的氨基酸较易吸附，对等电点大于8.0的氨基酸较难交换吸附。等电点越小，交换吸附力越强。因此，它优先吸附酸性氨基酸。

总之，根据氨基酸分子中既有氨基又有羧基的两性电离特性，分子中侧链基团（R）的性质和等电点范围，调节氨基酸混合液的pH，选择适当的离子交换树脂，配合相应的交换基团，可从混合氨基酸中分离出酸性氨基酸、中性氨基酸和碱性氨基酸三大类。氨基酸在强酸性阳离子交换树脂柱上交换吸附的顺序是：碱性氨基酸>中性氨基酸>酸性氨基酸，洗脱的顺序是：酸性氨基酸>中性氨基酸>碱性氨基酸；在强碱性阴离子交换树脂柱上的交换吸附与洗脱顺序正好与强酸性阳离子交换树脂柱上的情况相反。中性氨基酸在强酸性阳离子交换树脂柱上按其电离常数 pK_1 从大到小的顺序交换吸附上去，按 pK_1 从小到大的顺序洗脱下来；在阴离子交换树脂柱上的交换吸附与洗脱顺序正好与强酸性阳离子交换树脂柱上的情况相反。对中性氨基酸来说，单纯用离子交换技术不易完全分离。

四、离子交换树脂的应用和树脂层的交换带

（一）离子交换树脂的应用

根据离子交换工艺操作，可分为静态交换和动态交换两类应用方式。静态交换是在一个带有搅拌器的反应罐中进行，交换后利用沉降、过滤或其他方式将饱和树脂分离，然后将其装入解吸罐或柱中进行解吸（再生）。动态交换是在离子交换柱（$H/D>3.0$）中进行全过程的操作。动态交换又可根据树脂的运动方式，分为固定床和流动床两类。固定床和流动床又可分别分为单床法、复床法、混合床法。复床法是阳、阴离子交换柱串联操作，但一个柱中只装一种树脂。混合床法是阳、阴离子交换树脂混合装在同一个柱中操作，再生时利用两种树脂的密度不同而分层再生。按溶液进入交换柱的方向，可分为正吸附（顺流）、反吸附（逆流），按树脂流动的动力可分为重力流动式和压力流动式。

（二）树脂层中的交换带

以732#强酸性阳离子交换树脂为例，当谷氨酸发酵液（或等电点提取母液）进入离子交换柱中的树脂层上部时，溶液中阳离子在树脂层中分布情况如图18-5所示。强酸性阳离子交换树脂可交换基团上的 H^+ 开始被 K^+、Na^+、NH_4^+、Ca^{2+}、GA^+（谷氨酸离子）等阳离子取代，随着料液的不断输入和交换，树脂层的上部逐渐形成了饱和层（已交换层），此层中 H^+ 浓度为0，阳离子浓度为饱和浓度 C_s。在饱和层下面，树脂层中阳离子浓度逐渐降为0，而 H^+ 浓度逐渐上升为 C_s，这一区域称为交换带。当谷氨酸发酵液（或等电点提取母液）继续进入时，交换带逐渐向下移动，至一定程度时则出现谷氨酸阳离子泄漏，此点则称为谷氨酸漏出点。谷氨酸发酵液（或等电点提取母液）采用正吸附（顺流）方式上柱的过程中，溶液中不同阳离子在柱内分层交换比较明显，如图18-6所示。

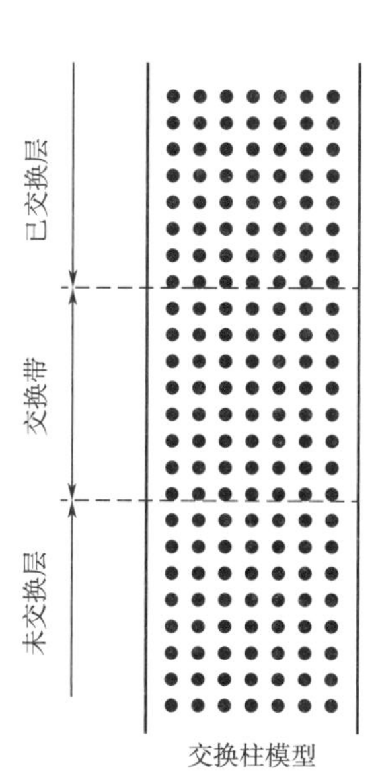

图 18-5　树脂层中离子分布示意图

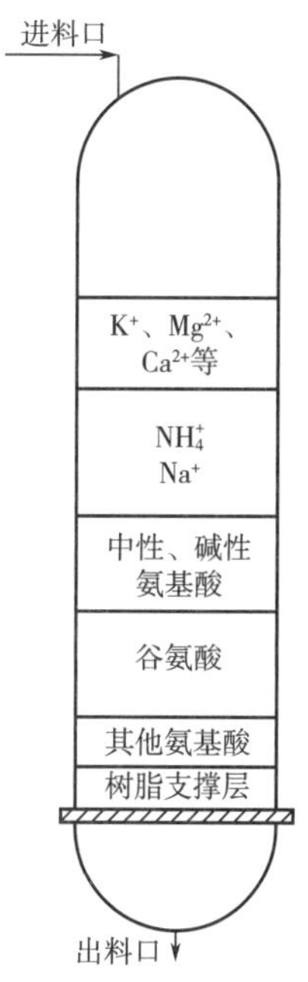

图 18-6　谷氨酸发酵液在离子交换树脂柱中的交换层次示意图

五、离子交换法提取谷氨酸实例

大约 10 年前国内大多数工厂曾采用等电点-离子交换法提取谷氨酸，即先采用等电点法对发酵液进行提取谷氨酸，再采用离子交换树脂柱对等电点母液进行交换吸附，然后用碱液洗脱树脂柱上的谷氨酸，收集洗脱液的高流分，将其与下一批发酵液合并，再用等电点法提取谷氨酸。该提取工艺既可以克服等电点法提取收率低的缺点，又可以减少树脂用量，获得较高的提取收率。下面主要采用离子交换树脂对等电点母液进行提取谷氨酸。

（一）工艺流程与离子交换提取系统

采用 732#强酸性阳离子树脂柱从等电点母液中提取谷氨酸，其工艺流程如图 18-7 所示。离子交换柱及其管道装置示意图如图 18-8 所示。

（二）树脂预处理

新树脂常有某些未参与聚合反应的低分子和高分子成分的分解产物以及 Fe、Cu、Al 等金属物质等杂质，会影响交换效果和产品质量，甚至会使树脂失效。因此，新树脂在使用之前必须进行预处理。新树脂装填入交换柱后，先用清水浸泡 12h 左右，再用 2~3 倍树脂体积的 10% NaCl 溶液浸泡 4h 以上，然后用清水洗净残留的 NaCl，最后根据树脂类型和使用所需要的型号分别用碱和酸处理。

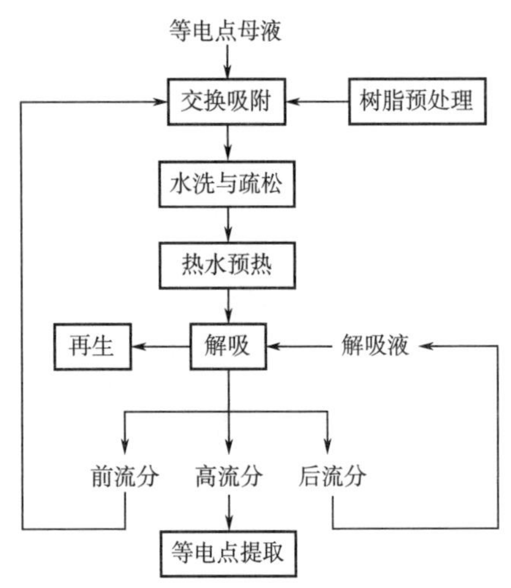

图 18-7　等电点母液中谷氨酸离子交换法提取工艺流程

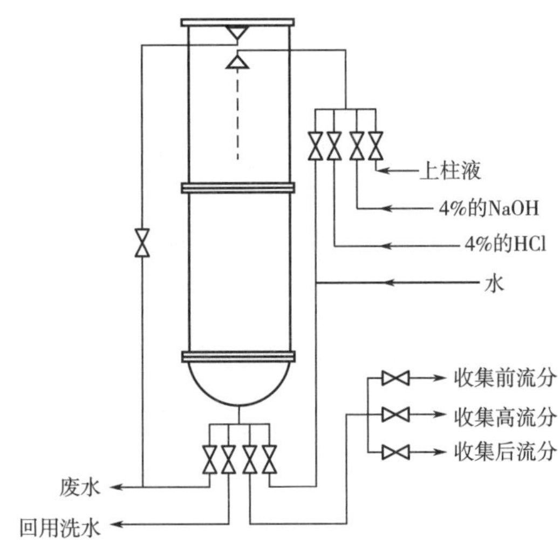

图 18-8　离子交换柱及其管道装置示意图

利用 732#树脂提取谷氨酸，一般树脂先用 4% NaOH（用量一般为树脂体积的 2 倍）浸泡 4h，水洗至 pH 8.0 以下，加入 4% HCl（用量一般为树脂体积的 2 倍）浸泡 4h，最后用少量自来水洗至 pH 2.0 左右，备用。

（三）交换吸附

采用顺流方式上柱，等电点母液以 1.5~2.0m^3/(m^3树脂·h) 的流量连续流入树脂柱，流出液作为废液。根据预测的树脂柱工作交换量，在交换吸附的后期，应注意检测流出液的谷氨酸含量，可用 5%茚三酮溶液的显色反应来检测。当流出液谷氨酸含量大于 2g/L 时，视为漏吸。

（四）水洗、疏松与预热

等电点母液存在很多杂质，特别是菌体等蛋白、色素、消泡剂等非离子型大分子黏稠物质，上柱过程中会滞留在树脂缝隙中，使树脂部分活性基团受封闭。如果不在洗脱前冲洗走这些杂质，就会严重影响洗脱的效果与洗脱后重新交换吸附的效果，同时这些杂质也会进入洗脱收集液，随洗脱收集液循环进入等电点罐，对等电点提取操作造成不良影响，严重时有可能导致等电点过程产生 β-型结晶。因此，交换吸附结束后必须进行冲洗操作。

为了不打乱交换层次，通常从树脂柱顶部进水顺洗，水洗过程中可通入压缩空气疏松树脂，直至流出液清亮为止。水洗结束后，为了防止解吸下来的谷氨酸在树脂柱内结晶析出，发生结柱现象，在解吸前，要用 50~60℃热水对树脂柱预热。预热后，将树脂柱内残留的水排出。

（五）解吸

解吸剂有很多种，生产上通常采用 6%~8% NaOH 溶液或用液氨调节 pH 9.0 以上的等电点母液，为了防止结柱现象发生，解吸剂温度一般为60~70℃。将解吸剂从顶部顺流连续进入树脂柱，解吸的流量要比上柱流量小，一般控制在1.0m^3/(m^3树脂·h) 左右。

在解吸过程中，流出液可根据pH和浓度变化进行分段收集。从pH 1.8、0°Bé开始收集，到pH 2.5、1°Bé这一段为前流分，其谷氨酸浓度为10g/L左右，可以重新上柱交换。从pH 2.5、1°Bé到pH 9、4°Bé这一段为高流分。以pH 3.0~3.5时的谷氨酸浓度为最高，平均浓度为80g/L左右，将其泵送至等电点罐进行等电点法提取。pH 9~12的收集液为后流分，谷氨酸浓度为20g/L左右，NH_4^+含量较高，可加热除氨，然后再上柱交换，或用于配制解吸液。

（六）再生

树脂柱解吸后，树脂成为NH_4^+型和Na^+型，下次继续使用之前，必须进行再生，使树脂转变成为H^+型。再生之前，将热水从底部进入，进行反洗，使残留在树脂缝隙的杂质随水流经排污口排出，至排出液接近中性，然后，将残留在树脂柱内的水排出，再从顶部流入5%~10% HCl进行再生，流量控制为0.7~1.0m^3/(m^3树脂·h)，再生剂用量一般为树脂全交换量的1.2倍。

第二节　沉淀法

沉淀法是最古老的分离和纯化物质的方法，但目前仍广泛应用在工业生产和实验室中。通过加入某种试剂改变溶液性质，使氨基酸产物以固体形式从溶液中沉降析出的分离方法称为沉淀法。沉淀法由于设备简单、操作方便、成本低、原材料易得，在产物浓度越高的溶液中越有利于沉淀，其收得率越高，所以广泛应用于氨基酸发酵工业。但是，沉淀法所得沉淀物可能聚集有多种物质，或含有大量的盐类，或包裹着溶剂，所以产品纯度往往比较低。常用的沉淀法有等电点沉淀法、金属盐沉淀法、盐析法、有机溶剂沉淀法、非离子型多聚物沉淀法和聚电解质沉淀法等。沉淀法具有简单、经济和浓缩倍数高的优点，常用于氨基酸提取。下面主要介绍等电点沉淀法、金属盐沉淀法和有机溶剂沉淀法。

一、等电点沉淀法

（一）等电点沉淀法原理

等电点沉淀法是利用两性电解质在电中性时溶解度最低的原理进行分离纯化的过程。在低离子强度下，调节pH至等电点，可以使两性电解质所带的净电荷为零，能够大大降低其溶解度，分子间彼此吸引成大分子，容易沉淀下来。

大多数氨基酸是两性电解质，具有不同的等电点，通过等电点沉淀法可以将它们分离出来。例如，谷氨酸分子中含有2个酸性的羧基和1个碱性的氨基，是一个既有酸性基团，又有碱性基团的两性电解质。由于羧基离解力大于氨基，所以谷氨酸是一种酸性氨基酸。谷氨酸溶解于水后，呈离子状态存在，其解离方式取决于溶液的pH，可以有阳离子

GA^+、两性离子 $GA^{\pm}$、阴离子 GA^- 和 $GA^=$ 四种离子状态存在，电离平衡随溶液 pH 的变化而发生改变，如图 18-9 所示。

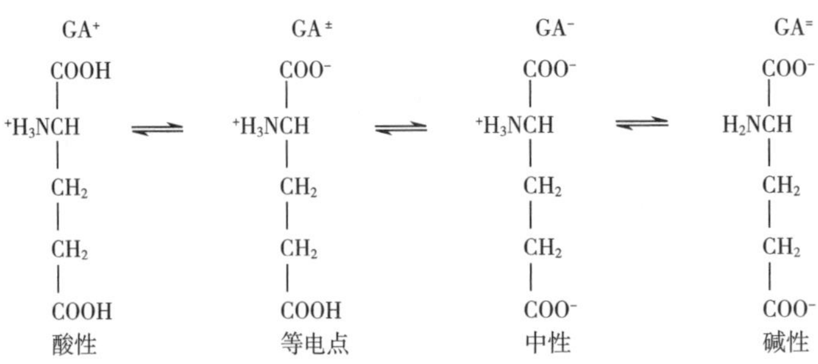

图 18-9　溶液 pH 与谷氨酸电离平衡的关系

不同 pH 时谷氨酸的电离情况与离子形式的比例由实验测得，三个极性基团的表观电离常数分别如下：

$$K_1 = \frac{[H^+][GA^{\pm}]}{[GA^+]} = 10^{-2.19},\ pK_1 = 2.19(\alpha - COOH)$$

$$K_2 = \frac{[H^+][GA^-]}{[GA^{\pm}]} = 10^{-4.25},\ pK_2 = 4.25(\gamma - COOH)$$

$$K_3 = \frac{[H^+][GA^=]}{[GA^-]} = 10^{-9.57},\ pK_3 = 9.57(—NH_3^+)$$

谷氨酸的等电点是：$pI=(pK_1+pK_2)/2=(2.19+4.25)/2=3.22$。

在一定的 pH 条件下，谷氨酸的四种离子形式按一定比例存在，根据谷氨酸的各级电离常数，可以推导求出各种 pH 下谷氨酸各种离子形式的比例。

在 pH 3.22 时，谷氨酸四种离子离解形式占百分比为 $GA^+ : GA^{\pm} : GA^- : GA^= = 7.861\% : 84.24\% : 7.861\% : 2.789\times10^{-5}\%$，大部分谷氨酸以 $GA^{\pm}$形式存在，$GA^=$几乎没有，GA^+与 GA^-数量相等，此时谷氨酸的氨基和羧基的离解程度相等，总净电荷为零，以偶极离子形式存在。由于谷氨酸分子之间的相互碰撞，通过静电引力的作用，会结合成较大的聚合体而沉淀析出。在等电点时，谷氨酸溶解度最低，而且温度越低，溶解度越低，过量的溶质便会析出越多。工业生产上，常温等电点法提取谷氨酸的一次收率仅 60%～70%，而低温等电点法提取谷氨酸的一次收率达 80%～85%。如果等电点法和其他方法配合使用，例如，等电点法与离子交换法组合成提取工艺，其谷氨酸收率可达 95%左右。

（二）谷氨酸等电点结晶的影响因素

1. 谷氨酸结晶的特征

谷氨酸分为 L 型、D 型和 DL 型 3 种，在动物、植物和微生物机体中天然存在的都是 L 型谷氨酸，L 型谷氨酸是味精的前体。pH、温度和杂质对谷氨酸的溶解度均有影响。

前面已经介绍，pH 3.22 时的谷氨酸溶解度最低，工业生产中的等电点法就是巧妙地利用这一特性。温度对谷氨酸溶解度的影响见表 18-4，温度越低，溶解度越小，这是低温等电点法提取谷氨酸的依据。发酵液中有残糖、其他氨基酸及菌体等杂质，这些杂质都会影响谷氨酸的溶解度。例如，发酵液有其他氨基酸存在时，会导致谷氨酸溶解度的增加，当发酵液在23.5℃时，纯谷氨酸的溶解度为0.818%，倘若有其他氨基酸存在时（含量以0.097%计），谷氨酸的溶解度增加为1.412%，是纯谷氨酸溶解度的172.6%，严重影响谷氨酸的收率。

表 18-4　　温度对谷氨酸溶解度的影响

温度/℃	0	5	10	15	20	25	30	35	40
溶解度/(g/100mL)	0.341	0.411	0.495	0.596	0.717	0.864	1.040	1.250	1.308
温度/℃	45	50	55	60	65	70	80	90	100
溶解度/(g/100mL)	1.816	2.186	2.632	3.169	3.816	4.594	6.66	9.66	14.00

谷氨酸结晶具有多晶型性质，在不同条件下会形成不同晶型的谷氨酸结晶。通常分为α-型结晶和β-型结晶两种，这两种结晶型的比较见表18-5。

表 18-5　　谷氨酸两种结晶型比较

结晶型	α-型谷氨酸	β-型谷氨酸
晶体形态（显微镜观察）	多面棱柱形的斜方六面晶体，颗粒状，分散，横断面为三或四边形，边长与厚度相近	针状或薄片状，凝聚结集，其长度和宽度比厚度大得多
晶体特点	晶体光泽，颗粒大，纯度高，相对密度大，沉降快，不易破碎	薄片状，性脆易碎，相对密度小，浮于液面和母液中，含水量大，纯度低
晶体分离	离心分离容易，不易破碎，抽滤时不阻塞，容易洗涤，纯度高	离心分离困难，易破碎，抽滤时易阻塞，洗涤困难，纯度低

2. 影响谷氨酸等电点结晶的主要因素

谷氨酸结晶有α-型结晶和β-型结晶两种，由于β-型谷氨酸结晶质量轻，常常称为轻质谷氨酸，不易沉降分离，导致提取率低。在操作中要控制结晶条件，避免β-型结晶析出。谷氨酸结晶的影响因素很多，发酵液的纯度和结晶操作条件是主要因素。

（1）谷氨酸含量对结晶晶型的影响　若发酵液中谷氨酸含量过低，低于45g/L时，不容易达到过饱和度，即使提取温度很低，所形成晶核数量也不会太多。如果谷氨酸含量较高，在室温条件下容易形成β-型结晶，导致分离困难，影响谷氨酸收率，且谷氨酸含水量较大、纯度较低，见表18-6。

表 18-6　　谷氨酸含量对结晶的影响

谷氨酸浓度/%	β-型结晶含量/%	水分/%	纯度/%
8	20	13.8	96.5
10.2	58	25.5	95.2

续表

谷氨酸浓度/%	β-型结晶含量/%	水分/%	纯度/%
15.0	100	37.7	90.0
20.3	100	43.2	85.3

（2）菌体对结晶晶型的影响　所采用的菌种和发酵工艺决定发酵液中菌体数量和菌体大小，而菌体数量和菌体大小直接影响谷氨酸结晶。当带菌体进行等电点提取谷氨酸时，如果菌体数量多，发酵液黏度大，不利于晶核吸附长大，易使结晶形成β-型结晶；若菌体较大且轻，易于与谷氨酸结晶分离，有利于提高收率；若菌体较小且重，与谷氨酸结晶较难分离。因此，有条件的工厂最好先除去菌体，再用等电点法提取谷氨酸。

（3）杂菌和噬菌体对结晶晶型的影响　如果谷氨酸发酵感染杂菌和噬菌体，尤其是因噬菌体溶菌作用使菌体内含物渗出，发酵液中胶体物质增多，泡沫多，残糖高，发酵液黏度大，这些高分子物质在一定 pH 下沉淀析出，形成无数絮状物把谷氨酸吸附住，影响晶体的正常生长，容易形成β-型结晶。

遇此情况，最好通过加热或添加絮凝剂，使菌体蛋白凝聚后除去，既可防止杂菌和噬菌体扩散，又可克服谷氨酸结晶的不利因素。

（4）残糖对结晶晶型的影响　发酵结束时，发酵液的残糖越低越有利于提取。如果残糖浓度过高，不仅会影响谷氨酸的溶解度，而且易产生β-型结晶，见表 18-7。

表 18-7　　发酵液中残糖浓度对谷氨酸结晶的影响

葡萄糖/（g/L）	晶体
10	α-型和β-型
20	β-型
30	β-型

（5）发酵液杂质对结晶晶型的影响　发酵液的杂质，如消泡剂或水解糖带来的糊精、焦糖、蛋白质和色素等杂质，如果过多，不仅对发酵不利，而且对提取带来影响。在等电点提取时，一定 pH 条件下，杂质析出无数晶核，包裹着谷氨酸分子，影响谷氨酸晶体生成和长大，易出现β-型结晶，导致分离困难，收率低。

（6）温度对结晶晶型的影响　结晶析出温度对晶型有很大的影响。温度越低，析出α-型结晶纯度越高，见表 18-8。采用等电点法提取时，当发酵液温度高于 30℃，β-型结晶增加；当温度低于 30℃，β-型结晶减少。温度在 20℃ 以下时主要以α-型结晶析出。

（7）降温速度对结晶晶型的影响　加酸时要控制温度缓慢下降，不能回升，这样形成的谷氨酸颗粒较大。如果降温速度过快，不仅晶核小而多，结晶微细，而且会引起α-型结晶向β-型结晶转化，导致收率下降。

表 18-8　　析出温度对谷氨酸晶型的影响

析出温度/℃	α-型结晶与β-型结晶比例	水分/%	纯度/%
10	主要是α-型	13.80	95.0
20	主要是α-型	15.03	94.8
30	有少量β-型	18.32	93.5
40	α-型和β-型各半	30.8	92.3
50	主要是β-型	38.0	90.8
60	全部是β-型	37.2	90.7

（8）加酸速度对结晶晶型的影响　在加酸过程中，加酸速度快慢对晶体形成的大小影响很大。加酸速度要缓慢，使 pH 缓慢下降，谷氨酸的溶解度也逐渐降低，这样，所形成的晶核不会太多。控制一定数量的晶核后，停止加酸，进行育晶，使晶体成长壮大，析出的结晶为 α-型结晶。如果加酸速度太快，采用一次性将发酵液调至终点 pH 3.2，发酵液局部会出现过饱和，很快形成大量细小晶核，极易产生β-型结晶。

发酵液起晶时的 pH 与发酵液谷氨酸浓度有关。发酵液的谷氨酸浓度越高，在加酸降低 pH 过程中，发现晶核的时间就越早。按照目前国内发酵液的谷氨酸含量，发酵液加酸至 pH 5.0 左右，还不会出现晶核，加酸速度可以快一些；在 pH 5.0 以下，特别是 pH 接近育晶点，加酸速度要缓慢，发现晶核时，应立即停止加酸，育晶 2~3h，使晶核成长壮大，再继续缓慢加酸至 pH 3.2，然后再搅拌育晶若干小时（视具体工艺而定）。

（9）投晶种与育晶对结晶晶型的影响　谷氨酸的起晶方法有两种：自然起晶和加晶种起晶。一般来说，采用加晶种起晶，晶核容易控制，不易出现β-型结晶，但必须要选择质量好的 α-型晶体作为晶种。投晶种一定要掌握好投放时间，根据结晶理论，应在发酵液处于亚稳区时投入晶种。生产上，习惯以溶液 pH 作为控制点，投晶种时溶液 pH 偏高容易使晶种溶解，达不到投晶种的作用；若控制溶液 pH 太低，已经有了较多谷氨酸晶核析出，再投入晶种会刺激更多细小晶核的形成。一般情况下，投晶种量为发酵液的 1~3g/L。

等电点法提取谷氨酸过程中，对起晶点的判断十分关键。一般通过手触、目视等方法，一旦发现晶核，可确定为起晶点，这时要停止加酸进行育晶。育晶时间一般控制为 2~3h，使所投入的谷氨酸晶核能够有足够时间成长壮大，形成较大的结晶颗粒。

（10）搅拌对结晶晶型的影响　搅拌有利于晶体长大，避免晶簇生成，但搅拌太快，液体翻动剧烈，会引起晶体的磨损，对晶体长大不利，造成结晶细小。搅拌太慢，液体翻动不大，晶体容易下沉，pH 和温度不均匀，引起局部 pH 过低，形成过多的微细晶核，造成结晶颗粒大小不均，不易与菌体分离，影响收率。一般搅拌转速为 25~35r/min。

（三）发酵液等电点法分批提取谷氨酸

1. 工艺流程

直接采用等电点法对带菌体的发酵液进行分批提取谷氨酸，其工艺流程如图 18-10 所示。

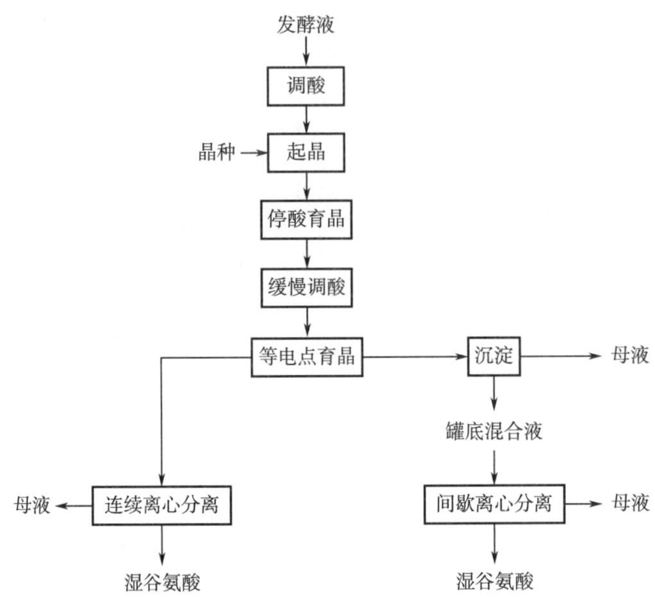

图 18-10　发酵液等电点法分批提取谷氨酸工艺流程

2. 起晶前的调酸

当发酵液放入等电点罐以后，启动搅拌，在等电点罐的盘管或列管中通入冷水，将温度降至 28℃左右，然后加入硫酸调节 pH。为了缩短提取周期，根据目前发酵液中的谷氨酸含量情况，在 pH 5.0 之前的加酸速度可以加快，可在 1~2h 内完成。当 pH 逐渐降低至起晶点时，加酸速度应逐渐减慢。在 pH 降低的过程中，用冷水缓慢降温，一般控制起晶点时的温度为 23~25℃。

3. 起晶与育晶

如果发酵液的谷氨酸含量为 80~140g/L，在 23~25℃、pH 4.4~4.8 时，发酵液中的谷氨酸浓度可达到过饱和状态，会有晶核析出。因此，当 pH 下降至 5.0 之后，要注意取样仔细观测（可通过显微镜观察），一旦发现晶核出现，应立即停止加酸，并停止继续降温，投入质量良好的 α-型晶种 0.1%~0.3%，进行搅拌育晶 2h。

4. 继续调酸与等电点育晶

搅拌育晶 2h 后，继续缓慢加酸，并逐渐降低温度，一直将 pH 调节至 3.22，耗时 4~6h，此时温度可降低至 10~13℃停止加酸后，继续用冷水缓慢降温，直至 4℃左右，继续搅拌育晶 8~12h。

5. 沉淀与分离

如果使用间歇卸料的离心机分离，由于劳动强度较大，通常在分离之前要停止搅拌，沉淀4h，排出上清液，然后将等电点罐底部的固液混合液泵入离心机进行分离，可得湿谷氨酸产品。如果使用连续卸料的离心机，在离心机生产能力足够的情况下，通常不需经过沉淀，可直接将料液泵送至离心机进行连续分离。

在工厂供冷量充足的条件下，采用等电点分批提取谷氨酸的工艺，其分离母液一般含谷氨酸为10~20g/L，一次收率一般可达80%~85%（与发酵液中谷氨酸含量有关）。

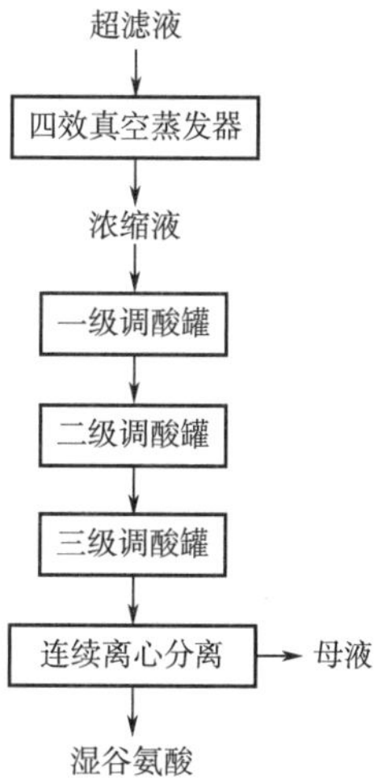

超滤液 → 四效真空蒸发器 → 浓缩液 → 一级调酸罐 → 二级调酸罐 → 三级调酸罐 → 连续离心分离 → 母液；湿谷氨酸

图 18-11 超滤液等电点法连续提取谷氨酸工艺流程

（四）超滤液等电点法连续提取谷氨酸

1. 工艺流程与连续提取系统

发酵液经超滤膜除菌、蒸发浓缩后，采用等电点法对不带菌体的浓缩液进行连续提取谷氨酸，其工艺流程如图 18-11 所示。等电点法连续提取谷氨酸系统如图 18-12 所示。

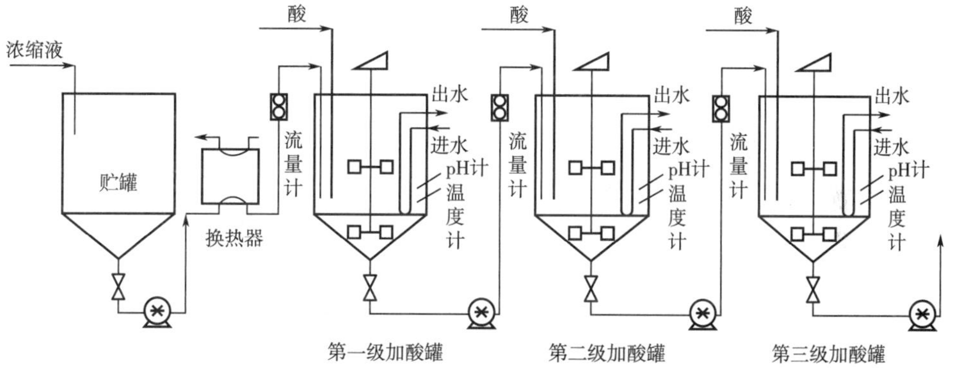

图 18-12 等电点法连续提取谷氨酸系统

2. 蒸发浓缩

将两次超滤所得清液合并在一起，采用四效（或三效）降膜式真空蒸发器进行蒸发浓缩。通常将清液浓缩至谷氨酸浓度为300g/L左右。蒸发器出来的浓缩液降温至40℃左右，存放在贮罐内。使用时，经过换热器与离心分离母液交换热量，温度降低至28~30℃，然后才进入第一级加酸罐。

3. 第一级加酸罐的控制

在进行连续等电点之前，首先将超滤液放入第一级加酸罐中，按照分批等电点工艺的操作步骤（如加酸、降温、投晶种、育晶等）进行起晶。然后，继续缓慢加酸，逐渐降低温度，使pH降低至4.0左右，温度降低至20℃左右，便开始以一定流量将浓缩液泵送至第一级加酸罐，同时，以同样的流量从底部将第一级加酸罐中的固液混合物泵送至第二级加酸罐。流加过程中，要连续加酸、不断搅拌和不断降温，使操作条件恒定为 pH 4.0 和温度 20℃。

为了保证第一级加酸罐中的晶核数量足够与相对稳定，必须注意控制浓缩液流量。流加浓缩液的开始，应以较低流量进行流加，每隔若干小时，可适当提高流量，24h 以后流量提高至最高值。流量的最高值与浓缩液的含量、第一级加酸罐的操作条件（如 pH、温度等）、谷氨酸结晶速率以及第一级加酸罐体积有关。如果浓缩液中谷氨酸浓度为 300g/L 左右，当操作条件控制为 pH 4.0 左右和温度 20℃左右时，一般以 4~6h 加满第一级加酸罐的流量来控制浓缩液的流量。浓缩液的流量计算公式为：

$$Q = V/(4 \sim 6) \tag{18-2}$$

式中 Q——浓缩液流量，m^3/h

V——第一级加酸罐体积，m^3

4. 第二级加酸罐的控制

第一级加酸罐中的固液混合物料进入第二级加酸罐后，当体积达到一半时，即可加酸调节 pH，使 pH 逐渐降低至 3.6 左右；同时，开始用冷水降温，使温度逐渐降低至 14℃左右。此后，需连续加酸、不断搅拌与不断降温，使操作条件恒定为 pH 3.6 和温度 14℃。当第二级加酸罐被加满时，从底部将固液混合物料泵送至第三级加酸罐，其流量与第二级加酸罐的进料流量相等。

5. 第三级加酸罐的控制

第二级加酸罐中的固液混合物料进入第三级加酸罐后，当体积达到一半时，即可加酸调节 pH，使 pH 逐渐降低至 3.2；同时，开始用冷水降温，使温度逐渐降低至 8℃左右。此后，需连续加酸、不断搅拌与不断降温，使操作条件恒定为 pH 3.2 和温度 8℃。当第三级加酸罐被加满时，将第二级加酸罐的固液混合物料泵送至另一个第三级加酸罐，而被加满的第三级加酸罐继续降温至 4~6℃，并不断搅拌，在等电点育晶 4~8h。等电点育晶时间长短视加满第三级加酸罐的耗时长短而定，若第三级加酸罐体积较大，加满过程中耗时较长，等电点育晶时间可以短一些。

在连续等电点工艺中，一条生产线通常需要 1 个第一级加酸罐、1 个第二级加酸罐和若干个第三级加酸罐。第三级加酸罐数量足够，才能保证 pH 到达等电点后的育晶时间，从而保证提取收率。

6. 离心分离

将第三级加酸罐中完成等电点育晶的料液泵送至连续卸料离心机中，进行连续分离，分离母液中谷氨酸浓度一般为 10~15g/L，由于采用了浓缩工艺，母液体积一般是发酵液体积的 30%~40%，因此，一次谷氨酸提取收率可达 85%~90%。

二、金属离子沉淀法

利用氨基酸与某些重金属离子容易形成难溶的氨基酸金属盐的特性，在氨基酸发酵液中加入重金属盐，可使氨基酸金属盐沉淀析出，然后再用酸溶解，再调 pH 至氨基酸等电点，使氨基酸沉淀析出。例如，在谷氨酸发酵液中投入 $ZnSO_4$，谷氨酸与硫酸锌盐的 Zn^{2+} 作用，生成难溶于水的谷氨酸锌，再在酸性状况下，获取谷氨酸。其反应式如下：

$$2HOOC-(CH_2)_2-CH(NH_2)-COOH + Zn^{2+} \xrightarrow{pH6.3} [HOOC-(CH_2)_2-CH(NH_2)-COO]_2Zn\downarrow + 2H^+$$

$$Zn(C_5H_8O_4N)_2 + 2HCl \xrightarrow{pH(2.4\pm0.2)} 2C_5H_9O_4N + ZnCl_2$$

三、特殊试剂沉淀法

特殊试剂沉淀法是采用某些有机或无机试剂与相应氨基酸形成不溶性衍生物的一种分离方法。

精氨酸与苯甲醛在碱性和低温条件下，可缩合成溶解度很小的苯亚甲基精氨酸，分离提取该沉淀后，用 HCl 水解除去苯甲醛，即可得精氨酸盐酸盐。亮氨酸可与邻二甲苯-4-磺酸反应，生成亮氨酸的磺酸盐；后者与氨水反应，得到亮氨酸。组氨酸与 $HgCl_2$ 作用，生成组氨酸汞盐的沉淀，再经 H_2S 处理就可得组氨酸。天冬氨酸可制成难溶性铜盐结晶，分离回收天冬氨酸。脯氨酸、丝氨酸、丙氨酸在 pH 2~7 能与四氯-邻-苯二甲酸生成难溶性加成化合物。而其他中性氨基酸因为不能生成这些加成物，所以，可以分别结晶析出。同样，组氨酸、精氨酸、鸟氨酸等碱性氨基酸水溶液，与五氯酚作用，也能生成难溶性加成化合物，而得以分离。缬氨酸因为能与苯甲酸等芳香族羧酸制成加成化合物，可利用其难溶性加以分离。将苏氨酸的铜盐或镍盐与醛制成加成化合物，利用其难溶性使之分别结晶析出。分离高丝氨酸时，L-高丝氨酸-γ-内酯的溴氢酸盐专一性地难溶于乙醇，析出良好的结晶，而得以分离提纯。

现以 L-亮氨酸为例来说明，如上所述，亮氨酸能与芳香磺酸形成复盐沉淀，后者经氨解可制得 L-亮氨酸。其反应式如下：

$$(H_3C)_2CHCH_2CH(NH_3^+)COOH + HO_3S-C_6H_3(CH_3)_2 \longrightarrow (H_3C)_2CHCH_2CH(NH_3O_3S-C_6H_3(CH_3)_2)COOH$$

$$\xrightarrow[NH_3\cdot H_2O]{氨解} (H_3C)_2CHCH_2CH(NH_2)COOH + H_4NO_3S-C_6H_3(CH_3)_2$$

L-亮氨酸磺酸沉淀法工艺流程图如图 18-13 所示。

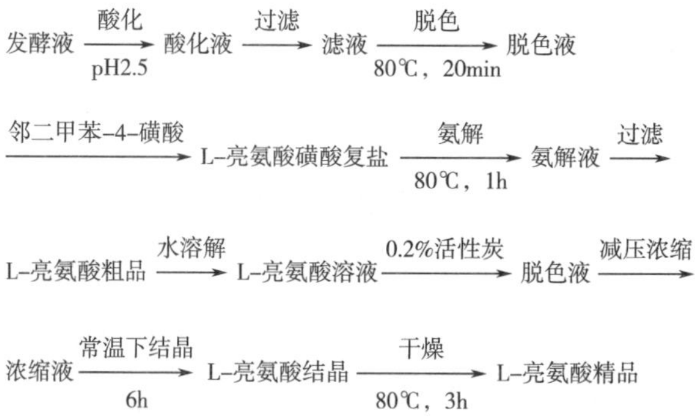

发酵液 —酸化/pH2.5→ 酸化液 —过滤→ 滤液 —脱色/80℃，20min→ 脱色液

—邻二甲苯-4-磺酸→ L-亮氨酸磺酸复盐 —氨解/80℃，1h→ 氨解液 —过滤→

L-亮氨酸粗品 —水溶解→ L-亮氨酸溶液 —0.2%活性炭→ 脱色液 —减压浓缩→

浓缩液 —常温下结晶/6h→ L-亮氨酸结晶 —干燥/80℃，3h→ L-亮氨酸精品

图 18-13　L-亮氨酸磺酸沉淀法工艺流程图

特殊沉淀剂分离法是最早应用于氨基酸分离纯化的方法之一，由于操作简单，选择性强，至今仍是生产某些氨基酸的常用方法。20 世纪 70 年代后期，找到了选择性更强和沉淀效率更高的新的氨基酸沉淀剂，如五氯酚钠、对-羟基苯甲酸、苯甲酸等，如果进一步与离子交换技术结合，将会显著提高氨基酸的分离效果和收率。使用这种技术生产药用氨基酸时，必须注意残留的特殊沉淀剂的毒性问题。

四、有机溶剂沉淀法

有机溶剂沉淀法提取氨基酸是将发酵液除去菌体等杂质后，在氨基酸溶液中，加入与水互溶的有机溶剂（如甲醇、乙醇、丙酮等），然后调 pH 至氨基酸的等电点，能显著地减小氨基酸的溶解度而发生沉淀使氨基酸析出。使用的溶剂可蒸馏回收，循环使用。

有机溶剂沉淀的机理主要是加入有机溶剂后，会使系统（水和有机溶剂的混合液）的介电常数减小，因而促使氨基酸互相聚集，并沉淀出来。乙醇是最常用的有机沉淀剂，因为它无毒，适用于医药上使用，并能很好地用于氨基酸的沉淀。

有机溶剂的加入量应适当，过多的加入量不仅造成浪费，还会使溶液中的色素及其他杂质沉淀，影响产品纯度。影响有机溶剂沉淀效果最主要的因素是温度和 pH，有机溶剂存在下，大多数氨基酸的溶解度随温度降低而显著地减小。因此，低温下（最好低于 0℃）沉淀得完全，有机溶剂用量可减少。

由于等电点时氨基酸溶解度最低，因此，有机溶剂沉淀时，溶液 pH 应尽量在氨基酸等电点附近。

第三节　吸附法

吸附法是利用适当的吸附剂，在一定的 pH 条件下，使发酵液中的氨基酸被吸附剂吸附，然后再以适当的洗脱剂将吸附的氨基酸从吸附剂上解吸下来，达到浓缩和提纯的目的，这样的提取方法称为吸附法。常用的吸附剂有高岭土、Al_2O_3、酸性白土等无机吸附剂，凝胶型离子交换树脂、活性炭、分子筛和纤维素等。

吸附法一般有下列优点：①不用或少用有机溶剂；②操作简便、安全、设备简单；③吸附过程中 pH 变化小。但吸附法选择性差，收率低，特别是一些无机吸附剂吸附性能不稳定，不能连续操作，劳动强度大，尤其活性炭影响环境卫生。所以吸附法曾有一段时间很少采用，几乎被其他方法所取代。但随着大孔网状聚合物吸附剂的合成和不断发展，吸附法又重新被人们所重视。

由于活性炭用量不断增加，环境污染严重，为克服活性炭的缺点，国外 20 世纪 50 年代初研究了许多合成材料的碳化。20 世纪 60 年代末以来碳化树脂的研究开展起来，其中，采用球形大孔网状聚合物吸附剂为原料，制备出球形碳质吸附剂特别引起人们的注意。固体吸附和氨基酸工业密切相关，如空气的净化和除菌，氨基酸发酵液的脱色、除去热原等杂质，这些方面都离不开吸附过程。

一、吸附法的基本概念

固体物质可分为多孔和非多孔性两大类。非多孔性固体只具有很小的比表面积（单位体积的物质所具有的表面积），若将固体物质粉碎成微粒后，其总表面积会增大，则比表面积也会相应增大；多孔性固体由于颗粒内微孔的存在，比表面积很大，每克多孔性固体物质的比表面积可达几百平方米。因为非多孔性固体的比表面积仅决定于可见的外表面积，而多孔性固体比表面积是由外表面积和内表面积所组成的。况且内表面积要比外表面积大几百倍，并具有较大的吸附能力，故可应用多孔性固体物质作为吸附剂。

为什么多孔性固体物质具有吸附能力呢？这是因为固体表面分子（或原子）所处的状态与固体内部分子或原子所处的状态不同。固体内部分子（或原子）受到邻近四周分子的作用力是对称的，作用力总和为零，即彼此互相抵消，故分子处于平衡状态，但在界面上的分子同时受到不相等的两相分子的作用力，因此界面分子所受力是不对称的。作用力的总和$\neq 0$，合力方向指向固体内部，所以处于表面层的固相分子始终受到一种力的作用；相反，若将固体内部分子拉到界面上就必须做功（相当于将固体粉碎），此功以自由能形式存在于小微粒的表面。所以，微粒能自发地吸附分子、原子或离子，并在其表面附近形成多分子层或单分子层。当物质从流体相（气体或液体）浓缩到固体表面从而达到分离的过程称为吸附作用。在表面上能发生吸附作用的固体微粒称为吸附剂，而被吸附的物质称为吸附物。如活性炭脱色，其中活性炭为吸附剂，色素是吸附物。

二、活性炭

吸附剂按其化学结构可分为两大类：一类是有机吸附剂，如活性炭、球形炭化树脂、聚酰胺、纤维素和大孔树脂等；另一类是无机吸附剂，如白土、Al_2O_3、硅胶和硅藻土等。现将我国氨基酸工业中应用最为广泛的吸附剂活性炭简介如下。

活性炭具有吸附力强，分离效果好，来源比较容易，价格便宜等优点。但由于活性炭生产原料和制备方法不同，吸附力就不同，因此很难控制其标准。在生产上常因采用不同来源或不同批号的活性炭而得到不同的结果。另外活性炭色黑质轻，污染环境。

（一）活性炭的分类

1. 粉末状活性炭

该类活性炭颗粒极细，呈粉末状，其总表面积、吸附力和吸附量都特别大，是活性炭中吸附力最强的一类。但因其颗粒太细，影响过滤速度或在层析过程中流速太慢，需要加压或减压操作，手续麻烦。

2. 颗粒状活性炭

该类颗粒较前者大，其总表面积相应减小，吸附力及吸附量次于粉末状活性炭。过滤速度或层析流速易于控制不需加压或减压操作，克服了粉末状活性炭的缺点。

3. 锦纶-活性炭

锦纶-活性炭是以锦纶为黏合剂，将粉末状活性炭制成颗粒，其总面积较颗粒状活性炭为大，较粉末状活性炭为小，其吸附力较两者皆弱。因为锦纶不仅单纯起一种黏合作用，它也是一种活性炭的脱活性剂。因此，可用于分离前两种活性炭吸附太强而不易洗脱的化合物。如用其分离酸性氨基酸及碱性氨基酸，可取得很好效果。流速易控制，操作简便。

（二）活性炭的选择及应用

上述 3 种活性炭的吸附力，其中粉末状活性炭为最强，颗粒状活性炭次之，锦纶-活性炭最弱。在提取分离过程中，根据所分离物质的特性，选择适当吸附力的活性炭是成功的关键。当欲分离的物质不易被活性炭吸附时，则要选择吸附力强的活性炭。当欲分离的物质很易被活性炭吸附时，则要选择吸附力弱的活性炭。在首次分离料液或样品时，一般先选用颗粒状活性炭。如待分离的物质不能被吸附，则改用粉末状活性炭。如待分离的物质吸附后不能洗脱或很难洗脱，造成洗脱溶剂体积过大，洗脱高峰不集中，则改用锦纶-活性炭。

在应用过程中，尽量避免应用粉末状活性炭，因其颗粒极细，吸附力太强，许多物质吸附后很难洗脱。

（三）活性炭对物质的吸附规律

活性炭是非极性吸附剂，因此在水溶液中吸附力最强，在有机溶剂中吸附力极弱。在一定条件下，对不同物质的吸附力也不同，一般遵守下列规律。

（1）对极性基团（—COOH、—NH_2和—OH 等）多的化合物的吸附力大于极性基团少的化合物。例如，活性炭对酸性氨基酸和碱性氨基酸的吸附力大于中性氨基酸。原因就是酸性氨基酸中的羧基比中性氨基酸多；碱性氨基酸中的氨基（或其他碱性基团）比中性氨基酸多。又如，活性炭对羟基脯氨酸的吸附力大于脯氨酸，因为羟基脯氨酸比脯氨酸多一个羟基。

（2）对芳香族化合物的吸附力大于脂肪族化合物，因而可借此性质将芳香族氨基酸与脂肪族氨基酸（两者的氨基和羧基数目相同）分开。

（3）活性炭对分子质量大的化合物的吸附力大于分子质量小的化合物。例如，对肽的吸附力大于氨基酸，对多糖的吸附力大于单糖。

（4）发酵液的 pH 与活性炭的吸附效率有关，一般碱性氨基酸在中性条件下吸附，酸性条件下解吸；酸性氨基酸在中性条件下吸附，碱性条件下解吸。

（5）活性炭吸附溶质的量在未达到平衡前一般随温度升高而增加。

三、活性炭脱色的基本条件

活性炭脱色法是一种广泛使用的经典脱色方法，我国氨基酸工业中生产制备氨基酸时，基本上采用活性炭脱色的工艺。现将活性炭脱色所需的基本条件简述如下。

（一）适宜的温度

使用活性炭进行氨基酸溶液的脱色时，脱色液的温度不宜低于 75~80℃，最好维持在 80~100℃的区间范围，脱色效果颇佳。如果维持氨基酸脱色液的温度在 75℃以下，脱色效果明显下降。在这种温度下要使被脱色的氨基酸溶液的脱色程度达到在 80℃以上温度的脱色效果，就必须成倍地增加脱色剂活性炭的用量。

活性炭脱色的过程就是活性炭颗粒表面对色素分子的吸附过程。活性炭在脱色过程中对色素分子吸附数量越多，被脱色的氨基酸溶液中色素分子减少的数量就越多，残留在氨基酸脱色液中的色素分子数量就越少，实现氨基酸溶液脱色程度就越高。活性炭颗粒表面吸附色素分子是通过活性炭颗粒和色素分子的相对运动的碰撞实现的。所以，提高被脱色液的温度就是人为地创造条件加快色素分子同活性炭颗粒碰撞的速度，进而提高活性炭颗粒表面吸附色素分子的速度。但当被脱色液的温度升高到一定数值后就达到了色素分子同活性炭颗粒碰撞的最大值，并实现了平衡，再继续升高脱色液的品温，脱色作用并不表现出加快的趋势，也不表现出可以继续减少活性炭的用量。

（二）适宜的酸碱性

实践证明，脱色作用进行得最彻底的酸碱度是在酸性或者偏酸性介质中。当脱色介质环境的酸碱度达到中性甚至超过中性以后，脱色作用就明显降低；当脱色介质环境的酸碱度达到偏碱性以后，就几乎失去了脱色作用；当脱色介质的酸碱度完全成为碱性时，不仅完全丧失了脱色作用，而且还出现色素分子解吸的现象，即将脱色过程中已经吸附的色素分子再释放到脱色介质中。活性炭吸附色素分子时介质酸碱度的要求在生产实践中颇有意义。通过调节脱色介质环境的酸碱度，使活性炭对色素分子的吸附作用和解吸作用交替进行，可达到反复多次使用活性炭，提高其使用效率的目的。

活性炭在脱色过程中对脱色介质环境的酸性选择说明活性炭对色素分子的吸附需要有 H^+参与才能使吸附过程进行得最好。一旦吸附介质环境中的 H^+浓度减少到需要程度甚至完全丧失时，活性炭对色素分子的吸附作用就降低甚至完全丧失。当然，H^+在吸附介质中的浓度并非是越大吸附作用就进行得越好，实验证明吸附介质的 H^+浓度超过一定范围时也是不利于吸附作用进行的。

（三）适宜的搅拌速度

活性炭对色素分子吸附作用的实现是通过它们相互碰撞接触而实现的，没有碰撞接触的过程，吸附作用就不可能完成。因此，适当地搅拌以防止活性炭下沉，使之在脱色介质溶液中漂浮游动，均匀分布，从而增大色素分子与活性炭颗粒间的碰撞机会，加快吸附作用的进行，提高脱色效果。搅拌速度通常以能维持活性炭颗粒均匀漂浮于整个脱色介质溶液中不下沉为限。能量过大的搅拌不会明显提高脱色效果和缩短脱色时间，反而会造成不必要的能量浪费。

（四）趁热过滤

在适宜的温度、酸碱度和搅拌脱色介质溶液的情况下，加入活性炭后，一般只须维持0.5~1.0h，即可完成脱色作用。此时应趁热过滤，以除去吸附了色素的活性炭等固体杂质，然后用具有相同温度和酸碱度的水洗涤滤渣，以减少吸附在滤渣上和残留在湿润活性炭的溶液中的氨基酸损失，提高产品的收得率。

趁热过滤一方面使过滤操作容易进行，另一方面可防止溶解度较小的氨基酸，如胱氨酸、酪氨酸、天冬氨酸、谷氨酸等因溶液温度降低引起溶解度变小，以至它们达到过饱和浓度以结晶的方式析出这些氨基酸超溶解的部分，这些结晶的氨基酸固体随着过滤程序而同活性炭固体物一起过滤除去，引起这些氨基酸在脱色和过滤过程中的损失。

四、活性炭对各种氨基酸的吸附及其应用

活性炭对各种氨基酸的吸附明显受氨基酸分子结构的影响。①活性炭对芳香族氨基酸表现出很强的吸附力。如 GH-15 活性炭对苯丙氨酸、色氨酸和酪氨酸的吸附率分别达到23.37%、25.50%和18.84%。②活性炭对具有同一类型分子结构的氨基酸的吸附量随氨基酸分子碳骨架上碳原子数的增加而增加。如亮氨酸分子比缬氨酸分子在碳骨架上多了一个碳原子，GH-15 活性炭对亮氨酸的吸附率（7.13%）是缬氨酸吸附率（2.75%）的 2 倍多。尽管对丙氨酸和甘氨酸、苏氨酸和丝氨酸、谷氨酸和天冬氨酸吸附量的差异没有亮氨酸和缬氨酸那么显著，但这些成对的氨基酸也符合这一规律。③活性炭对氨基酸的吸附量明显地受氨基酸分子支链结构的影响。如精氨酸分子上的胍基为—H 取代后即变成鸟氨酸分子，GH-15 活性炭对精氨酸的吸附率是 11.76%，而对鸟氨酸的吸附率仅为 0.133%。

根据活性炭对各种氨基酸的吸附力不同，建立了从含多种氨基酸的溶液中提取苯丙氨酸、酪氨酸的工艺，具体工艺路线如图 18-14 所示。

蛋白质水解液中含 17 种游离氨基酸，氨基酸分离难度大。国内分离方法除了用等电点沉淀法分离毛发水解液中胱氨酸，用沉淀剂沉淀亮氨酸外，多采用离子交换树脂法。在离子交换树脂法中分离精氨酸工艺较成熟，而分离组氨酸及中性氨基酸效果不佳，突出表现为水解液中杂质易使树脂毒化，交换容量下降；各种氨基酸，特别中性氨基酸与组氨酸 pI 及 pK_{COOH}相近，洗脱时交叉重叠，单一斑点洗脱溶液少，分离效果差；洗脱溶液中杂质

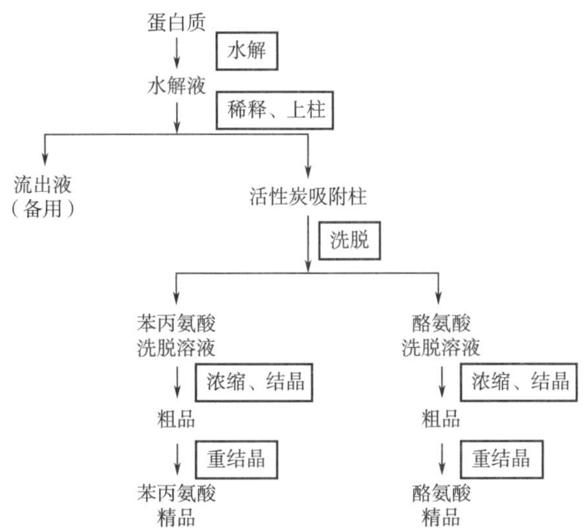

图 18-14　活性炭提取苯丙氨酸和酪氨酸的工艺流程图

多，难以纯化结晶。活性炭吸附法的应用，使水解液中的大部分杂质为活性炭吸附，流出液再进行离子交换吸附，较好地解决了树脂易中毒的问题，并使洗脱溶液杂质少、纯度高，易于结晶；由于活性炭选择吸附了苯丙氨酸、酪氨酸，当离子交换色谱法上柱终点控制为组氨酸穿漏，则交换于树脂上的主要是亮氨酸、组氨酸、赖氨酸和精氨酸 4 种氨基酸，它们的 pH 差别较大，任何 2 种氨基酸的 pI 差值均大于 1，可达到有效的分离。虽然它们的 pK_{COOH}差别较小，但控制上柱和洗脱条件可以得到补救。

活性炭吸附与分离苯丙氨酸、酪氨酸的机理尚未阐明。其吸附可理解为非极性苯环侧链与活性炭巨大表面积间非极性吸附与氨基酸极性基团同活性炭含氧基团间极性吸附的总和。有的学者认为从两种氨基酸的结构看，在吸附过程中产生具有电子转移的化学吸附似应不居主要地位，而应以物理吸附为主。一般说，分子中苯环部分与活性炭表面的石墨型微晶结构以色散力为主的物理吸附，很可能苯环部分横卧于石墨的微结晶上，而当有羟基取代时又很可能由横卧转向垂直取向。此外，二者对固-液界面的影响有异，从而使吸附的情况不同。

用活性炭吸附时，吸附物必须处于分子状态。洗脱时则相反，应使被吸附物呈盐类状态即极性状态。因此，洗脱时的 pH 常与吸附时相反。如吸附时为酸性，洗脱时用碱性洗脱剂。洗脱剂一般是对吸附物溶解度大的溶剂。

五、离子交换树脂脱色

（一）离子交换树脂脱色

在氨基酸工业生产中，除采用活性炭脱色外，也可采用离子交换树脂脱色。大多数色素为离子型物质，且阴离子居多，可被离子交换树脂的离子交换基团或弱极性基团吸附，因而具有较强的脱色作用，可作为氨基酸洗脱液或浓缩液等的脱色剂，也常作为葡萄糖、蔗糖、甜菜糖等糖类脱色剂。与活性炭相比，离子交换树脂脱色具有可反复使用、寿命长、产品损耗少等优点。阴离子交换树脂是氨基酸工业生产中应用最为广泛的脱色方法之一。

（二）大孔吸附树脂脱色

大孔吸附树脂是一类新型的非离子型高分子吸附剂，常以二乙烯苯、苯乙烯或甲基丙烯酸酯等原料聚合而成，具有较大的比表面积和较多的孔道。色素一般为有机酸类或弱极性物质，可被大孔吸附树脂通过弱相互作用（范德华力、氢键作用力、疏水作用力等）吸附于树脂颗粒表面或孔道中，从而达到脱色的作用。在脱色工艺操作过程中，与离子交换树脂不同，大孔吸附树脂在整个树脂颗粒内外都具有吸附表面，且颗粒内部的孔道结构可对不同分子质量大小的色素进行筛分。大孔吸附树脂具有吸附容量大、吸附速率快、易解吸和再生等优点，常用于氨基酸工业生产中的脱色工艺，尤其适用于氨基酸洗脱液或浓缩液中低极性或非极性有机杂质的去除。

通常选择不吸附主体产物、不增加其他杂质的大孔弱碱树脂作为脱色吸附剂，例如，谷氨酸中和液可选用大孔弱碱树脂 390#进行脱色。将脱色用的离子交换树脂装填在柱内，控制上柱液流速、pH、温度等条件，可进行连续脱色，当树脂吸附饱和后，用 NaOH 水溶液作为洗脱剂进行洗脱，再用 HCl 水溶液再生。

第四节　溶剂萃取法

萃取是利用不同物质在选定溶剂中溶解度不同来分离混合物中组分的方法。萃取法选择性高，分离效果好；不仅可用于产物的提取和浓缩，还可使产物得到初步纯化；通常在常温或较低的温度下进行，对热敏性物质破坏小，且能耗低；还可实现多级操作，便于连续生产。因此，在氨基酸、抗生素等制品的生产上有着广泛的应用。

溶剂萃取法可分为物理萃取（简单分子萃取）和化学萃取（反应萃取）。物理萃取的理论基础是分配定律，而化学萃取服从相律及一般化学反应的平衡规律。由于氨基酸的有机溶剂/水的分配系数小，物理萃取用途有限。溶剂萃取法是用一种溶剂将物质从另一种溶剂中提取出来的方法，这两种溶剂不能互溶或只部分互溶，能形成便于分离的两相。

近年来，许多有关用溶剂萃取法分离氨基酸的研究报道都属于利用氨基酸结构与性质的不同，采用不同的试剂或不同类型的萃取剂与之反应，形成新的萃合物，从而扩大不同氨基酸萃取性质差别，达到分离提纯的目的。氨基酸分离纯化发展的主要特征是不同分离技术的交叉与融合以及反应分离技术耦合，图 18-15 列出了氨基酸常用的萃取技术与一些新型分离技术之间的交叉融合关系。

一、溶剂萃取

溶剂萃取又称为液-液萃取，是分离流体混合物的重要单元操作之一。在溶剂萃取中，被提取的溶液称为料液，欲分离的物质称为溶质，用以进行萃取的溶剂称为萃取剂。经萃

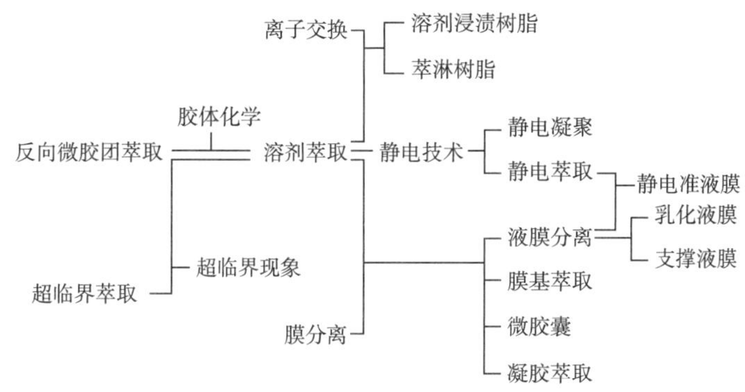

图 18-15　氨基酸常用的萃取技术与一些新型分离技术之间的交叉融合关系

取分离后，大部分溶质被转移到萃取剂中，所得溶液称为萃取液（相），被萃取出溶质后的料液称为萃余液（相）。

（一）萃取操作的基本步骤

1. 混合

将料液和萃取剂充分混合形成乳状液，使溶质从料液转入萃取液。

2. 分离

将乳状液分成萃取相和萃余相。

3. 回收溶剂

萃取可单级亦可多级操作，后者又有多级错流操作和多级逆流操作之分。

影响溶剂萃取的主要因素有溶液的 pH、温度、盐析作用和溶剂性质等。

（二）萃取剂的选择

萃取用的有机溶剂应对产物有较大的溶解度和良好的选择性。萃取剂的选择性可用分配系数β来表示。所选择的分配系数应尽可能大，一般大于 1。或可根据“相似相溶”原则选择与待分离物结构相近的溶剂，就溶解度而言，重要的“相似”反映在分子极性上，因介电常数是化合物摩尔极化程度的量度，故常根据被提取物的介电常数来选择适当的溶剂。表 18-9 列出了一些常用溶剂的介电常数。

表 18-9　　一些常用溶剂的介电常数（25℃）　　单位：F/m

溶剂	介电常数	溶剂	介电常数	溶剂	介电常数
乙烷	1.90	氯仿	4.87	丙醇	22.2
环己烷	2.02	乙酸乙酯	6.02	乙醇	24.3
四氯化碳	2.24	2-丁醇	15.8	甲醇	32.6
苯	2.28	1-丁醇	17.8	甲酸	59.0
甲苯	2.37	1-戊醇	20.1	水	78.54
二乙醚	4.34	丙酮	20.7		

萃取剂的选择应遵守下列原则。

（1）分配系数未知，则可根据“相似相溶”的原则，选择与氨基酸结构相近的溶剂。

（2）选择分配系数大于1的溶剂。

（3）料液与萃取剂的互溶度越小越好。

（4）萃取剂应低毒性或无毒。

（5）萃取剂的化学稳定性能高，腐蚀性低，沸点不宜太高，挥发性要小，价格便宜，来源方便，便于回收。

以上只是一般原则，实际上没有一种溶剂能符合上述全部要求，应根据具体情况权衡利弊而定。

从文献报道来看，可用于分离氨基酸的萃取剂几乎包括了各类常用的溶剂。如磷酸类、硫代磷酸类、磺酸类、羧酸类、酮类、醇类、胺类等。前3类萃取剂对中性氨基酸的分离、提纯非常有效，它们是：十二烷基磷酸、二（2-乙基己基）磷酸（D2EHPA）、二辛基磷酸、二（2-乙基己基）硫代磷酸、二辛基二硫代磷酸、二（2-乙基己基）二硫代磷酸、2-壬基萘磺酸、2-十二烷基萘磺酸、十二烷基苯磺酸、二辛基乙基琥珀酸酯等。当这些萃取剂中添加诸如煤油、CCl_4、苯、正辛醇、异戊醇时，可增加其分相速度，对中性和脂肪链氨基酸萃取率也有不同的影响。

D. Cascaval 采用 D2EHPA 通过改良水溶液的 pH，完成了对一系列酸性、碱性和中性氨基酸的萃取分离，并认为可以在工业生产中实现对氨基酸发酵液的萃取。刘阳生等提出了氨基酸荷电中性分子的萃取分离途径，详细研究了利用质子转移反应分离荷电中性分子的过程；采用不同浓度的 D2EHPA-正辛烷为溶剂萃取 L-苯丙氨酸水溶液，研究了不同 pH 条件下 D2EHPA 对苯丙氨酸的萃取机制以及萃取配合物结构与 pH 的关系；同时讨论了萃取剂浓度以及苯丙氨酸初始浓度对萃取平衡的影响。他们还对使用 D2EHPA 萃取 L-苯丙氨酸、L-色氨酸的萃取平衡进行了研究（表 18-10），提出了萃取过程中同时存在离子交换反应和质子反应的观点。

表 18-10　　用于生物产物分离的流动载体（萃取剂）举例

萃取剂	萃取物举例
磷酸三辛酯	苯丙氨酸、亮氨酸、有机酸
三辛基氧化磷酸酯（TOPO）	苯丙氨酸、有机酸、青霉素
氯化三辛基甲胺（TOMAC）	苯丙氨酸、色氨酸、异亮氨酸、缬氨酸、青霉素
二（2-乙基己基）硫代磷酸（D2EHPA）	苯丙氨酸、色氨酸、赖氨酸
二辛基胺（DOA）	青霉素
三辛基胺（TOA）	柠檬酸
冠　醚	亮氨酸、缬氨酸、天冬氨酸、氨基酸酯、青霉素

（三）影响溶剂萃取的因素

影响萃取操作的因素很多，下面仅就其中一些主要因素进行讨论。

1. pH 的影响

在萃取操作中，正确选择 pH 很重要。一方面 pH 影响氨基酸的存在状态，另一方面 pH 影响分配系数，因而对萃取收率的影响很大。如采用液体阳离子型萃取剂 D2EHPA-（H_2R_2）萃取氨基酸时，它的萃取反应与氨基酸的解离状态即溶液的 pH 有关。实验结果表明，异亮氨酸的萃取分配系数 K 与溶液平衡时的 pH 并不是直线关系，而有一个极大值。理论计算和实验都证实了这个结果。其萃合物的形式为 H_2AR 和 $H_2AR \cdot 3HR$，其分配系数 $K \sim [D2EHPA]^m$ 关系中 m 为 2。

2. 温度的影响

温度对萃取的影响主要表现在影响萃取速度和分配系数两个方面。通常温度升高对萃取不利。

3. 不同化合物影响

氨基酸携带有氨基和羧基，而分别携带有相同数量氨基或羧基基团的酸性、中性、碱性氨基酸分子中的侧链结构均不相同，利用不同的试剂或不同类型的萃取剂与氨基酸反应，形成新的萃合物，扩大这些相近氨基酸的性质差别，可达到提纯和彼此分离的目的。

利用不同氨基酸与 Cu^{2+}、Co^{2+}、Zn^{2+} 等络合成盐的能力不同，以及所形成络合物的性质差异，扩大了各氨基酸之间萃取行为的差异，可提高它们之间的分离系数，同时也大大提高了氨基酸的分配比。如异亮氨酸和亮氨酸是同分异构体，利用它们络合成盐后在醇类溶剂中的溶解度不同，可彼此分离，从而解决了化学工作者长期为之困扰的分离难题。

碱性氨基酸可与高级脂肪酸，如月桂酸、硬脂酸、棕榈酸和油酸形成一种高级脂肪酸盐，这种盐易溶于由异戊醇、醋酸酯组成的萃取剂中，但在酸性条件下又可分解而转入水相，因而有效地萃取分离碱性氨基酸。

谷氨酸在加热情况下，脱水生成环状物（PCA），用带支链的芳香族萃取剂萃取，可使 PCA 在溶剂中的溶解度提高到 2. 34mol/L。

近年来，开发了用载体从水溶液中萃取氨基酸的方法，即把长链季铵盐及长链烷基芳香磺酸盐的水不溶性有机溶剂与发酵氨基酸的水溶液接触。长链季铵盐载体带正电荷，如果氨基酸溶液是碱性，则氨基酸以阴离子形式在有机溶剂层被萃取，然后把其调至酸性，以水反萃取则氨基酸以阳离子形式从载体脱离转入水层。

用长链烷基芳香族磺酸盐，其载体持负电荷，如果氨基酸是酸性，则氨基酸以阳离子形式与载体结合被抽出。因此，采用这种方法能较好地分离持疏水性基团的亮氨酸、异亮氨酸和脯氨酸等氨基酸。

另外，还有报道使用三烷基磷酸酯，采用分级萃取能从氨基酸水溶液中把许多氨基酸萃取出来。

（四）乳化和去乳化

发酵液经预处理和过滤后，虽能除去大部分非水溶性的杂质和部分水溶性杂质，但残留的杂质（如蛋白质等）具有表面活性，在进行萃取时引起乳化，使有机相与水相难以分层，即使用离心机往往也不能将两相完全分离。有机相中夹带水相，会使后续操作困难，而水相中夹带有机相则意味着产物的损失。因此，在萃取过程中防止乳化和破乳化是非常重要的步骤。

1. 乳浊液的形成

当有机溶液（通称为油）和水混合搅拌时，可能产生两种形式的乳浊液。一种是油滴分散在水中，称为水包油型（O/W）乳浊液；另一种是水滴分散在油中，称为油包水型（W/O）乳浊液。但油与水是不相溶的，二者混在一起很快会分层，不能形成乳浊液。一般要有第三种物质——表面活性剂存在时，才容易形成乳浊液。一般表面活性剂分子是由亲油基和亲水基两部分组成。表面活性剂的亲水基强度大于亲油基时，则容易形成 O/W 型乳浊液。反之，若亲油基强度大于亲水基时，则容易形成 W/O 型乳浊液。

稳定乳浊液的形成与以下几个因素有关：①界面上形成保护膜；②液滴要带电荷；③介质的黏度。其中以第一因素最重要，表面活性剂分子要聚在界面上，在分散相液滴周围形成保护膜，保护膜具有一定的机械强度，不易破裂，能防止液滴碰撞而引起聚沉。介质黏度大时能增强保护膜的机械强度。如离子型的表面活性剂，除了形成保护膜外，还会使分散液滴带电荷，液滴相互排斥，使乳浊液稳定。

氨基酸滤液中含有蛋白质颗粒，溶剂萃取时，这些蛋白质颗粒在溶剂相和水相界面上形成保护膜，产生稳定乳浊液。这些蛋白质颗粒起到乳化剂的作用，由于蛋白质具有疏水性（亲油基强度大于亲水基），故形成 W/O 型乳浊液。

2. 防止和破乳化的措施

为了保证溶剂萃取操作的正常进行，提高滤液质量，一般常采用加强过滤操作，提高滤液质量，减少料液中蛋白质的含量，以防止乳化现象出现。破除乳化现象常采用下列几种方法。

（1）过滤和离心分离　当乳化不严重时，可用过滤或离心分离的方法。分散相在重力或离心力场中运动时，常可引起碰撞而聚沉。在实验室中，用玻璃棒轻轻搅动乳浊液也可促使其破坏。

（2）加热　加热能使黏度降低，易促使乳浊液破坏。在实验室中，如生化物质对热稳定可考虑采用此法。

（3）稀释法　在乳浊液中，加入连续相，可使乳化剂浓度降低而减轻乳化。在实验室化学分析中有时采用此法较方便。

（4）加电解质　离子型乳化剂所成乳浊液常因分散相带电荷而稳定，这时可加入电解质，以中和其电性而促使聚沉。常用的电解质有 NaCl、$NaNO_3$、KCl 及高价离子，如 Al^{3+}等。

（5）吸附法　例如，$CaCO_3$ 易为水所润湿，但不能为有机溶剂所润湿，故将乳浊液通过 $CaCO_3$ 层时，其中水分被吸附。

（6）顶替法　加入表面活性更大，但不能形成坚固保护膜的物质，将原来的乳化剂从界面上顶替出来，但它本身由于不能形成坚固保护膜，因而不能形成乳浊液。常用的顶替剂是戊醇。它的表面活性很大，但碳链很短，不能形成坚固的薄膜。

（7）转型法　在 O/W 型乳浊液中，加入亲油性乳化剂，则乳浊液有从 O/W 型转变成 W/O 型的趋向，但条件还不允许形成 W/O 型乳浊液，因而在转变过程中，乳浊液就破坏。同样，在 W/O 型乳浊液中，加入亲水性乳化剂，也会使乳浊液破坏。

（五）萃取方式

萃取操作包括 3 个步骤：①混合：即将料液（预处理后的氨基酸发酵液）和萃取剂在混合容器内充分混合形成乳浊液，使氨基酸从料液转入萃取剂中；②分离：即将乳浊液通过离心分离设备分成萃取相和萃余相；③溶剂回收。

按混合-分离的操作方式，萃取可分为单级萃取和多级萃取，后者又有多级错流萃取和多级逆流萃取之分。

1. 单级萃取

单级萃取只包括一个混合器和一个分离器（图 18-16）。料液和溶剂相进入混合器，充分混合接触达成平衡后，转入分离器进行分离，得到萃取相和萃余相。

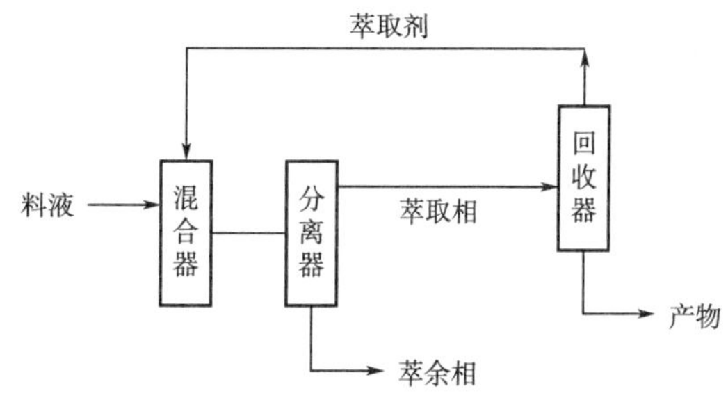

图 18-16　单级萃取流程

2. 多级错流萃取

多级错流萃取是将几个单级操作串联起来进行。将第一级的萃余相作为料液进入第二级，并加入新鲜萃取剂进行萃取；第二级的萃余相再作为料液进入第三级，再用新鲜萃取剂进行萃取，直至第 N 级（图 18-17）。

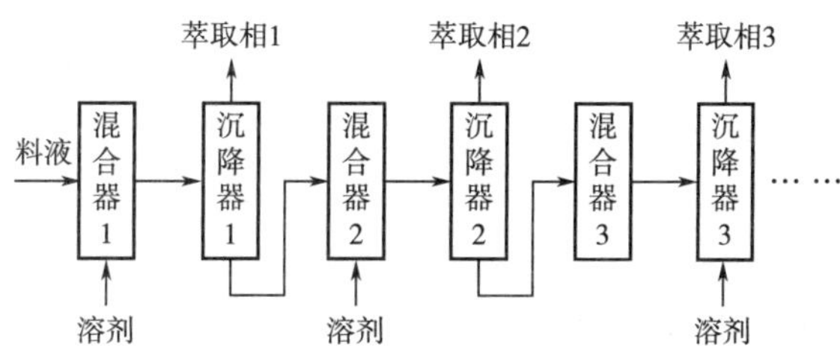

图 18-17　多级错流萃取流程

3. 多级逆流萃取

进行多级逆流萃取时，料液移动的方向与萃取剂移动的方向相反。料液从第一级加入，并逐级向下一级移动，至最后一级排出；而萃取剂则是从最后一级加入，逐级向上一级移动，至第一级排出（图 18-18）。

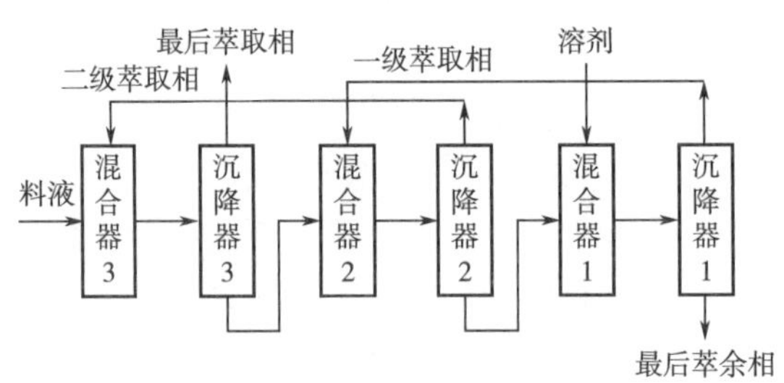

图 18-18　多级逆流萃取流程

（六）溶剂萃取法分离氨基酸的发展前景

近年来，采用溶剂萃取法分离、纯化氨基酸的研究报道很多，但大多是提出了专利申请，或处于某些研究阶段，未见工业化报道。就目前的研究现状分析，要实现工业化，至少需要先解决两个问题：其一，是萃取过程中乳化的问题；其二，是低毒萃取剂的选择和萃取剂残留物对于产品质量的影响，这是人们普遍关注，甚至忧虑的问题。它涉及后续氨基酸精制工艺、药品检验标准、临床实验等。萃取法应用于发酵液的后处理，也取决于新方法在收率上与原来的方法相比较能够获得多大的经济效益。

二、液膜萃取

液膜萃取是继普通溶剂萃取法之后的第二代分离纯化技术，它兼有溶剂萃取和膜渗透两项技术的特点。液膜萃取，也称液膜分离（Liquid Membrane Permeation，LMP），是将第三种液体展成膜状以便隔开两个液相，利用液膜的选择透过性，使料液中的某些组分透过液膜进入接收液，然后将三者各自分开，从而实现料液组分的分离。液膜分离过程中由三个液相所形成的两个相界面上的传质分离过程，实质上是萃取与反萃取的结合。在液膜内可添加载体物质，载体可为阳离子型、阴离子型、两性和非离子型，选用时应根据待分离溶液的物性、电荷及等电点而定。液膜按其结构可分为乳化液膜（Emulsion Liquid Membrane，ELM）和支撑液膜（Supported Liquid Membrane，SLM）两大类。

乳化液膜为液体表面活性剂形成的球面，将溶液分为内相和外相，液膜只有几个分子厚，单位体积设备的表面积可达到 $1000\sim3000m^2/m^3$。具有萃取速度快、分离与浓缩一步完成、能从低浓度的溶液中有效地回收溶质等优点。支撑液膜是将起分离作用的液相借助毛细作用固定在多孔高分子膜中，由载体、有机溶剂（或称稀释剂）和多孔高分子膜（或称支撑体）三个组分组成，其体系由料液、支撑液膜和反萃取液三个连续相组成，支撑液膜可以使萃取与反萃取在液膜的两侧同时进行，从而避免载体负荷的限制，减少了有机相的使用量，解决了乳化液膜的乳化液稳定条件及破乳等问题。

将液膜法用于氨基酸分离提纯已有 30 多年的历史，相关的研究至今仍然十分活跃。乳化液膜法存在的最大问题是液膜的稳定性。加入稳定剂可以减小油水界面的表面张力，防止液膜破裂。常用于氨基酸分离的表面活性物质有 Paranox 100 和 CR500。当然，还有大量的表面活性剂有待于研究开发。为了保证氨基酸能够顺利地透过有机液膜，选用适当的载体也是十分必要的。这也是液膜法分离氨基酸能否实现工业化的关键。由于氨基酸分子在水溶液中携带电荷（等电点附近除外），采用带净电荷的载体有助于氨基酸进入并透过疏水性的液膜。故季铵盐 Aliquat 336 和 D2EHPA 成为液膜法分离氨基酸最常用的载体。而相比之下，D2EHPA 又因为稳定性好、结合力强、在酸性水溶液中溶解度低、可用于萃取多种氨基酸，并且价格低等而更具有优势。除了在液膜中加入载体使之与氨基酸离子结合透过膜进入接收相以外，还可以提前将氨基酸丹磺酰化，使之在一定的 pH 范围内维持电中性，以便其穿过有机膜进入接收相。通常的萃取效率为 50%~80%，要高于支撑液膜。但支撑液膜因其简单的特点，可用于研究确定传递机制。

三、反向微胶团萃取

反向微胶团是在非极性溶剂中，双亲物质的亲水基相互靠拢，以亲油基朝向溶剂而形成的聚集体。反向微胶团萃取的本质是液-液萃取。但与一般溶剂萃取不同，反向微胶团萃取是利用表面活性剂在有机溶剂中形成分散的内含亲水微环境的反向微胶团，使生物分子溶于此亲水微环境中，进而进行萃取的分离方法。萃取是从胶团（或称为胶体）萃取发展而来的。早期的反向微胶团的研究是针对水在反向微胶团的溶解，主要用于二次采油。进入 20 世纪 80 年代以后，研究的重点转向应用于蛋白质和其他生物大分子的分离。

用于形成反向微胶团的表面活性剂有两类，一类是以琥珀酸二（2-乙基己基）酯磺酸钠（AOT）为代表的阴离子表面活性剂；另一类为以三辛基甲基氯化铵为代表的阳离子表面活性剂。以 AOT 表面活性剂所形成的反向微胶团具有含水量高的特点，比较适合于蛋白质大分子的萃取。但是这两类反向微胶团萃取氨基酸时都要求氨基酸溶液中的无机盐浓度较低，这样才具备应用价值的萃取能力。

Fendler 等是最早研究采用反向微胶团萃取氨基酸，他们用放射性同位素标记法测定了 12 种氨基酸在十二烷基胺丙酸酯-己烷反向微胶团中的溶解度，由此提出氨基酸与反向微胶团的静电作用及其亲油性是决定氨基酸在反向微胶团中的溶解度大小的结论。近年来，随着研究的进一步深入，对于反向微胶团萃取氨基酸的萃取机制已经有了相当的认识：氨基酸是以带电离子状态被反向微胶团萃取的，不同带电状态下被萃取的程度各不相同；萃取后的氨基酸可能分布于两种环境下：反向微胶团的“水池”中和反向微胶团的表面活性剂单分子膜中。氨基酸分子的亲水性越强，其在“水池”中分配比越高；pH 对氨基酸萃取的影响是通过氨基酸在水中的不同离子浓度而影响氨基酸的总分配比的，离子强度的改变一方面改变反向微胶团的吸水率，另一方面影响不同离子的竞争萃取，从而影响氨基酸的总分配比；离子强度增大，反向微胶团对氨基酸的萃取能力下降，因此利用低离子强度下萃取与高离子强度下反萃取来实现对氨基酸的分离。

尽管对反向微胶团萃取氨基酸的萃取机制已有明确的论断，并且实现了利用反向微胶团对氨基酸的分离，但是目前反向微胶团萃取氨基酸技术还刚刚起步，还有一些问题有待解决。由于反向微胶团萃取用的是离子强度更大的盐溶液，因此反向微胶团萃取液尚需进一步将氨基酸与无机盐分离，才能得到纯净的氨基酸。到目前为止，大多数研究的只是适用于低盐浓度的氨基酸料液如发酵液，对于同时含有多种氨基酸且盐浓度高的料液如胱氨酸母液则不能适用。因此，还有待开发出适合于从盐浓度高同时存在多种氨基酸的水溶液中分离氨基酸的反向微胶团，以便使反向微胶团在更广泛的领域内应用。翁连进等针对反向微胶团存在的缺点，开发了一种新的、萃取能力更强的反向微胶团——二异辛基磷酸铵表面活性剂。这种反向微胶团在盐浓度高达 4.5mol/L 的胱氨酸母液中仍具有令人满意的高萃取率，并以此开发了从胱氨酸母液中提取精氨酸工艺。

四、双水相萃取

利用不同物质在双水相间分配系数不同的特性进行萃取的方法称为双水相萃取。其机制与溶剂萃取相似，不同的物质进入双水相系统后，因在两相中的分配系数不同而使它们分别富集于上相或下相，从而达到分离的目的。

（一）双水相的形成

不同高分子化合物如聚乙二醇和葡聚糖以一定的浓度与水混合，溶液先呈浑浊状态，待静置平衡后，可逐渐分层形成互不相溶的两相：上相富含聚乙二醇，下相富含葡聚糖，所形成的两相称为双水相。离子型和非离子型高聚物都能形成双水相系统。一般认为，两种聚合物的水溶液互相混合时，是形成两相还是混合成一相取决于两个因素：一是分子间的作用力；二是熵的增加。对于大分子而言，前者占主导，因而主要由它来决定混合物分别进入其中的一相；若存在较强的引力（如带有相反电荷的两种聚电解质），它们会相互结合而进入共同的相；若斥力或引力不够强，则两者可相互混合。

另外，高聚物与小分子化合物也能形成双水相系统，如聚乙二醇与 $(NH_4)_2SO_4$ 或 $MgSO_4$ 水溶液形成的双水相系统中，上相富含聚乙二醇，下相富含无机盐。其形成机制目前还不十分清楚，有人认为是盐析作用所致。

表 18-11 列出了几种典型的双水相系统。该表中，A 类为两种都是非离子型聚合物；B 类为其中一种是带电荷的聚电解质；C 类为两种都是聚电解质；D 类为一种是聚合物，另一种是无机盐。

表 18-11　　几种典型的双水相系统

类型	聚合物Ⅰ	聚合物Ⅱ或无机盐	类型	聚合物Ⅰ	聚合物Ⅱ或无机盐
A	聚乙二醇（PEG）	聚乙烯醇 聚乙烯吡咯烷酮 葡聚糖	B	DEAE 葡聚糖·HCl	聚丙二醇-NaCl 聚乙二醇-Li_2SO_4
			C	羧甲基葡聚糖钠盐	羧甲基纤维素钠
	聚丙二醇	聚乙二醇 聚乙烯醇 葡聚糖	D	聚乙二醇（PEG）	K_3PO_4 $(NH_4)_2SO_4$ Na_2SO_4

双水相形成的条件和定量关系可用相图来表示，由两种聚合物（P、Q）和水组成的

双水相系统的相图如图 18-19 所示。

图 18-19 中，纵坐标为聚合物 Q 的浓度，横坐标为聚合物 P 的浓度，曲线 *TKB* 称为双节线。双节线把相图分为两个区域：下方为均匀区，在此区域还能形成两相；上方为两相区，可形成两相，表明只有当 P、Q 的浓度达到一定值时才能形成两相。例如，整个系统的组成为点 *M* 时，可形成两相，其上相和下相分别由点 *T* 和 *B* 表示。直线 *TMB* 称为系线。系线长度是表征双水相系统性质的一个重要参数。同一系线上各点所代表的系统，具有相同的组成，但两相的体积比不同，且服从杠杆规则。*K* 点称为临界点，此时，系线的长度为零，两相间的差别消失，即成为一相。

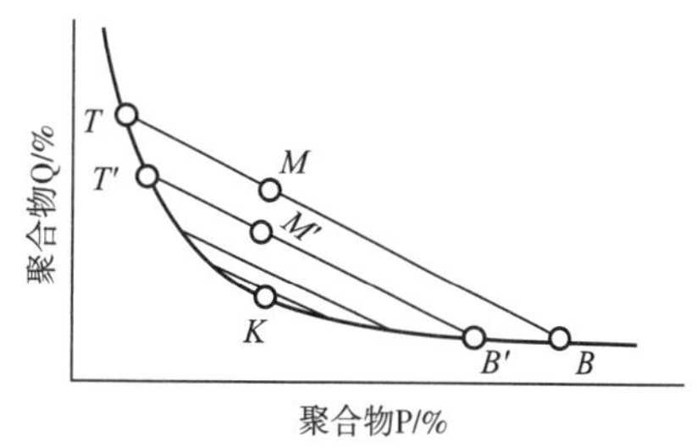

图 18-19　聚合物 P、Q 和水系统的相图示意图

（二）影响双水相分配的主要因素

1. 成相聚合物的相对分子质量

减小聚合物相对分子质量可使蛋白质容易分配到富含该聚合物的相中。例如，在 PEG/葡聚糖系统中，减小 PEG 的相对分子质量、加大葡聚糖的相对分子质量，可使蛋白质更多地转入富含 PEG 的上相。此种现象带有普遍性，且溶质相对分子质量越大，其影响程度也越大。

2. 成相聚合物的浓度

由相图（图 18-19）可知，随成相聚合物总浓度的增加，系统远离临界点，系线长度增加，两相的差别增大，蛋白质趋于向一相分配。在一定范围内，增加成相聚合物浓度可增加蛋白质的分配系统。

3. 盐的种类和浓度

不同的无机离子在两相中有不同的分配系数，因而盐类的加入会在两相间形成电位差，而影响溶质特别是荷电大分子（如蛋白质、核酸等）的分配系数。

4. pH

会影响蛋白质分子中可解离基团的离解度，改变蛋白质所带的电荷，进而改变其分配系数。系统中存在不同盐类时，pH 的效应不同。有时 pH 的微小变化会使蛋白质的分配系数改变 2~3 个数量级。

5. 温度

可影响相图，因而也影响分配系数。这种影响在临界点附近较明显，离临界点较远处影响减小。

（三）双水相萃取法的应用

双水相萃取法可应用于多种生物物质的分离和提取。常用的双水相系统为聚乙二醇/葡聚糖和聚乙二醇/无机盐两种，后者中聚乙二醇/硫酸盐或磷酸盐系统最为常用。

与溶剂萃取法相比，双水相萃取系统中的两相大部分是水，不涉及有机溶剂，对分离无破坏作用，有时还有保护作用，故工艺条件非常温和。所用的设备简单，操作方便。在设计合理的系统中，分离速度快，回收率高。此外，该技术将传统的固-液分离转化为液-液分离，因此可利用工业化的高效液-液分离设备，使系统易于放大，且各种参数均可按比例放大而不降低产物的收率。

第五节　电渗析法

一、电渗析的基本概念

电渗析技术是在离子交换技术的基础上发展起来的一种技术。离子交换膜是具有一定孔隙度及特定解离基团的薄膜，在电渗析技术中广泛使用。基于薄膜孔隙度和解离基团的作用，离子交换膜对不同电解质具有选择渗透性。阳离子交换膜的解离基团带负电荷，可吸引和透过带正电荷的阳离子并排斥带负电荷的阴离子；阴离子交换膜的解离基团带正电荷，可吸引和透过带负电荷的阴离子并排斥带正电荷的阳离子。离子透过离子交换膜的迁移运动过程称为渗透或透析。通过外加直流电场，可显著提高离子透过离子交换膜的迁移速率，并使阳离子透过阳离子交换膜向阴极区迁移，阴离子透过阴离子交换膜向阳极区迁移。这种在外加直流电场的作用下，透过离子交换膜的离子定向迁移的运动过程称为电渗析。

二、电渗析的基本原理

电渗析技术是基于氨基酸的两性电解质特性来实现分离的。在低于等电点的溶液中氨基酸以阳离子状态存在，其可透过阳离子交换膜向阴极迁移运动；在高于等电点的溶液中氨基酸以阴离子状态存在，其可透过阴离子交换膜向阳极迁移运动；在相同等电点的溶液中氨基酸以电中性的兼性离子状态存在，其既不向阳极也不向阴极迁移运动。因此，电渗析可根据等电点的不同而分离酸性、中性和碱性氨基酸。相比于无机离子，氨基酸相对分子质量较大，选择透过性较低，且迁移运动滞后，不易透过离子交换膜。因此，通常在氨基酸等电点时进行电渗析脱盐处理，再调节溶液 pH，电渗析分离目的氨基酸。由于氨基酸的解离能力较弱，在电渗析分离过程中常采用弱酸性和弱碱性的离子交换膜。

三、电渗析装置

电渗析装置主要由供应直流电流的整流器、电渗析器、料液输送系统和质量检测系统等四部分组成，主体设备是板框式的电渗析器，如图 18-20 所示，它是由离子交换膜、隔板、电极和夹紧装置等组成。在阴极和阳极之间交叉排列着阴膜和阳膜，并用隔板隔成电极室、浓化室、淡化室等部分。电渗析器两端用钢型夹板、螺杆和螺母紧固，要求密封不漏水。隔板上的孔 1、孔 2、孔 3、孔 4 分别组合成发酵液、自来水的进口通道和浓缩液、淡化液的出口通道。

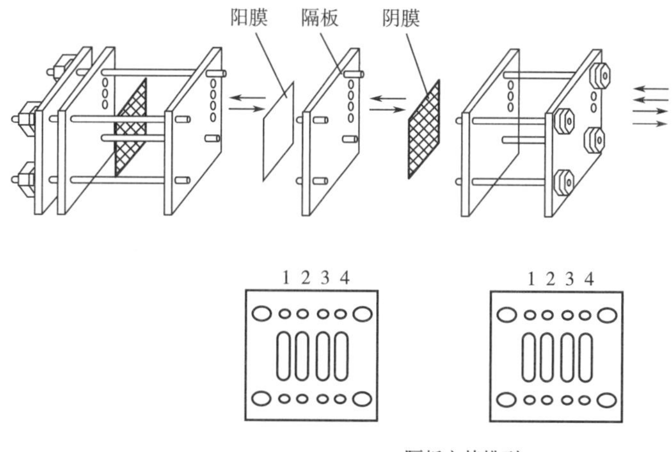

图 18-20　电渗析结构示意图

孔 1 通道—进（氨基酸发酵液）　孔 2 通道—进（自来水）

孔 3 通道—出（已脱盐的氨基酸发酵液）　孔 4 通道—出（含离子盐水）

如在目的氨基酸的等电点进行电渗析，目的氨基酸呈电中性，在电场中不迁移；残糖、蛋白质、色素、淀粉、其他非电解质杂质等，有的是电中性物质，在电场中不迁移。有的因为分子大透不过膜，仍留在发酵液中；K^+、Na^+、Mg^{2+}、Ca^{2+}等阳离子向阴极迁移，透过阳膜而被阴膜阻留在浓缩室中，Cl^-、SO_4^{2-}等阴离子则向阳极迁移，透过阴膜而被阳膜阻留在浓缩室中，使淡化室离子浓度大大降低，随液流作为除盐氨基酸发酵液排出。如在低于目的氨基酸等电点的酸性介质中，目的氨基酸以阳离子状态存在，在电场下向阴极迁移，透过阳膜而被阴膜阻留于浓缩室中，与阳离子、阴离子、残糖、蛋白质、色素等杂质得以分离。

四、电渗析的应用

实际上，目前应用电渗析提取氨基酸的工业实例很少。现以电渗析-离子交换法提取谷氨酸为例，介绍其应用情况。

电渗析-离子交换法提取谷氨酸工艺流程图如图 18-21 所示。

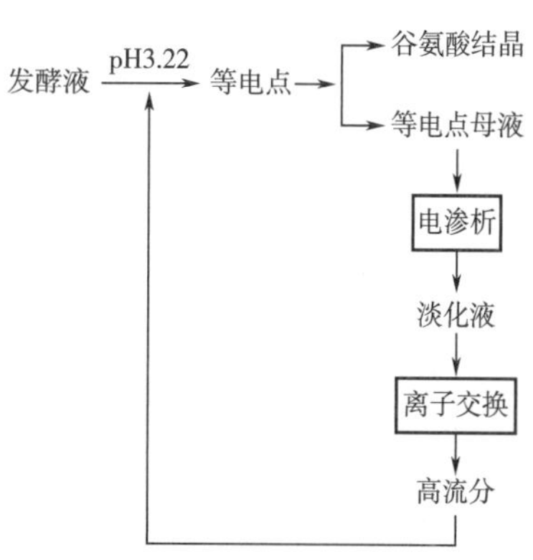

图 18-21　电渗析-离子交换法提取谷氨酸工艺流程图

谷氨酸发酵液经等电点结晶后的母液，用电渗析器脱盐，一般可将 40%～60% NH_4Cl 除去，但溶液中谷氨酸浓度仍不高，还需经过离子交换法进一步浓缩，其所得高流分用 HCl 调至 pH 1.5 使谷氨酸全部溶解，返回等电点，结晶析出，提取收率可达85%左右。此法与原等电点-离子交换工艺相比较，酸、碱用量可减少一半，成本也降低，但目前仍未工业化，主要原因是发酵液的除菌预处理困难。发酵液中大量菌体易使电渗析器堵塞，清洗又麻烦，引起谷氨酸的总回收率降低，缩短电渗析器的运转周期。因此，采用高速离心机预先除去发酵液中的菌体，是电渗析投入生产应用的关键。

参考文献

[1] 张伟国，钱和．氨基酸生产技术及其应用［M］．北京：中国轻工业出版社，1997.

[2] 陈宁．氨基酸工艺学（第二版）［M］．北京：中国轻工业出版社，2020.

[3] 邓毛程．氨基酸发酵生产技术（第二版）［M］．北京：中国轻工业出版社，2014.

[4] 于信令．味精工业手册（第二版）［M］．北京：中国轻工业出版社，2009.

[5] 罗大珍，林稚兰．现代微生物发酵及技术教程［M］．北京：北京大学出版社，2006.

[6] 顾觉奋．分离纯化工艺原理［M］．北京：中国医药科技出版社，1994.

[7] 吴梧桐．生物制药工艺学［M］．北京：中国医药科技出版社，1993.

第十九章　氨基酸的精制

第一节　常见的浓缩方法及原理

在氨基酸精制的过程中，常常需要通过蒸发将氨基酸提取液进一步浓缩，从而提高其中氨基酸的浓度，以利于后一个工序的操作。现将氨基酸工业中常用的浓缩方法及原理简介如下。

一、蒸发原理

蒸发是氨基酸工业生产过程中常用的浓缩方法之一。在蒸发过程中，氨基酸产品中水的含量逐渐减少。蒸发的目的是将溶液加热沸腾，使溶剂气化除去，从而提高溶液中溶质的浓度。这里所指的溶液是由不挥发的溶质与液体溶剂所组成，蒸发过程只有溶剂气化而溶质不气化。例如，味精生产中谷氨酸钠脱色液就是一种溶液，其中水是溶剂，谷氨酸钠是溶质，用煮晶锅将谷氨酸钠溶液加热，则只有水分（溶剂）气化，而谷氨酸钠（溶质）不气化，从而使谷氨酸钠溶液的浓度比原来提高，进而制得味精成品。

液体在任何温度下都在蒸发，蒸发是溶液表面的溶剂分子获得的动能超过了溶液内溶剂分子间的吸引力脱离液面逸向空间的过程。当溶液加热，液体中溶剂分子动能增加，蒸发过程加快。因此，蒸发的快慢首先与温度有关，其次与蒸发面积有关。液体表面积越大，单位时间内气化的分子越多，蒸发越快，还与液面蒸气分子密度，即蒸气压大小有关。各种液体在一定温度下都具有一定饱和蒸气压，当液面上的溶剂蒸气分子密度很小，经常处于不饱和的低压状态，液相与气相的溶剂分子就必须不断地气化逸出空间，以维持其一定的饱和蒸气压。因此，根据上述原理，蒸发浓缩装置常按照加热、扩大液体表面积、减压（抽真空）和加速空气流动等因素而设计的；对于热敏性的氨基酸产品的浓缩，常采用减压蒸发和薄膜蒸发过程。

二、蒸发浓缩过程的分类

氨基酸工业生产中常用的蒸发浓缩过程可分为常压蒸发浓缩和减压蒸发浓缩过程。按结构型式不同，常压蒸发设备中有中央循环管式蒸发器、横管式蒸发器、夹套蒸发器、夹套带搅拌外循环蒸发器、强制循环蒸发器、薄膜蒸发器等。减压蒸发设备根据二次蒸汽的利用情况，可分为单效蒸发和多效蒸发。氨基酸工业生产中较常用的薄膜式蒸发器又可分为管式、刮板式、回转式和离心式等，其中管式薄膜蒸发器又有升膜式、降膜式和升-降膜式之分。

三、蒸发浓缩过程的选择和要求

氨基酸生产中常用蒸发浓缩过程的选择，通常是根据被蒸发溶液的性质，如溶液的黏度、热敏性、发泡性以及是否结垢或析出晶体等方面来考虑，使选择的蒸发浓缩过程能够保证氨基酸产品质量，具有较大的生产强度和经济上的合理性。

例如，对于热敏性的味精等发酵产品的蒸发浓缩应尽量采用蒸发温度低、滞留时间短的设备。味精在温度过高时会生成无鲜味的焦谷氨酸钠，从而降低了产品质量。所以在选择热敏性氨基酸发酵产品的蒸发浓缩过程时，应尽量设法降低溶液在蒸发器中的沸点，缩短其在蒸发器中的滞留时间。薄膜式蒸发器是气液成膜状以高速通过加热管壁，传热系数高，溶液在蒸发器中的温度差损失较小，而且气液单程流过而不再循环，物料在蒸发器中滞留时间仅几秒或数十秒钟，因此，选用薄膜式蒸发器蒸发具有热敏性的物料是适宜的。

对于高黏度的溶液，须选用能使溶液流动速度高的蒸发器，或者能使液膜不停地被搅动，并不停地进行再分配，这样能提高蒸发器的传热系数。这种情况下，不宜选用自然循环型，可选用强制循环型、刮板式或降膜式薄膜蒸发器较为合适。

对于易结垢或析出晶体溶液的蒸发，须选用在加热管壁面上不产生气泡（如管外沸腾式蒸发器）或溶液循环速度较大的，使垢层或晶体能被溶液冲刷而不致黏附在加热管壁面上。对于一般容易生成垢层的料液，选取管内流速较大的强制循环型或升膜式薄膜蒸发器为宜。对于析出晶体的料液，宜采用夹套搅拌蒸发器或强制循环蒸发器。

蒸发浓缩过程对设备有如下的要求：传热强度大，即要求传热系数 K 和有效温差大；气液分离好，设备的特性能适应被蒸发料液的性质，符合生产工艺要求，结构紧凑，操作方便，有足够的机械强度，金属耗量少，易于制造、检修和清洗；对设备的制造、操作及投资方面，都比较合理和方便。

四、氨基酸生产中常用的蒸发浓缩过程

氨基酸生产中所浓缩的发酵液和发酵产品的大多数为热敏性的物料，有些则为结晶析出或易结垢的物料，因此，实际生产中常采用强制循环蒸发器、薄膜式蒸发器、刮板式薄膜蒸发器、板式蒸发器和离心式薄膜蒸发器等。

（一）强制循环蒸发浓缩

一般自然循环蒸发器循环速度较低，为了处理黏度大或容易析出结晶与结垢的发酵液和发酵产品的物料，必须加大循环速度来提高传热系数。因此，氨基酸工业实际生产中较多采用强制循环蒸发器，其结构如图 19-1 所示。

料液循环是依靠泵的汲压作用，迫使料液沿着一定的方向循环，速度一般为 1.5~3.5m/s，加热室和循环管都在分离室的外面，所以是属于外加热式的蒸发器。循环管是一根垂直的空管子，它的截面积约为加热管总截面积的 150%，管子的上端通蒸发室，下端与泵的进口相连，泵的出口连接在加热室的底部。循环过程是料液由泵送入加热室，沸腾

的气液混合物高速进入蒸发室进行气液分离，蒸气经捕沫器后排出，溶液沿循环管下降被泵再次送入加热室。这种蒸发器的传热系数比一般自然循环蒸发器的传热系数要大得多，可达 16000 kJ/(m^2·h·℃)以上，较薄膜蒸发器要大，因此，对于相同的生产能力，蒸发器的传热面积比自然循环蒸发器的要小。强制循环蒸发器浓缩过程的特点是料液流速大，传热系数高，加热管壁不易被固体黏附，因此适合于浓缩黏度大、结晶易析出与结垢的发酵液和发酵产品的物料；缺点是动力消耗较大(0.4~0.8kW/m^2)。

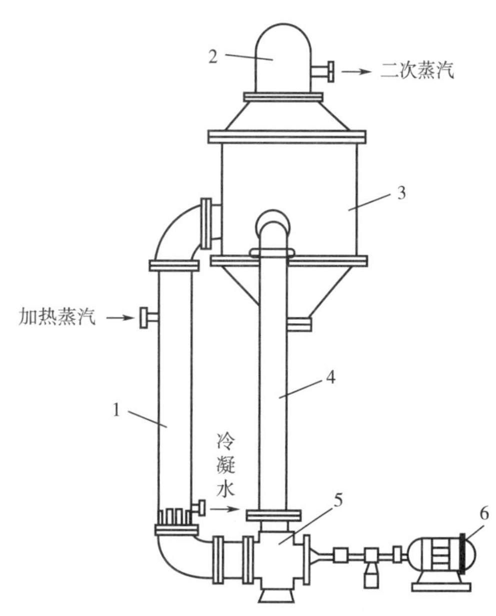

图 19-1　强制循环蒸发器

1—加热室　2—捕沫器　3—蒸发器

4—循环管　5—强制循环系统　6—电动机

(二) 薄膜蒸发浓缩

薄膜式蒸发浓缩过程是氨基酸生产较常用的蒸发浓缩过程之一。一般的蒸发浓缩过程，料液停留时间较长，极易分解而破坏，特别是间歇操作时，停留时间达几个小时之久；对于连续操作也长达 1h，即使循环式蒸发浓缩过程，也有数十分钟之久。虽然在减压下操作能降低沸腾温度，但对于热敏性发酵产品的物料，如氨基酸等仍然会遭到破坏损失。因此，氨基酸生产提取过程中，特别是对热敏性发酵产品如谷氨酰胺，就有必要采用受热时间仅几秒钟，而蒸发速度极快的薄膜式蒸发浓缩过程。

薄膜式蒸发浓缩过程最大的特点，除了设备构造简单、传热系数高，能处理黏度大、易产生泡沫的料液外，更因其能使料液形成一层薄膜状的流动液层，同时液层薄膜迅速加热气化，蒸发速度极快，传热效率甚高，通常蒸发时间仅为几秒至几十秒，因此能使产品保持原有特性。

薄膜式蒸发浓缩设备的类型很多，根据设备结构的特点可分为：管式薄膜蒸发器、回转式薄膜蒸发器、旋风式薄膜蒸发器、板式蒸发器及离心式薄膜蒸发器等。管式薄膜蒸发器又可分为自然循环升膜式蒸发器、单流型降膜式蒸发器及升-降膜式蒸发器。回转式薄膜蒸发器又可分为刮板式、转盘式及转子式等。

1. 升膜式蒸发浓缩

升膜式蒸发浓缩过程适用于蒸发量较大、有热敏性和易生产泡沫的料液，要求料液的黏度≤50mPa·s，而不适用于有结晶析出或易结垢的物料。升膜式蒸发器如图 19-2 所示，是由很长的加热管束所组成，管束装在外壳中，所以，实际上就是一台立式的固定管板换热器。其加热室一般由 ϕ2.5~5cm，长 4~8m 的管束组成。小型的也可以是单套管的，传热系数一般为 4200~16800kJ/(m^2·h·℃)。

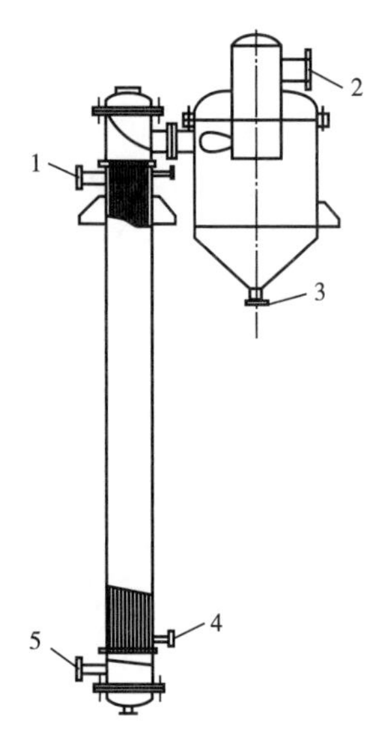

图 19-2　升膜式蒸发器

1—加热蒸汽进口　2—二次蒸汽出口　3—进料口　4—冷凝水排出管　5—进料管

在蒸发器中加热蒸汽在管外，料液由蒸发器底部进入加热管，受热沸腾后迅速汽化，在加热管中央出现蒸汽柱，蒸汽密度急剧变小，蒸汽在管内高速上升，料液则被上升的蒸汽所带动，沿管壁成膜状迅速上升，并继续蒸发，汽液在顶部分离器内分离，浓缩液由分离器底部排出，二次蒸汽由分离器顶部逸出。

升膜式蒸发浓缩过程中，一般使料液预热到接近沸点的状态（比沸点低 2℃左右），以便进入加热即达沸腾状态。同时，应保持一定的上升蒸汽，这样能迅速能将料液拉成膜状。在常压下，出口管内汽速不小于 10m/s，比较适宜的出口汽速为 20～50m/s，甚至更高。如果料液中溶剂量不大，蒸发后的出口汽速不能达到适宜汽速的要求，则应考虑改用降膜蒸发器。升膜式蒸发器加热管的管长（L）与管径（d）之比一般在常压下 $L/d=100\sim150$，在减压下 $L/d=130\sim180$，目前常用的管径是 19.05mm 和 25.4mm。

升膜式蒸发器的优点是：构造简单，操作清理与维修都非常方便，传热效率高，蒸发速度快，停留时间短（仅数秒至数十秒），特别对热敏性物料、黏度大的物料和发泡的物料，蒸发更有显著效果。

2. 降膜式蒸发浓缩

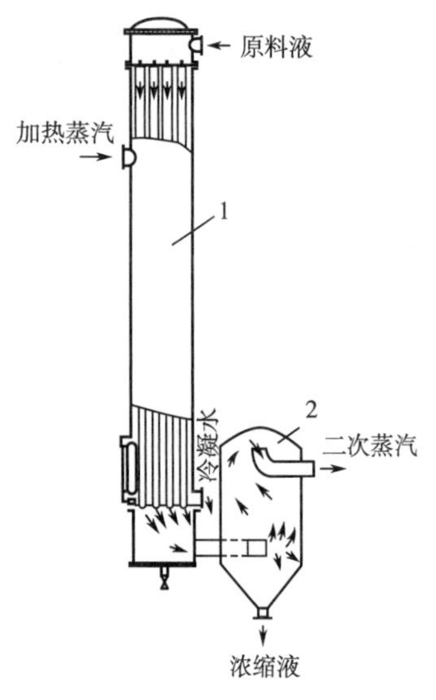

图 19-3　降膜式蒸发器

1—加热蒸发室　2—分离器

降膜式蒸发器如图 19-3 所示，它的结构基本上与升膜式相同。主要区别是降膜式蒸发器中，料液由顶部经液体分布装置均匀地进入加热管中，在重力作用下，料液沿管内壁成膜状下降，进行蒸发，在底部进入汽液分离器，浓缩液由分离器底部排出，二次蒸汽由分离器顶部逸出。由于二次蒸汽的流向与料液的流向一致，所以对料液沿管向下的运动与分布成薄膜起了进一步的促进作用。

从传热效率及流体力学观点来看，降膜式蒸发浓缩较升膜式蒸发浓缩好，但降膜蒸发浓缩操作时控制比较困难。

在工业生产中降膜式或升膜式蒸发浓缩过程都得到广泛的应用。有些工厂也有采用二者混合，称为升-降膜式蒸发浓缩过程。

3. 回转式薄膜蒸发浓缩

回转式薄膜蒸发器具有一个加热夹套的壳体，壳体内转动轴上装有旋转的搅拌器，所以也可称为搅拌薄膜蒸发器。搅拌器的形式很多，常用的有刮板式、转盘式、转子式等。刮板式薄膜蒸发器如图 19-4 所示，刮板固定在旋转轴上，刮板紧贴壳体内壁，料液由蒸发器上部沿切线方向进入器内，被旋转的叶片带动旋转，使液膜不停地被搅动，并不停地进行再分配，由于受离心力、重力以及叶片的刮带作用，料液在管内壁上形成旋转下降的薄膜。刮板式薄膜蒸发器适用于易结晶、易结垢的物料以及高黏度的热敏性物料，传热系数最高达 8400kJ/(m^2·h·℃)，蒸发强度可达 160~180kg/(m^2·h)。但由于消耗功率大，只能用在传热面积较小的场合，一般为 3~4m^2，最大的也不超过 20m^2。

4. 板式蒸发浓缩

为了改进加热管的表面形状来提高传热效果，最近几年发展起来的板式蒸发器，如图 19-5 所示，实质上也是一种升膜式蒸发器，具有溶液滞留时间短、体积小、传热总系数高、加热面可按需要而增减，以及拆卸和清洗方便等优点。

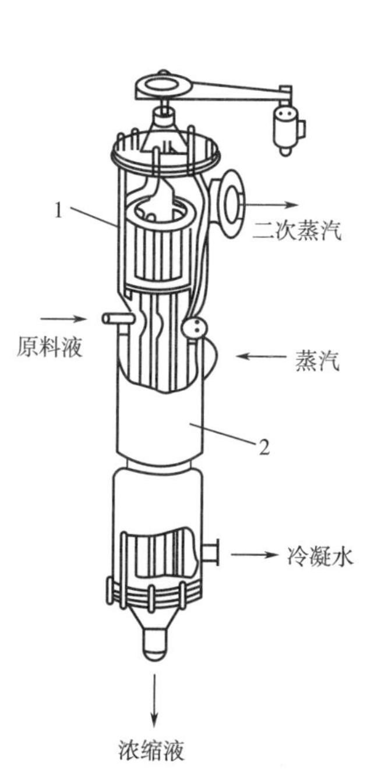

图 19-4　刮板式薄膜蒸发器

1—汽液分离器　2—蒸汽夹套

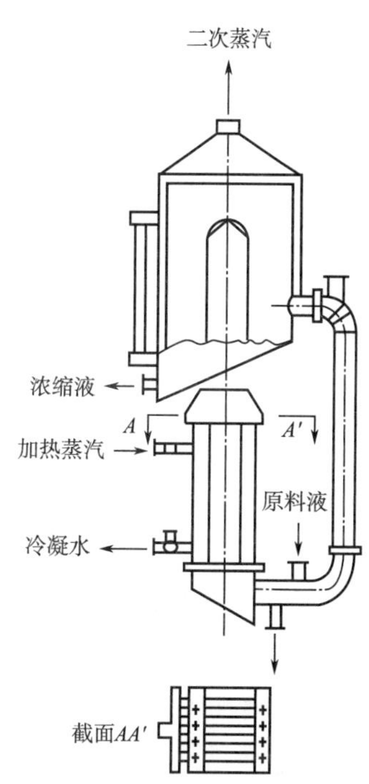

图 19-5　板式蒸发器

板式蒸发器板面间的液体和蒸汽的通道分布合理，并且可以很方便地调整或进行切换液体和蒸汽的通道，如经过一段时间蒸发操作后，液侧传热面上结有垢层时切换液体和蒸汽通道，使结垢面作为加热蒸汽的冷凝面，还可利用冷凝水溶解附着的垢层，从而消除结垢对蒸发器生产强度的影响。

5. 离心式薄膜蒸发浓缩

离心式薄膜蒸发浓缩过程的特点是传热产率高、蒸发强度大，适用范围较广，可用于中等热敏性、高度热敏性、黏稠、假塑性性质（非牛顿性液体）等物料的浓缩。离心式薄膜蒸发器是利用离心力的作用，对物料施加的离心力大约是重力的 200 倍，使物料在传热面上形成一个非常薄的液膜（约 0.1mm），由于液膜迅速旋转，使物料在加热面上停留时间极短，仅约 1s。离心式薄膜蒸发器设备流程图如图 19-6 所示。

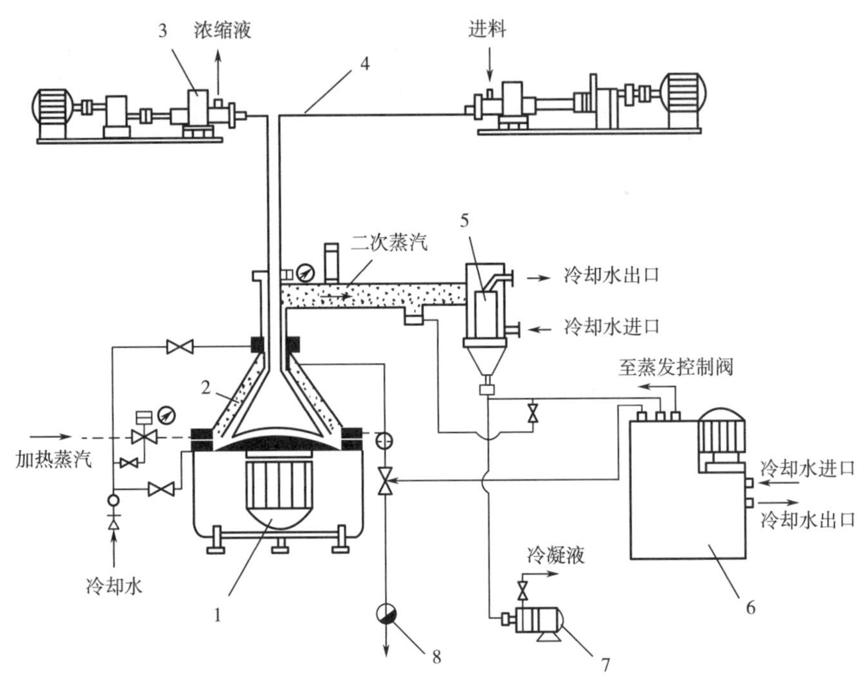

图 19-6　离心式薄膜蒸发器设备流程图

1—电动机　2—薄膜蒸发器　3—浓缩泵　4—橡胶管　5—冷凝器　6—真空泵　7—水环泵　8—汽液分离器

物料用料泵送入蒸发器内，通过旋转锥体分布散开，借助离心力的作用，液体立即形成薄膜，同时迅速通过周围的加热面。液体通过锥体的时间极为短暂，就达到了所要求的浓度，然后浓缩液经过管道引出，二次蒸汽进入冷凝器冷凝，冷凝液经水环泵抽出，以便收集。加热蒸汽由蒸发器底盘的联结处进入，生成的冷凝水从锥体出来后，通过真空泵排出。

瑞典阿法拉伐（Alfa-laval）公司生产的 Centri Therm CT-6 离心薄膜蒸发器，蒸发水量 800kg/h，圆锥体转速为 1410r/min，该机占地面积 $12m^2$，蒸发 1kg 水耗电 0.035kW，蒸汽耗量 1.87kg/kg，传热系数为 $(1.22\sim2.06)\times10^4$ kJ/(m^2 · h · ℃)。大型离心式薄膜蒸发器的直径可达 1m，蒸发量可达 2500kg/h，物料通过停留时间仅为 1s 左右，传热和蒸发浓缩效率都极高。

（三）多效蒸发浓缩

在氨基酸工业生产中，通常采用水蒸气作为热源，并通过加热管或夹套加热。通常将作为热源的蒸汽称为加热蒸汽或一次蒸汽，将从溶液中被加热汽化产生的蒸汽称为二次蒸汽。在蒸发浓缩过程中，将二次蒸汽不再利用而直接冷凝的操作过程称为单效蒸发；将二次蒸汽作为下一个蒸发器的加热蒸汽使用的操作过程称为多效蒸发。多效蒸发由于可利用二次蒸汽中的热能而使蒸发浓缩操作更加节能，经济性更好。也可将二次蒸汽进一步压缩后，再作为蒸发器的加热蒸汽，这样能够提高加热蒸汽的热能利用效率，有利于节能。图19-7所示的是三效蒸发流程，二次蒸汽的利用次数可根据具体情况而定，系统中串联的蒸发器数目成为效数，通常为2~6效，蒸发1kg水消耗的蒸汽为0.2~0.6kg。而传统的单效蒸发器，由于二次蒸汽直接冷凝排出，因此蒸发1kg水消耗的蒸汽为1kg。

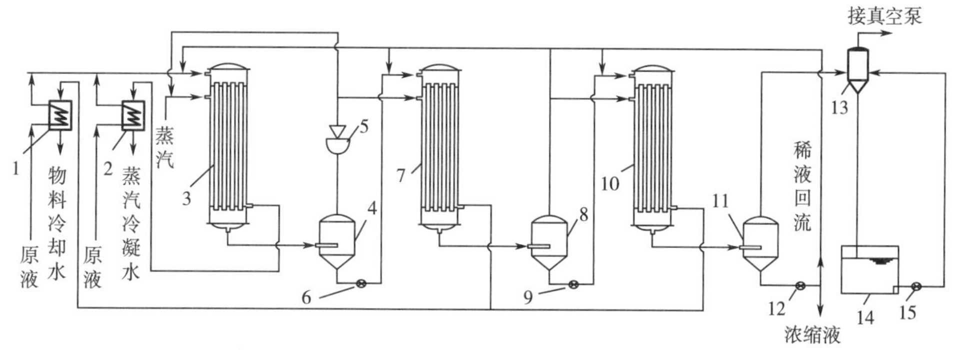

图19-7　三效蒸发器工作原理

1，2—预热器　3—第一效蒸发器　4—分离器　5—蒸汽喷射热泵　6，9，12，15—泵
7—第二效蒸发器　8—分离器　10—第三效蒸发器　11—分离器　13—冷凝器　14—冷却水池

第二节　脱色和去热原

脱色和除去热原是生产药用氨基酸中不可缺少的一个单元操作。这步操作的好坏，不仅影响下道工序，更重要的是关系到成品的色级及热原试验等质量指标。为了更有效地进行操作，必须对色素、热原以及去除它们的方法有所了解。

一、色素

（一）颜色与结构的关系

不同的有机物可以吸收不同波长的光，如果物质吸收的是波长在可见光区域（即400~800nm的光）以外的光，那么这些物质就是无色的；如果物质吸收可见光区域以内某些波长的光，那么这些物质就是有色的，而它的颜色就是未被吸收的光波所反射的颜色（即被吸收光的颜色的互补色）。

不同波长光的颜色及其互补色见表 19-1。

表 19-1 不同波长光的颜色及其互补色

物质吸收的光		肉眼所见的颜色	物质吸收的光		肉眼所见的颜色
波长/nm	（互补色）		波长/nm	（互补色）	
400	紫	黄绿	530	黄绿	紫
425	蓝青	黄	550	黄	蓝青
450	青	橙黄	590	橙黄	青
490	青绿	红	640	红	青绿
510	绿	紫	730	紫	—

凡是有颜色的物质都与其化学结构有关，在有色物质的分子结构中一般都含有发色团（生色团或生色基）和助色团（或助色基）的 2 种基团，属于发色团的有$>C=C<$，$>C=O$，$-\overset{O}{\overset{\|}{C}}-H$，$-\overset{O}{\overset{\|}{C}}-OH$，$-N=N-$，$-N=O$，$-\overset{O}{\overset{\uparrow}{N}}\rightarrow O$，$>C=S$ 等；属于助色团的有$-OH$，$-OR$，$-NH_2$，$-NR_2$，$-SR$，$-Cl$，$-Br$ 等。如果在化合物分子中只含有 1 个生色基，往往由于它们的吸收波长在可见光区域以外，所以仍无色的。但当化合物分子有 2 个或更多个生色基共轭，可以使分子对光的吸收移向长波方向（即可见光区域内）时，该物质便有颜色，而且随共轭双键数目的递增会使颜色相应加深，以 1,2-二苯乙烯为例说明如下：

1个共轭双键 $C_6H_5-CH=CH-C_6H_5$ 无色

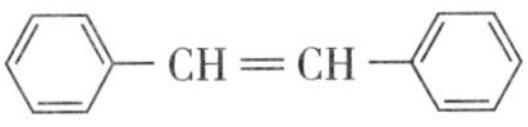

3个共轭双键 $C_6H_5-CH=CH-CH=CH-CH=CH-C_6H_5$ 淡黄色

5个共轭双键 $C_6H_5-(CH=CH)_5-C_6H_5$ 橙色

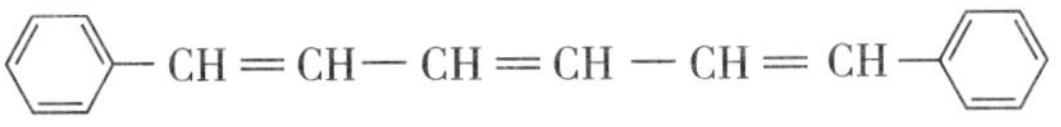

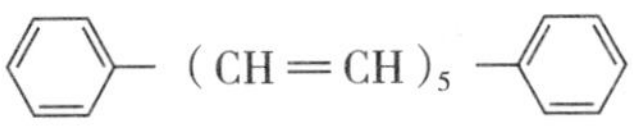

11个共轭双键 $C_6H_5-(CH=CH)_{11}-C_6H_5$ 黑紫色

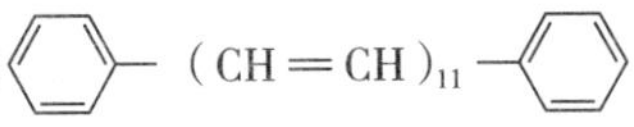

助色基本身的吸收波长在可见光区域外，但将它们接到共轭链或生色基上，则可使共轭链或生色基的吸收波长向长波方向移动，这种吸收波长向长波方向移动的作用是由于这些基团中未共用电子对与生色基或共轭链共轭的结果。这种向长波方向移动的现象称作向红移，或向红效应。

（二）色素

由此可见，色素乃是本身有颜色并能使其他物质着色的高分子有机物质。它是在发酵过程中所产生的代谢产物，与菌种和发酵条件有关。此外也与发酵液预处理时加热的温度和时间有关，过度加热会导致氨基酸与残糖发生美拉德反应，产生色素。尽管在发酵液预处理及提取过程中大部分的杂质及色素已被去除，但仍有少量色素与氨基酸一起留在溶液中。如果在提取中使用质量较差的原材料，也会带进一些色素。

二、热原

热原也是在发酵过程中所产生的代谢产物，与菌种和发酵条件有关。各种微生物产生的热原毒性略有不同，革兰染色阴性菌产生的热原毒性一般比革兰染色阳性菌的强。热原又称细菌内毒素，是细菌新陈代谢和细菌死后分解的产物。热原的致热效能是很强的，人比动物对热原要敏感，所以在静脉注射药液时，如果将热原带进血液，15min 至 8h 就会发生冷感、寒战，体温明显升高，可高达 40℃以上，随后出冷汗，严重的出现恶心、呕吐、头痛，有的出现四肢关节痛，皮肤变为白色，血压下降，休克以致死亡。热原还能使人于注射后 1h 左右引起白血球和淋巴球下降，2h 后出现白血球过多。一般来讲需要输液的病人病情都比较严重，如果发生热原反应，病情就会加重，严重时可导致昏迷甚至造成死亡，所以热原对人体的危害是相当大的。

热原是多糖的磷类脂质和蛋白质等物质的结合体，是一种不挥发性的大分子有机物质。它能溶于水，在 60℃加热 4h 几乎不受影响；100℃也不发生热解；120℃加热 4h，只能破坏 90%；180~200℃加热 2h 或 250℃加热 0.5h，才能完全破坏。115℃消毒 15min 热原降效 25%，所以高压灭菌对热原几乎没有多大意义。但能被强酸、强碱、氧化剂（如 $KMnO_4$）等破坏。它能通过一般过滤器进入滤液中，然而可以被活性炭等所吸附，活性炭去除热原就是利用这一性质。

三、脱色和除去热原的方法

一般利用活性炭可除去各种色素，同时也能除去热原。粉末状活性炭是吸附力最强的一种，活性炭具有极大的表面积（每克活性炭总面积可达 500~2000m^2），而且对各种极性基团（如—COOH、—NH_2、—OH 等）有较强的吸附力，且吸附力与极性基团的数量多少有关。各种色素中的生色基和助色基一般都含有数量较多的上述极性基团。因此，可利用活性炭的这些性质来吸附溶液中的各种色素，使色素与溶液中的氨基酸分离，从而达到脱色的目的。除了用活性炭进行溶液脱色外，氨基酸的洗脱液或浓缩液也可以用脱色树脂进行脱色。

由于热原也是大分子的有机物质，因此在活性炭进行脱色的同时，也能吸附热原。作为除去热原的活性炭事先用酸及无盐水等适当处理，以除去活性炭表面的杂质（包括各种阴离子、阳离子等），处理好的活性炭要保存好，防止污染（且存放时间不宜过长，一般不超过 24h）。此外，还可用二乙胺基乙基葡聚糖凝胶来除去热原。例如，应用离子交换树脂制备的无盐水，含有热原，不能用于注射剂。但将无盐水通过羟型 DEAE-A25 凝胶后，就可除去热原。将 700~800g 凝胶装入内径 20cm 的聚氯乙烯交换柱内，其高度为 13cm 左右，以 80L/h 的流速运行，可制得 5~8t 无热原水。如将蒸馏水在 80~90℃条件下保温存放，也称为无热原水。另外，采用超滤膜过滤除去热原也很有效，同时还能达到无菌要求。

四、超滤技术除菌除热原

传统的针剂用水除热原的方法是过滤加活性炭吸附，但此法不完全可靠。中国科学院生态环境研究中心——北京中科膜技术开发中心研制出3种超滤膜，均可去除水中、针剂中细菌和热原。经北京大学医学部敏感附属医院药剂科及北京第三制药厂质检部鲎法检测，山东新华制药厂兔法检测，凡未经超滤的样品热原反应均为阳性，凡经超滤的样品均为阴性，中科院生态环境研究中心生产的超滤设备已在山东新华制药厂1,6-二磷酸果糖生产线和北京第三制药厂制剂车间应用，效果很好。

在医药工业上用超滤膜制造无菌水，其无菌纯水至少必须达到水中不含热原物质。热原物质分子大小为2～10nm，相对分子质量为20000～1000000，用截流相对分子质量为6000左右的膜比较合适。用反渗透和超滤都能对水进行除菌处理。由于最后开发了能用热水杀菌的耐热性超滤膜，因此用超滤方法更有优势。

五、纳滤技术脱色

谷氨酸钠溶液脱色消耗活性炭量较大，而且脱色液透光率不高，特别是结晶后的后道母液更为严重。为了解决这个难题，有些味精企业与有关单位合作研发，把纳滤（NF）技术结合到生产工艺中，取得一定试验成果，其工艺流程如图19-8所示。

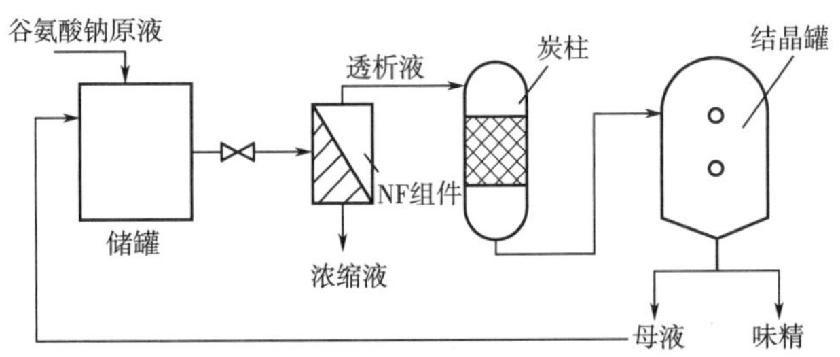

图19-8　纳滤（NF）用于味精脱色试验工艺流程

第三节　结晶基本原理及其工艺

晶体在溶液中形成的过程称为结晶。结晶方法一般有两种：一种是蒸发溶剂法，另一种是冷却热饱和溶液法。通过改变温度或减少溶剂的办法，可使某一湿度下溶质微粒的结晶速率大于溶解速率，这样溶质便会从溶液中结晶析出。

结晶是制备纯物质的有效方法。在生物技术中，结晶主要应用于抗生素、氨基酸、有机酸等小分子的生产中，作为精制的一种手段。由于晶体外观较好，并易为消费者所喜爱，所以小分子生产中常以结晶作为最后一步的精制操作。对不同的产品，结晶的原理都是相同的。故下面主要以氨基酸为例来说明。

固体有结晶和无定形两种状态。二者的区别在于它们的构成单位（分子、原子或离子）的排列方式的不同，前者有规则，后者无规则。由于排列需要一定的时间，故在条件变化缓慢时，有利于晶体的形成；相反，当条件变化剧烈，使晶体快速强迫析出，溶质分子来不及排列时，就形成沉淀（无定形）。但沉淀和结晶的过程本质上是一致的，都是新相形成的过程。

由于只有同类分子或离子才能排列成晶体，故结晶过程有很好的选择性，析出的晶体纯度较高。此外，结晶过程成本低、设备简单、操作方便，所以广泛应用于氨基酸的精制中。

一、结晶基本原理

结晶是物质从液态或气态形成晶体的过程，是制备高纯度固体物质（特别是小分子物质的重要方法之一）。结晶是指溶质自动从过饱和溶液中析出形成新相的过程，只有同类分子或离子才能排列成晶体，因此结晶过程具有良好的选择性，通过结晶可使溶液中的大部分杂质留在母液中，再经过滤、洗涤等操作便可得到纯度很高的物质。结晶这一过程不仅包括溶质分子凝聚成固体，并包括这些分子有规律地排列在一定晶格中。这种有规律的排列与表面分子化学键变化有关。因此，结晶过程又是一个表面化学反应过程。

溶液中溶质的浓度等于溶质溶解度时，该溶液称为饱和溶液。溶质在饱和溶液中不能析出。溶质浓度超过溶解度时，该溶液称为过饱和溶液。溶质只有在过饱和溶液中才有可能析出。溶解度与温度有关，一般物质的溶解度随温度升高而增加，也有少数例外，温度升高溶解度降低。溶解度还与溶质的分散度有关，即微小晶体的溶解度要比普通晶体的溶解度大。用热力学方法可以推导出溶解度与温度、分散度之间的定量关系式，即（Kelvin）公式。

$$\ln\frac{C_2}{C_1}=\frac{2\sigma M}{\mathrm{R}T\rho}\left(\frac{1}{\gamma_2}-\frac{1}{\gamma_1}\right) \tag{19-1}$$

式中 C_2——小晶体的溶解度，g/L

C_1——普通晶体的溶解度，g/L

σ——晶体与溶液间的界面张力，mN · m

ρ——晶体密度，kg/L

γ_2——小晶体的半径，mm

γ_1——普通晶体半径，mm

$S=C_2/C_1$——过饱和度

R——气体常数

T——绝对温度，K

M——溶质摩尔质量

由上公式看出，因为 $2\sigma M/(\mathrm{R}T\rho)>0$，$\gamma_1>\gamma_2$，当 γ_2 变小时，溶解度 C_2 增大，即小晶体具有较大溶解度。因此，过饱和度可用小晶体溶解度 C_2 与普通晶体溶解度 C_1 之比或过饱和溶液浓度 C_2 与饱和溶液浓度 C_1 之比表示。

结晶过程包括过饱和溶液形成、晶核形成和晶体生长三个阶段。在饱和浓度下，溶质不能析出，当浓度达到一定的过饱和浓度时，才会有晶体析出。最先析出的微小颗粒是随后的结晶中心，称为晶核。微小的晶核在饱和浓度下因溶解度较高仍会被溶解，因此要使溶质保持一定的过饱和度，晶核才能存在。晶核形成后，通过扩散作用使晶核继续生长，成为晶体。由此可见，溶液达到过饱和状态是结晶的前提，过饱和度是结晶的推动力。

溶解度与温度的关系还可以用饱和曲线和过饱和曲线表示，见图 19－9。图 19－9 中，曲线 S–S 为饱和溶解度曲线，在此线以下的区域为不饱和区，称为稳定区。曲线 T–T 为过饱和溶解度曲线，在此曲线以上的区域称为不稳区。介于曲线 S–S 和 T–T 之间的区域称为亚稳区。

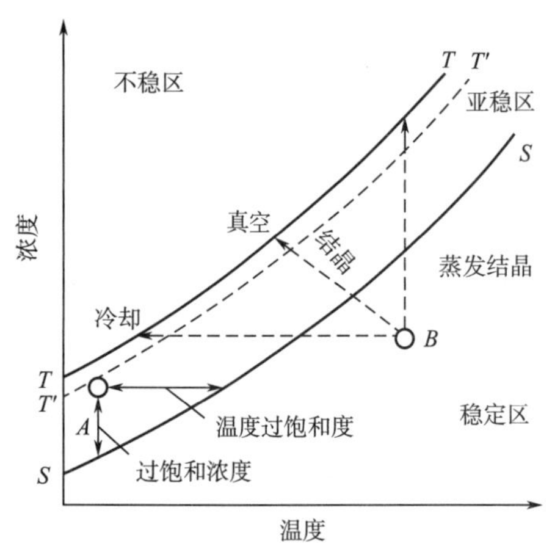

图 19-9　饱和曲线与过饱和曲线

在稳定区的任一点溶液都是稳定的，不管采用什么措施都不会有结晶析出。在亚稳区的任一点，如不采取措施，溶液也可以长时间保持稳定。如加入晶种，溶质会在晶种上长大，溶液的浓度随之下降到 S–S 线。亚稳区中各部分的稳定性并不一样，接近 S–S 线的区域较稳定。而接近 T–T 线的区域极易受刺激而结晶。因此，有人提出把亚稳区再一分为二，上半部为刺激结晶区，下半部为养晶区。

在不稳区的任一点溶液能立即自发结晶，在温度不变时，溶液浓度自动降至 S–S 线。因此，溶液需要在亚稳区或不稳区才能结晶。在不稳区结晶生成很快，晶体来不及长大浓度即降至溶解度，所以形成大量细小晶体，这是工业结晶不希望的。为得到颗粒较大而又整齐的晶体，通常需加入晶体并把溶液浓度控制在亚稳区的养晶区，让晶体缓慢长大，因为养晶区自发产生晶核的可能性很小。

过饱和溶解度曲线与溶解度曲线不同，溶解度曲线是恒定的，而过饱和溶解度曲线的位置受很多因素的影响而变动，如有无搅拌、搅拌强度的大小、有无晶种、晶种的大小与多少，冷却速度的快慢等。所以，过饱和溶解度曲线视为一簇曲线。要使过饱和溶解度曲线有较确定的位置，必须将影响其位置的因素确定。

晶体产量取决于固体与溶液之间的平衡关系。固体物质与其溶液相接触时，如果溶液未达到饱和，则固体溶解。如果溶液饱和，则固体与饱和溶液处于平衡状态，溶解速度等于沉淀速度。只有当溶液浓度超过饱和浓度达到一定的过饱和浓度时，才有可能析出晶体。由此可见，过饱和度是结晶的推动力，是结晶必须考虑的一个极其重要的因素。

二、影响结晶过程的因素

结晶的过程是先形成过饱和溶液，然后产生晶核，最后生成晶体。下面就这三个过程的顺序分别加以叙述。

（一）过饱和溶液的形成

结晶的关键是过饱和度。要获得理想的晶体，就必须研究过饱和溶液形成的方法。氨基酸工业生产上制备过饱和溶液共有下述 5 种方法供选择。

1. 冷却法

冷却法基本上不除去溶剂，而是使溶液冷却降温，成为过饱和溶液。此法适用于溶解度随温度的降低而显著下降物系。如谷氨酸溶解度受温度影响较大，温度越低，溶解度越小。因此，国内许多味精厂都采用一次冷冻等电点法提取谷氨酸。

2. 蒸发法

蒸发法是借蒸发除去部分溶剂的结晶方法。它使溶液在加压、常压或减压下加热蒸发达到过饱和。此法主要适用于溶解度随温度的降低而变化不大的物系或随温度升高溶解度降低的物系。蒸发法结晶消耗热能最多，加热面结垢问题使操作遇到困难，一般不常采用。

3. 真空蒸发冷却法

真空蒸发冷却法是使溶剂在真空下迅速蒸发而绝热冷却，实质上是以冷却及除去部分溶剂的两种效应达到过饱和度。此法是自 20 世纪 50 年代以来一直应用较多的结晶方法。这种方法设备简单，操作稳定。最突出的特点是器内无换热面，所以不存在晶垢的问题。

4. 化学反应结晶法

加入反应剂或调节 pH 使新物质产生，当其浓度超过溶解度时，就有结晶析出。例如，氨基酸的等电点沉淀法及特殊沉淀剂分离法。

5. 有机溶机沉淀法

向待结晶溶液中加入某种有机溶剂，以降低溶质的溶解度。常用的有机溶剂有乙醇、甲醇、丙酮等。例如，在氨基酸工业中，常采用向氨基酸水溶液中加入适量乙醇使氨基酸因溶解度降低而析出的方法。

以上五种方法根据生产实际需要可灵活采用。

（二）晶核的形成

当溶液达到过饱和度时，一般来说，真正自动成核的机会很少，都得靠外来因素（如机械振动、摩擦器壁或搅拌等）促使其形成晶核。在过饱和溶液中最先析出的微小颗粒是以后结晶的中心，称为晶核。晶核形成后靠不断地扩散而继续成长为晶体。晶核形成的速度（简称成核速度）与过饱和度及温度有关，分别如图 19-10、图 19-11 所示。

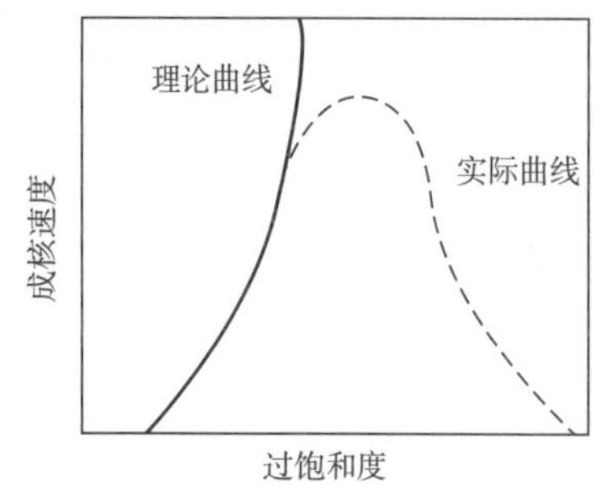

图 19-10 过饱和度对成核速度的影响

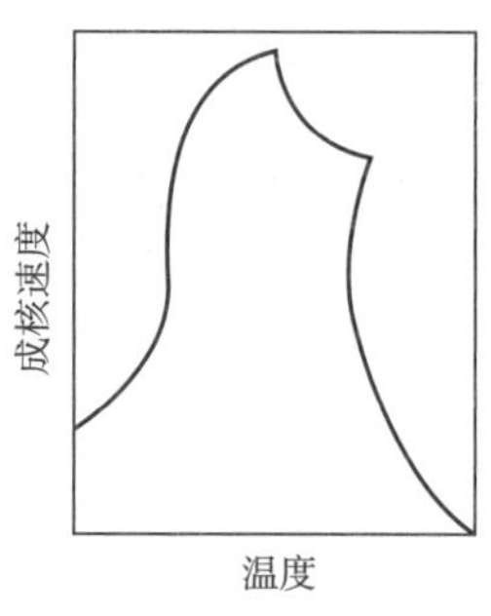

图 19-11 温度对成核速度的影响

在一定温度下，当过饱和度超过某一值时，成核速度则随过饱和度的增加而加快（图19-10 中的实线所示）。但实际上成核速度并不是按理论曲线进行，因为过饱和度太高时，溶液的黏度就会显著增大，分子运动减慢，成核速度反而减少（图 19-10 中的虚线所示）。由此可见，要加快成核速度，必须适当地增加过饱和度。但过饱和度过高时，对成核速度并不利。故在实际生产中，要从晶体生长速度及所需晶体大小两方面来选择适当的过饱和度。

在过饱和度不变的情况下，温度升高，成核速度也会加速，但温度又对过饱和度有影响。一般来说，当温度升高时，过饱和度降低。所以，温度对成核速度影响要从温度与过饱和度相互消长速度来决定。根据实验，成核速度开始时随温度升高而上升，但当达到最大值后，温度再升高，成核速度反而降低，如图 19-11 所示。因此，在实际生产中，要根据氨基酸沉淀结晶时是放热反应还是吸热反应，以及所需晶体的大小、结晶时间等因素来选择适宜的结晶温度。

（三）晶体的生长

晶核形成后立即开始生长成晶体。与此同时，新的晶核还在继续形成。如果晶核形成速度大大超过晶体生长速度，则过饱和度主要用来生成新的晶核，因而得到细小的晶体，甚至呈无定形；反之，如果晶体生长速度超过晶核形成速度，则得到粗大而均匀的晶体。

影响晶体大小的主要因素有：过饱和度、温度、搅拌速度以及是否加晶种等。

1. 过饱和度

增加过饱和度一般使结晶速度增大，因为过饱和度增加能使成核速度和晶体生长速度增快，但对前者影响较大。因此，过饱和度增加，得到的晶体较细小。

2. 温度

当溶液快速冷却时，一般能达到较低的温度，因而得到的晶体也较细小，而且常导致生成针状结晶（这是由于针状结晶容易散热的缘故）。反之，缓慢的冷却常得到较粗大的晶体。此外，温度对溶液的黏度还有影响，一般在低黏度条件下能得到较均匀的晶体。

3. 搅拌速度

搅拌能促进扩散，因此能加快晶体生长。但这并不意味着加强搅拌能得到大晶体（而恰恰相反是较小晶体），因为还要考虑其他因素的影响，如加快搅拌速度同时能加快成核速度。一般可通过试验来确定较适当的搅拌速度，使晶体颗粒较大。搅拌还可以防止晶簇现象（晶体聚集形成结团）的产生。

4. 晶种

加入晶种能诱导结晶，而且还能控制晶体的形状、大小和均匀度。结晶时是否加入晶种对结晶过程是有影响的，如图 19-12 所示。

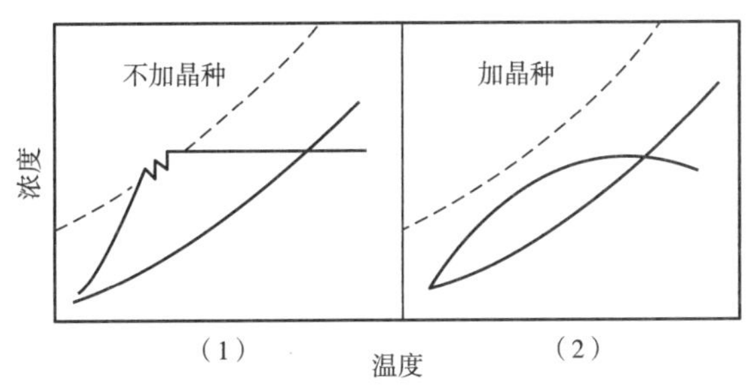

图 19-12　晶种对结晶速度的影响

图 19-12（1）表示不加晶种结晶时，溶液需迅速地冷却，一直到达不稳区，于是有大量晶核形成。在这种过程中成核速度和晶体生长速度都不能控制，所得晶体颗粒参差不齐。图 19-12（2）表示结晶时加入适量晶种，溶液可以缓慢冷却，用温度进行控制，使结晶溶液始终处于亚稳区中，而不会自动形成晶核，因未达到不稳区，这样就能借助于加入的晶种来诱导结晶，控制晶体的形状、大小和均匀度。因此，在实际生产中当遇到结晶浓度较低结晶有困难时，就可以考虑适当地加入晶种使结晶能顺利进行。

三、提高晶体质量的途径

晶体质量主要是指晶体的大小、形状（均匀度）和纯度三个方面。工业上通常希望得到粗大而均匀的晶体，因为这样的晶体便于以后的过滤、洗涤、干燥、包装等操作，且产品质量也高。

（一）晶体的大小

以上曾分别讨论了影响晶体大小的主要因素：过饱和度、温度、搅拌速度、晶种等，为了得到颗粒大而均匀的晶体，在沉淀时，一般温度不宜太低，搅拌不宜太快。主要控制晶核形成速度远远小于晶体生长速度，最好将溶液控制在亚稳区，而且在较低的过饱和度下。那么，在较长时间内只能产生一定量的晶核，而使原有晶种不断长成晶体。这样，便可得到颗粒粗大而整齐的晶体。

如果在实际生产中，遇到结晶浓度较低，结晶有困难时，可以考虑适当地加入晶种使结晶能顺利进行。晶种的选择非常重要，因为晶种质量将直接影响产品的好坏。所以，要求晶种整齐，大小均匀，不夹杂碎粒和粉末，这样生产出来的产品，晶体比较整齐、均匀、正品率也较高。反之，不仅会给结晶过程的操作带来许多困难，而且还会影响产品质量和正品率。

（二）晶体的形状

同种物质的晶体，用不同的结晶方法产生，虽然仍属于同一晶系，但其外形可以完全不同。外形的变化是由于在一个方向生长受阻，或在另一方向生长加速所致。通过一些途径可以改变晶体外形，例如，控制晶体生长速度、过饱和度、结晶速度，选择不同的溶剂，溶液 pH 的调节和有目的地加入某种能改变晶形的杂质等方法。

在结晶过程中，对于某些物质来说，过饱和度对其各晶面的生长速度影响不同，所以，提高或降低过饱和度有可能使晶体外形受到显著影响。

杂质的存在会影响晶形，从不同溶剂中结晶也常得到不同的外形。

（三）晶体的纯度

结晶过程中，含许多杂质的母液是影响产品纯度的一个重要因素。晶体表面具有一定的物理吸附能力，因此表面上有很多母液和杂质黏附在晶体上。晶体越细小，比表面积越大，表面自由能越高，吸附杂质越多。如若没有处理好，必然降低产品纯度。一般把结晶和溶剂一同放在离心机或过滤机中，搅拌后再离心抽滤，这样洗涤效果好。边洗涤边抽滤的效果较差，因为易形成沟流使有些晶体不能洗到。

当结晶速度过大时（如过饱和度较高，冷却速度很快），常因若干颗晶体聚结产生“晶簇”现象。此时，易将母液等杂质包藏在内，或因晶体对溶剂亲和力大，晶格中常包含溶剂。对于这种杂质，用洗涤的方法不能除去，只能通过重结晶的方法才能除去。

晶体粒度及粒度分布对质量有很大的影响。一般来说，粒度大、均匀一致的晶体比粒度小、参差不齐的晶体含母液少，而且容易洗涤。

杂质与晶体具有相同晶型时，称为同晶现象。对于这种杂质需用特殊的物理化学方法分离除去。

（四）晶体的结块

晶体的结块，给使用带来不便。结块的主要原因是母液没有洗净，温度的变化会使其中溶质析出，而使颗粒胶结在一起。另一方面，吸湿性强的晶体容易结块。当空气中湿度较大时，表面晶体吸湿溶解成饱和溶液，充满于颗粒隙缝中，以后如果空气中湿度降低时，饱和溶液蒸发又析出晶体，而使颗粒胶结成块。

粒度不均匀的晶体隙缝较少，晶粒相互接触点较多，因而易结块。所以，晶体粒度应力求均匀一致。要避免结块，还应储藏在干燥、密闭的容器中。

（五）重结晶

重结晶是进一步提纯精制氨基酸的有效方法，通过重结晶方法可获得高纯度氨基酸产品。因为结晶物质与杂质在不同溶剂或不同温度下的溶解度是不相同的。将粗制品或不合格产品以适当的溶剂进行溶解，经脱色过滤等处理后，再以适当的方法将氨基酸结晶出来称为重结晶。通过重结晶可使产品的色级及纯度等均获得提高，使原来不合格的产品转为合格品，使合格品的质量进一步提高。重结晶的关键在于选择一种适当的溶剂，用于重结晶的溶剂一般应具备下列条件：①对氨基酸有一定的溶解度，但溶解度不宜过大，当外界条件（如温度、pH 等）改变时，其溶解度能明显地减少；②对色素、降解产物、异构体等杂质能有较好的溶解性；③无毒性或毒性极其低微、沸点较低便于回收再利用等。

用于氨基酸重结晶的溶剂一般有蒸馏水（或无盐水）、低级醇（乙醇）等。如果溶质易溶于某一种溶剂而难溶于另一种溶剂，且该两种溶剂能互溶，则可以用两者的混合溶剂进行重结晶。其方法是将溶质溶于溶解度大的一种溶剂中，然后将第二种溶剂小心地加入，直至稍显浑浊即结晶开始时为止，接着经冷却静置一段时间使结晶完全。

四、新型结晶技术

结晶具有良好的选择性，是氨基酸工业生产中常用的制备纯物质的精制技术。结晶分离过程是同时进行的多相传质与传热的复杂过程，受多种因素影响。传统溶液结晶技术已经相对成熟，但在实际生产过程中仍面临多种问题。如某些溶液体系溶点高，水分不易挥发，造成结晶困难；一些物质在溶液中的溶解度随温度的变化较小，靠温度调节不易析出；还有一些产品要求很高的纯度或超细的晶粒等，要达到这些产品要求，将不可避免地增大生产难度，加大生产成本。随着真空、萃取、溶析、超声等技术的迅速发展，将这些技术与传统的结晶方法相耦合形成的真空结晶、萃取结晶、溶析结晶、超声结晶等耦合结晶技术，不但可以改善结晶效果，获得符合要求的结晶产品，也可降低生产能耗。

（一）真空结晶耦合技术

真空结晶是将真空冷却技术与溶液结晶技术相耦合的一种新技术。由于普通的溶液结晶方法靠蒸发溶剂进行结晶分离，存在着能耗高的问题，而真空结晶耦合技术是将欲分离的溶液物系通过真空减压处理达到一定的真空度，降低溶剂的沸点，使溶液中的溶剂易于蒸发，同时实现溶剂的蒸发和结晶温度的降低，使得溶质易于析出，也可以降低蒸发单位质量溶剂的耗能。

（二）萃取结晶耦合技术

萃取结晶是一种萃取与结晶相耦合的新技术。与传统的溶液结晶操作不同，对于水溶液的结晶，萃取结晶是通过向饱和水溶液中加入一种有机萃取剂，使溶液中的水部分溶于有机溶剂，造成溶液成为过饱和溶液，从而使所需组分分离出来的一种方法。该方法无需加热蒸发就可将水溶液进行浓缩，此操作不但可以得到要分离的产品，而且操作时间和能耗也大为降低。

（三）溶析结晶耦合技术

在某些情况下溶质的溶解度随温度及压力的变化较小，溶质难以析出，溶析结晶的提出解决了这一问题。它是利用被分离物质与溶剂分子间相互作用力的差异，通过改变溶剂的性质来选择性溶解杂质，使目标组分最大限度地从溶剂中析晶出来的过程。例如，在溶解度较大的氨基酸结晶过程中，可以用乙醇为溶析剂，通过调节溶剂中乙醇的比例，分离出高纯度的氨基酸。

（四）超声结晶耦合技术

超声结晶是将一种超声波与结晶相耦合的新技术。液体介质中，超声波与液体的作用会产生非热效应，表现为液体激烈而快速的机械运动与空化现象。在液体介质中由于超声波的物理作用，液体中某一区域会形成局部的暂时负压区，于是在液体介质中产生出空化气泡，简称空穴或气泡。超声空化作用是指液体中的微小气泡在低频高强超声波作用下被激活，它表现为气泡的振荡、生长、收缩及崩溃等一系列动力学过程，空化泡崩溃的极短时间内，在空化泡周围产生局部高温高压（最高温度可达4727℃），并伴有强烈的冲击波和速度极快的微射流产生。因超声空化效应引起的局部高能环境可提供声能量给结晶溶液，加大溶液体系的能量起伏，以及超声空化效应产生的云雾降低晶体成核的能量势垒，从而强化晶体的成核和生长等。在超声波力场作用下，结晶成核可以在较低过饱和溶液中进行，且形成的晶核均匀、完整，晶体粒度分布范围较窄，晶体诱导时间短，结晶过程容易实现连续化。目前，超声结晶技术已用于谷氨酸的转晶过程中。

第四节　干燥工艺

干燥是氨基酸生产中的最后一道工序，目的在于除去氨基酸产品中所含的水分或溶剂，以利于加工、贮存和使用。

一、干燥原理

干燥是指采用汽化的方法以除去物料中的水分（或溶剂）的操作过程。物料水分的汽化一般是用加热方法来实现的。在干燥过程中，水分先从物料的内部扩散到表面，然后汽化转移到气相中，带走水蒸气的气体称为干燥介质（通常是空气）。在通常情况下，干燥介质除带走水蒸气外，还供给水分汽化所需要的热能，为了更好地掌握干燥过程，必须对平衡水分和干燥速度有所了解。

（一）平衡水分和自由水分

物料单位质量中所含水分的总量称为总水分（或湿含量）。在普通的干燥条件下，不能将总水分全部除去，必有一部分的水分成平衡状态存在于物料中，这部分不能除去的水分称为平衡水分。平衡水分的大小与物料的性质和空气的状态（空气的相对湿度及温度）有关。总水分和平衡水分之差称为自由水分，自由水分在干燥过程中被除去。

（二）干燥速度及影响干燥速度的因素

干燥速度是指在单位时间内单位面积上被干燥物料中水分的汽化量，可用式（19-2）表示：

$$\mu = W/F \tag{19-2}$$

式中　μ——干燥速度，$kg/(m^2 \cdot h)$

F——被干燥物料的表面积，m^2

W——单位时间内的水分汽化量，kg/h

在干燥过程中，水分先从物料的内部扩散到表面，然后汽化转移到气相中，所以干燥速度取决于物料内部扩散和表面汽化的速度。干燥速度通常由实验测出，影响干燥速度的因素主要有下列四个方面。

1. 物料的性质

这是影响干燥速度的主要因素，有些物料在干燥过程的后阶段，由于表面汽化速度大于内部扩散速度，物料表面因迅速干燥而引起结块或龟裂现象。为了防止这种现象必须采取一些降低表面汽化速度的措施，有些物料在干燥过程中其表面汽化速度总是小于内部扩散速度，此时干燥速度被表面汽化过程所控制，所以增加表面汽化速度可提高干燥速度。

2. 干燥介质的性质和流速

（1）干燥介质的流速　空气的流速越大，则干燥速度越大，因为提高空气的流速可以降低表面汽化的阻力，从而提高干燥速度。

（2）干燥介质的温度　在适当范围内，提高空气的温度可提高干燥速度，因为提高空气温度后相应地提高了物料表面的温度，使物料表面汽化速度加快，但提高温度时需考虑到物料的热稳定性能。

（3）干燥介质的相对湿度　空气的相对湿度越低，则干燥速度越快，因为空气相对湿度越低，物料平衡水分数值越小，被干燥除去的自由水分相应增加，有利于物料干燥后水分的降低。

3. 干燥介质与被干燥物料的接触情况

物料堆放在干燥器内静置不动，将大大增加干燥所需要的时间，若使物料悬浮在干燥介质中，促使物料粉粒彼此分开而不停地跳动，可大大改善干燥的效率，喷雾干燥及气流干燥等应用就是根据这一原理进行的。

4. 压力

干燥室内压力的大小与物料汽化速度成反比，真空干燥的应用就是为了降低干燥室的压力，使物料的水分（或溶剂）在低于常压的温度下就能很快地汽化，从而加快干燥速度。

二、氨基酸工业中常用的干燥方法

干燥方法的选择，要根据物料的性质、产品的要求、生产规模大小以及是否经济合理等方面进行综合考虑，根据具体情况进行具体分析，从中选择最佳的干燥工艺。干燥设备虽种类繁多，但常用于氨基酸生产的干燥设备不多。目前，大部分工厂采用箱式烘房进行干燥。此外，也有采用减压干燥、气流干燥、传送干燥、振动床式干燥、远红外线干燥。

（一）箱式烘房干燥

箱式烘房是用蛇形管式排管通蒸汽加热的烘房。将待干燥的氨基酸均匀地铺开，薄薄的一层装在一个个铝盘或不锈钢盘中，铝盘或不锈钢盘一层层安放在烘房架上。烘房温度一般保持在 80℃左右。密闭干燥 10h 左右即可。

箱式烘房设备简单，投资低，但干燥面积小，且干燥不均匀，时间长。另外，劳动强度大，需工人装卸，加上温度高，又有粉尘飞扬，操作条件差，生产效率低，往往不能适应大规模生产的要求。

（二）减压干燥

减压干燥是在密闭容器中抽去空气后进行干燥的方法，又称真空干燥。氨基酸工业生产上常用的是烘箱真空干燥，真空干燥器主要由密闭干燥室、冷凝器和真空泵3部分组成。干燥室内装有盘架（夹层中空），可通入热水或蒸汽在夹层中加热（但低压蒸汽潜热比热水大），干燥时将需干燥的氨基酸湿品平铺于料盘中放在加热板上，然后加热并开动真空泵，使干燥室内压力降低，湿品中的水分或溶剂通过干燥室顶端的出口，经冷凝器排出，物料很快被干燥。真空干燥的优点是能加速干燥进程，降低温度，减少空气对产品的污染等，其缺点是用盘子装粉、间隙操作、准备清洗等工作麻烦，劳动强度大，烘烤时间较其他干燥法长，处理量不够大等，从长远发展看，有被淘汰的趋势。

为了减轻真空干燥的劳动强度，增加产量，国内经研制也批量生产了真空双锥旋转干燥器。这种干燥器结构简单、生产效率高、动力消耗小，是氨基酸干燥较好的设备。

真空双锥旋转干燥器（图19-13），是由一个可以旋转的锥形圆筒组成，圆筒内要求光洁程度较高。圆筒外有夹套，可以通入加热介质。被干燥的湿物料装入圆筒内后，使干燥器处于真空状态下，利用夹套加热，湿物料中的溶剂和水被蒸发，蒸出的溶剂经旋风分离器再经冷凝器冷凝回收。真空锥形圆筒可旋转3～6r/min，使筒内的湿物料得以翻动，干燥均匀。

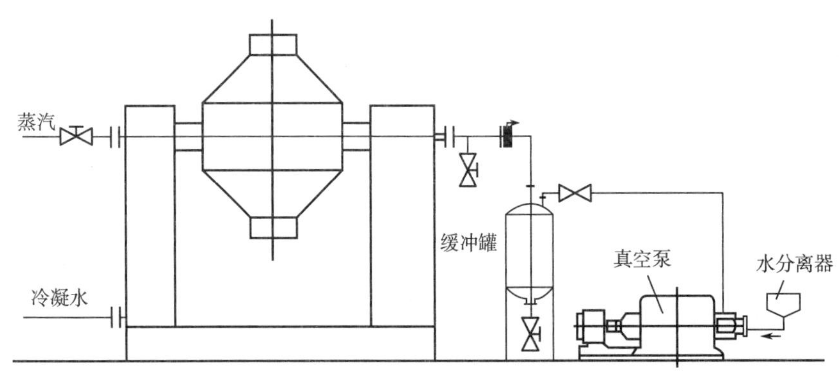

图19-13　真空双锥旋转干燥流程

（三）气流干燥

将被干燥的颗粒状湿物料在流态化热空气中迅速进行干燥的方法称为气流干燥。气流干燥的基本原理是被干燥的固体湿物料在高温快速热空气的作用下，均匀分散成悬浮状态，从而增大物料与热空气接触的总表面，强化了热交换的作用，仅在几秒钟（1～5s）内即能使物料达到干燥的要求。

气流干燥的优点如下：

（1）干燥速度快，时间短　以直管（长管）气流干燥器为例，其单位容积干燥管内的热容量系数平均可达 8360~25080kJ/(m^3·h·K)，所以干燥强度很高，干燥速度很快，所需时间仅为 1~4s。因此，气流干燥又称瞬间干燥。对大部分传热性好和要求受热时间短的物料均可采用，对产品质量影响极小。

（2）生产量大　由于干燥进行极为迅速，所以设备的生产量大，产量一般在 100~200kg/h，也有多达 500kg/h 的。通常能将湿料含水分在 3%左右的物料干燥至含水分 0.1%~0.5%。

（3）结构简单，体积小　由于气体干燥的热容量系数高，在同等生产量条件下，设备可以做得更小。而且结构简单，干燥室只需一根直管或其他形状的管子，再配上一套加料装置、热风发生装置和粉尘捕集装置即可。

气流干燥主要缺点是：①干燥所得产品的含水量有一定下限，不能太低，一般为 0.1%~1%；②对干燥特别黏稠的物料或粉状物料不宜用气流干燥，如对粉状味精干燥就不合适；③由于氨基酸晶体颗粒在热空气中悬浮运动，相互间发生摩擦，对晶体的光泽和外形不利；④干燥管高大，要有较高的厂房建筑。

（四）传送带式干燥

将待干燥的氨基酸，均匀地撒布于传带上，传送带置于一罩壳中，同时通以干燥热空气。氨基酸在传送带上的厚度约为 5mm，经过 0.9s 后，氨基酸可以干燥至含水分≤0.2%，此法对保护氨基酸的晶型较为有利。

（五）振动床式干燥

利用热风干燥的连续式干燥机，与传送带式干燥不同的地方是利用振动输送代替传送带。它的主要原理是利用振动输送机的槽体中加一层多孔板（整流板），当振动时，物料在多孔板上跳跃前进。与此同时，热风从多孔板下方吹入，经小孔再透过物料层，将物料的水分蒸发掉，从而达到烘干的目的。

参考文献

[1] 张伟国，钱和．氨基酸生产技术及其应用［M］．北京：中国轻工业出版社，1997.
[2] 陈宁．氨基酸工艺学（第二版）［M］．北京：中国轻工业出版社，2020.
[3] 于信令．味精工业手册（第二版）［M］．北京：中国轻工业出版社，2009.
[4] 邓毛程．氨基酸发酵生产技术（第二版）［M］．北京：中国轻工业出版社，2014.
[5] 陈宁．氨基酸工艺学［M］．北京：中国轻工业出版社，2007.
[6] 姚汝华．微生物工程工艺原理［M］．广州：华南理工大学出版社，2002.
[7] 吴梧桐．生物制药工艺学［M］．北京：中国医药科技出版社，1993.
[8] 顾觉奋．分离纯化工艺原理［M］．北京：中国医药科技出版社，1994.
[9] 欧阳平凯．发酵工程关键技术及其应用［M］．北京：化学工业出版社，2005.
[10] 齐香君．现代生物制药工艺学［M］．北京：化学工业出版社，2003.
[11] 王福源．生物工艺技术［M］．北京：中国轻工业出版社，2006.
[12] 罗大珍，林稚兰．现代微生物发酵及技术教程［M］．北京：北京大学出版社，2006.

第二十章　氨基酸提取、精制实例

第一节　谷氨酸提取、精制工艺

一、谷氨酸提取工艺

（一）谷氨酸的主要理化性质

谷氨酸为无色晶体或透明状粉末，无臭，有鲜味，沸点175℃，熔点224℃。微溶于水，25℃时的溶解度为8.57g/L，不溶于甲醇、乙醇、乙醚和冰醋酸等有机溶剂。相对密度1.538（20℃），比旋光度+37.0°~+38.9°。

1. 谷氨酸的立体异构体

谷氨酸分为L型、D型和DL型三种。谷氨酸具有一般氨基酸的性质，其分子具有不对称的碳原子，所以具有旋光性。它的氨基在不对称碳原子的右方称为D型（或右型），在不对称碳原子的左方称为L型（或左型），以前在化学命名中左旋用“*l*”表示，右旋用“*d*”表示，消旋体用“*dl*”表示。现在化学中才统一用L型、D型、DL型表示光学异构体，而左旋和右旋分别用（-）和（+）表示。在动物和微生物等有机体中天然存在的都是L型谷氨酸。L-谷氨酸是味精的前体。

2. 谷氨酸结晶的特性

谷氨酸结晶体是有规则晶型的化学均一体，L-谷氨酸的晶型属斜方晶系，且谷氨酸具有多晶型性质，即谷氨酸在不同结晶条件下，其晶体形状、大小、颜色是不同的，形成不同晶型的谷氨酸结晶。通常分为α-型结晶和β-型结晶。影响谷氨酸结晶的因素很多，例如过饱和度、搅拌速度、冷却速度、溶液成分、晶种、添加剂以及杂质，这些都已经有很多报道。缓慢降温连续搅拌容易形成α-型结晶。快速降温连续搅拌或者缓慢降温没有搅拌都容易出现更稳定的β-型结晶。等电点法提取谷氨酸过程中pH下降的速度快，也会形成过大的过饱和度，同样容易出现β-型结晶，见表20-1。

表20-1　　谷氨酸晶型

晶型	α-型	β-型
光学显微镜下的晶体形态	多面棱柱形的六面晶体，呈颗粒状分散，横断面为三或四边形，边长与厚度相近	针状或薄片状凝聚结集，其长和宽比厚度大得多

续表

晶型	α-型	β-型
晶体特点	晶体光泽，颗粒大，纯度高，相对密度大，沉降快，不易破碎	薄片状，易碎，相对密度小，浮于液面和母液中，含水量大、纯度低
晶体分离	离心分离不碎，抽滤不堵塞，易洗涤	离心分离困难，易碎，抽滤易堵塞，洗涤难
母液中晶形的显微镜观察	颗粒状小晶体	分散的针状、片状结晶

3. 谷氨酸在水中的溶解度

溶解度是指在一定温度下每100g水中所能溶解的最大量的谷氨酸（g）。谷氨酸在水中的溶解度随温度的下降而减少。谷氨酸在水中的溶解度如表20-2所示。

表20-2　谷氨酸在水中的溶解度（pH 3.22）

温度/℃	溶解度/(g/100g水)	温度/℃	溶解度/(g/100g水)
0	0.341	50	2.186
10	0.495	60	3.161
20	0.717	70	4.594
30	1.040	100	14.001
40	1.508		

谷氨酸在水中的溶解度除了与温度有关，还与pH有关，且随pH的变化较温度影响大。由于谷氨酸是两性电解质，与酸或碱都能生成盐，它在不同pH的溶液里能以4种不同离子状态存在（表20-3）。氨基酸的分离经常用等电点沉淀法。谷氨酸等电点为3.22，此时大部分谷氨酸是以兼性离子存在的，这时的溶解度最低。因此，氨基酸工业生产上也就是利用了谷氨酸的这一性质提取谷氨酸。

表20-3　不同pH溶液中谷氨酸离子形成比例

pH	Glu^{+}/%	$Glu^{\pm}$/%	Glu^{-}/%	$Glu^{=}$/%
1.00	93.93	6.06	0.00	—
2.00	60.63	39.15	0.22	—
2.19	49.78	49.78	0.43	—
3.00	12.78	82.56	4.64	—
3.22	7.860	84.24	7.86	2.78×10^{-6}
4.00	0.98	63.37	35.63	7.61×10^{-5}
4.25	0.43	49.78	49.78	1.89×10^{-4}
5.00	2.33×10^{-2}	15.10	84.87	1.81×10^{-3}
6.00	2.70×10^{-3}	1.74	98.24	2.10×10^{-2}

续表

pH	Glu^{+}/%	$Glu^{\pm}$/%	Glu^{-}/%	$Glu^{=}$/%
6.96	3.29×10^{-4}	0.19	99.59	0.19
7.00	—	0.17	99.61	0.21
8.00	—	0.01	97.90	2.09
9.00	—	1.46×10^{-3}	82.39	17.62
9.67	—	1.90×10^{-3}	50.00	50.00
10.00	—	5.66×10^{-4}	31.87	68.14
11.00	—	7.94×10^{-7}	4.46	69.64
12.00	—	8.27×10^{-9}	0.46	99.54
13.00	—	—	4.67×10^{-2}	99.95

在酸性介质中，α-羧基的解离受到抑制，谷氨酸以阳离子（Glu^{+}）形式存在。当溶液 pH>3.22 时，谷氨酸主要以阴离子状态存在，当 pH 逐渐升高时，Glu^{-}与 $Glu^{=}$的比例也随之变化。pH 为 7 时，谷氨酸在溶液中以阴离子（Glu^{-}）状态存在，占溶液中离子总数 99.61%。当 pH 为 13 时，阴离子（$Glu^{=}$）占溶液总数 99.5%。当溶液值达 3.22 时，谷氨酸以兼性离子（$Glu^{\pm}$）存在。$Glu^{=}$几乎没有，呈电中性。

氨基酸能使水的介电常数增高，而一般的有机化合物如乙醇、丙酮等却使水的介电常数降低。由于氨基酸在晶体或水中主要是以兼性离子形式存在，不带电荷的中性分子很少，也就是说氨基酸晶体是由离子晶格组成的，维持晶格中质点的作用力是强大的异性电荷之间的静电吸引力，因此熔点高，能增加水的介电常数。

（二）谷氨酸的主要化学性质

谷氨酸是一种酸性氨基酸，分子内含两个羧基，化学名称为 α-氨基戊二酸。分子式为 $C_5H_9NO_4$，相对分子质量为 147.13。

1. 与酸作用

谷氨酸与 HCl 作用生成谷氨酸盐酸盐。

2. 与碱作用

谷氨酸与 NaOH 作用后生成谷氨酸单钠和水。

3. 加热

谷氨酸受热脱水后，会生成焦谷氨酸。

4. 谷氨酸的氧化反应

由于谷氨酸氧化酶的催化作用，谷氨酸分子被氧化成 α-酮戊二酸。

（三）谷氨酸提取技术

我国谷氨酸提取工艺经历了从锌盐法、一步低温等电点结晶法到低温等电点离子交换法、等电点离子交换法和浓缩等电点法的演变历程。目前，产业化的谷氨酸提取工艺以浓缩等电点法为主。

1. 锌盐法工艺

谷氨酸能与 Zn^{2+}、Ca^{2+}、Cu^{2+}、Co^{2+} 等金属离子作用，生成难溶于水的谷氨酸重金属盐，它们的溶解度皆比较低。利用谷氨酸某些重金属盐的这一特性，可以用沉淀法来分离发酵液中的谷氨酸。

这种方法在 20 世纪 70～80 年代在我国一些味精厂应用比较多，如图 20-1 所示。在谷氨酸发酵液中加入 $ZnSO_4$，谷氨酸与硫酸锌盐的锌离子作用，生成难溶于水的谷氨酸锌，再在酸性状况下获取谷氨酸。但这种方法劳动强度大，酸碱用量大，设备腐蚀严重，废水 COD、BOD 高。而且金属盐法存在提取后最终的金属离子难以处理的问题。

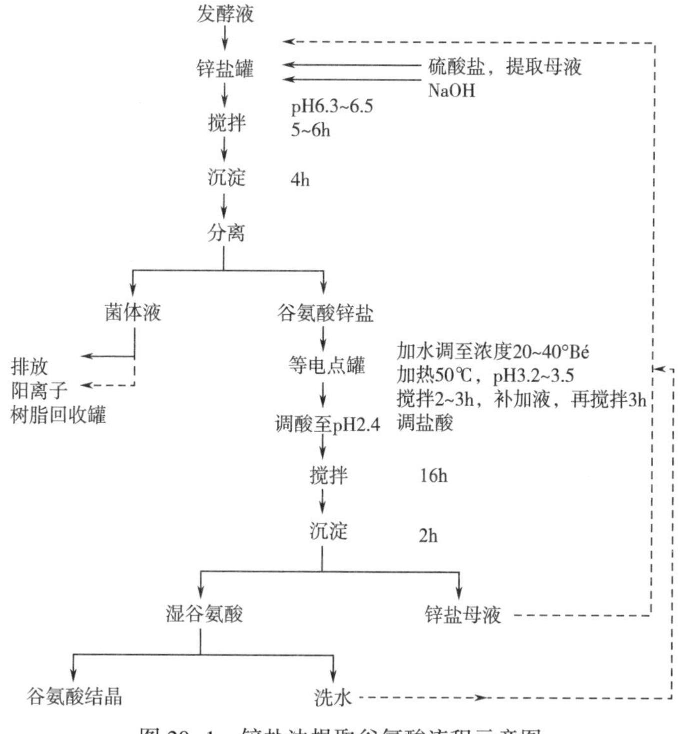

图 20-1　锌盐法提取谷氨酸流程示意图

2. 等电点离子交换工艺

谷氨酸发酵结束，向发酵液加入无机酸，调 pH 逐渐到谷氨酸等电点（pH 3.22）时，溶液中的谷氨酸会从不饱和状态过渡到过饱和状态，使其结晶析出，然后添加晶种、育晶和养晶，直至经分离获得粗品。由于分离后的等电点母液仍含有一定浓度的谷氨酸，因此结合离子交换法，利用离子交换树脂提取发酵液或等电点母液中的谷氨酸，而将非谷氨酸的菌体蛋白、氨基酸、残糖等分离掉的一种提取技术。味精工业中通常采用 732 型强酸性阳离子交换树脂来交换吸附谷氨酸。

等电点离子交换工艺如图 20-2 所示。含菌体或除菌后的发酵液，先低温等电点结晶、分离得到谷氨酸，等电点母液（pH 3.1～3.2）加 H_2SO_4 酸化至 pH 1.0 左右，上阳离子交换柱吸附残留在等电点母液中的谷氨酸，然后用稀氨水洗脱，收集洗脱高流分并降低温度等电点结晶。等电点离子交换工艺排放两股废水：一是上柱吸附谷氨酸后的废等电点母液（离子交换尾液），属高浓度废水；二是离子交换树脂再生时产生的废水，属中浓度废水。离子交换高流分回用等电点结晶后发酵液体积增加 60%～80%，高浓度废水排放量较发酵液体积增加 20%～30%，还额外产生 10～20t COD 3000～4000mg/L 的中浓度树脂洗涤水。

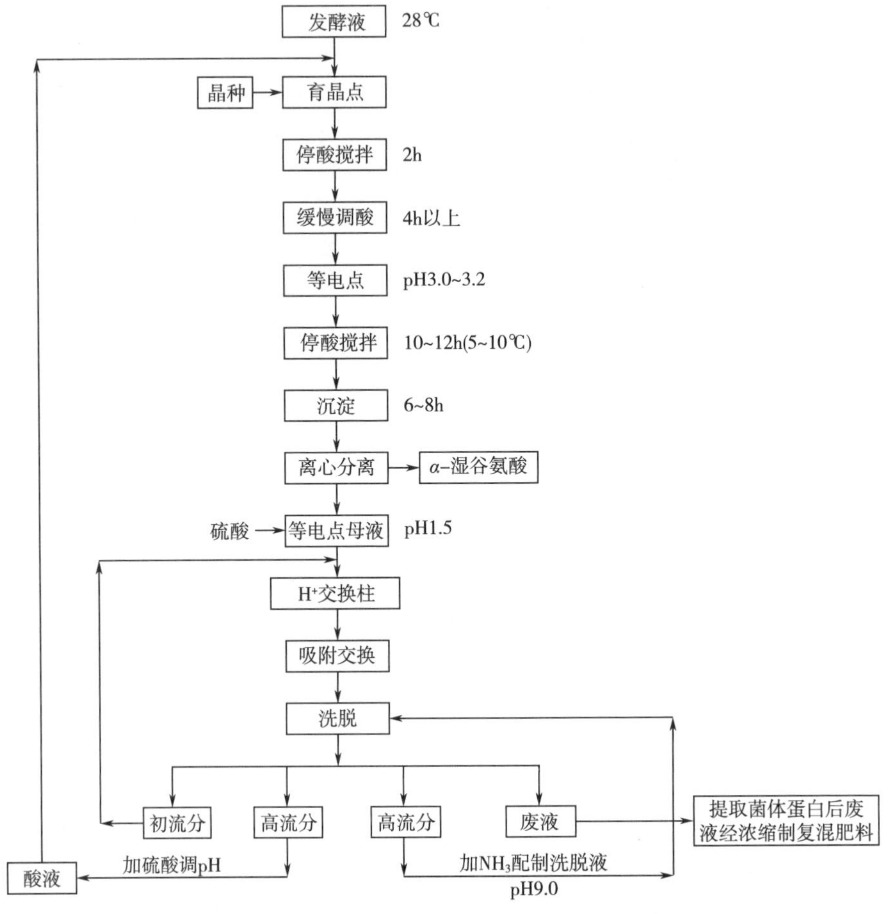

图 20-2　谷氨酸等电点离子交换工艺流程示意图

该工艺的优点是提取收率高，约 95%左右，缺点是原辅材料消耗高。因采用离子交换技术，每吨谷氨酸额外多消耗液氨 120kg，H_2SO_4 400kg；因此，作为从等电点母液中二次提取谷氨酸的“离子交换”技术，在经济成本上已无优势，还增加了很大的环境压力。

3. 浓缩等电点工艺

发酵完毕后，发酵液不直接进行等电点提取，而是经浓缩后，连续加无机酸一步至 pH 3.22 等电点提取谷氨酸。连续等电点过程中，等电罐的 pH 保持 3.2～3.0，温度保持 42℃左右，浓缩等电点液和无机酸连续加入等电罐中，保持 pH 和温度的恒定，按照一定的停留时间将底部晶浆排出到降温等电罐中进行育晶。由于浓缩液中杂质浓度提高，得到的谷氨酸粗品纯度较低，因此，离心分离后进入“转晶”工艺。转晶是指将谷氨酸的 α-型晶体转变为 β-型晶体，其目的是通过转晶使谷氨酸结晶时夹带的色素释放出来，经分离后得到纯度较高的谷氨酸。淀粉糖为原料时，若浓缩倍数较低，晶体质量较好，谷氨酸提取也可不必采用转晶工艺。

谷氨酸浓缩等电点结晶工艺图如图 20-3 所示。发酵液经多效蒸发浓缩 2.5~3.0 倍，谷氨酸浓度达到 28%~33%后连续等电点结晶，然后冷却育晶、分离获得谷氨酸结晶，等电点母液排放；发酵液浓缩的同时杂质浓度同倍数增长，黏度增加，加上浓缩过程中糖氨反应等原因，浓缩连续等电点获得的晶体颜色深，SO_4^{2-}等杂质多，无法直接精制生产味精。为解决这一问题，浓缩连续等电点工艺又增加了“转晶”技术，即将谷氨酸晶体复水配成晶浆，用碱和味精精制母液调 pH 至 4.0~4.5，然后加热到 80℃以上维持 30min，加入β-型晶体作为晶种，也可以不加晶种，迅速冷却，使α-型晶体转变成β-型晶体，在晶型转变的过程中释放杂质。通过“转晶”工序，谷氨酸的纯度、透光率等质量指标明显改善，有利于提高味精质量，降低味精精制过程中活性炭、蒸汽消耗，但转晶工序增加了设备投资，还额外增加了蒸汽和动力消耗，并不可避免地损失部分谷氨酸（谷氨酸收率下降 2%~4%）。

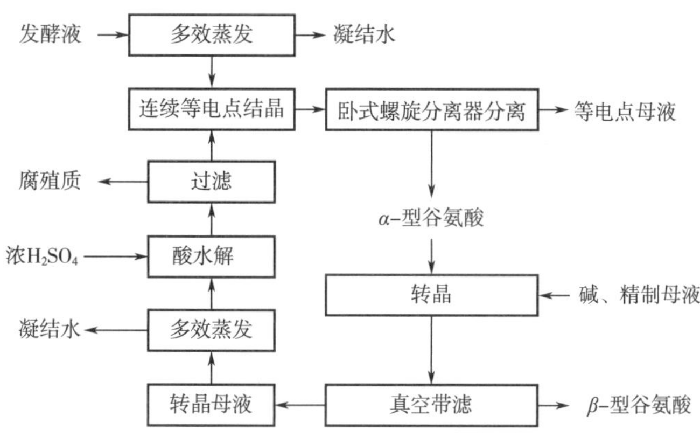

图 20-3　谷氨酸浓缩等电点结晶工艺图

该工艺革除了“离子交换”技术，因而物耗低，高浓废水排放总量仅为发酵液体积的 60%左右。缺点是提取收率低，最高仅 88%。虽然浓缩等电点结晶工艺的提取收率比等电点离子交换工艺低 7%，但由于生产辅料（H_2SO_4、液氨等）消耗低，同时转晶改善了谷氨酸的质量，精制生产味精的收率可提高 2%，因而二者在经济上相差不大。

（四）谷氨酸提取技术的研究进展

1. 耦联提取工艺

温度敏感型谷氨酸发酵工艺的产酸能达到 180g/L 以上，意味着在发酵液 pH 降至 5.0 时谷氨酸即能结晶析出，因此日本味之素公司提出了谷氨酸发酵、结晶耦联提取工艺，并于 2005 年申请了相关专利。具体方法是：先在适宜的 pH 条件下培养菌体细胞，并同时代谢分泌谷氨酸，当发酵液中谷氨酸达到一定浓度（60g/L 以上）时，将发酵液 pH 调整至 5.0 及以下，同时加入谷氨酸晶种（≥0.2g/L）边发酵边结晶，发酵结束后再用硫酸调等电点结晶提取谷氨酸。该耦联工艺的最大优点是消除了产物的反馈抑制现象，提高原料糖酸转化率的同时还减少了废水量。

2. 除菌体等电点结晶工艺

菌体细胞等悬浮物对谷氨酸有明显的增溶作用，且结晶时刺激β-型晶核生成，因此是带菌体等电点提取收率低、晶体纯度低的主要原因之一。将谷氨酸发酵液先除菌体后等电点结晶，可提高谷氨酸提取收率和产品质量。有研究表明，发酵液先除菌体后等电点结晶，谷氨酸一步等电点提取收率可提高5%~8%，纯度提高1%以上；许赵辉等研究对比了发酵液除菌体后先等电点结晶后浓缩结晶、先浓缩后等电点结晶两种不同工艺，结果表明先浓缩后等电点结晶的谷氨酸质量好。研究也发现，采用截留相对分子质量10000的超滤膜能有效去除发酵液中的大分子蛋白，谷氨酸提取收率可提高4%~6%，纯度提高1%以上。膜过滤是常用除菌体方法，但微滤或超滤的膜通量较低，一般在50~70L/($m^2 \cdot h$)，因此设备投资大。膜再生带来的二次废水（稀酸、稀碱）污染问题也较突出。

3. 电渗析法提取谷氨酸

双极膜是一种新型的离子交换复合膜，能够在不引入新组分的情况下将水溶液中的盐转化为相应的酸和碱，具有能耗低、模式化设计和操作简便高效等特点，在食品、化工、医药和环境污染治理等领域的应用日渐增多。雷智平等利用双极膜技术从谷氨酸水溶液中回取谷氨酸，在最佳工艺条件下，谷氨酸回收率达到85%以上，耗电量为0.96kW·h/m^3。

4. 闭路循环工艺

根据清洁生产理念，江南大学毛忠贵等提出了“味精清洁生产-谷氨酸提取闭路循环工艺”。发酵液先常温等电点结晶获得谷氨酸，等电点母液再经除菌、浓缩脱盐［$(NH_4)_2SO_4$］、水解和脱色等步骤，得到富含谷氨酸的酸性脱色液，替代浓H_2SO_4调节下一批次发酵液等电点结晶，物料主体构成闭路循环。该工艺综合考虑谷氨酸提取和污染治理，在获得主产品谷氨酸的同时，获得菌体蛋白饲料、$(NH_4)_2SO_4$、腐殖质和蒸发凝结水等副产物，有效地解决了高浓度废水的污染问题。

二、味精的精制工艺

（一）味精的理化性质

味精是L-谷氨酸单钠一水化合物，是无色至白色的柱状结晶或白色的结晶性粉末，属斜方晶系，显微镜下呈现棱柱状的八面体晶型。味精易溶于水，不溶于乙醚、丙酮等有机溶剂、难溶于纯乙醇。味精的相对密度为1.635，熔点为195℃，在120℃以上逐渐失去结晶水，155℃下分子内脱水，225℃以上分解，若其水溶液长时间受热，会引起失水，生成焦谷氨酸一钠。

味精由于分子结构中含有不对称碳原子，具有旋光性，分为L-型、D-型和消旋型。在两种光学异构体中，只有L-谷氨酸单钠具有鲜味，其阈值为0.03%，比旋光度为+24.8°~+25.3°。

（二）谷氨酸制味精的工艺流程

从谷氨酸发酵液中提取得到谷氨酸，仅是味精生产中的半成品。谷氨酸与适量的碱进行中和反应，生成谷氨酸一钠，其溶液经过脱色、除铁、除去部分杂质，最后通过减压浓缩、结晶及分离得到较纯的谷氨酸一钠的晶体，不仅酸味消失，而且有很强的鲜味。谷氨酸一钠的商品名称就是味精或味素。如果谷氨酸与过量的碱作用，生成的谷氨酸二钠则不具有味精的鲜味。谷氨酸制造味精的工艺流程如图 20-4 所示。

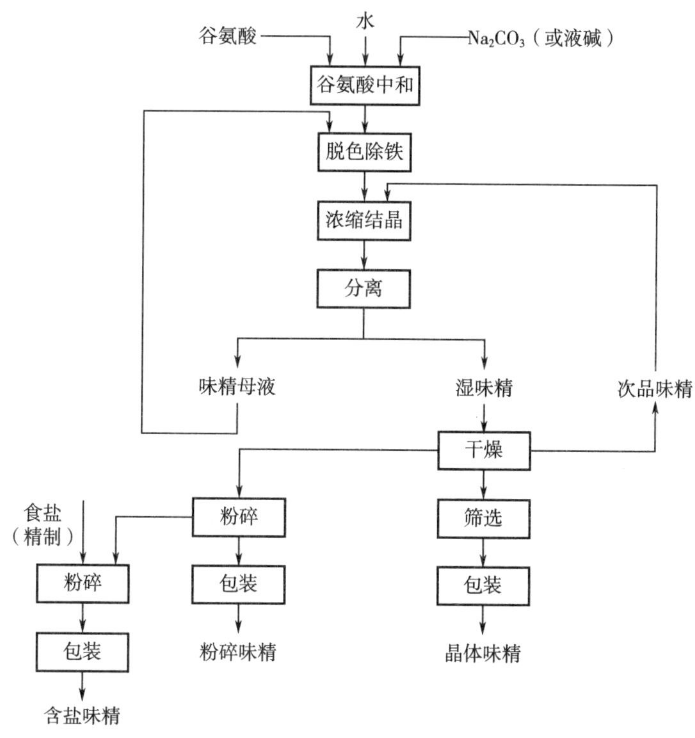

图 20-4　谷氨酸制造味精的工艺流程示意图

1. 谷氨酸的中和

谷氨酸分子中含有两个羧基，与 Na_2CO_3 或 NaOH 均能发生中和反应生成钠盐。理论上，中和 100kg 谷氨酸需要使用 Na_2CO_3 36.1kg 或 NaOH 27.2kg。

生产中要求使用含盐分少的 Na_2CO_3 或固体 NaOH 进行中和而不用工业液碱，因 30% 的工业液碱含 4%以上的 NaCl，会影响味精质量。具体工艺条件如下：

（1）投料比　湿谷氨酸：水=1：2；湿谷氨酸：纯碱=1：（0.3~0.34）；湿谷氨酸：活性炭=1：0.01。

（2）中和温度　谷氨酸一钠的溶解度较大，但谷氨酸在常温下溶解度很低。为保证工艺要求浓度，一般在加热条件下进行中和。夏天 60℃左右，冬天 65℃左右。

（3）中和 pH 要求　当中和的 pH 在谷氨酸的第二等电点（pI）6.96［$(pK_2+pK_3)/2=(4.25+9.67)/2=6.96$］时，谷氨酸单钠离子在溶液中约占总离子浓度的 99.59%。生产上中和液的 pH 常控制在 6.9~7.0。

（4）中和液浓度　选择 21~23°Bé。

在中和过程中，应注意以下事项。

（1）中和过程必须严格控制温度低于 70℃　避免温度过高发生消旋化反应和脱水环化生成焦谷氨酸钠的反应。

（2）中和时必须严格控制准确的 pH　如果 pH 偏低，谷氨酸中和不彻底；如果 pH 偏高，造成谷氨酸二钠的百分率偏高。无论是谷氨酸和谷氨酸二钠，都不呈鲜味。因此，pH 控制不准确，对精制收率和产品质量均有影响。

（3）中和速率要控制缓慢　如果采用 Na_2CO_3 作为中和剂，中和速度过快将产生大量的 CO_2泡沫，致使料液溢出，造成损失。同时，加碱速度过快，会导致局部 pH 和温度过高，容易发生消旋化反应和脱水环化生成焦谷氨酸钠的反应。

（4）由于中和液要上柱脱色、除铁，为了防止结柱，中和液浓度不宜过高　根据实践经验，中和液浓度一般为 22°Bé 比较理想。

2. 中和液除铁和除锌

在谷氨酸发酵生产中，由于生产原材料不纯会夹带 Fe^{3+}，特别是设备腐蚀而游离出较多的 Fe^{3+}，使中和液中铁含量一般在 10mg/L 以上。若采用锌盐法制备谷氨酸，还会残留约 1500mg/L Zn^{2+}。这些 Fe^{3+}、Zn^{2+}均可以与谷氨酸离子形成络合物，使味精呈浅黄色或黄色，影响成品色泽和质量。依据食品规定标准，99%的味精含铁量应在 5mg/L 以下，80%的味精含铁量应在 10mg/L 以下。

味精工业中的除铁、除锌工艺主要包括 Na_2S 沉淀法和树脂法两种。

Na_2S 沉淀法是利用 Na_2S 使溶液中存在的少量铁、锌变成 FeS 和 ZnS 沉淀。工艺流程如下：待中和液温度降至 50℃以下（高温偏酸性环境会导致 H_2S 气体产生），加入 15~18°Bé（Na_2S 含量为 10%~12%）的 Na_2S，搅拌片刻，自然沉淀 8h。Na_2S 外观颜色和含量相关，金黄色 Na_2S 的含量最高，带红色次之，黑色最差。生产上使用的 Na_2S 要求含量为 63%以上，不溶物小于 1%，水溶液颜色为微黄色澄清。Na_2S 除铁、除锌操作费用较低，但是操作环境差，有 H_2S 臭味，铁残留量稍高，为 1~2mg/L，产品需严格检测是否有 Na_2S 残留。

树脂法是利用带有酚氧基团的树脂（表面具有较强的配位基团）使络合铁、锌离子与树脂螯合成新的更稳定的络合物，以达到除 Fe^{3+}、Zn^{2+}的目的。常用的树脂为通用 1 号和 122#弱酸性阳离子树脂。工艺流程如下：首先用热水预热树脂柱至 40~50℃，以避免谷氨酸钠析出；其次，顺流上柱交换，每小时进料量为树脂体积的 1~2 倍。流出液浓度低于 12°Bé，收集在低浓度储罐中，作为谷氨酸中和及调节母液浓度使用。当流出液浓度高于 12°Bé，检查无 Fe^{3+}、Zn^{2+}时即可收集，进入后续工序；当吸附饱和时，立即停止进料，改进软水洗涤，直至洗出液浓度为 0°Bé，收集洗出液作为低浓度溶液。树脂法除铁、除锌的效果好于 Na_2S 沉淀法，同时有脱色作用，溶液透光率高，但是设备一次性投资较大，且操作过程酸、碱使用量高，废水排放量较大。

3. 中和液的脱色

谷氨酸中和液一般含有深浅不同的黄褐色色素，产生的主要原因是在淀粉制糖、培养基灭菌、发酵液浓缩等生产过程中各种成分的化学变化产生了有色物质，如葡萄糖聚合产生焦糖；铁制的设备接触酸碱产生电化作用，使设备腐蚀游离出 Fe^{3+}，除了产生红棕色以外，还与水解糖中的单宁结合，生成紫黑色单宁铁；葡萄糖与氨基酸在受热情况下发生美拉德反应产生黑色色素。

味精工业中常使用活性炭吸附脱色。使用的活性炭以粉末状的药用活性炭和 GH15 颗粒活性炭为主。粉末状活性炭颗粒小、表面积大、单位质量吸附量高，并且在过滤除去炭渣时，能够同时除去料液中不溶性杂质，常用于中和液的第一步脱色。颗粒活性炭脱色能力稍弱，但具有机械强度高、化学稳定性好、能反复再生使用等优点，可装填在柱内进行连续脱色，因此一般作为最后一道脱色工序配合粉末状活性炭使用，提高中和液的透光率。整个脱色工艺流程如下：将中和液送至脱色罐，加入相当于中和液 2%～3%的粉末状药用活性炭，保持脱色温度为 55～60℃，pH 为 6.0～7.0，搅拌 60～120min，然后过滤，清液为第一次的脱色液。将 GH15 颗粒活性炭装入柱后，加水充分浸泡 4h，排掉浸泡水，用两倍活性炭体积的 4%热 NaOH 浸泡 4h，再用 60℃水洗至流出液 pH 8.0 以下，然后用两倍炭体积的 4% HCl 溶液再生，水洗至 pH 6.5 左右备用。将第一次的脱色液上活性炭柱进行二次脱色，流出液收集方式与树脂除铁时的收集方式相同。

4. 中和液的浓缩和结晶

味精在水中的溶解度很大，要想从溶液中析出结晶，必须除去大量的水分，使溶液达到过饱和状态，过量的溶质才会以固体状态结晶出来。晶体的产生是先形成极细小的晶核，然后这些晶核再成长为一定大小形状的晶体。因此，从溶液到晶体生成包括三个过程：饱和溶液形成、晶核形成和晶体生长。

溶液达到过饱和是结晶的前提。使溶液处于过饱和状态，通常有两种方法，一是通过蒸发，使溶液中的一部分溶剂减少，达到过饱和状态；二是降低溶液的温度，使溶液的溶解度降低，从而使溶液由原来饱和状态，甚至不饱和状态转变为过饱和状态。

味精生产的浓缩过程普遍采用减压蒸发。减压蒸发浓缩分单效蒸发浓缩和多效蒸发浓缩，有些工厂采用单效蒸发浓缩工艺，即在单效真空结晶罐中完成中和液的浓缩与结晶的全部过程；而有些工厂采用多效蒸发浓缩工艺，即先在多效真空蒸发器中将中和液浓缩至一定浓度（一般由 22°Bé 左右浓缩至 26～28°Bé），然后送至单效真空结晶罐中继续浓缩与结晶操作，采用此工艺可以节省蒸汽。

味精结晶操作过程主要分为浓缩、起晶、整晶、育晶和养晶等阶段，其中浓缩、整晶和育晶的过程往往穿插进行，时间一般为 10～16h，操作过程如图 20-5 所示。结晶过程中必须从视镜仔细观察罐内物料浓度变化与循环情况，以便采取相应的操作。

（1）浓缩　将料液加入真空结晶罐，启动搅拌，搅拌转速与结晶罐设计有关，以使料液循环为宜，在加热室中通入蒸汽进行加热蒸发，控制真空度在 0.08～0.085MPa，温度为 60～70℃，在 1～2h 内将底料浓缩至 29.5～30.5°Bé，即达亚稳区。

（2）起晶　当浓缩液的浓度达到 29.5～30.5°Bé 时，投入晶种，进行起晶。投晶种量与所用晶种的颗粒大小有关。一般情况下，按结晶罐全容积计算，40 目晶种的投入量为结晶罐全容积的 3%～5%，30 目晶种的投入量为 6%～9%，20 目晶种的投入量为 6%～12%。投晶种时，用软管的一端连接结晶罐的进料口，另一端插入结晶桶中，靠结晶罐的

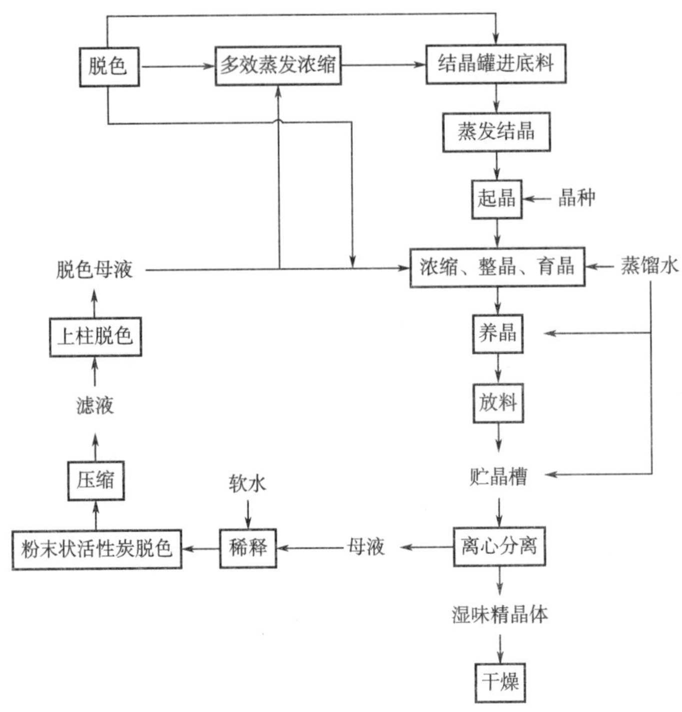

图 20-5　味精结晶操作过程示意图

真空把晶种吸入结晶罐。起晶时溶液微浑浊，经过一定时间晶种的晶粒稍有长大，并出现一些细小的新晶核（称为假晶）。当料液浓度增加，晶粒长大速度反而比晶核长大速度小时，需要整晶。

（3）整晶　当蒸发速度大于结晶速度，使结晶罐内料液浓度超越亚稳区，会析出一些细小新晶核（假晶），会导致最终产品晶体较小，晶粒大小不均匀，形状不一。产生新晶核时溶液出现白色浑浊，这时可将罐内温度提高至 73~75℃，通入 50~60℃蒸汽冷凝水，使溶液降到不饱和浓度而把新晶核全部溶解掉。随着水分的蒸发，溶液很快又进入亚稳区，重新在晶核上长大结晶，这样析出的结晶产品形状一致，大小均匀。整晶用水量要控制适当，防止正常晶种的溶化和损伤。在结晶过程中，要尽量减少整晶操作次数，一般不应超过 3 次。

（4）育晶　在整个结晶过程中，应控制结晶罐内真空度为-0.085~-0.080MPa，温度为 65~70℃，并控制蒸发速率与结晶速率一致，使结晶罐内料液浓度处于亚稳区内。随着晶体长大，应逐渐提高搅拌速度，使固液混合物料充分循环，避免晶体沉积，有利于提高结晶速率，但是应避免搅拌速率过快而损伤晶体。随着水分不断被蒸发和晶粒的不断长大，结晶罐内的液位会逐渐降低，料液稠度增加，此时应加入未饱和的溶液来补充溶质的量，使晶体长大，同时在亚稳区内起着降低浓度的作用，防止新晶核的生成。通过补料而促使晶粒长大的过程称为育晶。整个过程补加物料量为罐全容积的 1.4~1.6 倍，但应注意控制以免罐内料液浓度波动过大而引起溶晶现象。

（5）养晶　当罐内物料达到罐全容积的70%~80%时，可以进行放罐操作。放罐前，先用蒸馏水调整料液浓度至29.5~30.5°Bé，然后关闭真空、蒸汽，开启助晶槽搅拌，最后将物料迅速放入助晶槽进行养晶。由于放罐过程中温度会降低，有一些细小晶核析出，在助晶槽中需适当加入蒸馏水调整浓度，使细小晶核溶解，并维持浓度为29.5~30.5°Bé。同时，适当采用蒸汽对助晶槽保温，避免在助晶槽中继续有细小晶核产生并黏附在晶体上，从而影响成品的品质。味精的成品得率一般为45%~55%，即正品味精与投入总物料折纯量（含晶种）之比。

（三）味精结晶设备

1. 真空结晶罐

对于结晶速度比较快，容易自然起晶且要求结晶晶体较大的产品，多采用真空结晶罐进行。它的优势在于可以控制溶液的蒸发速度和进料速度，以维持溶液一定的过饱和度进行预晶，同时采用连续加入未饱和的溶液来补充溶质的量，使晶体长大，提高设备的利用率。

真空结晶罐的结构比较简单，是一个带搅拌的夹套加热真空蒸发罐，如图20-6所示。整个设备可分为加热蒸发室、加热夹套、汽液分离器、搅拌器等四部分。结晶罐上部顶盖多采用锥形，上接汽液分离器1，以分离二次蒸汽带走的雾沫。分离出的雾液由小管回流入罐内，二次蒸汽在升汽管中的流速8~15m/s。二次蒸汽可由真空泵、水力喷射泵或蒸汽喷射泵抽出，以使整个结晶罐保持真空状态。结晶罐凡与产品有接触的部分均应采用不锈钢制成，以保证产品质量。如果结晶罐体积比较大，采用夹套加热不能满足其加热面积时，也可以在结晶罐中安装列管进行换热，以保证结晶顺利进行。

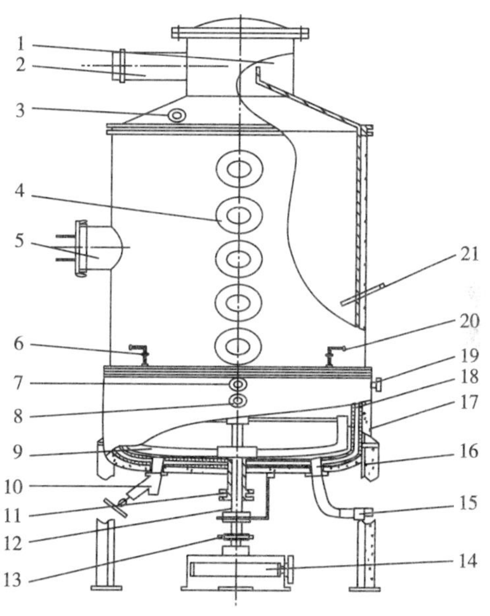

图20-6　味精真空结晶罐

1—汽液分离器　2—二次蒸汽排出管　3—清洗孔　4—视镜　5—人孔　6—晶种吸入管　7—压力表孔　8—蒸汽进口管　9—锚式搅拌器　10—直通式排料阀　11—轴封填料箱　12—搅拌轴　13—联轴器　14—减速器　15—疏水阀　16—冷凝水出口　17—保温层　18—夹套　19—不凝性气体排出口　20—吸料管　21—温度计插管

2. 卧式结晶箱

卧式结晶箱的特点是体积大，晶体悬浮搅拌所消耗的动力较小，对于结晶速度较快的物料可以串联操作，进行连续结晶或育晶。对于味精结晶，由于从真空结晶罐中放入卧式结晶箱内的物料本身就是含有晶体的过饱和溶液，在卧式结晶箱内随着温度不断降低，晶体慢慢长大，此过程称为育晶。卧式结晶箱也称为育晶槽、助晶槽。

味精的助晶常使用半圆底的卧式长槽，其结构如图 20-7 所示。槽身高度的 3/4 处外装夹套 5，可以通水进行冷却。槽内装有螺条形的搅拌桨叶二组，桨叶宽度 40mm，螺距 600mm，桨叶与槽底距离为 3~5mm，一组桨叶 7 为左旋向，另一组 6 为右旋向，搅拌时可使两边物料都产生一个向中心移动的运动分速度，或向两边移动的运动分速度。搅拌器由电动机通过蜗杆涡轮减速后带动，搅拌转速很慢，一般为 15r/min。槽身两端端板装有搅拌轴轴承，并装有填料密封装置，防止溶液渗漏。

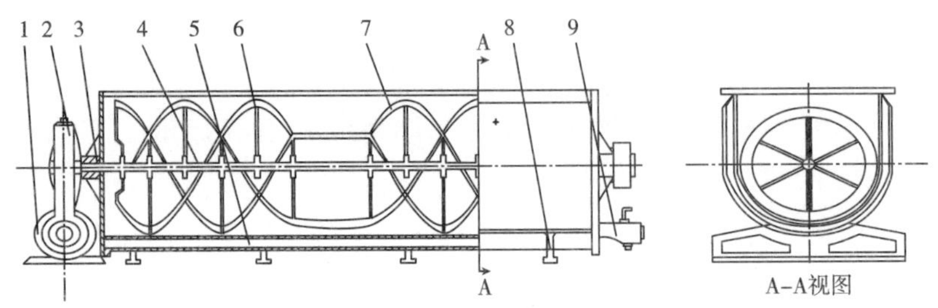

图 20-7　味精卧式搅拌结晶箱

1—电动机　2—涡轮减速箱　3—轴封　4—轴　5—夹套

6—右旋搅拌桨叶　7—左旋搅拌桨叶　8—支脚　9—排料阀

(四) 味精的分离、干燥、筛分和包装

1. 味精的分离

谷氨酸钠溶液经结晶后得到的是固液混合物（固相占 30%~40%，体积分数），液相（即母液）中杂质含量较高，必须采取有效的方法将其分离。生产上一般采用过滤式离心机，利用转鼓调整旋转所产生的离心力作为过滤推动力，使悬浮液中固体颗粒与母液分离。操作程序为装料、离心、水洗、离心、出料。初始装料转速为 150~200r/min，洗水量为 5~10L/次，离心分离时间为 6~10min。分离质量要求晶体味精表面含水量低于 1%，粉末味精表面含水量低于 5%。

味精分离质量直接影响干燥工序操作，如果晶体表面含母液较多，干燥过程中易产生小晶核黏附在晶体表面，并出现并晶或晶体发毛、色泽偏黄等现象，严重影响产品质量。为保证分离出来的晶体的表面光洁度，在离心分离过程中常使用热水喷淋或汽洗的方法使晶体表面黏附液喷洗出来。

味精的一次结晶得率一般为 50%左右，即晶体成品量占总投入物料折纯量的 50%左右，意味着有 50%左右的纯味精存在于分离母液。因此生产上应收集分离母液，用去离子水稀释至 22°Bé 左右，经粉末活性炭脱色、树脂脱色除铁等工序，再送至结晶工序进行提炼。原液经一次结晶分离得到的母液为一次母液，一次母液再经结晶分离得到的母液为二次母液，以此类推，当最后的母液色素、焦谷氨酸钠等杂质含量较高时，此时已经无法循环套用，因此称为末次母液。为了提高精制收率，末次母液可以采用如下几种方法进行回复利用。

（1）直接等电点法　先用水或提取等电点上清母液调节末次母液的浓度，控制在 17~

18°Bé，再用 HCl 或 H_2SO_4 调节 pH 4. 3~4. 8，加晶种育晶 2h，再调节 pH 至 3. 1~3. 2，然后降温结晶、沉淀、离心分离，制得谷氨酸（白麸酸），废液进行处理。此法因物料杂质高，增加了谷氨酸的溶解度，上清母液含谷氨酸量高，回收率为 70%~75%，谷氨酸纯度 90%~93%。

（2）水解法　末次母液中含有焦谷氨酸钠 5%~10%，为谷氨酸钠量的 15%~25%。由于焦谷氨酸钠在酸性条件下加热水解可以转化为 L-谷氨酸盐酸盐，因此可以先向末次母液中加酸至 pH 0. 5 以下，温度 105℃，水解 1. 5h 后，加入 NaOH 中和制取谷氨酸，回收的谷氨酸纯度为 80%以上，废液谷氨酸含量由 4. 9%降低至 1. 7%。酸水解工艺的关键是盐酸与母液的配比要得当，否则在高温下谷氨酸将发生外消旋化反应生成消旋谷氨酸盐酸盐，影响回收率。

（3）连续等电点法　采用一罐晶型为 α-型的谷氨酸晶种，然后把末次母液逐步加入种子罐中，同时加入 HCl，使溶液 pH 始终保持结晶点 pH 3. 2。母液加完，育晶 2h，开始降温冷却，继续搅拌 12h 以上，静置沉淀 4h，离心分离谷氨酸。经 1∶1 水洗、甩干、烘干后测得谷氨酸纯度为 97%以上，晶型为 α-型，符合味精精制原料要求。

2. 味精的干燥

经分离后晶体味精含水量 1%左右，粉末状味精表面含水量 5%左右。干燥的目的是除去味精表面的水分，而不失去结晶水，外观上保持原有晶型和晶面的光洁度。生产上味精的干燥除少数采用自然干燥外，均采用热空气干燥法，属于对流式干燥。干燥方法包括气流式干燥、振动式干燥、箱式干燥和带式干燥。

典型的气流干燥器是一根几米至十几米的垂直管，物料及热空气从管的下端进入，干燥后的物料则从顶端排出，进入分离器与空气分离。操作过程中，热空气的流速应该大于物料颗粒的自由沉降速度，此时物料颗粒即以空气流速与颗粒自由沉降速度的差速上升。用于输送空气的鼓风机可以安装在整个流程的头部，也可装在尾部或中部，这样就可以使干燥过程分别在正压、负压情况下进行。图 20-8 是长管气流干燥味精的流程。

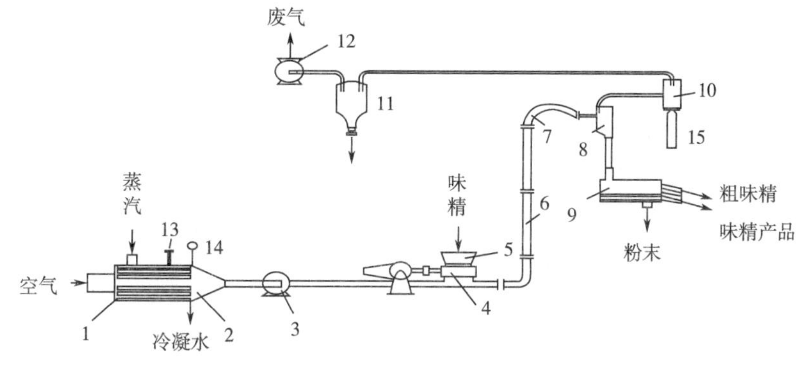

图 20-8　长管气流干燥味精的流程

1—空气过滤器　2—空气加热器　3—鼓风机　4—加料器　5—料斗　6—干燥管　7—缓冲管　8—分离器　9—振动筛　10—二次分离器　11—湿式收集器　12—排风机　13—安全阀　14—压力表　15—布袋

振动式沸腾干燥设备是在线性激振力和热风的共同作用下，由进料口连续加入被干燥物料，物料在干燥床面处于抛掷或半抛掷状态，并向出料口端直线匀速流动连续排出机外。如图 20-9 所示，热风经床面开孔处鼓出垂直向上与物料层充分接触、交换，进一步使物料流化并得到干燥，尾气由顶部排出口排出进入去尘器。

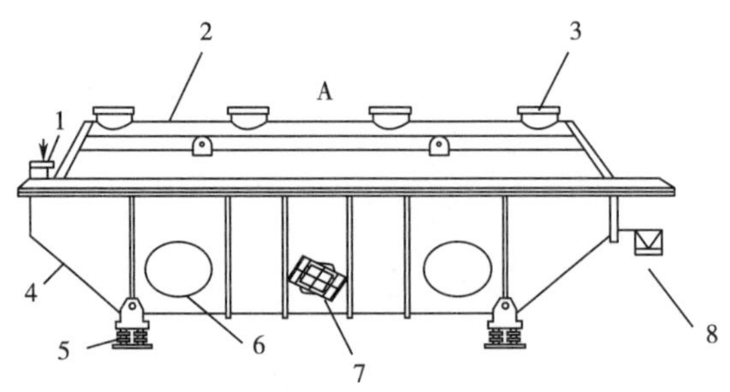

图 20-9　味精振动式沸腾干燥设备

1—入料口　2—上盖　3—空气出口　4—机体　5—隔振弹簧　6—空气入口　7—振动电机　8—干燥产品出口

3. 味精的筛分和包装

为了保证产品晶体颗粒的匀整度，对经干燥的味精进行筛选，将大小不同的味精晶体分开，是紧接干燥后连续进行的过程。不同规格味精，其颗粒大小不同，采用的筛网孔径也不同。

表 20-4　　味精筛选机筛网目数及尺寸

		味精种类	
		大结晶味精	小结晶味精
上层	筛网目数	10~14	14~16
	筛网尺寸/mm	1.65~1.17	1.17~0.99
中层	筛网目数	20~22	—
	筛网尺寸/mm	0.83~0.77	—
下层	筛网目数	40	40
	筛网尺寸/mm	0.37	0.37

生产上筛选味精常使用旋振筛。旋振筛是利用振子激振所产生的复旋型振动而工作的。振子的上旋转重锤使筛面产生平面回转振动，而下旋转重锤则使筛面产生锥面回转振动，其联合作用的效果则使筛面产生复旋型振动，其振动轨迹是一个复杂的空间曲线。该曲线在水平面投影为圆形，而在垂直面上的投影为椭圆形。调节上下旋转重锤的激振力，可以改变振幅。而调节上下重锤的空间相位角，则可以改变筛面运动轨迹的曲线性状并改变筛面上物料的运动轨迹。

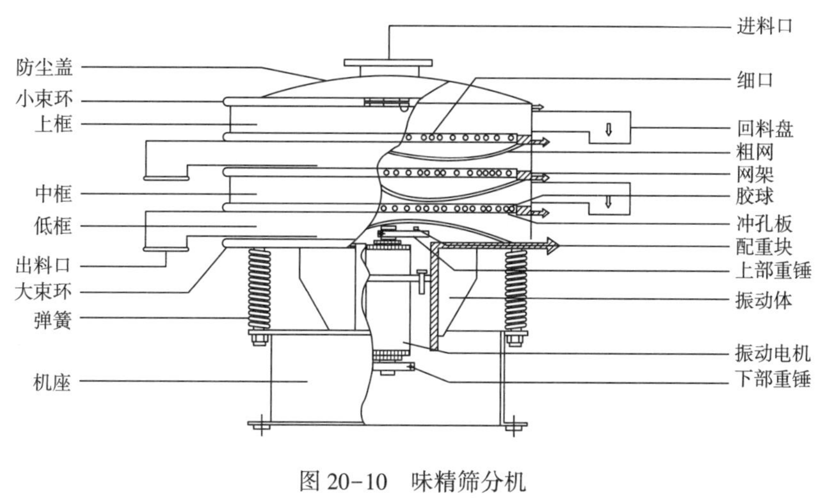

图 20-10　味精筛分机

第二节　赖氨酸提取、精制工艺

一、赖氨酸的理化性质

赖氨酸的化学名称为 2,6-二氨基己酸，或 α,ε-二氨基己酸。其化学组成为 $C_6H_{14}O_2N_2$。具有不对称的碳原子，故有 L 型和 D 型两种异构体，DL-赖氨酸是等分子 L 型和 D 型的混合物。微生物发酵生产的均为 L-赖氨酸。

L-赖氨酸属于单斜晶系，熔点为 263℃，$[\alpha]_D^{20}=+21°$ [$\rho=8g/100mL$，6mol/L HCl]，易溶于水，难溶于醇和醚，在水溶液中 $pK_1=2.20$（—COOH），$pK_2=8.90$（$\alpha-NH_2$），$pK_3=10.28$（$\varepsilon-NH_2$），等电点 pI=9.59。

游离的 L-赖氨酸具有很强的呈盐性，极易吸收空气中的 CO_2 生成碳酸盐，故一般商品是以 L-赖氨酸盐酸盐或 L-赖氨酸硫酸盐的形式存在。L-赖氨酸盐酸盐的化学组成为 $C_6H_{14}O_2N_2 \cdot HCl$，其相对分子质量为 182.64，化学性质稳定；L-赖氨酸硫酸盐的化学组成为 $[C_6H_{14}O_2N_2]_2 \cdot H_2SO_4$，其相对分子质量为 390.46，化学性质稳定。

二、饲料级 98.5%赖氨酸盐酸盐生产工艺

（一）提取工艺

饲料级 98.5%赖氨酸盐酸盐提取工艺流程图如图 20-11 所示。

1. 发酵液预处理

由于采用离子交换法从发酵液中提取赖氨酸，为了提高树脂对赖氨酸的吸附能力，采用膜过滤去除菌体。实践证明，发酵液经除菌体处理后的提取得率比不进行预处理要高很多。

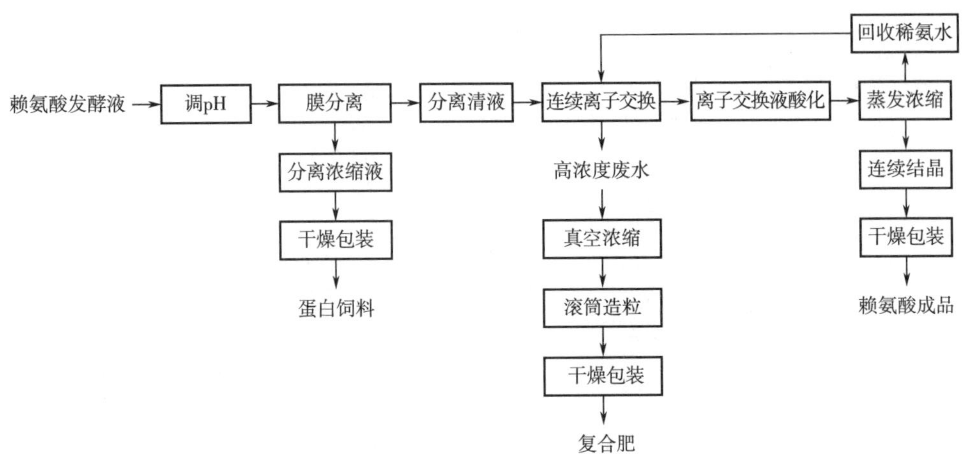

图 20-11　饲料级 98.5%赖氨酸盐酸盐提取工艺流程图

由于赖氨酸是碱性氨基酸，其等电点为 9.59，在低于等电点的 pH 时呈阳离子存在，能够强烈地被阳离子交换树脂吸附。因此，在离子交换之前，需对发酵液或除菌体所得的清液进行酸化。采用强酸性阳离子交换树脂进行吸附时，在 pH 2.0 左右的吸附能力最大，故通常在上柱前用酸调节至 pH 2.0 左右。

2. 离子交换树脂提取

一般采用 732#强酸性阳离子交换树脂吸附赖氨酸阳离子，其吸附反应式如下所示。

$$RSO_3^-NH_4^+ + \underset{\displaystyle COOH}{\overset{\displaystyle NH_3^+Cl^-}{R'}} - NH_2 \rightleftharpoons RSO_3^-H_3N - \underset{\displaystyle COOH}{R'} - NH_2 + NH_4Cl$$

当用 2mol/L 氨水洗脱时，其洗脱反应式为：

$$RSO_3^-H_3N - \underset{\displaystyle COOH}{R'} - NH_2 + NH_4OH \longrightarrow RSO_3^-NH_4^+ + H_2O + \underset{\displaystyle COOH}{\overset{\displaystyle NH_2}{R'}} - NH_2$$

在洗脱过程中，树脂转变为铵型，即洗脱过程也是再生过程。

采用离子交换树脂柱提取过程中，操作如下。

（1）离子交换柱的处理　新树脂需用水浸泡 24h，使树脂吸水后充分膨胀，同时可以漂洗树脂与去除破碎树脂，然后装柱。装柱后，用水正、反冲洗干净，接着用 2mol/L NaOH 流洗至进、出口 pH 一致，再以无离子水洗涤至 pH 接近中性，然后用 2mol/L HCl 流洗至进、出口 pH 一致，再用水洗至 pH 接近中性，最后用 1mol/L NaOH 浸泡 24h，排出 NaOH 后用水洗至 pH 接近中性，备用。

（2）上柱交换吸附　上柱方式有正上柱和反上柱两种。正上柱属于多级交换，交换容量较大，而反上柱属于一级交换，交换容量较小。正上柱时，每吨树脂一般可吸附 90~100kg 赖氨酸盐酸盐；反上柱时，每吨树脂可吸附 70~80kg 赖氨酸盐酸盐。如果发酵液不除菌体，适宜采用反上柱，不容易造成菌体堵塞树脂层。

上柱流速对交换效果影响很大，需严格控制。根据上柱液性质、树脂性质、柱大小以及上柱方式等决定上柱流速，一般控制每分钟流出量为树脂体积的 1%左右。吸附过程中，随时检测流出液的 pH，当流出液 pH 降至 4. 5 左右时，应立即停止上柱，并用茚三酮溶液检查流出液是否含有赖氨酸。

上柱完毕，需用水反洗树脂层，冲走残留在树脂层内的杂质，并起疏松树脂的作用，以便洗脱操作。

（3）氨水洗脱与收集　通常采用氨水进行洗脱。先用 1mol/L 氨水洗脱，当流出液达到 pH 8. 0 时改用 2mol/L 氨水洗脱。洗脱过程中需控制洗脱液流速，一般控制每小时流出液大致等于柱内树脂层体积。洗脱过程中需经常检测流出液的 pH，按 pH 变化分三段收集。第一段是 pH 9. 5 以下的流出液，为前流分，赖氨酸含量低，一般收集后与发酵液合并，重新上柱吸附回收；第二段是 pH 9. 5~13 的流出液，为高流分，此段平均赖氨酸含量为 60~80g/L，收集后进入真空浓缩工序；第三段是 pH 13 以上的流出液，赖氨酸含量低，NH_4^+ 含量高，收集后用于下次配制洗脱所用的氨水。

（二）关键工艺技术

1. 膜选择

（1）基于滤膜种类的不同，通过和国内各厂家膜进行试验，对比了陶瓷膜、不锈钢膜和有机膜，最终选定膜组件。通过使用，在技术上表现出如下优势：能通过选择不同相对分子质量的膜组件，达到良好的滤清液质量，提高了后工序成品收率。

（2）良好的滤清液质量，为树脂的再生和洗涤创造了条件，大幅度减少用水量和再生酸碱耗量。

（3）过滤速度快，在赖氨酸发酵醪液膜分离工艺中，膜通量可维持在 110~160L/(m^2 · h) 以上。

（4）该系统配备先进的控制系统，可实现分离、清洗全过程自动化，操作简单易行。

2. 连续离子交换

赖氨酸生产中连续离子交换工艺是提取的重要环节。对于赖氨酸离子交换工艺，目前主要采用铵型强酸性阳离子树脂，作为交换媒介它对上柱液中的各种物质含量均有较高要求。下面就发酵液澄清上柱和膜分离清液上柱方式对比如下。

（1）吸附　发酵液中除含有赖氨酸外，还含蛋白质、菌体、色素、胶体、悬浮物及其他氨基酸和大分子有机物。发酵澄清液中仍含有大量上述杂质，发酵澄清液直接上柱，由于各种杂质的吸附，就会占据部分树脂的吸附基团，使树脂交换当量降低 10%左右。

（2）对树脂要求　在后续提取工艺中需经常对树脂进行反洗，对于发酵液澄清上柱工艺来讲，留在柱内残留物较多，要求设备不宜太大，且易于清洗，形成离子交换柱数量多，为操作增加了困难，而膜分离清液来讲，不存在该方面问题。

（3）水洗及反洗　发酵澄清液上柱后，其含有的大量菌体蛋白、胶体等物质残留在交换柱中，需将其用水洗去后再进行解析，一般洗水为上柱液的 5 倍左右，从而产生相当于发酵放料体积 5 倍左右的难处理污水，该部分污水总的有机质相对上柱尾液偏低，无论采用生化方法，还是物理法，均很难处理。此外，因洗水量大，树脂频繁清理，造成树脂破碎，树脂用量大，更换频繁。而滤清液上柱，洗水量很少，仅用相当于上柱液 1/4 的水冲洗即可。

（4）氨水解析　发酵澄清液上柱，吸附了大量的杂质，约 10%的解析剂用来解脱杂质，降低了解析剂的效能，同时，上柱水洗直接关系到解析液质量，如果水洗不彻底，解析液中含有大量的杂质，直接影响后面的精制生产，而发酵滤清液上柱，则可避免该情况的发生，能够得到合格的产品，并减少解脱剂用量。

综合分析，可以得以下结论：

①发酵液膜分离，无须任何处理，菌渣可回收直接作饲料，滤清液含蛋白质少，保证连续离子交换进料要求，膜分离收率可达 98%以上。

②减少了蛋白质及色素对树脂的污染，可增加树脂的吸附量，减少树脂用量，延长树脂寿命，减少反洗水量，降低了废水处理的困难。

③降低了解脱剂用量，从而减少了离子交换成本。

④提高了产品质量及离子交换收率。

3. 废物资源化利用

随着《清洁生产促进法》的实施，保护环境发展循环经济，节能、降耗、减污、增效是每个企业发展的必然。根据赖氨酸特有的工艺特性，在工艺和关键技术上做了很大的调整，运用高科技手段，制定了新工艺。该工艺不仅能够稳产高产，还节能、降耗，最终达到少排放。该工艺技术重点有两点：

（1）膜分离除菌　利用膜分离系统截留发酵液中菌体和可溶性蛋白质，得到高质量的滤清液，从而提高后续工艺的收率及产品质量，本技术具有较强的可行性。

（2）运用该技术可使膜分离后的菌体经干燥后制成动物饲料，离子交换后的高浓度废水可制成复合肥，达到“零”排放，蒸发冷凝水回用，既又节约了用水，又保护了环境。

赖氨酸生产过程中，根据生产工艺用水做了水平衡测试，因提取工艺用水量相当大，排放污水量也很大，其在离子交换工艺中，尽管前面运用了膜分离技术，产生的高浓度废水和反洗水平均每吨赖氨酸达 13.5t 左右。该高浓度废水中的有机成分，通过蒸发浓缩，喷浆造粒制成复合肥，进行综合利用，则可有效实现“变废为宝”。

采用膜分离预处理和连续离子交换相结合的清洁提取工艺获得如下好处：①产品提取收率可大幅提升。赖氨酸酸化醪液通过膜分离进行预处理，膜分离收率可达 98.5%以上，和连续离子交换相结合，离子交换收率 99%，综合提取收率 97%。②菌渣中富含赖氨酸、甲硫氨酸、精氨酸和苏氨酸等多种动物必需氨基酸，可作为复配饲料添加剂使用。③减少高浓度废水产生量，减少了废水处理的负荷。④高浓度废水用于生产有机复合肥，可以有效提高肥料的外观光洁度和肥料品质。

综上所述，赖氨酸提取工艺采用膜分离加离子交换的方法，在目前是较先进的工艺，此方法不但有效地降低了生产过程中污水的产生量，稳定了产品品质，而且提高了资源的综合利用效率，延长了产业链。

（三）结晶工艺

L-赖氨酸的结晶法精制流程如图 20-12 所示。

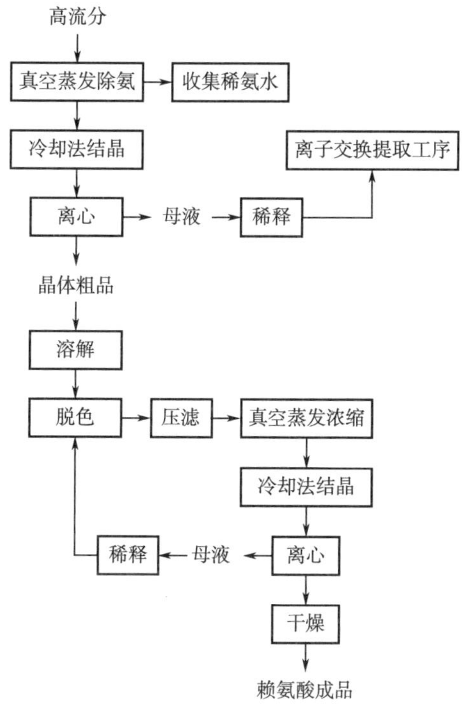

图 20-12　L-赖氨酸的结晶法精制流程

赖氨酸结晶法精制的操作要点如下。

1. 真空蒸发浓缩

由于离子交换树脂的洗脱液中赖氨酸含量低，NH_4^+ 含量高，需采用真空蒸发浓缩，一方面提高 L-赖氨酸浓度，另一方面驱除氨。浓缩前，用盐酸调节 pH 7.0~8.0，最好采用多效蒸发器浓缩，控制温度与真空度，一般将物料浓缩至 22°Bé 左右（其 L-赖氨酸盐酸盐含量为 400g/L 左右）。将氨回收装置连接着蒸发器，浓缩过程中回收稀氨水。

2. 冷却法结晶

将浓缩液泵送至结晶罐，用工业 HCl 调节至 pH 4.8，以 10~20r/min 的转速搅拌，并用冷水缓慢冷却，使终温降低至 8~10℃，保温育晶 10~12h。

3. 离心分离

冷却结晶后，采用离心机进行分离，可得含 1 个结晶水的湿 L-赖氨酸盐酸盐粗晶体，含量约为 80%（质量分数）。离心分离后，用适量的水洗涤晶体粗品。离心所得母液经稀释，与发酵液合并后，再上柱吸附进行回收。

4. 赖氨酸的重结晶精制

晶体粗品含有色素等杂质，如果制造食品级和医药级 L-赖氨酸盐酸盐，还需要进一步精制纯化。通常，用适量水溶解粗晶体，并调节浓度至 16°Bé 左右，加入粉末活性炭搅拌脱色。粉末活性炭用量一般为粗晶体质量的 3%~5%。控制脱色温度在 70℃左右，脱色时间为 60~90min，然后进行压滤，滤液再经真空浓缩、冷却结晶、离心分离等操作，可得重结晶的湿晶体。重结晶的一系列操作与前面粗晶体结晶一致，重结晶中离心分离的母液与粗晶体合并，再经溶解、脱色等操作。湿晶体在 60~80℃下干燥，使含水量在 0.1%（质量分数）以下，粉碎至 60~80 目，包装得成品。

三、70%L-赖氨酸硫酸盐（饲料级）生产工艺

70%L-赖氨酸硫酸盐（饲料级）生产工艺流程见图 20-13。

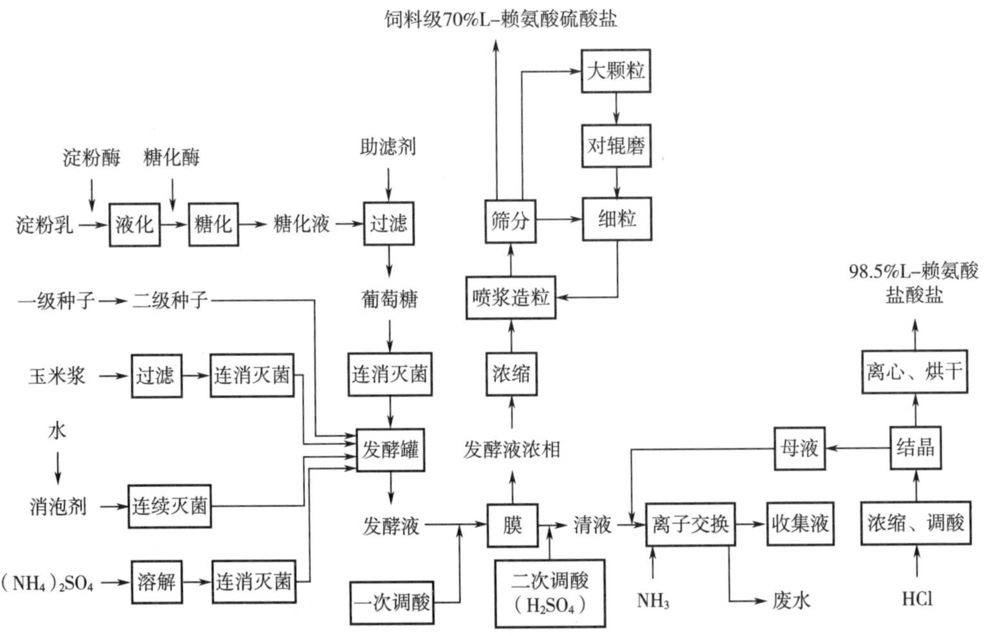

图 20-13　70%L-赖氨酸硫酸盐（饲料级）生产工艺流程

赖氨酸发酵液膜过滤后不再加水透析，使其自然透析，控制浓相液体中的 L-赖氨酸和总干基成分的比例，使其大于 55%，清液进行二次调酸继续作为生产 98.5%赖氨酸盐酸盐的原料，含菌渣的浓相赖氨酸发酵液经过真空浓缩、喷浆造粒、筛分、破碎等工序，制成 70%L-赖氨酸硫酸盐（饲料级）。

70%L-赖氨酸硫酸盐（饲料级）产品除 L-赖氨酸硫酸盐外，还包含了赖氨酸发酵中有用的发酵副产物和部分底物，除具有 L-赖氨酸的优势外，全面保留营养物质，可为动物提供更为全面的、均衡的营养，见表 20-5。

表 20-5　　70%L-赖氨酸硫酸盐（饲料级）的技术指标　　单位：%（wt）

指标名称	指标	指标名称	指标
L-赖氨酸含量（以干基计）/%	≥55	铵盐（以 NH_4^+ 计）/%	≤1.00
干燥失重	≤4.00	粒度（0.6~1.7mm）通过率/%	≥90
pH	3.0~6.0	重金属（以 Pb 计）/(mg/kg)	≤20.0
灼烧残渣	≤4.00	砷（以 As 计）/(mg/kg)	≤3.00

在 98.5%赖氨酸盐酸盐的生产中，由于采用树脂吸附、解脱等步骤，会消耗大量的洗脱水，产生大量的含氨废水，水资源的合理利用和环境的保护问题均难以解决，而生产 70%L-赖氨酸硫酸盐（饲料级）相对于生产等效的 L-赖氨酸盐酸盐单水耗即可降低 90%，从而降低排污量，而生产 70%L-赖氨酸硫酸盐（饲料级）过程中几乎不产生任何污染，在环保政策日益严厉的情况下，生产 70%L-赖氨酸硫酸盐（饲料级）是赖氨酸生产改进的必由之路。

目前，国内外市场对该产品的需求仍有较大空缺，作为 98.5%L-赖氨酸盐酸盐的替代品，该产品具有使用成本低、效果好的特点，98.5%L-赖氨酸盐酸盐生产由于工艺所限，成本居高不下，而此产品可与 L-赖氨酸盐酸盐等效使用，其市场前景十分乐观。

总而言之，共线生产 70%L-赖氨酸硫酸盐（饲料级）是赖氨酸生产发展的大势所趋，从各方面看 70%L-赖氨酸硫酸盐（饲料级）是 98.5%L-赖氨酸盐酸盐的良好替代品。

第三节　苏氨酸提取、精制工艺

一、苏氨酸的理化性质

苏氨酸为白色斜方晶系或结晶性粉末，无臭，味微甜。熔点 256℃。溶于水，25℃时的溶解度为 97g/L，不溶于乙醇、乙醚和氯仿等有机溶剂。$[\alpha]_D^{20}$：−29.0°~−26.0°。

二、苏氨酸提取工艺

苏氨酸提取工艺主要包括膜过滤、蒸发结晶、固液分离、烘干、包装等工序，整体提取工艺流程如图 20-14 所示。

膜过滤：将发酵输送过来的发酵液利用膜的过滤作用滤出杂质，得到发酵液的滤清液。

蒸发结晶：将滤清液等进行蒸发浓缩到饱和状态，降温析出晶体。

固液分离：利用转鼓高速旋转所产生的离心力作为推动力，使晶浆液中苏氨酸和母液分离。

烘干：利用热能使湿物料中湿分（如水）汽化并排除，从而得到较干物料的过程。

包装：将成品苏氨酸进行装料，封包，储存。

实际操作中，由于苏氨酸发酵菌株的不同，会导致发酵液的组成和性状发生差异。因

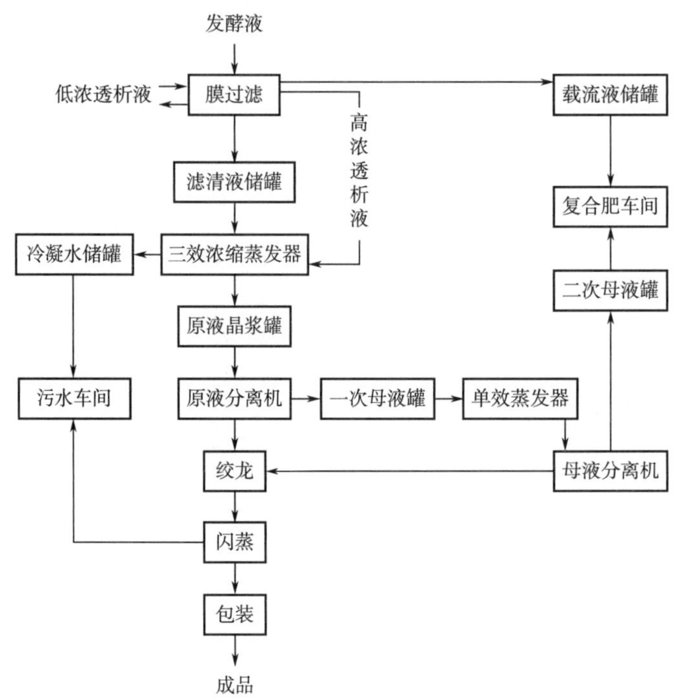

图 20-14　苏氨酸提取、精制工艺流程示意图

此在处理苏氨酸发酵液的过程中，可以选择不同的提取工艺组合路线，使产品质量和提取收率达到最优。此外，结晶后的料液即苏氨酸母液中仍含有一定量的氨基酸，直接排放会造成环境污染和资源浪费，如选择合适的方法对母液中的氨基酸加以利用，可以提高提取过程的经济效益。

例如，可以在苏氨酸提取过程中引入活性炭脱色步骤，同时对一次母液进行回复套用，苏氨酸成品收率达到 91.94%，纯度达到 98.5%以上，同时获得了副产物菌体蛋白以及二次母液混合造粒制得的肥料。整个提取工艺主要包括以下步骤。

（一）发酵液过滤

取苏氨酸发酵液（pH 7.0），经 100℃高温灭菌，用浓 H_2SO_4 调 pH 至 4.5，然后用泵泵入 300ku 的无机陶瓷膜（法国诺华赛，型号：K99BW）进行过滤，除去菌体蛋白等杂质。泵进的压力为 0.7MPa，泵出的压力为 0.4MPa，温度为 70℃，压力过高易导致膜破裂，失去过滤作用。

（二）发酵液脱色

澄清的发酵液在温度 70℃，pH 4.5，按 1%的比例加入 200~300 目活性炭，过滤后，再经过两根装有 18 目活性炭的柱进行脱色，脱色后的发酵液透光率在 99%以上，有利于形成大的晶粒。炭柱的直径为 3m，高 5m，泵出流速为 $150m^3/h$。

（三）发酵液浓缩

脱色后的发酵液进入四效降膜蒸发系统，一效蒸发温度为 90℃，二效蒸发温度为

60℃，二效蒸发出料的波美度在9~10°Bé，三效蒸发温度为80℃，四效蒸发温度为70℃，得到浓缩液145m^3，波美度25~26°Bé。同时得到二次凝液130m^3，可作为冷凝水或洗涤用水储存备用。

（四）梯度降温结晶

上一步骤所得晶浆从二效蒸发泵入梯度降温结晶罐，结晶罐的降温管道中通入地下水降温，降温速度为2.57℃/h，搅拌速度为30r/min，但温度低于15℃时，由于地下水温受限制，改用冰水进行降温，降温速度不变，但温度达到9℃时，维持温度搅拌20h，使小晶粒进一步长大，以便于分离。

（五）结晶的后处理

将晶浆泵入活塞推料至离心机分离晶体和一次母液，所使用的离心机是自卸式三足离心机，其分离因数0.5~0.6，所用筛网为250目。用上一步骤所得到的冷凝水洗涤三次，洗除附在晶体表面的无机盐和色素等杂质，以提高结晶的纯度，烘干后得到苏氨酸晶体，含量98.5%以上。

（六）一次母液的综合利用

洗涤用的水和一次母液合并，将其再次进行脱色、浓缩、降温结晶和分离，分离出的晶体按1m^{3}水：2t料的比例进行重溶，用水溶去晶体表面的可溶性无机盐和色素，然后重结晶、分离和烘干，得到成品苏氨酸结晶，苏氨酸含量在98.5%以上。与上一步骤得到的结晶相比，晶粒较小，在以后的饲料加工中易于和其他成分混匀。

（七）二次母液的综合利用

分离结晶时得到的二次母液和菌体混合造粒制成肥料。

（八）菌体蛋白的综合利用

膜过滤除去的菌体蛋白经过三级膜过滤后，用泵沿管路泵出，湿菌体送至副产车间烘干，烘干后为菌体蛋白，用于制成肥料。

在苏氨酸分离提取过程中，还可以将结晶后母液进行离子交换吸附后再与苏氨酸发酵液混合循环套用。整个提取工艺主要包括以下步骤。

（1）将苏氨酸发酵液经灭菌后通过陶瓷膜进行过滤，陶瓷膜孔径为50nm、分子质量为30ku，操作压力0.15MPa，跨膜压差0.1MPa，温度25℃，滤液与苏氨酸发酵液的体积比为1：4。

（2）得到的苏氨酸滤液进入四效蒸发进行初步浓缩，真空度控制在-0.092MPa，温度分别控制为50℃、60℃、70℃、80℃，最终控制滤液的波美度达到7°Bé，然后进入单效蒸发器进一步浓缩，控制温度55℃，真空度控制在-0.092MPa，搅拌转速80r/min，浓缩至滤液固液比达到0.45：1时放罐，离心分离，得到L-苏氨酸晶体和母液。

（3）结晶后得到的母液调pH 1.5，用732#树脂进行离子交换吸附，用pH 10的氨水洗脱，收集洗脱开始至洗脱液波美度为1°Bé的洗脱液，加入苏氨酸发酵液混合进行微滤、四效初步浓缩、单效浓缩，然后分离获得L-苏氨酸晶体和母液，母液重复上述步骤。

整个结晶母液处理流程如图 20-15 所示。虽然苏氨酸结晶母液可以直接或经离子交换吸附后套用，但随着套用次数的增加，母液中蛋白、色素、残糖、无机盐等各种杂质成分浓度不断提高，颜色深，黏度大，流动性极差，难以进一步处理。为了解决这一问题，研究者采用“酸-盐”两室双极膜电渗析技术从苏氨酸结晶母液中将无机盐脱除，再用阴离子交换法从脱无机盐的苏氨酸结晶母液中回收苏氨酸，不仅提高了苏氨酸的提取收率，还可以进一步实现苏氨酸结晶母液中各组分的充分利用，并可使残液得以用目前成熟的生物技术治理达标，减少污染物的排放。

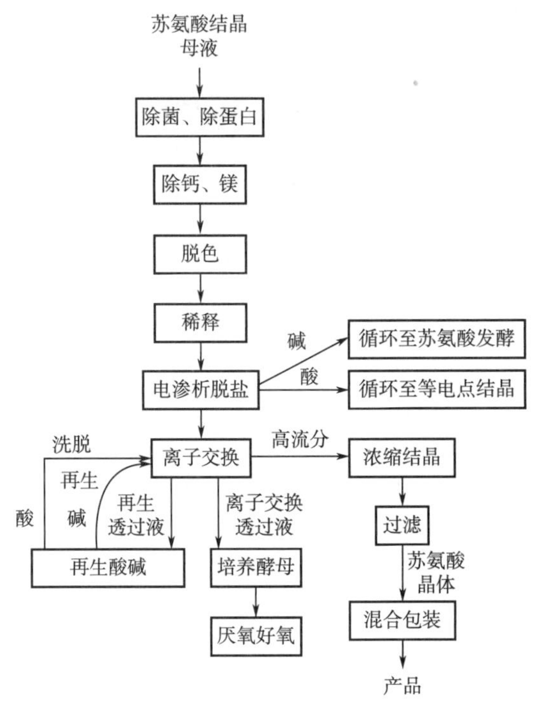

图 20-15　苏氨酸结晶母液综合利用的工艺流程示意图

第四节　支链氨基酸提取、精制工艺

一、支链氨基酸的理化性质

支链氨基酸（Branched Chain Amino Acid，BCAA）是亮氨酸、异亮氨酸和缬氨酸的统称，其分子结构中都含有一个甲基侧链。

亮氨酸为白色结晶或结晶性粉末，无臭，味微苦。沸点 145~148℃，熔点 293℃。溶于水，25℃时的溶解度为 24.26g/L，溶于乙酸（10.9g/L），微溶于乙醇（0.72g/L），不溶于乙醚。相对密度 1.293（18℃），$[\alpha]_D^{20}$：+14.5°~+16.0°。

异亮氨酸为菱形叶片状或片状晶体，味苦。沸点 168~170℃，熔点 285.5℃。溶于水，

25℃时的溶解度为 34.4g/L，微溶于热乙醇、热乙酸，不溶于乙醚。$[\alpha]_D^{20}$：+38.9°～+41.8°。

缬氨酸为白色结晶或粉末，无臭，味微甜而后苦。熔点 315℃。溶于水，25℃时的溶解度为 58.5g/L，难溶于乙醇，不溶于乙醚。相对密度 1.23（25℃），$[\alpha]_D^{20}$：+26.5°～+29.0°。

二、支链氨基酸的提取工艺

支链氨基酸的提取方法主要包括沉淀法、全膜分离法和离子交换提取法。其中，沉淀法是根据沉淀剂与支链氨基酸的特异性结合形成沉淀，然后分离提取的方法。例如，亮氨酸可以与临二甲苯磺酸或二氯苯磺酸反应生成亮氨酸磺酸盐，再将沉淀物加入（201×7）阴离子交换树脂精制得到亮氨酸。该方法具有操作简单、提取产品纯度高等优点，其缺点在于沉淀剂是一种苯类物质，具有致癌性，易于在产品中残留，而且操作过程是强酸性提取，安全性差且污染严重。全膜分离法主要是将不同的膜工序组合在一起应用于支链氨基酸的提取。例如，可以依次采用微滤、超滤、反渗透处理支链氨基酸发酵液，以达到除菌体、除蛋白、除色素、脱盐和冷浓缩的效果，再将膜处理液经过浓缩结晶获得相应产品。该方法可以有效回收发酵液中的菌体蛋白，处理过程废水排放和酸碱使用量较少，易于实现自动化控制，但是该方法无法有效分离支链氨基酸发酵过程中产生的杂酸（主要为丙氨酸），导致提取出的产品纯度低，需要依赖连续重复结晶不断提高纯度。离子交换法是将除去菌体的发酵液调 pH 为酸性，用强酸性阳离子交换树脂分离支链氨基酸和杂酸，最后通过氨水洗脱和浓缩结晶获得相应产品。由于杂酸性质与支链氨基酸接近，若提高产品纯度，需采用多级离子交换柱串联提取，这将导致生产过程中生产废水量较大，提取收率降低。

目前，单一的提取方法已不能满足支链氨基酸生产的要求，必须寻求更为经济有效的组合方法来解决这一技术难题。目前，一种离子交换废液循环利用工艺已经应用于异亮氨酸的提取过程。如图 20-16 所示，离子交换树脂柱再生后产生的含铵废水不再使用末端治理技术处理，而是一部分直接用作发酵培养基的原料，另一部分加氨水后用作第一次离子交换柱吸附后的洗脱液，形成闭路循环，大幅度减少了 NH_3-N 废水的排放，具体步骤如下。

（1）异亮氨酸产品的制备　将发酵液加热至 80～85℃，维持 15～20min，过滤除渣，将滤液调 pH 2.0～2.5 后，加入壳聚糖使其浓度为 30～100mg/L，20～50℃静置 30～60min，然后过滤。将过滤液用强酸性氢离子交换树脂柱吸附至饱和，再用热水冲洗去除杂质，然后用 0.2～1.0mol/L 氨水（氨水和含铵废水体积比为 1∶1），洗脱液调 pH 2.0～2.5 后，再用强酸性氢离子交换树脂柱进行第二次吸附解吸。将高浓度组分洗脱液（异亮氨酸含量>25g/L）收集后，经活性炭脱色，浓缩结晶，得到异亮氨酸产品。低浓度组分洗脱液则合并入第二次离子交换操作中。整个产品的总收率达到 60%。

（2）离子交换柱的再生　经氨水洗脱后的树脂用水冲洗后，再用 0.1～2.0mol/L 的

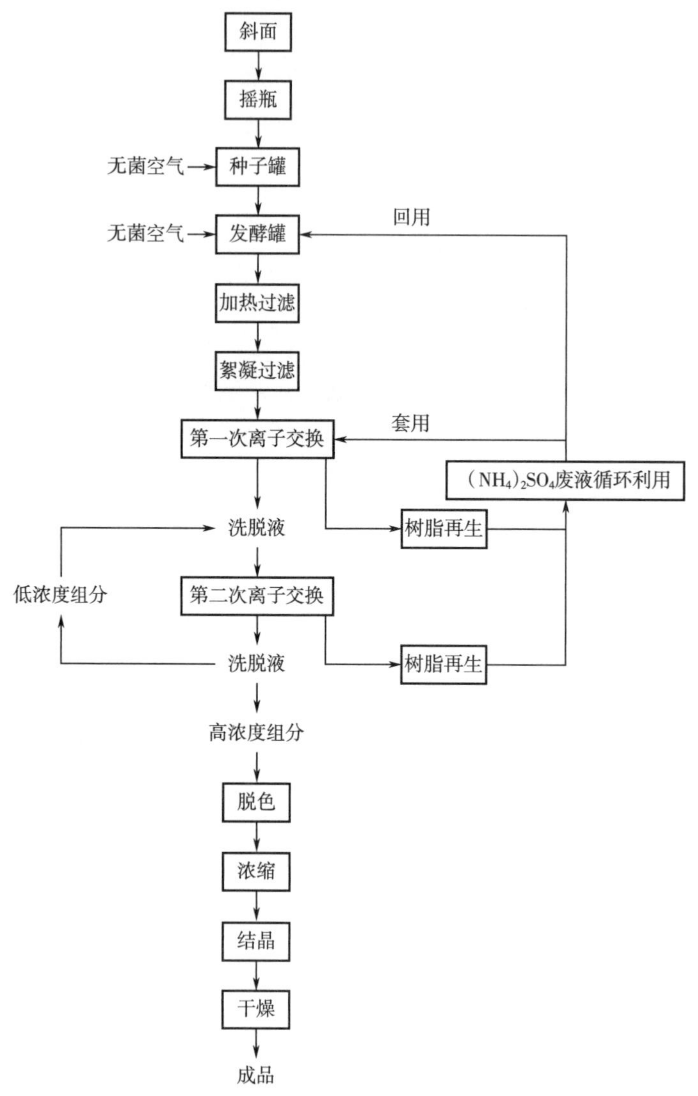

图 20-16　离子交换法从发酵液中提取 L-异亮氨酸的清洁生产工艺流程图

H_2SO_4 溶液再生，所得的（$(NH_4)_2SO_4$）废液一部分用于发酵培养基的配料，一部分用于第一次离子交换操作的备用洗脱液。

与单柱离子交换树脂处理相比，使用多柱串联离子交换树脂处理能够更有效地分离支链氨基酸和杂酸，减少操作步骤，提升产品的收率和纯度。如图 20-17 所示，采用高速碟片分离机和陶瓷膜过滤去除菌体蛋白，并使用三柱串联离子交换树脂分离杂酸，可以获得高纯度的缬氨酸，具体步骤如下。

（1）缬氨酸发酵液经高速碟片分离机将缬氨酸母液中的菌体蛋白分离，高速碟片机分离菌体的转速为 4000～5000r/min，回收菌体蛋白沉淀，并收集上清液。上清液采用陶瓷膜过滤，膜孔径 60nm，过滤回收菌体蛋白，并收集滤液。

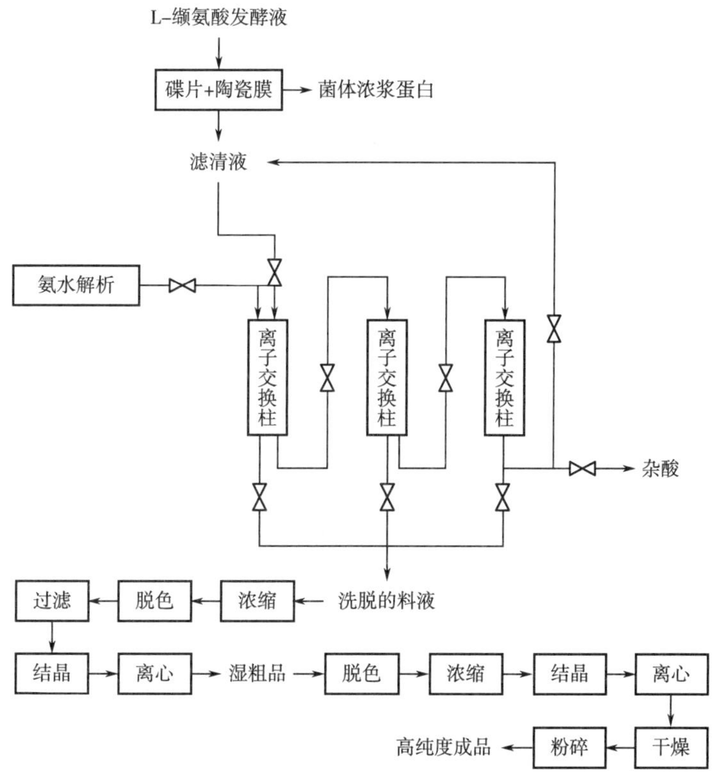

图 20-17　从发酵液中提取 L-缬氨酸的生产工艺流程图

（2）调节滤液 pH 4.5，然后通入强酸离子交换树脂柱进行离子交换。所述强酸离子交换树脂柱是三个强酸离子交换树脂柱通过管道和阀门串联在一起，并且每个柱底部都有一个收料阀门。滤液按照 2BV/h 的流速从树脂柱上部进入，下部排出。当下排液遇茚三酮显色时，将下排液串入第二个柱，当第二个柱显色时将第二个柱的下排液串入第三个柱。当第三个柱显色时再继续外排连续 2.0~3.5h，此时排出的显色液为谷氨酸、丙氨酸为主，能去除 35%~50%的杂酸。

（3）停止第一个柱的进料，用纯水从第一个柱到第三个柱串洗至前流罐内再重新吸附用。将配制好的 2%质量浓度的氨水，按照 1BV/h 的流速将树脂所吸附的氨基酸解析下来，解析过程中当柱下液 pH 6.0~7.5 时，关闭收料阀门打开串柱阀门，串洗下一个柱子，以此类推当第三个柱子柱下液 pH 6.0~7.5 时，不再串柱，pH 7.5~9.5 时，开始外排尾液 2.0~3.5h，然后停止洗脱。用空气将柱内的氨水压回后流罐。

（4）将离子交换柱内洗脱的料液浓缩至质量浓度为 80g/L 后，添加 2%~6%的活性炭升温至 70℃，调节料液 pH 5.5，脱色 20~50min，然后经过滤机将活性炭及杂质过滤。

（5）将脱色后的料液浓缩至 1/6 体积，然后降温结晶。当温度降至 15~25℃时，离心机高速离心得湿粗品，其水分含量在 15%~25%。将粗品按照 40g/L 的质量浓度投入脱色罐内脱色，然后浓缩、结晶、离心、干燥得到精制成品。

第五节　芳香族氨基酸提取、精制工艺

一、芳香族氨基酸的理化性质

芳香族氨基酸是酪氨酸、苯丙氨酸和色氨酸的统称，其分子结构中都含有芳香环。

酪氨酸为白色结晶性粉末，沸点 385.2℃，熔点 343℃。微溶于水，25℃时的溶解度为 479mg/L，不溶于乙醇、乙醚、丙酮等有机溶剂。相对密度 1.456（20℃），$[\alpha]_D^{20}$：-10.6°。

苯丙氨酸为白色结晶或结晶性粉末，有轻微的气味和苦味，沸点 295℃，熔点 283℃。溶于水，25℃时的溶解度为 26.9g/L，不溶于乙醇、乙醚、苯等有机溶剂。相对密度 1.290（25℃），$[\alpha]_D^{20}$：-35.1°。

色氨酸为白色或微黄色结晶或结晶性粉末，无臭，味微苦。熔点 290.5℃。溶于水，25℃时的溶解度为 13.4g/L，微溶于乙醇、乙酸，不溶于乙醚。相对密度 1.362（25℃），$[\alpha]_D^{20}$：-30.0°~-32.5°。

二、芳香族氨基酸的提取工艺

在 3 种芳香族氨基酸中，酪氨酸的溶解度较低，因此通常采用全膜法进行提取，即可以依次采用微滤、超滤、纳滤处理酪氨酸发酵液或酶催化液，以达到除菌体、除蛋白、除色素和冷浓缩的效果，再将膜处理液浓缩结晶获得酪氨酸产品，盐离子与其他杂质则残留在结晶母液中。

与酪氨酸相比，苯丙氨酸和色氨酸的溶解度相对较高，因此通常采用三膜法结合离子交换工艺提取。然而使用的离子交换均为单柱间歇操作，树脂利用率低，对产品的吸附量一般在 64~90g/kg 树脂，且一般包括进样、纯水洗杂、0.2~0.5mol/L 低浓度氨水洗杂（如谷氨酸杂质）、2mol/L 高浓度氨水解析等步骤，工艺复杂，解吸收率为 93%~95%，洗脱剂消耗较大。

模拟移动床（Simulated Moving Bed，SMB）是一种现代化分离技术，将若干根色谱柱串联在一起，每根色谱柱均设有物料的进出口，并通过操作开关阀组沿着流动相的循环流动方向定时切换，从而周期性改变物料的进出口位置，以此来模拟固定相与流动相之间的逆流移动，实现组分之间的连续分离。模拟移动床具有分离能力高、能耗低、总柱效高、流动相消耗量少等优点，适用于苯丙氨酸和色氨酸的分离提纯。

目前，顺序式模拟移动床（SSMB）已应用于色氨酸的分离过程。色氨酸发酵液经陶瓷膜过滤后进入色谱分离系统，色谱分离设备为 NOVASEP SSMB 10-3 Chromatography Pilot Plant 中试系统（包含 9 根 ϕ8cm×120cm 色谱柱、730mL 树脂装填量及 PLC 自控系统）。顺序式模拟移动床是一种间歇顺序操作的模拟移动床，采用了间歇进料、间歇出料的不同顺序及连续分离等不同程序的运行模式，将传统模拟移动床的每一步均分为 3~4

个子步骤进行，流程如图 20-18 所示。第一步物料循环：没有进料出料，物料在树脂内循环移动，各组分在该步骤进一步分离但没有洗提液消耗。第二步进料/吸附：物料由 FZ3 进入柱内，残液由 FZ3 出料，物料在该步骤吸附并收集已分离的纯弱吸附组分。第三步提取液收集/解吸：洗提液由 FZ1 进入，提取液由 FZ1 收集，收集纯强吸附组分。程序中第二步和第三步同时进行以提高产能，该步骤进行时，FZ2 和 FZ4 无任何操作。第四步残液收集：洗提液由 FZ1 进入，残液由 FZ3 排出并收集，该步骤下 FZ4 无任何操作。不同的区带中色谱柱通过进料口和出料口自动阀切换。

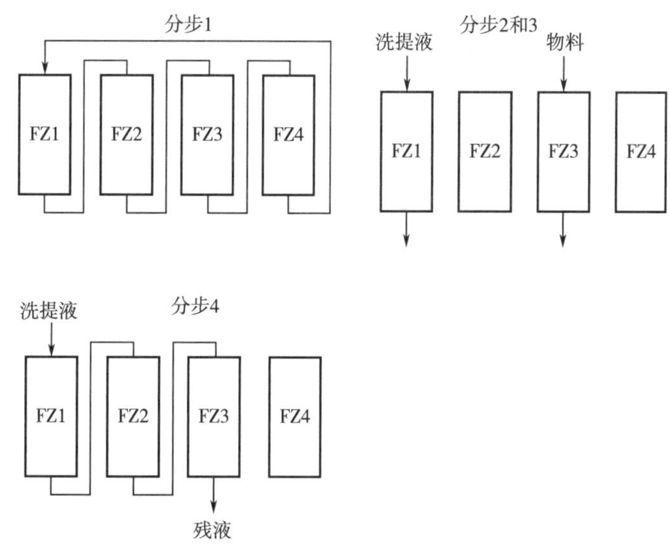

图 20-18　顺序式模拟移动床每个周期的运行步骤

FZ—色谱柱

顺序式模拟移动床系统恒温控制在 60℃，包括色谱柱、原料罐和洗脱剂罐。原料泵和洗脱液泵连续把原料罐中的色氨酸发酵过滤液和洗脱罐的洗脱剂氨水通过柱位阀的切换泵入色谱柱的不同部位，提纯后的色氨酸溶液和剩余液分别从不同色谱柱的出口阀连续流出。优化顺序式模拟移动床色谱运行参数，并在每根柱子的出口端取样分析以绘制各组分在树脂上的分离曲线图，优化后的色谱分离图谱如图 20-19 所示。色氨酸及谷氨酸有很好的分离效果，色氨酸主要分布在 FZ1 为强吸附组分，谷氨酸分布在 FZ3 为弱吸附组分，而提取液在 FZ1 收集，剩余液在 FZ3 收集。因此通过顺序式模拟移动床色谱分离后，可以得到色氨酸富集的提取液和谷氨酸富集的剩余液，从而达到色氨酸提纯的目的。总体来说，采用顺序式模拟移动床连续色谱法分离色氨酸收率达到 99%，高于 93%～95%的离子交换收率。谷氨酸去除率达到 100%，高于离子交换法。液氨消耗量比传统离子交换工艺降低近一倍。

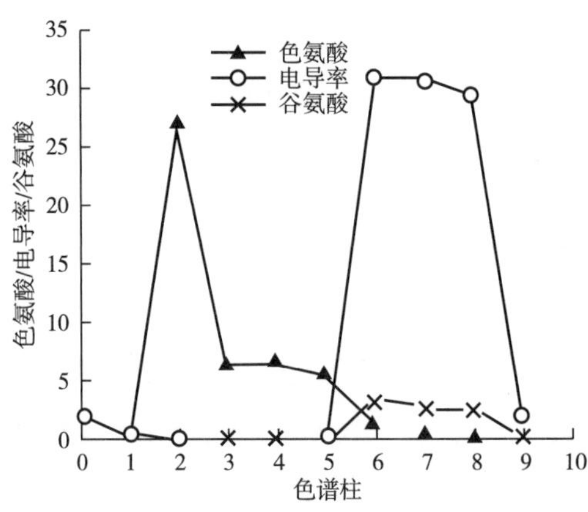

图 20-19　各组分在各个柱子内的分离曲线图

参考文献

[1] 陈宁．氨基酸工艺学（第二版）[M]．北京：中国轻工业出版社，2020.

[2] 于信令．味精工业手册（第二版）[M]．北京：中国轻工业出版社，2009.

[3] 陈宁．氨基酸工艺学 [M]．北京：中国轻工业出版社，2007.

[4] 邓毛程．氨基酸发酵生产技术（第二版）[M]．北京：中国轻工业出版社，2014.

[5] 吴梧桐．生物制药工艺学 [M]．北京：中国医药科技出版社，1993.

[6] 顾觉奋．分离纯化工艺原理 [M]．北京：中国医药科技出版社，1994.

[7] 姚汝华．微生物工程工艺原理 [M]．广州：华南理工大学出版社，2001.

[8] 王福源．生物工艺技术 [M]．北京：中国轻工业出版社，2006.

第五篇
氨基酸的应用

第二十一章　氨基酸在医药工业中的应用

氨基酸作为生命体蛋白质的基本组成单位，在人和动物的营养健康方面发挥着非常重要的作用。氨基酸应用历史的第一页，是 1908 年日本发现谷氨酸单钠盐（Monosodium L-glutamate，MSG）可作为食品鲜味调味剂。随着氨基酸生产技术的不断革新、成本的下降以及基础研究的进展，进一步促进了氨基酸应用向多元化发展，使之广泛涉及医药、食品、饲料、化妆品、农业和化工等与人类生活和健康有密切关系的几大行业。

经过 60 多年的发展，全球市场已经培育出两大支柱型氨基酸市场：饲料型氨基酸和食品型氨基酸。饲料型氨基酸主要指赖氨酸、甲硫氨酸、苏氨酸、色氨酸和缬氨酸等，其发展迅速，规模庞大，迄今为止已占据整个氨基酸 60%~65%的市场份额；食品型氨基酸主要有谷氨酸、苯丙氨酸和天冬氨酸等，约占氨基酸 30%左右的市场份额，其中谷氨酸主要用于味精（谷氨酸单钠盐）的生产，苯丙氨酸和天冬氨酸主要用作甜味肽——L-天冬氨酸-L-苯丙氨酸甲酯（阿斯巴甜）的合成起始原料。其他蛋白质氨基酸如精氨酸、亮氨酸、异亮氨酸、丝氨酸、谷氨酰胺、脯氨酸等多用于医药和化妆品行业，也有些是合成手性活性成分的原料。

氨基酸是合成人体蛋白质、激素、酶及抗体的原料，在人体内参与正常的代谢和生理活动。构成蛋白质、激素、酶及抗体的氨基酸种类、数量、排列顺序与由其形成的空间构象有密切的关系。在人类生命活动中通过消化道吸收氨基酸并通过体内转化而维持其动态平衡；若其动态平衡失调，则机体代谢紊乱，甚至引起病变，更何况许多氨基酸有其特定的药理效应。因此可应用氨基酸及其衍生物治疗各种疾病，也可作为营养剂、代谢改良剂，增强人体体质。同时氨基酸还有预防溃疡发生、防辐射、抗菌、催眠、镇痛等功效。为患者注射复方氨基酸输液，可有效改善手术前患者的营养状态，保证手术的顺利进行；同时还可补充患者蛋白质，有利于患者的康复；此外还能预防和治疗由外因引起的白细胞减少症，增强免疫力。氨基酸营养品能够提高人类的耐力、爆发力和反应能力，运动员食用后可提高运动员的整体素质；还可制成宇航员、飞行员的氨基酸补品，提高其抗疲劳能力。另外，精氨酸药物可以治疗由氨中毒造成的脑昏迷，丝氨酸药物可用作疲劳恢复剂，甲硫氨酸、半胱氨酸用于治疗脂肪肝，甘氨酸、谷氨酸用于调节胃液等。随着对氨基酸与人体生理学研究的逐步深入，氨基酸在营养健康方面将会发挥越来越大的作用。现将氨基酸及其衍生物在医药工业中的应用简述如下。

第一节　营养剂

1930 年 Rose 等完成了必需氨基酸概念，在实验室中已经可以用各种必需氨基酸混合物代替蛋白质作为氮源，饲养老鼠，而且还可以借助必需氨基酸混合物来维持成人的氮平衡。之后，随着蛋白质、氨基酸营养研究的迅速发展，更清楚地认识到缺少蛋白质则影响机体生长及正常生理功能，抗病力减弱而引起病变。故临床上常通过直接输入氨基酸制剂来改善患者营养状况，增加治疗机会，促进康复。以复合氨基酸为主的要素膳制剂也成为防治疾病的重要手段。

一、氨基酸输液

（一）国内外氨基酸输液发展概况

由口腔摄取的食物蛋白质，首先在消化道中被消化，所生成的各种氨基酸由小肠吸收到血液中，再被各组织利用。生物体中蛋白质的合成及其分解，是处于动态平衡状态；为了维持体内的氮平衡，必须由外界供给蛋白质或氨基酸。如果遇到消化道功能严重障碍者，或在创伤、手术后不能由口腔摄取食物时，就必须不经口腔，设法供给足量的氨基酸才行。国外很多医院曾有统计，单纯靠传统的葡萄糖输液，有 10%～30%的住院患者实际上并非死于原发性疾病，而是死于营养枯竭，这在婴儿期的胃肠道疾病患者中尤为突出。

Madden 等以血浆蛋白消耗殆尽的狗进行实验，静脉注射酪蛋白水解液，观察到狗血浆中蛋白质再度生成，从而证实了所注射的蛋白质水解液能够在生物体内被利用。然后，Madden 等和 Silver 等将含有 Rose 所规定的 10 种氨基酸（9 种必需氨基酸和 1 种半必需氨基酸）以及甘氨酸的氨基酸混合液，对狗进行静脉注射，结果与注射酪蛋白水解液一样，证明氨基酸混合液也可以为生物体所利用。

第一代氨基酸输液为天然蛋白质水解液。第二次世界大战期间，美国首先将水解酪蛋白的输液用于治疗低蛋白症患者和抢救伤员，起到了很大作用。但因天然蛋白质水解液不易控制其氨基酸组成，氨基酸配比不合理，还含有水解不完全的肽类物质以及氨等杂质，作为输液注射时，会引起恶心、呕吐等不良反应。20 世纪 60 年代，这类产品已完全被结晶氨基酸输液所代替。

第二代氨基酸输液于 1956 年首先在日本问世。它是由结晶氨基酸按 Rose 模式配制，含有 9 种必需氨基酸（缬氨酸、亮氨酸、异亮氨酸、赖氨酸、甲硫氨酸、色氨酸、苏氨酸、苯丙氨酸和组氨酸）、1 种半必需氨基酸（精氨酸）和甘氨酸共 11 种氨基酸。由于其组成恒定，配比合理，长期使用没有任何不良反应，为发展胃肠外营养疗法起到了非常重要作用。1981 年，我国天津和平药厂、上海长征药厂等企业分别仿制成功，使之成为我国目前临床上的主要氨基酸输液品种之一。

1969 年，国际上开始认识到非必需氨基酸在营养与生理上的重要性，证明非必需氨基酸用于输液中也具有相当好的效果。德国、日本等国家相继开发了包含多种非必需氨基酸的第三代平衡氨基酸输液，逐步取代第二代氨基酸输液，成为发达国家目前临床上主要应用品种。这类产品的必需氨基酸（E）与非必需氨基酸（N）之比接近 1（个别品种有 1∶3），基本能按生理所需的比率提供氨基酸，是促进人体正氮平衡、增强营养较为理想的模式。1984 年我国也仿制成功。

1976 年出现的第四代氨基酸输液已由维持营养需要扩展到临床治疗。如富含支链氨基酸（缬氨酸、亮氨酸和异亮氨酸），具有治疗肝昏迷和营养作用的氨基酸输液。Fisher 发现肝昏迷患者血液氨基酸谱失常，即支链氨基酸含量下降，芳香族氨基酸（苯丙氨酸、酪氨酸和色氨酸）浓度上升，支链氨基酸/芳香族氨基酸比值由 3.4 下降到 0.5，据此设计了含高浓度支链氨基酸、低浓度芳香族氨基酸的输液 Fo80。它用于治疗肝昏迷患者，可以使 90%的患者苏醒。

氨基酸输液发展的新动态是各种特殊用途氨基酸输液的出现。肾衰竭患者必需氨基酸/非必需氨基酸（E/N）比值下降，用必需氨基酸配制的输液，可使血中尿素氮转而合成非必需氨基酸获得显著的治疗效果。癌症患者支链氨基酸消耗较多，加速病情的发展，人们正在研究不平衡氨基酸输液配合化疗以抑制癌细胞的生长。幼儿用氨基酸输液与成人有所不同，酪氨酸及胱氨酸也是其必需氨基酸，而对谷氨酸和天冬氨酸则应有所限制。近年发现支链氨基酸对肌肉蛋白的合成和分解起决定性调节作用和较大的临床耐受性，在创伤或手术后早期输入含支链氨基酸比例较高（质量分数 45%）的氨基酸输液能阻止创伤后蛋白质崩解。

（二）氨基酸输液的组成与要求

输入人体的氨基酸种类、数量及比例必须符合机体要求，否则利用率将下降，还会引起代谢失调、拮抗及中毒等代谢并发症。因此，所供氨基酸除质量要求合格外，尚需根据组方原理确定氨基酸的比例及组成。

1. 组方原理

氨基酸为组成蛋白质的基本单位，体内蛋白质处于连续分解与合成的动态平衡状态，缺乏氨基酸，蛋白质代谢平衡无法维持，故氨基酸输液以被患者的有效利用为度。目前国内外生产的氨基酸输液的组方多采用人乳、全蛋白、FAO、FAO-WHO 或血浆游离氨基酸模式。组方中必须含有 9 种必需氨基酸和 1 种半必需氨基酸，这 10 种氨基酸均为 L 型。另外，组方中尚需含 5%山梨醇或木糖醇，以补充能量，促进氨基酸的吸收和利用。同时，加半胱氨酸作为稳定剂，由此方能构成优良的氨基酸输液。人体必需氨基酸的配比模式及最适合人体需要的氨基酸平衡模式分别见表 21-1 及表 21-2。

表 21-1　　人体必需氨基酸的配比模式　　单位：%（质量分数）

品名	Rose*	FAO	FAO-WHO	鸡蛋蛋白	人乳
异亮氨酸	11.0	13.4	11.1	10.8	11.1
亮氨酸	17.3	15.3	19.4	17.4	21.1
赖氨酸	12.6	13.4	15.3	14.5	14.5
甲硫氨酸	17.3	13.4	9.7	12.5	7.6
苯丙氨酸	17.3	17.3	16.7	18.4	20.1

续表

品名	Rose *	FAO	FAO-WHO	鸡蛋蛋白	人乳
苏氨酸	7.9	8.9	11.1	9.5	9.5
色氨酸	3.9	4.6	2.8	3.3	3.5
缬氨酸	12.6	13.4	13.9	13.5	12.8

注：* Rose 首次提出必需氨基酸混合物来维持成人的氮平衡。

表 21-2　　最适合人体需要的氨基酸平衡模式　　单位:%（质量分数）

品名	FAO	全蛋蛋白质	FAO-WHO
赖氨酸	13.4	12.5	17.79
苏氨酸	13.4	14.1	12.56
异亮氨酸	13.4	12.9	10.75
亮氨酸	15.2	17.2	20.67
缬氨酸	4.5	3.1	3.41
色氨酸	8.9	9.9	9.22
苯丙氨酸	8.9	11.4	17.79
酪氨酸	8.9	8.1	—
总芳香族氨基酸	26.7	29.4	27.01
甲硫氨酸	7.1	6.1	7.84
胱氨酸	6.2	4.6	—
总含硫氨基酸	13.3	10.7	7.84

2. 处方中氨基酸的组成与比例

（1）氨基酸的构型　D 型氨基酸中，只有 D-甲硫氨酸、D-色氨酸和 D-苯丙氨酸在人体内可部分转化为 L 型被利用，但转化率很低，其他 D 型氨基酸皆不能利用，而且增加肝脏、肾脏等组织的额外负担。此外，许多氨基酸溶解度不大，若用无营养价值的 D 型氨基酸既影响 L 型氨基酸的溶解度，也影响复方氨基酸的稳定性与贮存期。故最理想的情况是全部使用 L 型氨基酸配制输液。

（2）必需氨基酸与非必需氨基酸的比例　必需氨基酸不能由人体自身合成，但又是构成高营养价值的完全蛋白质所必需的。非必需氨基酸可由必需氨基酸或碳水化合物转化而来，补充非必需氨基酸可减少体内必需氨基酸的消耗。输液中必需氨基酸（E）与非必需氨基酸（N）之比（E/N）依具体情况而定，一般为 1：（1~3）；必需氨基酸（E）占总氨基酸量的 50%~75%；必需氨基酸量与总氮量（T）之比（E/T）以 3 为宜。国内氨基酸输液的总含氮量为 0.6%~0.8%。

（三）氨基酸输液的配方

氨基酸输液可参考 FAO-WHO 氨基酸代谢模式、人血浆蛋白质、全蛋蛋白质或人乳的氨基酸组成模式制订配方。因此，氨基酸输液的配方多种多样，某些复方氨基酸输液配方见表 21-3。

表 21-3　　氨基酸输液配方　　单位：mg/100mL

品名	Espolytamln	Moriamin	Aminofusin	Spol	Vamin	Protamin	Aminoplasma
L-盐酸赖氨酸*	1440	740	200	258	390	980	560
L-苏氨酸*	640	180	100	150	300	504	410
L-甲硫氨酸*	960	240	240	141	190	433	380
L-色氨酸*	320	60	50	55	100	187	180
L-亮氨酸*	1090	240	240	290	580	1133	890
L-异亮氨酸*	960	180	140	210	390	597	510
L-苯丙氨酸*	640	290	220	320	550	974	510
L-缬氨酸*	960	200	160	215	430	690	480
L-盐酸精氨酸	1000	270	650	300	330	1488	920
L-盐酸组氨酸	500	130	150	150	240	706	520
甘氨酸	1490	340	1250	456	210	1568	790
L-丙氨酸	—	—	1300	46	300	821	1370
L-脯氨酸	—	—	300	60	810	1063	890
L-谷氨酸	—	—	—	45	900	102	460
L-天冬氨酸	—	—	—	150	410	202	130
L-胱氨酸	—	—	—	—	14	23	50
L-丝氨酸	—	—	—	60	750	467	240
L-酪氨酸	—	—	—	15	50	57	130
L-鸟氨酸	—	—	—	—	—	—	250
L-天冬酰胺	—	—	—	—	—	—	330
山梨醇	—	5000	—	—	—	—	—
木糖醇	—	—	—	5000	—	10000	10000
阳离子	Na^+	Na^+	Na^+、K^+	Na^+	K^+、Ca^{2+}、Na^+	Na^+	K^+、Na^+、Mg^{2+}
阴离子	Cl^-	Cl^-	Cl^-	Cl^-	Cl^-	Cl^-	Cl^-
氨基酸浓度/%	10	3	5	3	7.0	12.0	10
氨基酸数目（种）	11	11	13	17	18	18	20
E/N 比值	1∶0.4	1∶0.4	1∶2.7	1∶0.9	1∶1.5	1∶2	1∶2
模式	FAO	Rose	Rose	FAO	—	人乳	全蛋

注：*必需氨基酸。

（四）氨基酸输液的配制

复方氨基酸配方种类较多，配制方法也不尽相同。但其过程均需活性炭脱色，且需维持一定 pH 范围。活性炭对芳香族氨基酸吸附力强，引起损失，使其含量下降，故配料时需将芳香族氨基酸用量增加 20%以弥补损失，或将活性炭先用 1%苯丙氨酸吸附饱和后再应用。输液的 pH 一般在 4.6~6.0 为适宜，pH 5.5 最佳。酸度过大或接近中性均影响色泽和产品质量。复方氨基酸输液配制工艺如下。

1. 难溶氨基酸的溶解

取新鲜注射用水（约全量的 2/3）于容器中，加温至 90℃，将亮氨酸、异亮氨酸、甲硫氨酸、苯丙氨酸、缬氨酸、天冬氨酸及谷氨酸依次投入，充分搅拌溶解，停止加热，加入色氨酸搅拌溶解。

2. 加易溶氨基酸及稳定剂

投入其他易溶氨基酸及稳定剂（$NaHSO_3$ 及半胱氨酸各加至全浓度为 0.05%），搅拌溶解，迅速降至室温，加注射用水至近全量，用 10% NaOH 溶液调 pH 4.5~5.5，加注射用水至全量。

3. 脱色与灌封

上述溶液加 0.1~0.2g/100mL 活性炭，搅拌 30min，滤除活性炭，再用相对分子质量截留值为 1 万~2 万的超滤膜过滤器过滤，滤液分装于 250mL 或 500mL 输液瓶中，按常规操作压盖后，于 105℃流动蒸汽中灭菌 30min 即得成品。

（五）氨基酸输液的作用与用途

氨基酸输液对代谢旺盛的患者及严重消耗患者的蛋白质合成具有促进作用。用于治疗肝昏迷、消化道吸收功能障碍引起的低蛋白血症、大面积烧伤、严重创伤及感染等疾患。

二、要素膳

（一）国内外要素膳发展概况

早在 20 世纪 40 年代就证实采用纯氨基酸混合物可代替食物蛋白以维持氮平衡。20 世纪 50 年代末，Creenstein 等在各种氨基酸混合物中，添加热源、维生素、矿物质以及必需脂肪酸，制成完全营养液，用来长期饲养老鼠。经过了数代，老鼠仍然正常生长发育，证明可依赖完全营养液而得到氮平衡。接着 Winitz 等以完全营养液给健康成年人服用 19 周，也获得成功。当时将这种完全营养液称为化学组成明确膳（Chemical Defined Diet）。20 世纪 60 年代后，将这种以氨基酸或蛋白质水解物与多种营养成分（糖、脂肪、维生素和矿物质等）组成的经口或鼻输入的商品称为要素膳。

（二）要素膳的优点与产品

要素膳不仅能提供人体必需的各种营养，无残渣，而且不必像氨基酸输液那样要求非常严格，不得混有热原等杂质，在临床上使用更加安全和方便，又具有价格便宜等优点。近年来发展较快，有不少专供营养支持用或特殊治疗用的要素膳产品先后问世。

表 21-4 介绍了国外要素膳商品的名称、特点和用途。我国目前只生产营养支持用的要素膳，如“要素合剂”（上海东海制药厂）、“复方营养要素”（青岛生化药厂）及“高氮要素合剂”（天津第二生化药厂），这些产品均以蛋白质水解物（含氨基酸与低聚肽）为氮源。

表 21-4　　国外要素膳商品的名称与用途

商品名称	特　点	用　途
Vivonex HN（美）	按人乳或全蛋模式全营养口服要求，含氨基酸、糖、脂肪、维生素及无机盐	经口营养用，已广泛应用
Flexical（美）	蛋白质水解物，添加其他营养成分，组成欠合理，价格低廉	经口营养用，已应用
Hepatic Acid（美）	含支链氨基酸及其他营养成分	肝功能衰竭，经口营养治疗剂，已推广使用
Amino-Acid（美） Nefranutrin（英）	由必需氨基酸及其他营养成分组成	肾功能衰竭，经口营养治疗剂，已推广应用

（三）要素膳的组成

要素膳的组成见表 21-5。

表 21-5　　要素膳的组成（每 4.186kJ 含量）

		Vivonex HN（美）	复方营养要求	Flexical（美）	高氮要素合剂
氮源		氨基酸 41.7g（6.67g 氮）	水解物 40g（6.4g 氮）	水解物 22.5g（3.6g 氮）	水解物 55.0g（6.6g 氮）
糖类		葡萄糖、低聚糖（202g）	葡萄糖、糊精（205g）	蔗糖、糊精（154g）	葡萄糖、糊精（150g）
脂肪		红花生油 1g	玉米油 2.25g	大豆油 MCT* 34g	大豆油 50g
矿物质/mg	Na	770	695	350	300~400
	K	700	748	1250	500~600
	Ca	333	292	600	300~400
	P	333	228	500	700~800
	Cl	1856	1344	1000	1000~1500
	Mg	133	108	200	100~200
	Cu	1	0.5	2	0.3
	Zn	5	4	10	5~10
	Fe	6	14	9	5~10
	Mn	1	0.47	3	0.9
	I	0.05	0.025	0.075	0.05

续表

		Vivonex HN（美）	复方营养要求	Flexical（美）	高氮要素合剂
维生素	A/IU	1666	2500	2500	1500
	D/IU	133	250	200	150
	E/IU	10	12.5	23	10
	K/μg	22	40	140	20
	C/mg	23	37.5	150	50
	B_1/mg	0.35	0.575	1.9	1.5
	B_2/mg	0.40	0.575	2.2	1.5
	B_6/mg	0.67	1	2.5	1.1
	B_{12}/μg	1.7	2	7.5	1.67
	烟酰胺/mg	4.43	5	25	4.43
	泛酸/mg	3.03	5	12.5	3.03
	叶酸/μg	130	40	200	100
	生物素/μg	100	—	150	—
	胆碱/mg	25	—	250	—

注：* MCT—中链甘油三酯。

（四）要素膳的制备

要素膳的主要成分为氮源，它可采用 17 种 L-氨基酸、蛋白质完全水解物或部分水解物（含氨基酸及低聚肽）。采用蛋白质水解物时必须补加损失的、不足的及除去过多的氨基酸。氮源的氨基酸组成影响营养价值，尤以必需氨基酸影响最大。必需氨基酸的模式应与参考蛋白的模式相近，其含量应接近 40%，必需氨基酸（g）/总氮（g）（E/T）应为 3，必需氨基酸/非必需氨基酸（E/N）应在 0.68～1.06（表 21-6）。

表 21-6　　要素膳的氨基酸组成、必需氨基酸模式与参考模式的比较

氨基酸	参考模式		要素膳			
	全蛋		Vivonex HN（美）		复方营养要素	
	%	比值	%	比值	%	比值
异亮氨酸	5.3	3.4	4.15	3	4.90	3.0
亮氨酸	8.55	5.0	6.57	5	7.82	5.0
赖氨酸	7.05	4.5	4.94	4	8.14	5.0
含硫氨基酸	—	4.0				
甲硫氨酸	3.4		4.58	3.6	5.37	4.0
胱氨酸	2.77				0.57	
芳香族氨基酸	—	6.0		6.0		4.0

续表

氨基酸	参考模式		要素膳			
	全 蛋		Vivonex HN（美）		复方营养要素	
	%	比值	%	比值	%	比值
苯丙氨酸	5.15		7.1		4.00	
色氨酸	1.58	1.0	1.28	1.0	1.60	1.0
酪氨酸	3.88		0.84		2.50	
苏氨酸	4.67	3.0	4.16	3.0	5.28	3.0
缬氨酸	6.57	4.0	4.58	3.6	5.05	3.0
组氨酸	2.61		2.36		2.41	
必需氨基酸	51.53		40.56		47.44	
精氨酸	6.41		4.07		6.57	
天冬氨酸	9.18		11.06		10.35	
谷氨酸	12.76		18.32		15.14	
丙氨酸	5.62		5.18		5.23	
甘氨酸	3.26		9.84		5.75	
脯氨酸	4.04		6.72		4.50	
丝氨酸	7.21		4.15		5.05	
非必需氨基酸	48.47		59.44		52.56	
必需氨基酸/非必需氨基酸	1.06		0.68		0.90	
必需氨基酸/总氮*	3.4		2.7		3.2	

注：*总氮（T）=15g/100g。

采用17种氨基酸或综合利用一种或两种蛋白质原料，经完全水解为游离氨基酸或经酶水解为氨基酸与低聚肽的混合物，必要时调整氨基酸的含量，使其组成符合蛋白质营养要求，再配合其他营养素，即可制成经肠营养的要素膳，如“复方营养要素”（粉剂）。高脂肪的要素膳另需制备乳剂，采用植物油混以乳化剂、调味剂、防腐剂与水，经乳化而成油在水中的乳剂。使用时将粉剂与乳剂按比例混合，如“高氮要素合剂”。

（五）要素膳的应用

要素膳适用于：①神经方面的疾病，如中枢神经紊乱、脑卒中、肿瘤、创伤、炎症、神经性厌食及抑郁症；②口咽、食道疾病，如肿瘤、炎症及创伤；③胃肠道疾病，如胰腺炎、炎症肠道疾病、短肠综合症，新生儿肠道疾病、吸收不良、术前肠道准备及瘘；④其他疾病，如烧伤、肿瘤的化疗、放疗的营养补充。

三、氨基酸制剂的研究进展

（一）单一氨基酸制剂

研究表明许多蛋白氨基酸不仅是机体的营养物质，而且对某些疾病具有一定的治疗作用，国内外单一氨基酸制剂对照见表 21-7。

表 21-7　　国内外单一氨基酸制剂对照

原料	制剂	用途	收载
谷氨酸	谷氨酸片，谷氨酸钠注射液，谷氨酸钾注射液	肝病辅助用药	中国药典 2020
盐酸精氨酸	盐酸精氨酸注射液	肝病辅助用药	中国药典 2020，USP27，BP2005
天冬酰胺	天冬酰胺片	用于乳腺小叶增生的辅助治疗	中国药典 2020
甘氨酸	甘氨酸冲洗液	泌尿系统外科手术用药	中国药典 2020，USP27，BP2005
甲硫氨酸	甲硫氨酸注射液 复方甲硫氨酸胆碱片 甲硫氨酸维生素注射液	放射诊断用药 肝病辅助用药 肝病辅助用药	USP27 化学药品地方标准上升国家标准（第一册）、化学药品地方标准上升国家标准（第十五册）
盐酸半胱氨酸	盐酸半胱氨酸注射液 复方甘草酸铵半胱氨酸注射液	肝病辅助用药、保肝药	USP27 化学药品地方标准上升国家标准（第四册）
赖氨酸	赖氨酸注射液 赖氨酸盐酸盐颗粒剂	颅脑损伤用药 用于赖氨酸缺乏引起的小儿食欲不振，营养不良及脑发育不全	国家药品标准 2000 年（试行） 部颁标准二部（第六册）
天冬氨酸	天冬氨酸钙注射液 天冬氨酸钾镁注射液 天冬氨酸钾镁口服液	用于变异性疾病 电解质补充药 电解质补充药	新药转正标准（第十三册） 部颁标准二部（第五册） 部颁标准二部（第六册）
谷氨酰胺	谷氨酰胺胶囊	用于治疗胃、十二指肠球部溃疡	国家药品标准 2000 年（试行）

由表 21-7 可以看出，2020 版《中华人民共和国药典》（简称《中国药典》）已收载单一蛋白氨基酸制剂 6 种，与国外水平基本持平，除甲硫氨酸注射液外，我国均有同类产品，说明近年来我国制剂水平有了很大提高，氨基酸医药市场正逐步与世界接轨。除此之外，一些非蛋白氨基酸也具有一定的药用价值，也是今后单一氨基酸制剂发展的一个方向。应该在深入研究各类氨基酸作用机理的基础上开发更多合理、有效的氨基酸制剂，服务于患者。

（二）复方氨基酸制剂

复方氨基酸制剂一般由氨基酸、糖、电解质、微量元素、维生素及 pH 调整剂等配制而成，从二次世界大战应用于临床开始，该类药物已由维持营养需要扩展到了临床治疗。根据病人不同的生理需求先后研制了营养型复方氨基酸、肝病用氨基酸、肾病用氨基酸、代血浆用氨基酸等多类复方氨基酸制剂。

我国复方氨基酸制剂已有 46 种（表 21-8），其中，国产品种 27 种，进口品种 19 种。

由表 21-8 可以看出我国市场上肠外滴注和口服型复方氨基酸药物品种丰富，既有平衡营养型，又有疾病适用型，剂型已经包括注射剂、胶囊剂、颗粒剂和口服液。这些复方氨基酸制剂极大地满足了不同年龄、不同患者的临床需求。但是发现这些品种中仅有复方氨基酸（15）双肽（2）注射液能够给人体补充谷氨酰胺。过去由于谷氨酰胺的不稳定性，几乎所有的复方氨基酸注射液都不含有谷氨酰胺，这样的输液是营养不全面的，不利于机体的氮平衡。人体组织器官对各种氨基酸的比例要求非常苛刻，遵循“木桶理论”，即如果某一种氨基酸缺乏，其他氨基酸也就不能发挥作用而白白流失。输液中补充谷氨酰胺二肽后，可以增加小肠黏膜厚度、绒毛高度和面积，改善氮平衡，促进蛋白合成，减少促炎细胞因子的释放，增加抗炎细胞因子的表达，改善骨髓移植患者肝功能，增强免疫力。二肽的引入，在提供一种新的谷氨酰胺补充方式的同时，很可能会引起原有氨基酸输液的一场变革。

表 21-8　　我国医药市场上的复方氨基酸制剂品种

分类			国产品种	进口品种
肠外营养型氨基酸制剂	平衡型	成人用	复方氨基酸注射液（18AA），（18AA－Ⅰ），（18AA－Ⅱ），（18AA－Ⅲ），（18AA－Ⅳ），（18AA－Ⅴ），复方氨基酸（15）双肽（2）注射液	复方氨基酸（15）双肽（2）注射液，复方氨基酸注射液，氨基酸葡萄糖注射液
		小儿用	小儿复方氨基酸注射液（18AA－Ⅰ），（18AA－Ⅱ）	
	疾病适用型	肝病适用型	复方氨基酸注射液（3AA），复方氨基酸注射液（6AA），复方氨基酸注射液（20AA）	
		肾病适用型	复方氨基酸注射液（9AA），复方氨基酸注射液（18AA-N）	
		创伤（应急）应用型	复方氨基酸注射液（14AA），复方氨基酸注射液（15AA），复方氨基酸注射液（17AA），（17AA-D），复方氨基酸注射液（18-B）	
		血容量补充型	低分子右旋糖酐氨基酸注射液	
	多腔袋复方营养制剂	二腔袋	无	肠外营养注射液
		三腔袋		脂肪乳氨基酸（17）葡萄糖（19%）注射液，脂肪乳氨基酸（17）葡萄糖（11%）注射液

续表

分类			国产品种	进口品种
口服氨基酸制剂	肝病适用型		六合氨基酸颗粒	复方氨基酸螯合钙胶囊
	创伤（应急）应用型		复方氨基酸口服液（14AA），氨基酸颗粒剂（14AA）	
	肾病适用型		复方氨基酸颗粒（9AA）	
	肿瘤适用型		田参氨基酸胶囊	
	通用型		复方氨基酸（8）维生素（11）胶囊	
肠内营养型制剂	氨基酸型		无	肠内营养粉（AA）
	短肽型		肠内营养混悬液（SP）	肠内营养混悬液（SP）
	整蛋白型	平衡型	肠内营养混悬液（TP）	肠内营养乳剂（TP）
			肠内营养混悬液（TPF）	整蛋白型肠内营养剂（粉剂）
				肠内营养剂（TP）
				肠内营养混悬液（MCT）
				肠内营养混悬液（TPF-FOS）
	疾病适用型	糖尿病型	无	肠内营养混悬液（TPE-D）
				肠内营养剂（TPF-D）
		肿瘤	肠内营养乳剂（TPF-T）	肠内营养剂（TPF-T）
		肺病型	无	肠内营养混悬液Ⅱ（TP）
		免疫增强型	肠内营养混悬液（TPSPA）	
		肾病用	复方 α-酮酸片	复方 α-酮酸片
		高蛋白高能量	肠内营养乳剂（TP-HE）	肠内营养乳剂（TP-HE）

此外，对比国内品种与进口品种，不难发现当前我国肠内营养制剂的品种较少，而多腔袋营养制剂和复方氨基酸螯合物制剂则几乎完全依赖进口。多腔袋复方营养制剂分别装有葡萄糖及电解质注射液、氨基酸注射液和脂肪乳注射液。该制剂不仅能使氨基酸、葡萄糖、脂肪乳和电解质长期稳定，不需冷藏保存在一个容器内，而且可以使其瞬间完全混合，避免了临床上临时配制可能带来的颗料和微生物的污染；各独立腔室液体的混合不需要特殊环境和设备，节省了人力和时间，使医院中的营养支持更安全、更及时，也为家庭进行肠外营养的患者提供了方便。这些制剂虽然疗效好，使用简便，但由于依赖进口，价格昂贵。随着人们对肠内和肠外营养机制研究的不断深入和临床用药的个性化，今后应该加强各类产品的研发，弥补国内空白，更好地满足患者需求。

第二节　治疗药剂

氨基酸是一类广泛存在于自然界中的小分子化合物，其结构上含有氨基和羧基。所有的氨基酸可以分为两大类：蛋白氨基酸和非蛋白氨基酸，其中的 20 种氨基酸，是自然界中几乎所有蛋白质的组成成分，称为蛋白氨基酸或基本氨基酸。当机体内的蛋白氨基酸损耗偏多或供应不足时，就会导致组织器官代谢紊乱，极易引发一系列相关疾病，需要及时给予补充。除此以外的氨基酸不参与蛋白质的构成，称为非蛋白氨基酸。该类氨基酸种类繁多，目前发现自然界中至少存在 700 多种非蛋白氨基酸，其中已测定分子结构的有 400 多种，主要是基本氨基酸的类似物或取代衍生物，还包括 β，γ，δ-氨基酸及 D-氨基酸。虽然非蛋白氨基酸自然界中含量极少，也不是构成机体组织器官的基础物质，但是随着近年来的深入研究，人们发现很多非蛋白氨基酸却有着独特的生物学功能，如参与激素、抗生素等含氮物质的合成等，有些还具有一定的抗癌、抗菌、抗结核、护肝、降血压、升血压的作用。

一、精氨酸

L-精氨酸是一种脂肪族、碱性、含有胍基的极性 α-氨基酸，是人体和动物体内的一种半必需氨基酸，是氨基酸输液及氨基酸制剂的重要成分。精氨酸作为人体代谢的一种重要氨基酸，是合成蛋白质和肌酸的重要原料，所有的机体组织都利用精氨酸合成细胞浆蛋白和核蛋白。

L-精氨酸是天冬氨酸、谷氨酸、脯氨酸、羟脯氨酸和聚胺（腐胺、精胺及精脒）等转化为高能磷酸化合物——磷酸肌酸的中间体，在肝脏内与尿素的形成有关，是鸟氨酸循环中的一员，具有极其重要的生理意义。临床上精氨酸及其盐类广泛地作为氨中毒性肝昏迷的解毒剂和肝功能促进剂，对病毒性肝炎疗效显著。精氨酸是组织生成和再生的重要成分，可促进胶原组织的合成，故能修复伤口，促进伤口的愈合。

在生理活性方面，精氨酸与生长激素、胰岛素和胰高血糖素等激素诱导分泌有关。精氨酸刺激垂体产生生长激素。这不仅加速了伤口愈合，也保证了脂肪更有效燃烧，同时促进肌肉生成。这就使得精氨酸成为所有减肥计划中的核心部分，也成为运动员为改善体能所需补充的氨基酸。精氨酸具有免疫调节功能，可防止胸腺退化，补充精氨酸能增加胸腺的重量，促进胸腺中淋巴细胞的生长。精氨酸能使血糖过高的患者得到有效调节，从而使血糖降至正常水平。精氨酸可以协助舒张血管，在改善男性性功能方面有一定疗效，可以起到类似“伟哥”的作用。精氨酸是精子蛋白的主要成分，有促进精子生成，提高精子运动能量的作用。另外，精氨酸及其盐类对肠道溃疡、血栓形成和神经衰弱等病症都有治疗效果。补充精氨酸还能减少肿瘤患者的肿瘤体积，降低肿瘤的转移率，提高患者的存活时间与存活率。

多吃精氨酸，可以增加肝脏中精氨酸酶（Arginase）的活力，有助于将血液中的氨转变为尿素而排泄出去。所以，精氨酸对治疗高氨血症、肝机能障碍等疾病颇有疗效。这类药物还有鸟氨酸、瓜氨酸、天冬氨酸和谷氨酸。

构成精子的蛋白质中，含有较多的精氨酸。所以，如果精氨酸摄取量太低，精子数量会减少，将导致男性不育症。对于这种病人，食用精氨酸，自然会有几分实效。

二、天冬氨酸和天冬酰胺

L-天冬氨酸的发现历史相当悠久，但直到 1958 年，Laborit 等做了许多天冬氨酸的生理学及临床上的研究，才引起人们注意其作为医药品的使用效果。

L-天冬氨酸脱氨生成草酰乙酸，进入 TCA 循环，因而是 TCA 循环中的重要中间产物。此外，天冬氨酸也与鸟氨酸循环有密切关系，负有使血液中的氨转变为尿素而排泄的部分责任。同时，天冬氨酸是合成乳清酸等核酸前体物质的原料。还是生产心血管药物的中间体，并能制成高能量的太空食品。在医药方面，可以用于治疗心脏病、肝脏病、高血压症，具有防止和消除疲劳的作用。和多种氨基酸一起，制成氨基酸输液，用作氨解毒剂、肝功能促进剂、疲劳恢复剂；天冬氨酸也是一种良好的营养增补剂，添加于各种清凉饮料中。

L-天冬氨酸是金属离子的螯合剂，能补充体内的微量元素，通常将天冬氨酸制成钙、镁、钾或铁等盐类后使用。因为这些金属与天冬氨酸结合后，能被“主动输送”而透过细胞膜，进入细胞内被利用。所以，使这些金属元素充分发挥作用。如 K^+ 具有维持心肌收缩，降低氧消耗量的功能。因此，在缺氧情况下，能维持心肌收缩，改善心肌收缩力；在冠脉供血不足而导致心肌缺氧时，对心肌有保护作用。天冬氨酸钾盐和镁盐的混合物，主要用于消除疲劳，治疗心脏病、肝病、糖尿病等疾病。此外天冬氨酸钾盐可用于治疗低钾症，铁盐可用于治疗贫血症。由于 Mg^{2+} 是生成糖原及高能磷酸键不可缺少的物质，因此，将天冬氨酸制成镁盐后可增加其治疗效果。

近年来，发现不同癌细胞的增殖需要大量消耗某种特定氨基酸。寻找这种氨基酸的类似物——代谢拮抗剂，被认为是治疗癌症的一种有效手段，已发现天冬酰胺酶能阻止需求天冬酰胺的癌细胞（白血病）的增殖。而天冬酰胺的类似物是 *S*-氨甲酰基-半胱氨酸，经动物实验对抗白血病有明显效果。

三、胱氨酸和半胱氨酸

胱氨酸及半胱氨酸均是含硫的非必需氨基酸，具有降低人体对甲硫氨酸需要量的效果。半胱氨酸所带的巯基（—SH）具有许多生理作用，可缓解药物（酚、苯、萘和氰离子等）中毒，对放射线也有防治效果。因而，它可用于治疗药物中毒、放射线障碍症和白血球减少症等。

半胱氨酸的衍生物 *N*-乙酰-L-半胱氨酸，由于巯基的作用，具有降低黏度的效果，可作为黏液溶解剂，用于治疗支气管炎等咳痰排出困难的病症。此外，半胱氨酸能促进毛发生长，可用于治疗秃发症。其他衍生物，如 L-半胱氨酸甲酯盐酸盐可用于治疗支气管炎、鼻黏膜渗出性发炎等。

胱氨酸是形成皮肤不可缺少的物质，能加速烧伤的恢复及放射性损伤的化学防护；能刺激红血球、白血球的增加。因此，可作为治疗皮肤及皮肤损伤的药物，也可作为生血药物。

四、甘氨酸

甘氨酸是一种非必需氨基酸。人体胶原蛋白中富含甘氨酸，其中 1/3 是甘氨酸分子。甘氨酸在清除体内废物的过程中起到重要作用。

甘氨酸作为医药品应用相对较少，但经常用甘氨酸铁作为补铁剂，或利用氨基酸两性电解质的特性，用甘氨酸铝作为制酸剂。如将甘氨酸铝与乙酰水杨酸共用，利用氨基中和过多的胃酸，从而减少乙酰水杨酸对胃的伤害作用。

此外，甘氨酸可提供非必需氨基酸的氮源，改进氨基酸注射液在体内的耐受性。将甘氨酸与谷氨酸、丙氨酸一起使用，对治疗前列腺肥大并发症、排尿障碍、尿频、尿不尽等症状也颇有效果。

五、组氨酸

L-组氨酸是人体必需氨基酸。组氨酸的咪唑基能与 Fe^{2+} 或其他金属离子形成配位化合物，促进铁的吸收，因而可用于治疗贫血等症状。

组氨酸能降低胃液酸度，缓和胃肠手术时的疼痛，减轻妊娠期呕吐及胃部灼热感，抑制由植物神经紧张而引起的消化道溃疡，对过敏性疾病，如哮喘等也有疗效。此外，组氨酸可扩张血管，降低血压，因而常用于心绞痛、心功能不全等疾病的治疗。

类风湿性关节炎患者血液中组氨酸含量显著减小，用组氨酸治疗时握力、走路、血沉均见好转。慢性尿毒症患者的饮食中加入少量组氨酸后，氨基酸进入血红蛋白的速度增加，肾原性贫血减轻，所以组氨酸是尿毒症患者的必需氨基酸。

六、谷氨酸和谷氨酰胺

L-谷氨酸参与脑蛋白和碳水化合物的代谢，促进氧化过程，是脑组织代谢作用较活跃成分，也是脑细胞能利用的氨基酸之一。

L-谷氨酸、L-天冬氨酸均具有兴奋性递质作用。它们是哺乳动物中枢神经系统中含量最高的氨基酸，其兴奋作用只限于中枢。因此，谷氨酸对改进和维持脑机能是必不可少的，可作为精神病的中枢神经及大脑皮质的补剂，改善神经有缺陷儿童的智力等。谷氨酸同天冬氨酸一样，也与 TCA 循环有密切的关系，可用于治疗肝昏迷等症。

L-谷氨酸经谷氨酸脱羧酶的脱羧作用而形成 γ-氨基丁酸。γ-氨基丁酸是存在于脑组织中的一种具有抑制中枢神经兴奋作用的物质，当 γ-氨基丁酸含量降低时，会影响细胞代谢，进而影响其机能活动。

L-谷氨酸的多种衍生物，如二甲基氨基乙酰谷氨酸，可作为医药品，用于治疗因大脑血管障碍而引起的运动障碍、记忆障碍、脑炎和唐氏综合征等。γ-氨基丁酸可用于治疗记忆障碍、语言障碍、麻痹和高血压等。γ-氨基-β-羟基丁酸可用于治疗局部麻痹、记忆障碍、语言障碍、本能性肾性高血压、癫痫、精神发育迟缓等病症。

L-谷氨酸的酰胺衍生物——谷氨酰胺，对治疗胃溃疡有明显效果，其原因是谷氨酰胺的氨基转移到葡萄糖上，生成消化器黏膜上皮组织黏蛋白的组成成分葡萄糖胺。

七、甲硫氨酸

L-甲硫氨酸是含硫必需氨基酸，与生物体内各种含硫化合物的代谢有密切的关系。甲硫氨酸是体内合成的甲基供给者，胆酸、胆碱、肌酸、肾上腺素等物质的甲基都是通过甲硫氨酸衍生物转化而来。缺乏甲硫氨酸时，引起人或动物食欲减退、生长减缓或体重不增加、肾脏肿大、肝脏铁堆积，最后导致肝坏死和纤维化。

L-甲硫氨酸还可利用其所带的甲基，对药物进行甲基化而起解毒作用。具有上述作用的甲硫氨酸，可用于治疗慢性以及急性肝炎、肝硬化等肝脏疾病，也可用于缓解砷、三氯甲烷、CCl_4、苯、吡啶、喹啉等有害物质的毒性。

L-甲硫氨酸甲基化后，形成甲基甲硫氨酸，再进一步合成碘甲基甲硫基丁氨酸，在医药上称为维生素 U，因其甲基的结合键能极高，所以很适于作为体内合成的甲基供给体。组胺是导致胃溃疡的原因之一，而维生素 U 可以将组胺进行甲基化，使其失去活性。故维生素 U 具有抗溃疡的效果，常被用于治疗胃溃疡。

八、丝氨酸

L-丝氨酸又名β-羟基丙氨酸，是一种非必需氨基酸，它在脂肪和脂肪酸的新陈代谢及肌肉的生长中发挥着作用，因为它有助于免疫血球素和抗体的产生，维持健康的免疫系统也需要丝氨酸。丝氨酸在细胞膜的制造加工、肌肉组织和包围神经细胞的鞘的合成中都发挥着作用。

L-丝氨酸具有稳定滴眼液 pH 的作用，且滴眼后无刺激性；丝氨酸是重要的自然保湿因子（NMF）之一，皮肤角质层保持水分的主要角色，高级化妆品中的关键添加剂。

L-丝氨酸是合成嘌呤、胸腺嘧啶、胆碱的前体；其羟基的磷酸化作用能衍生出的磷脂酰丝氨酸是磷脂成分之一。磷脂酰丝氨酸补充剂能增加大脑皮层中的神经递质——乙酰胆碱的产量，乙酰胆碱与思维、推理和注意力集中有关联。磷脂酰丝氨酸也能刺激多巴胺的合成和释放。磷脂酰丝氨酸似乎和大脑对压力的反应有关联。一项临床研究发现，在针对健康人施加压力的实验中，服用磷脂酰丝氨酸的人群对于压力的反应要比其他人群低。压力反应是通过衡量血液中促肾上腺皮质激素水平得出的，促肾上腺皮质激素是由脑下垂体分泌的一种激素，它随之促进肾上腺分泌应激激素皮质醇。磷脂酰丝氨酸主要用于治疗痴呆症（包括阿尔茨海默病和非阿尔茨海默病的痴呆）和正常的老年记忆损失。

九、缬氨酸

L-缬氨酸属于支链氨基酸，是人体及动物必需氨基酸之一，在人类新陈代谢中占有重要的地位。人体缺乏缬氨酸会影响机体生长发育，引起神经障碍、运动失调、贫血等。晚期肝硬化患者因肝功能损害，易形成高胰岛素血症，致使血液中支链氨基酸减少，支链氨基酸和芳香族氨基酸的比值由正常人的 3.0~3.5 降至 1.0~1.5。故常用缬氨酸等支链氨基酸的注射液治疗肝功能衰竭等疾病，也可作为加快创伤愈合的药物。

在医药中，L-缬氨酸除了用于配制一般氨基酸输液外，还特别应用于高支链氨基酸输液（如3H输液等）及口服液等。

高纯度L-缬氨酸也是生产抗高血压特效药——缬沙坦的原料。

十、亮氨酸

L-亮氨酸是人与动物自身不能合成而必须依赖外源供给的必需氨基酸之一，是临床选用的复合氨基酸静脉注射液的原料。L-亮氨酸对维持危重病人的营养需要，抢救患者生命起着积极作用。L-亮氨酸可用于诊断和治疗小儿突发性高血糖症和作为头晕治疗及营养滋补类药物。亮氨酸的作用包括与异亮氨酸和缬氨酸一起合作修复肌肉、控制血糖，并给身体组织提供能量。它还能提高生长激素的产量，并帮助燃烧内脏脂肪，这些脂肪由于处于身体内部，仅通过节食和锻炼难以对它们产生有效作用。亮氨酸、异亮氨酸和缬氨酸都是支链氨基酸，它们有助于促进训练后的肌肉恢复。其中亮氨酸是最有效的一种支链氨基酸，可以有效防止肌肉损失，因为它能够更快地分解转化为葡萄糖。增加葡萄糖可以防止肌肉组织受损，因此它特别适合健美运动员。亮氨酸还能促进骨骼、皮肤以及受损肌肉组织的愈合，医生通常建议手术后患者采取亮氨酸补充剂。

L-亮氨酸还可用于合成具有抗癌、抗病毒、抑制细菌生长等生物活性的L-亮氨酸Schiff碱Cu（Ⅱ）、Ni（Ⅱ）、Zn（Ⅱ）配合物。最新研究表明，由L-亮氨酸合成的多聚物，是临时创伤敷料的最佳原料之一，具有发展潜力。

十一、异亮氨酸

L-异亮氨酸是支链必需氨基酸，能治疗神经障碍、食欲减退和贫血，在肌肉蛋白质代谢中也极为重要。L-异亮氨酸是合成人体激素、酶类的原料，具有促进蛋白质合成和抑制其分解的效果。在医药方面，3种支链氨基酸（缬氨酸、亮氨酸和异亮氨酸）组成的复合氨基酸输液以及大量用于配制治疗型特种氨基酸的药物，如肝安、肝灵口服液，对治疗脑昏迷、肝昏迷和肾病等具有显著疗效，并可取代糖代谢而提供能量。近年来的研究表明，L-异亮氨酸是一种高效的B2防御素表达的诱导物，在诱导上皮防御素表达上起着重要作用；作为一种免疫刺激物，对黏膜表面的防御屏障在临床上将起到重要的支持作用。

十二、赖氨酸

L-赖氨酸为碱性必需氨基酸。由于食物中赖氨酸含量甚低，加工过程中易被破坏，引起赖氨酸缺乏，故常称其为第一限制性氨基酸，即人类食品中最为缺乏的一种氨基酸，它是合成大脑神经再生性细胞和其他核蛋白以及血红蛋白等重要蛋白质所需的氨基酸。当食物中赖氨酸含量不足时，就会限制其他氨基酸的利用。因此食物中添加适量的赖氨酸后，具有调节人体代谢平衡，对提高胃液分泌、促进幼儿的生长和智力发育、防治老年人记忆力衰退具有显著功效。

L-赖氨酸是构成蛋白质的基本单位，是合成人体激素、酶及抗体的原料，参与人体新陈代谢和各种生理活动，在各种氨基酸输液配方中基本上都有；还可作为利尿药的辅助治疗剂、血栓预防剂，治疗因血液中氯化物减少所致的铝中毒；可与酸（如水杨酸）作用生成盐，以减轻不良反应；与甲硫氨酸合用能抑制重高血压病；与亚铁化合物一起治疗贫血症；此外，赖氨酸对营养不良、乙型肝炎、支气管炎有一定疗效。

十三、色氨酸

L-色氨酸是人体和动物生命活动中必需氨基酸之一，对人和动物的生长发育、新陈代谢起着重要的作用，被称为第二必需氨基酸，广泛应用于医药、食品和饲料等方面。在医药方面，L-色氨酸对人的脑组织正常功能的维持起着重要作用。当人体缺乏 L-色氨酸时，会明显影响大脑活动功能，可引起神经错乱导致的幻觉，表现为神情淡漠、抑郁、应激反应降低、注意力和记忆力减退，产生尼克酸缺乏症及性机能受阻等。L-色氨酸不足还会引起低蛋白症、白内障、玻璃体退化及心肌纤维化等。L-色氨酸能形成一种称作“满足激素”的血清素，它是一种神经介质，能预防抑郁症的发生。另外，L-色氨酸除有助眠的作用外，还可减轻身体痛觉和敏感度，增强机体对 X 射线的抵抗力。在医药上常将 L-色氨酸用于氨基酸注射液和复合氨基酸制剂、必需氨基酸片及水解蛋白质添加剂，用作抗抑郁剂、抗痉挛剂、胃分泌调节剂、胃黏膜保护剂和强抗昏迷剂，用来调节脑代谢、消除精神紧张、改善睡眠效果，预防和治疗焦虑症、糙皮病、烟酸缺乏症和治疗烟瘾、毒瘾等。L-色氨酸与铁剂、维生素合用可提高对运动性贫血的疗效，色氨酸和维生素 B_6 合用可用来治疗抑郁症。

十四、苏氨酸

L-苏氨酸是一种必需氨基酸，参与脂肪代谢，缺乏 L-苏氨酸时出现肝脂肪病变。苏氨酸是一种含有羟基的脂肪族 α-氨基酸，有两个不对称碳原子，有 4 种异构体，但只有 L-苏氨酸具有生理功能。L-苏氨酸是哺乳动物的必需氨基酸和生酮氨基酸。医药上，由于苏氨酸的结构中含有羟基，对人体皮肤具有持水作用，与寡糖链结合，对保护细胞膜起重要作用，在体内能促进磷脂合成和脂肪酸氧化。L-苏氨酸制剂具有促进人体发育、抗脂肪肝的药用效能，是氨基酸大输液的主要成分之一。含有 L-苏氨酸的氨基酸大输液常用于手术前后、创伤、烧伤、骨折、营养不良、慢性消耗性疾病等的辅助治疗，是临床用量很大的品种之一。同时，L-苏氨酸又是制造一类高效低过敏的抗生素——单酰胺菌素的原料。

十五、苯丙氨酸

L-苯丙氨酸是必需氨基酸之一，是一种具有生理活性的芳香族氨基酸，广泛应用于制药、食品、化妆品等多个领域。当 L-苯丙氨酸被消化并由肝脏吸收之后，一定量的 L-苯丙氨酸会用于制造控制血糖的激素、其他蛋白质和酶等。它还会用于一系列的纤维性蛋白结构中，包括胶原蛋白和弹力蛋白（主要存在于皮肤和结缔组织）。L-苯丙氨酸能消除抑郁症症状，能帮助女性克服经前紧张情绪及更年期综合症，还能增强学习潜能。L-苯丙氨酸的另一个作用是刺激小肠产生一种称作缩胆囊肽（CCK）的激素，能帮助抑制食欲。因此，L-苯丙氨酸和酪氨酸对于减肥的效果特别显著。在医药工业，L-苯丙氨酸用于制备氨基酸输液、综合氨基酸制剂，为特殊人员合成膳食、必需氨基酸片等营养强化剂成分；制备抗癌药物中间体，抑制肿瘤生长、降低抗肿瘤药物毒性。

L-苯丙氨酸可作为肾上腺素、甲状腺素和黑色素的原料。DL-苯丙氨酸阿司匹林具有很好的消炎镇痛作用，DL-对氟苯丙氨酸可抑制肿瘤蛋白质的合成，具有抗肿瘤的作用。

十六、丙氨酸

L-丙氨酸对体内蛋白质合成过程起重要作用。体内氨基酸代谢时，脱氨后生成酮酸，按照葡萄糖代谢途径生成糖。

L-丙氨酸在治疗如肝病引起的蛋白质合成紊乱、糖尿病、急慢性肾功能衰竭以及对维持危急患者的营养、抢救患者的生命方面起到了积极作用。L-丙氨酸是一种潜在的胰高血糖分泌的刺激剂，已应用于急性和慢性胰腺炎患者的高血糖素的研究中。

由 L-丙氨酸制成的 4-羟基水杨醛丙氨酸合锌，经体外抗癌活性试验表明：该物质对宫颈癌、艾氏腹水癌和喉癌细胞均有一定的抑制作用。

以 L-丙氨酸粗品替代 DL-丙氨酸作为合成维生素 B_6的起始原料。

十七、脯氨酸和羟脯氨酸

在生物体内，L-脯氨酸不仅仅是理想的渗透调节物质，而且还可作为膜和酶的保护物质及自由基清除剂，从而对渗透胁迫下的生长起到保护作用，对于钾离子——生物体内另外一种重要的渗透调节物质在液泡中的积累情况，脯氨酸又可起到对细胞质渗透平衡的调节作用。脯氨酸分子中吡咯环在结构上与血红蛋白有密切关联。脯氨酸衍生物和利尿剂配合，可作为具有降压作用的抗高血压药。

L-羟脯氨酸（Hydroxyproline，HYP）是亚氨基酸之一，是一种非必需氨基酸，是胶原组织的主要成分之一，且为胶原中特有的氨基酸，约占胶原氨基酸总量的 13%。胶原蛋白是体内含量最多的蛋白质，约占人体蛋白质总量 1/3。利用羟脯氨酸在胶原蛋白中含量最高这一特点，通过血液和尿液对羟脯氨酸的测定，可了解体内胶原蛋白分解代谢情况，即可作为结缔组织分解情况指标。很多疾病可伴有胶原代谢变化而引起血、尿及组织中羟脯氨酸的含量变化。

体内脯氨酸、羟脯氨酸浓度不平衡造成牙齿、骨骼中的软骨及韧带组织的韧性减弱。

十八、酪氨酸

L-酪氨酸是酪氨酸单酚酶的催化底物，是最终形成优黑素和褐黑素的主要原料。在美白化妆品研发中，通过研究合成与酪氨酸竞争的酪氨酸酶结构类似物也可有效地抑制黑色素的生成。白癜风患者吃含有酪氨酸的食物可以促进黑色素的形成，减轻白癜风症状。

L-酪氨酸是治疗抑郁症的良药，它能产生各种神经冲动传导物质，在大脑中产生肾上腺素，有助于记忆、学习，控制肥胖症。由于作用于中枢神经，可以调节人的心情，消除抑郁，减轻偏头痛、月经痛和关节炎痛等，以及避免产生过多的胃酸，减少水杨酸对胃的伤害。它还可以提供非必需氨基酸的氮源，同时还可以与谷氨酸、丙氨酸一起使用，对治疗前列腺肥大并发症、排尿障碍、尿频、尿不尽等症状也有效果。

L-酪氨酸也是氨基酸输液及氨基酸复合制剂的原料，作为营养增补剂。治疗脊髓灰质炎和甲状腺机能亢进等症。酪氨酸是合成甲状腺素（存在于甲状腺球蛋白内）、肾上腺素的原料，也可作降压药制剂。

十九、鸟氨酸

L-鸟氨酸负责提高体内的激素水平，因此，它对于抗衰老具有显著效果。它有助于维持肌肉和身体组织需求。鸟氨酸帮助身体迅速从创伤、烧伤、感染甚至癌症等疾病中恢复过来，它对于治疗肝硬化造成的大脑异常（肝性脑病）有良好的效果。

L-鸟氨酸增加胰岛素和激素水平。人们需要它在体能训练中增强和保持肌肉。它有助于减少衰老过程中的肌肉损失。随着身体的老化，人体合成蛋白质的效率会降低，肌肉组织再生能力也会降低，通过提高生长激素水平，鸟氨酸有助于加快肌肉组织生产，并延迟衰老的影响。精氨酸和鸟氨酸都能帮助保护和增强肌肉，但是鸟氨酸在促进激素生产的效力中比精氨酸高两倍。因此，如果是以增强肌肉为目的，可以放弃精氨酸而专注于使用鸟氨酸。但是，由于精氨酸是体内产生鸟氨酸所必需的，因此应该保持精氨酸的基本摄入量。

二十、瓜氨酸

L-瓜氨酸是一种 α-氨基酸，是从鸟氨酸及胺基甲酰磷酸盐在尿素循环中生成的，或是通过一氧化氮合酶（NOS）催化精氨酸生成一氧化氮（NO）的副产物。首先，精氨酸会被氧化为 *N*-羟基-精氨酸，再氧化成瓜氨酸并释放 NO。

类风湿性关节炎的患者（约 80%）会发展一套免疫反应对抗带有瓜氨酸的蛋白质。虽然这种反应机制的起因不明，但其抗体可以帮助这类病的诊断。

瓜氨酸在体内协同精氨酸产生大量的 NO，使血管扩张，从而促使血液流向肌体的各个部位，起到保持血管清洁、维持正常血压、预防心脏病的效果，同时它还可以激发男性的性功能。

二十一、牛磺酸

牛磺酸是动物体内一种结构简单的含硫氨基酸，化学名称为 2-氨基乙磺酸，分子式为 $HO_3S—CH_2—CH_2—NH_2$，相对分子质量为 125，其稀溶液呈中性，对热稳定，在人和动物胆汁中与胆酸结合，以结合形式存在；而在脑、卵巢、心脏、肝、乳汁、垂体、视网膜、肾上腺等组织中，以游离形式存在，总量12~18g，但不参与蛋白质的合成。牛磺酸是人体的条件必需氨基酸，对胎儿、婴儿神经系统的发育有重要作用。

牛磺酸在人体中的含量比较丰富。它存在于中枢神经的兴奋组织中，对中枢神经有调节作用，因此，牛磺酸能控制痉挛，包括脸部抽搐以及癫痫，并且牛磺酸也可用于缓解心绞痛。

二十二、其他氨基酸及氨基酸衍生物

氨基酸是所有生物界的氮源，也是含氮化合物的前体。氨基酸能转变成许多重要的含氮化合物，见表21-9。

表21-9　氨基酸的重要衍生物

氨基酸名称	衍生物种类
甘氨酸、丙氨酸	血红素、嘌呤、结合胆酸、乙酰CoA、肌肽与鹅肌肽
苏氨酸、丝氨酸	磷蛋白、神经鞘氨醇、磷脂酰乙醇胺
鸟氨酸、甲硫氨酸	多胺（腐胺、精脒、精胺）
甲硫氨酸	提供甲基，形成甲基化物
胱氨酸	牛磺酸，与谷氨酸、甘氨酸形成谷胱甘肽
组氨酸	组胺，与β-丙氨酸形成肌肽，再与甲硫氨酸形成鹅肌肽
精氨酸	与甘氨酸和甲硫氨酸合成肌酸、磷酸肌酸以及肌酐
色氨酸	尼克酸、尼克酰胺、5-羟色胺（血清素）、褪黑（激）素
酪氨酸	黑色素、儿茶酚胺（多巴胺、肾上腺素、去甲肾上腺素）、甲状腺素
谷氨酸	γ-氨基丁酸（GABA）
甘氨酸	一碳单位

1. 甲基-3,4-二羟苯丙氨酸（Methyldopa，甲基多巴）和3,4-二羟苯丙氨酸（Dopa，多巴）

对邻苯二酚胺的生物化学、代谢、药理学方面的研究，使得一些含有芳香族氨基酸衍生物的医药品相继问世，其中之一就是甲基多巴，它是一种副作用较少的优良降血压药剂。甲基多巴和多巴的化学结构式如下。

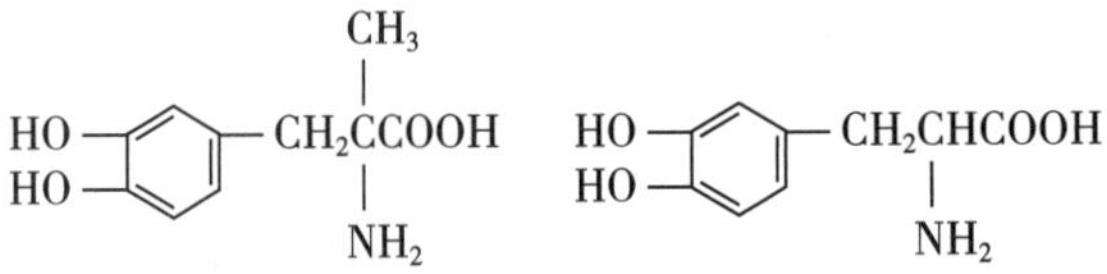

$$(HO)_2C_6H_3-CH_2C(CH_3)(NH_2)COOH$$

甲基多巴

$$(HO)_2C_6H_3-CH_2CH(NH_2)COOH$$

多巴

多巴和甲基多巴一样，都与邻苯二酚胺的代谢有密切关系，因而可用于医药品。多巴对帕金森综合征颇有奇效。患帕金森综合征的病人基底神经节，特别是腺状体内所含的多巴胺无法到达中枢神经系统内，所以对帕金森综合征的病人使用多巴可以改善病人的运动麻痹、僵直等症状。

2. ε-氨基己酸

血纤维蛋白溶酶（Plasmin）是一种蛋白质分解酶，由血纤维蛋白溶酶原（Plasminogen）经活化而成。其在血液中会破坏血液中的蛋白质、组织、细胞，游离出L-组酰胺等能引起过敏性休克的物质。

Okamoto等发现，赖氨酸等碱性氨基酸具有阻止血纤维蛋白溶酶作用的效果，进一步用赖氨酸类似物做实验，发现ε-氨基己酸具有非常强的抗血纤维蛋白溶酶的作用。ε-氨基己酸通过阻碍血纤维蛋白溶酶原的活性化，而使血纤维蛋白溶酶不易生成。目前，ε-氨基己酸已被广泛用为抗血纤维蛋白溶酶的药剂。与ε-氨基己酸结构相似，由人工合成的反式氨基甲基环己烷羧酸（*t*-AMCHA），其抗血纤维蛋白溶酶的作用比ε-氨基己酸强8倍。

3. 环丝氨酸

环丝氨酸学名“D-4-氨基-3-四氢异噁唑酮”。分子式 $C_3H_6N_2O_2$，相对分子质量102.09。抗生素类药物，除抗结核杆菌外，对革兰阳性菌、阴性菌和立克次体也有抑制作用。临床上主要用于治疗耐药结核杆菌的感染。环丝氨酸是从亮矛链霉菌（*Streptomyces garyphalus*）发酵液中分离出来的抗生素，可用于治疗结核病。但如果用量太大时，会导致精神错乱的副作用，不过如果与DL-甲硫氨酸、L-谷氨酸共同使用，则可抑制其副作用。

此外，还发现一种丝氨酸衍生物*O*-氨基甲酰-D-丝氨酸，也是一种抗生素，与环丝氨酸有协同作用。环丝氨酸和*O*-氨基甲酰-D-丝氨酸的化学结构式如下。

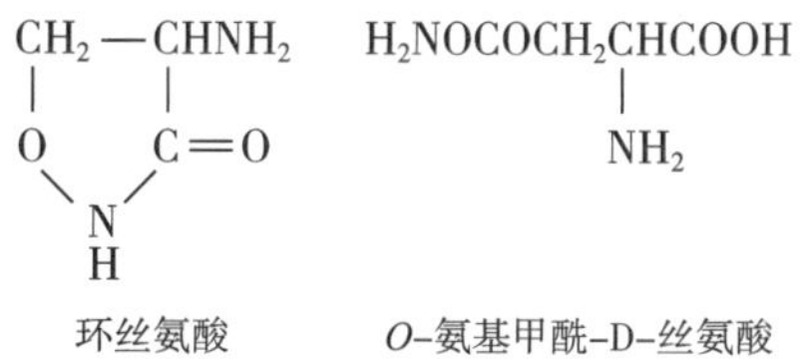

环丝氨酸　　*O*-氨基甲酰-D-丝氨酸

4. 抗癌剂

用于肿瘤治疗的有偶氮丝氨酸、氯苯丙氨酸、磷乙天冬氨酸及重氮氧代正亮氨酸等。其中偶氮丝氨酸是谷氨酰胺的抗代谢物，用于治疗急性白血病及柯杰金病。氯苯丙氨酸为5-羟色胺的生物合成抑制剂，有止泻及降温作用，用于治疗癌瘤综合征，可减轻症状。磷乙天冬氨酸是天冬氨酸转化为氨甲酰天冬氨酸的过渡态化合物的类似物，可抑制嘧啶合成，用于治疗黑色素瘤及Lewis肺癌。重氮氧代正亮氨酸亦为谷氨酰胺抗代谢物，用于治疗急性白血病。

第三节　短肽药物

活性多肽在生物体内含量极微，但功能奥妙，能高效地调节各类生理活动。由于难以提取，不可能在临床上应用。如在阐明其分子结构后，借助生物工程或化学合成的途径提供产品，不仅有助于深入探讨各种生物机制，而且也可推动在临床上的应用。利用生物工程技术也可获得某些活性多肽。现已确认活性多肽在体内是多位分布的，具有多重生物功能，本身分子又呈多显性。为不同靶细胞受体辨认后激发产生相应的特殊生物效应，被认为有希望用来治疗至今无法或很难处理的器质功能性疾病。

以药物为目的活性肽的多重生物功能及分子的多显性，有时因不必要的生理作用反而会产生使用的障碍。最理想的是裁取其中的某一片段而保持各自单一的生物功能。最成功的例子是有关血管紧张素转化酶抑制的研究。将由蛇毒中获得的天然九肽酶抑制剂的分子裁减到仅留脯氨酸末端，再以 α-甲基-β-半巯基丙酸修饰 N 端后的甲巯丙脯酸（Cartopril）插入转化酶分子的疏水空穴，并与酶键上的锌螯合，抑制酶活力的能力反比天然抑制剂增加 20 倍以上。

后叶加压素（Vasopression）在临床上用于治疗尿崩症，缺点是能够使病人血压升高。用化学合成途径制备的类似物去氨基精加压素（Desmopressin）的升压作用极小，而抗利尿作用极强。

苯赖加压素（Felypressin）和压素鸟加（Orinpression）是抗利尿作用极小的血管收缩剂，临床用于出血和休克的治疗。

将加压素的九肽分子中的异亮氨酸及亮氨酸分别换以苯丙氨酸及精氨酸，则成为早已在临床上应用的催产素（Oxytocin）。

在短肽中可以用作药物的除谷胱甘肽等外，还有四肽胃泌素（Tetragastrin）及五肽胃泌素（Pentagastrin），它们可强烈促进胃酸分泌，对胃黏膜细胞有营养和增殖作用。因此，可用于治疗萎缩性胃炎、胃下垂及改善胃切除后的食欲不振与腹泻症状。

抑胃酶素（Pepstatin）是一种五肽化合物，对胃蛋白酶有强烈的抑制作用，临床用于治疗胃溃疡，疗效显著。

表 21-10 为短肽类药物的应用与开发动态，免疫调节作用是其发展的一个新趋势。研究发现，许多疾病包括肿瘤在内的发生、发展、愈合与机体的免疫功能有密切关系。以感染乙型肝炎病毒为例，其结局完全取决个体的免疫状态。感染后如果能产生足够的 HEsAg 抗体，则痊愈后不受再次感染。反之，则成为 HBsAg 的长期携带者，一小部分转变为慢性肝炎，甚至演变为原发性肝癌。肿瘤患者一般都有不同程度的免疫功能缺损，随着肿瘤的发展日趋严重，而肿瘤的治疗，无论是放疗或化疗，又都会进一步加重免疫缺损，影响治疗效果。辅以免疫调节剂，增强机体免疫功能则可望降低治疗毒性，增强疗效，减少肿瘤转移和复发。各种淋巴因子，如白细胞介素Ⅰ、Ⅱ，胸腺激素及它们的肽段，是目前肿瘤治疗研究的活跃课题。低分子的免疫调节剂，如苯丁亮氨酸等都已进行了深入的研究，

在肿瘤的临床研究中已取得肯定的成果。

表 21-10　　短肽类药物的应用与开发动态

品名	AA 数目	功能与应用	开发动态
加压素类（Vasopression）	9	尿崩症、出血休克的治疗	国外已有商品
催产素（Oxytocin）	9	引产、强化抗感染药物的体内外抗菌效果	国内已有商品
增血压素 I（Hypertension I）	8	特异性升高血压，用于休克抢救	国外已有商品
肌丙抗增压素（Saralarin）	8	阻断血管紧张素 I 的升压作用，解救高血压危象病人	国外已有商品
ACTH4. 10 片段（Organon）	7	改变神经应激性，提高注意力及记忆力	正在开发
抑胃酶素（Pepstatin）	5	抑制胃蛋白酶，对胃溃疡有特殊疗效	正在开发
四肽胃泌素（Tetragastrin）	4	促进胃酸分泌，治疗萎缩性胃炎、胃下垂及改善胃切除后引起的不良症状	国外已有商品
促甲状腺释放激素（Protirelin）	3	诊断垂体及甲状腺功能，治疗甲状腺功能减退及甲状腺癌	国外已有商品
谷胱甘肽（Glutathione）	3	有广谱解毒作用，用于妊娠中毒及药物中毒	国内已有商品
促吞噬肽（Tutsin）	4	增强巨噬细胞的吞噬功能	正在开发
白精素（Leupentin）	3	抑制纤溶酶、胰蛋白酶、组织蛋白酶 D 及凝血酶活力，治疗灼伤	正在开发
CCK-4	4	具有促进胰岛素与胰高血糖素分泌作用	正在开发
苯丁亮氨酸（Bestatin）	2	免疫调节剂，强化放疗及化疗的治癌效果	正在开发
甲巯丙脯酸（Cartopril）	2	血管紧张素转化酶抑制剂、降血压	国内已有商品
MK421	2	同上，但不良反应有所减轻	正在开发

第四节　药品的合成原料

一、维生素 B_6

维生素 B_6 又称吡哆素，其包括吡哆醇、吡哆醛及吡哆胺，在体内以磷酸酯的形式存在，是一种水溶性维生素，遇光或碱易破坏，不耐高温。1936 年定名为维生素 B_6。维生素 B_6 为无色晶体，易溶于水及乙醇，在酸液中稳定，在碱液中易破坏，吡哆醇耐热，吡哆醛和吡哆胺不耐高温。维生素 B_6 在酵母菌、肝脏、谷粒、肉、鱼、蛋、豆类及花生中含量较多。维生素 B_6 为人体内某些辅酶的组成成分，参与多种代谢反应，尤其是与氨基酸代谢有密切关系。临床上应用维生素 B_6 制剂防治妊娠呕吐和放射病呕吐。

维生素 B_6 是与氨基酸代谢有关的一种维生素，可用丙氨酸或天冬氨酸为原料合成。以丙氨酸为原料合成维生素 B_6 有以下两条合成路线。

路线1：$CH_3CH(NH_2)COOH$ → $CH_3CH(NHCHO)COOC_2H_5$ $\xrightarrow{P_2O_5}$ $CH_3-C=C-OC_2H_5$（N、O、CH 成环）

丙氨酸　　　　噁唑衍生物

$\xrightarrow{CHCOOC_2H_5=CHCOOC_2H_5}$ HO、$COOC_2H_5$、$COOC_2H_5$、H_3C、N（吡啶环） $\xrightarrow{还原}$ HO、CH_2OH、CH_2OH、H_3C、N（吡啶环）

维生素B_6

路线2：$CH_3CH(NH_2)COOH$ $\xrightarrow{C_2H_5OH,\ (COOH)_2}$ $CH_3CH(NHCOCOOC_2H_5)COOC_2H_5$ $\xrightarrow{COCl_2,\ (C_2H_5)_3N}$ $CH_3-C=C-OC_2H_5$（N、O、C 成环，C 上连 $COOC_2H_5$）

丙氨酸

$\xrightarrow[加水溶解]{CH(CH_2-O)=CH(CH_2-O)>CHCH(CH_3)_2}$ HO、CH_2OH、CH_2OH、H_3C、N（吡啶环）

维生素B_6

以天冬氨酸为原料，也是先合成噁唑衍生物，然后进行狄尔斯-阿尔德（Diels-Alder）反应，在生成吡啶环后，脱去二氧化碳，生成维生素 B_6。

二、叶酸

叶酸是一种水溶性维生素，因绿叶中含量十分丰富而得名，又名蝶酰谷氨酸。在自然界中有几种存在形式，其母体化合物是由蝶啶、对氨基苯甲酸和谷氨酸 3 种成分结合而成。叶酸含有 1 个或多个谷氨酰基，天然存在的叶酸大部分都是多谷氨酸形式。叶酸的生物活性形式为四氢叶酸。叶酸在体内有主动吸收和被动吸收（扩散）两种方式，吸收部位主要在小肠上部。还原型叶酸的吸收率较高，谷氨酰基越多吸收率越低，葡萄糖和维生素 C 可促进吸收。吸收后的叶酸在体内存于肠壁、肝、骨髓等组织中，在 NADPH 参与下被叶酸还原酶还原成具有生理活性的四氢叶酸，参与嘌呤、嘧啶的合成。因此叶酸在蛋白质合成及细胞分裂与生长过程中具有重要作用，对正常红细胞的形成有促进作用。缺乏时可致红细胞中血红蛋白生成减少、细胞成熟受阻，导致巨幼红细胞性贫血。

叶酸可用于治疗恶性贫血，以 L-对氨基苯甲酰谷氨酸、α,β-二溴丙醛和 2,4,5-三氨基-6-羟基嘧啶为原料，以乙酸-乙酸钠缓冲液为溶剂，反应得到叶酸，粗品精制后得到带有结晶水的成品叶酸，其反应如下。

HOOCCHNHCO—C₆H₄—NH₂ (CH₂, HOOCCH₂) + BrCH₂CHBr (CHO) + 2,4,5-三氨基-6-羟基嘧啶 (H_2N, NH_2, H_2N, OH)

L-对氨基苯甲酰谷氨酸　　α,β-二溴丙醛　　2, 4, 5-三氨基-6-羟基嘧啶

⟶ HOOCCHNHCO—C₆H₄—$NHCH_2$—蝶啶环 (NH_2, OH) (CH₂, HOOCCH₂)

叶酸

三、泛酸

泛酸［N-(2,4-二羟基-3,3-二甲基丁酰)-β-丙氨酸］称为维生素 B_5，广泛存在于动植物组织中，是一种 β-丙氨酸衍生物，由泛解酸和 β-丙氨酸组成。有旋光性，仅 D 型（$[\alpha]_D^{20}=+37.5°$）有生物活性。纯游离泛酸是一种淡黄色黏稠的油状物，具酸性，易溶于水和乙醇，不溶于苯和氯仿。泛酸在酸、碱、光及热等条件下都不稳定。泛酸具有制造抗体功能，在保持头发、皮肤及血液健康方面扮演重要角色。

泛酸一般的作用是参加体内能量的制造，并可以控制脂肪的新陈代谢；是大脑和神经必需的营养物质；有助于体内抗压力激素（类固醇）的分泌。可以保持皮肤和头发的健康。帮助细胞的形成，维持正常发育和中枢神经系统的发育；对于维持肾上腺的正常机能非常重要；是脂肪和糖类转变成能量时不可缺少的物质；是抗体的合成、人体利用对氨基苯甲酸和胆碱的必需物质。

泛酸可以加强正常皮肤水合功能，有改善干燥、粗糙、脱屑、止痒以及治疗多种皮肤病（如特应性皮炎、鱼鳞病、银屑病以及接触性皮炎）相关的红斑效果。其合成方法如下。

$$CH_2C(CH_3)_2—CH(OH)—CO(—O—) + NH_2CH_2CH_2COOC_2H_5 \longrightarrow HOCH_2C(CH_3)_2—CH(OH)CONHCH_2CH_2COOH$$

S-泛解酸内酯　　3-氨基丙酸乙酯　　泛酸

四、麦角胺

麦角胺（Ergotamine）是一种肽型生物碱，存在于麦角菌中。麦角胺具有刺激子宫收缩、促进分娩，以及分娩时帮助止血等作用，因此，被广泛用于医药品，多以 L-脯氨酰-L-苯丙氨酸内酰胺为合成原料。化学结构式如下：

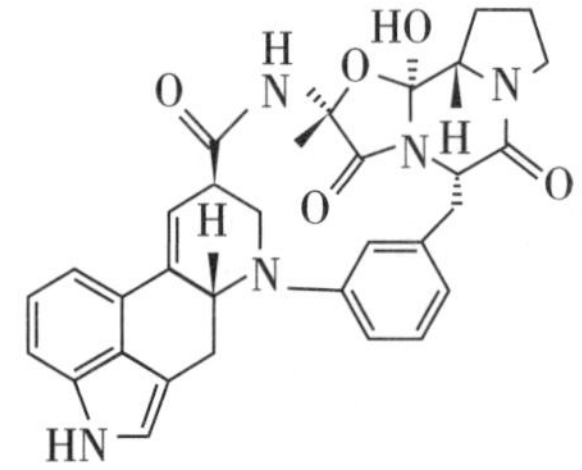

麦角胺 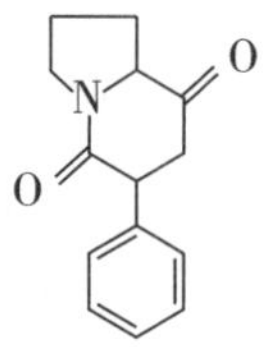　　　　L-脯氨酰-L-苯丙氨酸内酰胺

五、缬沙坦

缬沙坦（Valsartan）化学名为 *N*-（1-戊酰基）-*N*-{4-[2-(1*H*-四氮唑-5-基)苯基]苄基}-L-缬氨酸，是一种血管紧张素Ⅰ受体拮抗剂，它是继钙离子通道阻滞剂和血管紧张素转化酶抑制剂（ACE I）之后又一新型抗高血压药。由于其副作用小，作用机制独特，耐受性好，服用方便，已取代前两类药物而成为抗高血压方面的首选药物。

以 L-缬氨酸为起始原料先将其改造成 L-缬氨酸甲酯，再与 4-溴甲基-2′-氰基联苯直接进行烃化得 *N*-（2′-氰基联苯-4-亚甲基）缬氨酸甲酯，正戊酰化得 *N*-（2′-氰基联苯-4-亚甲基)-*N*-正戊酰基缬氨酸甲酯，最后用三丁基叠氮化锡在二甲苯中进行环合后再水解即可得到缬沙坦。该工艺反应条件温和，产品的熔点、比旋光度、红外光谱与对照品（进口品中提取）完全一致。具体制备过程如下。

（一）L-缬氨酸甲酯的制备

将 100g L-缬氨酸、500mL 无水甲醇投入 1L 三颈瓶中，在室温搅拌下通入干燥的 HCl 气体至饱和，放置过夜，次日小心加热回流 5h，反应毕，减压浓缩至干，得白色结晶状固体，转入 2L 三颈瓶中，加 1500mL 二氯甲烷溶解，降温至 0~5℃，加粒状 NaOH 80g，搅拌反应 18h，过滤，滤液浓缩至干，得油状物 L-缬氨酸甲酯 117.9g，收率 85%。

（二）*N*-（2′-氰基联苯-4-亚甲基）缬氨酸甲酯的制备

将 L-缬氨酸甲酯 117.9g，4-溴甲基-2′-氰基联苯 122.4g，无水乙醇 1000mL 投入 2L 三口瓶中，加热回流 5h，冷至室温，减压浓缩至干，加 CH_2Cl_2 400mL，水洗（200mL×2），无水 Na_2SO_4 干燥，过滤，浓缩至干，得 *N*-（2′-氰基联苯-4-亚甲基）缬氨酸甲酯 116g，收率 80%。

（三）*N*-（2′-氰基联苯-4-亚甲基)-*N*-正戊酰基缬氨酸甲酯的制备

将 *N*-（2′-氰基联苯-4-亚甲基)缬氨酸甲酯 116g 溶于 1000mL CH_2Cl_2 中，降温至 0~

5℃，搅拌下加入 50.5g 三乙胺，滴加正戊酰氯 60.7g，内温控制在 10℃以下，加毕，搅拌反应 2h，水洗（800mL×2），饱和碳酸氢钠溶液洗（400mL×2），无水 Na_2SO_4 干燥，过滤，浓缩至干，得淡黄色油状产物 *N*-（2′-氰基联苯-4-亚甲基）-*N*-正戊酰基缬氨酸甲酯 135g，收率 98%。

（四）缬沙坦的制备

将 238g 三丁基叠氮化锡、135g *N*-（2′-氰基联苯-4-亚甲基）-*N*-正戊酰基缬氨酸甲酯加到 2L 圆底烧瓶中，加 600mL 二甲苯，溶解，加热回流 28h，反应液冷至室温，用 2mol/L NaOH 1200mL 分两次萃取反应液，弃去有机层，萃取液在 35～40℃反应 2h，反应毕，用 6mol/L HCl 调 pH 至 3，乙酸乙酯萃取（700mL×3），饱和 NaCl 洗，无水 Na_2SO_4 干燥，过滤，滤液浓缩至干得粗品，加乙酸乙酯 550mL，加热溶解，加活性炭适量，回流 30min，趁热过滤，析晶，得粗品 75g，熔点 108～112℃（毛细管法测定，文献值 105～115℃），$[\alpha]_D^{20}=-64°$，收率 48.8%。

参考文献

［1］张伟国，钱和．氨基酸生产技术及其应用［M］．北京：中国轻工业出版社，1997.
［2］陈宁．氨基酸工艺学［M］．北京：中国轻工业出版社，2007.
［3］陈宁．氨基酸工艺学（第二版）［M］．北京：中国轻工业出版社，2020.
［4］杜军．氨基酸工业发展报告［M］．北京：清华大学出版社，2011.
［5］蒋滢．氨基酸的应用［M］．北京：世界图书出版公司北京公司，1996.
［6］吴显荣．氨基酸［M］．北京：北京农业大学出版社，1988.
［7］杨雪莲．必需氨基酸的生物合成研究［M］．北京：中国财富出版社，2011.
［8］张萍．氨基酸生产技术与工艺［M］．银川：宁夏人民教育出版社，1988.
［9］冯容保．发酵法赖氨酸生产［M］．北京：中国轻工业出版社，1986.
［10］李文濂．L-谷氨酰胺和 L-精氨酸发酵生产［M］．北京：化学工业出版社，2009.
［11］孔毅，杨婉，吴梧桐．我国氨基酸类药物研究进展［J］．药物生物技术，2007，14（3）：230-234.
［12］王洪荣，季昀．氨基酸的生物活性及其营养调控功能的研究进展［J］．动物营养学报 2013，5（3）：447-457.
［13］周日尤．氨基酸和氨基酸输液及其在中国的发展［J］．中国食品添加剂，2002，2：46-49.

第二十二章　氨基酸在食品工业中的应用

谷氨酸钠是人类应用的第一个氨基酸，也是世界上应用范围最广、产销量最大的一种氨基酸。有些氨基酸如甘氨酸、丙氨酸、脯氨酸、天冬氨酸也可用作食品调味剂。还有一些氨基酸可用作食品营养强化剂，现已开发出多种氨基酸食品和饮料，能够起到增强胃液分泌、造血和提高免疫力的功能。国外非常重视利用氨基酸的营养与生理功能，开发氨基酸保健食品，尤以美国、日本开发及市售最多，主要产品有运动饮料、能量饮料、美容食品等。附录 3 T/CBFIA 04001—2019《食品加工用氨基酸》列出了 28 种常用的食品加工用氨基酸的命名、分子式、相对分子质量、结构式、技术要求、试验方法、检验规则、标志、包装、运输和贮存要求。

氨基酸对食品具有各种各样的应用效果（表 22-1）。因此，在食品工业中的应用极其广泛，除用于食品的营养强化外，还广泛用于调味、增香、消除异臭和防腐保鲜等方面。

表 22-1　　氨基酸对食品的应用效果

氨基酸	对象食品	效果
DL-丙氨酸	配制酒	调味
L-天冬氨酸单钠	复合化学调味剂	调味
L-精氨酸、L-谷氨酸	绿茶、面包	调味、提高质量
半胱氨酸盐酸盐	天然果汁、水产加工品、配制酒、合成醋	调味、防霉
甘氨酸	调味食品、生鲜食品、罐头	调味、保鲜
L-谷氨酸单钠	鲜味调味剂、调味食品、罐头	调味、协同效果
L-组氨酸	婴儿食品、老年食用食品	提高质量、营养
L-亮氨酸	谷类	营养
L-异亮氨酸	谷类	营养
L-缬氨酸	谷类	营养
L-赖氨酸	谷类、面包、面、米	营养、改善风味
L-赖氨酸、L-天冬氨酸	谷类	营养、调味
L-赖氨酸、L-谷氨酸	谷类	营养、调味
L-甲硫氨酸	面包	促进发酵
DL-甲硫氨酸	面包	促进发酵
L-苯丙氨酸	面包	促进发酵
L-苏氨酸	面包	促进发酵
DL-苏氨酸	面包	促进发酵
L-色氨酸	面包	促进发酵

第一节 营养与食品强化

一、氨基酸与营养

氨基酸是构成天然蛋白质的基本单位，故蛋白质营养价值实际上是氨基酸的反映。健康人靠膳食中的蛋白质获取各种氨基酸，以满足机体的要求。但不同氨基酸营养重要性不同，其中赖氨酸、色氨酸、苯丙氨酸、甲硫氨酸、苏氨酸、亮氨酸、异亮氨酸、缬氨酸和组氨酸 9 种氨基酸是人及哺乳动物自身不能合成，必须由食物供应，故称为必需氨基酸。其他氨基酸均称为非必需氨基酸，其中胱氨酸及酪氨酸可分别由甲硫氨酸和苯丙氨酸产生。若食物中提供了足够的胱氨酸及酪氨酸，可减少甲硫氨酸及苯丙氨酸的需求量，故胱氨酸与酪氨酸有时也称为半必需氨基酸。此外，体内精氨酸合成速度较低，通常难以满足要求，需由外界补充一部分，故其也称为半必需氨基酸。必须强调指出，在机体代谢活动中非必需氨基酸及必需氨基酸是同等重要的。

对婴幼儿而言，赖氨酸具有特殊的重要意义。它能促进钙的吸收，加速骨骼生长，有助于婴幼儿的生长发育。而食物中赖氨酸含量甚低，加工过程中易被破坏，引起赖氨酸缺乏，导致蛋白质代谢平衡失调，胃液分泌减少，消化力下降，引起厌食，从而影响发育。因此，在儿科营养学上，赖氨酸是促进婴幼儿生长发育不可缺少的营养素。

二、食物中氨基酸的平衡情况

大多数天然食品蛋白质中各种氨基酸均与人体所需要的各种氨基酸含量不完全相同，尤其是谷类食物。常见的几种食物和粮谷类蛋白质中必需氨基酸含量分别见表 22-2 和表 22-3。

表 22-2　　几种食物蛋白质中必需氨基酸含量及其比值

必需氨基酸	婴儿需要量之比值	成人需要量之比值	全鸡蛋蛋白质		牛乳酪蛋白		大米蛋白质		面粉蛋白质		大豆蛋白质		花生蛋白质	
			/%	比值	/%	比值	/%	比值	/%	比值	/%	比值	/%	比值
色氨酸	1.0	1.0	1.5	1.0	1.3	1.0	1.3	1.0	0.8	1.0	1.4	1.0	1.0	1.0
苯丙氨酸	5.6	4.4	6.3	4.2	6.3	4.8	5.0	3.8	5.5	6.9	5.3	3.2	5.1	5.1
赖氨酸	6.7	3.2	7.0	4.7	8.5	6.5	3.2	2.3	1.9	2.4	6.8	4.9	3.0	3.0
苏氨酸	2.9	2.0	4.3	2.9	4.5	3.5	3.8	2.9	2.7	3.4	3.9	2.8	1.6	1.6
甲硫氨酸	2.8	4.4	4.0	2.7	3.5	2.7	3.0	2.3	2.0	2.5	1.7	1.2	1.0	1.0
亮氨酸	14.1	4.4	9.2	6.1	10.0	7.7	8.2	6.3	7.0	8.8	8.0	5.7	6.7	6.7
异亮氨酸	3.0	2.8	7.7	5.1	7.5	5.9	5.2	4.0	4.2	5.2	6.0	4.3	4.6	4.6
缬氨酸	5.3	3.2	7.2	4.8	7.7	6.0	6.2	4.8	4.1	5.1	5.3	3.2	4.4	4.4

表 22-3　几种粮谷类蛋白质中必需氨基酸含量　单位:%（质量分数）

	籼米	粳米	小米	白玉米	八一粉*	甘薯	马铃薯
赖氨酸	4.00	3.52	1.93	3.65	2.50	6.17	8.30
色氨酸	1.61	1.68	1.92	0.77	1.13	1.41	2.10
苯丙氨酸	4.86	5.75	5.69	5.15	4.80	5.20	5.90
甲硫氨酸	2.06	1.65	2.88	1.85	1.52	1.41	2.50
苏氨酸	3.99	3.65	4.14	4.61	1.13	5.65	6.90
亮氨酸	9.08	8.40	14.86	15.38	7.12	7.90	9.60
异亮氨酸	3.46	3.54	3.59	3.28	3.19	3.58	3.70
缬氨酸	4.15	3.94	6.35	4.20	4.60	1.12	5.30

*小麦磨成面粉，出粉率为81%的面粉，称为八一粉。

由表22-2和表22-3可以看出，动物性蛋白质中必需氨基酸的比值与人体所需要的比值基本一致；植物性蛋白质中必需氨基酸的比值与人体所需要的比值不一致，必须补充赖氨酸、苏氨酸、甲硫氨酸及色氨酸等必需氨基酸进行调整。

三、氨基酸的强化

由于各种食物蛋白质中氨基酸的含量与比值不同，因而其蛋白质的利用率也有所不同，表22-4列出了主要食品中蛋白质含量及利用率。

表 22-4　主要食品中蛋白质含量及利用率

项目	鸡蛋	牛乳	肉类	大豆	大米	面包
蛋白质含量/%	12.7	2.9	19.3	34.3	6.2	8.0
蛋白质利用率/%	94	82	80	65	59	48

由表22-4可知，动物性蛋白质的利用率均高于植物性蛋白质。但是，如果在谷类食品中添加赖氨酸、苏氨酸等，可以成倍地提高其蛋白质效价（表22-5），使其营养价值接近动物性蛋白质的水平，这一过程称为强化。

表 22-5　谷物强化效果（PER*）

品种	限制氨基酸补充量/%			蛋白效价（以酪蛋白2.5为基数）		
	赖氨酸	苏氨酸	色氨酸	补充前	补充后	提高倍数
大米	0.2	0.2	—	1.50	2.61	0.74
大麦	0.2	0.2	—	1.66	2.28	0.37
高粱	0.2	—	—	0.69	1.77	1.56
面粉	0.2	—	—	0.65	1.56	1.40
	0.4	0.3	—	0.65	2.67	3.00

续表

品种	限制氨基酸补充量/%			蛋白效价（以酪蛋白 2.5 为基数）		
	赖氨酸	苏氨酸	色氨酸	补充前	补充后	提高倍数
玉米	0.2	—	—	0.85	1.08	0.30
	0.4	—	0.07	0.85	2.55	2.00

注：*表示蛋白质效率比（Protein Efficiency Ratio，PER）。

为解决蛋白质短缺的问题，合理利用现有粮食的蛋白质资源，一种经济、有效和现实的办法就是采用赖氨酸强化谷物。实践证明，这种方法很有效。现已为联合国粮农组织和世界卫生组织所确认并予以推荐。

赖氨酸具有增强胃液分泌，提高蛋白利用率，增强造血机能，使白细胞、血色素和丙种球蛋白增加，保持代谢平衡，增强抗病能力等作用，有利于促进儿童体格与智力发育。

在谷类为主的食品中添加一定量的赖氨酸，可提高其蛋白质的吸收率和营养价值。一般谷类蛋白质中赖氨酸的含量为 150mg/g 蛋白质氮，与理想的标准值之比为 150/340 = 0.44，距离理想值相差甚远，因此，谷类食物若不补充赖氨酸，则其营养价值和利用率比动物蛋白质要低得多。尤其是儿童对蛋白质中赖氨酸的需要量要比成人高 1.3~2.4 倍。我国广西壮族自治区对 112 名儿童的食品中添加 3g/L 赖氨酸，半年后与对照组相比，平均身高增高 1.26cm，体重增加 0.51kg，血红蛋白增加 1.05g。

根据食品营养强化剂使用卫生标准，赖氨酸可添加于面包、饼干、面条、馒头中，添加量为 1~2g/kg，也可加入面粉或大米中，添加量约为 2g/kg（以干物质计）。成人每天食用 1.0~1.5g，儿童每天食用 0.6~0.8g。

国外采用的强化方法：将赖氨酸加入面粉中，用量为 2~4g/kg 面粉；或将赖氨酸溶于水中，然后用来和面，加工成食品；或在煮熟的米饭中加入粉状赖氨酸；或用 40% 赖氨酸水溶液，吸收到蒸熟的米饭中去。

对赖氨酸的补充，除可直接添加外，也可以用含量相对丰富的其他食物配合。例如，将谷类、豆类、乳粉以 300 : 100 : 150 的比例混合，则每克混合物中赖氨酸值可上升为 0.93。若豆类和动物性蛋白质数量有限，针对谷类食物所缺少的赖氨酸适当予以补充，也是可行的。

赖氨酸的应用要恰当，必须根据食物种类和使用对象，缺什么补什么，避免盲目性。如果人为不合理地增加其含量，则会造成氨基酸之间新的不平衡，不仅引起吸收率下降，而且产生负氮平衡。例如，赖氨酸如果缺少精氨酸的配合，可导致食欲减退、生殖能力降低、抗病力下降，甚至发生器质性病变。这是由于赖氨酸和精氨酸进行细胞膜转移时是由同一个载体承担输出运进，在分解代谢过程中，高浓度赖氨酸能诱导精氨酸酶活力增加，促使精氨酸加快分解，势必造成细胞内精氨酸供应不足，从而使氨基酸代谢失去平衡。因此，不可经常大量食用赖氨酸强化食品。一般来说，每 100g 禽蛋、肉类含有 1.3~1.5g 赖氨酸，而且精氨酸含量也较高，经常食用动物性蛋白质，就不一定要补充赖氨酸强化食品。

除赖氨酸外，牛磺酸对婴幼儿的生长发育也是十分重要的，人体内需要半胱氨酸亚磺酸脱羧酶，而婴儿体内该酶没有成熟，因此，造成从半胱氨酸转化牛磺酸的量少，必须由食物补充。在供给婴幼儿食用的牛乳和乳粉中加入适量的牛磺酸，可使其营养价值接近母乳，这对保证婴幼儿的健康和正常发育是十分重要的。

第二节　风味和调味

一、氨基酸与肽的味

（一）氨基酸的味

1908 年，池田菊苗在研究海带的呈味物质中发现了 L-谷氨酸，这是化学上第一次证明氨基酸在食品呈味性上具有重要地位，这项发现也为生产 L-谷氨酸钠盐作为调味料工业奠定了基础。

氨基酸是重要的呈味成分，通过美拉德反应等化学变化，为食品的风味做出贡献，与食品的特有味道有密切的关系。虽然食品风味是由多种因素构成的，只凭一种单一成分还不能呈现其特有的味道，但是不同成分的呈味是有一定规律性的，可判断出基本方向。自然界存在 22 种氨基酸，一部分是游离氨基酸，更多的是以各种形式的肽和不同相对分子质量的蛋白质的形式存在于动植物中。不同食品中氨基酸的种类和含量是不同的，它们对食品风味的贡献也不一样，食品中特有的氨基酸的种类和配比对该食品特征风味的产生甚为重要。如绿茶中游离谷氨酸较多，而在海胆中则甲硫氨酸较多。因此比较不同食品中游离氨基酸的组成，是对食品风味进行判断和分析的基本方法，所以人们把食品的游离氨基酸的组成又称为氨基酸模型。从氨基酸模型中可以找出关键呈味成分。通过海产品中氨基酸和核苷酸的组成，就可以判定美味产生的原因，这是因为氨基酸与 5′-核苷酸的相乘作用产生了非常强烈的鲜味。

人们已经仔细地研究了每种氨基酸的味觉特点，发现由于氨基酸有多个官能基团，因此表现出多味感的特点。非天然的 D-氨基酸以甜味为主，而 L-氨基酸以苦味较多，这取决于氨基酸侧链基团的亲水或疏水的强弱。氨基酸的阈值非常低，也就是说氨基酸对食品风味的贡献不能被忽视。

几乎所有氨基酸的味感都是由甜、酸、咸、苦和鲜这 5 种基本味构成的，只是比重不同，对整体味感的贡献有大小。在所有氨基酸的 5 味中咸味最弱，必需氨基酸大多有苦味，以苯丙氨酸和色氨酸苦味最强，甘氨酸名副其实甜味最高，最酸的首推天冬氨酸。

借助于现代分析技术，可以知道食品的某种味道主要是由哪几种氨基酸组成。一般动物性食品的味道，主要是以谷氨酸和次黄嘌呤核苷酸为中心，再加上其他几种氨基酸、有机酸、肽等成分加以修饰，而形成该种食品的独特风味。植物性食品则以谷氨酸作为其味道中心，再加上其他氨基酸、有机酸、糖类构成其风味。对水果的风味，有机酸和糖类影响最大。表 22-6 总结了各种氨基酸的呈味性质。

表 22-6　　　　氨基酸的呈味性质

	氨基酸	阈值/(mg/L)	甜	苦	鲜	酸	咸
甜味	甘氨酸	1300	+++				
	丙氨酸	600	+++				
	丝氨酸	1500	+++			+	
	苏氨酸	2600	+++		+	+	
	脯氨酸	3000	+++		++		
	羟脯氨酸	500	++		+		
	谷氨酰胺	2500	++			+	
苦味	缬氨酸	400	+	+++			
	亮氨酸	1900		+++			
	异亮氨酸	900		+++			
	甲硫氨酸	300		+++	+		
	苯丙氨酸	900		+++			
	色氨酸	900		+++			
	精氨酸	500		+++			
	精氨酸盐酸盐	300	+	+++			
	组氨酸	200	+	+++			
	赖氨酸盐酸盐	500	++	+++	+		
酸味	组氨酸盐酸盐	50		+		++	
	谷氨酸	50		+	++	+++	
	天冬氨酸	30		+		+++	
	天冬氨酰胺	100		+		++	+
鲜味	谷氨酸钠	500			++		
	天冬氨酸钠	1000			++		

由表 22-6 可知，氨基酸的味大约可分为甜味、苦味、酸味和鲜味。大多数氨基酸不会因改变浓度而改变其基本味质，但谷氨酸、脯氨酸、丝氨酸等少数几种氨基酸随其浓度的变化而改变其风味。呈甜味的氨基酸有甘氨酸、L-丙氨酸、L-丝氨酸、L-脯氨酸、L-谷氨酰胺、L-苏氨酸等；呈苦味的氨基酸有 L-亮氨酸、L-异亮氨酸、L-缬氨酸、L-苯丙氨酸、L-甲硫氨酸、L-色氨酸、L-精氨酸、L-组氨酸等，但这些苦味氨基酸的 D 型异构体都具有甜味。如 L-色氨酸的苦味程度为咖啡碱的 1/2，而 D-色氨酸的甜味强度却是蔗糖的 35 倍之多。呈酸味的氨基酸有 L-谷氨酸、L-天冬氨酸等，但它们的中性溶液却具有强烈的鲜味，而其 D 型异构体却一点鲜味都没有。这说明氨基酸的呈鲜味性质与其立体结构有关。此外，氨基酸和核苷酸间有呈味相乘作用，由于与 L-谷氨酸钠盐间的相乘作用，其呈味力大大加强。又如，在谷氨酸钠中加入 10%肌苷酸后其鲜味增加 6 倍，若再在其中

添加一定量的L-丙氨酸，其鲜味又增加3~5倍，此即是“强力味精”。

（二）肽的味

一个α-氨基酸的羧基与另一个α-氨基酸的氨基形成的酰胺键称为肽键，两个或两个以上的氨基酸以肽键连接形成的直链或环状化合物就是多肽。肽也是动植物体内的生物活性成分，通常是采用各种水解蛋白质的方法获得的。一般发酵食品中含肽较多，如酱油、酱类、腐乳、干酪和黄酒等中，特别是利用蛋白质含量较高的原料获得的发酵食品，因为利用各种蛋白酶不同程度的水解而获得了不同种类和产量的肽。肽在食品中的各种呈味作用是最基本、最传统的作用。由于蛋白质生成的氨基酸种类达20余种，因此肽的种类甚多，目前对两个氨基酸所组成的二肽的呈味特性进行了研究，肽的5种基本味也具有各种比例。

由于肽是由氨基酸构成的，其呈味特性很大程度上取决于氨基酸的呈味特性。关于肽的呈味问题已经有各种研究，多肽以苦味为主；亲水多肽味淡，少有甜味；而疏水多肽多味苦，偶有甜苦；少数肽和蛋白质有高甜度。肽的呈味强度受肽链长度的影响，越长越易于形成分子基团的四级结构，其疏水性基团可藏于分子基团内，所以通常比氨基酸呈味弱，但也会有味感增强的现象。

在食品中含有许多肽，特别是酱油、豆酱和干酪等利用酶作用于蛋白质而制成的食品，含肽量较高。

肽与氨基酸一样，是全白色的结晶体，熔点较高，通常在熔融的同时分解。不溶于有机溶剂，但溶于水，在水中的溶解度因不同种类而异。肽含有氨基和羰基，是两性电解质，有缓冲性，对食品的风味具有微妙的影响，另外肽还具有螯合作用。一般肽链较长，具有起泡性和黏性，赋予食品味道，是提升风味的主要部分。

肽的呈味力多半比氨基酸弱，现以由2个氨基酸缩合而成的二肽为例，其结构式如下：

$$\begin{array}{ccccccccc} H_2N & - & CH & - & C & - & NH & - & CH & - & COOH \\ & & | & & \| & & & & | & & \\ & & R & & O & & & & R & & \end{array}$$

二肽的呈味性总结于表22-7中。

表22-7　　二肽呈味性（1：苦味；2：酸味）

		甜味氨基酸					苦味氨基酸								酸味氨基酸	
		Gln	Ala	Ser	Thr	Pro	Val	Leu	Ile	Trp	Tyr	Phe	Lys	Arg	Asp	Glu
甜味氨基酸	Gln						1	11	11	111	111	111	1111	1111	22	22
	Ala						1	11	11	111	111	111	1111	1111	22	22
	Ser						1	11	11	111	111	111	1111	1111	22	22
	Thr						1	11	11				1111	1111	22	22
	Pro						1	11	11				1111	1111	22	22

续表

		甜味氨基酸					苦味氨基酸								酸味氨基酸	
		Gln	Ala	Ser	Thr	Pro	Val	Leu	Ile	Trp	Tyr	Phe	Lys	Arg	Asp	Glu
苦味氨基酸	Val	1	1	1	1	1	11	11	11	11	11	11	1111	1111	22	22
	Leu	11	11	11	11	11	1111	1111	1111	1	1	1	1111	1111	22	22
	Ile	11	11	11	11	11	1111	1111	1111	1	1	1	1111	1111	22	22
	Trp	111	111	111	111	111	11	1	1				1111	1111	2	2
	Tyr	111	111	111	111	111	11	1	1				1111	1111	2	2
	Phe	111	111	111	111	111	11	11	1				1111		2	2
	Lys	111	111	111	111	111	111	111	111	111	111	111	111	111	2	2
	Arg	111	111	111	111	111	111	111	111	111	111	111	111	111	2	2
酸味氨基酸	Asp	22	22	22	22	22	22	22	22	2	2	2			222	222
	Glu	22	22	22	22	22	22	22	22	12	12	12			222	222

1. 肽的苦味

传统的经验表明，用蛋白酶水解蛋白质后有苦味，不论是胃蛋白酶水解大豆蛋白质，还是胰蛋白酶分解酪蛋白都产生苦味肽。

2. 肽的鲜味

当肽的N端为谷氨酸时，肽具有谷氨酸钠那样的鲜味，但鲜味强度较弱。一般具有鲜味的肽，其结构中含较多的天冬氨酸和谷氨酸等酸性氨基酸，如在鱼蛋白质和酱油呈鲜味部分中含有天冬氨酸和谷氨酸等酸性氨基酸组成的小分子肽较多。但肽不像味精或肌苷酸那样以鲜味为主，而是赋予食品更复杂微妙的风味。

3. 肽的甜味

天冬氨酰苯丙氨酸甲酯（APM）具有强烈的甜味。除APM外，其他氨基酸和天冬氨酸缩合成的二肽类大多都有甜味，其中天冬氨酰-β-环己基丙氨酸甲酯，甜度比蔗糖高300~500倍，但其对热不稳定，较长时间煮沸加热后结构破坏，甜度下降。此外，天冬氨酸和甘氨酸构成的二肽衍生物——*N*-天冬氨酰-α-（邻-甲苯基）-羧酸酯-甘氨酸甲酯，它的甜度为蔗糖的6000倍，可用于食品、医药和化妆品等。

二、食品中的游离氨基酸与肽

（一）食品中的游离氨基酸

水产动物中含有丰富的氨基酸，鱼肉的红色肉部分含有较多的组氨酸，而白色肉部分组氨酸较少，甘氨酸和丙氨酸较多。鱼肉的呈味和氨基酸间的关系很复杂，实验证明，鱼肉的味道最鲜美的时候，也是其氨基酸含量最高的时候。贝类含有较多的甘氨酸、丙氨酸和脯氨酸等甜味氨基酸；乌贼含有较多的脯氨酸；虾则含有较多的甘氨酸、脯氨酸和丙氨酸，其中甘氨酸含量高达肌肉的1%；具有特殊美味的海胆也含有较多的氨基酸，鲜味来自谷氨酸，苦味来自缬氨酸和甲硫氨酸。

与水产动物相反，畜肉所含游离氨基酸较少，平均总含量只有1~3g/kg（鱼的红色肉部分含有3~8g/kg)，其中谷氨酸、赖氨酸、丙氨酸和组氨酸等含量较高。

蔬菜和水果中含有许多天冬酰胺、谷氨酸、谷氨酰胺和丝氨酸等。瓜类中含有较多的瓜氨酸。绿茶中含有许多谷氨酸、天冬氨酸、精氨酸及特殊甘味成分的L-谷氨酸-γ-乙酰胺。海藻类中海带含有大量谷氨酸，占干重的2%~4%，为海带鲜味的主要成分。紫菜中除了含有6g/kg的谷氨酸外，还含有10g/kg的丙氨酸。

酱油中的氨基酸来自大豆、小麦等原料蛋白质，几乎含所有的氨基酸，谷氨酸占所含氨基酸总量的20%左右，天冬氨酸、赖氨酸、亮氨酸和脯氨酸等含量也较多。

如上所述，食品所具有的风味与其所含氨基酸的组成有关，随食物种类的不同而不同，每一种食物含有某些氨基酸是其风味的特征。如虾含有大量甘氨酸，海胆含有大量甲硫氨酸；而东方人使用的历史悠久的调味料——酱油，以及欧美加工食品调味中广泛使用的牛肉抽提物（Beef Extract）则不同，它们的风味不是决定于某一种特定氨基酸，而是由许多种氨基酸综合搭配而形成很复杂的风味，故它们能成为多种加工食品调味的基础。

（二）食品中的肽

食品中肽的含量因不同食品而异。酱油、酱类、腐乳、干酪和黄酒等发酵食品中含肽较多，进一步研究肽对食品、特别是对发酵食品的风味的影响，对提高食品的质量、美化风味都有现实意义。

清酒中的肽含量为200~300mg/100mL，相当于清酒总浸出物的20%，仅次于氨基酸含量。清酒中肽的排列有规律性，低级肽为Asp-Gln、Asp-Glu型；中级以上的肽为Gly-Asp-Gln-Ser-Ala型。低分子肽来自大米的蛋白质，中高分子肽可能是在酿造过程中生成的。

酱油中的肽多为酸性肽，占总氮的15%~19%，因为由天冬氨酸、谷氨酸和亮氨酸等构成的肽含量较多，有苦味和涩味，当然酱油的苦味和涩味并不都是由肽引起的。

豆酱中的肽以低分子肽所占比率较大，酸性肽较多。豆酱中的肽类无论是酸性、中性或碱性，其构成都以天冬氨酸和谷氨酸为主体，各种特征与酱油相类似。

腐乳中的肽多呈苦味，低分子肽随高分子肽的存在而增多，其中亮氨酸和缬氨酸的含量较高。

牛肉汁、鲸肉汁等所含的肽，大部分为肌肽（D-丙氨酸-组氨酸）系统的二肽。肉汁中的肌肽占总氮量的20%~30%。肌肽系统有肌肽、鹅肌肽（D-丙氨酰-1-甲基-组氨酸）和D-丙氨酰-3-甲基-组氨酸。这三种肽的含量构成肉汁原料的特征，牛肉汁中含肌肽较多，鲸肉汁中含D-丙氨酰-3-甲基-组氨酸较多，鱼肉汁中含鹅肌肽较多。这些肌肽都呈苦味。

味精、肌苷酸钠、鸟苷酸钠等的辨别阈值因添加肽而上升，就是说因添加肽而抑制鲜味物质的呈味力。

肽对食盐的咸味的影响既不降低也不增加，而对有机酸类的呈味却有很大的影响。在阈值以下的有机酸盐（琥珀酸钠、醋酸钠和乳酸钠）溶液中添加阈值量的肽，与未添加者相比较有明显的差别。再者，肽呈现不同于氨基酸的缓冲作用。

总之，肽的作用对食品基本味道影响不大，而是对构成食品的各种物质的呈味方面起到微妙的变化，使食品的总体味道变得协调。

三、氨基酸在调味料方面的应用

随着人们生活水平的提高，氨基酸在食品调味料方面的应用也越来越多。但是能够实用化的单一品种仅限于L-谷氨酸钠盐、甘氨酸等少数氨基酸。要调制出更复杂新颖的食品风味，则必须将多种氨基酸混合使用。氨基酸混合物中比较廉价而实用的产品有HVP（植物蛋白水解产物）、HAP（动物蛋白水解产物）和酵母浸膏。

（一）L-谷氨酸钠盐

L-谷氨酸钠盐，俗称味精，具有很强的肉类鲜味，稀释3000倍仍能感到其鲜味，味阈值为0.14g/kg。一般，在烹饪和罐头食品中用0.2~1.5g/kg即可。在食盐与之共存时可增强其呈味作用，一般1g食盐加入0.1~0.15g味精呈味作用最佳。而与5′-肌苷酸和5′-鸟苷酸一起使用更有相乘效果。

味精还有缓和苦味和酸味的作用，如糖精的苦味，加入味精后可缓和其不良苦味。

1987年以前世界各国对味精的不良反应有过长期争论。所谓中国餐馆综合征，说的是中国餐馆烹饪时使用大量味精，食用后有发生过敏反应者。还有人认为味精能影响大脑发育，但也有味精能增加幼儿脑部发育之说。FAO/WHO联合食品添加剂专家委员会于1973年曾规定味精日允许摄入量（ADI）为1~120mg。上述摄入量不适用于未满12周的婴儿。各国食品、化学和药物研究部门对味精的安全问题进行了大量研究，1988年FAO/WHO联合食品添加剂专家委员会第19次会议结束了对味精安全性的讨论，宣布取消对味精的食用限量，再次确认味精是一种安全可靠的食品添加剂，会议还取消了对未满12周婴儿服用味精的限制。

实际上，谷氨酸虽非人体必需氨基酸，但在体内代谢，与酮酸发生氨基转移后，能合成其他氨基酸。食用后，有96%可被体内吸收。一般用量不存在毒性问题。除非空腹食用量过大后会有头晕现象发生。这是由于体内氨基酸暂时失去平衡所致。若与蛋白质或其他氨基酸一起食用则无此现象。

味精适用于家庭、饮食业及食品加工香肠、罐头、汤料等荤素食品。一般罐头、汤料用1~3g/kg；浓缩汤料、速食粉可用3~10 g/kg；水产品、肉类用量为5~15 g/kg；酱菜、腌渍食品可用量为1~5g/kg；面包、饼干、配制酒、酿造酒用量为0.15~0.6g/kg；竹笋、蘑菇罐头用量为0.5~2g/kg。

味精作为鲜味剂，在豆制品、曲香酒中有增香作用外，在竹笋、蘑菇罐头中也有防止浑浊、保形和改良色、香、味等作用。

虽然味精对热稳定，但在酸性食品中应用时，最好在加热后期或食用前添加。在酱油、食醋以及腌渍等酸性食品中应用时可增加20%用量。这是因为味精的鲜味与pH有关，当pH在3.2以下时呈味作用最弱；当pH为6~7时，味精全部解离，呈味作用最强。

（二）甘氨酸

早在1820年首次发现甘氨酸时，人们就已知道它具有甜味。当初，曾将它误认为是糖类之一。10g/L甘氨酸水溶液与同浓度砂糖水溶液的甜味相近，但甘氨酸除了带有甜味外，还稍有苦味。由于甘氨酸的甜味清爽怡人，所以在食品加工中常被用作甜味剂。

甘氨酸在食品中的应用，开始只是将其添加于配制酒类，以增加酒的甜味和香味。目前则大量用于清凉饮料、速食食品、盐渍食品和水产加工品等加工制品中。其添加量可视对象的不同而异，在1~10g/kg。使用目的不单是作为调味剂，还可增加食品本身风味的"浓度"，缓和咸味、苦味及调整食品的味道。使用人工甜味剂糖精，具有后味苦涩的缺点，如果将甘氨酸和糖精一起使用，则可掩盖糖精的苦味。其使用量以清凉饮料为例，若使用糖精钠盐0.4g/kg，则配合使用甘氨酸2g/kg。

在制造鱼糕、鱼丸等加工食品时，若添加10~20g/kg甘氨酸作为调味料，即使在夏季高温期间，鱼糕、鱼丸表面也不易因细菌繁殖而变质，产生黏膜。这是因为甘氨酸会阻碍枯草杆菌等引起黏膜产生细菌的细胞合成，从而能够抑制这类细菌的繁殖。

甘氨酸还可作为食品的抗氧化剂。如在由食用油脂制造的单或双脂肪酸丙酯这类乳化剂中，常添加0.2g/kg以下的氨基酸作为抗氧化剂。

（三）L-天冬氨酸钠

L-天冬氨酸钠具有甜味，带淡薄鲜味，味似左旋谷氨酸钠（味精的异构体）。易溶于水，不溶于酒精。吸湿性强。熔点140.4℃。对热、光、空气都很稳定。阈值为1.6g/L。其呈味性约为味精的1/5，但与味精、肌苷酸钠和鸟苷酸钠等呈味核苷酸混合使用，可发挥相乘作用。

L-天冬氨酸虽非必需氨基酸，但代谢反应强，在生理上有其重要作用，可视为体内正常成分，安全性高。它一般不单独用于食品添加剂，多与其他调味剂如味精、甘氨酸和呈味核苷酸配合作为增效剂；有时与柠檬酸钠、琥珀酸钠等配合使用；还可与聚磷酸盐配合使用，用于清凉饮料，有爽口的独特香味，能增加清凉感并香味浓厚爽口。

L-天冬氨酸钠作为饮料调香剂，在果汁饮料中添加量为1~2g/kg，固体饮料添加量为2~5g/kg；磷酸饮料添加量为1~5g/kg。

肉制品也可用L-天冬氨酸钠作为调香剂，具有使其香味浓厚，抑制其色、香、味变化等功能，鱼糕的用量（按原料总量计）为1~5g/kg，红肠为1~3g/kg，肉汁汤料为5~10g/kg。

L-天冬氨酸钠还可用于各种调味料，如酱油中可添加1~4g/kg，蔬菜罐头1~2g/kg（按汤浆用量计算），咸菜0.5~5g/kg。

（四）天冬氨酰苯丙氨酸甲酯（甜味素，APM）

L-天冬氨酸没有甜味，但当它与有甜味的苯丙氨酸缩合成为酰胺，并将其中一个羧基酯化，则甜度大增。*N*-L-α-天冬氨酰-苯丙氨酸甲酯（Aspartame），简称 APM，结构式如下：

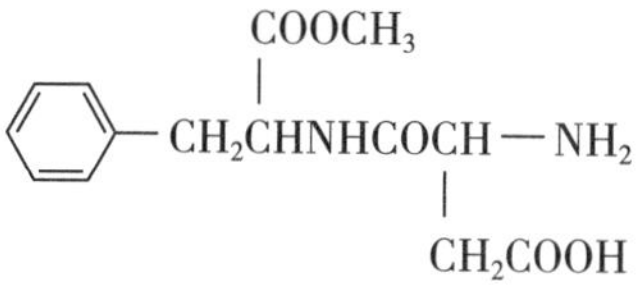

$$\text{C}_6\text{H}_5-\text{CH}_2\text{CH}(\text{COOCH}_3)\text{NHCOCH}(\text{CH}_2\text{COOH})-\text{NH}_2$$

APM

APM 经美国食品药品监督管理局（FDA）长时间观察，认为可用于食品添加剂，它在食品中较稳定，耐煮沸加热。但在酸性条件下易水解成天冬氨酸和苯丙氨酸而失去甜味，在中性或碱性条件下可缓缓环化为双酮胡椒嗪衍生物，同时失去甜味。这种双酮化合物在人群中有万分之一的机会导致代谢干扰，需控制苯丙氨酸摄入。APM 在 pH 4~5 时最为稳定，在 25℃半衰期达 10 个月。如果粉末状干品用聚乙烯袋盛放，外裹麻袋，在室温下贮存一年未见有双酮化合物产生。

APM 甜度约为蔗糖的 150 倍，味质好，且几乎不增加热量，可作糖尿病、肥胖症等疗效食品的甜味剂，也可作防龋齿食品的甜味剂。APM 可用于汽水、饮料、醋、咖啡饮料、啫喱中，使用量可按正常生产需要，或与其他甜味剂合用。

（五）水解植物蛋白、水解动物蛋白和酵母浸膏

1. 加工简介

将植物蛋白用 HCl 水解所得的氨基酸混合物，再经脱臭、脱色、调整成分后的制品称为水解植物蛋白（Hydrolyzed Vegetable Protein），简称 HVP。因为是以 HCl 水解，再以 NaOH 中和，所以制品中食盐的含量相当高。通常将 HVP 制成液状、糊状、粉末状和颗粒状等出售。

HAP 是水解动物蛋白（Hydrolyzed Animal Protein）的简称。其加工方式及产品形式与 HVP 相似。

酵母浸膏（Yeast Extract）是采用自溶的方法使啤酒酵母等自身消化分解，然后分离去杂质，再经调整、浓缩而成。酵母浸膏除含有游离氨基酸外，还含有肽、维生素等，所以甘味略逊于 HVP，但“食味浓度”极强，这是它最大的特点。

2. 产品的氨基酸组成

HVP、HAP 和酵母浸膏的氨基酸组成成分见表 22-8。其中 HAP 制品含有甜味强的氨基酸量较多，因而有甜味强的特征。酵母浸膏是利用酵母自溶而制成，比蛋白质完全分解的 HVP 和 HAP 所含氨基酸要少。

3. 使用注意事项

HVP、HAP 和酵母浸膏都有呈液状、糊状或粉末状的制品，各有其特有的性质。酵母浸膏呈味复杂，具有可乐味道。最近多在 HVP 膏、粉末和颗粒等制品中配合酵母浸膏和核苷酸系调味剂使用，以强化其呈味力。在使用时须注意，酵母浸膏有其独特的酵母臭味；HVP 含有许多来自甲硫氨酸的含硫化合物，呈味很强。

表 22-8　HVP、HAP、酵母浸膏的氨基酸组成成分　单位：g/100g 总氮

氨基酸 \ 制品名称	HVP	HAP	酵母浸膏
赖氨酸盐酸盐	0.61	1.58	0.39
组氨酸盐酸盐	0.21	0.57	0.10
精氨酸盐酸盐	0.50	1.10	0.28
天冬氨酸	0.96	1.14	0.20
谷氨酸	0.70	2.00	0.64
苏氨酸	0.28	0.36	0.19
丝氨酸	0.42	0.22	0.34
脯氨酸	0.53	0.80	0.09
甘氨酸	0.34	0.81	0.13
丙氨酸	0.47	1.17	0.39
缬氨酸	0.17	0.56	0.27
亮氨酸	0.08	0.41	0.19
异亮氨酸	0.10	0.27	0.16
甲硫氨酸	0.02	0.19	0.05
苯丙氨酸	0.11	0.41	0.17
酪氨酸	0.03	0.19	0.03
色氨酸	—	—	0.06
半胱氨酸	—	0.22	—

糊状制品在保存时凝结为固体状，需加温以降低其黏度使之呈柔软状态。经过搅拌柔化后，放置中呈固态只是暂时的，其性质是可逆的，即使在冬天，制品呈固态也可以经过加温、搅拌柔化后使用，糊状制品比其液状制品褐变情况少得多。

粉末制品具有吸湿性的特征。成品中含水量达 6%~7%时，即成粉末状固体，且飞散性较大。为防止飞散和吸湿，可将粒度增大，采用防湿剂包裹等方法，使之颗粒化。HVP、HAP 和酵母浸膏这一类制品，除具有单项鲜味之外，还有改善口感的效果。因而，在调味剂之间起到熟润协调作用，再加上可乐的风味，其调味效果越发增大。

另外，这些制品中含有丰富的氨基酸等成分。例如，在酵母浸膏中含有高分子成分，因而更加强化其天然食品的风味。再者，这些制品虽经加热而不失其调味的效果，反而在食品中其他成分可能因生化反应而产生焙烧的效果。

4. 配制新型调味料

在味精和 5′-核苷酸基础上，可用呈酸、甜、苦和鲜等不同风味的氨基酸配制成具有蟹味、鱼味和虾仁味等一系列新型调味料。

（1）用甘氨酸19.5%、天然氨基酸8%和琥珀酸钠0.5%，可制成具有虾仁风味的粉末汤料。

（2）将70g混合物（丙氨酸10%、谷氨酸钠21.5%、甘氨酸7.2%、半胱氨酸盐酸盐14.3%、蔗糖21.5%、葡萄糖25.5%），加入360mL水混合后，在130℃油浴上回流2h。反应物冷却至室温，移至密闭容器内放置2d，用碱中和至pH 6.6~6.8，可得到有煮牛肉香味的褐色物质。

（3）用半胱氨酸盐酸盐56g、木糖70g、小麦麸质480g、油脂50g和水1.5L，搅拌均匀。在120℃油浴上回流2h，冷却至50℃，添加400g玉米粉和600mL水，搅匀后喷雾干燥，制得炙猪肉香气和味道的黄褐色物质。

第三节　增香与除臭

一、氨基酸与食品增香

食品加热时所产生的香气，主要来自氨基酸和糖反应生成的分解产物。其过程涉及食品非酶褐变过程中的美拉德反应和斯特雷克（Strecker）降解反应，在氨基酸应用于食品加工时是极其重要的两个反应。

斯特雷克降解反应是褐变过程中产生风味物质的主要过程，在此作用中生成的醛各有特殊的嗅感。将一份氨基酸和一份葡萄糖所组成的混合物，在不同温度下加热，所产生的特征风味总结于表22-9中。实际上，由于各种食品中含有不同种类及含量的糖、脂肪等物质，加热时，它们与其所含的氨基酸发生各种复杂的反应，生成许多挥发性物质，从而造成加工食品香型上复杂微妙的变化。

表22-9　　氨基酸与葡萄糖（1∶1）混合物加热时产生的风味物质

氨基酸	斯特雷克反应中生成的醛	香型	
		100℃	180℃
无	—	—	焦糖味
甘氨酸	甲醛	焦糖味	烧煳的糖
丙氨酸	乙醛	甜焦糖味	
α-氨基丁酸	丙醛	焦糖味	烧煳的糖
缬氨酸	异丁醛	黑麦面包味	沁鼻的巧克力香
亮氨酸	异戊醛	果香、巧克力香、烤面包香	烧煳的干酪
异亮氨酸	2-甲基丁醛	霉腐味、果香味	烧煳的干酪
丝氨酸	2-羟基乙醛	枫糖浆味	
苏氨酸	2-羟基丙醛	巧克力香	烧煳味

续表

氨基酸	斯特雷克反应中生成的醛	香型	
		100℃	180℃
甲硫氨酸	甲硫基丙醛	马铃薯味	马铃薯味
苯甘氨酸	苯甲醛	苦杏仁味	
苯丙氨酸	α-甲基苯甲醛	紫罗兰味、玫瑰香	紫罗兰味、紫丁香味
酪氨酸		焦糖味	
脯氨酸		烧煳的蛋白质味	悦人的烤面包香
羟脯氨酸		马铃薯味	
组氨酸		无	玉米面包味
精氨酸		黄油	烧煳的糖
赖氨酸盐酸盐		无	类似面包味
天冬氨酸		硬糖味	烧煳的糖
谷氨酸		焦糖味	烧煳的糖
谷氨酰胺		悦人的巧克力香	奶油糖果味
半胱氨酸		硫化物、肉香	
胱氨酸		硫化物、烧煳的火鸡皮味	

面包的香气来自发酵和焙烤两个阶段。面包硬皮的颜色和芳香是因为焙烤过程中发生了美拉德反应所致。脯氨酸和葡萄糖、脯氨酸和甘油相互之间发生反应，就会产生强烈的“面包似”的香气物质，这种物质可用于强化面包的香气。

在制作以小麦淀粉为原料的点心时，可添加赖氨酸、丙氨酸和缬氨酸等以改良其香气。添加赖氨酸或丙氨酸，烘烤后有蜂蜜般的香味；若添加缬氨酸，烘烤后会产生芝麻香味；若添加苯丙氨酸，烘烤后会产生豆类香味。

缬氨酸或组氨酸与葡萄糖、果糖、麦芽糖等物质［按 1∶(0.1~100)］，混合后，再加入体积是混合物 100~500 倍的水和乙醇混合液，于 60~250℃下进行加热生成呈咖啡香味的物质。该物质添加到果子露、酸乳酪等饮料或糖果、口香糖、太妃糖中可增添咖啡香味。

利用半胱氨酸的美拉德反应，可以人工调制出像牛肉、猪肉加热烹调时所产生的“肉香”。如将半胱氨酸盐酸盐和葡萄糖、核糖等混合加热，再与大豆蛋白质水解物、次黄嘌呤核苷酸等再次混合加热，就会生成具有牛肉香味的物质，该物质可作为调味料使用。

二、氨基酸与食品除臭

羊肉、鱼和大豆都是含蛋白质丰富的高营养价值食品，但往往有特殊的膻臭味或腥味，使人不愉快，其原因是由于羊肉中含有中级脂肪酸；鱼中含有三甲胺和吉草酸等挥发性酸；大豆则因存在正己醛而有股“青臭”。这些臭味可用丙氨酸为主的矫味剂除去。矫味剂是由丙氨酸、灰菌素、葡萄糖、木糖四种成分组成。进行烹调时，羊肉、鱼或大豆加入 7g/kg 即可消除令人不快的膻臭怪味。

利用赖氨酸 ε-氨基的活泼性，也可消除食品加工中产生的异臭味。如大米存放时间过长后，由于米粒含有的脂肪酸氧化，在煮饭时产生陈米臭，影响食欲。若在煮饭时加入 5g/L 赖氨酸，挥发性直链脂肪酸及挥发性直链酮类与赖氨酸的 ε-氨基反应生成不挥发性物质，陈米臭可完全消除。

鱼类罐头由于鱼油中不饱和脂肪酸较多，贮藏期内往往产生异臭，如大马哈鱼罐头会产生具有石油臭味的二甲基磺酸盐，若加入少量赖氨酸和葡萄糖，在 100℃ 加热，则臭味可以消除。在生产罐头时，若在装罐时添加适量的赖氨酸，石油臭味也可基本消除。

第四节　抗氧化与保质

氨基酸除了能使食品增添色、香、味外，还可作为抗氧化剂有效地延长食品的保质期。

油脂贮存过程中氧化变质是个大问题，常用的抗氧化剂酚类物质——丁基羟基茴香醚（BHA）和二丁基对甲酚（BHT）等，效果并不理想。现发现胱氨酸、亮氨酸和色氨酸等氨基酸都是有效的抗氧化剂，5-羟色氨酸抗氧化力更强，而且它们能微溶于油，易于匀化，适用于油脂的保存。也有报道，将亮氨酸或异亮氨酸与木糖共热（80~100℃，1.0~1.5h），能产生持续更强的抗氧化剂。这些对于食物，特别是对油脂贮存是很有价值的。

天然食品中及加工过程中存在的铜、锌、锰、铝、铁等金属离子能促进油脂的氧化。若在油脂类食品加工中添加甘氨酸或丙氨酸，金属离子与其螯合而失去活性，也可抑制油脂氧化（表 22-10）。

表 22-10　油脂中添加丙氨酸及其防止氧化效果（过氧化值）　单位：mg/kg

丙氨酸/(g/kg)	太阳灯照射时间/h		
	0	3	6
对照	13.7	94.9	104.5
0.01	13.2	6.3	11.7
1	12.6	6.9	9.0
10	12.8	6.6	8.5

脯氨酸、色氨酸或甲硫氨酸等氨基酸与维生素 E 同时使用，可得到最佳抗氧化效果。日本田边制药公司制造这种复合剂以“伦夫利”商品出售，在油炸食品、西式糕点、饼干中添加油脂量为 0.5~2g/kg。将饼干于 60℃ 下保存 90d，测定过氧化（POV）值。结果对照组 POV 值高达 97mg/kg，已产生了氧化臭味；而添加组 POV 值只有 23mg/kg，且无异味。说明油脂氧化被抑制。此外，在速煮面中加入 1~5g/kg、烘制点心中添加 1~8g/kg 5-羟基色氨酸均可防止油脂氧化。

脯氨酸、甲硫氨酸等氨基酸与维生素 E 制成的复合抗氧化剂，可防止虾、蟹的褪色和变黑。点心类的制作经常会用到河虾、酱虾的干制品，但由于氧化作用，它们表面的红色要褪色，若将虾浸渍在添加 5g/kg 复合剂的调味液中，于 10℃浸渍 24h 后，用热风干燥制成虾干。在 37℃（相对湿度 70%~80%）保存 40d，仍保持鲜红色，而未添加组的虾，红色几乎褪尽。

半胱氨酸盐酸盐常作为天然果汁的抗氧化剂使用。天然果汁在保存一段时间后，其所含的维生素 C 被氧化，果汁发生褐变，导致营养价值下降。如果在果汁中添加半胱氨酸盐酸盐，就可防止褐变的发生。这是因为半胱氨酸分子内带有一个巯基，具有与别的氨基酸不同的特殊物理化学性质。它可以将褐变反应的中间体再度还原。因此，对防止食品褐变极其有效。由于游离态的半胱氨酸非常容易被氧化，所以通常将其制成比较稳定的盐酸盐使用。

第五节　防腐与保鲜

任何一种食品的美味、营养都与新鲜程度直接相关，但美食又往往因营养丰富而极易腐败变质。一旦发生腐败变质，任何美食都令人不堪一顾。例如，鲜海虾、蟹都是著名的美味佳肴，但一旦失鲜，则会令人掩鼻。

在防止食品腐败的斗争中，人们采用了许多办法，但既具有防腐作用，又有营养，并能改善食品风味者，还得依赖氨基酸类防腐剂，其中，应用最广泛的首推甘氨酸。

甘氨酸可以单独使用，也可与其他化合物混合使用。如甘氨酸与蔗糖酯、甘油酯或山梨糖醇的酯添加到食品上或覆盖在食品表面，都能收到防腐保鲜的效果。又如，制好的面条煮热 15min，浸入 20g/L 甘氨酸与 10g/L 蔗糖酯混合液中 1min，然后装入塑料袋密封，经 100℃蒸汽加热灭菌 20min，则可使面条的贮存期从 3d 延长到 30d。此外，甘氨酸还能抑制枯草杆菌、大肠杆菌的生长。在鱼块、鱼圆、火腿、腊肠、花生酱中加入 10~20g/L 甘氨酸可防止它们变臭（表 22-11）。

表 22-11　　甘氨酸的抑菌效果

微生物	甘氨酸/(g/L)					
	50	25	10	5	2.5	1.0
枯草杆菌	-	-	-	+	+++	+++
坚强芽孢杆菌	-	-	-	-	+++	+++
腐败杆菌	-	-	-	+++	+++	+++
大肠杆菌	-	-	+++	+++	+++	+++

注：-表示没有抑菌作用，+表示稍有抑菌作用，++表示有抑菌作用，+++表示有强烈抑菌作用。

赖氨酸可用于水果及其罐头制品的保鲜与保色。日本公开专利报道，2g/L 赖氨酸与 1g/L 维生素 C，可以使水果保持新鲜。若用稀赖氨酸溶液在莴笋收获前 5d 喷施，可以使莴笋收获后的保鲜期显著延长。柑橘、桃子、梨和番茄汁等水果罐头，存放一段时间会发生褪色现象，尤其是番茄汁、柑橘罐头更为严重。这是由于罐内 pH 较低，促使内壁锡溶出，游离锡与果肉中的花色苷系色素反应形成螯合物而使果肉褪色。若在柑橘罐头中加入 0.5~1g/L 赖氨酸，于 37℃贮存 45d，果肉仍保持鲜橙色，而没有添加的对照组果肉已褪至淡黄色。

参考文献

［1］张伟国，钱和．氨基酸生产技术及其应用［M］．北京：中国轻工业出版社，1997.

［2］陈宁．氨基酸工艺学［M］．北京：中国轻工业出版社，2007.

［3］陈宁．氨基酸工艺学（第二版）［M］．北京：中国轻工业出版社，2020.

［4］杜军．氨基酸工业发展报告［M］．北京：清华大学出版社，2011.

［5］蒋滢．氨基酸的应用［M］．北京：世界图书出版公司北京公司，1996.

［6］吴显荣．氨基酸［M］．北京：北京农业大学出版社，1988.

［7］张萍．氨基酸生产技术与工艺［M］．银川：宁夏人民教育出版社，1988.

［8］冯容保．发酵法赖氨酸生产［M］．北京：中国轻工业出版社，1986.

［9］李文濂．L-谷氨酰胺和 L-精氨酸发酵生产［M］．北京：化学工业出版社，2009.

［10］王洪荣，季昀．氨基酸的生物活性及其营养调控功能的研究进展［J］．北京：动物营养学报，2013，5（3）：447-457.

第二十三章　氨基酸在饲料工业中的应用

氨基酸是畜禽体内许多酶类和激素的母体或合成原料，也是合成酮体（乙酰乙酸、β-羟基丁酸和丙酮酸的总称）的基本原料，因此在体内有调节、控制和影响生理生化代谢的功能，同时对肝脏的功能也有重要影响。如体内缺乏苏氨酸则易患脂肪肝，缺乏甲硫氨酸则甲基（部分酶和蛋白质的合成材料）供应减少，缺乏酪氨酸则甲状腺素合成减少，缺乏色氨酸则烟酸合成受阻。氨基酸的另一个生理功能是可以加快创伤的恢复，这是因为创伤使饲料蛋白质的供应受到限制，此时可通过补给氨基酸来代替。家畜在创伤或手术后输入氨基酸则负氮平衡时期可以缩短，愈合加快。若在输入氨基酸时同时供以高能量其效果更好。

动物的生长发育需要蛋白质作为有机体发育的原料，在饲料中加入适量的氨基酸，可以增强体内蛋白质的合成，促进动物的生长发育。目前用作饲料添加剂的氨基酸主要有赖氨酸、甲硫氨酸、苏氨酸、色氨酸、缬氨酸、甘氨酸和丙氨酸等。饲料中添加赖氨酸等限制性氨基酸，是肉猪催肥、促进生长的好方法，这样既可以提高蛋白质的利用率，又可节约饲料，提高猪的出栏率。在饲料中少量添加 L-赖氨酸还可以使肉品外观改善、肉质味道鲜美、皮质变嫩、瘦肉率提高、体重增加等。在雌鸡的饲料中添加 20~30g/kg 复合氨基酸的“发酵血粉”，可使雌鸡产蛋提前 20d，产蛋期延长，产蛋率提高 20%~30%。一般而言，饲料中含的动物性蛋白质和植物性蛋白质多比动物所需要的实际需要量多，因而造成蛋白质的浪费和氨基酸的失衡。若在饲料中添加氨基酸，则可以调整氨基酸平衡，从而节约高价蛋白质饲料。例如，100t L-赖氨酸可强化 2.5 万~5 万 t 饲料，使饲料中蛋白质的利用率提高 50%~60%。

然而，必需氨基酸的供给应当控制在动物营养需要范围内，必需氨基酸过多也会导致氨基酸失衡和产生氨基酸之间的拮抗。许多动物营养试验已证实，在家禽营养中的确存在着氨基酸的拮抗作用。因此，应当适量、合理添加氨基酸，保证机体充分利用，以提高必需氨基酸的利用率；同时，还应针对处于不同生长发育阶段的饲养动物，根据营养需要的不同，配以不同比例的必需氨基酸饲料。氨基酸作为饲料添加剂的应用越来越普遍，越来越广泛，其产量越来越高，2019 年全世界饲用氨基酸（包括赖氨酸、甲硫氨酸、苏氨酸、色氨酸和缬氨酸）产量已超过 600 万 t。

第一节　氨基酸饲料添加剂的基本原理

在氨基酸饲料学中，可将氨基酸分为两类：一类是在饲料中含量较多，能满足动物营养需要的氨基酸；另一类则是含量较少，不能满足动物营养需要的必需氨基酸。根据必需氨基酸缺乏的程度，又可分为第一限制性氨基酸、第二限制性氨基酸和第三限制性氨基酸等。

由于反刍家畜胃内的微生物能够合成氨基酸，因此不需对其界定必需氨基酸和非必需氨基酸。但已有研究指出，甲硫氨酸和赖氨酸可能是高产牛羊的必需氨基酸。成年单胃畜禽共需 9 种必需氨基酸，即赖氨酸、甲硫氨酸、色氨酸、苏氨酸、苯丙氨酸、缬氨酸、异亮氨酸、亮氨酸和组氨酸。除了这 9 种必需氨基酸外，对生长畜禽而言，精氨酸也是必需氨基酸。对雌鸡还需加上胱氨酸、酪氨酸和甘氨酸共 13 种氨基酸。甲硫氨酸能转化为胱氨酸，但胱氨酸不能转化为甲硫氨酸，并且生长猪能合成 60%~70%的精氨酸；含硫氨基酸需要量的 50%可用胱氨酸代替；苯丙氨酸需要量的 30%可用酪氨酸代替。胱氨酸和酪氨酸在机体内可以合成，为非必需氨基酸，但它们的前体分别为甲硫氨酸和苯丙氨酸，当饲料中胱氨酸和酪氨酸的数量充足时，可减少体内甲硫氨酸和苯丙氨酸的消耗，所以在考虑必需氨基酸时，则将甲硫氨酸、胱氨酸、苯丙氨酸和酪氨酸合并计算。因此，胱氨酸和酪氨酸对禽类而言有时可称为半必需氨基酸。动物对非必需氨基酸的需要量约占必需氨基酸和非必需氨基酸总量的 60%，非必需氨基酸绝大部分仍由日粮提供，不足部分才由动物体内合成补充。

限制性氨基酸是指一定饲料或日粮的某一种或几种必需氨基酸的含量低于动物的需要量，而且由于它们的不足限制了动物对其他必需氨基酸、非必需氨基酸的利用，按照缺乏和限制程度称为第一限制性氨基酸、第二限制性氨基酸、第三限制性氨基酸等，限制性氨基酸主要包括赖氨酸、甲硫氨酸、色氨酸、苏氨酸和缬氨酸等。赖氨酸因在组织中不能合成，也不能被任何一种氨基酸所代替，因此被看成是氨基酸营养中的第一限制性氨基酸；甲硫氨酸为第二限制性氨基酸；色氨酸为第三限制性氨基酸。雏鸡中的三大限制性氨基酸却分别是赖氨酸、苏氨酸和甲硫氨酸。饲料中适当添加限制性氨基酸可有效地提高饲料蛋白质的利用率，故限制性氨基酸又称为蛋白质饲料的强化剂。氨基酸的生理机能及其缺乏症状见表 23-1。

表 23-1　　氨基酸的生理机能及其缺乏症状

名称	生理机能	缺乏症状
赖氨酸	合成脑神经、生殖细胞等细胞核蛋白和血红蛋白的必需物质	生长停滞、消瘦、氮平衡失衡、骨钙化失常、皮下脂肪减少
甲硫氨酸	参与机体中甲基的转移和肾上腺素、胆碱的合成、也参与磷脂的代谢	发育不良、体重减轻、肌肉萎缩、毛质变坏
色氨酸	参与血浆蛋白的更新，促进核黄素的功能，有助于烟酸、血红素的合成	生长慢、体重变轻、脂肪积累降低、公畜睾丸萎缩
苏氨酸	促进动物生长，抗脂肪功能	体重下降
苯丙氨酸	参与甲状腺素和肾上腺素的合成，可转化为酪氨酸	甲状腺和肾上腺功能破坏、体重减轻
缬氨酸	参与糖原的合成和利用，保证正常的神经功能	生长停滞、运动失调

续表

名称	生理机能	缺乏症状
亮氨酸	参与合成机体组织蛋白和血浆蛋白，促进食欲	生长变慢、体重下降
异亮氨酸	参与多种蛋白质的合成	体重下降、严重可致死
组氨酸	参与机体能量代谢、参与所有蛋白质的合成	生长受阻、发育不良
甘氨酸	可转化为丝氨酸，并能消除其他氨基酸过量的影响，对鱼类有引诱作用	鸡麻痹症状、羽毛发育不良

在植物性蛋白质中，谷类占49%，豆类占6%左右。植物性蛋白质缺乏一种或几种必需氨基酸，为不完全蛋白质。饲料蛋白质进入动物体内被分解为氨基酸，而总有一部分氨基酸不用于组织蛋白质合成，而在体内分解。因此，不同饲料蛋白质的利用率不尽相同。利用率越高的蛋白质对机体营养价值越高。饲料蛋白质营养价值，不仅与其所含蛋白质的含量、消化吸收率有关，还与其所含必需氨基酸的种类、含量有关。

通常，大多数动物性蛋白质的消化吸收率高，可达90%以上，而植物蛋白质的消化吸收率只有60%~70%。另外，动物性蛋白质其所含氨基酸种类、含量较适合于机体，利用率也比植物性蛋白质高。因此，动物性蛋白质的营养价值一般高于植物性蛋白质。

蛋白质的消化开始于胃，然后在小肠中完成。胰腺和小肠中的酶使饲料中的蛋白质分解成氨基酸。这些氨基酸通过快速传递过程被小肠吸收，再经过血液分送至动物体的细胞。它们可能合成新的不同功能的蛋白质，以满足动物的生长、维持生命、调节生理过程和产生畜产食品等需要。非反刍动物氨基酸代谢示意图如图23-1所示。

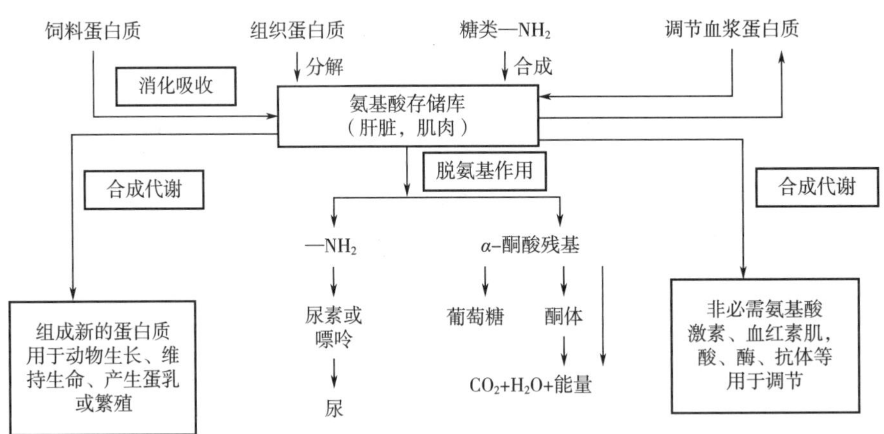

图 23-1　非反刍动物氨基酸代谢示意图

饲料中大部分是植物性蛋白质，与动物性蛋白质的氨基酸组成不完全相同。只增加饲料中蛋白质的数量，但其氨基酸的比例不能满足动物的需要量，即氨基酸不平衡时，并不能全部被动物所利用。有人用木桶做了形象的比喻，木桶中的每条木板犹如某种氨基酸在畜禽营养上的作用，木桶的容水量犹如多种氨基酸组合成的蛋白质生产水平，若饲料中缺乏某种限制性氨基酸，就好像木桶上一块木板条很短，其他氨基酸再多，木桶装的水也只能达到最短木板的顶端。即生产水平只能停留在这种短缺的氨基酸的水平上，造成蛋白质资源的浪费。配合饲料就是要补充那些限制性氨基酸，提高饲料中蛋白质的利用率，以改进和提高生产水平。

对于不同品种的动物，使用不同的饲料时，限制性氨基酸的含义也不一样。用玉米和豆粕为主的饲料饲养幼猪时，第一限制性氨基酸是赖氨酸，第二限制性氨基酸为色氨酸。在设计饲料配方时，首先应添加第一限制性氨基酸，也可使第二限制性氨基酸发挥作用。如果以相反顺序添加，先添加第二限制性氨基酸，造成氨基酸不平衡，反而使猪的增重减少。因此，对于猪，特别是幼猪，应注意赖氨酸的添加。对于鸡，特别是产蛋鸡，使用无鱼粉日粮时，甲硫氨酸是第一限制性氨基酸，赖氨酸、苏氨酸和色氨酸分别是第二、第三和第四限制性氨基酸。

限制性氨基酸可用化学评分（CS）的方法来计算。在畜牧业中，是用畜禽的产出物，例如，鸡蛋（全蛋）、猪肉（全猪）、鸡肉（全鸡）的氨基酸浓度为参比的，再根据所用饲料中蛋白质所含相应氨基酸的浓度来计算：

$$CS=\frac{\text{饲料蛋白质中所含氨基酸浓度}}{\text{畜禽产出物蛋白质所含氨基酸浓度}}\times 100\%$$

CS 值最低的氨基酸，即为第一限制性氨基酸。

如果 CS 值接近 100，说明这种氨基酸可以被充分利用。设计饲料配方的原则，尽量使各种氨基酸的化学分都超过并接近 100。天然饲料中缺乏的氨基酸，用人工的方法生产，按照上述原则添加，这就是氨基酸饲料添加剂的基本原理。

第二节　氨基酸饲料添加剂的功效

总的来说，氨基酸饲料添加剂主要有以下四个方面的功效。

一、促进动物生长发育

动物在生长期，细胞增殖旺盛，特别需要蛋白质作为机体发育的原料。实验证明，在饲料中添加适量赖氨酸、甲硫氨酸，就能增加动物机体内蛋白质的合成，从而促进动物的生长发育。如饲料中添加 2g/kg 赖氨酸盐酸盐，7 周内，雄鸡体重平均增加 39%，雌鸡体重平均增加 23%。在猪的饲料中添加 0.4~2.2g/kg 赖氨酸，可增重 10%~37%。美国用含甲硫氨酸的配合饲料养猪，经 148d 饲养可达 100kg，料肉比为 4.6：1。

二、改善肉质，提高产乳和产蛋量

饲料中添加赖氨酸，可使猪的胴体外观好，肉质鲜，皮变薄（由 0.5cm 减少到 0.4cm），瘦肉率高（由 46.2%提高到 48.2%）。用含甲硫氨酸 1~2g/kg 的配合饲料喂养蛋鸡，年产蛋210~230个，最高可达296个；而只用普通饲料喂养，年产蛋只有120~150个，最高只有220个。用添加含20~30g/kg氨基酸发酵血粉饲料喂鸡，可使鸡提早20d产蛋，产蛋率可提高20%~30%，产蛋期也有所延长。当饲料中每日补加30g甲硫氨酸喂乳牛，每天每头牛可多产乳1.5~1.6kg，对老乳牛效果更显著。

三、节省蛋白质饲料，使饲料得到充分利用

有时，饲料中含的蛋白质可能比动物实际需要的还多，因而造成蛋白质浪费和氨基酸失衡。如在饲料中添加适量的甲硫氨酸和赖氨酸，可校正氨基酸的平衡，提高蛋白质的利用率，并有节省高价蛋白质的作用。实验证明，1t甲硫氨酸可节省100t饲料，相当于20000m^2饲料地的经济效益。1t赖氨酸可节省125t饲料，可多生产10~16t猪肉或8t鸡肉，或者25万个鸡蛋。

四、降低成本，提高饲料利用率

在肉用仔鸡日粮中，添加2.5~2.8g/kg甲硫氨酸与补加160g/kg豆饼或添加100g/kg鱼粉的对照组进行比较，添加甲硫氨酸的比对照组的每只鸡节省0.5~0.8元，成本降低20%，经济效益提高30%。

此外，氨基酸添加剂还具有用量少、效率高、易贮存、使用安全和无副作用等特点。

第三节　必需氨基酸及其衍生物在饲料工业中的应用

一、L-赖氨酸

我国在饲料添加剂行业用的氨基酸主要有甲硫氨酸和赖氨酸。其功效主要是：促进动物生长发育；改善肉质，提高畜禽生产能力，增加产乳产蛋量；提高饲料利用率，节省蛋白质饲料；降低成本。国际上配合饲料的发展趋势是以“维生素+矿物质+氨基酸”为主要添加剂，以缓解蛋白质饲料资源供需矛盾。

赖氨酸是畜禽最易缺乏的必需氨基酸之一。动物生长强度越高，需要的赖氨酸越多。因此，称为“生长性氨基酸”。

（一）L-赖氨酸的理化特性

赖氨酸的分子式为$C_6H_{14}N_2O_2$，相对分子质量为182.65，氮含量为15.3%，蛋白质当量为95.8%，代谢能（ME）为16.7MJ/kg，是白色或近白色自由流动的结晶性粉末，几乎无臭。263~264℃熔化并分解。通常较稳定，高湿度下易结块，稍有色。相对湿度60%以下时稳定，60%以上则生成二水合物。与维生素C和维生素K_3共存则着色。碱性条件下直接与还原糖共存加热则分解。易溶于水（40g/100mL，35℃），水溶液呈微碱性，与H_3PO_4、HCl、NaOH、离子交换树脂等一起加热，起外消旋作用。

L-赖氨酸的法定编号为CAS 56-87-1，L-赖氨酸二水合物的法定编号为CAS 39665-

12-8，DL-赖氨酸的法定编号为 CAS 70-54-2，L-赖氨酸二盐酸盐的法定编号为 CAS 657-212，L-赖氨酸盐酸盐的法定编号为 CAS 657-27-2。强制性国标规定的质量标准（GB 1903.1—2015《食品安全国家标准　食品营养强化剂　L-盐酸赖氨酸》）见表 23-2。

表 23-2　　L-赖氨酸的理化指标

项　目	指　标	项　目	指　标
含量（以干物质计）/%	98.5~101.5	干燥减量/%	≤1.0
总砷（以 As 计）/(mg/kg)	≤1.0	灰分/%	≤0.2
铅（Pb）/(mg/kg)	≤5.0	比旋光度$[\alpha]_D^{20}$	+20.3°~+21.5°
铵盐/%	≤0.02	pH	5.0~6.0
透光率/%	≥95.0		

毒性，半数致死量为 10.75g/kg（大鼠，经口）。

鉴别试验：取 0.1%试样液 5mL 与 1mL 水合茚三酮试液（TS-250）共热，应出现红紫色。5%试样液的氯化物试验（IT-12）应呈阳性。应符合红外吸收光谱图。

含量分析：准确称取试样约 150mg，移入 150mL 烧杯，加 8mL 乙酸汞试液（TS-137），在蒸汽浴上加热使之溶解。冷却后加冰醋酸 100mL，用 0.1mol/L $HClO_4$ 滴定。以电位法测定终点。1mL 0.1mol/L $HClO_4$ 相当于 L-赖氨酸盐酸盐 129.133mg。

（二）L-赖氨酸的生理功能

L-赖氨酸参与机体蛋白质合成，如形成骨骼肌、酶蛋白和某些多肽激素的组分；绝食情况下，是提供能量的重要来源之一；赖氨酸具有增强畜禽食欲、提高抗病能力、促进外伤治愈的作用，是合成脑神经及生殖细胞、核蛋白质及血红蛋白的必需物质，也可参与脂肪代谢，是脂肪代谢酶中肉毒碱的前体。如缺乏则引起蛋白质代谢障碍及功能障碍，导致生长障碍。D-赖氨酸无生理效果。

赖氨酸是合成大脑神经再生性细胞和其他核蛋白及血红蛋白等重要蛋白质所需的氨基酸，在机体内不能合成，必须依赖赖氨酸的补足供给，是机体第一限制性氨基酸。幼畜时期，机体的组织器官处于生长发育旺盛阶段，机体所需赖氨酸量最大。赖氨酸缺乏影响胶原蛋白及血红蛋白等的合成，从而影响幼畜的生长发育，甚至出现机体防御能力下降，易感染和发生各种疾病。另外，肉毒碱从赖氨酸和甲硫氨酸的代谢中生成，它是机体脂肪代谢的重要载体，饲料中赖氨酸缺乏，可导致机体内肉毒碱含量降低，从而影响依赖于肉毒碱的线粒体内脂肪酸的转运，不能进行脂肪合成，严重影响机体的生长发育。赖氨酸还可参与调节机体的代谢，在饲料中添加少量氨基酸，可提高年老体弱动物的食欲，使其胃蛋白酶和胃酸的分泌量明显增加。

（三）赖氨酸的应用

赖氨酸主要用于猪，也可用于家禽和牛犊，饲料中的一般添加量为 1~2g/kg。如在猪饲料中添加 0.4~2.2g/kg 的 L-赖氨酸，猪可增重 10%~37%；在鸡饲料中添加 2g/kg

的 L-赖氨酸盐酸盐，7 周内雄鸡、雌鸡体重分别增长 39%和 23%。

赖氨酸的应用要恰当，必须根据食物种类和使用对象，缺什么，补什么，避免盲目性。如果人为地增加其含量，则会造成氨基酸之间的新的不平衡，不仅引起吸收率下降，而且产生负氮平衡。例如，赖氨酸如缺少精氨酸的“配合”，可导致食欲减退、生殖能力降低、抗病力下降，甚至发生器质性病变。这是由于赖氨酸和精氨酸进行细胞膜转移时，是由同一个载体承担输出运进，在分解代谢过程中，高浓度赖氨酸能诱导精氨酸活性增加，促使精氨酸加快分解，势必造成细胞内精氨酸供应不足，从而使氨基酸失去平衡。

（四）L-赖氨酸生产概况

2021 年全球赖氨酸生产厂家共有 19 家，全球赖氨酸（折合 98. 5%赖氨酸，下同）产能为 386. 1 万 t，同比减少 4. 9%；中国赖氨酸产能为 284. 5 万 t，同比增加 6. 2%。2021 年全球赖氨酸产量为 303. 8 万 t，同比减少 6. 0%；中国赖氨酸产量为 220. 2 万 t，同比增加 4. 8%，中国赖氨酸产量占全球产量的 72. 5%，同比增加 7. 5%。中国出口赖氨酸硫酸盐 74. 5 万 t，出口赖氨酸盐酸盐 66. 5 万 t，折合赖氨酸盐酸盐共计 121. 1 万 t，同比增加 10. 1%，国内供应 99. 1 万 t，同比略降 0. 1%。

国外主要赖氨酸生产企业有味之素、希杰、阿丹米、赢创德固赛等；国内主要赖氨酸生产企业有梅花、伊品、东晓、成福等。

二、甲硫氨酸及衍生物

（一）甲硫氨酸的理化特性

1. DL-甲硫氨酸

DL-甲硫氨酸（DL-methionine）为白色薄片状结晶或结晶性粉末，有特殊气味，味微甜，熔点 281℃（分解）。10%水溶液的 pH 为 5. 6~6. 1。无旋光性。对热及空气稳定。对强酸不稳定，可导致脱甲基作用。溶于水（3. 3g/100mL，25℃）、稀酸和稀碱。极难溶于乙醇，几乎不溶于乙醚。

DL-甲硫氨酸为必需氨基酸之一，缺乏可引起肝脏、肾脏障碍。对于保护肝功能尤其重要，大量摄入则易形成脂肪肝，能促进毛发、指甲生长，并具有解毒和增强肌肉活动能力等作用。甲硫氨酸被称作“生命性氨基酸”，参与动物体内 80 种以上的反应，参与蛋白质合成、合成半胱氨酸、转甲基作用，可提高免疫力。与 L-甲硫氨酸的生理作用相同，但价格低（L 型由 DL 型制得），故一般均使用 DL-甲硫氨酸。此外，甲硫氨酸也用于生产氨基酸输液及综合氨基酸制剂。在生产中以合成法制取较为方便，一般由甲烯醛与甲硫氨酸反应进行制取。

DL-甲硫氨酸的法定编号为 GB/T14156—93（I1355），CAS 59-51-8 和 FEMA3301。分子式为 $C_5H_{11}NO_2S$，相对分子质量为 149. 21，氮含量为 9. 4%，蛋白质当量为 58. 6%，代谢能（ME）为 21MJ/kg。其质量标准（FCC，1992）如表 23-3 所示。

表 23-3　　DL-甲硫氨酸的质量标准

指　标	标　准	指　标	标　准
含量（以干基计）	≥99.0%	铅（GT-18）	≤10mg/kg
砷（以 As 计，GT-3）	≤3mg/kg	干燥失重（105℃，2h）	≤0.5%
重金属（以 Pb 计，GT-16-2）	≤0.002%	灼烧残渣（GT-27）	≤0.1%

毒性：L 型，半数致死量为 29mmol/kg（大鼠，腹腔注射）；D 型，半数致死量为 35mmol/kg（大鼠，腹腔注射）。

鉴别试验：①取经干燥的试样 25mg，加入无水 $CuSO_4$ 的 H_2SO_4 饱和溶液 1mL，应呈现黄色。

②取 0.1%试样液 10mL，依次加入（每次添加后均经摇动）20% NaOH 溶液 1mL、1%甘氨酸溶液 1mL 和新制备的 10%的亚硝基亚铁氰化钠 0.33mL，将此混合物于约 40℃下保持 10min 后在水浴中冷却 2min，加 20% HCl 2mL，摇匀，应呈现红色或橘红色。

③取 1/30 试样液 1mL，加水合茚三酮试液（TS-250）1mL 和乙酸钠 100mg，加热至沸。应呈强紫蓝色（与羟基类似物不同）。应符合红外吸收光谱图。

含量分析：准确称取试样约 300mg，移入具玻璃塞的烧杯中。加水 100mL，K_2HPO_4 5g、KH_2PO_4 2g、KI 2g，充分混匀至溶解。再加准确量取的 0.1mol/L $Na_2S_2O_3$ 滴定过量的碘。同时进行空白试验并做必要校正。1mL 0.1mol/L 碘液相当于 7.461mg DL-甲硫氨酸。

2. L-甲硫氨酸

L-甲硫氨酸（L-methionine）的法定编号为 GB/T 63-68-3，分子式为 $C_5H_{11}NO_2S$，相对分子质量为 149.21，氮含量为 9.4%，蛋白质当量为 58.6%，ME 为 21MJ/kg。

L-甲硫氨酸为无色或白色有光泽片状结晶或白色结晶性粉末，稍带特殊气味，味微苦，熔点 280～281℃（分解）。对强酸不稳定，可导致脱甲基作用。溶于水（5.6g/100mL，30℃）、温热的稀乙醇、碱性溶液和稀无机酸，难溶于乙醇，几乎不溶于乙醚。L-甲硫氨酸价格高于 DL-甲硫氨酸，而作用相同，故常用 DL-甲硫氨酸。L-甲硫氨酸由乙酰-DL-甲硫氨酸经氨基酰化酶拆分而得。质量标准（FCC，1992）如表 23-4 所示。

表 23-4　　L-甲硫氨酸质量标准

指　标	标　准	指　标	标　准
含量（以干基计）	98.5%～101.5%	铅（GT-18）	≤10mg/kg
砷（以 As 计，GT-3）	≤1.5mg/kg	干燥失重（105℃，2h）	≤0.5%
重金属（以 Pb 计，GT-16-2）	≤20mg/kg	灼烧残渣（GT-27）	≤0.1%

鉴别试验与含量分析：与 DL-甲硫氨酸中鉴别试验①～③和含量分析相同。应符合红

外吸收光谱图。

质量分析指标：取试样 4g，加水溶解后定容至 100mL，以此作为试样液，按常规方法测定$[\alpha]_D^{20}$值。取试样 2g 加 6mol/L HCl 并定容至 100mL，以此作为试样液。然后按常规方法测定比旋光度。

3. *N*-乙酰-L-甲硫氨酸

N-乙酰-L-甲硫氨酸（*N*-acetyl-L-methionine）为无色或有光泽的白色晶体或白色粉末。无臭或几乎无臭。熔点 103～106℃，$[\alpha]_D^{20}=-20\pm0.5°$。溶于水、乙醇、碱性溶液或稀无机酸，几乎不溶于乙醚。由 L-甲硫氨酸用过量乙酸或乙酸酐进行乙酰化而成。

N-乙酰-L-甲硫氨酸的法定编号为 CAS 65-82-7，分子式为 $C_7H_{13}NO_3S$，相对分子质量为 191.26，氮含量为 7.3%，蛋白质当量为 45.6%。其质量标准（FCC，1993）如表 23-5 所示。

表 23-5　　*N*-乙酰-L-甲硫氨酸的质量标准

指　标	标　准	指　标	标　准
含量（以干基计）	98.5%～101.5%	干燥失重（105℃，2h）	≤0.5%
砷（以 As 计，GT-3）	≤3mg/kg	灼烧残渣（GT-27）	≤0.1%
重金属（以 Pb 计，GT-16-2）	≤0.002%	比旋光度$[\alpha]_D^{20}$	-18.00°～-22.00°
铅（GT-18）	≤10mg/kg		

注：按 PCR 规定残存溶剂含量，乙酸乙酯≤50mg/kg；乙醇≤50mg/kg；甲醇≤50mg/kg；丙酮≤50mg/kg。

限量：占总蛋白质含量的 3.1%（以游离 L-甲硫氨酸计）。不得用于幼畜和加有亚硝酸盐/硝酸盐的产品（FDA 172.372，1994）。

鉴别实验：取试样 250mg，溶于 2.5mL 异丙醇中，用水稀释成 25mL。取此液 10mL 再用水稀释至 100mL。取该液 0.5μL、30μL 和 50μL，滴在离薄层色谱板底部 2cm 处，色谱板涂有硅胶（即 20cm×20cm Brinkman 硅胶 60，250nm），在密封、均衡的薄层色谱展开槽中，色谱展开 10cm，展开剂由正丁醇、乙酸和水按 75∶20∶20 组成。将色谱板干燥过夜。用 10% H_2PtCl_6 3mL、水 97mL 及 6% KI 液 100mL 配成的碘铂酸盐溶液喷覆色谱板。试样应形成一单独的色斑，其 R_f值为 0.67±0.1。

含量分析：精确称取试样约 250mg，移入一具塞玻璃烧杯中，加水 100mL、K_2HPO_4 5g、KH_2PO_4 3g 和 KI 2g。充分混合并溶解后，加 0.1mol/L 碘液 50.0mL，加塞后混匀。静置 30min，用 0.1mol/L $Na_2S_2O_3$ 滴定过量的碘。同时进行空白滴定试验。1mL 0.1mol/L 碘液相当于 9.63mg *N*-乙酰-L-甲硫氨酸。

（二）甲硫氨酸的生理功能

甲硫氨酸又称蛋氨酸，也是机体的一种必需氨基酸。甲硫氨酸在机体内可合成胆碱和叶酸，又是合成表皮中的蛋白质和某些激素（如胰岛素）所必需的氨基酸。膳食中甲硫氨酸缺乏，可影响机体氮平衡，使机体胆碱减少而易发生脂肪肝。甲硫氨酸与蛋白质的合成密切相关。甲硫氨酸缺乏，可导致蛋白质合成障碍。甲硫氨酸可增加代谢活性叶酸的比例，促进维生素 B_{12}的代谢作用，防止产生恶性贫血等疾病。甲硫氨酸在 ATP 参与下形成 *S*-腺苷甲硫氨酸，后者是一种活泼的甲基供给体，因而甲硫氨酸缺乏又对影响需要 *S*-腺苷甲硫氨酸供给的物质如肾上腺素、胆碱、肌酸等的合成。

甲硫氨酸是机体重要的蛋白质组成部分，其在体内可转变为胱氨酸，而胱氨酸还可由 L-半胱氨酸转变为牛磺酸，因而甲硫氨酸对其他非必需氨基酸的合成也有一定影响。饲料中甲硫氨酸缺乏会对机体代谢和机体生长发育有明显影响。然而，机体对甲硫氨酸的需要量也有一定限度。过多地摄入甲硫氨酸，可产生过多的同型半胱氨酸，同型半胱氨酸过高可导致动脉粥样硬化等。因此，对饲料中甲硫氨酸的添加量应保持在一个合理的范围，不宜添加过多的甲硫氨酸。

培养液中添加甲硫氨酸，小鼠胚胎各项发育指标和形态学指标均有所改善，且有利于小鼠胚胎神经管愈合，提示甲硫氨酸缺乏或利用障碍是大鼠胚胎神经管闭合障碍的可能原因。

（三）甲硫氨酸的用途

甲硫氨酸是动物饲料中必不可少的添加剂，甲硫氨酸在动物体内可作为必需氨基酸合成机体蛋白，提高生长性能，可转化为胱氨酸，发挥保肝解毒的作用，可为机体提供活性甲基，参与甲基的转移和肾上腺素、肌酸、胆碱、角质素和核酸等的合成，还能提供活性羟基基团，补充胆碱或维生素 B_{12}的部分作用，在体内代谢生成聚胺，对动物细胞增殖具有非常重要的促进作用，同时它还参与精胺、半精胺等和细胞分裂有关的化合物的合成。甲硫氨酸有提高机体免疫力的作用，其机理目前还不很清楚，目前的研究水平大多停留在表观免疫指标的测定上。一些研究表明日粮中甲硫氨酸水平可影响动物的体液免疫，主要表现在对抗体效价的影响上。饲料中添加甲硫氨酸可抑制各种霉菌毒素的产生。

对 Pb 中毒的大白鼠或雏鸡添加甲硫氨酸，可使中毒缓解。对于 Co、Cu 和 Se 的中毒，也有同样效果。这可能是生成谷胱甘肽与金属的复合物从尿中排出的原因。甲硫氨酸与胆碱类似，是活性甲基的供给体，有预防脂肪肝的作用，因而甲硫氨酸也可作为脂肪肝的治疗药物。

一般在植物中甲硫氨酸含量很少，不能满足动物的需要。当饲料中甲硫氨酸不足时，畜禽会出现发育不良、体重减轻、肝肾机能减弱、肌肉萎缩、皮毛变质等不良现象。因此，需向饲料中添加甲硫氨酸。但添加过量，也会产生副作用。当甲硫氨酸过多，抑制动物生长时，是不能用补加其他氨基酸的方法来消除的。这种现象称为“氨基酸中毒”症。通常向雏鸡日粮添加 7.5g/kg、仔猪日粮添加 6.5g/kg 时，即可以保证畜禽健康生长。在配合饲料中添加 0.1%，可使蛋白质利用率提高 2%～3%，对提高产蛋率、增加猪的瘦肉率很有效。

甲硫氨酸具有促进肾上腺素合成胆碱，抗脂肪肝的作用。主要用于鸡饲料，也可用于猪、牛的配合饲料；在目前鱼粉供应不足的情况下，甲硫氨酸与豆类饲料配合使用，还可以部分代替鱼粉。据报道，在鸡配合饲料中添加 0.01%的甲硫氨酸，即可节省蛋白饲料 2%~3%。用含 0.1%~0.2%甲硫氨酸的配合饲料喂养蛋鸡，可明显提高蛋鸡的产蛋量，增加蛋重，并延长产蛋期。在肉鸡日粮中添加甲硫氨酸 0.56%~0.6%，肉鸡体脂肪含量降低了 25%，瘦肉的增加量达到 3.5%~7.5%。

（四）甲硫氨酸羟基类似物

甲硫氨酸羟基类似物［Methionine Hydroxy Analogue，MHA；或 2-Hydroxy-4-（Methythio）Butanoic Acid，HMB］可在动物体内转化为甲硫氨酸并发挥其营养作用。此外，它还可用作为反刍动物的过瘤胃蛋白源和仔猪日粮的酸化剂，能抑菌杀菌、减少热应激，并可减少氮的排泄，保护环境。MHA 对霉菌也且有抑制和杀灭作用，在饲料中添加后，可以防止或控制霉菌在饲料营养物质的分解，同时 MHA 又可转化为甲硫氨酸，增强机体对霉菌毒素的分解，从而使生产性能得以充分发挥。添加 MHA 能降低日粮配制时的粗蛋白质含量，降低血浆尿素氮，从而减少氮的浪费和排泄。根据生物化学原理，机体所需要的是必需氨基酸碳架，而不一定是其全部，只要有了必需氨基酸的碳架，机体就可能在转氨酶的作用下，将其转化成相应的 L-氨基酸。MHA 是甲硫氨酸代谢的中间产物，具备甲硫氨酸的碳架。

1. 甲硫氨酸羟基类似物及其钙盐

甲硫氨酸羟基类似物又名液态羟基甲硫氨酸（MHA、HMB）。

分子式：$C_5H_{10}O_3S$

相对分子质量：150.2

结构式：

$$CH_3-S-CH_2-CH_2-\underset{\substack{|\\ OH}}{CH}-COOH$$

甲硫氨酸羟基类似物是由美国孟山都（Monsanto）公司于 1956 年开发，1979 年正式建厂生产的产品。羟基甲硫氨酸是深褐色黏液，含水量约 12%。有硫化物的特殊气味；其 pH 1~2；相对密度（20℃）1.23；凝固点-40℃；黏度 38℃时 35mm^2/s，20℃时 105mm^2/s。它是以单体、二聚体和三聚体组成的平衡混合物，其含量分别为 65%、20%和 3%。主要是因羟基和羧基之间的酯化作用而聚合。

在美国曾有 6 所大学共用 3.1 万只鸡（包括肉鸡、产蛋鸡和火鸡）进行饲料实验，发表过 25 篇研究报告，都说明只要等量的产品，羟基甲硫氨酸与 DL-甲硫氨酸的饲养效果是相同的。在高温高湿的气候下，由于羧基甲硫氨酸不含氨基（—NH_2），氮转化成尿酸过程中产生的余热也就减少了，因而减缓了鸡的“热应激”反应，减少了损失，饲养效果（增重和饲料转化效果）优于 DL-甲硫氨酸。

在实验研究中，用各种晶体氨基酸配合成的混合物进行实验时，完全用羟基甲硫氨酸代替 L-甲硫氨酸时，其效果只有 40%；若用 0.15%的 L-甲硫氨酸时，羟基甲硫氨酸的效果与 DL-甲硫氨酸相同；若以 1/3 L-甲硫氨酸+1/3 羟基甲硫氨酸+1/3 胱氨酸的比例添加时，其效果高于任何一种单独使用的效果。在实验生产中，天然饲料（例如，玉米、豆粕等）中含有的L-甲硫氨酸量均大于0.15%，因而可以保证羟基甲硫氨酸的活性充分被利用。造成这种现象的原因还不明确，但促进大家去研究羟基甲硫氨酸被吸收利用的机制。

在胰腺中酯酶的作用下，羟基甲硫氨酸的多聚体可水解成单体。由于浓度差异而产生扩散作用，羟基甲硫氨酸在十二指肠被有效地吸收而进入血液。其吸收速度与L-甲硫氨酸相近。到达肝脏后可以被转化成L-甲硫氨酸。在肝脏和肾脏中都发现有羟基酸氧化酶和D型氨基酸氧化酶存在，因而羟基甲硫氨酸和D-甲硫氨酸都可以氧化成酮式甲硫氨酸，再经转氨基酶作用生成L-甲硫氨酸，可用图23-2表示。

以上研究说明DL-甲硫氨酸和羟基甲硫氨酸都可以转化成L-甲硫氨酸而被利用。进一步的研究证明羟基甲硫氨酸是一种自然存在的L-甲硫氨酸的前体。这清楚地说明羟基甲硫氨酸可以等摩尔地被动物利用的原因。实际上，羟基甲硫氨酸已在美国及世界许多国家广泛使用。

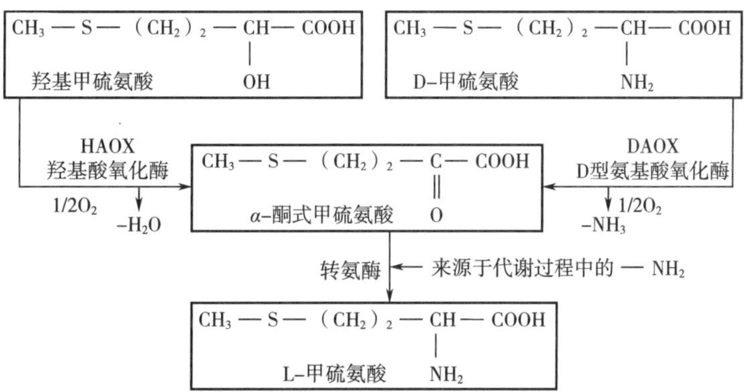

图23-2　羟基甲硫氨酸和D-甲硫氨酸通过氧化转氨生成L-甲硫氨酸

羟基甲硫氨酸为液态，在使用时是喷入饲料中混合均匀的。这种混合方式，具有添加量准确、操作简便、无粉尘、节省人工及降低贮存费用等优点。但也受到生产规模的限制，在日产1000t以上的饲料厂装这种喷雾式操作系统才行，规模小的饲料厂不适用。小的饲料厂适合用固体状态的羟基甲硫氨酸钙，又称MHA-Ca。

分子式：$(C_5H_9O_3S)_2Ca$

相对分子质量：338.4

结构式：

$$\begin{array}{l} \qquad\qquad\qquad\qquad\qquad\quad OH \\ \qquad\qquad\qquad\qquad\qquad\quad | \\ CH_3-S-CH_2-CH_2-CH-COO \diagdown \\ \qquad\qquad\qquad\qquad\qquad\qquad\qquad Ca \\ CH_3-S-CH_2-CH_2-CH-COO \diagup \\ \qquad\qquad\qquad\qquad\qquad\quad | \\ \qquad\qquad\qquad\qquad\qquad\quad OH \end{array}$$

羟基甲硫氨酸钙盐是用液体的羟基甲硫氨酸与 Ca（OH）$_2$ 或 CaO 中和，经干燥、粉碎和筛分后制得。为了减少粉尘还加入少量矿物油。我国于 1987 年批准进口。农业部制订的液态羟基甲硫氨酸的质量标准：含 $C_5H_{10}O_3S$ 88%以上；褐色或棕色黏液，有含硫基团的特殊气味，易溶于水，相对密度（20℃）为 1.22~1.23。农业部制定的羟基甲硫氨酸钙盐的质量标准：含（$C_5H_9O_3S$）$_2$Ca 97%以上；浅褐色粉末或颗粒，有含硫基团的特殊气味，可溶于水，粒度为全部通过 18 目筛、40 目筛上物不超过 30%，无机酸钙盐≤1.5%，砷（以 As 计）≤2mg/kg，重金属（以 Pb 计）≤20mg/kg。

2. *N*-羟甲基甲硫氨酸钙

分子式：（$C_6H_{12}NO_3S$）$_2$Ca

相对分子质量：396.4

结构式：

$$(CH_3-S-CH_2-CH_2-\underset{\underset{NH-CH_2OH}{|}}{CH}-COO)_2Ca$$

N-羟甲基甲硫氨酸钙是德国 Degussa 公司二十多年前推广使用的一个新品种。商品名为 Mepron，也称保持性甲硫氨酸。适用于反刍动物。据介绍，*N*-羟甲基甲硫氨酸钙具有在瘤胃中降解的保护作用，用于乳牛饲料中可提高牛乳产量，使牛乳中蛋白质含量提高，并提高牛乳中乳脂含量，减少肝代谢负荷，延长产乳期，并缩短生产牛犊间隔期，每天产乳 25kg 以上的乳牛可饲喂 25~30g *N*-羟甲基甲硫氨酸钙。*N*-羟甲基甲硫氨酸钙是以 DL-甲硫氨酸为原料加工生产而得的。该产品是一种可自由流动的白色粉末，在饲料中易于混合。

我国农业部已于 1988 年批准进口。其含量按照 NY/T 3655—2020《饲料中 *N*-羟甲基甲硫氨酸钙的测定》标准执行。

以上各种甲硫氨酸类似物我国均无生产。在使用中都应折算成等摩尔的甲硫氨酸的量来添加。计算时要考虑每种产品的含量及所代表化合物的相对分子质量。

（五）甲硫氨酸及其类似物全世界生产概况

目前，世界上用于饲料添加的有 DL-甲硫氨酸、羟基甲硫氨酸、羟基甲硫氨酸钙盐和 *N*-羟甲基甲硫氨酸。它们均用化学合成法合成，总计年生产能力超过 200 万 t。

全球甲硫氨酸市场主要由少数企业占据，赢创、安迪苏、诺伟司、住友化学四大企业就占据约 85%的全球市场份额。近 3 年产能增长比较稳定，未来 3 年全球几大生产商新增甲硫氨酸项目将逐渐投产，产能有望再增 57 万 t。其中住友化学新建的 10 万 t 甲硫氨酸生产线在 2018 年 10 月已经竣工，开始商业化生产。新和成和赢创在 2019 年分别投放 10 万 t 和 15 万 t 产能，在 2020 年和邦生物、新和成和诺伟司还分别投放 5 万 t、15 万 t 和 12 万 t 产能。

我国饲料产业起始于 20 世纪 70 年代，2011 年超越美国跃居世界第一，约占全球饲料总产量的 17%。2020 年中国工业饲料总产量达 25276.1 万 t，较 2019 年增加了 2390.7 万 t，同比增长 10.4%。我国国内甲硫氨酸需求也随着饲料工业的发展稳步增长，产能也在陆续释放。2020 年甲硫氨酸总产能达 80 万 t，表 23-6 为 2020 年我国甲硫氨酸产能情况。

表 23-6　　2020 年我国甲硫氨酸产能情况

公司名称	甲硫氨酸产能/(万 t/a)	公司名称	甲硫氨酸产能/(万 t/a)
宁夏紫光	10	新和成	30
和邦生物	5	安迪苏（南京）	35

三、苏氨酸及其衍生物

苏氨酸是机体必需氨基酸之一，是天冬氨酸激酶的一种同工酶的抑制调节物。苏氨酸具有 L-苏氨酸、D-苏氨酸、L-别苏氨酸、D-别苏氨酸 4 种异构体，但仅自然存在的 L-苏氨酸具有营养价值。苏氨酸的化学名称是 L-2-氨基-3-羟基丁酸，无色结晶，不溶于无水乙醇、醚和三氯甲烷。目前 L-苏氨酸主要采用发酵法生产，工业生产中的 L-苏氨酸是结晶性粉末，纯度不低于 98.5%干物质。

（一）苏氨酸的理化特性

1. DL-苏氨酸

DL-苏氨酸（DL-threonine）是 D-苏氨酸和 L-苏氨酸的混合物，为白色晶体或结晶性粉末。无臭，味微甜。约 245℃ 熔化并分解。无旋光性。化学性质稳定，溶于水（20.1g/100mL，25℃）。水溶液甜味爽口。难溶于甲醇、乙醇（0.07g/100mL，25℃）和丙醇等。DL-苏氨酸的生理效用为 L-苏氨酸的 1/2。缺乏时易引起食欲不振和脂肪肝等症。DL-苏氨酸在体内参与合成蛋白质；具有调节采食量、提高免疫机能等作用，是禽类免疫球蛋白（IgG）合成中的一种主要限制性氨基酸。大米、小麦、玉米等第一限制氨基酸为赖氨酸，可添加第二限制性氨基酸的苏氨酸予以补充。

DL-苏氨酸的法定编号为 CAS 80-68-2，分子式为 $C_4H_9NO_3$，相对分子质量为 119.12，氮含量为 11.8%，蛋白质当量为 73.7%，ME 为 14.6MJ/kg。其质量标准（FCC，1992）见表 23-7。

表 23-7　　DL-苏氨酸的质量标准

指　标	标　准	指　标	标　准
含量（以干基计）	98.5%~102%	干燥失重（105℃，3h）	≤0.2%
砷（以 As 计，GT-3）	≤4mg/kg	灼烧残渣（GT-27）	≤0.1%
重金属（以 Pb 计，GT-16-2）	≤0.002%	5%的水溶液	无色、透明

续表

指　标	标　准	指　标	标　准
氯化物（以 Cl^- 计，GT-8-2）	≤0.021%	5%的水溶液 pH	5.0~6.0
别苏氨酸	阴性		

毒性：L 型，半数致死量为 26mmol/kg（大鼠，腹腔注射）；D 型，半数致死量为 45mmol/kg（大鼠，腹腔注射）；可安全用于食品（FDA 172.320，1994）。

鉴别试验：试样水溶液无旋光性。10%试样液 5mL，加 $KMnO_4$ 饱和溶液 5mL，加热，应产生氨臭气味，此气体能使被水浸湿的红色石蕊试纸变蓝。取 0.1%试样液 5mL，加 1mL 水合茚三酮试液（TS-250），加热 3min，应出现红紫色至紫色。

含量分析：与 DL-丙氨酸含量分析法相同。1mL 0.1mol/L 高氯酸相当于 DL-苏氨酸（$C_4H_9NO_3$）11.91mg。

含量指标分析：取试样 1g，加稀乙酸试液（TS-2）2mL 和水 10mL，使之溶解，以此作为试样液。然后按 GT-16 中方法测定重金属。取试样 1g，加水溶解并定容至 50mL，取该液 5μL 为试样液，以正丁醇、丁酮、氨试液（TS-13）和水的混合液（5∶3∶1）作为展开剂，按纸上色谱法（GT-10）测定，应仅出现一个斑点。即用色谱分析 DL-苏氨酸含量。用 2 号滤纸，当展开剂上升约 3cm 时停止展开，风干，在 100℃下干燥 5min 后，在自然光线下从上方观察，不使用对照组。

2. L-苏氨酸

L-苏氨酸（L-threonine）为白色斜方晶系晶体或结晶性粉末。无臭，味微甜。约 256℃熔化分解。高温下遇稀碱则分解，遇酸缓慢分解。易溶于水（20g/100mL，25℃）。不溶于乙醇、乙醚和氯仿。L-苏氨酸属必需氨基酸，生理效果为 DL-苏氨酸的 2 倍。缺乏时易患食欲不振、脂肪肝等症。L-苏氨酸在体内参与合成蛋白质，具有调节采食量、提高免疫机能的作用，是禽类免疫球蛋白（IgG）合成中的一种主要限制性氨基酸。谷类蛋白质除需补充 L-赖氨酸外，其次即为 L-苏氨酸。这是由于 L-苏氨酸的含量虽较多，但在蛋白质中苏氨酸与肽的结合很难水解，不易消化吸收所致。

L-苏氨酸的法定编号为 CAS 72-19-5，分子式为 $C_4H_9NO_3$，相对分子质量为 119.12，氮含量为 11.8%，蛋白质当量为 73.7%，ME 为 14.6MJ/kg。其质量标准（FCC，1992）见表 23-8。

表 23-8　　L-苏氨酸的质量标准

指　标	标　准	指　标	标　准
含量（以干基计）	98.5%~101.5%	干燥失重（105℃，2h）	≤0.2%
砷（以 As 计，GT-3）	≤1.5mg/kg	灼烧残渣（GT-27）	≤0.1%
重金属（以 Pb 计，GT-16-2）	≤0.002%	比旋光度$[\alpha]_D^{20}$	-26.50°~-29.00°
铅（GT-18）	≤10mg/kg		

限量：占食品总蛋白质量的5%（FDA 172.320，1994）。

毒性：半数致死量为3098mg/kg（大鼠，腹腔注射）。

鉴别试验：①与L-丝氨酸相同，②取10%试样液5mL，加5mL $KMnO_4$饱和溶液，加热，应放出氨气。应符合红外吸收光谱图。

含量分析：准确称取试样约200mg，溶于3mL甲酸和5mL冰醋酸，加两滴结晶紫试液（TS-74），用0.1mol/L $KClO_4$滴定至绿色终点或蓝色完全消失为止。1mL 0.1mol/L高氯酸相当于11.91mg L-苏氨酸。

（二）苏氨酸的生理功能

苏氨酸有降低大脑中色氨酸和吲哚乙酸的作用，从而影响动物的神经调节，这可能与苏氨酸阻碍色氨酸进入大脑有关。苏氨酸通过降解代谢可加速肝脏脂肪向肝外转运，因而具有抗脂肪肝作用。此外，苏氨酸不足还可能会限制赖氨酸和甲硫氨酸对动物生产的效应。除了维持肌肉蛋白合成需要外，苏氨酸也是内源氨基酸的重要组成部分，包括黏膜蛋白和消化酶。胃肠道上皮和一些免疫蛋白中富含苏氨酸，缺乏苏氨酸会抑制免疫球蛋白及T细胞、B细胞和抗体的产生。初乳和常乳的免疫蛋白中苏氨酸的含量很高。此外，苏氨酸对采食量有一定的调节作用。

美国全国科学研究委员会（NRC）总结了适用于猪维持、蛋白质沉积、乳合成和体组织蛋白质合成的理想苏氨酸和赖氨酸比例，分别为1.51、0.60、0.58、0.58，其中苏氨酸用于维持需要的比例最高，说明了苏氨酸对猪维持需要具有重要意义。据推断，苏氨酸维持需要量高、沉积率低的原因除了苏氨酸的肠道损失大以外，另一原因可能是饲料中甘氨酸供给不足，或是通过其他途径合成甘氨酸。

（三）苏氨酸的应用

在猪的实际生产饲料中，通常赖氨酸是第一限制性氨基酸，苏氨酸是第二限制性氨基酸或第三限制性氨基酸。表23-9为猪谷物常用饲料中氨基酸限制性顺序。赖氨酸和苏氨酸也是猪的10种必需氨基酸中唯一两种在体内不能合成的氨基酸。妊娠母猪饲料中缺乏苏氨酸会导致免疫蛋白产生不足，而通过补充苏氨酸能得以恢复。伍喜林等（2001）研究表明，在日粮苏氨酸水平为0.544%、0.612%、0.680%、0.748%时，仔猪采食量和日增重随苏氨酸水平的升高而增加，但超过0.78后，采食量和日增重又开始下降。

表23-9　猪谷物常用饲料中苏氨酸限制性顺序

饲料	第一限制性氨基酸	第二限制性氨基酸	第三限制性氨基酸
大麦	赖氨酸	苏氨酸	组氨酸
玉米	赖氨酸和色氨酸		苏氨酸
燕麦	赖氨酸	苏氨酸	色氨酸
高粱	赖氨酸	苏氨酸	甲硫氨酸

续表

饲料	第一限制性氨基酸	第二限制性氨基酸	第三限制性氨基酸
黑小麦	赖氨酸	苏氨酸	
小麦	赖氨酸	苏氨酸	
豆饼	甲硫氨酸	苏氨酸	
玉米-豆饼	赖氨酸	赖氨酸	苏氨酸

1. 改善低蛋白质饲粮下的动物生产性能

饲粮中添加适宜量的苏氨酸可显著提高动物采食量和生产性能，尤其是在低蛋白质饲粮条件下补充苏氨酸对动物生产性能具有更明显的改善作用。饲粮补充添加0.1%~0.4%的苏氨酸能极显著提高肉兔平均日采食量，在肉仔鸡饲粮中添加0.04%的苏氨酸能明显提高生产性能和肉鸡的均匀度。在低蛋白质饲粮条件下，添加较高水平的苏氨酸能改善肉鸡胴体组成，提高腹脂、胸脂含量以及胴体与屠体重的比值；添加0.1%~0.3%的苏氨酸可显著提高蛋鸡饲料利用率、产蛋率和蛋壳质量，促进鸡蛋蛋白质的沉积；补充苏氨酸显著增加鸭羽毛质量和长度。生产实际中必须考虑苏氨酸的适宜添加量，因为过量的苏氨酸很可能导致动物采食量和生产性能的下降，其机理到目前还未阐明。

2. 免疫调节作用

当动物处于免疫应激条件下，免疫球蛋白的大量合成易引起饲粮苏氨酸的缺乏和体蛋白质的动员，因此饲粮中补充苏氨酸有利于改善动物的免疫性能，提高抗病能力。据报道，饲粮中补充苏氨酸可显著提高小鼠体内循环抗体的含量和脾T淋巴细胞的转化功能。补充苏氨酸对感染伪狂犬病毒猪空肠上皮细胞先天性免疫功能具有分子表达水平的调控作用。

3. 调节蛋白质合成

饲粮苏氨酸可通过调节小肠黏蛋白的合成来影响断乳仔猪肠道的健康和肠道功能。苏氨酸是小肠合成黏蛋白所必需的营养素，而黏蛋白具有维持小肠屏障的功能，当小肠供给的苏氨酸不足时导致肠黏膜屏障遭到损伤，最终可能会导致幼龄动物坏死性肠炎的发生。除了小肠黏蛋白，饲粮添加不同水平苏氨酸对断乳仔猪肝脏中蛋白质水平也有显著影响。

此外，不同饲料中的苏氨酸消化率差别很大（表23-10），其中纯L-苏氨酸的消化率为100%，而表观回肠消化率测定结果证实苏氨酸的消化率低于赖氨酸。

表23-10　常用猪饲料中苏氨酸含量及平均表观回肠转化率和真回肠消化率

饲 料	苏氨酸含量/%	苏氨酸/赖氨酸	苏氨酸/蛋白质	苏氨酸平均表观回肠消化率/%	苏氨酸平均真回肠消化率/%
玉米	0.33	1.42	0.039	66	82
大麦	0.43	0.98	0.033	67	81

续表

饲 料	苏氨酸含量/%	苏氨酸/赖氨酸	苏氨酸/蛋白质	苏氨酸平均表观回肠消化率/%	苏氨酸平均真回肠消化率/%
小麦	0.33	1.10	0.024	72	84
高粱	0.26	1.44	0.029	63	85
小麦次粉	0.5	0.85	0.032	63	85
小麦麸	0.43	0.74	0.027	59	73
豆饼	1.41	0.59	0.034	76	—
豆粕	1.88	0.77	0.044	76	83
葵籽饼	0.98	1.02	0.034	75	77
葵籽粕	1.25	1.02	0.034	69	75
菜籽饼	1.4	1.05	0.039	66	75
菜籽粕	1.49	1.15	0.039	75	82
棉籽饼	1.14	1.15	0.031	39	—
棉籽粕	1.31	0.81	0.031	56	64
肉骨粉	1.58	0.82	0.035	65	72
玉米蛋白粉	1.38	1.94	0.031	84	81
鱼粉	2.57	0.54	0.043	79	86
苜蓿粉	0.69	0.85	0.040	55	63
血粉	1.86	0.43	0.035	91	89

注：摘自 2004 年第 15 版《中国饲料数据库》。

近年来，许多试验证明了在生长猪饲料中添加苏氨酸的益处：增加饲料蛋白的生物学价值；校正饲料中氨基酸含量和消化率的变异；调整饲料中的氨基酸平衡；增加低苏氨酸原料的利用；提高日增重和饲料转化率；改善肉质；增强机体免疫力。其中节约蛋白质生产低蛋白的猪饲料更为引起关注，因为这不仅在经济上是有利的，而且可获得正常蛋白质水平时的动物生长性能及饲料报酬，尤其可减少因高蛋白质引起的过敏性早期断乳仔猪的腹泻发生率；通过减少氨负荷改善饲养条件，减少环境污染。

四、色氨酸及其衍生物

（一）色氨酸的理化特性

1. DL-色氨酸

DL-色氨酸（DL-tryptophan）为白色至黄白色结晶或结晶性粉末。用乙醇水溶液重新结晶者为有光泽的无色薄六扇板片状的晶体。无色或略有臭味，味略甜，L 型有苦味；D 型的甜度与蔗糖相似。0.2%水溶液的 pH 为 5.5~7.0。无旋光性。熔点约 295℃（分解）。

耐酸、耐光性差。溶于水（0.4%，25℃）及稀酸和碱，微溶于乙醇。DL-色氨酸在体内参与血浆蛋白的更新，具有促进核黄素发挥作用，还有助于血红素合成的功能。

在体内转变为许多重要的生理活性物质，如5-羟色胺和烟酸的前体。DL-色氨酸在食品中用作营养增补剂、抗氧化剂，可添加于明胶、玉米等色氨酸含量少的食品。

DL-色氨酸的法定编号为 CAS 54-12-6，分子式为 $C_{11}H_{12}N_2O_2$，相对分子质量为 204.23，氮含量为 13.7%，蛋白质当量 85.7%，ME 为 23.9MJ/kg，其质量标准（FCC，1992）见表 23-11。

表 23-11　　DL-色氨酸的质量标准

指　标	标　准	指　标	标　准
含量（以干基计）	98.5%~101.5%	铅（GT-18）	≤10mg/kg
砷（以 As 计，GT-3）	≤1.5mg/kg	干燥失重（105℃，2h）	≤0.3%
重金属（以 Pb 计，GT-16-2）	≤0.004%	灼烧残渣（GT-27）	≤0.1%

毒性：L 型，半数致死量为 8mmol/kg（大鼠，腹腔注射）；D 型，半数致死量为 21mmol/kg（大鼠，腹腔注射），可安全用于食品（FDA 172.320，1994）。

鉴别试验：在试样水溶液中加溴试液（TS-46），应出现红色，该红色物质可由戊醇萃取。应符合红外吸收光谱图。

含量分析：准确称取经 105℃ 干燥 3h 的试样约 300mg，溶于 3mL 甲酸和 50mL 冰醋酸，加两滴结晶紫试液（TS-74），用 0.1mol/L $HClO_4$ 滴定至绿色终点或蓝色完全消失为止。1mL 0.1mol/L $HClO_4$ 相当于 20.42mg DL-色氨酸。

2. L-色氨酸

L-色氨酸（L-tryptophan）为白色至黄白色结晶或结晶性粉末。无臭或微臭，稍有苦味。熔点约 295℃（分解）。长时间光照则着色。与水共热产生少量吲哚。如在 NaOH、$CuSO_4$ 存在下共热，则产生大量吲哚。色氨酸与酸在暗处加热，较稳定。与其他氨基酸，糖类、醛类共存时极易分解。如无烃类共存，与 5mol/L NaOH 共热至 125℃ 仍稳定。用酸分解蛋白质时，色氨酸完全分解，生成腐黑物。略溶于水（1.1g/100mL，25℃）。溶于热水、热乙醇、稀盐酸和碱性氧氧化物。由合成法制得 DL-色氨酸后，再经过旋光拆开法制得，或者由干酪素经胰酶分解也可制备 L-色氨酸。目前已完全由发酵法生产 L-色氨酸。

L-色氨酸的法定编号为 CAS 73-22-3，分子式为 $C_{11}H_{12}N_2O_2$，相对分子质量为 204.23，氮含量为 13.7%，蛋白质当量为 85.7%，ME 为 23.9MJ/kg。其质量标准（FCC，1992）见表 23-12。

毒性：半数致死量为 8mmol/kg（大鼠，腹腔注射）。

鉴别试验：取试样约 1g，溶于 20% HCl 溶液 100mL 中，取此溶液 1mL，加 5% Na_2SO_3 溶液 1mL，应出现黄色。应符合红外吸收光谱图。

含量分析：准确称取试样约 300mg，溶于 3mL 甲酸和 50mL 冰醋酸，加两滴结晶紫试液（TS-250），用 0.1mol/L $HClO_4$ 滴定至绿色终点或蓝色完全消失为止。1mL 0.1mol/L $HClO_4$ 相当于 20.42mg L-色氨酸。

表 23-12　　L-色氨酸的质量标准

指　标	标　准	指　标	标　准
含量（以干基计）	98.5%~101.5%	干燥失重（105℃，2h）	≤0.3%
砷（以 As 计，GT-3）	≤1.5mg/kg	灼烧残渣（GT-27）	≤0.1%
重金属（以 Pb 计，GT-16-2）	≤0.002%	比旋光度$[\alpha]_D^{20}$	-30.00°~-33.00°
铅（GT-18）	≤10mg/kg		

（二）色氨酸的生理作用

色氨酸是重要的神经递质 5-羟色胺（5-HT）的前体，属于必需氨基酸之一。L-色氨酸在体内参与血浆蛋白的更新，促进核黄素发挥作用，还有助于血红素的合成。色氨酸不仅参与体蛋白的合成，而且还是一种具有代谢活性的氨基酸，它是 5-羟色胺、褪黑激素、色胺、烟酰胺腺嘌呤二核苷酸、烟酸等的前体物。血中游离色氨酸大多松散地与血清结合，血清蛋白被血浆中游离脂肪酸结合后，非结合型色氨酸才能被脑纳入而合成 5-羟色胺，因此血浆中游离色氨酸的含量可调节脑中 5-羟色胺的合成率，从而影响脑代谢。色氨酸在体内的主要分解代谢途径为 5-羟色胺途径。在脑干组织、血清素激活神经、肠嗜铬细胞、血小板细胞、柱状细胞内，色氨酸可以转变为 5-羟色胺，转变的关键酶是色氨酸羟化酶。在体内，色氨酸羟化酶的活力对 5-羟色胺浓度变化敏感。当色氨酸缺乏时，可引起糙皮病等疾病。增加饲料中色氨酸的含量，可调整机体内的氮平衡。

（三）色氨酸的应用

1. 调控采食和营养物质代谢

随着赖氨酸和甲硫氨酸的大量添加，色氨酸的营养限制性地位日益突出。人们首先发现色氨酸具有调节动物采食量的作用。饲粮中添加适当水平的色氨酸可调节动物采食量，这种作用可能与色氨酸及其代谢产物 5-羟色胺参与神经调节以及刺激调控食欲的相关激素的合成与分泌有关。Zhang 等发现色氨酸可通过促进胃肠激素（Ghrelin）的分泌和胃肠黏膜 *ghrelin* 基因 mRNA 的表达来增进断乳仔猪食欲和促进采食。色氨酸参与调节体内蛋白质代谢，试验表明，在蛋鸡饲粮中添加适宜水平的色氨酸能够促进机体的蛋白质代谢，提高产蛋性能。饲粮色氨酸对生长猪的氮沉积也具有显著影响。魏宗友等研究发现，5~10 周龄鹅饲粮中添加适宜水平的色氨酸可显著提高胸肌率。色氨酸调节蛋白质合成与降解可能与其参与调节蛋白质合成与降解的信号途径有关，研究表明色氨酸是通过上调参与调控蛋白质合成基因的 mRNA 表达量、蛋白合成量及磷酸化水平，降低蛋白质降解基因表达来促进腿肌蛋白质沉积的，此外，它可能还可通过调节体内激素分泌，如提高血液中胰岛素样生长因子-I（IGF-I）水平来调节蛋白质代谢。除了蛋白质代谢，色氨酸也参与调节体内脂肪代谢，试验观察到在显著降低蛋鸡肝脂率和腹脂率的同时能显著提高血清极低密度脂蛋白胆固醇含量和腹脂组织中激素敏感脂肪酶活力。

2. 调节神经和免疫功能

色氨酸通过其代谢产物5-羟色胺的中枢神经调节作用来减少动物因应激发生的争斗行为。饲粮中添加0.04%的色氨酸可显著改善蛋雏鸭机体的抗氧化能力，促进免疫器官的发育，提高其生长性能。肉鸡饲粮中补充色氨酸和精氨酸能显著提高血 α-干扰素、γ-干扰素以及免疫球蛋白含量，增强肉鸡抵抗传染性法氏囊病的能力。色氨酸缺乏可以引起扬州鹅脾脏组织淋巴细胞生长受抑制并发生凋亡，适当补充色氨酸可促进脾脏组织淋巴细胞的增殖与分化，从而有利于改善扬州鹅免疫力。近年来还发现色氨酸可不依赖于维生素 B_6 独立调节断乳仔猪体内的免疫反应，提高仔猪免疫力。色氨酸的一些代谢产物也参与免疫调节，例如，羟基喹啉可通过补充白细胞内的NAD来缓解氧化应激造成的NAD的减少来调节免疫。

3. 色氨酸代谢产物对反刍动物的作用

色氨酸的代谢产物褪黑激素可通过调节其他激素分泌及皮肤脱碘酶活力来促进绒山羊产绒，这种作用还可能与褪黑激素参与调节调控产绒的基因表达和信号转导有关，褪黑激素可提高参与毛囊生长的信号转导的 *Wnt10b* 基因在绒山羊皮肤组织中毛囊休止期和退行期的表达量，通过调节 *PDGFA* 基因表达缩短毛囊生长周期。除了促进产绒，褪黑激素对免疫和繁殖也有调控作用。色氨酸的代谢产物烟酸在反刍动物上研究较多，烟酸在调节瘤胃微生物菌群和消化率、酮症的预防、抗应激以及产乳量和乳成分含量与产量等方面均可发挥积极作用。

五、苯丙氨酸及其衍生物

（一）苯丙氨酸的理化特性

1. DL-苯丙氨酸

DL-苯丙氨酸（DL-phenylalanine）为白色小片结晶或结晶性粉末，无臭。无旋光性，溶于水、稀无机酸和碱性NaOH溶液，极难溶于乙醇。具有与L-苯丙氨酸相同的生理效能。

在体内可参与甲状腺素和肾上腺素的合成。DL-苯丙氨酸在食品中可用作营养增补剂。

DL-苯丙氨酸的法定编号为CAS 150-30-1和FEMA3726，分子式为 $C_9H_{11}NO_2$，相对分子质量为165.19，氮含量为8.5%，蛋白质当量为53.1%。其质量标准（FCC，1992）见表23-13。

毒性：半数致死量为5452mg/kg（大鼠，腹腔注射）。

鉴别试验：1%试样液5mL，加水合茚三酮试液（TS-250）1mL，共热，应出现红紫色。取1%试样液5mL，加 $K_2Cr_2O_7$ 试样（TS-186），加热后应产生特殊气味。取试样液10mg，加 KNO_3 500mg和 H_2SO_4 2mL，在水浴上加热20min，冷却后加盐酸羟胺试液（TS-121）2mL，浸入冰水中10min后加NaOH试液（TS-224）10mL，应出现红紫色。

表 23-13　　DL-苯丙氨酸的质量标准

指　标	标　准	指　标	标　准
含量（以干基计）	98.5%~101.5%	铅（GT-18）	≤10mg/kg
砷（以As计，GT-3）	≤1.5mg/kg	干燥失重（105℃，2h）	≤0.3%
重金属（以Pb计，GT-16-2）	≤0.002%	灼烧残渣（GT-27）	≤0.3%

含量分析：准确称取预经150℃干燥2h后的试样约500mg，移入250mL烧杯中，加入冰醋酸75mL，使之溶解后。加结晶紫试液（TS-74）2滴后用0.1mol/L $HClO_4$ 滴定至蓝绿色终点。同时进行空白试验并做必要校正。1mL 0.1mol/L $HClO_4$ 相当于16.52mg DL-苯丙氨酸。

2. L-苯丙氨酸

L-苯丙氨酸（L-phenylalanine）为无色至白色状结晶或白色结晶性粉末，略有特殊气味或苦味，约于283℃熔化并分解。10%水溶液的pH为5.4~6.0。在受热、光照及空气中稳定。与葡萄糖一起加热则着色。碱性下不稳定，溶于水（3g/100mL，25℃）。难溶于乙醇，溶于水、稀无机酸和碱性NaOH溶液。

L-苯丙氨酸的制取方法很简单，脱脂大豆用HCl水解后，提取酸性氨基酸，用活性炭或脱色树脂吸附苯丙氨酸、酪氨酸和色素后，溶出苯丙氨酸，分离即可制得L-苯丙氨酸。目前，L-苯丙氨酸已由发酵法生产。

L-苯丙氨酸（L-α-氨基苯丙酸）的法定编号为GB/T14156—2009（I1350）、CAS 63-91-2和FEMA 3585，分子式为 $C_9H_{11}NO_2$，相对分子质量为165.19，氮含量为8.5%，蛋白质当量为53.1%。其质量标准（FCC，1992）见表23-14。

表 23-14　　L-苯丙氨酸的质量标准

指　标	标　准	指　标	标　准
含量（以干基计）	98.5%~101.5%	干燥失重（105℃，2h）	≤0.3%
砷（以As计，GT-3）	≤1.5mg/kg	灼烧残渣（GT-27）	≤0.1%
重金属（以Pb计，GT-I6-2）	≤0.002%	比旋光度$[\alpha]_D^{20}$	+33.00°~+35.20°
铅（GT-18）	≤10mg/kg	（干燥后试样2g/100mL水）	

毒性：半数致死量为5287mg/kg（大鼠，腹腔注射），可安全用于食品（FDA 172.320，1994）。

鉴别试验：应符合红外吸收光谱图。其余均与DL-苯丙氨酸相同。

含量分析：准确称取试样约300mg，加入3mL甲酸和50mL冰醋酸。加2滴结晶紫试液（TS-74）后用0.1mol/L $HClO_4$ 滴定至蓝绿色终点。1mL 0.1mol/L $HClO_4$ 相当16.52mg L-苯丙氨酸。

（二）苯丙氨酸的生理功能

苯丙氨酸是机体必需氨基酸之一，属芳香族氨基酸，在体内大部分经苯丙氨酸羟化酶催化氧化为酪氨酸。并和酪氨酸一起合成重要的神经递质和激素，如肾上腺素、去甲肾上腺素、甲状腺素、儿茶酚胺等，参与机体的糖代谢和脂肪代谢。若体内苯丙氨酸氧化酶缺乏，则苯丙氨酸氧化为酪氨酸的反应障碍可导致苯酮尿症，为最常见的氨基酸代谢缺陷。苯丙氨酸还可通过转氨基作用生成苯丙酮酸，并进一步代谢为苯乳酸、苯乙酸，或通过羟化作用而生成邻甲基苯乙酸。甲状腺素参与机体的能量代谢、水盐代谢及骨骼代谢，而它的合成依赖于酪氨酸，酪氨酸又来源于苯丙氨酸，故此，饲料中苯丙氨酸的缺乏，可影响体内酪氨酸的合成，从而导致肾上腺素水平降低，影响机体的代谢活动。苯丙氨酸在多数饲料原料中都有，通过食物摄取，多能满足机体对苯丙氨酸的需要量。

六、支链氨基酸

支链氨基酸（BCAA）包括亮氨酸、异亮氨酸、缬氨酸，是唯一的主要在肝外组织氧化的必需氨基酸，主要氧化部位在肌肉。支链氨基酸通过生糖与生酮作用与 TCA 循环相互联系，实现机体内三大物质（糖、脂肪、蛋白质）的互相转化。

（一）支链氨基酸的理化特性

1. L-亮氨酸

L-亮氨酸（L-leucine）为白色有光泽六面体结晶或白色结晶性粉末，略有苦味（DL-亮氨酸呈甜味）。于 145~148℃升华，熔点 293~295℃（分解）。在无机酸水溶液中性能稳定。1g 溶于 40mL 水和约 100mL 乙酸。微溶于乙醇（0.07%），溶于稀 HCl 和碱性氢氧化物和碳酸盐溶液。不溶于乙醚。属于必需氨基酸，为幼畜正常发育及成年家畜维持正常氮平衡所必需。天然亮氨酸存在于脾脏、心脏等器官，并以蛋白质形式存在于各种动植物组织中，腐败分解后可游离出来。

L-亮氨酸是合成体组织蛋白和血浆蛋白的必需原料，能促进雏鸡增强食欲和增加体重。可通过蛋白质（干酪素、角蛋白等）的 HCl 或稀 H_2SO_4 水解液由碱中和，得到亮氨酸沉淀。此沉淀物中混有 L-异亮氨酸及 L-甲硫氨酸，用铜盐法精制，再用β-萘磺酸使其沉淀，可制取亮氨酸晶体。目前，L-亮氨酸也主要由发酵法生产。

L-亮氨酸的法定编号为 GB/T 14156—2009（11354）、CAS 61-90-5 和 FEMA 3297，分子式为 $C_6H_{13}NO_2$相对分子质量为 131.17，氮含量为 10.7%，蛋白质当量为 66.9%。其质量标准（FCC，1992）见表 23-15。

毒性：可安全用于食品（FDA 172.320，1994）；半数致死量为 5379mg/kg（大鼠，皮下注射）。

鉴别试验：约于 150℃升华。

含量分析：准确称取经 150℃干燥 2h 后的试样约 400mg，移入 250mL 烧杯中，加入 3mL 甲酸和 50mL 冰醋酸，使之溶解。加 2 滴结晶紫试液（TS-74）后用 0.1mol/L $HClO_4$

滴定至蓝绿色终点。同时进行空白试验并做必要校正。1mL 0.1mol/L $HClO_4$ 相当于13.12mg L-亮氨酸。

表 23-15 L-亮氨酸的质量标准

指 标	标 准	指 标	标 准
含量（以干基计）	98.5%~101.5%	干燥失重（105℃，2h）	≤0.1%
砷（以 As 计，GT-3）	≤3mg/kg	灼烧残渣（GT-27）	≤0.1%
重金属（以 Pb 计，GT-I6-2）	≤0.003%	比旋光度$[\alpha]_D^{20}$	+14.50°~+16.50°
铅（GT-18）	≤10mg/kg		

质量指标分析：取试样 4g，用 6mol/L HCl 溶解后定容至 100mL，然后按常规方法测定比旋光度。

2. DL-亮氨酸

DL-亮氨酸（DL-leucine）为细白色结晶或结晶性粉末，略有甜味，无臭。约于290℃熔化并分解，10%溶液的 pH 为 5.5~7.0，化学性质稳定。DL-亮氨酸是合成体组织蛋白和血浆蛋白的必需原料，能促进雏鸡增强食欲和增加体重。DL-亮氨酸的法定编号为CAS 328-39-2 和 FEMA 3297，分子式为 $C_6H_{13}NO_2$，相对分子质量为 131.17，氮含量为10.7%，蛋白质当量为 66.9%。质量标准（FCC，1992）见表 23-16。

表 23-16 DL-亮氨酸的质量标准

指 标	标 准	指 标	标 准
含量（以干基计）	98.5%~101.5%	铅（GT-18）	≤10mg/kg
砷（以 As 计，GT-3）	≤1.5mg/kg	干燥失重（105℃，2h）	≤0.3%
重金属（以 Pb 计，GT-16-2）	≤0.002%	灼烧残渣（GT-27）	≤0.1%

毒性：半数致死量为 6249mg/kg（大鼠，皮下注射）。

鉴别试验：取 0.1%试样液 5mL，加 1mL 水合茚三酮试液（TS-250），应出现红紫色或蓝紫色。

含量分析：准确称取约 400mg 试样，溶于 3mL 甲酸和 50mL 冰醋酸，加 2 滴结晶紫试液（TS-74）后用 0.1mol/L $HClO_4$ 滴定至首次呈现纯绿色或蓝色完全消失。1mL 0.1mol/L $HClO_4$ 相当于 13.12mg DL-亮氨酸。

3. DL-异亮氨酸

DL-异亮氨酸（DL-isoleucine）为白色结晶性粉末，无臭，稍有苦味。约于 292℃熔化并分解。10%溶液的 pH 为 5.5~7.0。溶于水，几乎不溶于乙醇和乙醚，DL-异亮氨酸可与亮氨酸共同参与体蛋白的合成。

DL-异亮氨酸的法定编号为 CAS 443-79-8 和 FEMA 3295，分子式为 $C_6H_{13}NO_2$，相对

分子质量为 131.17，氮含量为 10.7%，蛋白质当量为 66.9%。质量标准（FCC，1992）见表 23-17。

表 23-17　　DL-异亮氨酸的质量标准

指　标	标　准	指　标	标　准
含量（以干基计）	98.5%~101.5%	铅（GT-18）	≤10mg/kg
砷（以 As 计，GT-3）	≤1.5mg/kg	干燥失重（105℃，2h）	≤0.3%
重金属（以 Pb 计，GT-16-2）	≤0.002%	灼烧残渣（GT-27）	≤0.1%

鉴别试验：0.1%试样液 5mL，取 0.1%试样液 5mL，加水合茚三酮试液（TS-250）1mL，在沸水中加热溶解后，应呈红紫色。

含量分析：准确称取约 250g 试样，溶于 3mL 甲酸和 50mL 冰醋酸，加 2 滴结晶紫试液（TS-74）后用 0.1mol/L $HClO_4$ 滴定至首次呈现纯绿色或蓝色完全消失。1mL 0.1mol/L $HClO_4$ 相当于 13.12mg DL-异亮氨酸。

4. L-异亮氨酸

L-异亮氨酸（L-isoleucine）为白色结晶小片或结晶性粉末，略有苦味，无臭。升华温度 168~170℃，约于 284℃熔化并分解。10%溶液的 pH 为 5.5~7.0。化学性质稳定。在食品烹调、加工受热时几乎无损失。溶于水（4.03g/100mL，20℃）、稀无机酸和碱性溶液，微溶于热乙醇，不溶于冷乙醇和乙醚。

L-异亮氨酸可与亮氨酸共同参与体蛋白的合成，属于必需氧基酸，为幼畜正常发育及成年家畜的氮平衡所必需。异亮氨酸存在四种同分异构体，仅 L 型有生理功效。过量食用将与亮氨酸产生拮抗作用，阻碍发育。

L-异亮氨酸的法定编号为 CAS 73-32-5，分子式为 $C_6H_{13}NO_2$，相对分子质量为 131.17，氮含量为 10.7%，蛋白质当量为 66.9%。质量标准（FCC，1992）见表 23-18。

表 23-18　　L-异亮氨酸的质量标准

指　标	标　准	指　标	标　准
含量（以干基计）	98.5%~101.5%	干燥失重（105℃，2h）	≤0.3%
砷（以 As 计，GT-3）	≤1.5mg/kg	灼烧残渣（GT-27）	≤0.2%
重金属（以 Pb 计，GT-I6-2）	≤0.002%	比旋光度$[\alpha]_D^{20}$	+38.6°~+41.50°
铅（GT-18）	≤10mg/kg		

毒性：可安全用于食品（FDA 172.320，1994），半数致死量为 6822mg/kg（大鼠，皮下注射）。

鉴别试验：0.1%试样液 5mL，加 1mL 水合茚三酮试液（TS-250）1mL，应出现红紫色或蓝紫色。应符合红外吸收光谱图。

含量分析：准确称取约 250mg 试样，溶于 3mL 甲酸和 50mL 冰醋酸，加 2 滴结晶紫试液（TS-74）后用0.1mol/L $HClO_4$ 滴定至首次呈现纯绿色或蓝色完全消失。1mL 0.1mol/L $HClO_4$ 相当于 13.12mg L-异亮氨酸。

5. L-缬氨酸

L-缬氨酸（L-valine）为白色单斜晶系晶体或结晶性粉末，用乙醇水溶液重结晶者为无色板状或鳞片状结晶。无臭，有特殊苦味。熔点 315℃（分解）。5%的水溶液的 pH 为 5.5~7.0。对热、光及空气稳定。易溶于水（8.85g/100mL，25℃）。L-缬氨酸几乎不溶于无水乙醇和乙醚，与亮氨酸的分离困难。缬氨酸为机体必需氨基酸之一，是生糖氨基酸，属支链氨基酸。L 型的生理效果为 D 型的 2 倍。缬氨酸可能与神经活动有密切关系，体内代谢过程中可因酮酸脱羧酶缺乏而患尿毒症，尿中可排出相应的酮酸，多伴有严重的脑部症状，如抽搐等。缬氨酸的代谢产物可变为琥珀酰 CoA，进入 TCA 循环，供给机体能量。当膳食中缬氨酸缺乏时，机体可出现体运动失衡、行动失调等变化。饲料蛋白质中多含有缬氨酸，是雌鸡的限制性氨基酸，如缺乏可引起神经障碍、停止发育、体重下降、贫血等。L-缬氨酸具有保持神经系统正常运转的作用。在食品中用作营养增补剂。可与其他必需氨基酸共同配制氨基酸输液、综合氨基酸制剂。

L-缬氨酸的法定编号为CAS 72-18-4，分子式为 $C_5H_{11}NO_2$，相对分子质量为 117.15，氮含量为 12.0%，蛋白质当量为 75%。L-缬氨酸生产的质量标准（FCC，1992）见表 23-19。

表 23-19　　L-缬氨酸的质量标准

指　标	标　准	指　标	标　准
含量（以干基计）	98.5%~101.5%	干燥失重（105℃，2h）	≤0.3%
砷（以 As 计，GT-3）	≤1.5mg/kg	灼烧残渣（GT-27）	≤0.2%
重金属（以 Pb 计，GT-I6-2）	≤0.002%	比旋光度$[\alpha]_D^{20}$	-27.20°~-29.00°
铅（GT-18）	≤10mg/kg		

毒性：可安全用于食品（FDA 172.320，1994），半数致死量为 6822mg/kg（大鼠，皮下注射）。

鉴别试验：0.1%试样液 5mL，加 1mL 水合茚三酮试液（TS-250）1mL，应出现红紫色或蓝紫色。

含量分析：准确称取约 200mg 试样，溶于 3mL 甲酸和 50mL 冰醋酸，加 2 滴结晶紫试液（TS-74）后用0.1mol/L $HClO_4$ 滴定至首次呈现纯绿色或蓝色完全消失。1mL 0.1mol/L $HClO_4$ 相当于 11.72mg L-缬氨酸。

（二）支链氨基酸的生理功能

亮氨酸的代谢产物是乙酰乙酸和乙酰 CoA，属于生酮氨基酸；异亮氨酸的产物是丙酰 CoA 和乙酰 CoA，因而是生酮兼生糖氨基酸；缬氨酸的分解产物是琥珀酰 CoA，属于生糖氨基酸。生糖氨基酸氧化脱氢后按照葡萄糖代谢途径进行代谢；生酮氨基酸则按照脂肪代谢途径进行代谢。因此，支链氨基酸具有多种生理功能，现简介如下。

1. 氧化供能

支链氨基酸氧化产生 ATP 的效率显著高于其他氨基酸，特别在特殊的生理状况时（如饥饿、泌乳、疾病），支链氨基酸的供能作用显得更为重要，因而是重要的分解供能氨基酸。Bender 报道，动物在患糖尿病和绝食时，肌肉氧化支链氨基酸的能力提高 3 倍。Ichihara 发现，泌乳期大鼠乳腺中支链氨基酸转氨酶活力和亮氨酸氧化速率均提高。Richert 等向乳腺组织培养液中添加经^{14}C 标记的亮氨酸、异亮氨酸与缬氨酸，培养 1h 后，3 种氨基酸氧化产生 CO_2 的速率分别为 2.57%、1.86%与 4.06%（$P \leqslant 0.05$）。

2. 促进蛋白质合成和抑制蛋白质降解

亮氨酸可以促进肌肉蛋白质多肽链合成的起始来促进蛋白质的合成，并且这种作用仅限于肌肉组织，其调节蛋白质更新的作用类似于胰岛素。哺乳母猪日粮中添加异亮氨酸可提高乳中酪蛋白的浓度，但乳清蛋白则不受其影响。亮氨酸的转氨基作用产物 α-酮异己酸对蛋白质合成无影响，但能抑制蛋白质的降解，研究表明 α-酮异己酸通过抑制胰高血糖素分泌，从而抑制糖异生，减缓肌肉蛋白的分解。

糖异生的主要原料是丙氨酸。肝脏蛋白质分解产生的支链氨基酸由肝脏经血液运往肌肉，与肌肉内的支链氨基酸一起进行分解代谢、脱氨基以合成丙氨酸。丙氨酸再由肌肉释放入血，运往肝脏进行糖异生。支链氨基酸可以同时影响丙氨酸的生成和由肌肉的释放。哺乳母猪日粮中添加缬氨酸可使血浆中丙氨酸升高，然后降低，这表明高浓度的缬氨酸刺激丙氨酸的产生和释放，以适应乳腺组织对葡萄糖原料的需求，从而提高泌乳量。

3. 免疫作用

支链氨基酸与动物免疫机能有密切关系。缺乏支链氨基酸可导致动物胸腺和脾脏萎缩，淋巴组织细胞受损，并使免疫球蛋白水平、补体 C_3和运铁蛋白水平降低。断乳仔猪缺乏支链氨基酸时，虽对细胞免疫无影响，但会导致合成特异性抗体的能力下降。缬氨酸有促进骨骼 T 细胞转化为成熟 T 细胞的作用，由于缬氨酸在免疫球蛋白中所占的比例较其他氨基酸高，因而当缺乏缬氨酸时，会显著阻碍胸腺和外周淋巴组织的生长，抑制中性和酸性白细胞增生。

支链氨基酸的 3 种氨基酸之间存在一定的拮抗作用，多种动物的生理生化研究都证实了这一点，即其中一种氨基酸在日粮含量过高，将会造成其他两种氨基酸的不平衡。羔羊日粮中高水平的亮氨酸将大幅度降低动物机体对异亮氨酸和缬氨酸的吸收利用率；异亮氨酸的减少会增加亮氨酸的氧化；异亮氨酸过低则导致细胞间质异亮氨酸含量减少，降低白蛋白和纤维蛋白的合成率。

支链氨基酸在体内的代谢和其他氨基酸有着密切的关系。日粮中添加半胱氨酸可以引起血液中异亮氨酸浓度降低，静脉灌注亮氨酸可显著降低血浆酪氨酸浓度。此外，亮氨酸可减少赖氨酸的降解，降低血浆中其他必需氨基酸的浓度。饲料中甲硫氨酸缺乏，增加了猪体内缬氨酸的分解利用，从而降低了蛋白质的沉积。支链氨基酸与芳香族氨基酸（苯丙氨酸、酪氨酸、色氨酸）存在较为明显的拮抗关系。它们都属于中性氨基酸，因而互相竞争中性载体以通过血脑屏障，使血浆内占优势的芳香族氨基酸在脑内聚集，导致某些胺类物质，如樟胺、苯乙醇-β-胺、羟色胺等增加，使脑功能降低，以致昏迷。

4. 调节母猪的泌乳

支链氨基酸对泌乳母猪的产乳量和乳成分具有特殊作用。支链氨基酸对泌乳母猪泌乳具有调节作用，该作用发生在乳的形成过程中，母猪对支链氨基酸的利用率低于对其他氨基酸的利用率，尤其是缬氨酸，可能是一部分在乳腺中氧化成 CO_2 而被损失。缬氨酸对乳腺的生长发育具有非常重要的意义，而且缬氨酸可能是泌乳母猪高蛋白日粮中的限制性氨基酸，缬氨酸缺乏可降低赖氨酸的作用。因此，对泌乳母猪增加缬氨酸的添加量是很有必要的。在泌乳母猪饲料中添加赖氨酸虽可提高饲料蛋白质品质，但也易造成缬氨酸缺乏，进而影响母猪的产乳量和仔猪的增重。在总赖氨酸水平约为 1%的玉米-豆粕型泌乳母猪饲料中，赖氨酸和缬氨酸均是限制性氨基酸；而在赖氨酸水平较高时，缬氨酸将成为第一限制性氨基酸。

但是，日粮中添加支链氨基酸或亮氨酸的代谢产物 β-羟基-β-丁酸甲酯（HMB）对母猪的采食量无明显作用。Richert 等报道，当日粮缬氨酸从 0. 72%增加到 1. 42%时，母猪背膘厚度降低，增加日粮异亮氨酸也倾向使背膘厚度降低。对高产母猪，提高缬氨酸有延长发情 5. 0~6. 3d 的倾向。

在母猪日粮中添加支链氨基酸会促进仔猪生长，支链氨基酸作为必需氨基酸有特殊的营养作用，在配制日粮时，既要保证量的满足，也要尽量保证支链氨基酸之间及支链氨基酸与其他氨基酸之间的比例平衡，以提高蛋白质的利用率，减少蛋白质资源的浪费和排氮造成的环境污染。

将支链氨基酸应用于饲料工业还要进行很多的研究，主要有：①不同品种以及同品种不同生理阶段猪对支链氨基酸的需要量及其模式；②低蛋白饲料中支链氨基酸的添加效果、适宜添加量及添加比例；③支链氨基酸与饲料中其他营养素的关系。

七、精氨酸及其衍生物

（一）精氨酸的理化特性

1. L-精氨酸

L-精氨酸（L-arginine）为白色斜方晶系（二水物）晶体或白色结晶性粉末。熔点 244℃（分解），经水重结晶后，于 105℃失去结晶水。其水溶液呈强碱性，可从空气中吸收 CO_2。溶于水（15%，21℃），不溶于乙醚，微溶于乙醇。对成人为非必需氨基酸，但体内生成速度较慢；对婴幼儿为必需氨基酸，有一定解毒作用。天然 L-精氨酸大量存在于鱼精蛋白等中，也为各种蛋白质的基本组成，故存在十分广泛。L-精氨酸是生长期家畜的重要氨基酸。它作为必需氨基酸在维持机体防御功能中的作用比维持生长更重要；同时具有吞噬作用、激素样作用，能促进生长激素、胰岛素、胰高血糖素等激素的分泌。

可通过蛋白质（如明胶）水解物经离子交换树脂或 NaOH 分离制取 L-精氨酸。目前，已全部由发酵法生产。通常制成盐酸盐，但游离状态下也稳定，因此也有游离品出售。

L-精氨酸的法定编号为 CAS 74-79-3，分子式为 $C_6H_{14}N_4O_2$，相对分子质量为 174.20，氮含量为 32.1%，蛋白质当量为 200.6%。其质量标准（FCC，1993）见表 23-20。

表 23-20　　L-精氨酸的质量标准

指　标	标　准	指　标	标　准
含量（以干基计）	98.5%~101.5%	干燥失重（105℃，2h）	≤1%
砷（以 As 计，GT-3）	≤1.5mg/kg	灼烧残渣（GT-27）	≤0.2%
重金属（以 Pb 计，GT-I6-2）	≤0.002%	比旋光度$[\alpha]_D^{20}$	+26.00°~+27.40°
铅（GT-18）	≤10mg/kg		

毒性：可安全用于食品（FDA 172.320，1994）。

鉴别试验：取 0.1%试样液 5mL，水合茚三酮试液（TS-250）1mL，应呈紫色。

含量分析：精确称取试样约 200mg，溶于 3mL 甲酸和 50mL 冰醋酸中，加结晶紫试液（TS-74）2 滴，用 0.1mol/L $HClO_4$ 滴定至蓝绿色终点或至蓝色完全消失。1mL 1mol/L $HClO_4$ 相当于 8.710mg L-精氨酸。

质量分析指标：取预经干燥的试样 8g，溶于 6mol/L HCl 并定容至 100mL，以此作为试样液。然后按常规方法测定比旋光度。

2. L-精氨酸盐酸盐

L-精氨酸盐酸盐（L-arginine monohydrochloride）为白色或接近白色无臭结晶性粉末。约于 235℃熔化并分解。干燥状态下稳定。3%水溶液的 pH 为 5.7。易溶于水（90%，25℃）。微溶于热乙醇，不溶于乙醚。可通过 L-精氨酸与 HCl 作用制取 L-精氨酸盐酸盐。L-精氨酸盐酸盐同样可作为营养增补剂，在体内与 L-精氨酸发挥同样的生理功能，但是由于其易保存，因此其应用比 L-精氨酸广泛。

L-精氨酸盐酸盐的法定编号为 CAS 1119-34-2，分子式为 $C_6H_{14}N_4O_2 \cdot HCl$，相对分子质量为 210.70，氮含量为 26.6%，蛋白质当量为 166.3%。其质量标准（FCC，1992）见表 23-21。

表 23-21　　L-精氨酸盐酸盐的质量标准

指　标	标　准	指　标	标　准
含量（以干基计）	98.5%~101.5%	干燥失重（105℃，2h）	≤0.3%
砷（以 As 计，GT-3）	≤1.5mg/kg	灼烧残渣（GT-27）	≤0.1%
重金属（以 Pb 计，GT-I6-2）	≤0.002%	比旋光度$[\alpha]_D^{20}$	+21.3°~+23.50°
铅（GT-18）	≤10mg/kg		

毒性：半数致死量为 12g/kg（大鼠，经口），参见 L-精氨酸。

鉴别试验：取 0.1 试样液 5mL，水合茚三酮试液（TS-250）1mL，共热，应呈红紫色。0. 1%试样液的氯化物试验（IT-12）应呈阴性。

含量分析：精确称取试样约 200mg，移入 250mL 烧杯，加 3mL 甲酸和 50mL 冰醋酸使之溶解。加乙酸汞试液（TS－137）10mL 和结晶紫试液（TS－74）2 滴，用 0. 1mol/L $HClO_4$ 滴定至开始出现纯绿色或至蓝色完全消失。1mL 0. 1mol/L $HClO_4$ 相当于 10. 53mg 精氨酸盐酸盐。

质量分析指标：取经预干燥的试样 8g，溶于 6mol/L HCl 并定容至 100mL，以此作为试样液。然后按常规方法测定比旋光度。

（二）精氨酸的生理功能

机体组织利用精氨酸合成细胞浆蛋白和核蛋白，精氨酸是机体的一种半必需氨基酸，但膳食中精氨酸缺乏可影响幼儿的生长发育。机体除从膳食中摄取精氨酸外，还主要通过由鸟氨酸经瓜氨酸或谷氨酰胺经瓜氨酸而合成。组织中精氨酸酶活力与其精氨酸含量成反比，以肝脏中精氨酸酶活力最高。

精氨酸对维持体重和氮平衡有非常重要的意义。精氨酸缺乏综合征：以精氨酸缺乏饲料喂养 2 周，幼畜即出现皮疹和生长停滞。每日添加精氨酸 400mg 则皮疹很快消失，生长恢复正常。另外，机体精子中含有大量自由的和结合的精氨酸，在体外精氨酸可以刺激精子运动，但尚不清楚精氨酸缺乏对精子形成过程的影响。

精氨酸有促进激素分泌的作用，如生长激素、催乳素、胰岛素、肾上腺素、儿茶酚胺、生长激素抑制剂等。静脉注射精氨酸后，可促进人体催乳素和胰岛素的释放，生长激素分泌也明显增加。精氨酸具有抑制肿瘤诱导发生的作用。实验结果表明，精氨酸可以抑制一些物质的肿瘤诱导作用，补充精氨酸可以减弱它们的致癌性。精氨酸还可使实验肿瘤模型肿瘤出现时间延长、发生率降低、瘤体缩小、肿瘤消退时间缩短、生成率提高。精氨酸对机体免疫功能有一定的影响，可以刺激胸腺，使胸腺重量增加，减轻或消除应激反应状态对胸腺的破坏。此外，精氨酸有显著的增强中性白细胞、单核吞噬细胞的吞噬功能作用。

精氨酸盐酸盐可使血液单核吞噬细胞对肿瘤细胞的杀伤能力明显增强，使单核细胞肿瘤杀伤因子分泌也显著增加。精氨酸对 T 淋巴细胞的转化过程无显著影响，对 T 淋巴细胞花环的形成有抑制作用。精氨酸可加强 B 淋巴细胞和 NK 细胞的功能。精氨酸可使周围血淋巴细胞对刀豆素 A 和植物血凝素引起的转化反应能力增强。创伤或手术后增加精氨酸的摄入量可以降低氨的损失，促进创伤愈合。机体对精氨酸的耐受性较强，其毒性非常低。

八、L-组氨酸及其衍生物

（一）L-组氨酸

L-组氨酸（L-histidine）为白色晶体或结晶性粉末，无臭，稍有苦味。于 277～288℃熔化并分解。其咪唑基易与金属离子形成配合物。溶于水（4. 3g/100mL，25℃），极难溶于乙醇，不溶于乙醚。因溶解度小等原因，常用其盐酸盐。可从蛋白质水解物的碱性氨基酸部分，用离子交换树脂分离得到L-组氨酸。

L-组氨酸的法定编号为CAS 71-00-1，分子式为$C_6H_9N_3O_2$，相对分子质量为155.16，氮含量为27.1%，蛋白质当量为169.4%。L-组氨酸在血浆球蛋白中含量最多，参与机体的能量代谢，是氨基酸输液及综合氨基酸制剂的极重要成分。医药上用作治疗胃溃疡、贫血、过敏症等。L-组氨酸的质量标准（FCC，1992）如表23-22所示。

表23-22　　L-组氨酸的质量标准

指　标	标　准	指　标	标　准
含量（以干基计）	98.5%~101.5%	干燥失重（105℃，2h）	≤0.2%
砷（以As计，GT-3）	≤1.5mg/kg	灼烧残渣（GT-27）	≤0.2%
重金属（以Pb计，GT-16-2）	≤10mg/kg	比旋光度$[\alpha]_D^{20}$	+11.50°~+13.50°

毒性：可安全用于食品（FDA 172.320，1994）。

鉴别试验：取0.1%试样液5mL，加溴试液（TS-46）2mL，应出现黄色。再用文火加热，先为无色后转为红棕色，最后产生深灰色沉淀。应符合红外吸收光谱图。

含量分析：精确称取经105℃干燥3h的试样约150mg，溶于3mL甲酸和50mL冰醋酸后，用0.1mol/L $HClO_4$滴定，以电位计测定终点，同时进行空白试验并做必要校正。1mL 0.1mol/L $HClO_4$相当于L-组氨酸15.52mg。

（二）L-组氨酸盐酸盐

L-组氨酸盐酸盐（L-histidine monohydrochloride）为白色晶体或结晶性粉末，无臭，稍有酸味、苦味。约于250℃（干燥后）熔化并分解。性质稳定。水溶液呈酸性（pH 3.5~4.5）。易溶于水（39g/100mL，24℃），在水中的溶解度远比L-组氨酸大，不溶于乙醇和乙醚。属于必需氨基酸，在机体内合成较慢，如缺乏可导致发育迟缓、易生湿疹等症状，D型和L型生理效果相同。L-组氨酸盐酸盐也是氨基酸输液及综合氨基酸制剂的极重要成分。在医药上可用作治疗胃溃疡、贫血、过敏症等。

组氨酸盐酸盐一水化合物的法定编号为CAS5934-29-2，分子式为$C_6H_9N_3O_2 \cdot HCl \cdot H_2O$；L-组氨酸二盐酸盐无水品的法定编号为CAS 1007-42-7，分子式为$C_6H_9N_3O_2 \cdot 2HCl$，相对分子质量为209.63，氮含量为20.0%，蛋白质当量为125%。

L-组氨酸盐酸盐是脱脂大豆水解物分离赖氨酸时的副产物。在碱性氨基酸中碱性最弱，通过离子交换树脂柱，即能与其他碱性氨基酸分离。或使其形成难溶的汞盐、3,5-二氯苯磺酸盐等分离。由血红蛋白经盐酸水解或者发酵法均可制取L-组氨酸盐酸盐，其质量标准如表23-23所示。

限量：占食品中总蛋白质量的2.4%（FDA 172.320，1994）。

毒性：可安全用于食品（FDA 172.320，1994），半数致死量为23mmol/kg（大鼠，腹腔注射）。

鉴别试验：0.1%试样液5mL，取0.1%试样液5mL，加水合茚三酮试液（TS-250）

1mL，在沸水中加热溶解后，应呈红紫色。0.1%试样液的氨化物试验（IT-12）应呈阳性。应符合红外吸收光谱图。

表 23-23　　L-组氨酸盐酸盐的质量标准

指　标	标　准	指　标	标　准
含量（以干基计）	98.5%~101.5%	干燥失重（105℃，2h）	≤0.3%
砷（以 As 计，GT-3）	≤1.5mg/kg	灼烧残渣（GT-27）	≤0.1%
重金属（以 Pb 计，GT-I6-2）	≤10mg/kg	比旋光度$[\alpha]_D^{20}$	+8.50°~+10.50°
铅（GT-18）	≤10mg/kg		

含量分析：准确称取经 98℃干燥 3h 的试样 100mg，溶于 1mL 甲酸和 50mL 冰醋酸。加 6mL 乙酸汞试液（TS-137）后，同 0.1mol/L $HClO_4$ 滴定，以电位计测定终点。同时进行空白试验并做必要校正。1mL 0.1mol/L $HClO_4$ 相当于 10.47mg L-组氨酸盐酸盐。

第四节　非必需氨基酸单体及其衍生物

一、牛磺酸

（一）牛磺酸的理化特性

牛磺酸为白色结晶或结晶性粉末，无味，味微酸，水溶液 pH 4.1~5.6。熔点为 300℃（分解）。溶于水，不溶于无水乙醇和乙醚。牛磺酸有利于幼畜大脑发育、神经传导、视觉机能的完善、钙的吸收及脂类物质的消化吸收。

牛磺酸天然品存在于牛胆中。也可通过以下两种方法进行制取：①二溴乙烷或二氯乙烷与 Na_2SeO_3 反应后再与氨作用生成牛磺酸；②2-氨基乙醇与 H_2SO_4 酯化后（或溴化后），加 Na_2SO_3 还原制取牛磺酸。

牛磺酸（2-氨基乙磺酸）的法定编号为 CAS 107-35-7，分子式为 $C_2H_7NSO_3$，相对分子质量为 125.15，氮含量为 11.2%，蛋白质当量为 70%。其质量标准（GB 14759—2010《食品安全国家标准　食品添加剂　牛磺酸》）见表 23-24。

表 23-24　　牛磺酸的质量标准

指　标	标　准	指　标	标　准
含量（以干基计）	≥98.5%	干燥失重（105℃，2h）	≤0.2%
砷（以 As 计，GT-3）	≤0.0002%	灼烧残渣（GT-27）	≤0.1%
重金属（以 Pb 计，GT-16-2）	≤0.001%	溶液澄清度（0.5g/20mL 水）	≤0.5 号浊度标准
铅（GT-18）	≤0.2%	易炭化物试验（GT-19）	阴性

鉴别试验：取试样 1g，加水 20mL 使之溶解，取 5mL，加稀 HCl 试液（TS~117）5 滴及 10% $NaNO_2$ 液 5 滴，应产生无色气泡。取试样 0.5g，加 NaOH 试液（TS-224）7.5mL，缓缓蒸发至干，然后于 500℃炉中加热 2h，残渣加水 5mL，混匀后过滤，加 5% $Na_2[Fe(CN)_5NO]$ 试液（TS-227）1 滴，应产生紫红色。

含量分析：准确称取试样约 0.2g，加入 50mL 水溶解，加甲醛试液（TS-112）5mL，加酚酞试液（TS-167）3 滴，用 0.1mol/L NaOH 滴定至出现粉红色，同时进行空白试验。

$$牛磺酸含量 = V \times 0.1252 / W \times 100\% \qquad (23-1)$$

式中　V——0.1mol/L NaOH 液的消耗量，mL

W——试样的准确质量，g

（二）牛磺酸的生理功能

牛磺酸是机体的条件必需氨基酸之一，为一种含硫氨基酸，化学名为 2-氨基乙磺酸。机体含牛磺酸总量 12~18g，骨骼肌中含量最高，约占 50%。各种组织细胞内、外牛磺酸浓度比为（100∶1）~（50000∶1）。在心肌组织中牛磺酸的含量约占总游离氨基酸的一半。牛磺酸在体内参与形成牛磺胆酸和氨基甲酸牛磺酸、脒基牛磺酸、乙基硫氨酸。

许多饲料中均含有牛磺酸，因而牛磺酸主要可从食物中摄取获得，也可由体内含硫氨基酸如甲硫氨酸、半胱氨酸代谢转化而来，在中枢神经系统中主要由甲硫氨酸经半胱氨酸脱羧酶途经合成；牛磺酸由尿排泄，肾脏可视食物中牛磺酸的含量调节其排泄。机体对牛磺酸的需要量与胆汁酸结合和胆囊内含量密切相关。

牛磺酸对胎儿、幼畜的生长发育有重要的影响，早产儿胎盘中牛磺酸的含量明显低于足月产新生儿，说明牛磺酸是胎儿正常生长发育所必需的。牛磺酸在视网膜中的浓度随着生长发育而逐渐增高，牛磺酸缺乏可导致猫和幼猴的视网膜功能异常。资料还表明，缺乏牛磺酸的雌猫所生的小猫的生长速度明显降低。

牛磺酸在中枢神经系统中可能作为一种神经递质而发挥相应的作用，可以影响某些细胞内外离子状态和细胞渗透压。牛磺酸可降低神经兴奋、抑制神经传导、维持大脑功能、调节激素释放及抗惊厥。牛磺酸也可促进大脑发育。

牛磺酸在肝中与胆汁酸结合形成牛磺胆酸，可直接影响消化系统对脂类的吸收，有助于脂肪的溶解和吸收，以促进软脂酸和硬脂酸的消化吸收作用。纤维囊性患者对脂肪吸收有障碍，若服用牛磺酸后，其症状明显改善。牛磺酸缺乏可使心肌收缩力减弱或缺损，牛磺酸有稳定细胞膜的作用，调节细胞膜对离子的通透性，减少氧自由基的生成并使谷胱甘肽增多，减轻对心肌的损伤。心肌牛磺酸的含量可能与遗传性牛磺酸转移蛋白直接相关。有人认为，牛磺酸是许多病因不明心脏病的一种有效治疗药物。牛磺酸能保护肾小球系膜细胞避免高糖效应，抑制糖介导和胶原增加，外源性牛磺酸摄入可用于辅助性治疗，如调节严重糖尿病性肾病。

牛磺酸可以被胚胎利用为抗氧化剂、渗透压调节剂。Pettersand Reed 与 Mc Kiernan 等提出在胚胎培养液中同时添加牛磺酸和谷氨酰胺可以提高猪和仓鼠胚胎的囊胚率及囊胚细胞数。但是卢晟盛用改良 CR2 培养液探讨了牛磺酸（50mol/L 和 100mol/L）和颗粒细胞对牛卵母细胞体外受精后的分裂率、囊胚率和囊胚细胞数的影响。结果表明：在培养液中添加牛磺酸（50mol/L 和 100mol/L）对牛受精卵的分裂率、囊胚率和囊胚细胞数均无显著影响（$P>0.05$）。

二、L-胱氨酸

（一）L-胱氨酸的理化性质

L-胱氨酸的法定编号为 CAS 56-89-3 和 FEMA 3656，分子式为 $C_6H_{12}N_2O_4S_2$，相对分子质量为 240.30，氮含量为 11.7%，蛋白质当量为 73.1%。

L-胱氨酸为白色针状或六方晶系晶体，天然品均属左旋，几乎无臭，熔点 260℃（分解），在热碱水溶液中易分解，溶于稀无机酸和碱性溶液，极难溶于水（0.011g/100mL，25℃）、乙醇。L-胱氨酸属于非必需氨基酸，具有刺激造血功能，促进白细胞生成的生理功能，对形成皮肤和毛发是必需物质，能促进手术及外伤的治疗。L-胱氨酸可代替日粮中一半的甲硫氨酸，可由甲硫氨酸合成，能预防雏鸡因维生素 E 缺乏所引起的肌肉组织营养不良。在食品中用作营养增补剂。用于乳粉的母乳化。医药上用于促进伤口愈合、治疗皮肤过敏症、解毒剂、造血剂等。

L-胱氨酸的制取方法如下：由毛发加水分解后，利用其难溶性，可与其他水解物分离得到。由于其易发生外消旋作用，故可利用盐酸盐的溶解度差对 L-胱氨酸加以精制。其质量标准（FCC，1992）见表 23-25。

表 23-25　　L-胱氨酸的质量标准

指　标	标　准	指　标	标　准
含量（以干基计）	98.5%~101.5%	干燥失重（105℃，2h）	≤0.2%
砷（以 As 计，GT-3）	≤1.5mg/kg	灼烧残渣（GT-27）	≤0.1%
重金属（以 Pb 计，GT-I6-2）	≤20mg/kg	比旋光度$[\alpha]_D^{20}$	-21.50°~-22.50°
铅（GT-18）	≤10mg/kg		

鉴别试验：将经预干燥后的试样分散于 $K_2Cr_2O_7$ 中，所得红外光谱图应与参比标准样所得者相似。

含量分析：按凯氏定氮法测定含氮量，试样量取 200mg，L-胱氨酸含量等于 $N\times8.58$。

（二）胱氨酸的生理功能和应用

胱氨酸可在体内合成，是机体的一种非必需氨基酸，机体内可由甲硫氨酸转变而来。故又称半必需氨基酸。胱氨酸是硬蛋白质（如角质蛋白）的重要成分，当肾脏重吸收胱氨酸障碍时，则可出现先天性代谢性缺血，即胱氨酸尿症，易诱发肾结石。

胱氨酸还原可产生半胱氨酸，若胱氨酸还原酶缺乏，则胱氨酸不能还原生成半胱氨酸进一步代谢，可导致胱氨酸聚积症，使体内出现胱氨酸结晶，可伴见糖尿、氨基酸尿及骨质疏松症、软骨症等。胱氨酸既可从膳食中摄取，也可由甲硫氨酸转变而来，因而甲硫氨酸的摄入量可影响机体内胱氨酸水平。

三、L-酪氨酸

（一）L-酪氨酸理化特性

L-酪氨酸为无色或白色丝光状针状结晶或结晶性粉末，熔点342~344℃（分解）。纯品稳定，烃类共存下则易分解。化学性质较活泼。微溶于水（0.04g/100mL，25C），溶于稀无机酸和碱性溶液，不溶于无水乙醇和乙醚。L-酪氨酸属非必需氨基酸。L-酪氨酸可通过对干酪素或绢丝等蛋白质进行酸水解，其产物经中和产生沉淀，进行分离后，溶解于稀氨水，然后用醋酸中和至pH为5时进行重结晶的方法进行制备。

L-酪氨酸的法定编号为CAS 60-18-4，分子式为$C_9H_{11}NO_3$，相对分子质量为181.19，氮含量为7.7%，蛋白质当量为48.1%。其质量标准（FCC，1992）见表23-26。

表23-26　L-酪氨酸的质量标准

指　标	标　准	指　标	标　准
含量（以干基计）	98.5%~101.5%	干燥失重（105℃，2h）	≤0.3%
砷（以As计，GT-3）	≤1.5mg/kg	灼烧残渣（GT-27）	≤0.1%
重金属（以Pb计，GT-I6-2）	≤0.003%	比旋光度$[\alpha]_D^{20}$	-11.30°~-12.30°
铅（GT-18）	≤10mg/kg		

鉴别试验：取0.1%试样液5mL，加水合茚三酮试液（TS-250）1mL后共热，应出现紫红色。

含量分析：精确称取经105℃干燥3h的试样约400mg，移入250mL烧瓶中，溶于约50mL醋酸，加两滴结晶紫试液（TS-250），用0.1mol/L $HClO_4$滴定至绿色终点或蓝色完全消失为止。同时进行空白试验，并做必要校正。1mL 0.1mol/L $HClO_4$相当于18.12mg L-酪氨酸。

质量指标分析：取经干燥的试样约5g，用1mol/L的HCl溶液溶解并定容至100mL。然后按常规方法测定$[\alpha]_D^{20}$值。

（二）酪氨酸的生理功能

酪氨酸是机体内较重要的氨基酸，属芳香族氨基酸。其前体为苯丙氨酸，在体内可代替70%~75%苯丙氨酸，从而节约必需氨基酸。酪氨酸既可从饲料中摄取，又可由苯丙氨酸合成而来，因而其体内浓度也受苯丙氨酸的影响，故又称为半必需氨基酸。酪氨酸在体内绝大部分通过与α-酮戊二酸的转氨基作用转化成对羟基苯丙酮酸，大部分沿着主要分解途径氧化为2,5-羟基苯乙酸（即尿黑酸）。对羟基苯丙酮酸转变为尿黑酸包括苯环的羟化和侧链的迁转及氧化脱羧作用，尿黑酸经尿黑酸氧化酶的氧化裂环作用而生成马来酰乙酰乙酸，若体内尿黑酸氧化酶缺乏，则尿黑酸代谢障碍，出现黑酸尿症氨基酸代谢缺陷。酪氨酸还可经酪氨酸酶作用而转化为3,4-二羟基苯丙氨酸（即多巴），后者为机体重要物质原料或前体。

酪氨酸是合成肾上腺素、去甲肾上腺素及甲状腺素的重要原料，也是体内黑色素合成的前体物质。机体内的黑色素是蛋白质结合成黑色素蛋白存在的，若酪氨酸酶缺乏可使酪氨酸转变为黑色素受阻，体内就没有黑色素，从而导致白化病，具有遗传倾向。

四、脯氨酸及其衍生物

（一）L-脯氨酸

L-脯氨酸（L-proline）为无色至白色结晶或结晶性粉末，斜方晶系为无水物，单斜方晶系含1分子结晶水。无臭，有较强甜味。熔点220℃（分解）。不纯物有吸湿性。因其为亚氨基酸，与其他氨基酸性质不同。极易溶于水（154.56g/100mL，20℃）。溶于乙醇（1.18g/100g，19℃），不溶于乙醚和异丙醇。天然品存在于明胶、干酪素、面筋等中，在胶原蛋白质中的含量较多，其生理作用与关节、腱的功能密切相关。

L-脯氨酸的制备方法如下：将明胶、干酪素之类的蛋白质水解物，用离子交换树脂处理，再用苦味酸或雷因克特盐（Reinecke Salt）处理中性氨基酸部分，仅使L-脯氨酸沉淀，最后用无水乙醇加异丙醇重结晶而得。目前已由发酵法生产L-脯氨酸。

L-脯氨酸的法定编号为CAS 147-85-3和FEMA 3319，分子式为$C_5H_9NO_2$，相对分子质量为115.13，氮含量为12.2%，蛋白质当量为76.3%。其质量标准（FCC，1992）见表23-27。

表23-27　L-脯氨酸的质量标准

指　标	标　准	指　标	标　准
含量（以干基计）	98.5%~101.5%	干燥失重（105℃，2h）	≤0.3%
砷（以As计，GT-3）	≤1.5mg/kg	灼烧残渣（GT-27）	≤0.1%
重金属（以Pb计，GT-I6-2）	≤0.002%	比旋光度$[\alpha]_D^{20}$	-84.00°~-86.00°
铅（GT-18）	≤10mg/kg		

鉴别试验：在0.1%试样液5mL中加水合茚三酮试液（TS-250）1mL，共热，应出现黄色。

含量分析：准确称取经150℃干燥3h后的试样约220mg，溶于3mL甲酸和50mL冰醋酸，加2滴结晶紫试液（TS-74），用0.1mol/L $HClO_4$滴定至蓝绿色终点。1mL 0.1mol/L $HClO_4$相当于11.51mg L-脯氨酸。

（二）L-羟脯氨酸

1. L-羟脯氨酸的理化特性

L-羟脯氨酸（L-hydroxyproline）的编号为CAS 51-35-4；分子式为$C_5H_{11}NO_3$；相对分子质量为131.1；熔点为274~275℃。

2. L-羟脯氨酸的生理功能

羟脯氨酸具有独特的生理功能与独特的生物活性，既可作为各种软组织疾病的药物，如结缔组织受损、风湿性关节炎等，又可加快伤口愈合，以及治疗各种皮肤疾病；作为氨基酸注射液的重要组分，它对急慢性肝病所导致的低蛋白血症有一定的疗效；它参与脂肪的乳化及红细胞血红素和球蛋白的形成，具有调节脂肪乳化等作用；它还是多种药物，如第三代抗生素、抗肿瘤药物的制作原料。

脯氨酸羟化酶和羟脯氨酸脱氢酶是体内羟脯氨酸代谢的两个关键酶，催化合成的脯氨酸羟化酶位于组织（皮肤、肝脏、肺、心和骨骼肌）的微粒体中，并且需要维生素、α-酮戊二酸作为催化的辅助因子。羟脯氨酸最终进入肝脏降解，在羟脯氨酸脱氢酶的催化下转变为ε-羟谷氨酸-ε-半醛，经氧化转氨基作用成为ε-羟-α-酮戊二酸，再由醇醛裂解作用降解为丙酮酸和乙醛酸进入 TCA 循环。未降解的羟脯氨酸常与寡肽结合后从肾脏清除，成为尿中的主要形式。当羟脯氨酸脱氢酶缺乏时，虽然尿中结合的寡肽仍属正常，但血浆和尿中的游离 L-羟脯氨酸比正常高出数十倍之多。另外，发生纤维化病变的组织中的羟脯氨酸含量也会比正常高出很多，如肝组织匀浆中的含量与肝纤维化程度成正比。因此，体液平衡失调涉及许多疾病，例如，造成牙齿、骨骼中的软骨和韧带组织的韧性减弱以及组织纤维化疾病。

五、L-谷氨酰胺

（一）L-谷氨酰胺的理化特性

L-谷氨酰胺为白色斜方晶系晶体或晶体粉末，无臭，稍有甜味。约于185℃熔化并分解。结晶状态下稳定。遇酸、碱或热水溶液不稳定，可水解成 L-谷氨酸。溶于水（4. 25g/100mL，25℃）几乎不溶于乙醇和乙醚。水溶液呈酸性。L-谷氨酰胺属于非必需氨基酸，可作为营养增补剂，医药上用作治疗消化器官溃疡、醇中毒及改善脑功能。L-谷氨酰胺的制备方法较为复杂，先通过γ-酰肼生成 L-谷氨酸，再在 CS_2 存在下使 L-谷氨酸-γ-甲酯酰胺化可得到 L-谷氨酰胺。目前 L-谷氨酰胺已全部发酵法生产。

L-谷氨酰胺的法定编号为 CAS 56-85-9 和 FEMA 3684，分子式为 $C_5H_{10}N_2O_3$，相对分子质量为 146. 15，氮含量为 19. 2%，蛋白质当量为 120%。其质量标准（FCC，1992）见表 23-28。

表 23-28　　L-谷氨酰胺的质量标准

指　标	标　准	指　标	标　准
含量（以干基计）	98. 5%～101. 5%	干燥失重（105℃，2h）	≤0. 2%
砷（以 As 计，GT-3）	≤1. 5mg/kg	灼烧残渣（GT-27）	≤0. 1%
重金属（以 Pb 计，GT-16-2）	≤10mg/kg	比旋光度$[\alpha]_D^{20}$	+6. 30°～+7. 30°

鉴别试验：取 0. 1%试样液 5mL，加水合茚三酮试液（TS-250）1mL，在沸水中加热

溶解后，应呈紫红色。

含量分析：准确称取经 80℃ 干燥 3h 的试样 150mg，溶于 3mL 甲酸和 50mL 冰醋酸后用 0. 1mol/L $HClO_4$ 滴定，以电位计测定终点。同时进行空白试验并做必要校正。1mL 0. 1mol/L $HClO_4$ 相当于 14. 62mg L-谷氨酰胺（$C_5H_{10}N_2O_3$）。

（二）L-谷氨酰胺的生理功能

谷氨酰胺是条件必需氨基酸，在机体内含量最丰富，具有特殊营养作用和生理效应。谷氨酰胺是肠黏膜细胞、淋巴细胞、吞噬细胞、血管内皮细胞、肾小管细胞、成纤维细胞的主要能源物质。谷氨酰胺水解脱末端氨基后生成谷氨酸，剩余的氨基通过转氨反应而起重要作用。胰腺的内外分泌皆需要谷氨酰胺作为重要能量，谷氨酰胺绝大部分在小肠黏膜被摄取。肝脏在谷氨酰胺的器官代谢中起中枢作用，可调节谷氨酰胺的摄取与释放。肠黏膜细胞含有相当高的谷氨酰胺酶活力，谷氨酰胺碳被氧化为 CO，谷氨酰胺则代谢为谷氨酸、脯氨酸、瓜氨酸、丙氨酸、丙酮酸等。其中，谷氨酸是生成嘌呤、嘧啶和氨基糖的前体，是肠黏膜细胞代谢的首要能源供体和免疫系统的特殊营养供体，还具有保持酸碱平衡、防止外周血中氨浓度过高、调控细胞常量营养物质代谢等功能。

谷氨酰胺具有促进机体免疫功能的作用，它是淋巴细胞嘧啶和嘌呤核苷酸合成的前体物，是合成核酸的必需氮源。谷氨酰胺可使小鼠对刀豆素 A 刺激引起的外围淋巴细胞转化反应能力增强。谷氨酰胺可影响淋巴细胞分泌 S-IxA，富含谷氨酰胺的全静脉营养液能防止分泌 IxA 的细胞减少。

在手术、重创伤时，血浆和肌肉中谷氨酰胺的浓度均降低，故严重创伤时补充谷氨酰胺可节约氮源，减轻肠黏膜萎缩。因此，在健康状态下谷氨酰胺是非必需氨基酸，而在饥饿、手术、严重创伤、辐射疗法等导致肠黏膜受伤或谷氨酰胺严重耗竭时，谷氨酰胺是必需氨基酸。

谷氨酰胺作为胰腺内外分泌的重要能量，抑制胰岛素的分泌而刺激胰高血糖素的释放。谷氨酰胺是小肠细胞代谢的重要物质，它能维持肠黏膜的代谢需要，为核酸的合成提供氮，加强肝和肾的代谢，处理来自其他的氮和碳，是黏膜细胞中比糖还重要的能量物质。谷氨酰胺缺乏可导致肠黏膜萎缩，给大鼠提供含谷氨酰胺的全胃肠外营养可增加空肠黏膜重和 DNA 含量。谷氨酰胺与表皮生长因子具有协同作用。谷氨酰胺能维持肠道功能，提高大鼠对感染的耐受性。

谷氨酰胺在体内有抗酸作用并稳定酸碱平衡水平，在酸中毒时，肝脏、肌肉和肾脏释放大量的谷氨酰胺，以满足肾脏等需要。谷氨酰胺可以预防肝脏脂肪变性，在高渗透压葡萄糖中添加 L-谷氨酰胺可防止脂肪肝的形成。

谷氨酰胺是肿瘤细胞的重要氮源和能量物质。肿瘤细胞消耗大量谷氨酰胺，也可通过酶调节肠黏膜谷氨酰胺的利用，损害肠道谷氨酰胺代谢、肠黏膜结构和屏障功能，肿瘤生长与血中谷氨酰胺浓度呈负相关。肿瘤的放射性治疗也可引起肠黏膜炎症，谷氨酰胺可减轻或降低肠黏膜炎症的贫血程度及肠穿孔发生率，提高存活率，因此，L-谷氨酰胺对肿瘤治疗有重要意义。

谷氨酰胺为早期胚胎发育提供 ATP，甘氨酸具有维持胚胎发育中细胞间渗透压的作用。Gardner 等使用成分确定的 SOF 液，体外培养绵羊体内合子，比较了氨基酸对胚胎发育能力的影响，发现谷氨酰胺可以提高胚胎的发育能力。

（三）L-谷氨酰胺的应用

在畜禽营养中，L-谷氨酰胺多用于仔猪营养。对于早期断乳仔猪，当内源性谷氨酰胺不能满足需要时，就会导致断乳后短期内肠绒毛萎缩、隐窝加深、肠道结构和功能遭到破坏，造成生产性能低下。

谷氨酰胺是哺乳动物血浆和母猪乳汁中一种非常丰富的氨基酸，是一种重要的营养素。近年来的研究表明：在应激和病理条件下，内源性谷氨酰胺往往不能满足动物机体需要，甚至发生枯竭。谷氨酰胺在猪乳游离型或蛋白质结合型氨基酸中含量最丰富，断乳后肠细胞谷氨酰胺氧化速率的加快表明谷氨酰胺作为断乳仔猪肠细胞代谢的能量物质非常重要。在 NRC（National Research Council）猪的营养需要中谷氨酰胺已被定义为“条件必需氨基酸”。

王连娣等研究表明：早期断乳仔猪日粮中添加谷氨酰胺有助于缓解早期断乳所造成的胰蛋白酶活力下降，并缩短胰蛋白酶活力恢复所需时间。表明在应激状态下谷氨酰胺对维持机体胰腺正常结构和功能起重要作用，原因可能是促进了胰腺腺泡的增生。

谷氨酰胺对维持断乳仔猪肠道正常形态、结构和功能具有重要作用。其可能的原因是谷氨酰胺是肠道利用最多的氨基酸，并且作为肠黏膜的主要能量来源及嘌呤和蛋白质的氮源供体，用来维持依赖于谷氨酰胺的许多代谢过程的顺利进行。由谷氨酰胺代谢产生的鸟氨酸是多胺合成的重要前提，而多胺是一种脂肪族胺类，在肠道细胞的增殖、分化以及受损肠上皮的修复等过程中都有重要的作用。由谷氨酰胺代谢产生的谷氨酰胺作为合成 NO 的前体发挥着重要的作用，在调控小肠血流、肠道的分泌以及完整性等方面起重要作用。以谷氨酰胺代谢产物为主要前体而合成的谷胱甘肽在保护肠道免受细菌和毒素的侵害中也有积极作用。

谷氨酰胺对酸敏感，遇高温不稳定，水中溶解度低，从而限制了其在生产中的广泛应用。近年来，人们发现如 L-Ala-Gln 和 L-Gly-Gln 等含谷氨酰胺的二肽因其较高的稳定性和溶解度，为谷氨酰胺在肠外营养中的应用提供了新的思路。随着养猪生产集约化程度的不断提高，仔猪早期断乳变得越来越重要。因此充分了解谷氨酰胺在仔猪营养中的作用，对养猪生产具有重要的指导意义。然而，在谷氨酰胺应用中还存在一些亟待解决的问题。如谷氨酰胺的检测方法和应用范围，谷氨酰胺的适宜添加形式和添加量，谷氨酰胺的复杂生理功能，谷氨酰胺在断乳仔猪营养中的作用机制，不同生理状态下谷氨酰胺对氮代谢的影响等问题都有待进一步研究。

六、甘氨酸

（一）甘氨酸的理化特性

甘氨酸是最简单的氨基酸，又名氨基乙酸，为白色斜晶系或六方晶系晶体，或结晶性粉末，无臭，有特殊甜味。味觉阈值 0.13%。熔点 232～236℃（产生气体并分解）。水溶液呈微酸性（pH 为 5.5～7.0）。易溶于水（25g/100mL，25℃）。极难溶于乙醇（0.06g/100g，无水乙醇）。不溶于丙酮、乙醚等有机溶剂。天然品几乎存在于所有动物蛋白质内，其中丝蛋白及明胶中含量尤多。几乎不存在于植物蛋白质中。甘氨酸具有呈味、抑菌、整合、缓冲作用。甘氨酸对枯草杆菌及大肠杆菌的繁殖有一定抑制作用。由于甘氨酸为具有氨基和羧基的两性离子，有很强的缓冲性。甘氨酸在医药上多用作制酸剂、肌肉营养失调治疗剂、解毒剂等。它也可作为苏氨酸等氨基酸的合成原料。参与嘌呤类、卟啉类、肌酸和乙醛酸的合成，可与多种物质结合由胆汁或从尿中排出。

甘氨酸的法定编号为 GB/T 14156—2009（I 1352）、CAS 56-4 和 FEMA 3287，分子式为 $C_2H_5NO_2$，相对分子质量为 75.07，氮含量为 18.6%，蛋白质当量为 116.3%。其质量标准（FCC，1992）见表 23-29。

表 23-29　　甘氨酸的质量标准

指　标	标　准	指　标	标　准
含量（以干基计）	98.5%～101.5%	铅（GT-18）	≤5mg/kg
砷（以 As 计，GT-3）	≤1.5mg/kg	干燥失重（105℃，2h）	≤0.2%
重金属（以 Pb 计，GT-16-2）	≤0.002%	灼烧残渣（GT-27）	≤0.1%

毒性：半数致死量为 7930mg/kg（大鼠，经口）。

鉴别试验：取 0.1%试样液 5mL，加稀 HCl 试液（TS-117）5 滴和 50% $NaNO_2$ 溶液 5 滴，应剧烈放出无色气体。将 1mL $FeCl_3$ 试液（TS-117）加入 2mL 10%试液中。应出现红色；而当加入过量稀 HCl 试液则消失，如再加入过量的强氨试液（TS-14）后，重又出现。取 0.1%试样液 2mL，加液态苯酚 1 滴和 NaClO 试液 5 滴后应呈蓝色。应符合红外吸收光谱图。

含量分析：准确称取经 105℃干燥 2h 的试样 175mg，放入 250mL 烧瓶中，加冰醋酸 50mL 溶解后，加 2 滴结晶紫试液（TS-74），用 0.1mol/L $HClO_4$ 滴定至蓝绿色终点。同时进行空白试验并做必要校正。1mL 0.1mol/L $HClO_4$ 相当于 7.507mg 甘氨酸。

（二）甘氨酸的应用及制备方法

根据甘氨酸的制备工艺和产品的纯度可分为食品级、医药级、饲料级和工业级四种规格产品。在医药方面，甘氨酸单独使用可治疗重症肌无力等营养失调症，促进脂肪代谢；作为一种蛋白质氨基酸可作为复方氨基酸输液和口服氨基酸制剂的重要原料；也可作为原料进一步合成 DL-苯丙氨酸和 L-苏氨酸等；作为原料还可以合成治疗高血压药物地拉普利、抑制胃溃疡药用碳酸钙制剂等。将甘氨酸与谷氨酸、丙氨酸一起使用，对防治前列腺肥大并发症、排尿障碍、尿频、残尿等症状颇有效果，其本身还能改善睡眠质量，饲料级甘氨酸主要作为畜禽（特别是宠物）等食用的饲料增加氨基酸的添加剂。在食品方面，目前全世界味精和甘氨酸是用量最大的调味品。甘氨酸属于甜味类氨基酸，甜度约为蔗糖的

4/5，具有与糖不同的柔和甜味，在清凉饮料和酒类中作为调味剂等。只有工业级的甘氨酸广泛用于医药（如甲砜霉素）和农药（如草甘膦）的中间体等，化肥行业脱除 CO_2 的溶剂以及电镀行业中作为电镀液等，是明确不能添加到食品中的。

甘氨酸的制备方法很多，主要有以下 3 种：①以甲醛为原料，与 NaCN 和 NH_4Cl 合成 *N*-亚甲基乙腈，再与乙醇和 H_2SO_4 化合成氨基乙腈和乙酸铵，最后与硫酸作用而得；②由一氯代乙酸加入过量的氨而得；副产物 NH_4Cl 通过离子交换树脂除去，或由甲醇盐析甘氨酸等方法除去。③由明胶的水解产物经分离而得。

七、丝氨酸及其衍生物

（一）DL-丝氨酸

DL-丝氨酸（DL-serine）为白色晶体或结晶性粉末。相对密度 1.537。约于 246℃分解。无旋光性。溶于水，不溶于乙醇或乙醚。DL-丝氨酸可用作营养增补剂。在体内可与 L-丝氨酸发挥相同的生理作用，

DL-丝氨酸的法定编号为 CAS 302-84-1 和 FEMA 3319，分子式为 $C_3H_7NO_3$，相对分子质量为 105.09，氮含量为 13.3%，蛋白质当量为 83.1%。其质量标准（FCC，1992）见表 23-30。

表 23-30　　DL-丝氨酸的质量标准

指　标	标　准	指　标	标　准
含量（以干基计）	98.5%～101.5%	铅（GT-18）	≤10mg/kg
砷（以 As 计，GT-3）	≤1.5mg/kg	干燥失重（105℃，2h）	≤0.3%
重金属（以 Pb 计，GT-16-2）	≤0.002%	灼烧残渣（GT-27）	≤0.1%

鉴别试验：取 0.1%试样液 5mL，加 1mL 水合茚三酮试液（TS-250），应呈蓝紫色或紫色。

含量分析：准确称取试样约 220mg，溶于 3mL 甲酸和 50mL 冰醋酸，用 0.1mol/L $HClO_4$ 滴定至蓝绿色终点。同时进行空白试验并做必要校正。1mL 0.1mol/L $HClO_4$ 相当于 10.51mg DL-丝氨酸。

（二）L-丝氨酸

L-丝氨酸（L-serine）为白色结晶性粉末，无臭，味甜，约于 228℃熔化并分解。pH 为 9 时外消旋化，蛋白质加酸水解时损失很多，在热稀碱溶液中分解，溶于水（38g/100mL，20℃），不溶于乙醇和乙醚。为非必需氨基酸，与皮肤的代谢功能密切相关。可通过 L-丝氨酸含量多的蛋白质水解后，由离子交换树脂回收制得，或者由甲酸乙酯与马尿酸乙酯作用也可生成。现在，L-丝氨酸主要通过甘氨酸与甲醇酶法合成。

L-丝氨酸的法定编号为 CAS 56-45-1，分子式为 $C_3H_7NO_3$，相对分子质量为 105.09，氮含量为 13.3%，蛋白质当量为 83.1%。其质量标准（FCC，1992）见表 23-31。

表 23-31 L-丝氨酸的质量标准

指标	标准	指标	标准
含量（以干基计）	98.5%～101.5%	干燥失重（105℃，2h）	≤0.3%
砷（以 As 计，GT-3）	≤1.5mg/kg	灼烧残渣（GT-27）	≤0.1%
重金属（以 Pb 计，GT-I6-2）	≤0.002%	比旋光度$[\alpha]_D^{20}$	+13.60°～+15.60°
铅（GT-18）	≤10mg/kg		

毒性：可安全用于食品（FDA 172.320，1994）。

鉴别试验：在 0.1%试样液 5mL 中加 1mL 水合茚三酮试液（TS-250），应呈红紫色或紫色。取试样 500mg，溶于 10mL 水中，加 200mg HIO_4 并加热，应产生甲醛气味。

含量分析：与 DL-丝氨酸相同。

（三）丝氨酸的功能与用途

L-丝氨酸虽属于非必需氨基酸，但具有许多重要的生理功能和作用，如合成嘌呤、胸腺嘧啶、胆碱的前体。L-丝氨酸羟基经磷酸化作用后能衍生出磷脂酰丝氨酸，是磷脂的主要成分之一。

八、丙氨酸及其衍生物

（一）DL-丙氨酸

DL-丙氨酸为无色至白色无臭针状结晶或结晶性粉末，有甜味。味觉阈值 0.06%。由水-乙醇液重结晶者为斜方晶系，由水重结晶者为针状结晶或结晶性粉末。10%水溶液的 pH 为 5.5～7.0。于 295～300℃熔化并分解。化学性能稳定，遇亚硝酸可转变为 L-乳酸。易溶于水（16.72g/100mL，25℃），微溶于乙醇。无旋光性。

DL-丙氨酸的制法：由乙醛与 HCN 形成氰醇，除去其中过量 HCN 后，加入氨溶液内，生成氨基氰；加碱水解得丙氨酸的钠盐，经离子交换树脂处理得 DL-丙氨酸，再由水或乙醇水溶液重结晶而得。

DL-丙氨酸的法定编号为 CAS 302-72-7，分子式为 $C_3H_7NO_2$，相对分子质量为 89.09，氮含量为 15.7%，蛋白质当量为 98.1%。其质量标准（FCC，1992）见表 23-32。

表 23-32 DL-丙氨酸的质量标准

指标	标准	指标	标准
含量（以干基计）	98.5%～101.5%	铅（GT-18）	≤10mg/kg
砷（以 As 计，GT-3）	≤1.5mg/kg	干燥失重（105℃，2h）	≤0.3%
重金属（以 Pb 计，GT-16-2）	≤0.002%	灼烧残渣（GT-27）	≤0.2%

毒性：半数致死量为 1.75mg/g（蛙，淋巴结注射）。按 5%添加于低蛋白质饲养幼大

鼠未发现发育障碍。可安全用于食品（FDA 172.372，1994）。

鉴别试验：取1%试样液5mL，加1mL水合茚三酮试液（TS-250），共加热3min。应呈紫色。取试样200mg溶于100mL水中，加$KMnO_4$ 100mg，加热至沸，可察觉出乙醛气味。

含量分析：精确称取试样约200mg，溶于3mL甲酸和50mL冰醋酸中，加结晶紫试液（TS-74）2滴，用0.1mol/L $HClO_4$滴定至蓝绿色终点。同时进行空白试验并做必要校正。1mL 0.1mol/L $HClO_4$相当于8.909mg DL-丙氨酸。

（二）L-丙氨酸

L-丙氨酸为白色无臭结晶性粉末，有特殊甜味，甜味约为蔗糖的70%。200℃以上开始升华，熔点297℃（分解）。化学性质稳定，易溶于水（17%，25℃），微溶于乙醚。5%水溶液的pH为5.5~7.0。另有异构体L-β-丙氨酸，未见有存在于蛋白质中的报道，只含于苹果汁等中，甜度比L-α-丙氨酸小。天然品存在于羊毛、绢丝等中。L-丙氨酸属于非必需氨基酸，是血液中含量最多的一种氨基酸，有重要的生理作用。

可通过L-丙氨酸含量较多的蛋白质（如绢丝一类）水解后分离制备L-丙氨酸。或者以L-天冬氨酸为原料经酶法脱羧而得。目前也有直接法发酵法生产L-丙氨酸。

L-丙氨酸的法定编号为CAS 56-41-7，分子式为$C_3H_7NO_2$，相对分子质量为89.09，氮含量为15.7%，蛋白质当量为98.1%。其质量标准（FCC，1992）见表23-33。

表23-33　L-丙氨酸的质量标准

指　标	标　准	指　标	标　准
含量（以干基计）	98.5%~101.5%	干燥失重（105℃，2h）	≤0.3%
砷（以As计，GT-3）	≤1.5mg/kg	灼烧残渣（GT-27）	≤0.2%
重金属（以Pb计，GT-I6-2）	≤0.002%	比旋光度$[\alpha]_D^{20}$	+13.50°~+15.50°
铅（GT-18）	≤10mg/kg		

鉴别试验、含量分析：均同“DL-丙氨酸”。

九、天冬氨酸及其衍生物

（一）DL-天冬氨酸

天冬氨酸属于非必需氨基酸，对细胞有较强的亲和力，特别是对线粒体内的能量代谢、氮代谢起着重要作用，在中枢神经系统和脊索某些部位有兴奋神经递质作用。有研究表明：视觉信息在顶盖的整合加工过程中有赖于神经递质的参与。在鸟类视网膜顶盖通路中已有实验证实谷氨酸是兴奋性神经递质，也有报道认为天冬氨酸是家鸽视神经释放的递质。胡淑辉利用离体脑片技术，在51例家鸽顶盖脑片上用玻璃微电极胞外记录了家鸽顶盖a~f亚层神经元的自发放电活动。根据家鸽顶盖a~f亚层神经元自发放电活动的特征，将a~f亚层神经元自发放电分为3种类型：慢而不规则型、快连续型和周期性簇状放电型。天冬氨酸对不同形式放电单位的作用均以兴奋为主，这种兴奋作用能被N-甲基-D-

天冬氨酸（NMOA）增强，D-α-氨基己二酸能阻断天冬氨酸的兴奋作用。

DL-天冬氨酸（DL-aspartic Acid）的法定编号为 CAS 617-45-8，分子式为 $C_4H_7NO_4$，相对分子质量为 133.10，氮含量为 10.5%，蛋白质当量为 65.6%。DL-天冬氨酸（DL-氨基琥珀酸）为无色或白色无臭晶体，有酸味，无旋光性，约于 280℃熔化并分解，难溶于水，不溶于乙醇和乙醚。其质量标准（FCC，1992）见表 23-34。

表 23-34　　DL-天冬氨酸的质量标准

指　标	标　准	指　标	标　准
含量（以干基计）	98.5%~101.5%	铅（GT-18）	≤10mg/kg
砷（以 As 计，GT-3）	≤1.5mg/kg	干燥失重（105℃，2h）	≤0.3%
重金属（以 Pb 计，GT-16-2）	≤0.002%	灼烧残渣（GT-27）	≤0.1%

鉴别试验：0.1%试样液 5mL，加水合茚三酮试液（TS-250）1mL，应呈蓝紫色。应符合红外吸收光谱图。

含量分析：准确称取试样约 200mg，溶于 3mL 甲酸和 50mL 冰醋酸混合液中，加结晶紫试液（TS-74）2 滴，用 0.1mol/L $HClO_4$ 滴定至绿色终点或至蓝色完全消失为止。1mL 0.1mol/L $HClO_4$ 相当于 13.31mg 天冬氨酸。

（二）L-天冬氨酸

L-天冬氨酸（L-aspartic Acid）（L-氨基琥珀酸）为无色至白色斜方板状晶体或结晶性粉末，无臭，稍有酸味，熔点 270~271℃。在羟基类物质的存在下，与无机酸水溶液加热也稳定。难溶于酸、碱及食盐水中，不溶于乙醇和乙醚。L-天冬氨酸属于非必需氨基酸，医药上用作氨解毒剂、肝功能促进剂、疲劳恢复剂。天然品广泛存在于各种动植物蛋白中，甜菜的糖蜜中含量特别丰富。

制法：由各种富含 L-天冬氨酸的蛋白质，用酸水解后经氢氧化钙中和，得 L-谷氨酸与 L-天冬氨酸的钙盐，然后经分离而得。目前主要通过富马酸酶法合成。

L-天冬氨酸的法定编号为 CAS 56-84-8 和 FEMA 3656，分子式为 $C_4H_7NO_4$，相对分子质量为 133.10，氮含量为 10.5%，蛋白质当量为 65.6%。其质量指标（FCC，1992）见表 23-35。

表 23-35　　L-天冬氰酸的质量标准

指　标	标　准	指　标	标　准
含量（以干基计）	98.5%~101.5%	干燥失重（105℃，2h）	≤0.25%
砷（以 As 计，GT-3）	≤1.5mg/kg	灼烧残渣（GT-27）	≤0.1%
重金属（以 Pb 计，GT-I6-2）	≤10mg/kg	比旋光度$[\alpha]_D^{20}$	+24.50°~+26.00°
铅（GT-18）	≤5mg/kg		

（三）天冬氨酸镁

遗传改进和营养完善提高猪胴体瘦肉率的同时也导致了猪肉品质下降。研究表明，猪屠宰前管理不善会严重影响猪肉质量。屠宰前急性应激可能会通过加速死后肌肉酸化而引起白肌肉（PSE 肉），慢性应激则可能会通过使肌糖原在屠宰前耗竭而导致黑干肉（DFD 肉）。Souza 等试验证实，上市前 5d，在肥育猪日粮中添加天冬氨酸镁［40g/(头·d)］可减少屠宰时儿茶酚胺的分泌，从而减轻屠宰前的应激影响，显著提高最终猪肉质量（pH、失水率、色泽），减少白肌肉的发生率。

十、L-天冬酰胺

L-天冬酰胺为白色斜方晶系晶体或结晶性粉末，稍有甜味，熔点约 234℃，几乎不溶于乙醇和乙醚，但溶于水（3g/100mL，25℃），其水溶液呈酸性。重结晶方法以水最佳，其次是乙醇。遇碱水解成天冬氨酸。加热其水溶液也分解。L-天冬酰胺属于非必需氨基酸，能调节脑及神经细胞的代谢功能，如在生长期缺乏则影响发育。

L-天冬酰胺的制法有以下两种：①由 L-天冬酰胺含量高的羽扇豆和大豆豆芽的水提取物分离而得；②由 L-天冬氨酸与 NH_4OH 进行酰胺化而得。

L-天冬酰胺的法定编号为 CAS 70-47-3（无水品）和 CAS 5794-13-8（一水品），分子式为 $C_4H_8N_2O_3 \cdot H_2O$，相对分子质量为 150.13，氮含量为 18.7%，蛋白质当量为 116.9%。其质量标准（FCC，1992）见表 23-36。

表 23-36　　L-天冬酰胺的质量标准

指　标	标　准	指　标	标　准
含量（以干基计）	98.5%~101.5%	干燥失重（105℃，2h）	11.5~12.5%
砷（以 As 计，GT-3）	≤1.5mg/kg	灼烧残渣（GT-27）	≤0.1%
重金属（以 Pb 计，GT-I6-2）	≤5mg/kg	比旋光度$[\alpha]_D^{20}$	+33.00°~+36.50°
铅（GT-18）	≤5mg/kg		

鉴别试验：取试样约 100mg，加 NaOH 试液（TS-74）5mL，在水浴上加热 1h，用稀 HCl 试液（TS-117）调节至 pH 5.0，再加水合茚三酮 100mL，所散发的蒸气可使乙醛试纸的颜色转为蓝色。

含量分析：准确称取经 105℃干燥 4h 后的试样约 130mg，溶于 3mL 甲酸和 50mL 冰醋酸中，用 0.1mol/L $HClO_4$ 滴定以电位法测定终点。同时进行空白试验并做必要校正。1mL 0.1mol/L $HClO_4$ 相当于 13.21mg L-天冬酰胺。

参考文献

［1］张伟国，钱和．氨基酸生产技术及其应用［M］．北京：中国轻工业出版社，1997.

［2］刁其玉．动物氨基酸营养与饲料［M］．北京：化学工业出版社，2007.

［3］陈宁．氨基酸工艺学（第二版）［M］．北京：中国轻工业出版社，2020.

［4］杜军．氨基酸工业发展报告［M］．北京：清华大学出版社，2011.

［5］蒋滢．氨基酸的应用［M］．北京：世界图书出版公司北京公司，1996.

［6］吴显荣．氨基酸［M］．北京：北京农业大学出版社，1988.

［7］张萍．氨基酸生产技术与工艺［M］．银川：宁夏人民教育出版社，1988.

［8］冯容保．发酵法赖氨酸生产［M］．北京：中国轻工业出版社，1986.

［9］李文濂．L-谷氨酰胺和L-精氨酸发酵生产［M］．北京：化学工业出版社，2009.

［10］王洪荣，季昀．氨基酸的生物活性及其营养调控功能的研究进展［J］．动物营养学报 2013，5(3)：447-457.

第二十四章　氨基酸在化学工业中的应用

氨基酸凭其本身固有的物理、化学性质，在化学工业中具有极其光明的应用前景。虽然因价格问题，致使一些应用范围无法扩大，但是，这并不影响人们对这一领域的研究热情。

第一节　氨基酸型表面活性剂的合成与应用

一、氨基酸型表面活性剂分类

所谓的表面活性剂，就是在同一个分子中，同时带有亲油性基团及亲水性基团的化合物。氨基酸带有氨基和羧基两种不同性质的官能团，若将亲油基团导入氨基上，则可得到具有阴离子表面活性作用的化合物；若将亲油性基团导入羧基上，则可得到具有阳离子表面活性作用的化合物。

近年来，出于对环保和生物安全性的需要，开发和使用环境友好的表面活性剂日益受到世界各国的重视。氨基酸型表面活性剂是以生物质为基础的表面活性剂，由于分子中具有氨基酸骨架，除兼有其他系列表面活性剂性能外，还具有其独特的一些功能，如有抑菌效果、生物相容性好、降解安全迅速等。氨基酸为亲水结构，合成表面活性剂则需引入疏水基，根据氨基酸酸碱性及溶于水时离子类型的不同，可将所制得的表面活性剂分为阴离子型、阳离子型、两性离子型和非离子型。

（一）阴离子表面活性剂

氨基酸系阴离子表面活性剂，如 *N*-酰基氨基酸，可根据酰基碳原子的数目、用于中和羧基的盐的种类和用量等因素的变化，来改变氨基酸系阴离子表面活性剂的 pH、表面张力、起泡力、乳化力等各项物性，以适应各种不同的特殊目的。

酰基谷氨酸是这类表面活性剂中性质特别优良的一种，利用的酰基可以是十二酰基或十八酰基等，盐基则可以用钠或三羟乙基胺。

$$\underset{\text{酰基谷氨酸}}{\mathrm{HOOCCH_2CH_2\underset{\displaystyle|\atop\displaystyle NHCOR}{C}HCOOH}} \qquad \mathrm{RCO}=\mathrm{C_8}\sim\mathrm{C_{18}}\text{的酰基}$$

酰基谷氨酸钠盐具有极好的洗净力、起泡力及乳化力。其水溶液的 pH 5.5~6.0，呈弱酸性。它与一般弱碱性肥皂一样，对皮肤刺激性极温和，而且具有极好的皮肤感触性。

它的耐硬水性比肥皂高，口服毒性低，分解性非常好；不但极具安全性，而且废水处理容易，不会构成公害。

酰基谷氨酸钠盐除了直接用于配制固体洗涤剂外，也可以作为洗发剂、洗涤剂、化妆品等的原料或添加剂。另外，如果在矿油系或醇系的合成洗涤剂中，添加酰基氨基酸钠盐时，能缓和该种合成洗涤剂对皮肤的刺激性，可用于防止因洗发剂、厨房用洗涤剂等所导致的皮肤皲裂。

（二）阳离子表面活性剂

可利用氨基酸盐制成一种虽不具有强烈杀菌力，但却具有净菌作用的阳离子表面活性剂。如十六烷酰-L-赖氨酰-L-赖氨酸甲酯二盐酸（Ⅰ），这一化合物实际上是赖氨酸的二肽，其ε-氨基具有阳离子的性质，此化合物具有广泛的杀菌性。

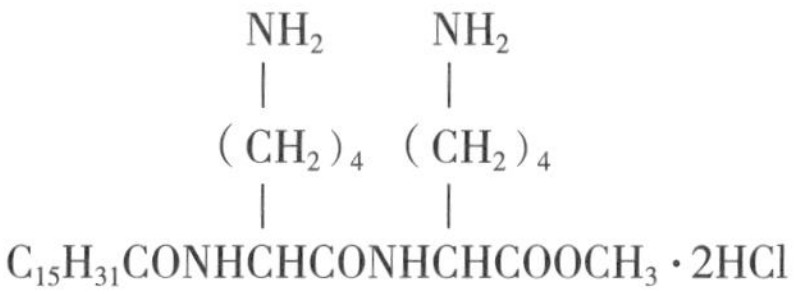

$$\begin{array}{c} \quad\quad NH_2 \quad\quad\quad NH_2 \\ \quad\quad | \quad\quad\quad\quad | \\ \quad\quad (CH_2)_4 \quad (CH_2)_4 \\ \quad\quad | \quad\quad\quad\quad | \\ C_{15}H_{31}CONHCHCONHCHCOOCH_3 \cdot 2HCl \end{array}$$

Ⅰ

精氨酸的α-氨基以高级脂肪酸加以酰化，或将其羧基以低级醇加以酯化后，即可得精氨酸衍生物（Ⅱ），如月桂酰-L-精氨酸乙酸盐酸就是一种具有强力抗菌性且毒性很低的优良食品或化妆品的防腐剂。

$$\begin{array}{l} HN \\ \quad \backslash\backslash \\ \quad\quad C-NHCH_2CH_2CH_2CHCOR_1 \\ \quad / \quad\quad\quad\quad\quad\quad\quad\quad | \\ H_2N \quad\quad\quad\quad\quad\quad\quad NHCOR_2 \end{array} \qquad \begin{array}{l} R_1 = -NH_2, -OCH_3, -OC_2H_5 \\ R_2 = C_8 \sim C_{18}\text{的酰基} \end{array}$$

Ⅱ

谷氨酸的γ-高级醇酯（Ⅲ）也具有抗菌性，可作为防腐剂使用，这是分子内中和表面活性剂的一例。

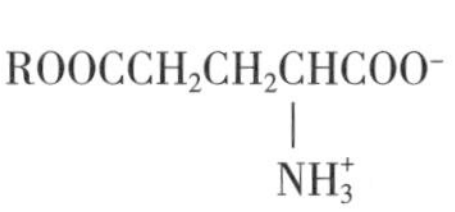

$$\begin{array}{l} ROOCCH_2CH_2CHCOO^- \\ \quad\quad\quad\quad\quad\quad\quad | \\ \quad\quad\quad\quad\quad\quad NH_3^+ \end{array} \qquad R = C_8 \sim C_{18}\text{的酰基}$$

Ⅲ

（三）两性表面活性剂

氨基酸型两性表面活性剂的水溶液呈碱性。如果在搅拌下，慢慢加入 HCl，变为中性时仍无变化，至微酸性时则生成沉淀。如果再加入 HCl 至强酸性时，沉淀又溶解。这就说明，呈碱性时表现为阴离子表面活性剂；呈酸性时表现为阳离子表面活性剂。但是，当阳离子性和阴离子性正好在平衡的等电点时，亲水性变小，就生成沉淀。分子中的阳离子是铵盐，阴离子是羧基。这种类型的表面活性剂的表面活性随着介质中 pH 的变化而改变，例如，十二烷基氨基丙酸置于 NaOH 的介质之中能够转化为十二烷基氨基丙酸钠，成为阴离子表面活性剂可以溶于水中；它置于 HCl 的介质之中能转化为十二烷基氨基丙酸的盐酸盐，成为阳离子表面活性剂可以溶于水中。如果改变介质中的 pH 大小，使阴阳电性正好处于平衡，它就转化为了内盐，因难溶于水而析出沉淀，此时的 pH 称为等电点。为了充分发挥氨基酸型两性表面活性剂的作用，必须在偏离等电点 pH 的水溶液中使用。

制备氨基酸型两性表面活性剂常用的原料为高级脂肪伯胺、丙烯酸甲酯（见丙烯酸酯）、丙烯腈和氯乙酸等。

二、*N*-酰基氨基酸型表面活性剂的合成与应用进展

N-酰基氨基酸型表面活性剂是氨基酸类表面活性剂中一类典型的阴离子表面活性剂，一般经由氨基酸与长链脂肪酸缩合而成。

N-酰基氨基酸型表面活性剂具有良好的润湿性、起泡性、抗菌性以及抗蚀、抗静电能力等，几乎无毒无害，对皮肤温和，其降解产物为氨基酸和脂肪酸，故对环境几乎没影响，而且还具有与其他各种表面活性剂相容性好的优点，可广泛用于化妆品（洗面奶、沐浴露、洗发剂、面膜等）、洗涤剂、食品、饮料、医药卫生、矿物浮选、石油燃料、金属清洗加工、纺织印染、农药调配等。从 20 世纪初该类型表面活性剂合成开始，其应用领域就不断拓展，在 20 世纪 70 年代其应用和研究都达到高潮。目前，该类型产品在国外已得到广泛应用，较有影响的有美国的 Hamposyl、德国的 Medialan、日本的 Amisoft 等产品，但在我国应用还不广泛，需求上也主要依赖进口。

（一）合成工艺及进展

合成 *N*-酰基氨基酸系列表面活性剂常用的氨基酸（及其盐）主要有肌氨酸、谷氨酸、丝氨酸、丙氨酸、缬氨酸、亮氨酸等，其中以前两者特别是肌氨酸最为常用。所用到的脂肪酸分为饱和与不饱和两种，如月桂酸、油酸、椰子油酸、棕榈油酸、硬脂肪酸、辛酸和癸酸等，其中以月桂酸和油酸最为常用。合成工艺根据起始反应原料可分为直接法和间接法。

1. 直接法

直接法是指以脂肪酸或脂肪酸酯（动植物油）与氨基酸进行缩合反应的工艺。由于直接法的缩合反应需要较高的化学选择性，因此该方法的反应条件较苛刻，反应收率不高，大都需要特殊的催化剂。*N*-酰基氨基酸型产品属绿色化工产品，但如果在生产过程中工艺过长导致“三废”过多则产品仍会被社会逐渐淘汰。近些年来，随着“绿色化学”概念的提出，逐渐要求化工产品从源头上就采用绿色工艺进行生产。直接法由于原料易得，工艺简单，符合“绿色化学”概念，以该方法合成 *N*-酰基氨基酸型表面活性剂的研究工作呈增多趋势。

酶催化合成是直接法研究领域的主要方向。*N*-酰基氨基酸型表面活性剂的酶合成法最早由 Nordisk 等提出，近年来酶在非水介质催化反应的迅速发展为该类生物有机合成提供了新的发展机会。在酶催化合成法中普遍采用的酶制剂主要有蛋白水解酶和脂肪酶两

种，这两种酶都比较容易获得。反应体系多采用有机溶剂体系，常用的有机溶剂为正己烷、乙腈、乙酸乙酯、甲苯和异辛烷等。Soo 等在以棕榈油为酰基来源，酶催化法合成 L-谷氨酸、L-丝氨酸和精氨酸等不同氨基酸产品的过程中，考查了 Lipozyme、Novozym 435、AK 脂肪酶、皱褶假丝酵母（*Candida rugosa*）脂肪酶和蛋白酶 5 种酶的催化效果，发现用 Lipozyme 酶作为固定化酶时所得的结果最佳。Montet 等在产自米黑毛霉（*Mucor miehei*）脂肪酶的催化下，将大豆油和 L-赖氨酸的有机溶剂悬浮液保温 7d 制得 *N*-酰基赖氨酸。虽然酶催化合成法具有选择性高，操作条件绿色、温和等优点，但仍存在反应转化率低、反应时间长、酶的回收分离困难、价格昂贵等缺点。目前报道的酶催化合成工艺收率都较低，一般在 2%~19%，因此，实现采用酶催化合成进行工业化生产的目标，必须要解决酶的回收再利用问题以及酶活力的保持问题，通过探索最佳反应条件以提高产率和缩短反应时间。

另外，也有文献报道在高温下脱水缩合氨基酸和脂肪酸合成 *N*-酰基氨基酸碱金属盐的方法。如 Woodbury 等提出一种制备方法，即在 170~190℃ 和氮气保护下，由肌氨酸钠和月桂酸反应，可直接得到 *N*-月桂酰肌氨酸钠，以氨基酸计的产物收率在 57%以上。此法的优点是流程简单，环境友好，但存在着产品分离困难、设备复杂的缺点。James 等以椰子油酸和 *N*-甲基牛磺酸钠为原料，通过加入 ZnO 或 MgO 作催化剂，先在 200℃ 氮气保护下反应然后减压操作，*N*-甲基牛磺酸钠的转化率达到了 97%，所得活性物椰油酰基甲基牛磺酸钠含量在 88%以上，产品气味颜色俱佳，但该工艺操作复杂，能耗太高，难以实现产业化。

2. 间接法

间接法合成工艺包括脂肪酸酐与氨基酸盐的酰化反应工艺、脂肪腈水解酰化反应工艺、酰胺羰基化反应工艺、脂肪酰氯与氨基酸反应工艺［肖顿-鲍曼（Schotten-Baumann）法］等，最近也有报道将硬脂酸经与耦合剂酯化后再与氨基酸缩合的工艺。目前在工业上主要用肖顿-鲍曼缩合反应制备 *N*-酰基氨基酸及其盐，它是由脂肪酰氯和氨基酸在碱性水溶液或其他有机溶剂中一步制得 *N*-酰基氨基酸盐，然后经无机酸中和分离得 *N*-酰基氨基酸粗品，再加碱中和而成为较纯的 *N*-酰基氨基酸盐。此法的优点是操作简单，反应条件温和，反应温度不高（40~70℃），产率较高，易于实现工业化生产。据报道，国内上海中狮公司利用该工艺开发出了较高质量的 *N*-脂肪酰基谷氨酸盐和甘氨酸盐，已有批量产品以 30%水剂供应市场。国内最近有合成 *N*-歧化松香酰基肌氨酸、松香酰甘氨酸十四酰基甘氨酸钠等的报道。

以肌氨酸为例，肖顿-鲍曼法工艺具体合成路线如下（RCOOH 为长链脂肪酸）。

（1）酰化 $RCOOH + SOCl_2 \longrightarrow RCOCl + SO_2 + HCl$

（2）缩合 $R\overset{\overset{O}{\|}}{C}{=}Cl + \underset{\underset{CH_3}{|}}{N}HCH_2COOH \xrightarrow[\text{水/丙酮}]{NaOH} R\overset{\overset{O}{\|}}{C}{=}\underset{\underset{CH_3}{|}}{N}CH_2COONa + NaCl + H_2O$

（3）酸化 $RC(=O)-N(CH_3)CH_2COONa + HCl \longrightarrow RC(=O)-N(CH_3)CH_2COOH + NaCl$

（4）成盐 $RC(=O)-N(CH_3)CH_2COOH + NaOH \longrightarrow RC(=O)-N(CH_3)CH_2COONa + H_2O$

在上述缩合反应的过程中，主要副反应是脂肪酰氯的水解皂化反应：

$$RCOCl+2NaOH \longrightarrow RCOONa+NaCl+H_2O$$

由于酰氯与氨基酸的缩合反应是放热反应，为减少副反应的发生常采用低温缩合，一般在 0~20℃，但酰氯的水解性极强，生成皂化物难以避免。活性物中皂化物和盐的存在都会影响产品的净洗效果，控制反应条件减少皂化物的生成以及脱盐工艺的选择是获得高纯度产品的关键。通过采用酸析后将混合物加热至 60~65℃再静置冷却的方法，产品收率在 94%以上，纯度可达 96%。初白等采用重结晶过滤的分离方法，获得了高纯度的 *N*-酰基甲基牛磺酸钠产品，活性物含量可达 95%以上。目前利用肖顿-鲍曼法合成的工艺大都采用亲水性溶剂水-丙酮作缩合反应的溶剂，丙酮自身的缩合反应会产生有臭味的物质，在后期分离中很难除尽，尤其影响该类型产品在无味化妆品及护理用品中的应用。山胁幸男等以水-叔丁醇为缩合反应溶剂，在酸析后的有机层中加入叔丁醇，形成稳定的水/叔丁醇/活性物三元体系而再次分层，将该三元物质分出进行蒸馏提纯，采用边蒸馏边加入水的办法，可以将叔丁醇蒸出而得到含杂质很少而且没有气味的产品。目前间接法合成工艺虽然比较成熟，但仍存在工艺较长、提纯困难的缺点，酰化过程以及萃取、洗涤过程中“三废”排放严重，工艺还有待进一步简化改进。

（二）应用情况

N-酰基氨基酸表面活性剂除了具备传统表面活性剂的功能外，因其良好的生物降解性、安全性和抗菌能力而在很多方面得到应用，除了在传统的个人清洁剂、食品添加剂、金属加工、矿石浮选和石油开采等领域的应用不断扩大外，近年来在生物医药领域也得到一些应用。

1. 在日化用品中的应用

表面活性剂是绝大多数日化用品中最重要的成分，其生物降解的安全性和对皮肤的刺激性直接关系到产品的使用性能。*N*-酰基氨基酸及其盐能被分解成脂肪酸和氨基酸，对皮肤和毛发作用温和，有很高亲和力及润湿效果，能产生丰富且稳定的泡沫，因此它是各种洗发剂及许多化妆品的主要原料。该类表面活性剂在护理用品中使用较多的为 *N*-月桂酰谷氨酸、*N*-月桂酰天冬氨酸、*N*-脂酰肌氨酸和 *N*-椰油酰基甲基牛磺酸钠等。如 *N*-月桂酰谷氨酸的镁盐、钴盐等都是块状净化剂的基料，能克服脂肪酸肥皂的某些缺点，能在硬水中使用，以该类表面活性剂为原料配制的洗面乳具有良好的洗净力和起泡性，能增加皮肤光润，不刺激皮肤和眼睛，特别适合皮肤敏感的人及婴儿使用。很多液体或膏体的个人护理用品在较低的气温下使用时会因凝固而难以挤出软管，在其中添加一定的 *N*-酰基氨基酸盐（如 *N*-酰基甘氨酸钠）后产品对温度变化的适应范围增大，可以起到很好的改善效果。

由于 *N*-酰基氨基酸类表面性剂在口腔内具有抑制将葡萄糖变为乳酸的乳酸菌的作用，作为牙粉起泡剂用于牙膏配方可起到很好的清洁效果并使口气清新。将 *N*-椰油酰基谷氨酸钠、*N*-月桂酰谷氨酸钾等表面活性剂加入洗涤剂配方而使产品不刺激皮肤，还可保持洗涤剂中酶的活力。将 *N*-月桂酰基赖氨酸用于以 CO_2 为溶剂的干洗可使清洁过程无毒无污染，也有研究将碳原子数为基数的长链 *N*-酰基氨基酸盐用于配制促进头发生长剂，通过刺激加速头皮下的血液循环而促进头发的生长，可起到很好的效果。

N-酰基氨基酸及其盐常用作化妆品的防腐乳化剂，近年来被广泛用作日化用品的功能添加剂。蔡然等、葛虹等分别报道了月桂酰甘氨酸钠、月桂酰脯氨酸、谷氨酸、肌氨酸等在护肤品及化妆品中的应用，酰基氨基酸或其盐对革兰阳性菌和真菌的抑菌活性较强，0.25%月桂酰肌氨酸钠能抑制口腔中的细菌，常用来制作抗菌牙膏。0.20%月桂酰谷氨酸钠可以抑制乳酸菌的生长，防止食品和饮料腐败变质，常用作食品防腐剂。

碱性氨基酸的 *N*-酰化衍生物对金黄色葡萄球菌没有抑菌活性，而其低级醇（如甲醇、乙醇和异丙醇）的酯化产物 *N*-酰化氨基酸酯（或其各种盐），抑菌活性强、抗菌谱广。常见的碱性氨基酸有精氨酸、赖氨酸、组氨酸，酰基包括辛酰、壬酰、月桂酰、椰油酰、肉豆蔻酰和棕榈酰等，阴离子部分有 Cl^- 和 Br^- 等各种无机离子，也包括各种烷基羧酸和芳香羧酸如水杨酸、乳酸、葡萄糖酸、柠檬酸和马来酸等。文献报道了此类物质的应用，其中月桂酰精氨酸乙酯盐酸盐（简称 LAE）对各种细菌、酵母和霉菌的抑菌效果良好，最低抑制浓度（MIC）较小且广谱。LAE 对金黄色葡萄球菌的最低抑制浓度是 8μg/mL，对致病性大肠杆菌、啤酒酵母、黑曲霉的最低抑制浓度均是 32μg/mL。LAE 与甘油醇脂肪酸酯混用能扩大抗菌谱，使两者的用量均降低。富马酸二甲酯是一种新型防霉保鲜剂，对 30 多种霉菌和酵母菌有抑制作用，但富马酸二甲酯对人体皮肤有强烈刺激性。宁正祥等合成了马来酸酐与甘氨酸酯和苯丙氨酸酯类衍生物，其对大肠杆菌、金黄色葡萄球菌、沙门菌、枯草芽孢杆菌和乳酸菌等均有很好的抑制作用，经皮肤过敏试验发现其对人体无致敏性，展现出此类衍生物的广泛应用前景。

2. 在生物医药方面的应用

在药物制造和生物化学研究中，*N*-酰基氨基酸及其盐的应用是近年来表面活性剂应用的热点。Casido 研究指出，在眼药水（或眼膏中）加入少量 *N*-酰基氨基酸或其盐可提高药物的安全性和舒适性，使药物更稳定并增加其抗菌能力；Chin 的研究表明，酰基氨基酸可使维生素 E 在水中快速溶解并提高其溶解度，从而提高人体对它的吸收，减少其对皮肤的刺激作用；Hiroshi 在其专利中指出，在含有药物的口香糖中加入少许 *N*-月桂酰肌氨酸钠可使药物的缓释长效。*N*-酰基氨基酸盐也可用于农药制剂，少量该类表面活性剂的加入就可减少杀虫剂用量并显著提高杀虫效果。Cruddens 等发现，在配制杀虫药物时加入该类表面活性剂可明显增加药物有效成分的活性，而使其对周围环境的刺激性和毒性减小。另外，将 *N*-酰基氨基酸应用于 RNA 的分离和提取技术也取得了不少成果。

第二节 氨基酸在高分子合成领域的应用

氨基酸与光气（$COCl_2$）作用得到氨基酸的 *N*-羧酸酐（Ⅳ），再以适当的方法使之发生聚合反应，即可得到聚合氨基酸（Ⅴ）。

$$H_2NCHRCOOH \xrightarrow{COCl_2} \begin{array}{l} CHR - CO \\ | \qquad\quad \diagdown \\ | \qquad\qquad O \\ | \qquad\quad \diagup \\ NH - CO \end{array} \xrightarrow{\text{重合}} H - [HNCHRCO]_n - OH$$

Ⅳ　　　　Ⅴ

聚合氨基酸虽然和蛋白质一样具有同样的骨架构造，但蛋白质是由多种不同的氨基酸结合而成，而聚合氨基酸却是由单一氨基酸所构成，所以性质上有许多不同之处。因为这种聚合氨基酸在人工合成的高分子中，其结构和绢之类的天然纤维或皮革的结构最相近，所以可作为合成纤维或合成皮革的原料。

赖氨酸等二氨基-羧基氨基酸，也可作为合成高分子的原料，如用它合成氨基甲酸乙酯。

一、聚合氨基酸

以 L-（或 D）-谷氨酸-γ-甲醇与光气作用，得到 *N*-羧基-γ-甲基-L-（或 D-）谷氨酸酐（Ⅵ）。在适当的溶剂中，添加适当聚合催化剂，使发生聚合反应，而得到聚合 L-（或 D-）谷氨酸甲醇（PMG，Ⅶ）。

$$\begin{array}{l} H_3COOCCH_2CH_2 - CH - CO \\ \qquad\qquad\qquad\quad | \qquad\quad \diagdown \\ \qquad\qquad\qquad\quad | \qquad\qquad O \\ \qquad\qquad\qquad\quad | \qquad\quad \diagup \\ \qquad\qquad\qquad\quad NH - CO \end{array} \xrightarrow{\text{聚合}} H - [\underset{\displaystyle |}{\overset{CH_2CH_2COOCH_3}{N H C H C O}}]_n - OH$$

Ⅵ　　　　Ⅶ

PMG 与天然蛋白质完全不同，其结构为极端规则的线性高分子。若将其溶于卤代烷类中，则形成 α-螺旋状结构，L-PMG 为右旋，D-PMG 为左旋，至于 DL-PMG 则不具有高规则的结构，也不能构成高相对分子质量的聚合体。PMG 一旦由溶剂中分离出来，就不能再溶解了，所以在聚合反应中，必须慎重选择适当溶剂，使之能在聚合反应时，使反应溶液直接进行成型步骤。

可采用湿式纺纱法使 PMG 纤维成型。在所有的合成纤维中，PMG 纤维的光泽、质感与绢最相近，吸湿和放湿速率极快，即使在 150℃下加热，其物性也不会变坏。PMG 还具有优良的耐光性。

薄膜状的 PMG 常作为合成皮革的表面处理剂。将 PMG 的 1,2-二氯乙烷-高氯乙烯

10%溶液涂于乙烯树脂皮革的表面，就可得到触感、光泽和天然皮革相似的合成皮革。经过 PMG 处理过的合成皮革，其耐热性、耐水性、透湿性、耐药品性、染色性、耐浸染性都很优越，所以被广泛应用于制造皮包、手提袋、家具、衣料和鞋子等。

另外，由于聚合氨基酸是结构与蛋白质相似的高分子，用其作为医药器材有特殊的优点，所以在作为外科材料，特别是人工脏器原料方面的重要性与日俱增。

二、聚合氨基酸乙酯

赖氨酸或鸟氨酸等具有二氨基的氨基酸可以作为合成高分子化合物的原料，可以作为制造二异氰化物（Diisocyanide）的原料，而二异氰化物是酰胺的成分以及聚合氨基酸乙酸的合成原料。

聚合氨基酸乙酯是以亚苄基二异氰化物与各种双醇类反应而得到的，通常用于制造黏合剂、涂料等。由己内酰胺合成尼龙-6 时，若在己内酰胺的聚合反应中，添加氨基酸，则该氨基酸的 R 基就会包在尼龙-6 大分子中央，从而能够改善成品的保水性、染色性等性质。总之，只要各种氨基酸的价格能够降低，那么它们在高分子合成方面的利用也一定会有突破性的进展。

三、氨基酸在合成树脂添加剂方面的应用

有些氨基酸衍生物可用作高分子产品的添加剂，以改善制品的稳定性，降低其易带电性。

由合成纤维合成的树脂类产品容易带电，不但导致加工时的困难，而且在使用时也会发生容易吸灰等令人不快的事情。具有表面活性作用的氨基酸类化合物，可作为带电防止剂，以降低其易带电的性质。

天冬氨酸或谷氨酸的二烷基酯，与磷酸高级烷酯结合所得到的各种化合物，都是极好的带电防止剂。如在二丁基天冬氨酸单月桂酰磷酸盐（Ⅷ）的 0.4%甲醇溶液中，浸入尼龙、聚合酯等纤维，取出风干后，这些纤维的摩擦静电电荷都会显著降低。

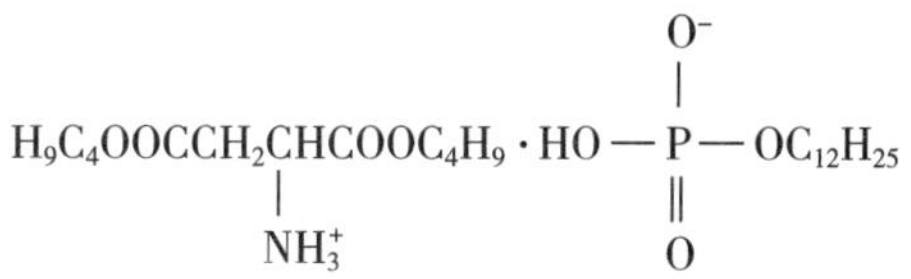

$$H_9C_4OOCCH_2\underset{\underset{NH_3^+}{|}}{C}HCOOC_4H_9 \cdot HO-\overset{\overset{O^-}{|}}{\underset{\underset{O}{\|}}{P}}-OC_{12}H_{25}$$

Ⅷ

聚乙烯类树脂也容易携带电荷。以亮氨酸的十二烷酯和环氧乙烷缩合，而得到的一种化合物（Ⅸ），对聚乙烯等纤维是种优良的带电防止剂。

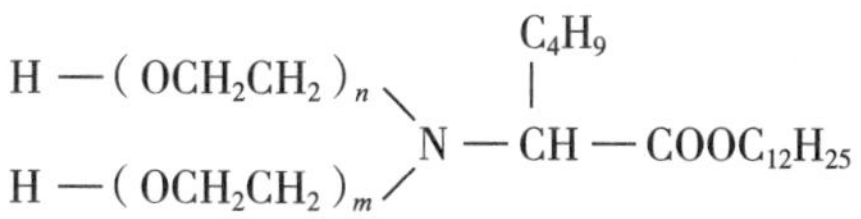

$$\begin{matrix} H-(OCH_2CH_2)_n \diagdown & & C_4H_9 & \\ & N- & \overset{|}{CH} & -COOC_{12}H_{25} \\ H-(OCH_2CH_2)_m \diagup & & & \end{matrix}$$

Ⅸ

在高分子加工中，有些氨基酸衍生物可作为可塑剂、稳定剂等，表 24-1 列举了一些研究实例。

表 24-1　应用于合成高分子加工的氨基酸衍生物

氨基酸衍生物	用途
氨基酸的镍盐	聚丙烯的稳定剂
N-酰化甲硫氨酸金属盐	聚烯烃的稳定剂、染色性改善剂
谷氨酸酯	聚氯乙烯的可塑剂
N-酰化氨基酸酰胺	聚氯乙烯的可塑剂
N-酰化氨基酸	聚丁二烯的可塑剂
N-十二酰甲基甘氨酸	聚烯烃底片湿气污染防止剂

第三节　氨基酸在化妆品中的应用

氨基酸和美容之间的关系非常密切，如氨基酸能调节皮肤 pH 的变动，具有针对细菌的保护作用；又如，将其用于发膏、发油、头发营养剂时，可作为毛发的营养成分，增加头发的光泽，并使头发具有柔软性。

一、自然保湿因子

氨基酸与化妆品之间的关系，最引人注目的是关于自然保湿因子（Natural Moisturizing Factor，NMF）方面的研究。过去，人们对皮肤干燥的原因，曾认为是角质层内所含的脂肪失去过多的缘故。但是，随着化妆品化学的进展，人们才知道皮肤干燥是由于失去了存在于角质层中的某种水溶性物质所致。这种物质称作自然保湿因子。自然保湿因子是角质层保持水分的重要角色。其主要成分已知道是甘氨酸、羟丁氨酸、丙氨酸、天冬氨酸和丝氨酸等游离氨基酸。

二、营养成分

由于氨基酸与皮肤调节机能的关系非常密切，促进了将氨基酸及其衍生物以及蛋白质水解液应用于化妆品的研究。如将乳白蛋白、浮游生物等的酶法水解液应用于化妆品，将氨基酸与糖的缩合物作为润湿剂用于化妆品中。此外，在以氨基酸或蛋白质水解液为主要有效成分的化妆品中，添加半胱氨酸二甲酯、甘氨酸乙酯以及谷氨酸二乙酯等作为品质稳定剂。

因为氨基酸是水溶性的，所以不易皮肤吸收，这是氨基酸在化妆品中应用的缺点之一，但在氨基酸中添加有机碱，可以增进皮肤的吸收效率。

半胱氨酸对毛发有着非常重要的作用。过去在冷烫发中，都使用乙酰醇酸作为还原剂，但现在可以用半胱氨酸及其衍生物取代。此外，也有的去头屑洗发剂是以胱氨酸或半胱氨酸衍生物作为重要成分。

谷胱甘肽和半胱氨酸并存时，可阻碍黑蛋白色素的形成。这是因为谷胱甘肽及半胱氨酸的巯基能与黑蛋白色素的前体——3,4-二羟苯丙氨酸形成复合体，从而阻止其形成黑蛋白色素。

天冬氨酸及天冬氨酸衍生物也可用于化妆品。如天冬氨酸衍生物可作为两性表面活性剂，天冬氨酰胺衍生物可用于治疗角化性皮肤炎症等。由于天冬氨酸和 TCA 循环有着密切的关系，因此，在化妆品中添加天冬氨酸或其衍生物以及维生素 B_6，可防止皮肤的老化，可以使已老化的皮肤恢复一些活性。

第四节　氨基酸衍生物的开发与应用

我国氨基酸工业的产品单一，大宗氨基酸产品产能过剩，而高附加值氨基酸产品研发滞后，因此氨基酸产品结构亟待调整。随着生产所用的原辅材料、能源价格逐年上涨，氨基酸生产成本也有较大幅度的提高，生产企业效益滑坡严重影响了我国氨基酸行业的发展。同时，过多产能也加剧了环境保护压力，成为另一个严重制约氨基酸发酵行业可持续健康发展的因素。因此加快氨基酸衍生产品开发，延伸大宗氨基酸产业链已经成为当务之急。

一、谷氨酸衍生物

谷氨酸是世界上第一大氨基酸产品，作为重要原料广泛应用于重要化学品、医药品、保健食品和其他氨基酸制品的生产中。谷氨酸作为 C5 平台的重要化合物，被美国国家可再生能源实验室和太平洋西北国家实验室选为 12 种最重要的砌块中间体化学品之一。近 30 年来日本和欧洲的近千项专利都与谷氨酸及其衍生物有关。戊二酸、戊二醇、2-氨基戊二醇、4-氨基-1-丁醇和 5-羟基-2-氨基戊酸是附加值最高的谷氨酸衍生物。其中，戊二酸是一种具有广泛应用前景的二元羧酸，可用于生产聚酯多元醇和聚酰胺，但目前缺乏成熟的生产技术。谷氨酸生产技术成熟，产量大。与之相反，戊二酸缺乏稳定生产工艺，产品价格高。因此，开发具有工业化可行性的利用谷氨酸生产戊二酸的工艺具有良好应用前景，但目前还需要建立高效率低成本的谷氨酸脱氨工艺路线。

二、赖氨酸衍生物

赖氨酸是仅次于谷氨酸的第二大发酵氨基酸产品。赖氨酸在特异的氨酸脱羧酶作用下，可以脱羧生成 1,5-戊二胺（尸胺）。戊二胺可替代己二胺与己二酸或戊二酸聚合生产聚酰胺树脂，如尼龙 56。尼龙 56 与尼龙 66 具有相似的性质，是一种环保型的耐高温的生物塑料。德国、日本和韩国对赖氨酸脱羧生产戊二胺进行了大量的研究。武内宽等以 L-赖氨酸盐酸盐为底物，采用表达赖氨酸脱羧酶的大肠杆菌进行催化，反应 72h，戊二胺收率为收率 90%、生产速度为 0.017mol/(L·h)。Qian 等在大肠杆菌中过表达赖氨酸脱羧酶，重构戊二胺合成途径，构建了戊二胺工程菌。工程菌通过流加发酵，戊二胺产量 9.61g/L，生产速度为 0.32g/(L·h)。赖氨酸脱羧工艺的开发应用将拓宽赖氨酸的工业化应用前景。

参考文献

［1］张伟国，钱和．氨基酸生产技术及其应用［M］．北京：中国轻工业出版社，1997.

［2］陈宁．氨基酸工艺学（第二版）［M］．北京：中国轻工业出版社，2020.

［3］蒋滢．氨基酸的应用［M］．北京：世界图书出版公司，1996.

［4］曾平，谢维跃，蒋佑清．*N*-酰基氨基酸型表面活性剂的合成与应用进展［J］．哈尔滨：应用科技，2008，16（24）：13-16.

［5］施金岑．基于氨基酸型表面活性剂的 g-C3N4 结构的调控及其在光催化中的应用［D］．扬州：扬州大学，2019.

［6］郭宁．*N*-月桂酰基氨基酸钠的合成与漂洗性能研究［D］．无锡：江南大学，2019.

第二十五章　氨基酸在农业中的应用

近年来，农药对环境的污染已构成了严重的社会问题。人们一致希望能有不会构成公害的农药问世。所谓无公害农药必须具备的条件是对希望杀灭的昆虫、植物和微生物等具有严格的选择性，而对一般的动植物不会有任何不良影响，容易被微生物或太阳光所分解破坏，而且不会污染环境。氨基酸农药就是满足上述条件的无公害农药，近年来得到极大的发展。

据统计世界上每年遭受病、虫、杂草三大灾害损失的农作物占总产量的1/3，因此，各国科学家研制出了许多无机农药、有机农药以及生物农药，这些农药对农作物的增产起了不可磨灭的作用。但实践证明化学农药的施用，有损于人畜健康，还使人类赖以生存的环境遭到了污染。有鉴于此，各国政府提出：一方面强行禁止使用某些剧毒农药，中国政府1984年起禁止使用有机汞、砷、氯等制剂；另一方面，不断出台新举措，拨巨款鼓励本国科学家积极探索新型农药，要求做到：①用量少；②效果佳；③毒性低（对人畜益虫）；④选择性高；⑤易分解；⑥无残留。在这种情况下，氨基酸农药应运而生，20世纪70年代初，就有活性氨基酸农药研究报道，由于它的出现显示出强大的生命力，被人们称为“第四代”农药。活性氨基酸农药是指具有某种氨基酸（或衍生物）活性基团的化合物。实验表明了活性氨基酸农药具有如下特点：①生物毒性低，不仅易被生物全部降解，而且可被生物本身利用；②它不会在环境中积累；③它是一种高效（用量少）、安全、无公害农药。

第一节　氨基酸类农药的种类与应用

一、杀虫剂

（一）天然氨基酸

在中美洲的刀豆属和豆科的双色扁豆中，L-刀豆氨酸（Canavanine）组成其豆荚种子净重的5%~10%，L-刀豆氨酸是L-精氨酸的结构类似物。很多昆虫能把刀豆氨酸结合到它们的蛋白质中，从而使这样的蛋白质失去生理功能。因此，这一罕见的氨基酸对很多昆虫都是一种强杀剂。

黧豆种子含有6%~9%的L-多巴（L-3,4-二羟基苯丙氨酸），它是苯丙氨酸的类似物，广食性的南方黏虫有能力解毒许多毒化合物，但当黏虫取食0.25%浓度L-多巴时，就产生异常蛹，不能繁殖后代。因此，用5% L-多巴时就能驱避、灭杀黏虫。

为了提高除害灭病效果，氨基酸还可作为引诱剂起作用。现已知道谷氨酸是地中海蝇有效的性引诱剂；丙氨酸是蚊子的性引诱剂，它还可招引墨西哥、东方、地中海蝇。酪蛋白、啤酒酵母水解物——复合氨基酸可作为害虫的引诱剂。它们能使害虫“聚而歼之”，实现事半功倍之效（能有效地使杀虫效果提高 5~12 倍）。

（二）含氨基酸的有机磷杀虫剂

1961 年，Young R W 报道了通式为$(RO)_2\overset{\overset{S}{\|}}{P}SCH_2\overset{\overset{O}{\|}}{C}NHR$系列有机磷化合物的合成，其中含氨基酸的有机磷化合物如下：

$$①\ (CH_3O)_2\overset{\overset{S}{\|}}{P}SCH_2\overset{\overset{O}{\|}}{C}NHCH_2\overset{\overset{O}{\|}}{C}OCH_3$$

$$②\ (CH_3O)_2\overset{\overset{S}{\|}}{P}SCH_2\overset{\overset{O}{\|}}{C}NHCH_2\overset{\overset{O}{\|}}{C}NH_2$$

该化合物含有甘氨酰胺，但没有报道这两个化合物的杀虫活性。

1968 年，T. A. Moctprokota 等详细研究了上述新型有选择作用的杀虫剂和杀螨剂，并合成了几种新的含氨基酸的有机磷的化合物：

$$①\ (C_2H_5O)_2\overset{\overset{S}{\|}}{P}SCH_2\overset{\overset{C}{\|}}{C}NH\overset{\overset{CH_3}{|}}{C}H\overset{\overset{O}{/\!/}}{C}OC_2H_5$$，该化合物含α-丙氨酸乙酯。

$$②\ (C_2H_5O)_2\overset{\overset{S}{\|}}{P}SCH_2\overset{\overset{C}{\|}}{C}NHCH_2CH_2\overset{\overset{O}{\|}}{C}OC_2H_5$$，该化合物含丙氨酸乙酯。

$$③\ (C_2H_5O)_2\overset{\overset{S}{\|}}{P}SCH_2\overset{\overset{C}{\|}}{C}NH\overset{\overset{CH(CH_3)_2}{|}}{C}H\overset{\overset{O}{\|}}{C}OC_2H_5$$，该化合物含α-缬氨酸乙酯。

在研究上述化合物的生理活性时证明，它们的毒性以及作用的选择性与分子中所含的氨基酸的本质关系极大。例如，β-丙氨酸的衍生物是较强的杀虫剂，接近 1605，但是十分弱的杀螨剂；α-丙氨酸的衍生物是强的杀螨剂，但仅是中等效力的杀虫剂；相应的缬氨酸衍生物杀螨性能比 1605 大两倍，同时制剂几乎无杀虫性能。

MaC Tpm Koba 等还研究了下列通式的一系列甲苯二硫代磷酸盐：

$$\begin{matrix}H_3C & & S\\ & \diagdown\!\!\!\! & /\!\!/ \\ & P & \\ & / & \\ C_2H_5O & & \end{matrix}\!\!-SCH_2\overset{\overset{O}{\|}}{C}NH\overset{\overset{R}{|}}{C}H\overset{\overset{O}{\|}}{C}X$$ R＝H，CH_3，异—C_3H_7，异—C_4H_9，$CH_2CH_2SCH_3$；X＝OH，OC_2H_5，

该系列化合物杀螨活性更大，同时它们比相应的二硫化磷酸盐有更强的杀虫和杀螨活

性，自然对温血动物的毒性更大，例如，由甘氨酸乙酯衍生的二硫代硫酸盐向相应的二硫代磷酸盐过渡，则杀螨作用增大40倍和杀蚜作用增大30倍，而伴随着动物毒性增大5.3倍。

（三）*N*-取代有机磷*α*-氨基酸杀虫剂

张景龄、陈世智和吕海燕1985年报道了15种含有不对称结构的*O*,*O*-二烷基硫代磷酰氨基酸酯的合成，1986年报道了12种不对称结构的*N*-（*O*-烷基-*O*-芳基硫代磷酰基）氨基乙酸乙酯的合成。

李志荣、刘创杰1991年报道了7种新的*O*,*O*-二烷基-*N*-烷基-*N*［（二烷胺基羰基）甲基］硫代磷酰胺酯的合成、性质和杀螨活性。生物测试表明，采用500mg/L浓度的3d和3f在25℃下处理棉花红蜘蛛，24h内其死亡率分别为45.2%和97.5%，比对照化合物RA-17高，现将RA-17、3d和3f的化学结构式列举如下：

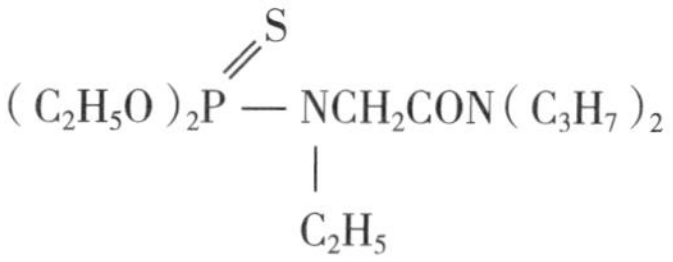

$$(C_2H_5O)_2P(=S)-N(C_2H_5)CH_2CON(C_3H_7)_2$$

RA-17

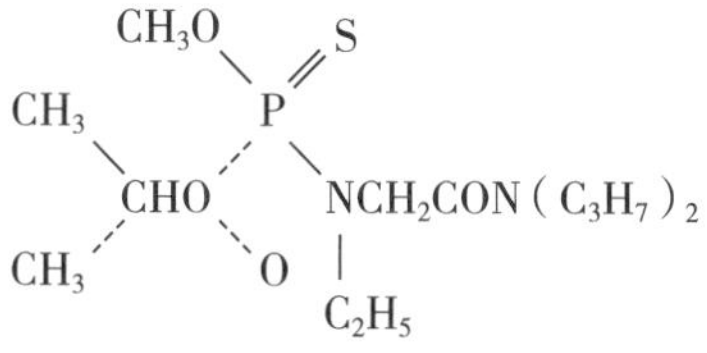

$$CH_3O(CH_3)_2CHO\text{—}P(=S)\text{—}N(C_2H_5)CH_2CON(C_3H_7)_2$$

3d

$$C_2H_5O(CH_3)_2CHO\text{—}P(=S)\text{—}N(C_2H_5)CH_2CON(C_3H_7)_2$$

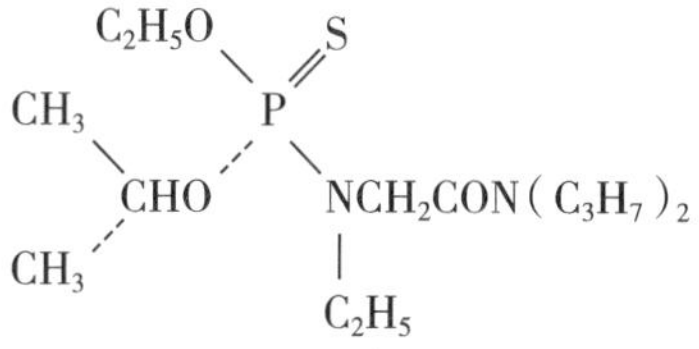

3f

从这三个杀虫剂的结构式可以看出，都是含苦氨酸的有机磷化合物。报道RA-17系杀螨剂，由K. Balogh和G. Tarpai于1986年报道，Eszakmagyarorszagi Vegyiminvel 1987年在匈牙利投产，商品名Alkotox，中译商品名甘氨硫磷。CAS登录号为105084-66-0。本品属有机磷杀螨剂，是胆碱酯酶抑制剂，对苹果（2.5kg/ha）、柑橘（1~2kg/ha）和葡萄（2~3kg/ha）上植食性螨虫的成虫和幼虫有效。

（四）含氨基酸的非有机磷杀虫剂

已经报道的有三个品种：丙硫克百威、棉铃威和氟胺氰菊酯。前两者是*β*-丙氨酸衍生物，后者是*α*-缬氨酸衍生物。

（1）丙硫克百威（Benfuracarb） 化学名称*N*-［2,3-二氢-2,2-二甲苯并呋喃-7-甲氧羰基（甲基）氨硫基］-*N*-异丙基-*β*-丙氨酸乙酯。其化学结构式如下：

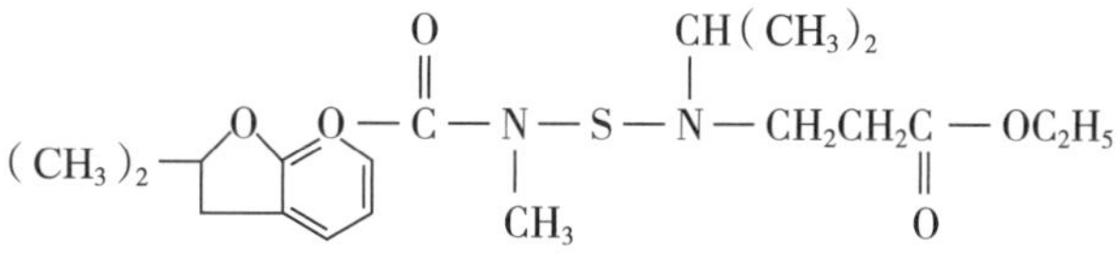

$$(CH_3)_2\text{-[2,3-二氢苯并呋喃-7-基]}\text{—}O\text{—}C(=O)\text{—}N(CH_3)\text{—}S\text{—}N(CH(CH_3)_2)\text{—}CH_2CH_2C(=O)\text{—}OC_2H_5$$

该杀虫剂最先由T. Goto等报道，由日本大挥化学药品公司开发，1984年英国、法国、西班牙引进，CAS登录号为82560-54-1。本品属氨基甲酸酯类杀虫剂，胆碱酯酶抑制剂，是具有触杀和胃毒作用的内吸杀虫剂。田间试验证明，防治长角叶甲、跳甲、玉米黑段角仙、苹果蠹蛾、马铃薯甲虫、金针虫、小菜蛾稻象甲和蚜虫，活性高、持效期长。使用方式主要做土壤处理，玉米用 0.5～2.0kg/ha，蔬菜用 1.0～2.5kg/ha；甜菜用 0.5～1.0kg/ha；也可做种子处理，每 100kg 种子用 0.4～1.5kg，蔬菜和果树进行茎叶喷雾，剂量为 0.3～1.0kg/ha；育苗箱移植水稻，每箱用 1.5～4.0g 处理。

（2）棉铃威（Alanycarb） 化学名称乙基（乙）-*N*-苄基-*N*｛［甲基（1-甲硫基亚乙基氨基-氧羰基）］硫｝-*β*-丙氨基酯。其结构式如下：

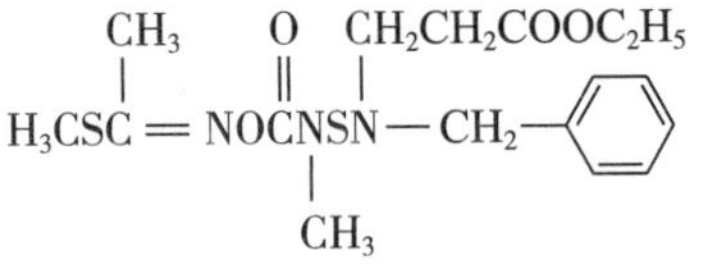

CH_3　O　$CH_2CH_2COOC_2H_5$

$H_3CSC=NOCNSN-CH_2-C_6H_5$

CH_3

N. Vmefsu 首先报道该杀虫剂和杀线虫剂，日本六蟓化学公司（*O*-Sukachemical Co. Ltd）做了评述，CA 登录号为 83130-01-2。本品属氨基甲酰类杀虫剂，是胆碱酯酶抑制剂，杀虫谱广，具触杀和胃毒作用，可作叶面喷雾、土壤处理和种子处理。对葡萄上的鞘翅目、半翅目、鳞翅目和缨翅目害虫有效。防治蚜虫喷雾 300～600g/ha，葡萄缀穗蛾喷雾 400～800g/ha，仁果（蚜虫）和烟草（青虫）喷雾 300～600g/ha；蔬菜土壤处理 0.9～1.9kg/ha，种子处理 0.4～1.5kg/100kg 种子。棉铃虫、大豆青蛾、卷叶蛾、小地老虎和甘蓝夜蛾则用 300～600g/ha。

（3）氟胺氰菊酯（Tau-fluvalinate） 化学名称 *N*-(2-氯-4-三氟甲基苯基)-DL-*α*-缬氨酸-*α*-氰基（3-苯氧苯基）甲基酯；(RS)-*α*-氰基-3-苯氧基苄基 *N*-(2-氯-*α*,*α*-*α*-三氟-对-甲苯基)-D-缬氨酸酯。其化学结构式如下：

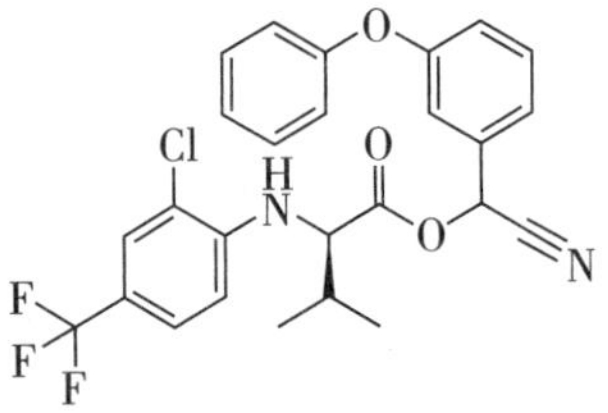

O　Cl　H N　O　O　N　F F F

C. A. Henrmk 等和 R. T. Anderson 报道了各种异构体的杀虫活性。CAS 登录号 102851-06-A。本品具触杀和胃毒作用，是高效广谱叶面施用的杀虫、杀螨剂。以 56～168g/ha 可有效地防治棉花、烟草、果树、观赏植物、蔬菜、树木和葡萄上的蚜虫、叶蝉、鳞翅目、缨翅害虫、温室虱和叶螨以及烟草庭蛾、棉铃虫、棉红铃虫、波纹庭蛾、蚜虫、盲蝽、叶蝉、烟天蛾、烟草甲、菜粉蝶、菜蛾、甜菜庭蛾、玉米螟、苜蓿叶象甲等。用 25～75mg/L 可防治苹果、葡萄上的蚜虫，100～ 200mg/L 可防治桃和梨树上的螨类害虫。由甘氨酸乙酯衍生的二硫代磷酸盐，其杀蚜虫和螨虫效果分别提高 30 倍和 40 倍，可大幅度减少二硫代磷酸的用量。

二、杀菌剂

活性氨基酸杀菌剂是近年来国内外研究与应用十分活跃的一类无公害新型生化农药，

具有高效、低毒、无环境污染和抑菌谱广的特点，且有促进植物生长的效能。活性氨基酸作为杀菌剂的有：氨基酸及其盐酸盐、氨基酸金属配合物，*N*-酰基氨基酸、氨基酸酯及含氨基酸结构的杀菌剂。

日本林繁等用500mg/L DL-苏氨酸和100~500mg/L L-赖氨酸、L-丝氨酸和DL-赖氨酸盐酸盐水溶液防治柠檬树黑斑病。1974年印度率哈用甲硫氨酸防治水稻根瘟病。1975年陈海芳等研制出“活性氨基酸铜配合物杀菌剂”，商品名为“双效灵”，并于1988年上市销售。试验证明，药液稀释不同倍数对棉花枯萎病、水稻稻瘟病和小麦赤霉病等都有很好的防治效果，因本身含有大量的氨基酸，故对植物生长有较明显的促进作用。防治效果不仅优于国内有名的“多菌灵”和日本弘扬的“托布津”；而且价格仅为它们的1/5~1/3。1985年黎植昌等又改进“双效灵”生产工艺，增加其杀菌活性，研制出“增效双效灵”（HDE），用10% HDE的200~800倍稀释液防治冬瓜枯萎病等，比“托布津”“多菌灵”好；用10% HDE的300~400倍稀释液防治大白菜霜霉病效果特别好；用500mg/L HDE能防治黄瓜、南瓜白粉病；继HDE之后，黎植昌、刘炽清又推出混合氨基酸稀土配合物（MAR），用于防治柑橘、棉花和蔬菜病害，试验证明，它不仅能防治作物病害，还能促进作物生长，增加产量和改善农产品的品质。

从已公布的专利来看，在实验室中广泛研究了常见氨基酸，如甘氨酸、丙氨酸、缬氨酸、苯丙氨酸、天冬氨酸、亮氨酸、异亮氨酸、谷氨酸、组氨酸、赖氨酸。这些氨基酸与高碳链脂肪酸或醇反应，生成相应的*N*-高碳链脂肪酰氨基酯。

（1）抑霉威　化学名称*N*-异噁唑-5-羰基-*N*-（2,6-二甲苯基-DL-丙氨酸甲酯）。其化学结构式如下：

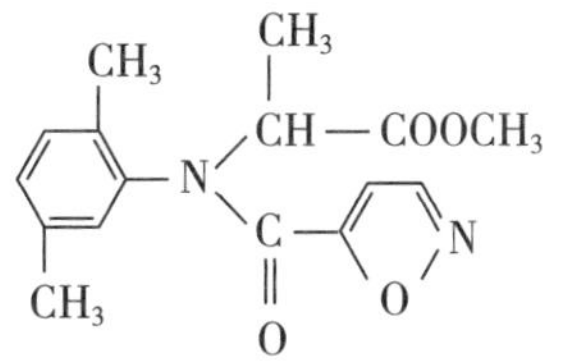

该杀菌剂由巴斯夫公司1983年开发，试验代号LAB149，202F，CAS登录号943-3-58-5。本品对防治由卵菌纲真菌而引起的空气传染病和土壤病害有很高防治效果且持久，其中对疫霉菌、腐霉菌、单轴霉、盘梗霉和拟霜霉等菌有特别好的防治效果，用0.25g/L喷雾可防治葡萄霜霉病、向日葵霜霉病和马铃薯晚疫病，用25g/100kg处理种子，可防治豌豆猝倒病，12~5g/100kg处理种子可防治棉花枯萎病。

（2）苯霜灵（Benalaxyl）　化学名称*N*-苯乙酰基-*N*-2,6-二甲苯基-DL-丙氨酸甲酯。其化学结构式如下：

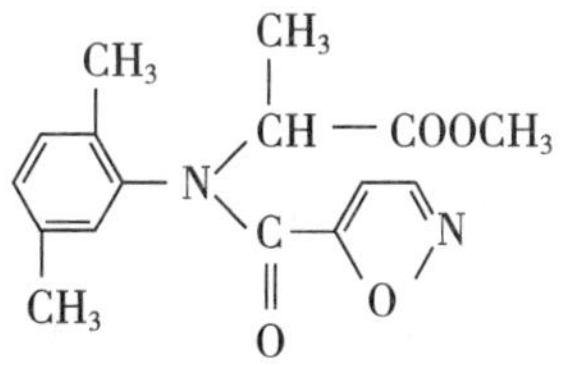

该杀菌剂由 Garavaglia 等报道，意大利 Formoplant SPA（现为 Agrimovt SPA）开发，CAS 登记号为 71626-11-4。本品是防治卵菌病菌的内吸杀菌剂，用来防治葡萄上的单轴霉菌，观赏植物、马铃薯、草莓和番花上的疫霉菌；烟草、洋葱和大豆上的霜霉菌；黄瓜和观赏植物上的古巴假霜霉菌、莴苣盘梗霉。

（3）稻瘟酯（Pefurazoate） 化学名称戊-4-烯基-*N*-糖基-*N*-咪唑-1-基羰基-D,L-高丙氨酸酯。其化学结构式如下：

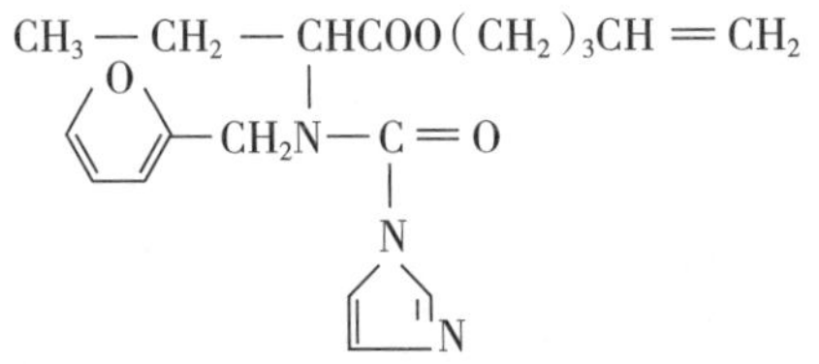

$$CH_3-CH_2-\underset{\substack{|\\ \text{(furyl)}-CH_2N-C=O\\ |\\ \text{N-imidazolyl}}}{CHCOO}(CH_2)_3CH=CH_2$$

该杀菌剂由日本北兴化学工业公司和日本宁部兴产工业公司共同开发，1984 年申请专利。CAS 登录号为 101903-30-4。本品属咪唑类杀菌剂，对种传的病原真菌，特别是串珠镰孢引起的水稻恶苗病；由稻梨孢引起的稻瘟病和宫部旋孢腔菌引起的水稻胡麻叶斑病有卓效。本品能防治子囊菌纲、担子菌纲和半知菌纲致病真菌。20%可湿性粉剂防治上述病害的施用方法：①浸种稀释 20 倍，浸 10min，稀释 200 倍，浸 24h；②种子包衣，剂量为种子干种的 0.5%；③喷洒以 75 倍的稀释药液喷雾，用量 30mL/kg 干种。

氨基酸碳链酯，对于稻瘟病、稻白叶枯病、柠檬的黑交病和黄瓜类白粉病，均具有不同程度的抑菌效力。专利提到碳数为 9~22 的脂肪酸或醇较合适。至于氨基酸其结果似乎相差不远。然而目前进行扩大实验正是缬氨酸的衍生物，即 *N*-月桂酰缬氨酸和 L-缬氨酸的月桂酯。在用量为 2000mg/L 时防治水稻稻瘟病效果接近稻瘟净。

三、除草剂

活性氨基酸除草剂的研究，发展异常迅速，原因是全世界农业生产中，由于杂草危害给农业造成的损失约占 11%。经济发达国家如美国、日本、德国等每年投入除草剂研究开发经费达 86 亿美元，占农业投资的 43%。据调查，我国农田草害的损失占农作物总产值的 10%~12%，已超过病虫害。所以，除去田间杂草是农业增产的重要措施。像五氯酚、除草醚、茅草枯等一系列化学除草剂，由于它们的毒性大、残效期长，比起甘氨酸为原料的增甘膦及镇草宁就逊色多了。

（一）草甘膦系列

美国孟山都公司 1971 年开发出一种新型的氨基酸类除草剂，试验代号 Mon-0573，CA 登录号 1071-83-6，1980 年正式注册，通用英文名 Glyphosate，中文名草甘膦，化学名称 *N*-膦羧甲基-α-甘氨酸。其化学结构式如下：

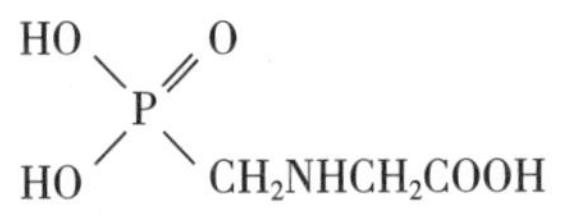

$$(HO)_2P(=O)-CH_2NHCH_2COOH$$

草甘膦是非选择性、非残留性、高效、安全的茎叶处理除草剂。世界上危害最大的杂草有78种，草甘膦能有效地控制其中的76种。草甘膦喷施杂草茎叶时，它易被杂草内吸而下行传导，传导速度较慢，从茎叶到达根部，一年生杂草2~4d，多年生杂草7~14d，因此，它是一种迟效的除草剂。虽然它是低效除草剂，但能除草除根，所以，特别适合于深根性多年生杂草和一、二年生禾本杂草阔叶杂草的防除。

草甘膦杂草作用机制是竞争性抑制5-烷醇丙酮苯草酸-3-磷酸合成酶（EPSP），其对哺乳动物和鸟类基本上是无毒的，这是预料中的，因为草甘膦的起始靶标——莽草酸途径只在植物和微生物中被发现。

草甘膦的发现被誉为世界除草史上的一项重大突破，目前草甘膦的销售量已占除草剂的70%。

中国生产草甘膦的厂家有：江苏武进农药厂、浙江龙农药厂、建德农药厂、河北晋县第七化工厂、山西晋安化工厂、湖北沙市农药厂、广西化工实验工厂、海口市海南农药厂、福建三明市农药厂等十几家。

由草甘膦出发已派生出下列氨基酸除草剂。

1. 草硫膦（Sulphosate）

草硫膦化学名称为草甘膦三甲基硫盐或*N*-(膦酰甲基)-甘氨酸三甲基硫盐。其化学结构式如下：

$$\left[{}^{-}O-\overset{\overset{\displaystyle O}{\|}}{\underset{\underset{\displaystyle OH}{|}}{P}}-CH_2NHCH_2COOH \right](CH_3)_3S^+$$

本品由Sfauffer公司1983年开发，试验代号SC-0224，CAS登录号87090-28-6。该药为禾谷类作物田间除草剂，以小麦作生化测试材，测定了草甘膦和草硫膦对不同生长期小麦的残活性，草硫膦的活性高于草甘膦。

2. 草砜膦

草砜膦化学名称为草甘膦三甲基三硫盐或*N*-(膦酰甲基)-甘氨酸三甲基三硫盐。其化学结构式如下：

$$(CH_3)_3\overset{\overset{\displaystyle S}{\|}}{S}\left[\begin{matrix} {}^{-}O & & O \\ & \diagdown\ \ P\ \diagup\!\!\diagup & \\ HO & \diagup\quad\diagdown & CH_2NHCH_2COOH \end{matrix} \right]$$

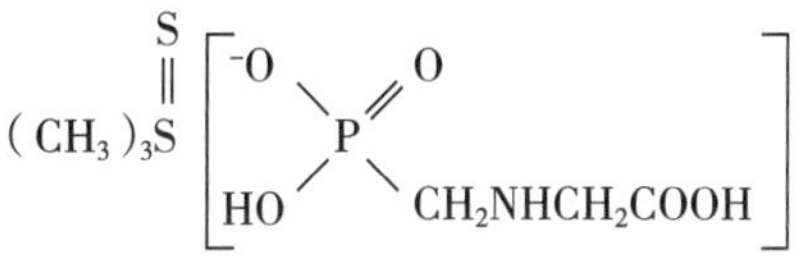

本品由Stauffer公司开发，试验代号SC-0545，CAS登录号87140-27-0。

3. 磺草膦（LS830556）

磺草膦化学名称为甲磺酰基（甲基）氨基甲酰甲基氨基甲基膦酸。其化学结构式如下：

$$\begin{matrix} HO & & O & & \\ & \diagdown\ P\ \diagup\!\!\diagup & & & CH_3 \\ & & & & \diagup \\ HO & \diagup\quad\diagdown & CH_2NHCH_2CON & & \\ & & & & \diagdown \\ & & & & O_2SCH_3 \end{matrix}$$

该除草剂由 Rhone-Pealene Agrochimie 开发，CAS 登录号 98565-18-5。本品属膦酸类除草剂，以收获前 1kg/ha 和收获后以 5. 2kg/ha 使用。可有效地防除禾谷类作物田间禾本种杂草和阔叶杂草；葡萄园和果园以 5. 2kg/ha 使用，可有效防除多年生杂草；以 1kg/ha 使用，可有效防除一年生杂草。

（二）草丁膦（Glufosinate）

草丁膦化学名称为 4-[羟基（甲基）膦酰基]-DL-高丙氨酸。其化学结构式如下：

$$\mathrm{(HO)(H_3C)P(=O)CH_2CH_2CH(NH_2)COO^- \cdot NH_4^+}$$

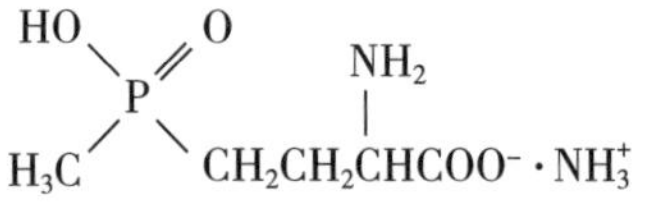

该除草剂由化学家 F. Schwerdt 等于 1972 年报道，由德国 Hoechst AG 公司开发。CAS 登录号 53369-07-6（外消旋），51276-47-2（酸，未注明旋光异物），77 82-2（草胺膦，未注明旋光异物）。本品属膦酸类除草剂，是谷氨酰胺抑制剂，非选择性杀除草剂，以 1～2kg/ha 草胺膦防除单子叶和双子叶杂草，谷氨酰胺合成受抑制后，导致 NH_4^+ 累积，光合成被破坏。

（三）双丙氨膦（Bialaphos）

双丙氨膦化学名称为 4-[羟基（甲基）膦酰基]-L-高丙氨酸-L-丙氨酰-L-丙氨酸。其化学结构式如下：

$$\mathrm{(HO)(H_3C)P(=O)CH_2CH_2CH(NH_2)CONHCH(CH_3)CONHCH(CH_3)COOH(Na)}$$

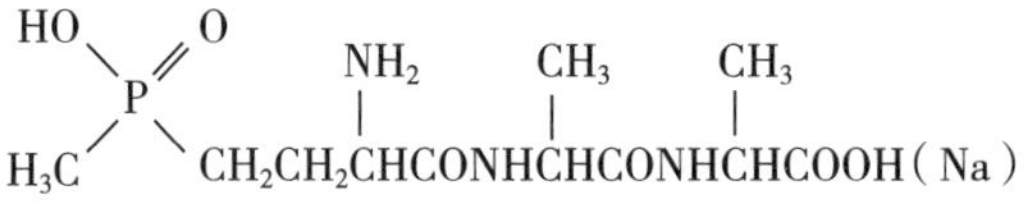

该除草剂由 K. Taehibana 等报道，日本明治制果公司开发，是放线菌——吸水链霉菌（*Streptomyces hygroscopicus*）发酵产物，是一种高效、安全的除草剂，该除草剂本身没有毒性活性，它必须被靶植物代谢部分后才产生毒性活性，毒草活化部分为 L-2-氨基-4-(羟基)（甲基）氨膦基丁酸，它抑制谷氨酰胺合成酶，阻止氨的同化，在靶植物体内积累氨，致使植物氨中毒而死。其化学结构式如下：

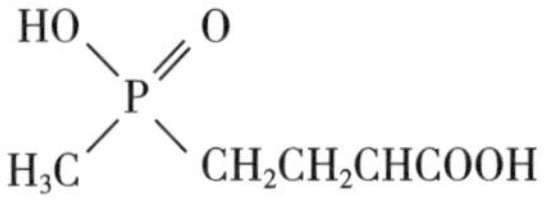

$$\mathrm{(HO)(H_3C)P(=O)CH_2CH_2CHCOOH}$$

本品用于非耕地，防除一年生、某些多年生禾本科杂草和某些阔叶杂草，也可用于果园和蔬菜行间，施药量为 1～3kg/ha。

（四）激光除草剂

最令人感兴趣的是一种被称为“激光除草剂”的 δ-氨基乙酰丙酸（又名 α-氨基-γ-酮戊酸，ALA），它是存在于植物体内的一种非蛋白氨基酸。只要黄昏时施用（约4g/ha），次日太阳照射后，对谷物无影响，但对田间十种双子叶杂草一扫而光，是已进入市场的一种超高效、无公害的氨基酸除草剂。

四、农药的稳定剂

据报道，色氨酸可作为杀虫剂——水杨酸或环磷酸的稳定剂；精氨酸可提高赤霉素的溶解度而成为其扩大用途的助剂；天冬氨酸也常被推荐作为有机磷、有机氯或氨基甲酸农药的助剂。如二甲苯、二氯乙烯磷酸酯是广泛用作多种害虫和壁虱的药物。除色氨酸、精氨酸和天冬氨酸可作为农药稳定剂外，甲硫氨酸作为农药稳定剂组分的专利也见报道。

第二节　氨基酸在植物生长中的应用

一、植物生长的促进剂

已发现氨基酸类化合物对植物生长有一定促进作用。美国学者 Franz 等用氨基酸衍生物——增甘膦作为甘蔗的催熟剂，可以缩短甘蔗的成熟时间，提高其产量及含糖量。用氨基酸类物质作为植物的促进生长增产剂的案例更多，如印度用 1g/L 色氨酸浸泡豆种获得增产便是例证之一。甲硫氨酸钙盐是黄瓜、菜豆、番茄、苹果和橙树的生长刺激剂，谷氨酸钠能使大豆增产，半胱氨酸会刺激玉米、番茄的生长发育；脯氨酸在有尿嘧啶的配合下，也能使作物增产。

（一）增甘膦（Glyphosate）

增甘膦化学名称为 N,N-双（膦羧甲基）-α-甘氨酸。其化学结构式如下：

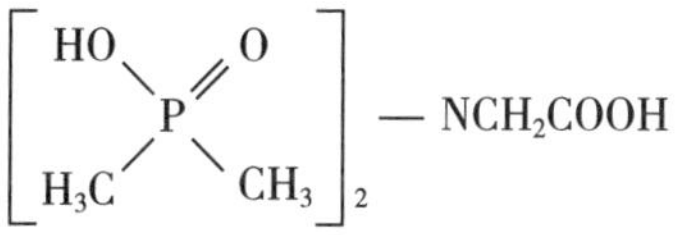

$$\left[\begin{array}{c}\mathrm{HO}\quad\quad\mathrm{O}\\ \diagdown\ \ /\!\!/\\ \mathrm{P}\\ /\ \ \diagdown\\ \mathrm{H_3C}\quad\quad\mathrm{CH_3}\end{array}\right]_2 — \mathrm{NCH_2COOH}$$

该生长调节剂由美国孟山都化学公司 1969 年开发，1972 年投入市场。增甘膦是一种叶面施用的植物生长调节剂，也可作收获前的脱叶剂。主要用途是甘蔗和甜菜催熟并增加糖分，它是美国第一个商品化的甘蔗催熟剂。到 20 世纪 70 年代后期已在夏威夷推广使用 6 万英亩（1 英亩 = 4046. 864798m^2，余同），在佛罗里达州推广使用 4. 6 万英亩。最佳用药时间是甘蔗收获前 9 周，每公顷需要剂量是 0. 4～4. 5kg 有效成分；甜菜收获前 30d，用量为 0. 5 磅（1 磅 = 0. 4536kg，余同）/英亩，可增糖 10%；用于棉花脱叶，在吐絮期喷洒 0. 5 磅/英亩，7d 内可有 75%～99%棉叶脱落。

（二）解草烯（DKA24）

解草烯化学名称为 N^1,N^2-二烯丙基-N-二氯乙酰基甘氨酰胺。其化学结构式如下：

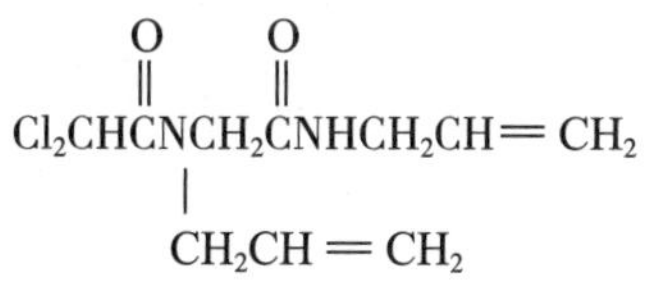

$$\begin{array}{l}\quad\quad\quad\ \ \mathrm{O}\quad\quad\ \mathrm{O}\\ \quad\quad\quad\ \ \|\quad\quad\ \ \|\\ \mathrm{Cl_2CHCNCH_2CNHCH_2CH{=}CH_2}\\ \quad\quad\quad\quad\ |\\ \quad\quad\quad\ \mathrm{CH_2CH{=}CH_2}\end{array}$$

该除草安全剂由 J. Nagy 和 K. Balogh 报道，由 Eszakmagyarorszagi Vagyi muvek 开发。CAS 登录号 97454-00-7。本品属 2,2-二氯乙酰胺类除草安全剂，200~1000g/ha（对硫代氨基甲酸酯或 2-氯乙酰苯胺类除草剂）用于玉米地。

（三）其他

据报道，活性色氨酸是植物生长激素，L-/DL-甲硫氨酸钙、钡盐和脂肪醚是黄瓜、菜豆、苹果、橙树的生长激素。半胱氨酸盐酸盐是玉米、番茄及树苗的刺激生长剂。脯氨酸和 1%尿嘧啶混合施用能刺激黄瓜秧生长。柑橘花中脯氨酸含量与花粉育性有关。

二、脱叶剂

脱叶剂不仅提高作物收获的进度和质量，而且还发现有些脱叶剂还具有除病虫害或促使叶子内营养物质向生殖组织转移而使作物增产的新功能。如 L-赖氨酸本身有加速树叶脱落的作用，过去鲜为人知，而且其前体物质——吡啶-2,4-二羧酸、吡啶-2,5-二羧酸，也是有效的脱叶剂。自脱叶剂多种功能发现后，应用技术也不断改进，现已成为人们夺取丰收不可缺少的化学制品，其用量已与除虫杀菌剂相当。

第三节　氨基酸在农药合成中的应用

氨基酸是自然界五大天然物质之一，有着重要的生理功能。其本身具有杀虫、杀菌和促进植物生长的活性。黎植昌等研制出的增效双效灵与混合氨基酸稀土配合物就是对 α-氨基酸这一特性的直接应用。作为天然化合物，氨基酸不仅是组成蛋白质的单体，同时也参与生物体次级代谢产物的合成，而其中一些次级代谢产物本身也可以是新农药开发的先导化合物，或是具有特定生物活性可直接应用的新农药，例如，双丙氨膦就是从吸水链霉菌发酵液中分离、提纯而得的一种三肽类化合物，德国赫斯特公司据此研发出了除草剂草丁膦；从毒鹅膏菌（*Amanita phalloides*）中分离出的化合物鹅膏氨酸是杀菌剂恶霉灵的先导化合物。在杀虫剂研发领域，以色氨酸、酪氨酸、苯丙氨酸、赖氨酸、精氨酸等前体物质代谢生成的植物碱已广泛应用于仿生杀虫剂的研究开发中。例如，新烟碱类杀虫剂就是以烟碱分子为模板开发成功的，同样以毒扁豆生物碱为模板开发出了氨基甲酸酯类杀虫剂。

α-氨基酸同时含有酸性基团—COOH 和碱性基团—NH_2，属于两性化合物，具有氨基和羧基的典型性质，也具有氨基和羧基相互影响而产生的固有特性。若将其氨基或羧基保护起来，即可单独作为羧酸或胺参与反应。α-氨基酸可以作为键桥连接两个有生物活性的基团；此外，α-氨基酸及其衍生物具有天然手性碳骨架，利用它们能很快合成手性化合物，也能作为优良的手性辅剂和手性拆分剂。目前，α-氨基酸已在医药、食品、饲料、化妆品等精细化工行业得到广泛应用，但由于价格偏高，限制了其在农药研究领域的应用。虽然 α-氨基酸在农药研究领域的应用有限，但氨基酸类农药在 20 世纪 70 年代初的出现还是引起了人们的关注。本节重点概述以 α-氨基酸为合成子的农药品种以及有 α-氨基酸参与合成的重要路线，并介绍了 α-氨基酸在手性农药拆分和不对称合成中的研究应用情况。

一、以 α-氨基酸为合成子的农药合成

（一）以 α-氨基酸为合成子的除草剂

目前国内外合成草甘膦的方法众多，其中以甘氨酸为原料的甘氨酸法在我国已成为草甘膦生产的主要方法，收率一般在 75%～85%，产量占全国草甘膦生产总量的 70%以上。该合成工艺中涉及解聚、缩合、酯化和酸解 4 步主要反应，见图 25-1。

$$CH_3OH + (CH_2O)_n \xrightarrow{NEt_3} CH_3OCH_2OH$$

$$NH_2CH_2COOH + CH_3OCH_2OH + Et_3N \xrightarrow{CH_3OH} CH_3OCH_2N(CH_2OCH_3)CH_2COOH \cdot NEt_3$$

$$(CHO)_2\overset{O}{\overset{\|}{P}}H + COCH_2N(CH_2OCH_3)CH_2COOH + NEt_3 \longrightarrow (CH_3O)_2\overset{O}{\overset{\|}{P}}CH_2NHCH_2COOH \cdot NEt_3$$

$$(CH_3O)_2\overset{O}{\overset{\|}{P}}CH_2NHCH_2COOH \cdot NEt_3 \xrightarrow{HCl} (CH_3O)_2\overset{O}{\overset{\|}{P}}CH_2NHCH_2COOH$$

草甘膦

图 25-1　草甘膦的合成

草丁膦（Glufosinate）是德国赫斯特公司研发成功的有机磷类非传导型灭生性除草剂，有 L 型和 D 型两种光学立体结构，其中只有 L 型具有生物活性。草丁膦的合成可以从天然氨基酸如甲硫氨酸或谷氨酸出发，经多步反应得到乙烯基甘氨酸的衍生物，在过氧化 2-乙基己酸叔丁酯的催化下，再与膦酸酯发生区域选择性加成反应，生成 L-草丁膦的衍生物，进一步处理得到 L-草丁膦，光学纯度为 99.4%，见图 25-2。

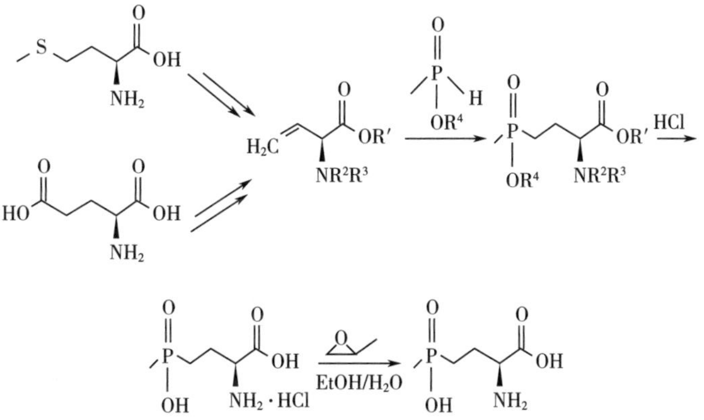

L-草丁膦

图 25-2　草丁膦的合成

咪唑乙烟酸（Imazethapyr）是由美国氰胺公司于 1984 年开发成功的咪唑啉酮类除草剂，属于乙酰乳酸合成酶（ALS）抑制剂。其合成路线有 2 条，都是以 α-甲基缬氨酸酰胺为原料，且均只需 2 步反应。路线 1：首先，在氨基磺酸铵缓冲溶液中，2-氯-3-羰基琥珀酸二乙酯与 2-乙基丙烯醛环化生成 5-乙基-2,3-吡啶二羧酸二乙酯，之后在叔丁醇钾（*t*-BuOK）催化下，该羧酸二乙酯与 α-甲基缬氨酰胺环化得到咪唑乙烟酸；路线 2：在过量硫黄作用下，2-甲基-5-乙基吡啶与 α-甲基缬氨酰胺直接发生 Willgerodt-Kindler 重排反应形成咪唑啉酮环，此五元环为邻位定位基团，在正丁基锂（BuLi）的催化下羧化得到目标物，见图 25-3。

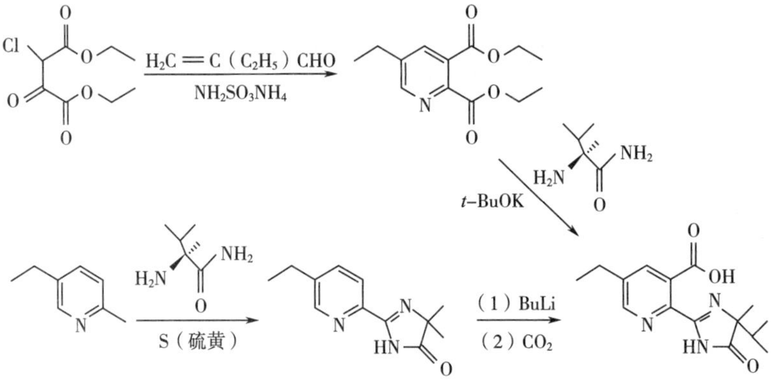

图 25-3　咪唑乙烟酸的合成

在图 25-4 中，化合物 I 属于二甲茚基咪唑酯类除草剂，是钝叶醇-α-14-脱甲基酶抑制剂，对马唐（*Digitaria sanguinalis*）等多数杂草有特效。其合成方法：2,3-二氢-2,2-二甲基茚-1-酮与氨气反应生成茚亚胺，再与甘氨酸甲酯作用生成具有顺反异构体的席夫碱，通过含铱手性催化剂选择性加氢催化获得 *R*-对映体富集的甘氨酸酯化合物。将该中间体甲酰化，通过 Jones-cyclization 环化生成咪唑-2-硫酮，最后在 $NaNO_2$ 和 HNO_3 作用下或经雷尼镍加氢去硫化得到目标物。

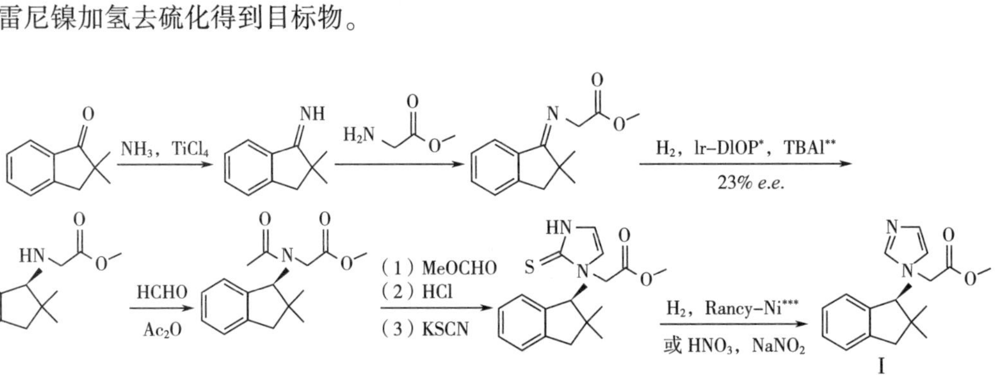

图 25-4　二甲茚基咪唑酯类除草剂的合成

* Ir-DIOP—含铱双膦配体金属配合物，催化不对称氧化反应　** TBAl—四丁基碘化铵　*** 雷尼镍

在图 25-5 中，化合物Ⅱ是吡啶类除草剂草除灵（Benazolin-ethyl）的类似物，具有植物生长素活性，可用于油菜出芽后除草。其合成路线：以甘氨酸甲酯为原料，在碱性条件下与 CS_2 反应生成不稳定的二硫代氨基甲酸盐类化合物，之后加入氯乙腈经烷基化、成环反应生成 4-亚氨基-2-硫代-3-噻唑乙酸甲酯，在哌啶催化下再与乙氧基丁烯酮的卤代衍生物反应生成吡啶并硫代噻唑环，最后经三氟醋酸汞脱硫化得到目标物。

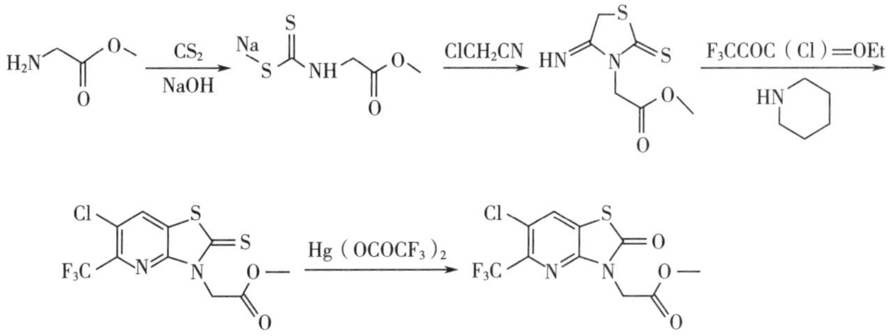

图 25-5　草除灵类似物的合成

（二）以 α-氨基酸为合成子的杀菌剂

丙环唑（Propiconazole）最早是由比利时 Janssen 药物公司于 20 世纪 70 年代末合成筛选出的，后来由瑞士 Ciba-Geigy 公司将其应用到农业中。该化合物具有 2 个手性中心，共有 4 个异构体，属于脱甲基化抑制剂（DMIS）。Ebert 等用正缬氨酸即（*S*）-α-氨基戊酸合成了（4*S*)-丙环唑及其异构体，合成路线见图 25-6：以正缬氨酸为原料，先将其还原成 1,2-二戊醇，该二戊醇再与溴代 2,4-二氯苯乙酮反应生成相应的环缩酮，最后与 1*H*-1,2,4-三唑反应生成（4*S*)-丙环唑。

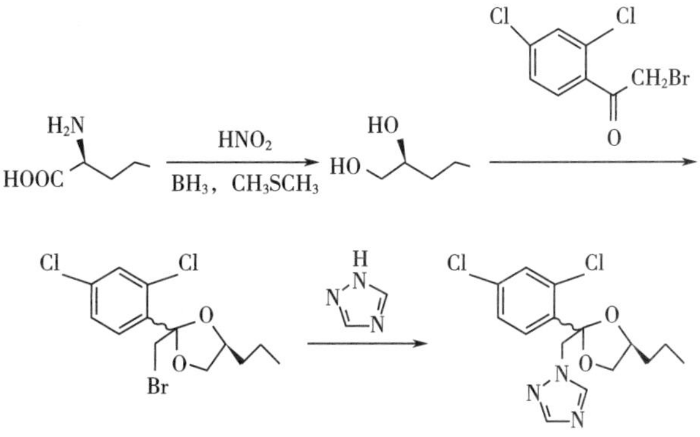

图 25-6　丙环唑的合成

稻瘟酯（Pefurazoate）是由日本宇部兴产公司和北兴化学公司共同开发的咪唑类杀菌

剂，属水稻田专用杀菌消毒剂。1992 年，Takenaka 等报道了稻瘟酯异构体的合成及抗菌活性，他们以（*S*）-α-氨基丁酸为起始原料合成了（*S*）-（-）-稻瘟酯：将（*S*）-D-氨基丁酸甲基化后，与糠醇作用引入呋喃环，再与 4-正戊烯-1-醇进行酯交换反应引入烯戊基，最后在氯甲酸三氯甲酯的参与下引入咪唑环生成稻瘟酯，见图 25-7。

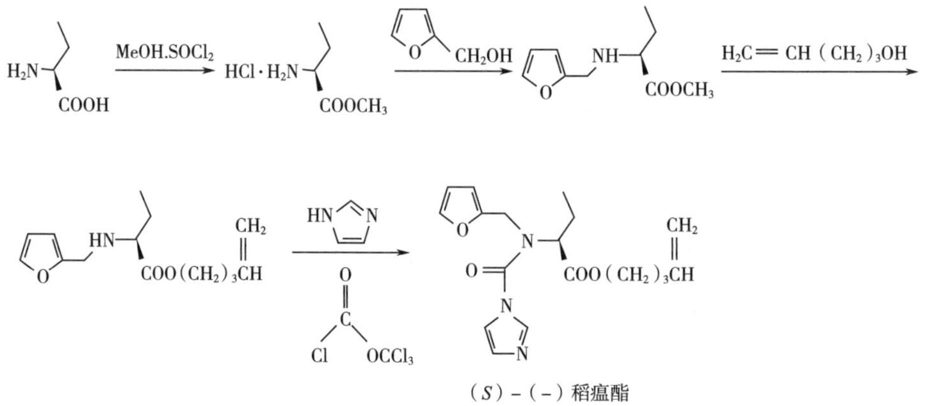

(*S*)-(-)稻瘟酯

图 25-7　稻瘟酯的合成

缬霉威（Iprovalicarb）是德国拜耳公司于 1999 年开发成功的羧酸酰胺类（CAAs）杀菌剂，对卵菌纲引起的病害有显著效果。缬霉威是氨基酸肽键衍生物，其降解产物为氨基酸，可起到氨基酸肥的作用。

缬霉威的合成路线如图 25-8 所示。将 L-缬氨酸与氯甲酸异丙酯在碱性水溶液中反应，生成 *N*-异丙氧羰基缬氨酸盐，将其酸化后在叔胺催化下与氯甲酸异丙酸酯反应生成相应的混合酸酐，最后由混合酸酐与取代的 α-苯乙胺反应得到缬霉威，产率可达 95%。

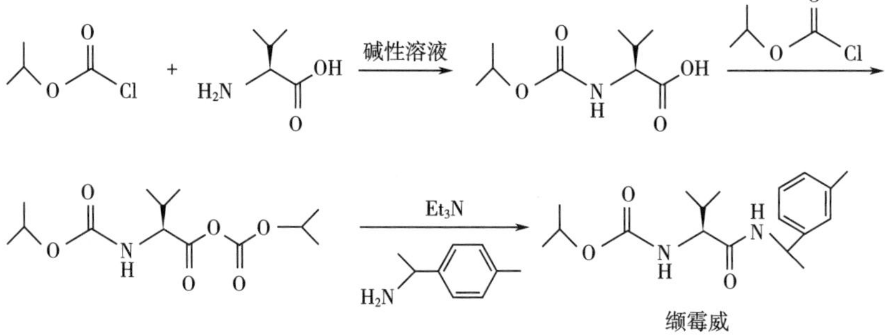

缬霉威

图 25-8　缬霉威的合成

在图 25-9 中，化合物Ⅲ是缬霉威的类似物，拜耳公司在 1992 年为该化合物申请了专利。Seitz 报道其对根肿菌纲、卵菌纲、壶菌纲、接合菌亚纲、子囊菌纲、担子菌类及半知菌引起的各种病害均有效。

杀菌剂 Valifenalate（曾用通用名为 Valiphenal，开发代号 IR5885）是意大利 lsagro 公

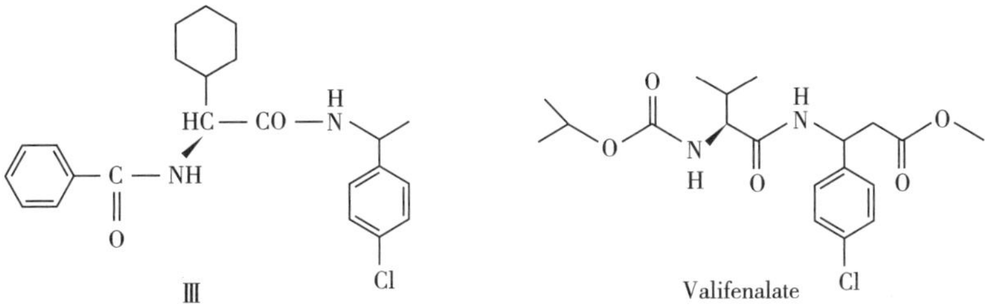

Ⅲ　Valifenalate

图 25-9　缬霉威类似物

司新推出的品种，也属于缬霉威的类似物，主要用于防治霜霉病等病害。这两种化合物的合成路线均与缬霉威类似。

苯噻菌胺（Benthiavalicarb-isopropyl）是由日本组合化学工业公司和 Ihara Chemical 公司在 1992 年联合开发的氨基甲酸酯类杀菌剂，对卵菌纲引起的各种疫病、霜霉病有效。其合成路线见图 25-10：将 D-丙氨酸环化制备成氨基酸的活泼形式——*N*-羰基氨基酸酐，该酸酐再与 2-氨基-5-氟硫酚反应，即可高收率地制得光学活性高达 99%以上的（*R*）-(6-氟-2-苯并噻唑)-1-乙胺；另将 L-缬氨酸与过量的氯甲酸异丙酯在三乙胺等叔胺的催化下生成活泼的混合酸酐，所得酸酐再与（*R*）-（6-氟-2-苯并噻唑)-1-乙胺发生酰化制得苯噻菌胺。

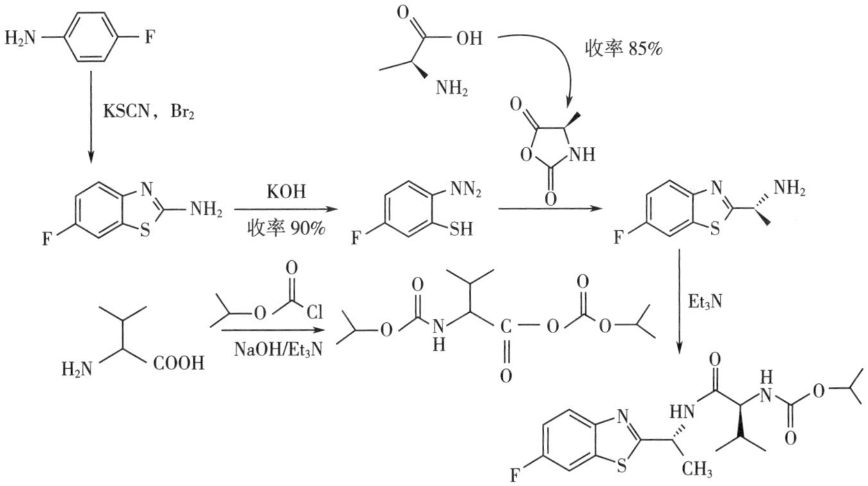

KSCN，Br_2　KOH 收率 90%　收率 85%　NaOH/Et_3N　Et_3N　苯噻菌胺

图 25-10　苯噻菌胺的合成

咪唑菌酮（Fenamidone）是拜耳公司在 2001 年投入市场的一种卵菌纲呼吸抑制剂类杀菌剂，含一个手性碳原子，其 *S*-体的生物活性比 *R*-体高。咪唑菌酮的合成路线见图 25-11。(*S*)-α-苄基甘氨酸先与甲醇反应，形成羧基被保护的氨基酸甲酯，其氨基部分再与硫光气反应生成异硫氰酸酯基团，而后与苯肼反应脱甲氧基形成乙内酰硫脲，最后加入硫酸二甲酯甲基化得到咪唑菌酮。

氟吡菌胺（Fluopicolide）同样是由拜耳公司开发成功的一种新型酰胺类内吸性杀菌

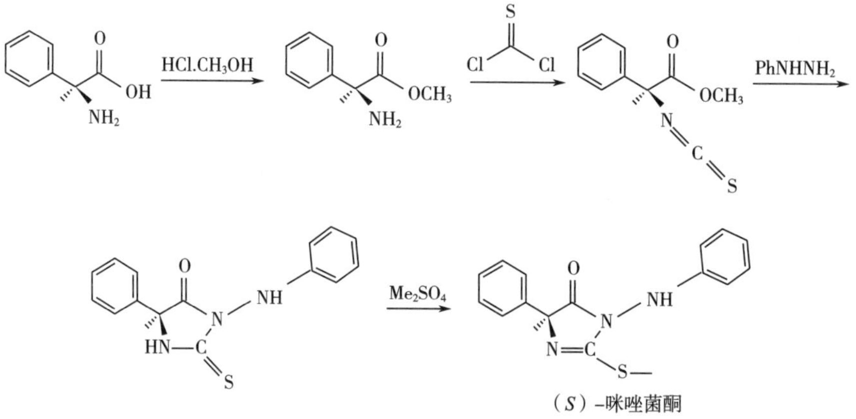

（*S*）-咪唑菌酮

图 25-11　咪唑菌酮的合成

剂，主要用于防治卵菌纲引起的病害，其合成路线见图 25-12。甘氨酸乙酯与二苯甲酮反应，生成甘氨酸乙酯席夫碱，在氢化钠（NaH）作用下与 2,3-二氯-5-三氟甲基吡啶反应生成 2-吡啶基氨基酸衍生物，在酸性条件下经亚胺、乙酯水解和脱羧反应得到 3-氯-5-三氟甲基-2-吡啶甲胺，最后与 2,6-二氯苯甲酰氯发生酰胺化反应得到目标物氟吡菌胺。

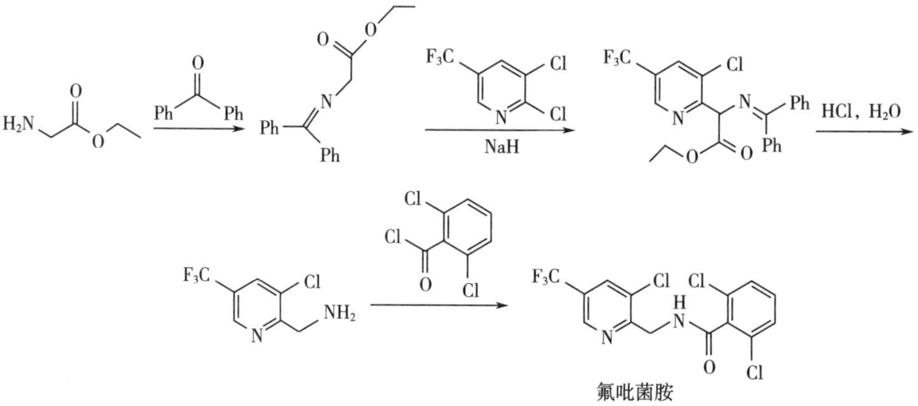

氟吡菌胺

图 25-12　氟吡菌胺的合成

α-异氰基-苯基丙酰胺对白粉病菌特别是黄瓜白粉病菌（*Sphaerotheca fuliginea*）有很强的抑制作用。其合成路线如图 25-13 所示。以 *N*-甲酰苯丙氨酸甲酯为起始原料，在三乙胺和三氯氧磷的作用下生成 *α*-异氰基苯丙氨酸甲酯，然后再与环己胺反应得到目标物。

（三）以 *α*-氨基酸为合成子的杀虫剂

马拉硫磷（Malathion）是由 American Cyanamid 公司在 1950 年推出的一种具有神经毒剂作用的有机磷类杀虫剂，于 2010 年 1 月重新获得欧盟农用化学品登记。马拉硫磷含有 1 个手性碳原子，有 1 对光学异构体。研究表明，其 *R*-体较 *S*-体对作用靶标乙酰胆碱酯酶的抑制常数大 2~3 倍。Iwona 等以 L-、D-天冬氨酸为原料，合成了（*R*）、（*S*）-马拉硫

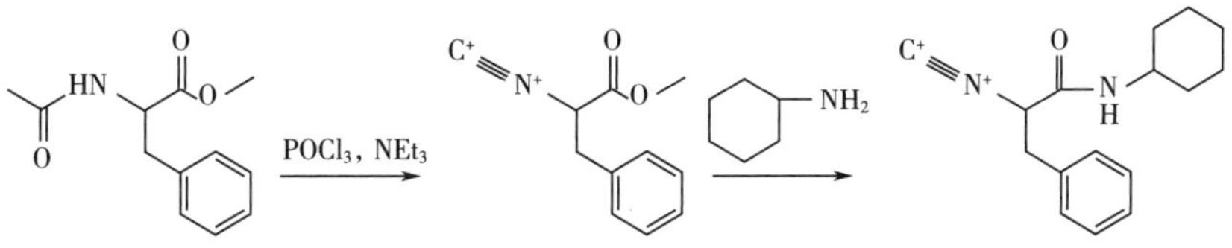

Ⅳ

图 25-13 α-异氰基-苯基丙酰胺的合成

磷。其合成路线见图 25-14。L-、D-天冬氨酸经溴化及酯化后再与 *O*，*O*-二甲基二硫代磷酸钠反应生成相应的（*R*）-、（*S*）-马拉硫磷对映体。

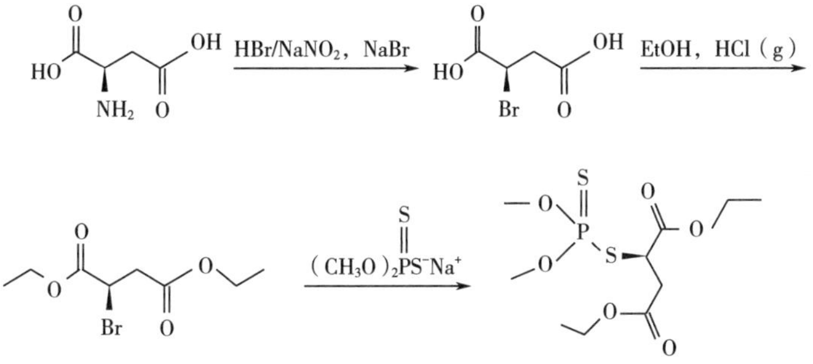

（*S*）-马拉硫磷

图 25-14 （*S*）-马拉硫磷的合成

氟氰胺菊酯（Fluvalinate）是由美国 Zoecon 公司于 1977 年研制成功，后由日本三菱化成公司生产并推广应用的非环丙烷羧酸类拟除虫菊酯杀虫剂，其合成路线见图 25-15。以 D-缬氨酸为原料，经重氮化、溴化后与 4-三氟甲基苯胺缩合，然后用 *N*-氯代丁二酰亚胺氯化得到氟氰胺菊酸，再经酰氯化、酯化，得到氟氰胺菊酯。

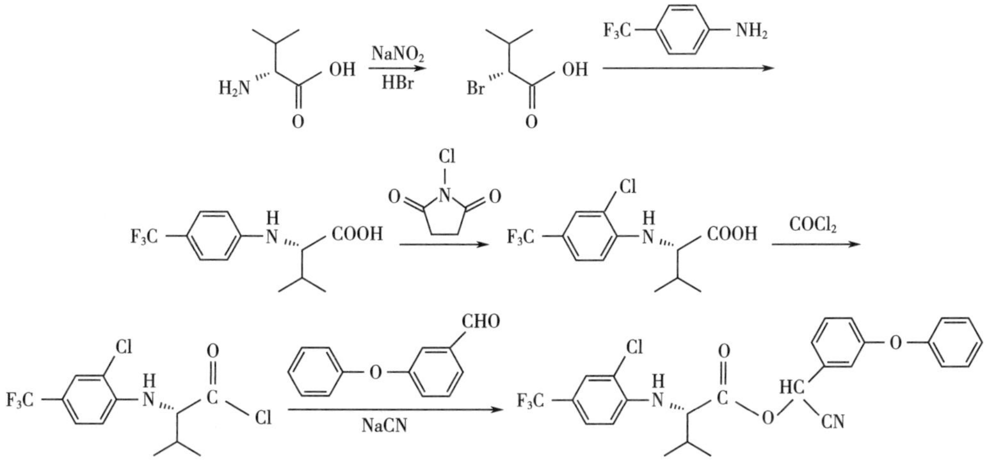

氟氰胺菊酯

图 25-15 氟氰胺菊酯的合成

溴虫腈（Chlorfenapyr）是由美国氰胺公司于20世纪80年代后期发现并开发的芳基吡咯类杀虫杀螨剂，属于氧化磷酸化解耦联剂。其合成路线见图25-16。以α-对氯苯基甘氨酸为起始原料，与过量的三氟醋酸酐进行酰化和环合反应得到4-（对氯苯基）-2-三氟甲基-3-噁唑啉-5-酮，进一步与2-氯丙烯腈进行1，3-偶极环化加成反应，得到中间体2-（对氯苯基）-5-（三氟甲基）吡咯-3-腈。该中间体在缚酸剂乙醇钠存在下进行芳基吡咯的环上溴化反应，所得溴化物在叔丁醇钾催化下与氯甲基乙基醚进行*N*-乙氧甲基化反应生成溴虫腈。

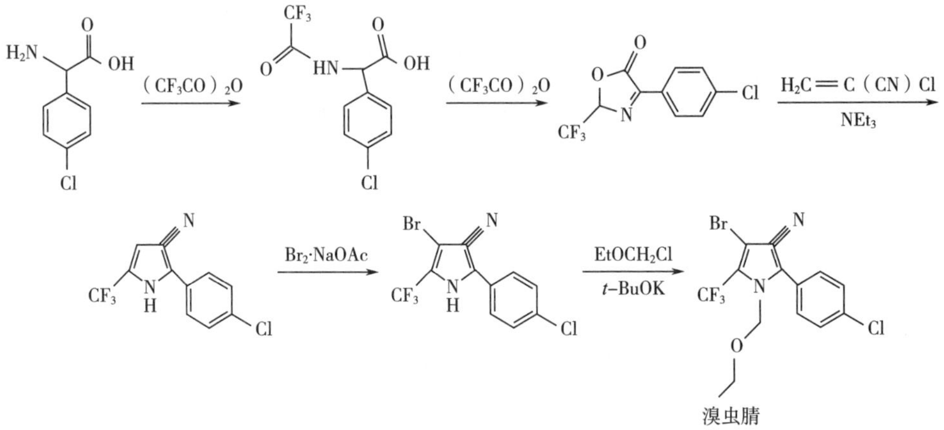

$$H_2N\text{-}CH(C_6H_4Cl)\text{-}COOH \xrightarrow{(CF_3CO)_2O} CF_3CONH\text{-}CH(C_6H_4Cl)\text{-}COOH \xrightarrow{(CF_3CO)_2O} \text{oxazolone} \xrightarrow[NEt_3]{H_2C=C(CN)Cl}$$

$$\xrightarrow{Br_2\cdot NaOAc} \xrightarrow[t\text{-}BuOK]{EtOCH_2Cl} \text{溴虫腈}$$

图25-16　溴虫腈的合成

乙螨唑（Etoxazole）是由日本八洲化学公司于1994年开发的二苯基噁唑啉类杀螨剂，主要抑制昆虫几丁质合成，可防治多种叶螨和蚜虫，其合成路线如图25-17所示。在缚酸剂三乙胺催化下，对叔丁基苯基甘氨酸乙酯与2,6-二氟苯甲酰氯发生酰胺化反应，经$NaBH_4$还原，生成带有氨基醇的中间体，然后在亚磺酰氯和NaOH/甲醇（CH_3OH）存在下，环化制得乙螨唑。

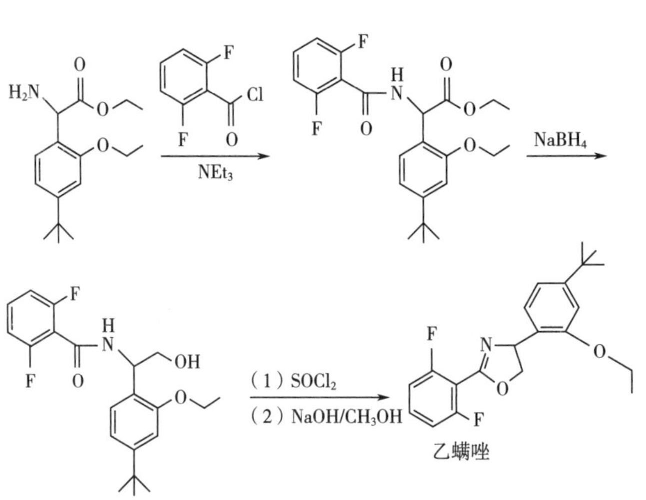

$$\xrightarrow{NEt_3} \xrightarrow{NaBH_4} \xrightarrow[(2)\ NaOH/CH_3OH]{(1)\ SOCl_2} \text{乙螨唑}$$

图25-17　乙螨唑的合成

螺虫乙酯（Spirotetramat）是德国拜耳公司新开发的一种高效内吸性双向传导型杀虫剂——类脂合成抑制剂（Lipid Biosynthesis Inhibitor，LBI），其合成中重要的中间体是*cis*-4-甲氧基-1-氨基环己烷基羧酸。该中间体氨基酸制备过程见图25-18。通过还原4-羟基苯甲醚得到4-甲氧基环己酮，然后经Bucherer-bergs反应形成相应的乙内酰脲*cis/trans*混合物，分离出乙内酰脲顺式异构体后经水解而得。螺虫乙酯的合成：先将该氨基酸用亚磺酰氯/甲醇酯化保护羧基后，再与2,5-二甲基苯乙酰氯酰胺化得到苯基乙酰氨基酸甲酯，在叔丁醇钾催化下经狄克曼酯缩合反应生成螺虫乙酯-烯醇，最后由氯甲酸乙酯酰化生成螺虫乙酯，见图25-19。

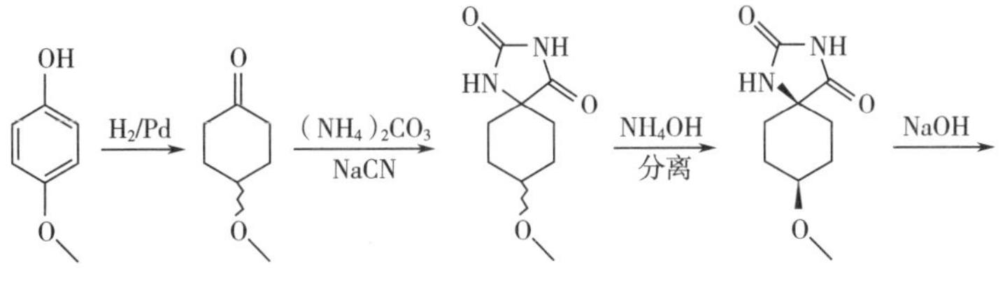

H_2/Pd　$(NH_4)_2CO_3$ / NaCN　NH_4OH / 分离　NaOH

中间体氨基酸

图25-18　螺虫乙酯中间体氨基酸的合成

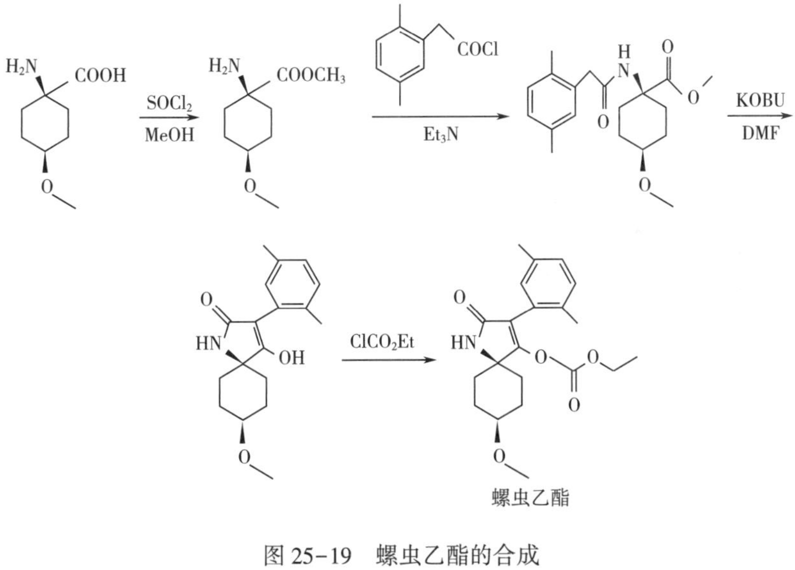

$SOCl_2$ / MeOH　Et_3N　KOBU / DMF　$ClCO_2Et$

螺虫乙酯

图25-19　螺虫乙酯的合成

二、以α-氨基酸为手性辅助剂的农药拆分与不对称合成

手性拆分是制备高光学纯度手性化合物的重要方法之一。对于以磷为不对称中心的手性有机磷农药来说，主要通过使用拆分剂进行拆分。甲胺磷（Methamidophos）的一对对映异构体可用L-脯氨酸乙酯进行拆分、制备：L-脯氨酸与（*S*）-甲基二氯代磷酸酯形成非对映异构体，通过硅胶柱层析分离，然后经酸催化醇解选择性断裂P-N键得到甲胺磷的一对对映异构体，见图25-20。

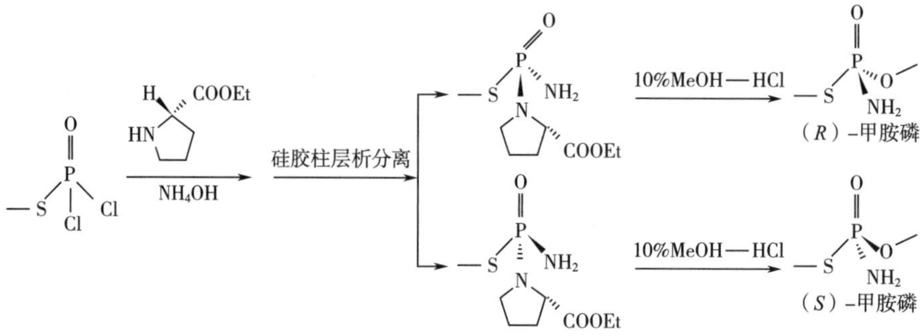

图 25-20　甲胺磷的手性拆分

二氯菊酸（Permethrinic Acid）是拟除虫菊酯的重要中间体，具有顺反异构并有 4 个光学异构体。Matsui 等报道了如何用碱性氨基酸 L-赖氨酸拆分顺式二氯菊酸：将（+)-顺式菊酸与 L-赖氨酸溶解在热的甲醇中形成非对映的菊酸赖氨酸盐晶体，冷却后由于非对映体在甲醇中溶解度不同，(+)-顺式二氯菊酸与赖氨酸形成的晶体盐先析出。在酸性条件下溶解该晶体，从而得到光学纯度较高的（+)-顺式二氯菊酸。

用手性辅助剂来控制不对称合成是目前制备手性化合物常用的方法之一：将一种光学纯的手性化合物连接在非手性底物上，以便对反应进行定位，达到目的后再将其除去。手性辅助剂通常可循环利用。由于氨基酸及其衍生物具有天然的手性，因此常被作为手性辅助剂使用。Schoellkopf 于 1983 年报道了 L-草丁膦的手性辅助剂控制合成：以 D-缬氨酸甲酯作为手性辅助剂，制得具有手性的内酰亚胺醚化合物，在-78℃正丁基作用下，在其 6 位发生立体选择性烷基化，用稀盐酸分解，得到 L-草丁膦的酯和手性辅基 D-缬氨酸甲酯。将 L-草丁膦的酯进一步用盐酸、1,2-环氧丙烷处理即得到 L-草丁膦，其光学纯度为 93.5%，见图 25-21。

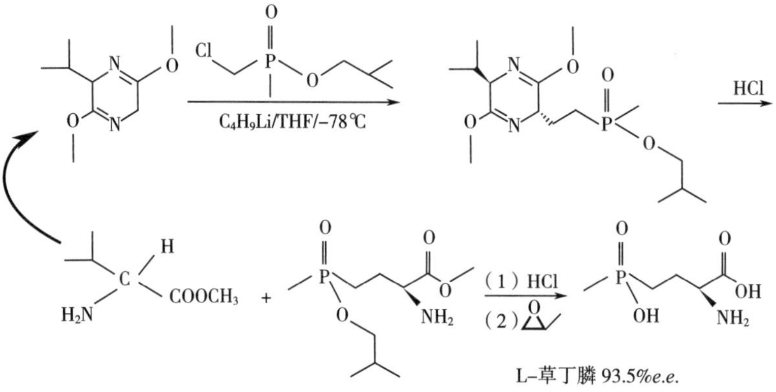

图 25-21　L-草丁膦的合成

在所有天然 α-氨基酸中，具有刚性吡咯环结构的（*S*)-脯氨酸是一个非常特别的氨基酸。长期以来，其在不对称反应中一直受到人们的青睐，有着非常成功的应用，在手性农药的合成中也已得到广泛应用。丁苯吗啉（Fenpropimorph）含有一个手性碳原子，有一对光学异构体，Himmele 等研究发现其 *S*-体是高效低毒的。Vinkoviae 等通过曼尼希反应高立体选择性地合成了（*S*）-丁苯吗啉，在合成过程中引入 L-脯氨酸的二级胺衍生物（*R*）-（-）-2-甲氧甲基吡咯作为手性辅助剂：首先，将 4-叔丁基苯丙酮和（*R*）-（-）-2-甲氧甲基吡咯辅助剂反应生成亚胺，该亚胺在-78℃下与 2,6-二甲基吗啉亚甲基四氯化铝的铵盐发生不对称曼尼希反应，在手性辅助剂的诱导作用下，立体选择性提高，几乎得到 100% *e. e.* 值的丁苯吗啉前体。进一步还原得到（*S*）-丁苯吗啉，光学纯度为 95.1%，见图 25-22。

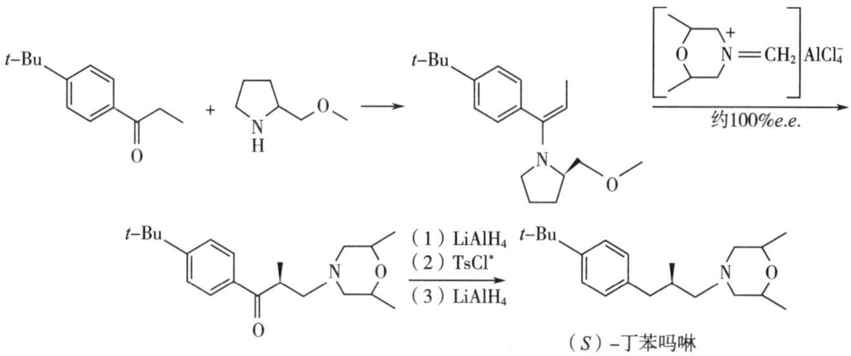
t-Bu
O
N
H
约100%e.e.
AlCl4-
(1) LiAlH4
(2) TsCl*
(3) LiAlH4

（*S*）-丁苯吗啉

图 25-22　（*S*）-丁苯吗啉的合成
＊ TsCl：对甲苯磺酰氯

唐除痴等利用 L-脯氨酸合成了 4 种新的手性氨基醇盐酸盐，将其作为手性辅助剂用于不对称还原 α,β-不饱和三唑酮的实验，得到相应的光学活性的 α,β-不饱和三唑醇即烯效唑（Uniconazole）和烯唑醇（Diniconazole），具有很高的产率和 *e. e.* 值（最高达 93%）。此外，他们还发现由 L-苯丙氨酸合成的 3 种手性氨基醇盐酸盐也能催化此反应，但催化效果不及 L-脯氨酸（产率 88%，*e. e.* 值 65%），如图 25-23 所示。

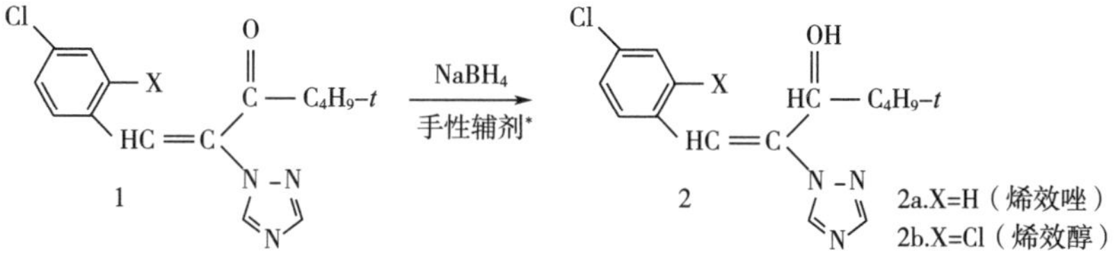
Cl
X
C — C4H9-t
HC ═ C
NaBH4
手性辅剂*
1
2
OH
HC — C4H9-t
2a.X=H（烯效唑）
2b.X=Cl（烯效醇）

图 25-23

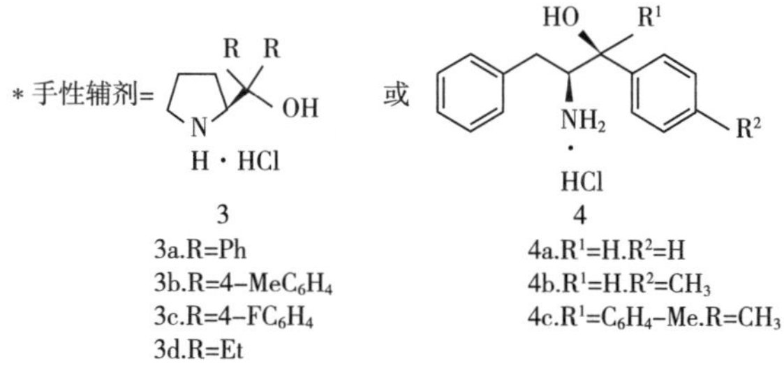
＊手性辅剂=
R R
OH
H · HCl
或
HO R1
NH2
HCl
R2
3
4
3a.R=Ph
3b.R=4-MeC6H4
3c.R=4-FC6H4
3d.R=Et
4a.R1=H.R2=H
4b.R1=H.R2=CH3
4c.R1=C6H4-Me.R=CH3

具有光学活性的氰醇（Cyanohydrins）是合成手性拟除虫菊酯类农药的重要中间体。Danda 等采用组氨酸的环状二肽作催化剂，催化氢氰酸对苯醚醛的不对称氢氰化反应，从而获得具有光学活性的氰醇。当环二肽的构型为（*R*,*R*）时可得到（*S*）-氰醇，*e. e.* 值大于 96%。Nitta 等曾利用含二肽的金属催化剂催化苯醚醛的氢氰化反应。该催化剂是由天然氨基酸的二肽（末端具有类似水杨醛的西佛碱结构）和四乙氧基钛构成的手性配合物，能够高转化率、高立体选择性地催化氢氰酸对醛的加成反应，产物光学纯度大于 90%，如图 25-24 所示。

图 25-24

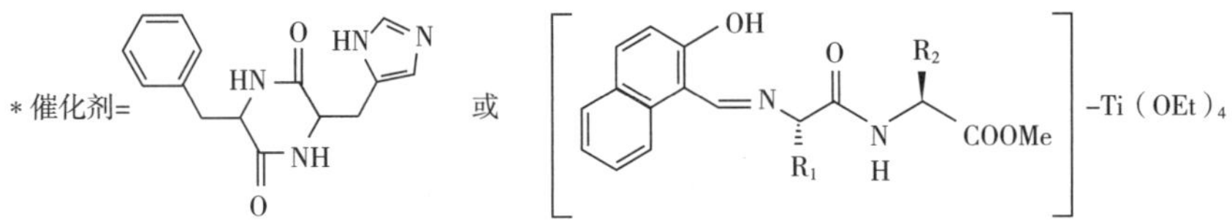

环状二肽

二肽和钛的配合物

美国杜邦公司利用改良的二肽类催化剂催化不对称氢氰化反应，以苯醚醛为原料，一步法合成了（*S*）-间苯氧基-α-羟基苯乙腈，用于制备（*S*,*S*）-氰戊菊酯（Fenvalerate）。

三、展望

当前化学农药合成发展的总体方向是绿色农药，其主要特点是：①超高效，剂量少，而见效快；②高选择性，仅对特定有害生物起作用；③无公害，无毒或低毒且能迅速降解。在自然界中，生物体以氨基酸、糖类、脂类三大物质代谢为基础产生了人类化工厂无法比拟的绿色生产工艺和数以万计的天然产物。如果农药的化学结构选用了自然界本身存在的物质结构，由于自然界原有物质一般都有着相应的可分解它们的微生物群，因而这类农药就容易被分解而不易造成残留污染。氨基酸是自然界常见的化合物，具有两个活性官能团，能参与羧酸和伯胺的大部分反应，也能合成杂环基团如噁唑环、吡咯环、咪唑环和苯并噻唑环等。而且大部分 α-氨基酸具有手性碳原子（甘氨酸除外），因此以 α-氨基酸作为农药合成子，几乎就是以手性合成子为原料，通过一系列的立体化学控制反应而最终得到手性农药。以氨基酸为合成子制备的手性农药完全符合绿色化学农药标准：含有一个或多个高效异构体，用量少、环境相容性好、高效低毒、选择性强、残留量低，而且降解后的氨基酸还能作为植物生长营养剂得到利用，对农作物有较好的增产效果。

上述所列举的商品化农药品种中，目前只有少数的有氨基酸参与的合成路线被应用到了生产实践中，如草甘膦、缬霉威和苯噻菌胺等品种。而由 α-氨基酸制备得到的良好手性辅助剂虽然在农药手性拆分和不对称催化合成上有不俗的表现，但由于其制备方法较为复杂、价格昂贵、产率不高、立体选择性不强以及回收利用率差等原因，大部分尚停留在实验室阶段，只有少数用于工业化生产，其中美国杜邦公司不对称氢氰化生产的（*S*）-氰醇是较为成功的范例。

传统的氨基酸产业强国如德国和日本开发的农药品种中有不少是以氨基酸为原料合成的。随着我国氨基酸产业化水平、氨基酸生产及发酵工艺的不断提高，许多氨基酸产量已占世界2/3，如谷氨酸、赖氨酸、苏氨酸和甘氨酸等，价格优势正在逐渐凸显，将进一步促进氨基酸在我国农药合成中的应用与发展。

第四节　我国氨基酸农药的研究进展

我国对氨基酸农药的研究开始较晚，最早研究出的氨基酸农药为混合氨基酸铜络合物杀菌剂，缩写为CCMA，商号名为“双效灵”。新农药CCMA杀菌剂的特点是高效力、低毒性、低残留，使用安全，对环境无污染，而且农药生产工艺简单，原料来源丰富，成本低廉。农田试验证明，这种农药是一种内吸广谱性农药，即对多种作物的病害有防治作用，又有显著刺激作物生长、增产的双重效果。

1985年，西南大学黎植昌等又改进“双效灵”生产工艺，增加其杀菌活性，研究成功了第二代产品——“增效双效灵”（HDE）。改进了增效双效灵对蔬菜病害有较好的防治作用。如用10% HDE 200~800倍液防治冬瓜枯萎病、茄子黄萎病、番茄晚疫病，比常用农药“托布津”“多菌灵”要好，施用HDE还可抑制病原菌对植株的再次侵染，处理后不再发生新病株；10% HDE 300~400倍液防治大白菜霜霉病，效果特别好；用500mg/kg HDE喷施，每7d 1次，连续3次；防治黄瓜、南瓜的白粉病，防治效果更好；对西瓜枯萎病的治愈率在86.1%~92.2%。HDE还能防治月季白霉病及水稻的稻瘟病。

含稀土的混合氨基酸制剂是继HDE后又一氨基酸类农药新品种。试验证明，它不仅能防治作物病害，还能促进作物生长、增加产量和改善农产品的品质。20世纪90年代推出的含稀土复合氨基酸农药——“禾壮灵”（第三代双效灵），为我国氨基酸农药又增添了新的篇章。

总之。氨基酸作为杀虫剂、杀菌剂、除草剂等在农业生产中正在发挥着越来越大的作用。

参考文献

［1］张伟国，钱和．氨基酸生产技术及其应用［M］．北京：中国轻工业出版社，1997.

［2］汤家芳，周九元，刘芝兰，等．活性氨基酸农药［J］．武汉：氨基酸和生物资源，1996，18（4）：44-50.

［3］赵建，曲文岩，林德杰，等．α-氨基酸在农药合成中的应用［J］．北京：农药学学报，2010，12（4）：371-382.

［4］孔岩，黎植昌．氨基酸类农药的研究与进展［J］．重庆：西南师范大学报（自然科学版），

1999，24（3）：362-369.

［5］李雅，王爱兵，申利红，等．α-氨基膦酸酯的合成及生物活性研究进展［J］．石家庄：河北师范大学学报（自然科学版），2020，34（2）：210-215.

［6］宋宝安，蒋木庚．α-氨基膦酸及其酯的合成及生物活性的研究进展［J］．上海：有机化学，2014，24（8）：843-856.

［7］汤家芳，周九元，刘芝兰，等．活性氨基酸农药［J］．武汉：氨基酸与生物资源，1996，18（4）：44-50.

［8］孟振国，朱祥，赵炽娜，等．大黄素甲醚氨基酸衍生物的合成及其杀菌活性［J］．南京：林产化学与工业，2020，40（1）：113-119.

［9］黎植昌．氨基酸农药的新进展［J］．重庆：西南师范大学学报（自然科学版），1985，4（0）：77-80.

第六篇
氨基酸工业的清洁生产

第二十六章　氨基酸工业的清洁生产

第一节　清洁生产概述

一、清洁生产的由来

20 世纪 60 年代，随着西方发达国家工业的快速发展和对环境保护的漠视，导致污染问题日益严重，公害不断发生，对生态环境和人类健康造成极大危害。人类与自然的矛盾日趋尖锐，严重阻碍了人类社会的发展和进步，威胁着人类自身的生存。于是，环境问题逐渐引起各国政府的极大关注，纷纷采取了相应的环保措施和对策。

在工业化初期，污染物的排放大多采用“稀释排放”方式。但随着工业化的迅速发展，污染物种类和总量均急剧增加，污染物的处理方式也由“稀释排放”方式发展为相对进步的“末端治理（End-of-pipe Control）”方式，这在一定程度上减缓了环境污染和生态破坏的势头。然而，即使通过这种相对先进的“末端治理”方式，对排放的各种废水、废气和废渣进行治理，人们仍然付出了巨大代价。

人们不得不对过去的经济发展模式进行反思，重新审视经济、环境和资源间的关系，并逐渐认识到：从末端开始治理不如从起始点开始控制。因此，寻求一种节约资源、能源，排污少和经济效益最佳的生产方式，实施可持续发展战略，使经济、社会、环境和资源协调发展的新途径成为人类努力的目标。于是，清洁生产逐渐被人类认识及采用。

清洁生产（Cleaner Production）就是在人类发展、生态环境恶化和资源危机的背景下出现的新概念和解决方案。清洁生产是在总结了发达国家多年的工业污染控制经验后提出的，并为目前世界上大多数国家所接受。清洁生产倡导充分利用资源，从源头削减和预防污染物，从而在保证经济效益和社会效益的前提下，达到保护环境的目的。

二、清洁生产的基本概念

（一）清洁生产的定义

清洁生产这一思想的表达在其出现的初期并不统一，例如，在美国称之为“废料最少化”，在欧洲称之为“少废无废工艺”，在其他地区还有“绿色工艺”“生态工艺”等多种提法。在我国，以往的提法是“无废少废工艺”。1989 年，联合国规划署首次提出了“清洁生产”这一术语，目前已经得到国际社会普遍响应与认可，使环境保护战略由被动的“末端治理”转向主动的“源头治理”这一新的发展趋势推进。

1993 年我国制定的《中国 21 世纪议程》把推行清洁生产列入落实可持续发展战略的重要措施。《中国 21 世纪议程》对清洁生产的定义是："清洁生产是指既可满足人们的需要又可合理使用自然资源和能源，并能保护环境的实用生产方式和措施，其实质是一种物料和能源消耗最少的人类生产活动的管理和规划，将废物减量化（Reduce）、资源化（Reuse）和无害化（Recycle），或消灭于生产过程中。同时，对人体和环境无害的绿色产品生产，也将随着可持续发展进程的深入而日益成为今后产品生产的主导方向"。2002 年 6 月，我国政府颁布了《中华人民共和国清洁促进法》，该法第二条规定："本法所称清洁生产，是指不断采取改进设计、使用清洁的能源和原料、采用先进的工艺技术与设备、改善管理、综合利用等措施，从源头削减污染，提高资源利用效率，减少或者避免生产、服务和产品使用过程中污染物的产生和排放，以减轻或者消除对人类健康和环境的危害"。

从清洁生产的定义可以看出，实施清洁生产的途径主要包括以下 5 个方面。

（1）改进设计　在工艺和产品设计时，要充分考虑资源的有效利用和环境保护，生产的产品不危害人体健康，不对环境造成危害，能够回收的产品要易于回收。

（2）使用清洁的能源　并尽可能采用无毒、无害或低毒原料替代毒性大、危害严重的原料。

（3）采用资源利用率高、污染物排放量少的工艺技术与设备。

（4）综合利用　包括废渣综合利用、余热余能回收利用、水循环利用和废物回收利用。

（5）改善管理　包括原料管理、设备管理、生产过程管理、产品质量管理和现场环境管理等。

同时，《清洁生产促进法》提出实施清洁生产应体现以下 4 个方面的原则。

（1）减量化原则　即资源消耗最少、污染物产生和排放最小。

（2）资源化原则　即"三废"最大限度地转化为产品。

（3）再利用原则　即对生产和流通中产生的废弃物，作为再生资源充分回收利用。

（4）无害化原则　尽最大可能减少有害原料的使用以及有害物质的产生和排放。

（二）清洁生产的目标

清洁生产是一种全新的生产方式，它的实施将实现以下目标。

1. 降低资源和能源的消耗，提高资源利用率，降低生产成本，提高经济效益

氨基酸行业应在生产过程中，通过技术创新、吸收和引进新技术对传统工艺技术进行改革，进行资源的综合利用，短缺资源的高效利用或者代用，二次能源的利用以及节能、降能等一系列措施，达到用最少的原材料和能源消耗，生产尽可能多的产品，提供尽可能好的服务，以提高资源利用率、减少消耗和维护生态平衡的目的。最终达到环境效益、经济效益和社会效益的完美统一，保证国民经济的可持续健康发展。

2. 减少废物和污染物的产生，对人类和环境的危害最小化

在生产过程中，尽量使用无毒、无害的原辅材料，少用或不用有毒、有害的原辅材料，减少生产过程的危险。通过工业废水的循环利用，节约原辅材料、减少污染物的

排放。

（三）清洁生产的内容

清洁生产的主要内容可以归纳为“三清一控”，即清洁的资源和能源、清洁的生产过程、清洁的产品以及清洁生产中全过程控制。

1. 清洁的资源和能源

选择清洁的资源和能源，是实施清洁生产的前提条件。一般而言，清洁的资源和能源应在生产中能够被充分利用，也只有那些利用率高、不对环境造成污染的原材料才能被称为清洁的资源。在氨基酸生产中所使用的大量原材料中，通常只有部分物质是生产中需要的，其余部分在生产过程中都变成了“无用物质”。这种“无用物质”就是应该最大限度地减少的物质。同样，能源的利用也存在利用率低、能效转换比率低和废物排放量大的问题。在生产中，如果选用较纯净的原材料和较清洁的能源，则有用物质多、转换率高、废物排放少，资源利用率也就高。

2. 清洁的生产过程

所谓清洁的生产过程，是指在生产过程中采用各种高新技术，实现废物的减量化、资源化和无害化，从源头治理污染，直至最终消灭废物。这是一个与科学技术发展和工艺改进密切相关的环节，也是最具有清洁生产技术含量的一个环节。其实施将有助于实现以下三点。

（1）废物减量化　是指通过革新生产工艺、采用先进设备，提高原材料的利用率，使原材料尽可能多地转化为产品，从而使废物的排放量达到最小值。

（2）废物资源化　是将生产环节中的废物综合利用，转化为进一步生产的资源，达到变废为宝的目的。

（3）废物无害化　就是减少或消除将要离开生产过程的废物的毒性，使之不对人类和环境产生危害。

要实现清洁的生产过程，应采取以下几项措施：①消除有毒有害的中间产品；②减少生产过程的各种危险性因素，如高温、高压、易燃、易爆、强噪声等；③采用少废、无废的工艺和高效的设备；④实现物料的再循环；⑤使用可回收利用的商品包装，尽量使用生态包装；⑥采用简便可靠的操作和控制；⑦建立和健全生产环境管理制度，推行生产环境的全面绿色管理制度。

3. 清洁的产品

清洁的产品是指有助于资源的有效利用，在生产、使用和废弃后处置的全过程中不会对环境和人类产生危害的产品。

4. 清洁生产中全过程控制

清洁生产中全过程控制包括如下 3 个层次。

（1）低层次控制　指生产过程的全过程控制，包括产品、原材料、能源及生产工艺设备等全过程的污染控制，是指从原材料的加工到产品的产出、使用直至废弃后和处置的各个环节中所采取的必要污染预防控制措施。

（2）中层次控制　指工业再生产的全过程控制，包括基本建设、技术改造、工业生产及供销活动过程中的污染控制，是指对工业生产运行全过程的控制，包括从产品设计开发、规划、建设到工厂的运营管理中所采取的防止污染发生的措施。

（3）高层次控制　指经济再生产的全过程控制，包括生产、流通和消费各个领域的过程控制，是一种需要社会参与的控制。

5. 清洁生产的特征

由清洁生产的定义不难看出，清洁生产具有以下特征。

（1）预防性　清洁生产是对产品生产过程及产品生命周期产生的污染进行综合预防，通过污染物产生源的消减和回收利用，使废物减至最少，从而有效地防止污染的产生。

（2）系统性　清洁生产是一项系统工程。清洁生产不仅要求考虑产品及其生产过程对环境的影响，而且要求考虑服务对环境的影响。

（3）效益性　传统的末端治理方式投入多、治理难度大、运行成本高，经济效益与环境效益不能有机结合。清洁生产最大限度地利用资源和能源，强调节约、洁净利用，对污染物实行有效的源头消减，将污染物消除在生产过程之中。

（4）广域性　清洁生产决不是某个企业、某个地区甚至某个国家的事情，而是全人类的共同事业，因此，需要全人类的共同参与。只有人类与自然和谐相处，人类社会才得以持久发展。

6. 实施清洁生产的意义

清洁生产是总结了全人类防治工业污染经验教训后提出的一个比较完整、比较科学的新概念，已作为防治工业污染、保护环境、提高工业企业整体素质，实现可持续发展战略的重大举措。它不仅涵盖了过去常说的清洁工艺、无废少废工艺、废物最小化、综合利用、企业管理、产品原材料及能源替代、技术更新改造等防治工业污染的全部内容，而且提出了通过产品生命周期评估防治污染的新概念。清洁生产是一种兼顾经济效益和生态效益、环境效益的最优生产方式，实施清洁生产是实现可持续发展的要求。它开创了防治污染的新阶段，是防治工业污染的必然选择和最佳模式，能够有效地协调经济发展与环境保护之间的矛盾，为实施可持续发展提供了重要保障。它是提高全民环保意识的重要途径，能够促进经济增长方式转变，全民生活观念和消费观念的转变，实现经济效益、社会效益和环境生态效益的有机统一，有利于促进环保产业的发展和保护生态环境。

氨基酸行业是关乎国计民生的重要行业，在国民经济中占据重要地位。然而，相对来说，氨基酸产业又是一个对环境污染较为严重的行业。大量事实表明，环境污染问题已经成为制约我国氨基酸产业发展的重要因素。不解决氨基酸产业的环境污染问题，氨基酸产业就无法实现可持续发展，整个氨基酸产业将无法继续生存下去。而要解决氨基酸产业的环境污染问题，唯一的出路就是研究开发氨基酸产业清洁生产技术，实现氨基酸产业的清洁生产。

第二节 氨基酸清洁生产现状

据中国生物发酵产业协会统计，2021 年我国氨基酸行业总体运行情况良好，氨基酸产品总产量约为 625 万 t，主导产品味精、赖氨酸、苏氨酸、缬氨酸和色氨酸等生产状态基本稳定，其中味精 238 万 t、赖氨酸 220 万 t、苏氨酸 84. 7 万 t、缬氨酸 2. 9 万 t 和色氨酸 2. 6 万 t。由此可见，目前我国氨基酸在国际上占有举足轻重的位置，已成为氨基酸产品名副其实的“世界工厂”。长期以来，我国氨基酸发酵行业仍延续粗放的发展模式，存在高投入、高消耗、高排放的特点，难以满足国家节能减排、绿色发展的需要，且中高端氨基酸绿色产品有效供给不足，严重限制了消费升级的需要和国际市场竞争力。氨基酸生产中排放的污染物主要有废水、废渣和废气。氨基酸企业是用水大户，产生大量废水，呈现“五高一低”综合特点，即高 COD_{Cr}、高 BOD_5、高氨氮、高硫酸根、高菌体、低 pH。而废渣主要为原料处理后剩余的固体废弃物，长时间堆积会产生臭味，因此必须进行妥善处理。氨基酸生产工艺复杂、工序多、能耗高，其中蒸汽能耗约占综合能耗的 85%以上。在用水方面，主要有发酵配料用水、发酵系统清洗用水和生产设备冷却水。由于国家节能减排的要求及氨基酸行业的污染高、能耗高的特点，使得我国氨基酸行业的环境保护工作日益受到重视。各企业都采取了有效的治理措施，氨基酸生产工艺及节能减排工艺得到革新，氨基酸生产消耗和产品质量都发生了较大变化，但形势依然严峻，氨基酸生产企业需继续开展技术创新，带动全行业技术进步，进一步发展循环经济，节约资源，做到集约化、清洁化。

2018 年中国氨基酸产量已达 600 万 t，庞大的氨基酸产能伴随着诸多环境问题，生产过程伴随着大量废水、废渣和废气的产生。目前，氨基酸发酵生产主要采用玉米加工淀粉糖作为主要碳源，能够消耗国内庞大的玉米产量。同时，对水资源和能源消耗较大，国内大型氨基酸生产企业均建设于水资源相对丰富的地区，便利的水资源有利于生产用水的供给。由于氨基酸生产过程需要使用大量的蒸汽和电能，氨基酸生产企业较多辅助建设有热电厂或依附于热电厂而建。庞大的粮食、能源、电力和水资源的消耗已成为氨基酸行业的特征。如何高效利用粮、水、汽、电等资源，成为我国氨基酸行业发展面临的重大问题。

氨基酸生产过程中，伴随着微生物发酵产生的异味，烘干过程产生的气流会携带出产品异味和大量粉尘；氨基酸生产废水具有典型的高盐、高营养特性，这与发酵培养基的成分构成有关，发酵废液中存在较多离子成分，其中，以 NH_4^+、SO_4^{2-}、Na^+和 K^+等为主，同时，废液中含有部分粗蛋白、氨基酸等物质；固体废弃物主要为原辅料生产和加工过程残存的部分无利用价值或利用率较低的物质，例如，淀粉糖加工产生的玉米浆、废活性炭等废物。如何合理处置“三废”，达到无害化排放或进一步开发“三废”的潜在价值，已成为氨基酸行业发展的重中之重。

下面以味精行业为例，介绍氨基酸清洁生产现状。

一、能源消耗现状

我国的味精生产工艺多以玉米、小麦和薯类等为原料，经糖化、发酵、提取和精制而成。“十一五”期间，尤其是2008年以来，国家加大淘汰落后产能的力度，味精生产企业纷纷加大环保治理力度，开展节能减排工作，通过提高生产技术水平和加强企业内部各项管理工作，味精产品综合能耗逐年下降，与国外先进水平差距有所缩小。按照味精生产工艺，味精生产主要分为发酵、提取和精制三个能耗工序。在总能量消耗中，电耗占30%左右，蒸汽消耗占70%左右。在总电耗中，发酵阶段电耗占全部电耗的50%~60%；在总蒸汽消耗中，发酵工序消耗约占10%，分离提取工序蒸汽消耗约占40%，精制工序蒸汽消耗约占50%。

因此，发酵阶段是耗电的主要工序，提取和精制阶段是蒸汽消耗的主要工序。2009年我国味精行业吨产品平均能耗为标煤1.83t，较“十五”末行业平均能耗下降16.8%。2021年我国味精行业吨产品平均能耗已进一步降至标煤1.30t，又比2009年行业平均能耗下降29.0%。

二、资源消耗现状

在谷氨酸发酵过程中有相当大一部分原料副产物未得到充分利用，造成资源的严重浪费，原料利用率相对较低。味精所用的原料主要包括玉米、小麦、薯类和糖蜜等，其中80%以上是玉米。味精只能利用玉米中70%淀粉，另外还有30%非淀粉副产物不能直接被利用，其中有浸泡水7%、玉米皮9%、玉米胚芽7%和玉米蛋白粉7%。发酵企业积极开展资源综合利用，利用高新技术和传统工艺相结合，将各种组分充分回收和利用，提高原料转化率和副产品综合利用率。在提高附加值的同时，减轻和消除对环境的污染，降低水资源的消耗。目前行业利用分离提取技术提取玉米皮水解液有效物，生产高附加值产品，提取后的玉米皮水解液与玉米浸泡水混合发酵生产饲料酵母，成为蛋白饲料，行业原料利用率已经达到97%以上。近年来随着产能的不断扩大，原料供需矛盾逐步显现。原料单一问题已成为制约行业发展的主要问题，因此增加非粮原料的比重已成为行业发展的必然趋势。

企业为了实现节约用水，应将温度较低的新鲜水用于结晶等工序的降温，温度较高的降温水供给其他生产环节，通过提高过程水温度，降低能耗。按照味精的生产工艺，将其分为制糖、发酵、提取和精制四个用水工序。在制糖工序，回收制糖蒸汽冷凝水用于洗涤板框滤布或回用到生产系统中，制糖车间已经实现了废水“零排放”。提取工序产生的蒸汽冷凝水采取分段收集后再利用，精制车间结晶蒸发水用于冲炭柱，既减少了新鲜水用量，又减少了废水产生量。分析行业用水情况，其中制糖工序占20%、发酵工序占50%、提取工序占20%，精制工序占10%，由此可见，发酵和提取工序是耗水的主要工序。

三、污染排放现状

味精生产企业产生的环境问题也较为严重，主要污染物有原料处理后剩下的废渣（糖渣)；发酵液经提取谷氨酸（麸酸）后产生的结晶母液或离子交换尾液；生产过程中各种设备（调浆罐、液化罐、糖化罐、发酵罐、提取罐及中和脱色罐等）洗涤水；离子交换树脂洗涤与再生水；各种冷却水及冷凝水（液化、糖化和浓缩等工艺)，味精生产过程中主要污染物排放节点见图 26-1。

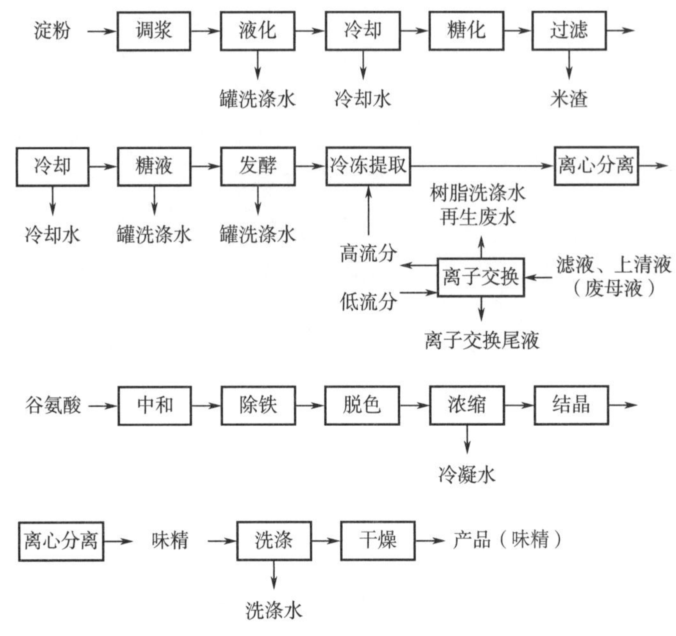

图 26-1　味精生产过程中主要污染物排放节点

味精生产过程中所产生的高浓度废水中 COD 高达 30000～70000mg/L，SS 浓度达 12000～20000mg/L，NH_3-N 浓度达 5000～7000mg/L。此外，味精生产过程中洗涤水、冷凝水等中浓度废水的 COD 达 1000～2000mg/L，SS 浓度达 150～250mg/L，从而造成高浓度有机废水污染严重、治理难度较大等行业突出问题。

味精生产企业除少数由热电站供给蒸汽外，多数企业自备锅炉。其烟尘排放基本上可以达标，主要通过加高烟囱高度和采用旋风除尘器等干式机械除尘和麻石水膜除尘器等湿式除尘的办法来解决。

味精生产企业的废渣主要包括锅炉炉灰渣和回收的粉煤灰，炉灰渣和粉煤灰可用于铺路和用作建筑保温材料，有些厂的大米渣、糖渣作为饲料售出，炭渣可回收利用。

四、废水综合利用与末端治理情况

味精生产可以根据从发酵母液提取谷氨酸工艺不同，分为等电点离子交换法、浓缩等电点法和等电点浓缩法（双结晶法）三种工艺，其中，等电点浓缩工艺采用的生产企业很少。然而，不管采用哪种提取工艺，废母液必须采用浓缩干燥工艺生产有机复合肥料，不能直接进入生化工艺处理。利用废母液生产有机复合肥料是味精生产的一个组成部分，是必不可少的生产工艺。

为使发酵母液提取谷氨酸收率达到95%左右，20世纪90年代以来，大部分味精生产企业采用等电点离子交换工艺，该工艺在离子交换树脂使用过程（中和、洗脱、洗涤和再生）中使用了大量氨水，导致离子交换工艺流出液、洗涤水含有大量的NH_3-N，给综合废水的处理带来很大困难。废水的生化处理就是采用硝化-反硝化工艺，降低废水中的NH_3-N含量，使其达到国家相关排放标准，但如不采取一定的措施，控制待处理废水NH_3-N含量，则其处理后的NH_3-N指标难以达到《味精工业污染物排放标准》（GB 19431—2004）。2005年以来，部分大型味精生产企业为确保废水的NH_3-N指标能达标排放，开始采用浓缩等电点法或等电点浓缩法提取工艺生产味精，这两个提取工艺的谷氨酸收率是88%~90%，尽管比等电点离子交换法低5%~7%，但排除了离子交换工艺，从而减少了氨水消耗，使生产每吨味精的氨水消耗减少65kg、H_2SO_4（98%）减少380kg，且不用离子交换树脂，可使好氧处理工艺废水的进水NH_3-N含量在100mg/L左右，有利于废水的后续治理。

此外，味精生产废水还包括：玉米制糖生产的废水（各种洗涤水、浸泡水浓缩工艺冷凝水），浓缩工艺冷凝水或离子交换工艺处理水，结晶工艺冷凝水以及味精生产的各种洗涤水、冲洗水等。不管是等电点浓缩提取工艺，还是等电点离子交换提取工艺，味精生产企业只要采用合适的厌氧、好氧工艺，控制待处理废水的COD、NH_3-N浓度，经处理后的排放废水可以达到《味精工业污染物排放标准》，甚至可以达到《综合污水排放标准》一级排放标准。

由此，我国味精行业对废水治理做了大量研发工作，提出了不少治理方案。其中主要有：①高浓度废水浓缩制生物发酵肥法；②废液制取饲料酵母（SCP）法；③厌氧-好氧二段生化法；④生物转盘法；⑤氧化塘（沟）法等。从多年的实践来看，以①法结合②法较成功。高浓度废水（全部生产复合肥）可得到彻底根治，且变废为宝。低浓度废水经生化处理可达标排放，过程中所产生的沼气可用作燃料或发电。废水预处理过程可采用絮凝法提取价值很高的菌体蛋白（饲料），做到废水资源化利用，变投入型环保为效益型环保，有利于循环经济的发展，其工艺路线见图26-2。

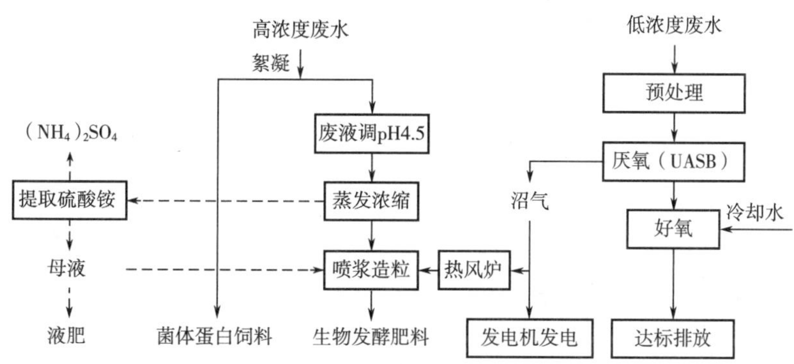

图26-2　味精废水综合利用流程图

上述工艺是目前多数味精企业所采用的路线，图26-2中虚线表示部分企业采用提取硫酸铵工艺。此外，尚有少数企业采用谷氨酸废液制取饲料酵母（SCP）路线。此法能耗高，提取 SCP 后的二次废水 COD 高达 20000mg/L，仍须浓缩制取硫酸铵和复合肥。

第三节　氨基酸清洁生产技术

一、物料的高效利用

氨基酸生产过程中需要消耗大量的原辅材料，如何利用好国民生产过程中产生的资源，对于提高氨基酸发酵产业的综合效能，降低生产成本，实现氨基酸产业可持续健康发展具有巨大意义。

（一）采用先进技术，促进淀粉水解糖的高效利用

1. 采用双酶法高浓度淀粉液化、糖化制糖新工艺，提高淀粉糖转化率

通过自动控制的液化蒸汽喷射器结合新型复合酶制剂技术，实现高浓度制糖新工艺及采用 DCS 自动控制全面提高糖液质量，从而进一步改进并提高淀粉制糖生产系统的效能，提升淀粉制糖工艺技术和 DCS 自动控制水平，为发酵提供高质量葡萄糖。淀粉高浓度液化制糖技术可有效提高液化工段效率，相应地降低在淀粉制糖工段的综合消耗，有效降低相应的能源及其他消耗。双酶法工艺制糖，糖液质量进一步提高，粉糖转化率可达 98%以上，发酵残糖进一步降至 5g/L 以下，淀粉水解糖酸转化率提高，可使发酵液残留的有机物减少，从而使污染负荷降低。

2. 使用微米级复合滤布实现糖化液真空转鼓过滤，进一步提高糖液质量

在以往的糖化液过滤过程中，通常采用间歇式板框压滤机或硅藻土/珍珠岩预涂敷连续式真空转鼓过滤机过滤糖液。间歇式板框压滤存在过滤速度慢、劳动强度大、糖液质量不稳定等问题；预涂敷真空转鼓过滤存在硅藻土/珍珠岩用量大、硅藻土/珍珠岩中重金属离子残留干扰发酵过程、混有硅藻土/珍珠岩的滤渣无法资源化需填埋等问题。采用微米级复合滤布可实现无预涂敷连续化过滤，消除预涂/硅藻土/珍珠岩中重金属离子残留对发酵过程的干扰，过滤液透光率达到 95%以上，进一步提高糖液质量；糖液中淀粉渣、液化酶和糖化酶残留量极低，对于稳定发酵和减少发酵过程中泡沫的产生起到了积极作用，并可实现氨基酸发酵高产和稳产。

3. 基于系统生物技术的代谢工程手段改善氨基酸产生菌的性能

氨基酸生物合成是一个非常复杂的代谢过程，其中涉及基因的表达和调控、酶活力的反馈调节以及胞内代谢流量的动态变化等过程，并有许多因素参与其中，单一的研究方法和手段不能揭示胞内复杂的代谢变化过程。随着功能基因组学、蛋白质组学、代谢组学和代谢工程的深入研究及大量实验数据的累积，通过基因工程技术重新构建整个细胞代谢网络系统，使代谢流量分布按预期设想发生变化，从而提高氨基酸的产酸率和转化率，提高水解糖的利用率。

4. 实现发酵过程控制优化，提高糖酸转化率，从而提高原料利用率

在代谢工程理论和发酵过程多尺度优化理论的指导下，在发酵过程控制中，利用耐高

温的溶解氧电极、pH 电极、葡萄糖浓度电极、温度电极、罐压传感器、尾气分析仪等仪器设备，把溶解氧浓度、发酵液 pH、发酵温度、罐压、尾气中 O_2 与 CO_2 排放量的变化等各种检测参数通过在线计算机数据处理，并实时描绘出各参数动态趋势曲线，确定发酵过程中菌体的代谢情况并通过溶解氧电极信号和尾气中 O_2 与 CO_2 排放量与排气自动控制阀的联动、pH 电极信号与液氨流加自动阀的联动、葡萄糖浓度电极与浓缩葡萄糖流加阀的联动、温度电极与发酵罐冷却系统的联动，实现发酵过程高精度控制，实现发酵产物的稳产高产，并控制发酵液残糖 5g/L 以下，有利于发酵产物的提取与精制。

发酵过程的优化研究应从菌种特性、细胞代谢特性和反应器特性等多尺度观点入手，通过反应器层面的宏观细胞实时代谢流相关参数分析实现多点、多面、多尺度观察。在此基础上，构建基于过程控制技术、智能工程技术、代谢工程技术、动态优化技术和发酵工程技术的集约型发酵过程控制系统，解决发酵过程存在的如高度非线性、强烈时变性、控制响应滞后性等难题，实现高收率、高产出。

（二）发酵液的高效利用

1. 菌体的利用

氨基酸发酵普遍采用大肠杆菌和谷氨酸棒杆菌。发酵结束后，发酵菌体的分离手段主要包括超滤法、离心分离法和絮凝沉降法。

（1）超滤法　超滤也称错流过滤，是一个以压力驱动的膜分离过程，它利用多孔材料的拦截能力，将颗粒物质从流体及溶解组分中分离出来。超滤膜的典型孔径在 0.01～0.1μm，而细菌的直径均在微米级，因此，超滤能够去除菌体和料液中的大分子物质，有利于产品的分离提取。

国内赖氨酸盐酸盐生产过程采用 50nm 陶瓷膜过滤菌体，发酵液中菌体、蛋白和部分大分子物质去除率达到 95%以上，膜浓相中含有菌体、蛋白质、赖氨酸和无机盐等大量营养物质，通过浓度调配后，喷浆造粒成含量 65%～70%饲料级赖氨酸硫酸盐。

（2）离心分离法　离心分离法以高速离心分离设备利用菌体与溶液的密度差进行分离。采用离心分离机分离效率高，处理能力大，能连续分离。由于离心过程中不存在超滤过程中带来的高热环境，菌体在离心过程中可保持较高的存活率，因此，采用离心菌体回用至发酵系统，具有减少物料损耗、提高糖酸转化率的优势。

（3）絮凝沉降法　絮凝沉降法是利用加入絮凝剂使菌体成絮状基团，密度增大沉降下来。目前所用的絮凝剂包括无机絮凝剂（以铝盐和铁盐为主）、合成高分子絮凝剂和天然生物高分子絮凝剂。由于沉降的菌体用于饲料，因此，絮凝法选择的絮凝剂要求无毒、无害、无异味。近年出现多种新型絮凝剂，能够满足安全、无毒的要求，但由于絮凝剂成本较高，因此絮凝沉降法的应用较少。

氨基酸产生菌含有丰富的蛋白质和其他营养物质，菌体蛋白主要有以下营养特点：①蛋白质含量高达 70%，氨基酸组成较为齐全（18 种），其中必需氨基酸约占 40%；②菌体中还含有碳水化合物、脂类、矿物质和多种维生素，以及丰富的酶类，如 CoA、CoQ 等。

氨基酸发酵液带菌体进行提取，可采用絮凝气浮法或超滤法进行分离菌体，经脱水干燥可生产饲料用的菌体蛋白，其蛋白含量可达 70%以上。带菌体废液中提取菌体蛋白的工艺流程如图 26-3 所示。

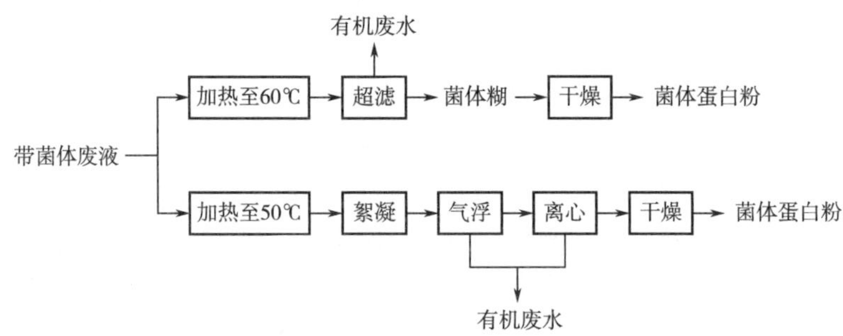

图 26-3 带菌体废液中提取菌体蛋白的工艺流程

目前，对于氨基酸发酵菌体的常规处理方式是将分离的菌体烘干作为蛋白饲料出售，或者将菌体作为饲料蛋白直接与氨基酸混合。

菌体蛋白中含有发酵过程中氨基酸产生菌所需的大量营养物质，如果用于蛋白饲料不能完全体现其价值。近年来，利用氨基酸产生菌菌体水解液回用至发酵系统的研究逐渐增多，通过多酶体系的联合作用，提高了水解率，并较好地保留原有营养。

2. 氨基酸的高效分离

通常，氨基酸分离纯化的成本可以占到总成本的 50%左右。氨基酸的分离纯化方法主要有：沉淀法、离子交换法、萃取法和膜分离法等几种。下面以赖氨酸分离提取为例进行说明。

（1）技术原理　赖氨酸系细菌发酵，菌体细小，采用传统方法难以过滤，通常发酵液直接进入离子交换，污染树脂，从而影响整个提取工艺。发酵液经树脂吸附分离后直接排放。同时由于树脂上吸附了大量杂质，解析前需大量水洗涤树脂，产生大量高浓度有机废水。污水问题是赖氨酸发酵生产中另一难以解决的问题。

采用不锈钢膜分离系统去除赖氨酸发酵液中菌体。采用 0.05~0.1μm 过滤孔径的膜处理发酵液，将发酵液中所有菌体、固体蛋白、胶体等不溶物彻底去除，同时去除大部分大分子物质，如蛋白质、多糖等，使进入树脂的料液清澈透明。大大提高了树脂吸附分离的效率，同时解决了大部分的环保问题。

赖氨酸发酵液经过不锈钢膜分离，去除菌体、胶体、蛋白质、多糖等大分子物质后经过澄清过滤的发酵液滤液进入后续树脂吸附分离工序。由于彻底去除菌体及大部分蛋白等大分子物质，使得进入后续工艺中所需的用水量大幅减少。因菌体等带来 COD 的主要物质被截留，排放的废水中 COD 总量减少 50%以上。

在赖氨酸生产工艺中选择不锈钢膜基于以下几种因素。

①0.05~0.1μm 过滤孔径在滤液质量与膜单位处理量之间找到最佳的平衡点。采用该过滤精度的不锈钢膜得到的滤液，既能够满足离子交换对料液的要求，又有较好的膜通量，从而最大限度地节约投资。

②TiO_2涂层的惰性膜层使得膜具有极好的耐污染性，清洗十分方便，通量恢复彻底，使用寿命很长，运行成本极低。

③膜通道宽，令后续工艺成本最低。新工艺采用浓缩等电点工艺，只有采用不锈钢膜过滤，其透过液中赖氨酸含量高。同时由于其宽通道可以最大限度地去除浓缩液中的水分，从而最大限度地减少该截留菌体在制备菌体饲料干燥过程中的能耗。

④316L不锈钢支撑层具有极好的韧性以及其全焊接的结构，该膜系统为生产带来极好的稳定性：赖氨酸发酵通常规模很大，生产企业对系统稳定性要求很高。不锈钢膜不会因温度骤变而产生断裂，以及不会因为接头渗漏影响生产。

（2）工艺流程　图26-4为饲料级98.5%赖氨酸盐酸盐生产新旧工艺的流程图对比。新工艺较旧工艺不同之处在于采用不锈钢膜澄清、过滤发酵液。其清液上离子交换比带菌体发酵液上直接离子交换带来许多益处，见下述详细介绍。

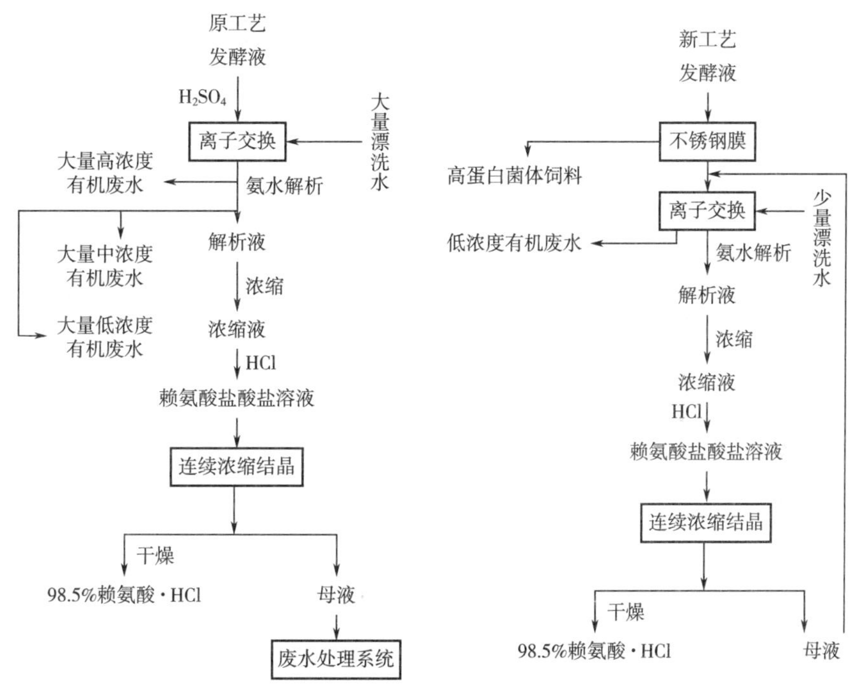

图26-4　饲料级98.5%赖氨酸盐酸盐生产新旧工艺流程图对比

（3）技术特点

①节约水资源、赖氨酸收率提高：由于传统工艺中含有大量菌体、蛋白质的发酵液经酸化后直接上柱，一方面由于菌体会黏附在树脂表面堵塞树脂孔道，影响赖氨酸与树脂及时充分的接触；另一方面，吸附过程在较低pH条件下进行，全部蛋白质都会电离成正电荷而吸附到树脂上与赖氨酸竞争。因此，传统工艺中吸附过程拖尾严重，很难将发酵液中的赖氨酸彻底吸附在树脂上，导致吸附收率较低，而且随着树脂使用批次的增加该现象将日趋严重；另外，由于拖尾情况比较严重，所以树脂吸附的进料流量必须控制在较低水

平，料液在树脂柱内的滞留时间必须较长，发酵液中赖氨酸得不到及时吸附会发生一定程度的降解损耗，因此，收率较低。采用赖氨酸生产新工艺后树脂拖尾情况发生大幅改善，吸附废液中含量降低、吸附速度大幅增加。因此，树脂吸附收率可以明显提高。

由于传统工艺中树脂漂洗水量明显高于新工艺。树脂漂洗过程中，树脂上少量赖氨酸会解离到漂洗水中，随着漂洗水而流失。显然，传统工艺中由于漂洗水量大，漂洗产品损耗显然大于新工艺，因此，采用新工艺有助于提高收率。

②树脂解析过程的优化：由于传统工艺中的树脂饱和柱进行解析时，拖尾情况严重。因此，为保证解析收率必须采取两条措施：其一，加大解析氨水用量，从而保证比较彻底地将吸附在树脂上的赖氨酸解析下来；其二，必须降低树脂解析进料流量，以减少树脂解析过程的拖尾。

采用新工艺后，解析基本无拖尾情况，节约了氨水资源的损耗。同时，由于采用新工艺后，拖尾情况改善，一方面解析进料流量可以增加；另一方面氨水总耗量降低即解析液进料总量可以降低，从而大幅度节约树脂解析时间，为资源更合理优化整合提供条件。

③树脂单元生产周期的降低：由于传统工艺中，树脂吸附、漂洗、解析的速度均较慢，树脂单元生产周期过长。树脂的利用率即树脂的生产能力往往是影响赖氨酸总产量的瓶颈。采用新工艺后，不但树脂吸附当量大幅增加，而且吸附、漂洗及解析的速度均大幅增加，树脂单元的生产能力增加 1 倍以上，有利于厂家迅速有效地整合内部资源，避免浪费。

目前生产赖氨酸含量 98.5%饲料级产品的企业均已采纳新工艺。采用不锈钢膜分离菌体并制得饲料，平均年产 5 万 t 赖氨酸，可以得到饲料蛋白约 1 万 t/年，可以为企业带来约人民币 3000 万元，其投资在两年内回收。

采用新的膜工艺，不仅有效解决了高浓度有机废水的问题，同时将污染变废为宝，产生巨大的经济效益。发酵液中大部分产生 BOD/COD 的物质被截留从而使树脂流出液中的污染大大降低，由于进入树脂的料液杂质减少，需要的漂洗水大量减少从而减少了废水总量及污染程度。采用膜工艺后浓污水的 COD 值可以降低 40%~50%，稀污水的 COD 可以降低 60%~70%，稀污水的水量可以降低 30%~40%，COD 总量降低 50%~60%。

二、能量的阶梯利用

能量的阶梯利用包括按质用能和逐级多次利用两个方面：①按质用能就是尽可能不使用高质能量去做低质能量可完成的工作；在一定要用高温热源来加热时，也尽可能减少传热温差；在只有高温热源，又只需要低温加热的场合下，则应先用高温热源发电，再利用发电装置的低温余热加热，如热电联产。②逐级多次利用就是高质能量不一定要在一个设备或过程中全部用完，因为在使用高质能量的过程中，能量的温度是逐渐下降的，而每种设备在消耗能量时，总有一个最经济的温度使用范围。这样，当高质能量在一个装置中已降至经济适用范围以外时，即可转至另一个能够经济适用这种低质能量装置中去使用，使总的能量利用率达到最高水平。

氨基酸生产过程伴随着大量热量交换，其中，物料灭菌过程、发酵降温过程、物料浓缩过程、产品烘干过程等都伴随着大量的能量交换。能量的阶梯利用原理主要遵照的是能量在交换过程中减少主动或者被动散失的机会，通过对生产实际情况进行分析，对产生大量能量环节进行专项的优化和改善，实现能量利用率的最大化。

热力学三大定律是能量合理利用的理论基础，而对于实际氨基酸工业化生产，则需要遵循"分配得当、各取所需、温度对口和阶梯利用"的原则。充分利用物料特性，合理调配生产工艺需求，即可达到能量交换高效进行、能量损失降低的效果。

（一）发酵过程中的能量利用

氨基酸发酵过程中需要热量用于物料升温，这部分热量主要来源于蒸汽热能和机械热能，同时，氨基酸发酵过程需要冷量用于物料降温，这部分冷量主要来源于冷却水。氨基酸发酵生产过程中，发酵物料一般采用蒸发器冷凝水，或采用换热升温的降温水作为溶解水。发酵培养基经过热水溶解能够使培养基中物料混合均匀，尤其是糖类和酵母粉等物料，使培养基中无结块等影响灭菌效果的物料。物料溶解后通过喷射器与蒸汽混合喷射，进入高温维持罐，达到高温维持时间而完成灭菌。灭菌后物料与溶解后的物料进行热交换，降低物料温度，同时，拉大溶解后物料与蒸汽的温度差，最后，灭菌后的物料与降温水完成最后的热量交换。以上过程尽量减少高温物料与低温物料的直接能量交换，采用阶梯式升降温控制方式，将物料的能量各取所需。发酵过程物料换热示意图如图 26-5 所示，发酵过程换热前后物料温度情况见表 26-1。

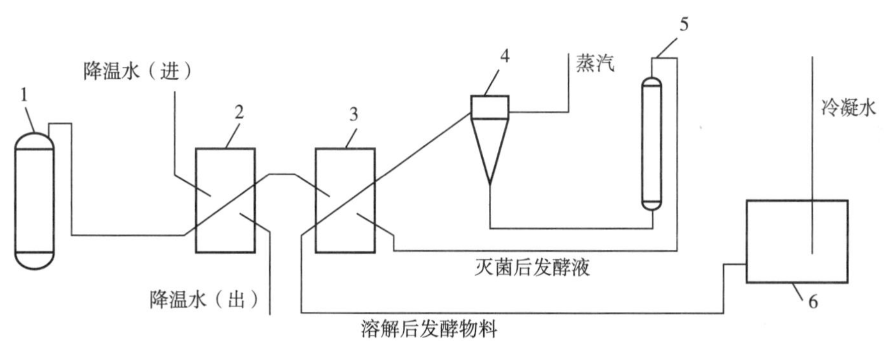

图 26-5　发酵过程物料换热示意图

1—发酵罐　2—板式换热器 2　3—板式换热器 1　4—喷射器　5—维持罐　6—发酵物料溶解罐

表 26-1　　发酵过程换热前后物料温度情况

工艺节点	温度	工艺节点	温度
冷凝水/降温水	50~60℃	板式换热器 1 灭菌后发酵液	<100℃
板式换热器 1 后发酵物料	>90℃	板式换热器 2 灭菌后发酵液	60~70℃
喷射后发酵物料	>115℃	降温水进	<30℃
维持罐出料	>115℃	降温水出	50~60℃

（1）发酵物料通过采用冷凝水（55~65℃）将所有物料溶解后，通过连消泵推动，在板式换热器1与来自维持罐的灭菌后发酵液（>115℃）进行热交换，实现两种物料各自的温度升降需求，经过板式换热器1后，溶解后物料温度升至90℃以上，而灭菌后发酵液降低至100℃以下，然后，溶解后物料与高温蒸汽喷射后，温度达到115℃以上，进入维持罐。

（2）经过板式换热器1处理后的灭菌后发酵液，进入板式换热器2，与降温水进行进一步交换，使灭菌后发酵液温度降至60~70℃，进而进入发酵罐待用。

（3）过程中的降温水通过板式换热器2后，可用于发酵物料的溶解。

（二）浓缩过程中的能量利用

浓缩蒸发过程是氨基酸生产工序中耗能较大的工序。通过使用蒸汽加热、抽真空（降低物料的沸点），达到浓缩的目的。多效蒸发由于后效的加热使用前效的二次蒸汽，所以理论上效数越多越节约蒸汽，消耗的蒸汽与蒸发效数关系（以水浓缩为例）：单效1.10、双效0.57、三效0.40、四效0.30、五效0.27、六效0.20，目前多效蒸发都在六效以内。多效蒸发是在真空条件下进行的，其真空度由真空泵或喷射泵来完成，单级泵的真空度一般为-0.087MPa，此时水可蒸发温度为51℃，若再降低温度，就得再加大真空度，势必造成能耗（电量）增加。若末效温度太高，由于较高温度的蒸汽要进入冷凝器冷却后排掉，造成热量损失，同时加大循环冷却水的用量。所以，多效蒸发的效数主要取决于被蒸发物料最高加热温度和效与效之间的温度差。效与效之间的温度差要求不小于12℃，以保证每效的蒸发强度；温差太小，增加效数的节能不抵输送时散热损失。物料的加热温度取决于物料允许的加热温度和供应蒸汽的压力。

（1）多效蒸发工艺流程主要分为4种，不同工艺的特点见表26-2。

表26-2　多种进料方式的多效蒸发特点

流程	特点	耗能	使用情况
顺流	进料和蒸汽都是从一效到最后一效，流向相同	各效均需输料泵，能耗较大	物料温度高时有利，适宜处理高温下是热敏性的物料
逆流	进料从末效进入，蒸汽自一效进入，流向相反	各效均需输料泵，能耗较大	原料温度低时有利，适宜处理黏度随温度和浓度变化较大的溶液，而不宜处理热敏性溶液
平流	各效均有原料进入，且进入下一效进行闪蒸	各效不需输料泵，能耗低	适宜饱和溶液的蒸发，可同时浓缩两种或多种水溶液
混流	蒸汽由第一效进入，混合位置前后均可看作平流，而混合位置由顺流连接	仅混合位置需要供液泵，耗能较少	适用于最后一效由温度来控制结晶的系统

①顺流（并流）法：被蒸发的物料与蒸汽的流动方向相同，即均由第一效顺序至末

效。它主要用于来料温度较高，并且蒸发浓缩后的物料仍便于输送的物料。作为多效蒸发第一效温度均较高，来料温度低，必须经过预热。再经第一效加热，水才能变成蒸汽被第二效利用，来料温度低，预热要消耗较多能源。所以不适于顺流法。

②逆流法：被蒸发的物料与蒸汽的流动方向相反，即加热蒸汽从第一效通入，二次蒸汽顺序至末效，而被蒸发的物料从末效进入，依次用泵送入前一效，最终的浓缩液从第一效排出。逆流法主要用于来料温度较低、要求出料温度较高的情况下。来料无须预热或少许预热即可蒸发，可以节约蒸汽用量，但物料需要泵来输送，用电量要增加一些。

③平流法：平流法是把原料液向每效加入，而浓缩液自每效放出的方式进行操作，溶液在各效的浓度均相同，而加热蒸汽的流向仍由第一效顺序至末效。此法由于高温物料热量未被充分利用，所以很少被利用。

④混流法：被蒸发的物料与蒸汽的流动方向有的效间相同，有的效间相反，可综合多种方式的优缺点。如淀粉厂黄浆水的蒸发为四效蒸发，物料流动为第四效→第一效→第三效→第二效，浓缩物由第二效排出。

（2）多效蒸发工艺的影响因素　氨基酸生产多效蒸发工艺的确定主要与所处理的物料性质有关。物料主要特性参数有密度、比热容、导热系数、黏度、沸点升高、焓值、表面张力、热敏性及腐蚀性等。其中密度、比热容、导热系数和黏度主要影响物料侧的传热系数，传热系数的不同会直接影响蒸发面积的选择。物料的表面张力主要影响物料的汽液分离过程和分离器直径和高度的选择。物料的沸点升高主要影响流程的选择、蒸发温度的选择、温度梯度分布和效数的选择，沸点升高比较高的物料，选择的效数不能太多。为了保证有足够的传热温差，需考虑设计为混流或其他流程。物料的黏度除了影响传热系数，还会对蒸发器型式的选择有影响。对浓度及黏度较高的物料，须选择强制循环或刮板式蒸发器，以防止物料流动速度慢发生结晶和堵塞。物料的热敏性要求物料在蒸发器中停留的时间要短，否则会使物料发生质变，因此需减少蒸发器的效数，减少物料在蒸发器中的循环时间。如果蒸发物料对最高或最低蒸发温度有要求，设计时一定要考虑蒸发温度、蒸发器型式及流程。物料的腐蚀性特别是物料在高温下的腐蚀性，是蒸发设备选材的一个重要因素。

（3）蒸汽再压缩技术

①热力蒸汽再压缩技术（TVR）：热力蒸汽再压缩技术属于热泵技术的一种，蒸发过程产生的二次蒸汽由于其能量的损耗，不能直接作为自身的热源，只能作为次效或次几效的热源。若作为本效热源则必须给予额外能量，增加蒸汽的温度和压力，提高其热焓值。而热力蒸汽再压缩技术采用蒸汽喷射压缩器即可达到要求。蒸发沸腾后得到的低品位二次蒸汽的一部分在高压工作蒸汽的带动下进入喷射器混合，使得温度和压力升高后，重新进入蒸发器的加热室当作加热蒸汽使用，来加热料液。剩余的二次蒸汽则会进入冷凝器进行冷凝，从而达到节能的目的。从效能上来讲，相当于增加了一效蒸发器。因此，节能效果可达到60%左右，但蒸汽喷射压缩器只能压缩一部分二次蒸汽，还是会造成能量的损耗。

②机械蒸汽再压缩技术（MVR）：机械蒸汽再压缩技术利用高能效蒸汽压缩机，对蒸

发系统产生的二次蒸汽进行压缩增压，提高二次蒸汽的焓，被提高热能的二次蒸汽替代生蒸汽，作为加热热源进入蒸发系统循环使用，依靠蒸发器自循环来实现蒸发浓缩的目的。生蒸汽仅用于补充热损失和进出料温差所需热焓，从而大幅度降低蒸发器的生蒸汽消耗，达到节能的目的。

三、水的高效循环利用

自改革开放以来，伴随着工业飞速发展，我国工业用水量迅速上升，至今经历了加速上升到减速上升的变化过程。然而水资源是有限的稀缺资源，我国是严重缺水的国家，未来水资源很可能成为制约工业进一步发展的重要因素，所以，必须切实落实可持续发展理念，保障工业增长的同时节约利用水资源，实现工业用水的高效循环利用。

节约用水，本着一水多用、循环使用和废水回用的原则，工厂必须进行水务管理和水量平衡，根据用水性质的不同，合理供水和进行工艺水的回用或循环使用。我国生物发酵相关产业均出台了相关用水定额标准，且随着国家对于环境保护力度进一步加大，如何实现水资源的高效循环利用已成为研究热点。

（一）氨基酸发酵的高水耗节点

1. 冷却水

在氨基酸发酵生产过程中需要将工艺物料的热量带走，而冷却剂主要是水。发酵过程中产生大量热量，导致发酵温度上升，为维持合适的发酵温度，需要使用大量的冷却水进行热量交换，将部分热量及时排走。节能技术的不断改进和换热网络的普遍采用，使许多冷却过程改为工艺物料间的热量交换。尽管如此，冷凝冷却仍为氨基酸发酵生产中用水量最大的单元操作。目前，氨基酸发酵主要使用间壁式换热器，工艺物料与冷却水之间只有热量交换，在正常情况下，冷却出水仅仅提高了温度而化学成分基本不变，且冷却过程本身对水质要求不太高，因此为循环使用冷却水创造了先决条件。

2. 锅炉给水

大型氨基酸企业发酵生产的主要热源为蒸汽。在加热、灭菌、蒸发、结晶和干燥等单元操作中，需要消耗大量水蒸气。锅炉给水对水质的要求很高，对悬浮物、硬度等参数都有明确要求。与冷凝冷却过程一样，生产所使用的水蒸气 70%～95%都是通过换热界面将热量传给工艺物料，热量交换后，产生大量冷凝水，因冷凝水含有部分热量，同时，其水质高于冷却循环水，因此将它回收利用既可节能又可节水。

3. 工艺用水

工艺用水是指为完成工艺过程所必须加入工艺系统内的那部分水，如配料水、离子交换用水等。由于工艺用水直接与工艺物料混合进入系统内，因此对水质的要求也较高，且不同的工艺过程对水质有不同的要求。工艺用水的去向主要有：①与其他物料发生化学反应，如淀粉乳的液化和糖化；②在生产固体产品时由干燥过程排入大气中；③成为液体产品的溶剂；④在生产过程中重新脱离系统被排放。这些排放的工艺废水虽经一定程度的净化，但总是带有一些工艺物料，会对环境造成污染，回收复用也有一定困难。

4. 非生产性用水

非生产性用水主要有冲洗用水、消防用水、生活用水。在对氨基酸生产设备进行清洗、除垢、维修等作业时，在水溶性物料发生泄漏时，都需要用大量水进行冲洗。发生火警时，则需用水进行灭火、降温。非生产性用水的特点是使用不连续，用量不稳定，用后一般直接进入地沟排放并带有污染，其污染物的组成也不稳定。

（二）节水减污措施

1. 循环水质量控制

采用循环冷却水，提高水的复用率。冷却水在氨基酸生产过程中仅作为冷却剂，通过自身温度的升高把工艺物料的热量带走。循环水技术是将换热后的冷却出水收集起来，通过冷却塔风冷降温后重复使用。目前此技术已普遍采用，效果良好。如赖氨酸生产厂中循环冷却水用量一般占全厂总用水量的85%以上。如不采用循环冷却水工艺，大部分氨基酸尤其是味精、赖氨酸等大型企业在缺水地区将无法生存。

（1）控制循环水水质，防止腐蚀和结垢　冷却水在循环系统中不断使用，由于水温升高、水的蒸发、各种无机离子和有机物的浓缩、冷却塔和冷水池在室外受到阳光照射、风吹雨淋、灰尘杂物的进入，以及设备结构和材料等多种因素的综合作用，产生较为严重的沉积物附着、设备腐蚀和微生物大量孳生。以上问题容易导致循环水的换热效率降低，导致能耗和水耗增大。因此，氨基酸生产厂家普遍根据循环水水质变化添加化学试剂。常用的工业循环水处理药剂有：阻垢剂、缓蚀剂、杀菌灭藻剂（水处理杀菌剂）、清洗剂、黏泥剥离剂、絮凝剂、混凝剂、分散剂等水处理药剂。

（2）选择合理的浓缩倍数　氨基酸生产厂普遍采用冷却塔风冷冷却出水，采用强制对流换热形式，热量随着水蒸气的蒸发达到降温作用。水的蒸发导致各种无机离子和有机物的浓缩。浓缩倍数是循环水使用过程检测的主要指标。通过提高其浓缩倍数，以此减少整个系统的排污量来降低补充水量，达到节水的目的。但是，随着浓缩倍数的增加，系统中含盐量增加，也会增加循环水水质的结垢和腐蚀，加速微生物生长和生物黏泥的生成，从而加大了水处理难度。综合考虑，一般认为浓缩倍数在3~5倍是经济合理的。由于各地区水质的不同，在控制浓缩倍数的过程中，应进行合理调控。

2. 工艺用水的合理使用

工艺用水的添加是用于溶解物料、调整物料浓度等工艺。通过分析氨基酸生产工艺中各节点中工艺用水的用途和生产目的，可将生产系统中各工艺用水进行合理分配。生产系统中存在量较多的是生产冷凝水，主要为蒸发器冷凝水。蒸发器尤其是大型蒸发器，如大型多效降膜式蒸发器，在生产过程中会产生大量冷凝水，这些冷凝水携带着大量热量，充分利用好这些余热可起到节能降耗作用。

冷凝水中主要包括一次蒸汽及二次蒸汽的凝结水，其中也包含极微量的挥发性物质。这些凝结水的主要用途有3种。

（1）降膜式蒸发器产生的冷凝水用于进料物料的预热，用过的冷凝水即可返回至锅炉或其他用途。也有单独利用大型蒸发器其中某一效（通常为一效）对物料进行预加热，这一效通常是冷凝水温度最高，单排水量最大，作为预加热的热源。

（2）氨基酸发酵过程中采用葡萄糖流加工艺，葡萄糖浓缩产生大量的冷凝水，这部分冷凝水中含有大量的热量，可用于发酵培养基的配制或淀粉乳调浆工艺水。

（3）上述利用外，还可把冷凝水送回至暂存大储罐内作为清洗设备用。清洗的对象为蒸发器、喷雾干燥塔、各种罐及管道等。

3. 中水回用

中水是指生活和工业所排放的污水经过一定技术处理后，达到一定水质标准，可回用于水质要求不高的农业灌溉、城市景观和工业循环冷却水等。在生活污水方面一般称为再生水，在工厂方面则称为回用水。将污水处理后的中水用于冷却循环用水、清洗用水等方面，可节约成本，降低污染。

中水处理技术根据目标污水中所含污染物的种类与多少、中水的用途及其水质标准来对工艺流程进行选择。一般来说，中水处理可分为物化处理和生物处理。

（1）物化处理　物化处理通常包括混凝沉淀、过滤、活性炭吸附和膜分离技术等。

①混凝沉淀：以聚合铝、聚合铁和聚丙烯胺等混凝剂，通过沉淀和气浮混凝沉淀技术去除水中的悬浮杂质。

②过滤：目前使用效果较好的滤料主要是石英砂（单层滤料）和石英砂无烟煤（双层滤料）。

③活性炭吸附：活性炭对可溶解的有机物具有较好的吸附性，将活性炭罐装在中水处理过程的后部可以很好地改善出水的水质，但是活性炭容易达到吸附饱和，运行成本太高，因此应用不普及。

④膜分离：膜分离技术具有许多优点，如操作简单、能耗低和分离效果好等。该技术主要包括纳滤、超滤、微滤、渗析、电渗析和反渗透等。目前，反渗透技术的应用最为普遍，能够去除水中总溶解性固体，还能降低矿化度。

（2）生物处理　生物处理是指采用微生物吸附法和氧化分解法来处理废水中的有机污染物。通常可分为好氧和厌氧两种处理技术，其中应用最广的是好氧生物处理技术。

①好氧生物处理法：又称为需氧生物处理法，需氧微生物在 O_2 充足的条件下，维持适当的温度和营养，能够大量地繁殖和代谢，将废液中的有机物质分解为 CO_2、水、硝酸盐、硫酸盐等简单无机物质，使废液得到净化。目前，需氧生物处理法有氧化塘法、活性污泥法、生物转盘法、塔式生物滤池法等。

a. 氧化塘法：通过光合作用，塘内的藻类利用废液中的无机、有机物质产生 O_2，这些 O_2 又被微生物利用而进行生长代谢，并氧化分解废液中的污染物，在氧化塘内形成了有机的循环。

b. 活性污泥法：活性污泥是一种絮状污泥，能够强烈地吸附和凝聚废液中的有机污染物质，并通过活性污泥中的微生物群、厚生动物群、藻类等对其进行氧化分解。利用活性污泥净化废液的生物处理方法，又称为生化曝气法。

c. 生物转盘法：处理流程如图 26-6 所示。生物转盘由许多轻质耐腐蚀的圆板等距离紧密排列，中心的横轴将它们串联起来。生物转盘一半浸没在盛有废液的半圆槽中，一半露在空气中，在盘片的表面培养微生物菌体形成生物膜。随着生物盘的转动，生物膜不断吸附废液中的有机物，利用空气中的 O_2 将它们分解。

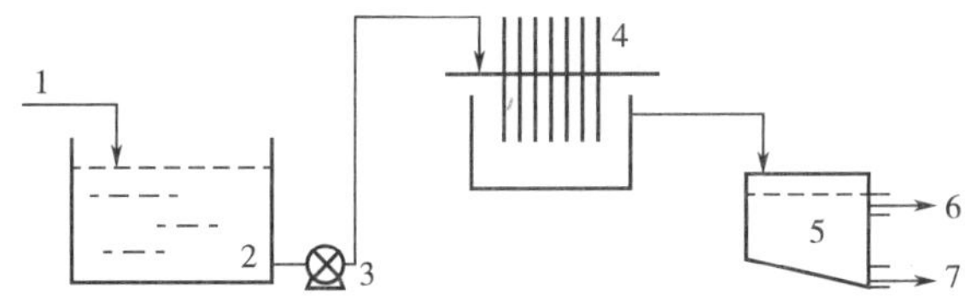

图 26-6 生物转盘法处理流程

1—进水 2—贮水池 3—泵 4—转盘 5—沉淀池 6—处理后水排放 7—污泥

d. 生物滤池法：生物滤池一般构造大致分为圆形及长方形两种，由布水器、滤料层、空气分布器、进水管和出水收集器构成，如图 26-7 所示。

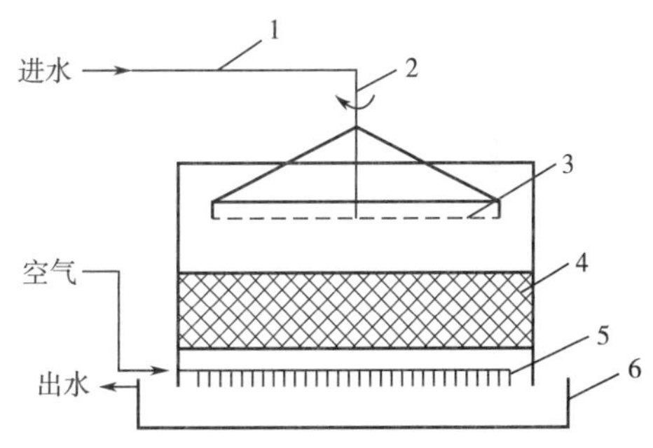

图 26-7 生物滤池结构示意图

1—进水管 2—旋转轴 3—布水器
4—滤料层 5—空气分布器 6—出水收集器

生物滤池内的滤料一般为塑料，微生物黏附在滤料上形成生物膜，为了能更多地吸附微生物，滤料层要求表面积大。这种挂膜处理方式与转盘相似，但是废液从滤池上面流入，通过布水器淋下，其中的有机物被生物膜吸附。空气从滤池的底部向上流通，一般除自然通风外也采用人工通风。为了使生物膜均匀地吸收氧气进行生长代谢、氧化分解废液有机物质，滤池底部设计空气分布器。

e. 生物流化床法：生物流化床是生物膜法的发展，生物膜载体采用细小的惰性颗粒，如活性炭、陶料、焦炭和石英砂等。生物膜在颗粒的表面均匀生长，随着载体颗粒在废液中的悬浮运动与废液中有机物充分接触，并发生作用。这些载体颗粒的流态化是生物流化床正常工作的关键，流态化是由气升式的液流形成。常见的好氧生物流化床又分为两相床和三相床，分别如图 26-8 和图 26-9 所示。

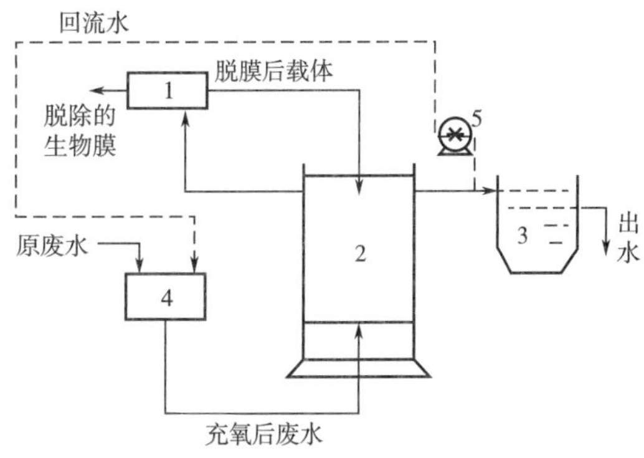

图 26-8 两相生物流化床工艺流程图

1—脱膜机 2—生物流化床 3—二次沉淀池
4—空气设备或充纯氧 5—泵

生物流化床是一种处理效率高的生物

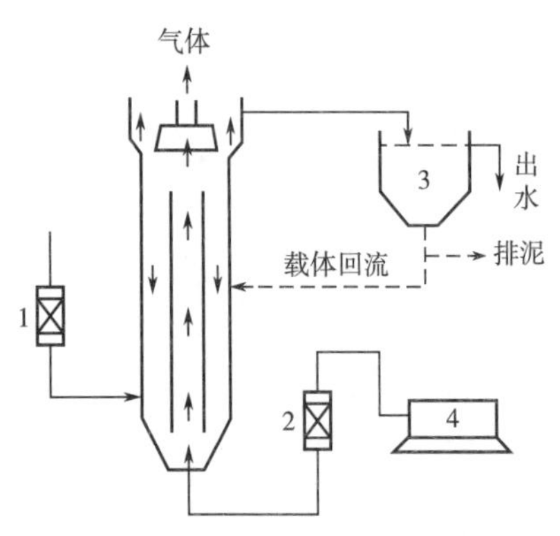

图 26-9　内循环三相生物流化床工艺流程图
1—液速计　2—气速计
3—二次沉淀池　4—气体压缩机体

膜反应器，具有很突出的优点。小颗粒的载体表面积大，有利于微生物生长，增加了生物膜与废液中有机物接触作用的概率；生物流化床具有较高的生物量和良好的传质条件，占地面积小，空间利用率高；具有较强的抵抗冲击力的能力；简化了废液处理的工艺流程等。

②厌氧生物处理法：在废液中缺乏溶解氧的情况下，利用厌氧微生物的生长代谢活动，分解处理废液中的有机物，最终产物是甲烷、CO_2、N_2、H_2S 和 NH_3 等。厌氧处理的分解过程分为两个阶段：第一阶段主要是废液中的有机物被胞外酶分解，然后再通过胞内酶的作用，将其转化为低级脂肪酸；第二阶段主要是微生物把第一阶段分解的小分子有机物进一步分解成甲烷和 CO_2 等物质。

对于高浓度有机废水的生物处理，厌氧消化法总比好氧降解法更为经济。厌氧处理不仅可以在低能耗去除 90% 以上的 BOD，还能以沼气形式生产出生物能源。厌氧处理装置一般采用厌氧消化池，由上流式污泥床和厌氧过滤器组成。在厌氧消化池中无氧条件下利用酸菌群和甲烷菌群，将废水中有机物转化为甲烷和二氧化碳，去除 80% 左右的 COD。

厌氧生物处理法的种类主要有普通厌氧消化池、厌氧接触法、上流式污泥反应器（UASB 反应器）、厌氧生物滤池法、厌氧流化床、厌氧生物转盘法和两相厌氧消化工艺法等。其中上流式污泥反应器发展最为迅速，应用最为广泛。

四、味精生产的三废处理及清洁生产

随着我国氨基酸工业集约化程度和清洁生产水平日益提高，氨基酸生产企业普遍进行了清洁生产审核，有些企业在一些指标上甚至达到了国际清洁生产先进水平。但由于我国氨基酸总产量过大和越来越严格的污水排放标准，尤其是增加了总氮排放指标，污染预防仍然任重道远，氨基酸发酵和提取的技术进步依然是整个氨基酸工业可持续发展的关键。下面以味精生产为例进行介绍。

（一）味精生产污染来源

味精生产工艺较为复杂，但可总结为三个主要阶段，依次是：淀粉水解成葡萄糖、谷氨酸发酵、发酵液制备味精。这三个阶段分别对应味精生产厂的糖化、发酵、提取和精制四个主要车间。味精生产工艺如图 26-10 所示。

（1）淀粉水解糖的制备　多数味精生产企业有淀粉水解糖车间。该工艺液化和糖化时一般不产生高浓度有机废水，外排的仅仅是冷却水和冲洗水，但板框除渣工艺过程会伴随着蛋白糖渣的产生。

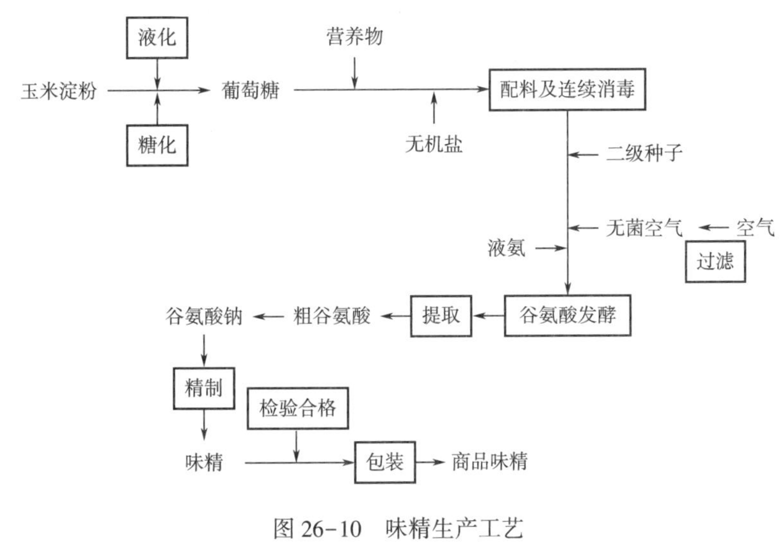

图 26-10　味精生产工艺

（2）谷氨酸发酵　谷氨酸发酵过程中伴随着发酵洗涤用水、连消废水、冷却水等废液。由于谷氨酸发酵为好氧发酵，发酵排气中携带着氨基酸产生菌和发酵过程特有的气味，属于生产废气，需严格控制。

（3）谷氨酸的提取与分离　在发酵液中除谷氨酸外，还有菌体、残糖、色素、胶体物质和其他发酵产物。谷氨酸分离提纯，通常是利用它的两性电解质性质、溶解度、分子大小、吸附剂作用以及成盐作用等，将发酵液中的谷氨酸分离提取出来。目前分离提取谷氨酸常用方法为浓缩等电点法。

谷氨酸提取与分离过程是三废产生的主要节点。在分离提取过程中废菌体的去除会产生大量的菌体蛋白。味精废水的主要污染源来自谷氨酸的提取与分离工艺，即等电点母液、离子交换尾液和离子交换树脂的洗涤及再生废液，这一部分废水包含高浓度的 COD、SO_4^{2-} 和气味。

（4）由谷氨酸精制味精　谷氨酸与适量的碱发生中和反应，生成谷氨酸一钠，其溶液经过脱色、除铁，除去部分杂质，最后通过减压浓缩、结晶分离，得到谷氨酸一钠晶体。该工艺废水主要是洗涤废水，且浓度较低，污染不大。废气主要为成品干燥尾气，携带成品特有气味和部分微尘，需严格控制和回收。

由味精生产工艺可知，生产过程产生的废物主要是三类：第一类是废渣；第二类是废气；第三类是废液，分别来自以下途径。

①原料使用处理后剩下的废渣（煤渣、糖渣、活性炭、助滤剂）与活性污泥；②发酵液经提取谷氨酸后废母液或离子交换尾液（高浓度有机废水）；③生产过程中各种设备的洗涤水（中浓度有机废水）；④离子交换树脂洗涤与再生废水（中浓度有机废水）；⑤液化、糖化至发酵等各阶段的冷却水和冷凝水（低浓度有机废水）；⑥锅炉尾气（含 SO_2 等有害气体）；⑦发酵尾气（含发酵异味和氨味）；⑧喷浆造粒和烘干热尾气。

（二）废弃物处理

1. 废渣的处理

废渣主要包含如下几类物质。

（1）锅炉房　煤燃烧后产生的煤渣和煤燃烧后产生的烟气经过除尘装置处理后得到粉尘颗粒，上述两种固体废弃物由专业公司运走，用来制造建筑材料（水泥、砖或用作修公路的路基的填充材料）。

（2）糖化工序　生产葡萄糖过程中添加少量助滤剂（珍珠岩）进行过滤后得到糖渣，可直接卖给饲料生产厂家作为复合饲料的添加物。

（3）精制中和工序　在粗谷氨酸进行中和脱色过程中对料液加入活性炭进行吸附脱色，经过滤后得到活性炭渣，可直接卖给活性炭生产厂家进行回收再生制得活性炭。活性炭复性工艺见表 26-3。

表 26-3　活性炭复性工艺

步骤顺序	步骤名称	处理内容
1	脱水	通过机械物理作用将活性炭表面的水分除掉
2	烘干	100℃蒸发孔隙水，少量低沸点的有机物也会被气化
3	低温分离	在约 350℃时加热活性炭，使其中的低沸点有机物被分离
4	高温炭化	800℃加热使多数有机物分解或以高温炭化的形态残留下来
5	活化	1000℃加热，使残留炭被水蒸气、CO_2 或 O_2 等分解

（4）污水站　对低浓度污水进行生物处理过程中，利用活性污泥进行好氧处理，降低污水中的 COD 及氨氮含量，使其能达标排放，在污水处理过程中有部分多余的活性污泥，经过压滤后得到的滤渣由专业的清洁公司运到垃圾填埋场进行无公害的填埋处理。同时，污泥的含水率高达 99%，其总氮含量约为 5g/L，经过污泥重力浓缩池后，污泥含水率降至 95%以下，pH 5~6，密度为 2.36g/cm^3。根据污泥的理化性质以及其中的较高含氮量，资源化处理混合高浓度有机废水生产复合肥是最为理想的，既实现了污泥的无害化处理，又达到了变废为宝的可持续发展的目标，其工艺如图 26-11 所示。

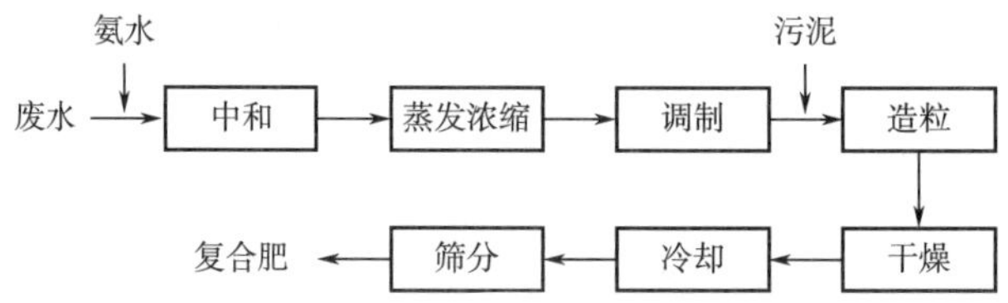

图 26-11　活性污泥混合高浓度有机废水制复合肥

其主要生产设备是喷浆造粒干燥机，它把传统的喷浆、造粒和干燥等工序设在同一设备中完成。这种喷浆造粒干燥机产量大、效率高、能耗低、操作弹性强、占地面积少，简化了工艺流程。

2. 废气的处理

废气主要有四类，其处理方法如下。

（1）谷氨酸发酵在好氧发酵过程中产生的废气，此废气主要有 CO_2、NH_3等。利用 NH_3易溶于水的原理，在发酵罐排气管的末端加装水喷淋系统及旋风分离装置，使 NH_3溶解于水后经旋风分离器进行气液分离，分离出来的气体经消毒后排入大气中。而含有 NH_3 的水可回收到连消工序，作配料时调 pH 使用，以减少液碱的用量。

（2）高浓度有机废水处理过程中的菌体蛋白干燥产生的废气，此废气中含有微量颗粒及水蒸气。干燥蛋白饲料过程中产生的废气含有水蒸气及蛋白饲料颗粒，可以在每台干燥机的顶部安装一条吸风管，将每台干燥机在生产过程中产生的废气集中收集。在总收集管道上安装两级水喷淋系统进行喷淋水除尘，再经过旋风分离器进行气液分离。分离的气体再排入大气中，而含有蛋白饲料颗粒的水回收到菌体糊罐中，与菌体糊一起经干燥机进行干燥生产饲料蛋白，基本杜绝饲料蛋白的粉尘污染。

（3）锅炉煤燃烧时产生的烟气及 SO_2等气体。可利用干式机械除尘及湿式除尘相结合的方法对烟气进行处理，回收锅炉烟气中颗粒物质（煤粉及煤灰等物质），用作建筑材料。干式机械除尘设备由静电布袋除尘器及旋风分离器及高烟囱组成，湿式除尘是利用麻石水膜喷淋除尘装置进行除尘。关于 SO_2治理，一方面是在煤中加入专用高效脱硫剂，减少煤在燃烧过程产生的 SO_2数量。另一方面在出烟通道安装专用湿式脱硫装置，对锅炉烟气进行脱硫处理。通过喷淋石灰乳，利用其中 CaO 与 SO_2进行化学反应来吸收 SO_2，形成 $CaSO_4$ 沉淀物，然后由专业清洁公司运走废渣做环保处理。

（4）国内一些味精厂利用高浓度有机废水制取复合肥，其主要工艺为“喷浆造粒”（图 26-12）。在此过程中，喷浆造粒机要排出大量的有刺激性气味特征的废气，废气由于 pH 低（<3.0），在大气中易形成酸雾或酸雨对环境造成危害。对废气采用重力沉降作用，让废气进入旋风分离设备，将大部分烟尘和复合肥微粒从烟气中分离出系统，除尘后尾气经过二级洗涤排放。其中采用清洗四效浓缩器的废碱水经稀释后作为洗涤水，来中和尾气的低 pH，从而减少或消除废气排放形成的酸液对环境的危害。

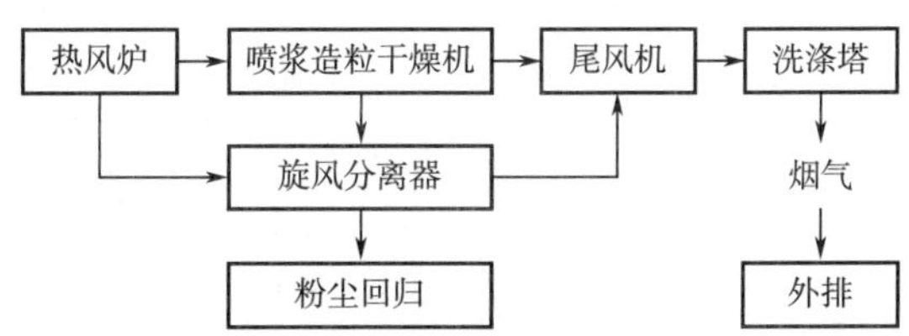

图 26-12　复合肥喷浆造粒尾气处理工艺

3. 废液的处理

味精废水主要分为三类：①高浓度有机废水；②中浓度废水；③低浓度废水，其性质如表 26-4 所示。

表 26-4　味精生产过程中不同种类废水成分

污染物分类	pH	COD/(mg/L)	BOD/(mg/L)	SS/(mg/L)	NH_3-N/(mg/L)	排放量/(t/t 味精)
高浓度（离子交换尾液或发酵废母液）	1.8~3.2	30000~70000	20000~42000	12000~20000	500~7000	15~20
中浓度（洗涤水、冲洗水）	3.5~4.5	1000~2000	600~1200	150~250	0.2~0.5	100~250
低浓度（冷却水、冷凝水）	6.5~7.0	100~500	60~300	60~150	1.5~3.5	100~200
综合废水（排放口）	4.0~5.0	1000~4500	500~3000	140~150	0.2~0.5	300~500

中、低浓度有机废水其 COD、BOD 和 NH_4^+ 等指标较低，此部分水若不加以处理排入江河中，也会使江河水质变差，浑浊度升高；由于江河水中含营养物质升高，水体含氧浓度降低，对水中生物造成一定的影响，甚至导致部分死亡，对环境有一定的危害。中低浓度污水必须经过污水处理后，符合国家环保相关排放标准后才能排放。

为了体现清洁生产的精神和要求，国内部分味精生产企业尝试对达标排放污水进行深度处理后，实现废水循环利用，使其可用于生产冷却水、日用水（绿化用水、卫生间冲洗用水），并取得了一定的成效。例如，有些味精生产企业采用“双膜法”水处理工艺，即连续微滤与反渗透组合污水深度处理工艺，对达标排放的污水经深度处理后回用到生产中去，“双膜法”污水深度处理回用技术工艺流程如图 26-13 所示。

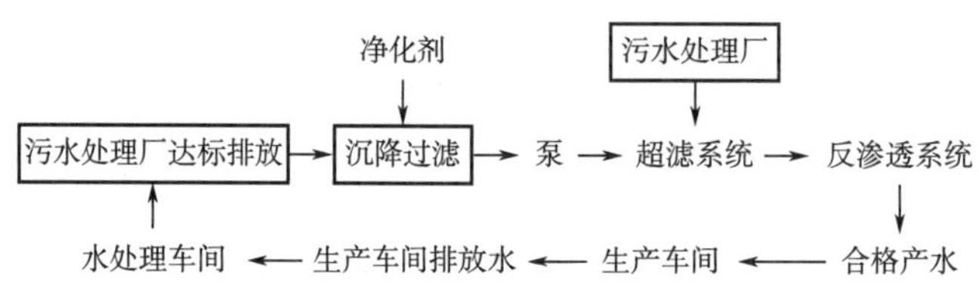

图 26-13　双膜法污水处理回用技术工艺流程

4. 有机废水综合利用

(1) 玉米浸泡水综合利用

①直接浓缩喷浆：淀粉水解糖生产过程中的玉米浸泡水含有丰富的氨基酸及多种维生素，除部分经浓缩制备玉米浆供发酵使用外，大部分得不到合理利用，作为废水排放，既污染了环境，又浪费了可用的有机资源。采用气升式发酵罐，培养酵母后进行全干燥，作为饲料酵母出售。生产过程基本无废水排放，使含有营养的浸泡水得到有效利用。

玉米浸泡水直接浓缩喷浆简化了工艺流程，利用循环喷射自吸原理吸入清洁空气，溶氧系数高，与老工艺比较降低电耗约 30%；循环流经板式换热器，换热控制简便可靠，比罐内设置盘管节约有效空间，增大罐内有效容积 5%左右。成熟醪进行减压多效蒸发浓缩，除去 70%冷凝水，其 COD≤800mg/L，进入好氧处理即可达标排放。整个流程紧凑，可连续操作，从成熟醪到成品 3~4h 即可完成。由于时间短，酵母不易变质，酵母味纯正，适口性强。其工艺路线见图 26-14。

②酶法氮素生物循环生产高蛋白饲料酵母：酶法氮素生物循环高值玉米加工副产物关键产业化技术，可以解决我国玉米加工中的玉米皮和玉米浸泡水的问题，可综合利用玉米加工中玉米皮和浸泡水中的氮素，来实现玉米加工副产物的高值化，同时减少资源的浪费和对环境的污染。

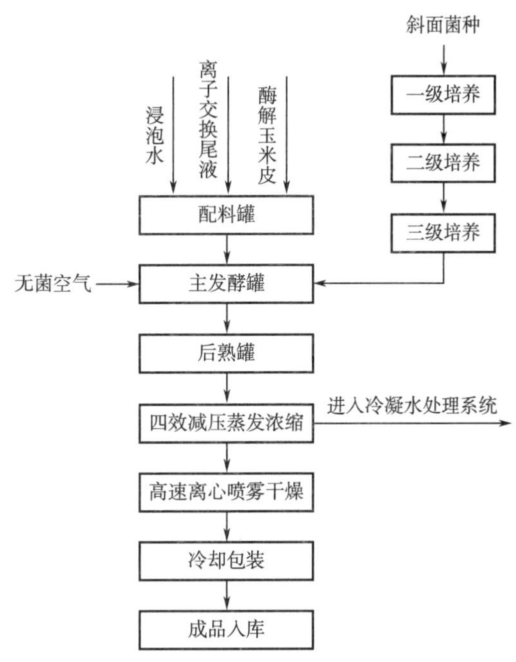

图 26-14 玉米浸泡水和谷氨酸离子交换尾液混合培养饲用酵母粉工艺流程图

酶法氮素生物循环生产高蛋白饲料酵母技术分为三个部分。一是玉米皮中碳源的获取。通过全局转录调控（GTME）技术、共代谢基因工程菌构建关键技术及生产菌系的定向改造技术来构建和选育高活性半纤维素酶和纤维素酶，实现玉米皮酶解，从而获取碳源。二是耦联法新型三组分分离技术分离提取玉米皮酶解液中的高附加值有效物质。采用耦联法新型三组分分离技术，分离提取酶解液中的木糖，分离提取率达到 95%。三是在实时代谢流分析的基础上，混合玉米浸泡水和分离提取木糖后玉米皮酶解液，在酵母菌种作用下，利用发酵过程产物优化技术，通过生物发酵生成高附加值可利用的氮素高蛋白饲料酵母来达到氮素循环利用的效果，氮素循环利用率达到 95%以上。

通过此项技术可以完全解决我国玉米加工行业中玉米皮和玉米浸泡水的问题，以目前我国玉米加工行业中玉米浸泡水中的 150 万 t 干基，400 万 t 玉米皮为例，可产氮素高蛋白酵母饲料 128 万 t、30 万 t 纯度 99%的木糖，分别增加工业产值 40 亿元和 75 亿元，共计增加总产值 115 亿元以上，约占全国发酵工业总产值的 15%。同时，该技术可以回收用水 4000 万 t，节约污水处理用电 7 亿 kW · h。

③玉米浸泡水发酵法生产单细胞蛋白工艺：单细胞蛋白是利用食品发酵行业排放的有机废液，培养酵母菌细胞合成效价蛋白，并能同化各种碳水化合物以及各种含氮化合物。利用酵母菌迅速繁殖的生理特点，使废液通过发酵获得大量的菌体蛋白，采用高效节能发酵设备，实现全废液饲料化，使发酵生产基本没有废液排出。

该技术的发酵设备采用环状喷射自吸式发酵罐发酵后，直接经板式蒸发器蒸发浓缩至干物质浓度 20%时，用高效离心喷雾干燥机干燥成酵母粉，产品质量高，成本低。

（2）味精生产过程中废水处理和利用　在味精生产的废水中，高浓度的有机废水虽最难处理，却最有回收利用价值。谷氨酸提取后分离的尾液属于高浓度废水，其 COD 浓度达 40000mg/L、氨氮浓度近 12000mg/L、悬浮固体（SS）浓度约为 12000mg/L、SO_4^{2-}浓度近 8000mg/L，pH 仅为 1.8~3.2，根本无法直接进行废水末端处理。由于其中含有残糖、菌体蛋白、氨基酸、铵盐、硫酸盐等，因此具有较高的资源综合利用价值。目前，味精企业都对其进行了回收利用，并成为其生产工艺的组成部分和效益增长点。

①资源回收利用：在高浓废水菌体蛋白的回收方面，通过絮凝气浮法先提取其中高附加值的菌体蛋白，这是很多味精企业的普遍做法，同时可降低废水中 COD 浓度近 50%，SS 近 90%。此外，由于分离尾液中的硫酸盐和铵盐浓度较高，通过浓缩连续结晶工艺生产 $(NH_4)_2SO_4$ 肥料已被众多味精企业所采纳。喷浆造粒工艺也是目前味精企业普遍采用的一种尾液资源化利用方法，即先将分离尾液浓缩到可溶性固形物质量分数达 20%以上，再利用高温烟道气喷浆造粒，将分离尾液的干固物全部转化为有机肥。但该工艺会带来二次大气污染，需增加污染治理设施。通过絮凝气浮回收菌体蛋白、浓缩结晶生产硫酸铵与尾液喷浆造粒制备复合肥三种技术的组合应用研究，可以实现废水资源综合利用的效益最大化。

此外，赵春静提出采用热变性技术絮凝气浮法分离谷氨酸废液菌体蛋白（图 26-15），通过对比发现，热变性技术能够节省 12kg 聚丙烯酰胺絮凝剂/t 干菌体，蛋白质回收率达到 95%以上。

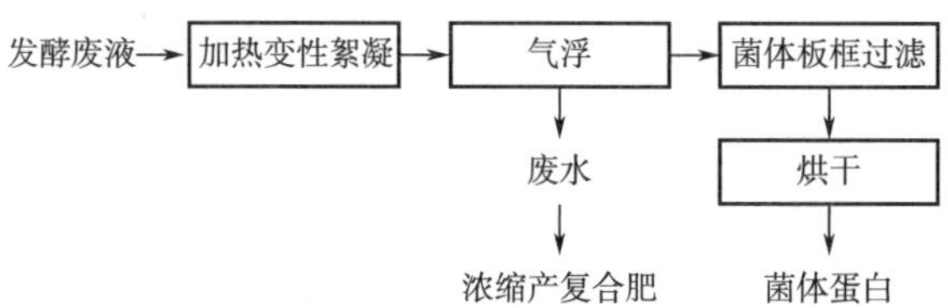

图 26-15　热变性气浮分离谷氨酸废液菌体蛋白工艺

②生产有机肥料：将味精离子交换尾液（6°Bé、pH 1.5~2.0）泵入贮池，经一定时间自然发酵，消化分解后加液氨，调 pH 5~6（避免设备腐蚀和提高肥效）。进入四效浓缩系统，浓缩液达 35°Bé、pH 4.5 即可作为液态肥料，也可进一步干燥成颗粒肥。由于蒸发浓缩过程中加热会出现氨挥发，使 pH 降低，因此真空浓缩系统需要采用不锈钢材质，以延长设备寿命。味精离子交换尾液浓缩生产有机肥料工艺如图 26-16 所示。

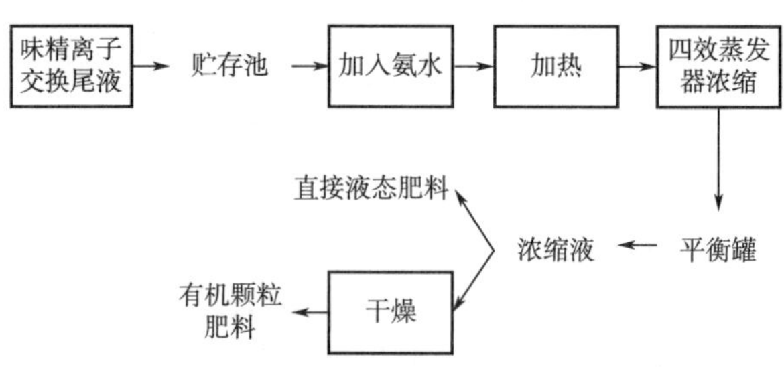

图 26-16　味精离子交换尾液浓缩生产有机肥料工艺

该工艺的主要技术参数如下所示。

加热器各级温度见表 26-5。

表 26-5　　加热器各级温度

项目	一级	二级	三级	四级
温度/℃	30~45	45~60	60~80	80~99

四效真空蒸发器的主要技术参数见表 26-6。

表 26-6　　四效蒸发器的主要技术参数

工艺指标数	Ⅰ	Ⅱ	Ⅲ	Ⅳ
加热蒸汽温度/℃	110	97	85	71.5
加热蒸汽压力/MPa	0.146	0.0927	0.0589	0.0339
蒸汽温度/℃	98	86	72.5	52
蒸汽压力/MPa	0.0962	0.0163	0.0354	0.0139
沸腾温度/℃	99	88.5	76.5	63

有些味精生产企业采用发酵液除菌体浓缩等电点法提取谷氨酸，浓缩废母液生产有机复合肥工艺（图 26-17），该工艺有以下特点：避免菌体及破裂后的残片释放出胶蛋白、核蛋白和核糖核酸影响谷氨酸的提取与精制，同时菌体蛋白粉（含蛋白质 70%左右）是一种经济价值与饲料价值很高的饲料添加剂；将发酵液除菌体与浓缩，均能提高谷氨酸提取率与精制得率；除菌体浓缩等电点提取工艺使废母液浓度提高，有利于继续中和生产有机复合肥料，从而彻底消除污染。

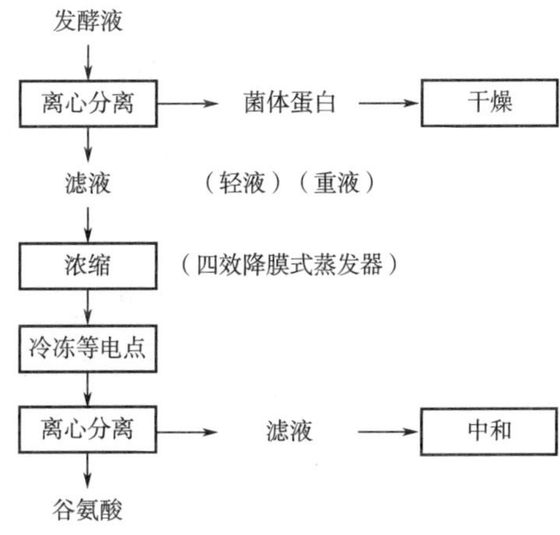

图 26-17　浓缩废母液生产有机复合肥工艺

③生产饲料酵母：谷氨酸发酵废母液中含有丰富的有机物，很适合微生物生长。利用

味精废水生产饲料蛋白，既可将废水 COD 和 BOD 降低 60%~80%，减少对环境污染，又能变废为宝，每 3t 味精所排放的废水可生产 1t 干酵母。利用谷氨酸发酵废母液生产饲料酵母的生产工艺特别适合于采用冷冻提取工艺的谷氨酸发酵废母液（主要成分见表 26-7）。味精发酵废母液生产饲料酵母的工艺流程如图 26-18 所示。生产酵母的二次废水 COD 较原母液下降 40%左右，如何进一步处理是本工艺亟待解决的问题。

表 26-7　　谷氨酸发酵废母液（冷冻提取工艺）的主要成分

项目	分析值	项目	分析值
波美度/°Bé	<5.0	COD/(mg/L)	80000
pH	3.0	BOD/(mg/L)	27600
还原糖含量/%	<1.0	悬浮物量/%	1.5
谷氨酸含量/%	<1.5	氨氮量/(mg/L)	6988.7

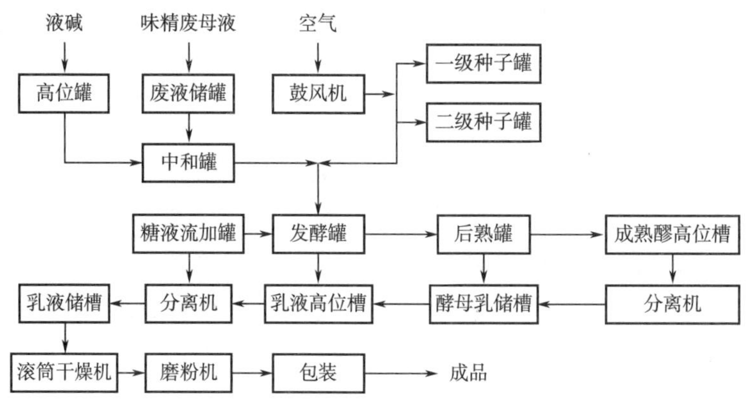

图 26-18　味精发酵废母液生产饲料酵母工艺流程

味精发酵废母液生产饲料酵母工艺的主要技术指标如下：发酵液菌体浓度（干基）约 20kg/t 废液；稀释率 0.15/h；废水中有机质去除率 60%左右；废水中残糖去除率 80%左右；废水中有机氮去除率 40%~60%；pH 3.2~6.0；粗蛋白含量 500kg/t 饲料酵母。

（3）氨基酸发酵生产过程中废渣液生产单细胞蛋白　氨基酸发酵生产过程中有大量废渣废液产生，对环境造成了严重污染。如果利用废渣废液生产单细胞蛋白，既可获得蛋白质含量高的饲料蛋白，又可降低对环境的污染。单细胞蛋白（SCP）又称为微生物蛋白或菌体蛋白。单细胞蛋白生产工艺流程因原料和菌种不同而异，但基本工序大致是一样的。以谷氨酸提取废液生产热带假丝酵母单细胞蛋白为例，其工艺流程如图 26-19 所示。

废液经絮凝气浮法或超滤法除菌后，可获得氨基酸产生菌的菌体蛋白。除菌所得清液以及添加的营养物一起用于配制酵母培养基，在发酵罐中进行分批或连续的高密度培养，培养液经蒸发浓缩、干燥可得菌体蛋白粉，产品含蛋白质达 60%以上，用作饲料，其效果与鱼粉相同。如果培养液采用离心法或超滤法收集菌体，经进一步提炼，可制取食品蛋

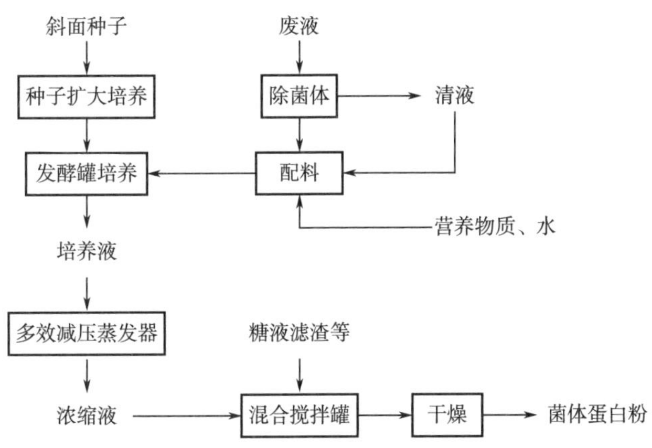

图 26-19　废液生产单细胞蛋白的工艺流程

白。总之，该工艺对工业生产的废渣液处理比较彻底，整个过程不仅无废水排放或很少排放，还可获得较高附加值的副产品。

（4）嫌气沼气发酵法　沼气是新能源中的一种，在这种气体中有约 65%的甲烷、30%的 CO_2 及其他气体。在缺乏溶解氧的情况下，利用厌氧微生物的生命活动，分解处理有机物产生甲烷、CO_2、少量氮气、H_2、H_2S 和 NH_3 等。

应用厌氧发酵处理味精废水是目前味精废水处理领域的研究热点。厌氧处理可除去味精废水中 COD 和 BOD 达 90%以上，又能获得沼气（甲烷含量 66%以上），提高能源。每处理 1t 味精废水能产生 15m^3沼气，具有一定的经济效益。

五、氨基酸清洁生产中应用的新技术

（一）菌种选育及发酵过程

1. 高性能温敏型菌种定向选育、驯化及发酵过程控制技术

高性能温敏型菌种定向选育、驯化及发酵过程控制技术，采用谷氨酸温度敏感型菌种进行发酵，是目前国际谷氨酸发酵的主流。其发酵控制方式与采用生物素亚适量的控制方式完全不同，不需要控制生物素亚适量，仅通过物理方式（转换培养温度）就可以完成谷氨酸生产菌由生长型细胞向产酸型细胞的转变，避免因原料影响造成产酸不稳定的现象，且发酵稳定、发酵周期短、设备利用率高。另外，生物素过量强化了 CO_2 固定反应，提高糖酸转化率。谷氨酸温度敏感型菌种是目前谷氨酸发酵较为优良的菌株。该菌株能够利用粗制原料（粗玉米水解糖、糖蜜等）发酵生产谷氨酸，对于添加部分甜菜糖蜜的发酵培养基，菌株表现出高产酸水平，适当减少发酵培养基中生物素的用量，菌株仍表现出高生物素的营养特性。

利用现代生物学手段定向改造温度敏感型菌种，选育出具有目的遗传性状、产酸率高的高产菌株，同时对高产菌株发酵生物合成网络进行代谢网络定量分析，结合发酵过程控

制技术，优化发酵工艺条件，提高谷氨酸的产酸率和糖酸转化率，其产酸率可提高到200~220g/L，糖酸转化率提高到70%~72%。采用该技术不仅可降低粮耗和能耗，并可通过提高产酸率和糖酸转化率达到降低水耗、减少COD的目的。

2. 新型高产发酵菌种选育技术

发酵生产过程主要为氨基酸发酵、分离提取及产品后处理。其中发酵所用菌种对原料的转化率有至关重要的影响。我国发酵生产技术水平与国际先进水平相比差距较大，用于生产的菌种总体水平较低，拥有自主知识产权的菌种少。优良生产菌种的选育，一直是氨基酸发酵的主要研究课题。为了获得性能优良的高产菌株，过去人们经常采用紫外线照射和化学诱变剂诱变等方法。尽管这些方法在高产菌株选育方面曾起过极为重要的作用，而且至今仍是行之有效的方法，但仍有许多不足之处，如工作量大、盲目性大，多次诱变处理后产酸不易提高等。为此，人们迫切希望采用定向育种、效率高的新技术来选育生产菌株。采用基因工程等现代微生物育种技术、发酵工程技术和代谢工程技术等先进生物技术手段，以开发自主知识产权的优良菌种，使我国菌种发酵的综合技术水平达到或超过国际先进水平，对提高我国发酵行业的自主创新能力、降低生产成本、降低污染排放、合理使用资源、提高国际竞争力具有十分重要的现实意义。

（二）分离提取

1. 新型浓缩连续等电点转晶提取工艺

采用新型浓缩连续等电点转晶提取工艺替代传统味精生产中的等电点离子交换工艺。该工艺的特点是将谷氨酸发酵液浓缩后采用连续等电点结晶、二次结晶与转晶和喷浆造粒生产复合肥等技术，解决味精行业提取工段产生大量高浓度离子交换废水的问题，且无高氨氮废水排放；同时采用自动化热泵设备将结晶过程中的二次蒸汽回收利用，达到节约蒸汽、降低能耗的目的。本工艺的实施降低了能耗、水耗以及化学品消耗，提高了产品质量，并减少了废水产生和排放。

2. 膜工艺集成技术的应用

膜分离技术由于兼有浓缩、分离、纯化和精制的功能，又以其可低温操作、节能、环保、高效精密的分子级分离及过滤，其过程简单、易于操作控制等特征，已发展成为一种有效规范的生产工艺，被认为是21世纪最有前途的高新技术之一。近年来在制药、食品、化工、生物、环保、能源、水处理、电子、仿生及资源回收等工业领域中大规模应用，产生了巨大的经济效益和社会效益，是解决当代能源、资源和环境问题的重要新技术，并将对21世纪的工业技术改造起着深远的影响。膜与先进生产工艺的集成应用以及膜自身集成技术的开发，成为21世纪工业技术改造中一项极为重要的新技术。

味精生产大都应用传统工艺，收率低和大量高污染性废水排放是长期困扰味精生产企业的两大难题。用膜分离过程改造传统味精生产工艺的特点：①有效脱除发酵液中的菌体等有害物质，得到澄清的发酵液，一次等电点提取可提高收率8%；②大幅度浓缩中和液，使谷氨酸浓度从8%脱水浓缩到20%以上，改低浓度结晶为高浓度结晶；③在室温下进行膜分离过程既避免传统加热浓缩而生成焦谷氨酸钠，影响产品质量，又可节省大量能源；

④用膜法生产的味精，颗粒光滑无凹痕，晶莹透亮品质好，且不易返潮；⑤科学地整合味精生产上下游工艺使母液不断地循环分离与过滤，产品99%以上被回收，从源头上控制污染物排放，实现清洁生产；⑥分离出来的滤渣呈半固态，可以加工成饲料或肥料，增加企业综合利用效益。

赖氨酸发酵（大肠杆菌或谷氨酸棒杆菌），菌体细小，采用传统方法难以过滤，通常发酵液经树脂吸附分离后直接排放，同时由于树脂上吸附了大量杂质，解析前需大量水洗涤树脂，产生大量高浓度有机废水。利用不锈钢膜分离系统，先去除发酵液中的菌体、胶体、蛋白和多糖等大分子物质，再进入后续树脂吸附工序，用水量大幅减少，因菌体等带来COD的主要物质被截留，排放的废水中COD总量减少50%以上。

3. 谷氨酸提取闭路循环工艺技术

江南大学和山东菱花集团合作开发了一条谷氨酸提取新工艺，即闭路循环提取谷氨酸工艺，如图26-20所示。在絮凝气浮回收菌体蛋白、浓缩结晶生产（$(NH_4)_2SO_4$）的基础上，将剩余脱盐液进行低温造粒烘干制取复合肥，并将蒸发冷凝水回用于谷氨酸发酵过程中，既无废水也无废气产生。

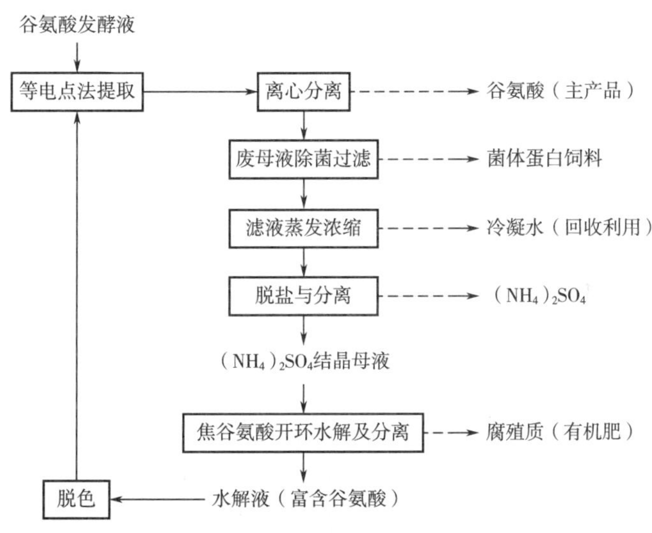

图26-20　谷氨酸发酵液提取谷氨酸的闭路循环工艺流程

谷氨酸发酵液以批次方式进入闭路循环圈，先经等电点结晶和晶体分离，获得主产品谷氨酸；提取母液经除菌体，得到菌体蛋白饲料；去菌体后的提取母液经蒸发浓缩，得到的冷凝水排出闭路循环圈；经浓缩的母液经过脱盐操作，获得结晶$(NH_4)_2SO_4$；$(NH_4)_2SO_4$的结晶母液进行焦谷氨酸开环操作和过滤分离，滤渣（高品位有机肥）排出闭路循环圈；最终得到富含谷氨酸的水解液，经脱色可代替浓H_2SO_4用于下一批次发酵液的等电点提取，物料主体构成了一个闭路循环。以此类推，周而复始。进入物流主体循环圈的有发酵液、H_2SO_4等；离开主体循环圈的是谷氨酸、菌体蛋白、$(NH_4)_2SO_4$、腐殖质和蒸汽冷凝水。此工艺的不足是投资比较大，操作步骤多，易出故障。当闭路循环工艺中某一环节出现问题时，整个工艺就要停止，所以对设备和操作的要求比较高。

从理论上证明可以进行无限次循环，该工艺与现有提取工艺比较，有以下特点：①革新离子交换工艺；②改冷冻等电点结晶为常温等电点结晶，可节约大量的冷冻耗电；③谷氨酸提取率大于95%；④实现物料闭路循环，不再产生对环境造成严重污染的废母液；⑤可以生产的副产物：菌体蛋白（干基）0.1t/t味精（蛋白含量为75%），$(NH_4)_2SO_4$晶体0.8~0.9t/t味精，高品位有机肥0.3t/t味精；⑥冷凝水（60℃）可循环用作工艺冷却水。

（三）资源能源综合利用技术

1. 阶梯式水循环利用技术

阶梯式水循环利用技术将温度较低的新鲜水用于结晶等工序的降温；将温度较高的降温水供给其他生产环节，通过提高过程水温度，降低能耗；将冷却器冷却水及各种泵冷却水降温后循环利用；制糖车间蒸发冷却水水质较好且温度较高，可供淀粉车间用于淀粉乳洗涤，既节约用水，又能降低蒸汽消耗。本技术主要是对企业的生产工艺进行了技术改造，打破企业内部用水无规划现状，对各车间用水统筹考虑，加强各车间之间协调，降低企业新鲜水用量，改变企业内部各生产环节用水不合理现象。

2. 冷却水封闭循环利用技术

冷却水封闭循环利用技术主要针对企业生产过程中的冷凝水、冷却水封闭回收。本技术将冷却水降温后循环使用，因冷凝水温度较高，将其热量回收后，直接作为工艺补充水使用。本工艺的实施减少了新鲜水的消耗，并降低了污水排放量。本技术通过对生产过程中的冷凝水、冷却水封闭循环利用，不仅减少了新鲜水的用量，降低了单位产品的用水量，还降低了污水的排放量。同时，通过对热能的吸收再利用，可降低生产中的能耗，达到节能的目的。

3. 蒸汽余热梯度利用技术

蒸汽余热梯度利用技术利用蒸汽冷凝水的热能替代蒸汽用作物料反应。此项技术可用于LiBr制冷机组、味精结晶工序加热系统改造、味精烘干技术改造、五效降膜蒸发器替代三效蒸发器等。LiBr制冷机组技改后，吨味精可节约2.85t蒸汽；味精结晶工序技改后，吨味精可节约1.65t蒸汽；味精烘干工序技改后，吨味精可节约0.1t蒸汽；三效降膜蒸发器浓缩工序技改后，吨味精可节约0.7t蒸汽。吨味精共节约5.3t蒸汽。

（四）末端治理及废弃物综合利用

1. 高效有机气溶胶烟气治理技术

喷浆造粒在高温条件下，将料浆中的水分和有机物一同挥发出去形成喷浆造粒烟气。喷浆造粒烟气处理工艺路径见图26-21。其中，文丘里洗涤除去烟气中的燃煤颗粒，降低烟气温度；喷淋塔洗涤除去残余的燃煤颗粒和大颗粒液滴，继续降低烟气温度；气溶胶处理器有效捕集气溶胶烟气。

高效有机气溶胶烟气治理技术不仅能解决味精行业的污染问题，在其他发酵行业，包

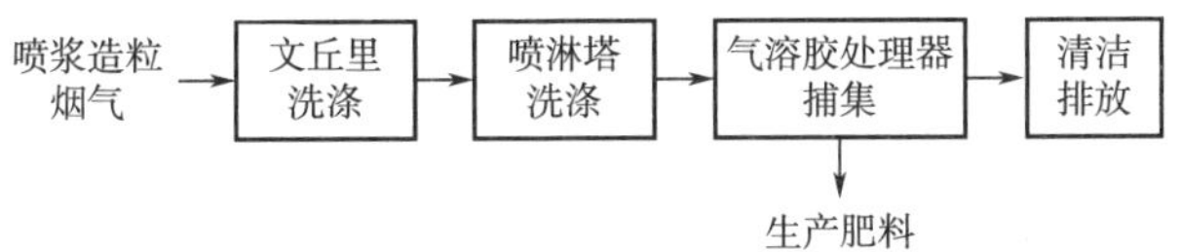

图 26-21　喷浆造粒烟气处理工艺

括青霉素、有机酸等行业都可以推广和应用。采用该技术，解决了味精发酵尾液喷浆造粒过程中产生的烟气，挥发性/半挥发性有机物（VOCs/SVOCs）去除效率达 95%以上，并且去除烟气造成的异味。

2. 新型好氧同步硝化-反硝化（ASND）法处理高浓度氨氮废水技术

新型 ASND 法处理高浓度氨氮废水技术重点解决发酵行业中高浓度废水的 COD 和氨氮问题。其原理在于脱氮菌系由好氧反硝化菌和异养硝化菌组成的优势菌群，反应过程在曝气池内进行，既存在生化过程，也存在硝化过程和反硝化过程。由于曝气池内不停地进行生化、硝化和反硝化，生化产物（氨氮）直接进行硝化，硝化产物直接进行反硝化，因此可完全处理高浓度废水中的 COD 有机负荷和氨氮负荷，提高了污水处理的生物能效，COD 和脱氮工艺高效而简单，处理的氨氮最终以 N_2的形式排放出，节约了能源和成本，该技术可使 COD 消除 95%以上，氨氮消除 90%以上。该技术基于传统的好氧生物处理工程，设备投入较少，主要为基建投入。相比于传统生化-硝化-反硝化技术（即使是改进型 A/O 法），其脱氮效率更高，尤其适用于可生化性较好的发酵高氨氮废水。

3. 发酵母液综合利用新工艺

发酵行业的废水中含有丰富的蛋白质、氨基酸、糖类和多种微量元素，具有较高的 COD 值。本技术将剩余的结晶母液采用多效蒸发器浓缩，再经雾化后送入喷浆造粒机内造粒烘干，制成有机复合肥，至此发酵母液完全得到利用，实现发酵母液的零排放，将高浓废水中的有机污染源高值化利用，变废为宝。工艺中利用非金属导电复合材料的静电处理设备处理喷浆造粒过程中产生的具有较强异味的烟气，处理效率可达 95%以上。

4. 新型膜用于氨基酸清洁生产新工艺

新型膜用于氨基酸清洁生产新工艺采用膜分离技术将味精生产废水 COD 的主要来源之一菌体全部截流，并制成高蛋白饲料，从而实现污染物从源头去除，减少生产用水和化学品的消耗，整个生产过程闭路循环、零排放。膜分离（MF 微滤）（有超滤、反渗透和电渗析等方法）是一种新型的水处理技术。膜分离又称微孔过滤，属于精密过滤，其基本原理是筛孔分离过程。在压差的推动下，原料液中的溶剂和小的溶质粒子从高压的料液侧透过膜到低压侧，所得到的液体一般称为滤液或透过液，而大的粒子组分被膜截留，达到溶液进化的目的。除此以外，还有膜表面层的吸附截留和架桥截留，以及膜内部的网络中的截留。微孔滤膜因孔径固定，可保证过滤的精度和可靠性。

根据膜的材质不同，膜又分为有机膜和无机膜。由于有机膜存在易污染、寿命短的缺陷，已经逐步被淘汰。目前，已经产生了很多新型的陶瓷膜以及不锈钢膜等，这类无机膜具有寿命长、耐污染、适用性广的特性，尤其是不锈钢膜在发酵液澄清领域中已经显示出独有的卓越性能。

（五）装备

1. 膜生物反应器（MBR）

膜生物反应器设备被列入《当前国家鼓励发展的环保产业设备（产品）目录》（2010年版）。膜生物反应器是膜分离技术与生物处理技术有机结合的新型废水处理系统，是一种由膜分离单元与生物处理单元相结合的新型水处理技术，以膜组件取代二沉池在生物反应器中保持高活性污泥浓度减少污水处理设施占地，并通过保持低污泥负荷减少污泥量，主要利用沉浸于好氧生物池内的膜分离设备截留槽内的活性污泥与大分子固体物。因此系统内活性污泥（MLSS）浓度可提升至10000mg/L，污泥龄（SRT）可延长30d以上。如此高浓度系统可降低生物反应池体积，而难降解的物质在处理池中也可不断反应而降解。

2. 新型节能发酵系统设备

新型节能发酵系统设备适用于发酵过程。通过提高单罐发酵罐容积降低单位产品、单位体积能耗，提高发酵效率；改变传统的发酵搅拌装置，采用自吸式搅拌；配用离心风机替代活塞式空压机给发酵罐供风，占地面积小，使用寿命长，空气质量高，维修保养费用低；选用节能变压器与电机，电机、水泵、风机采用变频控制系统，节能效果明显。

3. 机械蒸汽再压缩设备（MVR）

机械蒸汽再压缩设备的工作原理：原料液经预热进入蒸发器中，蒸发沸腾产生二次蒸汽，经过分离器进行分离提纯后，进入蒸汽压缩机，使得二次蒸汽的温度、压力、热焓值得到大幅度的提升，得到的高品位的二次蒸汽可以重新进入蒸发器内替代新鲜蒸汽进行换热，于是除了启动该系统时需要通入一点蒸汽外，只要产生二次蒸汽，就可关闭新鲜蒸汽的加入，完全利用了二次蒸汽的全部能量。机械蒸汽再压缩设备节能效果明显，运行成本低。

4. 新型膜设备

膜产品可应用于分离提取阶段、废水处理阶段。膜分离是典型的物理分离过程，不用化学试剂和添加剂，产品不受污染，有效成分损失极少，并且能耗极低，其费用约为蒸发浓缩或冷冻浓缩的1/8~1/3，国外膜分离技术水平较高，国内使用的膜都来源于国外，成本很高，影响了其在企业中的应用。膜的国产化、自主化问题成为制约膜在国内各行业推广的主要因素。

5. 多级模拟移动色谱系统

多级模拟移动色谱系统可应用于分离提取阶段多组分物质的分离提取。国外在分离提取方面对多级模拟移动床分离系统的研究与开发非常关注，已开始在工业生产中应用。该系统分离程度高，可同时分离二组分或三组分，通过改变固定相可采用水作流动相，污染小。目前国内的淀粉糖行业也开始对其进行研发，但因为技术尚不成熟，同时投资相对较高，因此基本还未大规模使用。多级模拟移动色谱系统也可用于酶制剂等行业多组分分离纯化。

6. 新型高效节能结晶设备

新型高效节能结晶设备用于发酵产品的连续结晶。目前味精蒸发结晶设备绝大多数采用单效加热结晶，能耗、汽耗较大，可采用热泵双效或多效蒸发连续结晶，减少结晶过程中的能耗、汽耗。

7. 新型蒸汽蓄热设备

新型蒸汽蓄热设备用于蒸汽消耗大的行业。蒸汽蓄热器是以水为载热体，间接存储蒸汽的储热装置。当锅炉、蓄热器和用户三者之间存在压力和温度的阶梯时，蓄热器可使锅炉减少甚至摆脱生产用汽波动所造成的影响，保持比较平稳的运行负荷，使锅炉基本上可按平均负荷均匀运行。蓄热器的调峰作用减少了锅炉投运台数的场合，从而起到节能作用。

参考文献

［1］陈宁．氨基酸工艺学［M］．北京：中国轻工业出版社，2007.

［2］于信令．味精工业手册（第二版）［M］．北京：中国轻工业出版社，2009.

［3］邓毛程．氨基酸发酵生产技术（第二版）［M］．北京：中国轻工业出版社，2014.

［4］陈宁．氨基酸工艺学（第二版）［M］．北京：中国轻工业出版社，2020.

［5］周中平，赵毅红，朱慎林．清洁生产工艺及应用实例［M］．北京：化学工业出版社，2002.

［6］周勇．赖氨酸发酵清液 pH 对离子交换树脂吸附的影响［J］．无锡：粮食与食品工业，2014，1：15-17.

［7］陈晓庆，卢奇，陆丽丽，等．多效蒸发系统影响因素分析［J］．兰州：石油化工设备，2015，44（s1）：64-67.

［8］李伟，朱曼利，洪厚胜．机械蒸汽再压缩技术（MVR）研究现状［J］．北京：现代化工，2016，36（11）：28-31.

［9］赵萌．高浓度味精废水和剩余污泥的资源化研究［M］．黑龙江：哈尔滨工业大学，2007.

［10］黄继红，蔡凤英，关丹，等．中国味精工业 100 年综述［J］．中国调味品，2020，45（3）：167-170.

［11］张凯，崔兆杰．清洁生产理论与方法［M］．北京：科学出版社，2005.

［12］杨建初．清洁生产案例分析［M］．北京：中国环境科学出版社，2005.

［13］杜军．氨基酸工业发展报告［M］．北京：清华大学出版社，2011.

附　录

附录1　GB/T 32687—2016 氨基酸产品分类导则

1　范围

本标准规定了氨基酸产品的术语、定义和分类。

本标准适用于氨基酸产品的生产、销售、应用、科研、教学及其他相关领域。

2　规范性引用文件

下列文件对于本文件的应用是必不可少的。凡是注日期的引用文件，仅所注日期的版本适用于本文件。凡是不注日期的引用文件，其最新版本（包括所有的修改单）适用于本文件。

GB/T 15091 食品工业基本术语

3　术语和定义

GB/T 15091 界定的以及下列术语和定义适用于本文件。

3.1　氨基酸产品 amino acid product

氨基酸、氨基酸盐、氨基酸螯合物、氨基酸衍生物、小肽及聚氨基酸产品的统称。

3.2　氨基酸 amino acid

含有氨基和羧基的一类有机化合物的通称，通式为：$H_2NCHRCOOH$。

3.3　蛋白质氨基酸 proteinogenic amino acid

组成蛋白质的基本单位且由密码子编码的氨基酸，除脯氨酸外均为 α-氨基酸。

3.4　非蛋白质氨基酸 non-proteinogenic amino acid

除蛋白质氨基酸以外的氨基酸，不由密码子编码。

3.5　脂肪族氨基酸 aliphatic amino acid

侧链 R 基为脂肪族基团的蛋白质氨基酸。

3.6　芳香族氨基酸 aromatic amino acid

侧链 R 基为芳香族基团的蛋白质氨基酸。

3.7　杂环族氨基酸 heterocyclic amino acid

侧链 R 基为咪唑环或吲哚环的蛋白质氨基酸。

3.8　杂环亚氨基酸 heterocyclic amino acid

含有亚氨基且侧链 R 基为吡咯环的蛋白质氨基酸。

3.9　非极性氨基酸 nonpolar amino acid

侧链 R 基为非极性基团的蛋白质氨基酸。

3.10　极性氨基酸 polar amino acid

侧链 R 基为极性基团的蛋白质氨基酸。根据 pH 7.0 时 R 基是否电离及其所带电荷，可分为极性不带电荷氨基酸、极性带正电荷氨基酸以及极性带负电荷氨基酸。

3.11 必需氨基酸 essential amino acid

人（或其他脊椎动物）自身不能合成，必须由食物供给的蛋白质氨基酸。

3.12 条件必需氨基酸 conditionally essential amino acid；半必需氨基酸 semi-essential amino acid

特定条件下，人（或其他脊椎动物）能够合成但不能满足正常需要的蛋白质氨基酸。

3.13 非必需氨基酸 nonessential amino acid

人（或其他脊椎动物）能够自身合成、无需从食物中获取的蛋白质氨基酸。

3.14 氨基酸衍生物 amino acid derivatives

由氨基酸通过一系列反应化合而成的物质。

3.15 肽 peptide

两个或多个氨基酸分子脱水缩合后经肽键连接而成的化合物。

3.16 小肽　small peptide

含有少于 10 个氨基酸残基的肽。

3.17 聚氨基酸 polyamino acid

由一种或几种氨基酸通过肽链连接而成的聚合物。

3.18 氨基酸盐 amino acid salt

氨基酸的氨基或羧基分别与酸或碱反应形成的盐类物质。

3.19 氨基酸复合盐 amino acid compound salt

一个氨基酸分子与另一个氨基酸分子（或羧酸分子）通过离子键形成的化合物。

3.20 氨基酸螯合物 amino acid chelate

一个或多个氨基酸分子与金属离子发生配位反应形成的化合物。

4 分类

4.1 按产品的性质或属性分类

见表 1。

表 1　　按产品性质或属性分类表

分类					说明	产品示例
氨基酸	按来源	蛋白质氨基酸	按侧链 R 基化学结构分类	脂肪族氨基酸	—	例如：丙氨酸、缬氨酸、亮氨酸、异亮氨酸、甲硫氨酸（蛋氨酸）、天冬氨酸、谷氨酸、赖氨酸、精氨酸、甘氨酸、丝氨酸、苏氨酸、半胱氨酸、天冬酰胺、谷氨酰胺
				芳香族氨基酸	—	例如：苯丙氨酸、酪氨酸、色氨酸
				杂环族氨基酸	—	例如：组氨酸
				杂环亚氨基酸	—	例如：脯氨酸

续表

<table>
<tr><th colspan="5">分类</th><th>说明</th><th>产品示例</th></tr>
<tr><td rowspan="10">氨基酸</td><td rowspan="6">按来源</td><td rowspan="5">蛋白质氨基酸</td><td rowspan="2">按侧链R基的极性分类</td><td>非极性R基氨基酸</td><td>—</td><td>例如：丙氨酸、缬氨酸、亮氨酸、异亮氨酸、脯氨酸、苯丙氨酸、色氨酸、甲硫氨酸（蛋氨酸）</td></tr>
<tr><td>极性R基氨基酸</td><td>—</td><td>例如：甘氨酸、丝氨酸、苏氨酸、半胱氨酸、酪氨酸、天冬酰胺、谷氨酰胺、赖氨酸、精氨酸、组氨酸、天冬氨酸、谷氨酸</td></tr>
<tr><td rowspan="3">按营养学分类</td><td>必需氨基酸</td><td>—</td><td>例如：赖氨酸、色氨酸、苯丙氨酸、甲硫氨酸（蛋氨酸）、苏氨酸、异亮氨酸、亮氨酸、缬氨酸、组氨酸</td></tr>
<tr><td>半必需氨基酸（条件必需氨基酸）</td><td>—</td><td>例如：精氨酸、谷氨酰胺等</td></tr>
<tr><td>非必需氨基酸</td><td>—</td><td>例如：甘氨酸、丙氨酸、脯氨酸、酪氨酸、丝氨酸、半胱氨酸、天冬酰胺、天冬氨酸、谷氨酸</td></tr>
<tr><td>非蛋白质氨基酸</td><td>—</td><td>—</td><td>D-氨基酸或β、γ、δ-氨基酸</td><td>例如：瓜氨酸、鸟氨酸、茶氨酸、β-丙氨酸、γ-氨基丁酸、5-氨基乙酰丙酸等</td></tr>
<tr><td rowspan="4">按构型</td><td>无旋光性氨基酸</td><td>—</td><td>—</td><td>—</td><td>例如：甘氨酸</td></tr>
<tr><td>左旋氨基酸（L-）</td><td>—</td><td>—</td><td>—</td><td>例如：L-苯丙氨酸、L-丙氨酸、L-色氨酸、L-酪氨酸、L-组氨酸、L-精氨酸、L-天冬氨酸、L-谷氨酸、L-异亮氨酸、L-亮氨酸、L-甲硫氨酸（蛋氨酸）、L-脯氨酸、L-丝氨酸、L-苏氨酸、L-缬氨酸等</td></tr>
<tr><td>右旋氨基酸（D-）</td><td>—</td><td>—</td><td>—</td><td>例如：D-苯丙氨酸、D-丙氨酸、D-色氨酸、D-酪氨酸、D-组氨酸、D-精氨酸、D-天冬氨酸、D-谷氨酸、D-异亮氨酸、D-亮氨酸、D-甲硫氨酸（蛋氨酸）、D-脯氨酸、D-丝氨酸、D-苏氨酸、D-缬氨酸、D-胱氨酸等</td></tr>
<tr><td>混旋氨基酸（D,L-）</td><td>—</td><td>—</td><td>—</td><td>例如：DL-甲硫氨酸（蛋氨酸）、DL-色氨酸、DL-丝氨酸、DL-精氨酸、DL-亮氨酸、DL-苯丙氨酸、DL-天冬酰胺、DL-丙氨酸、DL-酪氨酸、DL-脯氨酸、DL-胱氨酸、DL-组氨酸、DL-天冬氨酸、DL-谷氨酰胺等</td></tr>
</table>

续表

分类					说明	产品示例
氨基酸	按氨基在碳原子的位置	α-氨基酸	—	—	—	例如：甘氨酸、丙氨酸、亮氨酸、异亮氨酸、缬氨酸、胱氨酸、半胱氨酸、甲硫氨酸、苏氨酸、丝氨酸、苯丙氨酸、酪氨酸、色氨酸、鸟氨酸、瓜氨酸等
		β-氨基酸	—	—	—	例如：β-苯丙氨酸、β-丙氨酸、β-丙氨酰胺、β-硫代正亮氨酸等
		γ-氨基酸	—	—	—	例如：γ-氨基丁酸等
		δ-氨基酸	—	—	—	例如：5-氨基戊酸等
氨基酸盐	氨基酸盐	—	—	—	—	例如：赖氨酸盐酸盐、精氨酸盐酸盐、鸟氨酸盐酸盐、醋酸赖氨酸、半胱氨酸盐酸盐、组氨酸盐酸盐、谷氨酸钠、赖氨酸硫酸盐等
	氨基酸复合盐	—	—	—	—	例如：天冬氨酸鸟氨酸等
氨基酸衍生物	酰化氨基酸衍生物	—	—	—	—	例如：*N*-乙酰甘氨酸、*N*-乙酰丙氨酸、*N*-乙酰色氨酸、褪黑素等
	酯化氨基酸衍生物	—	—	—	—	例如：甘氨酸乙酯、亮氨酸甲酯等
	其他	—	—	—	—	例如：γ-丁内酰胺、三甲基甘氨酸、*S*-腺苷甲硫氨酸、羟脯氨酸、羧甲基半胱氨酸、酮酸等
氨基酸螯合物	—	—	—	—	—	例如：天冬氨酸鸟氨酸等
小肽	—	—	—	—	—	例如：谷胱甘肽、丙谷二肽等
聚氨基酸	—	—	—	—	—	例如：聚谷氨酸、聚赖氨酸、聚精氨酸等

4.2 按生产工艺分类

见表 2。

表 2 按生产工艺分类

分类		说明	产品示例
发酵法	—	利用选育得到的、能够过量合成某种氨基酸的微生物细胞进行发酵获得目的氨基酸的方法	例如：L-谷氨酸、L-赖氨酸、L-苏氨酸、L-色氨酸等
酶法	酶催化法	利用特定的酶作为催化剂，使底物经过酶催化生成目的氨基酸的方法	例如：L-瓜氨酸、L-鸟氨酸、L-天冬氨酸等
	全细胞催化法	利用微生物细胞内的酶（系）将前体物转变成目的氨基酸的方法	例如：γ-氨基丁酸、L-半胱氨酸等
蛋白质水解法	—	以植物、动物等天然蛋白质为原料，通过酸、碱或酶水解（或组合方式）成多种氨基酸混合物，再经分离纯化得到单一或复合氨基酸的方法	例如：L-胱氨酸、L-组氨酸、L-亮氨酸等
化学合成法	一般合成法	以某些相应化合物为原料，经氨解、水解、缩合、取代及氢化还原等化学反应合成氨基酸的方法，反应产物为DL-氨基酸混合物	例如：DL-甲硫氨酸、DL-天冬氨酸等
	不对称合成法	以某些相应化合物为原料，经氨解、水解、缩合、取代及氢化还原等化学反应合成氨基酸的方法，反应产物为L-氨基酸	—

4.3 按用途分类

见表3。

表 3 按用途分类表

分类		说明	产品示例
医药用	原料药	用于药品制造中的任何一种物质或物质的混合物，而且在用于制药时，成为药品的一种活性成分	例如：亮氨酸、异亮氨酸、甲硫氨酸（蛋氨酸）等
	药用辅料	指生产药品和调配处方时使用的赋形剂和附加剂，是除活性成分以外，在安全性方面已进行了合理的评估且包含在药物制剂中的物质	例如：精氨酸、牛磺酸等
	医药中间体	用于药品合成工艺过程中的化工原料或化工产品	例如：缬氨酸、脯氨酸等
食品用	—	用于食品的氨基酸产品符合 GB 2760《食品安全国家标准　食品添加剂使用标准》的规定	例如：甘氨酸、丙氨酸、缬氨酸、亮氨酸、异亮氨酸、苯丙氨酸、脯氨酸、半胱氨酸、丝氨酸、色氨酸、酪氨酸、甲硫氨酸（蛋氨酸）、苏氨酸、谷氨酰胺、天冬酰胺、天冬氨酸、谷氨酸、赖氨酸、精氨酸、组氨酸、γ-氨基丁酸等氨基酸及其盐类

续表

分类		说明	产品示例
饲料用	—	用于饲料添加的氨基酸产品符合《饲料添加剂品种目录（2013）》的规定	例如：氨基酸：赖氨酸、苏氨酸、精氨酸、异亮氨酸、缬氨酸、组氨酸、苯丙氨酸、胱氨酸、酪氨酸、甲硫氨酸（蛋氨酸）、色氨酸 氨基酸盐：赖氨酸盐酸盐、赖氨酸硫酸盐等
化妆品用	—	以涂抹、喷洒或者其他类似方法，散布于人体表面的任何部位，以达到清洁、保养、美容、修饰和改变外观，或者修正人体气味，保持良好状态为目的的化学工业品或精细化工产品	例如：丝氨酸、酪氨酸、半胱氨酸、甲硫氨酸（蛋氨酸）、聚谷氨酸、焦谷氨酸、精氨酸盐等
其他用途	—	用于肥料、农药、兽药、化工原料等	—

5 符号及缩写

蛋白质氨基酸的符号及缩写见表4。

表4　　蛋白质氨基酸的符号及缩写（三字排序）

中文名称	英文名称	三字符号	单字符号
丙氨酸	Alanine	Ala	A
精氨酸	Arginine	Arg	R
天冬酰胺	Asparagine	Asn	N
天冬氨酸	Aspartic acid	Asp	D
半胱氨酸	Cysteine	Cys	C
谷氨酰胺	Glutamine	Gln	Q
谷氨酸	Glutamic acid	Glu	E
甘氨酸	Glycine	Gly	G
组氨酸	Histidine	His	H
异亮氨酸	Isoleucine	Ile	I
亮氨酸	Leucine	Leu	L
赖氨酸	Lysine	Lys	K
甲硫氨酸（蛋氨酸）	Methionine	Met	M
苯丙氨酸	Phenylalanine	Phe	F
脯氨酸	Proline	Pro	P
丝氨酸	Serine	Ser	S

续表

中文名称	英文名称	三字符号	单字符号
苏氨酸	Threonine	Thr	T
色氨酸	Tryptophan	Trp	W
酪氨酸	Tyrosine	Tyr	Y
缬氨酸	Valine	Val	V

附录 2　GB/T 32689—2016 发酵法氨基酸良好生产规范

1　范围

本标准规定了氨基酸生产企业的厂房及设施、设备、管理机构与人员、卫生管理、物料管理、菌种管理、生产管理、质量管理的基本要求。

本标准适用于所有采用发酵法生产氨基酸的企业。

2　规范性引用文件

下列文件对于本文件的应用是必不可少的。凡是注日期的引用文件，仅注日期的版本适用于本文件。凡是不注日期的引用文件，其最新版本（包括所有的修改单）适用于本文件。

GB 5749 生活饮用水卫生标准

GB 14881 食品安全国家标准　食品生产通用卫生规范

GB 50073 洁净厂房设计规范

3　术语和定义

下列术语和定义适用于本文件。

3.1　发酵法氨基酸 production of amino acid by fermentation method

利用选育得到的能够过量合成某种氨基酸的微生物细胞，进行发酵获得目的氨基酸，并经过提取、精制得到符合相应质量标准的目的氨基酸。

3.2　原始菌种 primary cell

通过采用诱变或细胞工程或基因工程的手段选育得到，并经过充分鉴定用于发酵生产氨基酸的微生物。

3.3　主菌种 master cell

从研究或开发的原始菌种的菌种经传代、增殖后混成均质菌悬液，定量分装于冻存管，适当方法保存。

3.4　工作菌种 working cell

指从主菌种的菌种经传代、增殖后混成均质菌悬液，定量分装于冻存管，适当方法保存。

4　厂房及设施

4.1　选址

4.1.1　厂房的选址应当根据厂房及生产防护措施综合考虑，厂房所处的环境应当能够最大限度地降低物料或产品遭受污染的风险。工厂不得设置于易遭受污染的区域。

4.1.2 厂区周围不得有工业粉尘、有害气体、放射性物质和其他扩散性污染源，不得有昆虫大量孳生的潜在场所。

4.2 厂区环境

4.2.1 厂区的地面、路面及运输等不应当对生产造成污染，厂区和厂区内的道路铺设适于车辆通行的坚硬路面，道路通畅，路面平坦，不积水。厂区的空地应硬化或绿化。

4.2.2 厂房周围环境应随时保持清洁，有良好的排水系统，防止扬尘和积水等现象的发生。

4.2.3 厂区内禁止饲养禽、畜及其他宠物。不得有足以发生不良气味、有害（毒）气体、煤烟或其他有碍卫生之设施。

4.2.4 厂区绿化应与生产车间保持适当距离，植被应定期维护，以防止虫害的孳生。

4.2.5 厂区周界应有适当防范外来污染源侵入的设计与构筑。若有设置围墙，其距离地面至少30cm以下部分应采用密闭性材料构筑。

4.2.6 生活区与生产区应保持适当距离或分隔。

4.3 厂房设计与布局

4.3.1 厂房的设计和布局应满足食品生产的要求，并有能防止产品、产品接触表面和内包装材料遭受污染、交叉污染的结构，同时便于操作、清洁和维护。

4.3.2 厂区应按行政、生产、辅助、仓储和生活等划区布局。人员通道及物料运输通道走向布局合理，仓库、检验室应与生产车间相隔离。有安全隐患或有毒有害区域应集中单独布置。锅炉房应设在全年主风向下侧。并有消烟除尘设施，贮煤场地应远离生产车间。

4.3.3 厂房（仓库）与设施应根据工艺流程合理布局，面积与生产能力相适应，便于设备安置、清洗消毒、物料存储及人员操作。能有序存放原辅料、中间产品、待包装产品和成品。

4.3.4 车间设置应包括生产车间和辅助车间，更衣室及洗手消毒室、厕所和其他为生产服务所设置的必需场所。更衣室及洗手消毒室应设置在员工进入车间的入口处。

4.3.5 车间应分别设置人员通道及物料运输通道，各通道应采取有效的防护措施(如门帘、纱帘、纱网、防鼠板、防蝇灯、风幕机等)，通向外界的管路、门窗和通风道四周的空隙完全充填，所有窗户、通风口和风机开口均应装上防护网。清洁区入口应分别设有人员和物料的净化设施。

4.3.6 有异味、气体（蒸汽及有毒有害气体）或粉尘产生的区域，应当有适当的排除、收集或控制装置。

4.3.7 准清洁区及清洁区应相对密闭，并设有空气处理装置和空气消毒设施。不同清洁区之间人员通道和物料运输通道应有缓冲室。

4.3.8 洁净厂房的设计与建造应符合GB 50073的要求。

4.4 车间隔离

4.4.1 车间应根据生产工艺、生产操作需要和生产操作区域清洁度的要求进行隔离，清洁作业区、准清洁作业区及一般作业区，区域间应进行有效隔离，容易交叉污染的工序应采用隔离或密封方式。

4.4.2 菌种培养间应与生产能力相适应，培养间的设计与设施应符合无菌操作的工艺要求。

4.4.3 晶体分离、成品干燥、粉碎、混合、内包装等清洁度要求高的场所，应与其他工作场所有效隔离。

4.4.4 同一区域内有数条包装线，应当有隔离措施。包装区域与车间暂存区域应有隔离措施。

4.5 建筑内部结构与材料

4.5.1 一般作业区应符合 GB 14881 的要求。

4.5.2 准清洁区及清洁区应符合 GB 50073 的要求。

4.6 设施

4.6.1 供水设施

4.6.1.1 生产用水的水质应符合 GB 5749 的规定，使用地下水源的，应根据当地水质特点设置水质净化或消毒设施，对于特殊规定的工艺用水，应按工艺要求进一步纯化处理。

4.6.1.2 地下水源应与污染源保持足够的距离，以防污染。

4.6.1.3 生产用水与其他不与产品接触的用水（如冷却水、污水或废水等）的管路系统应以完全分离的管路输送；不得有逆流或相互交叉，明确标识以便区分。

4.6.1.4 与水直接接触的设施、管道、器具及其他涉及饮用水卫生安全产品应符合国家相关规定。

4.6.1.5 水质、水压、流量等指标满足正常生产所需，应有防止盲管、虹吸和回流的措施。

4.6.1.6 供水设施出入口应设置安全卫生设施，防止动物及其他有害物质进入。

4.6.2 压缩空气设施

4.6.2.1 应根据发酵车间的总体发酵罐容积，确定应提供的压缩空气的流量。

4.6.2.2 用于细菌的培养、发酵液的搅拌、液体的输送以及通气发酵罐的排气的压缩空气能满足微生物培养所需要洁净度的要求。

4.6.2.3 压缩空气在除菌前应经过降温、除水、除油、减湿的预处理。

4.6.3 供电

4.6.3.1 菌种库房应配备双回路供电或 UPS（Uninterruptible Power Supply）设施，保证菌种库房的稳定性。

4.6.3.2 发酵生产供电系统应采取双回路供电或双电源配电等措施。

4.6.4 排水设施

4.6.4.1 有排水或废水流至的地面、作业环境经常潮湿或采用水洗方式清洗作业区域的地面应有一定的排水坡度及排水设施。

4.6.4.2 排水系统应保证排水畅通、便于清洗维护，避免产品或生产用水受到污染。尽可能避免明沟排水，如采用明沟排水，排水沟应有坡度，沟的侧面和底面接合处应有一定弧度。

4.6.4.3 排水口应安装带密封的卫生级地漏，设置存水弯头，安装防止倒灌的装置，防止固体废弃物进入及浊气逸出。

4.6.4.4 排水口不得直接设在生产设备的下方，排水系统出口应有防止虫害侵入的装置。

4.6.4.5 室内排水的流向应由高清洁区流向低清洁区，且应有防止逆流的设计。

4.6.4.6 废水在排放前应经适当方式处理，以符合国家排放的规定。

4.6.5 通风设施

4.6.5.1 一般作业区应有自然通风或人工通风措施，准清洁区及清洁区应安装空气调节设施，有效控制生产环境的粉尘、温度和湿度，保持空气新鲜。

4.6.5.2 厂房内的空气调节、进排气或使用风扇时，其空气流向应由高清洁区流向低清洁区。

4.6.5.3 应合理设置进气口位置，远离污染源和排气口，进、排气口应装有防止虫害侵入的网罩，通风排气装置应易于拆卸清洗、维修或更换。

4.6.5.4 若生产过程需要对空气进行过滤净化处理，应加装空气过滤装置并定期清洁或更换。

4.6.6 照明设施

4.6.6.1 厂房内应有充足的自然采光或人工照明，光源应使产品呈现真实的颜色，其混合照度应能满足生产、检验的需要。

4.6.6.2 照明设施以不安装在产品、原材料和敞口设备正上方为原则，否则应使用安全型设施或采取防护措施。

4.6.7 洗手设施

4.6.7.1 应在车间进口处、准清洁区及清洁区入口处、厕所门口和车间内适当的地点，设置洗手、干手和消毒设施。并在临近洗手设施的显著位置标示简明易懂的洗手方法。

4.6.7.2 洗手池的材质、设计和构造应易于清洗消毒，配套的水龙头开关应为非手动式，水龙头数量能满足工人所需。必要时应提供适当的温水。

4.6.7.3 洗手设备应配有清洁剂，干手设备应采用烘手器或擦手纸巾，必要时应设置手部消毒设备。如使用烘手器，应定期清洁、消毒内部，避免污染。如使用纸巾，使用后之纸巾应丢入易保持清洁的垃圾桶内。

4.6.8 更衣室

4.6.8.1 更衣室应男女分设，靠近洗手设施。与洗手消毒室相邻，其大小与生产人员数量相适应，更衣室内照明、通风良好，有消毒装置。

4.6.8.2 更衣室内应有足够的储衣柜、鞋架，并有供生产人员自检用的穿衣镜。

4.6.9 卫生间

4.6.9.1 卫生间设置应有利于生产和卫生，其数量和便池坑位应根据生产需要和人员情况设置。

4.6.9.2 卫生间的结构、设施与内部材质应易于清洁，卫生间应有冲水装置、非手动开关的洗手消毒设施，洗手清洁剂和不致交叉污染的干手设施。有良好的排风、照明、防蝇虫设施。

4.6.9.3 厂区设置卫生间时，应距生产车间保持足够距离，生产车间的卫生间应设置在车间外侧，出入口不得正对车间及车间出入口，厕所门不得朝外打开且有自动关闭装置。

4.6.10 仓储设施

4.6.10.1 仓库的面积应具有与所生产的品种、数量相适应的仓储设施，按功能存放待验、合格、不合格、退货或召回的原辅料、包装材料、中间产品、待包装产品和成品等各类物料和产品。

4.6.10.2 仓库应以无毒、坚固的材料建成，地面平整，不起尘。防止虫害藏匿，便于通风换气，并经常维修保养，保持良好状态。

4.6.10.3 仓库应设有防蚊蝇、防鼠、防烟雾、防灰尘、防火等设施，同时还应通风、干燥。

4.6.10.4 必要时应设有温、湿度控制设施，并对温、湿度进行监控。

4.6.10.5 仓库内贮存物品与墙壁、地面保持适当距离，以利空气流通及物品的搬运。

4.6.10.6 清洁剂、洗消剂、虫害控制剂、润滑剂、燃料等应具备独立而安全的贮存设施。

4.6.11 废弃物存放设施

应配备设计合理、防止渗漏、易于清洁的存放废弃物的专用设施；车间内存放废弃物的设施和容器应标识清晰。放置在指定的区域，不使用时立即关闭。

5 设备

5.1 生产设备

5.1.1 应具有与生产能力相适应的生产设备，并按工艺流程有序排列，各个设备的能力应能相互配合，使生产作业顺畅进行并避免引起交叉污染。

5.1.2 用于报告或自动控制的集成系统，测量、控制或记录的检测元件应满足蒸汽灭菌和不能对物料产生污染，控制部分和执行机构应能有效、准确，充分发挥其功能。在使用之前，应对系统全面测试，确认系统可以获得预期效果，如用于替代某一人工系统时，两个系统应平行运行一段时间。

5.1.3 用于产品、清洁产品接触表面或设备的压缩空气或其他气体应经过滤净化处理。

5.2 材质

5.2.1 与原料、产品接触的设备与器具，应使用无毒、无味、耐腐蚀且可承受重复清洗和消毒的材料制作。

5.2.2 产品接触表面应使用光滑、防吸附的材料，不与产品发生化学反应、不吸附产品或向产品中释放物质，在正常生产条件下与清洁剂和消毒剂不会发生反应。

5.2.3 设备、管路、器具及有关材料（密封圈、垫片等）应能承受所采用的热消毒温度。

5.3 设计

5.3.1 设备包括管道、工器具等，其设计应符合预定用途，便于操作、清洁、维护，以及必要时进行的消毒或灭菌，并有防止润滑油、金属碎屑、污水或其他污染物混入产品的设计。应使用密闭的设备。

5.3.2 与产品接触的生产设备表面应当平整、光洁、边角圆滑、无死角，易清洗或消毒、耐腐蚀。

5.3.3 各类料液输送管道应避免死角或盲管，设排污阀或排污口。便于清洗、消毒，防止堵塞。

5.3.4 设备固定应不留空隙或保留足够空间，以清洁和维护。

5.3.5 各种器具结构设计应简单，易排水、易于保持干燥。

5.3.6 连线及在线检测设备应有安全保护装置。

5.3.7 储存、运输及加工系统的设计与制造应易于使其维持良好的卫生状况。

5.4 监视和测量设备

5.4.1 应有与生产能力相适应的化验室，根据原辅料、半成品及产品质量检验的需要配置检测仪器、设备。其适用范围和精密度应符合检验的要求。

5.4.2 检验设备应能完成日常的原辅料、中间产品、成品的质量、卫生检测。必要时可委托有能力的检测机构检测本企业无法检测的项目。

5.4.3 用于测定、控制或记录的监视器和记录仪，应能充分保证数据输入的准确性和数据处理的正确性。定期检查数据的准确性、可访问性、耐久性。并采用物理或电子方法保证数据安全。

5.5 设备的维护和维修

5.5.1 应建立设备维修或维护管理制度，加强设备的维护和保养，定期维护，并做好记录。

5.5.2 设备的维修或维护不应该对产品安全带来风险。

5.5.3 润滑和热传导液若有直接或间接接触产品的风险应采用食品级。

5.5.4 维修或维护的设备在投入使用前，应按规定进行清洗、消毒和用前检查。

5.6 校准

5.6.1 生产和检验用衡器、量具、仪表、记录和控制设备以及仪器，应定期维护、校准，检测记录应妥善保存。

5.6.2 校准合格标志要贴在相应的计量仪器上，并良好保存至下次检查。

6 管理机构与人员

6.1 机构与职责

6.1.1 企业应当建立与生产规模相适应的由企业最高领导直接领导的质量管理部门，履行质量保证和质量控制的职责。

6.1.2 企业应当配备与产品生产相适应的具有专业知识、生产经验及组织能力的管理人员和技术人员，应当明确规定每个部门和每个岗位的职责。

6.1.3 应有足够数量的质量管理及检验人员，以满足整个生产过程的现场质量管理和产品检验的要求。

6.1.4 生产和质量管理部门的负责人应是专职人员，并且不得互相兼任。

6.2 人员要求

6.2.1 企业应具有与所生产的产品相适应的具有生物化学、微生物学、发酵工艺学等相关专业知识的技术人员和具有生产及组织能力的管理人员。

6.2.2 生产负责人、质量管理负责人应具有与所从事专业相适应的大专以上的学历，或中级职称，3 年以上从业经验，能够按规范的要求组织生产或进行品质管理，有能力对生产和品质管理中出现的问题做出正确的判断和处理。

6.2.3 检验人员应为高中或相关专业中专以上学历，从事相关检验工作两年以上或经省级以上相关主管部门认可的专业培训后，取得相关专业检验资格，具有相关基础理论知识和实际操作技能。

6.2.4 目检人员视两眼视力在 5.0 以上（含矫正视力），并不得有色盲、色弱。

6.2.5 企业应建立从业人员健康管理制度。从事与质量、食品安全相关岗位的人员应取得健康证并经过食品安全法规、微生物学知识及相应技术培训方可上岗。

6.3 教育培训

6.3.1 应建立培训制度，指定部门或专人负责培训管理工作，组织各部门负责人和从业人员参加各种职前、在职培训和学习，以增加员工的相关知识与技能。

6.3.2 根据不同的岗位要求与职责，制定和实施年度培训计划，分别对新员工、在岗员工、转岗员工、检验人员、各类专业人员、特殊工种人员进行相应培训和考核，做好培训记录。

6.3.3 应定期审核和修订培训计划，评估培训效果，并进行常规检查，以确保计划的有效实施。

6.3.4 每年至少一次对全体员工进行卫生知识及相关卫生知识的法律法规的培训。

7 卫生管理

7.1 管理要求

7.1.1 应制定卫生管理制度和岗位卫生责任制以及相应的考核标准，明确岗位职责，实行考核。

7.1.2　应根据产品的特点以及从原料控制、生产加工、产品贮存及运输过程的卫生要求，对影响产品安全的关键环节进行监控。记录并存档，发现问题及时整改，定期对执行情况和效果进行评估。

7.1.3　应建立清洁消毒制度，对厂房、生产环境、设备及设施、工器具定期进行清洗消毒。

7.2　厂区环境卫生管理

7.2.1　厂区应保持整洁，道路打扫干净，不起尘；绿化带及草坪定期修剪，保证干净。

7.2.2　各种废弃物根据其性质分类集中，定点堆放，及时清理。

7.2.3　厂区内排水系统应保持通畅，不得有污泥淤积。

7.2.4　应采取措施对锅炉污染排放物进行控制，防止污染厂区环境。

7.2.5　厕所每日打扫冲洗干净，保持内外墙壁卫生。

7.3　厂房设施卫生管理

7.3.1　厂房内各项设施应保持清洁，出现问题及时维修或更换；厂房屋顶，天花板、地面及墙壁有破损时应立即加以修补。保持良好的使用状态。

7.3.2　生产区域内的地面、墙壁、天花板及建筑中的横梁、架构、灯具、管道等应无挂尘、无积水，无霉斑，无异味，任何碎屑和溅洒的液体应立即清扫干净；废料、垃圾等应随时处理。

7.3.3　机器设备及生产用具在生产后应彻底清洁消毒并确保没有消毒剂、洗涤剂残留。清洗消毒的方法和程序应固定、安全、有效。重新开机前及一切必要的时候，应及时按规定的方法和程序进行清洗。

7.3.4　与产品接触的设备及用具的清洗用水应经过处理，确保无泥沙、异物，并符合 GB 5749 生活饮用水卫生标准。消毒剂、洗涤剂应采用经卫生行政部门批准的无毒、无残留的产品。

7.3.5　清洁作业区、准清洁作业区应定期进行空气消毒。

7.3.6　已清洗与消毒过的可移动设备和生产用具，应放在能防止其产品接触面再受污染的适当场所，保持适用状态。用于清扫、清洗和消毒的设备、用具应放置在专用场所妥善保管。

7.3.7　生产作业区内不得堆放与该区生产无关的物品。不得堆放非即将使用的物料。

7.3.8　生产中产生的气体，应以有效设施排放至厂外；生产过程中不得进行电焊、切割、打磨等工作。

7.4　员工健康管理

7.4.1　应建立并执行作业人员健康管理制度。

7.4.2　患有痢疾、伤寒、病毒性肝炎等消化道传染病（包括病原携带者）、活动性肺结核、化脓性或者渗出性皮肤病以及其他有碍食品卫生的疾病的，不得从事直接接触原料和产品的工作。

7.4.3 员工每年进行健康检查，合格后方可继续工作，应对每位员工建立个人健康档案。

7.4.4 重割伤、烫伤、擦伤或伤口感染的人员应避免从事直接接触产品的工作。经过妥善措施包扎防护可参加不直接接触产品的工作。

7.4.5 卫生管理人员要密切注意生产人员的健康状况，发现异常应及时询问或检查。

7.5 员工个人卫生管理

7.5.1 应培养并保持良好的个人卫生习惯，不得佩戴假发，勤理发、勤剪指甲、勤洗澡、勤换衣。

7.5.2 进入生产场所前应整理个人卫生，防止污染原料及产品，进入作业区应穿戴好整洁的工作服、工作帽、工作鞋靴。必要时需戴口罩。并按要求洗手、消毒。不得穿工作服、鞋进入厕所或离开作业区。工作服与应与个人衣物分开存放。

7.5.3 上岗前应洗手消毒并在操作时保持手部清洁。使用卫生间、接触可能污染产品的物品、或从事与生产无关的其他活动后，再次从事接触产品、工器具、设备等与生产相关的活动前应洗手消毒。

7.5.4 进入作业区域不应配戴饰物、手表，不应化妆、染指甲、喷洒香水；不得携带或存放与生产无关的个人用品。

7.5.5 上班前不准酗酒，生产场所不得吸烟，工作中不得吃食物或做其他有碍食品卫生的行为。

7.5.6 与生产无关的人员不得进入生产场所，参观、来访者，出入生产作业区应符合现场操作人员卫生要求。

7.6 虫害控制

7.6.1 应保持建筑物完好、环境整洁，定期对厂区及厂周围对进行除虫灭害工作。

7.6.2 应制定和执行虫害控制措施，绘制厂区虫害控制图，标明捕鼠器、粘鼠板、室外诱饵站、灭蝇灯、生化信息素捕杀装置的位置，统一管理并定期更新。

7.6.3 虫害控制应由专人负责，定期检查，并有相应的记录。

7.6.4 采用物理、化学或生物制剂进行处理时，不应影响食品安全和食品应有的品质、不应污染食品接触表面、设备、工器具及包装材料。

7.6.5 应选用卫生防疫部门允许使用的杀虫及灭鼠药品，使用时，应做好预防措施避免对人身、产品、水源、设备工具造成污染，不慎污染时，应及时将被污染的设备、工具及容器彻底清洗。消除污染。

7.7 工作服管理

7.7.1 根据产品的特点和生产工艺的要求配备专用的工作服，工作服应包括工作衣、裤、发帽、鞋、靴等，必要时可配备口罩、手套等。

7.7.2 工作服的设计、选材和制作应适应不同作业区的要求，降低交叉污染的风险，满足卫生的要求，工作服应充分覆盖，以确保如头发、汗水和不牢固的部件等不会污染原料、产品和产品接触面。

7.7.3 应制定工作服清洗保洁制度，对工作服的清洗、保管、更换进行管理。

7.7.4 工作服应按用途、使用范围分别进行管理，用于洁净区的工作服、帽、鞋等应严格清洗、消毒，每日更换，并且只允许在洁净区内穿用，不准带出区外。

7.8 有毒有害物管理

7.8.1 应制定有毒有害物质管理制度，从采购、使用、贮存到废弃的进行全过程管理并有详细记录。

7.8.2 应有固定包装，并在明显处标示，贮存于专门库房或柜橱内，加锁并由专人负责保管。

7.8.3 使用时应由经过培训的人员按照使用方法使用，用完的包装物、容器应及时收回送资质单位处理。

7.8.4 生产车间严禁存放有毒物，车间内部使用的清洁消毒用品，应设专区或专柜存放，并明确标示，有专人负责管理。

7.9 废弃物的管理

7.9.1 应在适当位置放置不透水、易清洗消毒、加盖或密封的废弃物容器，并有明显的标识。

7.9.2 车间的废弃物应按班次及时清除，运到指定地点加以处理。废弃物容器、运送车辆和废弃物临时存放场所应及时进行清理。

7.9.3 废弃物应分类，危险废弃物应委托有处理资质的单位对其进行处理。

8 物料管理

8.1 应当建立供应商管理制度，明确供应商选择或变更、质量评审、批准程序，并与主要供应商签订质量协议。

8.2 应当制定物料接收、取样、检验、判定、审核放行、贮存、领用等管理制度。

8.3 物料的外包装应当有标签，提供本批次的检验报告单，与成品直接接触的内包装材料应定期向供货商索取安全卫生检验生产许可证和出厂检验报告。

8.4 物料进厂应编制唯一的物料代码。该代码应一直沿用至生产记录，便于事后追溯。

8.5 物料贮存场所应干净、干燥、通风良好，按待检、合格、不合格分区离地存放，并有明显标志。

8.6 应逐批次对物料进行鉴别和质量检验，符合相应标准的要求。不合格物料应按程序进行处理。

8.7 应按品种、包装形式、生产日期或批次分开存放，使用应按照入库的时间顺序整理好，先入库的原料及成品先出库。对不合格或过期物料应加以标识并及时处理。

8.8 物料投入使用前应目测检查，必要时进行挑选，除去不符合要求的部分及外来杂物。

9 菌种管理

9.1 企业应设置专门的部门和人员管理生产菌种，建立菌种档案资料，包括来源、历史、筛选、检定、保存方法、数量、开启使用等完整记录。

9.2 原始菌种可以通过采购或生产单位自行分离或收集获得，并对其来源、鉴别、培养历史、检测结查进行确认，并经过检定（污染菌检查、表型特征确证、生产能力确定、传代稳定性、组分检测），合格后建立新的主菌种库和工作菌种库。

9.3 检定合格的菌种应根据其特性存在安全区域内，保存条件应能保证菌种在保藏期限内不变异、不衰退、不污染，保存容器应配备持续报警的温度监控装置，只有经过授权的人员方可进入。

9.4 应建立分别存放的主菌种库和工作菌种库，新制备的工作菌种的生物学特性应与原始菌种一致，其生物遗传学应明确和稳定。

9.5 制备主菌种库和工作菌种库应在洁净区进行，敞口操作应在 A 级（100 级）生物安全柜或超净台中进行。其原材料不得加入有毒有害物质和致敏性物质。应尽量避免采用动物源成分，如果含有动物源材料，应证明其动物源成分来自非传染病发生区。

9.6 主菌种库和工作菌种库应确定允许传代的代数，尽量使用低代次的菌种。

9.7 工作菌种库应定期进行遗传稳定性监测，当工作菌种库发现异常或保存条件改变，工作库不足量、工作菌种库保存时间超过保存期限，应重新制备工作菌种库。

9.8 当菌种受到污染或质量考查达不到规定的指标，或被新优势菌种替代，应采用适当方式，在监管人员监督下实施销毁，并做好销毁记录。

10 生产管理

10.1 生产管理文件的制定

10.1.1 应制定生产工艺规程，规定产品配方及所用原辅料、包装材料、产品的质量标准，标准生产操作程序，关键工序的质量监控点的控制方法与标准，包装操作的要求。

10.1.2 应制定岗位标准操作规程对生产的主要工序规定具体操作要求，明确各车间、工序和个人的岗位职责。

10.1.3 应制定批生产记录、批包装记录，岗位操作记录，对产品质量进行追溯和复核。

10.2 原辅料的领用

10.2.1 投产的原辅材料应符合相应标准的要求，核对品名、规格、数量，并进行严格的检查。对于霉变、生虫、混有异物或其他感官性状异常、不符合质量标准要求的，不得投产使用。过期的原辅料不得使用。

10.2.2 原辅料进入生产区，应从物料通道进入。进入洁净厂房、车间的物料应除去外包装，若外包装脱不掉则要擦洗干净或换成室内包装。

10.3 生产过程管理

10.3.1 产品配料前需检查设备、工具、容器是否符合标准，生产介质是否符合工艺要求。

10.3.2 按生产指令领取原辅料，根据配方正确计算、称量和投料，并经双人复核，记录完整。

10.3.3 发酵罐、接触产品的管道、阀门和过滤器系统及软管、跨接管等临时设备在使用前、后应彻底清洁，并彻底灭菌，空气过滤器应定期灭菌和更换。

10.3.4 接种应在严格无菌条件下进行，发酵过程应保持正压，并对发酵液温度、pH值及罐内压力等技术参数进行连续监测。

10.3.5 生产操作应衔接合理，传递快捷、方便，防止交叉污染。原料处理、中间产品加工、包装材料和容器的清洁、消毒、成品包装和检验等工序应分开设置。同一车间不得同时生产不同的产品，不同工序的容器应有明显标记，不得混用。

10.3.6 生产操作人员应严格按照一般生产区与洁净区的不同要求，搞好个人卫生。因调换工作岗位有可能导致产品污染时，应更换工作服、鞋、帽，重新进行消毒。

10.3.7 加工过程应严格控制理化条件（如时间、温度、pH值、压力、流速等）及加工条件，以确保不致因机械故障、时间延滞、温度变化及其他因素导致产品腐败变质或遭受污染。

10.3.8 生产过程中，每个操作间、主要设备、物料、产品应使用标识管理。

10.3.9 各项工艺操作应在符合工艺要求的良好状态下进行，并定期对生产设备清洗和维护。

10.3.10 应采取有效措施（如筛网、捕集器、磁铁、电子金属检查器等）防止金属或其他外来杂物混入产品中。

10.4 包装和贴签管理

10.4.1 应保证包装材料和使用标签的正确性。

10.4.2 包装材料和标签应由专人保管，每批成品标签凭指令发放、领用，销毁的包装材料应有记录。

10.4.3 贴标签时应随时抽查印字或贴签质量。印字要清晰、正确，标签要贴正、贴牢。

10.4.4 对废弃或不正确的包装和标签进行适当的处理，以确保不会用于以后的包装和贴签操作。

10.4.5 因包装过程产生异常情况而需要再包装和再贴标的，应在质量控制人员同意情况下，进行再包装和再贴签操作。

10.5 贮存与运输

10.5.1 原料及成品不得露天存放，应分库贮存。不得直接放置在地面上。

10.5.2 仓库应有接收、发放检查制度，并有专人负责。按照入库的时间顺序整理好，先入库的原料及成品先出库，出入库和运输应有详细记录。

10.5.3 应按品种、包装形式、生产日期或批号分别贮存，并加明显标志，标明检验状态，并划分区域放置，检验不合格产品，应隔离放置并及时处理。

10.5.4 贮存、运输和装卸产品的容器、工器具和设备应当安全、无害，保持清洁，并符合保证产品安全所需的温度等特殊要求。

10.5.5 贮存和运输过程中应避免日光直射、雨淋、显著的温湿度变化和剧烈撞击等，防止产品受到不良影响。不得与有毒、有害、有腐蚀性或有异味的物品一同贮存和运输。

11 质量管理

11.1 质量管理体系

11.1.1 应建立《质量手册》或同等文件，涵盖实施质量管理和控制产品质量要求的所有要素并建立完整的程序来规范质量管理体系的运行，并监控其运行的有效性。

11.1.2 应按照策划的时间间隔进行内部审核，建立由各级管理层组成的审核组，对质量管理体系进行定期的检查，确保得到有效实施和更新。

11.1.3 最高管理层应通过管理评审来履行对质量管理体系的职责，确保该体系的适宜性和有效性得以持续改进。

11.2 质量标准

11.2.1 应制定原辅料、包装材料、中间产品、成品的质量标准。规定产品的规格、检验项目、检验标准、抽样及检验方法。并根据相关的国家标准、法律法规的变化定期进行更新。

11.2.2 成品质量指标的下限不得低于国家标准，检验方法原则上应以国家标准方法为准，如用非国家标准方法检验时应定期与标准方法核对。

11.3 物料

11.3.1 物料应从经评审合格的供应商处采购，进货时应要求供应商提供检验合格证或化验单。

11.3.2 按标准逐批对物料进行鉴别和质量检验，合格后方可使用，按照物料入库的时间顺序整理好，先入库的原辅材料先出库。

11.3.3 经判定拒收的物料应予以标示，专门存放并及时处理。

11.3.4 根据物料的特点和卫生需要选择适宜的存放场所。有特别贮存条件的物料，应能对其贮存条件进行控制并做好记录。

11.3.5 对贮存时间较长，质量有可能发生变化的物料，在使用前应抽样检验确认质量，不符合要求的不得投入生产。

11.4 过程质量管理

11.4.1 产品的生产和包装应严格执行生产操作规程，配方及工艺条件不经批准不得随意更改。

11.4.2 可采用危害分析及关键点控制（HACCP）、失败模式效果分析（FMEA）等工具，建立风险管理制度，对生产过程中关键控制点进行监控。

11.4.3 发酵过程宜采用计算机对关键工艺参数和控制因素进行控制和记录。必要时，还应对菌体生长情况、生产能力进行监控，以保证稳定的培养曲线，并明确规定发酵的终点。

11.4.4 对生产过程中的中间产品进行抽检，不合格中间产品不得进入下一道工序，并进行有效的识别和控制，以防未经允许而被使用。

11.4.5 定期对生产用水、关键工序的环境的温度、湿度、空气洁净度等指标进行监测并记录。

11.4.6 对过程中发现的异常情况，应迅速查明原因，做好记录，并加以纠正。

11.5 成品的质量管理

11.5.1 应建立产品追溯制度，合理划分生产批次，采用产品批号等方式进行标识，确保产品从原料采购到成品销售的所有环节都能进行有效追溯。

11.5.2 成品应按抽样原则逐批抽取样品，按标准进行出厂检验。检验不合格的产品不得出厂，不合格品处理应有记录。

11.5.3 成品应按品种、包装形式、生产日期分别贮存，入库后应定期对仓库贮存条件的管理与记录进行检查，发现异常应及时处理。

11.5.4 成品出库时应检查生产日期及有效期，先入库的成品先出库。

11.5.5 每批成品应按计划留样保存。留样应当能够代表被取样批次的产品，包装形式为市售包装或模拟包装。必要时，成品应做稳定性试验，确定产品的贮存条件、包装材料和保质期。

11.6 成品售后管理

11.6.1 每批产品应有销售记录，至少保存至产品有效期后1年。

11.6.2 应建立消费者投诉处理制度，对消费者的投诉进行登记、评价、调查和并及时处理。

11.6.3 发现或怀疑某批成品存在缺陷，应当考虑检查其他批次的产品，查明其是否受到影响。并考虑是否有必要从市场召回产品。

11.6.4 应按国家有关规定建立产品召回制度，迅速、有效地从市场召回任何一批存在安全隐患的产品。并通过模拟召回或实际召回来验证召回的有效性。

11.6.5 召回和退回的产品应进行标识和隔离，妥善贮存，进行无害化处理或者予以销毁。对于不涉及产品安全标准的召回和退回产品，应采取能保证产品安全、且便于重新销售时向消费者明示的补救措施。

11.7 文件与记录管理

11.7.1 应当制定文件和记录管理制度，对文件和记录的起草、审核、批准、修订、替换或撤销、复制、存档和销毁等进行管理。

11.7.2 质量管理部门应详细记录从原材料进厂到产品销售全过程的质量管理活动及结果，生产部门应填报生产管理记录及生产操作记录，并和设定的目标相比较、核对，记录异常情况的处理结果和防止再次发生的措施。

11.7.3 记录均应由执行人员和有关管理人员复核签名或签章。记录应真实，与现场检验或监控同步，不得事先预记和事后追记。

11.7.4 记录应当保持清洁，不得撕毁和任意涂改。如有更改应使原有信息仍清晰可辨，修改人在修改文字附近签注姓名和日期。

11.7.5 企业对本规范所规定的有关记录，至少保存2年。所有的生产、控制和销售的记录至少保留到产品有效期后1年。

附录 3 T/CBFIA 04001—2019 食品加工用氨基酸

1 范围

本标准规定了食品加工用氨基酸的氨基酸命名、分子式、相对分子质量、结构式、技术要求、试验方法、检验规则、标志、包装、运输、贮存。

本标准适用于以生物质为原料，经生物发酵、酶法转化或水解提取精制而成的食品加工用氨基酸。

2 规范性引用文件

下列文件对于本文件的应用是必不可少的。凡是注日期的引用文件，仅注日期的版本适用于本文件。凡是不注日期的引用文件，其最新版本（包括所有的修改单）适用于本文件。

GB/T 191 包装储运图示标志

GB/T 601 化学试剂 标准滴定溶液的制备

GB/T 602 化学试剂 杂质测定用标准溶液的制备

GB/T 603 化学试剂 试验方法中所用制剂及制品的制备

GB/T 613 化学试剂 比旋光本领（比旋光度）测定通用方法

GB 4789.10 食品安全国家标准 食品微生物学检验 金黄色葡萄球菌检验

GB 4789.15 食品安全国家标准 食品微生物学检验 霉菌和酵母计数

GB 4789.2 食品安全国家标准 食品微生物学检验 菌落总数测定

GB 4789.3 食品安全国家标准 食品微生物学检验 大肠菌群计数

GB 4789.4 食品安全国家标准 食品微生物学检验 沙门氏菌检验

GB 5009.11 食品安全国家标准 食品中总砷及无机砷的测定

GB 5009.17 食品安全国家标准 食品中总汞及有机汞的测定

GB 5009.3 食品安全国家标准 食品中水分的测定

GB 5009.74 食品安全国家标准 食品添加剂中重金属限量试验

GB/T 6678 化工产品采样总则

GB/T 6679 固体化工产品采样通则

GB/T 6682 分析实验室用水规格和试验方法

GB 7718 食品安全国家标准 预包装食品标签通则

GB/T 8967 谷氨酸钠（味精）

GB/T 9724　化学试剂　pH 值测定通则

GB 28050　食品安全国家标准　预包装食品营养标签通则

药品红外光谱集　第五卷（国家药典委员会）

3　氨基酸命名、分子式、相对分子质量、结构式

本标准中，各品种氨基酸的命名、分子式、相对分子质量和结构式应符合表 1 中的规定。

表 1　　28 种氨基酸命名、分子式、相对分子质量、结构式

氨基酸	系统命名	CAS 号	分子式	相对分子质量	结构式
L-异亮氨酸 L-Isoleucine	（2*S*，3*S*）-2-氨基-3-甲基戊酸 （2*S*，3*S*）-2-amino-3-methylpentanoic acid	73-32-5	$C_6H_{13}NO_2$	131.17	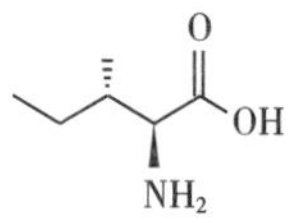
L-缬氨酸 L-Valine	（2*S*）-2-氨基-3-甲基丁酸 （2*S*）-2-amino-3-methylbutanoic acid	72-18-4	$C_5H_{11}NO_2$	117.15	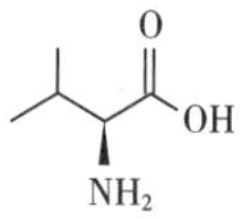
L-亮氨酸 L-Leucine	（2*S*）-2-氨基-4-甲基戊酸 （2*S*）-2-amino-4-methylpentanoic acid	61-90-5	$C_6H_{13}NO_2$	131.17	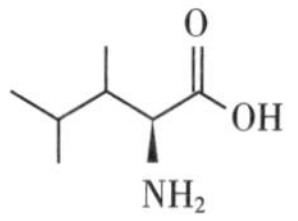
L-苯丙氨酸 L-Phenylalanine	（2*S*）-2-氨基-3-苯基丙酸 （2*S*）-2-amino-3-phenylpropanoic acid	63-91-2	$C_9H_{11}NO_2$	165.19	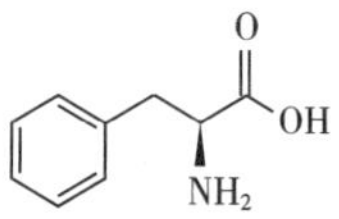
L-苏氨酸 L-Threonine	（2*S*，3*R*）-2-氨基-3-羟基丁酸 （2*S*，3*R*）-2-amino-3-hydroxybutanoic acid	72-19-5	$C_4H_9NO_3$	119.12	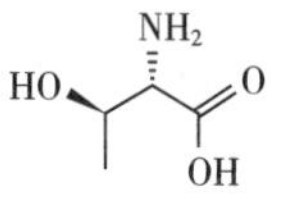
L-谷氨酸 L-Glutamic Acid	（2*S*）-2-氨基戊二酸 （2*S*）-2-aminopentanedioic acid	56-86-0	$C_5H_9NO_4$	147.13	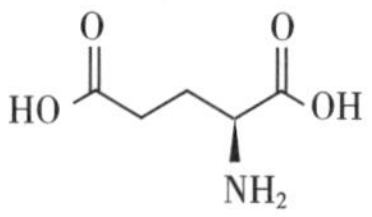
L-色氨酸 L-Tryptophan	（2*S*）-2-氨基-3-（3-吲哚）丙酸 （2*S*）-2-amino-3-（1*H*-indol-3-yl）propanoic acid	73-22-3	$C_{11}H_{12}N_2O_2$	204.23	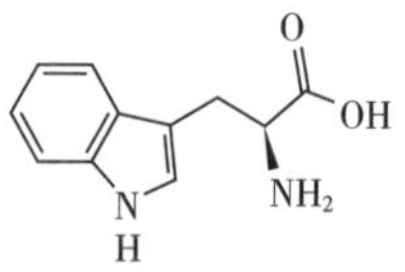

续表

氨基酸	系统命名	CAS号	分子式	相对分子质量	结构式
L-酪氨酸 L-Tyrosine	(2S)-2-氨基-3-(4-羟基苯基)丙酸 (2S)-2-amino-3-(4-hydroxyphenyl) propanoic acid	60-18-4	$C_9H_{11}NO_3$	181.19	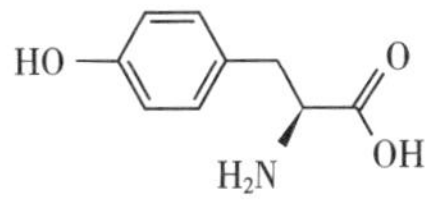
L-脯氨酸 L-Proline	(2S)-2-吡咯烷-2-羧酸 (2S)-pyrrolidine-2-carboxylic acid	147-85-3	$C_5H_9NO_2$	115.13	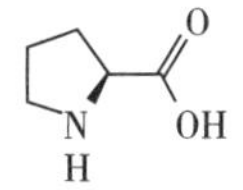
L-精氨酸 L-Arginine	(2S)-2-氨基-5-胍基戊酸 (2S)-2-amino-5-guanidinopentanoic acid	74-79-3	$C_6H_{14}N_4O_2$	174.20	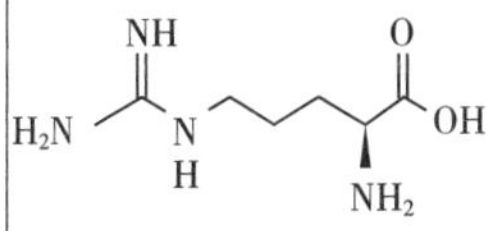
L-丝氨酸 L-Serine	(2S)-2-氨基-3-羟基丙酸 (2S)-2-amino-3-hydroxypropanoic acid	56-45-1	$C_3H_7NO_3$	105.09	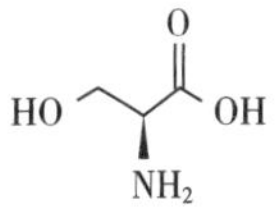
L-醋酸赖氨酸 L-Lysine Acetate	(2S)-2,6-二氨基己酸醋酸盐 (2S)-2,6-diaminohexanoic acid acetate	57282-49-2	$C_6H_{14}N_2O_2 \cdot C_2H_4O_2$	206.24	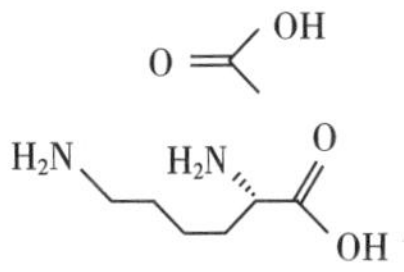
L-盐酸精氨酸 L-Arginine Hydrochloride	(2S)-2-氨基-5-胍基戊酸盐酸盐 (2S)-2-amino-5-guanidinopentanoic acid hydrochloride	1119-34-2	$C_6H_{14}N_4O_2 \cdot HCl$	210.66	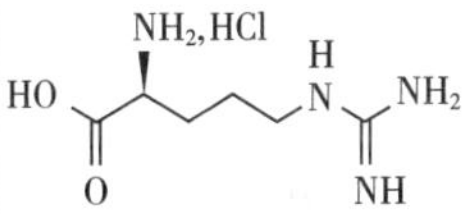
L-盐酸半胱氨酸一水化物 L-Cysteine Hydrochloride Monohyd-rate	(2R)-2-氨基-3-巯基丙酸盐酸盐一水化物 (2R)-2-amino-3-sulfanylpropanoic acid hydrochloride monohydrate	7048-04-6	$C_3H_7NO_2S \cdot HCl \cdot H_2O$	175.64	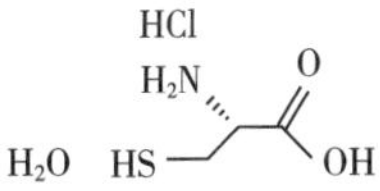
L-盐酸鸟氨酸 L-Ornithine Hydrochloride	(S)-2,5-二氨基戊酸盐酸盐 (S)-2,5-diaminopentanoic acid hydrochloride	3184-13-2	$C_5H_{12}N_2O_2 \cdot HCl$	168.62	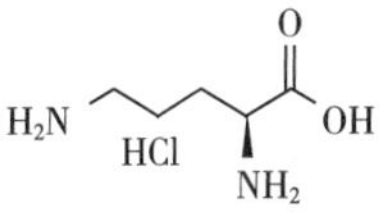
L-甲硫氨酸 L-Methionine	(2S)-2-氨基-4-(甲硫基)丁酸 (2S)-2-amino-4-(methylsulfanyl) butanoic acid	63-68-3	$C_5H_{11}NO_2S$	149.21	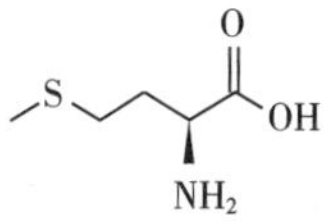

续表

氨基酸	系统命名	CAS 号	分子式	相对分子质量	结构式
L-组氨酸 L-Histidine	(*S*)-2-氨基-3-(4-咪唑基)丙酸 (*S*)-2-amino-3-(1*H*-imidazol-4-yl)propanoic acid	71-00-1	$C_6H_9N_3O_2$	155.16	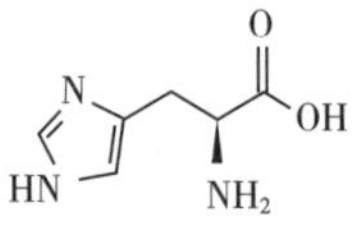
L-丙氨酸 L-Alanine	(2*S*)-2-氨基丙酸 (2*S*)-2-aminopropanoic acid	56-41-7	$C_3H_7NO_2$	89.09	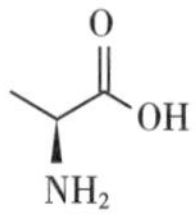
L-天冬酰胺一水化物 L-Asparagine Monohydrate	(2*S*)-2,4-二氨基-4-酮丁酸一水化物 (2*S*)-2,4-diamino-4-oxobutanoic acid monohydrate	5794-13-8	$C_4H_8N_2O_3 \cdot H_2O$	150.13	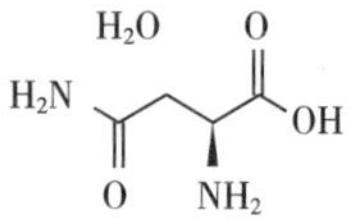
L-谷氨酰胺 L-Glutamine	(*S*)-2,5-二氨基-5-酮戊酸 (*S*)-2,5-diamino-5-oxopentanoic acid	56-85-9	$C_5H_{10}N_2O_3$	146.15	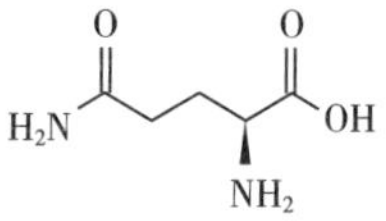
L-盐酸组氨酸一水化物 L-Histidine Hydrochloride Monohydrate	(*S*)-2-氨基-3-(4-咪唑基)丙酸盐酸盐一水化物 (*S*)-2-amino-3-(1*H*-imidazol-4-yl)propanoic acid hydrochloride monohydrate	5934-29-2	$C_6H_9N_3O_2 \cdot HCl \cdot H_2O$	209.63	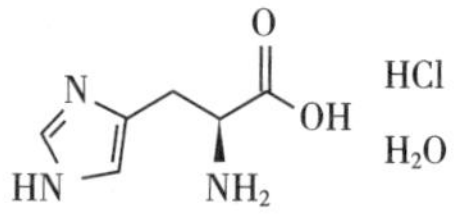
L-羟基脯氨酸 L-Hydroxyproline	(2*S*,4*R*)-4-羟基吡咯烷-2-羧酸 (2*S*,4*R*)-4-hydroxypyrrolidine-2-carboxylic acid	51-35-4	$C_5H_9NO_3$	131.13	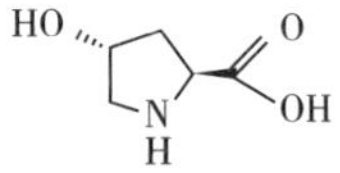
L-4-羟基异亮氨酸 L-4-Hydroxyisoleucine	(2*S*,3*R*)-2-氨基-4-羟基-3-甲基戊酸 (2*S*,3*R*)-2-amino-4-hydroxy-3-methylpentanoic acid	6001-78-8	$C_6H_{13}NO_3$	147.17	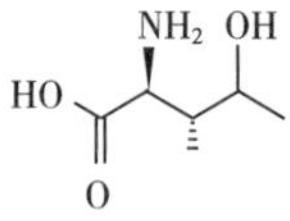
L-天冬氨酸 L-Aspartic Acid	(2*S*)-2-氨基丁二酸 (2*S*)-2-aminobutanedioic acid	56-84-8	$C_4H_7NO_4$	133.10	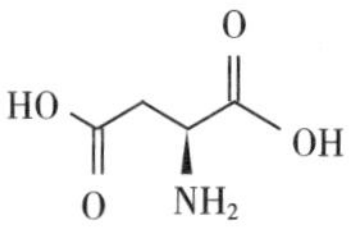
L-胱氨酸 L-Cystine	(2*R*,2'*R*)-3,3'-二硫双(2-氨基丙酸) (2*R*,2'*R*)-3,3'-disulfanediylbis(2-aminopropanoic acid)	56-89-3	$C_6H_{12}N_2O_4S_2$	240.30	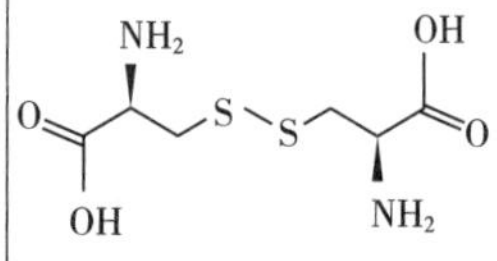

续表

氨基酸	系统命名	CAS 号	分子式	相对分子质量	结构式
L-盐酸赖氨酸 L-Lysine Hydrochloride	(2S)-2,6-二氨基己酸盐酸盐 (2S)-2,6-diaminohexanoic acid hydrochloride	657-27-2	$C_6H_{14}N_2O_2 \cdot HCl$	182.65	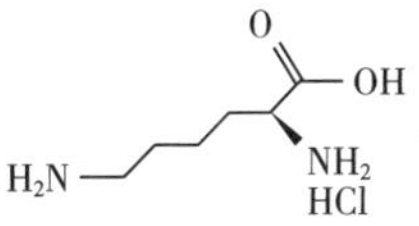
L-茶氨酸 L-Theanine	(S)-2-氨基-5-(乙胺基)-5-酮戊酸 (S)-2-amino-5-(ethylamino)-5-oxopentanoic acid	3081-61-6	$C_7H_{14}N_2O_3$	174.20	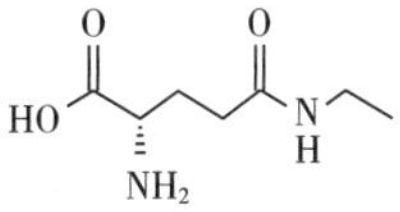
牛磺酸 Taurine	2-氨基乙磺酸 2-aminoethanesulfonic acid	107-35-7	$C_2H_7NO_3S$	125.15	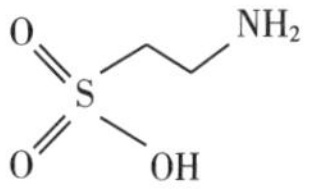

4 技术要求

4.1 感官要求

白色或微黄色颗粒状结晶或粉末状结晶。

4.2 理化要求

4.2.1 L-异亮氨酸

应符合表 2 要求。

表 2　L-异亮氨酸理化指标

项　目		指　标
鉴别		试样的红外光吸收图谱应与《药品红外光谱集》以下简称《红外光谱集》894 图一致
含量(以干基计)/%		98.5~101.5
比旋光度$[\alpha]_D^{20}$		+38.9°~+41.8°
干燥失重/%	≤	0.2
炽灼残渣/%	≤	0.2
pH		5.5~6.5
氯化物(以 Cl^- 计)/%	≤	0.05
硫酸盐(以 SO_4^{2-} 计)/%	≤	0.03
其他氨基酸(总杂)/%	≤	3.0
溶液的透光率/%	≥	95.0

续表

项　目		指　标
铵盐（以NH_4^+计）/%	≤	0.02
铁盐/(mg/kg)	≤	30

4.2.2　L-缬氨酸

应符合表3要求。

表3　　L-缬氨酸理化指标

项　目		指　标
鉴别		试样的红外光吸收图谱应与《红外光谱集》1076图一致
含量（以干基计）/%		98.5~101.5
比旋光度$[\alpha]_D^{20}$		+26.6°~+28.8°
干燥失重/%	≤	0.2
炽灼残渣/%	≤	0.1
pH		5.5~6.5
氯化物（以Cl^-计）/%	≤	0.05
硫酸盐（以SO_4^{2-}计）/%	≤	0.03
其他氨基酸（总杂）/%	≤	3.0
溶液的透光率/%	≥	95.0
铵盐（以NH_4^+计）/%	≤	0.02
铁盐/(mg/kg)	≤	30

4.2.3　L-亮氨酸

应符合表4要求。

表4　　L-亮氨酸理化指标

项　目		指　标
鉴别		试样的红外光吸收图谱应与《红外光谱集》987图一致
含量（以干基计）/%		98.5~101.5
比旋光度$[\alpha]_D^{20}$		+14.9°~+16.0°
干燥失重/%	≤	0.2
炽灼残渣/%	≤	0.2
pH		5.5~6.5
氯化物（以Cl^-计）/%	≤	0.05

续表

项 目		指 标
硫酸盐（以 SO_4^{2-} 计）/%	≤	0.03
其他氨基酸（总杂）/%	≤	3.0
溶液的透光率/%	≥	95.0
铵盐（以 NH_4^+ 计）/%	≤	0.02
铁盐/(mg/kg)	≤	30

4.2.4 L-苯丙氨酸

应符合表 5 要求。

表 5 L-苯丙氨酸理化指标

项 目		指 标
鉴别		试样的红外光吸收图谱应与《红外光谱集》983 图一致
含量（以干基计）/%		98.5~101.5
比旋光度 $[\alpha]_D^{20}$		−33.0°~−35.0°
干燥失重/%	≤	0.2
炽灼残渣/%	≤	0.1
pH		5.4~6.0
氯化物（以 Cl^- 计）/%	≤	0.03
硫酸盐（以 SO_4^{2-} 计）/%	≤	0.03
其他氨基酸（总杂）/%	≤	0.5
溶液的透光率/%	≥	95.0
铵盐（以 NH_4^+ 计）/%	≤	0.02
铁盐/(mg/kg)	≤	30

4.2.5 L-苏氨酸

应符合表 6 要求。

表 6 L-苏氨酸理化指标

项 目		指 标
鉴别		试样的红外光吸收图谱应与《红外光谱集》957 图一致
含量（以干基计）/%		98.5~101.5
比旋光度 $[\alpha]_D^{20}$		−26.0°~−29.0°
干燥失重/%	≤	0.2

续表

项　目		指　标
炽灼残渣/%	≤	0.2
pH		5.0~6.5
氯化物（以 Cl^- 计）/%	≤	0.05
硫酸盐（以 SO_4^{2-} 计）/%	≤	0.03
其他氨基酸（总杂）/%	≤	0.5
溶液的透光率/%	≥	95.0
铵盐（以 NH_4^+ 计）/%	≤	0.02
铁盐/(mg/kg)	≤	30

4.2.6　L-谷氨酸

应符合表 7 要求。

表 7　　L-谷氨酸理化指标

项　目		指　标
鉴别		试样的红外光吸收图谱应与《红外光谱集》958 图一致
含量（以干基计）/%		98.5~101.5
比旋光度 $[\alpha]_D^{20}$		+31.5°~+32.5°
干燥失重/%	≤	0.3
炽灼残渣/%	≤	0.1
pH		3.0~3.5
氯化物（以 Cl^- 计）/%	≤	0.02
硫酸盐（以 SO_4^{2-} 计）/%	≤	0.02
其他氨基酸（总杂）/%	≤	0.5
溶液的透光率/%	≥	95.0
铵盐（以 NH_4^+ 计）/%	≤	0.02
铁盐/(mg/kg)	≤	30

4.2.7　L-色氨酸

应符合表 8 要求。

表 8　　L-色氨酸理化指标

项　目	指　标
鉴别	试样的红外光吸收图谱应与《红外光谱集》946 图一致

续表

项　目		指　标
含量（以干基计）/%		98.5~101.5
比旋光度$[\alpha]_D^{20}$		-30.0°~-32.5°
干燥失重/%	≤	0.2
炽灼残渣/%	≤	0.1
pH		5.4~6.4
氯化物（以 Cl^- 计）/%	≤	0.05
硫酸盐（以 SO_4^{2-} 计）/%	≤	0.03
其他氨基酸（总杂）/%	≤	0.5
溶液的透光率/%	≥	95.0
铵盐（以NH_4^+计）/%	≤	0.02
铁盐/(mg/kg)	≤	30

4.2.8　L-酪氨酸

应符合表 9 要求。

表 9　　L-酪氨酸理化指标

项　目		指　标
鉴别		试样的红外光吸收图谱应与《红外光谱集》1072 图一致
含量（以干基计）/%		98.5~101.5
比旋光度$[\alpha]_D^{20}$		-11.3°~-12.1°
干燥失重/%	≤	0.2
炽灼残渣/%	≤	0.2
pH		5.0~6.5
氯化物（以 Cl^- 计）/%	≤	0.04
硫酸盐（以 SO_4^{2-} 计）/%	≤	0.04
其他氨基酸（总杂）/%	≤	0.4
溶液的透光率/%	≥	95.0
铵盐（以NH_4^+计）/%	≤	0.02
铁盐/(mg/kg)	≤	30

4.2.9　L-脯氨酸

应符合表 10 要求。

表 10　　L-脯氨酸理化指标

项　目		指　标
鉴别		试样的红外光吸收图谱应与《红外光谱集》1041 图一致
含量（以干基计）/%		98.5~101.5
比旋光度$[\alpha]_D^{20}$		-84.5°~-86.0°
干燥失重/%	≤	0.3
炽灼残渣/%	≤	0.2
pH		5.9~6.9
氯化物（以 Cl^- 计）/%	≤	0.05
硫酸盐（以 SO_4^{2-} 计）/%	≤	0.03
其他氨基酸（总杂）/%	≤	0.5
溶液的透光率/%	≥	95.0
铵盐（以 NH_4^+ 计）/%	≤	0.02
铁盐/(mg/kg)	≤	30

4.2.10　L-精氨酸

应符合表 11 要求。

表 11　　L-精氨酸理化指标

项　目		指　标
鉴别		试样的红外光吸收图谱应与《红外光谱集》1075 图一致
含量（以干基计）/%		98.5~101.5
比旋光度$[\alpha]_D^{20}$		+26.9°~+27.9°
干燥失重/%	≤	0.5
炽灼残渣/%	≤	0.2
pH		10.5~12.0
氯化物（以 Cl^- 计）/%	≤	0.02
硫酸盐（以 SO_4^{2-} 计）/%	≤	0.02
其他氨基酸（总杂）/%	≤	0.4
溶液的透光率/%	≥	95.0
铵盐（以 NH_4^+ 计）/%	≤	0.02
铁盐/(mg/kg)	≤	30

4.2.11　L-丝氨酸

应符合表 12 要求。

表 12　　L-丝氨酸理化指标

项　目		指　标
鉴别		试样的红外光吸收图谱应与《红外光谱集》917 图一致
含量（以干基计）/%		98.5～101.5
比旋光度$[\alpha]_D^{20}$		+14.0°～+15.6°
干燥失重/%	≤	0.2
炽灼残渣/%	≤	0.1
pH		5.5～6.5
氯化物（以 Cl^- 计）/%	≤	0.05
硫酸盐（以 SO_4^{2-} 计）/%	≤	0.03
其他氨基酸（总杂）/%	≤	0.5
溶液的透光率/%	≥	95.0
铵盐（以NH_4^+计）/%	≤	0.02
铁盐/(mg/kg)	≤	30

4.2.12　L-醋酸赖氨酸

应符合表 13 要求。

表 13　　L-醋酸赖氨酸理化指标

项　目		指　标
鉴别		试样的红外光吸收图谱应与《红外光谱集》890 图一致
含量（以干基计）/%		98.5～101.5
比旋光度$[\alpha]_D^{20}$		+8.5°～+10.0°
干燥失重/%	≤	0.3
炽灼残渣/%	≤	0.2
pH		6.5～7.5
氯化物（以 Cl^- 计）/%	≤	0.05
硫酸盐（以 SO_4^{2-} 计）/%	≤	0.03
其他氨基酸（总杂）/%	≤	0.2
溶液的透光率/%	≥	95.0
铵盐（以NH_4^+计）/%	≤	0.02
铁盐/(mg/kg)	≤	30

4.2.13　L-盐酸精氨酸

应符合表 14 要求。

表 14　　L-盐酸精氨酸理化指标

项　目		指　标
鉴别		试样的红外光吸收图谱应与《红外光谱集》406 图一致
含量（以干基计）/%		98.5~101.5
比旋光度$[\alpha]_D^{20}$		+21.5°~+23.5°
干燥失重/%	≤	0.2
炽灼残渣/%	≤	0.1
pH		4.7~6.2
氯化物（以 Cl^- 计）/%	≤	16.5~17.1
硫酸盐（以 SO_4^{2-} 计）/%	≤	0.03
其他氨基酸（总杂）/%	≤	0.2
溶液的透光率/%	≥	95.0
铵盐（以NH_4^+计）/%	≤	0.02
铁盐/(mg/kg)	≤	30

4.2.14　L-盐酸半胱氨酸一水化物

应符合表 15 要求。

表 15　　L-盐酸半胱氨酸一水化物理化指标

项　目		指　标
鉴别		试样的红外光吸收图谱应与《红外光谱集》816 图一致
含量（以干基计）/%		98.5~101.5
比旋光度$[\alpha]_D^{20}$		+5.5°~+7.0°
干燥失重/%	≤	8.0~12.0
炽灼残渣/%	≤	0.1
pH		1.5~2.0
氯化物（以 Cl^- 计）/%	≤	19.8~20.8
硫酸盐（以 SO_4^{2-} 计）/%	≤	0.03
其他氨基酸（总杂）/%	≤	0.5
溶液的透光率/%	≥	95.0
铵盐（以NH_4^+计）/%	≤	0.02
铁盐/(mg/kg)	≤	30

4.2.15　L-盐酸鸟氨酸

应符合表 16 要求。

表 16　　L-盐酸鸟氨酸理化指标

项　目		指　标
鉴别		试样的红外光吸收图谱与对照品图谱一致
含量（以干基计）/%		98.5~101.5
比旋光度$[\alpha]_D^{20}$		+23.0°~+25.0°
干燥失重/%	≤	0.2
炽灼残渣/%	≤	0.1
pH		5.0~6.0
氯化物（以 Cl^- 计）/%	≤	0.02
硫酸盐（以 SO_4^{2-} 计）/%	≤	0.5
其他氨基酸（总杂）/%	≤	95.0
溶液的透光率/%	≥	0.02
铵盐（以NH_4^+计）/%	≤	30

4.2.16　L-甲硫氨酸

应符合表 17 要求。

表 17　　L-甲硫氨酸理化指标

项　目		指　标
鉴别		试样的红外光吸收图谱应与《红外光谱集》1045 图一致
含量（以干基计）/%		98.5~101.5
比旋光度$[\alpha]_D^{20}$		+21.0°~+25.0°
干燥失重/%	≤	0.2
炽灼残渣/%	≤	0.2
pH		5.6~6.1
氯化物（以 Cl^- 计）/%	≤	0.05
硫酸盐（以 SO_4^{2-} 计）/%	≤	0.03
其他氨基酸（总杂）/%	≤	0.5
溶液的透光率/%	≥	95.0
铵盐（以NH_4^+计）/%	≤	0.02
铁盐/(mg/kg)	≤	30

4.2.17　L-组氨酸

应符合表 18 要求。

表 18　　L-组氨酸理化指标

项　目		指　标
鉴别		试样的红外光吸收图谱应与《红外光谱集》981 图一致
含量（以干基计）/%		98.5~101.5
比旋光度$[\alpha]_D^{20}$		+12.0°~+12.8°
干燥失重/%	≤	0.2
炽灼残渣/%	≤	0.2
pH		7.0~8.5
氯化物（以 Cl^- 计）/%	≤	0.05
硫酸盐（以 SO_4^{2-} 计）/%	≤	0.03
其他氨基酸（总杂）/%	≤	0.5
溶液的透光率/%	≥	95.0
铵盐（以 NH_4^+ 计）/%	≤	0.02
铁盐/(mg/kg)	≤	30

4.2.18　L-丙氨酸

应符合表 19 要求。

表 19　　L-丙氨酸理化指标

项　目		指　标
鉴别		试样的红外光吸收图谱应与《红外光谱集》915 图一致
含量（以干基计）/%		98.5~101.5
比旋光度$[\alpha]_D^{20}$		+14.0°~+15.0°
干燥失重/%	≤	0.2
炽灼残渣/%	≤	0.1
pH		5.5~7.0
氯化物（以 Cl^- 计）/%	≤	0.05
硫酸盐（以 SO_4^{2-} 计）/%	≤	0.03
其他氨基酸（总杂）/%	≤	0.5
溶液的透光率/%	≥	95.0
铵盐（以 NH_4^+ 计）/%	≤	0.02
铁盐/(mg/kg)	≤	30

4.2.19　L-天冬酰胺一水化物

应符合表 20 要求。

表20　　　　L-天冬酰胺一水化物理化指标

项　目		指　标
含量（以干基计）/%		98.5~101.5
比旋光度$[\alpha]_D^{20}$		+31°~+35°
干燥失重/%	≤	11.5~12.5
炽灼残渣/%	≤	0.1
氯化物（以 Cl^- 计）/%	≤	0.02
硫酸盐（以 SO_4^{2-} 计）/%	≤	0.02
其他氨基酸（任一单杂）/%	≤	0.5
溶液的透光率/%	≥	95.0
铵盐（以 NH_4^+ 计）/%	≤	0.10
铁盐/(mg/kg)	≤	30

4.2.20　L-谷氨酰胺

应符合表21要求。

表21　　　　L-谷氨酰胺理化指标

项　目		指　标
鉴别		试样的红外光吸收图谱应与《红外光谱集》895图一致
含量（以干基计）/%		98.5~101.5
比旋光度$[\alpha]_D^{20}$		+6.3°~+7.3°
干燥失重/%	≤	0.3
炽灼残渣/%	≤	0.2
氯化物（以 Cl^- 计）/%	≤	4.8~5.8
硫酸盐（以 SO_4^{2-} 计）/%	≤	0.05
其他氨基酸（任一单杂）/%	≤	0.03
溶液的透光率/%	≥	95.0
铵盐（以 NH_4^+ 计）/%	≤	0.1
铁盐/(mg/kg)	≤	30

4.2.21　L-盐酸组氨酸一水化物

应符合表22要求。

表 22　　L-盐酸组氨酸一水化物理化指标

项　目		指　标
鉴别		试样的红外光吸收图谱应与《红外光谱集》372 图一致
含量（以干基计）/%		98.5~101.5
比旋光度$[\alpha]_D^{20}$		+8.5°~+10.5°
干燥失重/%	≤	0.2
炽灼残渣/%	≤	0.1
pH		3.5~4.5
氯化物（以 Cl^- 计）/%	≤	16.7~17.1
硫酸盐（以 SO_4^{2-} 计）/%	≤	0.02
其他氨基酸（总杂）/%	≤	0.2
溶液的透光率/%	≥	95.0
铵盐（以NH_4^+计）/%	≤	0.02
铁盐/(mg/kg)	≤	30

4.2.22　L-羟基脯氨酸

应符合表 23 要求。

表 23　　L-羟基脯氨酸理化指标

项　目		指　标
鉴别		试样的红外光吸收图谱与对照品图谱一致
含量（以干基计）/%		98.5~101.5
比旋光度$[\alpha]_D^{20}$		-74.0°~-77.0°
干燥失重/%	≤	0.2
炽灼残渣/%	≤	0.1
pH		5.0~6.5
氯化物（以 Cl^- 计）/%	≤	0.020
硫酸盐（以 SO_4^{2-} 计）/%	≤	0.020
其他氨基酸（总杂）/%	≤	0.5
溶液的透光率/%	≥	95.0
铵盐（以NH_4^+计）/%	≤	0.02
铁盐/(mg/kg)	≤	30

4.2.23　L-4-羟基异亮氨酸

应符合表 24 要求。

表 24　　L-4-羟基异亮氨酸理化指标

项　目		指　标
鉴别		试样的红外光吸收图谱与对照品图谱一致
含量（以干基计）/%	≥	95.0
比旋光度$[\alpha]_D^{20}$		+32.0°～+36.0°
干燥失重/%	≤	0.3
炽灼残渣/%	≤	0.3
pH		5.0～7.0
溶液的透光率/%	≥	95.0

4.2.24　L-天冬氨酸

应符合表 25 要求。

表 25　　L-天冬氨酸理化指标

项　目		指　标
鉴别		试样的红外光吸收图谱应与《红外光谱集》913 图一致
含量（以干基计）/%		98.5～101.5
比旋光度$[\alpha]_D^{20}$		+24.0°～+26.0°
干燥失重/%	≤	0.2
炽灼残渣/%	≤	0.1
pH		2.0～4.0
氯化物（以 Cl^- 计）/%	≤	0.02
硫酸盐（以 SO_4^{2-} 计）/%	≤	0.02
其他氨基酸（总杂）/%	≤	0.5
溶液的透光率/%	≥	95.0
铵盐（以 NH_4^+ 计）/%	≤	0.02
铁盐/(mg/kg)	≤	30

4.2.25　L-胱氨酸

应符合表 26 要求。

表 26　　L-胱氨酸理化指标

项　目	指　标
鉴别	试样的红外光吸收图谱应与《红外光谱集》1036 图一致
含量（以干基计）/%	98.5～101.5

续表

项 目		指 标
比旋光度$[\alpha]_D^{20}$		-215°~-230°
干燥失重/%	≤	0.2
炽灼残渣/%	≤	0.1
pH		5.0~6.5
氯化物（以 Cl^- 计）/%	≤	0.02
硫酸盐（以 SO_4^{2-} 计）/%	≤	0.02
其他氨基酸（总杂）/%	≤	0.5
溶液的透光率/%	≥	95.0
铁盐/(mg/kg)	≤	30

4.2.26　L-盐酸赖氨酸

应符合表 27 要求。

表 27　　L-盐酸赖氨酸理化指标

项 目		指 标
鉴别		试样的红外光吸收图谱应与《红外光谱集》399 图或 1035 图一致
含量（以干基计）/%		98.5~101.5
比旋光度$[\alpha]_D^{20}$		+20.4°~+21.5°
干燥失重/%	≤	0.4
炽灼残渣/%	≤	0.1
pH		5.0~6.0
氯化物（以 Cl^- 计）/%	≤	19.0~19.6
硫酸盐（以 SO_4^{2-} 计）/%	≤	0.02
其他氨基酸（总杂）/%	≤	0.5
溶液的透光率/%	≥	95.0
铵盐（以NH_4^+计）/%	≤	0.02
铁盐/(mg/kg)	≤	30

4.2.27　L-茶氨酸

应符合表 28 要求。

表 28　　L-茶氨酸理化指标

项　目		指　标
鉴别		试样的红外光吸收图谱与对照品图谱一致
含量（以干基计）/%		98.5~101.5
比旋光度$[\alpha]_D^{20}$		+7.7°~+8.5°
干燥失重/%	≤	1.5
炽灼残渣/%	≤	0.1
pH		4.5~6.0
氯化物（以 Cl^- 计）/%	≤	0.02
硫酸盐（以 SO_4^{2-} 计）/%	≤	0.02
其他氨基酸（总杂）/%	≤	0.5
溶液的透光率/%	≥	95.0
铵盐（以 NH_4^+ 计）/%	≤	0.02
铁盐/(mg/kg)	≤	30

4.2.28　牛磺酸

应符合表 29 要求。

表 29　　牛磺酸理化指标

项　目		指　标
鉴别		试样的红外光吸收图谱应与《红外光谱集》44 图一致
含量（以干基计）/%		98.5~101.5
干燥失重/%	≤	0.2
炽灼残渣/%	≤	0.1
氯化物（以 Cl^- 计）/%	≤	0.01
硫酸盐（以 SO_4^{2-} 计）/%	≤	0.01
其他氨基酸（总杂）/%	≤	95.0
溶液的透光率/%	≥	0.02
铵盐（以 NH_4^+ 计）/%	≤	30

4.3　卫生要求

应符合表 30 要求。

表 30 卫生指标

项 目		指 标
重金属（以 Pb 计）/(mg/kg)	≤	10
砷/(mg/kg)	≤	1
汞/(mg/kg)	≤	0.3
菌落总数/(CFU/g)	≤	1000
大肠菌群/(CFU/g)	≤	10
霉菌和酵母/(CFU/g)	≤	50
金黄色葡萄球菌（CFU/g)	≤	0/25
沙门氏菌/(CFU/g)	≤	0/25

5 试验方法

本标准除另有说明外，所用试剂的纯度应不低于分析纯，所用标准滴定溶液、杂质测定用标准溶液和其他试剂，应按 GB/T 601、GB/T 602、GB/T 603 的规定制备；试验用水根据试验需要应符合 GB/T 6682 中各级水的要求。

5.1 感官

取试样约 5g，放于白色瓷盘中，在自然光线下，目测其色泽、形态。

5.2 理化指标

5.2.1 鉴别

试样的红外光谱图应与《红外光谱集》中相应图谱或与对照品图谱一致。

5.2.2 含量

按照附录 A 规定的方法测定。

5.2.3 比旋光度 $[\alpha]_D^{20}$

按 GB/T 613 的方法测定比旋光度，采用钠光谱 D 线（589.3nm），按表 31 进行比旋光度测定试样的制备。

表 31 比旋光度测定试样制备表

氨基酸＼配制	溶液配制
L-异亮氨酸	取本品，加 6mol/L 盐酸溶液溶解并定量稀释成每 1mL 中约含 40mg 的溶液
L-缬氨酸	取本品，加 6mol/L 盐酸溶液溶解并定量稀释成每 1mL 中约含 80mg 的溶液
L-亮氨酸	取本品，加 6mol/L 盐酸溶液溶解并定量稀释成每 1mL 中约含 40mg 的溶液
L-苯丙氨酸	取本品，加水溶解并定量稀释成每 1mL 中约含 20mg 的溶液
L-苏氨酸	取本品，加水溶液溶解并定量稀释成每 1mL 中约含 60mg 的溶液
L-谷氨酸	取本品，加 2mol/L 盐酸溶液溶解并定量稀释成每 1mL 中约含 70mg 的溶液

续表

氨基酸＼配制	溶液配制
L-色氨酸	取本品，加水溶液溶解并定量稀释成每 1mL 中约含 10mg 的溶液
L-酪氨酸	取本品，加 1mol/L 盐酸溶液溶解并定量稀释成每 1mL 中约含 50mg 的溶液
L-脯氨酸	取本品，加水溶液溶解并定量稀释成每 1mL 中约含 40mg 的溶液
L-精氨酸	取本品，加 6mol/L 盐酸溶液溶解并定量稀释成每 1mL 中约含 80mg 的溶液
L-丝氨酸	取本品，加 2mol/L 盐酸溶液溶解并定量稀释成每 1mL 中约含 0. 1g 的溶液
L-醋酸赖氨酸	取本品，加水溶解并定量稀释成每 1mL 中约含 0. 1g 的溶液
L-盐酸精氨酸	取本品，加 6mol/L 盐酸溶液溶解并定量稀释成每 1mL 中约含 80mg 的溶液
L-盐酸半胱氨酸一水化物	取本品，加 1mol/L 盐酸溶液溶解并定量稀释成每 1mL 中约含 80mg 的溶液
L-盐酸鸟氨酸	取本品，加 6mol/L 盐酸溶液溶解并定量稀释成每 1mL 中约含 40mg 的溶液
L-甲硫氨酸	取本品，加 6mol/L 盐酸溶液溶解并定量稀释成每 1mL 中约含 20mg 的溶液
L-组氨酸	取本品，加 6mol/L 盐酸溶液溶解并定量稀释成每 1mL 中约含 0. 11g 的溶液
L-丙氨酸	取本品，加 6mol/L 盐酸溶液溶解并定量稀释成每 1mL 中约含 100mg 的溶液
L-天冬酰胺一水化物	取本品，加 3mol/L 盐酸溶液溶解并定量稀释成每 1mL 中约含 20mg 的溶液
L-谷氨酰胺	取本品，加水适量，置 40℃水浴溶解，放冷，定容至 40mg/mL
L-盐酸组氨酸一水化物	取本品，加 6mol/L 盐酸溶液溶解并定量稀释成每 1mL 中约含 0. 11g 的溶液
L-羟基脯氨酸	取本品，加水溶解并定量稀释成每 1mL 中约含 40mg 的溶液
L-4-羟基异亮氨酸	取本品，加水溶解并定量稀释成每 1mL 中约含 10mg 的溶液
L-天冬氨酸	取本品，加 6mol/L 盐酸溶液溶解并定量稀释成每 1mL 中约含 80mg 的溶液
L-胱氨酸	取本品，加 1mol/L 盐酸溶液溶解并定量稀释成每 1mL 中约含 20mg 的溶液
L-盐酸赖氨酸	取本品，加 6mol/L 盐酸溶液溶解并定量稀释成每 1mL 中约含 80mg 的溶液
L-茶氨酸	取本品，加水溶解并定量稀释成每 1mL 中约含 50mg 的溶液

5. 2. 4　干燥失重

5. 2. 4. 1　L-醋酸赖氨酸

L-醋酸赖氨酸干燥失重按 GB 5009. 3 直接干燥法在 80℃条件下干燥 3h。

5. 2. 4. 2　L-盐酸半胱氨酸一水化物

L-盐酸半胱氨酸一水化物干燥失重按 GB 5009. 3 减压干燥法进行检测，以五氧化二磷为干燥剂，在室温、压力不超过 2. 67kPa 条件下，减压干燥 24h。

5. 2. 4. 3　L-盐酸组氨酸一水化物

L-盐酸组氨酸一水化物干燥失重按 GB 5009. 3 减压干燥法进行检测，在 60℃，压力不超过 2. 67kPa 条件下，减压干燥至恒重。

5.2.4.4　其余各品种氨基酸

本标准中，除L-醋酸赖氨酸、L-盐酸半胱氨酸一水化物和L-盐酸组氨酸一水化物以外的各品种氨基酸的干燥失重按GB 5009.3直接干燥法进行检测。

5.2.5　炽灼残渣

5.2.5.1　原理

利用样品主体与形成残渣的物质之间的差异，即挥发性、对热、对氧的稳定性等物理、化学性质方面的差异，将样品低温加热挥发、碳化，高温炽灼，使样品主体与残渣完全分离，可用天平称出残渣的质量。

5.2.5.2　试剂和材料

5.2.5.2.1　硫酸

5.2.5.3　仪器和设备

5.2.5.3.1　一般实验室仪器：烧杯、量筒、磁力搅拌器、水浴锅等。

5.2.5.3.2　坩埚或者蒸发皿：根据样品的性质，材质可选用铂，石英或者陶瓷。

5.2.5.3.3　高温炉：温度可保持在750℃ ±50℃。

5.2.5.3.4　分析天平：精度为0.001g。

5.2.5.4　分析方法

5.2.5.4.1　称量

L-异亮氨酸、L-亮氨酸、L-苯丙氨酸、L-苏氨酸、L-谷氨酸、L-色氨酸、L-谷氨酰胺、L-天冬氨酸、L-胱氨酸、牛磺酸分别称取1.0g用于测定炽灼残渣。

L-酪氨酸、L-盐酸鸟氨酸、L-羟基脯氨酸分别称取2.0g用于测定炽灼残渣。

L-缬氨酸、L-脯氨酸、L-精氨酸、L-丝氨酸、L-醋酸赖氨酸、L-盐酸精氨酸、L-盐酸半胱氨酸一水化物、L-甲硫氨酸、L-组氨酸、L-丙氨酸、L-天冬酰胺一水化物、L-盐酸组氨酸一水化物、L-盐酸赖氨酸、L-4-羟基异亮氨酸、L-茶氨酸分别称取1.0g~2.0g，用于测定炽灼残渣。

5.2.5.4.2　炽灼残渣的测定

将称重后的样品置已炽灼至恒重的坩埚中，称量后，缓缓炽灼至完全炭化，放冷；加硫酸0.5~1mL使湿润，低温加热至硫酸蒸气除尽后，在700℃~800℃炽灼使完全灰化，移置干燥器内，放冷，称量后，再在700℃~800℃炽灼至恒重，即得。恒重系指重复炽灼至前后两次称量相差不超过0.5mg。如需将残渣留作重金属检查，则炽灼温度需控制在500℃~600℃。

5.2.5.5　计算

炽灼残渣一般以硫酸盐计（特殊情况例外）。炽灼残渣的质量分数ω，数值以%表示，按式（1）计算：

$$\omega = \frac{m_2 - m_1}{m} \times 100 \tag{1}$$

式中　m——样品质量的数值，单位为克（g）；

m_1——空坩埚或空皿质量的数值，单位为克（g）；

m_2——残渣和空坩埚或残渣和空皿质量的数值，单位为克（g）。

5.2.6 pH

按 GB/T 9724 的方法测定 pH，pH 测定溶液按表 32 进行配制。

表 32　　　　pH 测定溶液的配制表

氨基酸	测试方法
L-异亮氨酸	取 0.20g，加水 20mL 溶解后，测定 pH
L-缬氨酸	取 1.00g，加水 20mL 溶解后，测定 pH
L-亮氨酸	取 0.50g，加水 50mL，加热使溶解，放冷后，测定 pH
L-苯丙氨酸	取 0.20g，加水 20mL 溶解后，测定 pH
L-苏氨酸	取 0.20g，加水 20mL 溶解后，测定 pH
L-谷氨酸	取 1.00g，加水 100mL 溶解后，测定 pH
L-色氨酸	取 0.50g，加水 50mL 溶解后，测定 pH
L-酪氨酸	取 0.02g，加水 100mL 制成饱和水溶液后，测定 pH
L-脯氨酸	取 2.00g，加水 20mL 溶解后，测定 pH
L-精氨酸	取 2.50g，加水 25mL 溶解后，测定 pH
L-丝氨酸	取 0.30g，加水 30mL 溶解后，测定 pH
L-醋酸赖氨酸	取 0.10g，加水 10mL 溶解后，测定 pH
L-盐酸精氨酸	取 1.00g，加水 10mL 溶解后，测定 pH
L-盐酸半胱氨酸一水化物	取 0.20g，加水 20mL 溶解后，测定 pH
L-盐酸鸟氨酸	取 1.00g，加水 10mL 溶解后，测定 pH
L-甲硫氨酸	取 0.50g，加水 50mL 溶解后，测定 pH
L-组氨酸	取 1.00g，加水 50mL 溶解后，测定 pH
L-丙氨酸	取 1.00g，加水 20mL 溶解后，测定 pH
L-谷氨酰胺	取本品，加水溶解并稀释制成每 1mL 中含 20mg 的溶液后，测定 pH
L-盐酸组氨酸一水化物	取 1.00g，加水 10mL 溶解后，测定 pH
L-羟基脯氨酸	取 1.00g，加水 10mL 溶解后，测定 pH
L-4-羟基异亮氨酸	取 1.00g，加水 20mL 溶解后，测定 pH
L-天冬氨酸	取 0.10g，加水 20mL 溶解后，测定 pH
L-胱氨酸	取 1.00g，加水 100mL 溶解后，测定 pH
L-盐酸赖氨酸	取 1.00g，加水 10mL 溶解后，测定 pH
L-茶氨酸	取 0.20g，加水 20mL 溶解后，测定 pH

5.2.7　氯化物

5.2.7.1　原理

目视比浊法：在硝酸介质中，氯离子与银离子生成难溶的氯化银，当氯离子含量较低时，在一定时间内氯化银呈悬浮体，使溶液浑浊，可用于氯化物的目视比浊法测定。

5.2.7.2　试剂和材料

5.2.7.2.1　标准氯化钠溶液：称取氯化钠0.165g，置1000mL量瓶中，加水适量使溶解并稀释至刻度，摇匀，作为贮备液。临用前，精密量取贮备液10mL，置100mL量瓶中，加水稀释至刻度，摇匀，即得（每1mL相当于10μg的Cl）。

5.2.7.2.2　硝酸银试液：可取用硝酸银滴定液（0.1mol/L）。

5.2.7.2.3　稀硝酸：取硝酸105mL，加水稀释至1000mL，即得。本液含HNO_3应为9.5%~10.5%。

5.2.7.3　仪器和设备

5.2.7.3.1　一般实验室仪器：烧杯、量筒、磁力搅拌器、水浴锅等。

5.2.7.3.2　分析天平：精度为0.001g。

5.2.7.3.3　纳氏比色管。

5.2.7.4　分析方法

5.2.7.4.1　试样制备

5.2.7.4.1.1　L-异亮氨酸、L-缬氨酸、L-亮氨酸、L-苏氨酸、L-色氨酸、L-脯氨酸、L-丝氨酸、L-醋酸赖氨酸、L-甲硫氨酸、L-组氨酸、L-丙氨酸、L-谷氨酰胺氯化物测定试样制备方法：取本品约0.10g，按以下方法检查，与标准氯化钠溶液5.0mL制成的对照溶液比较，不得更浓（0.05%）。

5.2.7.4.1.2　L-酪氨酸氯化物测定试样制备方法：取本品约0.10g，按以下方法检查，与标准氯化钠溶液4.0mL制成的对照溶液比较，不得更浓（0.04%）。

5.2.7.4.1.3　L-苯丙氨酸、L-精氨酸、L-羟基脯氨酸氯化物测定试样制备方法：取本品约0.10g，按以下方法检查，与标准氯化钠溶液3.0mL制成的对照溶液比较，不得更浓（0.03%）。

5.2.7.4.1.4　L-谷氨酸、L-天冬氨酸、L-天冬酰胺一水化物、L-茶氨酸氯化物测定试样制备方法：取本品约0.30g，按以下方法检查，与标准氯化钠溶液6.0mL制成的对照溶液比较，不得更浓（0.02%）。

5.2.7.4.1.5　L-胱氨酸氯化物测定试样制备方法：取本品约0.50g，加稀硝酸10mL溶解后，加水使成50mL分取25mL，按以下方法检查，与标准氯化钠溶液5.0mL制成的对照溶液比较，不得更浓（0.02%）。

5.2.7.4.1.6　牛磺酸氯化物测定试样制备方法：取本品1.0g，加水溶解使成50mL，分取25mL，按以下方法检查，与标准氯化钠溶液5.0mL制成的对照液比较，不得更浓（0.01%）。

5.2.7.4.2　测试方法

取各品种项下规定量的供试品，加水溶解至 25mL（溶液如显碱性，可滴加硝酸使成中性），再加稀硝酸 10mL，溶液如不澄清，应过滤，置 50mL 纳氏比色管中，加水使成约 40mL，摇匀，即得试样溶液。另取各品种项下规定量的标准氯化钠溶液，置 50mL 纳氏比色管中，加稀硝酸 10mL，加水使成约 40mL，摇匀，即得标准溶液。于试样溶液与标准溶液中，分别加入硝酸银试液 1.0mL，用水稀释使成 50mL，摇匀，在暗处放置 5min，同置黑色背景上，从比色管上方向下观察，进行目视比浊。

如试样管溶液浊度不高于标准管溶液浊度，则氯化物含量符合规定。

5.2.8　含氯量

5.2.8.1　原理

间接沉淀滴定法：样品经水或热水溶解、沉淀蛋白质、酸化处理后，加入过量的硝酸银溶液，以硫酸铁铵为指示剂，用硫氰酸铵标准滴定溶液滴定过量的硝酸银。根据硫氰酸铵标准滴定溶液的消耗量，计算食品中氯化物的含量。

5.2.8.2　试剂和材料

5.2.8.2.1　稀醋酸：取冰醋酸 60mL，加水稀释至 1000mL，即得。

5.2.8.2.2　溴酚蓝指示液：取溴酚蓝 0.1g，加 0.05mol/L 氢氧化钠溶液 3.0mL 使溶解，再加水稀释至 200mL，即得。

5.2.8.2.3　1%高锰酸钾溶液：取高锰酸钾 1g，加水 100mL，煮沸 15min，密塞，静置 2d 以上，用垂熔玻璃滤器滤过，摇匀，即得。

5.2.8.2.4　硫酸铁铵指示剂：取硫酸铁铵 8g，加水 100mL 使溶解，即得。

5.2.8.2.5　50%硝酸溶液：取硝酸 100mL，加水稀释至 200mL，摇匀，即得。

5.2.8.2.6　30%过氧化氢溶液：取过氧化氢溶液 30mL，加水稀释至 100mL，摇匀，即得。

5.2.8.2.7　稀硝酸：取硝酸 105mL，加水稀释至 1000mL，即得。本液含 HNO_3 应为 9.5%~10.5%。

5.2.8.2.8　硫氰酸铵滴定液：0.1mol/L。

5.2.8.2.9　硝酸银滴定液：0.1mol/L。

5.2.8.3　仪器和设备

5.2.8.3.1　一般实验室仪器：烧杯、量筒、磁力搅拌器、水浴锅等。

5.2.8.3.2　分析天平：精度为 0.001g。

5.2.8.3.3　棕色酸式滴定管、锥形瓶。

5.2.8.4　分析方法

5.2.8.4.1　L-盐酸精氨酸

取本品约 0.35g，加水 20mL 溶解后，加稀醋酸 2.0mL 与溴酚蓝指示液 8 滴~10 滴，用硝酸银滴定液（0.1mol/L）滴定至显蓝紫色。每 1mL 硝酸银滴定液（0.1mol/L）相当于 3.545mg 的 Cl。按干燥品计算，含氯量应为 16.5%~17.1%。

5.2.8.4.2　L-盐酸半胱氨酸一水化物

取本品约0.25g，加水10mL与50%硝酸溶液10mL溶解后，精密加入硝酸银滴定液（0.1mol/L）25mL与1%高锰酸钾水溶液50mL，在水浴上加热30min，放冷，滴加30%过氧化氢溶液至溶液成无色，然后加硫酸铁铵指示剂8mL和硝基苯1mL，用硫氰酸铵滴定液（0.1mol/L）滴定，并将滴定的结果用空白试验校正。每1mL硝酸银滴定液（0.1mol/L）相当于3.545mg的Cl。含氯量应为19.8%~20.8%。

5.2.8.4.3　L-盐酸组氨酸一水化物

取本品约0.4g，加水50mL溶解后，加稀硝酸2mL，照电位滴定法，用硝酸银滴定液（0.1mol/L）滴定。每1mL硝酸银滴定液（0.1mol/L）相当于3.545mg的Cl。按干燥品计算，含氯量应为16.7%~17.1%。

5.2.8.4.4　L-盐酸赖氨酸

取本品约0.35g，加水20mL溶解后，加稀醋酸2mL与溴酚蓝指示液8滴~10滴，用硝酸银滴定液（0.1mol/L）滴定至蓝紫色。每1mL硝酸银滴定液（0.1mol/L）相当于3.545mg的Cl。按干燥品计算，含氯量应为19.0%~19.6%。

5.2.9　硫酸盐

5.2.9.1　原理

利用微量硫酸盐与氯化钡在酸性条件下生成浑浊的硫酸钡，与一定量的标准硫酸钾溶液在同一条件下生成的硫酸钡浑浊比较，以测定试样中硫酸盐的限度。

5.2.9.2　试剂和材料

5.2.9.2.1　标准硫酸钾溶液：称取硫酸钾0.181g，置1000mL量瓶中，加水适量使溶解并稀释至刻度，摇匀，即得（每1mL相当于100μg的SO_4）。

5.2.9.2.2　稀盐酸：取盐酸234mL，加水稀释至1000mL，即得。本液含HCl应为9.5%~10.5%。

5.2.9.2.3　25%氯化钡溶液：取氯化钡细粉25g，加水使溶解成100mL，即得。本液应临用新制。

5.2.9.3　仪器和设备

5.2.9.3.1　一般实验室仪器：烧杯、量筒、磁力搅拌器、水浴锅等。

5.2.9.3.2　分析天平：精度为0.1mg。

5.2.9.3.3　纳氏比色管。

5.2.9.4　分析方法

5.2.9.4.1　试样制备

5.2.9.4.1.1　L-酪氨酸硫酸盐测定试样制备方法：取本品1.0g，加水40mL温热使溶解，放冷，按以下方法检查，与标准硫酸钾溶液4.0mL制成的对照溶液比较，不得更浓（0.04%）。

5.2.9.4.1.2　L-异亮氨酸、L-缬氨酸、L-亮氨酸、L-苯丙氨酸、L-苏氨酸、L-色氨酸、L-脯氨酸、L-丝氨酸、L-醋酸赖氨酸、L-盐酸精氨酸、L-盐酸半胱氨酸一水化物、L-甲硫氨酸、L-组氨酸、L-丙氨酸、L-谷氨酰胺硫酸盐测定试样制备方法：取本品

0.7g，按以下方法检查，与标准硫酸钾溶液 2.0mL 制成的对照溶液比较，不得更浓（0.03%）。

5.2.9.4.1.3 L-精氨酸、L-盐酸鸟氨酸、L-盐酸组氨酸一水化物、L-羟基脯氨酸、L-天冬氨酸、L-盐酸赖氨酸、L-茶氨酸硫酸盐测定试样制备方法：取本品 1.0g，按以下方法检查，与标准硫酸钾溶液 2.0mL 制成的对照溶液比较，不得更浓（0.02%）。

5.2.9.4.1.4 L-谷氨酸硫酸盐测定试样制备方法：取本品 0.5g，加稀盐酸 2mL 和水 5mL，振摇使溶解，按以下方法检查，与标准硫酸钾溶液 1.0mL 制成的对照溶液比较，不得更浓（0.02%）。

5.2.9.4.1.5 L-天冬酰胺一水化物硫酸盐测定试样制备方法：取本品 0.5g，加水 25.0mL，加热溶解后，放冷，按以下方法检查，与标准硫酸钾溶液 1.0mL 制成的对照液比较，不得更浓（0.02%）。

5.2.9.4.1.6 L-胱氨酸硫酸盐测定试样制备方法：取本品 0.7g，加稀盐酸 5mL 振摇使溶解，加水使成 40mL，按以下方法检查，与标准硫酸钾溶液 1.4mL 加稀盐酸 5mL 制成的对照溶液比较，不得更浓（0.02%）。

5.2.9.4.1.7 牛磺酸硫酸盐测定试样制备方法：取本品 2.0g，按以下方法检查，与标准硫酸钾溶液 2.0mL 制成的对照溶液比较，不得更浓（0.01%）。

5.2.9.4.2 测试方法

取各品种项下规定量的供试品，加水溶解至约 40mL（溶液如显碱性，可滴加盐酸使成中性），溶液如不澄清，应过滤，置 50mL 纳氏比色管中，加稀盐酸 2mL，摇匀，即得供试液。另取各品种项下规定量的标准硫酸钾溶液，置 50mL 纳氏比色管中，加水至约 40mL，加稀盐酸 2mL，摇匀，即得标准溶液。于供试溶液与标准溶液中，分别加入 25% 氯化钡溶液 5mL，用水稀释至 50mL，充分摇匀，放置 10min，同置黑色背景上，从比色管上方向下观察，进行目视比浊。

如供试管溶液浊度不高于标准管溶液浊度，则硫酸盐含量符合规定。

5.2.10 其他氨基酸

按照附录 B 规定的方法测定。

5.2.10.1 其他氨基酸（总杂）指按照附录 B 规定的方法测定，供试品溶液杂质斑点个数不限；供试品溶液如显杂质斑点，计算各杂质氨基酸含量之和。

5.2.10.2 其他氨基酸（任一单杂）指按照附录 B 规定的方法测定，供试品溶液杂质斑点个数不限；供试品溶液如显杂质斑点，分别单独计算各单一杂质氨基酸的含量。

5.2.10.3 其他氨基酸（唯一单杂）指按照附录 B 规定的方法测定，供试品溶液杂质斑点个数不得超过 1 个；供试品溶液如显杂质斑点，计算该杂质氨基酸的含量。

5.2.11 溶液的透光率

按 GB/T 8967 中的方法测定，在 430nm 的波长处测定透光率。溶液透光率测定按照表 33进行溶液的配制。

表 33　　透光率测定的溶液配制表

氨基酸	溶液的配制
L-异亮氨酸	取 0.5g，加水 20mL 溶解后，测定透光率
L-缬氨酸	取 0.5g，加水 20mL 溶解后，测定透光率
L-亮氨酸	取 0.5g，加水 50mL，加热使溶解，放冷，测定透光率
L-苯丙氨酸	取 0.5g，加水 25mL 溶解后，测定透光率
L-苏氨酸	取 1.0g，加水 20mL 溶解后，测定透光率
L-谷氨酸	取 1.0g，加 2mol/L 盐酸溶液 20mL 溶解后，测定透光率
L-色氨酸	取 0.5g，加 2mol/L 盐酸溶液 20mL 溶解后，测定透光率
L-酪氨酸	取 1.0g，加 1mol/L 盐酸溶液 20mL 溶解后，测定透光率
L-脯氨酸	取 1.0g，加水 10mL 溶解后，测定透光率
L-精氨酸	取 1.0g，加水 10mL 溶解后，测定透光率
L-丝氨酸	取 1.0g，加水 20mL 溶解后，测定透光率
L-醋酸赖氨酸	取 1.0g，加水 10mL 溶解后，测定透光率
L-盐酸精氨酸	取 1.0g，加水 10mL 溶解后，测定透光率。
L-盐酸半胱氨酸一水化物	取 0.5g，加水 10mL 溶解后，测定透光率
L-盐酸鸟氨酸	取 1.0g，加水 10mL 溶解后，测定透光率
L-甲硫氨酸	取 0.5g，加水 20mL 溶解后，测定透光率
L-组氨酸	取 0.6g，加水 20mL 溶解后，测定透光率
L-丙氨酸	取 1.0g，加水 20mL 溶解后，测定透光率
L-天冬酰胺一水化物	取 0.4g，加水 20mL 溶解后，测定透光率
L-谷氨酰胺	取本品，加水溶解并稀释制成每 1mL 中含 25mg 的溶液，测定透光率
L-盐酸组氨酸一水化物	取 1.0g，加水 10mL 溶解后，测定透光率
L-羟基脯氨酸	取 1.0g，加水 10mL 溶解后，测定透光率
L-4-羟基异亮氨酸	取 0.2g，加水 20mL 溶解后，测定透光率
L-天冬氨酸	取 1.0g，加 1mol/L 盐酸溶液 10mL 溶解后，测定透光率
L-胱氨酸	取 1.0g，加 1mol/L 盐酸溶液 20mL 溶解后，测定透光率
L-盐酸赖氨酸	取 0.5g，加水 10mL 溶解后，测定透光率
L-茶氨酸	取 0.5g，加水 25mL 溶解后，测定透光率
牛磺酸	取 0.5g，加水 20mL 溶解后，测定透光率

5.2.12　铵盐

5.2.12.1　原理

将样品与无氨蒸馏水和氧化镁一起加热蒸馏，馏出液导入酸性溶液中。之后将溶液碱化，与碱性碘化汞钾试液显色，并与一定量的标准氯化铵溶液同法制得的对照液进行比较。

5.2.12.2　试剂和材料

5.2.12.2.1　标准氯化铵溶液：称取氯化铵29.7mg，置1000mL量瓶中，加水适量使溶解并稀释至刻度，摇匀，即得（每1mL相当于10μg的NH_4）。

5.2.12.2.2　碱性碘化汞钾试液：取碘化钾10g，加水10mL溶解后，缓缓加入二氯化汞的饱和水溶液，边加边搅拌，至生成的红色沉淀不再溶解，加氢氧化钾30g，溶解后，再加二氯化汞的饱和水溶液1mL或1mL以上，并用适量的水稀释使成200mL，静置，使沉淀。用时取上层澄清液。

5.2.12.2.3　氢氧化钠试液：取氢氧化钠4.3g，加水使溶解成100mL，即得。

5.2.12.2.4　稀盐酸：取盐酸234mL，加水稀释至1000mL，即得。本液含HCl应为9.5%~10.5%。

5.2.12.2.5　银锰试纸。

5.2.12.2.6　重质氧化镁。

5.2.12.2.7　氧化镁。

5.2.12.3　仪器和设备

5.2.12.3.1　一般实验室仪器：烧杯、量筒、磁力搅拌器、水浴锅等。

5.2.12.3.2　纳氏比色管。

5.2.12.3.3　分析天平：精度0.001g。

5.2.12.4　分析方法

5.2.12.4.1　L-天冬酰胺一水化物

取本品10mg，置直径约为4cm的称量瓶中，加水1mL使溶解；另取标准氯化铵溶液1.0mL，置另一同样的称量瓶中。两个称量瓶瓶盖下方均粘贴一张用1滴水润湿的边长约5mm的银锰试纸（将滤纸条浸入0.85%硫酸锰-0.85%硝酸银溶液中3min~5min，取出，晾干）。分别向两个称量瓶中加重质氧化镁各0.30g，立即加盖密塞，旋转混匀。40℃放置30min。供试品使试纸产生的灰色与标准氯化铵溶液1.0mL制成的对照试纸比较，不得更深（0.1%）。

5.2.12.4.2　L-盐酸半胱氨酸一水化物

取本品0.10g，置蒸馏瓶中，加无氨蒸馏水200mL，加氧化镁1g，加热蒸馏，馏出液导入盛有稀盐酸1滴与无氨蒸馏水5mL的50mL纳氏比色管中，待馏出液达40mL时，停止蒸馏，加氢氧化钠试液5滴，加无氨蒸馏水至50mL，加碱性碘化汞钾试液2mL，摇匀，放置15min即得供试品溶液。另取标准氯化铵溶液2mL按上述方法制成标准对照溶液。供试品溶液颜色与对照溶液颜色比较，不得更深（0.02%）。

5.2.12.4.3　L-谷氨酰胺

取本品0.10g，在60℃以下减压蒸馏，与标准氯化铵溶液10.0mL制成的对照液比较，不得更深（0.10%）。

5.2.12.4.4　其余各品种氨基酸

本标准中，除L-天冬酰胺一水化物、L-盐酸半胱氨酸一水化物和L-谷氨酰胺以外的各品种氨基酸的铵盐测定，均称取供试品0.10g，置蒸馏瓶中，加无氨蒸馏水200mL，加氧化镁1g，加热蒸馏，馏出液导入加有稀盐酸1滴与无氨蒸馏水5mL的50mL纳氏比色管中，待馏出液达40mL时，停止蒸馏，加氢氧化钠试液5滴，加无氨蒸馏水至50mL，加碱性碘化汞钾试液2mL，摇匀，放置15min，如显色，则取标准氯化铵溶液2.0mL按上述方法制成对照溶液，将供试品溶液与对照品溶液进行比较，不得更浓（0.02%）。

5.2.13　铁盐

5.2.13.1　原理

采用硫氰酸盐法检查样品中的铁盐杂质。铁盐在盐酸酸性溶液中与硫氰酸铵生成红色可溶性硫氰酸铁配位离子，与一定量标准铁溶液用同法处理后所显的颜色进行比较。

5.2.13.2　试剂和材料

5.2.13.2.1　标准铁溶液：称取硫酸铁铵［$FeNH_4(SO_4)_2 \cdot 12H_2O$］0.863g，置1000mL量瓶中，加水溶解后，加硫酸2.5mL，用水稀释至刻度，摇匀，作为贮备液（每1mL相当于100μg的Fe）。临用前，精密量取贮备液10mL，置100mL量瓶中，加水稀释至刻度，摇匀，即得（每1mL相当于10μg的Fe）。

5.2.13.2.2　30%硫氰酸铵溶液：取硫氰酸铵30.0g，加水使溶解成100mL，即得。

5.2.13.2.3　稀盐酸：取盐酸234mL，加水稀释至1000mL，即得。本液含HCl应为9.5%~10.5%。

5.2.13.2.4　盐酸。

5.2.13.2.5　过硫酸铵。

5.2.13.2.6　硝酸。

5.2.13.3　仪器和设备

5.2.13.3.1　一般实验室仪器：烧杯、量筒、磁力搅拌器、水浴锅等。

5.2.13.3.2　纳氏比色管。

5.2.13.3.3　分析天平：精度0.1mg。

5.2.13.4　分析方法

5.2.13.4.1　试样制备

5.2.13.4.1.1　L-谷氨酸铁盐测定试样制备方法：取本品0.5g，加稀盐酸6mL与水适量，加热使溶解，放冷，加水至25mL，按以下方法，与标准铁溶液1.5mL制成的对照液比较，不得更深（30mg/kg）。

5.2.13.4.1.2　L-色氨酸、L-酪氨酸铁盐测定试样制备方法：取本品0.5g，炽灼灰化后，残渣加盐酸2mL，置水浴上蒸干，在加稀盐酸4mL，微热溶解后，加水30mL与过硫酸铵50mg，按以下方法，与标准铁溶液1.5mL制成的对照液比较，不得更深（30mg/kg）。

5.2.13.4.1.3　L-胱氨酸铁盐测定试样制备方法：取炽灼残渣项下遗留的残渣，加硝酸 1mL，置水浴上蒸干，在加稀盐酸 4mL，微热溶解后，移至 50mL 的纳氏比色管中按以下方法，与标准铁溶液 3.0mL 制成的对照液比较，不得更深（30mg/kg）。

5.2.13.4.1.4　本标准其余各品种氨基酸铁盐测定试样制备方法：取本品 0.5g，按以下方法检查，与标准铁溶液 1.5mL 制成的对照液比较，不得更深（30mg/kg）。

5.2.13.4.2　测试方法

取各品种项下规定量的供试品，加水溶解使成 25mL，移置 50mL 纳氏比色管中，加稀盐酸 4mL 与过硫酸铵 50mg，用水稀释使成 35mL 后，加 30%硫氰酸铵溶液 3mL，再加水适量稀释成 50mL，摇匀；如显色，立即与标准铁溶液一定量制成的对照溶液（取各品种项下规定量的标准铁溶液，置 50mL 纳氏比色管中，加水使成 25mL，加稀盐酸 4mL 与过硫酸铵 50mg，用水稀释使成 35mL，加 30%硫氰酸铵溶液 3mL，再加水适量稀释成 50mL，摇匀）比较，即得。

如供试管溶液颜色不深于标准管溶液的颜色，则铁盐含量符合规定。

5.3　卫生指标

5.3.1　重金属（以 Pb 计）

按 GB 5009.74 的方法，试样处理采用“湿法消解”。

5.3.2　砷

按 GB 5009.11 的方法测定。

5.3.3　汞

按 GB 5009.17 的方法测定。

5.3.4　菌落总数

按 GB 4789.2 的方法测定。

5.3.5　大肠菌群

按 GB 4789.3 的方法测定。

5.3.6　霉菌和酵母

按 GB 4789.15 的方法测定。

5.3.7　金黄色葡萄球菌

按 GB 4789.10 的方法测定。

5.3.8　沙门氏菌

按 GB 4789.4 的方法测定。

6　检验规则

6.1　组批与抽样

按 GB/T 6678 确定取样单元数，取样按 GB/T 6679 的规定执行。

6.2　检验分类

检验分出厂检验和型式检验。

6.3　出厂检验

6.3.1　每批产品应经企业质检部门检验合格并附合格证后方可出厂。

6.3.2 出厂检验项目为：感官指标、鉴别、含量、比旋光度、干燥失重、炽灼残渣、pH、氯化物（含氯量）、硫酸盐、铵盐、溶液的透光率、其他氨基酸、重金属、砷、菌落总数、大肠菌群、霉菌和酵母、金黄色葡萄球菌。

6.4 型式检验

6.4.1 型式检验的项目包括本标准中规定的全部项目，即除出厂检验项目外，还包括汞和沙门氏菌的检测。

6.4.2 有下列情况之一时，亦应进行型式检验：

a）正常生产半年一次；

b）停产三个月以上恢复生产；

c）主要原料及工艺有重大改变时；

d）国家质量监督机构监督提出或客户要求时；

e）出厂检验结果与上次型式检验结果有较大差异时。

6.5 判定规则

检验结果如有感官或 1~2 项指标不合格，则应重新自该批产品中加倍取样复检，若仍有不合格项目，则判定该批产品不合格。

7 标志、包装、运输、贮存

7.1 标志

7.1.1 销售包装标志应符合 GB 7718 及有关规定。

7.1.2 包装容器标志应标明：产品名称、生产厂名、厂址、生产日期、或批号、规格、重量、商标、保质期等。包装储运图示按 GB/T 191 的规定执行。

7.2 包装

包装物和容器应整洁、卫生、无破损，并应符合《中华人民共和国食品安全法》、GB 28050 及有关规定。

7.3 运输

运输工具应清洁卫生，不得与有毒、有害、有腐蚀性的含有异味的物品混装、混匀，运输过程中应有遮盖物，避免受潮、暴晒。

7.4 贮存

L-色氨酸、L-天冬酰胺一水化物、L-盐酸半胱氨酸一水化物、L-茶氨酸和 L-4-羟基异亮氨酸应遮光、密封、在阴凉干燥处保存；其余各品种氨基酸应遮光、密封、在室温保存。

附录 A（规范性附录）氨基酸含量的测定

A.1 氨基酸含量测定

A.1.1 L-异亮氨酸

取本品约 0.10g，精密称定，加无水甲酸 1mL 溶解后，加冰醋酸 25mL，照电位滴定法，用高氯酸滴定液（0.1mol/L）滴定，并将滴定的结果用空白试验校正。每1mL 高氯酸滴定液（0.1mol/L）相当于13.12mg 的 $C_6H_{13}NO_2$。

A.1.2 L-缬氨酸

取本品约0.10g，精密称定，加无水甲酸1mL 溶解后，加冰醋酸25mL，照电位滴定法，用高氯酸滴定液（0.1mol/L）滴定，并将滴定的结果用空白试验校正。每1mL 高氯酸滴定液（0.1mol/L）相当于11.72mg 的 $C_5H_{11}NO_2$。

A.1.3 L-亮氨酸

取本品约0.1g，精密称定，加无水甲酸1mL 溶解后，加冰醋酸25mL，照电位滴定法，用高氯酸滴定液（0.1mol/L）滴定，并将滴定的结果用空白试验校正。每1mL 高氯酸滴定液（0.1mol/L）相当于13.12mg 的 $C_6H_{13}NO_2$。

A.1.4 L-苯丙氨酸

取本品约0.13g，精密称定，加无水甲酸3mL 溶解后，加冰醋酸50mL，照电位滴定法，用高氯酸滴定液（0.1mol/L）滴定，并将滴定的结果用空白试验校正。每1mL 高氯酸滴定液（0.1mol/L）相当于16.52mg 的 $C_9H_{11}NO_2$。

A.1.5 L-苏氨酸

取本品约0.1g，精密称定，加无水甲酸3mL 使溶解，再加冰醋酸50mL，照电位滴定法，用高氯酸滴定液（0.1mol/L）滴定，并将滴定的结果用空白试验校正。每1mL 高氯酸滴定液（0.1mol/L）相当于11.91mg 的 $C_4H_9NO_3$。

A.1.6 L-谷氨酸

取本品约0.25g，精密称定，加沸水50mL 使溶解，放冷，加溴麝香草酚蓝指示液（取溴麝香草酚蓝0.1g，加0.05mol/L 氢氧化钠溶液3.2mL 使溶解，再加水稀释至200mL，即得。）5滴，用氢氧化钠滴定液（0.1mol/L）滴定至溶液由黄色变为蓝绿色。每1mL 氢氧化钠滴定液（0.1mol/L）相当于14.71mg 的 $C_5H_9NO_4$。

A.1.7 L-色氨酸

取本品约0.15g，精密称定，加无水甲酸3mL 溶解后，加冰醋酸50mL，照电位滴定法，用高氯酸滴定液（0.1mol/L）滴定，并将滴定的结果用空白试验校正。每1mL 高氯酸滴定液（0.1mol/L）相当于20.42mg 的 $C_{11}H_{12}N_2O_2$。

A.1.8 L-酪氨酸

取本品约0.15g，精密称定，加无水甲酸6mL 溶解后，加冰醋酸50mL，照电位滴定法，用高氯酸滴定液（0.1mol/L）滴定，并将滴定的结果用空白试验校正。每1mL 高氯酸滴定液（0.1mol/L）相当18.12mg 的 $C_9H_{11}NO_3$。

A.1.9 L-脯氨酸

取本品约0.1g，精密称定，加冰醋酸50mL 使溶解，照电位滴定法，用高氯酸滴定液（0.1mol/L）滴定，并将滴定的结果用空白试验校正。每1mL 高氯酸滴定液（0.1mol/L）相当于11.51mg 的 $C_5H_9NO_2$。

A.1.10 L-精氨酸

取本品约80mg，精密称定，加无水甲酸3mL 使溶解后，加冰醋酸50mL，照电位滴定法，用高氯酸滴定液（0.1mol/L）滴定，并将滴定的结果用空白试验校正。每1mL高氯酸滴定液（0.1mol/L）相当于8.710mg的$C_6H_{14}N_4O_2$。

A.1.11　L-丝氨酸

取本品约0.1g，精密称定，加无水甲酸1mL溶解后，加冰醋酸25mL，照电位滴定法，用高氯酸滴定液（0.1mol/L）滴定，并将滴定的结果用空白试验校正。每1mL高氯酸滴定液（0.1mol/L）相当于10.51mg的$C_3H_7NO_3$。

A.1.12　L-醋酸赖氨酸

取本品约0.1g，精密称定，加无水甲酸3mL溶解后，加冰醋酸30mL照电位滴定法，用高氯酸滴定液（0.1mol/L）滴定，并将滴定的结果用空白试验校正。每1mL高氯酸滴定液（0.1mol/L）相当于10.31mg的$C_6H_{14}N_2O_2 \cdot C_2H_4O_2$。

A.1.13　L-盐酸精氨酸

取本品约0.1g，精密称定，加无水甲酸3mL使溶解，加冰醋酸50mL与醋酸汞试液（取醋酸汞5g，研细，加温热的冰醋酸使溶解成100mL，即得。本液应置棕色瓶内，密闭保存。）6mL，照电位滴定法，用高氯酸滴定液（0.1mol/L）滴定，并将滴定的结果用空白试验校正。每1mL高氯酸滴定液（0.1mol/L）相当于10.53mg的$C_6H_{14}N_4O_2 \cdot HCl$。

A.1.14　L-盐酸半胱氨酸一水化物

取本品约0.25g，精密称定，置碘瓶中，加水20mL与碘化钾4g，振摇溶解后，加稀盐酸（9.5%~10.5%）5mL，精密加入碘滴定液（0.05mol/L）25mL，于暗处放置15min，再置冰浴中冷却5min，用硫代硫酸钠滴定液（0.1mol/L）滴定，至近终点时，加淀粉指示液（取可溶性淀粉0.5g，加水5mL搅匀后，缓缓倾入100mL沸水中，随加随搅拌，继续煮沸2分钟，放冷，倾取上层清液，即得。本液应临用新制。）2mL，继续滴定至蓝色消失，并将滴定的结果用空白试验校正。每1mL碘滴定液（0.05mol/L）相当于15.76mg的$C_3H_7NO_2S \cdot HCl$。

A.1.15　L-盐酸鸟氨酸

取本品约0.10g，精密称定，加无水甲酸3mL溶解后，加醋酸汞试液（取醋酸汞5g，研细，加温热的冰醋酸使溶解成100mL，即得。本液应置棕色瓶内，密闭保存。）5mL，加冰醋酸25mL，照电位滴定法，用高氯酸滴定液（0.1mol/L）滴定，并将滴定的结果用空白试验校正。每1mL高氯酸滴定液（0.1mol/L）相当于8.431mg的$C_5H_{12}N_2O_2 \cdot HCl$。

A.1.16　L-甲硫氨酸

取本品约0.13g，精密称定，加无水甲酸3mL使溶解后，加冰醋酸50mL，照电位滴定法，用高氯酸滴定液（0.1mol/L）滴定，并将滴定的结果用空白试验校正。每1mL高氯酸滴定液（0.1mol/L）相当于14.92mg的$C_5H_{11}NO_2S$。

A.1.17　L-组氨酸

取本品约0.15g，精密称定，加无水甲酸2mL使溶解，加冰醋酸50mL，照电位滴定法，用高氯酸滴定液（0.1mol/L）滴定，并将滴定的结果用空白试验校正。每1mL高氯酸滴定液（0.1mol/L）相当于15.52mg的$C_6H_9N_3O_2$。

A. 1. 18　L-丙氨酸

取本品约 80mg，精密称定，加无水甲酸 2mL 溶解后，加冰醋酸 50mL，照电位滴定法，用高氯酸滴定液（0. 1mol/L）滴定，并将滴定的结果用空白试验校正。每 1mL 高氯酸滴定液（0. 1mol/L）相当于 8. 909mg 的 $C_3H_7NO_2$。

A. 1. 19　L-天冬酰胺一水化物

取本品约 0. 15g，精密称定，（可用滤纸称取，并连同滤纸置干燥的 500mL 凯氏烧瓶中），然后依次加入硫酸钾（或无水硫酸钠）10g 和硫酸铜粉末 0. 5g，再沿瓶壁缓缓加硫酸 20mL；在凯氏烧瓶口放一小漏斗并使凯氏烧瓶成 45°斜置，用直火缓缓加热，使溶液的温度保持在沸点以下，等泡沸停止，强热至沸腾，俟溶液成澄明的绿色后，除另有规定外，继续、加热 30min，放冷。沿瓶壁缓缓加水 250mL，振摇使混合，放冷后，加 40%氢氧化钠溶液（取氢氧化钠 40g，加水使溶解成 100mL，即得。）75mL，注意使沿瓶壁流至瓶底，自成一液层，加锌粒数粒，用氮气球将凯氏烧瓶与冷凝管连接；另取 2%硼酸溶液（取硼酸 2. 0g，加水使溶解成 100mL，即得。）50mL，置 500mL 锥形瓶中，加甲基红-溴甲酚绿混合指示液（取 0. 1%甲基红的乙醇溶液 20mL，加 0. 2%溴甲酚绿的乙醇溶液 30mL，摇匀，即得。）10 滴；将冷凝管的下端插入硼酸溶液的液面下，轻轻摆动凯氏烧瓶，使溶液混合均匀，加热蒸馏，至接收液的总体积约为 250mL 时，将冷凝管尖端提出液面，使蒸气冲洗约 1min，用水淋洗尖端后停止蒸馏；馏出液用硫酸滴定液（0. 05mol/L）滴定至溶液由蓝绿色变为灰紫色，并将滴定的结果用空白试验校正。每 1mL 硫酸滴定液（0. 05mol/L）相当于 6. 606mg 的 $C_4H_8N_2O_3$。

A. 1. 20　L-谷氨酰胺

取本品约 0. 12g，精密称定，加无水甲酸 3mL 溶解后，加冰醋酸 50mL，照电位滴定法，用高氯酸滴定液（0. 1mol/L）滴定，并将滴定的结果用空白试验校正。每 1mL 的高氯酸滴定液（0. 1mol/L）相当于 14. 61mg 的 $C_5H_{10}N_2O_3$。

A. 1. 21　L-盐酸组氨酸一水化物

取本品约 0. 2g，精密称定，加水 5mL 使溶解，加对酚酞指示液显中性的混合溶液（甲醛溶液 1mL 与乙醇 20mL），再加酚酞指示液（取酚酞 1g，加乙醇 100mL 使溶解，即得。）数滴，用氢氧化钠滴定液（0. 1mol/L）滴定，每 1mL 氢氧化钠滴定液（0. 1mol/L）相当于 10. 48mg 的 $C_6H_9N_3O_2 \cdot HCl \cdot H_2O$。

A. 1. 22　L-羟基脯氨酸

取本品约 130mg，精密称定，加无水甲酸 3mL 溶解后，加冰醋酸 50mL，照电位滴定法，用高氯酸滴定液（0. 1mol/L）滴定，并将滴定的结果用空白试验校正。每 1mL 的高氯酸滴定液（0. 1mol/L）相当于 13. 113mg 的 $C_5H_9NO_3$。

A. 1. 23　L-4-羟基异亮氨酸

A. 1. 23. 1　色谱条件

色谱柱：XDB-C18，5μm，4. 6mm×250mm，柱温：33℃，检测波长：360nm。

采用 4 元梯度洗脱，流动相总流速为 1. 0mL/min。

A.1.23.2 试剂配制

衍生试剂：2,4-二硝基氟苯（DNFB）乙醇溶液（0.5%）。

衍生缓冲溶液：称取碳酸氢钠4.2g，用水定容至100mL，摇匀后备用。

定容缓冲溶液：取磷酸二氢钾3.4g，以0.1mol/L氢氧化钠溶液定容至500mL。

A.1.23.3 流动相的配制

流动相A：纯水，超声后备用。

流动相B：纯乙腈，超声后备用。

流动相C：乙腈：水（1∶1）体积比，超声后备用。

流动相D：醋酸钠4.1g，加水定容至1000mL，用0.22μm滤膜过滤，超声脱气备用。

A.1.23.4 L-4-羟基异亮氨酸标准液的制备

取98%纯度的L-4-羟基异亮氨酸标准品10mg，溶解并定容至1mL，得10g/L的L-4-羟基异亮氨酸标准贮备液。精密量取10g/L的标准贮备液适量，加水稀释成每1mL含2mg的标准溶液，待用。

A.1.23.5 样品的制备

称取样品0.05g左右溶解并定容至50mL，使其浓度范围在1mg/mL左右，待用。

A.1.23.6 衍生方法

取1.5mL离心管加入200μL衍生缓冲溶液，再准确加入处理好的样品100μL（空白为100μL水），然后分别加入200μL衍生试剂溶液，超声波震匀密封，将离心管放入60℃水浴并于暗处恒温加热60min后取出，注意不能让水进入离心管，放置到溶液达到室温后加入定容缓冲溶液910μL并摇匀，放置15min后开始进行色谱分析。梯度洗脱程序见表A-1。

表A-1 梯度洗脱程序

时间/min	流动相A/%	流动相B/%
0	16	84
0.3	16	84
4	30	70
7	34	66
12	43	57
22	55	45
25	55	45
34	98	2
38	16	84
40	16	84

A. 1. 23. 7　计算方法

样品含量按式（A-1）计算：

$$C = \frac{A_i \times C_1 \times S}{A_s \times C_2} \times 100 \quad (A-1)$$

式中　C——样品含量,%；

A_i——样品溶液峰面积值；

C_1——标准品浓度，单位为毫克每毫升（mg/mL）；

A_s——标准品峰面积值；

C_2——样品溶液浓度，单位为毫克每毫升（mg/mL）；

S——标准品含量;%。

A. 1. 24　L-天冬氨酸

取本品约 0. 1g，加无水甲酸 5mL 溶解后，加冰醋酸 30mL，照电位滴定法，用高氯酸滴定液（0. 1mol/L）滴定，并将滴定的结果用空白试验校正。每 1mL 高氯酸滴定液（0. 1mol/L）相当于 13. 31mg 的 $C_4H_7NO_4$。

A. 1. 25　L-胱氨酸

取本品约 80mg，精密称定，置碘瓶中，加氢氧化钠试液（取氢氧化钠 4. 3g，加水使溶解成 100mL，即得）2mL 与水 10mL 振摇溶解后，加 20% 溴化钾溶液（取溴化钾 20. 0g，加水使溶解成 100mL，即得）10mL，精密加入溴酸钾滴定液（0. 01667mol/L）50mL 和稀盐酸（9. 5% ~ 10. 5%）15mL，密塞，置冰浴中暗处放置 10min，加碘化钾 1. 5g，摇匀，1min 后，用硫代硫酸钠滴定液（0. 1mol/L）滴定，至近终点时，加淀粉指示剂（取可溶性淀粉 0. 5g，加水 5mL 搅匀后，缓缓倾入 100mL 沸水中，随加随搅拌，继续煮沸 2min，放冷，倾取上层清液，即得。本液应临用新制）2mL，继续滴定至蓝色消失，并将滴定结果用空白试验校正。每 1mL 溴酸钾滴定液（0. 01667mol/L）相当于 2. 403mg 的 $C_6H_{12}N_2O_4S_2$。

A. 1. 26　L-盐酸赖氨酸

取本品约 90mg，精密称定，加无水甲酸 3mL 使溶解，加冰醋酸 50mL 与醋酸汞试液（取醋酸汞 5g，研细，加温热的冰醋酸使溶解成 100mL，即得。本液应置棕色瓶内，密闭保存。）10mL，照电位滴定法，用高氯酸滴定液（0. 1mol/L）滴定，并将滴定的结果用空白试验校正。每 1mL 高氯酸滴定液（0. 1mol/L）相当于 9. 133mg 的 $C_6H_{14}N_2O_2 \cdot HCl$。

A. 1. 27　L-茶氨酸

取样品约 0. 14g，精密称定，置于 150mL 烧杯中，加入 3mL 无水甲酸，溶解后，再加 50mL 冰醋酸。加结晶紫指示液（取结晶紫 0. 5g，加冰醋酸 100mL 使溶解，即得）1 滴，将烧杯置电磁搅拌器上，浸入电极，搅拌，用 0. 1mol/L 高氯酸标准液滴定，记录电位。用坐标纸以电位（E）为纵坐标，以滴定液体积（V）为横坐标，绘制 $E-V$ 曲线，以此曲线的陡然上升或下降部分的中心为滴定终点。同时进行空白试验。每 1mL 高氯酸滴定液（0. 1mol/L）相当于 L-茶氨酸 17. 42mg。

A.1.28 牛磺酸

取本品约0.2g，精密称定，加水50mL溶解，精密加入中性甲醛溶液［取甲醛溶液，滴加酚酞指示剂（取酚酞1g，加乙醇100mL使溶解，即得）5滴，用0.1mol/L的氢氧化钠溶液调节至溶液显微粉红色］5mL，照电位滴定法，用氢氧化钠滴定液（0.1mol/L）滴定。每1 mL氢氧化钠滴定液（0.1mol/L）相当于12.52mg的$C_2H_7NO_3S$。

A.2 电位滴定法

电位滴定法：将盛有供试品溶液的烧杯置电磁搅拌器上，浸入电极，搅拌，并自滴定管中分次滴加滴定液；开始时可每次加入较多的量，搅拌，记录电位；至近终点前，则应每次加入少量，搅拌，记录电位；至突跃点已过，仍应继续滴加几次滴定液，并记录电位。

滴定终点的确定分为作图法和计算法两种。作图法是以指示电极的电位（E）为纵坐标，以滴定液体积（V）为横坐标，绘制滴定曲线，以滴定曲线的陡然上升或下降部分的中点或曲线的拐点为滴定终点。根据实验得到的E值与相应的V值，依次计算一级微商$\Delta E/\Delta V$（相邻两次的电位差与相应滴定液体积差之比）和二级微商$\Delta^2E/\Delta V^2$（相邻$\Delta E/\Delta V$值间的差与相应滴定液体积差之比）值，将测定值（E，V）和计算值列表。再将计算值$\Delta E/\Delta V$或$\Delta^2E/\Delta V^2$作为纵坐标，以相应的滴定液体积（V）为横坐标作图，一级微商$\Delta E/\Delta V$的极值和二级微商$\Delta^2E/\Delta V^2$等于零（曲线过零）时对应的体积即为滴定终点。前者称为一阶导数法，终点时的滴定液体积也可由计算求得，即$\Delta E/\Delta V$达极值时前、后两个滴定液体积读数的平均值；后者称为二阶导数法，终点时的滴定液体积也可采用曲线过零前、后两点坐标的线性内插法计算，计算公式见式（A-2）：

$$V_0 = W + \frac{a}{a+b} \times \Delta V \quad \text{(A-2)}$$

式中　V_0——终点时的滴定液体积；

a——曲线过零前的二级微商绝对值；

b——曲线过零后的二级微商绝对值；

V——a点对应的滴定液体积；

ΔV——由a点至b点所滴加的滴定液体积。

由于二阶导数计算法最准确，所以最为常用。

采用自动电位滴定仪可方便地获得滴定数据或滴定曲线。

如系供终点时指示剂色调的选择或核对，可在滴定前加入指示剂，观察终点前至终点后的颜色变化，以确定该品种在滴定终点时的指示剂颜色。

附录B（规范性附录）其他氨基酸的测定

B.1 其他氨基酸的测定

B.1.1 L-异亮氨酸

取本品适量，加水溶解并稀释成每1mL中约含20mg的溶液，作为供试品溶液；取供试品溶液适量，用水稀释至适当浓度，作为对照溶液；另取异亮氨酸对照品与缬氨酸对照品各适量，置同一量瓶中，加水溶解并稀释制成每1mL中各约含0.4mg的溶液，作为系统适用性溶液。照薄层色谱法试验，吸取上述三种溶液各5μL，分别点于同一硅胶G薄层板上，以正丁醇-水-冰醋酸（3∶1∶1）为展开剂，展开，晾干，喷以2%茚三酮丙酮溶液，在80℃加热至斑点出现，立即检视。对照溶液应显一个清晰的斑点，系统适用性溶液应显两个完全分离的斑点。供试品溶液如显杂质斑点，其颜色与对照溶液主斑点比较，总杂不得超过3.0%。

B.1.2　L-缬氨酸

取本品适量，加水溶解并稀释制成每1mL中约含20mg的溶液，作为供试品溶液；取供试品溶液适量，用水稀释至适当浓度，作为对照溶液；另取缬氨酸对照品与苯丙氨酸对照品各适量，置同一量瓶中，加水溶解并稀释制成每1mL中各含0.4mg的溶液，作为系统适用性溶液。照薄层色谱法试验，吸取上述三种溶液各5μL，分别点于同一硅胶G薄层板上，以正丁醇-冰醋酸-水（3∶1∶1）为展开剂，展开，晾干，喷以2%茚三酮丙酮溶液，在80℃加热至斑点出现，立即检视。对照溶液应显一个清晰的斑点，系统适用性溶液应显两个完全分离的斑点。供试品溶液如显杂质斑点，其颜色与对照溶液主斑点比较，总杂不得超过3.0%。

B.1.3　L-亮氨酸

取本品适量，加水溶解并稀释制成每1mL中约含20mg的溶液，作为供试品溶液；取供试品溶液适量，用水稀释至适当浓度，作为对照溶液；另取亮氨酸对照品与缬氨酸对照品各适量，置同一量瓶中，加水溶解并稀释制成每1mL中各约含0.4mg的溶液，作为系统适用性溶液。照薄层色谱法试验，吸取上述三种溶液各5μL，分别点于同一硅胶G薄层板上，以正丁醇-水-冰醋酸（3∶1∶1）为展开剂，展开后，晾干，喷以2%茚三酮丙酮溶液，在80℃加热至斑点出现，立即检视。对照溶液应显一个清晰的斑点，系统适用性溶液应显两个完全分离的斑点。供试品溶液如显杂质斑点，其颜色与对照溶液主斑点比较，总杂不得超过3.0%。

B.1.4　L-苯丙氨酸

取本品适量，加50%冰醋酸水溶液溶解并稀释制成每1mL中约含10mg的溶液，作为供试品溶液；精密量取1mL，置200mL量瓶中，用水稀释至刻度，摇匀，作为对照溶液；另取苯丙氨酸对照品和酪氨酸对照品各适量，置同一量瓶中，加适量50%冰醋酸溶液（取冰醋酸50mL，加水定容至100mL）溶解，用水稀释制成每1mL中约含苯丙氨酸10mg和酪氨酸0.1mg的溶液，作为系统适用性溶液。照薄层色谱法试验，吸取上述三种溶液各5μL，分别点于同一硅胶G薄层板上，以正丁醇-冰醋酸-水（6∶2∶2）为展开剂，展开，晾干，喷以2%茚三酮丙酮溶液，在90℃加热至斑点出现，立即检视。对照溶液应显一个清晰的斑点，系统适用性溶液应显两个完全分离的斑点。供试品溶液如显杂质斑点，其颜色与对照溶液的主斑点比较，不得更深（0.5%）。

B.1.5　L-苏氨酸

取本品适量，加水溶解并稀释制成每1mL中约含10mg的溶液，作为供试品溶液；精密量取 1mL，置 200mL 量瓶中，用水稀释至刻度，摇匀，作为对照溶液；另取苏氨酸对照品和脯氨酸对照品各适量，置同一量瓶中，加水溶解并稀释制成每 1mL 中分别约含 10mg 和 0.1mg 的溶液，作为系统适用性溶液。照薄层色谱法试验，吸取上述三种溶液各 5μL，分别点于同一硅胶 G 薄层板上，以正丁醇–冰醋酸–水（6：2：2）为展开剂，展开，晾干，喷以 2%茚三酮丙酮溶液，在 90℃加热至斑点出现，立即检视。对照溶液应显一个清晰的斑点，系统适用性溶液应显两个完全分离的斑点。供试品溶液如显杂质斑点，其颜色与对照溶液的主斑点比较，不得更深（0.5%），且不得超过 1 个。

B.1.6　L–谷氨酸

取本品，加 0.5mol/L 盐酸溶液溶解并稀释制成每 1mL 中约含 10mg 的溶液，作为供试品溶液；精密量取 1mL，置 200mL 量瓶中，用 0.5mol/L 盐酸溶液稀释至刻度，摇匀，作为对照溶液；另取谷氨酸对照品与天冬氨酸对照品各适量，置同一量瓶中，加 0.5mol/L 盐酸溶液溶解并稀释制成每 1mL 中分别约含谷氨酸 10mg 和天冬氨酸 0.05mg 的溶液，作为系统适用性溶液。照薄层色谱法试验，吸取上述三种溶液各 5μL，分别点于同一硅胶 G 薄层板上，以正丁醇–水–冰醋酸（2：1：1）为展开剂，展开，晾干，喷以 2%茚三酮丙酮溶液，在 80℃加热至斑点出现，立即检视。对照溶液应显一个清晰的斑点，系统适用性溶液应显两个完全分离的斑点。供试品溶液如显杂质斑点，其颜色与对照溶液的主斑点比较，不得更深（0.5%）。

B.1.7　L–色氨酸

取本品 0.30g，置 20mL 量瓶中，加 1mol/L 盐酸溶液 1mL 与水适量使溶解，用水稀释至刻度，摇匀，作为供试品溶液；精密量取 1mL，置 200mL 量瓶中，用水稀释至刻度，摇匀，作为对照溶液；另取色氨酸对照品与酪氨酸对照品各 10mg，置同一 25mL 量瓶中，加 1mol/L 盐酸溶液 1mL 及水适量使溶解，用水稀释至刻度，摇匀，作为系统适用性溶液。照薄层色谱法试验，吸取上述三种溶液各 2μL，分别点于同一硅胶 G 薄层板上，以正丁醇–冰醋酸–水（3：1：1）为展开剂，展开，晾干，喷以 2%茚三酮丙酮溶液，在 80℃加热至斑点出现，立即检视。对照溶液应显一个清晰的斑点，系统适用性溶液应显两个完全分离的斑点。供试品溶液如显杂质斑点，其颜色与对照溶液的主斑点比较，不得更深（0.5%）。

B.1.8　L–酪氨酸

取本品适量，加稀氨溶液（取浓氨溶液 14mL，加水定容至 100mL）溶解并稀释制成每 1mL 中约含 10mg 的溶液，作为供试品溶液；精密量取 1mL，置 250mL 量瓶中，用上述稀氨溶液稀释至刻度，摇匀，作为对照溶液；另取酪氨酸对照品与苯丙氨酸对照品各适量，置同一量瓶中，加上述稀氨溶液溶解并稀释制成每 1mL 中各约含 0.4mg 的溶液，作为系统适用性溶液，照薄层色谱法试验，吸取上述三种溶液各 2μL，分别点于同一硅胶 G 薄层板上，以正丙醇–浓氨溶液（7：3）为展开剂，展开，晾干，喷以 2%茚三酮丙酮溶液，在 80℃加热至斑点出现，立即检视。对照溶液应显一个清晰的斑点，系统适用性溶液应显两个完全分离的斑点。供试品溶液如显杂质斑点，其颜色与对照溶液的主斑点比较，不得更深（0.4%）。

B.1.9 L-脯氨酸

取本品，加水溶解并稀释制成每 1mL 中约含 50mg 的溶液，作为供试品溶液；精密量取 1mL，置 200mL 量瓶中，用水稀释至刻度，摇匀，作为对照溶液。另取脯氨酸对照品与苏氨酸对照品各适量，置同一量瓶中，加水溶解并稀释制成每 1mL 中各约含 0.4mg 的溶液，作为系统适用性溶液。照薄层色谱法试验，吸取上述三种溶液各 2μL，分别点于同一硅胶 G 薄层板上，以正丁醇-无水乙醇-浓氨溶液-水（8∶8∶1∶3）为展开剂，展开，晾干，喷以 2%茚三酮丙酮溶液，在 80℃加热至斑点出现，立即检视。对照溶液应显一个清晰的斑点，系统适用性溶液应显两个完全分离的斑点。供试品溶液如显杂质斑点，其颜色与对照溶液的主斑点比较，不得更深（0.5%）。

B.1.10 L-精氨酸

取本品适量，加 0.1mol/L 盐酸溶液溶解并稀释制成每 1mL 中约含 10mg 的溶液，作为供试品溶液；精密量取 1mL 置 250mL 量瓶中，用 0.1mol/L 盐酸溶液稀释至刻度，摇匀，作为对照溶液；另取精氨酸对照品与盐酸赖氨酸对照品各适量，置同一量瓶中，加 0.1mol/L 盐酸溶液溶解并稀释制成每 1mL 中分别约含精氨酸 10mg 和盐酸赖氨酸 0.4mg 的溶液，作为系统适用性溶液。照薄层色谱法试验，吸取上述三种溶液各 5μL 分别点于同一硅胶 G 薄层板上，以正丙醇-浓氨溶液（6∶3）为展开剂，展开约 20cm 后，晾干，在 90℃干燥约 10min，放冷，喷以 1%茚三酮正丙醇溶液，在 90℃加热至斑点出现，立即检视。对照溶液应显一个清晰的斑点，系统适用性溶液应显两个完全分离的斑点。供试品溶液如显杂质斑点，不得超过 1 个，其颜色与对照溶液的主斑点比较，不得更深（0.4%）。

B.1.11 L-丝氨酸

取本品适量，加水溶解并稀释制成每 1mL 中约含 20mg 的溶液，作为供试品溶液；精密量取 1mL，置 200mL 量瓶中，用水稀释至刻度，摇匀，作为对照溶液；另取丝氨酸对照品与甲硫氨酸对照品各适量，置同一量瓶中，加水溶解并稀释制成每 1mL 中各约含 0.4mg 的溶液，作为系统适用性溶液。照薄层色谱法试验，吸取上述三种溶液各 5μL，分别点于同一硅胶 G 薄层板上，以正丁醇-水-冰醋酸（3∶1∶1）为展开剂，展开后，晾干，喷以 2%茚三酮丙酮溶液，在 80℃加热至斑点出现，立即检视。对照溶液应显一个清晰的斑点，系统适用性溶液应显两个完全分离的斑点。供试品溶液如显杂质斑点，其颜色与对照溶液的主斑点比较，不得更深（0.5%）。

B.1.12 L-醋酸赖氨酸

取本品，加水溶解并稀释制成每 1mL 中约含 50mg 的溶液，作为供试品溶液；精密量取 1mL，置 500mL 量瓶中，用水稀释至刻度，摇匀，作为对照溶液。另取醋酸赖氨酸对照品与精氨酸对照品各适量，置同一量瓶中，加水溶解并稀释制成每 1mL 中各约含 0.4mg 的溶液，作为系统适用性溶液。照薄层色谱法试验，吸取上述三种溶液各 5μL，分别点于同一硅胶 G 薄层板上，以正丙醇-浓氨溶液（2∶1）为展开剂，展开，晾干，喷以 2%茚三酮丙酮溶液，在 80℃加热至斑点出现，立即检视。对照溶液应显一个清晰的斑点，系统适用性溶液应显两个完全分离的斑点。供试品溶液如显杂质斑点，其颜色与对照溶液的主斑点比较，不得更深（0.2%）。

B.1.13 L-盐酸精氨酸

取本品适量，加水溶解并稀释制成每 1mL 中约含 10mg 的溶液，作为供试品溶液；精密量取 1mL，置 500mL 量瓶中，用水稀释至刻度，摇匀，作为对照溶液；另取精氨酸对照品与盐酸赖氨酸对照品各适量，置同一量瓶中，加水溶解并稀释制成每 1mL 中各约含 0.4mg 的溶液，作为系统适用性溶液。照薄层色谱法试验，吸取上述三种溶液各 5μL，分别点于同一硅胶 G 薄层板上，以正丙醇-浓氨溶液（2：1）为展开剂，展开，晾干，喷以 2%茚三酮丙酮溶液，在 105℃加热至斑点出现，立即检视。对照溶液应显一个清晰的斑点，系统适用性溶液应显两个完全分离的斑点。供试品溶液如显杂质斑点，不得多于 1 个，且颜色与对照溶液的主斑点比较，不得更深（0.2%）。

B.1.14 L-盐酸半胱氨酸一水化物

取本品 0.20g，置 10mL 量瓶中，加水溶解并稀释至刻度，摇匀，取 5mL，加 4% *N*-乙基顺丁烯二酰亚胺乙醇溶液（取 *N*-乙基顺丁烯二酰亚胺 4g，加乙醇使溶解成 100mL，即得。）5mL，混匀，放置 5min，作为供试品溶液；精密量取 1mL，置 200mL 量瓶中，用水稀释至刻度，摇匀，作为对照溶液，另取盐酸半胱氨酸一水化物对照品 20mg，加水 10mL 使溶解，加 4% *N*-乙基顺丁烯二酰亚胺乙醇溶液 10mL，混匀，放置 5min，作为盐酸半胱氨酸一水化物对照品贮备液；取酪氨酸对照品 10mg，置 25mL 量瓶中，加水适量使溶解，加盐酸半胱氨酸一水化物对照品贮备液 10mL，用水稀释至刻度，摇匀，作为系统适用性溶液。照薄层色谱法试验，吸取上述三种溶液各 5μL，分别点于同一硅胶 G 薄层板上，以冰醋酸-水-正丁醇（1：1：3）为展开剂，展开至少 15cm，晾干，80℃加热 30min，喷以 0.2%茚三酮的正丁醇-2mol/L 醋酸溶液（95：5）混合溶液，在 105℃加热约 15min 至斑点出现，立即检视。对照溶液应显一个清晰的斑点，系统适用性溶液应显两个完全分离的斑点。供试品溶液如显杂质斑点，其颜色与对照溶液的主斑点比较，不得更深（0.5%）。

B.1.15 L-盐酸鸟氨酸

取本品，加水制成每 1mL 中含 2mg 的溶液，作为供试品溶液；精密量取上述溶液适量，加水稀释成每 1mL 中含 10μg 的溶液，作为对照溶液。照薄层色谱法试验，吸取上述溶液 5μL，点于硅胶 G 薄层板上，以丙醇-浓氨溶液（60：40）为展开剂，展开后，晾干，喷以 50%茚三酮丙酮溶液，放置 5 分钟，立即检视，供试品如显示杂质斑点则杂质斑点的颜色应浅于对照溶液的主斑点（0.5%）。

B.1.16 L-甲硫氨酸

取本品适量，加水溶解并稀释制成每 1mL 中约含 10mg 的溶液，作为供试品溶液；精密量取 1mL，置 200mL 量瓶中，用水稀释至刻度，摇匀，作为对照溶液；另取甲硫氨酸对照品与丝氨酸对照品各适量，置同一量瓶中，加水溶解并稀释制成每 1mL 中分别约含甲硫氨酸 10mg 和丝氨酸 0.1mg 的溶液，作为系统适用性溶液。照薄层色谱法试验，吸取上述三种溶液各 5μL，分别点于同一硅胶 G 薄层板上，以正丁醇-冰醋酸-水（4：1：5）为展开剂，展开，晾干，在 90℃ 干燥 10min，喷以 0.5% 茚三酮丙酮溶液，在 90℃ 加热至斑点出现，立即检视。对照溶液应显一个清晰的斑点，系统适用性溶液应显两个完全分离的斑点。供试品溶液如显杂质斑点，不得超过 1 个，其颜色与对照溶液的主斑点比较，不得更深（0.5%）。

B.1.17　L-组氨酸

取本品适量，加水溶解并稀释制成每 1mL 中约含 10mg 的溶液，作为供试品溶液；精密量取 1mL，置 200mL 量瓶中，用水稀释至刻度，摇匀，作为对照溶液；另取组氨酸对照品与脯氨酸对照品各适量，置同一量瓶中，加水溶解并稀释制成每 1mL 中各约含 0.4mg 的溶液，作为系统适用性溶液。照薄层色谱法试验，吸取上述三种溶液各 5μL，分别点于同一硅胶 G 薄层板上，以正丙醇-浓氨溶液（67：33）为展开剂，展开，晾干，喷以 2% 茚三酮丙酮溶液，在 80℃ 加热至斑点出现，立即检视。对照溶液应显一个清晰的斑点，系统适用性溶液应显两个完全分离的斑点。供试品溶液如显杂质斑点，其颜色与对照溶液的主斑点比较，不得更深（0.5%）。

B.1.18　L-丙氨酸

取本品适量，加水溶解并稀释制成每 1mL 中约含 25mg 的溶液，作为供试品溶液；精密量取 1mL，置 200mL 量瓶中，用水稀释至刻度，摇匀，作为对照溶液；另取丙氨酸对照品与甘氨酸对照品各适量，置同一量瓶中，加水溶解并稀释制成每 1mL 中分别含丙氨酸 25mg 和甘氨酸 0.125mg 的溶液，作为系统适用性溶液。照薄层色谱法试验，吸取上述三种溶液各 2μL，分别点于同一硅胶 G 薄层板上，以正丁醇-水-冰醋酸（3：1：1）为展开剂，展开，晾干，同法再展开一次，晾干。喷以 0.2% 茚三酮的正丁醇冰醋酸溶液［正丁醇-2mol/L 冰醋酸溶液（95：5）］，在 105℃ 加热至斑点出现，立即检视。对照溶液应显一个清晰的斑点，系统适用性溶液应显两个完全分离的斑点。供试品溶液如显杂质斑点，不得超过 1 个，其颜色与对照溶液的主斑点比较，不得更深（0.5%）。

B.1.19　L-天冬酰胺一水化物

取本品 0.25g，置 10mL 量瓶中，加水适量。微温使溶解（不超过 40℃），放冷，用水稀释至刻度，摇匀，作为供试品溶液；精密量取 1mL，置 200mL 量瓶中，用水稀释至刻度，摇匀，作为对照溶液；另取谷氨酸对照品 25mg，置 10mL 量瓶中，加水适量加热使溶解，再加供试品溶液 1mL，用水稀释至刻度，摇匀，作为系统适用性溶液。照薄层色谱法试验，吸取上述三种溶液各 5μL，分别点于同一硅胶 G 薄层板上，以冰醋酸-水-正丁醇（1：1：2）为展开剂，展开至少 10cm，晾干，110℃ 加热 15min，喷以 0.2% 茚三酮的正丁醇冰醋酸溶液［正丁醇-2mol/L 冰醋酸溶液（95：5）］，在 110℃ 加热约 10min 至斑点出现，立即检视。对照溶液应显一个清晰的斑点，系统适用性溶液应显两个完全分离的斑点。供试品溶液如显杂质斑点，其颜色与对照溶液的主斑点比较，不得更深（0.5%）。

B.1.20　L-盐酸组氨酸一水化物

取本品适量，加水溶解并稀释制成每 1mL 中约含 50mg 的溶液，作为供试品溶液；精密量取1mL，置500mL量瓶中，用水稀释至刻度，摇匀，作为对照溶液。另取盐酸组氨酸一水化物对照品与脯氨酸对照品各适量，置同一量瓶中，加水溶解并稀释制成每1mL中约含0.4mg的溶液，作为系统适用性溶液。照薄层色谱法试验，吸取上述3种溶液各2μL，分别点于同一硅胶G薄层板上，以正丁醇-冰醋酸-水（95∶1∶1）为展开剂，展开，晾干，喷以2%茚三酮的丙酮溶液，在80℃加热至斑点出现，立即检视。对照溶液应显一个清晰的斑点，系统适用性溶液应显两个完全分离的斑点，供试品溶液如显杂质斑点，其颜色与对照溶液的主斑点比较，不得更深（0.2%）。

B.1.21 L-羟基脯氨酸

精密称取0.01g脯氨酸标准品和0.025g L-羟基脯氨酸标准品置于25mL容量瓶中，加入10mL四硼酸钠溶液溶解（取四硼酸钠4.8g溶于100mL水中，即得），再加入2mL芴甲氧羰酰氯溶液（取0.4g芴甲氧羰酰氯溶于8mL乙腈中，即得），轻轻摇动2min，用纯化水定容，以0.45μm滤膜过滤，作为系统适用性溶液。精密称取约0.025g待测样品，精密称定，于25mL容量瓶中，加入10mL四硼酸钠溶液溶解，再加入2mL芴甲氧羰酰氯溶液，轻轻摇动2min，用纯化水定容，以0.45μm滤膜过滤，作为供试品溶液。

采用高效液相色谱法，用十八烷基硅烷键合硅胶为填充剂（4.6mm×250mm，5μm）或效能相当的色谱柱；以乙腈和0.1%三氟乙酸水溶液为流动相进行梯度洗脱，梯度洗脱程序见表B-1；检测波长：263nm，流速：1.0mL/min，柱温：30℃；进样量5μL。脯氨酸和L-羟基脯氨酸的分离度应大于1.5，理论塔板数应大于2000，拖尾因子应不大于1.4。供试品溶液色谱图中如有杂质峰，按面积归一法计算，供试品溶液中各杂质总和应不得超过0.5%。

表B-1　梯度洗脱程序

时间/min	流动相A/%	流动相B/%
0	70	30
5	70	30
10	60	40
15	60	40
20	40	60
30	40	60
30.01	70	30
40	70	30

B.1.22 L-天冬氨酸

取本品0.10g，置10mL量瓶中，加浓氨溶液2mL使溶解，用水稀释至刻度，摇匀，作为供试品溶液；精密量取1mL，置200mL量瓶中，用水稀释至刻度，摇匀，作为对照溶液；另取L-天冬氨酸对照品10mg与L-谷氨酸对照品10mg，置同一25mL量瓶中，加氨试液2mL使溶解，用水稀释至刻度，摇匀，作为系统适用性溶液。照薄层色谱法试验，吸取上述三种溶液各5μL，分别点于同一硅胶G薄层板上，以冰醋酸-水-正丁醇（1∶1∶3）为展开剂，展开至少15cm，晾干，喷以0.2%茚三酮的正丁醇溶液-2mol/L醋酸溶液（95∶5）混合溶液，在105℃加热约15min至斑点出现，立即检视。对照溶液应显一个清晰的斑点，系统适用性溶液应显两个清晰分离的斑点。供试品溶液如显杂质斑点，其颜色与对照溶液的主斑点比较，不得更深（0.5%）。

B.1.23　L-胱氨酸

取本品适量，加2%氨溶液溶解并稀释制成每1mL中约含10mg的溶液，作为供试品溶液；精密量取1mL，置200ml量瓶中，用2%氨溶液稀释至刻度，摇匀，作为对照溶液；另取胱氨酸对照品与盐酸精氨酸对照品各适量，置同一量瓶中，加2%氨溶液溶解并稀释制成每1mL中分别约含胱氨酸10mg和盐酸精氨酸1mg的溶液，作为系统适用性溶液。照薄层色谱法试验，吸取上述三种溶液各2μL，分别点于同一硅胶G薄层板上，以异丙醇-浓氨溶液（7∶3）为展开剂，展开，晾干，喷以0.2%茚三酮的正丁醇-冰醋酸溶液(95∶5)，在80℃加热至斑点出现，立即检视。对照溶液应显一个清晰的斑点。系统适用性溶液应显两个完全分离的斑点。供试品溶液如显杂质斑点，其颜色与对照溶液的主斑点比较，不得更深（0.5%），且不得超过1个。

B.1.24　L-盐酸赖氨酸

取本品适量，加水溶解并稀释制成每1mL中约含20mg的溶液，作为供试品溶液；精密量取1mL，置200mL量瓶中，用水稀释至刻度，摇匀，作为对照溶液；另取盐酸赖氨酸对照品与精氨酸对照品各适量，置同一量瓶中，加水溶解并稀释制成每1mL中各约含0.4mg的溶液，作为系统适用性溶液。照薄层色谱法试验，吸取上述三种溶液各5μL，分别点于同一硅胶G薄层板上，以正丙醇-浓氨溶液（2∶1）为展开剂，展开，晾干，喷以2%茚三酮丙酮溶液，在80℃加热至斑点出现，立即检视。对照溶液应显一个清晰的斑点，系统适用性溶液应显两个完全分离的斑点。供试品溶液如显杂质斑点，其颜色与对照溶液的主斑点比较，不得更深（0.5%）。

B.1.25　L-茶氨酸

取本品适量，加冰醋酸溶解并稀释制成每1mL中约含10mg的溶液，作为供试品溶液；精密量取1mL，置200mL量瓶中，用冰醋酸稀释至刻度，摇匀，作为对照溶液；另取茶氨酸对照品与谷氨酰胺对照品各适量，置同一量瓶中，加冰醋酸溶解并稀释制成每1mL中含10mg茶氨酸的溶液和每1mL中含0.1mg谷氨酰胺的混合标准溶液，作为系统适用性溶液。照薄层色谱法试验，吸取上述三种溶液各5μL，分别点于同一硅胶G薄层板上，以正丁醇-冰醋酸-水（4∶1∶1）为展开剂，展开，晾干，喷以0.2%的茚三酮乙醇溶液，在90℃加热至斑点出现，立即检视。对照溶液应显一个清晰的斑点，系统适用性溶液应显两个完全分离的斑点。供试品溶液如显杂质斑点，其颜色与对照溶液的主斑点比较，不得更深（0.5%）。

B.2 薄层色谱法

薄层色谱法：薄层色谱法系将供试品溶液点于薄层板上，在展开容器内用展开剂展开，使供试品所含成分分离，所得色谱图与适宜的标准物质按同法所得的色谱图对比，亦可用薄层色谱扫描仪进行扫描，用于鉴别、检查或含量测定。

B.2.1 仪器与材料

B.2.1.1 薄层板：按支持物的材质分为玻璃板、塑料板或铝板等；按固定相种类分为硅胶薄层板、键合硅胶板、微晶纤维素薄层板、聚酰胺薄层板、氧化铝薄层板等。固定相中可加入黏合剂、荧光剂。硅胶薄层板常用的有硅胶 G、硅胶 GF_{254}、硅胶 H、硅胶 HF_{254}、G、H 表示含或不含石膏黏合剂。F_{254} 为在紫外光 254nm 波长下显绿色背景的荧光剂。按固定相粒径大小分为普通薄层板（10μm~40μm）和高效薄层板（5μm~10μm）。

在保证色谱质量的前提下，可对薄层板进行特别处理和化学改性以适应分离的要求，可用实验室自制的薄层板。固定相颗粒大小一般要求粒径为 10μm~40μm。玻板应光滑、平整，洗净后不附水珠。

B.2.1.2 点样器：一般采用微升毛细管或手动、半自动、全自动点样器材。

B.2.1.3 展开容器：上行展开一般可用适合薄层板大小的专用平底或双槽展开缸，展开时须能密闭。水平展开用专用的水平展开槽。

B.2.1.4 显色装置：喷雾显色应使用玻璃喷雾瓶或专用喷雾器，要求用压缩气体使显色剂呈均匀细雾状喷出；浸渍显色可用专用玻璃器械或用适宜的展开缸代用；蒸气熏蒸显色可用双槽展开缸或适宜大小的干燥器代替。

B.2.1.5 检视装置：装有可见光、254nm 及 365nm 紫外光光源及相应的滤光片的暗箱，可附加摄像设备供拍摄图像用。暗箱内光源应有足够的光照度。

B.2.2 操作方法

B.2.2.1 薄层板制备：市售薄层板：临用前一般应在 110℃ 活化 30min。聚酰胺薄膜不需活化。铝基片薄层板、塑料薄层板可根据需要剪裁，但须注意剪裁后的薄层板底边的固定相层不得有破损。如在存放期间被空气中杂质污染，使用前可用三氯甲烷、甲醇或二者的混合溶剂在展开缸中上行展开预洗，晾干，110℃ 活化，置干燥器中备用。

自制薄层板：除另有规定外，将 1 份固定相和 3 份水（或加有黏合剂的水溶液，如 0.2%~0.5%羟甲基纤维素钠水溶液，或为规定浓度的改性剂溶液）在研钵中按同一方向研磨混合，去除表面的气泡后，倒入涂布器中，在玻板上平稳地移动涂布器进行涂布（厚度为 0.2%~0.3mm），取下涂好薄层的玻板，置水平台上于室温下晾干后，在 110℃ 烘 30min，随即置于有干燥剂的干燥箱中备用。使用前检查其均匀度，在反射光及透视光下检视，表面应均匀、平整、光滑，并且无麻点、无气泡、无破损及污染。

B.2.2.2 点样：除另有规定外，在洁净干燥的环境中，用专用毛细管或配合相应的半自动、自动点样器械点样于薄层板上。一般为圆点状或窄细的条带状，点样基线距底边 10~15mm，高效板一般基线离底边 8mm~10mm 圆点状直径一般不大于 4mm，高效板一般不大于 2mm。接触点样时注意勿损伤薄层表面。条带状宽度一般为 5mm~10mm，高效板条带宽度一般为 4mm~8mm，可用专用半自动或自动点样器械喷雾法点样。点间距离可视斑点扩散情况以相邻斑点互不干扰为宜，一般不少于 8mm，高效板供试品间隔不少于 5mm。

B. 2. 2. 3　展开：将点好供试品的薄层板放入展开缸中，浸入展开剂的深度为距原点 5mm 为宜，密闭。除另有规定外，一般上行展开 8mm~15cm，高效薄层板上行展开 5mm~8cm。溶剂前沿达到规定的展距，取出薄层板，晾干，待检测。

展开前如需要溶剂蒸气预平衡，可在展开缸中加入适量的展开剂，密闭，一般保持 15min~30min。溶剂蒸气预平衡后，应迅速放入载有供试品的薄层板，立即密闭，展开。如需使展开缸达到溶剂蒸气饱和的状态，则须在展开缸的内壁贴与展开缸高、宽同样大小的滤纸，一端浸入展开剂中，密闭一定时间，使溶剂蒸气达到饱和再如法展开。必要时，可进行二次展开或双向展开，进行第二次展开前，应使薄层板残留的展开剂完全挥干。

B. 2. 2. 4　显色与检视：显色与检视：有颜色的物质可在可见光下直接检视，无色物质可用喷雾法或浸渍法以适宜的显色剂显色，或加热显色，在可见光下检视。有荧光的物质或显色后可激发产生荧光的物质可在紫外光灯（365nm 或 254nm）下观察荧光斑点。对于在紫外光下有吸收的成分，可用带有荧光剂的薄层板（如硅胶 GF_{254} 板），在紫外光灯（254nm）下观察荧光板面上的荧光物质淬灭形成的斑点。

B. 2. 2. 5　记录：薄层色谱图像一般可采用摄像设备拍摄，以光学照片或电子图像的形式保存。

B. 2. 3　系统适用性试验

按各品种项下要求对实验条件进行系统适用性试验，即用供试品和标准物质对实验条件进行试验和调整，应符合规定的要求。

B. 2. 3. 1　比移值（R_f）：系指从基线至展开斑点中心的距离与从基线至展开剂前沿的距离的比值。

$$R_f = \frac{L}{L_0} \tag{B-1}$$

式中　R_f——比移值；

L——基线至展开斑点中心的距离；

L_0——基线至展开剂前沿的距离。

除另有规定外，杂质检查时，各杂质斑点的比移值 R_f 以在 0. 2~0. 8 之间为宜。

B. 2. 3. 2　检出限：系指限量检查或杂质检查时，供试品溶液中被测物质能被检出的最低浓度或量。一般采用已知浓度的供试品溶液或对照标准溶液，与稀释若干倍的自身对照标准溶液在规定的色谱条件下，在同一薄层板上点样、展开、检视，以后者显清晰可辨斑点的浓度或量作为检出限。

附录 4　氨基酸常用数据表

表 1　常用符号缩写

(1) 氨基酸类物质缩写		
Ala	丙氨酸	Alanine
Arg	精氨酸	Arginine
Asp	天冬氨酸	Aspartic acid
Cit	瓜氨酸	Citrulline
$(Cys)_2$	胱氨酸	Cystine
Cys	半胱氨酸	Cysteine
Glu	谷氨酸	Glutamic acid
Gly	甘氨酸	Glycine
His	组氨酸	Histidine
Ile	异亮氨酸	Isoleucine
Lys	赖氨酸	Lysine
Met	甲硫氨酸	Methionine
Orn	鸟氨酸	Ornithine
Phe	苯丙氨酸	Phenylalanine
Pro	脯氨酸	Proline
Ser	丝氨酸	Serine
Thr	苏氨酸	Threonine
Trp	色氨酸	Tryptophan
Tyr	酪氨酸	Tyrosine
Val	缬氨酸	Valine
Asn	天冬酰胺	Asparagine
Gln	谷氨酰胺	Glutamine
Leu	亮氨酸	Leucine
Hyp	羟脯氨酸	Hydroxyproline
(2) 核酸类物质缩写		
Ade	腺嘌呤	Adenine
Gua	鸟嘌呤	Guanine
Cyt	胞嘧啶	Cytosine
Thy	胸腺嘧啶	Thymine

续表

Xan	黄嘌呤	Xanthine
AR	腺苷	Adenosine
Hx	次黄嘌呤	Hypoxanthine
HxR (IR)	肌苷	Inosine
GR	鸟苷	Guanosine
IMP	5′-肌苷酸	5′-Inosinic acid
GMP	5′-鸟苷酸	5′-Guanylic acid
AMP	5′-腺苷酸	5′-Adenylic acid
XMP	5′-黄苷酸	5′ -Xanthylic acid
SAMP	琥珀酰腺苷酸	Succinic adenyate acid
ADP	腺苷二磷酸	Adenosine diphosphate
ATP	腺苷三磷酸 (简称腺三磷)	Adenosine triphosphate
GDP	鸟苷二磷酸	Guanosine diphosphate
RNA	核糖核酸	Ribonucleic acid
Rnase	核糖核酸分解酶	Ribonuclease
DNA	脱氧核糖核酸	Deoxyribonucleic acid
Dnase	脱氧核糖核酸分解酶	Deoxyribonuclease
FAD	黄素腺嘌呤二核苷酸	Flavin adenine dinucleotide
NAD	烟酰胺腺嘌呤二核苷酸	Nicotinamide adenine dinucleotide
5-PRPP	5-磷酸核糖焦磷酸	5-phosphoribosyl pyrophosphate
PRA	5-磷酸核糖胺	5-phosphoribosylamine
AIR	5-氨基咪唑核苷酸	5-Aminoimidazole ribotide
SAICAR	5-氨基-4-(琥珀酸)-甲酰胺咪唑核糖-5′-磷酸	5-amino-4-imidazole-N-Succinocarboxamide ribotide
AICAR	5-氨基-4-甲酰胺咪唑核糖-5′-磷酸	5-amino-4-imidazole carboxamide ribotide

(3) 有关国家标准、专利缩写

FAO	联合国粮食与农业组织	GB	(中国) 国家标准
WHO	世界卫生组织	ANSI	美国标准
JIS	日本工业标准;日本工业规格	BS	英国标准
JP	日本药典;日本专利	DIN	德国标准
JSFA	日本食品添加剂标准	NF	法国标准
BP	英国药典	QB	中国轻工行业标准
USP	美国专利;美国药典	HG	中国化工行业标准
FCC	美国食品化学法典	JB	中国机械行业标准
CAC	食品标准委员会,食品法典委员会	JB/TQ	中国机械石化通用标准
FDA	美国食品药品监督管理局		

表 2　　氨基酸的解离常数 p*K* 与等电点 pI

	pK_1	pK_2	pK_3	pK_4	pI
L-丙氨酸	2.35	9.87	—	—	6.00
L-精氨酸	1.82	8.90	12.48	—	11.15
L-天冬酰胺	2.1	8.84	—	—	5.41
L-天冬氨酸	1.99	3.90	9.90	—	2.77
L-瓜氨酸	2.43	9.41	—	—	—
L-半胱氨酸	1.92	8.35	10.46	—	—
L-胱氨酸	<1	2.1	8.02	8.71	5.03
L-谷氨酸	2.10	4.22	9.47	—	3.22
L-谷氨酰胺	2.17	9.13	—	—	—
甘氨酸	2.35	9.78	—	—	5.97
L-组氨酸	1.80	6.04	9.33	—	7.47
L-高丝氨酸	2.71	9.62	—	—	—
L-羟脯氨酸	1.82	9.66	—	—	5.74
L-异亮氨酸	2.32	9.76	—	—	6.02
L-亮氨酸	2.33	9.74	—	—	5.98
L-赖氨酸	2.16	9.18	10.79	—	9.59
L-甲硫氨酸	2.13	9.28	—	—	5.74
L-鸟氨酸	1.71	8.69	10.76	—	—
L-苯丙氨酸	2.16	9.18	—	—	5.48
L-脯氨酸	1.95	10.64	—	—	6.30
L-焦谷氨酸	3.32	—	—	—	—
L-丝氨酸	2.19	9.21	—	—	5.68
L-苏氨酸	2.09	9.10	—	—	5.64
L-色氨酸	2.43	9.44	—	—	5.89
L-酪氨酸	2.20	9.11	10.13	—	5.66
L-缬氨酸	2.29	9.74	—	—	5.96

表 3　　氨基酸的比热容与相对密度

名称	比热容/[J/(g·℃)]	名称	相对密度
L-丙氨酸	1.373	L-丙氨酸	1.401
L-精氨酸	0.523	DL-丙氨酸	1.424
L-天冬酰胺	1.214	β-丙氨酸	1.404

续表

名称	比热容/[J/(g·℃)]	名称	相对密度
L-天冬氨酸	1.168	L-精氨酸	1.1
L-半胱氨酸	1.340	L-天冬氨酸	1.66
L-谷氨酸	1.189	DL-甲硫氨酸	1.340
L-谷氨酰胺	1.264	DL-丝氨酸	1.537
甘氨酸	1.323	L-苏氨酸	1.456
L-组氨酸盐酸盐	1.298	L-谷氨酸钠	1.65
L-羟脯氨酸	1.176	L-谷氨酸	1.538
L-异亮氨酸	1.436	DL-谷氨酸	1.460
L-亮氨酸	1.532	甘氨酸	1.601
L-赖氨酸盐酸盐	1.310	L-亮氨酸	1.165
L-甲硫氨酸	1.947	DL-亮氨酸	1.191
L-苯丙氨酸	1.231	L-缬氨酸	1.230
L-脯氨酸	1.310	DL-缬氨酸	1.316
L-丝氨酸	1.289	L-色氨酸	1.456
L-苏氨酸	1.239		
L-酪氨酸	1.315		
L-色氨酸	1.059		
L-缬氨酸	1.440		

表 4 **氨基酸的熔点** 单位:℃

名称	熔点	名称	熔点
DL-丙氨酸	295 (d)	D,L-胱氨酸	260 (d)
L-丙氨酸	297 (d)	L-胱氨酸	258~261 (d)
DL-精氨酸	228 (d)	DL-谷氨酸	225~227 (d)
L-精氨酸	244 (d)	L-谷氨酸	247~249 (d)
D,L-天冬酰胺	213~215 (d)	L-谷氨酰胺	184~185 (d)
L-天冬酰胺	236 (d)	甘氨酸	292 (d)
L-天冬氨酸	269~271 (d)	D,L-组氨酸	285~286 (d)
D,L-天冬氨酸	278~280 (d)	L-组氨酸	277 (d)
L-瓜氨酸	234~237 (d)	L-组氨酸二盐酸盐	245~246 (d)
D,L-瓜氨酸	220~221 (d)	L-羟脯氨酸	270 (d)
L-半胱氨酸	240 (d)	D,L-异亮氨酸	292 (d)
L-半胱氨酸盐酸盐	178 (d)	L-异亮氨酸	285~286 (d)

续表

名称	熔点	名称	熔点
DL-高丝氨酸	184~187（d）	D,L-丝氨酸	246（d）
L-赖氨酸	224（d）	L-丝氨酸	223~228（d）
L-赖氨酸盐酸盐	263~264（d）	D,L-苏氨酸	235（d）
D,L-甲硫氨酸	281（d）	L-苏氨酸	253（d）
L-甲硫氨酸	283（d）	D,L-色氨酸	283~285（d）
DL-鸟氨酸	195	L-色氨酸	281~282（d）
D,L-鸟氨酸盐酸盐	225~232（d）	D,L-酪氨酸	316（d）
L-鸟氨酸	226~227（d）	L-酪氨酸	342（d）
L-鸟氨酸盐酸盐	230~232（d）	D,L-缬氨酸	293（d）
D,L-苯丙氨酸	318~322（d）	L-缬氨酸	315（d）
L-苯丙氨酸	283~284（d）	L-精氨酸盐酸盐	220（d）
D,L-脯氨酸	213	D,L-精氨酸盐酸盐	263~246（d）
L-脯氨酸	220~222（d）	L-高丝氨酸	203（d）

注：d—分解。

表 5　　　　氨基酸的溶解热

（1）在25℃无限稀释的溶解热

名称	温度/℃	水的体积	溶解热 ΔH/(kJ/mol)
L-天冬酰胺	25	∞	33.49
L-天冬酰胺（一水）	25	∞	24.07
L-天冬氨酸	25	∞	25.12
D,L-天冬氨酸	25	∞	29.72
L-羟脯氨酸	25	∞	5.86
甘氨酸	25	∞	14.99
D-谷氨酸	25	∞	27.34
D,L-丝氨酸	25	∞	21.69
D,L-缬氨酸	25	饱和	7.66
L-焦谷氨酸	25	∞	15.07
D,L-脯氨酸	25	∞	-3.14
D,L-甲硫氨酸	25	∞	16.75
L-赖氨酸	25	∞	-16.75
D,L-丙氨酸	25	∞	8.54

续表

名称	温度/℃	水的体积	溶解热 ΔH/(kJ/mol)
D,L-组氨酸	25	∞	13.82
L-丙氨酸	25	∞	7.66
L-精氨酸	25	∞	6.28
L-亮氨酸	25	∞	3.52
L-苯丙氨酸	25	∞	11.81

（2）L-谷氨酸结晶在不同温度时的溶解热　　单位：kJ/mol

温度/℃	溶解热 ΔH（α-型）	溶解热 ΔH（β-型）	温度/℃	溶解热 ΔH（α-型）	溶解热 ΔH（β-型）
0	23.24	21.56	40	26.54	27.92
10	24.58	22.82	70	31.86	33.49

表 6　　氨基酸的燃烧热　　单位：kJ/mol

名称	燃烧热	名称	燃烧热
L-丙氨酸	1616.5	L-苯丙氨酸	4984.6
D,L-丙氨酸	1618.1	L-丝氨酸	1455.7
L-精氨酸	3742.8	L-苏氨酸	2055.6
L-天冬酰胺	1942.6	L-酪氨酸	4444.9
L-天冬氨酸	1611.8	L-色氨酸	5631
L-半胱氨酸	1652	L-缬氨酸	2922.2
L-胱氨酸	3033.6	L-脯氨酸	2729.7
L-谷氨酸	2271.7	L-赖氨酸	3684.2
L-谷氨酰胺	2571.8	L-鸟氨酸	3031.1
甘氨酸	967.1	L-亮氨酸	3583.7
L-异亮氨酸	3582.9	L-甲硫氨酸	2783.3

表 7　　氨基酸的旋光度

氨基酸	比旋光度 $[\alpha]_D^{20}$/°	旋光角 α①/°	含量/(g/100mL)	溶剂	温度校正系数②/℃
L-Ala	+14.8	+2.96	10	6mol/L HCl	-0.07
L-Arg	+27.4	+4.38	8	6mol/L HCl	-0.04
L-Arg · HCl	+22.5	+3.60	8	6mol/L HCl	0.03
L-Asp（NH_2）· H_2O	+34.5	+6.90	10	3mol/L HCl	-0.13

续表

氨基酸	比旋光度 $[\alpha]_D^{20}$/°	旋光角 α①/°	含量/(g/100mL)	溶剂	温度校正系数②/℃
L-Asp	+26.0	+5.20	10	2mol/L HCl	-0.09
L-Cit	+25.5	+4.08	8	6mol/L HCl	-0.03
L-CySH · HCl · H_2O	+6.3	+1.01	8	1mol/L HCl	-0.03
L-Cys	+220	-8.08	2	1mol/L HCl	+2.00
L-Glu	+31.9	+6.38	10	2mol/L HCl	-0.07
L-Glu · HCl	+25.5	+5.10	10	2mol/L HCl	-0.06
L-Glu (NH_2)	+6.8	+0.54	4	H_2O	-0.07
L-His	+12.3	+2.71	11	6mol/L HCl	+0.20
L-His · HCl · H_2O	+9.3	+2.05	11	6mol/L HCl	+0.14
L-Hyp	-75.5	-6.04	4	H_2O	+0.10
L-ILe	+40.3	+3.22	4	6mol/L HCl	-0.11
L-Leu	+15.6	+1.25	4	6mol/L HCl	+0.06
L-Lys · HCl	+21.0	+3.36	8	6mol/L HCl	-0.04
L-Met	+24.0	+3.84	8	6mol/L HCl	+0.04
L-Orn · HCl	+24.0	+1.92	4	6mol/L HCl	-0.05
L-Phe	-34.4	-1.38	2	H_2O	+0.13
L-Pro	-85.3	-6.82	4	H_2O	0
L-Ser	+15.1	+3.07	10	2mol/L HCl	-0.07
L-Thr	-28.0	-3.36	6	H_2O	+0.04
L-Try	-32.0	-0.64	1	H_2O	+0.10
L-Tyr	-11.8	-1.18	5	1mol/L HCl	+0.23
L-Val	+28.3	+4.53	8	6mol/L HCl	-0.06

注：①旋光度长为2dm时的旋光角；

②在15～35℃范围内温度校正系数，以20℃为基准。

表8　　氨基酸的溶解度

（1）L-氨基酸在水中的溶解度

L-氨基酸	L-氨基酸的溶解度/(g/100mL)				
	0℃	25℃	50℃	75℃	100℃
丙氨酸	12.73	16.65	21.79	28.51	37.30
精氨酸	8.3	14.8	40.0	—	174.1

续表

L-氨基酸	L-氨基酸的溶解度/(g/100mL)				
	0℃	25℃	50℃	75℃	100℃
精氨酸盐酸盐	45.0	90.0	144.0	—	900
天冬酰胺	0.85	3.0	9.1	24.1	55
天冬氨酸	0.21	0.50	1.20	2.875	6.989
瓜氨酸	—	12	50	—	—
胱氨酸	0.005	0.011	0.023 9	0.052 3	0.114
谷氨酸	0.34	0.864	2.186	5.532	14.00
谷氨酰胺	3.6（18℃）	4.25	4.8（30℃）	—	—
甘氨酸	14.18	24.99	39.10	54.39	67.17
组氨酸	2.3	4.3	6.4	—	42.8
组氨酸盐酸盐	29.1	39.0	50.1	—	93.5
羟脯氨酸	28.86	36.11	45.18	51.67	70.70
异亮氨酸	3.79	4.117	4.82	6.076	8.22
亮氨酸	2.27	2.426	2.89	3.823	5.64
赖氨酸盐酸盐	53.6	89	111.5	142.8	—
甲硫氨酸	3.0	5.6	7.4	—	—
鸟氨酸盐酸盐	—	55	68	86（60℃）	—
苯丙氨酸	1.983	2.965	4.431	6.624	9.900
脯氨酸	127.20	162.3	206.7	239.0	335.4
丝氨酸	2.20	5.02	10.34	19.21	32.24
苏氨酸	—	10.6	14.1	19.0（61℃）	—
色氨酸	0.823	1.136	1.706	2.795	4.987
酪氨酸	0.020	0.0453	0.1052	0.2438	0.565
缬氨酸	8.34	8.85	9.62	10.24	—

（2）DL-氨基酸在水中的溶解度

DL-氨基酸	DL-氨基酸的溶解度/(g/100mL)				
	0℃	25℃	50℃	75℃	100℃
丙氨酸	12.11	16.72	23.00	31.89	44.04
天冬酰胺	—	2.16	—	—	—
天冬氨酸	0.262	0.778	2.000	4.456	8.594
胱氨酸	—	0.003	0.01	—	—

续表

DL-氨基酸	DL-氨基酸的溶解度/(g/100mL)				
	0℃	25℃	50℃	75℃	100℃
谷氨酸	0.855	2.054	4.934	11.86	28.49
高丝氨酸	—	125	—	—	—
异亮氨酸	1.826	2.229	3.034	4.607	7.802
亮氨酸	0.797	0.991	1.406	2.276	4.206
甲硫氨酸	1.818	3.381	6.070	10.52	17.60
苯丙氨酸	0.997	1.411	2.187	3.708	6.886
丝氨酸	2.204	5.023	10.34	19.21	32.24
苏氨酸	—	20	—	55	—
色氨酸	—	0.25	—	—	—
酪氨酸	0.0147	0.0351	0.0836	—	—
缬氨酸	5.98	7.09	9.11	12.61	18.81

（3）各种氨基酸对水的溶解度（S）计算公式

	氨基酸	溶解度公式（$\lg S$）
	L-丙氨酸	$2.1048+0.4669T\times10^{-2}$
	DL-丙氨酸	$2.0830+0.5608T\times10^{-2}$
	L-天冬酰胺·H_2O	$0.9289+2.311T\times10^{-2}-4.981T^2\times10^{-5}$
	L-天冬氨酸	$0.3194+1.519T\times10^{-2}$
	L-胱氨酸	$-1.299+1.357T\times10^{-2}$
	L-谷氨酸	$0.5331+1.613T\times10^{-2}$
	甘氨酸	$2.1516+1.087T\times10^{-2}$
	L-羟脯氨酸	$2.4603+0.3891T\times10^{-2}$
I	L-异亮氨酸	$1.5787+0.07682T\times10^{-2}+2.594T^2\times10^{-5}$
	L-亮氨酸	$1.3561+0.02233T\times10^{-2}+3.727T^2\times10^{-5}$
	DL-甲硫氨酸	$1.2597+1.108T\times10^{-2}+1.221T^2\times10^{-5}$
	L-苯丙氨酸	$1.2974+0.6982T\times10^{-2}$
	L-脯氨酸	$3.1050+0.4206T\times10^{-2}$
	DL-丝氨酸	$1.3432+1.520T\times10^{-2}$
	L-色氨酸	$0.9156+0.4834T\times10^{-2}+2.988T^2\times10^{-5}$
	L-酪氨酸	$-0.708+1.46T\times10^{-2}$
	DL-缬氨酸	$1.7749+0.2389T\times10^{-2}$

续表

	氨基酸	溶解度公式（lg$S$）
	L-精氨酸	0.9770+0.01345T（T=0~70℃）
	L-组氨酸	0.3627+0.00905T（T=0~70℃）
	L-精氨酸·HCl	1.6532+0.01301T（T=0~70℃）
Ⅱ	L-赖氨酸·HCl·2H_2O	1.6990+0.01294T（T=0~55℃）
	L-赖氨酸·HCl·H_2O	1.7404+0.012.56T（T=55~70℃）
	L-赖氨酸·2HCl	2.2138+0.001256T（T=0~70℃）
	L-组氨酸·2HCl	1.9085+0.00265T（T=0~70℃）

注：①在Ⅰ中，S 为 g/1000g 水；在Ⅱ中 S 为 g/100g 水。

②T 是摄氏温度。

表 9　　谷氨酸盐在水中的溶解度

（1）谷氨酸盐在不同温度水中的溶解度

温度/℃	谷氨酸盐在水中的溶解度/(g/L)			
	L-谷氨酸钠	DL-谷氨酸钠	L-谷氨酸盐酸盐	DL-谷氨酸盐酸盐
0	514	158	298	471
25	627	243	479	698
50	765	372	769	1030
75	933	570	1240	1540
100	1140	875	1990	2280

（2）L-谷氨酸盐在水中的溶解度

名称	溶解度/%	名称	溶解度/%
L-谷氨酸氢钙	31.5	L-谷氨酸氢锌	0.5
L-谷氨酸钙	2.2	L-谷氨酸铜	0.03
L-谷氨酸镁	1.25	L-谷氨酸钡	1.72
L-谷氨酸氢镁	26	L-谷氨酸铵	76.3

（3）L-谷氨酸氢锌在不同 pH 水溶液中的溶解度

pH	4.5	5.0	5.5	6.5	7.5	8.0
溶解度/%	3.3	1.3	0.5	0.3	0.6	5.0

（4）L-谷氨酸氢锌在不同温度水溶液中溶解度

温度/℃	0	20	40	60	80	100
溶解度/%	0.023	0.031	0.031	0.032	0.038	0.040

(5) L-谷氨酸氢钙在不同温度水溶液中的溶解度

温度/℃	0	19	21	61	100
溶解度/%	1.32	1.93	1.98	3.94	5.70

(6) 谷氨酸铵 (MAG · H_2O) 在水中的溶解度　　单位：g/100g 水

温度/℃	0	10	20	30	40	50	60	70	80	90	100
溶解度/%	55.84	65.31	76.38	89.33	104.5	122.2	142.9	167.1	195.4	228.5	267.3

表 10　各种发酵产品的发酵热

发酵液名称	发酵热/[kJ/(m^3 · h)]	备注
青霉素球状菌	13800	—
青霉素丝状菌	23000	—
链霉素	18800	—
四环素	25100	—
红霉素	26300	—
谷氨酸	29300	此值×1.5=高峰值
赖氨酸	33400	此值×1.5=高峰值
柠檬酸	11700	—
酶制剂	14700~18800	—

表 11　国内标准筛目规格对照表

目数	筛孔尺寸/mm	目数	筛孔尺寸/mm
8	2.5	40	0.45
10	2.00	45	0.40
12	1.60	50	0.355
16	1.25	55	0.315
18	1.00	60	0.28
20	0.900	65	0.25
24	0.800	70	0.224
26	0.700	75	0.200
28	0.63	80	0.180
32	0.56	90	0.160
35	0.50	100	0.154

续表

目数	筛孔尺寸/mm	目数	筛孔尺寸/mm
110	0.140	200	0.071
120	0.125	240	0.063
130	0.112	260	0.056
150	0.100	300	0.050
160	0.090	320	0.045
190	0.080	360	0.040

注：目数为每英寸（25.4mm）长度的筛孔数。

表12 **水的物理性质**

温度 T/℃	饱和水蒸气压 p/kPa	密度 ρ/(kg/m^3)	焓 H/(kJ/kg)	比热容 c_p/[kJ/(kg·℃)]	热导率 $\lambda\times10^2$/[W/(m·℃)]	黏度 $\mu\times10^5$/(Pa·s)	体积膨胀系数 $\beta\times10^4$/(1/℃)	表面张力 $\sigma\times10^3$/(N/m)
0	0.6082	999.9	0	4.212	55.13	179.21	0.63	75.6
10	1.2262	999.7	42.04	4.191	57.45	130.77	0.70	74.1
20	2.3346	998.2	83.90	4.183	59.89	100.50	1.82	72.6
30	4.2474	995.7	125.69	4.174	61.76	80.07	3.21	71.2
40	7.3766	992.2	167.51	4.174	63.38	65.60	3.87	69.6
50	12.31	988.1	209.30	4.174	64.78	54.94	4.49	67.7
60	19.923	983.2	251.12	4.178	65.94	46.88	5.11	66.2
70	31.164	977.8	292.99	4.187	66.76	40.61	5.70	64.3
80	47.379	971.8	334.94	4.195	67.45	35.65	6.32	62.6
90	70.136	965.3	376.98	4.208	67.98	31.65	6.95	60.7
100	101.33	958.4	419.10	4.220	68.04	28.38	7.52	58.8
110	141.31	951.0	461.34	4.238	68.50	25.89	8.08	56.9
120	198.64	943.1	503.67	4.250	68.62	23.73	8.64	54.8
130	270.25	934.8	546.38	4.266	68.62	21.77	9.17	52.8
140	361.47	926.1	589.08	4.287	68.50	20.10	9.72	50.7
150	476.24	917.0	632.20	4.312	68.38	18.63	10.3	48.6
160	618.28	907.4	675.33	4.346	68.27	17.36	10.7	46.6
170	792.59	897.3	719.29	4.379	67.92	16.28	11.3	45.3
180	1003.5	886.9	763.25	4.417	67.45	15.30	11.9	42.3
190	1255.6	876.0	807.63	4.460	66.99	14.42	12.6	40.8

续表

温度 T/℃	饱和水蒸气压 p/kPa	密度 ρ/(kg/m³)	焓 H/(kJ/kg)	比热容 c_p/[kJ/(kg·℃)]	热导率 $\lambda\times10^2$/[W/(m·℃)]	黏度 $\mu\times10^5$/(Pa·s)	体积膨胀系数 $\beta\times10^4$/(1/℃)	表面张力 $\sigma\times10^3$/(N/m)
200	1554.77	863.0	852.43	4.505	66.29	13.63	13.3	38.4
210	1917.72	852.8	897.65	4.555	65.48	13.04	14.1	36.1
220	2320.88	840.3	943.70	4.614	64.55	12.46	14.8	33.8
230	2798.59	827.3	990.18	4.681	63.73	11.97	15.9	31.6
240	3347.91	813.6	1037.49	4.765	62.80	11.47	16.8	29.1
250	3977.67	799.0	1085.65	4.844	61.76	10.98	18.1	26.7
260	4693.75	784.0	1135.04	4.949	60.84	10.59	19.7	24.2
270	5503.99	767.9	1185.28	5.070	59.96	10.20	21.6	21.9
280	6417.24	750.7	1236.28	5.229	57.45	9.81	23.7	19.5
290	7443.29	732.3	1289.95	5.4185	55.82	9.42	26.2	17.2
300	8592.94	712.5	1344.80	5.736	53.96	9.12	29.2	14.7
310	9877.96	691.1	1402.16	6.071	52.34	8.83	32.9	12.3
320	11300.3	667.1	1462.03	6.573	50.59	8.53	38.2	10.0
330	12879.6	640.2	1526.19	7.243	48.73	8.14	43.3	7.82
340	14615.8	610.1	1594.75	8.164	45.71	7.75	53.4	5.78
350	16538.5	574.4	1671.37	9.504	43.03	7.26	66.8	3.89
360	18667.1	528.0	1761.39	13.984	39.54	6.67	109	2.06
370	21040.9	450.5	1892.43	40.319	33.73	5.69	264	0.48

表 13　　饱和水蒸气表（按温度排列）

温度 T/℃	绝对压强 p/kPa	水蒸气的密度 ρ/(kg/m³)	焓 H/(kJ/kg)		汽化热 γ/(kJ/kg)
			液体	水蒸气	
0	0.6082	0.00484	0	2491.1	2491.1
5	0.8730	0.00680	20.94	2500.8	2479.86
10	1.2262	0.00940	41.87	2510.4	2468.53
15	1.7068	0.01283	62.80	2520.5	2457.7
20	2.3346	0.01719	83.74	2530.1	2446.3
25	3.1684	0.02304	104.67	2539.7	2435.0
30	4.2474	0.03036	125.60	2549.3	2423.7
35	5.6207	0.03960	146.54	2559.0	2412.1

续表

温度 T/℃	绝对压强 p/kPa	水蒸气的密度 ρ/(kg/m^3)	焓 H/(kJ/kg) 液体	焓 H/(kJ/kg) 水蒸气	汽化热 γ/(kJ/kg)
40	7.3766	0.05114	167.47	2568.6	2401.1
45	9.5837	0.06543	188.41	2577.8	2389.4
50	12.340	0.0830	209.34	2587.4	2378.1
55	15.743	0.1043	230.27	2596.7	2366.4
60	19.923	0.1301	251.21	2606.3	2355.1
65	25.014	0.1611	272.14	2615.5	2343.1
70	31.164	0.1979	293.08	2624.3	2331.2
75	38.551	0.2416	314.01	2633.5	2319.5
80	47.379	0.2929	334.94	2642.3	2307.8
85	57.875	0.3531	355.88	2651.1	2295.2
90	70.136	0.4229	376.81	2659.9	2283.1
95	84.556	0.5039	397.75	2668.7	2270.5
100	101.33	0.5970	418.68	2677.0	2258.4
105	120.85	0.7036	440.03	2685.0	2245.4
110	143.31	0.8254	460.97	2693.4	2232.0
115	169.11	0.9635	482.32	2701.3	2219.0
120	198.64	1.1199	503.67	2708.9	2205.2
125	232.19	1.296	525.02	2716.4	2191.8
130	272.25	1.494	546.38	2723.9	2177.6
135	313.11	1.715	567.73	2731.0	2163.3
140	361.47	1.962	589.08	2737.7	2148.7
145	415.72	2.238	610.85	2744.4	2134.0
150	476.24	2.543	632.21	2750.7	2118.5
160	618.28	3.252	675.75	2762.9	2037.1
170	792.59	4.113	719.29	2773.3	2024.0
180	1003.5	5.145	763.25	2782.5	2019.3
190	1255.6	6.378	807.64	2790.1	1982.4
200	1554.77	7.840	852.01	2795.5	1943.5
210	1917.72	9.567	897.23	2799.3	1902.5
220	2320.88	11.60	942.45	2801.0	1858.5

续表

温度 T/℃	绝对压强 p/kPa	水蒸气的密度 ρ/(kg/m^3)	焓 H/(kJ/kg)		汽化热 γ/(kJ/kg)
			液体	水蒸气	
230	2798.59	13.98	988.50	2800.1	1811.6
240	3347.91	16.76	1034.56	2796.8	1761.8
250	3977.67	20.01	1081.45	2790.1	1708.6
260	4693.75	23.82	1128.76	2780.9	1651.7
270	5503.99	28.27	1176.91	2768.3	1591.4
280	6417.24	33.47	1225.48	2752.0	1526.5
290	7443.29	39.60	1276.46	2732.3	1457.4
300	8592.94	46.93	1325.54	2708.0	1382.5
310	9877.96	55.59	1378.71	2680.0	1301.3
320	11300.3	65.95	1436.07	2668.2	1212.1
330	12879.6	78.53	1446.78	2610.5	1116.2
340	14615.8	93.98	1562.93	2568.6	1005.7
350	16538.5	113.2	1636.20	2516.7	880.5
360	18667.1	139.6	1729.15	2442.6	713.0
370	21040.9	171.0	1888.25	2301.9	411.1
374	22070.9	322.6	2098.0	2098.0	0

表 14　　饱和水蒸气表（按压力排列）

绝对压强 p/kPa	温度 T/℃	水蒸气的密度 ρ/(kg/m^3)	焓 H/(kJ/kg)		汽化热 γ/(kJ/kg)
			液体	水蒸气	
1.0	6.3	0.00773	26.48	2503.1	2476.8
1.5	12.5	0.01133	52.26	2515.3	2463.0
2.0	17.0	0.01486	71.21	2524.2	2452.9
2.5	20.9	0.01836	87.45	2531.8	2444.3
3.0	23.5	0.02179	98.38	2536.8	2438.1
3.5	26.1	0.02523	109.30	2541.8	2432.5
4.0	28.7	0.02867	120.23	2546.8	2426.6
4.5	30.8	0.03205	129.00	2550.9	2421.9
5.0	32.4	0.03537	135.69	2554.0	2416.3
6.0	35.6	0.04200	149.06	2560.1	2411.0
7.0	38.8	0.04864	162.44	2566.3	2403.8

续表

绝对压强 p/kPa	温度 T/℃	水蒸气的密度 ρ/(kg/m³)	焓 H/(kJ/kg)		汽化热 γ/(kJ/kg)
			液体	水蒸气	
8.0	41.3	0.05514	172.73	2571.0	2398.2
9.0	43.3	0.06156	181.16	2574.8	2393.6
10.0	45.3	0.06798	189.59	2578.5	2388.9
15.0	53.5	0.09956	224.03	2594.0	2370.0
20.0	60.1	0.13068	251.51	2606.4	2354.9
30.0	66.5	0.19093	288.77	2622.4	2333.7
40.0	75.0	0.24975	315.93	2634.1	2312.2
50.0	81.2	0.30799	339.80	2644.3	2304.5
60.0	85.6	0.36514	358.21	2652.1	2293.9
70.0	89.9	0.42229	376.61	2659.8	2283.2
80.0	93.2	0.47807	390.08	2665.3	2275.3
90.0	96.4	0.53384	403.49	2670.8	2267.4
100.0	99.6	0.58961	416.90	2676.3	2259.5
120.0	104.5	0.69868	437.51	2684.3	2246.8
140.0	109.2	0.80758	457.67	2692.1	2234.4
160.0	113.0	0.82981	473.88	2698.1	2224.2
180.0	116.6	1.0209	489.32	2703.7	2214.3
200.0	120.2	1.1273	493.71	2709.2	2204.6
250.0	127.2	1.3904	534.39	2719.7	2185.4
300.0	133.3	1.6501	560.38	2728.5	2168.1
350.0	138.8	1.9074	583.76	2736.1	2152.3
400.0	143.4	2.1618	603.61	2742.1	2138.5
450.0	147.7	2.4152	622.42	2742.3	2125.4
500.0	151.7	2.6673	639.59	2752.8	2113.2
600.0	158.7	3.1686	676.22	2761.4	2091.1
700.0	164.0	3.6657	696.27	2767.8	2071.5
800.0	170.4	4.1614	720.96	2773.7	2052.7
900.0	175.1	4.6525	741.82	2778.1	2036.2
1×10^3	179.9	5.1432	762.68	2782.5	2019.7
1.1×10^3	180.2	5.6333	780.34	2785.5	2005.1

续表

绝对压强 p/kPa	温度 T/℃	水蒸气的密度 ρ/(kg/m^3)	焓 H/(kJ/kg)		汽化热 γ/(kJ/kg)
			液体	水蒸气	
1.2×10^3	187.8	6.1241	797.92	2788.5	1990.6
1.3×10^3	191.5	6.6141	814.25	2790.9	1976.7
1.4×10^3	194.8	7.1034	829.06	2792.4	1963.7
1.5×10^3	198.2	7.5935	843.86	2794.5	1950.7
1.6×10^3	201.3	8.0814	857.77	2796.0	1938.2
1.7×10^3	204.1	8.5674	870.58	2797.1	1926.1
1.8×10^3	206.9	9.0533	883.39	2798.1	1914.8

表 15　　干空气的物理性质（101.33kPa）

温度 T/℃	密度 ρ/(kg/m^3)	比热容 c_p/[kJ/(kg·℃)]	热导率 $\lambda\times10^2$/[W/(m·℃)]	黏度 $\mu\times10^5$/(Pa·s)	普朗特数 P_r
-50	1.584	1.013	2.035	1.46	0.728
-40	1.515	1.013	2.117	1.52	0.728
-30	1.453	1.013	2.198	1.57	0.723
-20	1.395	1.009	2.279	1.62	0.716
-10	1.342	1.009	2.360	1.67	0.712
0	1.293	1.009	2.442	1.72	0.707
10	1.247	1.009	2.512	1.76	0.705
20	1.205	1.013	2.593	1.81	0.703
30	1.165	1.013	2.675	1.86	0.701
40	1.128	1.013	2.756	1.91	0.699
50	1.093	1.017	2.826	1.96	0.698
60	1.060	1.017	2.896	2.01	0.696
70	1.029	1.017	2.966	2.06	0.694
80	1.000	1.022	3.047	2.11	0.692
90	0.972	1.022	3.128	2.15	0.690
100	0.946	1.022	3.210	2.19	0.688
120	0.898	1.026	3.338	2.28	0.686
140	0.854	1.026	3.489	2.37	0.684
160	0.815	1.026	3.640	2.45	0.682
180	0.779	1.034	3.780	2.53	0.681

续表

温度 T/℃	密度 ρ/(kg/m³)	比热容 c_p/[kJ/(kg·℃)]	热导率 $\lambda\times10^2$/[W/(m·℃)]	黏度 $\mu\times10^5$/(Pa·s)	普朗特数 P_r
200	0. 746	1. 034	3. 931	2. 60	0. 680
250	0. 674	1. 043	4. 288	2. 74	0. 677
300	0. 615	1. 047	4. 605	2. 97	0. 674
350	0. 566	1. 055	4. 908	3. 14	0. 676
400	0. 524	1. 068	5. 210	3. 30	0. 678
500	0. 456	1. 072	5. 745	3. 62	0. 687
600	0. 404	1. 089	6. 222	3. 91	0. 699
700	0. 362	1. 102	6. 711	4. 18	0. 706
800	0. 329	1. 114	7. 176	4. 43	0. 713
900	0. 301	1. 127	7. 630	4. 67	0. 717
1000	0. 277	1. 139	8. 071	4. 90	0. 719
1100	0. 257	1. 152	8. 502	5. 12	0. 722
1200	0. 239	1. 164	9. 153	5. 35	0. 724

表 16　　湿空气的物理性质

空气温度/℃	温空气密度/(kg/m³)	饱和空气密度/(kg/m³)	水蒸气饱和分压力/10^2Pa	饱和空气的含湿量/(g/kg)	饱和空气比热容/[kJ/(kg·℃)]
40	1. 128	1. 097	73. 750	48. 8	1. 110
38	1. 135	1. 107	66. 244	43. 5	1. 097
36	1. 142	1. 116	59. 410	38. 8	1. 089
34	1. 150	1. 126	53. 193	34. 4	1. 088
32	1. 157	1. 136	47. 540	30. 6	1. 072
30	1. 165	1. 146	42. 421	27. 2	1. 063
28	1. 173	1. 156	37. 795	24. 0	1. 059
26	1. 181	1. 166	33. 609	21. 4	1. 051
24	1. 189	1. 176	29. 836	18. 8	1. 043
22	1. 197	1. 185	26. 436	16. 6	1. 043
20	1. 205	1. 195	23. 270	14. 7	1. 038
18	1. 213	1. 204	20. 637	12. 9	1. 038
16	1. 222	1. 214	18. 171	11. 4	1. 034
14	1. 230	1. 223	15. 984	9. 97	1. 030

续表

空气温度/℃	温空气密度/(kg/m³)	饱和空气密度/(kg/m³)	水蒸气饱和分压力/10^2Pa	饱和空气的含湿量/(g/kg)	饱和空气比热容/[kJ/(kg·℃)]
12	1.238	1.232	14.025	8.75	1.026
10	1.247	1.242	12.278	7.63	1.026
8	1.256	1.251	10.732	6.65	1.026
6	1.266	1.261	9.345	5.79	1.022
4	1.275	1.271	8.132	5.03	1.022
2	1.284	1.281	7.052	4.37	1.017
0	1.293	1.290	6.106	3.78	1.017
-2	1.303	1.301	5.173	3.19	1.017
-4	1.312	1.310	4.373	2.69	1.017
-6	1.322	1.320	3.679	2.27	1.013
-8	1.332	1.331	3.093	1.91	1.013
-10	1.342	1.341	2.600	1.60	1.013
-12	1.353	1.350	2.173	1.33	1.013
-14	1.363	1.361	1.813	1.11	1.013
-16	1.374	1.372	1.506	0.92	1.013
-18	1.385	1.384	1.253	0.76	1.009
-20	1.396	1.395	1.027	0.63	1.009

表 17　　烟道气的物理性质

温度 T/℃	密度 ρ/(kg/m³)	比热容 c_p/[kJ/(kg·℃)]	热导率 $\lambda\times10^2$/[kJ/(m·h·℃)]	导温系数 $\alpha\times10^2$/(m²/h)	黏度 $\mu\times10^5$/(Pa·s)	运动黏度 $\nu\times10^6$/(m²/s)	普朗特数 P_r
0	1.295	1.043	8.207	6.08	1.578	12.20	0.72
100	0.950	1.068	11.263	11.10	2.039	21.54	0.69
200	0.748	1.097	14.445	17.60	2.449	32.80	0.67
300	0.617	1.122	17.418	25.16	2.822	45.81	0.65
400	0.525	1.151	20.516	33.94	3.168	60.38	0.64
500	0.457	1.185	23.615	43.61	3.483	76.30	0.63
600	0.405	1.214	26.713	54.32	3.785	93.61	0.62
700	0.363	1.239	29.770	66.17	4.068	112.1	0.61
800	0.33	1.264	32.952	79.09	4.337	131.8	0.60

续表

温度 T/℃	密度 ρ/ (kg/m^3)	比热容 c_p/ [kJ/ (kg · ℃)]	热导率 $\lambda\times10^2$/[kJ/ (m · h · ℃)]	导温系数 $\alpha\times10^2$/ (m^2/h)	黏度 $\mu\times10^5$/ (Pa · s)	运动黏度 $\nu\times10^6$/ (m^2/s)	普朗特数 P_r
900	0. 301	1. 290	36. 050	92. 87	4. 590	152. 5	0. 59
1000	0. 275	1. 306	39. 232	109. 21	4. 835	174. 3	0. 58
1100	0. 257	1. 323	42. 289	124. 37	5. 069	197. 1	0. 57
1200	0. 240	1. 340	45. 429	141. 27	5. 298	221. 0	0. 56

注：p=101325Pa；组成：$CO_2$13%、H_2O11%、$N_2$76%。

表 18　　玉米淀粉乳浓度与波美度和相对密度关系表

波美度/ °Bé	相对密度	淀粉 (干基)/%	淀粉 (干基)/ (g/L)	波美度/ °Bé	相对密度	淀粉 (干基)/%	淀粉 (干基)/ (g/L)
0. 0	1. 0000	0. 000	0. 000	2. 2	1. 0154	3. 909	39. 660
0. 1	1. 0007	0. 178	1. 780	2. 3	1. 0161	4. 087	41. 460
0. 2	1. 0014	0. 354	3. 590	2. 4	1. 0168	4. 265	43. 260
0. 3	1. 0021	0. 531	5. 270	2. 5	1. 0176	4. 443	45. 180
0. 4	1. 0028	0. 708	7. 070	2. 6	1. 0183	4. 620	46. 970
0. 5	1. 0035	0. 885	8. 870	2. 7	1. 0190	4. 798	48. 770
0. 6	1. 0041	1. 062	10. 660	2. 8	1. 0197	4. 976	50. 690
0. 7	1. 0048	1. 239	12. 460	2. 9	1. 0204	5. 153	52. 490
0. 8	1. 0055	1. 416	14. 260	3. 0	1. 0211	5. 331	54. 280
0. 9	1. 0062	1. 593	15. 940	3. 1	1. 0218	5. 509	56. 200
1. 0	1. 0069	1. 777	17. 850	3. 2	1. 0226	5. 686	58. 000
1. 1	1. 0076	1. 955	19. 650	3. 3	1. 0233	5. 864	59. 910
1. 2	1. 0083	2. 132	21. 450	3. 4	1. 0241	6. 042	61. 710
1. 3	1. 0090	2. 310	23. 250	3. 5	1. 0248	6. 220	63. 630
1. 4	1. 0097	2. 488	25. 040	3. 6	1. 0255	6. 397	65. 430
1. 5	1. 0105	2. 666	26. 840	3. 7	1. 0263	6. 575	67. 340
1. 6	1. 0112	2. 843	28. 640	3. 8	1. 0270	6. 753	69. 260
1. 7	1. 0119	3. 021	30. 440	3. 9	1. 0278	6. 930	71. 060
1. 8	1. 0126	3. 199	32. 350	4. 0	1. 0285	7. 108	72. 980
1. 9	1. 0133	3. 376	34. 150	4. 1	1. 0292	7. 286	74. 770
2. 0	1. 0140	3. 554	35. 950	4. 2	1. 0300	7. 463	76. 690
2. 1	1. 0147	3. 732	37. 750	4. 3	1. 0307	7. 641	78. 610

续表

波美度/°Bé	相对密度	淀粉(干基)/%	淀粉(干基)/(g/L)	波美度/°Bé	相对密度	淀粉(干基)/%	淀粉(干基)/(g/L)
4.4	1.0314	7.819	80.530	7.5	1.0547	13.328	140.320
4.5	1.0322	7.997	82.320	7.6	1.0554	13.505	142.240
4.6	1.0329	8.174	84.240	7.7	1.0562	13.683	144.270
4.7	1.0336	8.352	86.160	7.8	1.0570	13.861	146.190
4.8	1.0343	8.530	88.070	7.9	1.0577	14.038	148.230
4.9	1.0351	8.707	89.990	8.0	1.0585	14.216	150.150
5.0	1.0358	8.885	91.790	8.1	1.0593	14.394	152.180
5.1	1.0366	9.063	93.710	8.2	1.0601	14.571	154.100
5.2	1.0373	9.240	95.620	8.3	1.0608	14.749	156.140
5.3	1.0381	9.418	97.540	8.4	1.0616	14.927	158.170
5.4	1.0388	9.596	99.460	8.5	1.0624	15.105	160.090
5.5	1.0396	9.774	101.380	8.6	1.0632	15.282	162.130
5.6	1.0403	9.951	103.290	8.7	1.0640	15.460	164.170
5.7	1.0411	10.129	105.210	8.8	1.0647	15.638	166.200
5.8	1.0418	10.307	107.130	8.9	1.0655	15.815	168.120
5.9	1.0426	10.484	109.400	9.0	1.0663	15.993	170.160
6.0	1.0433	10.662	110.960	9.1	1.0671	16.171	172.190
6.1	1.0441	10.840	113.000	9.2	1.0679	16.348	174.230
6.2	1.0448	11.017	114.920	9.3	1.0687	16.526	176.270
6.3	1.0456	11.195	116.830	9.4	1.0695	16.704	178.310
6.4	1.0463	11.373	118.750	9.5	1.0703	16.882	180.340
6.5	1.0471	11.551	120.670	9.6	1.0710	17.059	182.380
6.6	1.0478	11.728	122.590	9.7	1.0718	17.237	184.420
6.7	1.0486	11.906	124.620	9.8	1.0726	17.415	186.450
6.8	1.0493	12.084	126.540	9.9	1.0734	17.592	188.490
6.9	1.0501	12.261	128.460	10.0	1.0742	17.770	190.530
7.0	1.0508	12.439	130.490	10.1	1.0750	17.948	192.570
7.1	1.0516	12.617	132.410	10.2	1.0758	18.125	194.600
7.2	1.0523	12.794	134.330	10.3	1.0766	18.303	196.640
7.3	1.0531	12.972	136.370	10.4	1.0774	18.481	198.680
7.4	1.0539	13.150	138.280	10.5	1.0782	18.659	200.710

续表

波美度/°Bé	相对密度	淀粉(干基)/%	淀粉(干基)/(g/L)	波美度/°Bé	相对密度	淀粉(干基)/%	淀粉(干基)/(g/L)
10.6	1.0790	18.886	202.870	13.7	1.1046	24.345	268.300
10.7	1.0798	19.014	204.910	13.8	1.1054	24.523	270.570
10.8	1.0806	19.192	206.940	13.9	1.1063	24.700	272.730
10.9	1.0814	19.369	208.980	14.0	1.1071	24.878	274.890
11.0	1.0822	19.547	211.140	14.1	1.1080	25.056	277.040
11.1	1.0830	19.725	213.180	14.2	1.1088	25.233	279.200
11.2	1.0838	19.902	215.210	14.3	1.1097	25.411	281.360
11.3	1.0846	20.080	217.370	14.4	1.1105	25.589	283.520
11.4	1.0854	20.258	219.410	14.5	1.1114	25.767	285.790
11.5	1.0863	20.436	221.560	14.6	1.1122	25.944	287.950
11.6	1.0871	20.613	223.600	14.7	1.1131	26.122	290.230
11.7	1.0879	20.791	225.760	14.8	1.1139	26.300	292.380
11.8	1.0887	20.969	227.790	14.9	1.1148	26.477	294.540
11.9	1.0895	21.146	229.950	15.0	1.1156	26.655	296.820
12.0	1.0903	21.324	231.990	15.1	1.1165	26.833	298.850
12.1	1.0911	21.520	234.150	15.2	1.1173	27.010	301.130
12.2	1.0920	21.679	236.180	15.3	1.1182	27.188	303.416
12.3	1.0928	21.857	238.340	15.4	1.1190	27.366	305.560
12.4	1.0936	22.035	240.500	15.5	1.1199	27.544	307.840
12.5	1.0945	22.213	242.650	15.6	1.1208	27.721	310.000
12.6	1.0953	22.390	244.690	15.7	1.1216	27.899	312.270
12.7	1.0961	22.568	246.850	15.8	1.1225	28.077	314.550
12.8	1.0969	22.746	249.000	15.9	1.1233	28.254	316.710
12.9	1.0978	22.923	251.160	16.0	1.1242	28.432	318.980
13.0	1.0986	23.101	253.320	16.1	1.1251	28.610	321.260
13.1	1.0995	23.279	255.480	16.2	1.1260	28.787	323.540
13.2	1.1003	23.459	257.630	16.3	1.1268	28.965	325.700
13.3	1.1012	23.634	259.670	16.4	1.1277	29.143	327.970
13.4	1.1020	23.812	261.830	16.5	1.1286	29.321	330.250
13.5	1.1029	23.990	263.980	16.6	1.1295	29.498	332.530
13.6	1.1037	24.167	266.140	16.7	1.1304	29.675	334.800

续表

波美度/°Bé	相对密度	淀粉(干基)/%	淀粉(干基)/(g/L)	波美度/°Bé	相对密度	淀粉(干基)/%	淀粉(干基)/(g/L)
16.8	1.1312	29.854	337.080	19.9	1.1593	35.362	409.100
16.9	1.1321	30.031	339.240	20.0	1.1602	35.540	411.490
17.0	1.1330	30.209	341.630	20.1	1.1611	35.718	413.890
17.1	1.1339	30.387	343.790	20.2	1.1621	35.895	416.290
17.2	1.1348	30.564	346.190	20.3	1.1630	36.073	418.680
17.3	1.1357	30.742	348.460	20.4	1.1640	36.251	421.080
17.4	1.1366	30.920	350.740	20.5	1.1649	36.429	423.480
17.5	1.1375	31.098	353.020	20.6	1.1658	36.606	425.870
17.6	1.1383	31.275	355.290	20.7	1.668	36.784	428.270
17.7	1.1392	31.453	357.570	20.8	1.1677	36.962	430.790
17.8	1.1401	31.631	359.850	20.9	1.1687	37.139	433.180
17.9	1.1410	31.808	362.240	21.0	1.1696	37.317	435.580
18.0	1.1419	31.986	364.520	21.1	1.1706	37.495	437.970
18.1	1.1428	32.164	366.800	21.2	1.1715	37.672	440.490
18.2	1.1437	32.341	369.070	21.3	1.1725	37.850	442.890
18.3	1.1446	32.519	371.470	21.4	1.1734	38.028	445.280
18.4	1.1455	32.697	373.750	21.5	1.1744	38.206	447.800
18.5	1.1465	32.875	376.140	21.6	1.1753	38.383	450.200
18.6	1.1474	33.052	378.420	21.7	1.1763	38.561	452.590
18.7	1.1483	33.230	380.820	21.8	1.1772	38.739	455.110
18.8	1.1492	33.408	383.090	21.9	1.1782	38.916	457.510
18.9	1.1501	33.585	385.490	22.0	1.1791	39.094	460.020
19.0	1.1510	33.763	387.890	22.1	1.1801	39.272	462.540
19.1	1.1519	33.941	390.160	22.2	1.1810	39.449	464.940
19.2	1.1528	34.118	392.560	22.3	1.1820	39.627	467.450
19.3	1.1538	34.296	394.960	22.4	1.1830	39.805	469.970
19.4	1.1547	34.474	397.230	22.5	1.1840	39.983	472.490
19.5	1.1556	34.652	399.630	22.6	1.1849	40.160	474.880
19.6	1.1565	34.829	402.030	22.7	1.1859	40.338	477.400
19.7	1.1574	35.007	404.300	22.8	1.1869	40.516	479.920
19.8	1.1584	35.185	406.700	22.9	1.1878	40.693	482.310

续表

波美度/°Bé	相对密度	淀粉（干基）/%	淀粉（干基）/(g/L)	波美度/°Bé	相对密度	淀粉（干基）/%	淀粉（干基）/(g/L)
23.0	1.1888	40.871	484.950	24.1	1.1996	42.826	512.750
23.1	1.1898	41.049	487.460	24.2	1.2006	43.003	515.260
23.2	1.1908	41.226	489.860	24.3	1.2016	43.181	517.780
23.3	1.1917	41.404	492.380	24.4	1.2026	43.359	520.420
23.4	1.1927	41.682	494.890	24.5	1.2036	43.537	522.930
23.5	1.1937	41.760	497.410	24.6	1.2046	43.714	525.450
23.6	1.1947	41.937	500.050	24.7	1.2056	43.892	528.090
23.7	1.1957	42.115	502.660	24.8	1.2066	44.070	530.720
23.8	1.1966	42.293	505.080	24.9	1.2076	44.247	533.240
23.9	1.1976	42.470	507.600	25.0	1.2086	44.425	535.760
24.0	1.1986	42.648	510.110				

波美度读数温度校正表，加上校正数得在15.56℃的读数

波美度/Bé	20℃	25℃	30℃	35℃	40℃	45℃	50℃	55℃	60℃
0	0.15	0.30	0.46	0.62	0.82	1.06	1.32	1.65	1.98
5	0.14	0.29	0.46	0.60	0.79	1.02	1.27	1.60	1.92
10	0.14	0.29	0.44	0.58	0.77	0.99	1.23	1.55	1.85
15	0.13	0.28	0.42	0.56	0.74	0.96	1.19	1.49	1.78
20	0.13	0.27	0.41	0.54	0.72	0.93	1.15	1.43	1.72
25	0.13	0.26	0.40	0.52	0.70	0.90	1.11	1.38	1.65

为简便计算淀粉乳中干基含量，可用下式：

淀粉干基（%）＝波美度×1.7770×1%

如20°Bé淀粉乳，淀粉干基（%）＝20×1.7770×1%＝35.54%，查附表6，20°Bé淀粉乳，淀粉干基（%）为35.54%两者相符。

表19　葡萄糖水溶液含量、相对密度和比热容

葡萄糖含量（ω）/%	相对密度	比热容/[J/(kg·K)]	葡萄糖含量（ω）/%	相对密度	比热容/[J/(kg·K)]
2.0	1.008	4.032	14	1.056	3.776
4.0	1.016	3.998	16	1.064	3.768
6.0	1.022	3.986	18	1.072	3.676
8.0	1.030	3.982	20	1.080	3.672
10	1.038	3.873	30	1.113	—
12	1.046	3.860	40	1.149	—

表 20 葡萄糖水溶液黏度

葡萄糖含量/%	黏度/(Pa·s)					
	25℃	30℃	35℃	40℃	45℃	50℃
9.67	$1.17×10^{-3}$	$1.038×10^{-3}$	$0.924×10^{-3}$	$0.834×10^{-3}$	$0.752×10^{-3}$	$0.689×10^{-3}$
18.66	$1.58×10^{-3}$	$1.391×10^{-3}$	$1.227×10^{-3}$	$1.089×10^{-3}$	$0.796×10^{-3}$	$0.884×10^{-3}$
27.08	$2.23×10^{-3}$	$1.949×10^{-3}$	$1.700×10^{-3}$	$1.503×10^{-3}$	$1.330×10^{-3}$	$1.193×10^{-3}$

表 21 蔗糖的溶解度

温度/℃	蔗糖质量分数/%	每 100 份水的蔗糖份数	温度/℃	蔗糖质量分数/%	每 100 份水的蔗糖份数
0	64.40	180.9	24	67.20	204.8
1	64.47	181.5	25	67.35	206.3
2	64.55	182.1	26	67.51	207.8
3	64.63	182.7	27	67.68	209.4
4	64.72	183.4	28	67.84	211.0
5	64.81	184.2	29	68.01	212.6
6	64.90	184.9	30	68.18	214.3
7	65.00	185.7	31	68.35	216.0
8	65.10	186.6	32	68.55	217.7
9	65.21	187.5	33	68.70	219.5
10	65.32	188.4	34	68.88	221.4
11	65.43	189.3	35	69.07	223.3
12	65.55	190.3	36	69.25	225.2
13	65.67	191.3	37	69.44	227.2
14	65.79	192.3	38	69.63	229.2
15	65.92	193.4	39	69.82	231.3
16	66.05	194.5	40	70.01	233.4
17	66.18	195.7	41	70.20	235.6
18	66.32	196.9	42	70.40	237.8
19	66.45	198.1	43	70.60	240.1
20	66.60	199.4	44	70.80	242.5
21	66.74	200.7	45	71.00	244.8
22	66.89	202.0	46	71.20	247.3
23	67.04	203.4	47	71.41	249.8

续表

温度/℃	蔗糖质量分数/%	每100份水的蔗糖份数	温度/℃	蔗糖质量分数/%	每100份水的蔗糖份数
48	71.62	252.3	70	76.45	324.7
49	71.88	254.3	71	76.68	328.8
50	72.04	257.6	72	76.91	333.1
51	72.25	260.3	73	77.14	337.4
52	72.46	263.1	74	77.36	341.8
53	72.67	265.9	75	77.59	346.3
54	72.89	268.8	76	77.82	350.9
55	73.10	271.8	77	78.05	355.6
56	73.32	274.8	78	78.28	366.4
57	73.54	277.9	79	78.51	368.3
58	73.76	281.1	80	78.74	370.3
59	73.98	284.3	81	78.96	375.4
60	74.20	287.6	82	79.19	380.6
61	74.42	291.0	83	79.42	385.9
62	74.65	294.4	84	79.65	391.3
63	74.87	297.9	85	79.87	396.8
64	75.09	301.5	86	80.10	402.5
65	75.32	305.2	87	80.32	408.3
66	75.54	308.9	88	80.55	414.4
67	75.77	312.7	89	80.77	420.1
68	76.00	316.6	90	80.90	426.2
69	76.22	320.6	99	82.47	470.6

表22　　糖液锤度（°Bx）、密度、波美度对照表（20℃）

锤度/°Bx	密度/(kg/m³)	波美度/°Bé	锤度/°Bx	密度/(kg/m³)	波美度/°Bé	锤度/°Bx	密度/(kg/m³)	波美度/°Bé
0.0	998.2	0.00	5.0	1017.8	2.79	10.0	1038.1	5.57
1.0	1002.1	0.56	6.0	1021.8	3.35	11.0	1042.3	6.13
2.0	1006.0	1.12	7.0	1025.9	3.91	12.0	1046.5	6.68
3.0	1009.9	1.68	8.0	1029.9	4.46	13.0	1050.7	7.24
4.0	1013.9	2.24	9.0	1034.0	5.02	14.0	1054.9	7.79

续表

锤度/°Bx	密度/(kg/m³)	波美度/°Bé	锤度/°Bx	密度/(kg/m³)	波美度/°Bé	锤度/°Bx	密度/(kg/m³)	波美度/°Bé
15.0	1059.2	8.34	44.0	1197.2	24.10	73.0	1366.1	39.05
16.0	1063.5	8.89	45.0	1202.5	24.63	74.0	1372.5	39.54
17.0	1067.8	9.45	46.0	1207.9	25.17	75.0	1379.0	40.03
18.0	1072.1	10.00	47.0	1213.2	25.70	76.0	1385.4	40.53
19.0	1076.5	10.55	48.0	1218.6	26.23	77.0	1392.0	41.01
20.0	1080.9	11.10	49.0	1224.1	26.75	78.0	1398.5	41.50
21.0	1085.4	11.65	50.0	1229.6	27.28	79.0	1405.1	41.99
22.0	1089.9	12.20	51.0	1235.1	27.81	80.0	1411.7	42.47
23.0	1094.4	12.74	52.0	1240.6	28.33	81.0	1418.4	42.95
24.0	1099.0	13.29	53.0	1246.2	28.85	82.0	1425.0	43.43
25.0	1103.6	13.84	54.0	1251.9	29.38	83.0	1431.8	43.91
26.0	1108.2	14.39	55.0	1257.5	29.90	84.0	1438.6	44.38
27.0	1112.8	14.93	56.0	1263.2	30.42	85.0	1445.4	44.86
28.0	1117.5	15.48	57.0	1269.0	30.94	86.0	1452.2	45.33
29.0	1122.2	16.02	58.0	1274.8	31.46	87.0	1459.1	45.80
30.0	1127.0	16.57	59.0	1280.6	31.97	88.0	1466.0	46.27
31.0	1131.8	17.11	60.0	1286.4	32.49	89.0	1473.0	46.73
32.0	1136.6	17.65	61.0	1292.4	33.00	90.0	1480.0	47.20
33.0	1141.4	18.19	62.0	1298.3	33.51	91.0	1487.0	47.66
34.0	1146.3	18.73	63.0	1304.3	34.02	92.0	1494.1	48.12
35.0	1151.3	19.28	64.0	1310.3	34.53	93.0	1501.2	48.58
36.0	1156.2	19.81	65.0	1316.3	35.04	94.0	1508.3	49.03
37.0	1161.2	20.35	66.0	1322.4	35.55	95.0	1515.4	49.49
38.0	1166.3	20.89	67.0	1328.6	36.05	96.0	1522.6	49.94
39.0	1171.3	21.43	68.0	1334.7	36.55	97.0	1529.9	50.39
40.0	1176.4	21.97	69.0	1340.9	37.06	98.0	1537.2	50.84
41.0	1181.6	22.50	70.0	1347.2	37.56	99.0	1544.5	51.28
42.0	1186.8	23.04	71.0	1353.4	38.06	100.0	1551.8	51.73
43.0	1192.0	23.57	72.0	1359.8	38.55			

糖溶液物性的经验拟合式

①密度：

$$\rho=1005.6-0.2473T+3.726x-2.0315\times10^{-3}T^2-1.8453\times10^{-3}Tx+0.01809x^2\ (\mathrm{kg/m^3})$$

②热导率：

$$\lambda=0.56817+1.6544\times10^{-3}T-3.1275\times10^{-3}x-6.8327\times10^{-6}Tx-4.2345\times10^{-6}T^2+2.3545\times10^{-7}x^2\ [\mathrm{W/(m\cdot K)}]$$

③比热容：

$$c_p=4.186+2.681\times10^{-5}T-0.02509x+7.357\times10^{-5}Tx-1.564\times10^{-7}T^2-4.136\times10^{-7}x^2\ [\mathrm{kJ/(kg\cdot K)}]$$

④表向张力：

$$\sigma=72.673+0.03693x+3.5223\times10^{-3}x^2-4.1485\times10^{-5}x^3+1.0032\times10^{-9}x^4\ (\mathrm{N/m})$$

以上诸式中　T——温度,℃

x——糖的质量分数,%

表 23　HCl 溶液的含量和密度

HCl 含量			密度（20℃）	HCl 含量			密度（20℃）
/%（质量分数）	/(g/L)	/(mol/L)	/(kg/m³)	/%（质量分数）	/(g/L)	/(mol/L)	/(kg/m³)
1	10.03	0.28	1003	22	243.8	6.68	1108
2	20.16	0.55	1008	24	268.5	7.36	1119
4	40.72	1.12	1018	26	293.5	8.04	1129
6	61.67	1.69	1028	28	319.0	8.74	1139
8	83.01	2.27	1038	50	344.8	9.45	1149
10	104.7	2.87	1047	32	371.0	10.16	1159
12	126.9	3.48	1056	34	397.5	10.89	1169
14	149.5	4.10	1068	36	424.4	11.64	1179
16	172.4	4.72	1078	38	451.6	12.37	1189
18	195.8	5.37	1088	40	479.2	13.13	1198
20	219.6	6.02	1098				

表 24　H_2SO_4 的含量、密度、比热容

H_2SO_4 含量			密度	比热容
/%	/(kg/m³)	总 SO_3 量/%	(20℃)/(kg/m³)	/[J/(kg·℃)]
10	106.6	8.16	1066.1	3.789
15	165.3	12.25	1102	3.605

续表

H_2SO_4 含量		总 SO_3 量/%	密度	比热容
/%	/(kg/m^3)		(20℃)/(kg/m^3)	/[J/(kg·℃)]
20	227.9	16.33	1139.4	3.429
30	365.5	24.49	1218.5	3.102
40	521.1	32.65	1302.8	2.805
50	697.5	40.82	1395.1	2.633
60	898.8	48.98	1498.3	2.282
70	1127	57.14	1610.5	2.049
75	1252	61.22	1669.2	1.938
76	1278	62.04	1681.0	1.916
77	1304	62.86	1692.7	1.895
78	1329	63.67	1704.3	1.873
79	1356	64.49	1715.8	1.861
80	1382	65.30	1727.2	1.830
81	1408	66.12	1738.3	1.809
82	1434	66.94	1749.1	1.787
83	1460	67.75	1759.4	1.766
84	1486	68.57	1769.3	1.745
85	1512	69.39	1778.6	1.724
86	1537	70.20	1787.2	1.703
87	1562	71.02	1795.1	1.682
88	1586	71.84	1802.2	1.661
89	1610	72.65	1808.7	1.640
90	1633	73.47	1814.4	1.620
91	1656	74.28	1819.5	1.599
92	1678	75.10	1824.0	1.579
93	1700	75.92	1827.9	1.558
94	1721	76.73	1831.2	1.537
95	1742	77.55	1833.7	1.517
96	1762	78.36	1835.6	1.497
97	1781	79.18	1836.3	1.476
98	1799	80.00	1836.6	1.456

表 25　　NaOH 溶液的含量与密度

NaOH 含量/%（质量分数）	密度/（kg/m^3）	NaOH 含量/%（质量分数）	密度/（kg/m^3）	NaOH 含量/%（质量分数）	密度/（kg/m^3）
2	1021	20	1219	38	1410
4	1043	22	1241	40	1430
6	1065	24	1263	42	1449
8	1087	26	1285	44	1461
10	1109	28	1306	46	1487
12	1131	30	1328	48	1507
14	1153	32	1349	50	1525
16	1175	34	1370		
18	1197	36	1390		

表 26　　H_3PO_4 的浓度与相对密度（20℃）

H_3PO_4 含量/g		相对密度	H_3PO_4 含量/g		相对密度
100g 中含量	1L 中含量		100g 中含量	1L 中含量	
1	10.04	1.004	50	667.5	1.335
3	30.49	1.014	55	758.5	1.379
5	51.37	1.025	60	855.5	1.426
8	83.36	1.042	65	958.8	1.475
10	105.3	1.053	70	1068	1.526
15	162.4	1.082	75	1184	1.579
20	222.7	1.113	80	1306	1.633
25	286.6	1.146	85	1436	1.689
30	354.2	1.180	90	1571	1.746
35	425.6	1.216	96	1746	1.819
40	501.6	1.254	98	1807	1.844
45	581.9	1.293	100	1870	1.870

表 27　　Na_2CO_3 在水中的溶解度

温度/℃	溶解度/（g/L）	溶液中 Na_2CO_3 含量/%（质量分数）	温度/℃	溶解度/（g/L）	溶液中 Na_2CO_3 含量/%（质量分数）
0	69.96	6.54	15	164.30	14.11
5	89.00	8.20	20	221.50	18.12
10	120.80	10.80	25	293.50	22.70

续表

温度/℃	溶解度/(g/L)	溶液中 Na_2CO_3 含量/%（质量分数）	温度/℃	溶解度/(g/L)	溶液中 Na_2CO_3 含量/%（质量分数）
30	392.00	28.15	60	465	31.73
35.37	497	33.20	80	454	31.20
40	489	32.85	100	452	31.10
50	475	32.20			

表 28　　尿素水溶液的黏度（25℃）

含量/%	1.02	8.13	11.89	15.47	23.12	33.28	38.16	46.18
黏度/($\times10^{-3}$Pa·s)	0.899	0.943	0.973	1.040	1.093	1.257	1.354	1.568

表 29　　尿素在水中的溶解度①

温度/℃	0	7	10	20	30	40	50	60	70	80	95	100	120	140
溶解度	40.0	44.0	46.7	51.86	57.20	62.30	67.22	71.84	76.3	80.2	87.0	88	96	100

注：①100g 饱和溶液中含溶质的质量，g/100g。

表 30　　尿素水溶液的密度（18℃）

浓度/%	密度/(kg/m^3)	浓度/%	密度/(kg/m^3)
1.029	1001.0	27.977	1076.0
5.125	1012.0	35.457	1092.0
10.318	1026.0	42.259	1121.0
14.002	1037.0	51.237	1145.0
20.208	1054.0		

表 31　　液氨的比容、密度、焓、蒸发潜热、熵

温度/℃	绝对压力/MPa	比容		密度		焓		蒸发潜热/(J/kg)	熵	
		液体/(L/kg)	蒸气/(m^3/kg)	液体/(kg/L)	蒸气/(kg/m^3)	液体/(J/kg)	蒸气/(J/kg)		液体/[J/(kg·℃)]	蒸气/[J/(kg·℃)]
-60	0.0219	1.401	4.699	0.7138	0.213	151.14	1590.98	1439.84	3.0840	9.8412
-50	0.0409	1.4245	2.6250	0.7020	0.3810	193.26	1610.79	1417.52	3.2783	9.632
-40	0.0718	1.4493	1.5520	0.6900	0.6443	237.48	1627.41	1389.93	3.4721	9.4350
-30	0.1196	1.4757	0.9635	0.6776	1.0380	282.19	1643.03	1363.89	3.6597	9.2574
-20	0.1902	1.5037	0.6237	0.6650	1.603	350.64	1656.06	1330.23	3.8406	9.0962
-10	0.2908	1.5338	0.4185	0.6550	2.389	372.67	1670.41	1297.74	4.0160	8.9484

续表

温度/℃	绝对压力/MPa	比容		密度		焓		蒸发潜热/(J/kg)	熵	
		液体/(L/kg)	蒸气/(m^3/kg)	液体/(kg/L)	蒸气/(kg/m^3)	液体/(J/kg)	蒸气/(J/kg)		液体/[J/(kg·℃)]	蒸气/[J/(kg·℃)]
-5	0.3549	1.5496	0.3468	0.6453	2.884	378.91	1676.35	1280.70	4.1018	8.8789
0	0.4294	1.5660	0.2895	0.6386	3.454	418.68	1681.92	1263.24	4.1868	8.8124
5	0.5157	1.5831	0.2433	0.6317	4.110	441.87	1687.07	1245.20	4.2705	8.7479
10	0.6149	1.6008	0.2056	0.6247	4.864	465.24	1691.82	1226.56	4.3530	8.6855
15	0.7283	1.6193	0.1784	0.6176	5.721	488.73	1696.07	1207.35	4.4350	8.6256
20	0.8571	1.6386	0.1494	0.6103	6.693	512.46	1699.97	1187.50	4.5158	8.5680
25	1.0027	1.6588	0.1283	0.6028	7.794	531.60	1703.36	1166.94	4.5959	8.5105
30	1.1665	1.6800	0.1106	0.5952	9.042	560.53	1706.08	1145.84	4.6749	8.4557
35	1.3499	1.7022	0.0958	0.5874	10.44	584.90	1708.80	1123.90	4.7537	8.4017
40	1.5544	1.7257	0.0833	0.5759	12.00	609.47	1710.60	1101.13	4.8320	8.3489
45	1.7814	1.7504	0.0726	0.5713	13.77	634.26	1711.86	1077.60	4.9094	8.2970
50	2.0326	1.7766	0.0635	0.5629	15.75	659.55	1712.19	1052.65	4.9865	8.2446

表 32　　氨水溶液的密度　　单位：g/cm^3

氨水质量分数/%	温度								
	-15℃	-10℃	-5℃	0℃	5℃	10℃	15℃	20℃	25℃
1	—	0.9943	0.9954	0.9959	0.9958	0.9955	0.9918	0.9939	0.993
2	—	0.9906	0.9915	0.9919	0.9917	0.9913	0.9905	0.9895	0.988
4	—	0.9834	0.9840	0.9842	0.9837	0.9832	0.9822	0.9811	0.980
6	0.977	0.9766	0.9769	0.9767	0.9760	0.9753	0.9742	0.9790	0.972
8	0.970	0.9701	0.9701	0.9695	0.9686	0.9677	0.9665	0.9651	0.964
10	0.964	0.9638	0.9635	0.9627	0.9616	0.9604	0.9591	0.9576	0.956
12	0.958	0.9576	0.9571	0.9561	0.9548	0.9531	0.9519	0.9501	0.948
14	0.952	0.9517	0.9510	0.9497	0.9483	0.9467	0.9450	0.9431	0.941
16	0.917	0.9461	0.9450	0.9435	0.9420	0.9400	0.9383	0.9362	0.934
18	—	0.9406	0.9392	0.9357	0.9357	0.9388	0.9317	0.9295	—
20	—	0.9353	0.9335	0.9316	0.9296	0.9275	0.9253	0.9229	—
22	—	0.9300	0.9280	0.9258	0.9237	0.9214	0.9190	0.9164	—
24	—	0.9249	0.9226	0.9202	0.9179	0.9155	0.9129	0.9101	—
26	—	0.9199	0.9174	0.9148	0.9123	0.9077	0.9069	0.9040	—

续表

氨水质量分数/%	温度								
	-15℃	-10℃	-5℃	0℃	5℃	10℃	15℃	20℃	25℃
28	—	0.9150	0.9122	0.9094	0.9067	0.9040	0.9010	0.8980	—
30	—	0.9101	0.9070	0.9040	0.9012	0.8983	0.8951	0.8920	—
32	—	—	—	—	—	—	0.8892	—	—
34	—	—	—	—	—	—	0.8832	—	—
36	—	—	—	—	—	—	0.8772	—	—
38	—	—	—	—	—	—	0.8712	—	—
40	—	—	—	—	—	—	0.8651	—	—
45	—	—	—	—	—	—	0.849	—	—
50	—	—	—	—	—	—	0.832	—	—
55	—	—	—	—	—	—	0.815	—	—
60	—	—	—	—	—	—	0.796	—	—
65	—	—	—	—	—	—	0.776	—	—
70	—	—	—	—	—	—	0.755	—	—
75	—	—	—	—	—	—	0.733	—	—
80	—	—	—	—	—	—	0.711	—	—
85	—	—	—	—	—	—	0.688	—	—
90	—	—	—	—	—	—	0.665	—	—
95	—	—	—	—	—	—	0.642	—	—

表 33　　$MgSO_4$ 在水中的溶解度　　单位：g/100g 水

温度/℃	0	10	20	30	40	50	100
$MgSO_4 \cdot 7H_2O$	18.0	22.0	25.2	20.8	30.8	—	—
$MgSO_4 \cdot 6H_2O$	29.1	29.8	30.8	31.2	—	33.5	42.5

表 34　　$MgSO_4$ 水溶液的密度（20℃）

$MgSO_4$ 含量/%	6	10	20	26
密度/(kg/m^3)	1060.0	1103.4	1219.0	1296.1

表 35　　KCl 水溶液的浓度、密度、含量

质量分数/%	密度/(kg/m^3)	含量/(kg/m^3)	质量分数/%	密度/(kg/m^3)	含量/(kg/m^3)
0	1031	51.6	7	1043	73
6	1037	62.2	8	1049	83.9

续表

质量分数/%	密度/(kg/m^3)	含量/(kg/m^3)	质量分数/%	密度/(kg/m^3)	含量/(kg/m^3)
9	1056	95.0	18	1120	201.6
10	1063	106.3	19	1127	214.1
11	1070	117.7	20	1134	226.8
12	1077	129.2	21	1141	239.6
13	1084	140.9	22	1148	252.6
14	1092	152.9	23	1155	265.9
15	1099	164.9	24	1163	279.1
16	1106	177.0	25	1170	292.6
17	1113	189.2	26	饱和溶液	—

表36　$CaCl_2$ 水溶液相对密度

$CaCl_2$ 质量分数/%	相对密度					
	15℃	0℃	-10℃	-20℃	-30℃	-40℃
15	1.132	1.137	1.14	—	—	—
16	1.142	1.147	1.15	—	—	—
17	1.151	1.157	1.16	—	—	—
18	1.161	1.167	1.17	—	—	—
19	1.171	1.177	1.18	—	—	—
20	1.181	1.187	1.19	—	—	—
21	1.191	1.197	1.201	1.205	—	—
22	1.201	1.207	1.211	1.215	—	—
23	1.211	1.218	1.222	1.226	—	—
24	1.222	1.228	1.233	1.237	—	—
25	1.232	1.239	1.244	1.248	—	—
26	1.243	1.250	1.254	1.259	1.263	—
27	1.252	1.261	1.266	1.270	1.275	—
28	1.264	1.272	1.277	1.282	1.287	—
29	1.275	1.283	1.288	1.293	1.298	1.303
30	1.286	1.294	1.298	1.304	1.310	1.315

表 37　　NaCl 水溶液相对密度

NaCl 质量分数/%	相对密度					
	15℃	0℃	-5℃	-10℃	-15℃	-20℃
10	1.075	1.078	1.079	—	—	—
11	1.082	1.086	1.087	—	—	—
12	1.089	1.093	1.095	—	—	—
13	1.098	1.101	1.102	—	—	—
14	1.103	1.108	1.110	—	—	—
15	1.111	1.116	1.117	1.119	—	—
16	1.119	1.124	1.125	1.125	—	—
17	1.127	1.133	1.134	1.135	—	—
18	1.134	1.141	1.142	1.144	—	—
19	1.141	1.147	1.148	1.149	1.151	—
20	1.151	1.158	1.160	1.162	1.163	—
21	1.160	1.165	1.168	1.169	1.171	—
22	1.168	1.174	1.176	1.178	1.180	—
23	1.174	1.181	1.183	1.185	1.187	1.188
24	1.184	1.191	1.194	1.196	1.198	—
25	1.193	1.199	1.202	1.204	—	—

表 38　　各种能源折算热值和折标煤量

种类	折算热值/kJ	折标煤量/kg	种类	折算热值/kJ	折标煤量/kg
煤炭/kg	20900	0.714	新鲜水/t	7524	0.257
洗煤/kg	26334	0.900	循环水/t	4180	0.143
原油/kg	41800	1.429	软化水/t	1421	0.486
电力/(kW·h)	11821	0.404	除氧水/t	28424	0.971
汽油/kg	43054	1.471	压缩空气/m^3	1170	0.040
柴油/kg	45980	1.571	鼓风/m^3	878	0.030
煤油/kg	43054	1.471	O_2/m^3	11704	0.400
重油/kg	41800	1.429	CO_2/m^3	6270	0.214
渣油/kg	37620	1.285	天然气/m^3	38916	1.330
燃料油/kg	45395	1.551	油田气/m^3	41800	1.429
焦炭/kg	28424	0.971	高炉煤气/m^3	3511	0.120
城市煤气/kg	16720	0.571	矿井气/m^3	33440	1.143
液化石油气/kg	50160	1.714	煤厂气/m^3	43890	1.500
蒸汽（低压)/kg	3760	0.129			

表 39　　冷凝 1kg 二次蒸汽所需冷却水量

冷却水温度/℃	冷凝 1kg 二次蒸汽所需冷却水量/kg								
	20℃	25℃	30℃	35℃	40℃	45℃	50℃	55℃	60℃
5	40.7	30.0	23.8	19.7	16.7	14.5	12.7	11.4	10.3
6	43.2	31.5	24.7	20.5	17.2	14.9	13.0	11.6	10.5
7	46.5	33.3	25.6	21.3	17.8	15.2	13.3	11.8	10.7
8	50.8	35.3	27.0	22.0	18.0	15.7	13.7	12.1	10.9
9	55.0	37.5	28.3	23.0	18.9	16.1	14.0	12.4	11.1
10	60.5	40.0	29.3	24.0	19.6	16.4	14.4	12.7	11.3
11	66.2	42.9	31.3	24.6	20.1	17.1	14.8	13.0	11.5
12	75.6	46.2	33.0	25.6	20.9	17.6	15.1	13.3	11.8
13	86.4	50.0	35.0	26.5	21.3	18.1	15.4	13.6	12.0
14	101.0	55.0	37.2	28.1	22.5	19.0	16.0	14.0	12.3
15	121.0	60.0	39.6	29.5	23.4	19.7	16.4	14.3	12.6
16	152.0	66.0	42.5	31.1	24.1	20.0	16.9	14.6	12.9
17	202.0	75.0	45.6	33.0	25.4	20.7	17.4	15.0	13.2
18	303.0	86.0	49.6	34.5	26.6	21.5	18.0	15.4	13.4
19	—	100.0	54.1	36.5	27.8	22.3	18.5	16.0	13.8
20	—	120.0	59.5	39.5	29.3	23.2	19.1	16.3	14.1
21	—	150.0	65.0	42.1	30.8	24.1	19.8	17.0	14.5
22	—	200.0	74.4	45.4	32.41	25.1	20.6	17.3	14.8
23	—	—	84.4	49.5	34.4	26.4	21.3	17.8	15.3
24	—	—	99.2	53.6	36.5	27.6	22.1	18.4	15.7
25	—	—	119.0	59.0	38.5	29.3	23.0	19.0	16.0
26	—	—	149.0	65.6	42.0	30.5	23.9	19.6	16.4
27	—	—	—	74.3	45.0	32.2	25.0	20.5	17.1
28	—	—	—	84.3	49.0	34.1	26.1	20.7	17.7
29	—	—	—	98.3	53.2	36.2	27.4	21.5	18.2
30	—	—	—	147.0	58.5	38.6	28.8	22.4	19.2
31	—	—	—	197.0	65.0	41.4	30.3	23.3	19.5
32	—	—	—	—	73.0	44.6	32.0	24.1	20.2
33	—	—	—	—	97.5	48.3	33.8	25.4	20.5
34	—	—	—	—	117.0	53.0	35.9	26.7	21.7

续表

冷却水温度/℃	冷凝1kg二次蒸汽所需冷却水量/kg								
	20℃	25℃	30℃	35℃	40℃	45℃	50℃	55℃	60℃
35	—	—	—	—	149.0	58.0	38.3	28.0	22.6
36	—	—	—	—	—	—	41.0	29.4	23.5
37	—	—	—	—	—	—	44.2	31.1	24.6
38	—	—	—	—	—	—	48.0	33.0	25.7
39	—	—	—	—	—	—	52.5	35.0	27.0
40	—	—	—	—	—	—	57.5	37.3	28.3

表40　味精生产常用换热设备的 *K* 值（参考值）

物料	冷却或加热介质	换热设备型式	材料	总传热系数 *K*/［W/(m^2·℃)］
培养液	水	喷淋冷却器	碳钢	290~580
			碳钢	1850~3500
培养液	水	螺旋板换热器	不锈钢	900~1600
发酵液	水	夹套（冷却）	不锈钢	180~350
发酵液	水	列管（冷却）	不锈钢	350~530
糖液	水蒸气	蛇管加热器	碳钢	1250~2700
谷氨酸液	冷冻盐水	蛇管冷却器	不锈钢	550~820
结晶液	水蒸气	列管加热器	不锈钢	1150~2900
凝结水	水	板式换热器	不锈钢	2900~5200
压缩空气	水	列管式换热器	碳钢	90~110
低压空气	水蒸气	绕片式散热器	碳钢	20~40

参考文献

［1］陈宁．氨基酸工艺学（第二版）［M］．北京：中国轻工业出版社，2020.
［2］于信令．味精工业手册（第二版）［M］．北京：中国轻工业出版社，2009.